U0837649

C++标准库（第2版）

The C++ Standard Library

A Tutorial and Reference, Second Edition

[德] Nicolai M. Josuttis 著
侯捷 译

電子工業出版社
Publishing House of Electronics Industry
北京•BEIJING

内容简介

本书是全球 C++ 经典权威参考书籍时隔 12 年，基于 C++11 标准的全新重大升级。标准库提供了一组公共类和接口，极大地拓展了 C++ 语言核心功能。《C++ 标准库（第2版）》详细讲解了每一标准库组件，包括其设计目的和方法、复杂概念的剖析、实用而高效的编程细节、存在的陷阱、重要的类和函数，又辅以大量用 C++11 标准实现的实用代码范例。除覆盖全新组件、特性外，本书一如前版，重点着眼于标准模板库（STL），涉及容器、迭代器、函数对象以及 STL 算法。此外，本书同样关注 lambda 表达式、基于区间的`for`循环、move 语义及可变参数模板等标准库中的新式 C++ 编程风格及其影响。

图书在版编目（CIP）

C++标准库：第2版 / (德) 约祖蒂斯 (Josuttis,N.M.) 著；侯捷译. —北京：电子工业出版社，2015.6

书名原文：The C++ Standard Library: A Tutorial and Reference

ISBN 978-7-121-26089-6

Ⅰ. ①C… Ⅱ. ①约… ②侯… Ⅲ. ①C语言－程序设计Ⅳ. ①TP312

中国版本图书馆CIP数据核字(2015)第103805号

责任编辑：白　涛

印　　刷：三河市鑫金马印装有限公司

装　　订：三河市鑫金马印装有限公司

出版发行：电子工业出版社

北京市海淀区万寿路 173 信箱　　邮编 100036

开　　本：787×980　1/16　印张：70.5　字数：1500 千字

版　　次：2015年6月第1版

印　　次：2022年1月第17次印刷

定　　价：228.00元

凡所购买电子工业出版社图书有缺损问题，请向购买书店调换。若书店售缺，请与本社发行部联系，联系及邮购电话：（010）88254888。

质量投诉请发邮件至 zlts@phei.com.cn，盗版侵权举报请发邮件至 dbqq@phei.com.cn。

服务热线：（010）88258888。

To those who care
for people and mankind

目录

第 2 版译序 xxi

第 2 版序言 xxiii

第 2 版致谢 xxiv

第 1 版序言 xxv

第 1 版致谢 xxvi

1 关于本书 **1**

1.1 缘起 1

1.2 阅读前的必要基础 2

1.3 本书风格与结构 2

1.4 如何阅读本书 4

1.5 目前发展情势 5

1.6 范例代码及额外信息 5

1.7 反馈 5

2 C++ 及标准库简介 **7**

2.1 C++ Standard 的历史 7

2.1.1 C++11 Standard 常见疑问 8

2.1.2 C++98 和 C++11 的兼容性 9

2.2 复杂度与 Big-O 标记 10

3 语言新特性 **13**

3.1 C++11 语言新特性 13

3.1.1 微小但重要的语法提升 13

3.1.2 以 `auto` 完成类型自动推导 14

3.1.3 一致性初始化（Uniform Initialization）与初值列（Initializer List） . . 15

3.1.4 Range-Based for 循环 17
3.1.5 Move 语义和 Rvalue Reference 19
3.1.6 新式的字符串字面常量（String Literal） 23
3.1.7 关键字 noexcept 24
3.1.8 关键字 constexpr 26
3.1.9 崭新的 Template 特性 26
3.1.10 Lambda 28
3.1.11 关键字 decltype 32
3.1.12 新的函数声明语法（New Function Declaration Syntax） 32
3.1.13 带领域的（Scoped） Enumeration 32
3.1.14 新的基础类型（New Fundamental Data Type） 33
3.2 虽旧犹新的语言特性 33
3.2.1 基础类型的明确初始化（Explicit Initialization for Fundamental Type） 37
3.2.2 main()定义式 37

4 一般概念 **39**
4.1 命名空间（Namespace）std 39
4.2 头文件（Header File） 40
4.3 差错和异常（Error and Exception）的处理 41
4.3.1 标准的 Exception Class（异常类） 41
4.3.2 异常类（Exception Class）的成员 44
4.3.3 以 Class exception_ptr 传递异常 52
4.3.4 抛出标准异常 53
4.3.5 自标准异常类派生 54
4.4 Callable Object（可被调用的对象） 54
4.5 并发与多线程 55
4.6 分配器（Allocator） 57

5 通用工具 **59**
5.1 Pair 和 Tuple 60
5.1.1 Pair 60
5.1.2 Tuple（不定数的值组） 68
5.1.3 Tuple 的输入/输出 74
5.1.4 tuple 和 pair 转换 75
5.2 Smart Pointer（智能指针） 76
5.2.1 Class shared_ptr 76
5.2.2 Class weak_ptr 84
5.2.3 误用 Shared Pointer 89

5.2.4 细究 Shared Pointer 和 Weak Pointer 92
5.2.5 Class unique_ptr 98
5.2.6 细究 Class unique_ptr 110
5.2.7 Class auto_ptr 113
5.2.8 Smart Pointer 结语 114
5.3 数值的极值（Numeric Limit） 115
5.4 Type Trait 和 Type Utility 122
5.4.1 Type Trait 的目的 122
5.4.2 细究 Type Trait 125
5.4.3 Reference Wrapper（外覆器） 132
5.4.4 Function Type Wrapper（外覆器） 133
5.5 辅助函数 134
5.5.1 挑选最小值和最大值 134
5.5.2 两值互换（Swapping） 136
5.5.3 增补的"比较操作符"(Comparison Operator) 138
5.6 Class ratio<> 的编译期分数运算 140
5.7 Clock 和 Timer 143
5.7.1 Chrono 程序库概观 143
5.7.2 Duration（时间段） 144
5.7.3 Clock（时钟）和 Timepoint（时间点） 149
5.7.4 C 和 POSIX 提供的 Date/Time 函数 157
5.7.5 以计时器停滞线程（Blocking with Timer） 160
5.8 头文件 <cstddef>、<cstdlib> 和 <cstring> 161
5.8.1 <cstddef> 内的各项定义 161
5.8.2 <cstdlib> 内的各种定义 162
5.8.3 <cstring> 中的定义式 163

6 标准模板库 **165**
6.1 STL 组件（Component） 165
6.2 容器（Container） 167
6.2.1 序列式容器（Sequence Container） 169
6.2.2 关联式容器（Associative Container） 177
6.2.3 无序容器（Unordered Container） 180
6.2.4 关联式数组（Associative Array） 185
6.2.5 其他容器 187
6.2.6 容器适配器（Container Adapter） 188
6.3 迭代器（Iterator） 188

6.3.1 关联式（Associative）及无序（Unordered）容器的更多实例 193
6.3.2 迭代器种类（Iterator Category） 198
6.4 算法（Algorithm） 199
6.4.1 区间（Range） 203
6.4.2 处理多重区间（Multiple Ranges） 207
6.5 迭代器之适配器（Iterator Adapter） 210
6.5.1 Insert Iterator（安插型迭代器） 210
6.5.2 Stream Iterator（串流迭代器） 212
6.5.3 Reverse Iterator（反向迭代器） 214
6.5.4 Move Iterator（搬移迭代器） 216
6.6 用户自定义的泛型函数（User-Defined Generic Function） 216
6.7 更易型算法（Manipulating Algorithm） 217
6.7.1 移除（Removing）元素 218
6.7.2 更易 Associative（关联式）和 Unordered（无序）容器 221
6.7.3 算法 vs. 成员函数 223
6.8 以函数作为算法的实参 224
6.8.1 以函数作为算法实参的实例示范 224
6.8.2 判断式（Predicate） 226
6.9 使用 Lambda 229
6.10 函数对象（Function Object） 233
6.10.1 定义一个函数对象 233
6.10.2 预定义的函数对象 239
6.10.3 Binder 241
6.10.4 函数对象 vs. Lambda 243
6.11 容器内的元素 244
6.11.1 容器元素的必要条件 244
6.11.2 Value 语义 vs. Reference 语义 245
6.12 STL 内部的错误和异常 245
6.12.1 错误处理（Error Handling） 246
6.12.2 异常处理（Exception Handling） 248
6.13 扩展 STL 250
6.13.1 整合更多 Type 250
6.13.2 派生自 STL Type 251

7 STL 容器 **253**
7.1 容器的共通能力和共通操作 254
7.1.1 容器的共通能力 254

7.1.2 容器的共通操作 254
7.1.3 容器提供的类型 260
7.2 Array 261
7.2.1 Array 的能力 261
7.2.2 Array 的操作 263
7.2.3 把array当成 C-Style Array 267
7.2.4 异常处理（Exception Handling） 268
7.2.5 Tuple 接口 268
7.2.6 Array 运用实例 268
7.3 Vector 270
7.3.1 Vector 的能力 270
7.3.2 Vector 的操作 273
7.3.3 将 Vector 当作 C-Style Array 使用 278
7.3.4 异常处理（Exception Handling） 278
7.3.5 Vector 使用实例 279
7.3.6 Class vector<bool> 281
7.4 Deque 283
7.4.1 Deque 的能力 284
7.4.2 Deque 的操作函数 285
7.4.3 Exception Handling 288
7.4.4 Deque 运用实例 288
7.5 List 290
7.5.1 List 的能力 290
7.5.2 List 的操作 291
7.5.3 异常处理（Exception Handling） 296
7.5.4 List 运用实例 298
7.6 Forward List 300
7.6.1 Forward List 的能力 300
7.6.2 Forward List 的操作 302
7.6.3 异常处理（Exception Handling） 311
7.6.4 Forward List 运用实例 312
7.7 Set 和 Multiset 314
7.7.1 Set 和 Multiset 的能力 315
7.7.2 Set 和 Multiset 的操作函数 316
7.7.3 异常处理（Exception Handling） 325

7.7.4 Set 和 Multiset 运用实例 325
7.7.5 运行期指定排序准则 328
7.8 Map 和 Multimap 331
7.8.1 Map 和 Multimap 的能力 332
7.8.2 Map 和 Multimap 的操作函数 333
7.8.3 将 Map 视为关联式数组（Associative Array） 343
7.8.4 异常处理（Exception Handling） 345
7.8.5 Map 和 Multimap 运用实例 345
7.8.6 综合实例：运用 Map、String 并于运行期指定排序准则 351
7.9 无序容器（Unordered Container） 355
7.9.1 Unordered 容器的能力 357
7.9.2 创建和控制 Unordered 容器 359
7.9.3 Unordered 容器的其他操作 367
7.9.4 Bucket 接口 374
7.9.5 使用 Unordered Map 作为 Associative Array 374
7.9.6 异常处理（Exception Handling） 375
7.9.7 Unordered 容器的运用实例 375
7.10 其他 STL 容器 385
7.10.1 String 作为一种 STL 容器 385
7.10.2 C-Style Array 作为一种 STL 容器 386
7.11 实现 Reference 语义 388
7.12 各种容器的使用时机 392

8 细探 STL 容器成员 397

8.1 容器内的类型 397
8.2 创建、复制和销毁（Create, Copy, and Destroy） 400
8.3 非更易型操作（Nonmodifying Operation） 403
8.3.1 大小相关操作（Size Operation） 403
8.3.2 元素比较（Comparison Operation） 404
8.3.3 Associative 和 Unordered 容器特有的非更易型操作 404
8.4 赋值（Assignment） 406
8.5 元素直接访问（Direct Element Access） 408
8.6 “产出迭代器”之各项操作 410
8.7 安插和移除（Inserting and Removing）元素 411
8.7.1 安插单一元素（Inserting Single Element） 411
8.7.2 安插多重元素（Inserting Multiple Elements） 416

8.7.3 移除元素（Removing Element） 417
8.7.4 重设大小（Resizing） 420
8.8 List 和 Forward List 的特殊成员函数 420
8.8.1 特殊成员函数（针对 List 和 Forward List） 420
8.8.2 特殊成员函数（只针对 Forward List） 423
8.9 容器的策略接口（Policy Interface） 427
8.9.1 非更易型策略函数（Nonmodifying Policy Function） 427
8.9.2 更易型策略函数（Modifying Policy Function） 428
8.9.3 Unordered 容器的 Bucket 相关接口 429
8.10 对分配器（Allocator）的支持 430
8.10.1 基本的分配器成员（Fundamental Allocator Member） 430
8.10.2 带有“可选之分配器参数”的构造函数 430

9 STL 迭代器 433

9.1 迭代器头文件（Header Files for Iterators） 433
9.2 迭代器种类（Iterator Category） 433
9.2.1 Output 迭代器 433
9.2.2 Input 迭代器 435
9.2.3 Forward（前向）迭代器 436
9.2.4 Bidirectional（双向）迭代器 437
9.2.5 Random-Access（随机访问）迭代器 438
9.2.6 Vector 迭代器的递增（Increment）和递减（Decrement） 440
9.3 迭代器相关辅助函数 441
9.3.1 `advance()` 441
9.3.2 `next()`和`prev()` 443
9.3.3 `distance()` 445
9.3.4 `iter_swap()` 446
9.4 迭代器适配器（Iterator Adapter） 448
9.4.1 Reverse（反向）迭代器 448
9.4.2 Insert（安插型）迭代器 454
9.4.3 Stream（串流）迭代器 460
9.4.4 Move（搬移）迭代器 466
9.5 Iterator Trait（迭代器特性） 466
9.5.1 为迭代器编写泛型函数（Generic Function） 468
9.6 用户自定义（User-Defined）迭代器 471

10 STL 函数对象及 Lambda **475**
10.1 Function Object（函数对象）的概念 . . . 475
10.1.1 以 Function Object 为排序准则（Sorting Criterion） . . . 476
10.1.2 Function Object 拥有内部状态（Internal State） . . . 478
10.1.3 for_each()的返回值 . . . 482
10.1.4 Predicate（判断式） vs. Function Object（函数对象） . . . 483
10.2 预定义的 Function Object 和 Binder . . . 486
10.2.1 预定义的 Function Object . . . 486
10.2.2 Function Adapter 和 Binder . . . 487
10.2.3 以 Function Adapter 搭配用户自定义的 Function Object . . . 495
10.2.4 过时的（Deprecated） Function Adapter . . . 497
10.3 运用 Lambda . . . 499
10.3.1 Lambda vs. Binder . . . 499
10.3.2 Lambda vs. 带有状态的（Stateful） Function Object . . . 500
10.3.3 Lambda 调用全局函数和成员函数 . . . 502
10.3.4 Lambda 作为 Hash 函数、排序准则或相等准则 . . . 504

11 STL 算法 **505**
11.1 算法头文件（Header File） . . . 505
11.2 算法概观 . . . 505
11.2.1 扼要介绍 . . . 506
11.2.2 算法分门别类 . . . 506
11.3 辅助函数 . . . 517
11.4 for_each() 算法 . . . 519
11.5 非更易型算法（Nonmodifying Algorithm） . . . 524
11.5.1 元素计数 . . . 524
11.5.2 最小值和最大值 . . . 525
11.5.3 查找元素（Searching Element） . . . 528
11.5.4 区间的比较 . . . 542
11.5.5 Predicate 用以检验区间 . . . 550
11.6 更易型算法（Modifying Algorithm） . . . 557
11.6.1 复制元素（Copying Element） . . . 557
11.6.2 搬移元素（Moving Element） . . . 561
11.6.3 转换和结合元素（Transforming and Combining Element） . . . 563
11.6.4 互换元素（Swapping Elements） . . . 566
11.6.5 赋值（Assigning New Value） . . . 568
11.6.6 替换元素（Replacing Element） . . . 571

11.7 移除型算法（Removing Algorithm） 575
11.7.1 移除某些元素 575
11.7.2 移除重复元素 578
11.8 变序型算法（Mutating Algorithm） 583
11.8.1 反转元素次序（Reversing the Order of Elements） 583
11.8.2 旋转元素（Rotating Elements） 584
11.8.3 排列元素（Permuting Elements） 587
11.8.4 对元素重新洗牌（Shuffling Elements） 589
11.8.5 将元素向前搬（Moving Elements to the Front） 592
11.8.6 划分为两个子区间（Partition into Two Subranges） 594
11.9 排序算法（Sorting Algorithm） 596
11.9.1 对所有元素排序 596
11.9.2 局部排序（Partial Sorting） 599
11.9.3 根据第 *n* 个元素排序 602
11.9.4 Heap 算法 604
11.10 已排序区间算法（Sorted-Range Algorithm） 608
11.10.1 查找元素（Searching Element） 608
11.10.2 合并元素（Merging Elements） 614
11.11 数值算法（Numeric Algorithm） 623
11.11.1 运算后产生结果 623
11.11.2 相对数列和绝对数列之间的转换 627

12 特殊容器 **631**
12.1 Stack（堆栈） 632
12.1.1 核心接口 633
12.1.2 Stack 运用实例 633
12.1.3 一个用户自定义的 Stack Class 635
12.1.4 细究 Class `stack<>` 637
12.2 Queue（队列） 638
12.2.1 核心接口 639
12.2.2 Queue 运用实例 640
12.2.3 一个用户自定义的 Queue Class 641
12.2.4 细究 Class `queue<>` 641
12.3 Priority Queue（带优先级的队列） 641
12.3.1 核心接口 643
12.3.2 Priority Queue 运用实例 643
12.3.3 细究 Class `priority_queue<>` 644

12.4 细究 Container Adapter 645
12.4.1 类型定义 645
12.4.2 构造函数（Constructor） 646
12.4.3 Priority Queue 额外提供的构造函数 646
12.4.4 各项操作（Operation） 647
12.5 Bitset 650
12.5.1 Bitset 运用实例 651
12.5.2 细究 Class bitset 653

13 字符串 **655**

13.1 String Class 的目的 656
13.1.1 例一：提炼临时文件名 656
13.1.2 例二：提炼单词并反向打印 660
13.2 String Class 细节描述 663
13.2.1 String 的各种相关类型 663
13.2.2 操作函数概览 666
13.2.3 构造函数和析构函数（Constructor and Destructor） 667
13.2.4 String 和 C-String 668
13.2.5 大小和容量（Size and Capacity） 669
13.2.6 元素访问（Element Access） 671
13.2.7 比较（Comparison） 672
13.2.8 更改内容（Modifier） 673
13.2.9 子字符串（Substring）及字符串接合（String Concatenation） 676
13.2.10 I/O 操作符 677
13.2.11 搜索和查找（Searching and Finding） 678
13.2.12 npos 的意义 680
13.2.13 数值转换（Numeric Conversion） 681
13.2.14 String 对迭代器的支持 684
13.2.15 国际化（Internationalization） 689
13.2.16 效率（Performance） 692
13.2.17 String 和 Vector 692
13.3 细究 String Class 693
13.3.1 类型定义和静态值 693
13.3.2 创建、复制、销毁（Create, Copy, and Destroy） 694
13.3.3 大小和容量（Size and Capacity） 696
13.3.4 比较（Comparison） 697
13.3.5 字符访问 699
13.3.6 产生 C-String 和字符数组（Character Array） 700

13.3.7 “改动”之相关操作（Modifying Operation） 700
13.3.8 查找（Searching and Finding） 708
13.3.9 子字符串（Substring）及字符串接合（String Concatenation） 711
13.3.10 I/O函数 712
13.3.11 数值转换（Numeric Conversion） 713
13.3.12 生成 Iterator 714
13.3.13 对 Allocator 的支持 715

14 正则表达式 717

14.1 Regex 的匹配和查找接口（Match and Search Interface） 717
14.2 处理“次表达式”（Subexpression） 720
14.3 Regex Iterator 726
14.4 Regex Token Iterator 727
14.5 用于替换的正则表达式 730
14.6 Regex Flag 732
14.7 Regex 的异常（Exception） 735
14.8 Regex ECMAScript 文法 738
14.9 其他文法 739
14.10 细究 Basic Regex 签名式 740

15 以 Stream 完成 I/O 743

15.1 I/O Stream 的共通基础 744
15.1.1 Stream 对象 744
15.1.2 Stream Class 744
15.1.3 全局的 Stream 对象 745
15.1.4 Stream 操作符 745
15.1.5 操控器（Manipulator） 746
15.1.6 一个简单例子 746
15.2 基本 Stream Class 和其对象 748
15.2.1 Class 及其层次体系 748
15.2.2 全局性的 Stream 对象 751
15.2.3 头文件 752
15.3 标准的 Stream 操作符 << 和 >> 753
15.3.1 Output 操作符 << 753
15.3.2 Input 操作符 >> 754
15.3.3 特殊类型的 I/O 755

15.4 Stream 的状态（State） 758
15.4.1 表示“ Stream 状态”的常量 758
15.4.2 用来“处理 Stream 状态”的成员函数 759
15.4.3 Stream 状态与 Boolean 条件测试 760
15.4.4 Stream 的状态和异常 762
15.5 标准 I/O 函数 767
15.5.1 Input 相关函数 768
15.5.2 Output 相关函数 771
15.5.3 实例 772
15.5.4 sentry 对象 772
15.6 操控器（Manipulator） 774
15.6.1 操控器概览 774
15.6.2 操控器如何运作 776
15.6.3 用户自定义的操控器 777
15.7 格式化（Formatting） 779
15.7.1 Format Flag（格式标志） 779
15.7.2 Boolean 的 I/O 格式 781
15.7.3 栏位宽度、填充字符、位置调整 781
15.7.4 正号与大写 784
15.7.5 数值基数（Numeric Base） 785
15.7.6 浮点数（Floating-Point）表示法 787
15.7.7 一般格式（General Formatting）定义 789
15.8 国际化（Internationalization） 790
15.9 文件访问（File Access） 791
15.9.1 File Stream Class 791
15.9.2 File Stream 的 Rvalue 和 Move 语义 795
15.9.3 File Flag（文件标志） 796
15.9.4 随机访问（Random Access） 799
15.9.5 使用文件描述器（File Descriptor） 801
15.10 为 String 而设计的 Stream Class 802
15.10.1 String Stream Class 802
15.10.2 String Stream 的 Move 语义 806
15.10.3 char* Stream Class 807
15.11 “用户自定义类型”之 I/O 操作符 810
15.11.1 实现一个 Output 操作符 810
15.11.2 实现一个 Input 操作符 812
15.11.3 以辅助函数完成 I/O 814

15.11.4 用户自定义之 Format Flag（格式标志） 815
15.11.5 用户自定义 I/O 操作符的规约（Convention） 818
15.12 连接 Input 和 Output Stream 819
15.12.1 以 `tie()` 完成松耦合（Loose Coupling） 819
15.12.2 以 Stream 缓冲区完成紧耦合（Tight Coupling） 820
15.12.3 将标准 Stream 重定向（Redirecting） 822
15.12.4 可读可写的 Stream 824
15.13 Stream Buffer Class 826
15.13.1 Stream 缓冲区接口 826
15.13.2 Stream 缓冲区的 Iterator 828
15.13.3 用户自定义之 Stream 缓冲区 832
15.14 关于效能（Performance） 844
15.14.1 与 C 标准串流同步（Synchronization with C's Standard Streams） 845
15.14.2 Stream 缓冲区内的缓冲机制 845
15.14.3 直接使用 Stream 缓冲区 846

16 国际化 849

16.1 字符编码和字符集 850
16.1.1 多字节（Multibyte）和宽字符（Wide-Character）文本 850
16.1.2 不同的字符集 851
16.1.3 在 C++ 中处理字符集 852
16.1.4 Character Trait 853
16.1.5 特殊字符的国际化 857
16.2 Locale（地域）概念 857
16.2.1 使用 Locale 858
16.2.2 Locale Facet 864
16.3 细究 Locale 866
16.4 细究 Facet 869
16.4.1 数值格式化（Numeric Formatting） 870
16.4.2 货币符号格式化（Monetary Formatting） 874
16.4.3 时间和日期格式化（Time and Date Formatting） 884
16.4.4 字符的分类和转换 891
16.4.5 字符串校勘（String Collation） 904
16.4.6 消息国际化（Internationalized Message） 905

17 数值 **907**

17.1 随机数及分布（Random Number and Distribution） . . . 907

17.1.1 第一个例子 . . . 908

17.1.2 引擎（Engine） . . . 912

17.1.3 细说引擎（Engine） . . . 915

17.1.4 分布（Distribution） . . . 917

17.1.5 细说分布（Distribution） . . . 921

17.2 复数（Complex Number） . . . 925

17.2.1 Class `complex<>` 一般性质 . . . 925

17.2.2 Class `complex<>` 运用实例 . . . 926

17.2.3 复数的各项操作 . . . 928

17.2.4 细说 Class `complex<>` . . . 935

17.3 全局数值函数（Global Numeric Function） . . . 941

17.4 Valarray . . . 943

18 并发 **945**

18.1 高级接口：`async()` 和 Future . . . 946

18.1.1 `async()` 和 Future 的第一个用例 . . . 946

18.1.2 实例：等待两个 Task . . . 955

18.1.3 Shared Future . . . 960

18.2 低层接口：Thread 和 Promise . . . 964

18.2.1 Class `std::thread` . . . 964

18.2.2 Promise . . . 969

18.2.3 Class `packaged_task<>` . . . 972

18.3 细说启动线程（Starting a Thread） . . . 973

18.3.1 细说 `async()` . . . 974

18.3.2 细说 Future . . . 975

18.3.3 细说 Shared Future . . . 976

18.3.4 细说 Class `std::promise` . . . 977

18.3.5 细说 Class `std::packaged_task` . . . 977

18.3.6 细说 Class `std::thread` . . . 979

18.3.7 Namespace `this_thread` . . . 981

18.4 线程同步化与 Concurrency（并发）问题 . . . 982

18.4.1 当心 Concurrency（并发） . . . 982

18.4.2 Concurrent Data Access 为什么造成问题 . . . 983

18.4.3 什么情况下可能出错 . . . 983

18.4.4 解决问题所需要的性质（Feature） . . . 987

18.5 Mutex 和 Lock 989
18.5.1 使用 Mutex 和 Lock 989
18.5.2 细说 Mutex 和 Lock 998
18.5.3 只调用一次 1000
18.6 Condition Variable（条件变量） 1003
18.6.1 Condition Variable（条件变量）的意图 1003
18.6.2 Condition Variable（条件变量）的第一个完整例子 1004
18.6.3 使用 Condition Variable（条件变量）实现多线程 Queue 1006
18.6.4 细说 Condition Variable（条件变量） 1009
18.7 Atomic 1012
18.7.1 Atomic 用例 1012
18.7.2 细说 Atomic 及其高级接口 1016
18.7.3 Atomic 的 C-Style 接口 1019
18.7.4 Atomic 的低层接口 1019

19 分配器 1023
19.1 以应用程序开发者的角度使用 Allocator 1023
19.2 用户自定义的 Allocator 1024
19.3 以程序库开发者的角度使用 Allocator 1026

参考书目 1031
新闻组及论坛（Newsgroup and Forum） 1031
书籍和网站 1032

索引 1037

第 2 版译序

“不熟悉 C++ 标准库，任何人都称不上是高生产力的 C++ 程序员。”

这是我对每一位学生说的话。

自 C++98（1998）至 C++11（2011），这个语言有了相当的变化。而变化尤其剧烈——或者你也可以说攻城略地尤其大者——是其日益包山包海的标准库（standard library）。如今，不但昔日闪亮招牌如 STL 容器、算法、迭代器等依然熠熠发光，更添加了 Tuple、Smart Pointer、Type Trait、Clock 和 Timer、Regular Expression、Concurrency 等众多组件。脚步一个没跟上，很可能同侪写出来的代码，在你眼中都要逐渐模糊逐渐陌生了。

面对陌生，我们最大的障碍在于心中的怯弱。To be or not to be, that's the question! 不要像哈姆雷特一样犹豫不决。面对前程，必须果敢。

愈来愈多的术语，特别是组合式长术语，为翻译带来极大困扰。关于术语翻译，我的态度如下：

- 技术书籍（尤其高级技术书籍）之中译，价值不在于体现全中文化阅读。直接呈现英文术语很多时候更能营造突出的视觉效果，进而有利阅读，形成深刻印象。
- 尽可能兼顾中英词性平衡。例如“对于矢量和 deque 两种容器……”就不如“对于 vector 和 deque 两种容器……”读来顺畅。
- 本书读者不可能受制于英文单词。我们要学习的是术语代表的技术，而非术语的中文名称。
- 与 C++ 关键字重合的术语多半不译，例如 static、template、class 等以及延伸出去的 member template、function template、class template 等等。
- 任何术语第一次出现（或相隔一长段距离后再出现）时多半中英并陈。但由于你可能采取跳跃式阅读，所谓“第一次出现”或“相隔一长段距离后再次出现”也许对你意义不大。
- STL 各数据结构名称皆不译，例如 array、vector、list、deque、hast table、map、set、stack、queue、tree ……
- STL 六大组件的英文术语原欲全部保留，但由于频繁出现，对版面的中英比例形成视觉威胁，因此采用以下译名：container（容器），algorithm（算法），iterator（迭代器），adapter（适配器），function object（函数对象），allocator（分配器）。这些术语有时中文呈现，有时英文呈现，有时中英并陈，取决于当时语境。
- 全书按英文版页次编排，并因此得以保留原书极其详尽的索引。索引词条皆不译（因为书中相应保留了相当分量的英文术语）。

这是个知识爆炸、信息量也爆炸的时代。网络上如山似海的信息：文章、文件、文档、文献和繁若天星的论坛、群……很多都是免费的（因而似乎特别有吸引力），但我们的精力和时间才是更宝贵的东西。审阅并且评论过许许多多 C++ 标准库相关读物后，面对这本结构和细节都臻上乘的优秀教程，我强烈推荐给你。

侯捷

2014/10/20，White Rock

第 2 版序言

我从未想过本书第 1 版会卖得如此长久。现在，经过 12 年的等待，出新版本的时候到了——一个涵盖最新 C++11 标准的新版本。

注意，其意义比仅仅添加新子库更多更大。C++ 已经改变了，其标准库的几乎所有典型应用如今看起来都有那么一点不同。这不是因为语言出现巨大变化，而是许多小改变造成的结果，例如运用 rvalue reference 和 move semantic、range-based `for` loop、`auto`，以及新的 template 特性。因此，本书不但展现原标准库的补充特性及新成员，书中所有例子也都重新写过，或至少局部改写。尽管如此，为了支持那些仍然使用“旧” C++ 环境的程序员，本书会在遭遇 C++ 版本差异时加以描述。

我学习C++11有一段艰难的历程。大约两年前我开始看 C++11，但并未追随标准化的脚步，因此确实遭遇了理解上的麻烦。但是标准委员会的人帮助我描述及表现 C++11 新特性，一如它们如今呈现的样貌。

最后，请注意，本书有个困扰：虽然分量上由 800 页成长到超过 1 100 页，我还是无法完整呈现C++ 标准库。标准库中单单针对 C++11 就有大约 750 页的描述，都是十分精练的文字，没有太多说明。基于这个原因，我必须取舍哪些特性需要描述，并决定以怎样的粒度描述之。再一次，C++ 社区中的许多人帮助我做出决定。我的企图集中在普通程序员需要的东西。若干本书舍弃的部分被我做成一份补充篇章放在本书官网`http://www.cppstdlib.com`。即便如此，你还是会在 C++ 标准规格书中找到我未曾讨论的细节。

教学的艺术，并非体现在“呈现每一面”，而是一种“沙里淘金”的艺术，从中取得最大价值。但愿我是成功的。

第 2 版致谢

本书呈现的想法、观念、解决方案和示例，来自许多出处。过去数年里 C++ 社区引入了许多关于 C++ 的想法、概念、提案和改进，成就了 C++11 的一部分。因此，我要再一次感谢所有协助并支持我完成这个新版本的人。

首先我要感谢 C++ 社区和 C++ 标准委员会的每一个人。不只是为了他们添加新的语言特性和标准库特性所做的努力，也为了他们对我做出的解释，这需要大量耐心和热诚。

Scott Meyers 和 Anthony Williams 允许我使用他们的教材原稿和书籍原稿，使我得以找出许多有用却尚未公开出版的程序示例。

我也要感谢每一位审阅本书并给予反馈的人，他们是：Dave Abrahams、Alberto Ganesh Barbati、Pete Becker、Thomas Becker、Hans Boehm、Walter E. Brown、Paolo Carlini、Lawrence Crowl、Beman Dawes、Doug Gregor、David Grigsby、Pablo Halpern、Howard Hinnant、John Lakos、Bronek Kozicki、Dietmar Kühl、Daniel Krügler、Mat Marcus、Jens Maurer、Alisdair Meredith、Bartosz Milewski、P. J. Plauger、Tobias Schüle、Peter Sommerlad、Jonathan Wakely 和 Anthony Williams。

有一个人做出了特别杰出的工作。每当我有疑问，Daniel Krügler 几乎总是立即回复我，带着不可置信的精准和知识。每一个经历标准化进程（standardization process）的人都知道，他就是以此方式对待每一个人的。如果没有他，不论 C++ standard 或本书都不可能有今天的质量。

非常感谢我的 Addison-Wesley 编辑团队：Peter Gordon、Kim Boedigheimer、John Fuller 和 Anna Popick。不只因为他们的支持，也因为他们找出了忍耐和压力之间的美好平衡。文字编辑 Evelyn Pyle 和校对者 Diane Freed 做出了难以置信的工作，将我的德式英文翻译为美式英文。此外，感谢 Frank Mittelbach 解决我的LaTeX排版问题。

最后（但不是最不重要），我把所有感谢献给 Jutta Eckstein。Jutta 有惊人的能力促使并支持人们完成他们的理想和目标。虽然大多数人只在与她共事时才能有此经验，我却是如此荣幸地在每一天的生活中都能得此幸福。

第 1 版序言

一开始，我不过是想写一本篇幅不大的关于C++ 标准库的德文书（也就 400 多页吧）。萌生这个想法是在 1993 年。而在 1999 年的今天，您看到了这个想法的成果：一本英文书，厚达 800 多页，其中包含大量的文字描述、图片和范例。我的目标是：详尽讲解C++ 标准库，使你在遭遇所有（或几乎所有）编程问题之前就能够先获得解答。然而请注意，这不是一种完整描述C++ 标准库的所有方面的书籍，我通过“在 C++ 中利用标准库进行学习及编程”的形式，表现出最重要的主题。

每一个主题都是以一般性概念为基础开展，然后引入日常编程所必须了解的具体细节。为了帮助你理解这些概念和细节，书中提供了详尽的范例程序。

这就是我的前言——言简意赅！撰写此书的过程中，我得到很多乐趣，希望你阅读本书时，能够像我一样快乐。请享用!

第 1 版致谢

本书表达的观点、概念、解决方案和范例，来源十分广泛。从这个意义上讲，封面只列我一个人的名字未免不公平。所以我愿在此向过去数年来帮助和支持我的人及公司，表示诚挚的谢意。

我第一个要感谢的是 Dietmar Kühl。 Dietmar 是一位 C++ 专家，尤其精通 I/O stream（串流）和国际化（他曾经仅仅为了好玩写了一个 I/O stream library）。他不仅将本书的大部分从德文译为英文，还亲自动笔，发挥专长，为本书撰写了数节内容。除此之外，过去数年里他向我提供了很多宝贵的反馈。

其次，我要感谢所有审阅者和那些向我表达过意见的人。他们的努力使本书的质量获得巨大提升。由于名单太长，以下若有任何疏漏，还请见谅。英文版的审阅者包括 Chuck Allison、 Greg Comeau、 James A. Crotinger、 Gabriel Dos Reis、 Alan Ezust、 Nathan Myers、 Werner Mossner、 Todd Veldhuizen、 Chichiang Wan、 Judy Ward 和 Thomas Wikehult。德文版的审阅者包括 Ralf Boecker、 Dirk Herrmann、 Dietmar Kühl、 Edda Lörke、 Herbert Scheubner、 Dominik Strasser 和 Martin Weitzel。其他投入者包括 Matt Austern、 Valentin Bonnard、 Greg Colvin、 Beman Dawes、 Bill Gibbons、 Lois Goldthwaite、 Andrew Koenig、 Steve Rumsby、 Bjarne Stroustrup 和 David Vandevoorde。

我要特别感谢 Dave Abrahams、 Janet Cocker、 Catherine Ohala 和 Maureen Willard，他们对全书进行了非常细致的审阅和编辑。他们的反馈意见让本书的质量获得了难以置信的提升。

我也要特别感谢我的“活字典” Herb Sutter，他是著名的“Guru of the Week”的创始人，那是个常态性的 C++ 难题讲解专栏，播出于`comp.lang.c++.moderated`。

我还要感谢一些公司和个人，他们的帮助使我有机会在各个不同的平台上使用各种不同的编译器来测试自己的范例程序。非常感谢来自 EDG 的 Steve Adamczyk、 Mike Anderson 和 John Spicer，他们的编译器真是太棒了，在 C++ 标准化过程和本书写作过程中提供了巨大的支持。感谢 P. J. Plauger 和 Dinkumware, Ltd，他们很早以来就持续进行与 C++ standard 兼容的C++ 标准库实现工作。感谢 Andreas Hommel 和 Metrowerks，他们完成了极具价值的 CodeWarrior 程序开发环境。感谢 GNU 和 egcs 编译器的所有开发者。感谢 Microsoft，他们完成了极具价值的 Visual C++。

感谢 Siemens Nixdorf Informations Systems AG 的 Roland Hartinger，他提供了一份他们的 C++ 编译器测试版本。感谢 Topjects GmbH，为了他那份极具价值的 ObjectSpace library 实现。

感谢 Addison Wesley Longman 公司里与我共同工作过的每一个人。他们包括 Janet Cocker、 Mike Hendrickson、 Debbie Lafferty、 Marina Lang、 Chanda Leary、 Catherine Ohala、 Marty Rabinowitz、 Susanne Spitzer 和 Maureen Willard 等。这项工作真是太有趣了。

此外，我还要感谢 BREDEX GmbH 的人们，感谢 C++ 社区的所有人，特别是那些参与标准化过程的人，感谢他们的支持和耐心（有时候我问的问题确实挺傻）。

最后，也是最重要的，我要将我的感谢（附上一个亲吻）送给我的家人：Ulli、 Lucas、 Anica 和 Frederic。为了这本书，我很长时间没有好好陪他们了。

Have fun and be human!

第1章 关于本书

1.1 缘起

C++ 问世不久，就成为面向对象编程领域的事实标准（de facto standard），因此正式标准化的呼声也就随之响起。只有有了可遵循的标准规格，我们才可能写出跨 PC 乃至大型主机各种不同平台的程序。此外，如果能够建立起一个标准库（ standard *library* ），程序员便得以运用可移植的通用组件（general component）和更高级的抽象性，而不必从头创造世界。

现在，偕同第二份标准，亦即所谓的 C++11（见 2.1 节第 7 页关于 C++ standard 的详细历史），我们有了一个巨大的 C++ 标准库，其规格书的分量比起语言内核特性的规格书，两倍有余。这个标准库带来了：

- 输入/输出 class
- String 类型，和正则表达式（regular expression）
- 各种数据结构，例如 dynamic array、 linked list、 binary tree、 hash table
- 各种算法，例如众多排序算法（sorting algorithm）
- 多线程（multithreading）和并发（concurrency） class
- 支持国际化的各种 class
- 数值型（numeric） class
- 丰富的通用小工具（utility）

然而，这个标准库的用法并非不言自明。想要从其强大能力中受惠，你需要一本好书；不能仅仅列出每个 class 和其成员函数了事，还必须详细解释各个组件（component）的概念和重要细节。本书正是以此为目标，首先从概念上介绍标准库及其所有组件，然后描述实际编程所需的细节。为了展示组件的确切用法，书中涵盖了大量实例。因此，本书不论对初学者或编程老手都是极详尽的 C++ 标准库入门材料。搭配书中提供的资料，你应该能够掌握 C++ 标准库的完全优势。

警告：我不担保本书所有内容都容易理解。标准库非常灵活，但这种非比寻常的灵活性是有代价的。标准库中有一些陷阱和缺陷，碰到它们时我会为你指出，并提出建议，帮助你回避问题。

1.2 阅读前的必要基础

想读懂本书的大部分内容，你需要先了解 C++。本书讲述 C++ 标准组件，而不是语言本身。你应该熟悉 class（类）、template（模板）、继承（inheritance）和异常处理（exception handling）的概念，但无须熟知这个语言的所有次要细节。重要细节已描述于本书之中；次要细节对程序库实现者可能很重要，对程序库使用者就不那么重要了。

注意，C++11 标准化期间，这个语言又有变化，正如它在 C++98 标准化期间仍然持续变化一样，所以你的相关知识很有可能不再是最新的。第 3 章提供了一份简明扼要的概览，为 C++11 标准库用户介绍至关重要的语言新特性。许多标准库新特性用上了这些语言新特性，所以你应该阅读第 3 章检阅所有 C++ 新特性。当标准库用到语言新特性时，我也会提示你参照第 3 章。

1.3 本书风格与结构

C++ 标准库内的组件有相当程度的独立性，但彼此又有着关联，很难在描述某一部分时全然不提其他部分。我为本书考虑了几种不同的组织方式。一是按照 C++ standard 的次序，但这并非完整介绍 C++ 标准库的最佳选择。另一种方式是先纵览所有组件，再逐章详细介绍。第三种方式是，依照“组件之交叉参考”程度高低，从最低者开始依次介绍。最终，我综合了三种方式：首先简短介绍标准库涉及的总体概念和通用小工具（utility），然后分章详述各组件，每个组件一或数章。首当其冲的是 STL（standard template library，标准模板库）。STL 无疑是标准库中最强大、最复杂、最激动人心的部分，其设计深刻影响了其他组件。接下来我讲解较易理解的组件，例如特殊容器、string（字符串）和正则表达式（regular expression）。再来是你或许已经使用多时的老朋友：IOStream程序库。然后是国际化议题，这部分对于 IOStream程序库有些影响。最后，我描述数值（numeric）、并发（concurrency）和分配器（allocator）等部分。

讲述每个组件时，我首先给出其目的、设计和示例，然后是一份较详细的说明，先以多种方式使用这个组件，继而说明相关陷阱和易犯错误。最后以一个参考小节（reference section）结束，其中有该组件的 class 和其成员函数的精确签名式（exact signature）和定义式（definition）。

内容清单

最前面的五章总体介绍本书及 C++ 标准库：

- **第 1 章：关于本书** 介绍本书的主题和内容。
- **第 2 章： C++ 和其标准库简介** 简短概览 C++ 标准库的历史和其标准化脉络，并介绍复杂度概念（concept of complexity）。
- **第 3 章：语言新特性** 针对阅读本书与使用 C++ 标准库的需要，提供一份语言新特性概览。
- **第 4 章：一般性概念** 描述标准库基本概念，这对于理解及使用所有标准库组件都是必要的。具体地说，本章介绍了 namaspace `std`、头文件（header file）格式、错误和异常处理（error and exception handling）的一般性支持。
- **第 5 章：通用工具（Utility）** 描述供应给标准库用户和标准库本身运用的数种小工具，更明确地说，本章描述 class `pair<>`、 `tuple<>`、 smart pointer、数值上限、 type trait 和 type utility、辅助函数、 class `ratio<>`、 clock 和 timer，以及可用的 C 函数。

第 6 章至第 11 章分别从各个方面描述 STL：

- **第 6 章： STL（Standard Template Library，标准模板库）** STL 提供了用于处理数据的容器和算法。本章逐步介绍 STL 的概念、问题、特殊编程技术，以及它们扮演的角色。
- **第 7 章： STL Container（容器）** 本章解释 STL 容器类的概念和能力。首先通过详尽的例子分别讲解 array、 vector、 deque、 list、 forward list、 set、 map 和 unordered 容器，然后介绍它们的共通能力、差异性、特定效益和缺点，并提供若干典型范例。
- **第 8 章： STL 容器成员细论** 详列并描述所有容器的成员，包括其所提供的类型和操作函数，可用作手边参考资料。
- **第 9 章： STL Iterator（迭代器）** 具体介绍迭代器的分类和辅助函数，以及适配器（iterator adapter），如 stream iterator、 reverse iterator、 insert iterator 和 move iterator。
- **第 10 章： STL Function Object 及 Lambda** 详细讲解 STL function object（函数对象）的诸多 class 及 lambda，以及如何使用它们来定义容器和算法的行为。
- **第 11 章： STL Algorithm（算法）** 罗列并描述 STL 算法。在简单介绍和比较这些算法后，借由一或多个范例详细解释每个算法。

第 12 章至第 14 章描述 C++ 标准库中若干“结构相对单纯”的 class：

- **第 12 章：特殊容器（Special Container）** 描述容器适配器（container adapter） queue、stack，及 class `bitset`，后者可管理任意数量的 bit 或 flag。
- **第 13 章： String（字符串）** 描述 C++ 标准库的 string 类型（不止一种）。C++ standard 将 string 设计为一种“能够处理不同字符类型”的基础数据类型。

- **第 14 章：正则表达式（Regular Expression）** 描述用来处理正则表达式的接口；它们可被用来查找和替换字符和子字符串（substring）。

第 15 章和第 16 章的主题是 I/O 和国际化（两者紧密相关）：

- **第 15 章：以 Stream Class 完成输入和输出** 涵盖众所周知的 IOStream程序库 的标准化形式。本章也讲述对程序员而言可能很重要却鲜为人知的若干细节，例如定义及整合特殊 I/O 通道。
- **第 16 章：国际化（Internationalization）** 涵盖“程序国际化”的概念和 class，例如对不同字符集（character set）的处理，以及使用不同格式的浮点数和日期。

剩余章节涵盖数值（numeric）、并发（concurrency）和分配器（allocator）：

- **第 17 章：数值（Numeric）** 描述 C++ 标准库中的数值组件，明确地说是随机数（random number and distribution）、复数（complex）及若干 C 数值函数。
- **第 18 章：并发（Concurrency）** 描述用以支持并发和多线程的 C++ 标准库特性。
- **第 19 章：分配器（Allocator）** 描述 C++ 标准库中不同的内存模型（memory model）概念。

本书还包括一份**参考书目**（Bibliography）和一份**索引**。

篇幅所限，我不得不移走那些对一般程序员不那么切合、但实在应该被纳入**补充章节**（supplementary chapter）的内容，这份补充章节由本书官网 `http://www.cppstdlib.com` 提供，内容包括：

- bitset（简介于12.5 节）细节
- Class `valarray<>`（扼要介绍于17.4 节）
- 分配器（allocator）细节（简介于第 19 章）

1.4 如何阅读本书

本书既是导引式的使用指南，也是 C++ 标准库的结构性参考手册。C++ 标准库的各个组件在相当程度上彼此独立，所以读完第 2 章至第 5 章后你可以任意跳读其他各章。不过切记，第 6 章至第 11 章讲述的是同一组东西，欲理解 STL 应该从导入性的第 6 章开始。

如果你是一位想认识 C++ 标准库总体概念及其所有方面的程序员，你可以直接从头到尾阅读全书，但应该跳过每章最后的参考小节（reference section）。如果你想运用 C++ 标准库的某些组件来编写程序，那么，找出那个组件的最佳方式是运用索引——我已尽力做出了一份无所不包的最广泛索引，应足以节省你的查找时间。

根据我的经验，学习新东西的最佳办法就是看范例。为此，你会在本书发现许多范例。它们也许只是寥寥数行代码，也可能是完整程序。

如果是后者，其第一行注释包含有文件名。你可以在本书官网 http://www.cppstdlib.com 找到这些文件。

1.5 目前发展情势

本书撰写期间，C++11 standard 完成了。请记住，有些编译器可能还无法与之兼容。这种情况有可能在不久的将来获得巨幅改善。但现在，你可能会发现，本书所谈的东西在你的系统上并非一定有相同表现，或许得稍做修改才能在你的环境中正常运作。

1.6 范例代码及额外信息

你可以从我的网站 http://www.cppstdlib.com 上获得所有范例代码以及关于本书和 C++ 标准库的更多信息。你也可以在互联网上找到许多相关信息，详见本书参考书目(bibliography)。

1.7 反馈

欢迎对本书提出任何反馈，不论褒贬。我已尽力而为，但我毕竟是凡人；在截稿时间点我必须停笔。所以，你可能会找出一些错误，或前后不一的地方，或是可以描述得更好的地方。你的反馈将使我有机会完善后续的新版本。

与我联系的最佳方式是通过电子邮件。然而为了避免招致垃圾邮件，我不打算在这里放上我的电子邮件地址（由于每天都会涌入数以千计的垃圾邮件，我不得不放弃了我在第 1 版中公开的邮箱)。我的电子邮件地址公布于本书官网 http://www.cppstdlib.com 。

非常感谢。

第2章

C++ 及标准库简介

本章中，我将讨论 C++ 的历史及其不同版本，并介绍 *Big-O* 标记法，此法被用来具体显示标准库各项操作的效能（performance）和可扩展性（scalability）。

2.1 C++ Standard 的历史

C++ 标准化始于 1989 年，由国际标准化组织（the International Organization for Standardization，ISO）推动。ISO 其实是一大群国家标准组织，成员机构包括美国的 ANSI。至今这项工作已经完成了四个里程碑，那就是遍及全世界不同平台上的各种 C++ standard：

1. **C++98**，于 1998 年批准，是第一份 C++ 标准规格。官方名称是 *Information Technology — Programming Languages — C++*，文档编号ISO/IEC 14882:1998。
2. **C++03**，这是个所谓"技术勘误"（technical corrigendum，TC），内含不甚严重的 C++98 bug 修正。文档编号 ISO/IEC 14882:2003。不论 C++98 或 C++03 都被视为"第一份 C++ 标准规格"。
3. **TR1**，内含大幅度的标准库扩充。官方名称是 *Information Technology — Programming Languages — Technical Report on C++ Library Extensions*，文档编号 ISO/IEC TR 19768:2007。它所涵盖的扩充全部包含于 namespace `std::tr1` 内。
4. **C++11**，批准于 2011 年，是第二份 C++ 标准。C++11 内含语言和标准库两方面皆十分重大的改善和强化，而 TR1 所做的扩充亦被纳入成为 namespace `std` 的一部分。官方名称又一次是 *Information Technology — Programming Languages — C++*，但它有一个新的文档编号 ISO/IEC 14882:2011。

本书涵盖 C++11，这一标准长时间被称为“C++0x”，带着一种“将于 2009 年前完成”的大众期待。[1]所以，不论 C++11 或 C++0x，其实是同一份东西，本书一律称之为 C++11。

基于某些平台和环境尚未支持完整 C++11（包括其语言特性和标准库），我会在谈到某个特性或行为时，提及它们是否只出现于 C++11。

2.1.1 C++11 Standard 常见疑问

哪里可以获得这份标准

最近的一份免费的 C++11 standard 草案，文档名称是 N3242（见 [*C++Std2011Draft*]）。这份草案应该足够满足大多数用户和程序员，但如果你需要真正的标准规格书，必须付费给 ISO 或某个国属机构。

为什么这份标准的制定花了这么长时间

也许你会惊讶，为什么两次 C++ 标准化过程之间竟花费了 10 年甚至不止，可仍然未臻完美。请注意，这些标准规格是许许多多个人和公司的努力成果，这些努力包括提出改善和扩充建议，彼此讨论，等待实现，加以测试，解决“因为所有特性彼此交叉影响”而引发的每一个问题。这里面没有任何人是 C++ 标准化的全职工作者。这一份标准并不是哪家公司拨出巨大预算和时间成本的研究成果。标准化机构没有（或几乎没有）付给那些为了开发标准规格而工作的人任何酬劳。所以，如果他们所处的公司对 C++ 标准化漠不关心，那么他们就只能以兴趣为全部动力了。感天谢地，许多志愿者不但有时间也有余钱，可以全然义务地付出。大约 50～100 人的常态性聚会，每年 3 次，每次一星期，讨论所有主题，然后在一整年的其他时间以电子邮件完成工作。这导致你得到的东西并非完美，或具备完全一致的设计。整个成果是：实质堪用，但并非完美（世上也不曾有完美的东西）。

标准库的描述占第一份标准规格书大约 50% 篇幅，在第二份标准规格书中升高至大约 65%。就 C++11 而言，探讨标准库的页数从大约 350 页上扬至大约 750 页。

请注意，这份标准有着各式各样的源头。事实上，任何公司或国家，甚至个人，都有可能提出新特性和新扩充，那些提案必须被整个标准化组织接受。理论上没有任何东西的设计是从头做起的。[2]因此整个成果的同质性（homogeneous）并不是很高。你会在不同的组件中发现不同的设计原理。例如 string class 和 STL 之间就有以下差异（STL 是一个针对数据结构和算法而完成的框架）：

- String class 被设计为一个安全而便利的组件。因此它们提供一份几乎足以自我说明的接口，并检查许多可能发生的差错。

[1] 这里的 x 常被拿来开玩笑，说它最终成为了一个十六进位的 b。

[2] 你也许会奇怪，为什么标准化过程中不从头设计一个全新程序库。要知道，标准化的主要目的不是发明新东西或发展出某些东西，而是让既有的东西和谐共处。

- STL 被设计为“将不同的数据结构与算法结合起来，产出最佳效能”。因此 STL 并不非常便利，也不对许多逻辑错误进行检查。为了获得威力强大的 STL 框架所带来的好处和效能，你必须知道其所使用的概念，并且谨慎地套用它们。

上述两个组件都是标准库的一部分。它们之间存在一些和谐，但依然遵循各自的基础设计哲学。

尽管如此， C++11 的另一个目标是简化事情。为此 C++11引进了许多提案，用以解决各种问题与不一致性，以及人们在现实世界中找出的其他瑕疵。举个例子，数值和对象（value and object）的初始化在 C++11中有了和谐性。另外，多少有点残破的 smart pointer class `auto_ptr` 现在已被多个改良后的 smart pointer class 取代，后者在 Boost 中已臻成熟。Boost 是个网站，特别强调自由、同行评审（peer-reviewed）、可移植、带源码的 C++ 程序库（见 [*Boost*]），主要是为了在任何议题被引入新标准或另一份技术勘误（TR）之前，先获得实战经验。

这是最后一份 C++ Standard 吗

C++11 不是终点。对于其中的新特性人们已经又有了 bug 修正、额外需求，以及各种提案。因此，或快或慢也许又会出现另一份带着 bug 修正和不一致性报告的“技术勘误”（TR），那也许会是 TR2 甚至第三份标准。

2.1.2 C++98 和 C++11 的兼容性

C++11 的设计目标之一是，对 C++98 保持向后兼容。在 C++98 或 C++03 中可被编译的每一样东西，应该也都能在 C++11 中通过编译。然而还是有些例外，例如变量名称无论如何也不可以和新导入的关键字相同。

如果你的代码掺杂着 C++ 各版本的身影，但你希望从 C++11 带来的改善中获利，那么，可以的话，试着使用预定义好的宏 `__cplusplus`。对 C++11 而言，当编译一个 C++ 转译单元（translation unit，也就是 C++ 源码文件）时以下定义是有效的：

```
#define __cplusplus 201103L
```

与此相对，在 C++98 和 C++03 中则是：

```
#define __cplusplus 199711L
```

然而请注意，有时候，编译器厂商提供的值与上述不同。

注意，向后兼容仅适用于源码，不保证二进制兼容（binary compatibility），因为那会导致问题，特别是当一个原有操作（existing operation）取得一个新式返回类型（new return type），因为“基于返回类型而形成的重载（overloading）”是不被允许的（这适用于某些 STL 算法及 STL 容器的某些成员函数）。所以请以 C++11 编译器重新编译 C++98 程序的每一份源码，包括用到的所有程序库——通常都会成功。若以 C++11 编译器产生的二进制码链接（linking）C++98 编译器产生的二进制码，则有可能失败。

2.2 复杂度与 Big-O 标记

C++ 标准库的某些部分，特别是 STL，需要认真考虑算法和成员函数的效能，因此需要动用复杂度（complexity）概念。计算机科学家使用特殊符号来表现算法的相对复杂度，如此便可以很快依据算法的运行时间加以分类，进行算法之间的定性比较。这种衡量称为 *Big-O* 标记（notation）。

Big-O 标记系将一个算法的运行时间以输入量 n 的函数表示。例如，当运行时间随元素个数呈线性增长时（亦即如果元素个数呈倍数增长，运行时间亦呈倍数增长），复杂度为 O(n)；如果运行时间与输入量无关，复杂度为 O(1)。表2.1列出了典型的复杂度和其 Big-O 标记。

种类	标记	意义
常量	O(1)	运行时间与元素个数无关
对数	$O(\log(n))$	运行时间随元素个数的增加呈对数增长
线性	$O(n)$	运行时间随元素个数的增加呈线性增长
n-log-n	$O(n\log(n))$	运行时间随元素个数的增加呈“线性与对数的乘积”增长
二次方	$O(n^2)$	运行时间随元素个数的增加呈平方增长

表 2.1　五种典型的复杂度

请注意， Big-O 标记隐藏（忽略）了指数较小的因子（例如常量因子），这一点十分关键。更明确地说，它不关心算法到底耗用多长时间。根据这种测量法则，任何两个线性算法都被视为具有相同的接受度。甚至可能发生一种情况：带有巨大常量的线性算法竟比带有小常量的指数算法受欢迎（译注：因为 Big-O 标记无法显现真实的运算时间）。这是对 Big-O 标记法的一种合理批评。记住，这只是某种量度规则；它所显示的最佳（最低）复杂度算法，不一定就是真正的最佳（最快）算法。

表2.2列出了所有复杂度分类，并以某些元素个数说明了运行时间随元素个数增长的程度。一如所见，元素较少时，运行时间的差别很小，此时 Big-O 标记所隐藏的常量因子可能会带来很大影响。当元素个数愈多，运行时间差别愈大，常量因子也就变得无关紧要了。考虑复杂度时，请记住，输入量必须够大才有意义。

C++ 标准手册中提到的某些复杂度被称为 *amortized*（分期摊还；折旧成本），意思是长期而言大量操作将如上述描述般进行，但单一操作可能花费比平均值更长的时间。举个例子，如果你为一个 dynamic array 追加元素，运行时间将取决于 array 是否尚有备用内存。如果内存足够，就属于常量复杂度，因为在尾端加入一个新元素总是花费相同时间。但如果备用内存不足，那么就是线性复杂度，因为你必须分配足够的内存并搬动（复制）它们，实际耗用时间取决于当时的元素个数。内存重新分配动作并不常发生（译注：STL 的 dynamic array 容器会以某种设计哲学来保持备用内存），

复杂度		元素数目							
种类	**标记**	**1**	**2**	**5**	**10**	**50**	**100**	**1 000**	**10 000**
常量	O(1)	1	1	1	1	1	1	1	1
对数	$O(\log(n))$	1	2	3	4	6	7	10	13
线性	$O(n)$	1	2	5	10	50	100	1 000	10 000
n-log-n	$O(n\log(n))$	1	4	15	40	300	700	10 000	130 000
二次方	$O(n^2)$	1	4	25	100	2 500	10 000	1 000 000	100 000 000

表 2.2　运行时间与复杂度、元素个数对照表

所以任何“长度充分”的序列（sequence），元素附加动作几乎可说是常量复杂度。这种复杂度我们便称为 amortized（分期摊还）常量时间。

第3章

语言新特性

C++ 语言内核与标准库，二者的标准化通常并行进行。这么一来，标准库可受益于语言的强化，而语言可受益于标准库实现过程中获得的经验。这导致 C++ 标准库往往会用上若干“很可能在前一版标准中并不存在”的语言特性。

因此也可以说，C++11 不是一个和 C++98/C++03 相同的语言，而 C++98/C++03 也和标准化之前的 C++ 不同。如果你没有跟上演化，你可能会对标准库使用的语言新特性感到震惊。本章将给你一份扼要的 C++11 语言新特性概观，这些特性对于设计、了解、应用 C++11 标准库很重要。本章末段涵盖了若干在 C++11 之前已存在但一直没有被广泛认知的语言特性。

当我撰写本书时（2010年到2011年期间），并非所有编译器都能够提供C++11的所有语言新特性。我盼望这种情况能够很快获得改善，因为毕竟所有 C++ 主流编译器厂商都参与了标准化过程。不过，在某段时间内，你或许会因为你所使用的程序库而受到局限。我将在整本书中以脚注提及任何典型且重要的局限。

3.1 C++11 语言新特性

3.1.1 微小但重要的语法提升

首先我要介绍 C++11 的两个新特性，它们虽然微小，对你每天的编程却十分重要。

Template 表达式内的空格

“在两个 template 表达式的闭符之间放一个空格”的要求已经过时了：

```
vector<list<int> >;      // OK in each C++ version
vector<list<int>>;       // OK since C++11
```

上述两种形式都有可能出现于全书的任何代码中。

nullptr 和 std::nullptr_t

C++11 允许你使用 nullptr 取代 0 或 NULL，用来表示一个 pointer（指针）指向所谓的 no value（此不同于拥有一个不确定值）。这个新特性特别能够帮助你在“null pointer 被解释为一个整数值”时避免误解。例如：

```
void f(int);
void f(void*);

f(0);             // calls f(int)
f(NULL);          // calls f(int) if NULL is 0, ambiguous otherwise
f(nullptr);       // calls f(void*)
```

nullptr 是个新关键字。它被自动转换为各种 pointer 类型，但不会被转换为任何整数类型。它拥有类型 std::nullptr_t，定义于 <cstddef>（5.8.1 节第 161 页），所以你现在甚至可以重载函数令它们接受 null pointer。注意，std::nullptr_t 被视为一个基础类型（5.4.2 节第 127 页）。

3.1.2 以 auto 完成类型自动推导

C++11 允许你声明一个变量或对象（object）而不需要指明其类型，只需说它是 auto。[1] 例如：

```
auto i = 42;        // i has type int
double f();
auto d = f();       // d has type double
```

以 auto 声明的变量，其类型会根据其初值被自动推导出来，因此一定需要一个初始化操作：

```
auto i;             // ERROR: can't deduce the type of i
```

可为它加上额外的限定符，例如：

```
static auto vat = 0.19;
```

如果类型很长或表达式很复杂，auto 特别有用，例如：

```
vector<string> v;
...
auto pos = v.begin();      // pos has type vector<string>::iterator

auto l = [] (int x) -> bool {   // l has the type of a lambda
             ...,                //  taking an int and returning a bool
         };
```

上述末尾那个奇怪的东西是个对象，表示一个 lambda，请看 3.1.10 节第 28 页。

[1] 注意，auto 是 C 语言的一个旧关键字。和 static 一样用来声明某变量为局部的（local）。但它从未被真正用过，因为“不指明某物为 static”也就隐含地声明了它是个 auto。

3.1.3 一致性初始化（Uniform Initialization）与初值列（Initializer List）

在 C++11 之前，程序员，特别是初学者，很容易被这个问题混淆：如何初始化一个变量或对象。初始化可因为小括号、大括号或赋值操作符（assignment operator）的出现而发生。

为此 C++11 引入了“一致性初始化”（uniform initialization）概念，意思是面对任何初始化动作，你可以使用相同语法，也就是使用大括号。以下皆成立：

```
int values[] { 1, 2, 3 };
std::vector<int> v { 2, 3, 5, 7, 11, 13, 17 };
std::vector<std::string> cities {
    "Berlin", "New York", "London", "Braunschweig", "Cairo", "Cologne"
};
std::complex<double> c{4.0,3.0};   // equivalent to c(4.0,3.0)
```

初值列（initializer list）会强迫造成所谓 *value initialization*，意思是即使某个 local 变量属于某种基础类型（那通常会有不明确的初值）也会被初始化为 0（或 nullptr——如果它是个 pointer 的话）：

```
int i;       // i has undefined value
int j{};     // j is initialized by 0
int* p;      // p has undefined value
int* q{};    // q is initialized by nullptr
```

然而请注意，窄化（narrowing）——也就是精度降低或造成数值变动——对大括号而言是不可成立的。例如：

```
int x1(5.3);                    // OK, but OUCH: x1 becomes 5
int x2 = 5.3;                   // OK, but OUCH: x2 becomes 5
int x3{5.0};                    // ERROR: narrowing
int x4 = {5.3};                 // ERROR: narrowing
char c1{7};                     // OK: even though 7 is an int, this is not narrowing
char c2{99999};                 // ERROR: narrowing (if 99999 doesn't fit into a char)
std::vector<int> v1 { 1, 2, 4, 5 };         // OK
std::vector<int> v2 { 1, 2.3, 4, 5.6 };     // ERROR: narrowing doubles to ints
```

如你所见，为了检查是否窄化，甚至当下所用值（current value）也可能被考虑，如果它在编译期可获得的话。正如 Bjarne Stroustrup 在 [*Stroustrup:FAQ*] 对此例的说明：“判定是否窄化转换时，C++11 用以避免许多不兼容性的做法是，依赖初值设定（initializer）的实际值（actual value，如上例的 7）而非只是依赖类型。如果一个值可被标的类型（target type）精确表述，其间的转换就不算窄化。浮点数转换至整数，永远是一种窄化——即使是 7.0 转为 7。”

为了支持“用户自定义类型之初值列”（initializer lists for user-defined types）概念，C++11 提供了 class template `std::initializer_list<>`，用来支持以一系列值（a list of values）进行初始化，或在“你想要处理一系列值（a list of values）”的任何地点进行初始化。例如：

```
void print (std::initializer_list<int> vals)
{
    for (auto p=vals.begin(); p!=vals.end(); ++p) {  // process a list of values
        std::cout << *p << "\n";
    }
}

print ({12,3,5,7,11,13,17});  // pass a list of values to print()
```

当“指明实参个数”和“指明一个初值列”的构造函数（ctor）同时存在，带有初值列的那个版本胜出：

```
class P
{
  public:
    P(int,int);
    P(std::initializer_list<int>);
};

P p(77,5);          // calls P::P(int,int)
P q{77,5};          // calls P::P(initializer_list)
P r{77,5,42};       // calls P::P(initializer_list)
P s = {77,5};       // calls P::P(initializer_list)
```

如果上述“带有一个初值列”的构造函数不存在，那么接受两个 `int` 的那个构造函数会被调用以初始化 `q` 和 `s`，而 `r` 的初始化将无效。

由于初值列的关系，`explicit` 之于“接受一个以上实参”的构造函数也变得关系重大。如今你可以令“多数值自动类型转换”不再起作用，即使初始化以 = 语法进行：

```
class P
{
  public:
    P(int a, int b) {
        ...
    }
    explicit P(int a, int b, int c) {
        ...
    }
};

P x(77,5);          // OK
P y{77,5};          // OK
P z {77,5,42};      // OK
P v = {77,5};       // OK (implicit type conversion allowed)
P w = {77,5,42};    // ERROR due to explicit (no implicit type conversion allowed)
```

```
void fp(const P&);

fp({47,11});          // OK, implicit conversion of {47,11} into P
fp({47,11,3});        // ERROR due to explicit
fp(P{47,11});         // OK, explicit conversion of {47,11} into P
fp(P{47,11,3});       // OK, explicit conversion of {47,11,3} into P
```

同样地，explicit 构造函数如果接受的是个初值列，会失去“初值列带有 0 个、1 个或多个初值”的隐式转换能力。

3.1.4 Range-Based for 循环

C++11 引入了一种崭新的 for 循环形式，可以逐一迭代某个给定的区间、数组、集合（range, array, or collection）内的每一个元素。其他编程语言可能称此为 *foreach* 循环。其一般性语法如下：

```
for ( decl : coll ) {
    statement
}
```

其中 *decl* 是给定之 *coll* 集合中的每个元素的声明；针对这些元素，给定的 statement 会被执行。例如下面针对传入的初值列中的每个元素，调用给定的语句，于是在标准输出装置 cout 输出元素值：

```
for ( int i : { 2, 3, 5, 7, 9, 13, 17, 19 } ) {
    std::cout << i << std::endl;
}
```

如果要将 vector vec 的每个元素 elem 乘以 3，可以这么做：

```
std::vector<double> vec;
...
for ( auto& elem : vec ) {
    elem *= 3;
}
```

这里“声明 elem 为一个 reference”很重要，若不这么做，for 循环中的语句会作用在元素的一份 local copy 身上（当然或许有时候你想要这样）。

这意味着，为了避免调用每个元素的 copy 构造函数和析构函数，你通常应该声明当前元素（current element）为一个 const reference。于是一个用来“打印某集合内所有元素”的泛型函数应该写成这样：

```
template <typename T>
void printElements (const T& coll)
{
    for (const auto& elem : coll) {
        std::cout << elem << std::endl;
    }
}
```

在这里，这种所谓 range-based `for` 语句等同于：

```
{
    for (auto _pos=coll.begin(); _pos != coll.end(); ++_pos ) {
        const auto& elem = *_pos;
        std::cout << elem << std::endl;
    }
}
```

一般而言，如果 *coll* 提供成员函数 `begin()` 和 `end()`，那么一个 range-based `for` 循环声明为

```
for ( decl : coll ) {
    statement
}
```

便等同于

```
{
    for (auto _pos=coll.begin(), _end=coll.end(); _pos!=_end; ++_pos ) {
        decl = *_pos;
        statement
    }
}
```

或者如果不满足上述条件，那么也等同于以下使用一个全局性 `begin()` 和 `end()` 且两者都接受 *coll* 为实参：

```
{
    for (auto _pos=begin(coll), _end=end(coll); _pos!=_end; ++_pos ) {
        decl = *_pos;
        statement
    }
}
```

于是，你甚至可针对初值列（initializer list）使用 range-based `for` 循环，因为 class template `std::initializer_list<>` 提供了成员函数 `begin()` 和 `end()`。

此外还有一条规则，允许你使用寻常的、大小已知的 C-style array，例如：

```
int array[] = { 1, 2, 3, 4, 5 };

long sum=0;       // process sum of all elements
for (int x : array) {
    sum += x;
}

for (auto elem : { sum, sum*2, sum*4 } ) {  // print some multiples of sum
    std::cout << elem << std::endl;
}
```

产生如下输出：

```
15
30
60
```

当元素在 for 循环中被初始化为 *decl*，不得有任何显式类型转换（explicit type conversion）。因此下面的代码无法通过编译：

```
class C
{
  public:
    explicit C(const std::string& s);  // explicit(!) type conversion from strings
    ...
};

std::vector<std::string> vs;
for (const C& elem : vs) {    // ERROR, no conversion from string to C defined
    std::cout << elem << std::endl;
}
```

3.1.5 Move 语义和 Rvalue Reference

C++11 的一个最重要的特性就是，支持 move semantic（搬迁语义）。这项特性更进一步进入了 C++ 主要设计目标内，用以避免非必要拷贝（copy）和临时对象（temporary）。

这项新特性十分复杂，我建议面对它时选一份更详细的读物。这里我尽量给你一份简明扼要的介绍和摘要。[2]

考虑以下代码：

```
void createAndInsert (std::set<X>& coll)
{
    X x;  // create an object of type X
    ...
    coll.insert(x);  // insert it into the passed collection
}
```

在这里我们将新对象插入集合（collection）中，后者提供一个成员函数可为传入的元素建立一份内部拷贝（internal copy）：

```
namespace std {
    template <typename T, ...> class set {
      public:
        ... insert (const T& v);  // copy value of v
```

[2] 这份简介基于 [*Abrahams:RValues*]（获得了 Dave Abrahams 的友善许可）、[*Becker:RValues*]（获得了 Thomas Becker 的友善许可），以及来自 Daniel Krügler、Dietmar Kühl 和 Jens Maurer 的若干电子邮件。

```
        ...
    };
}
```

这样的行为是有用的，因为集合（collection）提供 value semantic 及安插“临时对象”（temporary object）或“安插后会被使用或被改动的对象”的能力：

```
X x;
coll.insert(x);      // inserts copy of x
...
coll.insert(x+x);    // inserts copy of temporary rvalue
...
coll.insert(x);      // inserts copy of x (although x is not used any longer)
```

然而，对于后两次 x 安插动作，更好的是指出“被传入值（也就是 x+x 的和以及 x）不再被调用者使用”，如此一来 coll 内部就无须为它建立一份 copy 且“以某种方式 *move* 其内容进入新建元素中”。当 x 的复制成本高昂的时候——例如它是个巨大的 string 集合——这会带来巨大的效能提高。

自 C++11 起，上述行为成为可能，然而程序员必须自行指明“move 是可行的，除非被安插的那个临时对象还会被使用”。虽然编译器自身也有可能找出这个情况（在某些浅薄无奇的情况下），允许程序员执行这项工作毕竟可使这个特性被用于逻辑上任何适当之处。先前的代码只需简单改成这样：

```
X x;
coll.insert(x);      // inserts copy of x (OK, x is still used)
...
coll.insert(x+x);    // moves (or copies) contents of temporary rvalue
...
coll.insert(std::move(x));   // moves (or copies) contents of x into coll
```

有了声明于 <utility> 的 std::move()，x 可被 *moved* 而不再被 copied。然而 std::move() 自身并不做任何 moving 工作，它只是将其实参转成一个所谓的 *rvalue reference*，那是一种被声明为 X&& 的类型。这种新类型主张 rvalue（不具名的临时对象只能出现于赋值操作的右侧）可被改动内容。这份契约的含义是，这是个不再被需要的（临时）对象，所以你可以“偷”其内容和/或其资源。

现在，我们让集合（collection）提供一个 insert() 重载版本，用以处理这些 rvalue reference：

```
namespace std {
  template <typename T, ...> class set {
    public:
      ... insert (const T& x);   // for lvalues: copies the value
      ... insert (T&& x);        // for rvalues: moves the value
      ...
  };
}
```

我们可以优化这个针对 rvalue reference 的重载版本，令它“偷取” x 的内容。为了这么做，需要 type of x 的帮助，因为只有 type of x 拥有接近本质的机会和权利。举个例子，你可以运用 internal array 和 pointer of x 来初始化被安插的元素。如果 class x 本身是个复杂类型，原本你必须为它逐一复制元素，现在这么做则会带来巨大的效能改善。欲初始化新的内部元素，我们只需调用 class X 提供的一个所谓 *move 构造函数*，它“偷取”传入的实参值，初始化一个新元素。所有复杂类型都应该提供这样一个特殊构造函数—— C++ 标准库也提供了——用来将一个既有元素的内容搬迁（move）到新元素中：

```
class X {
  public:
    X (const X& lvalue);   // copy constructor
    X (X&& rvalue);        // move constructor
    ...
};
```

举个例子，string 的 move 构造函数只是将既有的内部字符数组（existing internal character array）赋予（assign）新对象，而非建立一个新 array 然后复制所有元素。同样情况也适用于所有集合 class：不再为所有元素建立一份拷贝，只需将内部内存（internal memory）赋予新对象就行。如果 move 构造函数不存在，copy 构造函数就会被用上。

另外，你必须确保对于被传对象（其 value 被“偷取”）的任何改动——特别是析构——都不至于冲击新对象（如今拥有 value ）的状态。因此，你往往必须清除被传入的实参的内容，例如将 `nullptr` 赋值给“指向了容器元素”的成员函数。

将“move semantic 被调用”的对象的内容清除掉，严格说来并非必要，但不这么做的话会造成整个机制几乎失去用途。事实上，一般而言，C++ 标准库的 class 保证了，在一次 move 之后，对象处于有效但不确定的状态。也就是说，你可以在 move 之后对它赋予新值，但当前值是不确定的。STL 容器则保证了，被搬移内容者，搬移后其值为空。

同样地，任何 nontrivial class 都该同时提供一个 copy assignment 和一个 move assignment 操作符：

```
class X {
  public:
    X& operator= (const X& lvalue);  // copy assignment operator
    X& operator= (X&& rvalue);       // move assignment operator
    ...
};
```

对于 string 和集合，上述操作符可以简单交换（swapping）内部内容和资源就好。然而你也应该清除 `*this` 的内容，因为这个对象可能持有资源（如 lock），因而最好很快释放它们。再强调一次， move semantic 并不要求你那么做，但这是 C++ 标准库容器所提供的一种优越质量。

最后，请注意两个相关议题：(1) rvalue 和 lvalue reference 的重载规则；(2) 返回 rvalue reference。

Rvalue 和 Lvalue Reference 的重载规则

Rvalue 和 lvalue 的重载规则（overloading rule）如下：[3]

- 如果你只实现

  ```
  void foo(X&);
  ```

  而没有实现 `void foo(X&&)`，行为如同 C++98：`foo()` 可因 lvalue 但不能因 rvalue 被调用。
- 如果你实现

  ```
  void foo(const X&);
  ```

  而没有实现 `void foo(X&&)`，行为如同 C++98：`foo()` 可因 lvalue 也可因 rvalue 被调用。
- 如果你实现

  ```
  void foo(X&);
  void foo(X&&);
  ```

  或

  ```
  void foo(const X&);
  void foo(X&&);
  ```

  你可以区分“为 rvalue 服务”和“为 lvalue 服务”。“为 rvalue 服务”的版本被允许且应该提供 move 语义。也就是说，它可以“偷取”实参的内部状态和资源。
- 如果你实现

  ```
  void foo(X&&);
  ```

  但既没有实现 `void foo(X&)` 也没有实现 `void foo(const X&)`，`foo()` 可因 rvalue 被调用，但当你尝试以 lvalue 调用它，会触发编译错误。因此，这里只提供 move 语义。这项能力被程序库中诸如 unique pointer（见 5.2.5 节第 98 页）、file stream（见 15.9.2 节第 795 页）或 string stream（见 15.10.2 节第 806 页）所用。

以上意味着，如果 class 未提供 move 语义，只提供惯常的 copy 构造函数和 copy assignment 操作符，rvalue reference 可以调用它们。因此，`std::move()` 意味着“调用 move 语义（若有提供的话），否则调用 copy 语义”。

返回 Rvalue Reference

你不需要也不应该 `move()` 返回值。C++ standard 指出，对于以下代码：[4]

```
X foo ()
{
    X x;
    ...
```

[3] 感谢 Thomas Becker 提供这个用词。

[4] 感谢 Dave Abrahams 提供这个用词。

```
        return x;
    }
```

保证有下列行为：

- 如果 X 有一个可取用的 copy 或 move 构造函数，编译器可以选择略去其中的 copy 版本。这也就是所谓的 *(named) return value optimization*（*(N)RVO*），这个特性甚至在 C++11 之前就获得了大多数编译器的支持。
- 否则，如果 X 有一个 move 构造函数，X 就被 moved（搬移）。
- 否则，如果 X 有一个 copy 构造函数，X 就被 copied（复制）。
- 否则，报出一个编译期错误（compile-time error）。

也请注意，如果返回的是个 local nonstatic 对象，那么返回其 rvalue reference 是不对的：

```
X&& foo ()
{
    X x;
    ...
    return x;    // ERROR: returns reference to nonexisting object
}
```

是的，rvalue reference 也是个 reference，如果返回它而它指向（referring to）local 对象，意味着你返回一个 reference 却指向一个不再存在的对象。是否对它使用 `std::move()` 倒是无关紧要。

3.1.6 新式的字符串字面常量（String Literal）

自 C++11 起，你可以定义 raw string 和 multibyte/wide-character 等字符串字面常量。

Raw String Literal

Raw string 允许我们定义字符序列（character sequence），做法是确切写下其内容使其成为一个 raw character sequence。于是你可以省下很多用来装饰特殊字符的 escape 符号。

Raw string 以 `R"(` 开头，以 `)"` 结尾，可以内含 line break。例如一个用来表示“两个反斜线和一个 n ”的寻常字面常量可定义如下：

```
"\\\\n"
```

也可定义它为如下 raw string literal：

```
R"(\\n)"
```

如果要在 raw string 内写出 `)"`，可使用定义符（delimiter）。因此，一个 raw string 的完整语法是 R"*delim*(...)*delim*"，其中 *delim* 是个字符序列（character sequence），最多 16 个基本字符，不可含反斜线（backslash）、空格（whitespace）和小括号（parenthesis）。

举个例子，下面的 raw string literal

```
R"nc(a\
      b\nc()"
      )nc";
```

等同于以下的寻常 string literal：

```
"a\\\n       b\\nc()\"\n       "
```

这样的 string 内含一个 a、一个反斜线、一个新行字符（newline）、若干空格（space）、一个 b、一个反斜线、一个 n、一个 c、一对小括号、一个双引号、一个新行字符，以及若干空格。

定义正则表达式（regular expression）时 raw string literal 特别有用，详见第 14 章。

编码的（Encoded） String Literal

只要使用*编码前缀*（encoding prefix），你就可以为 string literal 定义一个特殊的字符编码（character encoding）。下面这些编码前缀都预先定义好了：

- **u8** 定义一个 UTF-8 编码。UTF-8 string literal 以 UTF-8 编定的某个给定字符起头，字符类型为 `const char`。
- **u** 定义一个 string literal，带着类型为 `char16_t` 的字符。
- **U** 定义一个 string literal，带着类型为 `char32_t` 的字符。
- **L** 定义一个 wide string literal，带着类型为 `wchar_t` 的字符。

例如：

```
L"hello"   // defines ''hello'' as wchar_t string literal
```

Raw string 开头那个R的前面还可以放置一个编码前缀。

第 16 章详细介绍了如何使用不同的编码（encoding）完成国际化（internationalization）。

3.1.7 关键字 noexcept

C++11提供了关键字noexcept，用来指明某个函数无法——或不打算——抛出异常。例如：

```
void foo () noexcept;
```

声明了 `foo()` 不打算抛出异常。若有异常未在 `foo()` 内被处理——亦即如果 `foo()` 抛出异常——程序会被终止，然后 `std::terminate()`被调用并默认调用 `std::abort()`（见 5.8.2 节第 162 页）。

`noexcept` 瞄准了空异常明细（empty exception specification）所显现的许多问题。以下引自 [*N3051:DeprExcSpec*]（感谢 Doug Gregor 的友善许可）：

> - *运行期检验*（*Runtime checking*）：C++ 异常明细乃是被检验于运行期而非编译期，所以它无法对程序员保证每个异常都被处理。运行期失败的处理（调用 `std::unexpected()`）为时已晚，无济于事。
> - *运行期开销*（*Runtime overhead*）：运行期检验会令编译器产出额外代码且妨碍优化。

- *无法用于泛型码中*（*Unusable in generic code*）：泛型码往往不可能知道哪一类异常可能被“操作 template 实参”的函数抛出，所以我们无法写出正确的异常明细。

现实中只有两种形式的“异常抛出保证”是有用的：一是操作可能抛出异常（任何异常），二是操作绝不会抛出任何异常。前者以完全省略异常明细来表现，后者可被表现为 throw()，但基于效率考量很少如此。

由于 noexcept 不需要 stack unwinding，程序员从今可以表现“绝不抛出”而不需要额外开销。这造成了自 C++11 起不再鼓励使用异常明细。

你甚至可以指明在某种条件下函数不抛出异常。例如，对于任意类型 *Type*，全局性的 swap() 通常被定义如下：

```
void swap (Type& x, Type& y) noexcept(noexcept(x.swap(y)))
{
    x.swap(y);
}
```

这里，在 noexcept(...) 中你可以指定一个 Boolean 条件，若符合就不抛出异常。换句话说，“指明 noexcept 而不带条件”其实是 noexcept(true) 的一个简洁形式。

本例的条件是 noexcept(x.swap(y))，用到的 noexcept操作符会在“小括号内的表达式不可抛出异常”时产生 true。因此这个全局性 swap() 也就是表明，如果第一实参所调用的成员函数 swap() 不抛出异常，它就不会抛出异常。

再举一个例子，“接受 value pair 为实参”的 move assignment 操作符声明如下：

```
pair& operator= (pair&& p)
        noexcept(is_nothrow_move_assignable<T1>::value &&
                 is_nothrow_move_assignable<T2>::value);
```

这里用到了 is_nothrow_move_assignable type trait，后者用来检查，针对被传入的类型，是否可能存在一个不抛出异常的 move assignment 操作符（见 5.4.2 节第 127 页）。

据 [*N3279:LibNoexcept*] 所载，noexcept 以下列保守方式被引入程序库中：

- *每一个库函数 ... 它们 ... 不可抛出异常*且未指明任何不明确（未定义）行为——例如因先决条件被打破而造成——*应被标示为无条件的* noexcept。
- *如果程序库提供的 swap 函数、 move 构造函数或 move assignment 操作符 ... 可借由* noexcept *操作符证明不抛出异常，就应该被标示为带条件的* noexcept。*任何其他函数都不该使用带条件的* noexcept。
- *程序库的任何析构函数都不该抛出异常。它必须使用隐式供应的（nonthrowing）异常明细。*
- *程序库函数如果被设计用来与 C code 兼容 ... 可被标示为一个无条件的* noexcept。

注意，noexcept 很慎重地不适用于任何带先决条件（若违反会导致不明确行为）的 C++ 函数。因此程序库得以提供一个“安全模式”，在函数被误用时抛出“先决条件违反”异常。

为了强化可读性以及节省篇幅，本书中我总是略过 noexcept。

3.1.8 关键字 constexpr

自 C++11 起，constexpr 可用来让表达式核定于编译期。例如：

```
constexpr int square (int x)
{
    return x * x;
}
float a[square(9)];   // OK since C++11: a has 81 elements
```

这个关键字修正了一个在 C++98 使用数值极限（见 5.3 节第 115 页）时出现的问题。在 C++11 之前，如下式子

```
std::numeric_limits<short>::max()
```

无法被用作一个整数常量，虽然它在功能上等同于宏 INT_MAX。如今，在 C++11 中，这样一个式子被声明为 constexpr，于是，举个例子，你可以用它声明 array 或进行编译期运算（所谓 metaprogramming）：

```
std::array<float,std::numeric_limits<short>::max()> a;
```

本书中我总是略过 constexpr 以强化可读性并节省篇幅。

3.1.9 崭新的 Template 特性

Variadic Template

自 C++11 起，template 可拥有那种"得以接受个数不定之 template 实参"的参数。此能力称为 *variadic template*。举个例子，你可以写出这样的 print()，得以在调用它时给予不定个数的实参且各具不同类型：

```
void print ()
{
}

template <typename T, typename... Types>
void print (const T& firstArg, const Types&... args)
{
    std::cout << firstArg << std::endl;   // print first argument
    print(args...);                       // call print() for remaining arguments
}
```

如果传入 1 或多个实参，上述的 function template 就会被调用，它会把第一实参区分开来，允许第一实参被打印，然后递归调用 print()并传入其余实参。你必须提供一个 non-template 重载函数 print()，才能结束整个递归动作。

举个例子，如下调用

```
print (7.5, "hello", std::bitset<16>(377), 42);
```

会导致以下输出（其中的 bitset 详见 12.5.1 节第 652 页）：

```
7.5
hello
0000000101111001
42
```

注意，目前还在讨论以下例子是否也有效，原因是，正规而言，一个“单实参的 variadic 形式”与一个“单实参的 nonvariadic 形式”形成歧义；然而编译器通常接受这样的代码：

```
template <typename T>
void print (const T& arg)
{
    std::cout << arg << std::endl;
}

template <typename T, typename... Types>
void print (const T& firstArg, const Types&... args)
{
    std::cout << firstArg << std::endl;   // print first argument
    print(args...);                       // call print() for remaining arguments
}
```

在 variadic template 内，`sizeof...(args)` 会生成实参个数。

Class `std::tuple<>` 大量使用了这一特性（见 5.1.2 节第 68 页）。

Alias Template（带别名的模板，或者叫 Template Typedef）

自 C++11 起，支持 template (partial) type definition。然而由于关键字 `typename` 用于此处时总是出于某种原因而失败，所以这里引入关键字 `using`，并因此引入一个新术语 *alias template*。举个例子，写出以下代码

```
template <typename T>
using Vec = std::vector<T,MyAlloc<T>>;   // standard vector using own allocator
```

后，

```
Vec<int> coll;
```

就等价于

```
std::vector<int,MyAlloc<int>> coll;
```

5.2.5 节第 108 页还有一例。

其他的 Template 新特性

自 C++11 起，function template（见 3.2 节第 34 页）可拥有默认的 template 实参。此外，local type 可被当作 template 实参。

3.1.10 Lambda

C++11 引入了 *lambda*，允许 inline 函数的定义式被用作一个参数，或是一个 local 对象。

Lambda 改变了 C++ 标准库的用法。比如，6.9 节第 229 页及 10.3 节第 499 页讨论了如何使用 lambda 搭配 STL 算法和容器，18.1.2 节第 958 页则展示了如何使用 lambda 定义并发（concurrently）代码。

Lambda 的语法

所谓 lambda 是一份功能定义式，可被定义于语句（statement）或表达式（expression）内部。因此你可以拿 lambda 当作 inline 函数使用。

最小型的 lambda 函数没有参数，什么也不做，如下：

```
[] {
    std::cout << "hello lambda" << std::endl;
}
```

可以直接调用它：

```
[] {
    std::cout << "hello lambda" << std::endl;
} ();          // prints "hello lambda"
```

或是把它传递给对象，使之能被调用：

```
auto l = [] {
             std::cout << "hello lambda" << std::endl;
         };
...
l();           // prints "hello lambda"
```

如你所见，lambda 总是由一个所谓的 *lambda introducer* 引入：那是一组方括号，你可以在其内指明一个所谓的 *capture*，用来在 lambda 内部访问“nonstatic 外部对象”。如果无须访问外部数据，这组方括号可以为空，就像本例所示。Static 对象，诸如 `std::cout`，是可被使用的。

在 lambda introducer 和 lambda body 之间，你可以指明参数或 `mutable`，或一份异常明细（exception specification）或 attribute specifier 以及返回类型。所有这一切都可有可无，但如果其中一个出现了，参数所需的小括号就必须出现。因此 lambda 语法也可以是

    [...] {...}

或

    [...] (...) mutable$_{opt}$ *throwSpec*$_{opt}$ ->*retType*$_{opt}$ {...}

Lambda 可以拥有参数，指明于小括号内，就像任何函数一样：

```
auto l = [] (const std::string& s) {
             std::cout << s << std::endl;
         };
l("hello lambda");      // prints "hello lambda"
```

然而请注意，lambda 不可以是 template。你始终必须指明所有类型。

Lambda 也可以返回某物。但你不需要指明返回类型，该类型会根据返回值被推导出来。例如下面的 lambda 的返回类型是 `int`：

```
[] {
    return 42;
}
```

如果一定想指明一个返回类型，可使用新式 C++ 语法，一般函数也可以用它（见 3.1.12 节第 32 页）。例如下面的 lambda 返回 `42.0`：

```
[] () -> double {
    return 42;
}
```

这么一来你就必须指明返回类型，放在实参所需的小括号以及字符 `->` 之后。

在参数和返回类型指示（return specification）或函数体之间，你也可以写出一份异常明细（exception specification），就像你能够为一般函数所做的那样。然而目前已不鼓励为函数撰写异常明细（见 3.1.7 节第 24 页）。

Capture（用以访问外部作用域）

在 lambda introducer （每个 lambda 最开始的方括号）内，你可以指明一个 *capture* 用来处理外部作用域内未被传递为实参的数据：

- `[=]` 意味着外部作用域以 by value 方式传递给 lambda。因此当这个 lambda 被定义时，你可以读取所有可读数据（readable data），但不能改动它们。
- `[&]` 意味着外部作用域以 by reference 方式传递给 lambda。因此当这个 lambda 被定义时，你对所有数据的涂写动作都合法，前提是你拥有涂写它们的权力。

也可以个别指明 lambda 之内你所访问的每一个对象是 by value 或 by reference。因此你可以对访问设限，也可以混合不同的访问权力。例如下面这些语句：

```
int x=0;
int y=42;
auto qqq = [x, &y] {
                std::cout << "x: " << x << std::endl;
                std::cout << "y: " << y << std::endl;
                ++y;  // OK
            };
x = y = 77;
qqq();
qqq();
std::cout << "final y: " << y << std::endl;
```

会产生以下输出：

```
x: 0
y: 77
x: 0
y: 78
final y: 79
```

由于 x 是因 by value 而获得一份拷贝，在此 lambda 内部你可以改动它，但若调用 ++x 是通不过编译的。y 以 by reference 方式传递，所以你可以涂写它，并且其值的变化会影响外部；所以调用这个 lambda 二次，会使指定值 77 被累加。

你也可以写 [=, &y] 取代 [x, &y]，意思是以 by reference 方式传递 y，其他所有实参则以 by value 方式传递。

为了获得 passing by value 和 passing by reference 混合体，你可以声明 lambda 为 mutable。下例中的对象都以 by value 方式传递，但在这个 lambda 所定义的函数对象内，你有权力涂写传入的值。例如：

```
int id = 0;
auto f = [id] () mutable {
                std::cout << "id: " << id << std::endl;
                ++id;     // OK
          };
id = 42;
f();
f();
f();
std::cout << id << std::endl;
```

会产生以下输出：

```
id: 0
id: 1
id: 2
42
```

你可以把上述 lambda 的行为视同下面这个 function object（见 6.10 节第 233 页）：

```
class {
  private:
    int id;  // copy of outside id
  public:
    void operator() () {
            std::cout << "id: " << id << std::endl;
            ++id;     // OK
    }
};
```

由于 `mutable` 的缘故，operator () 被定义为一个 non-const 成员函数，那意味着对 `id` 的涂写是可能的。所以，有了 `mutable`， lambda 变得 stateful，即使 state 是以 by value 方式传递。如果没有指明 `mutable`（一般往往如此），operator () 就成为一个 const 成员函数，那么对于对象你就只能读取，因为它们都以 by value 方式传递。 10.3.2 节第 501 页有一个例子使用 lambda 并使用 `mutable`，该处会讨论可能出现的问题。

Lambda 的类型

Lambda 的类型，是个不具名 function object（或称 functor）。每个 lambda 表达式的类型是独一无二的。因此如果想根据该类型声明对象，可借助于 template 或 `auto`。如果你实在需要写下该类型，可使用 `decltype()`（见 3.1.11 节第 32 页），例如把一个 lambda 作为 hash function 或 ordering 准则或 sorting 准则传给 associative （关联式）容器或 unordered （不定序）容器，详见 6.9 节第 232 页及 7.9.7 节第 379 页。

或者你也可以使用 C++ 标准库提供的 `std::function<>` class template，指明一个一般化类型给 functional programming（见 5.4.4 节第 133 页）使用。这个 class template 提供了“明确指出函数的返回类型为 lambda”的唯一办法：

```
// lang/lambda1.cpp

#include<functional>
#include<iostream>

std::function<int(int,int)> returnLambda ()
{
    return [] (int x, int y) {
                  return x*y;
             };
}

int main()
{
    auto lf = returnLambda();
    std::cout << lf(6,7) << std::endl;
}
```

程序的输出当然是：

```
42
```

3.1.11 关键字 decltype

新关键字 decltype 可让编译器找出表达式（expression）类型。这其实就是常被要求的 typeof 的特性体现。只不过原有的 typeof 缺乏一致性又不完全，C++11 才引入这么一个关键字。举个例子：

```
std::map<std::string,float> coll;
decltype(coll)::value_type elem;
```

decltype 的应用之一是声明返回类型（见下），另一个用途是在 metaprogramming（超编程，见 5.4.1 节第 125 页）或用来传递一个 lambda 类型（见 10.3.4 节第 504 页）。

3.1.12 新的函数声明语法（New Function Declaration Syntax）

有时候，函数的返回类型取决于某个表达式对实参的处理。然而类似

```
template <typename T1, typename T2>
decltype(x+y) add(T1 x, T2 y);
```

在 C++11 之前是不可能的，因为返回式所使用的对象尚未被引入，或未在作用域内。

但是在 C++11，你可以将一个函数的返回类型转而声明于参数列之后：

```
template <typename T1, typename T2>
auto add(T1 x, T2 y) -> decltype(x+y);
```

这种写法所采用的语法，和“为 lambda 声明返回类型”是一样的（见 3.1.10 节第 28 页）。

3.1.13 带领域的（Scoped） Enumeration

C++11 允许我们定义 *scoped enumeration*——又称为 *strong enumeration* 或 *enumeration class*——这是 C++ enumeration value（或称 *enumerator*）的一个较干净的实现。例如：

```
enum class Salutation : char { mr, ms, co, none };
```

重点在于，在 enum 之后指明关键字 class。

Scoped enumeration 有以下优点：

- 绝不会隐式转换至/自 int。
- 如果数值（例如 mr）不在 enumeration 被声明的作用域内，你必须改写为 Salutation::mr。
- 你可以明显定义低层类型（underlying type，本例是 char）并因此获得一个保证大小（如果你略去这里的“: char”，默认类型是 int）。
- 提前声明（forward declaration） enumeration type 是可能的，那会消除“为了新的 enumerations value 而重新编译”的必要——如果只有类型被使用的话。

注意，有了 type trait `std::underlying_type`，你可以核定（evaluate）一个 enumeration type 的低层类型（详见 5.4.2 节第 131 页）。

标准异常的差错状态值（error condition value）也是个 *scoped enumerator*（见 4.3.2 节第 45 页）。

3.1.14 新的基础类型（New Fundamental Data Type）

以下的新式基本数据类型，定义于 C++11：

- `char16_t` 和 `char32_t`（见 16.1.3 节第 852 页）
- `long long` 和 `unsigned long long`
- `std::nullptr_t`（见 3.1.1 节第 14 页）

3.2 虽旧犹新的语言特性

虽然 C++98 已超过10岁，程序员仍然会对其中某些语言特性感到惊讶。本节展示其中一部分。

Nontype Template Parameter（非类型模板参数）

Type parameter（类型参数）之外，我们也可以为 template 使用 nontype parameter（非类型参数）。这样的参数亦被视为 template 类型的一部分。例如对于标准的class `bitset<>`（见 12.5 节第 650 页），你可以传递 bit 个数作为 template 实参。下面的语句定义了两个 bitfield：一个带有 32 bit，另一个带有 50 bit。

```
bitset<32> flags32;    // bitset with 32 bits
bitset<50> flags50;    // bitset with 50 bits
```

这些 bitset 有着不同的类型，因为它们使用不同的 template 实参。因此你不可对上述二者进行赋值或比较，除非它们之间有一个相应的类型转换。

Default Template Parameter（模板参数默认值）

Class template 可以拥有默认实参。例如下面的声明式允许我们在声明 class `MyClass` 对象时指定 1 或 2 个 template 实参：

```
template <typename T, typename container = vector<T>>
class MyClass;
```

如果你只传入一个实参，第二实参会采用默认值：

```
MyClass<int> x1;          // equivalent to: MyClass<int,vector<int>>
```

注意，默认的 template 实参可以其前一个实参为依据而定义。

关键字 typename

关键字 typename 用来指明紧跟其后的是个类型。考虑下面的例子：

```
template <typename T>
class MyClass {
   typename T::SubType * ptr;
   ...
};
```

在这里 typename 用来阐明“SubType 是个类型，定义于 class T 内”。因此 ptr 是个 pointer，指向类型 T::SubType。如果没有 typename，SubType 会被视为一个 static 成员，于是

```
T::SubType * ptr
```

被视为“类型为 T 的数值 SubType”乘以 ptr。

基于“SubType 必须是个类型”这样的限定，任何被用来替换 T 的类型，都必须提供一个内层类型 SubType。例如，以类型 Q 作为此处的一个 template 实参的唯一可能是，类型 Q 有个内层类型 SubType：

```
class Q {
    typedef int SubType;
    ...
};

MyClass<Q> x;     // OK
```

此例之中，MyClass<Q> 的 ptr 成员将会成为一个 pointer to int。内层类型也可以是个抽象数据类型（abstract data type），例如是个 class：

```
class Q {
    class SubType;
    ...
};
```

注意，如果你需要指明“template 的某个标识符（identifier）其实是个类型”，那么总是需要 typename，即便它“如果不是个类型就毫无意义”。因此，C++ 的一般性规则就是，template 内的任何标识符都被视为一个 value，除非为它加上 typename。

此外在 template 声明式中 typename 也可被用来取代 class：

```
template <typename T> class MyClass;
```

Member Template（成员模板）

Class 的成员函数可以是 template。然而 member template 不可以是 virtual。举个例子：

```
class MyClass {
    ...
    template <typename T>
    void f(T);
};
```

上述的 MyClass::f 声明了“一组”成员函数，其参数可以是任意类型。你可以传递任何实参给它们，只要该实参的类型提供“f() 用到的所有操作”。

这一语言特性往往被用来支持 class template 内的成员之间的自动类型转换。例如下面的定义式中，assign() 的实参 x 必须和“调用 assign()”的那个对象的类型完全相同：

```
template <typename T>
class MyClass {
  private:
    T value;
  public:
    void assign (const MyClass<T>& x) { // x must have same type as *this
        value = x.value;
    }
    ...
};
```

如果 assign() 调用者和其实参（都是对象）的 template 类型不同，是不可以的，即便你提供了那些类型之间的自动转换：

```
void f()
{
    MyClass<double> d;
    MyClass<int> i;

    d.assign(d);    // OK
    d.assign(i);    // ERROR: i is MyClass<int>
                    //        but MyClass<double> is required
}
```

但如果你为成员函数提供一个不一样的 template 类型，你就可以从“必须精确吻合”的规则中解脱。现在，这个成员函数的 template 实参可具备任何 template 类型，只要该类型“可被赋值”：

```
template <typename T>
class MyClass {
  private:
    T value;
  public:
    template <typename X>                    // member template
    void assign (const MyClass<X>& x) {      // allows different template types
        value = x.getValue();
    }
```

```
    T getValue () const {
        return value;
    }
    ...
};

void f()
{
    MyClass<double> d;
    MyClass<int> i;

    d.assign(d);    // OK
    d.assign(i);    // OK (int is assignable to double)
}
```

注意，现在 assign() 的实参 x，其类型不同于 *this 的类型，因此你不可直接取用 MyClass<> 的 private 和 protected 成员。取而代之，你必须使用诸如本例 getValue() 之类的东西。

Member template 的一个特殊形式是所谓 *template 构造函数*。这种东西通常被提供用于“对象被复制时给予隐式类型转换”的能力。注意，template 构造函数并不压制 copy 构造函数的隐式声明。如果类型完全吻合，隐式的 copy 构造函数会被生成出来，并被调用。例如：

```
template <typename T>
class MyClass {
  public:
    // copy constructor with implicit type conversion
    // - does not suppress implicit copy constructor
    template <typename U>
    MyClass (const MyClass<U>& x);
    ...
};

void f()
{
    MyClass<double> xd;
    ...
    MyClass<double> xd2(xd);    // calls implicitly generated copy constructor
    MyClass<int> xi(xd);        // calls template constructor
    ...
}
```

这里，xd2 的类型完全相同于 xd，因此其初始化是通过被隐式生成的 copy 构造函数完成。xi 的类型不同于 xd，因此其初始化是通过 template 构造函数完成。所以，如果你实现出一个 template 构造函数，请不要忘记也提供一个 default 构造函数——如果后者的默认行为不符合你的需要。5.1.1 节第 60 页还有一个 member template 的例子。

Nested（嵌套式） Class Template

嵌套类（Nested class）也可以是 template：

```
template <typename T>
class MyClass {
    ...
    template <typename T2>
    class NestedClass;
    ...
};
```

3.2.1 基础类型的明确初始化（Explicit Initialization for Fundamental Type）

如果你使用"一个明确的构造函数调用，但不给实参"这样的语法，基础类型会被设定初值为 0：

```
int i1;              // undefined value
int i2 = int();      // initialized with zero
int i3{};            // initialized with zero (since C++11)
```

这个特性使你得以写出"确保无论任何类型，其值都有一个确凿的默认值"的 template code。例如下面的函数中，初始化机制保证了"x 如果是基础类型，会被初始化为 0"：

```
template <typename T>
void f()
{
    T x = T();
    ...
}
```

如果一个 template 强迫设置初值为 0，其值就是所谓的 *zero initialized*，否则就是 *default initialized*。

3.2.2 main()定义式

我还想澄清一个重要而常被误解的核心语言点：唯一"正确且具移植性"的 main()。根据 C++ 标准，main() 只有两种定义式具备可移植性，那就是

```
int main()
{
    ...
}
```

和

```
int main (int argc, char* argv[])
{
    ...
}
```

其中的 argv，也就是命令行实参（command-line argument）所形成的 array，也可定义为 char**。注意其返回类型必须是 int。

你可以（但非必要）以一个 return 语句终结 main()。不同于 C，C++ 定义了一个隐晦的

```
return 0;
```

于 main() 终点。这意味着任何程序离开 main() 时可以不写 return 语句。0 以外的任何值都代表某种失败（5.8.2 节第 162 页有若干预定义值）。为此，本书中我的所有例子都没在 main() 终点放上一个 return 语句。

如果不想以“main() 返回”方式结束 C++ 程序，通常应该调用 exit()、quick_exit()（C++11 之后）或 terminate()。详见 5.8.2 节第 162 页。

第4章
一般概念

本章讲述 C++ 标准库的基本概念。几乎所有 C++ 标准库组件都需要这些概念。

- 命名空间（namespace）std
- 头文件（header file）的名称与格式
- 差错和异常（error and exception）处理的一般概念
- 可被调用的对象（callable object）
- 并发及多线程（concurrency and multithreading）的基本概念
- 分配器（allocator）扼要介绍

4.1 命名空间（Namespace）std

当你采用不同的模块和/或程序库时，经常会出现名称冲突现象，这是因为不同的模块和程序库可能对不同的对象使用相同的标识符（identifier）。*Namespace* 正是用来解决这个问题的。所谓 namespace 是指标识符的某种可见范围。和 class 不同，namespace 具有扩展开放性，可发生于任何源码文件上。因此你可以使用一个 namespace 来定义若干组件，而它们可散布于多个实质模块（physical module）内。这类组件的典型例子就是 C++ 标准库，因为 C++ 标准库使用了一个 namespace。

事实上，C++ 标准库中的所有标识符都被定义于一个名为 std 的 namespace 内。C++11 还包含由 TR1 引入、被定义于 namespace std::tr1（见 2.1 节第 7 页）内的所有标识符。此外，namespace posix 被保留了，虽然它尚未被 C++ 标准库使用。

注意，以下 namespace 嵌套于 std 内，被 C++ 标准库使用：

- std::rel_ops（见 5.5.3 节第 138 页）
- std::chrono（见 5.7.1 节第 144 页）
- std::placeholders（见 6.10.3 节第 243 页）
- std::regex_constants（见 14.6 节第 732 页）
- std::this_thread（见 18.3.7 节第 981 页）

基于 namespace 带来的概念，欲使用 C++ 标准库的任何标识符，你有三种选择：

1. 直接指定标识符，例如写下 `std::ostream` 而不是 `ostream`。完整语句类似这样：
   ```
   std::cout << std::hex << 3.4 << std::endl;
   ```
2. 使用 *using declaration*。例如以下程序片段使我们后续不必写出范围限定符 `std::` 便可直接使用 `cout` 和 `endl`：
   ```
   using std::cout;
   using std::endl;
   ```
   于是先前的例子可写成这样：
   ```
   cout << std::hex << 3.4 << endl;
   ```
3. 使用 *using directive*， 这是最简便的选择。如果对 namespace `std` 采用 using directive，便可以让 `std`内的所有标识符都有效（曝光），就好像它们被声明为全局符号一样。 因此，写下
   ```
   using namespace std;
   ```
   之后，就可以直接这样写：
   ```
   cout << hex << 3.4 << endl;
   ```
   但请注意，在复杂的代码中，这种方式可能导致意外的名称冲突，更糟的是，由于某些晦涩的重载（overloading）规则甚至导致不一样的行为。如果场合不够明确（例如在头文件中），应避免使用 using directive。

本书的例子都很小，所以，为了我自己方便，书中的完整范例通常采用第 3 种手法。

4.2 头文件（Header File）

将 C++ 标准库的所有标识符都定义于 namespace `std` 内，这是标准化过程中引入的做法。这个做法不具向后兼容性，因为原先的 C/C++ 头文件都将 C++ 标准库的标识符定义于全局范围（global scope）。标准化过程中有些 class 的接口也有了变动（当然，尽可能以向后兼容为目标）。为此，C++ standard 特别引入一套新的头文件命名风格，这么一来组件供应商便得以借由“提供旧式头文件”达到向后兼容。

既然有必要重新定义标准头文件的名称，正好借此机会把头文件的扩展名做个规范。以往头文件的扩展名五花八门，包括 `.h`、`.hpp` 和 `.hxx`。相较之下如今的标准头文件扩展名简洁得令人吃惊：根本就没有扩展名。于是“欲纳入标准头文件”的 `include` 语句如下：

```
#include <iostream>
#include <string>
```

这种写法也适用于 C 标准头文件。但必须采用前缀字符 `c`，不再使用扩展名 `.h`：

```
#include <cstdlib>        // was: <stdlib.h>
#include <cstring>        // was: <string.h>
```

在这些头文件中，每一个标识符都被声明于 namespace std。

这种命名方式的优点之一是可以区分旧头文件中的 char* C 函数和新头文件中的标准 C++ class string：

```
#include <string>         // C++ class string
#include <cstring>        // char* functions from C
```

注意，从操作系统的角度看，新的头文件命名方式并非一定意味着标准头文件没有扩展名。针对标准头文件而写的 include 该如何处理乃是由编译器决定。C++ 系统有可能自动添加一个扩展名，甚至可能使用内建声明而根本不读入任何文件。然而，现实中，大多数系统只是简单含入一个“名称与 include 语句中的文件名完全相同”的文件。所以，在大部分系统中，C++ 标准头文件都没有扩展名。一般而言，为自己所写的头文件加上一个适当的扩展名仍然是好主意，有助于你在文件系统中轻易识别出它们。

为了向后兼容于 C，旧式的 C 标准头文件仍然有效，若有必要你还是可以使用它们，例如：

```
#include <stdlib.h>
```

此情况下标识符被声明于全局范围内，也声明于 namespace std 中。事实上这些头文件的行为类似“先在 std 中声明所有标识符，再明白使用 using declaration 把这些标识符引入全局范围”。

至于 <iostream.h> 这一类 C++ 旧式头文件，标准书中并未加以规范，这也意味着它们不再受到支持。现实中大多数厂商会提供它们，以求向后兼容。请注意，除了引入 namespace std，头文件中还有很多改变。所以，要么就采用头文件旧名，要么就应该完全改用新的标准名称。

4.3 差错和异常（Error and Exception）的处理

C++ 标准库由不同成分构成。来源不同，设计与实现风格迥异。而差错处理和异常处理正是这种差异的典型表征。标准库中有一部分，例如 string class，支持具体的差错处理，它们检查所有可能发生的差错，并于差错发生时抛出异常。至于其他部分，如 STL 和 valarray，效率重于安全，因此几乎不检验逻辑差错，并且只在运行期（runtime）发生差错时才抛出异常。

4.3.1 标准的 Exception Class（异常类）

所有被语言本身或标准库抛出的异常，都派生自基类 exception，定义于 <exception>。它是若干标准异常类的基类，它们共同形成一个类体系，如图4.1所示。这些标准异常类可被分为三组：

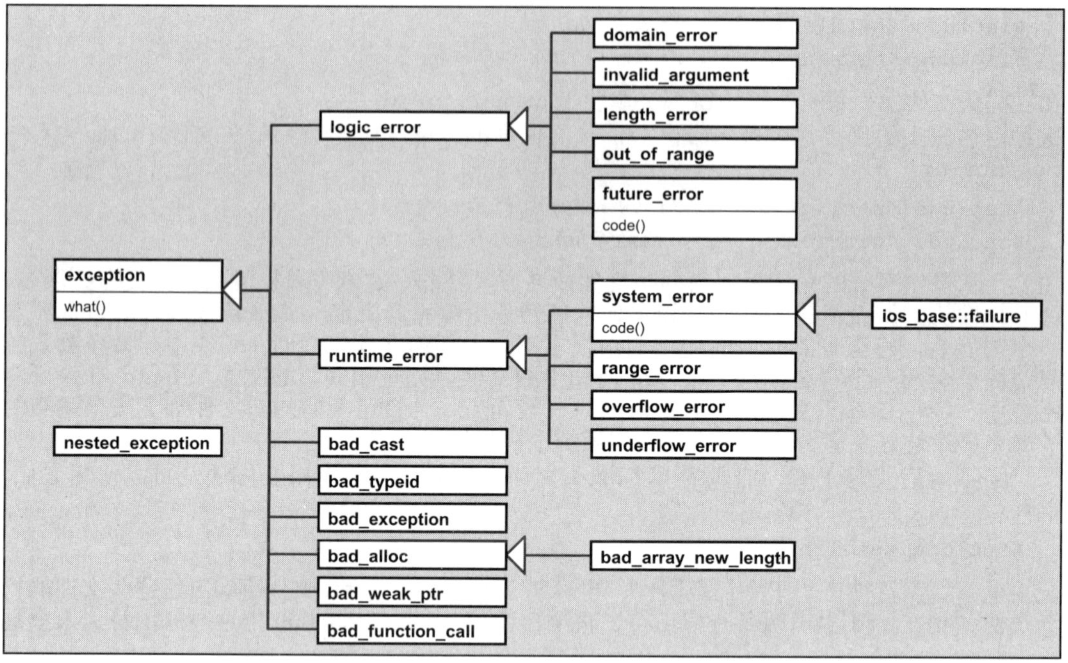

图 4.1 标准异常（Standard Exception）之层次体系

1. 语言本身支持的异常
2. C++ 标准库发出的异常
3. 程序作用域（scope of a program）之外发出的异常

逻辑错误通常可以避免，因为其错误原因发生在程序作用域（scope of a program）内，例如先决条件被违反。运行期异常则是由一个位于程序作用域之外的原因触发，例如资源不足。

针对语言支持（Language Support）而设计的异常类

此类异常用以支撑某些语言特性，所以，从某种角度说它们不是标准库的一部分，而是核心语言的一部分。以下操作如果失败就会抛出这类异常：

- 运行期间，当一个加诸 reference 身上的“动态类型转换”失败时，`dynamic_cast` 会抛出 `bad_cast` 异常，此异常定义于 `<typeinfo>`。
- 运行期类型辨识（RTTI）过程中，如果交给 `typeid` 操作符的实参为 0 或为空指针，`typeid` 操作符会抛出 `bad_typeid` 异常，此异常定义于 `<typeinfo>`。
- 定义于 `<exception>` 内的 `bad_exception` 异常被用来处理非预期的异常。它可以由函数 `unexpected()` 抛出，该函数会在“某个函数抛出的异常不在异常明细（exception specification）内”时被调用。然而请注意，自 C++11 起已经不再鼓励使用异常明细（见 3.1.7 节第 24 页）。

这些异常也可能被程序库函数抛出。举个例子，bad_cast 有可能由 use_facet<> 抛出，如果一个 facet 在某个 locale 内不可用的话（见 16.2.2 节第 864 页）。

针对逻辑差错（Logic Error）而设计的异常类

针对逻辑差错而设计的异常总是派生自 logic_error。所谓逻辑差错就是（至少就理论而言）可在程序中避免的错误，例如借由“对函数实参进行额外测试”而避免等等。这类错误包含如“违背逻辑先决条件”或“违反 class 不变性”等。C++ 标准库提供了以下 5 种针对逻辑差错的异常类：

- invalid_argument 表示无效实参，例如将 bitset（array of bits）以 char 而非 '0' 或 '1' 进行初始化。
- length_error 指出某个行为“可能超越最大容许大小”，例如对某个字符串附加太多字符。
- out_of_range 指出实参值“不在预期范围内”，例如在类似 array 的集合（array-like collection）或字符串（string）中采用一个错误索引。
- domain_error 指出领域范畴（domain）内的错误。
- 自 C++11 起，future_error 用来指出当使用非同步系统调用（asynchronous system call，见第 18 章）时发生的逻辑差错。注意，此范围内的运行期差错乃是借由 class system_error 发出。

一般而言，针对逻辑差错而设计的异常类往往被定义于 <stdexcept> 内，不过 class future_error 却是被定义于 <future>。

针对运行期差错（Runtime Error）而设计的异常类

派生自 runtime_error 的异常都被用来指出“不在程序作用域内且不容易回避”的事件。C++ 标准库为此提供了以下数个 class：

- range_error 指出内部计算时发生区间错误（range error）。自 C++11 起，C++ 标准库有可能在“wide string 和 byte string 之间转换”（见 16.4.4 节第 901 页）时发生这个异常。
- overflow_error 指出算术运算发生上溢（overflow）。C++ 标准库中如果一个 bitset 被转换为一个整数值（见 12.5.1 节第 652 页），就会抛出这个异常。
- underflow_error 指出算术运算发生下溢（underflow）。
- 自 C++11 起，system_error 用来指出因底层操作系统而发生的差错。C++ 标准库有可能在并发环境（例如 class thread、用以控制 data race 的那些类以及 async()〔见第 18 章〕）中抛出这个异常。
- 只要全局操作符 new 失败，定义于 <new> 的 bad_alloc 就会被抛出，除非用的是 new 的 nothrow 版本。由于这个异常可能于任何时间在任何较复杂程序中发生，所以可说是最重要的一个异常。

  自 C++11 起，派生自 bad_alloc 的 bad_array_new_length 会被 new 抛出——如果传给 new 的大小小于 0 或超过编译器定义的极限（也就是说，那将是个逻辑错误而不是个运行期错误）。

- 当“根据一个 shared pointer 创建出一个 weak pointer”的操作失败，定义于 <memory> 中的 bad_weak_ptr 会被抛出。详见 5.2.2 节第 89 页。
- 当一个 function 外覆物（wrapper object）被调用但其实没有目标（target）时，定义于 <functional> 中的 bad_function_call 会被抛出。详见 5.4.4 节第 133 页。

此外，针对标准库的 I/O 部分，有一个特别的异常类 ios_base::failure 被定义于 <ios>。此类异常可能会在 stream 由于发生错误或遇上 end-of-file 而改变其状态时被抛出。自 C++11 起这个类派生自 system_error，在 C++11 之前它直接派生自 exception。这个异常类的精确行为描述于 15.4.4 节第 762 页。

概念上说，bad_alloc 可被视为属于一种 system error。然而由于历史因素，也由于其重要性，当编译器想表现“内存不足”时，多半会抛出 bad_alloc 而不是 system_error。

一般而言，针对运行期差错而设计的 class 被定义于 <stdexcept> 内。但 system_error 却被定义于 <system_error> 内。

由标准库抛出的异常

如前所述，几乎所有异常类都有可能被 C++ 标准库抛出。尤其是，无论何时分配存储空间，都有可能抛出 bad_alloc 异常。

此外，由于标准库可能用到应用程序开发人员所写的代码，所以也可能间接掷出任何异常。

标准库的任何具体实现（implementation）都有可能提供更多异常类（或为兄弟类，或派生为子类）。然而使用这些非标准类将导致程序难以移植，因为一旦你想采用其他标准库实现，就不得不修改程序。所以最好只使用标准异常类。

异常类的头文件

异常类定义于许多头文件中。为了能够处理标准库可能抛出的所有异常，必须包含：

```
#include <exception>      // for classes exception and bad_exception
#include <stdexcept>      // for most logic and runtime error classes
#include <system_error>   // for system errors (since C++11)
#include <new>            // for out-of-memory exceptions
#include <ios>            // for I/O exceptions
#include <future>         // for errors with async() and futures (since C++11)
#include <typeinfo>       // for bad_cast and bad_typeid
```

4.3.2 异常类（Exception Class）的成员

为了在 catch 子句中处理异常，你必须采用该异常类提供的接口。所有标准异常都提供 what()，某些异常类还提供了 code()。

成员函数 what()

对所有标准异常而言，可用来获取“类型以外的附加信息”的唯一成员函数就是 what()，它返回一个以 null 结束的 byte string：

```
namespace std {
    class exception {
      public:
        virtual const char* what() const noexcept;
        ...
    };
}
```

what() 返回的 string 内容由编译器实现定义。注意，该 string 有可能是个以 null 结尾的 multibyte string，可被转换为 wstring（见 13.2.1 节第 664 页）。 what() 返回的 C-string 在其所属的异常对象被摧毁后，或是当那个异常对象被赋予新值后，就不再有效了。

差错码 vs. 差错状态（Error Code versus Error Condition）

异常类 system_error 和 future_error 还拥有一个额外的成员可以取得详细信息。然而在进入详细信息之前，我们必须先介绍所谓的“差错码”和“差错状态”的差别：

- **差错码**（Error code）是一种轻型对象（light-weight object），用来封装差错码值（error code value），后者可能由编译器实现指定（所谓 implementation-specific），不过也有某些差错码是标准化的。
- **差错状态**（Error condition）是一种提供“差错描述之可移植性抽象层”（portable abstractions of error descriptions）的对象。

对于异常，C++ 标准库具体给出的有时是差错码，有时是差错状态，取决于上下文和环境。事实上：

- Class std::errc 提供针对 std::system_error 异常而定义的*差错状态*——它们有相应的标准系统差错编号，定义于 <cerrno> 或 <errno.h>。
- Class std::io_errc 提供针对 std::ios_base::failure 异常而定义的*差错码*，这种异常自 C++11 起由 stream class 抛出（见 15.4.4 节第 762 页）。
- Class std::future_errc 提供针对 std::future_error 异常的*差错码*，这种异常由并发库（concurrency library，见第 18 章）抛出。

表4.1和表4.2列出了 C++ 标准库针对 system_error 异常而给的差错状态值。这些全都是带领域枚举值（scoped enumerator，见 3.1.13 节第 32 页），所以必须加上前缀 std::errc::。这些状态值必须有相应的 errno 值定义于 <cerrno> 或 <errno.h>。这些都不是差错码，差错码通常由编译器实现指定。

差错状态（Error Condition）	枚举值（Enum Value）
address_family_not_supported	EAFNOSUPPORT
address_in_use	EADDRINUSE
address_not_available	EADDRNOTAVAIL
already_connected	EISCONN
argument_list_too_long	E2BIG
argument_out_of_domain	EDOM
bad_address	EFAULT
bad_file_descriptor	EBADF
bad_message	EBADMSG
broken_pipe	EPIPE
connection_aborted	ECONNABORTED
connection_already_in_progress	EALREADY
connection_refused	ECONNREFUSED
connection_reset	ECONNRESET
cross_device_link	EXDEV
destination_address_required	EDESTADDRREQ
device_or_resource_busy	EBUSY
directory_not_empty	ENOTEMPTY
executable_format_error	ENOEXEC
file_exists	EEXIST
file_too_large	EFBIG
filename_too_long	ENAMETOOLONG
function_not_supported	ENOSYS
host_unreachable	EHOSTUNREACH
identifier_removed	EIDRM
illegal_byte_sequence	EILSEQ
inappropriate_io_control_operation	ENOTTY
interrupted	EINTR
invalid_argument	EINVAL
invalid_seek	ESPIPE
io_error	EIO
is_a_directory	EISDIR
message_size	EMSGSIZE
network_down	ENETDOWN
network_reset	ENETRESET
network_unreachable	ENETUNREACH
no_buffer_space	ENOBUFS
no_child_process	ECHILD
no_link	ENOLINK
no_lock_available	ENOLCK
no_message_available	ENODATA
no_message	ENOMSG
no_protocol_option	ENOPROTOOPT
no_space_on_device	ENOSPC
no_stream_resources	ENOSR
no_such_device_or_address	ENXIO
no_such_device	ENODEV
no_such_file_or_directory	ENOENT
no_such_process	ESRCH
not_a_directory	ENOTDIR
not_a_socket	ENOTSOCK

表 4.1 system_error 的差错状态，第一部分

差错状态（Error Condition）	枚举值（Enum Value）
not_a_stream	ENOSTR
not_connected	ENOTCONN
not_enough_memory	ENOMEM
not_supported	ENOTSUP
operation_canceled	ECANCELED
operation_in_progress	EINPROGRESS
operation_not_permitted	EPERM
operation_not_supported	EOPNOTSUPP
operation_would_block	EWOULDBLOCK
owner_dead	EOWNERDEAD
permission_denied	EACCES
protocol_error	EPROTO
protocol_not_supported	EPROTONOSUPPORT
read_only_file_system	EROFS
resource_deadlock_would_occur	EDEADLK
resource_unavailable_try_again	EAGAIN
result_out_of_range	ERANGE
state_not_recoverable	ENOTRECOVERABLE
stream_timeout	ETIME
text_file_busy	ETXTBSY
timed_out	ETIMEDOUT
too_many_files_open_in_system	ENFILE
too_many_files_open	EMFILE
too_many_links	EMLINK
too_many_symbolic_link_levels	ELOOP
value_too_large	EOVERFLOW
wrong_protocol_type	EPROTOTYPE

表 4.2　system_error 的差错状态，第二部分

表4.3列出了 C++ 标准库针对 future_errc 异常而定出的差错码值。它们都是带领域枚举值（scoped enumerator, 见 3.1.13 节第 32 页），所以必须加上前缀 std::future_errc::。[1]

针对 ios_base::failure 异常而指定的差错码只有一个：std::io_errc::stream。

差错码（Error Code）	意义
broken_promise	共享状态（shared state）被丢弃
future_already_retrieved	get_future() 已被调用
promise_already_satisfied	共享状态已有一个 value/exception，或是已经调用（invoked）
no_state	没有共享状态（No shared state）

表 4.3　future_error 的差错码

[1] 注意，在 C++11 中，future error 的差错码被明确定义为 future_errc::broken_promise者，其值为 0。但由于差错码 0 通常代表 no error，所以这是个设计失误。修正方式是，所有 future error 值如今被定义为“由实现指定”（implementation-specific）。

处理差错码（Error Code）和差错状态（Error Condition）

C++ 标准库为差错码和差错状态提供了两个不同的类型：分别是 class `std::error_code` 和 class `std::error_condition`。这可能带给你“差错处理大概很复杂”的印象。然而标准库的设计使你在比较差错码和差错状态时总是能够使用对象本身或其枚举值来进行。例如对于类型为 `std::error_code` 或 `std::error_condition` 的任何 error object `ec`，你都可以这么做：

```
if (ec == std::errc::invalid_argument) {  // check for specific error condition
    ...
}
if (ec == std::future_errc::no_state) {   // check for specific error code
    ...
}
```

因此，如果你的差错处理策略只是要检验是否为某种特定的差错码或差错状态，那么差错码和差错状态的差别其实不大。

为了能够处理差错码和差错状态，class `std::system_error` 及其所派生的 `std::ios_base::failure`，以及 class `std::_future_error`，都提供额外的非虚（nonvirtual）成员函数 `code()`，它会返回一个 `std::error_code` 对象：[2]

```
namespace std {
    class system_error : public runtime_error {
      public:
        virtual const char* what() const noexcept;
        const error_code& code() const noexcept;
        ...
    };

    class future_error : public logic_error {
      public:
        virtual const char* what() const noexcept;
        const error_code& code() const noexcept;
        ...
    };
}
```

而 class `error_code` 提供了成员函数，可取得差错状态的若干细节：

```
namespace std {
    class error_code {
      public:
```

[2] 严格地说，这些声明式落在不同的头文件内，而且 `what()` 并不是在此处被声明为 virtual，而是在其 base class 就声明了。

```
        const error_category& category() const noexcept;
        int                   value() const noexcept;
        string                message() const;
        explicit operator bool() const noexcept;
        error_condition       default_error_condition() const noexcept;
        ...
    };
}
```

这个接口受到以下设计的驱动：

- 不同的程序库可以对不同的差错码使用相同的整数值。所以，每个差错都有其一个分类和一个值。只有在某个分类之内，每个值才有其明确意义。
- `message()` 会产出一个相应信息，那通常是 `what()` 为所有异常产出的信息的一部分，虽然这并非必要。
- `operator bool()` 会产出一个真假值，代表是否有个差错码被设置（`0` 代表无错误）。当异常被捕捉时，这个成员函数通常应该产出 `true`。
- `default_error_condition()` 会返回相应的 `error_condition`，而它又提供了 `category()`、`value()`、`message()` 和 `operator bool()`：

```
namespace std {
    class error_condition {
      public:
        const error_category& category() const noexcept;
        int                   value() const noexcept;
        string                message() const;
        explicit operator bool() const noexcept;
        ...
    };
}
```

Class `std::error_category` 提供了以下接口：

```
namespace std {
    class error_category {
      public:
        virtual const char*     name() const noexcept = 0;
        virtual string          message (int ev) const = 0;
        virtual error_condition default_error_condition (int ev)
                                                   const noexcept;
        bool operator == (const error_category& rhs) const noexcept;
        bool operator != (const error_category& rhs) const noexcept;
        ...
    };
}
```

其中的 name() 会产出分类名称，message() 和 default_error_condition() 会返回被传入值相应的信息和默认差错状态（message and default error condition），这也是相应的 error_code 成员函数的行为。操作符 == 和 != 允许你拿两个“差错分类”进行比较。

下面是 C++ 标准库定义的分类名称：

- "iostream" 是针对类型为 ios_base::failure 的 I/O stream 异常。
- "generic" 是针对类型为 system_error 的 system 异常，其值对应于一个 POSIX errno value。
- "system" 是针对类型为 system_error 的 system 异常，其值并不对应一个 POSIX errno value。
- "future" 是针对类型为 future_error 的异常。

每一个分类都有相应的全局函数，返回分类：[3]

```
const error_category& generic_category() noexcept;   // in <system_errror>
const error_category& system_category() noexcept;    // in <system_error>
const error_category& iostream_category();           // in <ios>
const error_category& future_category() noexcept;    // in <future>
```

因此，对于一个差错码对象（error code object）e，你可以如下调用，看它是否是个 I/O failure：

```
if (e.code().category() == std::iostream_category())
```

以下示范如何使用一个泛型函数来处理（这里是指打印）不同的异常：

```
// util/exception.hpp

#include <exception>
#include <system_error>
#include <future>
#include <iostream>

template <typename T>
void processCodeException (const T& e)
{
    using namespace std;
    auto c = e.code();
    cerr << "- category:     " << c.category().name() << endl;
    cerr << "- value:        " << c.value() << endl;
    cerr << "- msg:          " << c.message() << endl;
    cerr << "- def category: "
         << c.default_error_condition().category().name() << endl;
```

[3] 这或许是个疏忽：iostream_category() 并不被声明为 noexcept。

```
    cerr << "- def value:     "
         << c.default_error_condition().value() << endl;
    cerr << "- def msg:       "
         << c.default_error_condition().message() << endl;
}

void processException()
{
    using namespace std;
    try {
        throw;  // rethrow exception to deal with it here
    }
    catch (const ios_base::failure& e) {
        cerr << "I/O EXCEPTION: " << e.what() << endl;
        processCodeException(e);
    }
    catch (const system_error& e) {
        cerr << "SYSTEM EXCEPTION: " << e.what() << endl;
        processCodeException(e);
    }
    catch (const future_error& e) {
        cerr << "FUTURE EXCEPTION: " << e.what() << endl;
        processCodeException(e);
    }
    catch (const bad_alloc& e) {
        cerr << "BAD ALLOC EXCEPTION: " << e.what() << endl;
    }
    catch (const exception& e) {
        cerr << "EXCEPTION: " << e.what() << endl;
    }
    catch (...) {
        cerr << "EXCEPTION (unknown)" << endl;
    }
}
```

这就允许我们如下这样处理异常：

```
try {
    ...
}
catch (...) {
    processException();
}
```

其他成员

标准异常类中的其他成员，分别负责生成、复制、赋值、销毁等操作。

注意，除了 what() 和 code()，任何标准异常类再没有提供其他任何成员函数能够描述异常种类。例如，没有任何移植性写法可以找出异常脉络（context），或找出区间错误（range error）发生时的错误索引值。因此，唯一具移植性的异常估算手段，大概只有“打印 what() 返回的信息”一条途径了：

```
try {
    ...
}
catch (const std::exception& error) {
    // print implementation-defined error message
    std::cerr << error.what() << std::endl;
    ...
}
```

唯一可能的其他估算手法，或许是一份对异常精确类型的阐释。例如，当一个 bad_alloc 异常被抛出，可能是程序试图取得更多内存。

4.3.3 以 Class exception_ptr 传递异常

自 C++11 起，C++ 标准库 提供一个能力：将异常存储于类型为 exception_ptr 的对象中，稍后才在其他情境（context）中处理它们：

```
#include <exception>

std::exception_ptr eptr;     // object to hold exceptions (or nullptr)

void foo ()
{
    try {
        throw ...;
    }
    catch (...) {
        eptr = std::current_exception();   // save exception for later processing
    }
}

void bar ()
{
    if (eptr != nullptr) {
        std::rethrow_exception(eptr);      // process saved exception
    }
}
```

current_exception() 会返回一个 exception_ptr 对象，指向当前正被处理的异常。该异常会保持有效，直到没有任何 exception_ptr 指向它。rethrow_exception() 会重新抛出那个被存储的异常，因此 bar() 的作为就像是“最初在 foo() 被抛出的那个异常发生于 bar() 之内”。

这个特性在我们打算于线程之间传递异常时特别有用（见 18.2.1 节第 964 页）。

4.3.4 抛出标准异常

你可以在自己的程序库或程序内部抛出某些标准异常。所有“提供了 what() 接口”的逻辑差错和运行期差错（logic error and runtime error）标准异常，都只有一个构造函数接受 std::string 和（自 C++11 起）一个构造函数接受 const char*，那些文字将成为由 what() 返回的描述字符串。例如 logic_error 定义如下：

```
namespace std {
    class logic_error : public exception {
      public:
        explicit logic_error (const string& whatString);
        explicit logic_error (const char*   whatString);  // since C++11
        ...
    };
}
```

std::system_error 比较特别，它提供的构造函数还包括接受一个差错码，接受一个 what() string，接受一个可有可无的分类等等：

```
namespace std {
    class system_error : public runtime_error {
      public:
        system_error (error_code ec, const string& what_arg);
        system_error (error_code ec, const char* what_arg);
        system_error (error_code ec);
        system_error (int ev, const error_category& ecat,
                      const string& what_arg);
        system_error (int ev, const error_category& ecat,
                      const char* what_arg);
        ...
    };
}
```

为了提供一个 error_code 对象，标准库提供辅助函数 make_error_code()，你只需给它一个差错码即可。

Class std::ios_base::failure 提供一个构造函数，接受一个 what() string 和（自 C++11 起）一个可有可无的 error_code 对象。Class std::future_error 提供的构造函数只接受一个 error_code 对象。

因此，抛出标准异常是很简单的一件事：

```
throw std::out_of_range ("out_of_range (somewhere, somehow)");

throw
  std::system_error (std::make_error_code(std::errc::invalid_argument),
                     "argument ... is not valid");
```

你不可以抛出基础的 exception 异常，也不可以抛出任何针对语言支持而设计的异常，如 bad_cast、 bad_typeid、 bad_exception。

4.3.5 自标准异常类派生

另一个可在你的程序中运用标准异常类的情况是，定义一个直接或间接派生自 exception 的异常类。欲这么做，首先必须确保 what() 机制和 code() 机制正常运作。这是办得到的，因为 what() 是虚函数。 12.1.3 节第 635 页的 class Stack 提供了一个这样的例子。

4.4 Callable Object（可被调用的对象）

C++ 标准库在不同的地方都用过术语 *callable object*，意思是“可被某种方式调用其某些函数”的对象。它可以是：

- 一个函数，接受额外传入的 *args* 作为实参（argument）。
- 一个指向成员函数的指针（a pointer to a member function），当你通过对象调用它，该对象被传递成为第一实参（必须是个 reference 或 pointer），其他实参则一一对应成员函数的参数。
- 一个函数对象（function object，该对象拥有 operator ()），附带的 *args* 被传递作为实参。
- 一个 lambda（见 3.1.10 节第 28 页），严格地说它是一种函数对象。

例如：

```
void func (int x, int y);

auto l = [] (int x, int y) {
             ...
         };

class C {
  public:
    void operator () (int x, int y) const;
    void memfunc (int x, int y) const;
};
```

```
int main()
{
    C c;
    std::shared_ptr<C> sp(new C);

    //bind() uses callable objects to bind arguments:
    std::bind(func,77,33)();                  // calls: func(77,33)
    std::bind(l,77,33)();                     // calls: l(77,33
    std::bind(C(),77,33)();                   // calls: C::operator()(77,33)
    std::bind(&C::memfunc,c,77,33)();         // calls: c.memfunc(77,33)
    std::bind(&C::memfunc,sp,77,33)();        // calls: sp->memfunc(77,33)

    //async() uses callable objects to start (background) tasks:
    std::async(func,42,77);                   // calls: func(42,77)
    std::async(l,42,77);                      // calls: l(42,77)
    std::async(c,42,77);                      // calls: c.operator()(42,77)
    std::async(&C::memfunc,&c,42,77);         // calls: c.memfunc(42,77)
    std::async(&C::memfunc,sp,42,77);         // calls: sp->memfunc(42,77)
}
```

如你所见，甚至可使用 smart pointer（见 5.2 节第 76 页）传递某对象并指明其将被调用的成员函数。本例出现的 `std::bind()` 将在 10.2.2 节第 487 页详述，`std::async()` 将在 18.1 节第 946 页详述。

如果想声明 *callable object*，一般而言可使用 class `std::function<>`（详见 5.4.4 节第 133 页）。

4.5 并发与多线程

在 C++11 之前，语言本身和 C++ 标准库都不支持并发（concurrency），虽然编译器实现可以任意对此提供某些支持。在 C++11 中情况改变了，不论内核语言或标准库都加强支持并发编程（concurrent programming）。

以下适用于内核语言：

- 如今具备了这样一个内存模型（memory model），保证当你修改"被不同的两个线程使用的"两个不同对象时，它们彼此独立。在 C++11 之前，并不保证"某线程涂写一个 `char`"不会干涉"另一线程涂写另一个 `char`"（见 [*Stroustrup:C++0x*] "The memory model"一节）。
- 引入一个新关键字 `thread_local`，用来定义"线程特定（thread-specific）"的变量和对象。

标准库则提供以下特性：

- 若干与线程安全（thread safety）相关的保证。
- 支持类和函数的并发运算（启动和同步多个线程）。

那些类和函数将在第 18 章讨论，相关讨论则是遍及全书。这里我想先给大家一份关于“一般性保证”的概览。

C++ 标准库提供的一般性并发保证（General Concurrency Guarantee）

自 C++11 起，C++ 标准库对于并发和多线程提供的一般性规范如下：

- 一般而言，多个线程共享同一个程序库对象而其中至少一个线程改动该对象时，可能会导致不明确行为。以下引自 C++ standard：“面对被多线程共享的某个标准库类型的某个对象，改动它会造成‘导致不明确行为’的风险。除非该类型的对象被明确指定为‘*sharable without data races*’或使用者为它提供了一个 *locking* 机制。”
- 特别是，某个线程的对象构造期间，另一个线程使用了该对象，会导致不明确行为。同样道理，在某个线程中析构对象，而另一个线程正在使用它，也会导致不明确行为。注意，这些甚至适用于针对线程同步（thread synchronization）而提供的对象。

“并发访问标准库对象”的几个最重要的地方是：

- STL 容器（见第 7 章）和容器适配器（container adapter，见第 12 章）提供以下保证：
  - 并发的只读访问（read-only access）是允许的。这明确意味着调用 nonconstant 成员函数 `begin()`、`end()`、`rbegin()`、`rend()`、`front()`、`back()`、`data()`、`find()`、`lower_bound()`、`upper_bound()`、`equal_range()`、`at()`、operator `[]`（关联式容器除外），以及通过迭代器进行的访问（只要它们不改动容器），都是允许的。
  - 并发处理同一容器内的不同元素是可以的（除了 class `vector<bool>`）。因此，不同的线程可以并发地读和/或写相同容器内的不同元素。举个例子，每个线程都可以对一个可共享的（shared） vector 处理某些东西并将结果存储于其元素中。
- “对标准 stream 进行格式化输入和输出”（它们与 C I/O 同步，见 15.14.1 节第 845 页）的并发处理是可能的；虽然，导致插叙字符（interleaved character）也是可能的。这东西默认适用于 `std::cin`、`std::cout` 和 `std::cerr`。然而对于 string stream、 file stream 或 stream buffer，并发处理会导致不明确行为。
- `atexit()` 和 `at_quick_exit()`（见 5.8.2 节第 162 页）的并发调用是同步的。 相同情况适用于那些设定或取得 new、 terminate 或 unexpected handler 的函数（亦即 `set_new_handler()`、 `set_unexpected()`、 `set_terminate()` 及相应的 getter）。 此外，`getenv()` 也是同步的。
- 默认分配器（见第 19 章）的所有成员函数，除了析构函数，其并发处理都被同步（synchronized）。

也请注意，C++ 标准库保证它不存在任何隐形副作用会破坏“对不同对象的并发处理”。因此，C++ 标准库

- 不会去访问那些 reachable object，除非某个操作特别指定要那些东西。
- 不被允许在其内部引入 shared static object 却未令其同步（synchronization）。
- 唯有在“对程序员不存在可见副作用（visible side effect）”的情况下才允许编译器将操作并行。然而，请参看 18.4.2 节第 983 页.

4.6 分配器（Allocator）

C++ 标准库在许多地方采用特殊对象处理内存的分配和归还，这样的对象称为 *allocator*（分配器）。Allocator 表现出一种特殊内存模型（memory model），被当成一种用来把“内存需求”转换为“内存低级调用”的抽象层。如果在相同时间采用多个不同的 allocator 对象，你便可以在同一个程序中采用不同的内存模型。

最初，allocator 是作为 STL 的一部分而引入，用来处理诸如 PC 上不同指针类型（例如 near、far、huge 指针）这一类乱七八糟的问题；现在则作为“运用某种内存模型”之技术方案的基础，使得诸如共享内存（shared memory）、垃圾回收（garbage collection）、面向对象数据库（object-oriented database）等解决方案能够保持一致接口。这种用法目前还相当新颖，尚未获得广泛接受，不过情况正在改变。

C++ 标准库定义了一个 *default allocator* 如下：

```
namespace std {
    template <typename T>
    class allocator;
}
```

这个 default allocator 可在“allocator 得以被当作实参使用”的任何地方充当默认值，它会执行内存分配和回收的一般性手法；也就是说，它会调用 `new` 和 `delete` 操作符。但是 C++ 并没有对于“在什么时候以什么方式调用这些操作符”给予明确规定。因此，default allocator 甚至可能在其内部对分配所得之内存采用缓存（cache）手法。

绝大多数程序都使用 default allocator，但有时候其他程序库也可能提供某些 allocator 满足特定需求。这种情况下只需简单地将它们当作实参即可。只有少数情况下才需要自行写一个 allocator，现实中最常使用的还是 default allocator，所以我将等到第 19 章再详细探讨 allocator，包括其接口。

第5章
通用工具

本章讲解 C++ 标准库的通用工具。它们由短小精干的类和函数构成，执行最一般性的工作。这些工具包括：

- Class pair<> 和 class tuple<>
- Smart pointer class（shared_ptr<> 和 unique_ptr）
- 数值极值[1]（Numeric limit）
- Type trait 和 type utility
- 辅助函数（如min()、max() 和 swap()）
- Class ratio<>[1]
- Clock 和 timer
- 若干重要的 C 函数

大部分通用工具描述于 C++ standard 第 20 项“General Utilities”。其余工具则与标准库中一些较主要的组件一起描述，原因是该类工具主要便是和那些组件共同使用，或是基于历史因素。例如某些通用辅助函数被定义于 <algorithm> 头文件中，但按照 STL 的定义它们不算是算法（见第 6 章）。

这些工具中的一部分也被 C++ 标准库使用，例如类型 pair<>，凡需要将两个 value 视为一个单元的场合——例如函数必须“返回两个 value”或容器元素是 key/value pair——就必须用到它。而当需要复杂的类型转换时，就会用上 type trait。

[1] 也许有人认为数值极值和 class ratio<> 应该属于第 17 章，那儿专门讨论数值，但由于这些 class 也被程序库的其他部分用到，所以我决定把它们放在这里。

5.1 Pair 和 Tuple

C++ 标准库的第 1 版，C++98，提供了一个简单的 class，用来处理类型不同的两个（一对）值，而不需为它们再定义特别的 class。当标准函数需要返回一个 value pair，或者当容器元素是个 key/value pair 时，就会用上这样一个 C++98 class。

TR1 引入了一个 tuple class，它将上述概念延伸，接受任意（但仍有限）个元素。标准库实现保证可移植的范围是：允许 tuple 带有最多 10 个类型不同的元素。

到了 C++11，tuple class 被重新实现，采用 variadic template 概念（见 3.1.9 节第 26 页）。现在我们有了一个标准的 tuple class，可用于任意大小的异质集合（heterogeneous collection）。而与此同时，class pair 仍旧为两个元素服务，用来组合一个双元素的 tuple。

不过，C++11 的 pair class 也有很大扩展，某种程度上展示了 C++ 语言及其标准库的提升。

5.1.1 Pair

Class pair 可将两个 value 视为一个单元。C++ 标准库内多处用到了这个 class。尤其容器 map、multimap、unordered_map 和 unordered_multimap 就是使用 pair 来管理其以 key/value pair 形式存在的元素（详见 7.8 节第 331 页）。任何函数如果需返回两个 value，也需要用到 pair，例如 minmax()（见 5.5.1 节第 134 页）。

Struct pair 定义于 <utility>，提供表5.1所列的各项操作。原则上你可以对 pair<> 执行 create、copy/assign/swap 及 compare 操作。此外它还提供 first_type 和 second_type 类型定义式，用来表示第一 value 和第二 value 的类型。

元素访问

为了让程序能够处理 pair 的两个值，它提供了“直接访问对应数据成员”的能力。事实上由于它是个 struct 而不是 class，以至于所有成员都是 public：

```
namespace std {
    template <typename T1, typename T2>
    struct pair {
        // member
        T1 first;
        T2 second;
        ...
    };
}
```

操作函数	影响
pair<T1,T2> *p*	Default 构造函数，建立一个 pair，其元素类型分别为 T1 和 T2，各自以其 default 构造函数初始化
pair<T1,T2> *p*(*val1*,*val1*)	建立一个 pair，元素类型分别为 T1 和 T2，以 *val1* 和 *val1* 为初值
pair<T1,T2> *p*(*rv1*,*rv2*)	建立一个 pair，元素类型分别为 T1 和 T2，以 *rv1* 和 *rv2* 进行搬移式初始化（move initialized）
pair<T1,T2> *p*(piecewise_construct, *t1*,*t2*)	建立一个 pair，元素类型分别为 tuple T1 和 T2，以 tuple *t1* 和 *t2* 的元素为初值
pair<T1,T2> *p*(*p2*)	Copy 构造函数，建立 p 成为 *p2* 的拷贝
pair<T1,T2> *p*(*rv*)	Move 构造函数，将 *rv* 的内容移至 p（允许隐式类型转换）
p = *p2*	将 *p2* 赋值给 *p*（始自 C++11；允许隐式类型转换）
p = *rv*	将 *rv* 的值 move assign 给 *p*（始自 C++11；允许隐式类型转换）
p.first	获得 pair 内的第一 value（直接成员访问）
p.second	获得 pair 内的第二 value（直接成员访问）
get<0>(*p*)	等价于 *p*.first（始自 C++11）
get<1>(*p*)	等价于 *p*.second（始自 C++11）
p1 == *p2*	返回"是否 *p1* 等于 *p2*"（等价于 *p1*.first==*p2*.first && *p1*.second==*p2*.second）
p1 != *p2*	返回"是否 *p1* 不等于 *p2*"（!(*p1*==*p2*)）
p1 < *p2*	返回"是否 *p1* 小于 *p2*"（比较 first，如果相等则比较 second）
p1 > *p2*	返回"是否 *p1* 比 *p2* 更大"（亦即 *p2*<*p1*）
p1 <= *p2*	返回"是否 *p1* 小于等于 *p2*"（!(*p2*<*p1*)）
p1 >= *p2*	返回"是否 *p1* 大于等于 *p2*"（!(*p1*<*p2*)）
p1.swap(*p2*)	互换 *p1* 和 *p2* 的数据（始自 C++11）
swap(*p1*,*p2*)	同上（是个全局函数）（始自 C++11）
make_pair(*val1*,*val2*)	返回一个 pair，带有 *val1* 和 *val2* 的类型和数值

表 5.1　pair 的操作函数

举个例子，欲实现一个泛型函数模板（generic function template），用以将一个 value pair 写入一个 stream 内，你必须这么做：[2]

[2] 注意，*ADL*（*argument-dependent lookup*）不能有效运作之处，这个 output 操作符也无法有效运作（详见 15.11.1 节第 812 页）。

```
// generic output operator for pairs (limited solution)
template <typename T1, typename T2>
std::ostream& operator << (std::ostream& strm,
                           const std::pair<T1,T2>& p)
{
    return strm << "[" << p.first << "," << p.second << "]";
}
```

另外，自 C++11 起，你可以对 pair 使用一份 tuple-like 接口（见 5.1.2 节第 68 页）。因此，你可以使用 tuple_size<>::value 获得元素个数，使用 tuple_element<>::type 获得某指定元素的类型，也可以使用 get() 获得 first 或 second：

```
typedef std::pair<int,float> IntFloatPair;
IntFloatPair p(42,3.14);

std::get<0>(p)                           // yields p.first
std::get<1>(p)                           // yields p.second
std::tuple_size<IntFloatPair>::value     // yields 2
std::tuple_element<0,IntFloatPair>::type // yields int
```

构造函数和赋值

Default 构造函数生成一个 pair 时，以两个“被 default 构造函数个别初始化”的元素作为初值。根据语言规则，基础类型（如 int）的 default 构造函数也可以引起适当的初始化动作，所以：

```
std::pair<int,float> p;    // initialize p.first and p.second with zero
```

就是以int()和float()来初始化p。这两个构造函数都传回零值。3.2.1 节第 37 页曾经讨论过基础类型的显式初始化动作。

Copy 构造函数同时存在两个版本，版本 1 接受相同类型的 pair，版本 2 是个 member template，在“构造过程中需要隐式类型转换”时被调用。如果 pair 对象被复制，调用的是被隐式合成的那个 copy 构造函数。[3] 例如：

```
void f(std::pair<int,const char*>);
void g(std::pair<const int,std::string>);
...
void foo() {
    std::pair<int,const char*> p(42,"hello");
    f(p);    // OK: calls implicitly generated copy constructor
    g(p);    // OK: calls template constructor
}
```

---

[3] Template 形式的构造函数并不会掩盖隐式合成的 copy 构造函数。3.2 节第 36 页对此有更详细的说明。

自 C++11 开始，如果 `pair<>` 用到了某个类型而该类型只有一个 nonconstant copy 构造函数，将不再编译成功：[4]

```
class A
{
  public:
    ...
    A(A&);   // copy constructor with nonconstant reference
    ...
};

std::pair<A,int> p;   // Error since C++11
```

自 C++11 起，assignment 操作符也以 member template 形式出现，使隐式类型转换得以进行。此外也支持 move semantic——搬移 first 和 second 元素。

逐块式构造（Piecewise Construction）

Class `pair<>` 提供三个构造函数，用以初始化 `first` 和 `second` 成员：

```
namespace std {
   template <typename T1, typename T2>
   struct pair {
       ...
       pair(const T1& x, const T2& y);
       template<typename U, typename V> pair(U&& x, V&& y);
       template <typename... Args1, typename... Args2>
         pair(piecewise_construct_t,
              tuple<Args1...> first_args,
              tuple<Args2...> second_args);
       ...
   };
}
```

前两个构造函数提供的是惯常行为：传递一个实参给 `first`，另一个实参给 `second`，并且涵盖对 move semantic 和隐式类型转换的支持。第三个构造函数有点特别，它允许传递两个 tuple（那是一种“拥有不定个数之元素且元素类型各不相同”的对象，详见 5.1.2 节第 68 页），但以另一种方式处理它们。正常而言，如果传递 1 或 2 个 tuple，最前面两个构造函数允许初始化一个 pair，其 `first` 和/或 `second` 是 tuple。但第三个构造函数使用 tuple，将其*元素*传递给 `first` 和 `second` 的构造函数。为了强迫执行这样的行为，你必须传递 `std::piecewise_construct` 作为额外的第一实参。举个例子：

[4] 感谢 Daniel Krügler 指出这一点。

```
// util/pair1.cpp

#include <iostream>
#include <utility>
#include <tuple>
using namespace std;

class Foo {
  public:
    Foo (tuple<int, float>) {
        cout << "Foo::Foo(tuple)" << endl;
    }
    template <typename... Args>
    Foo (Args... args) {
        cout << "Foo::Foo(args...)" << endl;
    }
};

int main()
{
    // create tuple t:
    tuple<int,float> t(1,2.22);

    // pass the tuple as a whole to the constructor of Foo:
    pair<int,Foo> p1 (42, t);

    // pass the elements of the tuple to the constructor of Foo:
    pair<int,Foo> p2 (piecewise_construct, make_tuple(42), t);
}
```

这个程序有以下输出：

```
Foo::Foo(tuple)
Foo::Foo(args...)
```

只有当 `std::piecewise_construct` 被当作第一实参，class `Foo` 才会被迫使用那个“接受 tuple 的元素（一个 `int` 和一个 `float`）而非 tuple 整体”的构造函数。这意味着，此例中被调用的是 `Foo` 那个“实参数量不定（varargs）的构造函数”。如果提供了 `Foo::Foo(int, float)`的话，被调用的将是它。

如你所见，两个实参都必须是 tuple 才会强迫导致这个行为。因此，第一实参 42 被显式转换为一个 tuple，用的是 `make_tuple()`（你也可以改传 `std::tuple(42)`）。

注意，这种初始化形式的必要性发生在当我们需要安放（`emplace()`）一个新元素到 (unordered) map 或 multimap（见 7.8.2 节第 342 页和 7.9.3 节第 373 页）中时。

便捷函数 make_pair()

Template 函数 make_pair() 使你无须写出类型就能生成一个 pair 对象。[5] 举个例子，你不必这样写：

```
std::pair<int,char>(42,'@')
```

可以写成这样：

```
std::make_pair(42,'@')
```

在 C++11 之前，这个函数的声明和定义如下：

```
namespace std {
    // create value pair only by providing the values
    template <template T1, template T2>
    pair<T1,T2> make_pair (const T1& x, const T2& y) {
        return pair<T1,T2>(x,y);
    }
}
```

然而自 C++11 起，事情变得比较复杂，因为这个 class 也需要应付 move semantic。所以自 C++11 起，C++ 标准库宣称 make_pair() 声明如下：

```
namespace std {
    // create value pair only by providing the values
    template <template T1, template T2>
    pair<V1,V2> make_pair (T1&& x, T2&& y);
}
```

其中返回值的细节和它们的类型 V1 和 V2，取决于 x 和 y 的类型。无须深入细节，C++ standard 明确指出，如果可能的话 make_pair() 使用 move 语义，否则就使用 copy 语义。此外它会蛀蚀（decay）实参，致使 make_pair("a","xy") 产出一个 pair<const char*,const char*> 而非一个 pair<const char[2],const char[3]>（见 5.4.2 节第 132 页）。

当我们必须对一个“接受 pair 为实参”的函数传递两个 value 时，make_pair() 尤显方便，请看下例：

```
void f(std::pair<int,const char*>);
void g(std::pair<const int,std::string>);
...
void foo() {
    f(std::make_pair(42,"empty"));   // pass two values as pair
    g(std::make_pair(42,"chair"));   // pass two values as pair with type conversions
}
```

[5] 使用 make_pair() 并不会多花你任何执行时间，编译器应该会将此动作优化。

从本例可以看出，make_pair() 即使在类型并不准确吻合的情况下也能借由 template 构造函数提供的支持顺利运作。当你使用 map 和 multimap 时，经常需要这样的能力（见 7.8.2 节第 341 页）。

注意，自 C++11 开始，你也可以使用初值列（initializer list）：

```
f({42,"empty"});     // pass two values as pair
g({42,"chair"});     // pass two values as pair with type conversions
```

然而一个表达式如果明白指出类型，便带有一个优势：产生出来的 pair 将有绝对明确的类型。例如：

```
std::pair<int,float>(42,7.77)
```

所得结果不同于

```
std::make_pair(42,7.77)
```

后者所生成的 pair 的第二元素的类型是 double（因为“无任何限定符的浮点字面常量”的类型被视为 double）。当我们使用重载函数（overloaded function）或 template 时，确切的类型非常重要。例如，为了提高效能，程序员可能同时提供分别针对 float 和 double 的重载函数或 template，这时候确切的类型就非常重要了。

面对 C++11 新语义，你可以借由强迫使用 move semantic 或 reference semantic 来影响 make_pair() 的产出类型。如果你的选择是 move semantic，只需使用 std::move() 声明被传递的实参不再使用：

```
std::string s, t;
...
auto p = std::make_pair(std::move(s),std::move(t));
...  // s and t are no longer used
```

如果你的选择是 reference semantic，就必须使用 ref()，那会强迫形成一个 reference 类型，或使用 cref() 强迫形成一个 constant reference 类型（二者都由 <functional> 提供，见 5.4.3 节第 132 页）。下面的语句中，有个 pair 指向某个 int 两次，因此最终 i 的值是 2：

```
#include <utility>
#include <functional>
#include <iostream>

int i = 0;
auto p = std::make_pair(std::ref(i),std::ref(i));  // creates pair<int&,int&>
++p.first;                                          // increments i
++p.second;                                         // increments i again
std::cout << "i: " << i << std::endl;               // prints i: 2
```

自 C++11 起，你也可以使用定义于 <tuple> 内的 tie() 接口，抽取出 pair 的 value：

```
#include <utility>
#include <tuple>
#include <iostream>

std::pair<char,char> p=std::make_pair('x','y');   // pair of two chars

char c;
std::tie(std::ignore,c) = p;   // extract second value into c (ignore first one)
```

事实上这里的 pair p 被赋值给一个 tuple，后者的第二 value 是个 reference，指向 c（详见 5.1.2 节第 70 页）。

Pair 之间的比较

为了比较两个 pair 对象，C++ 标准库提供了大家惯用的操作符。两个 pair 对象内的所有元素都相等，这两个 pair 对象才被视为相等（equal）：

```
namespace std {
    template <typename T1, typename T2>
    bool operator== (const pair<T1,T2>& x, const pair<T1,T2>& y) {
        return x.first == y.first && x.second == y.second;
    }
}
```

两个 pair 互相比较时，第一元素具有较高的优先级。所以如果两个 pair 的第一元素不相等，其比较结果就成为整个比较的结果。如果 first 相等，才继续比较 second，并把比较结果当作整体结果：

```
namespace std {
   template <typename T1, typename T2>
   bool operator< (const pair<T1,T2>& x, const pair<T1,T2>& y) {
       return x.first < y.first ||
              (!(y.first < x.first) && x.second < y.second);
   }
}
```

其他的比较操作符（comparison operator）如法炮制。

Pair 运用实例

C++ 标准库大量使用 pair。例如 (unordered) map 和 multimap 容器的元素类型便是 pair，也就是一对 key/value 。map 和 multimap 的一般性描述见 7.8 节第 331 页。6.2.2 节第 179 页有一个 pair 类型的运用实例。

C++ 标准库中凡“必须返回两个 value”的函数也都使用 pair 对象（实例见 7.7.2 节第 323 页）。

5.1.2 Tuple（不定数的值组）

Tuple 是 TR1 引入的东西，它扩展了 pair 的概念，拥有任意数量的元素。也就是说，tuple 呈现出一个异质元素列（heterogeneous list of elements），其中每个类型都可以被指定，或来自编译期推导。

然而，由于 TR1 用的是 C++98 语言特性，也就不可能定义出一个“参数个数不定”的 template。基于这个原因，实现必须具体指明“一个 tuple 可拥有的”所有可能的元素个数。TR1 对此的建议是至少 10 个实参，这意味着 tuple 往往被定义如下，甚至某些实现会提供更多的 template 参数：

```
template <typename T0 = ..., typename T1 = ..., typename T2 = ...,
          typename T3 = ..., typename T4 = ..., typename T5 = ...,
          typename T6 = ..., typename T7 = ..., typename T8 = ...,
          typename T9 = ...>
class tuple;
```

这显示，class tuple 拥有至少 10 个类型各异的 template 参数，每个都带有实现赋予的默认类型。未用到的 tuple 元素也有个默认类型，但没有作用。这实际上就是 variadic template 的仿效品，只不过又累赘又有限制。

来到 C++11，variadic template 被引入进来，使 template 得以接受任何数量的 template 实参（详见 3.1.9 节第 26 页）。于是，出现在 <tuple> 中的 class tuple 声明式现在就被简化如下：

```
namespace std {
  template <typename... Types>
  class tuple;
}
```

Tuple 的操作

原则上，tuple 接口十分直观：

- 通过明白的声明，或使用便捷函数 make_tuple()，你可以创建一个 tuple。
- 通过 get<>() function template，你可以访问 tuple 的元素。

下面是其接口的一个基本示例：

```
// util/tuple1.cpp

#include <tuple>
#include <iostream>
#include <complex>
#include <string>
using namespace std;
```

```
int main()
{
    // create a four-element tuple
    // - elements are initialized with default value (0 for fundamental types)
    tuple<string,int,int,complex<double>> t;

    // create and initialize a tuple explicitly
    tuple<int,float,string> t1(41,6.3,"nico");

    // ''iterate'' over elements:
    cout << get<0>(t1) << " ";
    cout << get<1>(t1) << " ";
    cout << get<2>(t1) << " ";
    cout << endl;

    // create tuple with make_tuple()
    // - auto declares t2 with type of right-hand side
    // - thus, type of t2 is tuple
    auto t2 = make_tuple(22,44,"nico");

    // assign second value in t2 to t1
    get<1>(t1) = get<1>(t2);

    // comparison and assignment
    // - including type conversion from tuple<int,int,const char*>
    //   to tuple<int,float,string>
    if (t1 < t2) {  // compares value for value
        t1 = t2;    // OK, assigns value for value
    }
}
```

下面的语句建立起了一个异质的四元素 tuple：

```
tuple<string,int,int,complex<double>> t;
```

每个元素的内容由 default 构造函数初始化。基础类型都被初始化为 0（这项保证始自 C++11）。

下面的语句

```
tuple<int,float,string> t1(41,6.3,"nico");
```

建立并初始化一个异质的三元素 tuple。

你也可以使用 make_tuple() 建立 tuple，其所有元素类型都自动推导自其初值。举个例子，你可以使用以下语句建立和初始化一个元素类型分别为 int、 int 和 const char* 的 tuple。[6]

```
make_tuple(22,44,"nico")
```

注意， tuple 的元素类型可以是 reference。例如：

```
string s;
tuple<string&> t(s);  // first element of tuple t refers to s

get<0>(t) = "hello";  // assigns "hello" to s
```

Tuple 不是寻常的容器，不允许迭代元素。对于 tuple 可以使用其成员函数来处理元素，因此必须在编译期知道你打算处理的元素的索引值。例如你可以这样处理 tuple t1 的第一元素：

```
get<0>(t1)
```

运行期才传入一个索引值是不被允许的：

```
int i;
get<i>(t1)      // compile-time error: i is no compile-time value
```

好消息是，万一传入无效索引，编译器会报错：

```
get<3>(t1)      // compile-time error if t1 has only three elements
```

此外，tuple 还提供惯常会有的拷贝、赋值和比较（copy, assignment, and comparison）操作。它们身上都允许发生隐式类型转换（因为采用 member template），但元素个数必须绝对吻合。如果两个 tuple 的所有元素都相等，它们就整体相等。检查某个 tuple 是否小于另一个 tuple，采用的是 lexicographical（字典编纂式的）比较法则（见 11.5.4 节第 548 页）。

表5.2列出了 tuple 提供的所有操作。

便捷函数 make_tuple() 和 tie()

便捷函数 make_tuple() 会根据 value 建立 tuple，不需要明确指出元素的类型。例如

```
make_tuple(22,44,"nico")
```

建立并初始化了一个 tuple，其相应的三个元素类型是 int、 int 和 const char*。

借由特别的函数对象 reference_wrapper<> 及便捷函数 ref() 和 cref()（都是自 C++11 起被定义于 <functional>，见 5.4.3 节第 132 页），你可以影响 make_tuple() 产生的类型，例如以下表达式产出的 tuple 带有一个 reference 指向变量或对象 s：

```
string s;
make_tuple(ref(s))     // yields type tuple<string&>, where the element refers to s
```

[6] "nico" 的类型是 const char[5]，但当你使用 type trait std::decay()（见 5.4.2 节第 132 页）时它衰退为 const char*。

操作	效果
tuple<T1,T2,...,T*n*> *t*	以 *n* 个给定类型的元素建立一个 tuple，以各元素类型的 default 构造函数完成初始化（基础类型的初值将是 0）
tuple<T1,T2,...,T*n*> *t*(*v1*,*v2*,...,*vn*)	以 *n* 个给定类型的元素建立一个 tuple，以给定值完成初始化
tuple<T1,T2> *t*(*p*)	建立一个 tuple，带有两个元素，分别使用给定之类型，并以给定之 pair *p* 为初值（类型必须吻合）
t = *t2*	将 *t2* 赋值给 *t*
t = *p*	将 pair *p* 赋值给一个带两个元素的 tuple（pair *p* 的类型必须吻合）
t1 == *t2*	返回"是否 *t1* 等于 *t2*"（如果所有元素的 == 比较结果都是 true，就返回 true）
t1 != *t2*	返回"是否 *t1* 不等于 *t2*"（!(*t1*==*t2*)）
t1 < *t2*	返回"是否 *t1* 小于 *t2*"（使用字典式比较〔lexicographical comparison〕）
t1 > *t2*	返回"是否 *t1* 大于 *t2*"（*t2*<*t1*）
t1 <= *t2*	返回"是否 *t1* 小于等于 *t2*"（!(*t2*<*t1*)）
t1 >= *t2*	返回"是否 *t1* 大于等于 *t2*"（!(*t1*<*t2*)）
t1.swap(*t2*)	互换 *t1* 和 *t2* 的数据（始自 C++11）
swap(*t1*,*t2*)	同上（是个全局函数）（始自 C++11）
make_tuple(*v1*,*v2*,...)	以传入的所有数值和类型建立一个 tuple，并允许由此 tuple 提取数值
tie(*ref1*,*ref2*,...)	建立一个由 reference 构成的 tuple，并允许由此 tuple 提取个别数值

表 5.2　tuple 的所有操作

如果你打算改动 tuple 内的一个既有值，上述就很重要：

```
std::string s;

auto x = std::make_tuple(s);          // x is of type tuple<string>
std::get<0>(x) = "my value";          // modifies x but not s

auto y = std::make_tuple(ref(s));     // y is of type tuple<string&>, thus y refers to s
std::get<0>(y) = "my value";          // modifies y
```

运用 reference 搭配 make_tuple()，就可以提取 tuple 的元素值，将某些变量值设给它们，例如以下例子：

```
std::tuple <int,float,std::string> t(77,1.1,"more light");
int i;
float f;
std::string s;
// assign values of t to i, f, and s:
std::make_tuple(std::ref(i),std::ref(f),std::ref(s)) = t;
```

如果想最方便地在 tuple 中使用 reference，可选择 tie()，它可以建立一个内含 reference 的 tuple：

```
std::tuple <int,float,std::string> t(77,1.1,"more light");
int i;
float f;
std::string s;
std::tie(i,f,s) = t;  // assigns values of t to i, f, and s
```

这里的 std::tie(i,f,s)会以 i、 f 和 s 的 reference 建立起一个 tuple，因此上述赋值操作其实就是将 t 内的元素分别赋值为 Ti、 f 和 s。

使用 tie() 时，std::ignore 允许我们忽略 tuple 的某些元素，也就是我们可以用它来局部提取 tuple 的元素值：

```
std::tuple <int,float,std::string> t(77,1.1,"more light");
int i;
std::string s;
std::tie(i,std::ignore,s) = t;  // assigns first and third value of t to i and s
```

Tuple 和初值列（Initializer List）

各个构造函数中，“接受不定个数的实参”的版本被声明为 explicit：

```
namespace std {
    template <typename... Types>
    class tuple {
      public:
        explicit tuple(const Types&...);
        template <typename... UTypes> explicit tuple(UTypes&&...);
        ...
    };
}
```

这是为了避免单一值被隐式转换为“带着一个元素”的 tuple：

```
template <typename... Args>
void foo (const std::tuple<Args...> t);

foo(42);               // ERROR: explicit conversion to tuple<> required
foo(make_tuple(42));   // OK
```

然而，这种情况下，当使用初值列（initializer list）定义 tuple 内容时就会呈现一种必然结果。举个例子，你不可以使用赋值语法将某个 tuple 初始化，因为那会被视为一个隐式转换：

```
std::tuple<int,double> t1(42,3.14);     // OK, old syntax
std::tuple<int,double> t2{42,3.14};     // OK, new syntax
std::tuple<int,double> t3 = {42,3.14};  // ERROR
```

此外，你不可以将初值列传至“期望获得一个 tuple”的地方：

```
std::vector<std::tuple<int,float>> v { {1,1.0}, {2,2.0} };  // ERROR

std::tuple<int,int,int> foo() {
    return { 1, 2, 3 };  // ERROR
}
```

注意，上述做法对于 pair<> 和容器（除了 array<>）是行得通的：

```
std::vector<std::pair<int,float>> v1 { {1,1.0}, {2,2.0} };  // OK
std::vector<std::vector<float>>   v2 { {1,1.0}, {2,2.0} };  // OK

std::vector<int> foo2() {
    return { 1, 2, 3 };  // OK
}
```

但对于 tuple，你必须明确地将初值转为一个 tuple（如运用 make_tuple()）：

```
std::vector<std::tuple<int,float>> v { std::make_tuple(1,1.0),
                                       std::make_tuple(2,2.0) };  // OK

std::tuple<int,int,int> foo() {
    return std::make_tuple(1,2,3);  // OK
}
```

其他的 Tuple 特性

有些辅助函数是特别为 tuple 而设计的，特别是为了支持泛型编程：

- tuple_size<*tupletype*>::value 可获得元素个数。
- tuple_element<*idx*, *tupletype*>::type 可取得第 *idx* 个元素的类型（也就是 get() 返回值的类型）。
- tuple_cat() 可将多个 tuple 串接成一个 tuple。

下面的例子示范了如何使用 tuple_size<> 和 tuple_element<>：

```
typename std::tuple<int,float,std::string> TupleType;

std::tuple_size<TupleType>::value          // yields 3
std::tuple_element<1,TupleType>::type      // yields float
```

你可以使用 tuple_cat() 串接所有形式的 tuple，甚至包括 pair<>：

```
int n;
auto tt = std::tuple_cat (std::make_tuple(42,7.7,"hello"),
                          std::tie(n));
```

这里的 tt 成为一个 tuple，拥有众多 tuple 的所有元素，即便最后的元素是个 reference to n。

5.1.3 Tuple 的输入/输出

tuple class 最初公开于 Boost 程序库（见 [*Boost*]）。在那儿，tuple 可以将其元素写至 output stream，但 C++ 标准库并不支持这个性质。如果你拥有以下头文件，就可以使用标准输出操作符 << 打印任何 tuple：[7]

```
// util/printtuple.hpp

#include <tuple>
#include <iostream>

// helper: print element with index IDX of tuple with MAX elements
template <int IDX, int MAX, typename... Args>
struct PRINT_TUPLE {
  static void print (std::ostream& strm, const std::tuple<Args...>& t) {
    strm << std::get<IDX>(t) << (IDX+1==MAX ? "" : ",");
    PRINT_TUPLE<IDX+1,MAX,Args...>::print(strm,t);
  }
};

// partial specialization to end the recursion
template <int MAX, typename... Args>
struct PRINT_TUPLE<MAX,MAX,Args...> {
  static void print (std::ostream& strm, const std::tuple<Args...>& t) {
  }
};

// output operator for tuples
template <typename... Args>
std::ostream& operator << (std::ostream& strm,
                           const std::tuple<Args...>& t)
{
    strm << "[";
    PRINT_TUPLE<0,sizeof...(Args),Args...>::print(strm,t);
    return strm << "]";
}
```

这段代码大量运用 template metaprogramming（模板超编程），在编译期递归迭代（recursively iterate） tuple 的所有元素。每次调用 PRINT_TUPLE<>::print() 就打印出一个元素，然后调用

[7] 注意，*ADL*（*argument-dependent lookup*）不能有效运作之处，这个 output 操作符也无法有效运作（详见 15.11.1 节第 812 页）。

相同函数打印下一个元素。一个偏特化（partial specialization）版本（其“当前索引 IDX”和“tuple 内的元素个数 MAX”相等）用来终结递归调用。举个例子，下面这个程序：

```
// util/tuple2.cpp

#include "printtuple.hpp"
#include <tuple>
#include <iostream>
#include <string>
using namespace std;

int main()
{
    tuple <int,float,string> t(77,1.1,"more light");
    cout << "io: " << t << endl;
}
```

可获得以下输出：

```
io: [77,1.1,more light]
```

其中的输出表达式（output expression）

```
cout << t
```

调用的是

```
PRINT_TUPLE<0,3,Args...>::print(cout,t);
```

5.1.4 tuple 和 pair 转换

正如第 71 页的表5.2所列，你可以拿一个 pair 作为初值，初始化一个双元素 tuple，也可以将一个 pair 赋值给一个双元素 tuple。

注意，pair<> 提供了一个特殊构造函数，以 tuple 为初值，详见 5.1.1 节第 63 页。也请注意，其他类型也可能提供一个 tuple-like 接口。事实上 class pair<>（5.1.1 节第 62 页）和 class array<>（见 7.2.5 节第 268 页）就是如此。

5.2 Smart Pointer（智能指针）

C 语言让我们知道，pointer 很重要，却是麻烦的来源。使用 pointer 的理由之一是在惯常的作用域边界之外拥有 reference 语义。然而，确保“pointer 的寿命”和“其所指向的对象的寿命”一致，却是件棘手的事，特别是当多个 pointer 指向同一对象时。例如，为了让多个集合（见第 7 章）拥有同一对象，你必须把指向该对象的 pointer 放进那些集合内，而且当其中一个 pointer 被销毁时不该出现问题，也就是不该出现所谓的 dangling pointer（空悬指针）或多次删除被指向对象；最后一个 pointer 被销毁时也不该出现问题（不该造成资源泄漏〔resource leak〕）。

避免上述问题的一个通常做法是使用 smart pointer（智能指针）。它们被称为 smart 是因为它们对于上述问题提供了解决方案。举个例子，smart pointer 有可能如此 smart 以至于能够“知道”它自己是不是“指向某物”的最后一个 pointer，并运用这样的知识，在它的确是该对象的最后一个拥有者而且它被删除时，销毁它所指向的对象。

然而请注意，只提供一个 smart pointer class 是不够的。Smart pointer 可以在很多方面发挥其智能，并满足不同重点，但你可能会为它的 smartness 付出代价。注意，对于一个独特的 smart pointer，还是有可能误用 pointer 或写出容易出错的行为。

自 C++11 起，C++ 标准库提供两大类型的 smart pointer：

1. Class `shared_ptr` 实现*共享式拥有*（shared ownership）概念。多个 smart pointer 可以指向相同对象，该对象和其相关资源会在“最后一个 reference 被销毁”时被释放。为了在结构较复杂的情境中执行上述工作，标准库提供了 `weak_ptr`、`bad_weak_ptr` 和 `enable_shared_from_this` 等辅助类。
2. Class `unique_ptr` 实现*独占式拥有*（exclusive ownership）或*严格拥有*（strict ownership）概念，保证同一时间内只有一个 smart pointer 可以指向该对象。你可以移交拥有权。它对于避免资源泄漏（resource leak）——例如“以 `new` 创建对象后因为发生异常而忘记调用 `delete`”——特别有用。

C++98 只让 C++ 标准库提供一个 smart pointer class：`auto_ptr<>`，其设计是为了执行现今的 `unique_ptr` 所提供的服务。然而由于当时缺乏语言特性如“针对构造和赋值”的 move 语义，以及其他瑕疵，这个 class 不易被理解且容易出错。因此在 TR1 引入 class `shared_ptr`，C++11 引入 class `unique_ptr` 之后，class `auto_ptr` 成为 C++11 中被正式反对（deprecated）的成分，意味着你不该再使用它，除非你手上还有一些老旧代码需要编译。

所有 smart pointer class 都被定义于头文件 `<memory>` 内。

5.2.1 Class `shared_ptr`

几乎每一个稍有分量的程序都需要“在相同时间的多处地点处理或使用对象”的能力。为此，你必须在程序的多个地点指向（refer to）同一对象。虽然 C++ 语言提供 reference 和 pointer，还是不够，因为你往往必须确保当“指向对象”的最末一个 reference 被删除时该对象本身也被删除，毕竟对象被删除时析构函数可以要求某些操作，例如释放内存或归还资源等等。

所以我们需要“当对象再也不被使用时就被清理”的语义。Class shared_ptr 提供了这样的共享式拥有语义。也就是说，多个 shared_ptr 可以共享（或说拥有）同一对象。对象的最末一个拥有者有责任销毁对象，并清理与该对象相关的所有资源。

如果对象以 new 产生，默认情况下清理工作就由 delete 完成。但你可以（并且往往必须）定义其他清理办法。你可以定义你自己的析构策略。举个例子，如果你的对象是个以 new[] 分配而得的 array，你必须定义你自己的 delete[] 加以清理。其他例子还包括删除相应资源，如 handle、 lock、 associated temporary file（相关临时文件）等。

总而言之，shared_ptr 的目标就是，在其所指向的对象不再被需要之后（而非之前），自动释放与对象相关的资源。

使用 shared_ptr

你可以像使用任何其他 pointer 一样地使用 shared_ptr。你可以赋值、拷贝、比较它们，也可以使用操作符 * 和 -> 访问其所指向的对象。看看下面这个例子：

```
// util/sharedptr1.cpp

#include <iostream>
#include <string>
#include <vector>
#include <memory>
using namespace std;

int main()
{
    // two shared pointers representing two persons by their name
    shared_ptr<string> pNico(new string("nico"));
    shared_ptr<string> pJutta(new string("jutta"));

    // capitalize person names
    (*pNico)[0] = 'N';
    pJutta->replace(0,1,"J");

    // put them multiple times in a container
    vector<shared_ptr<string>> whoMadeCoffee;
    whoMadeCoffee.push_back(pJutta);
    whoMadeCoffee.push_back(pJutta);
    whoMadeCoffee.push_back(pNico);
    whoMadeCoffee.push_back(pJutta);
    whoMadeCoffee.push_back(pNico);
```

```
    // print all elements
    for (auto ptr : whoMadeCoffee) {
        cout << *ptr << "  ";
    }
    cout << endl;

    // overwrite a name again
    *pNico = "Nicolai";

    // print all elements again
    for (auto ptr : whoMadeCoffee) {
        cout << *ptr << "  ";
    }
    cout << endl;

    // print some internal data
    cout << "use_count: " << whoMadeCoffee[0].use_count() << endl;
}
```

上述程序在包含 `<memory>`（其内定义 `shared_ptr` class）之后，声明两个 `shared_ptr` 并设初值，各自指向 string：

```
shared_ptr<string> pNico(new string("nico"));
shared_ptr<string> pJutta(new string("jutta"));
```

注意，由于“接受单一 pointer 作为唯一实参”的构造函数是 `explicit`，所以这里你不能够使用赋值符，因为那样的话会被视为需要一个隐式转换。然而新式初始化语法是被接受的：

```
shared_ptr<string> pNico = new string("nico");   // ERROR
shared_ptr<string> pNico{new string("nico")};    // OK
```

也可以使用便捷函数 `make_shared()`：

```
shared_ptr<string> pNico = make_shared<string>("nico");
shared_ptr<string> pJutta = make_shared<string>("jutta");
```

这种建立方式比较快，也比较安全，因为它使用一次而不是二次分配：一次针对对象，另一次针对“shared pointer 用以控制对象”的 shared data（详见 5.2.4 节第 95 页）。

另一种写法是，你可以先声明 shared pointer，然后对它赋值一个 new pointer。然而你不可以使用 assignment 操作符，必须改用 `reset()`：

```
shared_ptr<string> pNico4;
pNico4 = new string("nico");   // ERROR: no assignment for ordinary pointers
pNico4.reset(new string("nico"));  // OK
```

接下来两行示范 shared pointer 的用法，就像使用寻常的 pointer：

```
(*pNico)[0] = 'N';
pJutta->replace(0,1,"J");
```

运用 operator *，你取得了 pNico 指向的对象，然后将一个大写的 'N' 指派为其第一字符。运用 operator ->，你得以取用 pJutta 所指向的对象内的一个成员，而此处成员函数 replace() 允许你替换 substring（见 13.3.7 节第 706 页）。

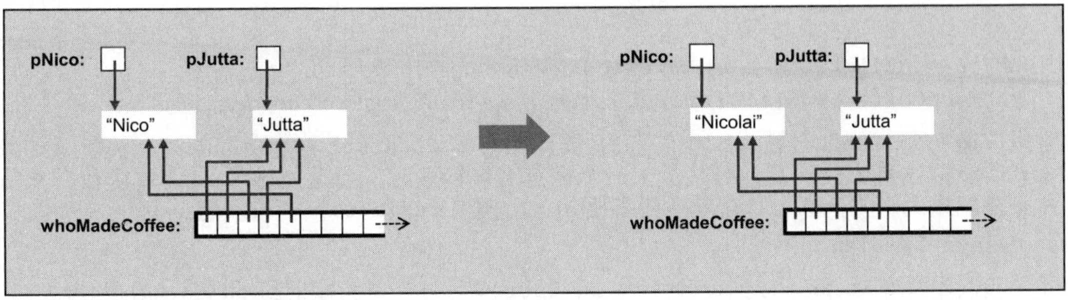

图 5.1　使用 shared_ptr

接下来，我们多次安插这两个 pointer，放进一个类型为 vector<> 的容器（见 7.3 节第 270 页）。但凡容器，总是为传入的元素创建属于容器自己的拷贝（copy），所以如果我们直接安插 string，插入的其实是 string 的拷贝。然而由于我们放进去的是 pointer to string，被复制的是那些 pointer，于是容器内含多个“指向同一对象”的 reference 。这意味着如果我们改动对象，该对象在容器内的所有身影（occurrence）都会被改动。因此，在替换 string pNico 的内容后：

```
*pNico = "Nicolai";
```

该对象的所有身影都改而指向新值，如图5.1所示，并且显现于程序输出结果：

```
Jutta  Jutta  Nico  Jutta  Nico
Jutta  Jutta  Nicolai  Jutta  Nicolai
use_count: 4
```

最后一行输出乃是“针对 vector 内的第一个 shared pointer”调用 use_count() 的结果。use_count() 会产出“某个 shared pointer 所指对象”的当前拥有者数量。如你所见，这个 vector 的第一个元素所指向的对象有四个主人；pJutta 和它的三份被安插到容器内的拷贝。

程序终点处，当 string 的最末一个拥有者被销毁，shared pointer 对其所指向的对象调用 delete。这样的删除动作（deletion）并非一定发生在作用域终点。例如，将 nullptr（见 3.1.1 节第 14 页）赋值给 pNico，或调整 vector 的大小使其只含前两个元素，都会 delete “当初以 nico 为初值”的 string 的最末一个拥有者。

定义一个 Deleter

我们可以声明属于自己的 deleter，例如让它在“删除被指向对象”之前先打印一条信息：

```
shared_ptr<string> pNico(new string("nico"),
                         [](string* p) {
                             cout << "delete " << *p << endl;
                             delete p;
                         });
...
pNico = nullptr;            // pNico does not refer to the string any longer
whoMadeCoffee.resize(2);    // all copies of the string in pNico are destroyed
```

这里传递一个 lambda（见 3.1.10 节第 28 页）作为 shared_ptr 构造函数的第二实参。如果令 pNico 以这种方式声明，当其最末一个拥有者被销毁时，会调用这个 lambda 函数。先前程序搭配此次修改，那么，在前述所有语句之后调用 resize()，会打印出：

```
delete Nicolai
```

如果我们先改变 vector 的大小，然后将 nullptr 或另一个对象赋值给 pNico，效果相同。

shared_ptr<> 的另一种应用出现在 7.11 节第 388 页，示范了两个容器如何共享元素。

对付 Array

请注意，shared_ptr 提供的 default deleter 调用的是 delete，不是 delete[]。这意味着只有当 shared pointer 拥有“由 new 建立起来的单一对象”，default deleter 方能适才适所。很不幸，为 array 建立一个 shared_ptr 是可能的，却是错误的：

```
std::shared_ptr<int> p(new int[10]);  // ERROR, but compiles
```

所以，如果你使用 new[] 建立一个 array of object，你必须定义你自己的 deleter。这很简单，你可以传递一个函数、函数对象或 lambda，让它们针对传入的寻常指针调用 delete[]。例如：

```
std::shared_ptr<int> p(new int[10],
                       [](int* p) {
                           delete[] p;
                       });
```

也可以使用为 unique_ptr 而提供的辅助函数（见 5.2.5 节第 106 页）作为 deleter，其内调用 delete[]：

```
std::shared_ptr<int> p(new int[10],
                       std::default_delete<int[]>());
```

然而请注意，shared_ptr 和 unique_ptr 以稍稍不同的方式处理 deleter。例如 unique_ptr 允许你只传递对应的元素类型作为 template 实参，但这对 shared_ptr 就不可行：

```
std::unique_ptr<int[]> p(new int[10]);   // OK
std::shared_ptr<int[]> p(new int[10]);   // ERROR: does not compile
```

此外，对于 unique_ptr，你必须明确给予第二个 template 实参，指出你自己的 deleter：

```
std::unique_ptr<int,void(*)(int*)> p(new int[10],
                                     [](int* p) {
                                         delete[] p;
                                     });
```

也请注意，shared_ptr 不提供 operator []。至于 unique_ptr，它有一个针对 array 的偏特化版本，该版本提供 operator [] 取代 operator * 和 operator ->。之所以有此差异是因为，unique_ptr 在效能和弹性上进行了优化。详见 5.2.8 节第 114 页。

其他析构策略

最末一个拥有者——亦即 shared pointer——结束生命时，如果清理工作不仅仅是删除内存，你必须明确给出自己的 deleter。你可以指定属于自己的析构策略。

第一个例子：假设我们想确保“指向某临时文件”之最末一个 reference 被销毁时，该文件即被移除。可以这么做：

```
// util/sharedptr2.cpp

#include <string>
#include <fstream>   // for ofstream
#include <memory>    // for shared_ptr
#include <cstdio>    // for remove()

class FileDeleter
{
  private:
    std::string filename;
  public:
    FileDeleter (const std::string& fn)
     : filename(fn) {
    }
    void operator () (std::ofstream* fp) {
        fp->close();                     // close.file
        std::remove(filename.c_str());   // delete file
    }
};

int main()
{
    // create and open temporary file:
```

```
    std::shared_ptr<std::ofstream> fp(new std::ofstream("tmpfile.txt"),
                                      FileDeleter("tmpfile.txt"));
    ...
}
```

以上，首先初始化一个 shared_ptr，令它指向一个 new 新建的输出文件（见 15.9 节第 791 页）。传进去的 FileDeleter 负责确保一件事：当此 shared pointer 的最末一个拷贝失去此输出文件的拥有权时，该文件将被关闭并被 <cstdio> 提供的 C 标准函数 remove() 移除。由于 remove() 需要文件名，所以我们以文件名为实参传给 FileDeleter 的构造函数。

第二个例子展示了如何使用 shared_ptr 处理共享内存（shared memory）：[8]

```
// util/sharedptr3.cpp

#include <memory>       // for shared_ptr
#include <sys/mman.h>   // for shared memory
#include <fcntl.h>
#include <unistd.h>
#include <cstring>      // for strerror()
#include <cerrno>       // for errno
#include <string>
#include <iostream>

class SharedMemoryDetacher
{
  public:
    void operator () (int* p) {
        std::cout << "unlink /tmp1234" << std::endl;
        if (shm_unlink("/tmp1234") != 0) {
            std::cerr << "OOPS: shm_unlink() failed" << std::endl;
        }
    }
};

std::shared_ptr<int> getSharedIntMemory (int num)
{
    void* mem;
    int shmfd = shm_open("/tmp1234", O_CREAT|O_RDWR, S_IRWXU|S_IRWXG);
    if (shmfd < 0) {
        throw std::string(strerror(errno));
    }
```

[8] 有多个依赖系统的做法可处理共享内存。这里采用的是标准 POSIX 做法，使用 shm_open() 和 mmap()，那就需要调用 shm_unlink() 来释放（持续生存的）shared memory。

```
    if (ftruncate(shmfd, num*sizeof(int)) == -1) {
        throw std::string(strerror(errno));
    }
    mem = mmap(nullptr, num*sizeof(int), PROT_READ | PROT_WRITE,
               MAP_SHARED, shmfd, 0);
    if (mem == MAP_FAILED) {
        throw std::string(strerror(errno));
    }
    return std::shared_ptr<int>(static_cast<int*>(mem),
                                SharedMemoryDetacher());
}

int main()
{
    // get and attach shared memory for 100 ints:
    std::shared_ptr<int> smp(getSharedIntMemory(100));

    // init the shared memory
    for (int i=0; i<100; ++i) {
        smp.get()[i] = i*42;
    }

    // deal with shared memory somewhere else:
    ...
    std::cout << "<return>" << std::endl;
    std::cin.get();

    // release shared memory here:
    smp.reset();
    ...
}
```

首先定义一个 deleter `SharedMemoryDetacher`，用来卸除（detach） shared memory。这个 deleter 会释放被 `getSharedIntMemory()` 取得并附着（attach）的 shared memory。为确保这个 deleter 会在 shared memory 最末一次被使用后被调用，我们在“`getSharedIntMemory()` 为已附着内存建立起一个 `shared_ptr`”时把它当作第二实参传递：

```
return std::shared_ptr<int>(static_cast<int*>(mem),
                            SharedMemoryDetacher());  // calls shmdt()
```

也可以改用 lambda（以下略过前缀 `std::`）：

```
return shared_ptr<int>(static_cast<int*>(mem),
                       [](int* p) {
                           cout << "unlink /tmp1234" << endl;
```

```
                    if (shm_unlink("/tmp1234") != 0) {
                        cerr << "OOPS: shm_unlink() failed"
                             << endl;
                    }
                });
```

注意，传入的 deleter 不允许抛出异常，因此这里我们只写出一个错误信息给 std::cerr。

由于 shm_unlink() 的签名式相符，所以你甚至可直接使用 shm_unlink() 作为 deleter——如果你不打算检查其返回值的话：

```
return std::shared_ptr<int>(static_cast<int*>(mem),
                            shm_unlink);
```

注意，shared_ptr 只提供 operator * 和 operator ->，指针运算和 operator [] 都未提供。因此，如果想访问内存，你必须使用 get() 获得被 shared_ptr 包覆（wrapped）的内部指针，提供完全的指针语义：

```
smp.get()[i] = i*42;
```

上述结果等同于以下调用：

```
(&*smp)[i] = i*42;
```

对于上述两个例子，另一个实现技术也许更干净利落：只建立一个 new class X，让其构造函数执行初始工作，让其析构函数执行清理工作。然后你就只是使用 shared_ptr 管理以 new 建立的 class X 对象。这样的好处是，你可定义一个更直观的接口，例如为一个表现 shared memory 的对象定义一个 operator []。然而随后你应该谨慎地想想 copy 和 assignment 操作，如果不能肯定，就禁用（disable）它们。

5.2.2 Class weak_ptr

使用 shared_ptr 主要是为了避免操心 pointer 指向的资源。先前已说过，shared_ptr 会自动释放"不再被需要的对象"的相应资源。

然而，某些情势下，这样的行为无法运作或不被期望：

- 例子之一是所谓的 cyclic reference（环式指向）。如果两对象使用 shared_ptr 互相指向对方，而一旦不存在其他 reference 指向它们时，你想释放它们和其相应资源。这种情况下 shared_ptr 不会释放数据，因为每个对象的 use_count() 仍是 1。此时你或许会想使用寻常的 pointer，但这么做却又得自行照顾和管理"相应资源的释放"。
- 另一个例子发生在你"明确想共享但不愿拥有"某对象的情况下。你要的语义是：reference 的寿命比其所指对象的寿命更长。因此 shared_ptr 绝不释放对象，而寻常 pointer 可能不会注意到它们指向的对象已经不再有效，导致"访问已被释放的数据"的风险。

于是标准库提供了 class weak_ptr，允许你“共享但不拥有”某对象。这个 class 会建立起一个 shared pointer。一旦最末一个拥有该对象的 shared pointer 失去了拥有权，任何 weak pointer 都会自动成空（empty）。因此，在 default 和 copy 构造函数之外，class weak_ptr只提供“接受一个 shared_ptr”的构造函数。

你不能够使用操作符 * 和 -> 访问 weak_ptr 指向的对象。而是必须另外建立一个 shared pointer。这是合理的设计，基于两个理由：

1. 在 weak pointer 之外建立一个 shared pointer 可因此检查是否（仍）存在一个相应对象。如果不，操作会抛出异常或建立一个 empty shared pointer（实际究竟哪种行为乃取决于你所执行的是哪一种操作）。
2. 当指向的对象正被处理时，shared pointer 无法被释放。

基于以上所述，class weak_ptr 只提供小量操作，只够用来创建、复制、赋值 weak pointer，以及转换为一个 shared pointer，或检查自己是否指向某对象。

使用 Class weak_ptr

考虑以下例子：

```
// util/weakptr1.cpp

#include <iostream>
#include <string>
#include <vector>
#include <memory>
using namespace std;

class Person {
  public:
    string name;
    shared_ptr<Person> mother;
    shared_ptr<Person> father;
    vector<shared_ptr<Person>> kids;

    Person (const string& n,
            shared_ptr<Person> m = nullptr,
            shared_ptr<Person> f = nullptr)
     : name(n), mother(m), father(f) {
    }

    ~Person() {
      cout << "delete " << name << endl;
    }
};
```

```
shared_ptr<Person> initFamily (const string& name)
{
    shared_ptr<Person> mom(new Person(name+"'s mom"));
    shared_ptr<Person> dad(new Person(name+"'s dad"));
    shared_ptr<Person> kid(new Person(name,mom,dad));
    mom->kids.push_back(kid);
    dad->kids.push_back(kid);
    return kid;
}

int main()
{
    shared_ptr<Person> p = initFamily("nico");

    cout << "nico's family exists" << endl;
    cout << "- nico is shared " << p.use_count() << " times" << endl;
    cout << "- name of 1st kid of nico's mom: "
         << p->mother->kids[0]->name << endl;

    p = initFamily("jim");
    cout << "jim's family exists" << endl;
}
```

这里的 class Person 拥有一个 name 和若干 reference 指向其他 Person——也就是父母（mother 和 father）及 kids（那是个 vector，见 7.3 节第 270 页）。

首先，initFamily() 建立三个 Person：mom、dad 和 kid，根据传入的实参将所有姓名初始化；此外还设定 kid 的父母，并将 kid 插入其父母的 kids 容器内。最终 initFamily() 返回 kid。图5.2展示了 initFamily() 调用后的结果，以及赋值给 p 之后的结果。

如你所见，p 是指向上述家庭的最末一个 handle。而在内部，每个 Person 对象都有着 reference 从 kid 指向其父母以及反向指向。因此，在 p 被赋值之前，nico 被共享三次。现在，如果我们释放手上最末一个指向该家庭的 handle ——也许是对 p 指派一个新 person 或一个 nullptr，也许是 main() 结束时离开了 p 作用域——没有任何 Person 会被释放，因为它们都仍至少被一个 shared pointer 指向。于是每个 Person 的析构函数（会打印出“delete *name*”）从未被调用：

```
nico's family exists
- nico shared 3 times
- name of 1st kid of nicos mom: nico
jim's family exists
```

这种情况下改用 weak_ptr 会带来帮助。我们可以声明 kids 为一个内含众多 weak_ptr 的 vector：

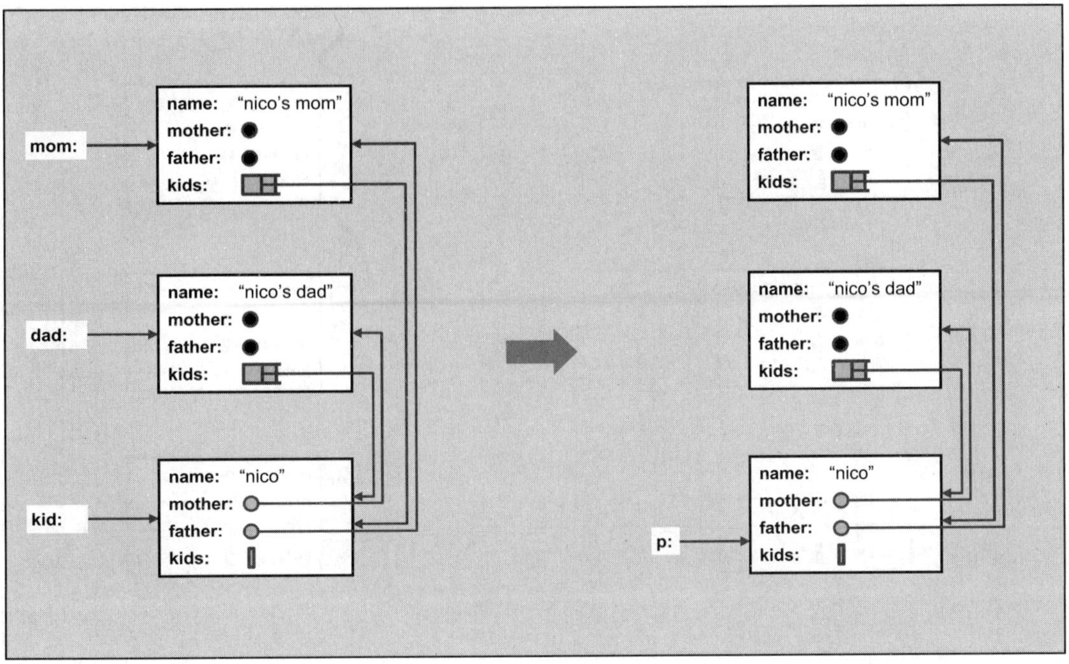

图 5.2　一个只使用 shared_ptr 的家庭

```
// util/weakptr2.cpp
...
class Person {
  public:
    string name;
    shared_ptr<Person> mother;
    shared_ptr<Person> father;
    vector<weak_ptr<Person>> kids;   // weak pointer !!!
    Person (const string& n,
            shared_ptr<Person> m = nullptr,
            shared_ptr<Person> f = nullptr)
        : name(n), mother(m), father(f) {
    }
    ~Person() {
      cout << "delete " << name << endl;
    }
};
...
```

这么做之后，我们就可以打破 shared pointer 形成的循环（cycle），使得在一个方向上（从 kid 到 parent）用的是 shared pointer，而从 parent 到 kids 则使用 weak pointer（图5.3中的虚线）。

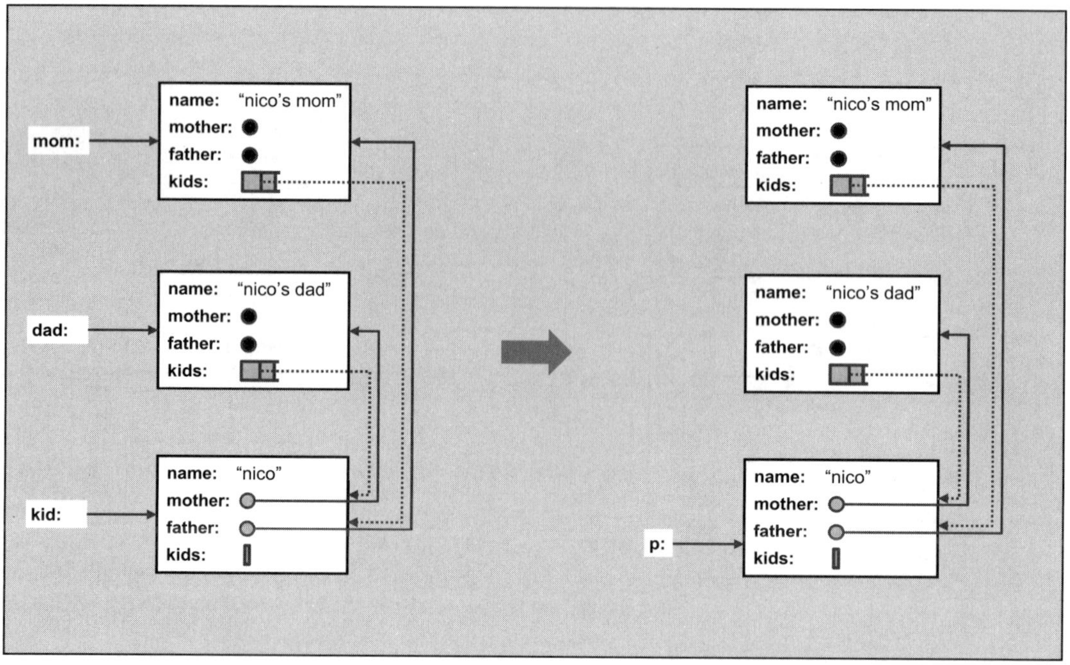

图 5.3 一个同时使用 shared_ptr 和 weak_ptr 的家庭

经过这番改造，程序输出如下：

```
nico's family exists
- nico shared 1 times
- name of 1st kid of nicos mom: nico
delete nico
delete nico's dad
delete nico's mom
jim's family exists
delete jim
delete jim's dad
delete jim's mom
```

一旦我们失去“指向某个家庭”的 handle——也许因为它被赋予一个新值，也许因为离开了 main()——这个家庭中的 kid 对象也就失去了其最末一个拥有者（use_count() 产出 1），导致其父母也都失去了最末拥有者。于是，最初以 new 建立的所有对象，现在都被 delete，因此它们的析构函数都会被调用。

注意，使用 weak pointer 时，我们必须轻微改变被指对象的访问方式。不应该再调用

```
p->mother->kids[0]->name
```

现在必须在式子内加上 lock()：

```
p->mother->kids[0].lock()->name
```

这会导致新产生一个“得自于 kids 容器内含之 weak_ptr”的 shared_ptr。如果无法进行这样的改动——例如由于对象的最末拥有者也在此时释放了对象——lock() 会产出一个 empty shared_ptr。这种情况下调用 * 或 -> 操作符会引发不明确行为。

如果不确定隐身于 weak pointer 背后的对象是否仍旧存活，你有以下数个选择：

1. 调用expired()，它会在weak_ptr不再共享对象时返回true。这等同于检查use_count()是否为 0，但速度较快。
2. 可以使用相应的 shared_ptr 构造函数明确将 weak_ptr 转换为一个 shared_ptr。如果被指对象已经不存在，该构造函数会抛出一个 bad_weak_ptr 异常，那是一个派生自 std::exception 的异常，其 what() 会产出 "bad_weak_ptr"。[9] 4.3.1 节第 43 页讨论了所有标准异常。
3. 调用 use_count()，询问相应对象的拥有者数量。如果返回 0 表示不存在任何有效对象。然而请注意，通常只应为了调试而调用 use_count()；C++ 标准库明确告诉我们：“use_count()并不总是很有效率。”

下面举个例子：

```
try {
    shared_ptr<string> sp(new string("hi"));   // create shared pointer
    weak_ptr<string> wp = sp;                   // create weak pointer out of it
    sp.reset();                                 // release object of shared pointer
    cout << wp.use_count() << endl;             // prints: 0
    cout << boolalpha << wp.expired() << endl; // prints: true
    shared_ptr<string> p(wp);                   // throws std::bad_weak_ptr
}
catch (const std::exception& e) {
    cerr << "exception: " << e.what() << endl; // prints: bad_weak_ptr
}
```

5.2.3 误用 Shared Pointer

虽然 shared_ptr强化了程序安全，但由于对象的相应资源往往被自动释放，当对象不再被使用时有可能出现问题。刚刚讨论过的一个问题便是，由于循环依赖（cyclic dependency）造成的“dangling pointer”（空荡指针）。

另一个可能出现的问题是，你必须确保某对象只被一组（one group of） shared pointer 拥有。下面的代码是错的：

[9] 对于异常，what() 的返回值通常由实现指定。然而 C++ standard 明确指出这里应该产出 "bad_weak_ptr"。尽管如此，也有实现并不奉行，如 GCC 4.6.1 就返回 "std::bad_weak_ptr"。

```
int* p = new int;
shared_ptr<int> sp1(p);
shared_ptr<int> sp2(p);         // ERROR: two shared pointers manage allocated int
```

问题出在 sp1 和 sp2 都会在丢失 p 的拥有权时释放相应资源（亦即调用 delete）。一般而言，“两组拥有权”意味着，相应资源的释放会被执行两次——每当每一组的最末一个拥有者“丢失其拥有权”或“被销毁”就会执行一次。因此，你应该总是在创建对象和其相应资源的那一刻直接设立 smart pointer：

```
shared_ptr<int> sp1(new int);
shared_ptr<int> sp2(sp1);       // OK
```

这个问题也可能间接发生。在先前介绍过的例子中，假设我们打算为 Person 引入一个成员函数，用来建立“从 kid 指向 parent”的 reference 及其反向 reference：

```
shared_ptr<Person> mom(new Person(name+"'s mom"));
shared_ptr<Person> dad(new Person(name+"'s dad"));
shared_ptr<Person> kid(new Person(name));
kid->setParentsAndTheirKids(mom,dad);
```

下面是一份朴素直观的 setParentsAndTheirKids() 版本：

```
class Person {
  public:
    ...
    void setParentsAndTheirKids (shared_ptr<Person> m = nullptr,
                                 shared_ptr<Person> f = nullptr) {
        mother = m;
        father = f;
        if (m != nullptr) {
            m->kids.push_back(shared_ptr<Person>(this));  // ERROR
        }
        if (f != nullptr) {
            f->kids.push_back(shared_ptr<Person>(this));  // ERROR
        }
    }
    ...
};
```

问题出在“得自 this 的那个 shared pointer”的建立。之所以那么做是因为，我们想要设置 mother 和 father 两成员的 kids。但为了那么做，我们需要一个 shared pointer 指向 kid，而那是我们手上没有的。然而，根据 this 建立起一个新的 shared pointer 并不能解决事情，因为这么一来就是开启了一个新的拥有者团队（a new group of owners）。

对付这个问题的办法之一是，将指向 kid 的那个 shared pointer 传递为第三实参。但 C++ 标准库提供了另一个选项：class std::enable_shared_from_this<>。

你可以从 class std::enable_shared_from_this<> 派生你自己的 class，表现出“被 shared pointer 管理”的对象；做法是将 class 名称当作 template 实参传入。

然后你就可以使用一个派生的成员函数 shared_from_this() 建立起一个源自 this 的正确 shared_ptr。

```
class Person : public std::enable_shared_from_this<Person> {
  public:
    ...
    void setParentsAndTheirKids (shared_ptr<Person> m = nullptr,
                                 shared_ptr<Person> f = nullptr) {
        mother = m;
        father = f;
        if (m != nullptr) {
            m->kids.push_back(shared_from_this());  // OK
        }
        if (f != nullptr) {
            f->kids.push_back(shared_from_this());  // OK
        }
    }
    ...
};
```

你可以在 *util/enableshared1.cpp* 中获得整个程序。

注意，你不能在构造函数内调用 shared_from_this()（好吧，其实是可以的，但会导致运行期错误）：

```
class Person : public std::enable_shared_from_this<Person> {
  public:
    ...
    Person (const string& n,
            shared_ptr<Person> m = nullptr,
            shared_ptr<Person> f = nullptr)
     : name(n), mother(m), father(f) {
        if (m != nullptr) {
            m->kids.push_back(shared_from_this());  // ERROR
        }
        if (f != nullptr) {
            f->kids.push_back(shared_from_this());  // ERROR
        }
    }
    ...
};
```

问题在于shared_ptr本身被存放于Person的base class，也就是enable_shared_from_this<>内部的一个 private 成员中，在 Person 构造结束之前。

所以，在初始化 shared pointer 的那个对象的构造期间，绝对无法建立 shared pointer 的循环引用（cyclic reference）。你必须以两个步骤完成它——以某种方式。

5.2.4 细究 Shared Pointer 和 Weak Pointer

让我们总结展示 shared/weak pointer 提供的完整接口。

细究 Class shared_ptr

一如 5.2.1 节第 76 页的描述， class shared_ptr提供的是带有“共享式拥有”语义的 smart pointer 概念。无论何时当 shared pointer 的最末一个拥有者被销毁，相应对象就会被 deleted（或是其相应资源被清理）。

Class shared_ptr<> 被模板化，模板参数是“原始 pointer 所指对象”的类型：

```
namespace std {
    template <typename T>
    class shared_ptr
    {
      public:
        typedef T element_type;
        ...
    };
}
```

元素类型可以是 void，意味着 shared pointer 共享的对象有着一个未具体说明的类型，例如 void*。

一个 *empty* shared_ptr 并不能分享对象拥有权，所以 use_count() 返回 0。然而请注意，由于设计了一个特殊构造函数，使得 empty shared pointer 还是可以指向对象。

表5.3和表5.4列出了 shared pointer 提供的所有操作。

一旦拥有权被转移至一个“已拥有其他对象”的 shared pointer，deleter 就会针对先前被拥有的那个对象被调用——如果那个 shared pointer 是最末一个拥有者的话。如果 shared pointer 取得一个新值（不论是由于被赋予新值或由于调用 reset()），相同事情发生：如果 shared pointer 先前拥有某对象，而且它是最末一个拥有者，相应的 deleter（或 delete）会为此对象而被调用。再请注意，传入的 deleter 不该抛出异常。

Shared pointer 可能使用不同的对象类型，前提是存在一个隐式的 pointer 转换。基于此，构造函数、赋值操作符和 reset() 都是 member template，比较操作符则针对不同类型模板化。

每一个比较操作符所比较的都是 shared pointer 内部那个 raw pointer（也就是说，它们对 get() 的返回值调用同一操作符）。它们全都有“接受 nullptr 为实参”的重载版本。因此你可以检查是否带有一个合法 pointer，甚至检查是否 raw pointer 小于或大于 nullptr。

构造函数收到的实参如果是个 weak_ptr 而且是 empty（亦即 expired() 产出 true），会抛出 bad_weak_ptr 异常（见 5.2.2 节第 89 页）。

操作	效果
shared_ptr<*T*> *sp*	Default 构造函数，建立一个 empty shared pointer，使用 default deleter（也就是调用 delete）
shared_ptr<*T*> *sp*(*ptr*)	建立一个 shared pointer 令其拥有 **ptr*，使用 default deleter（也就是调用 delete）
shared_ptr<*T*> *sp*(*ptr*,*del*)	建立一个 shared pointer，令其拥有 **ptr*，使用 *del* 作为 deleter
shared_ptr<*T*> *sp*(*ptr*,*del*,*ac*)	建立一个 shared pointer，令其拥有 **ptr*，使用 *del* 作为 deleter 并以 *ac* 为 allocator
shared_ptr<*T*> *sp*(nullptr)	建立一个 empty shared pointer，使用 default deleter（调用 delete）
shared_ptr<*T*> *sp*(nullptr,*del*)	建立一个 empty shared pointer，使用 *del* 作为 deleter
shared_ptr<*T*> *sp*(nullptr, *del*,*ac*)	建立一个 empty shared pointer，使用 *del* 作为 deleter 并以 *ac* 为 allocator
shared_ptr<*T*> *sp*(*sp2*)	建立一个 shared pointer，与 *sp2* 共享拥有权
shared_ptr<*T*> *sp*(move(*sp2*))	建立一个 shared pointer，拥有 *sp2* 先前拥有的 pointer（此后 *sp2* 将为 empty）
shared_ptr<*T*> *sp*(*sp2*,*ptr*)	Alias 构造函数，建立一个 shared pointer，共享 *sp2* 的拥有权，但指向 **ptr*
shared_ptr<*T*> *sp*(*wp*)	基于一个 weak pointer *wp* 创建出一个 shared pointer
shared_ptr<*T*> *sp*(move(*up*))	基于一个 unique_ptr *up* 创建出一个 shared pointer
shared_ptr<*T*> *sp*(move(*ap*))	基于一个 auto_ptr *ap* 创建出一个 shared pointer
sp.~shared_ptr()	析构函数，调用 deleter——如果 *sp* 拥有一个对象
sp = *sp2*	赋值（此后 *sp* 将共享 *sp2* 的拥有权，放弃其先前所拥有的对象的拥有权）
sp = move(*sp2*)	Move assignment（*sp2* 将拥有权移交给 *sp*）
sp = move(*up*)	赋予一个 unique_ptr *up*（*up* 将拥有权移交给 *sp*）
sp = move(*ap*)	赋予一个 auto_ptr *ap*（*ap* 将拥有权移交给 *sp*）
sp1.swap(*sp2*)	置换 *sp1* 和 *sp2* 的 pointer 和 deleter
swap(*sp1*,*sp2*)	置换 *sp1* 和 *sp2* 的 pointer 和 deleter
sp.reset()	放弃拥有权并重新初始化 shared pointer，使它像是 empty
sp.reset(*ptr*)	放弃拥有权，重新初始化 shared pointer（拥有 **ptr*），使用 default deleter（也就是调用 delete）
sp.reset(*ptr*,*del*)	放弃拥有权，重新初始化 shared pointer（拥有 **ptr*），使用 *del* 作为deleter
sp.reset(*ptr*,*del*,*ac*)	放弃拥有权，重新初始化 shared pointer（拥有 **ptr*），使用 *del* 作为 deleter 并以 *ac* 为 allocator
make_shared(...)	为一个新对象（以传入的实参为初值）建立一个 shared pointer
allocate_shared(*ac*,...)	为一个新对象（以传入的实参为初值）建立一个 shared pointer，使用 allocator *ac*

表 5.3　shared_ptr 的各项操作，第一部分

操作	效果
sp.get()	返回存储的 pointer（通常是被拥有物的地址；若不拥有对象则返回 nullptr）
**sp*	返回拥有的对象（如果 none 则形成不确定行为）
sp->...	为拥有物提供成员访问（如果none则形成不确定行为）
sp.use_count()	返回共享对象之拥有者数量（包括 *sp* 本身），如果 shared pointer 是 empty 则返回 0
sp.unique()	返回"*sp* 是否为唯一拥有者"（等价于 *sp*.use_count()==1 但可能较快）
if (*sp*)	操作符 bool()；判断 sp 是否为 empty
sp1 == *sp2*	针对存储的 pointer（有可能是 nullptr）调用 ==
sp1 != *sp2*	针对存储的 pointer（有可能是 nullptr）调用 !=
sp1 < *sp2*	针对存储的 pointer（有可能是 nullptr）调用 <
sp1 <= *sp2*	针对存储的 pointer（有可能是 nullptr）调用 <=
sp1 > *sp2*	针对存储的 pointer（有可能是 nullptr）调用 >
sp1 >= *sp2*	针对存储的 pointer（有可能是 nullptr）调用 >=
static_pointer_cast(*sp*)	对 *sp* 执行 static_cast<> 语义
dynamic_pointer_cast(*sp*)	对 *sp* 执行 dynamic_cast<> 语义
const_pointer_cast(*sp*)	对 *sp* 执行 const_cast<> 语义
get_deleter(*sp*)	返回 deleter 的地址（如果有的话），否则返回 nullptr
strm << *sp*	针对 *sp* 的 raw pointer 调用 output 操作符（相当于 *strm*<<*sp*.get()）
sp.owner_before(*sp2*)	提供自己与另一个 shared pointer 之间的 strict weak ordering
sp.owner_before(*wp*)	提供自己与某个 weak pointer 之间的 strict weak ordering

表 5.4 shared_ptr 的各项操作，第二部分

get_deleter() 会取得一个 pointer to deleter（如果有定义 deleter 的话），要不就取得 nullptr。只要 shared pointer 还拥有那个 deleter，该 pointer 就有效。然而为了取得 deleter，你必须以其类型作为 template 实参，例如：

```
auto del = [] (int* p) {
               delete p;
           };
std::shared_ptr<int>  p(new int, del);
decltype(del)* pd = std::get_deleter<decltype(del)>(p);
```

注意， shared pointer 并未提供 release() 操作用以放弃拥有权并将对象控制权交给调用者。原因是，其他 shared pointer 可能还拥有该对象。

更复杂的 shared_ptr 操作

这里的少数操作可能并不显著。它们中的大部分在 [*N2351:SharedPtr*] 中都有介绍。

众多构造函数中，“接受一个 shared pointer 和一个 raw pointer”的版本是所谓的 *aliasing* 构造函数，它允许你掌握一个事实：某对象拥有另一对象。例如：

```
struct X
{
    int a;
};
shared_ptr<X> px(new X);
shared_ptr<int> pi(px, &px->a);
```

类型 X 的对象拥有成员 a，为了产生一个 shared pointer 指向 a，你必须保持外环对象（surrounding object）活着，做法是借由 aliasing 构造函数附加其 reference count（被引用次数）。更复杂的例子也有，像是指向某个容器元素或是某个 shared library symbol。[10]

注意，作为一种必然结果，程序员必须确保两对象的寿命相称（match），否则可能发生空荡指针（dangling pointer）或资源泄漏（resource leak）。例如：

```
shared_ptr<X> sp1(new X);
shared_ptr<X> sp2(sp1,new X);    // ERROR: delete for this X will never be called

sp1.reset();                     // deletes first X; makes sp1 empty
shared_ptr<X> sp3(sp1,new X);    // use_count()==0, but get()!=nullptr
```

make_shared() 和 allocate_shared() 都用来优化“被共享对象及其相应之控制区块（如用以维护使用次数）”的创建。注意

```
shared_ptr<X>(new X(...))
```

执行了二次分配：一次针对 X，一次针对 shared pointer 的控制区块（用来管理使用次数）。如果替换为

```
make_shared<X>(...)
```

会快速很多，只执行一次分配而且比较安全，因为“X 分配成功而其控制区块却分配失败”是不可能发生的。allocate_shared() 允许传入你自己的 allocator 作为第一实参。

Cast（转型）操作符可将一个 pointer 转为不同类型。其语义与其所对应的操作符相同，得到的是不同类型的另一个 shared pointer。不可以使用寻常的 cast 操作符，因为那会导致不明确行为：

```
shared_ptr<void> sp(new int);    // shared pointer holds a void* internally
...
shared_ptr<int>(static_cast<int*>(sp.get()))    // ERROR: undefined behavior
static_pointer_cast<int*>(sp)                   // OK
```

[10] 感谢 Peter Dimov 指出这一点。

细究 Class weak_ptr

5.2.2 节第 84 页说过，weak_ptr 是 shared_ptr 的帮手，用来共享对象但不拥有对象。它的 use_count() 返回的是对象被 shared_ptr 拥有的次数，至于 weak_ptr 对它的共享次数是不计的。而且 weak_ptr 可以为空（empty）——如果它不是以一个 shared_ptr 为初值或其对应对象的最末一个拥有者被删除就会发生这种情况。Class weak_ptr<> 也被模板化了，以“初始 pointer 指向之对象”的类型为模板参数：

```
namespace std {
    template <typename T>
    class weak_ptr
    {
      public:
        typedef T element_type;
        ...
    };
}
```

表5.5列出了 weak pointer 提供的所有操作。

Default 构造函数会创建出一个 empty weak pointer，那意味着 expired() 的结果是 true。由于 lock() 会产出一个 shared pointer，因此在那个 shared pointer 寿命期间，该对象的使用次数会多 1。这是处理 weak pointer 所共享的对象的唯一途径。

线程安全（Thread-Safe）的 Shared Pointer 接口

一般而言，shared pointer 并非线程安全。因此，为避免 data race（见 18.4.1 节第 982 页）造成的不明确行为，当你在多个线程中以 shared pointer 指向同一对象，你必须使用诸如 mutex 或 lock 等技术。不过当某个线程改变对象时，其他线程读取其使用次数并不会导致 data race，虽然读到的值有可能不是最新的。现实中我们的确可以让一个线程检查使用次数而让另一个线程处理对象。详见第 18 章。

相当于寻常 pointer 之原子性（atomic） C-style 接口（见 18.7.3 节第 1019 页），为 shared pointer 设计的重载版本允许并发处理 shared pointer。注意，并发访问的是 *pointer* 而非其指向的值。

例如：[11]

```
std::shared_ptr<X> global;   // initially nullptr

void foo()
{
    std::shared_ptr<X> local{new X};
    ...
    std::atomic_store(&global,local);
}
```

[11] 感谢 Anthony Williams 提供这个例子。

操作	效果
weak_ptr<*T*> *wp*	Default 构造函数，建立一个 empty weak pointer
weak_ptr<*T*> *wp*(*sp*)	建立一个 weak pointer，共享被 *sp* 拥有的 pointer 的拥有权
weak_ptr<*T*> *wp*(*wp2*)	建立一个 weak pointer，共享被 *wp2* 拥有的 pointer 的拥有权
wp.~weak_ptr()	析构函数，销毁 weak pointer 但不影响它所拥有的对象
wp = *wp2*	赋值（此后 *wp* 将共享 *wp2* 的拥有权，放弃其先前拥有之对象的拥有权）
wp = *sp*	赋予 shared pointer *sp*（此后 *wp* 共享 *sp* 的拥有权，放弃其先前拥有之对象的拥有权）
wp.swap(*wp2*)	置换 *wp* 和 *wp2* 的 pointer
swap(*wp1*,*wp2*)	置换 *wp1* 和 *wp2* 的 pointer
wp.reset()	放弃被拥有物的拥有权（如果有的话），重新初始化为一个 empty weak pointer
wp.use_count()	返回拥有者（shared_ptr 拥有对象）的数量。如果 weak pointer 是 empty 则返回 0
wp.expired()	返回“*wp* 是否为空”（等价于 *wp*.use_count()==0 但也许较快）
wp.lock()	返回一个 shared pointer，共享“被 weak pointer 拥有的 pointer”的拥有权（如果是 none 则返回一个 empty shared pointer ）
wp.owner_before(*wp2*)	提供自己与另一个 weak pointer 之间的 strict weak ordering
wp.owner_before(*sp*)	提供自己与一个 shared pointer 之间的 strict weak ordering

表 5.5　weak_ptr 的操作

表5.6列出了高层接口。相应的低层接口见 18.7.4 节第 1019 页。

操作	效果
atomic_is_lock_free(&*sp*)	如果 *sp* 的 atomic 接口是 lock free 返回 true
atomic_load(&*sp*)	返回 *sp*
atomic_store(&*sp*,*sp2*)	将 *sp2* 赋值给 *sp*
atomic_exchange(&*sp*,*sp2*)	交换 *sp* 和 *sp2* 的值

表 5.6　shared_ptr 的高层原子操作（High-Level Atomic Operation）

5.2.5 Class unique_ptr

unique_ptr 是 C++ 标准库自 C++11 起开始提供的类型。它是一种在异常发生时可帮助避免资源泄漏的 smart pointer。一般而言，这个 smart pointer 实现了独占式拥有概念，意味着它可确保一个对象和其相应资源同一时间只被一个 pointer 拥有。一旦拥有者被销毁或变成 empty，或开始拥有另一个对象，先前拥有的那个对象就会被销毁，其任何相应资源亦会被释放。

Class unique_ptr 继承 class auto_ptr，后者由 C++98 引入但已不再被认可（见 5.2.7 节第 113 页）。Class unique_ptr 提供了一个更简明干净的接口，比 auto_pointer 更不易出错。

Class unique_ptr 的目的

函数往往以下列方式运作：[12]

1. 获得某些资源
2. 执行某些操作
3. 将取得的资源释放掉

如果限定 local 对象，那么函数进入点获得的资源会在函数结束前被自动释放，因为那些 local 对象的析构函数会被调用。但如果资源是显式获得，不与任何对象捆绑，它们就必须被明确释放掉。程序使用 pointer 时，资源往往被显式管理（managed explicitly）。

以此方式使用 pointer 的典型例子是，以 new 和 delete 创建和销毁对象：

```
void f()
{
    ClassA* ptr = new ClassA;     // create an object explicitly
    ...                           // perform some operations
    delete ptr;                   // clean up (destroy the object explicitly)
}
```

这个函数将成为麻烦制造者。一个明显的问题是，有可能忘记 delete 对象，特别是如果你在函数中有个 return 语句。另一个较不明显的危险是它可能抛出异常，那将立刻退离（exit）函数，末尾的 delete 语句也就没机会被调用，导致内存泄漏，或更一般性地说，资源泄漏。

[12] 这个行动方式最初是为 class auto_ptr 而写，改写（并获得允许）自 Scott Meyers 的著作 *More Effective C++*。大体技术最初描述于 Bjarne Stroustrup 的著作 *The C++ Programming Language, 2nd edition* 及 *The Design and Evolution of C++*，称为“resource allocation is initialization”手法。

为了避免如此的资源泄漏，通常函数会捕捉所有异常，例如：

```
void f()
{
    ClassA* ptr = new ClassA;      // create an object explicitly

    try {
      ...                          // perform some operations
    }
    catch (...) {                  // for any exception
        delete ptr;                // - clean up
        throw;                     // - rethrow the exception
    }

    delete ptr;                    // clean up on normal end
}
```

为了在异常发生时能够适当处理好对象的删除，代码变得比较复杂，而且累赘。如果第二个对象也以此方式处理，或需要一个以上的 catch 子句，情况会变得更糟。这是一种不好的编程风格，应该避免，因为它复杂而又容易出错。

对此，smart pointer 可以带来帮助。Smart pointer 可以在它自身被销毁时释放其所指向的数据。而且，由于它是个 local 变量，所以会在函数结束时被自动销毁——不论是正常结束或异常结束。Class unique_ptr 就是这样的一个 smart pointer。

unique_ptr 是“其所指向之对象”的唯一拥有者。自然而然地，当 unique_ptr 被销毁，其所指向的对象也就自动被销毁。unique_ptr 的必要条件就是，它指向的对象只有一个拥有者。

用 unique_ptr 改写先前的例子如下：

```
// header file for unique_ptr
#include <memory>

void f()
{
    // create and initialize an unique_ptr
    std::unique<ClassA> ptr(new ClassA);

    ...                            // perform some operations
}
```

这就够了，再也不需要 delete 语句和 catch 子句。

使用 unique_ptr

unique_ptr 有着与寻常 pointer 非常相似的接口，操作符 * 用来提领（dereference）指向对象，操作符 -> 用来访问成员——如果被指向的对象来自 class 或 struct：

```
// create and initialize (pointer to) string:
std::unique_ptr<std::string> up(new std::string("nico"));

(*up)[0] = 'N';                    // replace first character
up->append("lai");                 // append some characters
std::cout << *up << std::endl; // print whole string
```

然而它不提供 pointer 算术如 ++ 等，这被视为优点，因为 pointer 算术运算往往是麻烦的来源。

注意，class unique_ptr<> 不允许你以赋值语法将一个寻常的 pointer 当作初值。因此你必须直接初始化 unique_ptr，像下面这样：

```
std::unique_ptr<int> up = new int;     // ERROR
std::unique_ptr<int> up(new int);      // OK
```

unique_ptr 不必一定拥有对象，它也可以是 *empty*。[13] 例如当它被 default 构造函数创建出来：

```
std::unique_ptr<std::string> up;
```

你也可以对它赋予 nullptr 或调用 reset()：

```
up = nullptr;
up.reset();
```

此外，你可以调用 release()，获得 unique_ptr 拥有的对象并放弃拥有权，于是调用者现在对该对象有了责任：

```
std::unique_ptr<std::string> up(new std::string("nico"));
...
std::string* sp = up.release();  // up loses ownership
```

你可以调用操作符 bool() 用以检查是否 unique pointer 拥有（任何）对象：

```
if (up) {      // if up is not empty
    std::cout << *up << std::endl;
}
```

你也可以拿 unique pointer 和 nullptr 比较，或查询 unique_ptr 内的 raw pointer——如果 unique_ptr 未拥有任何对象，就会获得一个 nullptr：

```
if (up != nullptr)          // if up is not empty

if (up.get() != nullptr)    // if up is not empty
```

[13] 虽然术语 *empty* 是 C++ 标准库专为 shared pointer 定义的，但我看不出有任何理由不能广泛使用这个术语。

移转 unique_ptr 的拥有权

unique_ptr 提供的语义是“独占式拥有”。然而其实责任在程序员，由他/她确保“没有任何两个 unique pointer 以同一个 pointer 作为初值”：

```
std::string* sp = new std::string("hello");
std::unique_ptr<std::string> up1(sp);
std::unique_ptr<std::string> up2(sp);   // ERROR: up1 and up2 own same data
```

很不幸这是个运行期错误，程序员必须避免这样的过失。

这导致这样的问题：unique_ptr 的 copy 构造函数和 assignment 操作符如何运作？答案很简单：你不可以对 unique pointer 执行 copy 或 assign——如果你要的是寻常的 copy 语义。然而你可以使用自 C++11 起提供的 move 语义（见 3.1.5 节第 19 页）。这种情况下上述的 copy 构造函数或 assignment 操作符会将拥有权移交给另一个 unique pointer。[14]

举个例子，考虑这样使用 copy 构造函数：

```
// initialize a unique_ptr with a new object
std::unique_ptr<ClassA> up1(new ClassA);

// copy the unique_ptr
std::unique_ptr<ClassA> up2(up1);   // ERROR: not possible

// transfer ownership of the unique_ptr
std::unique_ptr<ClassA> up3(std::move(up1));   // OK
```

第一个语句结束后，up1 拥有以 new 创建的对象。第二个语句试图调用 copy 构造函数，但发生编译期错误，因为 up2 不可以成为原对象的另一个拥有者，毕竟一次只允许存在一个拥有者。第三个语句则是将拥有权从 up1 移至 up3。在那之后 up3 就拥有了先前以 new 建立起来的对象，而 up1 不再拥有它。一旦 up3 被销毁，以 new ClassA 创建出来的对象也就被 deleted。

Assignment 操作符的行为和上面所说很类似：

```
// initialize a unique_ptr with a new object
std::unique_ptr<ClassA> up1(new ClassA);
std::unique_ptr<ClassA> up2;   // create another unique_ptr

up2 = up1;                     // ERROR: not possible

up2 = std::move(up1);          // assign the unique_ptr
                               // - transfers ownership from up1 to up2
```

这里的 move assignment 将拥有权由 up1 移交给 up2。于是 up2 拥有了先前被 up1 拥有的对象。

---

[14] 这就是它和 auto_ptr 的主要差异。auto_ptr 以寻常的 copy 语义移交拥有权，以致容易带来麻烦和困惑。

如果上述赋值动作之前 up2 原本拥有对象，会有一个 delete 动作被调用，删除该对象：

```
// initialize a unique_ptr with a new object
std::unique_ptr<ClassA> up1(new ClassA);
// initialize another unique_ptr with a new object
std::unique_ptr<ClassA> up2(new ClassA);

up2 = std::move(up1);          // move assign the unique_ptr
                               // - delete object owned by up2
                               // - transfer ownership from up1 to up2
```

失去对象拥有权的 unique_ptr 并不会获得一个“指向无物”（refer to no object）的新拥有权。

如果想要指派新值给 unique_ptr，新值必须也是个 unique_ptr，不可以是寻常 pointer：

```
std::unique_ptr<ClassA> ptr;                      // create a unique_ptr

ptr = new ClassA;                                 // ERROR
ptr = std::unique_ptr<ClassA>(new ClassA);        // OK, delete old object
                                                  //     and own new
```

赋值 nullptr 也是可以的，和调用 reset() 效果相同：

```
up = nullptr;   // deletes the associated object, if any
```

源头和去处（Source and Sink）

拥有权的移转暗暗指出了 unique_ptr 的一种用途：函数可利用它们将拥有权转移给其他函数。这会发生在两种情况下：

1. 函数是接收端。如果我们将一个由 std::move() 建立起来的 unique_ptr 以 rvalue reference 身份当作函数实参，那么被调用函数的参数将会取得 unique_ptr 的拥有权。因此，如果该函数不再转移拥有权，对象会在函数结束时被 deleted：

```
void sink(std::unique_ptr<ClassA> up)     // sink() gets ownership
{
    ...
}

std::unique_ptr<ClassA> up(new ClassA);
...
sink(std::move(up));      // up loses ownership
...
```

2. 函数是供应端。当函数返回一个 unique_ptr，其拥有权会转移至调用端场景（calling context）内。下面的例子展示了这项技术：[15]

```
std::unique_ptr<ClassA> source()
{
    std::unique_ptr<ClassA> ptr(new ClassA); // ptr owns the new object
    ...
    return ptr;              // transfer ownership to calling function
}

void g()
{
    std::unique_ptr<ClassA> p;

    for (int i=0; i<10; ++i) {
        p = source();       // p gets ownership of the returned object
                            // (previously returned object of f() gets deleted)
        ...
    }
} // last-owned object of p gets deleted
```

每当 source() 被调用，就会以 new 创建对象并返回给调用者，夹带着其拥有权。返回值被赋值给 p，于是拥有权也被移转给 p。在循环的第二次迭代中，对 p 赋值导致 p 先前拥有的对象会被删除。一旦 g() 结束，p 被销毁，导致最后一个由 p 拥有的对象被析构。无论如何都不会发生资源泄漏。即使抛出异常，任何拥有数据的 unique_ptr 也能确保数据被删除。

在这里，source() 的 return 语句不需要 std::move() 的原因是，C++11 语言规定，编译器应该自动尝试加上 move（见 3.1.5 节第 22 页）。

unique_ptr 被当作成员

在 class 内使用 unique_ptr 可避免资源泄漏。如果你使用 unique_ptr 取代寻常 pointer，就不再需要析构函数，因为对象被删除会连带使所有成员被删除。此外 unique_ptr 也可协助避免“对象初始化期间因抛出异常而造成资源泄漏”。注意，只有当一切构造动作都完成了，析构函数才有可能被调用。因此一旦构造期间发生异常，只有那些已完全构造好的对象，其析构函数才会被调用。 所以，对于“拥有多个 raw pointer”的 class，如果构造期间第一个 new 成功而第二个失败，就可能导致资源泄漏。例如：

[15] 如果你想装腔作态地声明返回类型（return type）为 rvalue reference，不，别这么做，因为那会返回一个 dangling pointer（见 3.1.5 节第 22 页）。

```
class ClassB {
  private:
    ClassA* ptr1;          // pointer members
    ClassA* ptr2;
  public:
    // constructor that initializes the pointers
    // - will cause resource leak if second new throws
    ClassB (int val1, int val2)
     : ptr1(new ClassA(val1)), ptr2(new ClassA(val2)) {
    }

    // copy constructor
    // - might cause resource leak if second new throws
    ClassB (const ClassB& x)
     : ptr1(new ClassA(*x.ptr1)), ptr2(new ClassA(*x.ptr2)) {
    }

    // assignment operator
    const ClassB& operator= (const ClassB& x) {
       *ptr1 = *x.ptr1;
       *ptr2 = *x.ptr2;
       return *this;
    }

    ~ClassB () {
        delete ptr1;
        delete ptr2;
    }
    ...
};
```

只需使用 unique_ptr，就可以避免上述可能的资源泄漏：

```
class ClassB {
  private:
    std::unique_ptr<ClassA> ptr1;          // unique_ptr members
    std::unique_ptr<ClassA> ptr2;
  public:
    // constructor that initializes the unique_ptrs
    // - no resource leak possible
    ClassB (int val1, int val2)
     : ptr1(new ClassA(val1)), ptr2(new ClassA(val2)) {
    }
```

```
      // copy constructor
      // - no resource leak possible
      ClassB (const ClassB& x)
       : ptr1(new ClassA(*x.ptr1)), ptr2(new ClassA(*x.ptr2)) {
      }

      // assignment operator
      const ClassB& operator= (const ClassB& x) {
         *ptr1 = *x.ptr1;
         *ptr2 = *x.ptr2;
         return *this;
      }

      // no destructor necessary
      // (default destructor lets ptr1 and ptr2 delete their objects)
      ...
  };
```

首先请注意，现在你可以略而不写析构函数，因为 unique_ptr 为你做了该做的事。你还是必须写出 copy 构造函数和 assignment 操作符；此二者的默认版本会拷贝或赋值成员，而在此那是不可能的。如果你没有自行提供它们，ClassB 将只提供 move 语义。

对付 Array

默认情况下 unique_ptr 如果失去拥有权（也许因为被销毁，或因为被赋予新值，或因为变成 empty），会为其所拥有的对象调用 delete。不幸的是基于 C 语言以来的规则，C++ 无法区分 pointer 是“指向单对象”或“指向 array”。而 C++ 语言又规定，对于 array 应该使用 delete[] 而不是 delete，所以下面的语句是错误的：

```
std::unique_ptr<std::string> up(new std::string[10]);  // runtime ERROR
```

现在，你可能会想，如果采用 class shared_ptr（见 5.2.1 节第 80 页），你必须定义自己的 deleter 才能处理 array。其实不必。

很幸运地，C++ 标准库为 class unique_ptr 提供了一个偏特化版本（partial specialization）用来处理 array，这个版本会在遗失其所指对象的拥有权时，对该对象调用 delete[]。你只需这么声明：

```
std::unique_ptr<std::string[]> up(new std::string[10]);  // OK
```

然而请注意，这个偏特化版本提供的接口稍有不同。它不再提供操作符 * 和 ->，改而提供操作符 []，用以访问其所指向的 array 中的某一个对象：

```
std::unique_ptr<std::string[]> up(new std::string[10]);  // OK
...
std::cout << *up << std::endl;      // ERROR: * not defined for arrays
std::cout << up[0] << std::endl;    // OK
```

一如既往，确保索引合法是程序员的责任，不合法的索引会导致不确定行为。

也请注意，这个 class 不接受一个“派生类型”的 array 作为初值。这带来的影响是：在朴素直率的（plain） array 身上起不了多态作用（polymorphism）。

Class default_delete<>

让我们把目光移近 class unique_ptr 的声明式。概念上，这个 class 被声明如下：[16]

```
namespace std {
    // primary template:
    template <typename T, typename D = default_delete<T>>
    class unique_ptr
    {
      public:
        ...
        T& operator*() const;
        T* operator->() const noexcept;
        ...
    };

    // partial specialization for arrays:
    template<typename T, typename D>
    class unique_ptr<T[], D>
    {
      public:
        ...
        T& operator[](size_t i) const;
        ...
    }
}
```

可以看出，其中有个特殊版本负责处理 array。该版本提供操作符 [] 而非 * 和 ->，用以处理 array 而非单一对象。但二者都使用 class std::default_delete<> 作为 deleter，那又被特化使得面对 array 时调用 delete[] 而非 delete：

```
namespace std {
    // primary template:
    template <typename T> class default_delete {
      public:
        void operator()(T* p) const;   // calls delete p
```

[16] C++ 标准库的 class unique_ptr 比这更复杂，因为它运用若干神奇的 template 魔法指出操作符 * 和 -> 的确切返回类型。

```
        ...
    };

    // partial specialization for arrays:
    template <typename T> class default_delete<T[]> {
      public:
        void operator()(T* p) const;   // calls delete[] p
        ...
    };
}
```

注意，默认的 template 实参也会自动施行于偏特化版本上。

其他相应资源的 Deleter

当你所指向的对象要求的不只是调用 delete 或 delete[]，你就只好（必须）具体指定自己的 deleter。然而此处 deleter 的定义方式略略不同于 shared_ptr。你必须具体指明 deleter 的类型作为第二个 template 实参。该类型可以是个 reference to function，或是个 function pointer 或 function object（见 6.10 节第 233 页）。如果是个 function object，其 function call 操作符 () 应该接受一个“指向对象”的 pointer。

举个例子，以下代码在 delete 对象之前先打印一份额外信息：

```
class ClassADeleter
{
  public:
    void operator () (ClassA* p) {
        std::cout << "call delete for ClassA object" << std::endl;
        delete p;
    }
};
...

std::unique_ptr<ClassA,ClassADeleter> up(new ClassA());
```

如果你给的是个函数或 lambda，你必须声明 deleter 的类型为void(*)(T*)或std::function<void(T*)>，要不就使用 decltype（见 3.1.11 节第 32 页）。例如，若要为一个 array of int 指定自己的 deleter，并以 lambda 形式呈现，应该写：

```
std::unique_ptr<int,void(*)(int*)> up(new int[10],
                                      [](int* p) {
                                          ...
                                          delete[] p;
                                      });
```

或

```
std::unique_ptr<int,std::function<void(int*)>> up(new int[10],
                                                   [](int* p) {
                                                       ...
                                                       delete[] p;
                                                   });
```

或

```
auto l = [](int* p) {
             ...
             delete[] p;
         };
std::unique_ptr<int,decltype(l)>> up(new int[10], l);
```

为了避免"传递 function pointer 或 lambda 时必须指明 deleter 的类型"，你可以使用所谓的 alias template，这是自 C++11 起提供的语言特性（见 3.1.9 节第 27 页）：

```
template <typename T>
using uniquePtr = std::unique_ptr<T,void(*)(T*)>;  // alias template
...

uniquePtr<int> up(new int[10], [](int* p) {          // used here
                                   ...
                                   delete[] p;
                               });
```

采用这种形式，你拥有的接口将因此和"为 shared_ptr 指定 deleter"或多或少有些相同。

下面的例子完整示范了使用自己的 deleter：

```
// util/uniqueptr1.cpp

#include <iostream>
#include <string>
#include <memory>    // for unique_ptr
#include <dirent.h>  // for opendir(), ...
#include <cstring>   // for strerror()
#include <cerrno>    // for errno
using namespace std;

class DirCloser
{
  public:
    void operator () (DIR* dp) {
        if (closedir(dp) != 0) {
            std::cerr << "OOPS: closedir() failed" << std::endl;
        }
    }
};
```

```
int main()
{
    // open current directory:
    unique_ptr<DIR,DirCloser> pDir(opendir("."));

    // process each directory entry:
    struct dirent *dp;
    while ((dp = readdir(pDir.get())) != nullptr) {
        string filename(dp->d_name);
        cout << "process " << filename << endl;
        ...
    }
}
```

本例在 main() 内处理当前文件目录下的所有条目，使用标准 POSIX 接口：opendir()、readdir() 和 closedir()。为确保任何情况下被开启的目录都会被 closedir() 关闭，我们定义一个 unique_ptr，造成只要“指向被开启目录”的那个 handle 被销毁，DirCloser 就被调用。就像 shared pointer 一样，unique pointer 的 deleter 不可抛出异常，因此这儿我们只打印一个报错信息。

使用 unique_ptr 的另一个好处是，不可能存在拷贝（copy）。注意 readdir() 并非无状态（stateless），所以下面是个好主意：使用 handle 处理目录时确保该 handle 的拷贝不得改动其状态（state）。

如果你并不想处理 closedir() 的返回值，那么也可以直接传递 closedir() 成为一个 function pointer，并明确指出 deleter 是个 function pointer。但是务必知晓，下面这个经常被推荐的声明式：

```
unique_ptr<DIR,int(*)(DIR*)> pDir(opendir("."),
                                  closedir);   // might not work
```

并不保证可移植，因为 closedir 具备 extern "C" linkage，所以在 C++ 代码中它不保证能被转换为 int(*)(DIR*)。如果要求可移植性，你需要一个中介的类型定义式如下：[17]

```
extern "C" typedef int(*DIRDeleter)(DIR*);
unique_ptr<DIR, DIRDeleter> pDir(opendir("."),
                                 closedir);  // OK
```

注意 closedir() 返回 int，所以我们必须明确指出 deleter 的类型为 int(*)(DIR*)。然而请注意，经由 function pointer 执行的调用，是个间接调用，较难被优化。

15.12.3 节第 822 页有另一个例子，使用你自己的 unique_ptr deleter 将一个被重定向的输出缓冲区（redirected output buffer）恢复原状。

[17] 感谢 Daniel Krügler 指出这一点。

5.2.6 细究 Class unique_ptr

正如 5.2.5 节第 98 页所述，class unique_ptr 提供了一个“带有独占拥有权的 smart pointer 语义”的概念。一旦某个 unique pointer 有了独占控制权，你将无法创造出“多个 pointer 拥有该相应对象”的形势。主要目的是确保在那个 pointer 寿命结束时，相应对象被删除（或是资源被清理干净）。这特别有助于提供异常安全性。相比于 shared pointer，这个 class 关注的是最小量的空间开销和时间开销。

Class unique_ptr<> 被模板化，其参数是原始 pointer 所指对象的类型，以及 deleter 的类型：

```
namespace std {
    template <typename T, typename D = default_delete<T>>
    class unique_ptr
    {
      public:
        typedef ... pointer;  // may be D::pointer
        typedef T element_type;
        typedef D deleter_type;
        ...
    };
}
```

它有一个针对 array 的偏特化版本（注意，根据语言规则，它有相同的 default deleter，也就是 default_delete<T[]>）：

```
namespace std {
    template <typename T, typename D>
    class unique_ptr<T[], D>
    {
      public:
        typedef ... pointer;  // may be D::pointer
        typedef T element_type;
        typedef D deleter_type;
        ...
    };
}
```

元素类型 T 可以是 void，意味着 unique pointer 拥有的对象其类型不明确，就像 void* 那样。注意 class 内定义了一个 pointer 类型，它并非一定得是 T*。如果 deleter D 也有一个 pointer typedef，被使用的将会是这个类型。这种情况下 template 参数 T 就只具备类型标签（type tag）效果，因为 class unique_ptr<> 内无任何成员与 T 有关；每一样东西都取决于 pointer。这么做的好处是，unique_ptr 可因而持有（hold）其他 smart pointer。

如果一个 unique_ptr 是空的（empty），表示未拥有对象，那么 get() 会返回 nullptr。

表5.7列出了 unique pointer 提供的所有操作。

操作	效果
unique_ptr<...> *up*	Default 构造函数，建立一个 empty unique pointer，使用 default/passed deleter 类型的一个实例作为 deleter
unique_ptr<*T*> *up*(nullptr)	建立一个 empty unique pointer，使用 default/passed deleter 类型的一个实例作为 deleter
unique_ptr<...> *up*(*ptr*)	建立一个 unique pointer，拥有 **ptr*，使用 default/passed deleter 类型的一个实体作为 deleter
unique_ptr<...> *up*(*ptr*,*del*)	建立一个 unique pointer，拥有 **ptr*，使用 *del* 作为 deleter
unique_ptr<*T*> *up*(move(*up2*))	建立一个 unique pointer，拥有先前被 *up2* 拥有的 pointer（此后 *up2* 为空）
unique_ptr<*T*> *up*(move(*ap*))	建立一个 unique pointer，拥有先前被 auto_ptr *ap* 拥有的 pointer（此后 *ap* 为空）
up.~unique_ptr()	析构函数，为一个被拥有的对象调用 deleter
up = move(*up2*)	Move 赋值（*up2* 移交拥有权给 *up*）
up = nullptr	对一个被拥有物调用 deleter，并令为空（等价于 *up*.reset()）
up1.swap(*up2*)	置换 *up1* 和 *up2* 的 pointer 和 deleter
swap(*up1*,*up2*)	置换 *up1* 和 *up2* 的 pointer 和 deleter
up.reset()	对一个被拥有物调用 deleter，并令为空（等价于 *up*=nullptr）
up.reset(*ptr*)	对一个被拥有物调用 deleter，并重新初始化 shared pointer 使它拥有 **ptr*
up.release()	放弃拥有权，将拥有权交给调用者（也就是说，返回被拥有物且不调用其 deleter）
up.get()	返回被存储的 pointer（被存储物的地址，若是 none 则返回 nullptr）
**up*	只作用于单对象；返回被拥有之物（如果 none 则行为不确定）
up->...	只作用于单对象；为被拥有物提供成员访问（如果 none 则行为不确定）
up[*idx*]	只作用于 array 对象；返回被存储之 array 内索引为 *idx* 的元素（如果 none 则行为不确定）
if (*up*)	操作符 bool()；判断是否 *up* 为空
up1 == *up2*	为被存储的 pointer（有可能是 nullptr）调用 ==
up1 != *up2*	为被存储的 pointer（有可能是 nullptr）调用 !=
up1 < *up2*	为被存储的 pointer（有可能是 nullptr）调用 <
up1 <= *up2*	为被存储的 pointer（有可能是 nullptr）调用 <=
up1 > *up2*	为被存储的 pointer（有可能是 nullptr）调用 >
up1 >= *up2*	为被存储的 pointer（有可能是 nullptr）调用 >=
up.get_deleter()	返回一个 reference 代表 deleter

表 5.7　unique_ptr 的各项操作

构造函数接受一个 pointer 和一个 deleter 作为实参，并有多个重载版本，所以下面的行为都正确：

```
D d;                                          // instance of the deleter type
unique_ptr<int, D> p1(new int, D());          // D must be MoveConstructible
unique_ptr<int, D> p2(new int, d);            // D must be CopyConstructible
unique_ptr<int, D&> p3(new int, d);           // p3 holds a reference to d
unique_ptr<int, const D&> p4(new int, D()); // Error: rvalue deleter object
                                              // can't have reference deleter type
```

对于单一对象，move 构造函数和 assignment 操作符都是 member template，允许类型转换。所有比较操作符（comparison operator）都针对不同的元素类型和 deleter 类型被模板化。

所有比较操作符所比较的都是 shared pointer 内部那个 raw pointer（相当于针对 `get()` 返回值调用同一个操作符）。它们全都针对“实参为 `nullptr`”有个重载版本。因此你可以检查是否存在一个有效的 pointer，甚至是否 raw pointer 小于或大于 `nullptr`。

针对 array 而发展的特化版本，与针对单一对象的泛化版本有着以下不同：

- 不再提供操作符 `*` 和 `->`，改提供操作符 `[]`。
- Default deleter 调用 `delete[]` 而不是 `delete`。
- 不支持不同类型之间的转换。特别值得注意的是，不允许指向派生元素类型。

注意其 deleter 接口与 class `shared_ptr` 的不同（详见 5.2.1 节第 80 页）。和 shared pointer 相同的是，其 deleter 也不该抛出异常。

5.2.7 Class auto_ptr

不同于 C++11，C++98 标准库只提供一个 smart pointer class auto_ptr，但它已被 C++11 明确声明不再支持。它的目标是提供如今 unique_ptr 所提供的语义，不过却导致一些问题：

- 设计它时，C++ 语言尚未有 move 语义让构造函数和 assignment 操作符使用。然而其目标仍然是提供拥有权移转语义。于是 copy 和 assignment 操作符还是获得了 move 语义，而这却可能引发严重问题，特别是当以 auto_ptr 为实参时。
- 不存在 *deleter* 所表示的语义，因此你只能使用它处理“以 new 分配之单一对象”。
- 由于它是 C++ 标准库提供的最早且唯一的 smart pointer，所以常被误用，特别是它僭越地提供了如今 class shared_ptr 提供的拥有权共享语义。

关于“非自觉遗失拥有权”的危险，让我们看看下面的例子，其中有个函数以幼稚手法打印一个被 auto_ptr 指向的对象：

```
// this is a bad example
template <typename T>
void bad_print(std::auto_ptr<T> p)     // p gets ownership of passed argument
{
    // does p own an object ?
    if (p.get() == NULL) {
        std::cout << "NULL";
    }
    else {
        std::cout << *p;
    }
}                     // Oops, exiting deletes the object to which p refers
```

无论何时只要某个 auto_ptr 被传递给 bad_print()，它所拥有的对象（如果有的话）就会被删除。原因是，被当作实参传递的那个 auto_ptr 的拥有权被移交给了参数 p，而 p 会在函数结束前删除它所拥有的对象。这或许不是程序员的意图，会引发致命的运行期错误（fatal runtime error）：

```
std::auto_ptr<int> p(new int);
*p = 42;           // change value to which p refers
bad_print(p);      // Oops, deletes the memory to which p refers
*p = 18;           // RUNTIME ERROR
```

传递 auto_ptr 给容器时，特别容易发生上述行为。现在，有了 unique_ptr，这样的错误不再可能发生，因为你很明显地必须使用 std::move() 传递实参。

5.2.8 Smart Pointer 结语

一如我们所见，C++11 提供了 smart pointer 两个概念：

1. `shared_ptr` 用来共享拥有权
2. `unique_ptr` 用来独占拥有权

后者取代陈旧的 C++98 `auto_ptr`，这个 class 如今已被声明为不合时宜。

关于效能（Performance）

也许你会奇怪，为什么 C++ 标准库不是只提供一个带有“分享拥有权”语义的 smart pointer class，因为这也可以避免资源泄漏或拥有权转移。答案是因为 shared pointer 带来的效能冲击。

Class `shared_ptr` 是以一种非直观（非侵入式）做法完成的，意味着被此 class 管理的对象不需服从任何特定条件，就像 common base class 那样。这么做的一大好处是，此一概念可被作用于任何类型，包括基础数据类型。代价则是 `shared_ptr` 对象内部需要多个成员：一个寻常 pointer 用来指向对象，一个引用计数器（由“指向同一对象”的所有 shared pointer 共享）。由于 weak pointer 也可以指向一个被共享对象，所以你甚至需要另一个计数器。（即使没有更多 shared pointer 使用同一对象，你还是需要这个计数器直到所有 weak pointer 不再指向它，否则就无法保证它们的 `use_count()` 会返回 0。）[18]

因此，shared 和 weak pointer 内部都需要额外的辅助对象，以内部 pointer 指向。这意味着无法进行许多优化动作（包括 empty base class 优化，那可以消除任何内存额外开销）。

Unique pointer 完全不需要这样的额外开销。它们的智能建立在“特殊的构造函数和析构函数”及“copy 语义的消除”上。如果给予它的 deleter 是 stateless（无状态，也就是无数据栏）或 empty，它消费的内存应该和 native pointer 相同，而和“使用 native pointer 并手动 delete”相比，也应该不会有运行期额外开销（runtime overhead）。然而，为了避免带来非必要开销，你应该使用 function object（包括 lambda）作为 deleter，以便成就最佳优化，甚至理想中的零开销。

关于使用

Smart pointer 并不完美，你仍然必须知道它们解决了什么问题，而又留下什么问题。例如，面对任何 smart pointer class，你应该绝对不要创建“得自同一寻常 pointer”的多个 smart pointer。

7.11 节第 388 页有个例子，示范了在多个 STL 容器内使用 shared pointer。

`shared_ptr` 和 `unique_ptr` 以不同的方式对付 array 和 deleter。`unique_ptr` 有个偏特化版本针对 array，提供不同的接口。它的弹性较高而效能较低，使用时比较费工。

最后请注意，一般而言 smart pointer 并非线程安全，虽然它适用某些保证。详见 5.2.4 节第 96 页。

[18] 感谢 Howard Hinnant 指出这一点。

5.3 数值的极值（Numeric Limit）

一般说来，数值类型（numeric type）有着与平台相依的极值。C++ 标准库借由 template `numeric_limits` 提供这些极值，用以取代传统 C 语言所采用的预处理器常量（preprocessor constant）。你仍然可以使用后者，其中整数常量定义于 `<climits>` 和 `<limits.h>`，浮点常量定义于 `<cfloat>` 和 `<float.h>`。新的极值概念有两个优点，第一是提供了更好的类型安全性，第二是程序员可借此写出一些 template 以核定（evaluate）这些极值。

本节的剩余部分专门讨论极值问题。注意，C++ standard 规定了各种类型必须保证的最小精度，如果你能够注意并运用这些极值，就比较容易写出与平台无关的程序。这些最小值列于表5.8。[19]

类型	最小长度
`char`	1 byte (8 bits)
`short int`	2 bytes
`int`	2 bytes
`long int`	4 bytes
`long long int`	8 bytes
`float`	4 bytes
`double`	8 bytes
`long double`	8 bytes

表 5.8　内建类型（Built-In Type）的最小长度

Class `numeric_limits<>`

使用 template，通常是为了对所有类型一次性地撰写出一个通用解决方案。除此之外，你还可以在必要时以 template 为每个类型提供共同接口。方法是：不但提供通用性的 template，还提供其特化版本。`numeric_limits` 就是这项技术的一个典型例子，做法如下：

- 通用性的 template，为所有类型提供默认极值：

```
namespace std {
   // general numeric limits as default for any type
   template <typename T>
   class numeric_limits {
     public:
       // by default no specialization for any type T exists
       static constexpr bool is_specialized = false;
```

[19] 注意，"bytes" 意思是"八个为一组"之物，带有 8 bit。严格地讲，我们甚至可能让一个 `long int` 拥有一个 byte，而后者带着至少 32 bit。

```
        ...  // other members are meaningless for the general template
    };
}
```

这个通用性 template 将成员 is_specialized 设为 false，意思是，对类型 T 而言，不存在所谓的极值。

- 各具体类型的极值，由特化版本（specialization）提供：

```
namespace std {
    // numeric limits for int
    // - implementation defined
    template<> class numeric_limits<int> {
      public:
        // yes, a specialization for numeric limits of int does exist
        static constexpr bool is_specialized = true;

        static constexpr int min() noexcept {
            return -2147483648;
        }
        static constexpr int max() noexcept {
            return 2147483647;
        }
        static constexpr int digits = 31;
        ...
    };
}
```

这里把 is_specialized 设为 true，所有其他成员都根据特定类型之具体极值而设定。

通用性的 numeric_limits template，及其特化版本，都被放在 <limits> 头文件中。特化版本涵盖所有数值基础类型，包括：bool、char、signed char、unsigned char、char16_t、char32_t、wchar_t、short、unsigned short、int、unsigned int、long、unsigned long、long long、unsigned long long、float、double 和 long double。[20] 你可以轻易为自定义的数值类型加上一份补充。

表5.9和表5.10列出了 class numeric_limits<> 的所有成员及其意义。最右列显示对应的 C 常量，它们分别定义于 <climits>、<limits.h>、<cfloat> 和 <float.h>。

[20] 针对 char16_t、char32_t、long long 以及 unsigned long long 而写的特化版本，自 C++11 开始才有。

成员	意义	对应的 C 常量
is_specialized	类型是否有极值	
is_signed	类型带有正负号	
is_integer	整数类型	
is_exact	计算结果不产生舍/入误差（此成员对所有整数类型而言均为 true）	
is_bounded	数值集的个数有限（对所有内建类型而言，此成员均为 true）	
is_modulo	两正值相加，其结果可能因溢出而回绕为较小的值	
is_iec559	遵从 IEC 559 及 IEEE 754 标准	
min()	最小有限值（只有当 is_bounded||!is_signed 成立才有意义）	INT_MIN,FLT_MIN, CHAR_MIN,...
max()	最大有限值（只有当 is_bounded 成立才有意义）	INT_MAX,FLT_MAX,...
lowest()	最大负有限值（只有当 is_bounded 成立才有意义；始自 C++11）	
digits	字符和整数：不含正负号之位数	CHAR_BIT
	浮点数：radix（见下）的位数	FLT_MANT_DIG,...
digits10	十进制数字的个数（只有 is_bounded 成立才有意义）	FLT_DIG,...
max_digits10	必要的十进制数位个数，确保不同的数值总是不同（对所有浮点数类型都有意义；始自 C++11）	
radix	整数：表述式的底（base），几乎总是 2	
	浮点数：指数表述式的底（base）	FLT_RADIX
min_exponent	底 radix 的最小负整数指数	FLT_MIN_EXP,...
max_exponent	底 radix 的最大负整数指数	FLT_MAX_EXP,...
min_exponent10	底 10 的最小负整数指数	FLT_MIN_10_EXP,...
max_exponent10	底 10 的最大负整数指数	FLT_MAX_10_EXP,...
epsilon()	1 和最接近 1 的值之间的差距	FLT_EPSILON,...
round_style	舍/入风格（rounding style）（见第 119 页）	
round_error()	最大舍/入误差量度（根据 ISO/IEC 10967-1）	
has_infinity	类型有“正无穷大”表述	
infinity()	表现“正无穷大”（如果有的话）	
has_quiet_NaN	类型拥有 nonsignaling “Not a Number”表述	
quiet_NaN()	安静表达“Not a Number”，如果能够的话	

表 5.9　Class numeric_limits<> 的所有成员，第一部分

成员	意义	对应的 C 常量
has_signaling_NaN	类型拥有 signaling "Not a Number" 表述形式	
signaling_NaN()	Signaling "Not a Number"，如果能够的话	
has_denorm	类型是否允许 denormalized value（亦即 variable numbers of exponent bits，见第 119 页）	
has_denorm_loss	准确度的遗失被侦测为一个 denormalization loss，而不是一个 inexact result	
denorm_min()	最小正值的 denormalized value	
traps	已实现 trapping	
tinyness_before	在舍/入（rounding）之前可侦测出 tinyness	

表 5.10 Class numeric_limits<> 的所有成员，第二部分

下面是对 float 极值的一份全特化（full specialization）完整实现，与平台相依，并且给出了各成员的确切签名式（signature）：

```
namespace std {
   template<> class numeric_limits<float> {
     public:
       // yes, a specialization for numeric limits of float does exist
       static constexpr bool is_specialized = true;

       inline constexpr float min() noexcept {
           return 1.17549435E-38F;
       }
       inline constexpr float max() noexcept {
           return 3.40282347E+38F;
       }
       inline constexpr float lowest() noexcept {
           return -3.40282347E+38F;
       }

       static constexpr int digits = 24;
       static constexpr int digits10 = 6;
       static constexpr int max_digits10 = 9;

       static constexpr bool is_signed = true;
       static constexpr bool is_integer = false;
       static constexpr bool is_exact = false;
       static constexpr bool is_bounded = true;
       static constexpr bool is_modulo = false;
       static constexpr bool is_iec559 = true;
```

```
        static constexpr int radix = 2;

        inline constexpr float epsilon() noexcept {
            return 1.19209290E-07F;
        }

        static constexpr float_round_style round_style
            = round_to_nearest;
        inline constexpr float round_error() noexcept {
            return 0.5F;
        }

        static constexpr int min_exponent = -125;
        static constexpr int max_exponent = +128;
        static constexpr int min_exponent10 = -37;
        static constexpr int max_exponent10 = +38;

        static constexpr bool has_infinity = true;
        inline constexpr float infinity() noexcept { return ...; }
        static constexpr bool has_quiet_NaN = true;
        inline constexpr float quiet_NaN() noexcept { return ...; }
        static constexpr bool has_signaling_NaN = true;
        inline constexpr float signaling_NaN() noexcept { return ...; }
        static constexpr float_denorm_style has_denorm = denorm_absent;
        static constexpr bool has_denorm_loss = false;
        inline constexpr float denorm_min() noexcept { return min(); }

        static constexpr bool traps = true;
        static constexpr bool tinyness_before = true;
    };
}
```

注意，自 C++11 起所有成员都被声明为 constexpr（见 3.1.8 节第 26 页）。例如你可以在需要编译期表达式（compile-time expression）的地方使用 max()：

```
static const int ERROR_VALUE = std::numeric_limits<int>::max();
float a[std::numeric_limits<short>::max()];
```

在 C++11 之前，所有非函数成员都是 constant 和 static，所以它们的值可在编译期确定。然而函数成员只是 static，所以先前那些表达式就不可能成立了。也请注意，进化至 C++11 前，并不提供 lowest() 和 max_digits10，且以空白异常明细（empty exception specification）取代 noexcept（见 3.1.7 节第 24 页）。

round_style 的值列于表5.11，has_denorm 的值列于表5.12。has_denorm 其实也许应该称为 denorm_style 更贴切，可惜并非如此。这是因为 C++ 标准化后期才决定将其原本的 bool 类型改变为枚举值（enumerative value）之故。不过你还是可以把 has_denorm 当成 bool 值来用，因为 C++ standard

舍/入风格	意义（译注：以下说明中的 y 为“被操作数”）
round_toward_zero	无条件舍去（译注：就是 truncate ）
round_to_nearest	化为最接近值（译注：就是四舍五入）
round_toward_infinity	化为不小于 y 之最小整数（译注：就是 round up, or ceiling ）
round_toward_neg_infinity	化为不大于 y 之最大整数（译注：就是 round down, or floor ）
round_indeterminate	无法确定

表 5.11 numeric_limits<> 的数值舍/入风格（Round Style）

化简风格	意义
denorm_absent	此类型不允许化简
denorm_present	此类型允许向最接近的可表述值做化简
denorm_indeterminate	无法确定

表 5.12 numeric_limits<> 的数值化简风格（Denormalization Style）

保证，如果 denorm_absent 为 0 就等于 false，如果 denorm_present 为 1 而且 denorm_indeterminate 为 -1，那么两者都等于 true。因此你可以把 has_denorm 视为一个 bool 值，用以判定某个类型是否允许所谓的 denormalized value。

numeric_limits<>使用示例

下面的例子展示了某些类型极值的可能运用，例如用来了解某个类型的最大值，或确定 char 是否带正负号：

```
// util/limits1.cpp

#include <iostream>
#include <limits>
#include <string>
using namespace std;

int main()
{
    // use textual representation for bool
    cout << boolalpha;

    // print maximum of integral types
    cout << "max(short): " << numeric_limits<short>::max() << endl;
    cout << "max(int):   " << numeric_limits<int>::max() << endl;
    cout << "max(long):  " << numeric_limits<long>::max() << endl;
    cout << endl;
```

```
    // print maximum of floating-point types
    cout << "max(float):       "
         << numeric_limits<float>::max() << endl;
    cout << "max(double):      "
         << numeric_limits<double>::max() << endl;
    cout << "max(long double): "
         << numeric_limits<long double>::max() << endl;
    cout << endl;

    // print whether char is signed
    cout << "is_signed(char): "
         << numeric_limits<char>::is_signed << endl;
    cout << endl;

    // print whether numeric limits for type string exist
    cout << "is_specialized(string): "
         << numeric_limits<string>::is_specialized << endl;
}
```

程序的输出结果与执行平台有关，下面是一份可能的输出：

```
max(short): 32767
max(int):   2147483647
max(long):  2147483647

max(float):       3.40282e+38
max(double):      1.79769e+308
max(long double): 1.79769e+308

is_signed(char): false

is_specialized(string): false
```

最后一行显示，string 并没有定义数值极限。这是当然，因为 string 并非数值类型。正如本例所示，你可以对任何类型进行询问，无论它是否定义了极值。

5.4 Type Trait 和 Type Utility

C++ 标准库中几乎每样东西都以 template 为根基。为了更多地支持 template 编程（有时亦称为超编程〔metaprogramming〕），标准库提供了 template 通用工具，协助应用程序开发人员和程序库作者。

Type trait，由 TR1 引入而在 C++11 中大幅扩展的一项机制，定义出因 type 而异的行为。它们可被用来针对 type 优化代码，以便提供特别能力。

其他工具如 reference 和 function wrapper，也为编程带来若干帮助。

5.4.1 Type Trait 的目的

所谓 type trait，提供一种用来处理 type 属性（property of a type）的办法。它是个 template，可在编译期根据一或多个 template 实参（通常也是 type）产出一个 type 或 value。

请看以下例子：

```
template <typename T>
void foo (const T& val)
{
    if (std::is_pointer<T>::value) {
        std::cout << "foo() called for a pointer" << std::endl;
    }
    else {
        std::cout << "foo() called for a value" << std::endl;
    }
    ...
}
```

这里的 trait `std::is_pointer` 定义于 `<type_traits>`，用来检查 `T` 是否是个 pointer type。事实上 `is_pointer<>` 产出的若非 type `true_type` 就是 type `false_type`，而 `::value` 若非产出 `true` 就是产出 `false`。因此如果参数 `val` 是个 pointer，上述的 `foo()` 会输出：

```
foo() called for a pointer
```

然而请注意，你不能这么做：

```
template <typename T>
void foo (const T& val)
{
    std::cout << (std::is_pointer<T>::value ? *val : val)
              << std::endl;
}
```

原因是，代码扩展后会同时有着 `*val` 和 `val`。如果你传递一个 `int` 使得编译期表达式 `is_pointer<T>::value` 产出 `false`，代码会被扩展为：

```
cout << (false ? *val : val) << endl;
```

这是通不过编译的，因为当“val 是个整数”时 `*val` 是一个无效表达式。

但是你可以这么做：

```
// foo() implementation for pointer types:
template <typename T>
void foo_impl (const T& val, std::true_type)
{
    std::cout << "foo() called for pointer to " << *val
              << std::endl;
}

// foo() implementation for non-pointer types:
template <typename T>
void foo_impl (const T& val, std::false_type)
{
    std::cout << "foo() called for value to " << val
              << std::endl;
}

template <typename T>
void foo (const T& val)
{
    foo_impl (val, std::is_pointer<T>());
}
```

以上，在 `foo()` 内的表达式

```
std::is_pointer<T>()
```

于编译期产出 `std::true_type` 或 `std::false_type`，于是确定哪一个 `foo_impl()` 重载版本被实例化（instantiated）。

为什么这比“提供两个 `foo()` 重载版本，其一针对寻常 type，另一个针对 pointer type”好呢？

```
template <typename T>
void foo (const T& val);        // general implementation

template <typename T>
void foo<T*> (const T& val);    // partial specialization for pointers
```

答案之一是，有时候，太多重载版本并无必要。一般而言，type trait 的威力更多来自于一个事实：它们是泛型代码（generic code）的基石，下面两个例子可以说明这个观点。

针对整数类型的弹性重载

在 [*Becker:LibExt*] 中，Pete Becker 给了一个很棒的例子，我稍微做点改动放在了下面。假设你有一个函数 foo()，对于整数类型和浮点数类型的实参，它该有不同的实现。通常做法是将它重载，使它拥有“针对整数类型”和“针对浮点数类型”两个版本：[21]

```
void foo (short);             // provide integral version
void foo (unsigned short);
void foo (int);
...
void foo (float);             // provide floating-point version
void foo (double);
void foo (long double);
```

这样的重复工作不仅令人厌烦，也带来一个问题：只要面对新类型，例如 C++11 新提供的 long long 或用户自定义的类型，它就束手无策了。

有了 type trait 武器后，你可以这么改写：

```
template <typename T>
void foo_impl (T val, true_type);    // provide integral version

template <typename T>
void foo_impl (T val, false_type);   // provide floating-point version

template <typename T>
void foo (T val)
{
    foo_impl (val, std::is_integral<T>());
}
```

于是，你只需提供两份实现，一份针对整数，一份针对浮点数，然后根据 std::is_integral<> 的导出结果选择正确的实现版本，万事大吉。

处理共通类型（Common Type）

Type trait 的另一个运用实例是，处理两个或多个类型中的“共通类型”。那是什么呢？那是一个可以“用来对付两个不同类型的值”的类型，前提是的确存在这么一个共通类型。举个例子，不同类型的两个值的总和或最小值，就该使用这个所谓的共通类型。否则，如果我想实现一个函数，判断不同类型的两值中的最小值，其返回类型该是什么呢？

```
template <typename T1, typename T2>
??? min (const T1& x, const T2& y);
```

[21] 根据 C++ standard，整数类型（integral type）包括 bool 和 character，但这里我不打算涵盖它们。

如果运用 type trait，仅仅使用 `std::common_type<>` 就可以解决问题：

```
template <typename T1, typename T2>
typename std::common_type<T1,T2>::type min (const T1& x, const T2& y);
```

如果两个实参都是 `int` 或都是 `long`，或一个是 `int` 另一个是 `long`，则 `std::common_type<T1,T2>::type` 会产出 `int`。如果实参之一是 string 而另一个是字符串字面常量（类型为 `const char*`），产出结果是 `std::string`。

怎么办到的？好吧，它只是使用了操作符 `?:` 的规则而已，那个操作符必须根据两个操作数的类型产出一个结果类型。事实上 `std::common_type<>` 是这么实现的：

```
template <typename T1, typename T2>
struct common_type<T1,T2> {
    typedef decltype(true ? declval<T1>() : declval<T2>()) type;
};
```

其中 `decltype` 是 C++11 提供的一个新关键字（见 3.1.11 节第 32 页），用以导出一个表达式的类型，`declval<>` 则是个辅助性 trait，依据传入的类型提供一个值，但不去核算它（也就是为该值产生一个 rvalue reference）。

于是，如果操作符 `?:` 能够找出一个共通类型，`common_type<>` 就会产出它。如果找不到，你还是可以提供一个 `common_type<>` 重载版本（这正是 chrono 程序库的作为，使它得以结合 duration〔时间段〕；见 5.7.2 节第 145 页）。

5.4.2 细究 Type Trait

Type trait 通常被定义于 `<type_traits>`.

（单参）类型判断式（(Unary) Type Predicate）

正如 5.4.1 节第 122 页介绍，如果某个特定性质（specific property）适用，则 type predicate 产出 `std::true_type`，否则产出 `std::false_type`。这些类型都是辅助用的 `std::integral_constant` 的特化，所以它们相应的 `value` 成员将会产出 `true` 或 `false`：

```
namespace std {
    template <typename T, T val>
    struct integral_constant {
        static constexpr T value = val;
        typedef T value_type;
        typedef integral_constant<T,v> type;
        constexpr operator value_type() {
            return value;
        }
    };
    typedef integral_constant<bool,true>  true_type;
    typedef integral_constant<bool,false> false_type;
}
```

表5.13列出了针对所有类型而设计的 type predicate（类型判断工具）。

Trait	效果
is_void<T>	类型 void
is_integral<T>	整数类型（包括 bool、char、char16_t、char32_t、wchar_t）
is_floating_point<T>	浮点数类型（float、double、long double）
is_arithmetic<T>	整数（包括 bool 和 character）或浮点数类型
is_signed<T>	带正负号的算术类型
is_unsigned<T>	不带正负号的算术类型
is_const<T>	带有 const 限定符
is_volatile<T>	带有 volatile 限定符
is_array<T>	寻常的 array 类型（不是 std::array）
is_enum<T>	枚举（enumeration）类型
is_union<T>	联合（union）类型
is_class<T>	Class/struct 类型，但不是 union 类型
is_function<T>	函数类型
is_reference<T>	Lvalue 或 rvalue reference
is_lvalue_reference<T>	Lvalue reference
is_rvalue_reference<T>	Rvalue reference
is_pointer<T>	Pointer 类型（包括 function pointer 但不包括 pointer to nonstatic member）
is_member_pointer<T>	Pointer，指向一个 nonstatic 成员
is_member_object_pointer<T>	Pointer，指向一个 nonstatic 数据成员
is_member_function_pointer<T>	Pointer，指向一个 nonstatic 成员函数
is_fundamental<T>	void，整数型（包括 bool 和 char），浮点数或std::nullptr_t
is_scalar<T>	整数型（包括 bool 和 character），浮点数，枚举（enumeration），pointer，member pointer，std::nullptr_t
is_object<T>	任何类型，除了 void、function 或 reference
is_compound<T>	Array、enumeration、union、class、function、reference 或 pointer
is_trivial<T>	Scalar、trivial class 或那些类型构成的 array
is_trivially_copyable<T>	Scalar、trivially copyable class 或那些类型构成的 array
is_standard_layout<T>	Scalar、standard layout class 或那些类型构成的 array
is_pod<T>	Plain old data type，“memcpy() 可用来复制对象”的类型
is_literal_type<T>	Scalar、reference、class 或那些类型构成的 array

表 5.13 用来检验类型性质（Type Property）的 Trait

表5.14列出了针对 class 类型而设计、能够更加阐明 class 细节的 trait。

Trait	**效果**
is_empty<T>	Class 不带任何成员、virtual 成员函数或 virtual base class
is_polymorphic<T>	Class 带有一个 (derived) virtual 成员函数
is_abstract<T>	Abstract class（亦即至少有一个 pure virtual function）
has_virtual_destructor<T>	Class 带有 virtual 析构函数
is_default_constructible<T>	Class 能够完成 default construction
is_copy_constructible<T>	Class 能够完成 copy construction
is_move_constructible<T>	Class 能够完成 move construction
is_copy_assignable<T>	Class 能够完成 copy assignment
is_move_assignable<T>	Class 能够完成 move assignment
is_destructible<T>	Class 带有可被调用的析构函数（不可以是 deleted、 protected 或 private）
is_trivially_default_constructible<T>	Class 能够完成 trivial default construction
is_trivially_copy_constructible<T>	Class 能够完成 trivial copy construction
is_trivially_move_constructible<T>	Class 能够完成 trivial move construction
is_trivially_copy_assignable<T>	Class 能够完成 trivial copy assignment
is_trivially_move_assignable<T>	Class 带有 trivial move assignment
is_trivially_destructible<T>	Class 带有 trivial callable destructor
is_nothrow_default_constructible<T>	Class 能够完成 default construction 且不抛异常
is_nothrow_copy_constructible<T>	Class 能够完成 copy construction 且不抛异常
is_nothrow_move_constructible<T>	Class 能够完成 move construction 且不抛异常
is_nothrow_copy_assignable<T>	Class 能够完成 copy assignment 且不抛异常
is_nothrow_move_assignable<T>	Class 能够完成 move assignment 且不抛异常
is_nothrow_destructible<T>	Class 带有 callable destructor 且不抛异常

表 5.14　用以检验 Class 类型性质（Type Property）的 Trait

注意，bool 和所有 character 类型（char、char16_t、char32_t 和 wchar_t）都被视为整数类型，而 std::nullptr_t（见 3.1.1 节第 14 页）被视为基础数据类型。

这些 trait 中的大部分（但非全部）都是单参式（unary），也就是说它们使用一个 template 实参。例如 is_const<>，它用来检查传入的类型是否为 const：

```
is_const<int>::value                    //false
is_const<const volatile int>::value     //true
```

```
is_const<int* const>::value             //true
is_const<const int*>::value             //false
is_const<const int&>::value             //false
is_const<int[3]>::value                 //false
is_const<const int[3]>::value           //true
is_const<int[]>::value                  //false
is_const<const int[]>::value            //true
```

注意，一个“指向 const 类型”的非常量 pointer 或 reference，并不是一个常量，尽管内含常量元素的寻常 array 是个常量。[22]

注意，用以检验 copy 和 move 语义的那些个 trait，只检验是否相应的表达式为可能。例如，一个“带有 copy 构造函数（接受常量实参）但没有 move 构造函数”的类型，仍然是 move constructible。

`is_nothrow...` type trait 特别被用来阐述 `noexcept` 异常明细（见 3.1.7 节第 24 页）。

用以检验类型关系（Type Relation）的 Trait

表5.15列出的 type trait 可以检查类型之间的关系，包括检查 class type 提供了哪一种构造函数和哪一种赋值操作。

Trait	效果
`is_same<T1,T2>`	*T1* 和 *T2* 是相同类型（包括 const/volatile 修饰符）
`is_base_of<T,D>`	类型 *T* 是类型 *D* 的 base class
`is_convertible<T,T2>`	类型 *T* 可转换至类型 *T2*
`is_constructible<T,Args...>`	可运用类型 *Args* 初始化 *T*
`is_trivially_constructible<T,Args...>`	可运用类型 *Args* 平凡初始化（trivially initialize）*T*
`is_nothrow_constructible<T,Args...>`	以类型 *Args* 初始化类型 *T* 而不抛异常
`is_assignable<T,T2>`	可将类型 *T2* 赋值给类型 *T*
`is_trivially_assignable<T,T2>`	可将类型 *T2* 平凡赋值（trivially assign）给类型 *T*
`is_nothrow_assignable<T,T2>`	可将类型 *T2* 赋值给类型 *T* 而不抛异常
`uses_allocator<T,Alloc>`	*Alloc* 可被转换为 *T*::allocator_type

表 5.15　用以检验类型关系（Type Relation）的 Trait

22 这是否正确，目前仍是核心语言小组（core language group）的一个待定题目。

注意，一个诸如 `int` 的类型究竟表现出 lvalue 或是 rvalue。由于你不能够这样赋值：

```
42 = 77;
```

因此 `is_assignable<>` 的第一类型若是个 nonclass 类型，永远会获得 `false_type`。但是对于 class 类型，以其寻常类型（ordinary type）作为第一类型是可以的，因为存在一个有趣的旧规则：你可以调用“类型为 class”之 rvalue 的成员函数。[23] 例如：

```
is_assignable<int,int>::value                          //false
is_assignable<int&,int>::value                         //true
is_assignable<int&&,int>::value                        //false
is_assignable<long&,int>::value                        //true
is_assignable<int&,void*>::value                       //false
is_assignable<void*,int>::value                        //false
is_assignable<const char*,std::string>::value //false
is_assignable<std::string,const char*>::value //true
```

Trait `is_constructible<>` 会产出以下结果：

```
is_constructible<int>::value                                      //true
is_constructible<int,int>::value                                  //true
is_constructible<long,int>::value                                 //true
is_constructible<int,void*>::value                                //false
is_constructible<void*,int>::value                                //false
is_constructible<const char*,std::string>::value                  //false
is_constructible<std::string,const char*>::value                  //true
is_constructible<std::string,const char*,int,int>::value //true
```

`std::uses_allocator<>` 被定义于 `<memory<>`（见 19.1 节第 1024 页）。

类型修饰符（Type Modifier）

表5.16所列的 trait 允许你改动类型。

所有这一类 trait 为类型添加一个属性，前提是该属性尚未存在，或移除一个属性，前提是该属性已经存在。例如，类型 `int` 只可被扩展：

```
typedef int T;
add_const<T>::type                   //const int
add_lvalue_reference<T>::type        //int&
add_rvalue_reference<T>::type        //int&&
add_pointer<T>::type                 //int*
make_signed<T>::type                 //int
make_unsigned<T>::type               //unsigned int
remove_const<T>::type                //int
remove_reference<T>::type            //int
remove_pointer<T>::type              //int
```

[23] 感谢 Daniel Krügler 指出这一点。

Trait	效果
`remove_const<T>`	对应之不带 `const` 的类型
`remove_volatile<T>`	对应之不带 `volatile` 的类型
`remove_cv<T>`	对应之不带 `const` 和 `volatile` 的类型
`add_const<T>`	对应之 `const` 类型
`add_volatile<T>`	对应之 `volatile` 类型
`add_cv<T>`	对应之 `const volatile` 类型
`make_signed<T>`	对应之带正负号（signed） nonreference 类型
`make_unsigned<T>`	对应之不带正负号（unsigned） nonreference 类型
`remove_reference<T>`	对应之 nonreference 类型
`add_lvalue_reference<T>`	对应之 lvalue reference 类型（rvalue 变成 lvalue）
`add_rvalue_reference<T>`	对应之 rvalue reference 类型（lvalue 保持 lvalue）
`remove_pointer<T>`	Pointer 所指向的类型（若非 pointer 那么获得原类型）
`add_pointer<T>`	一个 pointer 类型，指向对应之 nonreference type 类型

表 5.16　用以完成类型改变（Type Modification）的 Trait

而类型 `const int&` 可被降级或扩展为：

```
typedef const int& T;
add_const<T>::type                // const int&
add_lvalue_reference<T>::type     // const int&
add_rvalue_reference<T>::type     // const int& (yes, lvalue remains lvalue)
add_pointer<T>::type              // const int*
make_signed<T>::type              // undefined behavior
make_unsigned<T>::type            // undefined behavior
remove_const<T>::type             // const int&
remove_reference<T>::type         // const int
remove_pointer<T>::type           // const int&
```

再请注意，一个“指向某常量类型”的 reference 本身并不是常量，所以你不可以移除其常量性（constness）。`add_pointer<>` 必然包含使用 `remove_reference<>`。然而 `make_signed<>` 和 `make_unsigned<>` 要求实参若非整数型就必须是枚举型，`bool` 除外，所以如果你传入 reference 会导致不明确行为。

注意，`add_lvalue_reference<>` 把一个 rvalue reference 转换为一个 lvalue reference，然而 `add_rvalue_reference<>` 并不把一个 lvalue reference 转换为一个 rvalue reference（类型保持不变）。因此，必须这么做才能将一个 lvalue 转换为一个 rvalue reference：

```
add_rvalue_reference<remove_reference<T>::type>::type
```

其他 Type Trait

表5.17列出了其余所有 type trait。它们用来查询特殊属性、检查类型关系或提供更复杂的类型变换。

Trait	效果
rank<*T*>	Array 类型的维度（或 0）
extent<*T*,*I*=0>	维度 *I*（或 0）的尺度（宽度，extent）
remove_extent<*T*>	获得 array 的元素类型（若 *T* 不是 array 则获得类型 *T*）
remove_all_extents<*T*>	获得多维 array 的元素类型（若 *T* 不是多维 array 则获得类型 *T*）
underlying_type<*T*>	枚举类型（enumeration type，见 3.1.13 节第 32 页）之低层类型（underlying type）
decay<*T*>	将 *T* 转换为对应之“实值类型”（“by-value” type）
enable_if<*B*,*T*=void>	只有当 bool *B* 为 true 时会产出 type *T*
conditional<*B*,*T*,*F*>	当 bool *B* 为 true 时产出 type *T*，否则产出 type *F*
common_type<*T1*,...>	所有被传入的类型的共通类型（common type）
result_of<*F*,*ArgTypes*>	调用 *F* 并给予实参类型 *ArgTypes* 后，其所得结果之类型
alignment_of<*T*>	等价于 alignof(*T*)
aligned_storage<*Len*>	*Len* byte 加上默认对齐规则（default alignment）所可容纳之类型
aligned_storage<*Len*,*Align*>	*Len* byte 且以 size_t *Align* 之约数进行对齐，所可容纳之类型
aligned_union<*Len*,*Types...*>	*Len* byte 且以 a union of *Types...* 进行对齐，所可容纳之类型

表 5.17　其他的 Type Trait

“处理 rank 和 extent”的那些 trait 也允许你用它来对付多维 array。例如：

```
rank<int>::value                    //0
rank<int[]>::value                  //1
rank<int[5]>::value                 //1
rank<int[][7]>::value               //2
rank<int[5][7]>::value              //2

extent<int>::value                  //0
extent<int[]>::value                //0
extent<int[5]>::value               //5
extent<int[][7]>::value             //0
extent<int[5][7]>::value            //5
extent<int[][7],1>::value           //7
extent<int[5][7],1>::value          //7
extent<int[5][7],2>::value          //0

remove_extent<int>::type            //int
remove_extent<int[]>::type          //int
remove_extent<int[5]>::type         //int
remove_extent<int[][7]>::type       //int[7]
remove_extent<int[5][7]>::type      //int[7]

remove_all_extents<int>::type       //int
```

```
remove_all_extents<int[]>::type       // int
remove_all_extents<int[5]>::type      // int
remove_all_extents<int[][7]>::type    // int
remove_all_extents<int[5][7]>::type   // int
```

Trait decay<> 允许你将“以 by value 传入”的类型 T 转换为其相应类型。循此方式，它转换 array 和 function 类型成为 pointer，把 lvalue 转换为 rvalue ——其中包括移除 const 和 volatile。5.1.1 节第 65 页有一个实例。

如 5.4.1 节第 124 页所介绍，common_type<> 为所有被传入的类型提供一个共通类型（它可以有 1 个、2 个或更多个类型实参）。

5.4.3 Reference Wrapper（外覆器）

声明于 <functional> 中的 class std::reference_wrapper<> 主要用来“喂” reference 给 function template，后者原本以 by value 方式接受参数。对于一个给定类型 T，这个 class 提供 ref() 用以隐式转换为 T&，一个 cref() 用以隐式转换为 const T&，这往往允许 function template 得以操作 reference 而不需要另写特化版本。

例如，在一个如下的声明式之后：

```
template <typename T>
void foo (T val);
```

经由调用

```
int x;
foo (std::ref(x));
```

T 变成 int&，而经由调用

```
int x;
foo (std::cref(x));
```

T 变成了 const int&。

这个特性被 C++ 标准库运用于各个地方，例如：

- make_pair() 用此特性于是能够创建一个 pair<> of references（见 5.1.1 节第 66 页）。
- make_tuple() 用此特性于是能够创建一个 tuple<> of references（见 5.1.2 节第 70 页）。
- Binder 用此特性于是能够绑定（bind）reference（见 10.2.2 节第 491 页）。
- Thread 用此特性于是能够以 by reference 形式传递实参（见 18.2.2 节第 971 页）。

也请注意，class reference_wrapper 使你得以使用 reference 作为最高级对象（first-class object），例如作为 array 或 STL 容器的元素类型：

```
std::vector<MyClass&> coll;                          // Error
std::vector<std::reference_wrapper<MyClass>> coll;   // OK
```

详见 7.11 节第 391 页。

5.4.4 Function Type Wrapper（外覆器）

Class `std::function<>`，声明于 `<functional>`，提供多态外覆器，可以概括 function pointer 记号。这个 class 允许你把可调用对象（callable object，如 function、member function、function object 和 lambda；见 4.4 节第 54 页）当作最高级对象（first-class object）。

例如：

```
void func (int x, int y);

// initialize collections of tasks:
std::vector<std::function<void(int,int)>> tasks;
tasks.push_back(func);
tasks.push_back([] (int x, int y) {
                    ...
                });

// call each task:
for (std::function<void(int,int)> f : tasks) {
    f(33,66);
}
```

使用 member function 时，“借以调用它们”的那个对象必须被当作第一实参：

```
class C {
  public:
    void memfunc (int x, int y) const;
};

std::function<void(const C&,int,int)> mf;
mf = &C::memfunc;
mf(C(),42,77);
```

这个东西的另一应用是，声明某个函数返回一个 lambda（见 3.1.10 节第 31 页）。

注意，执行一个函数调用，却没有标的物可调用，将会抛出 `std::bad_function_call` 异常（见 4.3.1 节第 43 页）：

```
std::function<void(int,int)> f;
f(33,66);   // throws std::bad_function_call
```

5.5 辅助函数

C++ 标准库提供若干小型辅助函数，用来挑选最小值、挑选最大值、交换两值或提供增补的比较操作符。

5.5.1 挑选最小值和最大值

表5.18列出了 <algorithm> 提供的通用工具函数，用来在两值或多值之间选择最大值和最小值。所有 minmax() 函数和所有带初值列（initializer list）的函数都始于 C++11。

操作	效果
min(*a*,*b*)	返回 *a* 和 *b* 之间的最小值，以 < 进行比较
min(*a*,*b*,*cmp*)	返回 *a* 和 *b* 之间的最小值，以 *cmp* 进行比较
min(*initlist*)	返回 *initlist* 中的最小值，以 < 进行比较
min(*initlist*,*cmp*)	返回 *initlist* 中的最小值，以 *cmp* 进行比较
max(*a*,*b*)	返回 *a* 和 *b* 之间的最大值，以 < 进行比较
max(*a*,*b*,*cmp*)	返回 *a* 和 *b* 之间的最大值，以 *cmp* 进行比较
max(*initlist*)	返回 *initlist* 中的最大值，以 < 进行比较
max(*initlist*,*cmp*)	返回 *initlist* 中的最大值，以 *cmp* 进行比较
minmax(*a*,*b*)	返回 *a* 和 *b* 之间的最小值和最大值，以 < 进行比较
minmax(*a*,*b*,*cmp*)	返回 *a* 和 *b* 之间的最小值和最大值，以 *cmp* 进行比较
minmax(*initlist*)	返回 *initlist* 中的最小值和最大值，以 < 进行比较
minmax(*initlist*,*cmp*)	返回 *initlist* 中的最小值和最大值，以 *cmp* 进行比较

表 5.18　处理最小值和最大值的各种操作函数

minmax() 返回一个 pair<>（见 5.1.1 节第 60 页），其中的 first 是最小值， second 是最大值。

关于双实参版本，如果被比较的二值相等，min() 和 max() 返回第一元素。至于带初值列的版本，min() 和 max() 返回多个最小值或最大值中的第一个。minmax() 接受 a 和 b 时，如果二值相等，返回 a 和 b 组成的 pair；而当它接受初值列时，返回的是初值列中的第一个最小值和最后一个最大值组成的 pair。不过，太倚赖这些复杂规则也许不算是好的编程风格。

注意那些接受两个值的版本，返回的是个 reference；接受初值列的版本则是返回被比较值的拷贝：

```
namespace std {
    template <typename T>
      const T& min (const T& a, const T& b);
    template <typename T>
      T min (initializer_list<T> initlist);
    ...
}
```

原因是，“带初值列”的版本，其内部需要一块临时空间，如果返回 reference，返回的将是一个空荡的（dangling） reference。

上述函数还有另一版本，接受一个额外的实参作为“比较准则”：

```
namespace std {
    template <typename T, typename Compare>
      const T& min (const T& a, const T& b, Compare cmp);
    template <typename T, typename Compare>
      T min (initializer_list<T> initlist, Compare cmp);
    ...
}
```

作为“比较准则”的那个实参，应该是个 function 或 function object（见 6.10 节第 233 页），它应该接受两个实参并进行比较：在某个指定规则下判断第一实参是否小于第二实参，并传回结果。

下面这个例子示范了如何传入特定的比较函数作为实参，以此方式来寻找最大值：

```
// util/minmax1.cpp

#include <algorithm>

//function that compares two pointers by comparing the values to which they point
bool int_ptr_less (int* a, int* b)
{
    return *a < *b;
}

int main()
{
    int x = 17;
    int y = 42;
    int z = 33;
    int* px = &x;
    int* py = &y;
    int* pz = &z;

    // call max() with special comparison function
    int* pmax = std::max (px, py, int_ptr_less);

    // call minmax() for initializer list with special comparison function
    std::pair<int*,int*> extremes = std::minmax ({px, py, pz},
                                                 int_ptr_less);
    ...
}
```

或者你也可以运用语言新特性，以一个 lambda 具体指明比较准则，再以 auto 避免明确声明返回类型：

```
auto extremes = std::minmax ({px, py, pz}, [](int*a, int*b) {
                                              return *a < *b;
                                          });
```

注意，min() 和 max() 都要求它们的两个实参类型必须一致。如果不一致，将无法正确调用之：

```
int i;
long l;
...
std::max(i,l);              // ERROR: argument types don't match
std::max({i,l});            // ERROR: argument types don't match
```

不过你倒是可以明白声明 template 实参类型（这样也就确定了返回类型）：

```
std::max<long>(i,l);      // OK
std::max<long>({i,l});    // OK
```

5.5.2 两值互换（Swapping）

函数 swap() 用来交换两对象的值。其泛化实现定义于 <utility>：[24]

```
namespace std {
    template <typename T>
    inline void swap(T& a, T& b) ... {
        T tmp(std::move(a));
        a = std::move(b);
        b = std::move(tmp);
    }
}
```

在其内部，数值被 moved 或被 move assigned（关于 move 语义，详见 3.1.5 节第 19 页）。在 C++11 之前，数值是被 assigned 或 copied。

运用这个函数，你可以交换任意变量 x 和 y 的值：

```
std::swap(x,y);
```

当然，只有当参数类型提供了 move 或 copy 语义，上述调用才有可能成功。

注意，swap() 提供一份异常明细（exception specification，也就是上述出现的 ...）。一般性的 swap() 的异常明细是：[25]

[24] 在 C++11 之前，swap() 定义于 <algorithm>。

[25] 3.1.7 节第 24 页详细讨论了 noexcept，5.4.2 节第 127 页讨论了这里用到的 type trait。

```
noexcept(is_nothrow_move_constructible<T>::value &&
         is_nothrow_move_assignable<T>::value)
```

自 C++11 起，C++ 标准库提供了一个针对 array 的重载版本：

```
namespace std {
  template <typename T, size_t N>
  void swap (T (&a)[N], T (&b)[N])
           noexcept(noexcept(swap(*a,*b)));
}
```

swap() 的最大优势在于，通过 template specialization（模板特化）或 function overloading（函数重载），我们可以为更复杂的类型提供特殊实现版本；这些特殊实现有可能交换内部成员，而非对对象赋值，这无疑大大节省了时间。标准库的所有容器（见 7.1.2 节第 258 页）和 string（见 13.2.8 节第 674 页）都运用了这个技术。举个例子，有个简单容器仅仅内含一个 array 和一个成员（用来指示 array 元素个数），那么为它特别实现的 swap() 可以是这样：

```
class MyContainer {
  private:
    int* elems;         // dynamic array of elements
    int  numElems;      // number of elements
  public:
    ...
    // implementation of swap()
    void swap(MyContainer& x) {
        std::swap(elems,x.elems);
        std::swap(numElems,x.numElems);
    }
    ...
};

// overloaded global swap() for this type
inline void swap (MyContainer& c1, MyContainer& c2)
                 noexcept(noexcept(c1.swap(c2)))
{
    c1.swap(c2);       // calls implementation of swap()
}
```

你瞧，调用 swap() 而非直接交换数值，会带来大量的效能提升。面对你自己定义的类型，如果确实能够带来效能改善，你就应该义不容辞地为它提供 swap() 特化版本。

注意，两个类型必须一致：

```
int i;
long l;
std::swap(i,l);        // ERROR: argument types don't match
```

```
int a1[10];
int a3[11];
std::swap(a1,a3);        // ERROR: arrays have different types (different sizes)
```

5.5.3 增补的“比较操作符”（Comparison Operator）

有四个 function template 分别定义了 !=、>、<= 和 >= 四个比较操作符。它们都是利用操作符 == 和 < 完成。这四个函数定义于 <utility>，通常被定义如下：

```
namespace std {
    namespace rel_ops {
        template <typename T>
        inline bool operator!= (const T& x, const T& y) {
            return !(x == y);
        }
        template <typename T>
        inline bool operator> (const T& x, const T& y) {
            return y < x;
        }
        template <typename T>
        inline bool operator<= (const T& x, const T& y) {
            return !(y < x);
        }
        template <typename T>
        inline bool operator>= (const T& x, const T& y) {
            return !(x < y);
        }
    }
}
```

只需定义好 < 和 == 操作符就可以使用它们。只要写上 using namespace std::rel_ops，上述四个比较操作符就自动获得了定义。例如：

```
#include <utility>

class X {
  public:
    bool operator== (const X& x) const;
    bool operator< (const X& x) const;
    ...
};
```

```
void foo()
{
    using namespace std::rel_ops;      // make !=, >, etc., available
    X x1, x2;
    ...
    if (x1 != x2) {      // OK
        ...
    }
    if (x1 > x2) {      // OK
        ...
    }
}
```

注意，这些操作符都定义于 `std` 的次级命名空间 `rel_ops` 内。之所以如此安排，是为了防止和用户可能定义的位于 global 命名空间内的同类型操作符发生冲突。现在，就算你这样使用 using directive：

```
using namespace std;               // operators are not in global scope
```

因而把 `std` 的全部识别字引入 global 命名空间，也没问题。

另一方面，那些想向 rel_ops 借一臂之力的用户可以这么做：

```
using namespace std::rel_ops;      // operators are in global scope
```

于是四个新操作符轻松到手，无须使用复杂的查找规则来引用它们。

某些实现版本采用两个不同的实参类型来定义上述 template：

```
namespace std {
    namespace rel_ops {
        template <typename T1, typename T2>
        inline bool operator!=(const T1& x, const T2& y) {
            return !(x == y);
        }
        ...
    }
}
```

这么做的好处是，两个操作数的类型可以不同（只要它们之间“可比较”就行）。但这并非 C++ 标准库支持的做法。所以，如果想占这个便宜，就得付出可移植性方面的代价。

5.6 Class ratio<> 的编译期分数运算

自 C++11 起，C++ 标准库 提供了一个接口允许你具体指定编译期分数（compile-time fraction），并允许对它们执行编译期运算。以下摘自 [*N2661:Chrono*] 并略有改动：[26]

> *Ratio utility* 是一个多用途工具，由 *Walter E. Brown* 发起，允许我们轻易且安全地在编译期间计算分数。ratio *class* 会在编译期捕捉所有差错（分母为 *0* 或溢出等）。它被用于 *duration* 和 *time_point* 程序库（见 *5.7* 节第 *143* 页），用以高效建立时间单位（*unit of time*）。也可被用于其他数量库（*quantity library*；可以是 *C++ standard* 定义的，也可以是用户自定义的），或被用于任何"编译期已知某有理数常量（*rational constant*）"的地方。这个工具可以大幅降低运行期溢出几率，因为任何获自 *ratio* 算术运算的 *ratio* 值总是降至最简式（*lowest term*）。

整个 ratio utility 由 <ratio> 提供，其内的 class ratio<> 定义如下：

```
namespace std {
    template <intmax_t N, intmax_t D = 1>
    class ratio {
      public:
        typedef ratio<num,den> type;
        static constexpr intmax_t num;
        static constexpr intmax_t den;
    };
}
```

intmax_t 是个带正负号的整数类型，有能力表现任何带正负号的整数。它被设计于 <cstdint> 或 <stdint.h> 内，至少具备 64 bit。分子和分母都是 public 且被自动降至最简式。例如：

```
// util/ratio1.cpp

#include <ratio>
#include <iostream>
using namespace std;

int main()
{
   typedef ratio<5,3> FiveThirds;
   cout << FiveThirds::num << "/" << FiveThirds::den << endl;
```

[26] 感谢 Walter E. Brown、 Howard Hinnant、 Jeff Garland 和 Marc Paterno，他们友善地许可我在这里和后续提及 chrono 程序库的小节内摘录 [*N2661:Chrono*] 的内容。

```
    typedef ratio<25,15> AlsoFiveThirds;
    cout << AlsoFiveThirds::num << "/" << AlsoFiveThirds::den << endl;

    ratio<42,42> one;
    cout << one.num << "/" << one.den << endl;

    ratio<0> zero;
    cout << zero.num << "/" << zero.den << endl;

    typedef ratio<7,-3> Neg;
    cout << Neg::num << "/" << Neg::den << endl;
}
```

程序输出如下：

```
5/3
5/3
1/1
0/1
-7/3
```

表5.19列出了针对 ratio 类型定义的编译期运算。四个基本算术运算 +、−、× 和 ÷ 分别被定义为 ratio_add、ratio_subtract、ratio_multiply 和 ratio_divide。其运算结果亦是一个 ratio<>，而 static 成员 type 将产出相应类型。举个例子，下面的表达式将获得一个 std::ratio<13,21>（它被视为 $\frac{6}{21}+\frac{7}{21}$）：

```
std::ratio_add<std::ratio<2,7>,std::ratio<2,6>>::type
```

运算	意义	结果（所得）
ratio_add	换算出 ratio 的和	ratio<>
ratio_subtract	换算出 ratio 的差	ratio<>
ratio_multiply	换算出 ratio 的积	ratio<>
ratio_divide	换算出 ratio 的商	ratio<>
ratio_equal	检查是否相等 ==	true_type 或 false_type
ratio_not_equal	检查是否不等 !=	true_type 或 false_type
ratio_less	检查是否小于 <	true_type 或 false_type
ratio_less_equal	检查是否小于等于 <=	true_type 或 false_type
ratio_greater	检查是否大于 >	true_type 或 false_type
ratio_greater_equal	检查是否大于等于 >=	true_type 或 false_type

表 5.19　ratio<> 的各种运算

此外你可以使用 ratio_equal、ratio_not_equal、ratio_less、ratio_less_equal、ratio_greater或 ratio_greater_equal 等操作来比较两个 ratio 类型。和 type trait 类似，它们的结果类型将是 true_type 或 false_type （见 5.4.2 节第 125 页），所以其成员 value 产出 true 或 false：

```
ratio_equal<ratio<5,3>,ratio<25,15>>::value   //yields true
```

稍早说过，class ratio 会捕捉所有差错，诸如分母为 0、溢出等等。例如：

```
ratio_multiply<ratio<1,numeric_limits<long long>::max()>,
               ratio<1,2>>::type
```

以上无法编译，因为 $\frac{1}{max}$ 乘以$\frac{1}{2}$ 会导致溢出，分母值超过了其类型所能涵盖的极限。
相同道理，以下表达式无法通过编译，因为它除以了 0：

```
ratio_divide<fiveThirds,zero>::type
```

然而请注意，以下表达式可通过编译，因为当成员 type、num 或 den 被核值时，若是个无效值会被检测出来：

```
ratio_divide<fiveThirds,zero>
```

名称	单位
yocto	$\frac{1}{1,000,000,000,000,000,000,000,000}$ (optional)
zepto	$\frac{1}{1,000,000,000,000,000,000,000}$ (optional)
atto	$\frac{1}{1,000,000,000,000,000,000}$
femto	$\frac{1}{1,000,000,000,000,000}$
pico	$\frac{1}{1,000,000,000,000}$
nano	$\frac{1}{1,000,000,000}$
micro	$\frac{1}{1,000,000}$
milli	$\frac{1}{1,000}$
centi	$\frac{1}{100}$
deci	$\frac{1}{10}$
deca	10
hecto	100
kilo	$1,000$
mega	$1,000,000$
giga	$1,000,000,000$
tera	$1,000,000,000,000$
peta	$1,000,000,000,000,000$
exa	$1,000,000,000,000,000,000$
zetta	$1,000,000,000,000,000,000,000$ (optional)
yotta	$1,000,000,000,000,000,000,000,000$ (optional)

表 5.20 预定义的 ratio 单位

预先定义好的 ratio 可带来很大方便，用来指定很大或很小的数值（见表5.20）。不仅方便，也免除了容易出错的一长串 0。例如：

```
std::nano
```

等同于

```
std::ratio<1,1000000000LL>
```

这使我们比较方便指出纳秒（nanosecond，见 5.7.2 节第 145 页）。表5.20的“单位”栏中标记为“optional”者，意思是只有“当它们可被 `intmax_t` 表达时”才被定义。

5.7 Clock 和 Timer

编程语言最该拥有、最不可或缺的程序库，应该是用来处理日期和时间的程序库。然而经验显示，这样的程序库远比想象中难设计。问题出在它应该提供多少弹性和多少精度。事实上，在过去，C 和 POSIX 提供的系统时间（system time）接口，允许从秒转换至毫秒(millisecond)，再至微秒（microsecond），最终至纳秒（nanosecond），问题是每次转换就需要一个新接口。基于这个原因，C++11 开始提供一个精度中立（precision-neutral）的程序库，它常被称为 *chrono 程序库*，因为它的特性被定义于 `<chrono>`。

此外，C++ 标准库也提供一个基本的 C 和 POSIX 接口，用来处理日历时间。你可以使用也始自 C++11 的 thread 程序库，等待某个线程或程序（主线程）一段时间。

5.7.1 Chrono 程序库概观

译注：以下将保持 duration、 timepoint、 tick、 epoch、 clock、 timer、 date 和 time 等简短英文术语。

Chrono 程序库的设计，是希望能够处理“timer 和 clock 在不同系统中可能不同”的事实，同时也是为了强化时间精准度。为避免像 POSIX 的 time 程序库那样每十年就引入一个新的时间类型（time type），C++ 标准库的目标是提供一个精度中立（precision-neutral）概念，把 duration（时间段）和 timepoint（时间点）从特定 clock（时钟）区分开来。最终结果就是 chrono 程序库核心由以下类型或概念组成，形成一个抽象层，用来叙述及处理 timepoint 和 duration：

- 所谓 **duration**（时间段）指的是在某时间单位上的一个明确的 tick（片刻数）。举个例子，“3 分钟”时间段意指“3 个一分钟”。再举个例子，“42 毫秒”或“86 400 秒”。这样的概念也允许你指定“1.5 个 1/3 秒”，其中 1.5 是片刻数而“1/3 秒”是时间单位。
- 所谓 **timepoint**（时间点）的意思是一个 duration 和一个 **epoch**（起始点）的组合。典型例子是“2000 年新年午夜”时间点，它被描述为“自 1970 年 1 月 1 日开始的第 1 262 300 400 秒”。1970 年 1 月 1 日是 UNIX 和 POSIX 的 system clock（系统时钟）起始点。

- Timepoint 的概念其实是以某个 **clock**（时钟）为参数。Clock 是个对象，定义 timepoint 的 epoch（起点；重要纪元）。不同的 clock 有着不同的 epoch。一般而言,当操作函数处理多个 timepoint，例如处理两个 timepoint 之间的差距时，必须采用相同的 epoch/clock。任何 clock 都提供便捷函数用来产出现下（当前）的 timepoint。

换句话说，timepoint 的意思是"经历某个 epoch 之前或之后一段 duration"所得的时间点。其中的 epoch 取决于某个 clock（见图5.4）。

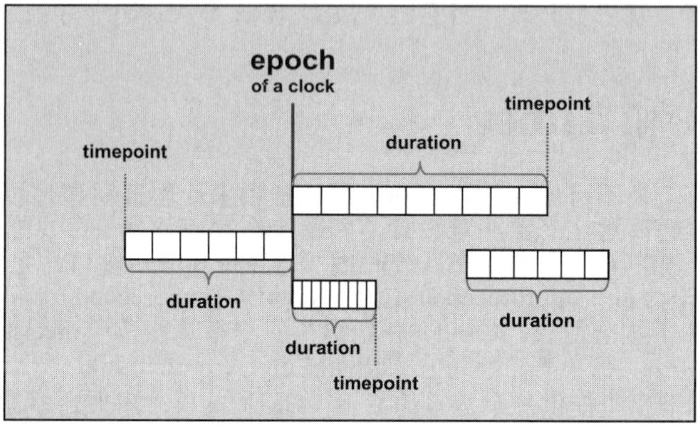

图 5.4 Epoch（起始点）、Duration（时间段）和 Timepoint（时间点）

关于这些 class 的设计和动机，详见 [*N2661:Chrono*]。[27] 现在让我们近距离看看这些类型和概念。

注意，chrono 程序库的所有标识符都被定义于 namespace `std::chrono` 中。

5.7.2 Duration（时间段）

Duration 是一个**数值**（表现 tick 个数）和一个**分数**（表现时间单位，以秒计）的组合。其中的分数由 class `ratio`（见 5.6 节第 140 页）描述。例如：

```
std::chrono::duration<int>                       twentySeconds(20);
std::chrono::duration<double,std::ratio<60>>     halfAMinute(0.5);
std::chrono::duration<long,std::ratio<1,1000>>   oneMillisecond(1);
```

其中第一个 template 实参定义 tick 的类型，可有可无的第二个 template 实参定义以秒计的单位类型。因此第一行以秒为单位，第二行以分钟（$\frac{60}{1}$ 秒）为单位，第三行以毫秒（$\frac{1}{1000}$ 秒）为单位。

为了提供更多方便性，C++ 标准库更提供以下各种类型定义：

[27] 我在本书中引用了 [*N2661:Chrono*] 的某些内容，感谢原作者的友善许可。

```
namespace std {
  namespace chrono {
    typedef duration<signed int-type >= 64 bits,nano>        nanoseconds;
    typedef duration<signed int-type >= 55 bits,micro>       microseconds;
    typedef duration<signed int-type >= 45 bits,milli>       milliseconds;
    typedef duration<signed int-type >= 35 bits>             seconds;
    typedef duration<signed int-type >= 29 bits,ratio<60>>   minutes;
    typedef duration<signed int-type >= 23 bits,ratio<3600>> hours;
  }
}
```

有了它们，你可以轻松指定时间段：

```
std::chrono::seconds      twentySeconds(20);
std::chrono::hours        aDay(24);
std::chrono::milliseconds oneMillisecond(1);
```

Duration 的算术运算

你可以使用表5.21所列的方式来操作 duration：

- 你可以计算两个 duration 的和、差、积或商。
- 你可以加减 tick，或加减其他 duration。
- 你可以比较两个 duration 的大小。

这里的重点是，运算所涉及的两个 duration 的单位类型可以不同。标准库的 `common_type<>` （见 5.4.1 节第 124 页）为 `duration` 提供了一个重载版本，因此运算所得的那个 duration，其单位将是两个操作数（operand）的单位的最大公约数。例如，假设存在以下二式：

```
chrono::seconds      d1(42);   // 42 seconds
chrono::milliseconds d2(10);   // 10 milliseconds
```

那么表达式

```
d1 - d2
```

的结果将是“拥有 41 990 个毫秒（$\frac{1}{1000}$ 秒）单位”的一个 duration。

或者，假设存在以下二式（形式更具一般性）：

```
chrono::duration<int,ratio<1,3>> d1(1);    // 1 tick of 1/3 second
chrono::duration<int,ratio<1,5>> d2(1);    // 1 tick of 1/5 second
```

那么表达式

```
d1 + d2
```

获得的是“8 个 $\frac{1}{15}$ 秒”，而且

```
d1 < d2
```

会导致 `false`。上述两个运算中，`d1` 都被扩展为“5 个 $\frac{1}{15}$ 秒”，而 `d2` 被扩展为“3 个 $\frac{1}{15}$ 秒”。3 加 5 得 8，而且 5 不小于 3。

操作	效果
d1 + *d2*	处理 duration *d1* 和 *d2* 的求和
d1 - *d2*	处理 duration *d1* 和 *d2* 的求差
d * *val*	返回 *val* 乘以 duration *d* 的结果
val * *d*	返回 *val* 乘以 duration *d* 的结果
d / *val*	返回 duration *d* 除以 *val* 的结果
d1 / *d2*	计算 duration *d1* 和 *d2* 之间的 factor
d % *val*	计算 duration *d* 以数值 *val* 为模数（modulo）的结果
d % *d2*	计算 duration *d* 以 *d2* 为模数（modulo）的结果
d1 == *d2*	返回“duration *d1* 是否等于 duration *d2*”
d1 != *d2*	返回“duration *d1* 是否异于 duration *d2*”
d1 < *d2*	返回“duration *d1* 是否短于 duration *d2*”
d1 <= *d2*	返回“duration *d1* 是否不长于 duration *d2*”
d1 > *d2*	返回“duration *d1* 是否长于 duration *d2*”
d1 <= *d2*	返回“duration *d1* 是否不短于 duration *d2*”
++*d*	将 duration *d* 增加 1 tick
d++	将 duration *d* 增加 1 tick
--*d*	将 duration *d* 减少 1 tick
d--	将 duration *d* 减少 1 tick
d += *d1*	将 duration *d* 扩大 duration *d1*
d -= *d1*	将 duration *d* 缩短 duration *d1*
d *= *val*	将 duration *d* 乘以 *val*
d /= *val*	将 duration *d* 除以 *val*
d %= *val*	将 duration *d* 以 *val* 为模数（modulo）
d %= *d2*	将 duration *d* 以 *d2* 为模数（modulo）

表 5.21 duration（时间段）的算术运算

你也可以将 duration 转换为不同单位，只要彼此之间存在隐式转换就行。因此，你可以将小时转换为秒，反向则不行。例如：

```
std::chrono::seconds twentySeconds(20);  // 20 seconds
std::chrono::hours   aDay(24);           // 24 hours

std::chrono::milliseconds ms;            // 0 milliseconds
ms += twentySeconds + aDay;              //  86,400,000 milliseconds
--ms;                                    //  86,399,999 milliseconds
ms *= 2;                                 // 172,839,998 milliseconds
std::cout << ms.count() << " ms" << std::endl;
std::cout << std::chrono::nanoseconds(ms).count() << " ns" << std::endl;
```

这些转换导至以下输出：

```
172839998 ms
172839998000000 ns
```

Duration 的其他操作

前一个例子中我们使用成员函数 count() 产出当前的 tick 数量，那个函数正是 duration 的其他操作。表5.22列出了表5.21所列的 duration 算术运算以外的其他所有可用操作、成员和类型。注意，default 构造函数会以默认方式初始化其数值（default-initialize，见 3.2.1 节第 37 页），意味着基础类型的初值是不明确的。

操作	结果
duration d	Default 构造函数；建立一个 duration (default-initialized)
duration d(d2)	Copy 构造函数；复制一个 duration（*d2* 可能拥有不同的单位类型）
duration d(val)	以 *d* 的单位类型建立一个 duration，拥有 *val* tick
d = *d2*	将 duration *d2* 赋值给 *d*（可存在隐式转换）
d.count()	返回 duration *d* 的 tick 数量
duration_cast<*D*>(*d*)	返回的是“duration *d* 显式转换为类型 *D*”的结果
duration::zero()	获得长度为 0 的 duration
duration::max()	获得此类型之最大可能的 duration
duration::min()	获得此类型之最小可能的 duration
duration::rep	获得 tick 的类型
duration::period	获得单位类型（unit type）的类型

表 5.22 duration 提供的其他操作和类型

你可以运用这些成员为 duration 定义一个方便的 output 操作符 <<：[28]

```
template <typename V, typename R>
ostream& operator << (ostream& s, const chrono::duration<V,R>& d)
{
    s << "[" << d.count() << " of " << R::num << "/"
                                    << R::den << "]";
    return s;
}
```

以上，通过 count() 打印 tick 个数之后，打印作为“单位类型”之分子和分母，那是个 ratio，在编译期就处理好了（见 5.6 节第 140 页）。例如：

```
std::chrono::milliseconds d(42);
std::cout << d << std::endl;
```

将会输出：

```
[42 of 1/1000]
```

[28] 注意，这个 output 操作符无法在“*ADL*（*argument-dependent lookup*）不能有效运作”之处运作（详见 15.11.1 节第 812 页）。

我们已经见过，隐式转换至一个“较精准的单位类型”永远可行。转换至“较粗糙的单位类型”就不可行了，因为这将有可能遗失信息。例如将一个 42 010 毫秒整数值转换为秒，结果是 42，意味着这个 duration 中的 10 个毫秒不见了。但你还是可以使用 `duration_cast` 强迫执行这样的转换，例如：

```
std::chrono::seconds sec(55);
std::chrono::minutes m1 = sec;          // ERROR
std::chrono::minutes m2 =
  std::chrono::duration_cast<std::chrono::minutes>(sec);  // OK
```

再举个例子，转换“浮点数 tick”类型之 duration，令它变成“整数 tick”类型，也必须给出一个明确的类型转换动作：

```
std::chrono::duration<double,std::ratio<60>> halfMin(0.5);
std::chrono::seconds s1 = halfMin;     // ERROR
std::chrono::seconds s2 =
  std::chrono::duration_cast<std::chrono::seconds>(halfMin);  // OK
```

一个典型的例子是，把 duration 切割为不同单元。例如下面的代码就把一个以毫秒为单位的 duration 切割为相应的小时、分钟、秒钟、毫秒（为了让输出的第一行起头显示 `raw:`，我使用刚才定义的 output 操作符）：

```
using namespace std;
using namespace std::chrono;
milliseconds ms(7255042);

// split into hours, minutes, seconds, and milliseconds
hours    hh = duration_cast<hours>(ms);
minutes mm = duration_cast<minutes>(ms % chrono::hours(1));
seconds ss = duration_cast<seconds>(ms % chrono::minutes(1));
milliseconds msec
          = duration_cast<milliseconds>(ms % chrono::seconds(1));

// and print durations and values:
cout << "raw: " << hh << "::" << mm << "::"
                << ss << "::" << msec << endl;
cout << "     " << setfill('0') << setw(2) << hh.count() << "::"
                                << setw(2) << mm.count() << "::"
                                << setw(2) << ss.count() << "::"
                                << setw(3) << msec.count() << endl;
```

在这儿，类型转换动作

```
std::chrono::duration_cast<std::chrono::hours>(ms)
```

将毫秒转为小时，实际数值将被截掉而非四舍五入。幸好有 modulo 操作符 `%`，我们可以把一个 duration 当作其第二实参，

于是写下 `ms % std::chrono::hours(1)` 轻松处理剩余的毫秒，那些毫秒又被转换为分钟。最终，这段代码的输出如下：

```
raw: [2 of 3600/1]::[0 of 60/1]::[55 of 1/1]::[42 of 1/1000]
      02::00::55::042
```

最后要说的是，class `duration` 提供了三个 static 函数：`zero()` 产出一个 0 秒 duration，`min()` 和 `max()` 则是产出“一个 duration 所能拥有的最小值和最大值”。

5.7.3 Clock（时钟）和 Timepoint（时间点）

Timepoint 和 clock 的关系确实有点微妙：

- **Clock** 定义出一个 epoch（起始点）和一个 tick 周期。例如某个 clock 也许定义 tick 周期为毫秒，起始点是 UNIX epoch（1970 年 1 月 1 日），或定义 tick 周期为纳秒，起始点是程序开始时间。此外，clock 还提供一个类型给“与此 clock 关联”的任何 timepoint 使用。

  Clock 提供的函数 `now()` 可以产出一个代表“现在时刻”的 timepoint 对象。
- **Timepoint** 表现出某个特定时间点，关联至某个 clock 的某个正值或负值 duration。因此，如果 duration 是 10 天而其所关联的 clock epoch 是“1970 年 1 月 1 日”，那么这个 timepoint 表现的就是 1970 年 1 月 11 日。

  Timepoint 提供的能力包括：产出 epoch、产出“与其 clock 相应”的所有 timepoint 中的最小值和最大值，以及 timepoint 的各种算术运算。

Clock（时钟）

表5.23列出了 clock 提供的类型定义和 static 成员。

操作	**效果**
clock::duration	获得 clock 的 duration 类型
clock::rep	获得 tick 类型（等价于 *clock*::duration::rep）
clock::period	获得单位类型的类型（等价于 *clock*::duration::period）
clock::time_point	获得 clock 的 timepoint 类型
clock::is_steady	获得 true——如果 clock 是 steady
clock::now()	获得一个用来表现目前时间的 time_point

表 5.23 Clock 提供的操作和类型

C++ 标准库提供了三个 clock，每一个都具备上述接口：

1. **`system_clock`**，它所表现的 timepoint 将关联至现行系统的即时时钟（real-time clock）。这个 clock 提供便捷函数 `to_time_t()` 和 `from_time_t()`，

允许我们在 timepoint 和"C 的系统时间类型" `time_t` 之间转换，这意味着你可转换至/自日历时间（见 5.7.4 节第 158 页）。

2. **`steady_clock`**，它保证绝不会被调整。[29] 因此当实际时间流逝，其 timepoint 值绝不会减少，而且这些 timepoint 相对于真实时间都有稳定的前进速率。
3. **`high_resolution_clock`**，它表现的是当前系统中带有最短 tick 周期的 clock。

注意，标准库并不强制规定上述 clock 的精准度、epoch、"最小和最大 timepoint 的范围"。举个例子，你的 system clock 也许提供的是 UNIX epoch（1970 年 1 月 1 日），如果你还需要一个特定的 epoch，或你关注的 timepoint 并非被你的 clock 涵盖，你就必须使用各种便捷函数查清楚。

举个例子，以下函数打印某个 clock 的各种属性：

```
// util/clock.hpp

#include <chrono>
#include <iostream>
#include <iomanip>

template <typename C>
void printClockData ()
{
    using namespace std;

    cout << "- precision: ";
    // if time unit is less or equal one millisecond
    typedef typename C::period P;     // type of time unit
    if (ratio_less_equal<P,milli>::value) {
        // convert to and print as milliseconds
        typedef typename ratio_multiply<P,kilo>::type TT;
        cout << fixed << double(TT::num)/TT::den
             << " milliseconds" << endl;
    }
    else {
        // print as seconds
        cout << fixed << double(P::num)/P::den << " seconds" << endl;
    }
    cout << "- is_steady: " << boolalpha << C::is_steady << endl;
}
```

我们可以针对 C++ 标准库提供的各种 clock 调用这个函数：

[29] `steady_clock` 最初的名称是 `monotonic_clock`。

```
// util/clock1.cpp

#include <chrono>
#include "clock.hpp"

int main()
{
    std::cout << "system_clock: " << std::endl;
    printClockData<std::chrono::system_clock>();
    std::cout << "\nhigh_resolution_clock: " << std::endl;
    printClockData<std::chrono::high_resolution_clock>();
    std::cout << "\nsteady_clock: " << std::endl;
    printClockData<std::chrono::steady_clock>();
}
```

上述程序可能会有以下输出：

```
system_clock:
- precision: 0.000100 milliseconds
- is_steady: false

high_resolution_clock:
- precision: 0.000100 milliseconds
- is_steady: true

steady_clock:
- precision: 1.000000 milliseconds
- is_steady: true
```

这里呈现的是，system clock 和 high-resolution clock 有着相同精度，100 纳秒，而 steady clock 的精度则是毫秒。你也可以看到，steady clock 和 high-resolution clock 不能被调整。然而请注意，在其他系统中情况也许完全不同，例如 high-resolution clock 有可能和 system clock 相同。

如果想要比较程序中的两个时间点或计算其差距，`steady_clock` 将扮演重要角色。例如在

```
auto system_start = chrono::system_clock::now();
```

之后，检查程序是否执行超过一分钟：

```
if (chrono::system_clock::now() > system_start + minutes(1))
```

这也许行不通，因为如果 clock 在此期间被调整，上述比较结果有可能是 `false`，即使这个程序的确执行超过一分钟。类似情况，当我们处理程序的执行时间：

```
auto diff = chrono::system_clock::now() - system_start;
auto sec = chrono::duration_cast<chrono::seconds>(diff);
cout << "this program runs:  " << s.count() << " seconds" << endl;
```

有可能因为此期间 clock 被调整而打印出一个负值 duration。基于相同理由，使用 timer 搭配 steady_clock 以外的 clock，有可能一旦 system clock 被调整（详见 5.7.5 节第 160 页）它们的 duration 也随之改变。

Timepoint（时间点）

夹带（搭配）那些 clock，甚至用户自定义的 clock，你将可以处理 timepoint。Class time_point 提供了相应接口，以一个 clock 为参数：

```
namespace std {
  namespace chrono {
    template <typename Clock,
              typename Duration = typename Clock::duration>
        class time_point;
  }
}
```

下面四个特定的 timepoint 扮演了特殊角色：

1. **Epoch**，由任何 clock 的 time_point 的 default 构造函数产出。
2. **Current time**，由任何 clock 的 static 成员函数 now() 产出（见 5.7.3 节第 149 页）。
3. **Minimum timepoint**，由任何 clock 的 time_point 的 static 成员函数 min() 产出。
4. **Maximum timepoint**，由任何 clock 的 time_point 的 static 成员函数 max() 产出。

举个例子，下面的程序将上述 timepoint 赋值给 tp 并转换为日历表示法，然后打印出来：

```
// util/chrono1.cpp

#include <chrono>
#include <ctime>
#include <string>
#include <iostream>

std::string asString (const std::chrono::system_clock::time_point& tp)
{
    // convert to system time:
    std::time_t t = std::chrono::system_clock::to_time_t(tp);
    std::string ts = std::ctime(&t);      // convert to calendar time
    ts.resize(ts.size()-1);               // skip trailing newline
    return ts;
}

int main()
{
```

```
    // print the epoch of this system clock:
    std::chrono::system_clock::time_point tp;
    std::cout << "epoch: " << asString(tp) << std::endl;

    // print current time:
    tp = std::chrono::system_clock::now();
    std::cout << "now:   " << asString(tp) << std::endl;

    // print minimum time of this system clock:
    tp = std::chrono::system_clock::time_point::min();
    std::cout << "min:   " << asString(tp) << std::endl;

    // print maximum time of this system clock:
    tp = std::chrono::system_clock::time_point::max();
    std::cout << "max:   " << asString(tp) << std::endl;
}
```

包含 <chrono> 之后我们首先声明一个便捷函数 asString()，它会将一个以 system clock 为依据的 timepoint 转换为日历时间：

```
std::time_t t = std::chrono::system_clock::to_time_t(tp);
```

我们用的是 static 函数 to_time_t()，它会将 timepoint 转换为一个“传统 C 和 POSIX 提供的时间类型 time_t”的对象，而那通常表现为“自 UNIX epoch 起，亦即自 1970 年 1 月 1 日（见 5.7.4 节第 157 页）起”开始计算的秒数。然后

```
std::string ts = std::ctime(&t);
```

使用 ctime() 将之转换为一个日历表示法，然后又

```
ts.resize(ts.size()-1);
```

移除最末端的 newline 字符。

注意，ctime() 将当地时区（local time zone）纳入考虑，很快我们会讨论这带来什么结果。也请注意便捷函数 asString() 或许只能针对 system_clock 运作，因为只有这个 clock 提供转换至/自 time_t 的接口。其他 clock 或许也有这般接口却不具移植性，因为其他 clock 不必然以 system time 的 epoch 作为它们内部的 epoch。

也请注意，timepoint 的输出格式若使用 time_put facet也许会有较佳的当地化（localized）。详见 16.4.3 节第 884 页；第 886 页有一个相关例子。

在 main() 中 tp 的类型被声明为：

```
std::chrono::system_clock::time_point
```

等同于：[30]

```
std::chrono::time_point<std::chrono::system_clock>
```

[30] C++ standard 提过，system_clock::time_point 也可以和 time_point<C2,system_clock::duration> 完全相同，其中 C2 是个 clock 且其拥有的 epoch 和 system_clock 的相同。

因此 tp 被声明为 system_clock 范围下的一个 timepoint。上述第二式“以 clock 为 template 实参”可确保对象只可能和“拥有相同 clock（epoch）”的 timepoint 进行算术运算。

这个程序可能输出如下：

```
epoch: Thu Jan  1 01:00:00 1970
now:   Sun Jul 24 19:40:46 2011
min:   Sat Mar  5 18:27:38 1904
max:   Mon Oct 29 07:32:22 2035
```

根据上面所说，default 构造函数产出一个 epoch，建立起 timepoint tp，而 asString() 将它转为

```
Thu Jan  1 01:00:00 1970
```

这是 1 点钟，不是午夜。有点让人惊讶，但是记住，在 asString() 内以 ctime() 转换所得的日历时间，会把时区考虑进去。此处所用的 UNIX epoch——再次提醒你它不保证总是 system time 的 epoch——始自英国格林尼治的 00:00。在德国时区那是 1 a.m.，所以我的 epoch 始自 1970 年 1 月 1 日凌晨 1 时。如果你执行这个程序，你的输出也可能不同于书上所列，这和你的时区有关，即使你的系统的 system clock 用的是相同的 epoch。

为了取得全球标准时间（universal time， UTC），你应该使用以下转换而不是调用 ctime()，那是一条通往 asctime(localtime(...)) 的捷径（见 5.7.4 节第 157 页）：

```
std::string ts = std::asctime(gmtime(&t));
```

本例的输出将会是：

```
epoch: Thu Jan  1 00:00:00 1970
now:   Sun Jul 24 17:40:46 2011
min:   Sat Mar  5 17:27:38 1904
max:   Mon Oct 29 06:32:22 2035
```

和先前输出比较，now()的结果相差 2 小时，因为这个 timepoint 是夏时制，和德国的 UTC 有着 2 小时差距。

一般而言 time_point 对象只有一个成员，是个 duration，与相应的 clock 的 epoch 有着关系。这个 timepoint 值可以通过 time_since_epoch() 取得。表5.24列出了 timepoint 提供的所有操作，只要是两个 timepoint 之间或是与一个 duration 之间的有用组合，应有尽有。

虽然 timepoint 的接口用了 class ratio（见 5.6 节第 140 页），这确保了 duration 单元的溢出会导致编译期差错，但 duration 的溢出还是可能发生。考虑下面的例子：

```
// util/chrono2.cpp

#include <chrono>
#include <ctime>
#include <iostream>
#include <string>
using namespace std;
```

操作函数	获得	效果
timepoint t	*timepoint*	Default 构造函数，根据目前的 epoch 建立一个 timepoint
timepoint t(tp2)	*timepoint*	建立一个 timepoint 等于 *tp2*（其 duration 单元可更精细）
timepoint t(d)	*timepoint*	建立一个 timepoint，拥有 epoch 之后的duration *d*
`time_point_cast<`*C,D*`>(`*tp*`)`	*timepoint*	将 *tp* 转换为一个以 clock *C* 和 duration *D* 表现的 timepoint（精细度可以变粗）
tp += *d*	*timepoint*	为当前的 timepoint *tp* 加上 duration *d*
tp -= *d*	*timepoint*	为当前的 timepoint *tp* 减去 duration *d*
tp + *d*	*timepoint*	返回一个新的 timepoint，其值为 *tp* 加上 duration *d*
d + *tp*	*timepoint*	返回一个新的 timepoint，其值为 *tp* 加上 duration *d*
tp - *d*	*timepoint*	返回一个新的 timepoint，其值为 *tp* 减去 duration *d*
tp1 - *tp2*	*duration*	返回 timepoint *tp1* 和 *tp2* 之间的 duration
tp1 == *tp2*	bool	返回“timepoint *tp1* 是否等于 timepoint *tp2*”
tp1 != *tp2*	bool	返回“timepoint *tp1* 是否异于 timepoint *tp2*”
tp1 < *tp2*	bool	返回“timepoint *tp1* 是否在 timepoint *tp2* 之前”
tp1 <= *tp2*	bool	返回“timepoint *tp1* 是否不在 timepoint *tp2* 之后”
tp1 > *tp2*	bool	返回“timepoint *tp1* 是否在 timepoint *tp2* 之后”
tp1 >= *tp2*	bool	返回“timepoint *tp1* 是否不在 timepoint *tp2* 之前”
tp`.time_since_epoch()`	*duration*	返回一个 duration 表示 epoch 和 timepoint *tp* 之间
timepoint`::min()`	*timepoint*	返回 type *timepoint* 的第一个可能的 timepoint
timepoint`::max()`	*timepoint*	返回 type *timepoint* 的最后一个可能的 timepoint

表 5.24 `time_point` 的操作函数

```
string asString (const chrono::system_clock::time_point& tp)
{
    time_t t = chrono::system_clock::to_time_t(tp); // convert to system time
    string ts = ctime(&t);                          // convert to calendar time
    ts.resize(ts.size()-1);                         // skip trailing newline
    return ts;
}

int main()
{
    // define type for durations that represent day(s):
    typedef chrono::duration<int,ratio<3600*24>> Days;

    // process the epoch of this system clock
    chrono::time_point<chrono::system_clock> tp;
    cout << "epoch:     " << asString(tp) << endl;

    // add one day, 23 hours, and 55 minutes
    tp += Days(1) + chrono::hours(23) + chrono::minutes(55);
    cout << "later:     " << asString(tp) << endl;

    // process difference from epoch in minutes and days:
    auto diff = tp - chrono::system_clock::time_point();
    cout << "diff:      "
         << chrono::duration_cast<chrono::minutes>(diff).count()
         << " minute(s)" << endl;
    Days days = chrono::duration_cast<Days>(diff);
    cout << "diff:      " << days.count() << " day(s)" << endl;

    // subtract one year (hoping it is valid and not a leap year)
    tp -= chrono::hours(24*365);
    cout << "-1 year:   " << asString(tp) << endl;

    // subtract 50 years (hoping it is valid and ignoring leap years)
    tp -= chrono::duration<int,ratio<3600*24*365>>(50);
    cout << "-50 years: " << asString(tp) << endl;

    // subtract 50 years (hoping it is valid and ignoring leap years)
    tp -= chrono::duration<int,ratio<3600*24*365>>(50);
    cout << "-50 years: " << asString(tp) << endl;
}
```

首先，表达式

```
tp = tp + Days(1) + chrono::hours(23) + chrono::minutes(55);
```

或

```
tp -= chrono::hours(24*365);
```

使你得以运用 timepoint 算术运算来调整 timepoint。

由于 system clock 的精度往往比 1 分钟或 1 日好得多，你必须将 2 个 timepoint 间的差距明确转换类型，才能变成以日为单位：

```
auto diff = tp - chrono::system_clock::time_point();
Days days = chrono::duration_cast<Days>(diff);
```

然而请注意，这些操作并不检验任何组合运算是否造成溢出。在我的系统中，此程序输出如下：

```
epoch:     Thu Jan  1 01:00:00 1970
later:     Sat Jan  3 00:55:00 1970
diff:      2875 minute(s)
diff:      1 day(s)
-1 year:   Fri Jan  3 00:55:00 1969
-50 years: Thu Jan 16 00:55:00 1919
-50 years: Sat Mar  5 07:23:16 2005
```

可以看出：

- 上述的转换用的是针对 duration 设计的 `static_cast<>`，而它原本是为整数类型服务。这也意味着数值会被截断，而非“少舍多入”。基于此，一个“47 小时又 55 分钟”的 duration 被转换为1天。
- 减去 50 年（每年 365 天）且不考虑闰年效应，结果是 January 16 取代 January 3。
- 扣除另一个 50 年，其结果比 timepoint 最小值（见 5.7.3 节第 152 页）还要小，在我的系统中最小值是 1904 年 3 月 5 日，所以结果是 2005 年。此例不需要差错处理（error processing）。

这也说明了 chrono 是一个 duration/timepoint 程序库，不是个 date/time 程序库。你可以计算 duration 和 timepoint 但仍然必须把 epoch、最小和最大的 timepoint、闰年和闰秒纳入考虑。

5.7.4 C 和 POSIX 提供的 Date/Time 函数

C++ 标准库也提供标准 C 和 POSIX 所提供的“处理 date 和 time”接口。原本在 `<time.h>` 内的宏、类型、函数，现在都被纳入 `<ctime>` 的 namespace `std` 内。这些类型和函数列于表5.25。此外，宏 `CLOCKS_PER_SEC` 定义了 `clock()` 的单位类型（它返回的是 elapsed CPU time，以 $\frac{1}{CLOCKS\_PER\_SEC}$ 秒计）。16.4.3 节第 884 页有更多细节和例子，示范了如何使用这些函数和类型。

识别名称	意义
`clock_t`	数值类型，用来表现 elapsed CPU time，由 `clock()` 返回
`time_t`	数值类型，用来表现 timepoint
`struct tm`	被解开（broken down）之日历时间的类型
`clock()`	获得 elapsed CPU time，单位是 $\frac{1}{CLOCKS\_PER\_SEC}$ 秒
`time()`	获得当前时间，是个数值（numeric value）
`difftime()`	获得两个 `time_t` 之间的差额，是个 `double` 值，单位为秒
`localtime()`	转换 `time_t` 成为一个 `struct tm`，考虑时区
`gmtime()`	转换 `time_t` 成为一个 `struct tm`，不考虑时区
`asctime()`	转换 `struct tm` 成为一个标准日历时间字符串
`strftime()`	转换 `struct tm` 成为一个用户自定义的日历时间字符串
`ctime()`	转换 `time_t` 成为一个标准日历时间字符串，并且考虑时区（相当于 `asctime(localtime(`*t*`))`）
`mktime()`	转换 `struct tm` 成为一个 `time_t` 并查询其为“星期中的哪一天”（weekday）和一年中的第几天（day of the year）

表 5.25 `<ctime>` 中的定义项

注意，`time_t` 通常只是“始自 UNIX epoch（1970 年 1 月 1 日）的秒数”。然而根据 C 和 C++ standard 的说法，也并不保证如此。

Timepoint 与日历时间的转换

转换 timepoint 成为日历时间（一个 string ）的便捷函数，已在 5.7.3 节第 153 页讨论过。下面这份头文件允许你把日历时间转换为一个 timepoint：

```
// util/timepoint.hpp

#include <chrono>
#include <ctime>
#include <string>

// convert timepoint of system clock to calendar time string
inline
std::string asString (const std::chrono::system_clock::time_point& tp)
{
    // convert to system time:
    std::time_t t = std::chrono::system_clock::to_time_t(tp);
    std::string ts = ctime(&t);    // convert to calendar time
    ts.resize(ts.size()-1);        // skip trailing newline
    return ts;
}
```

```
// convert calendar time to timepoint of system clock
inline
std::chrono::system_clock::time_point
makeTimePoint (int year, int mon, int day,
               int hour, int min, int sec=0)
{
    struct std::tm t;
    t.tm_sec = sec;          // second of minute (0 .. 59 and 60 for leap seconds)
    t.tm_min = min;          // minute of hour (0 .. 59)
    t.tm_hour = hour;        // hour of day (0 .. 23)
    t.tm_mday = day;         // day of month (0 .. 31)
    t.tm_mon = mon-1;        // month of year (0 .. 11)
    t.tm_year = year-1900;   // year since 1900
    t.tm_isdst = -1;         // determine whether daylight saving time
    std::time_t tt = std::mktime(&t);
    if (tt == -1) {
        throw "no valid system time";
    }
    return std::chrono::system_clock::from_time_t(tt);
}
```

下面示范如何使用这些便捷函数：

```
// util/timepoint1.cpp

#include <chrono>
#include <iostream>
#include "timepoint.hpp"

int main()
{
    auto tp1 = makeTimePoint(2010,01,01,00,00);
    std::cout << asString(tp1) << std::endl;

    auto tp2 = makeTimePoint(2011,05,23,13,44);
    std::cout << asString(tp2) << std::endl;
}
```

程序输出如下：

```
Fri Jan  1 00:00:00 2010
Mon May 23 13:44:00 2011
```

再次提醒你，不论 `makeTimePoint()` 或 `asString()` 都会考虑时区。因此，传给 `makeTimePoint()` 的日期与 `asString()` 的输出是一致的。我们不需在意夏令时，因为在 `makeTimePoint()` 中传递负值给 `t.tm_isdst` 的动作，

会造成 mktime() 判断夏令时是否在给定时间上生效。

再说一次，为了让 asString() 改使用全球标准时间（universal time，UTC），我们应该以 asctime(gmtime(...)) 取代 ctime(...)。至于 mktime()，没有明确办法可使用 UTC，所以 makeTimePoint() 总是会考虑时区。

16.4.3 节第 884 页展示了如何使用 locale 让时间数据的读写能够通行国际。

5.7.5 以计时器停滞线程（Blocking with Timer）

Duration 和 timepoint 可用于线程或程序（即主线程）的停滞（block）。停滞可以是无条件的，也可以指定最大时间段，或等待一个 lock 或某条件成立，或等待另一线程结束（见第 18 章）：

- sleep_for() 和 sleep_until()，由 this_thread 提供用以停滞线程（见 18.3.7 节第 981 页）。
- try_lock_for() 和 try_lock_until()，用来在等待一个 mutex 时指定最大时间段（见 18.5.1 节第 994 页）。
- wait_for() 和 wait_until()，用来在等待某条件成立或等待一个 future 时指定最大时间段（见 18.1.1 节第 953 页或 18.6.4 节第 1010 页）。

所有以 ..._for() 结束的停滞函数都会用到一个 duration，所有以 ..._until() 结束的函数都会用到一个 timepoint。例如：

```
this_thread::sleep_for(chrono::seconds(10));
```

会停滞当前线程（不无可能是主线程）10 秒钟，而

```
this_thread::sleep_until(chrono::system_clock::now()
                         + chrono::seconds(10));
```

则是停滞当前线程，直到 system clock 来到一个“比此刻多 10 秒”的 timepoint。

这些调用虽然看起来相同，其实不然。面对所有 ..._until() 函数，你需要传递一个 timepoint，而它会受到时间调整的影响。如果调用 sleep_until() 之后的 10 秒内 system clock 被调整了，停滞时间也会被相应调整。例如我们把 system clock 回调 1 小时，这个程序将被停滞 60 分钟又 10 秒。又如果我们把 clock 调快超过 10 秒，timer 会立刻结束。

如果使用 ..._for() 函数如 sleep_for()，你必须传一个 duration，抑或你使用 steady_clock，那么 system clock 的调整通常不会影响 duration。然而在一个不提供 steady clock 的硬件上，软件平台没机会在不受到“可能被调整的 system time”的影响下计算秒数，因此时间的调整也会冲击 ..._for() 函数。

所有这些 timer 都不保证绝对精准。对任何 timer 而言都存在一点点延迟，因为系统只是周期性地检查哪个 timer 结束了，而 timer 和 interrupt（中断）的处理又需要花费一些时间。因此， timer 的时间长度将会是它们所指定的时间加上一小段（取决于实现的质量和当下情势）。

5.8 头文件 <cstddef>、<cstdlib> 和 <cstring>

头文件 <cstddef>、<cstdlib> 和 <cstring> 与其 C 对应版本兼容，在 C++ 程序中经常用到。它们是 C 头文件 <stddef.h>、<stdlib.h> 和 <string.h> 的较新版本，定义了一些常用的常量、宏、类型和函数。

5.8.1 <cstddef> 内的各项定义

标识符	意义
NULL	指针值，用来表示“未定义”或“无值”
nullptr_t	nullptr 的类型（始自 C++11）
size_t	一种无正负号类型，用来表示大小（例如元素个数）
ptrdiff_t	一种带正负号类型，用来表示指针之间的距离
max_align_t	所有环境之最大齐位（maximum alignment in all contexts）所对应的类型（始自 C++11）
offsetof(*type*,*mem*)	表示成员 *mem* 在某个 struct 或 union 中的偏移量

表 5.26 <cstddef> 中的定义项

表5.26列出了头文件 <cstddef> 提供的各项定义。在 C++11 之前，NULL 通常用来表示一个不指向任何对象的 pointer。自 C++11 起改以 nullptr 表示这个语义（见 3.1.1 节第 14 页）。

C++ 保证 NULL 其实就是 0（其类型可以是 int 也可以是 long)。C 语言中的 NULL 通常定义为 (void*)0，这在 C++ 中并不正确，NULL 必须是个整数类型，否则你无法将 NULL 赋予一个 pointer。这是因为 C++ 并没有定义从 void* 到任何其他类型的自动类型转换操作。从 C++11 开始你应该使用 nullptr 取代 NULL（见 3.1.1 节第 14 页）。[31] NULL 同时也定义于头文件 <cstdio>、<cstdlib>、<cstring>、<ctime>、<cwchar> 和 <clocale> 内。

[31] 鉴于 NULL 类型有这些晦涩的问题，有人建议 C++ 程序中最好不要使用 NULL，最好直接使用 0 或用户自定义的（例如）NIL 常量。幸运的是，这些问题终于被 nullptr 解决了。

5.8.2 <cstdlib> 内的各种定义

表5.27列出了头文件 <cstdlib> 内最重要的一些定义。常量 EXIT_SUCCESS 和 EXIT_FAILURE 用作 exit() 的实参，也可以当作 main() 的返回值。

定义	意义
EXIT_SUCCESS	程序正常结束
EXIT_FAILURE	程序不正常结束
exit (int *status*)	退出（离开）程序并清理 static 对象
quick_exit (int *status*)	退出程序时以 at_quick_exit() 清理（始自 C++11）
_Exit (int *status*)	退出程序而不清理（no cleanup；始自 C++11）
abort()	退出程序（在某些系统上可能导致崩溃）
atexit (void (**func*)())	退出程序时调用 *func*
at_quick_exit (void (**func*)())	在 quick_exit() 上调用 *func*（始自 C++11）

表 5.27 <cstdlib> 中的定义项

经由 atexit() 注册的函数，在程序正常退出时会依注册的相反次序被一一调用。无论是通过 exit() 退出或从 main() 尾部退出，都会如此，不需传递任何实参。

函数 exit() 和 abort() 可用来在任意地点终止程序运行，不会再返回 main()：

- exit() 会销毁所有 static 对象，清空所有缓冲区，关闭所有 I/O 通道（channel），然后终止程序，终止前会先调用经由 atexit() 注册的函数。如果 atexit() 注册的函数抛出异常，就会调用 terminate()。
- abort() 会立刻终止函数，不做任何清理（cleanup）工作。

这两个函数都不会销毁局部对象（local object），因为堆叠辗转开展（stack unwinding）不会被执行起来。如果你希望确保所有局部对象的析构函数被调用，应该运用异常（exception）或正常返回机制，然后从 main() 退出程序。

自 C++11 起 quick_exit() 不再摧毁对象，而是调用先前曾被 at_quick_exit() 注册过的函数（以注册次序之逆向），然后调用 _Exit() 结束程序，不带任何析构或清理动作。[32] 这意味着 quick_exit() 和 _Exit() 都不会清空（flush）标准文件缓冲区（标准输出区和错误输出区）。

C++ 程序的中止（abort）——一种意外结束而非“意料内的结束加上发出一个错误代码”——通常做法是调用 std::terminate()，后者默认调用 abort()。举个例子，如果某析构函数或某个被声明为 noexcept（见 3.1.7 节第 24 页）的函数抛出异常，就会发生这种事。

[32] 之所以引入这个特性，是为了避免“被卸除线程（detached thread）访问 global/static 对象”的风险（见 18.2.1 节第 967 页）。

5.8.3 <cstring> 中的定义式

表5.28展示了 <cstring> 头文件中最重要的定义式：用以设定、拷贝、搬移（set, copy, move）内存的低层函数。这些函数被应用于 character trait（见 16.1.4 节第 855 页）。

定义	意义
memchr (const void* *ptr*, int *c*, size_t *len*)	在 *ptr* 所指的前 *len* 个 byte 中找出字符 *c*
memcmp (const void* *ptr1*, const void* *ptr2*, size_t *len*)	比较 *ptr1* 和 *ptr2* 所指的前 *len* 个 byte
memcpy (void* *toPtr*, const void* *fromPtr*, size_t *len*)	将 *fromPtr* 所指的前 *len* 个 byte 复制至 *toPtr*
memmove (void* *toPtr*, const void* *fromPtr*, size_t *len*)	将 *fromPtr* 所指的前 *len* 个 byte 复制至 *toPtr*（区域可重叠）
memset (void* *ptr*, int *c*, size_t *len*)	将 *ptr* 所指的前 *len* 个 byte 赋值为字符 *c*

表 5.28 <cstring> 中的定义项

第6章

标准模板库

STL（*standard template library*，标准模板库）是 C++ 标准库的核心，它深刻影响了标准库的整体结构。STL 是一个泛型（generic）程序库，提供一系列软件方案，利用先进、高效的算法来管理数据。程序员无须了解 STL 的原理，便可享受数据结构和算法领域中的这一革新成果。

从程序员的角度看来，STL 是由一些可适应不同需求的集合类（collection class）和一些能够在这些数据集合上运作的算法构成。STL 内的所有组件都由 template（模板）构成，所以其元素可以是任意类型。更妙的是，STL 建立了一个框架（framework），在此框架下你可以提供其他集合类或算法，与现有的组件搭配共同运作。总之，STL 赋予了 C++ 新的抽象层次。抛开 dynamic array（动态数组）、 linked list（链表）、 binary tree（二叉树）、 hash table（散列表）之类的东西吧，也不必再烦心各种 search（查找）算法了。你只需使用恰当的集合类，然后调用其成员函数和（或）算法来处理数据，就万事大吉。

当然，如此的灵活性并非免费午餐，代价总是有的。首要的一点是，STL 并不好懂。正因如此，本书倾注了好几章篇幅，为你讲解 STL 的内容。本章介绍 STL 的总体概念，探讨其编程技术。第一个范例展示如何使用 STL 以及运用过程中的考量。第7章至第11章详细讨论 STL 的各组件（包括容器〔container〕、迭代器〔iterator〕、函数对象〔function object〕、算法〔algorithm〕）和更多范例。

6.1 STL 组件（Component）

若干精心勾画的组件共同合作，构筑起 STL 的基础。这些组件中最关键的是容器、迭代器和算法。

- **容器（Container）**，用来管理某类对象的集合。每一种容器都有其优点和缺点，所以，为了应付不同的需求，STL 准备了不同的容器类型。容器可以是 array 或 linked list，或者每个元素有一个特别的 key。

- **迭代器（Iterator）**，用来在一个对象集合（collection of objects）内遍历元素。这个对象集合或许是个容器，或许是容器的一部分。迭代器的主要好处是，为所有各式各样的容器提供了一组很小的共通接口。例如其中一个操作是行进至集合内的下一元素。至于如何做到当然取决于集合的内部结构。不论这个集合是 array 或 tree 或 hash table，此一行进动作都能成功，因为每一种容器都提供了自己的迭代器，而这些迭代器了解容器的内部结构，知道该做些什么。

  迭代器的接口和寻常的 pointer 差不多，调用 operator ++ 就累进，调用 operator * 就提领（访问）被指向的值。所以你可以把迭代器视为一种 smart pointer，能够把"前进至下一元素"的意图转换成合适的操作。
- **算法（Algorithm）**，用来处理集合内的元素。它们可以出于不同的目的而查找、排序、修改、使用元素。通过迭代器的协助，我们只需撰写一次算法，就可以将它应用于任意容器，因为所有容器的迭代器都提供一致的接口。

  你还可以提供一些特殊的辅助函数供算法调用，从而获取更佳的灵活性。这样你就可以一方面运用标准算法，一方面配合自己特殊或复杂的需求。例如，你可以提供自己的查找准则（search criterion）或元素合并时的特殊操作。特别是由于 C++11 新引入了 lambda，你得以轻松指明在容器元素身上进行任何种类的动作。

STL 的基本观念就是将数据和操作分离。数据由容器类加以管理，操作则由可定制（configurable）的算法定义之。迭代器在两者之间充当黏合剂，使任何算法都可以和任何容器交互运作（图6.1）。

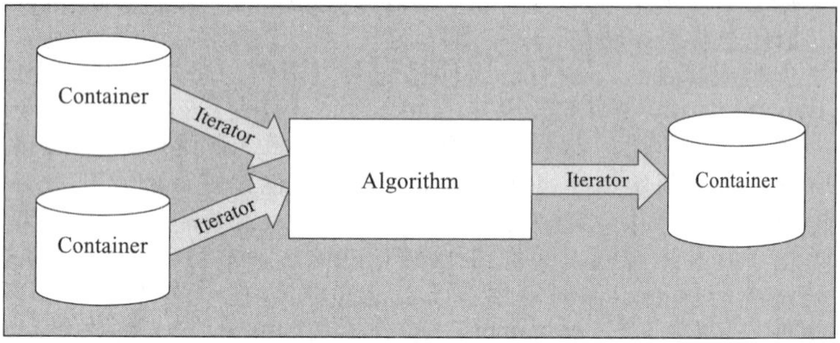

图 6.1　STL 组件之间的合作

STL 将数据和算法分开对待，而不是合并考虑。从某种意义上说，STL 的概念和面向对象编程（OOP）的最初思想是矛盾的。然而这么做有着很重要的因素。首先，你可以将各种容器与各种算法结合起来，在很小的框架（framework）内达到非常大的弹性。

STL 的一个根本特性是，所有组件都可以针对任意类型（type）运作。顾名思义，所谓 standard template library 意味着其内的所有组件都是"可接受任意类型"的 template，前提是这些类型必须能够执行必要的操作。因此 STL 成了*泛型编程*（generic programming）概念下的一个出色范例。容器和算法被泛化为可适用于任意 type 和 class。

STL 甚至提供更泛化的组件。借由特定的适配器（adapter）和函数对象（function object，*functor*），你可以补充、约束或定制算法以满足特别需求。目前说这些为时太早，眼下我还是先通过实例，循序渐进地讲解概念，这才是理解并熟悉 STL 的最佳方法。

6.2 容器（Container）

容器用来管理一大群元素。为了适应不同需要，STL 提供了不同的容器，如图6.2所示。

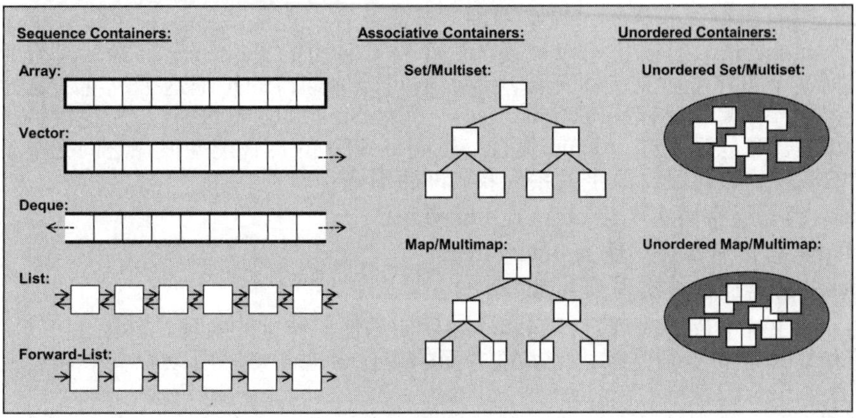

图 6.2　STL 的容器种类

总的来说，容器可分为三大类：

1. **序列式容器（Sequence container）**，这是一种有序（*ordered*）集合，其内每个元素均有确凿的位置——取决于插入时机和地点，与元素值无关。如果你以追加方式对一个集合置入 6 个元素，它们的排列次序将和置入次序一致。STL 提供了 5 个定义好的序列式容器：`array`、`vector`、`deque`、`list` 和 `forward_list`。[1]
2. **关联式容器（Associative container）**，这是一种已排序（*sorted*）集合，元素位置取决于其 value（或 key——如果元素是个 key/value pair）和给定的某个排序准则。如果将 6 个元素置入这样的集合中，它们的值将决定它们的次序，和插入次序无关。STL 提供了 4 个关联式容器：`set`、`multiset`、`map` 和 `multimap`。
3. **无序容器（Unordered (associative) container）**，这是一种无序集合（unordered collection），其内每个元素的位置无关紧要，唯一重要的是某特定元素是否位于此集合内。元素值或其安插顺序，都不影响

[1] Class `array` 自 TR1 才新加入；`forward_list` 自 C++11 才新加入。

元素的位置，而且元素的位置有可能在容器生命中被改变。如果你放 6 个元素到这种集合内，它们的次序不明确，并且可能随时间而改变。STL 内含 4 个预定义的无序容器：`unordered_set`、`unordered_multiset`、`unordered_map` 和 `unordered_multimap`。

Unordered 容器由 TR1 引入，对术语带来了一些混淆。官方说法是“unordered 容器被归类为一种 unordered associative 容器”，这导致 associative 容器的意义变得有点不清不楚：它到底是 (ordered) associative 容器和 unordered associative 容器的整体性术语，抑或是 unordered 容器的对立面？答案取决于上下文语境。本书中当我说 associative 容器时，我的意思是“旧式的” sorted associative 容器，而当我说 unordered 容器时，我不会在中间加上 associative 这个字。

这里介绍的 3 个容器分类，只是根据“元素次序”而完成的一种逻辑分类。从这个角度看，一个 associative 容器也可以被视为一个特殊种类的 sequence 容器，因为 sorted 容器有能力根据某个排序准则来安排元素次序。有可能你期待的正是这个，特别是如果你曾经用过其他程序库或集合类（collection class），例如 Smalltalk 或 NIHCL 所提供的那些，[2] 它们的 sorted 集合乃是派生自 ordered 集合。然而，STL 的集合类型彼此之间完全不同，有着十分不同的实现，彼此没有派生关系。我们即将看到：

- Sequence 容器通常被实现为 array 或 linked list。
- Associative 容器通常被实现为 binary tree。
- Unordered 容器通常被实现为 hash table。

严格地说，C++ 标准库并未规定任何容器必须使用任何特定的实现，然而由于 C++ standard 对于行为和复杂度的明确要求，使得这方面的变化余地不多。所以现实中各实现之间只可能存在微小细节上的差异。

当你面临如何选择适当的容器时，排序以外的能力也必须考虑。事实上，关联式容器自动对其元素排序，并非意味着它们就是用来排序的。你也可以对序列式容器的元素排序。自动排序带来的主要优势是，查找元素时可获得较佳效率。更明确地说，你可以放心使用二分查找法（binary search），它具备对数（logarithmic）复杂度，而非线性复杂度。这是什么意思呢？如果你想在 1000 个元素中查找某元素，平均而言只需 10 次比较，而非 500 次比较（见 2.2 节第 10 页）。因此自动排序只不过是关联式容器的一个（好的）副作用而已。

下面各小节详细讨论各种容器类：包括容器的典型实现，及其好处和缺点。（译注：严格说来，C++ standard 并未定义某一种容器的具体实现。）第 7 章会谈到容器类的确切行为，描述它们共有和特有的能力，并详细分析其成员函数。7.12 节第 392 页详细讨论了何时使用哪一种容器。

[2] The National Institutes of Health’s Class Library 是最早的 C++ 类库之一。

6.2.1 序列式容器（Sequence Container）

STL 内部预先定义好了以下序列式容器：

- Array（其 class 名为`array`）
- Vector
- Deque
- List（singly/doubly linked）

以下讨论从 vector 开始，因为 `array` 是 TR1 新引入的，进入 C++ 标准库的时间比较短，而且它有一些特殊属性，与其他 STL 容器不共通。

Vector

Vector 将其元素置于一个 dynamic array 中管理。它允许随机访问，也就是说，你可以利用索引直接访问任何一个元素。在 array 尾部附加元素或移除元素都很快速，[3] 但是在 array 的中段或起始段安插元素就比较费时，因为安插点之后的所有元素都必须移动，以保持原本的相对次序。

以下例子针对整数类型定义了一个 vector，插入 6 个元素，然后打印所有元素：

```
// stl/vector1.cpp

#include <vector>
#include <iostream>
using namespace std;

int main()
{
    vector<int> coll;      // vector container for integer elements

    // append elements with values 1 to 6
    for (int i=1; i<=6; ++i) {
        coll.push_back(i);
    }

    // print all elements followed by a space
    for (int i=0; i<coll.size(); ++i) {
        cout << coll[i] << ' ';
    }
    cout << endl;
}
```

[3] 严格说来，元素追加动作是一种“摊提的，有折旧成本的（amortized）”高速，单一附加动作可能是缓慢的，因为 vector 可能需要重新分配内存，并将现有元素拷贝到新位置。不过这种事情不常发生，所以总体看来这个操作十分迅速。见 2.2 节第 10 页关于复杂度的讨论。

Vector 的头文件通过以下语句包含进来：

```
#include <vector>
```

以下声明式建立了一个“元素类型为 int”的 vector：

```
vector<int> coll;
```

由于没有任何初始化参数，所以 default 构造函数将它构造为一个空集合。push_back() 为容器附加新元素：

```
coll.push_back(i);
```

所有序列式容器都提供这个成员函数，因为尾附一个元素永远是可能的，而且效率相当高。size() 成员函数返回容器的元素个数：

```
for (int i=0; i<coll.size(); ++i) {
    ...
}
```

所有容器类都提供这个函数，唯一例外是 singly linked list（class forward_list）。
你可以通过 subscript（下标）操作符 []，访问 vector 内的某个元素：

```
cout << coll[i] << ' ';
```

元素被写至标准输出装置，所以整个程序的输出如下：

```
1 2 3 4 5 6
```

Deque

所谓 *deque*（发音类似“check”[4]），是“double-ended queue”的缩写。它是一个 dynamic array，可以向两端发展，因此不论在尾部或头部安插元素都十分迅速。在中间部分安插元素则比较费时，因为必须移动其他元素。

以下例子声明了一个元素为浮点数的 deque，并在容器头部安插 1.1 至 6.6 共 6 个元素，最后打印出所有元素。

```
// stl/deque1.cpp

#include <deque>
#include <iostream>
using namespace std;

int main()
{
    deque<float> coll;     // deque container for floating-point elements
```

[4] 有时候“deque”听起来颇类似“hack”，不过这纯属巧合 :-)

```
    // insert elements from 1.1 to 6.6 each at the front
    for (int i=1; i<=6; ++i) {
        coll.push_front(i*1.1);        // insert at the front
    }

    // print all elements followed by a space
    for (int i=0; i<coll.size(); ++i) {
        cout << coll[i] << ' ';
    }
    cout << endl;
}
```

本例中，下面这一行将 deque 的头文件包含进来：

```
#include <deque>
```

下面的声明式则是产生一个空的浮点数集合：

```
deque<float> coll;
```

push_front() 函数用来安插元素：

```
coll.push_front(i*1.1);
```

push_front() 会将元素安插于集合前端。注意，这种安插方式造成的结果是，元素排放次序与安插次序恰好相反，因为每个元素都安插于上一个元素的前面。程序输出如下：

```
6.6 5.5 4.4 3.3 2.2 1.1
```

你也可以使用成员函数 push_back() 在 deque 尾端附加元素。Vector 并未提供 push_front()，因为其时间效率不佳（在 vector 头端安插一个元素，需要先移动全部元素）。一般而言，STL 容器只提供具备良好时间效率的成员函数，所谓“良好”通常意味着其复杂度为常量或对数，以免程序员调用性能很差的函数。

Array

一个 array[5]对象乃是在某个固定大小的 array （有时称为一个 static array 或 C array）内管理元素。因此，你不可以改变元素个数，只能改变元素值。你必须在建立时就指明其大小。Array 也允许随机访问，意思是你可以直接访问任何一个元素——只要你指定相应的索引。

下面的例子定义出了一个 array，元素是 string：

[5] Class array<> 由 TR1 引入。

```
// stl/array1.cpp

#include <array>
#include <string>
#include <iostream>
using namespace std;

int main()
{
    // array container of 5 string elements:
    array<string,5> coll = { "hello", "world" };

    // print each element with its index on a line
    for (int i=0; i<coll.size(); ++i) {
        cout << i << ": " << coll[i] << endl;
    }
}
```

下面这行将 array 的头文件包含进来：

```
#include <array>
```

以下声明式会建立一个 array，带有 5 个类型为 `string` 的元素：

```
array<string,5> coll
```

默认情况下这些元素都被元素的 default 构造函数初始化。这意味着，对基础类型而言，初值不明确（undefined）。

然而本程序用了一个初值列（initializer list，见 3.1.3 节第 15 页），这东西允许我们以一系列值将对象初始化于创建期。自 C++11 起这种初始化方法受到每一种容器的支持，所以当然我们也可以在 vector 和 deque 中使用它。既然如此，基础类型用的是 *zero initialization*，意味着基础类型保证被初始化为 0（见 3.2.1 节第 37 页）。

程序中借由 `size()` 和下标操作符 `[]`，将所有元素联合其索引逐行写至标准输出装置。整个程序输出如下：

```
0: hello
1: world
2:
3:
4:
```

如你所见，这个程序输出 5 行，因为我们定义的 array 带有 5 个 string。根据初值列的设定，头 2 个元素被初始化为 `"hello"` 和 `"world"`，其余元素则拥有默认值，也就是空字符串。

注意，元素个数是 array 类型的一部分。因此 `array<int,5>` 和 `array<int,10>` 是两个不同的类型，你不能对此二者进行赋值或比较。

List

从历史角度看，我们只有一个 list class。然而自 C++11 开始，STL 竟提供了两个不同的 list 容器：class `list<>` 和 class `forward_list<>`。因此，*list* 可能表示其中某个 class，或者是个总体术语，代表上述两个 list class。然而就某种程度来说，forward list 只不过是受到更多限制的 list，现实中二者的差异并不怎么重要。因此当我使用术语 *list*，通常我指的是 class `list<>`，它的能力往往超越 class `forward_list<>`。如果特别需要指出 class `forward_list<>`，我会使用术语 *forward list*。所以本节讨论的是寻常的 list，是一开始就成为 STL 一部分的那个东西。

`list<>` 由双向链表（doubly linked list）实现而成。这意味着 list 内的每个元素都以一部分内存指示其前导元素和后继元素。

List 不提供随机访问，因此如果你要访问第 10 个元素，你必须沿着链表依次走过前 9 个元素。不过，移动至下一个元素或前一个元素的行为，可以在常量时间内完成。因此一般的元素访问动作会花费线性时间，因为平均距离和元素数量成比例。这比 vector 和 deque 提供的摊提式（amortized）常量时间，效率差很多。

List 的优势是：在任何位置上执行安插或删除动作都非常迅速，因为只需改变链接（link）就好。这表示在 list 中段处移动元素比在 vector 和 deque 快得多。

以下例子产生一个空 list，用以放置字符，然后将 `'a'` 至 `'z'` 的所有字符插入其中，利用循环每次打印并移除集合的第一个元素，从而打印出所有元素：

```
// stl/list1.cpp

#include <list>
#include <iostream>
using namespace std;

int main()
{
    list<char> coll;        // list container for character elements

    // append elements from 'a' to 'z'
    for (char c='a'; c<='z'; ++c) {
        coll.push_back(c);
    }

    // print all elements:
    // - use range-based for loop
    for (auto elem : coll) {
        cout << elem << ' ';
    }
    cout << endl;
}
```

就像先前的例子一样，头文件 `<list>` 内含 list 的声明。以下定义一个“元素类型为字符”的 `list`：

```
list<char> coll;
```

为了打印所有元素，我使用一个 range-based `for` 循环，这种循环自 C++11 之后提供，允许对每个元素执行指定的语句（见 3.1.4 节第 17 页）。List 并不提供作为“元素直接访问”之用的操作符 `[]`。这是因为 list 并不提供随机访问，因此操作符 `[]` 会带来低下的效率。

在此循环中，当前正被处理的 `coll` 元素的类型被声明为 `auto`。因此 `elem` 的类型被自动推导为 `char`，因为 `coll` 是个 `char` 集合（`auto` 类型推导详见 3.1.2 节第 14 页）。另一种做法是明白声明 `elem` 的类型：

```
for (char elem : coll) {
    ...
}
```

注意，`elem` 永远是当前正被处理的元素的一个拷贝（copy）。虽然你可以改动它，但其影响只限于“针对此元素而调用的语句”，`coll` 内部并没有任何东西被改动。如果你想改动传入的集合的元素，你必须将 `elem` 声明为一个非常量的 reference：

```
for (auto& elem : coll) {
    ...       // any modification of elem modifies the current element in coll
}
```

就像函数参数那样，通常你应该使用一个常量 reference 以避免发生一次 copy 操作。因此，下面的 function template 输出“被传入的容器内的所有元素”：

```
template <typename T>
void printElements (const T& coll)
{
    for (const auto& elem : coll) {
        std::cout << elem << std::endl;
    }
}
```

在 C++11 之前，你必须使用迭代器来访问所有元素。稍后才会介绍迭代器，你将在 6.3 节第 189 页发现一个相应的例子。

在 C++11 之前，打印所有元素的另一种做法（不使用迭代器）是逐一地“打印而后移除”第一元素，直到此 list 之中不再有任何元素：

```
// stl/list2.cpp

#include <list>
#include <iostream>
using namespace std;

int main()
{
```

```
    list<char> coll;          // list container for character elements

    // append elements from 'a' to 'z'
    for (char c='a'; c<='z'; ++c) {
        coll.push_back(c);
    }

    // print all elements
    // - while there are elements
    // - print and remove the first element
    while (! coll.empty()) {
        cout << coll.front() << ' ';
        coll.pop_front();
    }
    cout << endl;
}
```

成员函数 empty() 的返回值告诉我们容器中是否还有元素。只要这个函数返回 false（也就是说，容器内还有元素），循环就继续进行：

```
while (! coll.empty()) {
    ...
}
```

循环之内，成员函数 front() 返回第一个元素：

```
cout << coll.front() << ' ';
```

pop_front() 函数删除第一个元素：

```
coll.pop_front();
```

注意，pop_front() 并不会返回被删除元素，所以你无法将上述两个语句合而为一。

程序的输出结果取决于所用的字集。如果是 ASCII 字集，输出如下：[6]

```
a b c d e f g h i j k l m n o p q r s t u v w x y z
```

Forward List

自 C++11 之后，C++ 标准库提供了另一个 list 容器：forward list。forward_list<> 是一个由元素构成的单向（singly） linked list。就像寻常 list 那样，每个元素有自己一段内存，为了节省内存，它只指向下一元素。

[6] 如果是 ASCII 以外的字集，输出结果可能包含非字母字符，甚至可能什么都没有（如果 'z' 不大于 'a' 的话）。

因此，forward list 原则上就是一个受限的 list，不支持任何“后退移动”或“效率低下”的操作。基于这个原因，它不提供成员函数如 push_back() 乃至 size()。

现实中，这个限制比乍听之下甚至更尴尬棘手。问题之一是，你无法查找某个元素然后删除它，或是在它的前面安插另一个元素。因为，为了删除某个元素，你必须位于其前一元素的位置上，因为正是那个元素才能决定一个新的后继元素。也因此，forward list 对此提供了一个特殊成员函数，见 7.6.2 节第 305 页。

下面是 forward list 的一个小例子：

```
// stl/forwardlist1.cpp

#include <forward_list>
#include <iostream>
using namespace std;

int main()
{
    // create forward-list container for some prime numbers
    forward_list<long> coll = { 2, 3, 5, 7, 11, 13, 17 };

    // resize two times
    // - note: poor performance
    coll.resize(9);
    coll.resize(10,99);

    // print all elements:
    for (auto elem : coll) {
        cout << elem << ' ';
    }
    cout << endl;
}
```

一如以往，我们使用 forward list 的头文件 <forward_list> 定义一个类型为 forward_list 的集合，以长整数（long integer）为元素，并以若干质数为初值：

```
forward_list<long> coll = { 2, 3, 5, 7, 11, 13, 17 };
```

然后使用 resize() 改变元素个数。如果数量成长，你可以传递一个额外参数，指定新元素值。否则就使用默认值（对基础类型而言是 0）。注意，resize() 是一个昂贵的动作，它具备线性复杂度，因为为了到达尾端你必须一个一个元素地前进，走遍整个 list。不过这是一个几乎所有 sequence 容器都会提供的操作，就暂时忽略它那可能的低劣效率吧。只有 array 不提供 resize()，因为其大小固定不变。

像先前对待 list 那样，我们使用一个 range-based for 循环打印所有元素。输出如下：

```
2 3 5 7 11 13 17 0 0 99
```

6.2.2 关联式容器（Associative Container）

关联式容器依据特定的排序准则，自动为其元素排序。元素可以是任何类型的 value，也可以是 key/value pair，其中 key 可以是任何类型，映射至一个相关 value，而 value 也可以是任意类型。排序准则以函数形式呈现，用来比较 value，或比较 key/value 中的 key。默认情况下所有容器都以操作符 < 进行比较，不过你也可以提供自己的比较函数，定义出不同的排序准则。

通常关联式容器由二叉树（binary tree）实现出来。在二叉树中，每个元素（节点）都有一个父节点和两个子节点；左子树的所有元素都比自己小，右子树的所有元素都比自己大。关联式容器的差别主要在于元素的种类以及处理重复元素时的方式（态度）。

关联式容器的主要优点是，它能很快找出一个具有某特定 value 的元素，因为它具备对数复杂度（logarithmic complexity），而任何循序式容器的复杂度是线性。因此，使用关联式容器，面对 1 000 个元素，平均而言你将有 10 次而不是 500 次比较动作。然而它的一个缺点是，你不能直接改动元素的 value，因为那会破坏元素的自动排序。

下面是 STL 定义的关联式容器：

- **Set** 元素依据其 value 自动排序，每个元素只能出现一次，不允许重复。
- **Multiset** 和 set 的唯一差别是：元素可以重复。也就是 multiset 可包括多个“value 相同”的元素。
- **Map** 每个元素都是 key/value pair，其中 key 是排序准则的基准。每个 key 只能出现一次，不允许重复。Map 也可被视为一种关联式数组（associative array），也就是“索引可为任意类型”的数组（详见 6.2.4 节第 185 页）。
- **Multimap** 和 map 的唯一差别是：元素可以重复，也就是 multimap 允许其元素拥有相同的 key。Multimap 可被当作字典（dictionary）使用。7.8.5 节第 348 页有个范例。

所有关联式容器都有一个可供选择的 template 实参，指明排序准则；默认采用操作符 <。排序准则也被用来测试等同性（equivalence）：[7] 如果两个元素的 value/key 互不小于对方，则两者被视为重复。

你可以将 set 视为一种特殊的 map：元素的 value 等同于 key。实际产品中所有这些关联式容器通常都由二叉树（binary tree）实现而成。

Set 和 Multiset 实例

下面是第一个例子，使用 multiset：

[7] 注意这里我用的术语是 *equivalent* 而不是 *equal*，后者通常意味着使用操作符 == 比较元素整体。

```
// stl/multiset1.cpp

#include <set>
#include <string>
#include <iostream>
using namespace std;

int main()
{
    multiset<string> cities {
        "Braunschweig", "Hanover", "Frankfurt", "New York",
        "Chicago", "Toronto", "Paris", "Frankfurt"
    };

    // print each element:
    for (const auto& elem : cities) {
        cout << elem << "  ";
    }
    cout << endl;

    // insert additional values:
    cities.insert( {"London", "Munich", "Hanover", "Braunschweig"} );

    // print each element:
    for (const auto& elem : cities) {
        cout << elem << "  ";
    }
    cout << endl;
}
```

包含头文件 `<set>` 后，我们可以声明 `cities` 是个以 string 为元素的 multiset：

```
multiset<string> cities
```

声明之后，若干字符串以初值列（initializer list，见 3.1.3 节第 15 页）形式成为元素初值并于稍后被安插到容器内。为打印所有元素，我们使用一个 range-based `for` 循环（见 3.1.4 节第 17 页）。注意我们声明元素为 `const auto&`，意思是希望从容器推断元素类型（见 3.1.2 节第 14 页）并免除为“被此循环叫唤”的每个元素制造一份拷贝。

在这个容器内部，所有元素都已经过排序，因此第一份输出如下：

```
Braunschweig  Chicago  Frankfurt  Frankfurt  Hanover  New York
  Paris  Toronto
```

第二份输出如下：

```
Braunschweig  Braunschweig  Chicago  Frankfurt  Frankfurt  Hanover
  Hanover  London  Munich  New York  Paris  Toronto
```

如你所见，由于这里用的是一个 multiset 而不是 set，因此允许元素重复。如果我们声明的是 set 而不是 multiset，每个 value 就只会被打印一次。如果我们用的是一个 unordered multiset，元素的次序就无法明确得知了（见 6.2.3 节第 182 页）。

Map 和 Multimap 实例

下面的例子示范了如何使用 map 和 multimap：

```
// stl/multimap1.cpp

#include <map>
#include <string>
#include <iostream>
using namespace std;

int main()
{
    multimap<int,string> coll;          // container for int/string values

    // insert some elements in arbitrary order
    // - a value with key 1 gets inserted twice
    coll = { {5,"tagged"},
             {2,"a"},
             {1,"this"},
             {4,"of"},
             {6,"strings"},
             {1,"is"},
             {3,"multimap"} };

    // print all element values
    // - element member second is the value
    for (auto elem : coll) {
        cout << elem.second << ' ';
    }
    cout << endl;
}
```

包含 <map> 之后，我们声明一个 map，其元素拥有一个 int 作为 key 和一个 string 作为 value：

```
multimap<int,string> coll;
```

由于 map 和 multimap 的元素都是 key/value pair，因此声明式、元素安插、元素访问等动作略有不同：

- 首先，为了初始化（或赋值或安插）元素，你必须传递 key/value pair，本例以嵌套式初值列（nested initializer list）完成，内层定义的是每个元素的 key 和 value，外层定义出所有元素。因此 `{5,"tagged"}` 具体指明被安插的第一个元素内容。
- 处理元素时你再一次需要和 key/value pair 打交道。每个元素的类型实际上是 `pair<const` *key*`,`*value*`>`（5.1.1 节第 60 页介绍过 `pair` 类型）。Key 之所以必须是常量，因为其内容如果被改动，会破坏元素的次序，而元素次序是由容器自动排序的。由于 `pair` 缺乏 output 操作符，你无法视它们为一个整体加以打印。因此你必须分别处理 `pair` 结构中的成员，它们分别名为 `first` 和 `second`。

  下面的式子取得 key/value pair 的第二成分，也就是 multimap 元素的 value：

  ```
  elem.second
  ```

  下面的式子取得 key/value pair 的第一成分，也就是 multimap 元素的 key：

  ```
  elem.first
  ```

最终，程序输出如下：

```
this is a multimap of tagged strings
```

C++11 之前并未明确规定等效元素（equivalent element，也就是 key 相同的元素）的排列次序。所以在 C++11 之前，`"this"` 和 `"is"` 的排列有可能与本书所显示的不同。但是 C++11 已经保证，新插入元素会被安插在 multiset 和 multimap 已有之等效元素的末尾。而且如果调用 `insert()`、`emplace()` 或 `erase()`，这些等效元素的次序也保证稳定不变。

关联式容器的其他例子

6.2.4 节第 185 页有一个示例，使用 map 做成一个所谓的*关联式数组*（associative array）。

7.7 节详细讨论 set 和 multiset，附有更多例子。7.8 节详细讨论 map 和 multimap，也带有更多例子。

Multimap 也可以用作*字典*（dictionary）。7.8.5 节第 348 页有一个例子。

6.2.3 无序容器（Unordered Container）

在无序（unordered）容器中，元素没有明确的排列次序。也就是如果安插 3 个元素，当你迭代容器内的所有元素时会发现，它们的次序有各种可能。如果安插第 4 个元素，先前 3 个元素的相对次序可能会被改变。我们唯一关心的是，某个特定元素是否位于容器内。甚至如果你有 2 个这种容器，其内有着完全相同的元素，元素的排列次序也可能不同。试着想象它是个袋子（bag）。

无序（unordered）容器常以 hash table 实现出来（如图6.3所示），内部结构是一个“由 linked list 组成”的 array。通过某个 *hash 函数*的运算，确定元素落于这个 array 的位置。Hash 函数运算的目标是：让每个元素的落点（位置）有助于用户快速访问

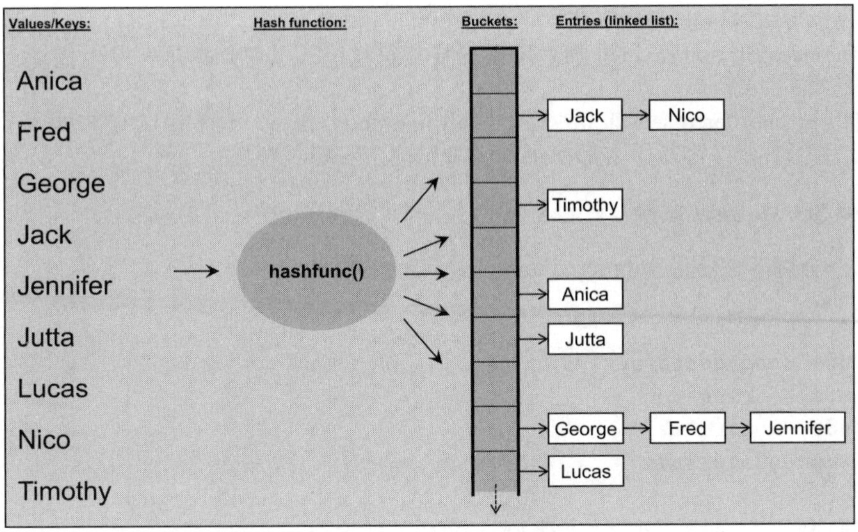

图 6.3 无序（Unordered）容器就是 Hash Table

任何一个元素，前提则是 hash 函数本身也必须够快。由于这样一个快速而完美的 hash 函数不一定存在（或不一定被你找到），抑或由于它造成 array 耗费巨额内存而显得不切实际，因此，退而求其次的 hash 函数有可能让多个元素落于同一位置上。所以设计上就让 array 的元素再被放进一个 linked list 中，如此一来 array 的每个位置（落点）就得以存放一个以上的元素。

无序（unordered）容器的主要优点是，当你打算查找一个带某特定值的元素，其速度甚至可能快过关联式容器。事实上无序容器提供的是摊提的常量复杂度（amortized constant complexity），前提是你有一个良好的 hash 函数。然而提供一个良好的 hash 函数并非易事（见 7.9.2 节第 363 页），你可能需要提供许多内存作为 bucket。

根据关联式容器的分类法，STL 定义出下面这些无序容器：

- **Unordered set** 是无序元素的集合，其中每个元素只可出现一次。也就是不允许元素重复。
- **Unordered multiset** 和 unordered set 的唯一差别是它允许元素重复。也就是 unordered multiset 可能内含多个有着相同 value 的元素。
- **Unordered map** 的元素都是 key/value pair。每个 key 只可出现一次，不允许重复。它也可以用作关联式数组（associative array），那是“索引可为任意类型”的 array（详见 6.2.4 节第 185 页）。
- **Unordered multimap** 和 unordered map 的唯一差别是允许重复。也就是 unordered multimap 可能内含多个“拥有相同 key”的元素。它可以用作字典（dictionary）（7.9.7 节第 383 页有一个例子）。

所有这些无序容器的 class 都有若干可有可无的 template 实参，用来指明 hash 函数和等效准则（equivalence criterion），该准则被用来寻找某给定值，以便判断是否发生重复。默认的等效准则是操作符 ==。

你可以把 unordered set 视为一种特殊的 unordered map，只不过其元素的 value 等同于 key。现实中所有无序容器通常都使用 hash table 作为底层实现。

Unordered Set/Multiset 实例

下面是第一个例子，使用 unordered multiset，元素是 string：

```
// stl/unordmultiset1.cpp

#include <unordered_set>
#include <string>
#include <iostream>
using namespace std;

int main()
{
    unordered_multiset<string> cities {
        "Braunschweig", "Hanover", "Frankfurt", "New York",
        "Chicago", "Toronto", "Paris", "Frankfurt"
    };

    // print each element:
    for (const auto& elem : cities) {
        cout << elem << "  ";
    }
    cout << endl;

    // insert additional values:
    cities.insert( {"London", "Munich", "Hanover", "Braunschweig"} );

    // print each element:
    for (const auto& elem : cities) {
        cout << elem << "  ";
    }
    cout << endl;
}
```

包含必要的头文件

```
#include <unordered_set>
```

后，我们可以声明一个“元素为 string”的 unordered set 并给予初值：

```
unordered_multiset<string> cities { ... };
```

现在，如果打印所有元素，出现的次序可能不同于程序中所给的次序，因为其次序是不明确的。唯一保证的是重复元素——这的确有可能因为我们用的是 *multi*set——以其安插次序被组合在一起（因此其相对次序永远不变）。下面是可能的输出：

```
Paris  Toronto  Chicago  New York  Frankfurt  Frankfurt  Hanover
  Braunschweig
```

任何安插动作都有可能改变上述次序。事实上任何操作只要可能引发 rehashing 就可能改变上述次序。所以，在安插了更多元素之后，输出可能变成这样：

```
London  Hanover  Hanover  Frankfurt  Frankfurt  New York  Chicago
  Munich  Braunschweig  Braunschweig  Toronto  Paris
```

次序究竟会不会变化，或变成怎样，取决于 rehashing 策略，而它在某种程度上可被程序员影响。例如你可以保留足够空间，使得直到出现一定量的元素才发生 rehashing。此外，为确保你在处理所有元素的同时还可以删除元素，C++ standard 保证，删除元素不会引发 rehashing。但是删除之后的一次安插动作就有可能引发 rehashing。详见 7.9 节第 355 页。

一般而言，关联式容器提供的接口和无序容器相同，只有声明式可能不同，而且无序容器还提供特殊的成员函数，可影响内部行为或检阅当前状态。因此本处的例子只有头文件和类型不同于“使用寻常 multiset”的例子，后者出现于 6.2.2 节第 178 页。

再次提醒，在 C++11 之前，你必须使用迭代器访问元素，6.3.1 节第 193 页有一个例子。

Unordered Map 和 Multimap 实例

出现于第 179 页的例子是针对 multimap 设计的，却也适用于 unordered multimap，只要你在 include 指示符中以 `unordered_map` 替换 `map` 并在容器声明式中以 `unordered_multimap` 替换 `multimap`：

```
#include <unordered_map>
...
unordered_multimap<int,string> coll;
...
```

唯一的不同是，本例的元素次序不明确。然而在大多数平台上，元素仍会被排序，因为默认是以 modulo 操作符作为 hash 函数。把“排序后的次序”（sorted order）视为“不明确次序”（undefined order）当然合法。不过上述的“排序”现象并不保证一定会有，而且如果你添加更多元素，元素的次序也将可能不同。

下面是另一个 unordered map 例子。此例使用的 unordered map，其 key 是个 string 而其 value 是个 double：

```
// stl/unordmap1.cpp

#include <unordered_map>
#include <string>
```

```
#include <iostream>
using namespace std;

int main()
{
    unordered_map<string,double> coll { { "tim", 9.9 },
                                        { "struppi", 11.77 }
                                      };

    // square the value of each element:
    for (pair<const string,double>& elem : coll) {
        elem.second *= elem.second;
    }

    // print each element (key and value):
    for (const auto& elem : coll) {
        cout << elem.first << ": " << elem.second << endl;
    }
}
```

包含必要的 map、 string 和 iostream 头文件后，我们声明一个 unordered map，并以两个元素作为初始元素。这里运用了嵌套式初值列（nested initializer list），所以

```
{ "tim", 9.9 }
```

和

```
{ "struppi", 11.77 }
```

是被用来初始化 map 的两个元素。

接下来，对每个元素的 value 执行平方运算：

```
for (pair<const string,double>& elem : coll) {
    elem.second *= elem.second;
}
```

我要再一次提示你，看得出来元素类型是由 constant string 和 double 组成的 pair<>（见 5.1.1 节第 60 页）。因此我们无法改动元素的 key，也就是其 first 成员：

```
for (pair<const string,double>& elem : coll) {
    elem.first = ...;       // ERROR: keys of a map are constant
}
```

像此前很多例子一样，自 C++11 开始，我们不再需要明白指出元素类型，因为在一个 range-based for 循环内，类型可被推导出来（根据容器）。基于此，负责输出所有元素的第二循环中使用 auto。事实上，由于声明 elem 为 const auto&，我们得以避免产生很多拷贝（copy）：

```
    for (const auto& elem : coll) {
        cout << elem.first << ": " << elem.second << endl;
    }
```

这个程序的一个可能的输出是：

```
struppi: 138.533
tim: 98.01
```

但不保证如此，因为实际次序不明确（无序）。如果我们改用一个寻常的 map，就能保证“带着 key "struppi"”的元素必定在“带着 key "tim"”的元素之前，因为 map 会以 key 为根据对元素排序，而 "struppi" 小于 "tim"。7.8.5 节第 345 页有另一个例子，使用 map 并以 STL 算法和 lambda 取代 range-based for 循环。

Unordered 容器的其他例子

所有无序（unordered）容器都提供若干可有可无的 template 实参，用来指明诸如 hash 函数和等效比较式（equivalence comparison）。标准库为基础类型和 string 准备了一个默认的 hash 函数，至于其他类型，我们必须提供自己的 hash 函数。这部分将在 7.9.2 节第 363 页讨论。

下一节有个例子使用 map 作为所谓的关联式数组（associative array）。7.9 节详细讨论 unordered 容器并附带其他例子。Unordered multimap 也可用作字典（dictionary）（7.9.7 节第 383 页有一个例子）。

6.2.4 关联式数组（Associative Array）

不论 map 或 unordered map，都是 key/value pair 形成的集合，每个元素带着独一无二的 key。如此的集合也可被视为一个关联式数组（associative array），也就是“索引并非整数”的 array。也因此，刚才说的那两个容器都提供了下标操作符 [ ]。

考虑下面这个例子：

```
// stl/assoarray1.cpp

#include <unordered_map>
#include <string>
#include <iostream>
using namespace std;

int main()
{
    // type of the container:
    // - unordered_map: elements are key/value pairs
    // - string: keys have type string
    // - float: values have type float
    unordered_map<string,float> coll;
```

```
        // insert some elements into the collection
        // - using the syntax of an associative array
        coll["VAT1"] = 0.16;
        coll["VAT2"] = 0.07;
        coll["Pi"] = 3.1415;
        coll["an arbitrary number"] = 4983.223;
        coll["Null"] = 0;

        // change value
        coll["VAT1"] += 0.03;

        // print difference of VAT values
        cout << "VAT difference: " << coll["VAT1"] - coll["VAT2"] << endl;
    }
```

声明容器类型时，必须同时指明 key 的类型和 value 的类型：

```
unordered_map<string,float> coll;
```

这意味着 key 是 string 而相关联的 value 是浮点数。

根据 associative array 的观念，你可以使用下标操作符 [] 访问元素。然而请注意，这个操作符的行为和寻常 array 的下标操作符不太一样：其索引不是整数；它接受一个新索引（或曰 key）并以此建立和安插一个新元素，该元素以该索引为 key。因此你绝不能给予一个无效索引。

也就是说，此程序中的

```
coll["VAT1"] = 0.16;
```

语句乃是建立一个新元素，其 key 为 "VAT1" 而其 value 为 0.16。
事实上，下面的这个式子会建立起一个新元素，拥有 key "VAT1" 并将 value 设为默认值（使用 default 构造函数；如果是基础类型则初值为 0）：

```
coll["VAT1"]
```

而稍早那整个语句会访问此新元素的 value，于是赋值操作符对它赋值 0.16。

自 C++11 开始，你也可以使用 at() 访问元素的 value，只要传给它 key 就行。这种情况下如果容器内找不到给定的 key，会导致一个 out_of_range 异常：

```
coll.at("VAT1") = 0.16;    // out_of_range exception if no element found
```

语句

```
coll["VAT1"] += 0.03;
```

或

```
coll["VAT1"] - coll["VAT2"]
```

获得的是对元素的 value 的读/写权力。最终，程序输出如下：

```
VAT difference: 0.12
```

一如以往，使用 unordered map 和使用 map 的差异在于，元素在 unordered map 内的次序有各种可能，但元素在 map 内一定是被排序过的。但由于 unordered map 的操作属于“摊提式常量”（amortized constant）复杂度，map 提供的则是“对数复杂度”，所以通常你宁可使用 unordered map 而放弃 map，除非你需要排序，或你的环境不支持 C++11 特性以至于无法使用 unordered map。这种情况下只需改变容器类型：将 include 指示符和容器声明中的 unordered_ 拿掉即可。

7.8.3 节第 343 页和7.9.5 节第 374 页分别更详细地讨论了如何以 map 和 unordered_map 做出一个关联式数组（associative array）。

6.2.5 其他容器

String

你可以把 string 当作一种 STL 容器。说到 *string* 我指的是 C++ string class（basic_string<>、string 和 wstring)）对象，第 13 章会介绍它们。String 很类似 vector，但其元素都是字符。13.2.14 节第 684 页对此有更详细的说明。

寻常的 C-Style Array

另一种容器由 C/C++ 语言内核提供，是个 type 而不是个 class：那就是寻常的 array，或所谓的 C-style array。声明它时应该给予一个固定大小，或一个来自 malloc() 或 realloc() 的动态大小。然而这种寻常 array 并不是 STL 容器，因为它们不提供成员函数如 size() 和 empty()。尽管如此，STL 算法还是可以作用在它们身上。

寻常 array 的用法一点都不新奇。唯一的新亮点就是可以把算法作用于它们身上。7.10.2 节第 386 页会进行解释。

C++ 程序不再需要直接使用 C-style array。Vector 和 array 提供了寻常 C-style array 的所有特性，并具备更安全更方便的接口。详见 7.2.3 节第 267 页和 7.3.3 节第 278 页。

用户自定义容器（User-Defined Container）

现实中你可以给予任何“与容器相仿（container-like）的对象”一个相应的 STL 接口，使它得以迭代元素，或提供标准操作以运用元素内容。例如你可以引入一个 class 用以表现目录（directory），而你能够迭代其中各文件，视它们为元素并操纵运用它们。STL-container-like 接口的最佳候选是 7.1 节第 254 页所列的那些共通的容器操作。

不过，某些 container-like 对象无法与 STL 概念相呼应。例如“STL 容器有一个起头和一个结尾”这一概念就令环式容器（circlular container，例如 ring buffer）很难融入 STL 框架。

6.2.6 容器适配器（Container Adapter）

除了以上数个根本的容器类，为满足特殊需求，C++ 标准库还提供了一些所谓的容器适配器，它们也是预定义的容器，提供的是一定限度的接口，用以应付特殊需求。这些容器适配器都是根据基本容器实现而成，包括：

- **Stack** 名字足以说明一切。Stack 容器对元素采取 LIFO（后进先出）管理策略。
- **Queue** 对元素采取 FIFO（先进先出）管理策略。也就是说，它是个寻常的缓冲区（buffer）。
- **Priority queue** 其内的元素拥有各种优先权。所谓优先权乃是基于程序员提供的排序准则（默认为操作符 <）而定义。这种特殊容器的效果相当于这样一个缓冲区："下一元素永远是容器中优先权最高的元素"。如果同时有多个元素具备最高优先权，则其次序无明确定义。

从历史观点来看，容器适配器是 STL 的一部分。从程序员的观点来看，它们只不过是一种特别的容器类，使用"由 STL 提供的容器、迭代器和算法所形成的总体框架"。因此，容器适配器被我当作 STL 内核的外围，直到第 12 章才介绍。

6.3 迭代器（Iterator）

自 C++11 起，我们可以使用一个 range-based `for` 循环来处理所有元素，然而如果只是要找出某元素，并不需要处理所有元素。我们应该迭代所有元素，直到找到目标。此外，我们或许希望将这个（被找到的元素的）位置存放在某处，以便稍后能够继续迭代或进行其他处理。因此我们需要这样的概念：以一个对象表现出容器元素的位置。这样的概念的确存在。实践这个概念的对象就是所谓的**迭代器**（iterator）。事实上我们将会看到，range-based `for` 循环其实就是此概念的一个便捷接口，也就是说，其内部使用迭代器对象迭代（遍历）所有元素。

迭代器是一个"可遍历 STL 容器全部或部分元素"的对象。迭代器用来表现容器中的某一个位置。基本操作如下：

- **Operator `*`** 返回当前位置上的元素值。如果该元素拥有成员，你可以通过迭代器直接以操作符 `->` 取用它们。
- **Operator ++** 令迭代器前进至下一元素。大多数迭代器还可使用 operator `--` 退至前一元素。
- **Operators ==**和 **`!=`** 判断两个迭代器是否指向同一位置。
- **Operator =** 对迭代器赋值（也就是指明迭代器所指向的元素的位置）。

这些操作和 C/C++ "运用 pointer 操作寻常的 array 元素"时的接口一致。差别在于，迭代器是所谓的 *smart pointer*，具有遍历复杂数据结构的能力，其内部运作机制取决于其所遍历的数据结构。因此，每一种容器都必须提供自己的迭代器。事实上每一种容器的确都将其迭代器以嵌套（nested）方式定义于 class 内部。因此各种迭代器的接口虽然相同，类型却各自不同。

这直接引出了泛型程序设计的概念：所有操作都使用相同接口，纵使类型不同。因此，你可以使用 template 将泛型操作公式化，使之得以顺利运作那些“能够满足接口需求”的任何类型。

所有容器类都提供一些基本的成员函数，使我们得以取得迭代器并以之遍历所有元素。这些函数中最重要的是：

- **begin()** 返回一个迭代器，指向容器起点，也就是第一元素（如果有的话）的位置。
- **end()** 返回一个迭代器，指向容器终点。终点位于最末元素的下一位置，这样的迭代器又称作“逾尾（*past-the-end*）”迭代器。

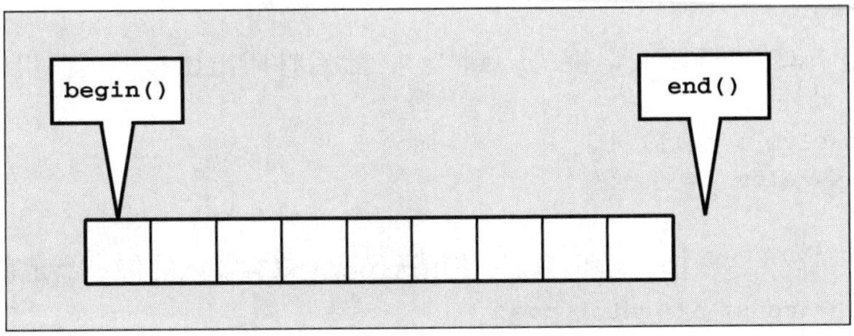

图 6.4　容器的 begin() 和 end()

于是，begin() 和 end() 形成了一个半开区间（half-open range），从第一元素开始，到最末元素的下一位置结束（如图6.4所示）。半开区间有两个优点：

1. 为“遍历元素时的 loop 结束时机”提供一个简单的判断依据。只要尚未到达 end()，loop 就可以继续进行。
2. 不必对空区间（empty range）采取特殊处理手法。空区间的 begin() 就等于 end()。

下面这个例子示范了迭代器的用法，将 list 容器的所有元素打印出来（这是 6.2.1 节第 173 页的 list 实例的变化版本，改用迭代器）。

```
// stl/list1old.cpp

#include <list>
#include <iostream>
using namespace std;

int main()
{
    list<char> coll;          // list container for character elements

    // append elements from 'a' to 'z'
    for (char c='a'; c<='z'; ++c) {
        coll.push_back(c);
    }
```

```
        // print all elements:
        // - iterate over all elements
        list<char>::const_iterator pos;
        for (pos = coll.begin(); pos != coll.end(); ++pos) {
            cout << *pos << ' ';
        }
        cout << endl;
    }
```

首先创建一个 list，然后填入字符 'a' 到 'z'，然后打印出所有元素。但这次不是使用 range-base for 循环：

```
for (auto elem : coll) {
    cout << elem << ' ';
}
```

所有元素是被一个寻常的 for 循环打印，使用迭代器走遍容器内的每一个元素：

```
list<char>::const_iterator pos;
for (pos = coll.begin(); pos != coll.end(); ++pos) {
    cout << *pos << ' ';
}
```

迭代器 pos 被声明于循环之前，其类型是“指向容器内的常量元素”的迭代器：

```
list<char>::const_iterator pos;
```

任何容器都定义有两种迭代器类型：

1. *container*::iterator 以“读/写”模式遍历元素。
2. *container*::const_iterator 以“只读”模式遍历元素。

例如在 class list中，它们的定义可能如下：

```
namespace std {
    template <typename T>
    class list {
      public:
        typedef ... iterator;
        typedef ... const_iterator;
        ...
    };
}
```

至于其中 iterator 和 const_iterator 的确切类型，则由实现（implementation）定义之。

上述循环中，迭代器 pos 以容器的第一元素的位置为初值：

```
pos = coll.begin()
```

循环不断进行，只要 pos 尚未到达容器终点：

```
pos != coll.end()
```

这里的 pos 是与“逾尾（past-the-end）”迭代器做比较。当循环内部执行 ++pos 语句，迭代器 pos 就会前进至下一元素。

总而言之，pos 从第一元素开始，逐次访问每一个元素，直到抵达终点为止（如图6.5所示）。如果容器内没有任何元素，coll.begin() 等于 coll.end()，循环根本不会执行。

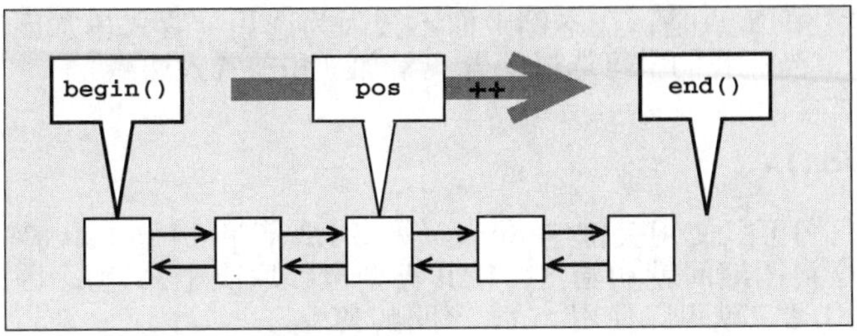

图 6.5　迭代器 pos 遍历 List 的每一个元素

在循环内部，*pos 代表当前（current）元素。本例将它输出至标准输出设备 cout 后，又接着输出了一个空格。你不能改变元素内容，因为 pos 是个 const_iterator，从这样一个迭代器的观点看，元素是常量，不能更改。不过如果你采用非常量（nonconstant）迭代器，而且元素本身的类型也是非常量（nonconstant），就可以通过迭代器来改变元素值。例如：

```
// make all characters in the list uppercase
list<char>::iterator pos;
for (pos = coll.begin(); pos != coll.end(); ++pos) {
    *pos = toupper(*pos);
}
```

如果我们使用迭代器遍历 (unordered) map 和 multimap 的元素，pos 会指向 key/value pair。那么表达式

```
pos->second
```

将取得 key/value pair 的第二成分，也就是元素的 value，而表达式

```
pos->first
```

会取得其 (constant) key。

++pos vs. pos++

注意，这里使用前置式递增（preincrement），因为它比后置式递增（postincrement）效率高。后者内部需要一个临时对象，因为它必须存放迭代器的原本位置并返回之，

所以一般情况下最好使用 ++pos，不要用 pos++。也就是说，你应该避免这么写：

```
for (pos = coll.begin(); pos != coll.end(); pos++) {
                                            ^^^^^      // OK, but slightly slower
    ...
}
```

这种效率改善几乎总是无关紧要的。所以，不要把这里的推荐解读为“你应该竭尽所能不计代价地做任何事情，只为了如此微小的效率损失”。程序的可读性，以及可维护性，远比效率优化重要。此处的重点是，在本例中你不会因为选用前置式累加而不选用后置式累加而付出代价，那么，当然我们宁可选择前置式累加（和前置式递减）。

cbegin() 和 cend()

自 C++11 开始，我们可以使用关键字 auto（见 3.1.2 节第 14 页）代替迭代器的精确类型（前提是你在迭代器声明期间就初始化，使其类型可以取决于初值）。因此如果我们直接以 begin() 初始化迭代器，就可以使用 auto 声明其类型：

```
for (auto pos = coll.begin(); pos != coll.end(); ++pos) {
    cout << *pos << ' ';
}
```

如你所见，使用 auto 的优点之一就是，程序比较浓缩精简。如果没有 auto，在循环内声明迭代器的动作应该如下：

```
for (list<char>::const_iterator pos = coll.begin();
     pos != coll.end();
     ++pos) {
    cout << *pos << ' ';
}
```

另一个优点是，采用这种循环写法，万一容器类型有所改变，程序整体仍能保持较佳的强壮性。然而其缺点是，迭代器丧失常量性（constness），可能引发“计划外的赋值”风险。因为

```
auto pos = coll.begin()
```

会使 pos 成为一个非常量迭代器，此乃因为 begin() 返回的是个类型为 *cont*::iterator 的对象。为确保仍可使用常量迭代器，自 C++11 起容器提供 cbegin() 和 cend()，它们返回一个类型为 *cont*::const_iterator 的对象。

现在我来总结改善方案。自 C++11 起，一个允许“迭代容器内所有元素”的循环如果不使用 range-based for 循环，看起来应如下：

```
for (auto pos = coll.cbegin(); pos != coll.cend(); ++pos) {
    ...
}
```

Range-Based for 循环 vs. 迭代器

介绍过迭代器之后，我们可以解释 range-based for 循环的精确行为了。对容器而言，range-based for 循环其实不过是个便捷接口，用来迭代它“所接收到的集合区间”内的每一个元素。在循环体内，真实元素被“当前迭代器所指向的 value”初始化。

因此

```
for (type elem : coll) {
    ...
}
```

被解释为

```
for (auto pos=coll.begin(), end=coll.end(); pos!=end; ++pos) {
    type elem = *pos;
    ...
}
```

现在我们可以了解为什么声明 elem 为一个 constant reference 可以避免非必要复制了。如果不那么做，elem 会被初始化为 *pos 的拷贝。详见 3.1.4 节第 17 页。

6.3.1 关联式（Associative）及无序（Unordered）容器的更多实例

介绍了迭代器后，现在我们可以引出一些实例，使用关联式容器，但不使用 C++11 新添的语言特性如 range-based for 循环、auto 和初值列（initializer list）。这里使用的特性对某些特殊需求而言也是有用的。

使用 C++11 之前的 Set

第一个例子示范如何安插元素进入 set 内，并使用迭代器打印它们（不使用 C++11 新增特性）：

```
// stl/set1.cpp

#include <set>
#include <iostream>

int main()
{
    // type of the collection
    typedef std::set<int> IntSet;

    IntSet coll;           // set container for int values
```

```
    // insert elements from 1 to 6 in arbitrary order
    // - note that there are two calls of insert() with value 1
    coll.insert(3);
    coll.insert(1);
    coll.insert(5);
    coll.insert(4);
    coll.insert(1);
    coll.insert(6);
    coll.insert(2);

    // print all elements
    // - iterate over all elements
    IntSet::const_iterator pos;
    for (pos = coll.begin(); pos != coll.end(); ++pos) {
        std::cout << *pos << ' ';
    }
    std::cout << std::endl;
}
```

一如以往，include 指示符定义了 set 的所有必要类型和操作：

```
#include <set>
```

既然容器的类型要用到好几次，不妨先定义一个短一点的名字：

```
typedef set<int> IntSet;
```

这个语句定义的 IntSet 类型，其实就是“元素类型为 int 的一个 set”。这种类型有默认的排序准则，以操作符 < 为依据，对元素进行排序。这意味着元素将以递增方式排列。如果希望以递减方式排列，或希望使用一个全然不同的排序准则，可以将该准则传入作为第二个 template 参数。下面的例子就是将元素以递减方式排列：

```
typedef set<int,greater<int>> IntSet;
```

以上所用的 greater<> 是一个预定义的函数对象（function object），6.10.2 节第 239 页会讨论它。如果排序准则只使用对象的某部分数据如 ID，做法见 10.1.1 节第 476 页。
所有关联式容器都提供了 insert() 成员函数，用来安插新元素：

```
coll.insert(3);
coll.insert(1);
...
```

C++11 允许我们这么写：

```
coll.insert ( { 3, 1, 5, 4, 1, 6, 2 } );
```

每一个被安插的元素就会根据排序准则自动被放到正确位置。不可使用序列式容器才会有的 push_back() 或 push_front()，它们在这里毫无意义，因为 set 不允许你指定新元素的位置。

所有元素（不论以任何次序）安插完毕后，容器的状态如图6.6所示。元素以排序后（sorted）的状态存放于内部 tree 结构中。任何元素（节点）的左子树的所有元素都小于右子树的所有元素（此处“小于”是指就当前排序准则而言）。Set 不允许存在重复元素，所以容器里头只有一个 1。

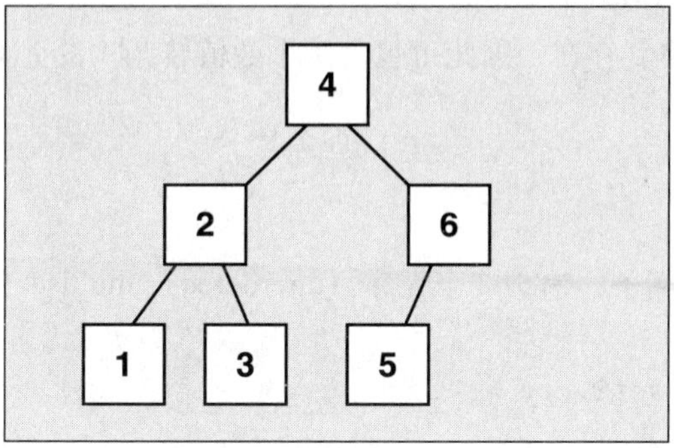

图 6.6　一个拥有 6 个元素的 Set

运用先前 list 例中所用的相同循环来打印 set 内的元素，以迭代器走访全部元素，并逐一打印：

```
IntSet::const_iterator pos;
for (pos = coll.begin(); pos != coll.end(); ++pos) {
    cout << *pos << ' ';
}
```

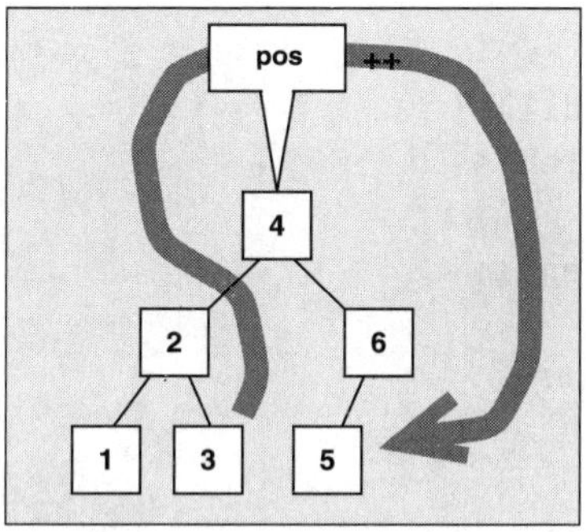

图 6.7　迭代器 pos 遍历 Set 内的元素

由于迭代器是容器定义的，所以无论容器内部结构如何复杂，它都知道如何行事。举个例子，如果迭代器指向第三元素，操作符 ++ 便会将它移动到上端的第四元素，再一次 ++，便会将它移动到下方第五个元素（如图6.7所示）。程序输出如下：

```
1 2 3 4 5 6
```

如果你想使用 multiset 而不是 set，唯一需要改变的就是容器类型（set 和 multiset 的定义被置于同一个头文件内）：

```
typedef multiset<int> IntSet;
```

由于 multiset 允许元素重复存在，因此可包含两个数值皆为 1 的元素。输出结果如下：

```
1 1 2 3 4 5 6
```

使用无序的 Multiset

让我们仔细观察另一个例子，遍历一个无序（unordered） multiset 的所有元素时会发生什么事：

```
// stl/unordmultiset2.cpp

#include <unordered_set>
#include <iostream>

int main()
{
    // unordered multiset container for int values
    std::unordered_multiset<int> coll;

    // insert some elements
    coll.insert({1,3,5,7,11,13,17,19,23,27,1});

    // print all elements
    for (auto elem : coll) {
        std::cout << elem << ' ';
    }
    std::cout << std::endl;

    // insert one more element
    coll.insert(25);

    // print all elements again
    for (auto elem : coll) {
        std::cout << elem << ' ';
    }
    std::cout << std::endl;
}
```

这些元素的顺序是不明确的，取决于 hash table 的内部布局，也取决于 hashing 函数。甚至即使元素先被排序后才被安插，它们在容器内还是有着不明确的顺序。[8] 如果加入更多元素，也可能改变既有元素的次序。下面只是这个程序的一个可能的输出结果：

```
11 23 1 1 13 3 27 5 17 7 19
23 1 1 25 3 27 5 7 11 13 17 19
```

如你所见，这样的次序实在是杂乱无规则可言，而且在你的平台上执行这个程序可能获得又不一样的次序。就算只添加一个元素，也可能全盘改变次序。唯一保证的是，内容（value）相同的元素会相邻。

当我们遍历所有元素并打印它们：

```
for (auto elem : coll) {
    std::cout << elem << ' ';
}
```

相当于

```
for (auto pos = coll.begin(); pos != coll.end(); ++pos) {
    auto elem = *pos;
    std::cout << elem << ' ';
}
```

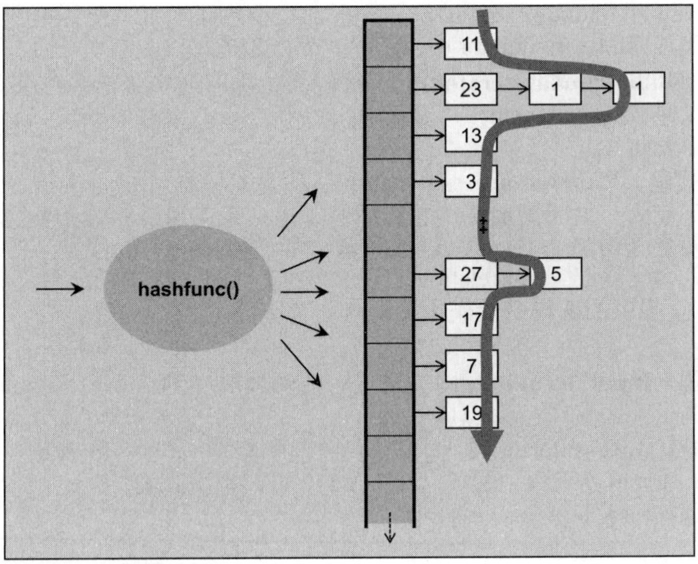

图 6.8　迭代器 pos 遍历一个无序（Unordered） Multiset 的所有元素

[8] 注意，这个次序也可能是排序后的次序，因为这也是“任意次序”下的一种次序。事实上，如果你安插 1、2、3、4 和 5，的确会发生这样的事。

再一次，`for` 循环内的迭代器 pos 拥有一个由容器提供的类型，所以它“知道”如何逐一遍历所有元素。基于上一页的输出结果，当程序中的迭代器首次被用来打印所有元素时，那个无序（unordered） multiset 的内部结构可能正如图6.8所示。

如果我们改用无序（unordered） set：

```
std::unordered_set<int> coll;
```

由于它不允许元素重复，输出可能如下：

```
11 23 1 13 3 27 5 17 7 19
11 23 1 13 25 3 27 5 17 7 19
```

6.3.2 迭代器种类（Iterator Category）

除了基本操作，迭代器还有其他能力。这些能力取决于容器的内部结构。STL 总是只提供效率比较出色的操作，因此如果容器允许随机访问（例如 vector 或 deque），它们的迭代器也必定能进行随机操作（例如直接让迭代器指向第 5 元素）。

根据能力的不同，迭代器被划分为五种不同类别。STL 预先定义好的所有容器，其迭代器均属于以下三种分类：

1. **前向迭代器（Forward iterator）** 只能够以累加操作符（increment operator）向前迭代。Class `forward_list` 的迭代器就属此类。其他容器如 `unordered_set`、`unordered_multiset`、`unordered_map` 和 `unordered_multimap` 也都至少是此类别（但标准库其实为它们提供的是双向迭代器〔forward iterator〕，见 7.9.1 节第 357 页）。
2. **双向迭代器（Bidirectional iterator）** 顾名思义它可以双向行进：以递增（increment）运算前进或以递减（decrement）运算后退。`list`、`set`、`multiset`、`map` 和 `multimap` 提供的迭代器都属此类。
3. **随机访问迭代器（Random-access iterator）** 它不但具备双向迭代器的所有属性，还具备随机访问能力。更明确地说，它们提供了迭代器算术运算的必要操作符（和寻常指针的算术运算完全对应）。你可以对迭代器增加或减少一个偏移量、计算两迭代器间的距离，或使用 < 和 > 之类的 relational（相对关系）操作符进行比较。`vector`、`deque`、`array` 和 string 提供的迭代器都属此类。

除此之外，STL 还定义了两个类别：

- **输入型迭代器（Input iterator）** 向前迭代时能够读取/处理 value。Input stream 迭代器就是这样一个例子（见 6.5.2 节第 212 页）。
- **输出型迭代器（Output iterator）** 向前迭代时能够涂写 value。Inserter（见 6.5.1 节第 210 页）和 output stream 迭代器（见 6.5.2 节第 212 页）都属此类。

9.2 节第 433 页详细讨论上述每一种类别。

为了写出尽可能与容器类型无关的泛型代码，你最好不要使用随机访问迭代器(random-access iterator）的特有操作。例如，以下动作可在任何容器上运作：

```
for (auto pos = coll.begin(); pos != coll.end(); ++pos) {
    ...
}
```

但下面这样的代码就不是所有容器都适用了：

```
for (auto pos = coll.begin(); pos < coll.end(); ++pos) {
    ...
}
```

两者的唯一区别在于测试循环条件时，第二例使用 `<`，第一例使用 `!=`。要知道，只有 random-access iterator 才支持 operator `<`，所以第二例的循环对于 list、 set 和 map 无法运作。为了写出适用于任何容器的泛型代码，你应该使用 operator `!=` 而非 operator `<`。不过如此一来，代码的安全性可能稍有损伤，因为如果 `pos` 的位置在 `end()` 的后面，你未必便能发现(关于 STL 使用上的可能错误，见 6.12 节第 245 页)。究竟使用哪种方式，取决于当时情况，取决于个人经验，取决于你。

为了避免误解，我再强调一句。我说的是类别（category），*不是*类（class）。所谓类别，只是定义迭代器的能力，无关乎迭代器的类型（type）。STL 的泛型概念可以在*纯抽象层面*上运作，也就是说，任何东西只要行为“像”一个双向迭代器，它就是一个双向迭代器。

6.4 算法（Algorithm）

为了处理容器内的元素，STL 提供了一些标准算法，包括查找、排序、拷贝、重新排序、修改、数值运算等基本而普遍的算法。

算法并非容器类的成员函数，而是一种搭配迭代器使用的全局函数。这么做有一个重要优势：所有算法只需实现一份，就可以对所有容器运作，不必为每一种容器量身定制。算法甚至可以操作不同类型（type）之容器内的元素，也可以与用户自定义的容器搭配。这个概念大幅降低了代码量，提高了程序库的能力和弹性。

注意，这里所阐述的并非面向对象思维（OOP paradigm），而是泛型函数编程思维(generic functional programming paradigm)。在面向对象编程（OOP）概念里，数据与操作合为一体，在这里则被明确划分开来，再通过特定的接口彼此互动。当然这需要付出代价：首先是用法有失直观，其次某些数据结构和算法之间并不兼容。更有甚者，某些容器和算法虽然勉强兼容却毫无用处（也许导致很糟的效率）。因此，深入学习 STL 概念并了解其缺陷，显得十分重要，唯其如此方能取其利而避其害。我将在本章剩余篇幅中，通过一些实例来介绍它们。

让我们从 STL 算法的简单运用入手。以下展现了若干算法的使用形式：

```
// stl/algo1.cpp

#include <algorithm>
#include <vector>
#include <iostream>
using namespace std;

int main()
{
    // create vector with elements from 1 to 6 in arbitrary order
    vector<int> coll = { 2, 5, 4, 1, 6, 3 };

    // find and print minimum and maximum elements
    auto minpos = min_element(coll.cbegin(),coll.cend());
    cout << "min: "  << *minpos << endl;
    auto maxpos = max_element(coll.cbegin(),coll.cend());
    cout << "max: "  << *maxpos << endl;

    // sort all elements
    sort (coll.begin(), coll.end());

    // find the first element with value 3
    // - no cbegin()/cend() because later we modify the elements pos3 refers to
    auto pos3 = find (coll.begin(), coll.end(),  // range
                      3);                        // value

    // reverse the order of the found element with value 3 and all following elements
    reverse (pos3, coll.end());

    // print all elements
    for (auto elem : coll) {
        cout << elem << ' ';
    }
    cout << endl;
}
```

为了能够调用算法，首先必须包含头文件 <algorithm>（某些算法需要特别的头文件，见 11.1 节第 505 页）：

```
#include <algorithm>
```

最先出现的算法是 min_element() 和 max_element()。调用它们时必须传入两个实参，定义出欲处理的元素范围。如果想处理容器内所有元素，可使用 cbegin() 和 cend()，或 begin() 和 end()。两个算法都返回一个迭代器，分别指向最小或最大元素。因此，语句

```
auto minpos = min_element(coll.cbegin(),coll.cend());
```

中，算法 min_element() 返回最小元素的位置（如果最小元素不止一个，则返回第一个的位置）。以下语句打印出该元素：

```
cout << "min: " << *minpos << endl;
```

当然，你也可以把上述两个动作合并于单一语句：

```
cout << *min_element(coll.cbegin(),coll.cend()) << endl;
```

接下来出现的算法是 sort()。顾名思义，它将“由两个实参指出来”的区间内的所有元素加以排序。你可以（选择性地）传入一个排序准则，默认使用 operator <。因此，本例容器内的所有元素以递增方式排列。

```
sort (coll.begin(), coll.end());
```

排序后的容器元素次序如下：

```
1 2 3 4 5 6
```

注意，这里不可使用 cbegin() 和 cend()，因为 sort() 会改动元素的 value，但 const_iterator 不允许如此。

再来便是算法 find()。它在给定范围内查找某值。本例在整个容器内寻找数值为 3 的第一个元素。

```
auto pos3 = find (coll.begin(), coll.end(),  // range
                  3);                          // value
```

如果 find() 成功，返回一个迭代器指向目标元素。如果失败，返回第二实参所指示的区间末端，本例是 coll 的逾尾（past-the-end）迭代器。本例在第三个元素位置上发现数值 3，因此完成后 pos3 指向 coll 的第三个元素。

本例所展示的最后一个算法是reverse()，将区间内的元素反转放置：

```
reverse (pos3, coll.end());
```

这个动作会将第三元素至最末元素的排列次序逆转。由于这是一种改动，我们必须使用一个非常量迭代器，这就是为什么我调用 find() 并传入 begin() 和 end()，而不是传入 cbegin() 和 cend()。否则 pos3 就是个 const_iterator，把它传给 reverse() 会导致错误。

程序输出如下：

```
min: 1
max: 6
1 2 6 5 4 3
```

注意，这个例子运用了若干 C++11 特性。如果你手上的平台不支持 C++11 所有特性，下面是一个等效程序：

```
// stl/algo1old.cpp

#include <algorithm>
#include <vector>
#include <iostream>
using namespace std;

int main()
{
    // create vector with elements from 1 to 6 in arbitrary order
    vector<int> coll;
    coll.push_back(2);
    coll.push_back(5);
    coll.push_back(4);
    coll.push_back(1);
    coll.push_back(6);
    coll.push_back(3);

    // find and print minimum and maximum elements
    vector<int>::const_iterator minpos = min_element(coll.begin(),
                                                     coll.end());
    cout << "min: "  << *minpos << endl;
    vector<int>::const_iterator maxpos = max_element(coll.begin(),
                                                     coll.end());
    cout << "max: "  << *maxpos << endl;

    // sort all elements
    sort (coll.begin(), coll.end());

    // find the first element with value 3
    vector<int>::iterator pos3;
    pos3 = find (coll.begin(), coll.end(),  // range
                 3);                        // value

    // reverse the order of the found element with value 3 and all following elements
    reverse (pos3, coll.end());

    // print all elements
    vector<int>::const_iterator pos;
    for (pos=coll.begin(); pos!=coll.end(); ++pos) {
        cout << *pos << ' ';
    }
    cout << endl;
}
```

两个版本之间的区别在于：

- 不能使用初值列（initializer list）来为 vector 设初值。
- 不提供成员函数 `cbegin()` 和 `cend()`，你必须代以 `begin()` 和 `end()`，但还是可以使用 `const_iterator`。
- 不能使用 `auto`，你必须明白声明迭代器。
- 不能使用 range-based `for` 循环，你必须以迭代器输出每一个元素。

6.4.1 区间（Range）

所有算法都是用来处理一或多个区间内的元素。这样的区间可以（但非必须）涵盖容器内的全部元素。为了操作容器元素的某个子集，我们必须将区间首尾当作两个实参（argument）传给算法，而不是一口气把整个容器传递进去。

这样的接口灵活又危险。调用者必须确保经由两实参定义出来的区间是有效的（valid）。所谓有效就是，从起点出发，逐一前进，能够到达终点。也就是说，程序员自己必须确保两个迭代器隶属同一容器，而且前后的放置是正确的，否则结果难料，可能引起无穷循环，也可能访问到内存禁区。就此而言，迭代器就像寻常指针一样危险。不过请注意，所谓“结果难料”（或说行为不明确〔undefined behavior〕）意味着任何 STL 实现均可自由选择合适的方式来处理此类错误。稍后你会发现，确保区间有效并不像听起来那么简单。与此相关的一些细节见 6.12 节第 245 页。

所有算法处理的都是半开区间（half-open range）——包括起始元素的位置但不包括末尾元素的位置。传统的数学表示法是：

[begin,end)

或

[begin,end[

本书采用第一种形式。

半开区间的优点主要是单纯，可免除对空集做特殊处理（见 6.3 节第 189 页）。当然，金无足赤，世上没有完美的设计。请看下面的例子：

```
// stl/find1.cpp

#include <algorithm>
#include <list>
#include <iostream>
using namespace std;

int main()
{
    list<int> coll;
```

```
    // insert elements from 20 to 40
    for (int i=20; i<=40; ++i) {
        coll.push_back(i);
    }

    // find position of element with value 3
    // - there is none, so pos3 gets coll.end()
    auto pos3 = find (coll.begin(), coll.end(),    // range
                      3);                          // value

    // reverse the order of elements between found element and the end
    // - because pos3 is coll.end() it reverses an empty range
    reverse (pos3, coll.end());

    // find positions of values 25 and 35
    list<int>::iterator pos25, pos35;
    pos25 = find (coll.begin(), coll.end(),  // range
                  25);                       // value
    pos35 = find (coll.begin(), coll.end(),  // range
                  35);                       // value

    // print the maximum of the corresponding range
    // - note: including pos25 but excluding pos35
    cout << "max: " << *max_element (pos25, pos35) << endl;

    // process the elements including the last position
    cout << "max: " << *max_element (pos25, ++pos35) << endl;
}
```

本例首先以 20 至 40 的整数作为容器初值。查找元素值 3 的任务失败后，find() 返回区间的结束位置（本例为 coll.end()）并赋值给 pos3。以此作为稍后调用 reverse() 时的区间起点，纯粹是空摆架子，因为其结果相当于：

```
reverse (coll.end(), coll.end());
```

这其实就是反转一个空区间，当然毫无效果了（亦即所谓的“no-op”）。

如果使用 find() 获取某个子集的第一和最后元素，你必须考虑一点：半开区间并不包含最后一个元素。所以上述例子中首次调用 max_element()：

```
max_element (pos25, pos35)
```

找到的是 34，而不是 35：

```
max: 34
```

为了处理最后一个元素，你必须把该元素的下一位置传给算法：

```
max_element (pos25, ++pos35)
```

这样才能得到正确的结果：

```
max: 35
```

注意，本例用的是 list 容器，所以你只能以 ++ 取得 pos35 的下一个位置。如果面对的是 vector 或 deque 的随机访问迭代器（random-access iterator），你可以写 pos35 + 1。这是因为随机访问迭代器允许迭代器算术运算（参见 6.3.2 节第 198 页和 9.2.5 节第 438 页）。

当然，你可以使用 pos25 和 pos35 来查找其间的任何东西。记住，为了让查找动作含 pos35，必须将 pos35 的下一位置传入，例如：

```
// increment pos35 to search with its value included
++pos35;
pos30 = find(pos25,pos35,     // range
             30);             // value
if (pos30 == pos35) {
    cout << "30 is NOT in the subrange" << endl;
}
else {
    cout << "30 is in the subrange" << endl;
}
```

本节的所有例子都可以正常运作的前提是，你知道 pos25 在 pos35 之前。否则 [pos25,pos35) 就不是个有效区间。如果你对于“哪个元素在前，哪个元素在后”心中没谱，事情就麻烦了，说不定会导致不明确行为。

现在假设你并不知道元素 25 和元素 35 的前后关系，甚至连它们是否存在也心存疑虑。如果你手上是随机访问迭代器（random-access iterator），你可以使用 operator < 进行检查：

```
if (pos25 < pos35) {
    // only [pos25,pos35) is valid
    ...
}
else if (pos35 < pos25) {
    // only [pos35,pos25) is valid
    ...
}
else {
    // both are equal, so both must be end()
    ...
}
```

如果你手上并非随机访问迭代器，那还真没什么直截了当的办法可以确定哪个迭代器在前。你只能在“起点和某个迭代器”之间，以及“该迭代器和终点”之间，寻找另外那个迭代器。此时你的解决方法需要一些变化：

不是一口气在整个区间中查找两值，而是试着了解，哪个值先来到。例如：

```
pos25 = find (coll.begin(), coll.end(),     // range
              25);                          // value
pos35 = find (coll.begin(), pos25,          // range
              35);                          // value
if (pos25 != coll.end() && pos35 != pos25) {
    // pos35 is in front of pos25
    // so, only [pos35,pos25) is valid
    ...
}
else {
    pos35 = find (pos25, coll.end(),        // range
                  35);                      // value
    if (pos35 != coll.end()) {
        // pos25 is in front of pos35
        // so, only [pos25,pos35) is valid
        ...
    }
    else {
        // 25 and/or 35 not found
        ...
    }
}
```

和前例不同的是，本例并非在 coll 的整个区间内查找 35，而是先在起点和 pos25 之间寻找，如果一无所获，再在 pos25 之后的区间寻找。其结果当然使你得以完全掌握哪个位置在前面、哪个子区间有效。

这么做并不是很有效率。当然还有其他高招，可以直接找到 25 或 35 首次出现位置。你可以运用 find_if()，传给它一个 lambda（见 3.1.10 节第 28 页）定义出一个准则，评估 coll 内的每一个元素：

```
pos = find_if (coll.begin(), coll.end(),  // range
               [] (int i) {               // criterion
                   return i == 25 || i == 35;
               });
if (pos == coll.end()) {
    // no element with value 25 or 35 found
    ...
}
else if (*pos == 25) {
```

```
        // element with value 25 comes first
        pos25 = pos;
        pos35 = find (++pos, coll.end(),        // range
                      35);                      // value
        ...
    }
    else {
        // element with value 35 comes first
        pos35 = pos;
        pos25 = find (++pos, coll.end(),        // range
                      25);                      // value
        ...
    }
```

在这里，特殊的 lambda 表达式

```
    [] (int i) {
        return i == 25 || i == 35;
    }
```

被用作一个准则，允许查找第一个“带有 value 25 或 value 35”的元素。6.9 节第 229 页已介绍过如何在 STL 中使用 lambda，10.3 节第 499 页有更详细的讨论。

6.4.2 处理多重区间（Multiple Ranges）

有数个算法可以（或说需要）同时处理多重区间。通常你必须设定第一个区间的起点和终点，至于其他区间，只需设定起点即可，终点通常可由第一区间的元素数量推导出来。例如以下程序片段中，equal() 从头开始逐一比较 coll1 和 coll2 的所有元素：

```
    if (equal (coll1.begin(), coll1.end(),  // first range
               coll2.begin())) {            // second range
        ...
    }
```

于是，coll2 之中参与比较的元素数量，间接取决于 coll1 内的元素数量（如图6.9所示）。

这使我们收获一个重要心得：**如果某个算法用来处理多重区间，那么当你调用它时，务必确保第二（以及其他）区间所拥有的元素个数至少和第一区间内的元素个数相同。**特别是执行涂写动作时，务必确保目标区间（destination range）够大。

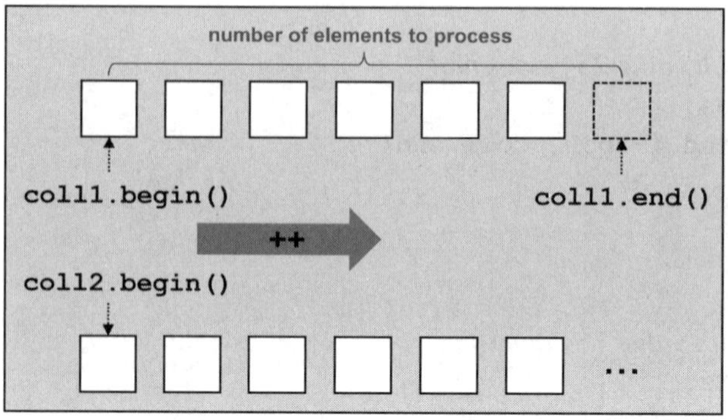

图 6.9 算法在两个区间内迭代（Iterating）

考虑下面这个程序：

```
// stl/copybug.cpp

#include <algorithm>
#include <list>
#include <vector>
using namespace std;

int main()
{
    list<int>   coll1 = { 1, 2, 3, 4, 5, 6, 7, 8, 9 };
    vector<int> coll2;

    // RUNTIME ERROR:
    // - overwrites nonexisting elements in the destination
    copy (coll1.cbegin(), coll1.cend(),     // source
          coll2.begin());                    // destination
    ...
}
```

这里调用了 copy() 算法，将第一区间内的全部元素拷贝至目标区间。如上所述，第一区间的起点和终点都已指定，第二区间只指出起点。然而，由于该算法执行的是覆写动作（overwrite）而非安插动作（insert），所以目标区间必须拥有足够的元素被覆写，否则就会像这个例子一样，导致不明确行为。如果目标区间内没有足够的元素供覆写，通常意味着你会覆写 coll2.end() 之后的任何东西，幸运的话程序立即崩溃——这起码还能让你知道出错了。你可以强制自己获得这种幸运：使用 STL 安全版本。在这样的版本中所有不明确行为都会被导向一个错误处理程序（error-handling procedure）。见 6.12.1 节第 247 页。

想要避免上述错误，你可以 (1) 确认目标区间内有足够的元素空间，或是 (2) 采用 *insert iterator*。Insert iterator 将在 6.5.1 节第 210 页介绍。我首先解释如何修改目标区间使它拥有足够空间。

为了让目标区间够大，你要不一开始就给它一个正确大小，要不就显式变更其大小。这两个办法都只适用于序列式容器（`vector`、`deque`、`list` 和 `forward_list`）。关联式容器根本不会有此问题，因为关联式容器不可能被当作覆写式算法（overwriting algorithm）的操作目标（原因见 6.7.2 节第 221 页）。以下例子展示了如何扩充容器大小：

```
// stl/copy1.cpp

#include <algorithm>
#include <list>
#include <vector>
#include <deque>
using namespace std;

int main()
{
    list<int>   coll1 = { 1, 2, 3, 4, 5, 6, 7, 8, 9 };
    vector<int> coll2;

    // resize destination to have enough room for the overwriting algorithm
    coll2.resize (coll1.size());

    // copy elements from first into second collection
    // - overwrites existing elements in destination
    copy (coll1.cbegin(), coll1.cend(),      // source
          coll2.begin());                    // destination

    // create third collection with enough room
    // - initial size is passed as parameter
    deque<int> coll3(coll1.size());

    // copy elements from first into third collection
    copy (coll1.cbegin(), coll1.cend(),      // source
          coll3.begin());                    // destination
}
```

在这里，`resize()` 的作用是改变 `coll2` 的元素个数：

```
coll2.resize (coll1.size());
```

coll3 则是在初始化时就指明要有足够空间，以容纳 coll1 中的全部元素：

```
deque<int> coll3(coll1.size());
```

注意，这两种方法都会产出新元素并赋予初值。这些元素由 default 构造函数初始化，没有任何实参。你可以传递额外的实参给构造函数和 resize()，这样就可以按你的意愿将新元素初始化。

6.5 迭代器之适配器（Iterator Adapter）

迭代器（Iterator）是一个*纯抽象概念*：任何东西，只要其行为类似迭代器，它就是一个迭代器。因此，你可以撰写一些类（class）具备迭代器接口，但有着各不相同的行为。C++ 标准库提供了数个预定义的特殊迭代器，亦即所谓*迭代器适配器*（iterator adapter）。它们不仅是辅助性质而已，它们赋予整个迭代器抽象概念更强大的威力。

以下数小节简介下面各种迭代器适配器（iterator adapter）：

1. Insert iterator（安插型迭代器）
2. Stream iterator（串流迭代器）
3. Reverse iterator（逆向迭代器）
4. Move iterator（搬移迁代器）（自 C++11 起）

9.4 节第 448 页对它们有更翔实的说明。

6.5.1 Insert Iterator（安插型迭代器）

迭代器适配器的第一个例子是 *insert iterator*，或称 *inserter*。它可以使算法以安插（insert）方式而非覆写（overwrite）方式运作。使用它可以解决算法的“目标空间不足”问题。是的，它会促使目标区间的大小按需要成长。

Insert iterator 内部将接口做了新的定义：

- 如果你对某个元素赋值（assign），会引发“对其所属集合的安插（insert）动作”。至于插入位置是在容器的最前或最后，或某特定位置上，要视三种不同的 insert iterator 而定。
- 单步前进（step forward）不会造成任何动静（是个 no-op）。

请看下面这个例子：

```
// stl/copy2.cpp

#include <algorithm>
#include <iterator>
#include <list>
#include <vector>
#include <deque>
```

```
#include <set>
#include <iostream>
using namespace std;

int main()
{
    list<int> coll1 = { 1, 2, 3, 4, 5, 6, 7, 8, 9 };

    // copy the elements of coll1 into coll2 by appending them
    vector<int> coll2;
    copy (coll1.cbegin(), coll1.cend(),      // source
          back_inserter(coll2));             // destination

    // copy the elements of coll1 into coll3 by inserting them at the front
    // - reverses the order of the elements
    deque<int> coll3;
    copy (coll1.cbegin(), coll1.cend(),      // source
          front_inserter(coll3));            // destination

    // copy elements of coll1 into coll4
    // - only inserter that works for associative collections
    set<int> coll4;
    copy (coll1.cbegin(), coll1.cend(),      // source
          inserter(coll4,coll4.begin()));    // destination
}
```

此例运用了三种预定义的 insert iterator：

1. **Back inserter（安插于容器最末端）** 其内部调用 `push_back()`，在容器末端插入元素（此即“追加”动作）。例如以下语句完成后，`coll1`的所有元素都会被附加到`coll2`中：

   ```
   copy (coll1.cbegin(), coll1.cend(),     // source
         back_inserter(coll2));            // destination
   ```

   当然，只有在提供有 `push_back()` 的容器中 back inserter 才能派上用场。在 C++ 标准库中这样的容器有 `vector`、`deque`、`list` 和 string。

2. **Front inserter（安插于容器最前端）** 其内部调用 `push_front()`，将元素安插于容器最前端。例如以下语句将 `coll1` 的所有元素插入 `coll3`：

   ```
   copy (coll1.cbegin(), coll1.cend(),     // source
         front_inserter(coll3));           // destination
   ```

   注意，这种动作反转了被安插元素的次序。如果你先安插 1，再向前安插 2，那么 1 会排列在 2 的后面。

   Front inserter 只能用于提供有 `push_front()` 的容器，在 C++ 标准库中这样的容器是 `deque`、`list` 和 `forward_list`。

3. **General inserter** 这种一般性的 inserter，简称 *inserter*，它的作用是在“初始化时接受之第二实参”所指位置的前方插入元素。它内部调用成员函数 `insert()`，并以新值和新位置作为实参传入。所有 STL 容器都提供 `insert()`成员函数，因此，这是唯一可用于关联式容器身上的一种预定义的 inserter。

   等等，我不是说过，在关联式容器和无序容器身上安插新元素时不能指定位置吗？在关联式容器中元素的位置由元素值决定，而在无序容器中，元素的位置根本难以确定！好，我解释一下，很简单：在关联式容器和无序容器中，你所给的位置只是一个提示，帮助容器确定从什么地方开始查找正确的安插位置。容器有完全的自由决定要不要忽略它。9.6 节第 471 页将介绍一个用户自定义的 inserter，对关联式容器和无序容器特别有用。

表6.1列出了 insert iterator 的功能。9.4.2 节第 454 页将介绍更多细节。

表达式（Expression）	**Inserter 的行为**
`back_inserter(`*container*`)`	使用 `push_back(`*val*`)` 在容器尾端安插元素，元素排列次序和安插次序相同
`front_inserter(`*container*`)`	使用 `push_front(`*val*`)` 在容器前端安插元素，元素排列次序和安插次序相反
`inserter(`*container*`,`*pos*`)`	使用 `insert(`*pos*`,`*val*`)` 在 *pos* 位置上安插元素，元素排列次序和安插次序相同

表 6.1 预定义的三种 Insert Iterator

6.5.2 Stream Iterator（串流迭代器）

Stream iterator 被用来读/写 stream。[9] 它们提供了必要的抽象性，使得来自键盘的输入像是个集合（collection），你能够从中读取内容。同样道理，你也可以把一个算法的输出结果重新导向到某个文件或屏幕上。

下面是展示 STL 威力的一个典型例子。和一般 C/C++ 程序相比，本例仅用数条语句，就完成了大量的复杂工作：

```
// stl/ioiter1.cpp

#include <iterator>
#include <algorithm>
#include <vector>
#include <string>
#include <iostream>
using namespace std;
```

[9] Stream（串流）是一个用来表现 I/O 通道的对象（见第 15 章）。

```
int main()
{
    vector<string> coll;

    // read all words from the standard input
    // - source: all strings until end-of-file (or error)
    // - destination: coll (inserting)
    copy (istream_iterator<string>(cin),      // start of source
          istream_iterator<string>(),         // end of source
          back_inserter(coll));               // destination

    // sort elements
    sort (coll.begin(), coll.end());

    // print all elements without duplicates
    // - source: coll
    // - destination: standard output (with newline between elements)
    unique_copy (coll.cbegin(), coll.cend(),               // source
                 ostream_iterator<string>(cout,"\n")); // destination
}
```

这个程序只用三条语句就完成了一系列工作：从标准输入设备读取所有输入文字，然后排序，然后将它们打印到屏幕。让我们逐一思考这三条语句。语句

```
copy (istream_iterator<string>(cin),
      istream_iterator<string>(),
      back_inserter(coll));
```

用到两个 input stream iterator：

1. 表达式

   `istream_iterator<string>(cin)`

   会产生一个可从“标准输入串流（standard input stream） cin”读取数据的 stream iterator。其中的 template 实参 string 表示这个 stream iterator 专司读取该种类型的元素（string 类型将在第 13 章介绍）。这些元素通过一般的 operator >> 被读取进来。因此每当算法企图处理下一元素时，istream iterator 就会将这种企图转化为以下行动：

   `cin >>` *string*

   针对 string 而执行的 input 操作符通常读取以空白分隔的文字（见 13.2.10 节第 677 页），因此上述算法的行为将是“逐字读取”（word by word）。

2. 表达式

   `istream_iterator<string>()`

   会调用 istream iterator 的 default 构造函数，产生一个代表“串流结束符”（end-of-stream）的迭代器， 这个东西代表的意义是：你不能再从中读取任何东西。

只要那个不断逐步前进的第一实参异于第二实参，算法 `copy()` 就持续动作。这里的 end-of-stream 迭代器正是作为区间终点之用，因此这个算法便从 `cin` 读取所有 string，直到读无可读为止（可能是因为到达了 end-of-stream，也可能是因为读入过程发生错误）。总而言之，算法的数据来源是“来自 `cin` 的所有文字”。在 back inserter 的协助下，这些文字被拷贝并插入 `coll` 中。

接下来的 `sort()` 算法对所有元素排序：

```
sort (coll.begin(), coll.end());
```

最后，语句

```
unique_copy (coll.cbegin(), coll.cend(),
             ostream_iterator<string>(cout,"\n"));
```

将所有元素复制到目的端 `cout`。处理过程中，算法 `unique_copy()` 会消除毗邻的重复值。其中的表达式

```
ostream_iterator<string>(cout,"\n")
```

会产生一个 output stream iterator，通过 operator << 向 `cout` 写入 `string`。`cout` 之后的第二实参（可有可无）被用作元素之间的分隔符。本例指定为一个换行符，因此每个元素都被打印于独立的一行。

这个程序内的所有组件都是 template，所以你可以轻易改变程序，对其他类型如整数或更复杂的对象进行排序。9.4.3 节第 460 页更详细地介绍了 iostream iterator，并附带了更多实例。

本例使用一个声明式和三条语句，将来自标准输入设备的所有文字（单词）排序。你还可以更进一步，只用一个声明式和一条语句就搞定一切。示例见 1 节第 394 页。

6.5.3 Reverse Iterator（反向迭代器）

Reverse iterator 会造成算法逆向操作，其内部将对 increment（递增）操作符的调用转换为对 decrement（递减）操作符的调用，反之亦然。所有提供双向（bidirectional）或随机访问（random-access）迭代器的容器（也就是 `forward_list` 之外的所有序列式容器和所有关联式容器）都可以通过它们的成员函数 `rbegin()` 和 `rend()` 产生一个反向迭代器。自 C++11 起还提供了一组对应成员函数 `crbegin()` 和 `crend()`，它们会返回只读反向迭代器。

`forward_list` 和所有无序容器都没有提供回向迭代（backward-iteration）接口，即 `rbegin()`、`rend()`等等。原因是那些容器内部实现只是使用 singly linked list 串起所有元素。

看下面的例子：

```
// stl/reviter1.cpp

#include <iterator>
#include <algorithm>
#include <vector>
#include <iostream>
using namespace std;

int main()
{
    vector<int> coll;

    // insert elements from 1 to 9
    for (int i=1; i<=9; ++i) {
        coll.push_back(i);
    }

    // print all element in reverse order
    copy (coll.crbegin(), coll.crend(),          // source
          ostream_iterator<int>(cout," "));      // destination
    cout << endl;
}
```

下列表达式返回一个由 `coll` 定义的只读（read-only） reverse iterator：

```
coll.crbegin()
```

这个迭代器可作为“对 `coll` 的元素逆向遍历”的起点。它指向集合的结尾位置（也就是最末元素的下一位置）。因此，以下表达式返回的是最后一个元素的值：

```
*coll.crbegin()
```

对应地，下列表达式返回一个 reverse iterator，可作为“对集合 `coll` 的元素逆向遍历”的终点。

```
coll.crend()
```

它一样是指向“逾尾”（past the end）位置，只不过方向相反，所指的是容器内第一元素的前一个位置。

再次提醒，千万不要对着一个“并未表现出有效元素”的位置使用操作符 `*`（或 `->`）。以下表达式就是一例：

```
*coll.crend()
```

它带来什么结果无人知晓，`*coll.end()` 或 `*coll.cend()` 也一样。

采用 reverse iterator，所有算法便可以不需特殊处理就以相反方向操作容器，这自然是美事一桩。使用 operator ++ 前进至下一元素，被转化为使用 operator -- 后退至前一元素。本例中的 copy() “从尾到头”地遍历 coll 的每一个元素。程序输出如下：

```
9 8 7 6 5 4 3 2 1
```

你可以将一般迭代器转换为 reverse iterator，反之亦可。然而，对于具体某个迭代器而言，这样的转换会改变其所指对象。这些细节将在 9.4.1 节第 448 页提出。

6.5.4 Move Iterator（搬移迭代器）

这种迭代器始自 C++11，用来将任何“对低层元素（underlying element）的访问”转换为一个 move 操作。也就是说，它们允许从一个容器移动元素至另一个容器，不论是在构造函数内或是在运用算法时。详见 9.4.4 节第 466 页。

6.6 用户自定义的泛型函数（User-Defined Generic Function）

STL 是一个可扩充框架。它的意思是你可以写你自己的函数和算法，用以处理集合内的元素。当然这些操作函数也可以是泛化的（generic）。然而，若要在这些操作函数内声明一个合法的迭代器，必须与容器类型相应，因为不同的容器有不同的迭代器。为了协助写出泛型函数，每一个容器类型都提供有若干内部的类型定义。考虑以下例子：

```
// stl/print.hpp

#include <iostream>
#include <string>

//PRINT_ELEMENTS()
// - prints optional string optstr followed by
// - all elements of the collection coll
// - in one line, separated by spaces
template <typename T>
inline void PRINT_ELEMENTS (const T& coll,
                            const std::string& optstr="")
{
    std::cout << optstr;
    for (const auto&  elem : coll) {
        std::cout << elem << ' ';
    }
    std::cout << std::endl;
}
```

这个例子定义了一个泛型函数，打印出一个可有可无的 string，后面紧接着是给定的容器的全部元素。

在 C++11 之前，一个“遍历所有元素”的循环看起来如下：

```
typename T::const_iterator pos;
for (pos=coll.begin(); pos!=coll.end(); ++pos) {
    std::cout << *pos << ' ';
}
```

这里声明 pos 为拥有“被传入的容器”的类型内的某个迭代器类型。注意，typename 在此是必要的，用以表示 const_iterator 是个类型，而不是类型 T 内的某个 static 成员（见 3.2 节第 34 页对 typename 的介绍）。

除了 iterator 和 const_iterator，容器还提供了其他类型，用来协助写出泛型函数。举个例子，它们提供了元素类型，使你能够处理元素的临时拷贝。详见 9.5.1 节第 468 页。

在 PRINT_ELEMENTS 函数中，可有可无的第二实参是个 string，用作被写出的每一个元素的前缀（prefix）。因此，使用 PRINT_ELEMENTS()，你可以像这样注释或介绍你的输出：

```
PRINT_ELEMENTS (coll, "all elements: ");
```

我之所以在此介绍这个函数，因为本书常常用到它，用来打印容器内的所有元素，这确实是一个很简单的调用形式。

6.7 更易型算法（Manipulating Algorithm）

译注：manipulating algorithm 是指会“移除或重排或修改”元素的算法，见 6.7.2 节第 221 页。该页亦出现另一个同义术语：modifying algorithm。有些书籍（例如 *Generic Programming and the STL*）采用 mutating algorithm 一词。我将这些相同意义的术语都译为“更易型”算法。

到目前为止，我已经介绍了 STL 作为框架（framework）的整个概念：容器表述“管理集合数据”的种种不同概念，算法在这些集合内执行读取和涂写操作，迭代器则是容器和算法之间的黏合剂，由容器提供，允许你迭代所有元素，也允许你选择不同的方向，或采用特殊模式（如附加模式〔appending mode〕）。

然而现在，是说明 STL 框架的 BUT 的时候了：现实中存在某些限制和某些需要避开的事物，这都是应该让你知道的，其中许多和容器/元素的改动（modification）相伴相生。

有些算法（更明确地说是那些可能移除元素的算法）会改动标的区间。如果这种情况发生，特殊规定会起作用，本节将解释它们。这些特殊规则令人惊讶，并且显示了 STL “把容器和算法以巨大的弹性分离”所付出的代价。

6.7.1 移除（Removing）元素

算法 remove() 自某个区间删除元素。然而如果你用它来删除容器内的所有元素，其行为肯定会让你吃惊。例如：

```
// stl/remove1.cpp

#include <algorithm>
#include <iterator>
#include <list>
#include <iostream>
using namespace std;

int main()
{
    list<int> coll;

    // insert elements from 6 to 1 and 1 to 6
    for (int i=1; i<=6; ++i) {
        coll.push_front(i);
        coll.push_back(i);
    }

    // print all elements of the collection
    cout << "pre:  ";
    copy (coll.cbegin(), coll.cend(),          // source
          ostream_iterator<int>(cout," "));    // destination
    cout << endl;

    // remove all elements with value 3
    remove (coll.begin(), coll.end(),          // range
            3);                                // value

    // print all elements of the collection
    cout << "post: ";
    copy (coll.cbegin(), coll.cend(),          // source
          ostream_iterator<int>(cout," "));    // destination
    cout << endl;
}
```

对 STL 缺乏深层认识的人，看了这个程序，必然认为所有数值为 3 的元素都会从集合中被移除。然而，程序的输出却如下：

```
pre:  6 5 4 3 2 1 1 2 3 4 5 6
post: 6 5 4 2 1 1 2 4 5 6 5 6
```

remove() 并没有改变集合中的元素数量。cend() 返回的是当初那个终点，size() 返回的还是当初那个大小。不过某些事情还是有了变化：元素的次序改变了，有些元素被删除了。数值为 3 的元素被其后的元素覆盖了（如图6.10所示）。至于集合尾端那些未被覆盖的元素，原封不动——但从逻辑角度来说，那些元素已经不属于这个集合了。

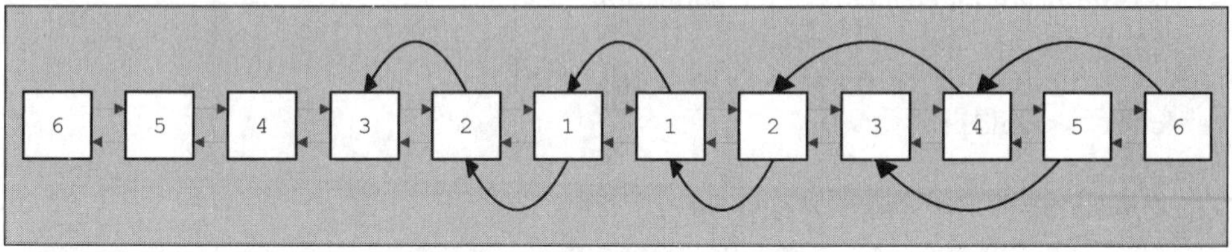

图 6.10　remove() 的运作方式

事实上，这个算法返回了一个新终点。你可以利用该终点获得新区间、缩减后的容器大小，或是获得被删除元素的个数。看看下面这个改进版本：

```
// stl/remove2.cpp

#include <algorithm>
#include <iterator>
#include <list>
#include <iostream>
using namespace std;

int main()
{
    list<int> coll;

    // insert elements from 6 to 1 and 1 to 6
    for (int i=1; i<=6; ++i) {
        coll.push_front(i);
        coll.push_back(i);
    }

    // print all elements of the collection
    copy (coll.cbegin(), coll.cend(),
          ostream_iterator<int>(cout," "));
    cout << endl;

    // remove all elements with value 3
    // - retain new end
```

```
    list<int>::iterator end = remove (coll.begin(), coll.end(),
                                      3);

    // print resulting elements of the collection
    copy (coll.begin(), end,
          ostream_iterator<int>(cout," "));
    cout << endl;

    // print number of removed elements
    cout << "number of removed elements: "
         << distance(end,coll.end()) << endl;

    // remove ''removed'' elements
    coll.erase (end, coll.end());

    // print all elements of the modified collection
    copy (coll.cbegin(), coll.cend(),
          ostream_iterator<int>(cout," "));
    cout << endl;
}
```

在这个版本中，remove() 的返回值被赋予迭代器 end：

```
list<int>::iterator end = remove (coll.begin(), coll.end(),
                                  3);
```

这个 end 正是“被修改集合”经过元素移除动作后的新逻辑终点。接下来你便可以拿它当作新终点使用：

```
copy (coll.begin(), end,
      ostream_iterator<int>(cout," "));
```

另一种可能用法是，借由测定集合之逻辑终点和实际终点之间的距离，获得“被删除元素”的数量：

```
cout << "number of removed elements: "
     << distance(end,coll.end()) << endl;
```

在这里，原本为了迭代器而设计的辅助函数 distance() 发挥了作用。它的功用是返回两个迭代器之间的距离。如果这两个迭代器都是随机访问迭代器（random-access iterator），你可以使用 operator - 直接计算其距离。不过本例所用的容器是 list，只提供双向迭代器（bidirectional iterator）。关于 distance()，详见 9.3.3 节第 445 页。

如果真想把那些被删除的元素斩草除根，你必须调用该容器的相应成员函数。容器所提供的成员函数 erase() 正适用于此目的。erase() 可以删除“实参所指示的区间”内的全部元素：

```
coll.erase (end, coll.end());
```

下面是整个程序的完整输出：

```
6 5 4 3 2 1 1 2 3 4 5 6
6 5 4 2 1 1 2 4 5 6
number of removed elements: 2
6 5 4 2 1 1 2 4 5 6
```

如果你需要以单一语句来删除元素，可以这么做：

```
coll.erase (remove(coll.begin(),coll.end(),
                   3),
            coll.end());
```

为何算法不自己调用 erase() 呢？这个问题正好点出 STL 为获取弹性而付出的代价。通过“以迭代器为接口”，STL 将数据结构和算法分离开来。然而迭代器只不过是“容器内部某一位置”的抽象概念而已。一般说来，迭代器对自己所属的容器一无所知。任何“以迭代器访问容器”的算法，都不得（无法）通过迭代器调用容器类所提供的任何成员函数。

这个设计导致一个重要结果：算法的操作对象不一定得是“容器内的全部元素”所形成的区间，而可以是那些元素的子集。甚至算法可作用于一个“并未提供成员函数 erase()”的容器身上（array 就是个例子）。所以，为了达成算法的最大弹性，不强求“迭代器必须了解其容器细节”还是很有道理的。

注意，通常并无必要删除那些“已被移除”的元素。以逻辑终点取代容器的实际终点，通常就足以应对现实情况。你可以拿这个逻辑终点搭配任何算法演出。

6.7.2 更易 Associative（关联式）和 Unordered（无序）容器

更易型算法（指那些会移除〔remove〕、重排〔reorder〕、修改〔modify〕元素的算法）若用于关联式容器或无序容器，会出问题。关联式和无序容器不能被当作操作目标，原因很简单：如果更易型算法用于关联式和无序容器身上，会改变某位置上的值，进而破坏容器本身对次序的维护（对关联式容器而言是其已排序（sorted）特性，对无序容器而言则是其 hash 函数的运算结果）。为避免累及内部次序，关联式容器和无序容器的所有迭代器均被声明为指向常量（不变量）的 value 或 key。如果你更动关联式容器或无序容器的元素，会导致编译错误。[10]

这使你无法在关联式容器身上运用移除型（removing）算法，因为这类算法实际上悄悄更易了元素：“被移除元素”被其后的“未被移除元素”覆盖。

现在问题来了，如何从关联容器和无序容器中删除元素？好吧，很简单：调用它们的成员函数！每一种关联式容器和无序容器都提供

[10] 糟糕的是有些系统提供的差错处理能力令人不敢恭维；你只能眼睁睁看到出错，却无法找出原因。

用以移除元素的成员函数。例如你可以调用 erase()：

```
// stl/remove3.cpp

#include <set>
#include <algorithm>
#include <iterator>
#include <iostream>
using namespace std;

int main()
{
    // unordered set with elements from 1 to 9
    set<int> coll = { 1, 2, 3, 4, 5, 6, 7, 8, 9 };

    // print all elements of the collection
    copy (coll.cbegin(), coll.cend(),
          ostream_iterator<int>(cout," "));
    cout << endl;

    // Remove all elements with value 3
    // - algorithm remove() does not work
    // - instead member function erase() works
    int num = coll.erase(3);

    // print number of removed elements
    cout << "number of removed elements: " << num << endl;

    // print all elements of the modified collection
    copy (coll.cbegin(), coll.cend(),
          ostream_iterator<int>(cout," "));
    cout << endl;
}
```

注意，容器类提供了多个不同的 erase() 成员函数。其中一种形式是以“欲删除之元素值”为唯一实参，并返回被删除元素的个数（见 8.7.3 节第 418 页）。当然，在禁止元素重复的容器中（例如 set、map、unordered_set 和 unordered_map）其返回永远只能是 0 或 1。

本例程序输出如下：

```
1 2 3 4 5 6 7 8 9
number of removed elements: 1
1 2 4 5 6 7 8 9
```

6.7.3 算法 vs. 成员函数

就算我们符合种种条件，得以使用某个算法，那也未必就一定是好。容器本身可能提供功能相似而效能更佳的成员函数。

一个极佳例子便是对 list 的元素调用 remove()。算法本身并不知道它工作于 list 身上，因此它在任何容器中都一样，做些四平八稳的工作：改变元素值，从而重新排列元素。如果它移除第一个元素，后面所有元素就会分别被设给各自的前一个元素。这就违反了 list 的主要优点——借由修改链接（link）而非实值（value）来安插、移动、移除元素。

为了避免这么糟糕的表现，list 针对所有更易型算法提供了一些对应成员函数。是的，如果你使用 list，就应该使用这些成员函数。此外请注意，这些成员函数真的移除了“被移除”元素（译注：而不像先前所说只是某种搬移而已），一如下例所示：

```
// stl/remove4.cpp

#include <list>
#include <algorithm>
using namespace std;

int main()
{
    list<int> coll;

    // insert elements from 6 to 1 and 1 to 6
    for (int i=1; i<=6; ++i) {
        coll.push_front(i);
        coll.push_back(i);
    }

    // remove all elements with value 3 (poor performance)
    coll.erase (remove(coll.begin(),coll.end(),
                       3),
                coll.end());

    // remove all elements with value 4 (good performance)
    coll.remove (4);
}
```

如果高效能是你的首要目标，你应该总是优先选用成员函数。问题是你必须先知道，某个容器确实存在效能明显突出的成员函数。面对 list 却使用 remove() 算法，决不会收到任何警告信息或报错通知。然而如果你决定使用成员函数，一旦换用另一种容器，就不得不更改代码。第 11 章的算法参考章节中，如果某个成员函数的效能优于某个算法，我会明白指出。

6.8 以函数作为算法的实参

有些算法可以接受用户自定义的辅助性函数，借以提高弹性和能力。这些函数将被算法内部调用。

6.8.1 以函数作为算法实参的实例示范

最简单的例子莫过于 `for_each()` 算法了。它针对区间内的每一个元素，调用一个由用户指定的函数。下面是个例子：

```
// stl/foreach1.cpp

#include <vector>
#include <algorithm>
#include <iostream>
using namespace std;

//function that prints the passed argument
void print (int elem)
{
    cout << elem << ' ';
}

int main()
{
    vector<int> coll;

    //insert elements from 1 to 9
    for (int i=1; i<=9; ++i) {
        coll.push_back(i);
    }

    //print all elements
    for_each (coll.cbegin(), coll.cend(),  //range
              print);                      //operation
    cout << endl;
}
```

这里的 `for_each()` 函数针对区间 [`coll.cbegin()`,`coll.cend()`) 内的每个元素调用 `print()` 函数。输出如下：

```
1 2 3 4 5 6 7 8 9
```

算法以数种态度来面对这些辅助函数：有的视为可有可无，有的视为必要。你可以利用它们来指定查找准则、排序准则，或定义某种操作使其在“容器元素转换至另一容器”时被调用。

下面是另一个例子：

```
// stl/transform1.cpp

#include <set>
#include <vector>
#include <algorithm>
#include <iterator>
#include <iostream>
#include "print.hpp"

int square (int value)
{
    return value*value;
}

int main()
{
    std::set<int>    coll1;
    std::vector<int> coll2;

    // insert elements from 1 to 9 into coll1
    for (int i=1; i<=9; ++i) {
        coll1.insert(i);
    }
    PRINT_ELEMENTS(coll1,"initialized: ");

    // transform each element from coll1 to coll2
    // - square transformed values
    std::transform (coll1.cbegin(),coll1.cend(),   // source
                    std::back_inserter(coll2),     // destination
                    square);                       // operation

    PRINT_ELEMENTS(coll2,"squared:     ");
}
```

此例之中，square() 的作用是将 coll1 内的每一个元素予以平方运算，然后转移到 coll2（如图6.11所示）。程序输出如下：

```
initialized: 1 2 3 4 5 6 7 8 9
squared:     1 4 9 16 25 36 49 64 81
```

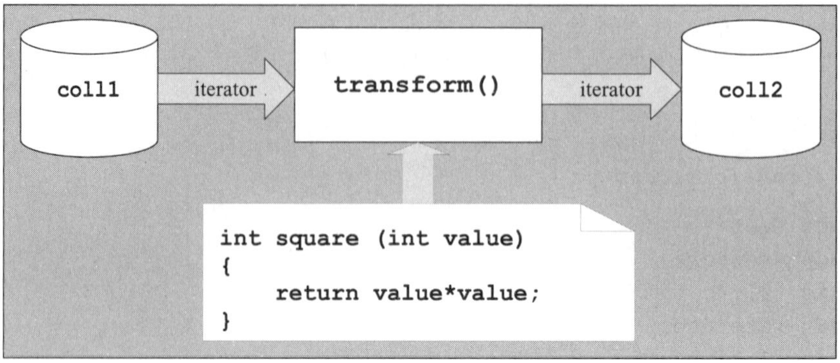

图 6.11 transform() 的运作方式

6.8.2 判断式（Predicate）

Predicate（判断式）是一种特殊的辅助函数。所谓 predicate，它会返回布尔值（Boolean），常被用来指定作为排序准则或查找准则。 Predicate 可能有一或两个操作数，视具体情形而定。

注意，并非任何返回布尔值的单参函数或双参函数都是合法的 predicate。STL 要求，面对相同的值，predicate 必须得出相同结果。这条戒律使得那些“被调用时会改变自己内部状态”的函数出局。详见 10.1.4 节第 483 页。

Unary Predicate（单参判断式）

Unary predicate 会检查唯一实参的某项特性。典型例子如下，用来查找第一个质数：

```
// stl/prime1.cpp

#include <list>
#include <algorithm>
#include <iostream>
#include <cstdlib>       //for abs()
using namespace std;

//predicate, which returns whether an integer is a prime number
bool isPrime (int number)
{
    //ignore negative sign
    number = abs(number);

    //0 and 1 are no prime numbers
    if (number == 0 || number == 1) {
```

```
        return false;
    }

    // find divisor that divides without a remainder
    int divisor;
    for (divisor = number/2; number%divisor != 0; --divisor) {
        ;
    }

    // if no divisor greater than 1 is found, it is a prime number
    return divisor == 1;
}

int main()
{
    list<int> coll;

    // insert elements from 24 to 30
    for (int i=24; i<=30; ++i) {
        coll.push_back(i);
    }

    // search for prime number
    auto pos = find_if (coll.cbegin(), coll.cend(),  // range
                        isPrime);                    // predicate
    if (pos != coll.end()) {
        // found
        cout << *pos << " is first prime number found" << endl;
    }
    else {
        // not found
        cout << "no prime number found" << endl;
    }
}
```

在这个例子中，算法 find_if() 在给定区间内寻找使“传入之单参判断式（unary predicate）”运算结果为 true 的第一个元素。本例中的 predicate 是 isPrime() 函数，它会检查某数是否为质数。通过它，这个算法可以返回给定区间内的第一个质数。如果没有任何元素能够匹配这个（质数）条件，find_if() 算法就返回区间终点（也就是第二实参）。本例中 24 到 30 之间确实存在一个质数，所以程序输出：

```
29 is first prime number found
```

Binary Predicate（双参判断式）

Binary predicate 的典型用途是，比较两个实参的特定属性。例如，为了以你自己的原则对元素排序，你必须以一个简单的 predicate 形式提供这项原则。如果元素本身不支持 operator <，或如果你想使用不同的排序原则，这就派上用场了。

下面这个例子，根据每个人的姓名，对一组元素进行排序：

```
// stl/sort1.cpp

#include <algorithm>
#include <deque>
#include <string>
#include <iostream>
using namespace std;

class Person {
  public:
    string firstname() const;
    string lastname() const;
    ...
};

// binary function predicate:
// - returns whether a person is less than another person
bool personSortCriterion (const Person& p1, const Person& p2)
{
    // a person is less than another person
    // - if the last name is less
    // - if the last name is equal and the first name is less
    return p1.lastname()<p2.lastname() ||
           (p1.lastname()==p2.lastname() &&
            p1.firstname()<p2.firstname());
}

int main()
{
    deque<Person> coll;
    ...

    sort(coll.begin(),coll.end(),      // range
         personSortCriterion);         // sort criterion
    ...
}
```

注意，你也可以使用函数对象（function object）来实现一个排序准则。这种做法的优点是，制作出来的准则将是个类型（type），可用来作为“声明一个以某种类型为排序准则的 set”之类的事情。详见 10.1.1 节第 476 页。

6.9 使用 Lambda

Lambda 始自 C++11，是一种“在表达式或语句内指明函数行为”的定义式（见 3.1.10 节第 28 页）。这导致你可以定义对象，用以描述函数行为，并将这些对象以“inline 实参”形式传给算法作为 predicate，或是作为其他用途。

例如下面这个语句：

```
// transform all elements to the power of 3
std::transform (coll.begin(), coll.end(),     // source
                coll.begin(),                  // destination
                [](double d) {                 // lambda as function object
                    return d*d*d;
                });
```

其中的表达式

```
[](double d) { return d*d*d; }
```

就定义了一个 lambda，表述一个函数对象（function object），返回某个 double 的三次方值。如你所见，这提供了一种能力可以直接描述“传给 transform()”的某种函数行为。

Lambda 的好处

运用 lambda 具体指定“STL 框架内部将采取的行为”，可以解决先前存在的许多缺点。假设你想要查找某集合内“数值在 x 和 y 之间”的第一个元素：

```
// stl/lambda1.cpp

#include <algorithm>
#include <deque>
#include <iostream>
using namespace std;

int main()
{
    deque<int> coll = { 1, 3, 19, 5, 13, 7, 11, 2, 17 };
```

```
    int x = 5;
    int y = 12;
    auto pos = find_if (coll.cbegin(), coll.cend(),  // range
                        [=](int i) {                 // search criterion
                            return i > x && i < y;
                        });
    cout << "first elem >5 and <12: " << *pos << endl;
}
```

当你调用 find_if()，便以 inline 形式传递相应的 predicate 作为 find_if() 的第三实参：

```
auto pos = find_if (coll.cbegin(), coll.cend(),
                    [=](int i) {
                        return i > x && i < y;
                    });
```

Lambda 其实是个函数对象，此处它将接受一个整数 i，返回“ i 是否大于 x 且小于 y”：

```
[=](int i) {
    return i > x && i < y;
}
```

借由“在 [=] 内指明 = 作为 *capture*”，你所表达的意思是，“在 lambda 被声明时已有效”的所有符号都以 *by value* 形式传进 lambda 体内。于是在这个 lambda 内部，你拥有对“main() 内部声明的变量 x 和 y”的读取权。如果改用 [&] 作为 capture，那就是以 by reference 方式传递 value，致使 lambda 内部得以改动它们的 value（3.1.10 节第 29 页对 capture 有更详细的介绍）。

现在，拿这种做法比较“引入 lambda ”前的做法（见下），我们同样查找“第一个 >5 且 <12 的元素”。

- 相比于手写的循环：

```
// find first element > x and < y
vector<int>::iterator pos;
for (pos = coll.begin() ; pos != coll.end(); ++pos) {
    if (*pos > x && *pos < y) {
        break; // the loop
    }
}
```

  你将得以使用预定义的算法，并且避免出现一个多少有点丑陋的 break。

- 相比于一个半手写函数，也就是一个 predicate：

```
bool pred (int i)
{
    return i > x && i < y;
}
...
```

```
pos = find_if (coll.begin(), coll.end(),        // range
               pred);                           // search criterion
```

行为细节被写于另外某处，因此你必须在屏幕上来回滚动找出 find_if() 究竟真正找些什么（因为只有 pred 定义式才能提供答案），除非你拥有 pred 的说明文件和注释并且投以完全的信任。如果使用 lambda，你就不会遭遇这种困扰。此外，C++ 编译器对 lambda 的优化效果高于它们对普通函数的优化效果。

此情节中更难堪的是，对 x 和 y 的访问动作变得十分丑陋。C++11 之前的常见做法是，使用一个函数对象（见 6.10 节第 233 页），那恰恰完完全全展示了我所谓的丑陋：

```
class Pred
{
  private:
    int x;
    int y;
  public:
    Pred (int xx, int yy) : x(xx), y(yy) {
    }
    bool operator() (int i) const {
        return i > x && i < y;
    }
};
...
pos = find_if (coll.begin(), coll.end(),        // range
               Pred(x,y));                      // search criterion
```

- 相比于使用 binder（见 6.10.3 节第 241 页）：

```
pos = find_if (coll.begin(), coll.end(),        // range
               bind(logical_and<bool>(),        // search criterion
                    bind(greater<int>(),_1,x),
                    bind(less<int>(),_1,y)));
```

如果采用 lambda，你就不需要了解上述表达式，毕竟那语法还是满艰难的。

扼要地说，lambda 为“运用 STL 算法”提供了最高级、第一等的方便性、可读性、快速性和可维护性。

以 Lambda 作为排序准则（Sorting Criterion）

再举个例子，使用 lambda 定义一个排序准则，用来对一个“由 Person 构成的 vector”排序（6.8.2 节第 228 页有个程序，乃是以函数定义出排序准则）。

```
// stl/sort2.cpp

#include <algorithm>
#include <deque>
```

```
#include <string>
#include <iostream>
using namespace std;

class Person {
  public:
    string firstname() const;
    string lastname() const;
    ...
};

int main()
{
    deque<Person> coll;
    ...

    // sort Persons according to lastname (and firstname):
    sort(coll.begin(),coll.end(),                        // range
         [] (const Person& p1, const Person& p2) { // sort criterion
              return p1.lastname()<p2.lastname() ||
                     (p1.lastname()==p2.lastname() &&
                      p1.firstname()<p2.firstname());
         });
    ...
}
```

Lambda 的局限

Lambda 并非在每一方面都保持优势。让我们考虑使用 lambda 为关联式容器指出一个排序准则：

```
auto cmp = [] (const Person& p1, const Person& p2) {
                return p1.lastname()<p2.lastname() ||
                       (p1.lastname()==p2.lastname()&&
                        p1.firstname()<p2.firstname());
           };
...
std::set<Person,decltype(cmp)> coll(cmp);
```

由于 set 声明式需要指明 lambda 类型，所以我们必须使用 decltype（见 3.1.11 节第 32 页），它会为一个 lambda 对象（上例的 cmp）产出类型。注意，你也必须把 lambda 对象传给 coll 的构造函数，否则 coll 会调用被传入的排序准则的 default 构造函数，而根据 C++ 语言规则，lambda 没有 default 构造函数也没有 assignment 操作符。[11] 基于这些局限，“以 class 定义某个函数对象作为排序准则”说不定还比较直观些。

Lambda 的另一个问题是，它们无法拥有“跨越多次调用”都能被保存下来的内部状态(internal state)。如果你需要这样的状态，必须在外围作用域中声明一个对象或变量，将它(搭配某种 capture）以 by-reference 方式传入 lambda。与此相比，函数对象允许你封装内部状态（10.3.2 节第 500 页有更多细节和范例)。

尽管如此，你还是可以使用 lambda 来为无序（unordered）容器指出一个 hash 函数或一个等效准则。7.9.7 节第 379 页有个例子。

6.10 函数对象（Function Object）

传递给算法的“函数型实参”（functional argument）不一定得是函数，可以是行为类似函数的对象。这种对象称为*函数对象*（function object），或称为*仿函数*（functor）。[12]

6.10.1 定义一个函数对象

函数对象是泛型编程（generic programming）强大威力和纯粹抽象概念的又一个例证。你可以说，任何东西，只要其行为像函数，它就是个函数。因此如果你定义了一个对象，行为像函数，它就可以被当作函数使用。

好，那么，什么才算是具备函数行为（也就是行为像个函数)？所谓函数行为，是指可以“使用小括号传递实参，借以调用某个东西”。例如：

```
function(arg1,arg2);     // a function call
```

如果你指望对象也可以如此这般，就必须让它们也有可能被“调用”——通过小括号的运用和实参的传递。没错，这是可能的（在 C++ 中很少有什么是不可能的）。你只需定义operator ()，并给予合适的参数类型：

```
class X {
  public:
    // define ''function call'' operator:
    return-value operator() (arguments) const;
    ...
};
```

[11] 感谢 Alisdair Meredith 指出这一点。

[12] 自 C++11 起，C++ standard 使用术语 *function object* 表示任何可被当作函数而被调用的 object。因此，(1) function pointer，或 (2) “带有成员函数 operator ()”的 class 所建立的 object，或 (3) “带有转换函数可将自己转换为 pointer to function”的 class 所建立的 object，以及 (4) lambda，全都是 function object。本书中我以术语 function object 表示上述的 (2)。

现在，你可以把这个 class 的对象当作函数来调用了：

```
X fo;
...
fo(arg1,arg2);              // call operator () for function object fo
```

上述调用等同于：

```
fo.operator()(arg1,arg2); // call operator () for function object fo
```

下面是个完整例子，是先前 6.8.1 节第 224 页范例的改版（改用函数对象），其行为和使用寻常函数（而非函数对象）完全相同：

```
// stl/foreach2.cpp

#include <vector>
#include <algorithm>
#include <iostream>
using namespace std;

// simple function object that prints the passed argument
class PrintInt {
  public:
    void operator() (int elem) const {
        cout << elem << ' ';
    }
};

int main()
{
    vector<int> coll;

    // insert elements from 1 to 9
    for (int i=1; i<=9; ++i) {
        coll.push_back(i);
    }

    // print all elements
    for_each (coll.cbegin(), coll.cend(),  // range
              PrintInt());                 // operation
    cout << endl;
}
```

Class PrintInt 的定义显示，你可以对其对象调用 operator () 并传入一个 int 实参。在语句

```
for_each (coll.cbegin(), coll.cend(),
          PrintInt());
```

中的表达式

```
PrintInt()
```

创建出一个临时对象作为 for_each() 算法的一个实参。for_each() 算法大致如下：

```
namespace std {
    template <typename Iterator, typename Operation>
    Operation for_each (Iterator act, Iterator end, Operation op)
    {
        while (act != end) {      // as long as not reached the end
            op(*act);             // - call op() for actual element
            ++act;                // - move iterator to the next element
        }
        return op;
    }
}
```

for_each() 使用临时对象 op（一个函数对象），针对每个元素 act 调用 op(*act)。如果第三实参 op 是个寻常函数，就以 *act 为实参调用之。如果第三实参是个函数对象，则以 *act 为实参，调用函数对象 op 的 operator ()。因此本例之中 for_each() 调用：

```
PrintInt::operator()(*act)
```

你也许不以为然，也许认为函数对象看起来有点怪异、令人讨厌甚至毫无意义。的确，它们带来更复杂的代码，然而函数对象有其过人之处，比起寻常函数，它们有以下优点：

1. **函数对象是一种带状态（with state）的函数。** “行为像 pointer”的对象我们称之为“smart pointer”，同样道理，“行为像 function”的对象我们可以称之为“smart function”，因为它们的能力超越了 operator ()。函数对象可拥有成员函数和成员变量，这意味着函数对象拥有状态（state）。事实上，在同一时间点，相同类型的两个不同的函数对象所表述的相同机能（same functionality），可具备不同的状态。这在寻常函数中是不可能的。另一个好处是，你可以在运行期初始化它们——当然必须在它们被使用（被调用）之前。
2. **每个函数对象有其自己的类型。** 寻常函数，唯有在其签名式（signature）不同时，才算类型不同。而函数对象即使签名式相同，也可以有不同的类型。事实上由函数对象定义的每一个函数行为都有其自己的类型。这对于“运用 template 实现泛型编程”乃是一个卓越的贡献，因为这么一来我们便可以将函数行为当作 template 参数来运用。这使得不同类型的容器可以使用同类型的函数对象作为排序准则。也可确保你不会在“排序准则不同”的集合（collection）间赋值、合并或比较。你甚至可以设计函数对象的继承体系，以此完成某些特别事情，例如在一个总体原则下确立某些特殊情况。
3. **函数对象通常比寻常函数速度快。** 就 template 概念而言，由于更多细节在编译期就已确定，所以通常可能进行更好的优化。所以，传入一个函数对象（而非寻常函数）可能获得更好的执行效能。

本小节的剩余部分，我将给出数个例子，展示“函数对象”较之于“寻常函数”的优势所在。第 10 章专攻函数对象，有更多例子和细节；特别值得一提的是该章为你展示了“以函数行为（functional behavior）作为 template 参数”这一技术带来的好处。

假设你需要对集合（collection）内的每个元素加上一个特定的值。如果你在编译期便确知这个值，可使用寻常函数完成工作：

```
void add10 (int& elem)
{
    elem += 10;
}

void f1()
{
    vector<int> coll;
    ...

    for_each (coll.begin(), coll.end(),      // range
              add10);                        // operation
}
```

如果你需要数个不同的特定值，而它们在编译期都已确定，你可以使用 template：

```
template <int theValue>
void add (int& elem)
{
    elem += theValue;
}

void f1()
{
    vector<int> coll;
    ...

    for_each (coll.begin(), coll.end(),      // range
              add<10>);                      // operation
}
```

如果你得在执行时期处理这个特定值，那就麻烦了。你必须在函数被调用前先将这个数值传给该函数。这通常会导致生成若干全局变量，让“算法的调用者”和“算法所调用的函数”都能看到和用到它们。真是一团糟。

如果你两次用到该函数，每次用到的特定值不同，而且都是在执行时期才处理那些特定值，那么寻常函数根本无能为力。你要么传入一个标记（tag），要么干脆写两个函数。你是否有过这样的经验：手握一个函数，它有个 static 变量用以记录状态（state），而你需要这个函数在同一时间内有另一个不同的状态（state）？于是你只好拷贝整份函数定义，化为两个不同的函数。这正是先前所说的问题。

如果使用函数对象，我们就可以写出更具智能（smarter）的函数达成目的。对象可以有自己的状态，可以被正确初始化。下面是个完整例子：[13]

```
// stl/add1.cpp

#include <list>
#include <algorithm>
#include <iostream>
#include "print.hpp"
using namespace std;

// function object that adds the value with which it is initialized
class AddValue {
  private:
    int theValue;     // the value to add
  public:
    // constructor initializes the value to add
    AddValue(int v) : theValue(v) {
    }

    // the "function call" for the element adds the value
    void operator() (int& elem) const {
        elem += theValue;
    }
};

int main()
{
    list<int> coll;

    // insert elements from 1 to 9
    for (int i=1; i<=9; ++i) {
        coll.push_back(i);
    }

    PRINT_ELEMENTS(coll,"initialized:                 ");

    // add value 10 to each element
```

[13] 辅助函数 PRINT_ELEMENTS() 已于 6.6 节第 216 页介绍过。

```
    for_each (coll.begin(), coll.end(),      // range
              AddValue(10));                 // operation

    PRINT_ELEMENTS(coll,"after adding 10:            ");

    // add value of first element to each element
    for_each (coll.begin(), coll.end(),      // range
              AddValue(*coll.begin()));      // operation

    PRINT_ELEMENTS(coll,"after adding first element: ");
}
```

初始化之后，集合内含数值 1 至 9：

```
initialized:                1 2 3 4 5 6 7 8 9
```

第一次调用 for_each()，将每个数值加 10：

```
for_each (coll.begin(), coll.end(),      // range
          AddValue(10));                 // operation
```

这里，表达式 AddValue(10) 生出一个 AddValue 对象，并以 10 为初值。AddValue 构造函数将这个值保存在成员 theValue 中。而在 for_each() 内部，针对 coll 的每一个元素调用 ()，实际上就是针对传入的那个 AddValue 临时对象调用 operator ()，并以容器元素作为实参。函数对象（AddValue 对象）将每个元素加 10。结果如下：

```
after adding 10:            11 12 13 14 15 16 17 18 19
```

第二次调用 for_each() 亦采用相同机能，将第一元素值加到每个元素身上。首先使用第一元素值作为函数对象临时对象的初值：

```
AddValue(*coll.begin())
```

最后结果如下：

```
after adding first element: 22 23 24 25 26 27 28 29 30
```

11.4 节第 520 页有这个例子的改进版，其中 AddValue 函数对象的类型被改为一个 template，可接纳不同的加数。

运用此项技术，先前所说“一个函数、两个状态”的问题就可以用“两个不同的函数对象”解决掉。例如你可以声明两个函数对象，然后各自独立运用：

```
AddValue addx(x);      // function object that adds value x
AddValue addy(y);      // function object that adds value y

for_each (coll.begin(),coll.end(),      // add value x to each element
          addx);
...
```

```
for_each (coll.begin(),coll.end(),      // add value y to each element
          addy);
...
for_each (coll.begin(),coll.end(),      // add value x to each element
          addx);
```

同样道理，你也可以提供一些成员函数，在函数对象生命期内查询或改变对象状态。10.1.3 节第 482 页有很好的示范。

注意，对于某些算法，C++ 标准库并未明确指出，针对各元素多久调用一次你所给定的函数对象。再者“同一函数对象的不同拷贝被传递给元素”也有可能发生。如果你使用函数对象作为 predicate，这将可能造成某些难对付的结果。10.1.4 节第 483 页讨论了这个问题。

6.10.2 预定义的函数对象

C++ 标准库内含若干预定义的函数对象，涵盖了许多基础运算。有了它们，很多时候你就不必费心自己去写函数对象了。一个典型的例子是作为排序准则的函数对象。Operator < 之默认排序准则乃是调用 `less<>`，所以，如果你声明：

```
set<int> coll;
```

会被扩展为

```
set<int,less<int>> coll;        // sort elements with <
```

既然如此，想必你能猜到，反向排列这些元素将不是什么难事：

```
set<int,greater<int>> coll;     // sort elements with >
```

另一个运用“预定义函数对象”的地点是 STL 算法。考虑下面这个例子：

```
// stl/fo1.cpp

#include <deque>
#include <algorithm>
#include <functional>
#include <iostream>
#include "print.hpp"
using namespace std;

int main()
{
    deque<int> coll = { 1, 2, 3, 5, 7, 11, 13, 17, 19 };

    PRINT_ELEMENTS(coll,"initialized: ");

    // negate all values in coll
```

```
    transform (coll.cbegin(),coll.cend(),        // source
               coll.begin(),                     // destination
               negate<int>());                   // operation
    PRINT_ELEMENTS(coll,"negated:      ");

    // square all values in coll
    transform (coll.cbegin(),coll.cend(),        // first source
               coll.cbegin(),                    // second source
               coll.begin(),                     // destination
               multiplies<int>());               // operation
    PRINT_ELEMENTS(coll,"squared:      ");
}
```

首先，预定义的函数对象，其头文件是<functional>：

```
#include <functional>
```

然后，两个预定义的函数对象被用来将 coll 内的每个元素反相然后平方。先是反相（设负）：

```
transform (coll.cbegin(), coll.cend(),   // source
           coll.begin(),                 // destination
           negate<int>());               // operation
```

中，表达式

```
negate<int>()
```

根据预定义好的 class template negate<> 生成一个函数对象，将传入的 int 设为负。transform() 算法使用此一运算，将第一集合内所有元素处理后转移到第二集合。如果转移目的地就是自己，那么这段代码就是“对集合内的每一个元素设负值”。

同样道理，我们使用函数对象 multiplies 对集合 coll 内的所有元素求平方值：

```
transform (coll.cbegin(), coll.cend(),   // first source
           coll.cbegin(),                // second source
           coll.begin(),                 // destination
           multiplies<int>());           // operation
```

这里运用了 transform() 算法的另一种形式，以某个给定的运算，将两集合内的元素处理后的结果写入第三集合。由于本例的三个集合实际上是同一个，所以其内的每个元素都被计算了平方值，并写进集合内，改写原有值。

程序输出如下：

```
initialized: 1 2 3 5 7 11 13 17 19
negated:     -1 -2 -3 -5 -7 -11 -13 -17 -19
squared:     1 4 9 25 49 121 169 289 361
```

6.10.3 Binder

你可以使用特殊的 *function adapter*（函数适配器），或所谓 *binder*，将预定义的函数对象和其他数值结合为一体。下面是个完整例子：

```
// stl/bind1.cpp

#include <set>
#include <deque>
#include <algorithm>
#include <iterator>
#include <functional>
#include <iostream>
#include "print.hpp"
using namespace std;
using namespace std::placeholders;

int main()
{
    set<int,greater<int>> coll1 = { 1, 2, 3, 4, 5, 6, 7, 8, 9 };
    deque<int> coll2;

    // Note: due to the sorting criterion greater<>() elements have reverse order:
    PRINT_ELEMENTS(coll1,"initialized: ");

    // transform all elements into coll2 by multiplying them with 10
    transform (coll1.cbegin(),coll1.cend(),       // source
               back_inserter(coll2),              // destination
               bind(multiplies<int>(),_1,10));    // operation
    PRINT_ELEMENTS(coll2,"transformed: ");

    // replace value equal to 70 with 42
    replace_if (coll2.begin(),coll2.end(),        // range
                bind(equal_to<int>(),_1,70),      // replace criterion
                42);                              // new value
    PRINT_ELEMENTS(coll2,"replaced:    ");

    // remove all elements with values between 50 and 80
    coll2.erase(remove_if(coll2.begin(),coll2.end(),
                          bind(logical_and<bool>(),
                               bind(greater_equal<int>(),_1,50),
                               bind(less_equal<int>(),_1,80))),
                coll2.end());
    PRINT_ELEMENTS(coll2,"removed:     ");
}
```

在这个例子中，语句

```
transform (coll1.cbegin(),coll1.cend(),          // source
           back_inserter(coll2),                 // destination
           bind(multiplies<int>(),_1,10));       // operation
```

将 coll1 的所有元素乘以 10，然后以安插模式传送到 coll2。为了定义相应操作，我们用上了 bind()，它允许你借由低层的函数对象和占位符（placeholder）合成高层的函数对象。所谓占位符是“带有前缀下画线”的数值标识符（numeric identifier）。通过指定

```
bind(multiplies<int>(),_1,10)
```

便定义出一个函数对象，会将传入的第一实参乘以 10。
你也可以使用这样一个函数对象将任何数值乘以 10。例如以下语句会把 990 写至标准输出设备：

```
auto f = bind(multiplies<int>(),_1,10);
cout << f(99) << endl;
```

现在，这样一个函数对象被传给 transform()，成为其第四实参，它预期接受一个实参，现实中就是容器内的实际元素。最终结论是 transform() 为每个元素调用了“乘以 10”函数，并将成果安插至 coll2。这些动作完成后，coll2 内含“coll1 所有元素乘以 10”的结果。
同样道理，语句

```
replace_if (coll2.begin(),coll2.end(),           // range
            bind(equal_to<int>(),_1,70),         // replace criterion
            42);                                 // new value
```

中，下列表达式被用作一个判断准则（criterion），指出哪种元素将被 42 替换：

```
bind(equal_to<int>(),_1,70)
```

在这里，bind() 调用 binary predicate equal_to，并以它所收到的第一参数作为后者的第一实参，以 70 作为后者的第二实参。于是，如果传入的实参（现实中是 coll2 的元素）等于 70，被 bind() 点出来的那个函数对象便产生 true。最终结果便是：整个语句将“等于 70”的每一个数值替换为 42。

最后一例用的是个 binder 组合体，其中：

```
bind(logical_and<bool>(),
     bind(greater_equal<int>(),_1,50),
     bind(less_equal<int>(),_1,80))
```

最终表现出的是个单参判断式（unary predicate），拥有参数 x，操作意义是 x>=50&&x<=80。这个例子告诉你，你可以嵌套使用 bind() 来描述繁复的判断式（predicate）和函数对象。本例中 remove_if() 使用上述函数对象移除介于 50 和 80 之间的所有数值。但事实上 remove_if() 只是改变元素次序并返回一个逻辑新终点，不像 coll2.erase() 那样会真正除掉被移除的元素（详见 6.7.1 节第 218 页）。

程序输出如下：

```
initialized: 9 8 7 6 5 4 3 2 1
transformed: 90 80 70 60 50 40 30 20 10
replaced:    90 80 42 60 50 40 30 20 10
removed:     90 42 40 30 20 10
```

注意，占位符（placeholder）有自己的命名空间：`std::placeholders`。基于此，程序起始处有一个相应的 using 指示符，这才能够使用 `_1` 或 `_2` 作为 binder 的第一或第二参数。如果没有使用任何 using 指示符，最后那个 binder 组合体就必须被明确地标示出来：

```
std::bind(std::logical_and<bool>(),
          std::bind(std::greater_equal<int>(),std::placeholders::_1,50),
          std::bind(std::less_equal<int>(),std::placeholders::_1,80))
```

上述编程方式导致所谓的 *functional composition*（机能组合体）。有趣的是，所有函数对象通常被声明为 inline。因此，虽然你使用的看起来是个函数，或是个抽象层，却能获得良好的效率。

还有另一种定义函数对象的办法。举个例子，欲"针对集合内的每个元素"调用某成员函数，可以这么做：

```
for_each (coll.cbegin(), coll.cend(),   // range
          bind(&Person::save,_1));      // operation: Person::save(elem)
```

函数对象 `bind` 会绑定（结合）一个你所给的成员函数，后者会因每一个元素而被调用。此处被传递的元素是以占位符（placeholder）`_1` 表现。于是针对集合 `coll` 的每个元素，class `Person` 的成员函数 `save()` 被调用。当然，只有当这些元素有着 `Person` 类型或其派生类型，上述的一切才能有效运作。

10.2 节第 486 页更详细列出并讨论了所有预定义的函数对象、函数适配器以及机能组合体（functional composition）的诸多方面，并且给出了一份说明，告诉你如何写出你自己的函数对象。

TR1 之前另有其他 binder 和 adapter 用于函数合成：`bind1st()`、`bind2nd()`、`ptr_fun()`、`mem_fun()` 和 `mem_fun_ref()` 等，但它们已不再被 C++11 支持，详见 10.2.4 节第 497 页。

6.10.4 函数对象 vs. Lambda

Lambda 是一种隐式的（implicitly）预定义函数对象。正如 6.9 节第 230 页所言，lambda 通常提供"用以定义使用于 STL 算法内的函数行为"的更直观做法。此外，lambda 应该和函数对象一样快。

然而，lambda 也有若干缺点：

- 你无法让如此一个函数对象带有一个隐藏的内部状态（hidden internal state）。所有定义出状态的数据，都由调用端定义，并以一个 capture 传递之。
- 如果一个 lambda 在许多地方被需要，那么"在函数行为被需要处才指明"的优点就有一部分褪色了，你可以为此定义一个 lambda 并将它赋予一个 `auto`对象（见 6.9 节第 232 页），但这比起"直接定义一个函数对象"是否较具可读性呢？或许这只是与口味有关。

6.11 容器内的元素

容器内的元素必须符合某些条件，因为容器乃是以一种特别方式来操作它们。本节将讨论这些条件。此外，容器会在内部对其元素进行复制，我也会讨论这种行为的后果。

6.11.1 容器元素的必要条件

STL 的容器、迭代器、算法都是 template，因此它们可以操作任何类型——不论 STL 预定义的或用户自定义的，都可以。然而，由于某些加诸元素身上的操作，导致出现某些条件。STL 容器元素必须满足以下三个基本要求：

1. 元素必须可复制或可搬移（*copyable* or *movable*）。也就是说，元素类型必须隐式或显式提供一个 copy 或 move 构造函数。

   被制造出来的拷贝（generated copy）应该与其原件等效。这意味着对它们的任何相等性测试（test for equality）的结果都应该是相等的（equal），而且原件和拷贝的行为相同。
2. 元素必须可被 assignment 操作符加以搬移或赋值。容器和算法以新元素覆写旧元素时用的是 assignment 操作符。
3. 元素必须可被一个析构函数销毁。当元素被移除（remove），容器会销毁该元素的内部拷贝。因此，析构函数一定不能是 private。此外，一如 C++ 惯常的做法，析构函数一定不可抛出异常，否则世事难料。

这三个条件对任何 class 而言其实都是隐含成立的。如果某个 class 既没有为上述动作定义特殊版本，也没有定义任何特殊成员破坏这些动作的健全性，那么它自然而然也就满足了上述条件。

下面的条件也应当获得满足：

- 对序列式容器而言，元素的 *default* 构造函数必须可用。我们可以在没有给予任何初值的情况下创建一个非空容器，或增加容器的元素个数。这些元素都将以 default 构造函数完成，不需任何实参。
- 对于某些操作，必须定义操作符 == 以执行相等测试。如果你想查找元素，这一点特别重要。
- 在关联式容器中，元素必须定义出适用于排序准则的操作。默认情况下是操作符 <，它将被函数对象 `less<>` 调用。
- 无序容器应该为元素提供一个 *hash* 函数，和一个等同时测试准则（equivalence criterion）。详见 7.9.2 节第 363 页。

6.11.2 Value 语义 vs. Reference 语义

通常，所有容器都会建立元素拷贝（copy），返回的也是元素拷贝。这意味着容器内的元素与你放进去的东西相等（equal）但非同一（identical）。如果你修改容器的元素，实际上改变的是拷贝而不是原件。

Value 被复制意味着 STL 容器所提供的是 *value* 语义。它们容纳的是你安插的对象值，而不是对象本身。然而现实中你也许需要用到 *reference* 语义，让容器容纳元素的 reference。

STL 只支持 value 语义，不支持 reference 语义。这当然是利弊参半。好处是：

- 复制元素很简单。
- 使用 reference 时容易导致错误。你必须确保 reference 所指对象仍然健在，并须小心对付偶尔出现的环式指向（circular reference）状态。

缺点是：

- 复制元素可能会导致不良的效率；有时甚至无法复制。
- 无法在数个不同的容器中管理同一份对象。

现实中你同时需要两种做法。你不但需要一份独立（于原先对象）的拷贝（此乃 value 语义），也需要一份代表原数据、但能相应改变原值的拷贝（此乃 reference 语义）。不幸的是，C++ 标准库不支持 reference 语义。不过我们可以利用 value 语义实现 reference 语义。

一个显而易见的方法是以 pointer 作为元素。[14] 然而寻常的 pointer 有些常见问题，例如它们指向的对象也许不复存在，pointer 之间的“比较”行为也未必如你预期，因为实际比较的是 pointer 而非其所指对象。所以使用寻常 pointer 作为容器元素，必须非常谨慎。

好一点的办法是使用某种 *smart pointer*，那是一种对象，有着类似 pointer 的接口，但内部做了一些额外检查和处理。事实上自 TR1 起，C++ 标准库提供了 class `shared_ptr`，这是个“可以共享相同对象”的 smart pointer（见 5.2.1 节第 76 页）。此外，你可以使用 class `std::reference_wrapper<>`（见 5.4.3 节第 132 页）让 STL 容器持有 reference。7.11 节第 388 页为两种做法提供了一些例子。

6.12 STL 内部的错误和异常

差错是无可避免的，也许是程序（或程序员）引起的逻辑性错误（logical error），也许是程序运行时的环境或背景（例如内存不足）所引起的运行期错误（runtime error）。这两种错误都能够经由异常（exception）被处理。本节讨论 STL 内部如何处理错误和异常。

---

[14] C 程序员或许能认可“以 pointer 实现 reference 语义”的手法。因为 C 语言的函数实参只能 passed by value（按值传递），因此需要借由 pointer 才能实现所谓的 call-by-reference。

6.12.1 错误处理（Error Handling）

STL 的设计宗旨是效能优先，安全次之。差错检查相当花时间，所以 STL 中几乎没有它的踪影。如果你能正确无误地编写程序，自然很好。如果你不行，那就大难临头了。C++ 标准库接纳 STL 之前，对于是否应该加入更多的错误检验，曾有过讨论。大部分人决定不加入，原因有二：

1. 错误检验会降低效率，而速度始终是程序的总体目标。刚刚提过，良好的效率是 STL 的设计目标之一。
2. 如果你认为安全重于效率，还是可以如愿：或增加一层包装（wrapper），或使用 STL 特殊版本。但是，一旦错误检验被放进所有基本动作内，再想消除它们以获得高效率，可就没辙了。举个例子，如果每一个 subscript（下标）操作符都对索引范围进行合法性检验，你就无法撰写不做检验的版本。反过来则可以。

所以，错误检验是可行的，但并不是 STL 的内在条件。

C++ 标准库指出，对于 STL 的任何运用，如果违反规则，将导致不明确的行为。因此如果索引、迭代器、区间范围不合法，结果将不明确。如果你使用的 STL 并非安全版本，通常会导致不明确的内存访问，这可能导致难缠的副作用，甚至导致全盘崩溃。从这个意义上说，STL 和 C pointer 一样容易引发错误。寻找这样的错误是非常困难的，尤其当你缺乏一个 STL 安全版本时，更是如此。

具体地说，使用 STL，必须满足以下要求：

- 迭代器务必合法而有效。例如你必须在使用它们之前先将它们初始化。注意，迭代器可能会因为其他动作的副作用而变得无效。例如：
  - 对 vector 和 deque 而言，一旦发生元素的安插、删除或重新分配。
  - 对无序容器而言，一旦发生 rehashing（重新散列）。
- 迭代器如果指向“逾尾”（past-the-end）位置，它并不指向任何对象，因此不能对它调用 operator * 或 operator ->。这一点适用于任何容器的 `end()`、`cend()` 和 `rend()` 所返回的迭代器。
- 区间（range）必须是合法的：
  - 用以“指出某个区间”的前后两迭代器，必须指向同一个容器。
  - 从第一个迭代器出发，必须可以到达第二个迭代器所指位置。
- 如果涉及的区间不止一个，第二区间及后继各区间必须拥有“至少和第一区间一样多”的元素。
- 覆写（overwritten）动作中的“标的区间”（destination range）必须拥有足够元素，否则就必须采用 insert iterator（插入型迭代器）。

以下实例展示了若干可能发生的错误：

```
// stl/iterbug.cpp

#include <vector>
#include <algorithm>
using namespace std;

int main()
{
    vector<int> coll1;    // empty collection
    vector<int> coll2;    // empty collection

    // RUNTIME ERROR:
    // - beginning is behind the end of the range
    vector<int>::iterator pos = coll1.begin();
    reverse (++pos, coll1.end());

    // insert elements from 1 to 9 into coll1
    for (int i=1; i<=9; ++i) {
        coll1.push_back (i);
    }

    // RUNTIME ERROR:
    // - overwriting nonexisting elements
    copy (coll1.cbegin(), coll1.cend(),  // source
          coll2.begin());                // destination

    // RUNTIME ERROR:
    // - collections mistaken
    // - cbegin() and cend() refer to different collections
    copy (coll1.cbegin(), coll2.cend(),  // source
          coll1.end());                  // destination
}
```

注意，这些差错发生在运行期间而非编译期间，导致不明确的行为。

误用 STL 的方法有百千种，STL 没有义务预防你的各种可能不慎。因此，在软件开发阶段使用“安全版本”的 STL 是个好主意。第一个 STL 安全版本由 Cay Horstmann 开发（见 [*SafeSTL*]），另一个例子是 STLport，你可以从 [*STLport*] 免费下载它，并可应用于任何平台。此外，许多程序库供应商如今也提供一些标志（flag）让我们能够启动安全模式——开发阶段特别应该如此。[15]

[15] 例如，gcc 就为此提供了 -D_GLIBCXX_DEBUG 选项。

6.12.2 异常处理（Exception Handling）

STL 几乎不检验逻辑错误。所以逻辑问题几乎都不会引发 STL 产生异常。事实上，C++ standard 只要求两个函数必要时直接引发异常：成员函数 `at()`（它是下标操作符的受验版本）以及 `reserve()`（如果传入的元素个数超过 `max_size()`）。此外，C++ standard 要求，只有寻常的（标准的）异常才可以发生，例如因内存不足而引发的 `bad_alloc`，或因客户自定义之操作行为而引发的异常。

异常何时发生？异常一旦发生对 STL 组件有何影响？在 C++98 标准化过程中的很长时间里，并未对此问题定义出相关的行为规范。事实上每一个异常都会引发不明确行为。如果执行某项操作的过程中抛出异常，即使容器马上析构，也会导致不明确行为，说不定程序整体崩解。因此，如果你需要的是保证的、确定的行为，STL 无能为力，它甚至有可能无法在异常发生时正确执行堆叠辗转开解（stack unwinding）。

如何处理异常，这是标准化过程中最晚期的几个讨论题之一。找到好的解决方法可不容易，而且花了很长时间，因为：

1. 很难确定 C++ 标准库究竟该提供怎样的安全程度。你大概认为应该尽可能提供最佳安全性。例如你可能觉得，对着 vector 中的任何位置插入一个新元素，要么成功，要么应该不产生任何效果。然而把后继元素向后移动以空出位置容纳新元素，这种行为通常会导致异常，而且无法复原。如果想要达成上述提出的目标，安插动作就必须把 vector 的*每一个*元素复制到新位置去，这对效率是莫大的折损！如果优异效能是设计目标之一（就像 STL ），你绝对无法完美处理所有异常状况，你必须在效率和安全之间寻求某种妥协。
2. 毫无疑问，面对异常的出现，“拥有保证而明确的行为且不至于遭受重大效率损失”比起“异常可能带来系统崩溃的风险”，当然较佳。然而这里存在着一种顾虑：处理异常的各种代码一旦出现，很可能对效率有不利影响。这和“达成最佳效率”的设计目标互相抵触。在 C++98 标准化过程中，编译器作者说，原则上可以“不付出任何重大的效率代价”而实现出异常处理。然而事实却证明，异常明细（exception specification）有可能引发效率损失，所以它们在 C++11 中被 `noexcept` 取代了（见 3.1.7 节第 24 页）。

经过种种讨论，C++ 标准库就“异常发生时的安全性”提供了以下*基本保证*：[16] C++ 标准库面对异常时保证不发生资源泄漏，也不会与容器的恒常特性（container invariant）发生抵触。

遗憾的是很多时候这还不够，你需要更强的保证，保证当异常被抛出时，进行中的操作不产生任何效果。以异常的观点来看，这种操作可被视为*原子的*（atomic）。借用数据库领域的术语，这些操作支持所谓*提交或回滚二选一*（commit-or-rollback）行为，又称为*事务安全*（transaction safe）。

[16] 特别感谢 Dave Abrahams 和 Greg Colvin 对于 C++ 标准库的异常安全问题所做的贡献，以及在这个主题上对我的帮助。

考虑到强烈的需求，C++ 标准库如今做出以下保证：

- 一般而言，没有任何 `erase()`、`clear()`、`pop_back()`、`pop_front()` 或 `swap()` 函数会抛出异常。也没有任何被返回的迭代器的 copy 构造函数或 assignment 操作符会抛出异常。
- 对于所有以节点为构造基础（*node-based*）的容器如 list、set、multiset、map 和 multimap，以及无序容器，如果节点构造失败，容器将保持不变。移除节点的动作保证不会失败（当然你得保证析构函数不得抛出异常）。然而，如果是对关联式容器插入多个元素，为保证已排序（sorted），失败时无法完全恢复原状。所有对关联式容器"插入单一元素"的操作，支持 commit-or-rollback 行为。也就是说，要么成功，要么就不产生任何效果。此外，所有擦除（erase）操作，无论是针对单一元素或针对多重元素，肯定会成功。

  面对 list，就算同时插入多个元素，这个操作也是属于事务安全的（transaction safe）。事实上，list 的所有操作，除了 `remove()`、`remove_if()`、`merge()`、`sort()` 和 `unique()` 之外，要么成功，要么就不产生任何效果（commit-or-rollback）。至于上述各函数，C++ 标准库也提供了有条件的保证。所以，如果你需要一个 transaction-safe 容器，就用 list 吧。

  Forward list 的 `insert_after()`、`emplace_after()` 和 `push_front()` 也都是事务安全的。
- 所有以 *array* 为构造基础（*array-based*）的容器如 `array`、vector 和 deque，安插元素时如果失败，都不可能做到完全回滚。要达到完全回滚，就必须在安插动作之前复制所有（安插点之后的）后继元素。而且为了实现复制动作的完全回滚，需要耗费大量时间。不过由于 push 和 pop 这两个操作在容器尾端执行，不需复制任何既有元素，所以万一发生异常，这两个操作可以保证容器恢复原状。此外，如果元素的类型能够保证复制动作（也就是 copy 构造函数和 assignment 操作符）不抛出异常，则所有加诸该种元素身上的操作都能够保证"要么成功，要么毫无影响"。

注意，所有这些保证都有一个前提：析构函数不得抛出异常（C++ 中通常如此）。C++ 标准库做了这个承诺，身为应用程序开发人员的你，也得做出相同承诺。

如果你需要具备"完全 commit-or-rollback 能力"的容器，应当使用 list（但不要调用或特别处理它的 `remove()`、`remove_if()`、`merge()`、`sort()` 和 `unique()`），或使用任何关联式容器（但不要对它执行多重元素安插操作）。当你使用它们，可确保不会"在任何修改动作之前"先复制元素（为求数据不遗失）——要知道，对一个容器而言，复制动作极可能代价高昂。

如果你不使用以节点为构造基础（node-based）的容器，但又希望获得"完全 commit-or-rollback 能力"，只好自己动手为每一个关键操作提供一份外覆器（wrapper）了。举个例子，以下函数对任何容器而言，几乎都可以安全地将元素安插于某特定位置上：

```
template <typename T, typename Cont, typename Iter>
void insert (Cont& coll, const Iter& pos, const T& value)
{
    Cont tmp(coll);                  // copy container and all elements
    try {
        coll.insert(pos,value);      // try to modify the copy
    }
    catch (...) {                    // in case of an exception
        coll.swap(tmp);              // - restore original container
        throw;                       // - and rethrow the exception
    }
}
```

注意刚才我的用词，我说“几乎”，因为这个函数仍然未臻完美。当 `swap()` 针对关联性容器复制“比较准则（comparison criterion）”时如果发生异常，`swap()` 便会抛出异常。这下你明白了吧，想完美处理异常是多么不容易！

6.13 扩展 STL

STL 被设计成一个框架（framework），可以向任何方向扩展。

6.13.1 整合更多 Type

你可以提供自己的容器、迭代器、算法或函数对象，前提是它们必须满足某些条件。事实上，C++ 标准库欠缺某些有用的扩充。之所以会这样是因为，在某一时间点，委员会必须停止为它加入新性质，把心力集中在完善既有成分上。否则工作永无休止。这就是 hash table 没有能够成为 C++98 的一部分的原因。

上述“有用的扩充”可以是迭代器（见 9.6 节第 471 页或 14.3 节第 726 页）、容器（见 7.10 节第 385 页）、算法（见 7.6.2 节第 308 页或 9.5.1 节第 468 页）。注意，所有这些扩充都遵循泛型编程（generic programming）原则：

- 凡是行为像容器的东西，它就是个容器。
- 凡是行为像迭代器的东西，它就是个迭代器。

因此，每当你有一个“像容器”的 class，你就可以借由提供相应接口（`begin()`、`end()` 和若干类型定义等）把它整合到 STL 框架中。如果你无法为这样的 class 添加成员，你还是可以提供一个外覆器（wrapper class），由它来提供相应的迭代器。

然而请注意，有些“像容器”的对象其实并未符合 STL 概念。例如，STL 容器必须具备一个起点和一个终点，这就让环式容器（circular container）如 ring buffer 之流很难融入 STL 框架。

7.1.2 节第 254 页列出了所有容器的共通操作，并标记出 STL 容器绝对必须具备者。然而，请注意，这并不意味着符合所有条件才算是匹配、吻合 STL 框架。只履行其中部分条件，往往也就足够让某些（但非全部）行为可以有效运作。甚至某些标准 STL 容器也违反 STL 容器条件。例如 `forward_list` 就不提供 `size()`，`array` 也未实现“被 default 构造函数初始化的 STL 容器是个空容器”这样的一般条件。

6.13.2 派生自 STL Type

另一个问题是，你是否可以借由“派生自 STL type 并为它们添加行为”来扩充它们。可惜的是往往不可能。基于效率考虑，所有 STL class 都不带 virtual 函数，也因此不在 public 继承中提供多态（polymorphism）。如果要为容器添加新行为，你应该定义一个新 class，其内使用 STL class 或是以 private 方式继承 STL class。

第7章
STL 容器

延续第 6 章以来的讨论，本章详细讨论 STL 容器。首先对所有容器共通的能力和操作进行概览，然后详细讲解每一个容器，包括内部数据结构、各种操作和其效率表现。如果某些操作值得深究，我还会给出相应的实例。每个例子都展示容器的典型用法。本章还讨论一个有趣的问题：各种容器的使用时机。比较各种容器的能力、优点和缺点之后，你便会了解如何选择最符合需求的容器。

第 8 章可视为本章的后续补充，我在那儿详细介绍所有容器的成员、类型和操作函数。

C++ 标准库还提供了一些特殊的容器类——所谓*容器适配器*（container adapter，包括 stack、queue、priority queue），此外有些 class 亦提供了与容器相仿的接口（如string、bitset 和 valarray）。这些容器分布于本书各部分：[1] 容器适配器和 bitset 安排在第 12 章，string 的 STL 接口安排在 13.2.14 节第 684 页，valarray 安排在 17.4 节第 943 页。

[1] 从历史沿革来看，容器适配器是 STL 的一部分。然而从概念角度观之，它们并不属于 STL 框架，它们“只是使用” STL。

7.1 容器的共通能力和共通操作

7.1.1 容器的共通能力

本节讲述 STL 容器的共通能力。其中大部分都是必要条件，所有 STL 容器都必须满足它们。三个最核心的能力是：

1. 所有容器提供的都是“value 语义”而非“reference 语义”。容器进行元素的安插动作时，内部实施的是 copy 和/或 move 动作，而不是管理元素的 reference。因此理想上 STL 容器的每个元素都必须能够被 copied 和 moved。如果你想要存放的对象不具有 public copy 构造函数，或如果你要的不是复制（如复制动作花费太多时间，或你要的是被多个容器共享的元素），那么你就只能使用 move 操作，要么容器元素就必须是 pointer 或“用以指向对象”的 pointer object。7.11 节第 388 页有个例子，使用 shared pointer 获取 reference 语义。
2. 元素在容器内有其特定顺序。每一种容器都会提供若干“返回迭代器”的操作函数，这些迭代器可用来遍历各个元素。这是 STL 算法的关键接口。如果你在元素之间迭代多次，你会获得相同的次序，前提是不曾安插或删除元素。这甚至对无序（unordered）容器也适用——只要你不调用那种会增加或删除元素的操作，或强迫内部重整。
3. 一般而言，各项操作并非绝对安全，也就是说它们并不会检查每一个可能发生的错误。调用者必须确保传给操作函数的实参符合条件。违反条件（例如使用非法索引）会导致不明确的行为，那就是说任何事情都有可能发生。

   通常 STL 自己不会抛出异常。如果 STL 容器调用的用户自定义操作（user-defined operation）抛出异常，行为各异。详见 6.12.2 节第 248 页。

7.1.2 容器的共通操作

C++ standard 具体指定了一系列容器共通要求，适用于所有 STL 容器。然而由于 C++11 带来了容器的多样化，因此可能出现若干例外；某些容器也许并不满足所有这些总体性的容器条件，而又有其他一些操作是全体容器都提供的。表7.1和表7.2列出了（几乎）所有容器共通的操作，其中的**必要**列表示某个操作是否为总体性容器条件（general container requirement）的一部分。后续各小节分别探讨这些共通操作。

初始化（Initialization）

每个容器类都提供了一个 default 构造函数、一个 copy 构造函数和一个析构函数。你可以以某个已知区间的内容作为容器初值，自 C++11 起你也可以指定一个初值列（initializer list）。

操作	必要	效果
ContType c	是	Default 构造函数，建立一个未含任何元素的空容器（array<> 将获得默认元素）
ContType c(*c2*)	是	Copy 构造函数，建立一个新容器成为 *c2* 的拷贝（复制所有元素）
ContType c = *c2*	是	Copy 构造函数，建立一个新容器成为 *c2* 的拷贝（复制所有元素）
ContType c(*rv*)	是	Move 构造函数，建立一个新容器，取 rvalue *rv* 的内容为初值（始自 C++11；不适用于 array<>）
ContType c = *rv*	是	Move 构造函数，建立一个新容器，取 rvalue *rv* 的内容为初值（始自 C++11；不适用于 array<>）
ContType c(*beg*,*end*)	–	建立一个容器，以 [*beg*,*end*) 区间内的所有元素拷贝为初值（不适用于 array<>）
ContType c(*initlist*)	–	建立一个容器，并以初值列 *initlist* 的拷贝为初值（始自 C++11；不适用于 array<>）
ContType c = *initlist*	–	建立一个容器，并以初值列 *initlist* 的拷贝为初值（始自 C++11）
c.~*ContType*()	是	删除所有元素，释放内存（如果可能的话）
c.empty()	是	判断容器是否为空（相当于 size()==0，但可能更快）
c.size()	是	返回容器中的元素数量（不适用于 forward_list<>）
c.max_size()	是	返回元素的最大可能数量
c1 == *c2*	是	判断是否 *c1* 等于 *c2*
c1 != *c2*	是	判断是否 *c1* 不等于 *c2*，相当于 !(*c1*==*c2*)
c1 < *c2*	–	判断是否 *c1* 小于 *c2*（不适用于 unordered 容器）
c1 > *c2*	–	判断是否 *c1* 大于 *c2*，相当于 *c2*<*c1*（不适用于 unordered 容器）
c1 <= *c2*	–	判断是否 *c1* 小于等于 *c2*，相当于 !(*c2*<*c1*)（不适用于 unordered 容器）
c1 >= *c2*	–	判断是否 *c1* 大于等于 *c2*，相当于 !(*c1*<*c2*)（不适用于 unordered 容器）
c = *c2*	是	将 *c2* 的所有元素赋值给 c
c = *rv*	是	将 rvalue *rv* 以 move assign 方式赋予 c（始自 C++11；不适用于 array<>）
c = *initlist*	–	将初值列 *initlist* 中的所有元素赋值给 c（始自 C++11；不适用于 array<>）
c1.swap(*c2*)	是	置换 *c1* 和 *c2* 的数据
swap(*c1*,*c2*)	是	同上，是个全局函数

表 7.1 （几乎所有）容器类的共通操作，第一部分

操作	必要	效果
c.begin()	是	返回一个 iterator，指向第一元素
c.end()	是	返回一个 iterator，指向最末元素的下一位置
c.cbegin()	是	返回一个 const iterator，指向第一元素（始自 C++11）
c.cend()	是	返回一个 const iterator，指向最末元素的下一位置（始自 C++11）
c.clear()	–	移除所有元素，令容器为空；不适用于 array<>

表 7.2 （几乎所有）容器类的共通操作，第二部分

针对初值列（initializer list，见 3.1.3 节第 15 页）而写的构造函数，提供了一种“指明初值”的便捷办法，这对于常量容器的初始化特别有用：

```
// initialize a vector with some specific values (since C++11)
const std::vector<int> v1 = { 1, 2, 3, 5, 7, 11, 13, 17, 21 };

// same with different syntax
const std::vector<int> v2 { 1, 2, 3, 5, 7, 11, 13, 17, 21 };

// initialize an unordered set with ‘‘hello’’ and two empty strings
std::unordered_set<std::string> w = { "hello", std::string(), "" };
```

array<> 容器对于初值列的使用存在某些特殊规则（详见 7.2.1 节第 262 页）。

“针对某个给定区间”而写的构造函数，提供的是以来自“另一容器”或“C-style array”或“标准输入”的元素为初值的能力。这个构造函数是个 member template（见 3.2 节第 34 页），所以不只容器不同，连元素类型都可以不同，前提是“来源端的元素类型”和“目标端的元素类型”之间必须存在一个自动转换机制。举几个例子：

- 以另一容器的元素为初值，完成初始化动作：

```
std::list<int> l;          // l is a linked list of ints
...
// copy all elements of the list as floats into a vector
std::vector<float> c(l.begin(),l.end());
```

  自 C++11 起你也可以在这种情况中使用一个 move 迭代器（见 9.4.4 节第 466 页）来搬移元素：

```
std::list<std::string> l;  // l is a linked list of strings
...
// move all elements of the list into a vector
std::vector<std::string> c(std::make_move_iterator(l.begin()),
                           std::make_move_iterator(l.end()));
```

- 以某个寻常 C-style array 的元素为初值，完成初始化动作：

  ```
  int carray[] = { 2, 3, 17, 33, 45, 77 };
  ...
  // copy all elements of the C-style array into a set
  std::set<int> c(std::begin(carray),std::end(carray));
  ```

  作用于 C-style array 身上的 `std::begin()` 和 `std::end()` 乃是自 C++11 开始才被定义于 `<iterator>`。在 C++11 之前你必须这样调用：

  ```
  std::set<int> c(carray,carray+sizeof(carray)/sizeof(carray[0]));
  ```

- 以标准输入设备完成初始化动作：

  ```
  // read all integer elements of the deque from standard input
  std::deque<int> c{std::istream_iterator<int>(std::cin),
                    std::istream_iterator<int>()};
  ```

  注意，你应该使用新式的一致性初始化语法（uniform initialization syntax），也就是使用大括号（见 3.1.3 节第 15 页），否则就需要额外的小括号环绕着初始化器（initializer）实参：

  ```
  // read all integer elements of the deque from standard input
  std::deque<int> c((std::istream_iterator<int>(std::cin)),
                    (std::istream_iterator<int>()));
  ```

  如果没有额外的小括号，很难清楚明确地指示某些东西，那么你或许会因为以下语句而获得一些奇奇怪怪的警告或报错信息：

  ```
  std::deque<int> c(std::istream_iterator<int>(std::cin),
                    std::istream_iterator<int>());
  ```

  这种情况下 c 被视为一个“返回 `deque<int>`”的函数，其第一参数的类型是 `istream_iterator<int>`，参数名为 `cin`，第二参数无名称，类型是“一个函数，不接受任何实参，返回类型为 `istream_iterator<int>`”。以上结构不论作为声明式或表达式，语法都正确。根据 C++ 规则它将被视为声明式。只要加上一对括号，便可迫使初始化器（initializer）不符合声明式语法[2]，也就消除了悬念。

还有一些操作，可支持从另一区间获取数据、赋值、插入元素。不过这些操作的精确接口在各容器中彼此不同，带有不同的附加实参。

最后要说的是，自 C++11 起你可以使用一个 move 构造函数（见 3.1.5 节第 21 页）将容器初始化（如果容器是 `array<>`，这个构造函数已经备妥）：

```
std::vector<int> v1;
...
// move contents of v1 into v2, state of v1 undefined afterward
std::vector<int> v2 = std::move(v1);
```

于是新建容器将拥有“被指定为初值”的那个容器的元素，而被当作初值的那个容器的内容此后将不再明确。这样的构造函数可显著提升效率，因为在容器内部，元素被搬移的方式将会是

[2] 感谢 EDG 的 John H. Spicer 给予的说明。

“调动某些 pointer”而非“逐一复制元素”。所以任何时候只要你不再需要某个容器，而它又将被复制，就该使用 move 构造函数。

赋值（Assignment）和 swap()

当你对着容器赋予元素时，来源容器的所有元素被复制到目标容器内，后者原本的元素全被移除。所以，容器的赋值动作代价相对高昂。

自 C++11 起，你可以使用 move assignment 语义（见 3.1.5 节第 21 页）取代上述行为。所有容器都提供 move assignment 操作符（`array<>` 也已备妥它们），针对 rvalue 而声明，其内部行为只是将 pointer（指向 value 所在之内存）交换而已，并不复制所有 value。其实 C++11 并没有指明精确行为，只保证它拥有常量复杂度，而现实往往就是上述做法。C++ 标准库仅仅指出，在一个 move assignment 之后，赋值操作的左侧容器将拥有右侧容器的所有元素。至于右侧容器的内容，此后将不明确（不保证任何事情）：

```
std::vector<int> v1;
std::vector<int> v2;
...
// move contents of v1 into v2, state of v1 undefined afterward
v2 = std::move(v1);
```

所以，基于效率考虑，如果赋值后右侧容器的内容不再被使用，你应该使用这种赋值法。

此外，自 C++98 开始，所有容器都提供成员函数 `swap()`，用来置换两容器的内容。事实上它只是置换若干内部 pointer，它们被用来指向数据（如元素、分配器〔allocator〕、排序准则〔sorting criterion〕等等）。所以 `swap()` 保证常量复杂度，不像 copy assignment 是线性复杂度。容器的迭代器和用以指向元素的 reference，都“密切紧盯”被置换的元素。因此 `swap()` 之后原本存在的迭代器和 reference 都仍然指向原先所指的元素，只不过那些元素如今位于另一个容器中了。

注意，`array<>` 容器的 `swap()` 行为略有不同。由于它无法只是内在置换 pointer，所以其 `swap()` 拥有线性复杂度，而且原本存在的迭代器和 reference 在 swap 发生之后，指向的是同一容器中的不同元素。

与大小相关的操作函数（Size Operation）

所有容器都提供三个与大小相关的操作函数：

1. **empty()** 是 `size()==0` 的一个快捷形式。empty() 的实现可能比 `size()==0` 更有效率，你应该尽可能使用它。
2. **size()** 返回当前容器的元素数量。
3. **max_size()** 返回容器所能容纳的最大元素数量。其值因实现版本的不同而异。例如 vector 通常保有一个内存区块的全部元素，所以在 PC 上可能会有相关限定。max_size() 通常返回索引类型的最大值。

比较（Comparison）

除了无序（unordered）容器，常用的比较操作符 ==、!=、<、<=、> 和 >= 都依据以下三个规则被定义出来：

1. 比较动作的两端（两个容器）必须属于同一类型。
2. 如果两个容器的所有元素依序相等，那么这两个容器相等。操作符 == 被用来检查元素是否相等。
3. 采用“字典式（lexicographical）比较”来判断某个容器是否小于另一容器（见 11.5.4 节第 548 页）。

无序（unordered）容器只定义操作符 == 和 !=，当容器内的每一个元素在另一容器内有相等元素，这些操作就返回 true。元素次序无关紧要，因为它们是无序容器。

由于无序容器没有提供操作符 <、<=、> 和 >=，所以只有 == 和 != 是容器共通条件。在 C++11 之前，容器必须提供所有的比较操作符，但自 C++11 起有了一份所谓“选择性的容器条件”（optional container requirement）表，其中涵盖了上述四个比较操作符。

若要比较两个不同类型的容器，必须使用 STL 比较算法，详见 11.5.4 节第 542 页。

元素访问（Element Access）

所有容器都提供迭代器接口，意思是它支持 range-based for 循环（见 3.1.4 节第 17 页）。因此，自 C++11 开始，最容易访问所有元素的办法如下：

```
for (const auto& elem : coll) {
    std::cout << elem << std::endl;
}
```

如果想要涂改元素，就不要写出 const：

```
for (auto& elem : coll) {
    elem = ...;
}
```

如果想要指定位置而后在其上进行某种操作（如安插、删除或搬移元素），永远可以使用由 cbegin() 和 cend() 产出的迭代器进行只读操作（read-only access）：

```
for (auto pos=coll.cbegin(); pos!=coll.cend(); ++pos) {
    std::cout << *pos << std::endl;
}
```

亦永远可以使用 begin() 和 end() 产出的迭代器进行涂写操作（write access）：

```
for (auto pos=coll.begin(); pos!=coll.end(); ++pos) {
    *pos = ...;
}
```

在 C++11 之前（现在也仍然可以）你必须明白声明迭代器类型用于只读，如下：

```
colltype::const_iterator pos;
for (pos=coll.begin(); pos!=coll.end(); ++pos) {
    ...;
}
```

或用于涂写，如下：

```
colltype::iterator pos;
for (pos=coll.begin(); pos!=coll.end(); ++pos) {
    ...;
}
```

如果其他元素被删除，所有容器（除了 vector 和 deque）都保证迭代器以及用以指向元素的 reference 继续保持有效。但对于 vector，只有删除点之前的元素才保持有效。

如果你以 clear() 移除所有元素，对 vector、 deque 和 string 而言，任何由 end() 或 cend() 返回的逾尾（past-the-end）迭代器都可能失效。

如果你安插元素，只有 list、 forward list 和关联式容器保证原本的迭代器和用以指向元素的 reference 继续保持有效。对 vector 而言，这份保证只有当安插动作不超出容量才成立。至于无序（unordered）容器，上述保证对于 reference 一般是成立的，但对于迭代器则只有当“不发生 rehashing”才成立，而只要安插后的最终元素总数小于 bucket 个数乘以最大负载系数，就不会发生 rehashing。

7.1.3 容器提供的类型

所有容器都提供表7.3列出的共通类型。

类型	必要	效果
size_type	是	“用来表现容器大小”的无正负号整数类型
difference_type	是	带正负号的差距值（difference value）的类型
value_type	是	元素的类型
reference	是	元素的 reference 的类型
const_reference	是	常量元素的 reference 的类型
iterator	是	Iterator 的类型
const_iterator	是	“指向只读元素”的 iterator 的类型
pointer	–	“指向元素”的 pointer 的类型（始自 C++11）
const_pointer	–	“指向只读元素”的 pointer 的类型（始自 C++11）

表 7.3 所有容器类都提供的类型定义

7.2 Array

一个 array ——也就是容器类 array<> 的一份实体——模塑出一个 static array。它包覆一个寻常的 static C-style array 并提供一个 STL 容器接口（如图7.1所示）。观念上所谓 array 是指一系列元素，有着固定大小。因此你无法借由增加或移除元素而改变其大小。它只允许你替换元素值。

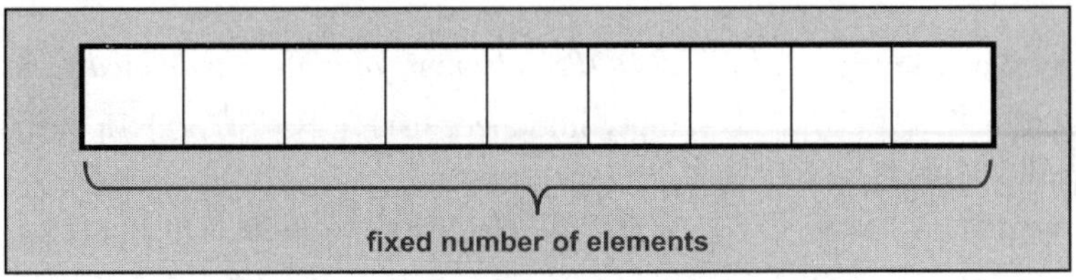

图 7.1 Array 的结构

Class array<> 自 TR1 起被引入 C++ 标准库，其概念是在 C-style array 身上包覆一个有用的 class。它比寻常的 array 安全，而且效率并没有因此变差。

为使用这样的 array，首先你必须包含头文件 <array>：

```
#include <array>
```

该类型被定义为一个 class template，位于命名空间 std 中：

```
namespace std {
    template <typename T, size_t N>
    class array;
}
```

Array 的元素可属于任何被指明的类型 T。

第二个 template 参数用来指出这个 array 在其生命期中拥有的元素个数。因此 size() 的结果总是 N。

Array 并不支持（也就是不允许你指定）分配器（allocator）。

7.2.1 Array 的能力

Array 会把元素复制到其内部的 static C-style array 中。这些元素总是拥有一个明确次序。因此 array 是一种有序（*ordered*）集合。Array 允许随机访问，也就是你可以在常量时间内直接访问任何元素，前提是你知道元素位置。Array 的迭代器属于随机访问（random-access）迭代器，所以你可以对它运用任何 STL 算法。

如果你需要一个有固定元素量的序列， class array<>将带来最佳效能，因为内存被分配于 stack 中（如果可能的话），绝不会被重分配（reallocation），而且你拥有随机访问能力。

初始化（Initialization）

关于初始化，class array<> 有若干独特语义。第一个例子是，default 构造函数并非建立一个空容器，因为容器的元素个数是个常量，取决于其第二 template 参数，并且在整个生命期间不变。

注意，array<>是唯一一个“无任何东西被指定为初值时，会被*预初始化*（default initialized）”的容器。这意味着对于基础类型，初值可能不明确，而不是 0（见 3.2.1 节第 37 页）。例如：

```
std::array<int,4> x;             // OOPS: elements of x have undefined value
```

你可以为它提供一个空白初值列（empty initializer list），这种情况下所有元素保证被初始化，于是对基础类型而言元素*初值为 0*：

```
std::array<int,4> x = {};        // OK: all elements of x have value 0 (int())
```

原因是虽然array<>似乎为初值列提供了一个构造函数，其实并没有。反倒是array<>满足了聚合体（aggregate）的要求。[3] 因此，甚至C++11之前你也可以在 array 被建立时以初值列来设定 array：

```
std::array<int,5> coll = { 42, 377, 611, 21, 44 };
```

初值列中的元素必须拥有相同类型，或其类型必须能被转换为 array 所定义的元素类型。

如果初值列内没有足够元素，array 的元素会经由其类型的 default 构造函数初始化。这种情况下对基础类型而言，其元素保证被初始化为 0。例如：

```
std::array<int,10> c2 = { 42 }; // one element with value 42
                                // followed by 9 elements with value 0
```

如果初值列内的元素个数多过 array 的大小，这样的表达式就不对：

```
std::array<int,5> c3 = { 1, 2, 3, 4, 5, 6 };  // ERROR: too many values
```

由于没有提供针对初值列而写的构造函数或 assignment 操作符，因此“在 array 声明期间完成初始化”是使用初值列的唯一途径。基于这个原因，你无法使用小括号语法指明初值（此不同于其他容器类型）：

```
std::array<int,5> a({ 1, 2, 3, 4, 5, 6 });  // ERROR
std::vector<int>  v({ 1, 2, 3, 4, 5, 6 });  // OK
```

Class array<>是个聚合体（aggregate），这个事实意味着，用来保存所有元素的那个成员是 public。然而 C++ standard 并未明指其名称，因此对该 public 成员的任何直接访问都会导致不可预期的行为，也绝对不具移植性。

[3] 所谓聚合体（aggregate）是一个 array 或 class，不带用户提供的构造函数，也没有 private 或 protected 的 nonstatic 数据成员，也没有 base class，也没有 virtual 函数。

swap()和 Move 语义

就像所有其他容器一样，array<>提供swap()操作。因此你可以和一个相同类型的容器（元素类型和元素个数都相同）置换彼此的元素。然而请注意，array<>不能仅仅置换其内部 pointer。基于这个原因，swap()拥有线性复杂度并带来以下影响：iterator 和 reference 不会随着元素的置换而改变所指的容器。所以置换之后，iterator 和 reference 指向原本容器，但指向至不同的元素。

你可以采用 array 暗自（隐式）备妥的 move 语义。例如：[4]

```
std::array<std::string,10>  as1, as2;
...
as1 = std::move(as2);
```

大小（Size）

Array 大小为0是可能的，那就是个没有任何元素的 array。这种情况下begin()和end()，cbegin() 和 cend()，以及相应的反向迭代器（reverse iterator）会释出同一 value。然而 front() 和 back() 的返回值就不明确了：

```
std::array<Elem,0> coll;                 // array with no elements

std::sort(coll.begin(),coll.end());      // OK (but has no effect)

coll[5] = elem;                          // RUNTIME ERROR ⇒ undefined behavior
std::cout << coll.front();               // RUNTIME ERROR ⇒ undefined behavior
```

至于 data()，其返回值未有明确说明，意思是你可以将其返回值传至其他地方，只要你不提领（dereference）它。

7.2.2 Array 的操作

建立/复制/销毁（Create, Copy, and Destroy）

表7.4列出了 array 的构造函数和析构函数。由于 class array<>是个聚合体（aggregate），这些构造函数只是被暗自（隐式）定义出来。你可以建立 array 并且指定（或不指定）元素初值。 Default 构造函数在默认情况下将元素初始化，意味着基础类型的初值是不确定的。如果你使用一个初值列（initializer list）却没有传递足够元素，剩下的元素会被其 default 构造函数建立起来（基础类型的初值是0）。第 254 页7.1.2 节有一些关于“可能的初值”的评论。

再次提醒你，和其他容器不同，你不能对 array 的初值列（initializer list）使用小括号语法：

```
std::array<int,5> a({ 1, 2, 3, 4, 5 });  // ERROR
```

[4] 感谢 Daniel Krügler 提供这个例子。

操作	效果
`array<Elem,N> c`	Default 构造函数，建立一个 array 带有 default-initialized 元素
`array<Elem,N> c(c2)`	Copy 构造函数，建立另一个 array 的同型拷贝（所有元素都被复制）
`array<Elem,N> c = c2`	Copy 构造函数，建立另一个 array 的同型拷贝（所有元素都被复制）
`array<Elem,N> c(rv)`	Move 构造函数，取 rvalue *rv*的内容建立一个新 array（始自 C++11）
`array<Elem,N> c = rv`	Move 构造函数，取 rvalue *rv*的内容建立一个新 array（始自 C++11）
`array<Elem,N> c = initlist`	取初值列*initlist*的元素为初值，建立一个 array

表 7.4 Class array<>的构造函数

非更易型操作（Nonmodifying Operation）

表7.5列出了 array 的所有非更易型操作。第 254 页7.1.2 节另有讨论。

操作	结果
`c.empty()`	返回是否容器为空（相当于 `size()==0` 但也许较快）
`c.size()`	返回目前的元素个数
`c.max_size()`	返回元素个数之最大可能量
`c1 == c2`	返回 *c1* 是否等于 *c2*（对每个元素调用 ==）
`c1 != c2`	返回 *c1* 是否不等于 *c2*（相当于 `!(c1==c2)`）
`c1 < c2`	返回 *c1* 是否小于 *c2*
`c1 > c2`	返回 *c1* 是否大于 *c2*（相当于 `c2<c1`）
`c1 <= c2`	返回 *c1* 是否小于等于 *c2*（相当于 `!(c2<c1)`）
`c1 >= c2`	返回 *c1* 是否大于等于 *c2*（相当于 `!(c1<c2)`）

表 7.5 Class array<>的非更易型操作（Nonmodifying Operation）

赋值（Assignment）

表7.6列出了赋值操作。在 assignment 操作符之外，只可使用`fill()`赋新值给每一个元素，或使用`swap()`对另一个 array 置换元素值。如果使用操作符=和`swap()`，两个 array 必须具备相同类型，意思是二者的元素类型和大小都必须相同。

操作	结果
`c = c2`	将*c2*的所有元素赋值给`c`
`c = rv`	将 rvalue *rv*以 move assign 方式赋值给c的每一个元素（始自 C++11）
`c.fill(val)`	将*val*赋值给 array c的每一个元素
`c1.swap(c2)`	置换 *c1* 和 *c2* 的数据
`swap(c1,c2)`	置换 *c1* 和 *c2* 的数据

表 7.6　Class `array<>`的赋值操作（Assignment Operation）

注意，`swap()`不保证对 array 具备常量复杂度，因为 array 不可能在内部交换 pointer（见 7.2.1 节第 263 页）。取而代之的是，就好似算法`swap_ranges()`（见 11.6.4 节第 566 页），两个 array 的所有元素都接受新赋值。

事实上所有这些操作都调用元素类型所提供的 assignment 操作符。

元素访问（Element Access）

欲访问 array 内所有元素，你必须使用 range-based `for`循环（见第 17 页3.1.4 节），或者特定的操作函数或迭代器。此外，由于 array 提供了一个 tuple 接口，所以你也可以使用`get<>()`访问某个元素（详见 7.2.5 节第 268 页）。表7.7显示了 array 的所有“元素直接访问”操作。像过去 C/C++ 一样，第一个元素的索引是`0`，最末元素的索引是`size()-1`。也就是说，第*n*个元素的索引是*n*`-1`。对于 nonconstant array 这些操作会返回一个 reference 指向某元素。因此你可以使用这些操作来改动元素，前提是它不曾因为其他因素而被禁止。

操作	结果
`c[idx]`	返回索引 *idx* 所指的元素（不检查范围）
`c.at(idx)`	返回索引 *idx* 所指的元素（如果 *idx* 超出范围就抛出 range-error 异常）
`c.front()`	返回第一元素（不检查是否存在第一元素）
`c.back()`	返回最末元素（不检查是否存在最末元素）

表 7.7　Class `array<>`元素直接访问

对调用端而言，最重要的议题就是，这些操作函数是否执行了“范围检查”。好吧，只有`at()`执行“范围检查”。如果索引逾越范围，`at()`会抛出一个`out_of_range`异常（见 4.3 节第 41 页）。其他函数都不做检查。范围不正确（range error）会引发不明确行为。对于一个空`array<>`调用 operator `[]`、`front()`和`back()`总是会导致不明确行为。然而请注意，只有声明其大小为 0 它才是空的：

```
std::array<Elem,4> coll;        // only four elements!

coll[5] = elem;                 // RUNTIME ERROR ⇒ undefined behavior
std::cout << coll.front();      // OK (coll has 4 element after construction)
```

```
std::array<Elem,0> coll2;        // always empty
std::cout << coll2.front();      // RUNTIME ERROR ⇒ undefined behavior
```

所以，要么你就必须确保 operator [ ]所用的索引是合法的，要么就改用at()：

```
template <typename C>
void foo (C& coll)
{
    if (coll.size() > 5) {
        coll[5] = ...;           // OK
    }

    coll.at(5) = ...;            // throws out_of_range exception
}
```

注意，这段代码只在单线程环境中才 OK。在多线程环境中你需要同步机制（synchronization mechanism）用以防止在“检查大小”和“访问元素”之间coll被改动（详见 18.4.3 节第 984 页）。

迭代器相关函数（Iterator Function）

Array 提供了若干用以获取迭代器的常见操作（如表7.8所列）。Array 提供的是随机访问（random-access）迭代器（9.2 节第 433 页对迭代器的类别有一份讨论），因此原则上你可以对 array 运用任何STL算法。

操作	效果
c.begin()	返回一个 random-access iterator 指向第一元素
c.end()	返回一个 random-access iterator 指向最末元素的下一位置
c.cbegin()	返回一个 const random-access iterator 指向第一元素（始自 C++11）
c.cend()	返回一个 const random-access iterator 指向最末元素的下一位置（始自 C++11）
c.rbegin()	返回一个反向的（reverse） iterator 指向反向迭代的第一元素
c.rend()	返回一个反向的（reverse） iterator 指向反向迭代的最末元素的下一位置
c.crbegin()	返回一个 const reverse iterator 指向反向迭代的第一元素（始自 C++11）
c.crend()	返回一个 const reverse iterator 指向反向迭代的最末元素的下一位置（始自 C++11）

表 7.8　Class array<>的迭代器相关操作

这些迭代器的精确类型由实现决定。然而对 array 而言，begin()、cbegin()、end()和 cend()返回的迭代器往往是寻常 pointer，这很好，因为array<>内部使用一个 C-style array 存放元素，并使用寻常 pointer 提供 random-access 迭代器接口。然而你不可依赖“迭代器是寻常 pointer”这一事实。举个例子，如果你用的是安全版STL（会检查区间差错和其他潜在问题)，那么 array 的迭代器类型往往会是一个辅助 class。9.2.6 节第 440 页提出在“iterator 被实现为 pointer”和“iterator 被实现为 class”之间有一些令人头痛的差异。

只要 array 保持有效，其迭代器也就保持有效。然而不同于任何其他容器，swap()乃是将新值赋予 iterator、reference 和 pointer 指向的元素身上。

7.2.3 把array当成 C-Style Array

就像对待 class vector<>一样，C++ 标准库保证array<>的所有元素一定位于连续且相邻的内存内。于是你可以预期，对于 array a的任何有效索引i，以下结果必为true：

```
&a[i] == &a[0] + i
```

这一保证带来某些重要结果。它意味着，无论何处，只要你可以使用寻常的 C-style array，你就可以使用array<>。例如你可以使用 array 持有寻常的 C-string（类型为char*或const char*）的数据：

```
std::array<char,41> a;              // create static array of 41 chars

strcpy(&a[0],"hello, world");       // copy a C-string into the array
printf("%s\n", &a[0]);              // print contents of the array as C-string
```

然而，注意，如果想直接访问 array 的元素，你不一定要用表达式&a[0]，因为成员函数data()也具备相同用途：

```
std::array<char,41> a;              // create static array of 41 chars

strcpy(a.data(),"hello, world");    // copy a C-string into the array
printf("%s\n", a.data());           // print contents of the array as C-string
```

当然，以此种方式使用array<>，你必须小心谨慎（就像你使用寻常的 C-style array 和 pointer 时也总是必须小心谨慎）。举个例子，你必须确保 array 的大小足够容纳被复制进来的数据，而且如果你把其中的内容当作一个 C-string 来看，你必须放置一个'\0'元素于尾端。然而这个例子告诉你，无论何时，无论什么理由，当你需要一个元素类型为T的 array（也许是为了一个既有的 C 程序库），你可以使用array<>（或vector<>）并在任何需要寻常 C-style 接口的地方使用data()。

注意，绝对不要以迭代器表现“第一元素的地址”。Class array<>的迭代器的真实类型取决于实现，有可能与寻常的 pointer 完全不同：

```
printf("%s\n", a.begin());          // ERROR (might work, but not portable)
printf("%s\n", a.data());           // OK
```

7.2.4 异常处理（Exception Handling）

Array 只提供极少量逻辑差错（logical error）检查。C++ standard 规定“可抛出异常”的成员函数只有at()，它可说是下标（subscript）操作符的安全版本（见 7.2.2 节第 265 页）。

那些被 array 调用的函数（也许由元素类型提供，也许由用户提供）对于异常处理并无特别保证（由于你不能够安插或删除元素，所以异常只可能发生在你 copy、move 或 assign 元素值时）。特别请注意，swap()有可能抛出异常，因为它执行的是“元素逐次”（element-wise）的置换动作，而那有可能抛出异常。

6.12.2 节第 248 页有一份关于 STL异常处理的总体讨论。

7.2.5 Tuple 接口

Array 提供 tuple 接口（见 5.1.2 节第 68 页）。因此你可以用表达式tuple_size<>::value取得元素个数，用tuple_element<>::type取得某特定元素的类型，用get()取得某特定元素。例如：

```
typedef std::array<std::string,5> FiveStrings;

FiveStrings a = { "hello", "nico", "how", "are", "you" };

std::tuple_size<FiveStrings>::value        // yields 5
std::tuple_element<1,FiveStrings>::type    // yields std::string
std::get<1>(a)                             // yields std::string("nico")
```

7.2.6 Array 运用实例

以下实例示范了 class array<>的简单运用：

```
// cont/array1.cpp

#include <array>
#include <algorithm>
#include <functional>
#include <numeric>
#include "print.hpp"
using namespace std;

int main()
{
    // create array with 10 ints
    array<int,10> a = { 11, 22, 33, 44 };

    PRINT_ELEMENTS(a);
```

```
    // modify last two elements
    a.back() = 9999999;
    a[a.size()-2] = 42;
    PRINT_ELEMENTS(a);

    // process sum of all elements
    cout << "sum: "
         << accumulate(a.begin(),a.end(),0)
         << endl;

    // negate all elements
    transform(a.begin(),a.end(),      // source
              a.begin(),              // destination
              negate<int>());         // operation
    PRINT_ELEMENTS(a);
}
```

如你所见，你可以使用一般性的容器接口操作函数（operator =、size()和 operator []）直接操控容器。由于 array 也提供成员函数如begin()和end()用以取得迭代器，所以你可以使用任何“调用begin()和end()”的操作，例如更易型和非更易型（modifying and nonmodifying）算法，以及辅助函数PRINT_ELEMENTS()，后者出现于 6.6 节第 216 页。

这个程序输出如下：

```
11 22 33 44 0 0 0 0 0 0
11 22 33 44 0 0 0 0 42 9999999
sum: 10000151
-11 -22 -33 -44 0 0 0 0 -42 -9999999
```

7.3 Vector

Vector 模塑出一个 dynamic array。它本身是“将元素置于 dynamic array 中加以管理”的一个抽象概念（如图7.2所示）。不过请注意，C++ standard 并未要求必须以 dynamic array 实现 vector，仅仅是规定了其相应条件和操作复杂度。

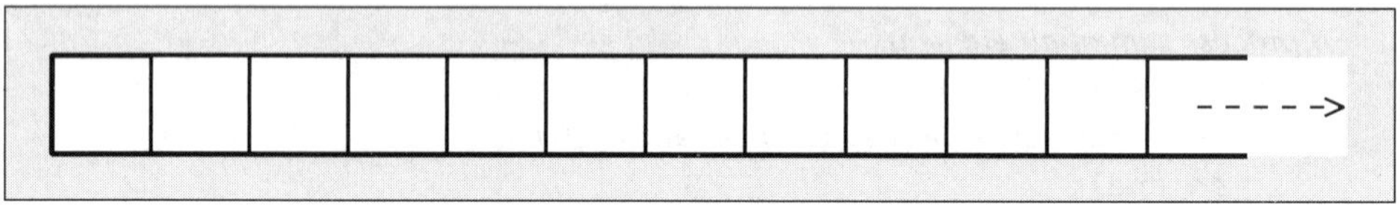

图 7.2 Vector 的结构

使用 vector 之前，必须包含头文件<vector>：

```
#include <vector>
```

在此头文件内，类型 vector 是一个定义于 namespace std内的 template：

```
namespace std {
    template <typename T,
              typename Allocator = allocator<T> >
    class vector;
}
```

Vector 的元素可以是任意类型T。可有可无的第二个 template 参数用来定义内存模型（memory model，见第 19 章）。默认的内存模型是C++ 标准库提供的allocator。

7.3.1 Vector 的能力

Vector 将元素复制到内部的 dynamic array 中。元素之间总是存在一定的顺序，所以 vector 是一种有序集合（ordered collection）。Vector 支持随机访问，因此只要知道位置，你可以在常量时间内访问任何一个元素。Vector 提供随机访问迭代器，所以适用于任何STL算法。

如果你在末端附加或删除元素，vector 的效率相当好。但如果你在前端或中段安插或删除元素，效率就不怎么样了，因为作用点之后的每一个元素都必须移到另一位置，而每一次移动都得调用 assignment 操作符。

大小（Size）和容量（Capacity）

Vector 优异效率的秘诀之一，就是分配出“较其容纳的元素”更多的内存。为了能够高效运用 vector，你应该了解大小和容量之间的关系。

Vector 提供用以操作大小的函数有size()、empty()和max_size()（见第 254 页7.1.2 节）。另一个与大小有关的函数是capacity()，返回 vector 实际能够容纳的元素量。如果超越这个量， vector 就有必要重新分配内部内存。

Vector 的容量之所以重要，有两个原因：

1. 一旦内存重新分配， vector 元素相关的所有 reference、 pointer、 iterator 都会失效。
2. 内存重新分配很耗时间。

所以，如果你的程序管理了“与 vector 元素相关”的 reference、 pointer 或 iterator，或如果程序的执行速度对你而言至关重要，那就必须考虑容量问题。

你可以使用reserve()保留适当容量，避免重新分配内存。如此一来，只要保留的容量尚有富余，就不必担心 reference 失效。

```
std::vector<int> v;      // create an empty vector
v.reserve(80);           // reserve memory for 80 elements
```

避免重新分配内存的另一个方法是，初始化期间就向构造函数传递额外实参，构建足够的空间。如果你的实参是个数值，它将成为 vector 的起始大小。

```
std::vector<T> v(5);     // creates a vector and initializes it with five values
                         // (calls five times the default constructor of type T)
```

欲获得这种能力，元素类型必须提供一个 default 构造函数。对基础类型而言，唯一能够保证的是 zero initialization（见 3.2.1 节第 37 页）。但是请注意，如果类型很复杂，就算提供了 default 构造函数，初始化动作也很耗时。如果你这么做只为了保留足够内存，那倒不如使用reserve()。

Vector 的容量概念和 string 类似（见第 669 页13.2.5 节），但是有一个大不同：vector 不能使用reserve()缩减容量，这一点和 strings 不同。调用reserve()所给的实参如果小于当前 vector 的容量，不会引发任何效果。此外，如何达到时间和空间的最佳效率，系由实现版本决定。因此，具体实现版本中容量的增长幅度可能比你我料想的还大。事实上，为了防止内存破碎，在许多实现方案中即使你不调用reserve()，当第一次安插元素时也会一口气分配整块内存（例如 2K）。如果你有一大堆 vector，每个 vector 的实际元素寥寥无几，浪费的内存相当可观。

既然 vector 的容量不会缩减，我们便可确定，即使删除元素，其 reference、 pointer 和 iterator 也会继续有效，继续指向动作发生前的位置。然而安插动作却可能使 reference、 pointer 和 iterator 失效（译注：因为安插可能导致 vector 重新分配）。

C++11引入一个 vector 新函数：一个不具强制力的要求，可以缩减容量以符合当前的元素个数。

```
v.shrink_to_fit();       // request to shrink memory (since C++11)
```

这个要求不具强制力，以便为实现可能的特有优化保留回旋余地。因此你不能够期望之后的v.capacity==v.size()会获得true。

在C++11之前，有一个间接缩减 vector 容量的小窍门：两个 vector 交换内容后，两者的容量也会互换，因此下面的例子虽然保留了元素，却缩减了容量。

```
template <typename T>
void shrinkCapacity(std::vector<T>& v)
{
    std::vector<T> tmp(v);      // copy elements into a new vector
    v.swap(tmp);                // swap internal vector data
}
```

你甚至可以像下面这样直接缩减容量：[5]

```
// shrink capacity of vector v for type T
std::vector<T>(v).swap(v);
```

不过请注意，swap()之后原先所有的 reference、pointer 和 iterator 都换了指向对象；它们仍然指向原本位置。换句话说，上述的shrinkCapacity()使所有 reference、pointer 和 iterator 失效。shrink_to_fit()同样如此。

操作	效果
vector<Elem> *c*	Default 构造函数，产生一个空 vector，没有任何元素
vector<Elem> *c*(*c2*)	Copy 构造函数，建立 *c2* 的同型 vector 并成为 *c2* 的一份拷贝（所有元素都被复制）
vector<Elem> *c* = *c2*	Copy 构造函数，建立一个新的 vector 作为 *c2* 的拷贝（每个元素都被复制）
vector<Elem> *c*(*rv*)	Move 构造函数，建立一个新的 vector，取 rvalue *rv* 的内容（始自 C++11）
vector<Elem> *c* = *rv*	Move 构造函数，建立一个新的 vector，取 rvalue *rv* 的内容（始自 C++11）
vector<Elem> *c*(*n*)	利用元素的 default 构造函数生成一个大小为 *n* 的 vector
vector<Elem> *c*(*n*,*elem*)	建立一个大小为 *n* 的 vector，每个元素值都是 *elem*
vector<Elem> *c*(*beg*,*end*)	建立一个 vector，以区间 [*beg*,*end*) 作为元素初值
vector<Elem> *c*(*initlist*)	建立一个 vector，以初值列 *initlist* 的元素为初值（始自 C++11）
vector<Elem> *c* = *initlist*	建立一个 vector，以初值列 *initlist* 的元素为初值（始自 C++11）
c.~vector()	销毁所有元素，释放内存

表 7.9　Vector 的构造函数和析构函数

[5] 你（或你的编译器）大概会认为这个语句实在荒谬，居然对一个临时对象调用一个 non-const 成员函数。然而标准 C++ 确实允许我们这么做。

7.3.2 Vector 的操作

构建、复制和销毁

表7.9列出了 vector 的所有构造函数和析构函数。你可以在构建时提供元素，也可以不提供。如果只指定大小，系统便会调用元素的 default 构造函数一一制造新元素。记住，即使对基础类型如int，显式调用 default 构造函数进行初始化一样可行，初值为 0（见 3.2.1 节第 37 页）。 7.1.2 节第 254 页对于初值的可能来源有一些讨论。

非更易型操作（Nonmodifying Operation）

表7.10列出了 vector 的所有非更易型操作。[6] 第 254 页7.1.2 节和第 271 页7.3.1 节有更多讨论。

操作	效果
c.empty()	返回是否容器为空（相当于 size()==0 但也许较快）
c.size()	返回目前的元素个数
c.max_size()	返回元素个数之最大可能量
c.capacity()	返回“不进行空间重新分配”条件下的元素最大容纳量
c.reserve(*num*)	如果容量不足，扩大之[6]
c.shrink_to_fit()	要求降低容量，以符合元素个数（始自 C++11）[6]
c1 == *c2*	返回 *c1* 是否等于 *c2*（对每个元素调用 ==）
c1 != *c2*	返回 *c1* 是否不等于 *c2*（相当于 !(*c1*==*c2*)）
c1 < *c2*	返回 *c1* 是否小于 *c2*
c1 > *c2*	返回 *c1* 是否大于 *c2*（相当于 *c2*<*c1*）
c1 <= *c2*	返回 *c1* 是否小于等于 *c2*（相当于 !(*c2*<*c1*)）
c1 >= *c2*	返回 *c1* 是否大于等于 *c2*（相当于 !(*c1*<*c2*)）

表 7.10　Vector 的非更易型操作（Nonmodifying Operation）

赋值（Assignment）

表7.11列出了“将新元素赋值给 vector 并将旧元素全部移除”的方法。其中有一组assign()函数和构造函数一一对应。你可以选择不同的来源

[6] reserve()和shrink_to_fit()会更易（manipulate） vector，因为它们会造成所有指向元素的 reference、 pointer 和 iterator 失效。但从逻辑内容来说容器没有变化，所以还是把它们列在这里。

操作	效果
c = *c2*	将 *c2* 的全部元素赋值给 *c*
c = *rv*	将 rvalue *rv* 的所有元素以 move assign 方式给予 *c*（始自 C++11）
c = *initlist*	将初值列 *initlist* 的所有元素赋值给 *c*（始自 C++11）
c.assign(*n*,*elem*)	复制 *n* 个 *elem*，赋值给 *c*
c.assign(*beg*,*end*)	将区间 [*beg*,*end*) 内的元素赋值给 *c*
c.assign(*initlist*)	将初值列 *initlist* 的所有元素赋值给 *c*
c1.swap(*c2*)	置换 *c1* 和 *c2* 的数据
swap(*c1*,*c2*)	置换 *c1* 和 *c2* 的数据

表 7.11 Vector 的赋值操作（Assignment Operation）

（来自容器、 array、标准输入），这和 7.1.2 节第 254 页的构造函数情况类似。所有赋值操作都有可能调用元素类型的 default 构造函数、 copy 构造函数、 assignment 操作符和/或析构函数，取决于元素数量的变化。例如：

```
std::list<Elem> l;
std::vector<Elem> coll;
...
// make coll be a copy of the contents of l
coll.assign(l.begin(),l.end());
```

元素访问（Element Access）

欲访问 vector 的所有元素，你必须使用 range-based for循环（见第 17 页3.1.4 节）、特定的操作函数或迭代器。表7.12列出了“直接访问 vector 元素”的所有操作函数。按 C/C++ 惯例，第一元素的索引为0，最末元素的索引为size()-1。所以第*n*个元素的索引是*n*-1。对于 non-const vector，这些函数都返回元素的 reference，也就是说，你可以使用这些操作函数更改元素内容（如果没有其他妨碍因素的话）。

操作	效果
c[*idx*]	返回索引 *idx* 所指的元素（不检查范围）
c.at(*idx*)	返回索引 *idx* 所指的元素（如果 *idx* 超出范围就抛出 range-error 异常）
c.front()	返回第一元素（不检查是否存在第一元素）
c.back()	返回最末元素（不检查是否存在最末元素）

表 7.12 Vector 用以直接访问元素的各项操作

对调用者来说，最重要的事莫过于搞清楚这些操作是否执行范围检查。只有at()会那么做。如果索引越界，at()会抛出out_of_range

异常（见 4.3 节第 41 页）。其他函数都不做检查，如果发生越界错误，会引发不明确的行为。对一个空 vector 调用 operator []、front()和back()，也都会引发不明确行为：

```
std::vector<Elem> coll;          // empty!

coll[5] = elem;                  // RUNTIME ERROR ⇒ undefined behavior
std::cout << coll.front();       // RUNTIME ERROR ⇒ undefined behavior
```

所以，调用 operator []时你必须心里有数，确保索引有效；调用front()或back()时必须确定容器不为空：

```
std::vector<Elem> coll;          // empty!

if (coll.size() > 5) {
    coll[5] = elem;              // OK
}
if (!coll.empty()) {
    cout << coll.front();        // OK
}
coll.at(5) = elem;               // throws out_of_range exception
```

迭代器相关函数（Iterator Function）

Vector 提供了一些常规函数来获取迭代器，如表7.13所列。 Vector 提供的是随机访问 (random-access) 迭代器（ 9.2 节第 433 页讨论了迭代器的类别）。因此，理论上说，你可以把所有STL算法作用于 vector 身上。

迭代器的确切类型由实现决定。对 vector 而言，begin()、cbegin()、end()和cend()返回的往往是寻常 pointer。这是好的，因为 vector 内部结构通常就是个 array，而寻常 pointer 也提供了随机访问迭代器的接口。但你不能仰仗这个事实。例如也许有个STL安全版本对所有区间范围和其他潜在错误实施检查，那么其 vector 迭代器可能就是个辅助类而不是寻常 pointer。9.2.6 节第 440 页展示了“以 pointer 实现迭代器”和“以 class 实现迭代器”之间的重大差异。

Vector 迭代器持续有效，除非发生两种情况：(1) 使用者在一个较小索引位置上安插或移除元素，(2) 由于容量变化而引起内存重新分配（见第 271 页7.3.1 节）。

安插和移除（Inserting and Removing）元素

表7.14列出了 vector 元素的安插、移除操作函数。依 STL 惯例，你必须保证传入的实参合法：(1) 迭代器必须指向一个合法位置，(2) 区间的起始位置不能在结束位置之后。

操作	效果
c.begin()	返回一个 random-access iterator 指向第一元素
c.end()	返回一个 random-access iterator 指向最末元素的下一位置
c.cbegin()	返回一个 const random-access iterator 指向第一元素（始自 C++11）
c.cend()	返回一个 const random-access iterator 指向最末元素的下一位置（始自 C++11）
c.rbegin()	返回一个反向的（reverse） iterator 指向反向迭代的第一元素
c.rend()	返回一个反向的（reverse） iterator 指向反向迭代的最末元素的下一位置
c.crbegin()	返回一个 const reverse iterator 指向反向迭代的第一元素（始自 C++11）
c.crend()	返回一个 const reverse iterator 指向反向迭代的最末元素的下一位置（始自 C++11）

表 7.13 Vector 的迭代器相关函数

一如既往，当pop_back()被调用时，确保容器不为空是程序员的责任。例如：

```
std::vector<Elem> coll;        // empty!

coll.pop_back();               // RUNTIME ERROR ⇒ undefined behavior

if (!coll.empty()) {
    coll.pop_back();           // OK
}
```

然而，请注意，在多线程环境中你必须确保：在“检查容器是否为空”和pop_back()动作之间coll不被改动（见 18.4.3 节第 984 页）。

关于效能，以下情况你可以预期安插动作和移除动作会比较快些：

- 在容器尾部安插或移除元素。
- 容量一开始就够大。
- 安插多个元素时，“调用一次”当然比“调用多次”来得快。

安插或移除元素，都会使“作用点”之后的各元素的 reference、 pointer 和 iterator 失效。如果安插动作甚至引发内存重新分配，那么该容器身上的所有 reference、 pointer 和 iterator 都会失效。

Vector 并未提供任何函数可以直接移除“与某值相等”的所有元素。这是算法发挥威力的时候。以下语句可将值为val的所有元素移除：

```
std::vector<Elem> coll;
...
// remove all elements with value val
coll.erase(remove(coll.begin(),coll.end(),
                  val),
           coll.end());
```

具体解释见 6.7.1 节第 218 页。

操作	效果
c.push_back(*elem*)	附加一个 *elem* 的拷贝于末尾
c.pop_back()	移除最后一个元素，但是不返回它
c.insert(*pos*,*elem*)	在 iterator 位置 *pos* 之前方插入一个 *elem* 拷贝，并返回新元素的位置
c.insert(*pos*,*n*,*elem*)	在 iterator 位置 *pos* 之前方插入 *n* 个 *elem* 拷贝，并返回第一个新元素的位置（或返回 *pos*——如果没有新元素的话）
c.insert(*pos*,*beg*,*end*)	在 iterator 位置 *pos* 之前方插入区间 [*beg*,*end*) 内所有元素的一份拷贝，并返回第一个新元素的位置（或返回 *pos*——如果没有新元素的话）
c.insert(*pos*,*initlist*)	在 iterator 位置 *pos* 之前方插入初值列 *initlist* 内所有元素的一份拷贝，并返回第一个新元素的位置（或返回 *pos*——如果没有新元素的话；始自 C++11）
c.emplace(*pos*,*args*...)	在 iterator 位置 *pos* 之前方插入一个以 *args* 为初值的元素，并返回新元素的位置（始自 C++11）
c.emplace_back(*args*...)	附加一个以 *args* 为初值的元素于末尾，不返回任何东西（始自 C++11）
c.erase(*pos*)	移除 iterator 位置 *pos* 上的元素，返回下一元素的位置
c.erase(*beg*,*end*)	移除 [*beg*,*end*) 区间内的所有元素，返回下一元素的位置
c.resize(*num*)	将元素数量改为 *num*（如果 size() 变大，多出来的新元素都需以 default 构造函数完成初始化）
c.resize(*num*,*elem*)	将元素数量改为 *num*（如果 size() 变大，多出来的新元素都是 *elem* 的拷贝）
c.clear()	移除所有元素，将容器清空

表 7.14　Vector 的安插和移除

如果只是要移除“与某值相等”的第一个元素，可以这么做：

```
std::vector<Elem> coll;
...
// remove first element with value val
std::vector<Elem>::iterator pos;
pos = find(coll.begin(),coll.end(),
           val);
if (pos != coll.end()) {
    coll.erase(pos);
}
```

7.3.3 将 Vector 当作 C-Style Array 使用

就像 class array<>一样，C++ 标准库保证 vector 的元素必须分布于连续空间中。因此你可以确定，对于 vector v中任意一个合法索引i，以下肯定为true：

```
&v[i] == &v[0] + i
```

保证了这一点，就可推导出一系列重要结果。简单的说，任何地点只要你需要一个 dynamic array，你就可以使用 vector。例如你可利用 vector 存放寻常的 C 字符串（类型为char*或const char*）：

```
std::vector<char> v;              // create vector as dynamic array of chars

v.resize(41);                     // make room for 41 characters (including '\0')
strcpy(&v[0],"hello, world");     // copy a C-string into the vector
printf("%s\n", &v[0]);            // print contents of the vector as C-string
```

然而请注意，自 C++11起，如果想直接访问 vector 的元素，不一定要用&a[0]，因为成员函数data()也具备相同用途：

```
std::vector<char,41> v;             // create static array of 41 chars

strcpy(v.data(),"hello, world");    // copy a C-string into the array
printf("%s\n", v.data());           // print contents of the array as C-string
```

当然，以此种方式使用 vector 必须小心谨慎（就好像使用 C-style array 和 pointer 时，也总是必须小心谨慎）。举个例子，你必须确保 vector 的大小足够容纳复制进来的数据，而且如果你把其中的内容当作一个 C-string 看，你必须放置一个'\0'元素在字符串尾端。然而这个例子告诉你，无论何时，无论什么理由，当你需要一个元素类型为T的 array（例如为了使用一个旧有的 C 程序库），可以使用vector<T>并将第一元素的地址传入。

注意，千万不要把迭代器当作“第一元素的地址”来传递。Vector 迭代器是由实现定义的，也许并不是个寻常 pointer：

```
printf("%s\n", v.begin());     // ERROR (might work, but not portable)
printf("%s\n", v.data());      // OK (since C++11)
printf("%s\n", &v[0]);         // OK, but data() is better
```

7.3.4 异常处理（Exception Handling）

Vector 只支持最低限度的逻辑差错检查。Subscript（下标）操作符的安全版本at()（见 7.3.2 节第 274 页）是唯一被 C++ standard 认可得以抛出异常的函数。此外 C++ standard 也规定，只有一般标准异常（例如内存不足时抛出bad_alloc）或用户自定义操作函数的异常，才可能发生。

如果 vector 调用的函数（元素类型提供的函数或用户提供的函数）抛出异常，C++ 标准库做出如下保证：

1. 如果push_back()安插元素时发生异常，函数将不产生效用。
2. 如果元素的 copy/move 操作（包括构造函数和 assignment 操作符）不抛出异常，那么 insert()、emplace()、emplace_back() 和 push_back() 要么成功，要么不产生效用。
3. pop_back()绝不会抛出任何异常。
4. 如果元素的 copy/move 操作（包括构造函数和 assignment 操作符）不抛出异常，erase()就不抛出异常。
5. swap()和clear()不抛出异常。
6. 如果元素的 copy/move 操作（包括构造函数和 assignment 操作符）不抛出异常，那么所有操作不是成功，就是不产生效用。这类元素有可能是 POD（plain old data，简朴的老式数据）。POD 泛指那些无 C++ 特性的类型，例如 C struct 便是。

所有这些保证都基于一个条件：析构函数不得抛出异常。参见第 248 页6.12.2 节对于 STL异常处理的一般性讨论。

7.3.5 Vector 使用实例

下面的例子展示了 vector 的一个简单用法：

```
// cont/vector1.cpp

#include <vector>
#include <iostream>
#include <string>
#include <algorithm>
#include <iterator>
using namespace std;

int main()
{
    // create empty vector for strings
    vector<string> sentence;

    // reserve memory for five elements to avoid reallocation
    sentence.reserve(5);

    // append some elements
    sentence.push_back("Hello,");
    sentence.insert(sentence.end(),{"how","are","you","?"});

    // print elements separated with spaces
    copy (sentence.cbegin(), sentence.cend(),
          ostream_iterator<string>(cout," "));
```

```
    cout << endl;

    // print "technical data"
    cout << "  max_size(): " << sentence.max_size() << endl;
    cout << "  size():     " << sentence.size()     << endl;
    cout << "  capacity(): " << sentence.capacity() << endl;

    // swap second and fourth element
    swap (sentence[1], sentence[3]);

    // insert element "always" before element "?"
    sentence.insert (find(sentence.begin(),sentence.end(),"?"),
                     "always");

    // assign "!" to the last element
    sentence.back() = "!";

    // print elements separated with spaces
    copy (sentence.cbegin(), sentence.cend(),
          ostream_iterator<string>(cout," "));
    cout << endl;

    // print some "technical data" again
    cout << "  size():     " << sentence.size()     << endl;
    cout << "  capacity(): " << sentence.capacity() << endl;

    // delete last two elements
    sentence.pop_back();
    sentence.pop_back();
    // shrink capacity (since C++11)
    sentence.shrink_to_fit();

    // print some "technical data" again
    cout << "  size():     " << sentence.size()     << endl;
    cout << "  capacity(): " << sentence.capacity() << endl;
}
```

程序的输出可能如下：

```
Hello, how are you ?
  max_size(): 1073741823
  size():     5
  capacity(): 5
```

```
Hello, you are how always !
  size():      6
  capacity(): 10
  size():      4
  capacity(): 4
```

注意我说的是可能的输出。是的，max_size()和capacity()的结果由实现决定。这个例子显示，当容量不足时此实现将容量扩充一倍，而被要求缩减时却不一定真的缩减。

7.3.6 Class vector<bool>

C++ 标准库针对元素类型为bool的vector<>专门设计了一个特化版本，目的是获取一个优化的 vector，使其耗用空间远小于以一般 vector 实现出来。一般实现版本会为每个bool元素分配至少 1 byte 空间，而vector<bool>特化版的内部只使用 1 bit 存放一个元素，空间节省 8 倍。不过这里有个小麻烦：C++ 的最小可定址值乃是以 byte 为单位，所以上述的 vector 特化版必须对 reference 和 iterator 做特殊处理。

因此，vector<bool>无法满足其他 vector 的所有规定，例如vector<bool>::reference并不是个真正的 lvalue，vector<bool>::iterator也不是个真正的随机访问迭代器。所以某些 template 代码有可能适用于任何类型的 vector，唯独无法应付vector<bool>。此外vector<bool>可能比一般 vector 慢一些，因为所有元素操作都必须转化为 bit 操作。不过vector<bool>的具体方案也是由实现决定，所以效能（包括速度和空间消耗）也可能各有差异。

注意，vector<bool>不仅是个特殊的bool版本，它还提供某些特殊的 bit 操作。你可以利用它们更方便地操作 bit 或 flag。

由于vector<bool>的大小可动态改变，你还可以把它当成可动态改变大小的 bitfield。因此你可以任意添加或移除 bit。如果需要大小固定的 bitfield，应当使用bitset而不是vector<bool>。第 650 页12.5 节讨论了bitset。

表7.15列出了vector<bool>的特殊操作。

操作	**效果**
c.flip()	将所有 bool 元素值反相（negate），亦即对所有 bit 求补数
c[*idx*].flip()	将索引*idx*所指的 bit 元素反相（对单一 bit 求补数）
c[*idx*] = *val*	将索引*idx*所指的 bit 元素赋值为*val*（赋值单一 bit）
c[*idx1*] = c[*idx2*]	将索引*idx1*所指的 bit 元素赋值为索引*idx2*所指的 bit 元素值

表 7.15　vector<bool>的特殊操作

flip()用来取补数（complement）。注意，你竟然可以对 vector 内的所有 bit 或单一 bit 调用flip()，后者很值得注意，因为也许你会以为让 subscript 操作符返回bool再对此基础类型调用flip()是不可能的。然而vector<bool>运用了一个名为*proxy*的技巧：[7] 面对一个vector<bool>，subscript 操作符（及其他返回单一 bit 的操作符）的返回类型实际上是个辅助类，一旦你要求返回值为bool，便会触发一个自动类型转换函数。vector<bool>的相关声明如下：

```
namespace std {
  template <typename Allocator> class vector<bool,Allocator> {
    public:
      // auxiliary proxy type for element modifications:
      class reference {
        ...
        public:
          reference& operator= (const bool) noexcept;   // assignments
          reference& operator= (const reference&) noexcept;
          operator bool() const noexcept;  // automatic type conversion to bool
          void flip() noexcept;            // bit complement
      };
      ...

      // operations for element access return reference proxy instead of bool:
      reference operator[](size_type idx);
      reference at(size_type idx);
      reference front();
      reference back();
      ...
  };
}
```

你会发现，所有用于元素访问的函数，返回的都是reference类型。所以，可以这么写：

```
c.front().flip();        // negate first Boolean element
c[5] = c.back();         // assign last element to element with index 5
```

一如往常，为了避免不明确的行为，调用者必须确保第一、第六和最后一个元素存在。

只有vector<bool>的 non-const 容器才会用到其内部的 proxy 类型reference。而用来处理元素的那些 const 成员函数，返回类型都是const_reference，那就是bool。

[7] Proxy 可让你控制一般无法控制的东西，通常用来获取更好的安全性。本例中，此技术运用某种控制，使某种操作成为可能。原则上其返回对象的行为类似bool。

7.4 Deque

容器 deque（发音为“deck”）和 vector 非常相似。它也采用 dynamic array 来管理元素，提供随机访问，并有着和 vector 几乎一模一样的接口。不同的是 deque 的 dynamic array 头尾都开放，因此能在头尾两端进行快速安插和删除（如图7.3所示）。

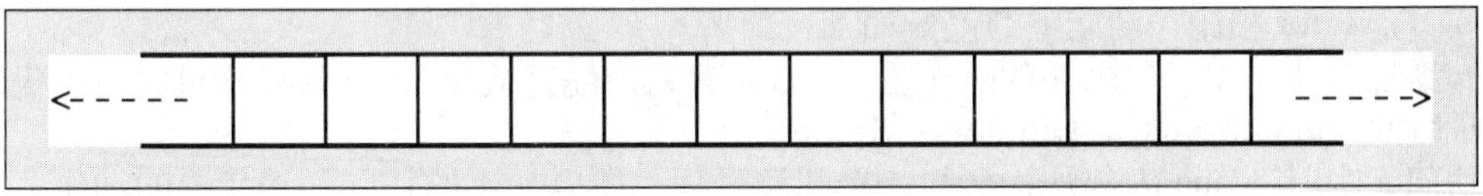

图 7.3 Deque 的逻辑结构

为了提供这种能力， deque 通常实现为一组独立区块（a bunch of individual blocks），第一区块朝某方向扩展，最末区块朝另一方向扩展，如图7.4所示。

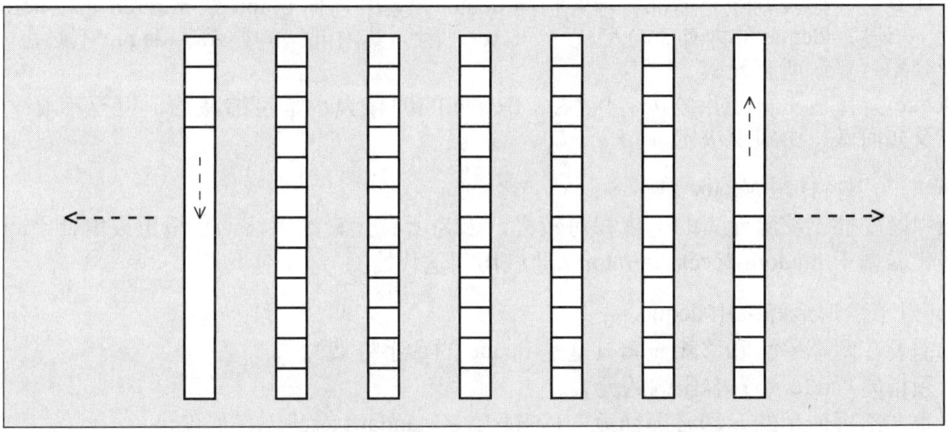

图 7.4 Deque 的内部结构

使用 deque 之前，必须先包含头文件`<deque>`：

```
#include <deque>
```

其中， deque 类型定义于命名空间`std`内的一个 class template：

```
namespace std {
    template <typename T,
              typename Allocator = allocator<T> >
    class deque;
}
```

和 vector 相同，这里的第一个 template 参数用来表明元素类型。第二个 template 实参可有可无，用来指定内存模型（memory model），默认为`allocator`（见第 19 章）。

7.4.1 Deque 的能力

Deque 与 vector 相比，功能上的差异如下：

- 两端都能快速安插元素和移除元素（vector 只在尾端逞威风）。这些操作可以在摊提的常量时间（amortized constant time）内完成。
- 访问元素时 deque 内部结构会多一个间接过程，所以元素的访问和迭代器的动作会稍稍慢一些。
- 迭代器需要在不同区块间跳转，所以必须是个 smart pointer，不能是寻常 pointer。
- 在内存区块大小有限制的系统中（例如 PC 系统），deque 可以内含更多元素，因为它使用不止一块内存。因此 deque 的`max_size()`可能更大。
- Deque 不支持对容量和内存重新分配时机的控制。特别要注意的是，除了头尾两端，在任何地点安插或删除元素都将导致指向 deque 元素的任何 pointer、reference 和 iterator 失效。不过，deque 的内存重分配优于 vector，因为其内部结构显示，deque 不必在内存重新分配时复制所有元素。
- Deque 会释放不再使用的内存区块。Deque 的内存大小是可缩减的，但要不要这么做，以及如何做，由实现决定。

Deque 的以下特性跟 Vector 差不多：

- 在中段安插、移除元素的速度相对较慢，因为所有元素都需移动以腾出或填补空间。
- 迭代器属于 random-access iterator（随机访问迭代器）。

总之，以下情形最好采用 deque：

- 你需要在两端安插和移除元素（这是 deque 的拿手好戏）。
- 无须指向（refer to）容器内的元素。
- 要求“不再使用的元素必须释放”（不过 C++ standard 对此无任何保证）。

Vector 和 deque 的接口几乎一样，所以如果你不需要什么特殊性质，两者都可试试。

7.4.2 Deque 的操作函数

表 7.16至表7.18列出了 deque 的所有操作函数。[8]

操作	效果
deque<Elem> *c*	Default 构造函数，产生一个空 deque，没有任何元素
deque<Elem> *c*(*c2*)	Copy 构造函数，建立 *c2* 的同型 deque 并成为 *c2* 的一份拷贝（所有元素都被复制）
deque<Elem> *c* = *c2*	Copy 构造函数，建立一个新的 deque 作为 *c2* 的拷贝（每个元素都被复制）
deque<Elem> *c*(*rv*)	Move 构造函数，建立一个新的 deque，取 rvalue *rv* 的内容（始自 C++11）
deque<Elem> *c* = *rv*	Move 构造函数，建立一个新的 deque，取 rvalue *rv* 的内容（始自 C++11）
deque<Elem> *c*(*n*)	利用元素的 default 构造函数生成一个大小为 *n* 的 deque
deque<Elem> *c*(*n*,*elem*)	建立一个大小为 *n* 的 deque，每个元素值都是 *elem*
deque<Elem> *c*(*beg*,*end*)	建立一个 deque，以区间 [*beg*,*end*) 作为元素初值
deque<Elem> *c*(*initlist*)	建立一个 deque，以初值列 *initlist* 的元素为初值（始自 C++11）
deque<Elem> *c* = *initlist*	建立一个 deque，以初值列 *initlist* 的元素为初值（始自 C++11）
c.~deque()	销毁所有元素，释放内存

表 7.16　Deque 的构造函数和析构函数

Deque 的各项操作只有以下两点和 vector 不同：

1. Deque 不提供容量操作（capacity()和reserve()）。
2. Deque 直接提供函数完成头部元素的安插和删除（push_front()和pop_front()）。

其他操作都相同，所以这里不重复，具体描述见第 273 页7.3.2 节。

请注意，C++11添加了shrink_to_fit()，那是个不具强制力（nonbinding）的函数，负责缩小内部内存以匹配元素个数。你可能会认为shrink_to_fit()对 deque 没意义，因为 deque 本就会释放不再用到的区块内存。然而， deque 内部用来存放“指向独立区块”的所有 pointer 的空间，通常不会被缩小，如果用了这个函数就有可能真的被缩小。

---

[8] shrink_to_fit()会更易（manipulate） deque，因为它造成那些用以指向元素的 reference、 pointer 和 iterator 失效。然而它之所以被列为一个“非更易型”操作，因为它不会涂改容器的逻辑内容。

操作	效果
`c.empty()`	返回是否容器为空（相当于 `size()==0` 但也许较快）
`c.size()`	返回目前的元素个数
`c.max_size()`	返回元素个数之最大可能量
`c.shrink_to_fit()`	要求降低容量，以符合元素个数（始自 C++11）[8]
c1 `==` *c2*	返回 *c1* 是否等于 *c2*（对每个元素调用 `==`）
c1 `!=` *c2*	返回 *c1* 是否不等于 *c2*（相当于 `!(`*c1*`==`*c2*`)`）
c1 `<` *c2*	返回 *c1* 是否小于 *c2*
c1 `>` *c2*	返回 *c1* 是否大于 *c2*（相当于 *c2*`<`*c1*）
c1 `<=` *c2*	返回 *c1* 是否小于等于 *c2*（相当于 `!(`*c2*`<`*c1*`)`）
c1 `>=` *c2*	返回 *c1* 是否大于等于 *c2*（相当于 `!(`*c1*`<`*c2*`)`）
`c[`*idx*`]`	返回索引 *idx* 所指的元素（不检查范围）
`c.at(`*idx*`)`	返回索引 *idx* 所指的元素（如果 *idx* 超出范围就抛出 range-error 异常）
`c.front()`	返回第一元素（不检查是否存在第一元素）
`c.back()`	返回最末元素（不检查是否存在最末元素）
`c.begin()`	返回一个 random-access iterator 指向第一元素
`c.end()`	返回一个 random-access iterator 指向最末元素的下一位置
`c.cbegin()`	返回一个 const random-access iterator 指向第一元素（始自 C++11）
`c.cend()`	返回一个 const random-access iterator 指向最末元素的下一位置（始自 C++11）
`c.rbegin()`	返回一个反向的（reverse） iterator 指向反向迭代的第一元素
`c.rend()`	返回一个反向的（reverse） iterator 指向反向迭代的最末元素的下一位置
`c.crbegin()`	返回一个 const reverse iterator 指向反向迭代的第一元素（始自 C++11）
`c.crend()`	返回一个 const reverse iterator 指向反向迭代的最末元素的下一位置（始自 C++11）

表 7.17 Deque 的非更易型操作（Nonmodifying Operation）

还有一些值得考虑的事情：

1. 除了`at()`，没有任何成员函数会检查“索引或迭代器是否有效”。
2. 元素的插入或删除可能导致内存重新分配，所以任何插入或删除动作都会使所有指向 deque 元素的 pointer、 reference 和 iterator 失效。唯一例外是在头部或尾部插入元素，在那动作之后 pointer 和 reference 仍然有效（但 iterator 就没这么幸运）。

操作	效果
`c = `*c2*	将 *c2* 的全部元素赋值给 `c`
`c = `*rv*	将 rvalue *rv* 的所有元素以 move assign 方式给予 `c`（始自 C++11）
`c = `*initlist*	将初值列 *initlist* 的所有元素赋值给 `c`（始自 C++11）
`c.assign(`*n*`,`*elem*`)`	复制 *n* 个 *elem*，赋值给 `c`
`c.assign(`*beg*`,`*end*`)`	将区间 [*beg*,*end*) 内的元素赋值给 `c`
`c.assign(`*initlist*`)`	将初值列 *initlist* 的所有元素赋值给 `c`
c1`.swap(`*c2*`)`	置换 *c1* 和 *c2* 的数据
`swap(`*c1*`,`*c2*`)`	置换 *c1* 和 *c2* 的数据
`c.push_back(`*elem*`)`	附加一个 *elem* 的拷贝于末尾
`c.pop_back()`	移除最后一个元素，但是不返回它
`c.push_front(`*elem*`)`	在头部插入 *elem* 的一个拷贝
`c.pop_front()`	移除第一元素（但不返回）
`c.insert(`*pos*`,`*elem*`)`	在 iterator 位置 *pos* 之前方插入一个 *elem* 拷贝，并返回新元素的位置
`c.insert(`*pos*`,`*n*`,`*elem*`)`	在 iterator 位置 *pos* 之前方插入 *n* 个 *elem* 拷贝，并返回第一个新元素的位置（或返回 *pos*——如果没有新元素的话）
`c.insert(`*pos*`,`*beg*`,`*end*`)`	在 iterator 位置 *pos* 之前方插入区间 [*beg*,*end*) 内所有元素的一份拷贝，并返回第一个新元素的位置（或返回 *pos*——如果没有新元素的话）
`c.insert(`*pos*`,`*initlist*`)`	在 iterator 位置 *pos* 之前方插入初值列 *initlist* 内所有元素的一份拷贝，并返回第一个新元素的位置（或返回 *pos*——如果没有新元素的话；始自 C++11）
`c.emplace(`*pos*`,`*args...*`)`	在 iterator 位置 *pos* 之前方插入一个以 *args* 为初值的元素，并返回新元素的位置（始自 C++11）
`c.emplace_back(`*args...*`)`	附加一个以 *args* 为初值的元素于末尾，不返回任何东西（始自 C++11）
`c.emplace_front(`*args...*`)`	插入一个以 *args* 为初值的元素于起点，不返回任何东西（始自 C++11）
`c.erase(`*pos*`)`	移除 iterator 位置 *pos* 上的元素，返回下一元素的位置
`c.erase(`*beg*`,`*end*`)`	移除 [*beg*,*end*) 区间内的所有元素，返回下一元素的位置
`c.resize(`*num*`)`	将元素数量改为 *num*（如果 `size()` 变大，多出来的新元素都需以 default 构造函数完成初始化）
`c.resize(`*num*`,`*elem*`)`	将元素数量改为 *num*（如果 `size()` 变大，多出来的新元素都是 *elem* 的拷贝）
`c.clear()`	移除所有元素，将容器清空

表 7.18　Deque 的更易型操作（Modifying Operation）

7.4.3 Exception Handling

原则上 deque 提供的异常处理和 vector 提供的一样（见 7.3.4 节第 278 页）。新增的操作函数push_front()和pop_front()分别对应于push_back()和pop_back()。因此，C++ 标准库保证下列行为：

- 如果以push_back()或push_front()安插元素时发生异常，则该操作不带来任何效应。
- pop_back()和pop_front()不会抛出任何异常。

STL的异常处理一般原则第 248 页6.12.2 节。

7.4.4 Deque 运用实例

以下程序以简单的例子说明 deque 的功用：

```
// cont/deque1.cpp

#include <iostream>
#include <deque>
#include <string>
#include <algorithm>
#include <iterator>
using namespace std;

int main()
{
    // create empty deque of strings
    deque<string> coll;

    // insert several elements
    coll.assign (3, string("string"));
    coll.push_back ("last string");
    coll.push_front ("first string");

    // print elements separated by newlines
    copy (coll.cbegin(), coll.cend(),
          ostream_iterator<string>(cout,"\n"));
    cout << endl;

    // remove first and last element
    coll.pop_front();
    coll.pop_back();
```

```
    // insert ''another'' into every element but the first
    for (unsigned i=1; i<coll.size(); ++i) {
        coll[i] = "another " + coll[i];
    }

    // change size to four elements
    coll.resize (4, "resized string");

    // print elements separated by newlines
    copy (coll.cbegin(), coll.cend(),
          ostream_iterator<string>(cout,"\n"));
}
```

程序输出如下：

```
first string
string
string
string
last string

string
another string
another string
resized string
```

7.5 List

List（我说的是容器类`list<>`的一个实例）使用一个 doubly linked list（双向串列）管理元素，如图7.5所示。按惯例，C++ 标准库并未明定实现方式，只是遵守 list 的名称、限制和规格。

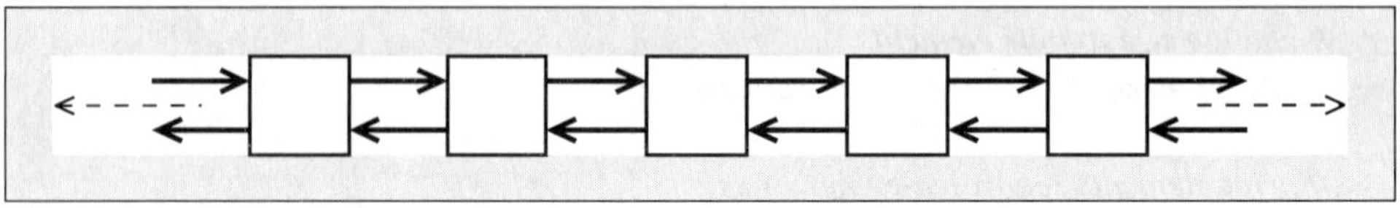

图 7.5 List 的结构

使用 list 时必须先包含头文件`<list>`：

```
#include <list>
```

其中的 list 类型系定义于 namespace `std`中，是个 class template：

```
namespace std {
    template <typename T,
              typename Allocator = allocator<T> >
    class list;
}
```

List 的元素可以是任何类型`T`。第二个 template 实参可有可无，用来指定内存模型（见第 19 章）。默认的内存模型是C++ 标准库提供的`allocator`。

7.5.1 List 的能力

List 的内部结构完全迥异于 `array`、 vector 或 deque。 List 对象自身提供了两个 pointer，或称*anchor*（锚点），用来指向第一个和最末一个元素。每个元素都有 pointer 指向前一个和下一个元素（或是指回 anchor）。如果想要安插新元素，只需操纵对应的 pointer 即可（如图7.6所示）。

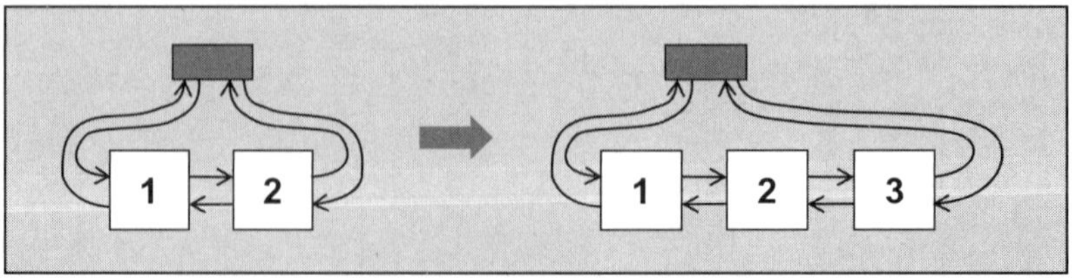

图 7.6 List 追加（Appending）一个元素时的内部结构变化

因此，list 在几个主要方面与array、vector 或 deque 不同：

- List 不支持随机访问。如果你要访问第 5 个元素，就得顺着串链逐一爬过前 4 个元素。所以，在 list 中随机巡访任意元素是很缓慢的行为。然而你可以从两端开始航行整个 list，所以访问第一个或最末一个元素的速度很快。
- 任何位置上（不只两端）执行元素的安插和移除都非常快，始终都是常量时间内完成，因为无须移动任何其他元素。实际上内部只是进行了一些 pointer 操作而已。
- 安插和删除动作并不会造成指向其他元素的各个 pointer、reference 和 iterator 失效。
- List 对于异常的处理方式是：要么操作成功，要么什么都不发生。你绝不会陷入“只成功一半”这种进退维谷的尴尬境地。

List 所提供的成员函数反映出它和array、vector 以及 deque 的不同：

- List 提供front()、push_front()和pop_front()、back()、push_back()和pop_back()等操作函数。
- 由于不支持随机访问，list 既不提供 subscript（下标）操作符，也不提供at()。
- List 并未提供容量、空间重新分配等操作函数，因为全无必要。每个元素有自己的内存，在元素被删除前一直有效。
- List 提供不少特殊成员函数，专门用于移动和移除元素。较之同名的 STL 通用算法，这些函数执行起来更快速，因为它们无须复制或搬移元素，只需调整若干 pointer 即可。

7.5.2 List 的操作

创建、复制和销毁（Create, Copy, and Destroy）

List 的创建、复制和销毁动作，与每一个序列式（sequence）容器都相同，详见表7.19。关于初值来源（initialization source）的若干注意事项，可参考第 254 页7.1.2 节。

非更易型操作（Nonmodifying Operation ）

List 也提供诸如“询问大小”和“两相比较”等一般性操作。详见表7.20和第 254 页7.1.2 节。

赋值（Assignment）

和其他序列式（sequence）容器一样，list 提供了一般常用的赋值动作，见表7.21。一如往常，安插函数和构造函数一一匹配，如此一来就有能力提供不同的初值来源（initialization source），详见第 254 页7.1.2 节。

操作	效果
`list<Elem> c`	Default 构造函数，产生一个空 list，没有任何元素
`list<Elem> c(c2)`	Copy 构造函数，建立 *c2* 的同型 list 并成为 *c2* 的一份拷贝（所有元素都被复制）
`list<Elem> c = c2`	Copy 构造函数，建立一个新的 list 作为 *c2* 的拷贝（每个元素都被复制）
`list<Elem> c(rv)`	Move 构造函数，建立一个新的 list，取 rvalue *rv* 的内容（始自 C++11）
`list<Elem> c = rv`	Move 构造函数，建立一个新的 list，取 rvalue *rv* 的内容（始自 C++11）
`list<Elem> c(n)`	利用元素的 default 构造函数生成一个大小为 *n* 的 list
`list<Elem> c(n,elem)`	建立一个大小为 *n* 的 list，每个元素值都是 *elem*
`list<Elem> c(beg,end)`	建立一个 list，以区间 [*beg*,*end*) 作为元素初值
`list<Elem> c(initlist)`	建立一个 list，以初值列 *initlist* 的元素为初值（始自 C++11）
`list<Elem> c = initlist`	建立一个 list，以初值列 *initlist* 的元素为初值（始自 C++11）
`c.~list()`	销毁所有元素，释放内存

表 7.19　List 的构造函数和析构函数

操作	效果
`c.empty()`	返回是否容器为空（相当于 `size()==0` 但也许较快）
`c.size()`	返回目前的元素个数
`c.max_size()`	返回元素个数之最大可能量
`c1 == c2`	返回 `c1` 是否等于 `c2`（对每个元素调用 `==`）
`c1 != c2`	返回 `c1` 是否不等于 `c2`（相当于 `!(c1==c2)`）
`c1 < c2`	返回 `c1` 是否小于 `c2`
`c1 > c2`	返回 `c1` 是否大于 `c2`（相当于 `c2<c1`）
`c1 <= c2`	返回 `c1` 是否小于等于 `c2`（相当于 `!(c2<c1)`）
`c1 >= c2`	返回 `c1` 是否大于等于 `c2`（相当于 `!(c1<c2)`）

表 7.20　List 的非更易型操作（Nonmodifying Operation）

元素访问（Element Access）

欲访问 list 的所有元素，你必须使用 range-based `for`循环（见第 17 页3.1.4 节）、特定操作函数或迭代器。 List 不支持随机访问，只有`front()`和`back()`能够直接访问元素，如表7.22所列。

操作	效果
c = *c2*	将 *c2* 的全部元素赋值给 c
c = *rv*	将 rvalue *rv* 的所有元素以 move assign 方式给予 c（始自 C++11）
c = *initlist*	将初值列 *initlist* 的所有元素赋值给 c（始自 C++11）
c.assign(*n*,*elem*)	复制 *n* 个 *elem*，赋值给 c
c.assign(*beg*,*end*)	将区间 [*beg*,*end*) 内的元素赋值给 c
c.assign(*initlist*)	将初值列 *initlist* 的所有元素赋值给 c
c1.swap(*c2*)	置换 *c1* 和 *c2* 的数据
swap(*c1*,*c2*)	置换 *c1* 和 *c2* 的数据

表 7.21 List 的赋值（Assignment）操作

操作	效果
c.front()	返回第一元素（不检查是否存在第一元素）
c.back()	返回最末元素（不检查是否存在最末元素）

表 7.22 List 元素的直接访问

一如既往，这些操作并不检查容器是否为空。对空容器执行任何操作都会导致不明确的行为。所以调用者必须确保容器至少含有一个元素。例如：

```
std::list<Elem> coll;             // empty!

std::cout << coll.front();        // RUNTIME ERROR ⇒ undefined behavior

if (!coll.empty()) {
    std::cout << coll.back();     // OK
}
```

注意，这段代码只在单线程环境中才 OK。在多线程环境中你需要同步机制（synchronization mechanism）确保“检查大小”和“访问元素”之间coll未曾被改动（详见 18.4.3 节第 984 页）。

迭代器相关函数（Iterator Function）

只有运用迭代器，才能够访问 list 中的各个元素。List 提供的迭代器函数如表7.23所列。然而由于 list 不能随机访问，这些迭代器只是双向（而非随机）迭代器。所以凡是用到随机访问迭代器的算法（所有用来操作元素顺序的算法——特别是排序算法——都归此类）你都不能调用它们来处理 list，不过你可以拿 list 的特殊成员函数sort()取而代之，详见 8.8.1 节第 422 页。

操作	效果
c.begin()	返回一个 bidirectional iterator 指向第一元素
c.end()	返回一个 bidirectional iterator 指向最末元素的下一位置
c.cbegin()	返回一个 const bidirectional iterator 指向第一元素（始自 C++11）
c.cend()	返回一个 const bidirectional iterator 指向最末元素的下一位置（始自 C++11）
c.rbegin()	返回一个反向的（reverse） iterator 指向反向迭代的第一元素
c.rend()	返回一个反向的（reverse） iterator 指向反向迭代的最末元素的下一位置
c.crbegin()	返回一个 const reverse iterator 指向反向迭代的第一元素（始自 C++11）
c.crend()	返回一个 const reverse iterator 指向反向迭代的最末元素的下一位置（始自 C++11）

表 7.23 List 的迭代器相关操作

元素的安插和移除（Inserting and Removing）

表7.24列出了 list 元素的安插和移除操作。 List 提供 deque 的所有功能，还增加了适用于 list 的`remove()`和`remove_if()`算法特殊版本。

依 STL 惯例，你必须保证传入的实参合法：(1) 迭代器必须指向一个合法位置，(2) 区间的起始位置不能在结束位置之后。

处理多个元素的安插和移除时，对区间内的所有元素使用单一调用，会比多次调用更快速。

为了移除元素， list 特别配备了`remove()`算法（见第 575 页11.7.1 节）的特别版本。这些成员函数比`remove()`算法的速度更快，因为它们只进行内部 pointer 操作，不改变元素。所以，面对 list，你应该调用成员函数`remove()`而不是像面对 vector 和 deque 那样调用 STL 算法（详见 7.3.2 节第 276 页）。如果想移除所有“带有某值”的元素，可以这么做（详见第 223 页6.7.3 节）：

```
std::list<Elem> coll;
...
// remove all elements with value val
coll.remove(val);
```

然而，如果只是要移除第一个“带有某值”的元素，你必须使用 7.3.2 节第 277 页讨论 vector 时提到的算法。

你可以使用`remove_if()`以求定义出元素的移除准则（removing criterion），做法是为该算法提供一个函数或函数对象。 `remove_if()`会将“造成该函数或函数对象返回`true`”的每一个元素移除。下面便是一个例子，以单一语句移除“其值为偶数”的所有元素：

操作	效果
`c.push_back(`*elem*`)`	附加一个 *elem* 的拷贝于末尾
`c.pop_back()`	移除最后一个元素，但是不返回它
`c.push_front(`*elem*`)`	在头部插入 *elem* 的一个拷贝
`c.pop_front()`	移除第一元素（但不返回）
`c.insert(`*pos*`,`*elem*`)`	在 iterator 位置 *pos* 之前方插入一个 *elem* 拷贝，并返回新元素的位置
`c.insert(`*pos*`,`*n*`,`*elem*`)`	在 iterator 位置 *pos* 之前方插入 *n* 个 *elem* 拷贝，并返回第一个新元素的位置（或返回 *pos*——如果没有新元素的话）
`c.insert(`*pos*`,`*beg*`,`*end*`)`	在 iterator 位置 *pos* 之前方插入区间 [*beg*,*end*) 内所有元素的一份拷贝，并返回第一个新元素的位置（或返回 *pos*——如果没有新元素的话）
`c.insert(`*pos*`,`*initlist*`)`	在 iterator 位置 *pos* 之前方插入初值列 *initlist* 内所有元素的一份拷贝，并返回第一个新元素的位置（或返回 *pos*——如果没有新元素的话；始自 C++11）
`c.emplace(`*pos*`,`*args*`...)`	在 iterator 位置 *pos* 之前方插入一个以 *args* 为初值的元素，并返回新元素的位置（始自 C++11）
`c.emplace_back(`*args*`...)`	附加一个以 *args* 为初值的元素于末尾，不返回任何东西（始自 C++11）
`c.emplace_front(`*args*`...)`	插入一个以 *args* 为初值的元素于起点，不返回任何东西（始自 C++11）
`c.erase(`*pos*`)`	移除 iterator 位置 *pos* 上的元素，返回下一元素的位置
`c.erase(`*beg*`,`*end*`)`	移除 [*beg*,*end*) 区间内的所有元素，返回下一元素的位置
`c.remove(val)`	移除所有其值为`val`的元素
`c.remove_if(`*op*`)`	移除所有“造成*op*`(elem)`结果为`true`”的元素
`c.resize(`*num*`)`	将元素数量改为 *num*（如果 `size()` 变大，多出来的新元素都需以 default 构造函数完成初始化）
`c.resize(`*num*`,`*elem*`)`	将元素数量改为 *num*（如果 `size()` 变大，多出来的新元素都是 *elem* 的拷贝）
`c.clear()`	移除所有元素，将容器清空

表 7.24 List 的安插、移除操作函数

```
// remove all even elements
coll.remove_if ([] (int i) {
                     return i % 2 == 0;
                 });
```

这里用上了一个 lambda 找出应该被移除的元素。由于这个 lambda 返回的是“传入的元素是否为偶数”，所以整个语句会移除所有偶数元素。11.7.1 节第 575 页有`remove()`和`remove_if()`的其他例子。

以下操作函数不会造成“指向成员”的 iterator 和 reference 失效：`insert()`、`emplace()`、`emplace...()`、`push_front()`、`push_back()`、`pop_front()`、`pop_back()`及`erase()`。

Splice（接合）函数以及会改变元素次序的函数

Linked list 的一大好处就是不论在任何位置，元素的安插和移除都只需要常量时间。如果你有必要将若干元素从 A 容器转放到 B 容器，那么上述好处就更见其效了，因为你只需要重新定向某些指针即可，如图7.7所示。

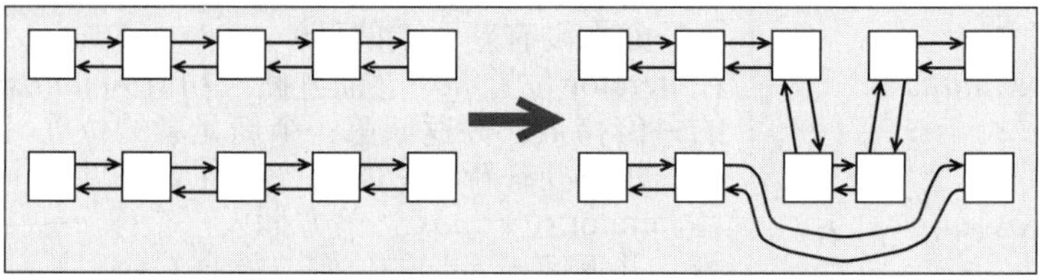

图 7.7 Splice 操作会改变 List 元素的次序

为了利用这个优势，list 不仅提供`remove()`，还提供其他若干成员函数，用来改变元素和区间次序，或重新链接（relink）。我们不仅可以调用这些函数移动单一 list 内的元素，也可以移动两个 list 之间的元素——只要 list 的类型一致即可。表7.25列出了这些函数。第 420 页8.8 节另有详细说明；实例见第 298 页。

7.5.3 异常处理（Exception Handling）

所有 STL 标准容器中，list 对于异常安全性（exception safety）提供了最佳支持。几乎所有操作都是不成功便成仁：要么成功，要么无效。唯一不提供如此保证的是赋值运算和成员函数`sort()`，不过它们也有基本保证：异常发生时不会泄漏资源，也不会与容器恒常特性（invariant）发生冲突。`merge()`、`remove()`、`remove_if()`和`unique()`提供的保证是有前提的，那就是元素间的比较动作（采用 operator ==或判断式〔predicate〕）不抛出异常。用数据库术语来说，只要你不调用赋值操作或`sort()`，并保证元素相互比较时不抛出异常，那么 list 便可说是事务安全（transaction safe）。表7.26列出了异常状况下提供特殊保证的所有操作函数。STL异常处理的一般性讨论，参见第 248 页6.12.2 节。

操作	效果
c.unique()	如果存在若干相邻而数值相同的元素，就移除重复元素，只留一个
c.unique(*op*)	如果存在若干相邻元素都使*op*()的结果为true，则移除重复元素，只留一个
c.splice(*pos*,*c2*)	将*c2*内的所有元素转移（move）到c之内、迭代器*pos*之前
c.splice(*pos*,*c2*,*c2pos*)	将*c2*内的*c2pos*所指元素转移到c内的*pos*所指位置（c和*c2*可相同）
c.splice(*pos*,*c2*, *c2beg*,*c2end*)	将*c2*内的[*c2beg*,*c2end*)区间内所有元素转移到c内的*pos*之前（c和*c2*可相同）
c.sort()	以 operator <为准则对所有元素排序
c.sort(*op*)	以 *op*() 为准则对所有元素排序
c.merge(*c2*)	假设c和*c2*容器都包含*op*()准则下的已排序（sorted）元素，将*c2*的全部元素转移到c，并保证合并后的 list 仍为已排序
c.merge(*c2*,*op*)	假设c和*c2*容器都包含已排序（sorted）元素，将*c2*的全部元素转移到c，并保证合并后的 list 在*op*()准则下仍为已排序
c.reverse()	将所有元素反序（reverse the order）

表 7.25　List 的特殊更易型操作（Special Modifying Operation）

操作	保证
push_back()	要么成功，要么无任何作用（no effect）
push_front()	要么成功，要么无任何作用（no effect）
insert()	要么成功，要么无任何作用（no effect）
pop_back()	不抛出异常
pop_front()	不抛出异常
erase()	不抛出异常
clear()	不抛出异常
resize()	要么成功，要么无任何作用（no effect）
remove()	只要元素比较动作不抛出异常，它就不抛出异常
remove_if()	只要判断式（predicate）不抛出异常，它就不抛出异常
unique()	只要元素比较动作不抛出异常，它就不抛出异常
splice()	不抛出异常
merge()	只要元素比较时不抛出异常，它便保证"要么成功，要么无任何作用"
reverse()	不抛出异常
swap()	不抛出异常

表 7.26　List 的各种操作在异常发生时提供的特殊保证

7.5.4 List 运用实例

下面这个例子突显了 list 特殊成员函数的用法：

```
// cont/list1.cpp

#include <list>
#include <iostream>
#include <algorithm>
#include <iterator>
using namespace std;

void printLists (const list<int>& l1, const list<int>& l2)
{
    cout << "list1: ";
    copy (l1.cbegin(), l1.cend(), ostream_iterator<int>(cout," "));
    cout << endl << "list2: ";
    copy (l2.cbegin(), l2.cend(), ostream_iterator<int>(cout," "));
    cout << endl << endl;
}

int main()
{
    // create two empty lists
    list<int> list1, list2;

    // fill both lists with elements
    for (int i=0; i<6; ++i) {
        list1.push_back(i);
        list2.push_front(i);
    }
    printLists(list1, list2);

    // insert all elements of list1 before the first element with value 3 of list2
    // - find() returns an iterator to the first element with value 3
    list2.splice(find(list2.begin(),list2.end(),  // destination position
                      3),
                 list1);                          // source list
    printLists(list1, list2);

    // move first element of list2 to the end
    list2.splice(list2.end(),        // destination position
                 list2,              // source list
                 list2.begin());     // source position
```

```
    printLists(list1, list2);

    // sort second list, assign to list1 and remove duplicates
    list2.sort();
    list1 = list2;
    list2.unique();
    printLists(list1, list2);

    // merge both sorted lists into the first list
    list1.merge(list2);
    printLists(list1, list2);
}
```

程序输出如下:

```
list1: 0 1 2 3 4 5
list2: 5 4 3 2 1 0

list1:
list2: 5 4 0 1 2 3 4 5 3 2 1 0

list1:
list2: 4 0 1 2 3 4 5 3 2 1 0 5

list1: 0 0 1 1 2 2 3 3 4 4 5 5
list2: 0 1 2 3 4 5

list1: 0 0 0 1 1 1 2 2 2 3 3 3 4 4 4 5 5 5
list2:
```

7.6.4 节第 312 页有一个对应的例子，但改用了 forward list。

7.6 Forward List

Forward list（class forward_list<>的一个实例）始于 C++11，其内部以一个 singly linked list 管理元素（如图7.8所示）。一如往常，C++ 标准库并未明确指定实现方法，只要求它必须完全奉行 forward list 的名称、条件和规格。

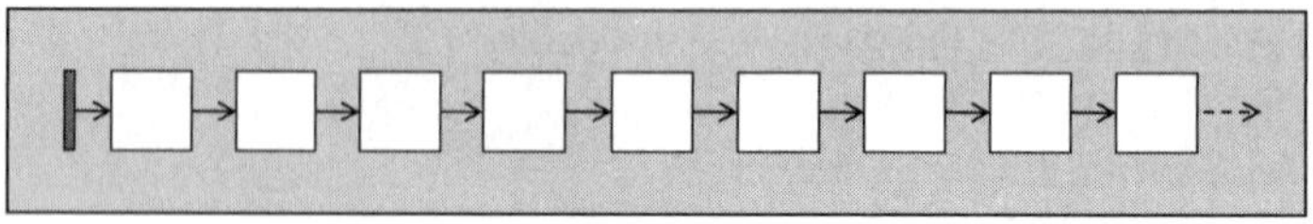

图 7.8 Forward List 的结构

欲使用一个 forward list，你必须首先包含头文件<forward_list>：

```
#include <forward_list>
```

在这个头文件中 forward list 被定义为命名空间std内的一个 class template：

```
namespace std {
    template <typename T,
              typename Allocator = allocator<T> >
    class forward_list;
}
```

它的元素类型可以是任意指定的T。可有可无的第二个 template 参数定义出内存模型（见第 19 章）。默认的内存模型（memory model）是allocator，由C++ 标准库提供。

7.6.1 Forward List 的能力

观念上， forward list 是一个行为受限的 list（list 的类型是 class list<>），不能走回头路。凡是 list 没提供的功能，它也都不提供。它的优点是内存用量较少，行动也略快速。 C++ standard 这样描述它：“*我们希望forward_list和你自己手写的 C-style singly linked list 相较之下没有任何空间或时间上的额外开销。任何性质如果与这个目标相抵触，我们就放弃该性质。*”

相较于 list， forward list 有以下约束：

- Forward list 只提供前向迭代器（forward iterator），而不是双向迭代器。因此它也不支持反向（reverse）迭代器，这意味着诸如reverse_iterator之类的类型以及诸如rbegin()、rend()、crbegin()和crend()之类的成员函数都不提供。
- Forward list 不提供成员函数size()。这是“与手写的 singly linked list 相较下凡会造成空间或时间额外开销的性质都略去”的必然结果。
- Forward list 没有指向最末元素的锚点（anchor）。基于这个原因， forward list 不提供“用以处理最末元素”的成员函数如back()、push_back()和pop_back()。

- 对于所有“令元素被安插或删除于 forward list 的某特定位置上”的成员函数，forward list 提供特殊版本。原因是你必须传递第一个被处理元素的前一位置，因为你必须在那里指定一个新的后继元素；然而由于 forward list 不允许回头（至少常量时间内不行），因此对于这些成员函数，你必须传递前一元素的位置。基于这一差异，这些成员函数的名称都带有一个后缀`_after`。例如`insert_after()`取代`insert()`，将新元素安插于第一实参所表示的元素之后；也就是说，它在那个位置上附加（append）一个元素。
- 基于同样原因，forward list 提供`before_begin()`和`cbefore_begin()`，它们会产出第一元素之前的一个虚拟元素的位置（技术上说就是 linked list 的锚点〔anchor〕），可被用来让“名称带有后缀`_after`”的算法交换第一元素。

“不提供`size()`”这个决定可能会使你特别惊讶，因为`size()`是所有 STL 容器都应该提供的操作函数（见 7.1.2 节第 254 页）。这其实是“与手写的 singly linked list 相较绝不造成空间或时间上的额外开销”这一设计目标的必然结果。每次`size()`被调用，要么就计算大小（线性复杂度），要么就由`forward_list`对象提供一个额外数据栏（field）记录大小，并令它在每一个“会改变元素个数”的操作函数中被更新。正如 forward list 的设计报告[*N2543:FwdList*] 所言：“这么做会造成所有用户都必须支付的一项成本，不论他们是不是需要这个特性。”因此，如果你需要知道大小，要么就在`forward_list`提供的能力之外自行追踪它，要么就改用`list`。

除了这些差异，forward list 的行为就像个 list：

- Forward list 不提供随机访问。若要访问第 5 个元素，你必须循着 link 所形成的串链“航行”前 4 个元素。因此在一个 forward list 中访问某任意元素，速度相当慢。
- 在任何位置上安插和移除元素，速度都很快（前提是你指出了那个位置）。总是可以在常量时间内安插和删除某个元素，因为没有其他任何元素需要搬移，只有若干内部 pointer 会被涂改。
- 安插和移除元素不会造成“指向至其他元素”的 pointer、reference 和 iterator 失效。
- Forward list 对待异常的态度是，几乎每一个操作要么成功，要么就不起作用（no-op）。因此，你不可能进入操作的中间状态（intermediate state）——也就是只成功一半的状态。
- Forward list 提供许多特殊成员函数用于搬移和移除元素。这些成员函数是一般算法的快速版本，因为它们只是重定位（redirect）pointer，并不复制和搬移数值。然而只要涉及元素位置，你必须传给它们目标物的前一位置，而且使用名称带有后缀`_after`的成员函数。

7.6.2 Forward List 的操作

创建、复制、销毁（Create, Copy, and Destroy）

Forward list 的创建、复制和销毁能力，与任何序列式（sequence）容器所提供的一样。表7.27列出了上述行为的各个 forward list 操作函数。第 254 页7.1.2 节对于可能的初值来源（initialization source）提供了一些讨论。

操作	效果
`forward list<Elem> c`	Default 构造函数，产生一个空 forward list，没有任何元素
`forward list<Elem> c(c2)`	Copy 构造函数，建立 *c2* 的同型 forward list 并成为 *c2* 的一份拷贝（所有元素都被复制）
`forward list<Elem> c = c2`	Copy 构造函数，建立一个新的 forward list 作为 *c2* 的拷贝（每个元素都被复制）
`forward list<Elem> c(rv)`	Move 构造函数，建立一个新的 forward list，取 rvalue *rv* 的内容（始自 C++11）
`forward list<Elem> c = rv`	Move 构造函数，建立一个新的 forward list，取 rvalue *rv* 的内容（始自 C++11）
`forward list<Elem> c(n)`	利用元素的 default 构造函数生成一个大小为 *n* 的 forward list
`forward list<Elem> c(n,elem)`	建立一个大小为 *n* 的 forward list，每个元素值都是 *elem*
`forward list<Elem> c(beg,end)`	建立一个 forward list，以区间 [*beg*,*end*) 作为元素初值
`forward list<Elem> c(initlist)`	建立一个 forward list，以初值列 *initlist* 的元素为初值（始自 C++11）
`forward list<Elem> c = initlist`	建立一个 forward list，以初值列 *initlist* 的元素为初值（始自 C++11）
`c.~forward list()`	销毁所有元素，释放内存

表 7.27 Forward List 的构造函数和析构函数

非更易型操作（Nonmodifying Operation）

Forward list 提供常见的大小操作和比较操作，唯一例外是：forward list 不提供`size()`。原因是它不存储元素的目前数量，亦无法在常量时间内算出它。此外也为了凸显`size()`是个费时的操作，所以不提供它。如果你必须计算元素个数，可使用`distance()`（9.3.3 节第 445 页）：

```
#include <forward_list>
#include <iterator>
```

```
std::forward_list<int> l;
...
std::cout << "l.size(): " << std::distance(l.begin(),l.end())
          << std::endl;
```

但是请注意，distance()具备的是线性复杂度。

表7.28是 forward list “非更易型操作”的一份完整列表，第 254 页7.1.2 节对其他操作有更详细的讨论。

操作	效果
c.empty()	判断容器是否为空
c.max_size()	返回元素的最大可能数量
c1 == *c2*	返回 *c1* 是否等于 *c2*（对每个元素调用 ==）
c1 != *c2*	返回 *c1* 是否不等于 *c2*（相当于 !(*c1*==*c2*)）
c1 < *c2*	返回 *c1* 是否小于 *c2*
c1 > *c2*	返回 *c1* 是否大于 *c2*（相当于 *c2*<*c1*）
c1 <= *c2*	返回 *c1* 是否小于等于 *c2*（相当于 !(*c2*<*c1*)）
c1 >= *c2*	返回 *c1* 是否大于等于 *c2*（相当于 !(*c1*<*c2*)）

表 7.28　Forward List 的非更易型操作（Nonmodifying Operation）

赋值（Assignment）

Forward list 也提供序列式（sequence）容器通常都会有的赋值操作（如表7.29所列）。一如先前惯例，有一组用来安插元素的操作呼应了构造函数，提供不同的初值来源（详见第 254 页7.1.2 节）。

操作	效果
c = *c2*	将 *c2* 的全部元素赋值给 c
c = *rv*	将 rvalue *rv* 的所有元素以 move assign 方式给予 c（始自 C++11）
c = *initlist*	将初值列 *initlist* 的所有元素赋值给 c（始自 C++11）
c.assign(*n*,*elem*)	复制 *n* 个 *elem*，赋值给 c
c.assign(*beg*,*end*)	将区间 [*beg*,*end*) 内的元素赋值给 c
c.assign(*initlist*)	将初值列 *initlist* 的所有元素赋值给 c
c1.swap(*c2*)	置换 *c1* 和 *c2* 的数据
swap(*c1*,*c2*)	置换 *c1* 和 *c2* 的数据

表 7.29　Forward List 的赋值操作（Assignment Operation）

元素访问（Element Access）

欲访问 forward list 的所有元素，你必须使用 range-based `for`循环（见第 17 页3.1.4 节）、特定的操作函数或迭代器。和 list 相比，你唯一能够直接访问的元素是第一元素（如果有的话）。因此，只有`front()`被提供用来直接访问元素（如表7.30所列）。

操作	效果
`c.front()`	返回第一元素（并不检查是否存在第一元素）

表 7.30 Forward List 的“元素直接访问操作”

一如既往，这些操作并不检查容器是否为空。如果容器真是空，`front()`会导致不明确的行为。此外，在多线程环境中你需要同步机制（synchronization mechanism）用以确保“检查大小”和“访问元素”之间`coll`未曾被改动（详见 18.4.3 节第 984 页）。

迭代器相关函数（Iterator Function）

欲访问 forward list 的所有元素，你可以使用迭代器。然而，由于你只能以前行方向（forward order）遍历元素，所以这些迭代器是 forward 迭代器，不支持 reverse 迭代器（如表7.31所列）。

因此，你无法调用那种需要用到双向（bidirectional）或随机（random-access）迭代器的算法——而所有“会大量改变元素次序”的算法，特别是 sorting 算法，都属此类。因此，forward list 为排序提供了特殊成员函数`sort()`（见 8.8.1 节第 422 页）。

此外还提供了`before_begin()`和`cbefore_begin()`，产出更先于“第一元素”的一个虚拟元素位置。这是为了能够改动第一元素。

操作	效果
`c.begin()`	返回一个 bidirectional iterator 指向第一元素
`c.end()`	返回一个 bidirectional iterator 指向最末元素的下一位置
`c.cbegin()`	返回一个 const bidirectional iterator 指向第一元素（始自 C++11）
`c.cend()`	返回一个 const bidirectional iterator 指向最末元素的下一位置（始自 C++11）
`c.before_begin()`	返回一个 forward iterator 指向第一元素的前一位置
`c.cbefore_begin()`	返回一个 const forward iterator 指向第一元素的前一位置

表 7.31 Forward List 的迭代器操作函数

注意`before_begin()`和`cbefore_begin()`并不代表 forward list 的一个合法位置；提领（dereferencing）这些位置会导致不明确行为。也就是说，以`before_begin()`为任何 STL 算法的第一实参都会导致运行期差错：

```
// RUNTIME ERROR: before_begin() is only valid with ..._after() operations
std::copy (fwlist.before_begin(), fwlist.end(),
           ...);
```

除了复制和赋值动作，对`before_begin()`返回值的合法操作只有`++`、`==`和`!=`。

元素的安插和移除元素（Inserting and Removing）

表7.32展示了 forward list 提供用来安插和移除元素的操作函数。由于 list 的性质较一般，而 forward list 的性质较特殊，所以我们必须详细讨论二者。

首先，常见的一般性提示是适用的：

- 依 STL 惯例，你必须保证传入的实参合法：(1) 迭代器必须指向一个合法位置，(2) 区间的起始位置不能在结束位置之后。
- 处理多个元素的安插和移除时，对区间内的所有元素使用单一调用，会比多次调用更快速。

因此，和 list 一样， forward list 也提供`remove()`算法（见第 575 页11.7.1 节）的特殊版本。这些成员函数比`remove()`算法还快速，因为它们只操控内部 pointer，不改变元素。如果你需要更详细的说明，请看 7.5.2 节第 294 页的说明。

注意，面对 forward list 提供的所有安插、安放、抹除（insert, emplace, and erase）成员函数，你会有个疑问：它们需要获得一个元素位置，而你打算在该位置上安插新元素或删除旧元素。但这就必须改动前导元素，因为必须更改前导元素的“指向下一元素”的 pointer。如果面对 list，你只要回头走往前一个元素去改变它就可以了，但对于 forward list，你无法回头。因此成员函数的行为就和 list 有所不同，这个不同也反映在成员函数的名称上。所有以`_after`为名称后缀的成员函数，会将新元素安插（或删除）于“给定元素”之后。

当你使用这些成员函数，并结合`before_begin()`（它可确保涵盖第一元素），一个典型的 forward list 元素访问动作如下（见图7.9）：

```
std::forward_list<int> fwlist = { 1, 2, 3 };

// insert 77, 88, and 99 at the beginning:
fwlist.insert_after (fwlist.before_begin(),      // position
                     { 77, 88, 99 } );            // values
```

注意，调用`_after`成员函数并传入`end()`或`cend()`会导致不明确行为，因为如果要在 forward list 的尾端附加一个新元素，你必须传入终端元素的位置（如果没有终端元素的话就传入`before_begin()`）：

```
// RUNTIME ERROR: appending element after end is undefined behavior
fwlist.insert_after(fwlist.end(),9999);
```

操作	效果
c.push_front(*elem*)	在头部插入 *elem* 的一个拷贝
c.pop_front()	移除第一元素（但不返回）
c.insert_after(*pos*,*elem*)	安插一个*elem*拷贝于 iterator 位置*pos*之后，返回新元素位置
c.insert_after(*pos*,*n*,*elem*)	安插*n*个*elem*拷贝于 iterator 位置*pos*之后，并返回第一个新元素的位置（或返回*pos*，如果没有新元素的话）
c.insert_after(*pos*,*beg*,*end*)	将[*beg*,*end*)区间的所有元素复制一份，安插于 iterator 位置*pos*之后，并返回第一个新元素的位置（或返回*pos*，如果没有新元素的话）
c.insert_after(*pos*,*initlist*)	将初值列*initlist*的所有元素复制一份，安插于 iterator 位置*pos*之后，并返回第一个新元素的位置（或返回*pos*，如果没有新元素的话）
c.emplace_after(*pos*,*args...*)	在 iterator 位置*pos*之后方插入一个以*args*为初值的元素，并返回新元素的位置（始自 C++11）
c.emplace_front(*args*...)	插入一个以 *args* 为初值的元素于起点，不返回任何东西（始自 C++11）
c.erase_after(*pos*)	移除 iterator 位置*pos*之后的元素，不返回任何东西
c.erase_after(*beg*,*end*)	移除[*beg*,*end*)区间内的所有元素，不返回任何东西
c.remove(*val*)	移除所有其值为*val*的元素
c.remove_if(*op*)	移除所有“造成*op*(*elem*)结果为true”的元素
c.resize(*num*)	将元素数量改为 *num*（如果 size() 变大，多出来的新元素都需以 default 构造函数完成初始化）
c.resize(*num*,*elem*)	将元素数量改为 *num*（如果 size() 变大，多出来的新元素都是 *elem* 的拷贝）
c.clear()	移除所有元素，将容器清空

表 7.32 Forward List 的安插和移除（Insert and Remove）操作函数

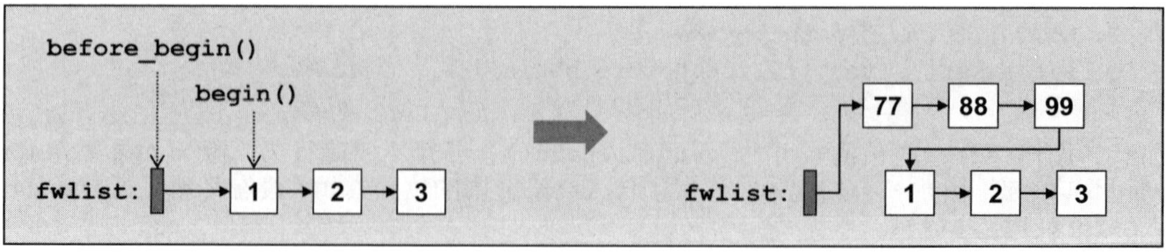

图 7.9 在 Forward List 起始处安插元素

查找、移除或安插（Find and Remove or Insert）

手上握着一个 singly linked list，你就只能勇往向前。它的最大缺点是：当你尝试找出某元素，准备在那儿安插或删除，“找到的当下”代表“你已经过头了”，因为，欲在该处安插或删除元素，你必须改写该处的前一元素。因此你的查找准则应该是“下一元素满足条件”的当时元素。例如：

```
// cont/forwardlistfind1.cpp

#include <forward_list>
#include "print.hpp"
using namespace std;

int main()
{
    forward_list<int> list = { 1, 2, 3, 4, 5, 97, 98, 99 };

    // find the position before the first even element
    auto posBefore = list.before_begin();
    for (auto pos=list.begin(); pos!=list.end(); ++pos, ++posBefore) {
        if (*pos % 2 == 0) {
            break;  // element found
        }
    }

    // and insert a new element in front of the first even element
    list.insert_after(posBefore,42);
    PRINT_ELEMENTS(list);
}
```

在这里，迭代器 pos 遍历 list 以求找到特定的某元素，而 posBefore 则总是指向 pos的前一位置，以便能够返回“正查找的那个元素的前一位置”（见图7.10)。程序输出如下：

```
1 42 2 3 4 5 97 98 99
```

另一种做法，你也可以对迭代器使用自 C++11起提供的便捷函数next()（见 9.3.2 节第 443 页)：

```
#include <iterator>
...
auto posBefore = list.before_begin();
for ( ; next(posBefore)!=list.end(); ++posBefore) {
    if (*next(posBefore) % 2 == 0) {
        break;  // element found
    }
}
```

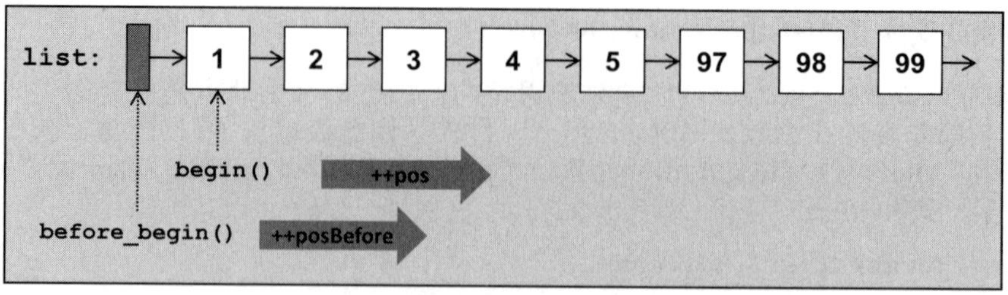

图 7.10　寻找一个用来安插或删除的位置

如果这是一个你经常需要的动作，你可以定义自己的算法，找出“拥有特定值”或“满足某特定条件”的元素的前一位置：

```
// cont/findbefore.hpp

template <typename InputIterator, typename Tp>
inline InputIterator
find_before (InputIterator first, InputIterator last, const Tp& val)
{
    if (first==last) {
        return first;
    }
    InputIterator next(first);
    ++next;
    while (next!=last && !(*next==val)) {
        ++next;
        ++first;
    }
    return first;
}

template <typename InputIterator, typename Pred>
inline InputIterator
find_before_if (InputIterator first, InputIterator last, Pred pred)
{
    if (first==last) {
        return first;
    }
    InputIterator next(first);
    ++next;
    while (next!=last && !pred(*next)) {
        ++next;
        ++first;
    }
    return first;
}
```

有了这些算法，你可以给个 lambda 找出所需位置（完整例子见*cont/fwlistfind2.cpp*）：

```
// find the position before the first even element
auto posBefore = find_before_if (list.before_begin(), list.end(),
                                 [] (int i) {
                                     return i%2==0;
                                 });
// and insert a new element in front of it
list.insert_after(posBefore,42);
```

你必须调用`find_before_if()`并给它`before_begin()`的返回位置，否则第一元素会被忽视。为避免传给它`begin()`导致不明确行为，这个算法首先检查区间的起点是否等于终点。Forward list 若提供了相应的成员函数，那是最好，可惜并没有，以至于我们得自己写一个。

接合函数（Splice Function）以及会改变元素次序的函数

和 list 一样， forward list 有个优点，就是你可以在常量时间内移除和安插元素于任何位置上。如果你从某容器移动元素到另一容器，这个优点更是加倍，因为它只需要重定位（redirect）若干内部 pointer 即可。基于这个原因， forward list 提供与 list 几乎相同的成员函数来接合（splice）或改变元素次序。你可以调用它们将元素搬进 single list 内，或在两个 list 之间搬移——前提是这些 list 有相同类型。与 list 唯一不同的是，`splice_after()`取代了`splice()`，因为传进去的是“ splice 所作用的元素位置”的前一元素位置。

表7.33列出了这些函数。详细介绍见 8.8 节第 420 页。以下程序示范如何对 forward list 使用接合函数（splice function）。例中的 forward list `l1`内的第一个“数值为`3`”的元素被搬移到`l2`内的第一个“数值为`99`”的元素的前方：

```
// cont/forwardlistsplice1.cpp

#include <forward_list>
#include "print.hpp"
using namespace std;

int main()
{
    forward_list<int> l1 = { 1, 2, 3, 4, 5 };
    forward_list<int> l2 = { 97, 98, 99 };

    //find 3 in l1
    auto pos1=l1.before_begin();
    for (auto pb1=l1.begin(); pb1 != l1.end(); ++pb1, ++pos1) {
        if (*pb1 == 3) {
            break;  //found
        }
    }
```

```
    //find 99 in l2
    auto pos2=l2.before_begin();
    for (auto pb2=l2.begin(); pb2 != l2.end(); ++pb2, ++pos2) {
        if (*pb2 == 99) {
            break;  //found
        }
    }

    //splice 3 from l1 to l2 before 99
    l1.splice_after(pos2, l2,  //destination
                    pos1);     //source

    PRINT_ELEMENTS(l1,"l1: ");
    PRINT_ELEMENTS(l2,"l2: ");
}
```

操作	效果
c.unique()	移除重复而相邻的元素，只留一个
c.unique(*op*)	移除相邻而且都令*op*()结果为true的元素，只留一个
c.splice_after(*pos*,*c2*)	将*c2*内的所有元素转移（move）到*c*之内、迭代器*pos*之右（后）
c.splice_after(*pos*,*c2*,*c2pos*)	将*c2*内的*c2pos*所指元素转移到c内的*pos*所指位置（c和*c2*可以是同一容器）
c.splice_after(*pos*,*c2*, *c2beg*,*c2end*)	将*c2*内的(*c2beg*,*c2end*)区间内（不含头尾）所有元素转移到c内的*pos*之后（c和*c2*可以是同一容器）
c.sort()	以 operator <为准则对所有元素排序
c.sort(*op*)	以*op*()为准则对所有元素排序
c.merge(*c2*)	假设c和*c2*容器都包含已排序（sorted）元素，将*c2*的全部元素转移（move）到c，并保证合并后的所有元素仍为已排序（sorted）
c.merge(*c2*,*op*)	假设c和*c2*容器都包含*op*()准则下的已排序（sorted）元素，将*c2*的全部元素转移（move）到c，并保证合并后的所有元素在*op*()准则下仍为已排序（sorted）
c.reverse()	将所有元素反序（reverse the order）

表 7.33 Forward List 提供的特殊更易型操作

首先，在l1中，我们查找第一个“数值为3”的元素的前一位置。然后在l2中，我们查找第一个“数值为99”的元素的前一位置。最后，调用splice_after()并传入上述两个位置，该函数只会改动 list 的内部 pointer（见图7.11）。

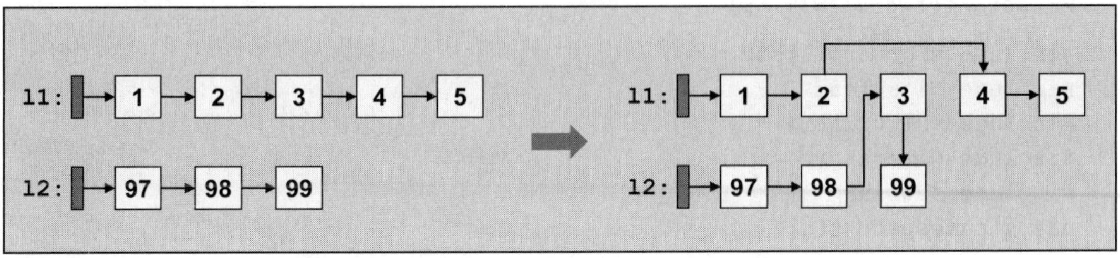

图 7.11 Forward List 的splice_after()造成的效果

再一次，如果使用我们自己写的find_before()算法，代码看起来简单多了：

```
// splice 3 from l1 to l2 before 99
l1.splice_after(l2.find_before(99), l2,   // destination
                l1.find_before(3));       // source
```

注意，接合操作（splice operation）的来源端和目的端可以相同。因此你可以在同一个 forward list 内搬移元素。然而请注意，调用splice_after()并传入end()会导致不明确行为，就像所有_after函数面对end()时的表现一样：

```
// RUNTIME ERROR: move first element to the end is not possible that way
fwlist.splice_after(fwlist.end(),          // destination position
                    fwlist,                // source list
                    fwlist.begin());       // source position
```

7.6.3 异常处理（Exception Handling）

Forward list 对于异常处理的态度和保证，与 list 完全相同，前提是有对应的成员函数可用。详见 7.5.3 节第 296 页。

7.6.4 Forward List 运用实例

以下例子展示了 forward list 特殊成员函数的使用：

```
// cont/forwardlist1.cpp

#include <forward_list>
#include <iostream>
#include <algorithm>
#include <iterator>
#include <string>
using namespace std;

void printLists (const string& s, const forward_list<int>& l1,
                                  const forward_list<int>& l2)
{
    cout << s << endl;
    cout << " list1: ";
    copy (l1.cbegin(), l1.cend(), ostream_iterator<int>(cout," "));
    cout << endl << " list2: ";
    copy (l2.cbegin(), l2.cend(), ostream_iterator<int>(cout," "));
    cout << endl;
}

int main()
{
    // create two forward lists
    forward_list<int> list1 = { 1, 2, 3, 4 };
    forward_list<int> list2 = { 77, 88, 99 };
    printLists ("initial:", list1, list2);

    // insert six new element at the beginning of list2
    list2.insert_after(list2.before_begin(),99);
    list2.push_front(10);
    list2.insert_after(list2.before_begin(), {10,11,12,13} );
    printLists ("6 new elems:", list1, list2);

    // insert all elements of list2 at the beginning of list1
    list1.insert_after(list1.before_begin(),
                       list2.begin(),list2.end());
    printLists ("list2 into list1:", list1, list2);

    // delete second element and elements after element with value 99
    list2.erase_after(list2.begin());
```

```
    list2.erase_after(find(list2.begin(),list2.end(),
                           99),
                      list2.end());
    printLists ("delete 2nd and after 99:", list1, list2);

    // sort list1, assign it to list2, and remove duplicates
    list1.sort();
    list2 = list1;
    list2.unique();
    printLists ("sorted and unique:", list1, list2);

    // merge both sorted lists into list1
    list1.merge(list2);
    printLists ("merged:", list1, list2);
}
```

程序输出如下：

```
initial:
 list1: 1 2 3 4
 list2: 77 88 99
6 new elems:
 list1: 1 2 3 4
 list2: 10 11 12 13 10 99 77 88 99
list2 into list1:
 list1: 10 11 12 13 10 99 77 88 99 1 2 3 4
 list2: 10 11 12 13 10 99 77 88 99
delete 2nd and after 99:
 list1: 10 11 12 13 10 99 77 88 99 1 2 3 4
 list2: 10 12 13 10 99
sorted and unique:
 list1: 1 2 3 4 10 10 11 12 13 77 88 99 99
 list2: 1 2 3 4 10 11 12 13 77 88 99
merged:
 list1: 1 1 2 2 3 3 4 4 10 10 10 11 11 12 12 13 13 77 77 88 88 99 99 99
 list2:
```

7.5.4 节第 298 页有一个相应例子，但是采用了 list。

7.7 Set 和 Multiset

Set和multiset会根据特定的排序准则，自动将元素排序。两者不同之处在于 multiset 允许元素重复而 set 不允许（请参考图7.12和第 6 章关于这一主题的讨论）。

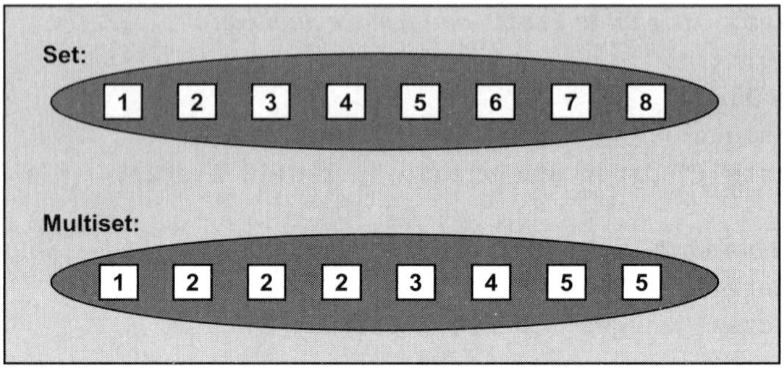

图 7.12 Set 和 Multiset

使用 set 或 multiset 之前，必须先包含头文件`<set>`：

```
#include <set>
```

在这个头文件中，上述两个类型都被定义为命名空间`std`内的 class template：

```
namespace std {
    template <typename T,
              typename Compare = less<T>,
              typename Allocator = allocator<T> >
             class set;

    template <typename T,
              typename Compare = less<T>,
              typename Allocator = allocator<T> >
             class multiset;
}
```

只要是可依据某排序准则被比较（所谓 comparable ）的任意类型T都可以成为 set 或 multiset 的元素类型。可有可无的第二个 template 实参用来定义排序准则。如果没有传入某个排序准则，就采用默认准则`less`——这是个函数对象，以 operator <对元素进行比较（详见 10.2.1 节第 487 页）。可有可无的第三实参用来定义内存模型（参见第 19 章）。默认的内存模型是`allocator`，由C++ 标准库提供。

所谓“排序准则”，必须定义*strict weak ordering*，其意义如下：

1. 必须是**非对称的**（antisymmetric）。
   对 operator <而言，如果x < y为true，则y < x为false。
   对判断式（predicate） op()而言，如果op(x,y)为true，则op(y,x)为false。
2. 必须是**可传递的**（transitive）。
   对 operator <而言，如果x < y为true且y < z为true，则x < z为true。
   对判断式 op()而言，如果op(x,y)为true且op(y,z)为true，则op(x,z)为true。
3. 必须是**非自反的**（irreflexive）。
   对 operator <而言，x < x永远为false。
   对判断式op()而言，op(x,x)永远为false。
4. 必须有**等效传递性**（transitivity of equivalence）。大体意义是：如果a等于b且b等于c，那么a必然等于c。
   这意味着对于操作符<，若!(a<b) && !(b<a)为true且!(b<c) && !(c<b)为true，那么!(a<c) && !(c<a)亦为true。
   这也意味着对于判断式op()，若op(a,b)、op(b,a)、op(b,c)和op(c,b)都为false，那么op(a,c)和op(c,a)为false。

注意，这意味着你必须区分 less 和 equal。一个像 operator <=这样的准则并不满足这个条件。

根据这些性质，排序准则也被用来检查等效性（equivalence）。也就是说，两个元素如果没有任何一个小于另一个（或如果op(x,y)和op(y,x)都取得false），则它们被视为重复。

Multiset 的等效元素的次序是随机但稳定的（random but stable）。因此C++11保证安插和抹除（erasure）动作都会保存等效元素的相对次序。

7.7.1 Set 和 Multiset 的能力

和所有标准的关联式容器类似， set 和 multiset 通常以平衡二叉树（balanced binary tree，图7.13）完成—— C++ standard 并未明定，但由 set 和 multiset 各项操作的复杂度可以得出这个结论[9]。

自动排序的主要优点在于令二叉树于查找元素时拥有良好效能。其查找函数具有对数（logarithmic）复杂度。在拥有 1 000 个元素的 set 或 multiset 中查找元素，二叉树查找动作（由成员函数执行）的平均时间为线性查找（由 STL 算法执行）的$\frac{1}{50}$。关于复杂度，详见第 10 页2.2 节。

但是，自动排序造成 set 和 multiset 的一个重要限制：你不能直接改变元素值，因为这样会打乱原本正确的顺序。

[9] 事实上， set 和 multiset 通常以红黑树（red-black tree）实现。红黑树在改变元素数量和元素搜寻方面都很出色， 它保证节点安插时最多只会做两个重新链接（relink）动作，而且到达某一元素的最长路径的深度，至多只是最短路径的深度的两倍。

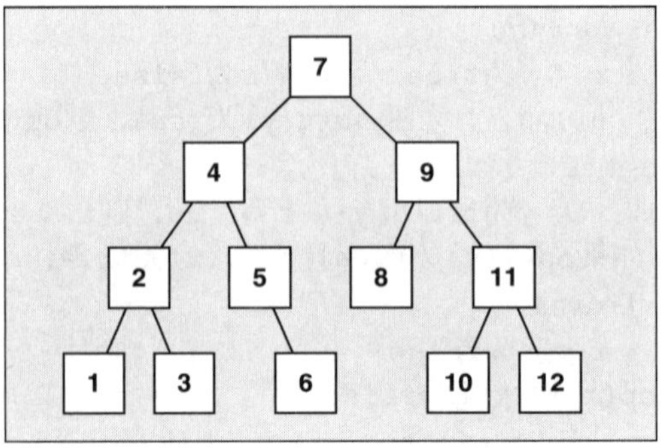

图 7.13　Set 和 Multiset 的内部结构

因此，要改变元素值，必须先删除旧元素，再插入新元素。以下接口反映了这种行为：

- Set 和 multiset 不提供任何操作函数可以直接访问元素。
- 通过迭代器进行元素间接访问，有一个限制：从迭代器的角度看，元素值是常量。

7.7.2　Set 和 Multiset 的操作函数

创建、复制和销毁（Create, Copy, and Destroy）

表7.34列出了 set 和 multiset 的构造函数和析构函数。

有两种方式可以定义排序准则：

1. **以 template 参数定义之。** 例如：
   ```
   std::set<int,std::greater<int>> coll;
   ```
   这种情况下排序准则就是类型的一部分。于是类型系统确保“只有排序准则相同的容器才能被合并”。这是排序准则的通常指定法。更精确地说，第二参数是排序准则的类型，实际的排序准则是容器所产生的函数对象。为了产生它，容器的构造函数会调用“排序准则类型”的 default 构造函数。10.1.1 节第 476 页有一个“用户自定之排序准则”实例。
2. **以构造函数参数定义之。** 这种情况下，同一个类型可以运用不同的排序准则，而排序准则的初始值或状态也可以不同。如果运行期才获得排序准则，而且需要用到不同的排序准则（但数据类型必须相同），这一方式可派上用场。第 328 页7.7.5 节有个完整例子。

如果用户没有提供特定的排序准则，就采用默认准则——函数对象`less<>`。`less<>`通过 operator <对元素进行排序。

请注意，排序准则也被用来检验元素相等性。采用默认排序准则时，两元素的相等性检验如下：

```
if (! (elem1<elem2 || elem2<elem1))
```

操作	效果
set c	Default 构造函数，建立一个空 set/multiset，不含任何元素
set c(*op*)	建立一个空 set/multiset，以*op*为排序准则
set c(*c2*)	Copy 构造函数，为相同类型之另一个 set/multiset 建立一份拷贝，所有元素均被复制
set c = *c2*	Copy 构造函数，为相同类型之另一个 set/multiset 建立一份拷贝，所有元素均被复制
set c(*rv*)	Move 构造函数，建立一个新的 set/multiset，有相同类型，取 rvalue *rv*的内容（始自 C++11）
set c = *rv*	Move 构造函数，建立一个新的 set/multiset，有相同类型，取 rvalue *rv*的内容（始自 C++11）
set c(*beg*,*end*)	以区间[*beg*,*end*)内的元素为初值，建立一个 set/multiset
set c(*beg*,*end*,*op*)	以区间[*beg*,*end*)内的元素为初值，并以*op*为排序准则，建立一个 set/multiset
set c(*initlist*)	建立一个 set/multiset，以初值列*initlist*的元素为初值（始自 C++11）
set c = *initlist*	建立一个 set/multiset，以初值列*initlist*的元素为初值（始自 C++11）
c.~***set***()	销毁所有元素，释放内存

其中***set***可为下列形式：

set	效果
set<*Elem*>	一个 set，以less<>（operator <）为排序准则
set<*Elem*,*Op*>	一个 set，以*Op*为排序准则
multiset<*Elem*>	一个 multiset，以less<>（operator <）为排序准则
multiset<*Elem*,*Op*>	一个 multiset，以*Op*为排序准则

表 7.34　Set 和 Multiset 的构造函数和析构函数

这样做有三个好处：

1. 只需传递一个实参作为排序准则。
2. 不必针对元素类型提供 operator ==。
3. 可以对“相等性”有截然相反的定义（译注：即使表达式中 operator ==的行为有所不同，也无关紧要）。不过当心造成混淆。

这种相等性检验方式会花费较长时间，因为评估上述表达式可能需要两次比较。注意，如果第一次比较结果为true，就不用进行第二次比较了。

也请注意，如果用 operator ==对两个容器做比较，两个容器内的元素将使用它们自己的 operator ==进行比较，那意味着元素类型必须提供 operator ==。

“利用区间的起点和终点来构建容器”的构造函数，可以从其他类型的容器或从 array 或标准输入设备（standard input）中接受元素来源。详见第 254 页7.1.2 节。

非更易型操作（Nonmodifying Operation）

Set 和 multiset 提供常见的非更易型操作，用来查询大小、相互比较（如表7.35所列）。

操作	效果
`c.key_comp()`	返回“比较准则”（comparison criterion）
`c.value_comp()`	返回针对 value 的“比较准则”（和`key_comp()`相同）
`c.empty()`	返回是否容器为空（相当于 `size()==0` 但也许较快）
`c.size()`	返回目前的元素个数
`c.max_size()`	返回元素个数之最大可能量
c1 == *c2*	返回 *c1* 是否等于 *c2*（对每个元素调用 ==）
c1 != *c2*	返回 *c1* 是否不等于 *c2*（相当于 !(*c1*==*c2*)）
c1 < *c2*	返回 *c1* 是否小于 *c2*
c1 > *c2*	返回 *c1* 是否大于 *c2*（相当于 *c2*<*c1*）
c1 <= *c2*	返回 *c1* 是否小于等于 *c2*（相当于 !(*c2*<*c1*)）
c1 >= *c2*	返回 *c1* 是否大于等于 *c2*（相当于 !(*c1*<*c2*)）

表 7.35 Set 和 Multiset 的非更易型操作（Nonmodifying Operation）

元素比较动作只适用于类型相同的容器。换言之，元素和排序准则必须有相同的类型，否则编译期会产生类型方面的错误。

```
std::set<float> c1;          // sorting criterion: std::less<>
std::set<float,std::greater<float> > c2;
...
if (c1 == c2) {              // ERROR: different types
    ...
}
```

比较动作是以“字典（lexicographical）顺序”（见 11.5.4 节第 548 页）检查某个容器是否小于另一容器。如果要比较不同类型（拥有不同排序准则）的容器，你必须采用第 542 页11.5.4 节的“比较算法（comparing algorithm）”。

特殊的查找函数（Special Search Operation）

Set 和 multiset 在元素快速查找方面有优化设计，所以提供了特殊的查找函数，如表7.36所列。这些函数是同名的 STL 算法的特殊版本。面对 set 和 multiset 你应该优先采用这些优化算法，如此可获得对数复杂度，而非 STL 算法的线性复杂度。举个例子，在 1 000 个元素中查找，平均 10 次比较之后便可得出结果，如果是线性复杂度，平均 500 次比较才能有结果(参见第 10 页2.2 节)。

操作	效果
`c.count(`*val*`)`	返回“元素值为*val*”的元素个数
`c.find(`*val*`)`	返回“元素值为*val*”的第一个元素，如果找不到就返回`end()`
`c.lower_bound(`*val*`)`	返回*val*的第一个可安插位置，也就是“元素值>= *val*”的第一个元素位置
`c.upper_bound(`*val*`)`	返回*val*的最后一个可安插位置，也就是“元素值> *val*”的第一个元素位置
`c.equal_range(`*val*`)`	返回*val*可被安插的第一个位置和最后一个位置，也就是“元素值== *val*”的元素区间

表 7.36　Set 和 Multiset 的查找操作函数

成员函数`find()`查找出与实参值相同的第一个元素，并返回一个迭代器指向该位置。如果没找到这样的元素，就返回容器的`end()`。

`lower_bound()`和`upper_bound()`分别返回第一个和最后一个“元素可安插点”。换言之，`lower_bound()`返回第一个“大于等于实参值”的元素位置，`upper_bound()`返回第一个“大于实参值”的元素位置。`equal_range()`则是将`lower_bound()`和`upper_bound()`的返回值做成一个`pair`返回（类型`pair`在第 60 页5.1.1 节介绍过），所以它返回的是“与实参值相等”的元素所形成的区间。如果`lower_bound()`或“`equal_range()`的 first 值”等于“`equal_range()`的 second 值”或`upper_bound()`，则此 set 或 multiset 内不存在同值元素。这是当然，同值区间中至少也得包含一个元素!

下面的例子说明了如何使用`lower_bound()`、 `upper_bound()`和`equal_range()`：

```
// cont/setrange1.cpp

#include <iostream>
#include <set>
using namespace std;
```

```
int main ()
{
    set<int> c;

    c.insert(1);
    c.insert(2);
    c.insert(4);
    c.insert(5);
    c.insert(6);

    cout << "lower_bound(3): " << *c.lower_bound(3) << endl;
    cout << "upper_bound(3): " << *c.upper_bound(3) << endl;
    cout << "equal_range(3): " << *c.equal_range(3).first << " "
                               << *c.equal_range(3).second << endl;
    cout << endl;
    cout << "lower_bound(5): " << *c.lower_bound(5) << endl;
    cout << "upper_bound(5): " << *c.upper_bound(5) << endl;
    cout << "equal_range(5): " << *c.equal_range(5).first << " "
                               << *c.equal_range(5).second << endl;
}
```

程序输出如下：

```
lower_bound(3): 4
upper_bound(3): 4
equal_range(3): 4 4

lower_bound(5): 5
upper_bound(5): 6
equal_range(5): 5 6
```

上例如果使用 multiset 而不是 set，程序输出相同。

赋值（Assignment）

如表7.37所列， set 和 multiset 只提供任何容器都提供的基本赋值操作（详见 7.1.2 节第 258 页）。

这些操作函数中，赋值操作的两端容器必须具备相同类型。尽管“比较准则”本身可能不同，但其类型必须相同。 7.7.5 节第 328 页列出可一个“排序准则本体不同，但其类型相同”的例子。如果准则不同，准则本身也会连同容器一并被赋值（assigned）或交换（swapped）。

操作	效果
`c = c2`	将 *c2* 的全部元素赋值给 `c`
`c = rv`	将 rvalue *rv* 的所有元素以 move assign 方式给予 `c`（始自 C++11）
`c = initlist`	将初值列 *initlist* 的所有元素赋值给 `c`（始自 C++11）
`c1.swap(c2)`	置换 *c1* 和 *c2* 的数据
`swap(c1,c2)`	置换 *c1* 和 *c2* 的数据

表 7.37　Set 和 Multiset 的赋值操作

迭代器相关函数（Iterator Function）

Set 和 multiset 不提供元素直接访问，所以只能采取 range-based `for`循环（见 3.1.4 节第 17 页）或采用迭代器。Set 和 multiset 提供了一些常见的迭代器函数（如表7.38所列）。

操作	效果
`c.begin()`	返回一个 bidirectional iterator 指向第一元素
`c.end()`	返回一个 bidirectional iterator 指向最末元素的下一位置
`c.cbegin()`	返回一个 const bidirectional iterator 指向第一元素（始自 C++11）
`c.cend()`	返回一个 const bidirectional iterator 指向最末元素的下一位置（始自 C++11）
`c.rbegin()`	返回一个反向的（reverse） iterator 指向反向迭代的第一元素
`c.rend()`	返回一个反向的（reverse） iterator 指向反向迭代的最末元素的下一位置
`c.crbegin()`	返回一个 const reverse iterator 指向反向迭代的第一元素（始自 C++11）
`c.crend()`	返回一个 const reverse iterator 指向反向迭代的最末元素的下一位置（始自 C++11）

表 7.38　Set 和 Multiset 的迭代器操作函数

和所有关联式容器类似，这里的迭代器是双向迭代器（参见第 437 页9.2.4 节）。所以，对于那些“只能接受随机访问迭代器”的 STL 算法（如排序算法或随机乱序〔random shuffling〕算法），set 和 multiset 就无福消受了。

更重要的是，从迭代器的角度看去，所有元素都被视为常量，这可确保元素不会被改动以至于打乱既有顺序。然而这也使得你无法对 set 或 multiset 元素调用任何更易型算法（modifying algorithm）。例如你不能对它们调用`remove()`，因为`remove()`算法实际上是以其实参值覆盖被移除的元素（详见第 221 页6.7.2 节）。欲移除 set 和 multiset 的元素，只能使用它们所提供的成员函数。

元素的安插和移除（Inserting and Removing）

表7.39列出了 set 和 multiset 的元素安插和删除函数。

操作	效果
`c.insert(`*val*`)`	安插一个 *val* 拷贝，返回新元素位置，不论是否成功——对 set 而言
`c.insert(`*pos*`,`*val*`)`	安插一个 *val* 拷贝，返回新元素位置（*pos* 是个提示，指出安插动作的查找起点。若提示恰当可加快速度）
`c.insert(`*beg*`,`*end*`)`	将区间 [*beg*,*end*) 内所有元素的拷贝安插到 `c`（无返回值）
`c.insert(`*initlist*`)`	安插初值列 *initlist* 内所有元素的一份拷贝（无返回值；始自 C++11）
`c.emplace(`*args...*`)`	安插一个以 *args* 为初值的元素，并返回新元素的位置，不论是否成功——对 set 而言（始自 C++11）
`c.emplace_hint(`*pos*`,`*args...*`)`	安插一个以 *args* 为初值的元素，并返回新元素的位置（*pos* 是个提示，指出安插动作的查找起点。若提示恰当可加快速度）
`c.erase(`*val*`)`	移除"与 *val* 相等"的所有元素，返回被移除的元素个数
`c.erase(`*pos*`)`	移除 iterator 位置 *pos* 上的元素，无返回值
`c.erase(`*beg*`,`*end*`)`	移除区间 [*beg*,*end*) 内的所有元素，无返回值
`c.clear()`	移除所有元素，将容器清空

表 7.39　Set 和 Multiset 的元素安插和移除

依 STL 惯例，你必须保证传入的实参合法：(1) 迭代器必须指向一个合法位置，(2) 区间的起始位置不能在结束位置之后。

处理多个元素的安插和移除时，对区间内的所有元素使用单一调用，会比多次调用更快速。

C++11保证，multiset 的`insert()`、`emplace()`和`erase()`成员函数都会保存等值元素间的相对次序，插入的元素会被放在"既有的等值元素群"的末尾。

注意，用以安插元素的函数：`insert()`和`emplace()`，其返回类型不尽相同：

- **Set** 提供如下接口：[10]

```
pair<iterator,bool>   insert (const value_type& val);
iterator              insert (const_iterator posHint,
                                const value_type& val);
template <typename... Args>
 pair<iterator, bool> emplace (Args&&... args);
template <typename... Args>
 iterator             emplace_hint (const_iterator posHint,
                                     Args&&... args);
```

- **Multiset** 提供如下接口：[10]

```
iterator              insert (const value_type& val);
iterator              insert (const_iterator posHint,
                                const value_type& val);
template <typename... Args>
 iterator             emplace (Args&&... args);
template <typename... Args>
 iterator             emplace_hint (const_iterator posHint,
                                     Args&&... args);
```

返回类型之所以不相同，原因是：multiset 允许元素重复而 set 不允许。因此，如果将某元素安插至 set 内，而该 set 已经内含同值元素，安插动作将告失败。所以 set 的返回类型是以pair组织起来的两个值（关于pair详见第 60 页5.1.1 节）：

1. pair结构中的second成员表示安插是否成功。
2. pair结构中的first成员表示新元素的位置，或现存的同值元素的位置。

其他任何情况下，此函数都返回新元素的位置（如果 set 已经内含同值元素，则返回同值元素的位置）。

以下例子把数值为3.3的元素安插到 set c中，借此说明如何使用上述接口：

```
std::set<double> c;
...
if (c.insert(3.3).second) {
    std::cout << "3.3 inserted" << std::endl;
}
else {
    std::cout << "3.3 already exists" << std::endl;
}
```

如果你还想处理新位置或旧位置，代码得更复杂些：

[10] C++11之前只提供insert()，且其*posHint*参数类型是iterator而不是const_iterator。

```
// insert value and process return value
auto status = c.insert(value);
if (status.second) {
    std::cout << value << " inserted as element "
}
else {
    std::cout << value << " already exists as element "
}
std::cout << std::distance(c.begin(),status.first) + 1 << std::endl;
```

对此序列执行两次调用后，结果可能如下：

```
8.9 inserted as element 4
7.7 already exists as element 3
```

注意，所有拥有“位置提示参数”的安插函数，其返回类型都一样，不论是 set 或 multiset，这些函数都只返回一个迭代器。这些函数的效果与“不带位置提示参数”的函数一样，只不过效率略有差异。你可以传进一个迭代器，该位置将作为一个提示，用来提升效率。事实上，如果被安插元素的位置恰好紧贴于提示位置之后，那么时间复杂度就会从“对数”一变而为“摊提常量（amortized constant）”（复杂度的介绍见第 10 页2.2 节）。和“单实参安插函数”不同的是，带有“额外提示位置”的若干安插函数都具有相同的返回类型，这就确保你至少有了一个通用型安插函数，在各种容器中有共同接口。事实上，通用型安插迭代器（general inserter）就是靠这个接口的支持才得以实现。关于安插迭代器，详见9.4.2 节，尤其是第 458 页。

若欲删除“与某值相等”的元素，只需调用erase()：

```
std::set<Elem> coll;
...
// remove all elements with passed value
coll.erase(value);
```

和 list 不同的是，erase()并非取名为remove()（后者的讨论请见 7.5.2 节第 294 页）。是的，它的行为不同，它返回的是被删除元素的个数，在 set 身上其返回值非0即1。

如果 multiset 内含重复元素，你不能使用erase()来删除这些重复元素中的第一个。但你可以这么做：

```
std::multiset<Elem> coll;
...
// remove first element with passed value
std::multiset<Elem>::iterator pos;
pos = coll.find(value);
if (pos != coll.end()) {
    coll.erase(pos);
}
```

这里应该采用成员函数find()，而非 STL 算法find()，因为前者速度更快。

注意，在C++11之前，关联式容器的`erase()`函数不返回任何东西（返回类型为`void`），这是为了效率。在一个关联式容器内查找元素并返回其后继者，可能会花不少时间，因为容器被实现为一个 binary tree，这会大幅增加上述事情的复杂度（参考 7.8.2 节第 343 页）。

也请注意，面对以迭代器为元素的 set，调用`erase()`如今可能会造成歧义。为了这个因素，C++11提出修正，提供了重载函数`erase(iterator)`和`erase(const_iterator)`。

Multiset 的`insert()`、`emplace()`和`erase()`操作函数都会保留等价元素的相对次序。自 C++11起，调用`insert(`*val*`)`或`emplace(`*args...*`)`，新元素保证会被安插于等价元素所形成的区间的末端。

7.7.3 异常处理（Exception Handling）

Set 和 multiset 是“以节点（node）为基础”的容器。如果节点构建失败，容器仍保持原样。此外，由于析构函数通常并不抛出异常，所以节点的移除不可以失败。

然而，面对多重元素安插动作，“保持元素次序”这一条件会造成“异常抛出时必须完全回复原状”变得不切实际。因此，只有“单一元素安插动作”才支持“要么成功要么无效”（commit-or-rollback）的操作原则。此外，“多元素删除动作”总是“要么成功要么无效”的前提是：排序准则不抛出异常。如果排序准则之复制/赋值动作有可能抛出异常，`swap()`也有可能抛出异常。

关于 STL处理异常的一般性讨论，参见第 248 页6.12.2 节。

7.7.4 Set 和 Multiset 运用实例

以下程序展示了 set 的若干能力：

```
// cont/set1.cpp

#include <iostream>
#include <set>
#include <algorithm>
#include <iterator>
using namespace std;

int main()
{
    // type of the collection:
    // - no duplicates
    // - elements are integral values
```

```
    // - descending order
    set<int,greater<int>> coll1;

    // insert elements in random order using different member functions
    coll1.insert({4,3,5,1,6,2});
    coll1.insert(5);

    // print all elements
    for (int elem : coll1) {
        cout << elem << ' ';
    }
    cout << endl;

    // insert 4 again and process return value
    auto status = coll1.insert(4);
    if (status.second) {
        cout << "4 inserted as element "
             << distance(coll1.begin(),status.first) + 1 << endl;
    }
    else {
        cout << "4 already exists" << endl;
    }

    // assign elements to another set with ascending order
    set<int> coll2(coll1.cbegin(),coll1.cend());

    // print all elements of the copy using stream iterators
    copy (coll2.cbegin(), coll2.cend(),
          ostream_iterator<int>(cout," "));
    cout << endl;

    // remove all elements up to element with value 3
    coll2.erase (coll2.begin(), coll2.find(3));

    // remove all elements with value 5
    int num;
    num = coll2.erase (5);
    cout << num << " element(s) removed" << endl;

    // print all elements
    copy (coll2.cbegin(), coll2.cend(),
          ostream_iterator<int>(cout," "));
    cout << endl;
}
```

首先建立一个空 set，使用不同的insert()重载版本安插数个元素：

```
set<int,greater<int>> coll1;

coll1.insert({4,3,5,1,6,2});
coll1.insert(5);
```

注意数值为5的元素被安插两次，但第二次安插会被忽略，因为 set 不允许元素值重复。

打印所有元素后程序再次安插元素4。这次按照 7.7.2 节第 323 页的方法处理insert()的返回值。

语句

```
set<int> coll2(coll1.cbegin(),coll1.cend());
```

产生一个新的 set，其内容纳升序（递增）排列的int，并以原先那个 set 的元素为初值。

上述两个容器有不同的排序准则，所以它们的类型不同，不能直接相互赋值或比较。但只要元素类型相同或彼此可以转换类型，你就可以使用某些“有能力处理不同容器类型”的算法来达成目的。

以下语句移除数值为3的元素之前的所有元素：

```
coll2.erase (coll2.begin(), coll2.find(3));
```

注意上述数值为3的元素位于区间尾端，所以它没被移除。

最后，所有数值为5的元素都被移除：

```
int num;
num = coll2.erase (5);
cout << num << " element(s) removed" << endl;
```

程序输出如下：

```
6 5 4 3 2 1
4 already exists
1 2 3 4 5 6
1 element(s) removed
3 4 6
```

对于 multiset，程序（提供于 *cont/multiset1.cpp*）看起来有一点点不同，产出结果也不同。首先，所有类型必须被取代为multiset类型（头文件倒是一样）：

```
multiset<int,greater<int>> coll1;
...
multiset<int> coll2(coll1.cbegin(),coll1.cend());
```

处理insert()返回值的方式也有点不同。Set 不允许元素重复，所以insert()返回的是“被安插元素的新位置”以及安插是否成功：

```
auto status = coll1.insert(4);
if (status.second) {
    cout << "4 inserted as element "
         << distance(coll1.begin(),status.first) + 1 << endl;
}
else {
    cout << "4 already exists" << endl;
}
```

但是对于 multiset，`insert()`只返回新位置（这是因为 multiset 允许内含重复元素，所以安插动作只在异常被抛出的情况下才有可能失败）：

```
auto ipos = coll1.insert(4);
cout << "4 inserted as element "
     << distance(coll1.begin(),ipos) + 1 << endl;
```

程序输出略有改变：

```
6 5 4 3 2 1
4 already exists
1 2 3 4 5 6
1 element(s) removed
3 4 6
```

7.7.5 运行期指定排序准则

无论是将排序准则作为第二个 template 实参传入，或是采用默认的排序准则`less<>`，通常你都会将排序准则定义为类型的一部分。但有时必须在运行期处理排序准则，或者有时候你需要对同一种数据类型采用不同的排序准则。此时你就需要一个“用来表现排序准则”的特殊类型，使你能够在运行期间才给定某个准则。以下程序说明了这种做法：[11]

```
// cont/setcmp1.cpp

#include <iostream>
#include <set>
#include "print.hpp"
using namespace std;

// type for runtime sorting criterion
class RuntimeCmp {
  public:
    enum cmp_mode {normal, reverse};
```

[11] 感谢 Daniel Krügler 对此例细节的贡献。

```
  private:
    cmp_mode mode;
  public:
    // constructor for sorting criterion
    // - default criterion uses value normal
    RuntimeCmp (cmp_mode m=normal) : mode(m) {
    }
    // comparison of elements
    // - member function for any element type
    template <typename T>
    bool operator() (const T& t1, const T& t2) const {
        return mode==normal ?  t1<t2
                            :  t2<t1;
    }
    // comparison of sorting criteria
    bool operator== (const RuntimeCmp& rc) const {
        return mode == rc.mode;
    }
};

// type of a set that uses this sorting criterion
typedef set<int,RuntimeCmp> IntSet;

int main()
{
    // create, fill, and print set with normal element order
    // - uses default sorting criterion
    IntSet coll1 = { 4, 7, 5, 1, 6, 2, 5 };
    PRINT_ELEMENTS (coll1, "coll1: ");

    // create sorting criterion with reverse element order
    RuntimeCmp reverse_order(RuntimeCmp::reverse);

    // create, fill, and print set with reverse element order
    IntSet coll2(reverse_order);
    coll2 = { 4, 7, 5, 1, 6, 2, 5 };
    PRINT_ELEMENTS (coll2, "coll2: ");

    // assign elements AND sorting criterion
    coll1 = coll2;
    coll1.insert(3);
    PRINT_ELEMENTS (coll1, "coll1: ");
```

```
        // just to make sure...
        if (coll1.value_comp() == coll2.value_comp()) {
            cout << "coll1 and coll2 have the same sorting criterion"
                 << endl;
        }
        else {
            cout << "coll1 and coll2 have a different sorting criterion"
                 << endl;
        }
    }
```

在这个程序中， class RuntimeCmp提供了一种泛化能力：允许在运行期间对任何数据类型指定排序准则。其 default 构造函数设定以升序（ascending order）进行排序，用的是默认值normal。它也允许你传递RuntimeCmp::reverse作为构造函数实参，导致以降序(descending order）排序。

程序输出如下：

```
coll1: 1 2 4 5 6 7
coll2: 7 6 5 4 2 1
coll1: 7 6 5 4 3 2 1
coll1 and coll2 have the same sorting criterion
```

注意，coll1和coll2拥有相同类型，这和“分别指定less<>和greater<>为排序准则”是不一样的情况。也请注意， assignment 操作符的赋值动作不但针对元素，也针对排序准则，否则 assignment 操作符很容易危及（连累）排序准则的一致。

7.8 Map 和 Multimap

Map 和 multimap 将 key/value pair 当作元素进行管理。它们可根据 key 的排序准则自动为元素排序。Multimap 允许重复元素，map 不允许，如图7.14所示。

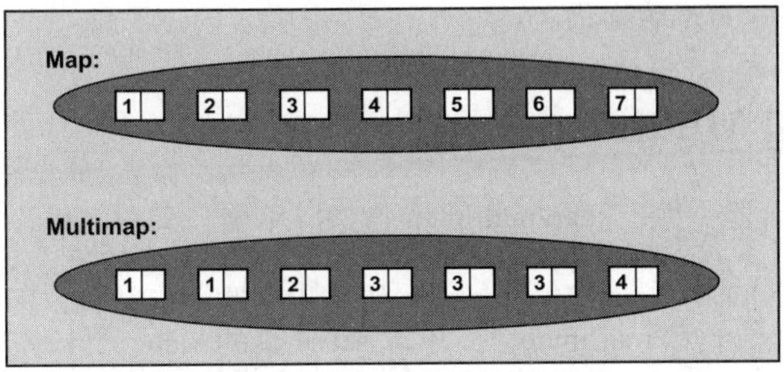

图 7.14 Map 和 Multimap

使用 map 和 multimap 之前，你必须先包含头文件`<map>`：

```
#include <map>
```

在其中，map 和 multimap 被定义为命名空间`std`内的 class template：

```
namespace std {
    template <typename Key, typename T,
              typename Compare = less<Key>,
              typename Allocator = allocator<pair<const Key,T> > >
             class map;

    template <typename Key, typename T,
              typename Compare = less<Key>,
              typename Allocator = allocator<pair<const Key,T> > >
             class multimap;
}
```

第一个 template 实参将成为元素的 key 类型，第二个 template 实参将成为元素的 value 类型。Map 和 multimap 的元素类型`Key`和`T`必须满足以下两个条件：

1. Key 和 value 都必须是 copyable（可复制的）或 movable（可搬移的）。
2. 对指定的排序准则而言，key 必须是 comparable（可比较的）。

注意，元素类型（`value_type`）是个`pair <const` *Key*, *T*`>`。

第三个 template 实参可有可无，用来定义排序准则。和 set 一样，这个排序准则必须定义为 strict weak ordering（见 7.7 节第 314 页）。元素的次序由它们的 key 决定，和 value 无关。排序准则也可以用来检查相等性：如果两个元素的 key 彼此都不小于对方，两个元素被视为相等。

如果用户未传入某个排序准则，就使用默认的less<>排序准则——以 operator <进行比较（less的详细资料见 10.2.1 节第 487 页）。

关于 multimap，我们无法预测所有“拥有等价 key”的元素的彼此次序，不过它们的次序是稳固不变的。C++11保证 multimap 的安插和抹除动作都会保留等价元素的相对次序。

第四个 template 实参也是可有可无，用来定义内存模型（见第 19 章）。默认的内存模型是allocator，由C++ 标准库提供。

7.8.1 Map 和 Multimap 的能力

和其他所有关联式容器一样， map/multimap 通常以平衡二叉树完成，如图7.15所示。 C++ standard 并未明定这一点，但是从 map 和 multimap 各项操作的复杂度自然可以得出这一结论。通常 set、 multiset、 map 和 multimap 使用相同的内部结构，因此，你可以把 set 和 multiset 视为特殊的 map 和 multimap，只不过 set 元素的 value 和 key 是同一对象。因此，map 和 multimap 拥有 set 和 multiset 的所有能力和所有操作。当然，某些细微差异还是有的：首先，它们的元素是 key/value pair，其次， map 可作为关联式数组（associative array）来运用。

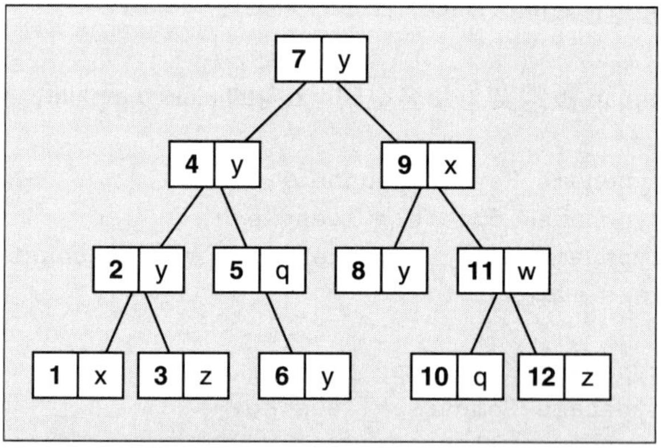

图 7.15 Map 和 Multimap 的内部结构

Map 和 multimap 会根据元素的 key 自动对元素排序。这么一来，根据已知的 key 查找某个元素时就能够有很好的效率，而根据已知 value 查找元素时，效率就很糟糕。“自动排序”这一性质使得 map 和 multimap 身上有了一条重要限制：你不可以直接改变元素的 key，因为这会破坏正确次序。要修改元素的 key，必须先移除拥有该 key 的元素，然后插入拥有新 key/value 的元素（详见 7.8.2 节第 339 页）。从迭代器的观点看，元素的 key 是常量。至于元素的 value 倒是可以直接修改，当然前提是 value 并非常量。

7.8.2 Map 和 Multimap 的操作函数

创建、复制和销毁（Create, Copy, and Destroy）

表7.40列出了 map 和 multimap 的创建、复制、销毁等各项操作。

操作	效果
map c	Default 构造函数，建立一个空 map/multimap，不含任何元素
map c(*op*)	建立一个空 map/multimap，以*op*为排序准则
map c(*c2*)	Copy 构造函数，为相同类型之另一个 map/multimap 建立一份拷贝，所有元素均被复制
map c = *c2*	Copy 构造函数，为相同类型之另一个 map/multimap 建立一份拷贝，所有元素均被复制
map c(*rv*)	Move 构造函数，建立一个新的 map/multimap，有相同类型，取 rvalue *rv*的内容（始自 C++11）
map c = *rv*	Move 构造函数，建立一个新的 map/multimap，有相同类型，取 rvalue *rv*的内容（始自 C++11）
map c(*beg*,*end*)	以区间[*beg*,*end*)内的元素为初值，建立一个 map/multimap
map c(*beg*,*end*,*op*)	以区间[*beg*,*end*)内的元素为初值，并以*op*为排序准则，建立一个 map/multimap
map c(*initlist*)	建立一个 map/multimap，以初值列*initlist*的元素为初值（始自 C++11）
map c = *initlist*	建立一个 map/multimap，以初值列*initlist*的元素为初值（始自 C++11）
c.~***map***()	销毁所有元素，释放内存

其中，***map***可为下列形式：

map	效果
map<*Key*,*Val*>	一个 map，以less<>（operator <）为排序准则
map<*Key*,*Val*,*Op*>	一个 map，以*Op*为排序准则
multimap<*Key*,*Val*>	一个 multimap，以less<>（operator <）为排序准则
multimap<*Key*,*Val*,*Op*>	一个 multimap，以*Op*为排序准则

表 7.40　Map 和 Multimap 的构造函数和析构函数

两种方式可以定义排序准则：

1. **以 template 实参定义之。** 例如：
   ```
   std::map<float,std::string,std::greater<float>> coll;
   ```
   这种情况下，排序准则就是类型的一部分。因此类型系统确保“只有排序准则相同的容器才能被合并”。这是比较常见的一种排序准则指定法。更精确地说，第三参数是排序准则的类型。实际的排序准则是容器所产生的函数对象（function object）。为了产生它，构造函数会调用“排序准则类型”的 default 构造函数。10.1.1 节第 476 页有一个“用户自定义之排序准则”的运用实例。
2. **以构造函数参数定义之。** 这种情况下，你可以有一个“排序准则类型”并为它指定不同的排序准则实例（也就是说，让该类型所产生的对象〔代表一个排序准则〕的初值或状态不同）。如果运行期才能获得排序准则，而且程序需要用到不同的排序准则（但其类型必须相同），这一方式可派上用场。典型例子是在运行期指定“以 string 为 key”的排序准则。完整例子见7.8.6 节。

如果用户没有指定任何排序准则，就采用默认准则——函数对象`less<>`。`less<>`通过 operator <对元素排序。再强调一次，排序准则也被用来检验同一容器内的两个元素的等价性（例如用来找出重复元素）。只有当比较两个容器时，才需要操作符==。

我想你应该宁愿另外定义一个类型，避免无聊而重复地为了一个类型写那么一长串：

```
typedef std::map<std::string,float,std::greater<std::string>>
        StringFloatMap;
...
StringFloatMap coll;
```

某些构造函数使用区间的起点和终点作为实参，它们的初值可以来自不同类型的容器、array 或标准输入设备（standard input），详见第 254 页7.1.2 节。然而，由于元素是 key/value pair，因此你必须确定源区间的元素类型也是`pair<`*key*`,`*value*`>`，或至少可转化成`pair<`*key*`,`*value*`>`。

非更易型操作（Nonmodifying Operation）

Map 和 multimap 提供了若干常见的非更易型操作，用来查询大小、相互比较，如表7.41所列。

“元素比较”函数只能用于类型相同的容器身上，换言之，两个容器的 key、value、排序准则都必须有相同的类型，否则编译期会产生类型方面的错误。例如：

```
std::map<float,std::string> c1;        // sorting criterion: less<>
std::map<float,std::string,std::greater<float> > c2;
...
if (c1 == c2) {                         // ERROR: different types
    ...
}
```

操作	效果
`c.key_comp()`	返回“比较准则”（comparison criterion）
`c.value_comp()`	返回针对 value 的“比较准则”（那是个对象，用来在一个 key/value pair 中比较 key）
`c.empty()`	返回是否容器为空（相当于 `size()==0` 但也许较快）
`c.size()`	返回目前的元素个数
`c.max_size()`	返回元素个数之最大可能量
c1 == *c2*	返回 *c1* 是否等于 *c2*（对每个元素调用 ==）
c1 != *c2*	返回 *c1* 是否不等于 *c2*（相当于 !(*c1*==*c2*)）
c1 < *c2*	返回 *c1* 是否小于 *c2*
c1 > *c2*	返回 *c1* 是否大于 *c2*（相当于 *c2*<*c1*）
c1 <= *c2*	返回 *c1* 是否小于等于 *c2*（相当于 !(*c2*<*c1*)）
c1 >= *c2*	返回 *c1* 是否大于等于 *c2*（相当于 !(*c1*<*c2*)）

表 7.41　Map 和 Multimap 的非更易型操作（Nonmodifying Operation）

比较函数以“字典（lexicographical）顺序”检查某个容器是否小于另一个容器（详见 11.5.4 节第 548 页）。如果要比较不同类型（拥有不同排序准则）的容器，你必须采用第 542 页11.5.4 节的 STL 比较算法（comparing algorithm）。

特殊查找动作（Special Search Operation）

就像 set 和 multiset 一样，map 和 multimap 也提供特殊查找函数，以便利用内部树状结构获取较好的效能，如表7.42所列。

操作	效果
`c.count(`*val*`)`	返回“key 为 *val*”的元素个数
`c.find(`*val*`)`	返回“key 为 *val*”的第一个元素，找不到就返回`end()`
`c.lower_bound(`*val*`)`	返回“key 为 *val*”之元素的第一个可安插位置，也就是“key >= *val*”的第一个元素位置
`c.upper_bound(`*val*`)`	返回“key 为 *val*”之元素的最后一个可安插位置，也就是“key > *val*”的第一个元素位置
`c.equal_range(`*val*`)`	返回“key 为 *val*”之元素的第一个可安插位置和最后一个可安插位置，也就是“key == *val*”的元素区间

表 7.42　Map 和 Multimap 的特殊查找操作

成员函数`find()`用来查找第一个“拥有某 key”的元素，并返回一个迭代器指向该位置。如果没找到这样的元素，就返回容器的`end()`。你不能以`find()`查找拥有某特定 value 的元素，必须改用 STL 算法如find_if()，或干脆自行写一个循环（loop）。下面这个例子便是利用一个简单循环对拥有特定 value 的所有元素进行某项操作：

```
std::multimap<std::string,float> coll;
...
// do something with all elements having a certain value
std::multimap<std::string,float>::iterator pos;
for (pos = coll.begin(); pos != coll.end(); ++pos) {
    if (pos->second == value) {
        do_something();
    }
}
```

如果你想利用这个循环来移除元素，请小心。很可能你会锯断你正坐着的树枝。关于这一点，详见 7.8.2 节第 342 页。

如果使用find_if()算法做类似的查找动作，会比写一个上述循环更复杂，因为你必须提供函数对象（functor，亦即 function object），将元素的 value 拿来和某个 value 比较。7.8.5 节第 350 页有这么一个例子。

至于lower_bound()、upper_bound()和equal_range()，其行为和 set（见 7.7.2 节第 319 页）的相应函数十分相似，唯一的不同是：这里的元素是个 key/value pair。

赋值（Assignment）

Map 和 multimap 只支持“所有容器都提供的基本赋值操作”（详见 7.1.2 节第 258 页），如表7.43所列。

操作	效果
c = *c2*	将 *c2* 的全部元素赋值给 c
c = *rv*	将 rvalue *rv* 的所有元素以 move assign 方式给予 c（始自 C++11）
c = *initlist*	将初值列 *initlist* 的所有元素赋值给 c（始自 C++11）
c1.swap(*c2*)	置换 *c1* 和 *c2* 的数据
swap(*c1*,*c2*)	置换 *c1* 和 *c2* 的数据

表 7.43 Map 和 Multimap 的赋值操作

这些操作函数中，赋值动作的两端容器必须拥有相同类型。尽管“比较准则”本身可能不同，但其类型必须相同。7.8.6 节第 351 页有一个“排序准则不同，但其类型相同”的例子。如果准则不同，准则本身也会随着容器被赋值（assigned）或交换（swapped）。

迭代器函数和元素访问（Iterator Function and Element Access）

Map 和 multimap 不支持元素直接访问，因此元素的访问通常是经由 range-based `for`循环（见 3.1.4 节第 17 页）或迭代器进行。不过有个例外：map 提供`at()`以及 subscript（下标）操作符可直接访问元素，详见 7.8.3 节第 343 页。表7.44列出了 map 和 multimap 支持的迭代器相关函数。

操作	效果
`c.begin()`	返回一个 bidirectional iterator 指向第一元素
`c.end()`	返回一个 bidirectional iterator 指向最末元素的下一位置
`c.cbegin()`	返回一个 const bidirectional iterator 指向第一元素（始自 C++11）
`c.cend()`	返回一个 const bidirectional iterator 指向最末元素的下一位置（始自 C++11）
`c.rbegin()`	返回一个反向的（reverse） iterator 指向反向迭代的第一元素
`c.rend()`	返回一个反向的（reverse） iterator 指向反向迭代的最末元素的下一位置
`c.crbegin()`	返回一个 const reverse iterator 指向反向迭代的第一元素（始自 C++11）
`c.crend()`	返回一个 const reverse iterator 指向反向迭代的最末元素的下一位置（始自 C++11）

表 7.44　Map 和 Multimap 的迭代器相关操作

和其他所有关联式容器一样，这里的迭代器是双向迭代器（第 437 页9.2.4 节）。所以，对于只能接受随机访问迭代器的 STL 算法（例如排序算法或随机乱序〔random shuffling〕算法），map 和 multimap 就无福消受了。

更重要的是，在 map 和 multimap 中，所有元素的 key 都被视为常量。因此，元素的实质类型是`pair<const Key, T>`。这个限制是为了确保你不会因为变更元素的 key 而破坏已排好的元素次序。所以你不能针对 map 或 multimap 调用任何更易型算法（modifying algorithm）。例如你不能对它们调用`remove()`，因为`remove()`算法实际上是将其实参值覆盖掉被移除的元素（详见 6.7.2 节第 221 页）。如果要移除 map 和 multimap 的元素，你只能使用它们所提供的成员函数。

下面示范使用 range-based `for`循环访问 map 元素：

```
std::map<std::string,float> coll;
...
for (auto elem& : coll) {
    std::cout << "key: "   << elem.first  << "\t"
              << "value: " << elem.second << std::endl;
}
```

其中的`elem`是个 reference，指向“容器`coll`中目前正被处理的元素”。因此`elem`的类型是`pair<const std::string,float>`。表达式

elem.first 取得元素的 key，而表达式 elem.second 取得元素的 value。

另一个例子是以迭代器访问元素（C++11之前必须使用这种方法）：

```
std::map<std::string,float> coll;
...
std::map<std::string,float>::iterator pos;
for (pos = coll.begin(); pos != coll.end(); ++pos) {
    std::cout << "key: "   << pos->first  << "\t"
              << "value: " << pos->second << std::endl;
}
```

在这里，迭代器pos被用来迭代穿越整个由“以const string和float组成的 pair”所构成的序列，你必须使用 operator ->访问每次访问的那个元素的 key 和 value。[12]

如果你尝试改变元素的 key，会引发错误：

```
elem.first = "hello";     // ERROR at compile time
pos->first = "hello";     // ERROR at compile time
```

不过如果 value 本身的类型并非 const，改变 value 没有问题：

```
elem.second = 13.5;       // OK
pos->second = 13.5;       // OK
```

如果你使用算法或 lambda 来操作 map 元素，你必须很明确地声明元素类型：

```
std::map<std::string,float> coll;
...
// add 10 to the value of each element:
std::for_each (coll.begin(), coll.end(),
               [] (std::pair<const std::string,float>& elem) {
                     elem.second += 10;
               });
```

那么，可以不写：

```
std::pair<const std::string,float>
```

而改为：

```
std::map<std::string,float>::value_type
```

或

```
decltype(coll)::value_type
```

来声明元素类型。7.8.5 节第 345 页有一个完整例子。

如果你一定得改变元素的 key，只有一条路：以一个“value 相同”的新元素替换掉旧元素。下面是个泛化函数：

[12] pos->first是(*pos).first的简写形式。

```
// cont/newkey.hpp

namespace MyLib {
    template <typename Cont>
    inline
    bool replace_key (Cont& c,
                      const typename Cont::key_type& old_key,
                      const typename Cont::key_type& new_key)
    {
        typename Cont::iterator pos;
        pos = c.find(old_key);
        if (pos != c.end()) {
            // insert new element with value of old element
            c.insert(typename Cont::value_type(new_key,
                                               pos->second));
            // remove old element
            c.erase(pos);
            return true;
        }
        else {
            // key not found
            return false;
        }
    }
}
```

关于成员函数insert()和erase()，见下一节的讨论。

这个泛型函数的用法很简单，把旧 key 和新 key 传递进去就行。例如：

```
std::map<std::string,float> coll;
...
MyLib::replace_key(coll,"old key","new key");
```

如果你面对的是 multimap，情况也一样。

注意， map 提供了一种非常方便的手法，让你改变元素的 key。只需如此这般：

```
// insert new element with value of old element
coll["new_key"] = coll["old_key"];
// remove old element
coll.erase("old_key");
```

关于 map 的 subscript（下标）操作符使用细节，见 7.8.3 节第 343 页。

操作	效果
`c.insert(val)`	安插一个 *val* 拷贝，返回新元素位置，不论是否成功——对 map 而言
`c.insert(pos,val)`	安插一个 *val* 拷贝，返回新元素位置（*pos* 是个提示，指出安插动作的查找起点。若提示恰当可加快速度）
`c.insert(beg,end)`	将区间 [*beg*,*end*) 内所有元素的拷贝安插到 c（无返回值）
`c.insert(initlist)`	安插初值列 *initlist* 内所有元素的一份拷贝（无返回值；始自 C++11）
`c.emplace(args...)`	安插一个以 *args* 为初值的元素，并返回新元素的位置，不论是否成功——对 map 而言（始自 C++11）
`c.emplace_hint(pos,args...)`	安插一个以 *args* 为初值的元素，并返回新元素的位置（*pos* 是个提示，指出安插动作的查找起点。若提示恰当可加快速度）
`c.erase(val)`	移除“与 *val* 相等”的所有元素，返回被移除的元素个数
`c.erase(pos)`	移除 iterator 位置 *pos* 上的元素，无返回值
`c.erase(beg,end)`	移除区间 [*beg*,*end*) 内的所有元素，无返回值
`c.clear()`	移除所有元素，将容器清空

表 7.45 Map 和 Multimap 的元素安插和移除

元素安插和移除（Inserting and Removing）

表7.45列出了 map 和 multimap 支持的元素安插和删除函数。7.7.2 节第 322 页中关于 set 和 multiset 的说明此处依然适用。上述操作函数的返回类型有些差异，这与 set 和 multiset 之间的情况完全相同。当然，这里的元素是 key/value pair。所以这里的用法更复杂些。

对于 multimap，C++11保证`insert()`、`emplace()`和`erase()`都会保留等价元素的相对次序，而新增（被安插）的元素则一定被放在既有的等价元素（群）的末尾。

安插一个 key/value pair 时，你一定要记住，在 map 和 multimap 内部，key 被视为常量。你要么得提供正确类型，要么得提供隐式或显式类型转换。

自 C++11起，安插元素的最方便做法就是把它们以初值列（initializer list）的形式传进去，其中第一笔数据是 key，第二笔数据是 value：

```
std::map<std::string,float> coll;
...
coll.insert({"otto",22.3});
```

有三种不同的方法可以将 value 传入 map 或 multimap 内：

1. **运用`value_type`**。为了避免隐式类型转换，你可以利用value_type明白传递正确类型。value_type是容器本身提供的类型定义。例如：
   ```
   std::map<std::string,float> coll;
   ...
   coll.insert(std::map<std::string,float>::value_type("otto",
                                                       22.3));
   ```
   或
   ```
   coll.insert(decltype(coll)::value_type("otto",22.3));
   ```
2. **运用`pair<>`**。另一个做法是直接运用pair<>。例如：
   ```
   std::map<std::string,float> coll;
   ...
   // use implicit conversion:
   coll.insert(std::pair<std::string,float>("otto",22.3));
   // use no implicit conversion:
   coll.insert(std::pair<const std::string,float>("otto",22.3));
   ```
   上述第一个insert()语句内的类型并不正确，所以会被转换成真正的元素类型。为了做到这一点，insert()成员函数被定义为 member template（见 3.2 节第 34 页）。
3. **运用`make_pair()`**。C++11面世之前最方便的办法是运用make_pair()函数，它根据收到的两个实参构建出一个 pair 对象（见 5.1.1 节第 65 页）：
   ```
   std::map<std::string,float> coll;
   ...
   coll.insert(std::make_pair("otto",22.3));
   ```
   和上个做法一样，此处也是利用 member template insert()执行必要的类型转换。

下面是个简单例子，对 map 安插一个元素，然后检查是否成功：

```
std::map<std::string,float> coll;
...
if (coll.insert(std::make_pair("otto",22.3)).second) {
    std::cout << "OK, could insert otto/22.3" << std::endl;
}
else {
    std::cout << "OOPS, could not insert otto/22.3 "
              << "(key otto already exists)" << std::endl;
}
```

关于insert()返回值的讨论，见 7.7.2 节第 322 页，那儿有更多例子，并且也适用于 map。注意，map 提供 operator []和at()，作为便捷的元素安插和设定操作（详见 7.8.3 节第 343 页）。

使用emplace()安插新元素，并且传值进去以便构建该新元素时，你必须传递两列实参进去：一列为了 key，另一列为了元素。完成这件事的最方便做法如下：

```
std::map<std::string,std::complex<float>> m;

m.emplace(std::piecewise_construct,       // pass tuple elements as arguments
          std::make_tuple("hello"),       // elements for the key
          std::make_tuple(3.4,7.8));      // elements for the value
```

5.1.1 节第 63 页对于 pair 的逐块式构造（piecewise construction）有详细讨论。

欲移除“携带某个 value”的元素，调用erase()即可办到：

```
std::map<std::string,float> coll;
...
// remove all elements with the passed key
coll.erase(key);
```

这个erase()版本会返回被移除元素的个数。如果你处理的是 map，erase()的返回值只可能是0或1。

如果 multimap 内含重复元素，你无法使用erase()删除重复元素中的第一个。但你可以这么做：

```
std::multimap<std::string,float> coll;
...
// remove first element with passed key
auto pos = coll.find(key);
if (pos != coll.end()) {
    coll.erase(pos);
}
```

这里应该采用成员函数find()，而非 STL 算法find()，因为前者速度更快（参见 7.3.2 节第 277 页的例子）。然而你不能使用成员函数find()来移除“拥有某个 value（而非某个 key）”的元素。详细讨论见 7.8.2 节第 335 页。

移除元素时，当心发生意外状况。移除迭代器所指对象时，有一个很大的危险，比如：

```
std::map<std::string,float> coll;
...
for (auto pos = coll.begin(); pos != coll.end(); ++pos) {
    if (pos->second == value) {
        coll.erase(pos);                    // RUNTIME ERROR !!!
    }
}
```

对pos所指元素调用erase()，会使pos不再成为coll的一个有效迭代器。如果此后你未对pos重新设值就径直使用pos，前途未卜！事实上，只要一个++pos动作就会导致不明确行为。

C++11之后的解决方案很容易，因为erase()总是返回一个迭代器指向其后继元素：

```
std::map<std::string,float> coll;
...
for (auto pos = coll.begin(); pos != coll.end(); ) {
    if (pos->second == value) {
        pos = coll.erase(pos);   // possible only since C++11
    }
    else {
        ++pos;
    }
}
```

不幸的是，在C++11之前，STL 设计过程中否决了这种想法，因为万一用户并不需要这一特性，就会耗费不必要的执行时间。下面是C++11面世之前移除“迭代器所指元素”的正确做法：

```
typedef std::map<std::string,float> StringFloatMap;
StringFloatMap coll;
StringFloatMap::iterator pos;
...
// remove all elements having a certain value
for (pos = coll.begin(); pos != coll.end(); ) {
    if (pos->second == value) {
        coll.erase(pos++);
    }
    else {
        ++pos;
    }
}
```

注意，pos++会将pos移向下一元素，但返回其原值（指向原位置）的一份拷贝。因此当erase()被调用，pos已经不再指向那个即将被移除的元素了。

也请注意，如果 set 使用迭代器作为元素，调用erase()有可能造成歧义。基于这个原因，C++11提供两个重载版本：erase(iterator)和erase(const_iterator)。

面对 multimap，其所有的insert()、emplace()和erase()操作都保留等价元素的相对次序。C++11保证，insert(*val*)或emplace(*args...*)一定会将元素安插在等价元素所形成的区间的末尾。

7.8.3 将 Map 视为关联式数组（Associative Array）

通常，关联式容器并不提供元素的直接访问，你必须依靠迭代器。不过 map（以及 7.9 节第 355 页介绍的无序容器）

是例外。Non-const map 提供了 subscript（下标）操作符，支持元素的直接访问，如表7.46所列。C++11另外提供一个成员函数at()，可用于 const 和 non-const map。

操作	效果
c[*key*]	安插一个带着 *key* 的元素——如果尚未存在于容器内。返回一个 reference 指向带着 *key* 的元素（only for nonconstant maps）
c.at(*key*)	返回一个 reference 指向带着*key*的元素（始自 C++11）

表 7.46　Map 的直接元素访问操作

at()会依据它收到的“元素的 key”取得元素的 value；如果不存在这样的元素则抛出out_of_range异常。

至于 operator []，其索引就是 key。这意味着 operator []的索引可能属于任何类型，不一定是整数。如此的接口就是所谓的关联式数组（associative array）接口。

“operator []的索引类型不必然是整数”并不是它和寻常 array 唯一不同之处。如果你选择某 key 作为索引，容器内却没有相应元素，那么 map 会自动安插一个新元素，其 value 将被其类型的 default 构造函数初始化。因此，你不可以指定一个“不具 default 构造函数”的 value 类型。注意，基础类型都有一个 default 构造函数，设立初值 0（见 3.2.1 节第 37 页）。

关联式数组的行为方式可说是毁誉参半：

- 优点是你可以通过更方便的接口对 map 安插新元素。例如：

```
std::map<std::string,float> coll;     // empty collection

// insert "otto"/7.7 as key/value pair
// - first it inserts "otto"/float()
// - then it assigns 7.7
coll["otto"] = 7.7;
```

  其中的语句

```
coll["otto"] = 7.7;
```

  处理如下：

  1. 处理coll["otto"]：
     - 如果存在 key 为"otto"的元素，上式会返回元素的 reference。
     - 如果没有任何元素的 key 是"otto"，上式便为 map 自动安插一个新元素，令其 key 为"otto"，其 value 则以 default 构造函数完成，并返回一个 reference 指向新元素。

  2. 将7.7赋值给 value：
     - 接下来便是将7.7赋值给上述刚刚诞生的新元素。

  这样，map 之内就包含了一个 key 为"otto"的元素，其 value 为7.7。

- 缺点是你有可能不小心误置新元素。例如以下语句可能会做出意想不到的事情：

  ```
  std::cout << coll["ottto"];
  ```

  它会安插一个 key 为"ottto"的新元素，然后打印其 value，默认值是0。然而按道理它其实应该产生一条报错信息，告诉你你把"otto"拼写错了。

  同时亦请注意，这种元素安插方式比惯常的 map 安插方式慢，7.8.2 节第 340 页曾经谈过，原因是新元素必须先使用 default 构造函数将 value 初始化，而该初值马上又被真正的 value 覆盖。

6.2.4 节第 185 页以及 7.8.5 节第 346 页另有一些范例。

7.8.4 异常处理（Exception Handling）

就异常处理而言， map 和 multimap 的行为与 set 和 multiset 一样，参见 7.7.3 节第 325 页。

7.8.5 Map 和 Multimap 运用实例

在 Map/Multimap 身上使用算法和 Lambda

6.2.3 节第 183 页介绍过一个无序的（unordered） multimap 例子，该例其实也可用于寻常的（排序过的） map 或 multimap 身上。这儿就有一个相应的例子，用的是 map。这个程序也示范了如何使用算法和 lambda 取代 range-based for循环：

```
// cont/map1.cpp

#include <map>
#include <string>
#include <iostream>
#include <algorithm>
using namespace std;

int main()
{
    map<string,double> coll { { "tim", 9.9 },
                              { "struppi", 11.77 }
                            } ;

    // square the value of each element:
    for_each (coll.begin(), coll.end(),
              [] (pair<const string,double>& elem) {
                    elem.second *= elem.second;
              });
```

```
        // print each element:
        for_each (coll.begin(), coll.end(),
                  [] (const map<string,double>::value_type& elem) {
                        cout << elem.first << ": " << elem.second << endl;
                  });
}
```

一如所见，对于 map，`for_each()`被调用两次：一次用来对每个元素计算平方，一次用来打印每个元素。在第一次调用中，元素类型被明确声明了出来，而在第二次调用中，用的是`value_type`。第一次调用中元素以 by reference 方式传递，使其 value 得以被改动；第二次调用用的是一个 const reference，避免产生非必要的拷贝。

这个程序输出如下：

```
struppi: 138.533
tim: 98.01
```

将 Map 当作关联式数组（Associative Array）

下面这个例子将 map 当成一个关联式数组来使用。这个 map 用来反映股票行情。元素的 key 是股票名称， value 是股票价格：

```
// cont/map2.cpp

#include <map>
#include <string>
#include <iostream>
#include <iomanip>
using namespace std;

int main()
{
    // create map / associative array
    // - keys are strings
    // - values are floats
    typedef map<string,float> StringFloatMap;

    StringFloatMap stocks;        // create empty container

    // insert some elements
    stocks["BASF"] = 369.50;
    stocks["VW"] = 413.50;
    stocks["Daimler"] = 819.00;
    stocks["BMW"] = 834.00;
    stocks["Siemens"] = 842.20;
```

```
    // print all elements
    StringFloatMap::iterator pos;
    cout << left;  // left-adjust values
    for (pos = stocks.begin(); pos != stocks.end(); ++pos) {
        cout << "stock: " << setw(12) << pos->first
             << "price: " << pos->second << endl;
    }
    cout << endl;

    // boom (all prices doubled)
    for (pos = stocks.begin(); pos != stocks.end(); ++pos) {
        pos->second *= 2;
    }

    // print all elements
    for (pos = stocks.begin(); pos != stocks.end(); ++pos) {
        cout << "stock: " << setw(12) << pos->first
             << "price: " << pos->second << endl;
    }
    cout << endl;

    // rename key from "VW" to "Volkswagen"
    // - provided only by exchanging element
    stocks["Volkswagen"] = stocks["VW"];
    stocks.erase("VW");

    // print all elements
    for (pos = stocks.begin(); pos != stocks.end(); ++pos) {
        cout << "stock: " << setw(12) << pos->first
             << "price: " << pos->second << endl;
    }
}
```

程序输出如下:

```
stock: BASF       price: 369.5
stock: BMW        price: 834
stock: Daimler    price: 819
stock: Siemens    price: 842.2
stock: VW         price: 413.5

stock: BASF       price: 739
stock: BMW        price: 1668
stock: Daimler    price: 1638
```

```
stock: Siemens     price: 1684.4
stock: VW          price: 827

stock: BASF        price: 739
stock: BMW         price: 1668
stock: Daimler     price: 1638
stock: Siemens     price: 1684.4
stock: Volkswagen  price: 827
```

将 Multimap 当作字典（Dictionary）

下面的例子展示了如何将 multimap 当成一个字典使用：

```
// cont/multimap1.cpp

#include <map>
#include <string>
#include <iostream>
#include <iomanip>
using namespace std;

int main()
{
    // create multimap as string/string dictionary
    multimap<string,string> dict;

    // insert some elements in random order
    dict.insert ( { {"day","Tag"}, {"strange","fremd"},
                    {"car","Auto"}, {"smart","elegant"},
                    {"trait","Merkmal"}, {"strange","seltsam"},
                    {"smart","raffiniert"}, {"smart","klug"},
                    {"clever","raffiniert"} } );

    // print all elements
    cout.setf (ios::left, ios::adjustfield);
    cout << ' ' << setw(10) << "english "
         << "german " << endl;
    cout << setfill('-') << setw(20) << ""
         << setfill(' ') << endl;
    for ( const auto& elem : dict ) {
        cout << ' ' << setw(10) << elem.first
             << elem.second << endl;
    }
    cout << endl;
```

```
    // print all values for key "smart"
    string word("smart");
    cout << word << ": " << endl;
    for (auto pos = dict.lower_bound(word);
         pos != dict.upper_bound(word);
         ++pos) {
            cout << "    " << pos->second << endl;
    }

    // print all keys for value "raffiniert"
    word = ("raffiniert");
    cout << word << ": " << endl;
    for (const auto& elem : dict) {
        if (elem.second == word) {
            cout << "    " << elem.first << endl;
        }
    }
}
```

程序输出如下：

```
 english   german
--------------------
 car       Auto
 clever    raffiniert
 day       Tag
 smart     elegant
 smart     raffiniert
 smart     klug
 strange   fremd
 strange   seltsam
 trait     Merkmal

smart:
    elegant
    raffiniert
    klug
raffiniert:
    clever
    smart
```

7.9.7 节第 383 页有一个相应的例子，使用无序（unordered）multimap 做出字典（dictionary）。

查找具有某特定 Value 的元素

下面的例子示范了如何使用全局的`find_if()`算法查找具有某特定 value 的元素（对比于查找某特定 key）：

```
// cont/mapfind1.cpp

#include <map>
#include <iostream>
#include <algorithm>
#include <utility>
using namespace std;

int main()
{
    // map with floats as key and value
    // - initializing keys and values are automatically converted to float
    map<float,float> coll = { {1,7}, {2,4}, {3,2}, {4,3},
                              {5,6}, {6,1}, {7,3} };

    // search an element with key 3.0 (logarithmic complexity)
    auto posKey = coll.find(3.0);
    if (posKey != coll.end()) {
        cout << "key 3.0 found ("
             << posKey->first << ":"
             << posKey->second << ")" << endl;
    }

    // search an element with value 3.0 (linear complexity)
    auto posVal = find_if(coll.begin(),coll.end(),
                          [] (const pair<float,float>& elem) {
                              return elem.second == 3.0;
                          });
    if (posVal != coll.end()) {
        cout << "value 3.0 found ("
             << posVal->first << ":"
             << posVal->second << ")" << endl;
    }
}
```

程序输出如下：

```
key 3.0 found (3:2)
value 3.0 found (4:3)
```

7.8.6 综合实例：运用 Map、 String 并于运行期指定排序准则

这里再示范一个例子，针对高级程序员而非STL初学者。你可以把它视为展现STL威力与疑难的一个范例。更明确地说，这个例子展现了以下技巧：

- 如何使用 map，包括使用关联式数组（associative array）接口。
- 如何撰写和使用函数对象（function object）。
- 如何在运行期定义排序准则（sorting criterion）。
- 如何在“大小写无关”的情况下比较字符串（string）。

```
// cont/mapcmp1.cpp

#include <iostream>
#include <iomanip>
#include <map>
#include <string>
#include <algorithm>
#include <cctype>
using namespace std;

// function object to compare strings
// - allows you to set the comparison criterion at runtime
// - allows you to compare case insensitive
class RuntimeStringCmp {
  public:
    // constants for the comparison criterion
    enum cmp_mode {normal, nocase};
  private:
    // actual comparison mode
    const cmp_mode mode;

    // auxiliary function to compare case insensitive
    static bool nocase_compare (char c1, char c2) {
        return toupper(c1) < toupper(c2);
    }
  public:
    // constructor: initializes the comparison criterion
    RuntimeStringCmp (cmp_mode m=normal) : mode(m) {
    }

    // the comparison
    bool operator() (const string& s1, const string& s2) const {
```

```
        if (mode == normal) {
            return s1<s2;
        }
        else {
            return lexicographical_compare (s1.begin(), s1.end(),
                                            s2.begin(), s2.end(),
                                            nocase_compare);
        }
    }
};

// container type:
// - map with
//     - string keys
//     - string values
//     - the special comparison object type
typedef map<string,string,RuntimeStringCmp> StringStringMap;

// function that fills and prints such containers
void fillAndPrint(StringStringMap& coll);

int main()
{
    // create a container with the default comparison criterion
    StringStringMap coll1;
    fillAndPrint(coll1);

    // create an object for case-insensitive comparisons
    RuntimeStringCmp ignorecase(RuntimeStringCmp::nocase);

    // create a container with the case-insensitive comparisons criterion
    StringStringMap coll2(ignorecase);
    fillAndPrint(coll2);
}

void fillAndPrint(StringStringMap& coll)
{
    // insert elements in random order
    coll["Deutschland"] = "Germany";
    coll["deutsch"] = "German";
    coll["Haken"] = "snag";
    coll["arbeiten"] = "work";
    coll["Hund"] = "dog";
```

```
    coll["gehen"] = "go";
    coll["Unternehmen"] = "enterprise";
    coll["unternehmen"] = "undertake";
    coll["gehen"] = "walk";
    coll["Bestatter"] = "undertaker";

    // print elements
    cout.setf(ios::left, ios::adjustfield);
    for (const auto& elem : coll) {
        cout << setw(15) << elem.first << " "
             << elem.second << endl;
    }
    cout << endl;
}
```

main()构建出两个容器，并对它们调用fillAndPrint()，此函数以相同的元素值填充上述两个容器，然后打印其内容。两个容器的排序准则不同：

1. coll1使用一个默认函数对象，其类型为RuntimeStringCmp。这个函数对象以元素的 operator <执行比较动作。
2. coll2使用一个类型为RuntimeStringCmp的函数对象，并以nocase为初值。nocase会令这个函数对象以“大小写无关”模式完成字符串的比较和排序。

程序输出如下：

```
Bestatter       undertaker
Deutschland     Germany
Haken           snag
Hund            dog
Unternehmen     enterprise
arbeiten        work
deutsch         German
gehen           walk
unternehmen     undertake

arbeiten        work
Bestatter       undertaker
deutsch         German
Deutschland     Germany
gehen           walk
Haken           snag
Hund            dog
Unternehmen     undertake
```

第一部分打印第一个容器的内容，该容器以 operator <排序。首先输出所有 key 为大写的字符串，然后是 key 为小写的字符串。

第二部分以“大小写无关”模式打印所有字符串，次序和第一部分不同。请注意，第二部分少列一个元素，因为在大小写无关的情况下`Unternehmen`和`unternehmen`被视为两个相同字符串，[13] 而我们使用的 map 并不接纳重复元素。很不幸，打印结果乱七八糟。原本“value 应为“enterprise”” 的那个 key（是个德文字），其 value 却变成“undertake”。看来这里应该使用 multimap。没错， multimap 的确是用来表现字典的一个典型容器。

[13] 德语中的所有名词，第一个字母皆大写。动词全部小写。

7.9 无序容器（Unordered Container）

Hash table，作为一个重要的用于集合（collection）的数据结构，并不是C++ 标准库第一版的一部分。它们并不是原始 STL 的一部分，标准委员会认为，将它们纳入 C++98 的提案太晚呈现了（在某个时间点你必须停止引入特性，把专注力和焦点放在细节上面，否则永远无法结束工作。）然而，自 TR1起，带有 hash table 特性的容器终于走入了 C++ 标准。

尽管如此，早在TR1之前， C++ 社群就已经出现若干可用的 hash table 实现。这些程序库通常会提供四种 hash table：`hash_set`、`hash_multiset`、`hash_map`和`hash_multimap`。那些 hash table 如今被略微不同地实现出来。TR1引入了一个以 hash table 为基础的容器群，这些标准化的 class 所提供的特性结合原有实现，但又不完全吻合其中任何一个。为了避免名称冲突，它们选择不一样的 class 名称。最终决议是，提供所有原本已存在的那些 associative 容器，但改而带着前缀`unordered_`。这也显示它和其他 associative 容器之间的最重要差异："以 hash table 为基础"的容器，其内的元素没有清晰明确的次序。关于所有 unordered 容器的设计决议，详情见[*N1456:HashTable*]。

严格地说，C++ 标准库称呼 unordered 容器为 unordered associative 容器。然而当我指称它们时，我只说 unordered 容器。如果我说 associative 容器，我指的是旧式 associative 容器，也就是自 C++98开始提供并被实现为 binary tree 的那些： set、 multiset、 map 和 multimap。

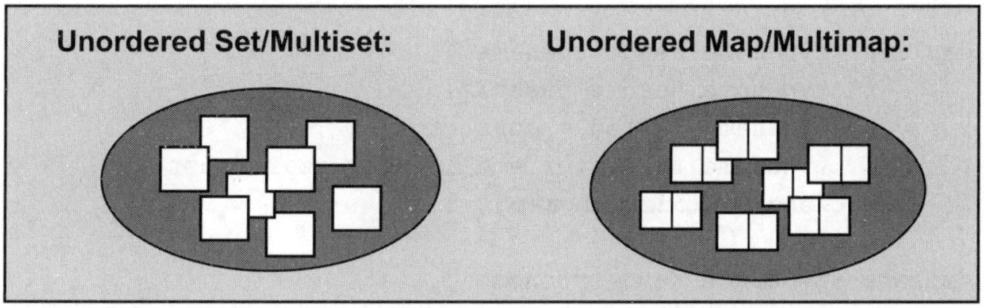

图 7.16 Unordered （无序）容器

概念上， unordered 容器以一种随意顺序（如图7.16所示）包含你安插进去的所有元素。也就是说，你可以把这个容器想成一个袋子（bag）：你可以放元素进去，但当你打开袋子对所有元素做某些事，你是以一种随机的次序来访问它们。所以，相比于 (multi)set 和 (multi)map，这里不需要排序准则；相比于 sequence 容器，你没有语义可用来放元素到某个特定位置。

就像各个 associative 容器那样，这里的个别 class 也互不相同：

- Unordered set 和 multiset 存放的是某特定类型的个别 value，而 unordered map 和 multimap 存放的元素都是 key/value pair，其中 key 被用来作为"存放和查找某特定元素（包含相应的 value）"的依据。
- Unordered set 和 map 都不允许元素重复，而 unordered multiset 和 multimap 都允许。

欲使用一个 unordered set 或 unordered multiset，你必须首先包含头文件<unordered_set>。欲使用一个 unordered map 或 multimap，你必须首先包含头文件<unordered_map>：

```
#include <unordered_set>
#include <unordered_map>
```

在那里，上述四种类型分别被定义为 namespace std内的 class template：

```
namespace std {
    template <typename T,
              typename Hash = hash<T>,
              typename EqPred = equal_to<T>,
              typename Allocator = allocator<T> >
             class unordered_set;

    template <typename T,
              typename Hash = hash<T>,
              typename EqPred = equal_to<T>,
              typename Allocator = allocator<T> >
             class unordered_multiset;

    template <typename Key, typename T,
              typename Hash = hash<T>,
              typename EqPred = equal_to<T>,
              typename Allocator = allocator<pair<const Key, T> > >
             class unordered_map;

    template <typename Key, typename T,
              typename Hash = hash<T>,
              typename EqPred = equal_to<T>,
              typename Allocator = allocator<pair<const Key, T> > >
             class unordered_multimap;
}
```

一个 unordered set 或 unordered multiset 的元素类型，可以是任意指派的T，只要它是可比的(comparable)。

对于 unordered map 和 unordered multimap，第一个 template 参数是元素的 key 类型，第二个 template 参数是元素的 value 类型。一个 unordered map 或 unordered multimap 的元素可拥有任何类型的Key和T，只要它们满足以下两个条件：

1. Key 和 value 都必须可被复制或可被搬移（copyable or movable）。
2. Key 必须可被"等价准则"拿来比较（comparable with the equivalence criterion）。

注意，元素类型（value_type）是个pair<const *Key*,*T*>。

可有可无的第二或第三 template 参数用来定义 hash function。如果没有指明使用哪个 hash function，就使用默认的hash<>，这是个 function object，定义于 <functional>，可用于所有整数类型、浮点数类型、 pointer、 string 及若干特殊类型。[14] 至于其他 value 类型，你必须传入你自己的 hash function，7.9.2 节第 363 页和 7.9.7 节第 377 页对此另有说明。

可有可无的第三或第四 template 参数用来定义等价准则（equivalence criterion）：这是一个 predicate（判断式），用来查找元素。它用来判断“两个 value 是否相等”。如果没有指定，就使用默认的`equal_to<>`，它会以 operator ==比较两个元素（10.2.1 节第 487 页对于`equal_to<>`有详细讨论）。

可有可无的第四或第五 template 参数用来定义内存模型（见第 19 章）。默认的内存模型（memory model）是`allocator`，由C++ 标准库提供。

7.9.1 Unordered 容器的能力

所有标准化 unordered container class 都以 hash table 为基础。尽管如此，仍允许种种实现选择。通常C++ 标准库并不指明所有实现细节，这样才能允许种种可能的选择，但 unordered 容器仍有若干被具体指明的性质，基于以下假设（见[*N1456:HashTable*]）：

- 这些 hash table 使用 chaining 做法，于是一个 hash code 将被关联至一个 linked list（此技术又称为 open hashing 或 closed addressing，请不要和 open addressing 或 closed hashing 混淆）。
- 上述那些 linked list 是单链或双链，取决于实现。C++ standard 只保证它们的 iterator “至少”是forward iterator。
- 关于 rehashing（重新散列），有各式各样的实现策略：
  - 传统做法是，在单一 insert 或 erase 动作出现时，有时会发生一次内部数据重新组织。
  - 所谓递进式（incremental hashing）做法是，渐进改变 bucket 或 slot 的数量，这对即时（real-time）环境特别有用，因为在其中“突然放大 hash table”的代价也许太高。

  Unordered 容器允许上述二种策略。

图7.17显示了 unordered set 或 unordered multiset 的典型内部布局，依据C++ 标准库给予的最低保证。对于每个将被存放的 value， hash function 会把它映射至 hash table 内某个 bucket (slot) 中。每个 bucket 管理一个单向 linked list，内含所有“会造成 hash function 产出相同数值”的元素。

图7.18显示了 unordered map 或 unordered multimap 的典型内部布局，依据C++ 标准库给予的最低保证。对于每个将被存放的元素（一个 key/value pair）， hash function 会把 key 映射至 hash table 内的某个 bucket (slot) 中。每个 bucket 管理一个单向 linked list，内含所有“会造成 hash function 产出相同数值”的元素。

内部使用 hash table，其主要优点是，它惊人的运行期行为。假设拥有良好的 hashing 策略，并且有良好的实现，你可以保证

[14] `error_code`、`thread::id`、`bitset<>`及`vector<bool>`。

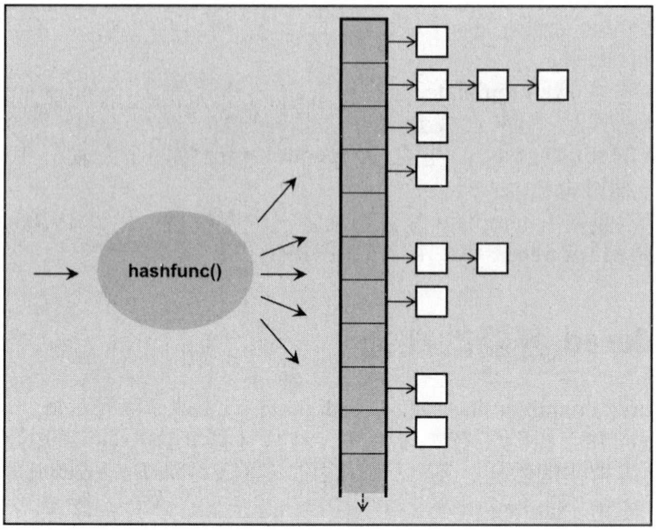

图 7.17 Unordered Set 和 Multiset 的内部结构

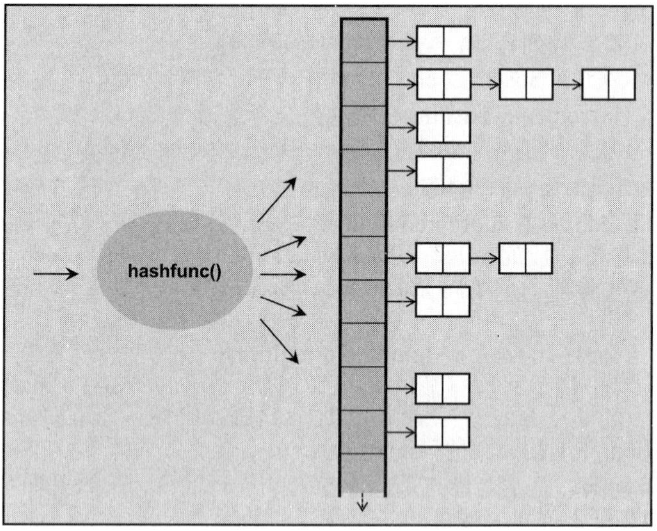

图 7.18 Unordered Map 和 Multimap 的内部结构

在安插、删除、查找元素时获得摊提（amortized）常量时间（之所以是摊提的，因为偶尔发生的 rehashing 可能是个大型操作，带着线性复杂度）。

Unordered 容器的几乎所有操作——包括拷贝构造（copy construction）和赋值（assignment），元素的安插和寻找，以及等价比较——的预期行为，都取决于 hash function 的质量。如果 hash function 对不同的元素竟产生相等数值

（当一个允许元素重复的 unordered 容器带有等价的 value 或 key，这也会发生）， hash table 的任何操作都会导致低下的执行效率。这个缺点不完全是由于数据结构本身，也因为客户对此没有足够的意识。

Unordered 容器比起寻常的 associative 容器，也有若干缺点：

- Unordered 容器不提供 operator <、>、<=和>=用以安排布置（order）这些容器的多重实例（multiple instance)。然而提供了==和!=（自从C++11)。
- 不提供`lower_bound()`和`upper_bound()`。
- 由于 iterator 只保证至少是个 forward iterator，因此反向 iterator 包括`rbegin()`、`rend()`、`crbegin()`和`crend()`都不提供，你不能够使用那种要求获得bidirectional iterator的算法（或说至少这么做不具移植性）。

由于元素的 (key) value 具体关系到元素的位置——这里指的是 bucket entry ——你不可以直接改动元素的 (key) value。因此，很像 associative 容器那样，欲改动一个元素的 value，你必须先移除拥有旧 value 的元素，然后安插一个拥有新 value 的新元素。这个接口反映出以下行为：

- Unordered 容器不提供“直接元素访问操作”。
- 通过 iterator 进行的间接访问有其束缚：从 iterator 的角度观之，元素的 (key) value 是常量。

身为一个程序员，你可以指定若干会影响 hash table 行为的参数：

- 你可以指定 bucket 的最小数量。
- 你可以（并且有时候必须）提供你自己的 hash function。
- 你可以（并且有时候必须）提供你自己的等价准则（equivalence criterion)：它必须是个 predicate（判断式)，用来在 bucket list 的所有数据项中找出准确的元素。
- 你可以指定一个最大负载系数（maximum load factor)，一旦超过就会自动 rehashing。
- 你可以强迫rehashing。

但是你不能够影响以下行为：

- 成长系数（growth factor)，那是“自动 rehashing”时用来成长或缩小 list of buckets 的系数。
- 最小负载系数（minimum load factor)，用来强制进行 rehashing（当容器中的元素个数缩减)。

注意，rehashing 只可能发生在以下调用之后：`insert()`、`rehash()`、`reserve()`或`clear()`。这是以下保证的自然结果：`erase()`绝不会造成指向元素的 iterator、 reference 和 pointer 失效。因此，如果你删除数百个元素， bucket 的大小并不会改变。但如果你在那之后安插一个元素， bucket 的大小就有可能缩小。

也请注意，在那些支持等价（equivalent） key 的容器内，也就是说在 unordered multiset 和 multimap 内，带有等价 key 的元素将会被相邻排列（当你逐一迭代容器的元素时)。Rehashing 以及其他“可能于内部改变元素次序”的操作，都会维持“带有等价 key”的元素的相对次序。

7.9.2 创建和控制 Unordered 容器

Hash table 是颇为复杂的数据结构。也因此，你有许多 ability 可以定义或查询它们的行为。

创建、复制和销毁（Create, Copy, and Destroy）

表7.47列出了 unordered associative 容器的构造函数和析构函数。表7.48列出了可使用这些构造函数和析构函数的所有可能的***Unord***类型。

操作	效果
Unord c	Default 构造函数，建立一个 empty unordered 容器，不含任何元素
Unord c(*bnum*)	建立一个 empty unordered 容器，内部使用至少*bnum*个 bucket
Unord c(*bnum*,*hf*)	建立一个 empty unordered 容器，内部使用至少*bnum*个 bucket 并以*hf*作为 hash function
Unord c(*bnum*,*hf*,*cmp*)	建立一个 empty unordered 容器，内部使用至少*bnum*个 bucket，以*hf*为 hash function，并以*cmp*作为 predicate 用来鉴定等价 value
Unord c(*c2*)	Copy 构造函数，建立某个 unordered 容器的拷贝，类型相同（所有元素都被复制一份）
Unord c = *c2*	Copy 构造函数，建立某个 unordered 容器的拷贝，类型相同（所有元素都被复制一份）
Unord c(*rv*)	Move constructor; creates an unordered container, taking the contents of the rvalue *rv* (since C++11)
Unord c = *rv*	Move constructor; creates an unordered container, taking the contents of the rvalue *rv* (since C++11)
Unord c(*beg*,*end*)	建立一个 unordered 容器，以区间[*beg*,*end*)内的元素为初值
Unord c(*beg*,*end*,*bnum*)	建立一个 unordered 容器，以区间[*beg*,*end*)内的元素为初值，内部使用至少*bnum*个 bucket
Unord c(*beg*,*end*,*bnum*,*hf*)	建立一个 unordered 容器，以区间[*beg*,*end*)内的元素为初值，内部使用至少*bnum*个 bucket，以*hf*为 hash function
Unord c(*beg*,*end*,*bnum*,*hf*,*cmp*)	建立一个 unordered 容器，以区间[*beg*,*end*)内的元素为初值，内部使用至少*bnum*个 bucket，以*hf*为 hash function，并以*cmp*作为 predicate 用来鉴定等价 value
Unord c(*initlist*)	建立一个 unordered 容器，以初值列*initlist*中的元素为初值
Unord c = *initlist*	建立一个 unordered 容器，以初值列*initlist*中的元素为初值
c.~***Unord***()	销毁所有元素并释放内存

表 7.47　Unordered 容器的构造函数和析构函数

Unord	**效果**
unordered_set<*Elem*>	一个 unordered set，使用hash<>作为默认的 hash 函数，使用equal_to<>（operator ==）作为默认的比较函数
unordered_set<*Elem*,*Hash*>	一个 unordered set，使用*Hash*作为默认的 hash 函数，使用equal_to<>（operator ==）作为默认的比较函数
unordered_set<*Elem*,*Hash*,*Cmp*>	一个 unordered set，使用*Hash*作为默认的 hash 函数，使用*Cmp*作为默认的比较函数
unordered_multiset<*Elem*>	一个 unordered multiset，使用hash<>作为默认的 hash 函数，使用equal_to<>（operator ==）作为默认的比较函数
unordered_multiset<*Elem*,*Hash*>	一个 unordered multiset，使用*Hash*作为默认的 hash 函数，使用equal_to<>（operator ==）作为默认的比较函数
unordered_multiset<*Elem*,*Hash*,*Cmp*>	一个 unordered multiset，使用*Hash*作为默认的 hash 函数，使用*Cmp*作为默认的比较函数
unordered_map<*Key*,*T*>	一个 unordered map，使用hash<>作为默认的 hash 函数，使用equal_to<>（operator ==）作为默认的比较函数
unordered_map<*Key*,*T*,*Hash*>	一个 unordered map，使用*Hash*作为默认的 hash 函数，使用equal_to<>（operator ==）作为默认的比较函数
unordered_map<*Key*,*T*,*Hash*,*Cmp*>	一个 unordered map，使用*Hash*作为默认的 hash 函数，使用*Cmp*作为默认的比较函数
unordered_multimap<*Key*,*T*>	一个 unordered multimap，使用hash<>作为默认的 hash 函数，使用equal_to<>（operator ==）作为默认的比较函数
unordered_multimap<*Key*,*T*,*Hash*>	一个 unordered multimap，使用*Hash*作为默认的 hash 函数，使用equal_to<>（operator ==）作为默认的比较函数
unordered_multimap<*Key*,*T*,*Hash*,*Cmp*>	一个 unordered multimap，使用*Hash*作为默认的 hash 函数，使用*Cmp*作为默认的比较函数

表 7.48 Unordered 容器***Unord***的所有可能类型

关于构建，有很多种实参传递形式。一方面，你可以传递众多 value 成为初始元素：

- 来自一个相同类型的既有容器（copy constructor）。
- 来自一个区间[begin,end)的所有元素。
- 来自一个初值列内的所有元素。

另一方面，你可以传递若干实参，用来影响 unordered 容器的行为：

- Hash 函数（不是作为 template 实参，就是作为构造函数实参）。
- 等价准则（equivalence criterion）（不是作为 template 实参，就是作为构造函数实参）。
- Bucket 的最初数量（作为构造函数实参）。

注意，你不可以指定最大负载系数（maximum load factor）成为类型的一部分，或是通过一个构造函数实参指定它，虽然这是你可能经常想要初始设定的东西。欲指定最大负载系数，你必须在构建后立刻调用一个成员函数（见表7.49）：

```
std::unordered_set<std::string> coll;
coll.max_load_factor(0.7);
```

传递给max_load_factor()的实参必须是个float。通常0.7～0.8是速度和内存消耗量之间一个不错的折中。注意，默认的最大负载系数是1.0，意思是通常碰撞（collision）会在 rehash 之前发生。基于此，如果你很重视速度，应该总是明确地设置最大负载系数。

布局操作（Layout Operation）

Unordered 容器也提供了一些用来查询及影响内部布局的操作函数。表7.49列出了这些函数。

操作	效果
c.hash_function()	返回 hash 函数
c.key_eq()	返回“相等性判断式”（equivalence predicate）
c.bucket_count()	返回当前的 bucket 个数
c.max_bucket_count()	返回 bucket 的最大可能数量
c.load_factor()	返回当前的负载系数（load factor）
c.max_load_factor()	返回当前的最大负载系数（maximum load factor）
c.max_load_factor(*val*)	设定最大负载系数（maximum load factor）为*val*
c.rehash(*bnum*)	将容器 rehash，使其 bucket 个数至少为*bnum*
c.reserve(*num*)	将容器 rehash，使其空间至少可拥有*num*个元素（始自 C++11）

表 7.49 Unordered 容器的布局操作（Layout Operation）

除了max_load_factor()，成员函数rehash()和reserve()也很重要。它们提供“rehash 一个 unordered 容器（也就是改变 bucket 个数）”的功能，但有略微不同的接口：最初TR1只提供rehash()，它要求为 hash table 提供 bucket 的大小至少是“传入的大小”。问题是，以此接口，你仍然必须考虑最大负载系数。如果最大负载系数是0.7而你打算准备100个元素，你必须将100除以0.7，以此计算“只要没超过100个元素就一定不会引发 rehashing”的大小。也就是说，你必须传入143给rehash()以避免在最高达到100个元素的情况下出现进一步 rehashing。如果使用reserve()，这一计算是内部进行的，所以你可以仅仅传递 hash table 应该筹备的元素个数：

```
coll.rehash(100);    // prepare for 100/max_load_factor() elements
coll.reserve(100);   // prepare for 100 elements (since C++11)
```

利用bucket_count()，你可以查询 unordered 容器目前拥有的 bucket 个数。这个值可被用于若干“提供了 bucket 接口”的成员函数，你可借此检阅一个 unordered 容器的精确内部状态。第 374 页7.9.4 节对此有更多讨论，第 380 页7.9.7 节有个例子，借由 bucket 接口检阅一个 unordered 容器的内部布局。

提供你自己的 Hash 函数

所有 hash table 都需要一个 hash 函数，把你放进去的元素的 value 映射至某个相关的 bucket。它的目标是，两个相等的 value 总是导致相同的 bucket 索引，而不同的 value 理应导致不同的 bucket 索引。对于任何范围的（被传入的） value， hash 函数应该提供良好的 hash value 分布。

Hash 函数必须是个函数，或 function object，它接受一个元素类型下的 value 作为参数，并返回一个类型为std::size_t的 value。因此， bucket 的当前数量并未被考虑。将其返回值映射至合法的 bucket 索引范围内，是由容器内部完成。因此，你的目标是提供一个函数，可把不同的元素值均匀映射至区间[0,size_t)内。

下面示范如何提供你自己的 hash 函数：

```
#include <functional>

class Customer {
   ...
};

class CustomerHash
{
  public:
    std::size_t operator() (const Customer& c) const {
        return ...
    }
};

std::unordered_set<Customer,CustomerHash> custset;
```

在这里，CustomerHash是一个 function object，为 class Customer定义出 hash 函数。

如果不愿意传递一个 function object 成为容器类型的一部分，你也可以传递一个 hash 函数作为构造函数实参。然而请注意， hash 函数相应的 template 类型也必须对应设妥：

```
std::size_t customer_hash_func (const Customer& c)
{
    return ...
};

std::unordered_set<Customer,std::size_t(*)(const Customer&)>
       custset(20,customer_hash_func);
```

在这里，customer_hash_func()被传递为构造函数第二实参，其类型为“一个 pointer，指向某函数，该函数接受一个Customer并返回一个std::size_t”，作为第二 template 实参。

如果没有给予特殊的 hash 函数，默认的 hash 函数是hash<>，那是<functional>提供的一个 function object，可对付常见类型：包括所有整数类型、所有浮点数类型、 pointer、string，以及若干特殊类型。[15] 这些之外的其他类型，你就必须提供你自己的 hash 函数。

提供一个好的 hash 函数，说来容易做来难。就像搭便车一样，你可以使用默认的 hash 函数来完成你自己的 hash 函数。一个天真的做法是，单纯把那些数据栏“由默认之 hash 函数产生”的所有 hash value 加起来。举个例子：

```
class CustomerHash
{
  public:
    std::size_t operator() (const Customer& c) const {
        return std::hash<std::string>()(c.fname) +
               std::hash<std::string>()(c.lname) +
               std::hash<long>()(c.no);
    }
};
```

这里，返回的 hash value 只不过是Customer的数据栏fname、lname和no的 hash value 总和。如果预定义的所有 hash 函数对这些数据栏的类型以及所给予的值都能运作良好，那么三个值的总和必然也在[0,std::size_t)范围内。根据一般溢出规则（common over ow rule），上述结果值应该也能够有良好的分布。

然而专家认为，这仍然是个粗劣的 hash 函数。提供一个良好的 hash 函数可能是十分棘手的事，似乎不如想象中那么轻松。

一个较好的做法如下，使用由 Boost（见[*Boost*]）提供的 hash 函数和一个便利接口：

```
// cont/hashval.hpp

#include <functional>

// from boost (functional/hash):
// see http://www.boost.org/doc/libs/1_35_0/doc/html/hash/combine.html
template <typename T>
inline void hash_combine (std::size_t& seed, const T& val)
{
    seed ^= std::hash<T>()(val) + 0x9e3779b9 + (seed<<6) + (seed>>2);
}
```

[15] error_code、thread::id、bitset<>及vector<bool>。

```
// auxiliary generic functions to create a hash value using a seed
template <typename T>
inline void hash_val (std::size_t& seed, const T& val)
{
    hash_combine(seed,val);
}
template <typename T, typename... Types>
inline void hash_val (std::size_t& seed,
                      const T& val, const Types&... args)
{
    hash_combine(seed,val);
    hash_val(seed,args...);
}

// auxiliary generic function to create a hash value out of a heterogeneous list of arguments
template <typename... Types>
inline std::size_t hash_val (const Types&... args)
{
    std::size_t seed = 0;
    hash_val (seed, args...);
    return seed;
}
```

这里实现出一个辅助函数hash_val()，使用 variadic template（见 3.1.9 节第 26 页），允许调用时给予任意数量、任意类型的元素，然后逐一个别处理（计算） hash value。例如：

```
class CustomerHash
{
  public:
    std::size_t operator() (const Customer& c) const {
        return hash_val(c.fname,c.lname,c.no);
    }
};
```

在其内部，hash_combine()会被调用。若干实验证明，它是"一般性 hash 函数"的优秀候选（见[*HoadZobel:HashCombine*]）。

当 hash 函数的输入值有特殊约束（specific constraint），你可能会特别想要提供你专属的特殊 hash 函数。不论什么情况，若要验证你自己的 hash 函数的效果，可使用 bucket 接口（见 7.9.7 节第 380 页）。

7.9.7 节第 377 页有一些完整例子，告诉你如何指定你自己的 hash 函数。你也可以使用 lambda 来指定 hash 函数，细节和范例见 7.9.7 节第 379 页。

提供你自己的等价准则（Equivalence Criterion）

作为 unordered 容器类型的第三或第四 template 参数，你可以传递等价准则（equivalence criterion），那应该是个 predicate（判断式），用以找出同一个 bucket 内的相等 value。默认使用的是equal_to<>，它以 operator ==进行比较。基于此，提供合法等价准则的最方便做法就是为你自己的类型提供 operator ==（如果它没被预定义为成员函数或全局函数）。例如：

```
class Customer {
  ...
};
bool operator == (const Customer& c1, const Customer& c2) {
    ...
}

std::unordered_multiset<Customer,CustomerHash> custmset;
std::unordered_map<Customer,String,CustomerHash> custmap;
```

然而，你也可以提供你自己的等价准则，例如：

```
#include <functional>

class Customer {
   ...
};

class CustomerEqual
{
  public:
    bool operator() (const Customer& c1, Customer& c2) const {
        return ...
    }
};

std::unordered_set<Customer,CustomerHash,CustomerEqual> custset;
std::unordered_multimap<Customer,String,
                        CustomerHash,CustomerEqual> custmmap;
```

这里针对类型Customer定义了一个 function object，你必须在其中实现operator()使它能够比较两个元素（对 map 而言是两个 key）并返回一个 bool 值指示它们是否相等。

关于如何提供你自己的等价准则（和 hash function），7.9.7 节第 377 页有一个完整例子。再说一次，你也可以使用 lambda 指定等价准则（见 7.9.7 节第 379 页，那里有细节和一个实例）。

只要 value 在当前的等价准则下被视为相等，它们也应该在当前的 hash 函数下产出相同的 hash value。基于这个原因，一个 unordered 容器如果被实例化时带有一个非默认的等价准则，通常也需要一个非默认的 hash 函数。

7.9.3 Unordered 容器的其他操作

Unordered 容器的其余操作，或多或少和其他 associative 容器相同。

非更易型操作（Nonmodifying Operation）

Unordered 容器提供的“非更易型”操作如表7.50所列。

操作	效果
`c.empty()`	返回是否容器为空（相当于 `size()==0` 但也许较快）
`c.size()`	返回目前的元素个数
`c.max_size()`	返回元素个数之最大可能量
`c1 == c2`	判断是否 *`c1`* 等于 *`c2`*
`c1 != c2`	判断是否 *`c1`* 不等于 *`c2`*。等同于 `!(`*`c1==c2`*`)`

表 7.50 Unordered 容器的非更易型操作（Nonmodifying Operation）

再次注意，对比较而言， unordered 容器只提供操作符`==`和`!=`。[16] 在最坏情况下，他们有可能提供二次复杂度（quadratic complexity）。

特殊的查找操作（Special Search Operation）

Unordered 容器对于快速查找元素有着优化设计。为了从这种行为中得利，这种容器提供特殊的查找函数（见表7.51）。这些函数是寻常算法的特殊版本，有着相同名称。你应该总是选择这些针对 unordered 容器的优化版本以达到常量时间复杂度，而不是寻常算法的线性复杂度，前提是 hash value 均匀分布。举个例子，在一个拥有 1 000 个元素的集合中查找，平均只需 1 次比较动作，而不是 associative 容器的 10 次，也不是 sequence 容器的 500 次（见第 10 页2.2 节）。

7.7.2 节第 319 页有一份对这些成员函数的详细描述，包括一个范例程序用来示范它们的应用。

[16] TR1中， unordered 容器没有提供操作符`==`和`!=`。

操作	效果
c.count(*val*)	返回“元素值为*val*”的元素个数
c.find(*val*)	返回“元素值为*val*”的第一个元素，如果找不到就返回*val*
c.equal_range(*val*)	返回*val*可被安插的第一个位置和最后一个位置，也就是“元素值==*val*”的元素区间

表 7.51 Unordered 容器的特殊查找操作（Special Search Operation）

Assignment

如表7.52所列，unordered 容器只提供所有容器都提供的基本赋值操作（7.1.2 节第 258 页）。

操作	效果
c = *c2*	将 *c2* 的全部元素赋值给 c
c = *rv*	将 rvalue *rv* 的所有元素以 move assign 方式给予 c（始自 C++11）
c = *initlist*	将初值列 *initlist* 的所有元素赋值给 c（始自 C++11）
c1.swap(*c2*)	置换 *c1* 和 *c2* 的数据
swap(*c1*,*c2*)	置换 *c1* 和 *c2* 的数据

表 7.52 Unordered 容器的赋值操作（Assignment Operation）

这些操作的左右两端容器必须有相同类型，更明确地说是其 hash function 的类型以及 equivalence criterion（等价准则）必须相同——即使 hash 函数本身可能不同。如果 hash 函数不同，它们将能够被赋值或交换（assigned or swapped）。

迭代器相关函数和元素访问

Unordered 容器并不允许“直接元素访问”，所以你必须使用 range-based for循环（见 3.1.4 节第 17 页）或 iterator。由于这些 iterator 只保证是forward iterator（见 9.2.3 节第 436 页），不支持bidirectional iterator或random-access iterator（表7.53）。因此，你不能够在“只为bidirectional iterator或random-access iterator而提供”的算法中使用它们，那些算法往往是针对 sorting 或 random shuffling 的。

对于 unordered (multi)set，从 iterator 的角度观之，所有元素都被视为 const。对于 unordered (multi)map，所有元素的 key 都被视为 const。这是必要的，确保你无法（不会）因为改变元素的 value 而危及元素位置。虽然元素之间“无定序”(no specific order)，但 value 会在当前 hash 函数的作用下决定其所属的 bucket 位置。基于这个因素，你不可以为元素调用任何更易型（modifying）算法。例如你不可以调用算法remove()，因为它的移除动作是“以后继元素覆盖掉被移除元素”（详见第 221 页6.7.2 节的讨论）。如果真想要

操作	效果
`c.begin()`	返回一个 forward iterator 指向第一元素
`c.end()`	返回一个 forward iterator 指向最末元素的下一位置
`c.cbegin()`	返回一个 const forward iterator 指向第一元素（始自 C++11）
`c.cend()`	返回一个 const forward iterator 指向最末元素的下一位置（始自 C++11）
`c.rbegin()`	返回一个反向的（reverse） iterator 指向反向迭代的第一元素
`c.rend()`	返回一个反向的（reverse） iterator 指向反向迭代的最末元素的下一位置
`c.crbegin()`	返回一个 const reverse iterator 指向反向迭代的第一元素（始自 C++11）
`c.crend()`	返回一个 const reverse iterator 指向反向迭代的最末元素的下一位置（始自 C++11）

表 7.53 Unordered 容器的迭代器操作

在 unordered set/multiset 内移除元素，你唯一可使用的是容器提供的成员函数。

与 map/multimap 对应， unordered map/multimap 的元素类型是`pair<const Key, T>`，意味着你需要`first`和`second`才能访问一个元素的 key 和 value（详见第 337 页7.8.2 节）：

```
std::unordered_map<std::string,float> coll;
...
for (auto elem& : coll) {
    std::cout << "key: "   << elem.first  << "\t"
              << "value: " << elem.second << std::endl;
}
...
for (auto pos = coll.begin(); pos != coll.end(); ++pos) {
    std::cout << "key: "   << pos->first  << "\t"
              << "value: " << pos->second << std::endl;
}
```

尝试改变 key 值会导致错误：

```
elem.first = "hello";      // ERROR at compile time
pos->first = "hello";      // ERROR at compile time
```

改变元素的 value 就没问题，只要`elem`是个 non-const reference 且 value 的类型不是 const：

```
elem.second = 13.5;        // OK
pos->second = 13.5;        // OK
```

如果你使用算法和 lambda 来操作 map 内的元素，你必须明确声明元素类型：

```
std::unordered_map<std::string,int> coll;
...
// add 10 to the value of each element:
std::for_each (coll.begin(), coll.end(),
               [] (pair<const std::string,int>& elem) {
                   elem.second += 10;
               });
```

代替写成

```
pair<const std::string,int>
```

你也可以写成

```
unordered_map<std::string,int>::value_type
```

或

```
decltype(coll)::value_type
```

关于元素类型的声明，见 7.8.5 节第 345 页，那儿有 map 的完整例子，亦适用于 unordered map。

若要改变元素的 key，只有一个选择：必须以一个新元素替换旧元素，二者有相同的 value。详见第 339 页7.8.2 节的 map 相关篇幅。

注意， unordered map 也可用作 associative array，所以你可以使用下标操作符（subscript operator）来处理元素。详见 7.9.5 节第 374 页。

也请注意，存在一个额外的 iterator 接口，可用来遍历一个 unordered 容器的 bucket。详见 7.9.7 节第 380 页。

安插和移除元素（Inserting and Removing Element）

表7.54展示了 unordered 容器提供用来安插和移除元素的操作函数。

依 STL 惯例，你必须保证传入的实参合法：(1) 迭代器必须指向一个合法位置，(2) 区间的起始位置不能在结束位置之后。

一般而言，抹除（erasing）函数并不会令“指向至其他元素”的 iterator 和 reference 失效。然而成员函数`insert()`和`emplace()`有可能令所有 iterator 失效，当 rehashing 发生，尽管指向至元素的 reference 将总是保持有效。Rehashing 之所以发生，是由于一次安插动作造成最终的元素个数大于等于 bucket 数量乘以最大负载系数（也就是说，当最大负载系数提供的保证被打破）。`insert()`和`emplace()`成员函数不会影响指向容器元素的 reference 的有效性。

处理多个元素的安插和移除时，对区间内的所有元素使用单一调用，会比多次调用更快速。 然而请注意，“异常保证”在“多重元素操作函数”中会降低，见 7.9.6 节第 375 页。

注意，安插函数`insert()`和`emplace()`的返回类型差别如下：

操作	效果
`c.insert(val)`	安插一个 *val* 拷贝，返回新元素位置，不论是否成功——对 unordered container 而言
`c.insert(pos,val)`	安插一个 *val* 拷贝，返回新元素位置（*pos* 是个提示，指出安插动作的查找起点。若提示恰当可加快速度）
`c.insert(beg,end)`	将区间 [*beg*,*end*) 内所有元素的拷贝安插到 c（无返回值）
`c.insert(initlist)`	安插初值列 *initlist* 内所有元素的一份拷贝（无返回值；始自 C++11）
`c.emplace(args...)`	安插一个以 *args* 为初值的元素，并返回新元素的位置，不论是否成功——对 unordered container 而言（始自 C++11）
`c.emplace_hint(pos,args...)`	安插一个以 *args* 为初值的元素，并返回新元素的位置（*pos* 是个提示，指出安插动作的查找起点。若提示恰当可加快速度）
`c.erase(val)`	移除“与 *val* 相等”的所有元素，返回被移除的元素个数
`c.erase(pos)`	移除 iterator 位置 *pos* 上的元素，无返回值
`c.erase(beg,end)`	移除区间 [*beg*,*end*) 内的所有元素，无返回值
`c.clear()`	移除所有元素，将容器清空

表 7.54　Unordered 容器的安插和移除操作

- **Unordered set** 提供以下接口：

```
pair<iterator,bool> insert(const value_type& val);
iterator            insert(iterator posHint,
                           const value_type& val);
template <typename... Args>
pair<iterator,bool> emplace(Args&&... args);
template <typename... Args>
iterator            emplace_hint(const_iterator posHint,
                                 Args&&... args);
```

- **Unordered multiset** 提供以下接口：

```
iterator            insert(const value_type& val);
iterator            insert(iterator posHint,
                           const value_type& val);
template <typename... Args>
iterator            emplace(Args&&... args);
```

```
template <typename... Args>
iterator              emplace_hint(const_iterator posHint,
                                   Args&&... args);
```

返回类型不同，起因于 unordered multiset/multimap 允许元素重复，而 unordered set/map 不允许。因此，对一个 unordered set 而言，安插元素可能失败（如果容器已含相同 value 的元素）。于是，set 返回的是被包裹在pair结构内的两个 value（pair描述于 第 60 页5.1.1 节）：

1. pair结构的second成员表示安插是否成功。
2. pair结构的first成员表示新插元素的位置或既有元素的位置。

这些函数返回新元素的位置或既有元素的位置——如果 unordered set 已内含一个带有相同 value 的元素。7.7.2 节第 323 页有些关于这些接口的例子。

对于 unordered map/multimap，若欲安插一个 key/value pair，你必须牢记在心，其内部把 key 视为 const。你提供的若非准确的类型，就必须存在隐式或显式类型转换。

自 C++11开始，安插元素的最方便方法就是把它们放进一个初值列（initializer list），其中第一项是 key，而第二项是 value：

```
std::unordered_map<std::string,float> coll;
...
coll.insert({"otto",22.3});
```

另外，还有三种办法可将一个 value 放进一个 unordered map/multimap 中，这些已在 map/multimap 中介绍过（详见 7.8.2 节第 341 页）：

1. **使用value_type**：

```
std::unordered_map<std::string,float> coll;
...
coll.insert(std::unordered_map<std::string,float>::value_type
                ("otto",22.3));
coll.insert(decltype(coll)::value_type("otto",22.3));
```

2. **使用pair<>**：

```
std::unordered_map<std::string,float> coll;
...
coll.insert(std::pair<std::string,float>("otto",22.3));
coll.insert(std::pair<const std::string,float>("otto",22.3));
```

3. **使用make_pair()**：

```
std::unordered_map<std::string,float> coll;
...
coll.insert(std::make_pair("otto",22.3));
```

下面是个简单例子，安插元素到 unordered map 内，并检查是否成功：

```
std::unordered_map<std::string,float> coll;
...
if (coll.insert(std::make_pair("otto",22.3)).second) {
    std::cout << "OK, could insert otto/22.3" << std::endl;
}
else {
    std::cout << "Oops, could not insert otto/22.3 "
              << "(key otto already exists)" << std::endl;
}
```

再请注意，当使用emplace()安插新元素（你得传递数值用以构建新元素）时，必须传递两列实参：一个用于 key，另一个用于元素（的 value）。最方便的写法是这样：

```
std::unordered_map<std::string,std::complex<float>> m;

m.emplace(std::piecewise_construct,    // pass tuple elements as arguments
          std::make_tuple("hello"),    // elements for the key
          std::make_tuple(3.4,7.8));   // elements for the value
```

5.1.1 节第 63 页对于 pair 的逐块式构造（piecewise construction）有详细说明。

请注意，unordered map 还提供另一个方便方式，以 subscript（下标）操作符安插和设定元素（见 7.9.5 节第 374 页）。

若欲移除带有某个 value 的元素，只需调用erase()：

```
std::unordered_set<Elem> coll;
...
// remove all elements with passed value
coll.erase(value);
```

这个成员函数的名称不同于 list 的remove()（见 7.5.2 节第 294 页对remove()的讨论），其行为也不相同，返回的是被移除元素的个数。如果由 unordered map 调用之，它只返回0或1。

如果一个 unordered multiset/multimap 内含重复元素，且你只想移除其中的第一个元素，不可以使用erase()。应该这么做：

```
std::unordered_multimap<Key,T> coll;
...
// remove first element with passed value
auto pos = coll.find(value);
if (pos != coll.end()) {
    coll.erase(pos);
}
```

在这儿你应该使用成员函数find()，它比算法find()快速（见 7.3.2 节第 277 页的例子）。

当你打算移除元素，小心不要锯断你正坐着的树枝。7.8.2 节第 342 页对此有一份详细描述。

7.9.4 Bucket 接口

我们有可能通过一个特定的 bucket 接口访问个别 bucket，用以曝露整个 hash table 的内部状态。表7.55显示了可"直接访问 bucket"的操作函数。

操作	效果
`c.bucket_count()`	返回当前的 bucket 个数
`c.bucket(`*val*`)`	返回 *val* 将（或可能）被找到的那个 bucket 的编号
`c.bucket_size(`*buckidx*`)`	返回第 *buckidx* 个 bucket 所含的元素个数
`c.begin(`*buckidx*`)`	返回一个 forward iterator，指向第 *buckidx* 个 bucket 中的第一元素
`c.end(`*buckidx*`)`	返回一个 forward iterator，指向第 *buckidx* 个 bucket 中的最末元素的下一位置
`c.cbegin(`*buckidx*`)`	返回一个 const forward iterator，指向第 *buckidx* 个 bucket 中的第一元素
`c.cend(`*buckidx*`)`	返回一个 const forward iterator，指向第 *buckidx* 个 bucket 中的最末元素的下一位置

表 7.55 Unordered Set/Multiset 提供的 Bucket 接口操作

7.9.7 节第 380 页有个例子，说明了如何使用 bucket 接口来检阅一个 unordered 容器的内部布局。

7.9.5 使用 Unordered Map 作为 Associative Array

就像 map 一样， unordered map 也提供一个 subscript（下标）操作符用来直接元素访问，还提供一个相应的成员函数`at()`（见表7.56）。

操作	效果
`c[`*key*`]`	安插一个带着 *key* 的元素——如果尚未存在于容器内。返回一个 reference 指向带着 *key* 的元素（only for nonconstant unordered maps）
`c.at(`*key*`)`	返回一个 reference 指向带着*key*的元素（始自 C++11）

表 7.56 Unordered Map 的"元素直接访问"操作

`at()`会根据它所收到的 key 产出对应元素的 value，如果该元素不存在则会抛出一个类型为`out_of_range`的异常。

对于操作符`[]`，其索引也就是用来识别元素的 key。这意味着操作符`[]`的索引可能是任何类型，而非只是整数类型。这样的接口，也就是所谓的*associative array*接口。

关于操作符`[]`，索引类型并不是它和寻常 C-style array 的唯一不同。请注意，你不能给出错误的索引；如果你指定某个 key 为索引，却找不到对应的元素，就会有一个新元素被自动安插到 map 内。该新元素的 value 将由其类型的 default 构造函数初始化。因此，欲使用这一特性，你就不能指定一个没有 default 构造函数的 value 类型。注意，所有基础类型都提供有一个 default 构造函数，将初值设为 0（见 3.2.1 节第 37 页）。

7.8.3 节第 344 页详细讨论了这一容器接口的优劣。6.2.4 节第 185 页和 7.8.5 节第 346 页则提供了一些范例代码。（我偏向使用 map，它提供了相同接口。）

7.9.6 异常处理（Exception Handling）

Unordered 容器是一种以节点为基础（node-based）的容器，所以，构建节点一旦失败，不过就是使容器回到原先状态而已。然而由于"可能发生 rehashing"，下列保证适用于所有 unordered 容器：

- "单元素安插"拥有 commit-or-rollback（要么成功要么无效）行为，前提是 hash 函数和"等价准则"不抛出异常。而如果它们不抛出异常，它们要么成功，要么就"无作用"。
- `erase()`不抛出异常，前提是 hash 函数和"等价准则"不抛出异常——那正是默认使用之函数的情况。
- 没有任何`clear()`函数会抛出异常。
- 没有任何`swap()`函数会抛出异常，前提是 hash 的"copy 构造函数"或"copy assignment 操作符"或"等价比较函数"不抛出异常。
- `rehash()`有着 commit-or-rollback（要么成功要么无效）行为，前提是 hash 函数和"等价比较函数"不抛出异常。而如果它们不抛出异常，它们要么成功，要么"无作用"。

6.12.2 节第 248 页对于 STL中的异常处理有一份总体性的讨论。

7.9.7 Unordered 容器的运用实例

下列程序示范了 unordered 容器的基本能力，采用的是 unordered set：

```
// cont/unordset1.cpp

#include <unordered_set>
#include <numeric>
#include "print.hpp"
using namespace std;

int main()
{
    // create and initialize unordered set
    unordered_set<int> coll = { 1,2,3,5,7,11,13,17,19,77 };

    // print elements
    // - elements are in arbitrary order
```

```
    PRINT_ELEMENTS(coll);

    // insert some additional elements
    // - might cause rehashing and create different order
    coll.insert({-7,17,33,-11,17,19,1,13});
    PRINT_ELEMENTS(coll);

    // remove element with specific value
    coll.erase(33);

    // insert sum of all existing values
    coll.insert(accumulate(coll.begin(),coll.end(),0));
    PRINT_ELEMENTS(coll);

    // check if value 19 is in the set
    if (coll.find(19) != coll.end()) {
        cout << "19 is available" << endl;
    }

    // remove all negative values
    unordered_set<int>::iterator pos;
    for (pos=coll.begin(); pos!= coll.end(); ) {
        if (*pos < 0) {
            pos = coll.erase(pos);
        }
        else {
            ++pos;
        }
    }
    PRINT_ELEMENTS(coll);
}
```

如果你只是安插、抹除、查找（insert, erase, and find）带有某特定 value 的元素， unordered 容器会提供最佳运行期行为，因为所有这些操作都有摊提（amortized）常量复杂度。然而你不可对元素次序有任何假设。例如，这个程序可能有以下输出：

```
77 11 1 13 2 3 5 17 7 19
-11 1 2 3 -7 5 7 77 33 11 13 17 19
-11 1 2 3 -7 5 7 77 11 13 17 19 137
19 is available
1 2 3 5 7 77 11 13 17 19 137
```

至于其他任何事情——例如累加容器内所有元素的 value 或找出并移除所有负值——都必须遍历所有元素（不论是借由 iterator 直接进行，或使用一个 range-based `for`循环间接进行）。

如果使用 unordered multiset 而不是 unordered set，就允许元素重复。例如以下程序：

```
// cont/unordmultiset1.cpp

#include <unordered_set>
#include "print.hpp"
using namespace std;

int main()
{
    // create and initialize, expand, and print unordered multiset
    unordered_multiset<int> coll = { 1,2,3,5,7,11,13,17,19,77 };
    coll.insert({-7,17,33,-11,17,19,1,13});
    PRINT_ELEMENTS(coll);

    // remove all elements with specific value
    coll.erase(17);

    // remove one of the elements with specific value
    auto pos = coll.find(13);
    if (pos != coll.end()) {
        coll.erase(pos);
    }
    PRINT_ELEMENTS(coll);
}
```

可能会有以下输出：

```
33 19 19 17 17 17 77 11 7 -7 5 3 13 13 2 -11 1 1
33 19 19 77 11 7 -7 5 3 13 2 -11 1 1
```

提供你自己的 Hash 函数和等价准则

下面的程序展示了如何为类型`Customer`定义及指定一个 hash 函数和一个等价准则。该类型用作一个 unordered set 的元素类型：

```
// cont/hashfunc1.cpp

#include <unordered_set>
#include <string>
#include <iostream>
#include "hashval.hpp"
#include "print.hpp"
```

```
using namespace std;

class Customer {
  private:
    string fname;
    string lname;
    long   no;
  public:
    Customer (const string& fn, const string& ln, long n)
      : fname(fn), lname(ln), no(n) {}
    friend ostream& operator << (ostream& strm, const Customer& c) {
        return strm << "[" << c.fname << "," << c.lname << ","
                           << c.no << "]";
    }
    friend class CustomerHash;
    friend class CustomerEqual;
};

class CustomerHash
{
  public:
    std::size_t operator() (const Customer& c) const {
        return hash_val(c.fname,c.lname,c.no);
    }
};

class CustomerEqual
{
  public:
    bool operator() (const Customer& c1, Customer& c2) const {
        return c1.no == c2.no;
    }
};

int main()
{
    // unordered set with own hash function and equivalence criterion
    unordered_set<Customer,CustomerHash,CustomerEqual> custset;

    custset.insert(Customer("nico","josuttis",42));
    PRINT_ELEMENTS(custset);

}
```

程序输出如下：

```
[nico,josuttis,42]
```

这里的辅助函数hash_val()可处理任意数量、任意类型的元素，曾在 7.9.2 节第 364 页出现过。

如你所见，等价函数所核算的 value，并非一定得和 hash 函数所核算的 value 相同。然而先前我也说过，应该有这样的保证：“被等价准则判定为相等”的 value，应该要能够获得相同的 hash value（那也就是间接假设 customer 的 No. 是独一无二的）。

如果不指定等价函数，custset的声明式应该如下：

```
std::unordered_set<Customer,CustomerHash> custset;
```

而 operator ==将会被用作等价准则，你必须为Customer定义这个操作符。

你也可以使用一个寻常函数作为 hash 函数。但这么一来你必须传递此函数，作为构造函数实参，意思是你也必须传递 bucket 的初始量，并指定对应的 function pointer 作为第二 template 参数（详见 7.9.2 节第 363 页）。

使用 Lambda 作为 Hash 函数和等价准则

你甚至可以使用 lambda 具体指定 hash 函数和/或等价准则。例如：

```
// cont/hashfunc2.cpp

#include <string>
#include <iostream>
#include <unordered_set>
#include "hashval.hpp"
#include "print.hpp"
using namespace std;

class Customer {
  private:
    string fname;
    string lname;
    long   no;
  public:
    Customer (const string& fn, const string& ln, long n)
      : fname(fn), lname(ln), no(n) {
    }
    string firstname() const {
        return fname;
    };
```

```
    string lastname() const {
        return lname;
    };
    long number() const {
        return no;
    };
    friend ostream& operator << (ostream& strm, const Customer& c) {
        return strm << "[" << c.fname << "," << c.lname << ","
                          << c.no << "]";
    }
};

int main()
{
    // lambda for user-defined hash function
    auto hash = [] (const Customer& c) {
        return hash_val(c.firstname(),c.lastname(),c.number());
    };

    // lambda for user-defined equality criterion
    auto eq = [] (const Customer& c1, Customer& c2) {
        return c1.number() == c2.number();
    };

    // create unordered set with user-defined behavior
    unordered_set<Customer,
                  decltype(hash),decltype(eq)> custset(10,hash,eq);

    custset.insert(Customer("nico","josuttis",42));
    PRINT_ELEMENTS(custset);

}
```

注意，你必须使用`decltype`产生 lambda 类型，使得以传递它作为 unordered 容器声明式的 template 实参。原因是 lambda 并不存在 default 构造函数和 assignment 操作符。因此，你也必须将 lambda 传给构造函数。而由于它们被设计为第二和第三实参，因此这种情况下你必须指明最初的 bucket 大小，本例为`10`。

Bucket 接口使用实例

下面的例子示范了 bucket 接口的应用，用来检阅一个 unordered 容器的内部状态（见 7.9.4 节第 374 页）。在`printHashTableState()`内，整个状态，包括 unordered 容器的详细布局，被打印了出来：

```
// cont/buckets.hpp

#include <iostream>
#include <iomanip>
#include <utility>
#include <iterator>
#include <typeinfo>

// generic output for pairs (map elements)
template <typename T1, typename T2>
std::ostream& operator << (std::ostream& strm, const std::pair<T1,T2>& p)
{
    return strm << "[" << p.first << "," << p.second << "]";
}

template <typename T>
void printHashTableState (const T& cont)
{
    // basic layout data:
    std::cout << "size:            " << cont.size() << "\n";
    std::cout << "buckets:         " << cont.bucket_count() << "\n";
    std::cout << "load factor:     " << cont.load_factor() << "\n";
    std::cout << "max load factor: " << cont.max_load_factor() << "\n";

    // iterator category:
    if (typeid(typename std::iterator_traits
                         <typename T::iterator>::iterator_category)
        == typeid(std::bidirectional_iterator_tag)) {
          std::cout << "chaining style:  doubly-linked" << "\n";
    }
    else {
          std::cout << "chaining style:  singly-linked" << "\n";
    }

    // elements per bucket:
    std::cout << "data: " << "\n";
    for (auto idx=0; idx != cont.bucket_count(); ++idx) {
            std::cout << " b[" << std::setw(2) << idx << "]: ";
            for (auto pos=cont.begin(idx); pos != cont.end(idx); ++pos) {
                std::cout << *pos << " ";
            }
            std::cout << "\n";
    }
    std::cout << std::endl;
}
```

你可以使用上述头文件，打印一个 unordered set 的内部布局：

```
// cont/unordinspect1.cpp

#include <unordered_set>
#include <iostream>
#include "buckets.hpp"

int main()
{
    // create and initialize an unordered set
    std::unordered_set<int> intset = { 1,2,3,5,7,11,13,17,19 };
    printHashTableState(intset);

    // insert some additional values (might cause rehashing)
    intset.insert({-7,17,33,4});
    printHashTableState(intset);
}
```

比较printHashTableState()的第一次和第二次调用，程序可能有以下输出（细节取决于标准库所采用的具体布局和 rehashing 策略）：

```
size:              9
buckets:           11
load factor:       0.818182
max load factor:   1
chaining style:    singly-linked
data:
 b[ 0]: 11
 b[ 1]: 1
 b[ 2]: 13 2
 b[ 3]: 3
 b[ 4]:
 b[ 5]: 5
 b[ 6]: 17
 b[ 7]: 7
 b[ 8]: 19
 b[ 9]:
 b[10]:
```

```
size:              12
buckets:           23
load factor:       0.521739
max load factor:   1
chaining style:    singly-linked
data:
 b[ 0]:
 b[ 1]: 1
 b[ 2]: 2
 b[ 3]: 3
 b[ 4]: 4
 b[ 5]: 5 -7
 b[ 6]:
 b[ 7]: 7
 b[ 8]:
 b[ 9]:
 b[10]: 33
 b[11]: 11
 b[12]:
 b[13]: 13
 b[14]:
 b[15]:
 b[16]:
 b[17]: 17
 b[18]:
 b[19]: 19
 b[20]:
 b[21]:
 b[22]:
```

下面这个程序是 bucket 接口应用的另一个例子，建立一个“以 string value 映射至另一个 string value”的字典（请拿此例和 7.8.5 节第 348 页的一个 map 相应版本比较）：

```
// cont/unordmultimap1.cpp

#include <unordered_map>
#include <string>
#include <iostream>
#include <utility>
#include "buckets.hpp"
using namespace std;

int main()
{
    // create and initialize an unordered multimap as dictionary
    std::unordered_multimap<string,string> dict = {
                  {"day","Tag"},
                  {"strange","fremd"},
                  {"car","Auto"},
                  {"smart","elegant"},
                  {"trait","Merkmal"},
                  {"strange","seltsam"}
    };
    printHashTableState(dict);

    // insert some additional values (might cause rehashing)
    dict.insert({{"smart","raffiniert"},
                 {"smart","klug"},
                 {"clever","raffiniert"}
                });
    printHashTableState(dict);

    // modify maximum load factor (might cause rehashing)
    dict.max_load_factor(0.7);
    printHashTableState(dict);
}
```

再一次，程序输出和标准库的具体实现有密切关系。这个程序的输出很有可能如下（以下的编排形式略有变动以满足页宽）：

```
size:                 6
buckets:              7
current load factor:  0.857143
max load factor:      1
chaining style:       singly
data:
 b[ 0]: [day,Tag]
 b[ 1]: [car,Auto]
 b[ 2]:
 b[ 3]: [smart,elegant]
 b[ 4]:
 b[ 5]: [trait,Merkmal]
 b[ 6]: [strange,fremd]
         [strange,seltsam]
```

```
size:                 9
buckets:              11
current load factor:  0.818182
max load factor:      1
chaining style:       singly
data:
 b[ 0]: [smart,elegant]
         [smart,raffiniert]
          [smart,klug]
 b[ 1]:
 b[ 2]:
 b[ 3]:
 b[ 4]:
 b[ 5]: [clever,raffiniert]
 b[ 6]: [strange,fremd]
         [strange,seltsam]
 b[ 7]:
 b[ 8]:
 b[ 9]: [trait,Merkmal] [car,Auto]
 b[10]: [day,Tag]
```

```
size:                 9
buckets:              17
current load factor:  0.529412
max load factor:      0.7
chaining style:       singly
data:
 b[ 0]:
 b[ 1]:
 b[ 2]:
 b[ 3]:
 b[ 4]: [car,Auto]
 b[ 5]:
 b[ 6]: [smart,elegant]
         [smart,raffiniert]
          [smart,klug]
 b[ 7]:
 b[ 8]: [day,Tag]
 b[ 9]: [clever,raffiniert]
 b[10]:
 b[11]: [trait,Merkmal]
 b[12]:
 b[13]:
 b[14]:
 b[15]: [strange,fremd]
         [strange,seltsam]
 b[16]:
```

而在另一平台上，这个程序的输出有可能如下（以下的编排形式略有变动以满足页宽）：

```
size:                 6
buckets:              11
current load factor:  0.545455
max load factor:      1
chaining style:       singly
data:
 b[ 0]:
 b[ 1]:
 b[ 2]: [trait,Merkmal]
         [car,Auto]
 b[ 3]: [day,Tag]
 b[ 4]:
 b[ 5]:
 b[ 6]:
 b[ 7]:
 b[ 8]: [smart,elegant]
 b[ 9]: [strange,seltsam]
         [strange,fremd]
 b[10]:
```

```
size:                 9
buckets:              11
current load factor:  0.818182
max load factor:      1
chaining style:       singly
data:
 b[ 0]:
 b[ 1]:
 b[ 2]: [clever,raffiniert]
         [trait,Merkmal]
          [car,Auto]
 b[ 3]: [day,Tag]
 b[ 4]:
 b[ 5]:
 b[ 6]:
 b[ 7]:
 b[ 8]: [smart,elegant]
         [smart,raffiniert]
          [smart,klug]
 b[ 9]: [strange,seltsam]
         [strange,fremd]
 b[10]:
```

```
size:                 9
buckets:              13
current load factor:  0.692308
max load factor:      0.7
chaining style:       singly
data:
 b[ 0]:
 b[ 1]: [day,Tag]
 b[ 2]:
 b[ 3]:
 b[ 4]: [smart,elegant]
         [smart,raffiniert]
          [smart,klug]
           [car,Auto]
 b[ 5]:
 b[ 6]:
 b[ 7]:
 b[ 8]:
 b[ 9]: [clever,raffiniert]
 b[10]: [strange,seltsam]
         [strange,fremd]
 b[11]:
 b[12]: [trait,Merkmal]
         [clever,raffiniert]
```

注意，任何情况下，rehashing 都会保留（维护）等价元素的相对次序。然而，等价元素的次序有可能不匹配它们的安插次序。

7.10 其他 STL 容器

STL是个框架（framework），除了提供标准容器，也允许你使用其他数据结构作为容器。你可以使用 string 或寻常 array 作为 STL 容器，也可以自行撰写特殊容器满足特殊需求。如果你自行撰写容器，仍可从诸如排序、合并等算法中受益。这样的框架正是“开放–封闭”（*Open Closed*）守则——开放以允许扩展，封闭以谢绝修改——的极佳范例。[17]

下面是使你的容器“STL 化”的三种不同方法：

1. **The invasive approach （侵入式做法）**。[18] 直接提供 STL 容器所需接口。特别是诸如`begin()`和`end()`之类的常用函数。这种做法需以某种特定方式编写容器，所以是侵入式的。
2. **The noninvasive approach （非侵入式做法）**。[18] 撰写或提供特殊迭代器，作为算法和特殊容器间的接口。这一做法是非侵入式的，它所需要的只是“遍历容器所有元素”的能力——这是任何容器都能以某种形式展现的能力。
3. **The wrapper approach （包裹法）**。将上述两种方法加以组合，我们可以写一个包裹类（wrapper class）来包装任何数据结构，并显露出与 STL 容器相似的接口。

本小节首先将 string 视为标准容器来讨论，当作侵入式做法的一个例子，然后再以非侵入式做法讨论重要的标准容器：寻常的 C-style array。当然你也可以使用包裹法来访问 array 的数据。

任何 STL 容器都应该能够以不同的分配器（allocator）加以参数化。C++ 标准库提供了一些特殊函数和类，帮助你撰写分配器并对付尚未初始化的内存。详见 19.3 节第 1026 页。

7.10.1 String 作为一种 STL 容器

C++ 标准库的 string class，是“以侵入式做法编写 STL 容器”的一个好例子（关于 string class 的详细讨论，见第 13 章）。String 可被视为“以字符（character）为元素”的一种容器；字符构成序列，你可以在该序列来回移动遍历。因此，标准的 string class 提供了 STL 容器接口。String 也提供成员函数`begin()`和`end()`，返回随机访问迭代器，可用来遍历整个 string。同时，为了支持迭代器和迭代器适配器（iterator adapter），string 也提供若干操作函数如`push_back()`，用以支持 back inserter。

从 STL 角度思考，string 的处理有点不寻常，因为你通常将 string 当作一个对象来处理（可以传递、复制或设定 string）。但如果要对单个字符进行处理，采用 STL 算法将大有助益。例如可以采用 istream 迭代器读取字符，或转换 string 内的字符（例如转成

[17] 我从 Robert C. Martin 那儿头一次听说这个名词，他是从 Bertrand Meyer 那儿听来的。

[18] 有时也说成*intrusive*和*nonintrusive*。

大写或小写)。此外，通过 STL 算法，可以对 string 采取特殊的比较规则——标准 string 接口并不提供这种能力。

13.2.14 节第 684 页详细讨论了 string 的 STL 相关特性，并给出了一些实例。

7.10.2 C-Style Array 作为一种 STL 容器

你可以把寻常的 C-style array 当成 STL 容器使用，但这种 array 并不是 class，所以不提供`begin()`和`end()`等成员函数，也不允许存在任何成员函数。这里，我们只能采用非侵入式做法或包裹法。

采取非侵入式做法很简单，你只需要对象，它能够借由 STL 迭代器接口遍历 array 的所有元素。事实上这样的对象早就恭候多时，就是寻常的 pointer。STL 设计之初就决定让迭代器拥有和寻常 pointer 一样的接口，于是你可以将寻常 pointer 当成迭代器来使用。这又一次展示了纯抽象的泛化概念：任何东西只要“行为类似迭代器”就是一种迭代器。事实上 pointer 正是一个随机访问迭代器（见 9.2.5 节第 438 页）。以下例子示范了如何以 C-style array 作为 STL 容器（始自 C++11）：

```
// cont/cstylearray1.cpp

#include <iterator>
#include <vector>
#include <iostream>

int main()
{
    int vals[] = { 33, 67, -4, 13, 5, 2 };

    // use begin() and end() for ordinary C arrays
    std::vector<int> v(std::begin(vals), std::end(vals));

    // use global begin() and end() for containers:
    std::copy (std::begin(v), std::end(v),
               std::ostream_iterator<int>(std::cout," "));
    std::cout << std::endl;
}
```

这里我们使用了一个定义于 `<iterator>`的辅助函数，以及任何一个“允许针对寻常 C-style array 使用全局性`begin()`和`end()`”的容器头文件。如你所见，对于任何寻常的 C-style array `vals`，`std::begin()`和`std::end()`产出对应的起点和终点（可被 STL 框架使用）：

```
int vals[] = { 33, 67, -4, 13, 5, 2 };

std::begin(vals)      // yields vals
std::end(vals)        // yields vals+NumOfElementsIn(vals)
```

这些函数有重载版本，所以你可以把它们用在 STL 容器或任何提供begin()和end()成员函数的 class：

```
std::vector<int> v;

std::begin(v)         // yields v.begin()
std::end(v)           // yields v.end()
```

程序输出如下：

```
33 67 -4 13 5 2
```

在C++11之前，你必须传递 raw pointer 给算法，因为彼时的begin()和end()无全局版本。例如：

```
// cont/cstylearray1old.cpp

#include <iostream>
#include <algorithm>
#include <functional>
#include <iterator>
using namespace std;

int main()
{
    int coll[] = { 5, 6, 2, 4, 1, 3 };

    // square all elements
    transform (coll, coll+6,          // first source
               coll,                  // second source
               coll,                  // destination
               multiplies<int>());    // operation

    // sort beginning with the second element
    sort (coll+1, coll+6);

    // print all elements
    copy (coll, coll+6,
          ostream_iterator<int>(cout," "));
    cout << endl;
}
```

千万注意，一定要传递 array 的正确尾部位置，这里是coll+6。记住，一定要确保区间尾端是最末元素的下一位置。

程序输出如下：

```
25 1 4 9 16 36
```

11.7.2 节第 579 页和 11.10.2 节第 620 页另有若干 C-style array 使用实例。

7.11 实现 Reference 语义

通常，STL 容器提供的是“value 语义”而非“reference 语义”，后者构建了元素的内部拷贝，任何操作返回的也是这些拷贝。第 245 页6.11.2 节讨论了这种做法的优劣，并分析了后果。总之，要在 STL 容器中用到“reference 语义”（不论是因为元素的复制代价太大，或因为需要在不同集合中共用同一个元素），就要采用 smart pointer class，避免可能的差错。此外，使用 reference wrapper 也可行。

使用 Shared Pointer

5.2 节第 76 页介绍过，C++ 标准库提供了许多 smart pointer class。如果你打算在不同的容器之间共享对象，class shared_ptr<>是适当的选择。以此目的来使用它，看起来如下：

```
// cont/refsem1.cpp

#include <iostream>
#include <string>
#include <set>
#include <deque>
#include <algorithm>
#include <memory>

class Item {
  private:
    std::string name;
    float  price;
  public:
    Item (const std::string& n, float p = 0) : name(n), price(p) {
    }
    std::string getName () const {
        return name;
    }
```

```
    void setName (const std::string& n) {
        name = n;
    }
    float getPrice () const {
        return price;
    }
    float setPrice (float p) {
        price = p;
    }
};

template <typename Coll>
void printItems (const std::string& msg, const Coll& coll)
{
    std::cout << msg << std::endl;
    for (const auto& elem : coll) {
        std::cout << ' ' << elem->getName() << ": "
                            << elem->getPrice() << std::endl;
    }
}

int main()
{
    using namespace std;

    // two different collections sharing Items
    typedef shared_ptr<Item> ItemPtr;
    set<ItemPtr> allItems;
    deque<ItemPtr> bestsellers;

    // insert objects into the collections
    // - bestsellers are in both collections
    bestsellers = { ItemPtr(new Item("Kong Yize",20.10)),
                    ItemPtr(new Item("A Midsummer Night's Dream",14.99)),
                    ItemPtr(new Item("The Maltese Falcon",9.88)) };
    allItems = { ItemPtr(new Item("Water",0.44)),
                 ItemPtr(new Item("Pizza",2.22)) };
    allItems.insert(bestsellers.begin(),bestsellers.end());

    // print contents of both collections
    printItems ("bestsellers:", bestsellers);
    printItems ("all:", allItems);
    cout << endl;
```

```
    // double price of bestsellers
    for_each (bestsellers.begin(), bestsellers.end(),
              [] (shared_ptr<Item>& elem) {
                  elem->setPrice(elem->getPrice() * 2);
              });

    // replace second bestseller by first item with name "Pizza"
    bestsellers[1] = *(find_if(allItems.begin(),allItems.end(),
                               [] (shared_ptr<Item> elem) {
                                   return elem->getName() == "Pizza";
                               }));

    // set price of first bestseller
    bestsellers[0]->setPrice(44.77);

    // print contents of both collections
    printItems ("bestsellers:", bestsellers);
    printItems ("all:", allItems);
}
```

程序输出如下：

```
bestsellers:
 Kong Yize: 20.1
 A Midsummer Night's Dream: 14.99
 The Maltese Falcon: 9.88
all:
 Kong Yize: 20.1
 A Midsummer Night's Dream: 14.99
 The Maltese Falcon: 9.88
 Water: 0.44
 Pizza: 2.22

bestsellers:
 Kong Yize: 44.77
 Pizza: 2.22
 The Maltese Falcon: 19.76
all:
 Kong Yize: 44.77
 A Midsummer Night's Dream: 29.98
 The Maltese Falcon: 19.76
 Water: 0.44
 Pizza: 2.22
```

注意，使用shared_ptr<>会让事情变复杂。例如，面对 set 使用find()，会找出拥有相等 value 的元素，现在比较的却是内部（由new返回）的 pointer：

```
allItems.find(ItemPtr(new Item("Pizza",2.22)))  // can't be successful
```

所以，这里必须使用find_if()算法。

如果你调用一个辅助函数，将容器内的一个元素（一个ItemPtr）存储于某处，它所指向的那个 value 将持续有效，纵使容器被销毁，或其所有元素被移除。

使用 Reference Wrapper

假设保证“只要容器存在，被指向的元素一定存在”，那就可以换一种方法：使用 class reference_wrapper<>（见 5.4.3 节第 132 页）。以下是可能的，采用前一例引入的 class Item：

```
std::vector<std::reference_wrapper<Item>> books;  // elements are references

Item f("Faust",12.99);
books.push_back(f);       // insert book by reference

// print books:
for (const auto& book : books) {
    std::cout << book.get().getName() << ": "
              << book.get().getPrice() << std::endl;
}

f.setPrice(9.99);     // modify book outside the containers
std::cout << books[0].get().getPrice() << std::endl; // print price of first book

// print books using type of the elements (no get() necessary):
for (const Item& book : books) {
    std::cout << book.getName() << ": " << book.getPrice() << std::endl;
}
```

这种做法的优点是不需要 pointer 语法。然而这也是个风险，因为此处使用 reference 并非显而易见。

注意，以下声明不可行：

```
vector<Item&> books;
```

也请注意，class reference_wrapper<>提供一个转换操作符，转换为T&，如此一来 range-based for循环就可以被声明为处理“类型为Item&”的元素。然而，欲以第一元素直接调用某个成员函数，get()是必要的。

程序输出如下（完整例子请看*cont/refwrap1.cpp*）：

```
Faust: 12.99
9.99
Faust: 9.99
```

7.12 各种容器的使用时机

C++ 标准库提供各具特色的不同容器。问题是：该如何选择最佳的容器类型？表7.57做了一番概述，但其中有些描述可能不一定实际。例如，如果你需要处理的元素数量很少，可以忽略复杂度，因为线性算法通常对元素本身的处理过程比较快，这种情况下，“线性复杂度搭配快速的元素处理”要比“对数复杂度搭配缓慢的元素处理”来得划算。

以下规则作为表7.57的补充，可能对你有所帮助：

- 默认情况下应该使用 vector。Vector 的内部结构最简单，并允许随机访问，所以数据的访问十分方便灵活，数据的处理也够快。
- 如果经常要在序列头部和尾部安插和移除元素，应该采用 deque。如果你希望元素被移除时，容器能够自动缩减内部内存用量，那么也该采用 deque。此外，由于 vector 通常采用一个内存区块来存放元素，而 deque 采用多个区块，所以后者可内含更多元素。
- 如果需要经常在容器中段执行元素的安插、移除和移动，可考虑使用 list。List 提供特殊的成员函数，可以在常量时间内将元素从 A 容器转移到 B 容器。但由于 list 不支持随机访问，所以如果只知道 list 的头部却要造访 list 的中段元素，效能会大打折扣。

  和所有“以节点为基础”的容器相似，只要元素仍是容器的一部分，list 就不会令指向那些元素的迭代器失效。Vector 则不然，一旦超过其容量，它的所有 iterator、pointer 和 reference 都会失效；执行安插或移除动作时，也会令一部分 iterator、pointer 和 reference 失效。至于 deque，当它的大小改变，所有 iterator、pointer 和 reference 都会失效。
- 如果你要的容器对异常的处理使得“每次操作若不成功便无任何作用”，那么应该选用 list（但是不调用其 assignment 操作符和`sort()`；而且如果元素比较过程中会抛出异常，就不要调用`merge()`、`remove()`、`remove_if()`和`unique()`，见 7.5.3 节第 296 页），或选用 associative/unordered 容器（但是不调用多元素安插动作，而且如果比较准则〔comparison criterion〕的复制/赋值动作可能抛出异常，就不要调用`swap()`或`erase()`）。STL的异常处理的一般性讨论见 6.12.2 节第 248 页。
- 如果你经常需要根据某个准则查找元素，应当使用“依据该准则进行 hash”的 unordered set 或 multiset。然而，hash 容器内是无序的，所以如果你必须依赖元素的次序（order），应该使用 set 或 multiset，它们根据查找准则（search criterion）对元素排序。
- 如果想处理 key/value pair，请采用 unordered (multi)map。如果元素次序很重要，可采用 (multi)map。
- 如果需要关联式数组（associative array），应采用 unordered map。如果元素次序很重要，可采用 map。
- 如果需要字典结构，应采用 unordered multimap。如果元素次序很重要，可采用 multimap。

	Array	Vector	Deque	List	Forward List	Associative Container	Unordered Container
始自	TR1	C++98	C++98	C++98	C++11	C++98	TR1
典型内部结构	Static array	Dynamic array	Array of arrays	Doubly linked list	Singly linked list	Binary tree	Hash table
元素形式	Value	Value	Value	Value	Value	Set: value Map: key/value	Set: value Map: key/value
元素可重复	是	是	是	是	是	Multiset 或 multimap 可以	Multiset 或 multimap 可以
迭代器类型	随机访问	随机访问	随机访问	双向	单向（向前）	双向， key 为常量	单向， key 为常量
扩/缩	不可	一端可	两端可	各处皆可	各处皆可	各处皆可	各处皆可
随机访问	是	是	是	否	否	否	几乎是
元素查找	慢	慢	慢	很慢	很慢	快	很快
安插/移除致 iterator 失效	—	重新分配时	总如此	绝不会	绝不会	绝不会	Rehashing 时会
安插/移除致 pointer、 reference 失效	—	重新分配时	总如此	绝不会	绝不会	绝不会	绝不会
允许保留内存	—	是	否	—	—	—	是（bucket）
释放被移除元素之内存	—	`shrink_to_fit()` 才可以	有时候	总如此	总如此	总如此	有时候
事务安全（要么成功要么无效）	否	尾端 push/pop	头尾两端 push/pop	所有安插和移除	所有安插和移除	单元素安插及所有移除动作（但是 comparing 不能抛出异常）	单元素安插及所有移除动作（但是 hashing 和 comparing 不能抛出异常）

表 7.57　STL 容器能力一览表

有个问题比较棘手：如何根据两个不同的排序准则对元素排序？例如存放元素时，你希望采用客户提供的排序准则，查找元素时，希望使用另一个排序准则。这和数据库的情况相同，你需要在数种不同的排序准则下进行快速访问。这时候你可能需要两个 set 或两个 map，各自拥有不同的排序准则，但共用相同元素。注意，两个集合共用相同的元素乃是一项特殊技术，7.11 节第 388 页对此有所阐述。

关联式容器拥有自动排序能力，并不意味着它们在排序方面的执行效能更高。事实上，由于关联式容器每安插一个新元素都要进行一次排序，速度反而不及序列式容器经常采用的手法：先安插所有元素，然后调用 11.2.2 节第 511 页介绍的排序算法进行一次完全排序。

下面两个简单的程序分别使用不同的容器，从标准输入设备读取 string、排序，然后打印所有元素（去掉重复字符串）：

1. 使用**set**：

```
// cont/sortset.cpp
#include <iostream>
#include <string>
#include <algorithm>
#include <iterator>
#include <set>
using namespace std;

int main()
{
    // create a string set
    // - initialized by all words from standard input
    set<string> coll((istream_iterator<string>(cin)),
                     istream_iterator<string>());

    // print all elements
    copy (coll.cbegin(), coll.cend(),
          ostream_iterator<string>(cout, "\n"));
}
```

2. 使用**vector**：

```
// cont/sortvec.cpp
#include <iostream>
#include <string>
#include <algorithm>
#include <iterator>
#include <vector>
```

```
using namespace std;

int main()
{
    // create a string vector
    // - initialized by all words from standard input
    vector<string> coll((istream_iterator<string>(cin)),
                        istream_iterator<string>());

    // sort elements
    sort (coll.begin(), coll.end());

    // print all elements ignoring subsequent duplicates
    unique_copy (coll.cbegin(), coll.cend(),
                 ostream_iterator<string>(cout, "\n"));
}
```

我在我的系统上使用大约 350 000 个字符串测试这两个程序，发现 vector 版本快 10% 左右。如果使用`reserve()`， vector 版本还可以再快将近 5%。如果允许元素重复（改用`multiset`取代`set`，调用`copy()`取代`unique_copy()`），则情况发生剧烈变化： vector 版本领先超过 40%！然而在另一个系统上 vector 版本却慢大约 50%。这些比较虽然不具代表性，至少证实了一点：多试试各种不同的元素处理方法是值得的。

现实中预测哪种容器最好，往往相当困难。STL 的一大优点就是你可以轻而易举地尝试各种版本。主要工作——各种数据结构和算法——已经就位，你只需依照对自己最有利的方式将它们组合运用就行了。

第8章

细探 STL 容器成员

本章详细讨论 STL 容器提供的一切操作函数。类型和成员一律按功能分组。针对每一种类型定义和操作，本节描述其签名式（signature）、行为、提供者（容器）。可能的容器包括 array、vector、deque、list、forward list、set、multiset、map、multimap、unordered set、unordered multiset、unordered map、unordered multimap 和 string。

后续各节中*container*指的是“支持该成员”的容器类型。

8.1 容器内的类型

container::**value_type**

- 元素类型。
- 用于 (unordered) set 和 multiset 时是常量。
- 用于 (unordered) map 和 multimap 时是 `pair <const` *key-type*，*mapped-type*>。
- 提供者：array、vector、deque、list、forward list、set、multiset、map、multimap、unordered set、unordered multiset、unordered map、unordered multimap 和 string。

container::**reference**

- 元素的引用类型（reference type）。
- 典型定义：*container*`::value_type&`。
- 在`vector<bool>`中其实是个辅助类（见 7.3.6 节第 282 页）。
- 提供者：array、vector、deque、list、forward list、set、multiset、map、multimap、unordered set、unordered multiset、unordered map、unordered multimap 和 string。

container::**const_reference**

- 只读元素（read-only element）的引用类型（reference type）。
- 典型定义：`const` *container*`::value_type&`。
- 在`vector<bool>`中是`bool`。
- 提供者：array、vector、deque、list、forward list、set、multiset、map、multimap、unordered map、unordered multimap 和 string。

container::**iterator**

- 迭代器类型。
- 提供者：array、vector、deque、list、forward list、set、multiset、map、multimap、unordered set、unordered multiset、unordered map、unordered multimap 和 string。

container::**const_iterator**

- 只读（read-only）迭代器的类型。
- 提供者：array、vector、deque、list、forward list、set、multiset、map、multimap、unordered set、unordered multiset、unordered map、unordered multimap 和 string。

container::**reverse_iterator**

- 反向迭代器类型。
- 提供者：array、vector、deque、list、set、multiset、map、multimap 和 string。

container::**const_reverse_iterator**

- 只读（read-only）反向迭代器的类型。
- 提供者：array、vector、deque、list、set、multiset、map、multimap 和 string。

container::**pointer**

- 指针（用以指向元素）的类型。
- 提供者：array、vector、deque、list、forward list、set、multiset、map、multimap、unordered set、unordered multiset、unordered map、unordered multimap 和 string。

container::**const_pointer**

- 只读（read-only）指针（用以指向元素）的类型。
- 提供者：array、vector、deque、list、forward list、set、multiset、map、multimap、unordered set、unordered multiset、unordered map、unordered multimap 和 string。

container::**size_type**

- 无正负号整数类型，用于表示容器大小。
- 提供者：array、vector、deque、list、forward list、set、multiset、map、multimap、unordered set、unordered multiset、unordered map、unordered multimap 和 string。

container::**difference_type**

- 带正负号的整数类型，用以定义距离。
- 提供者：array、vector、deque、list、forward list、set、multiset、map、multimap、unordered set、unordered multiset、unordered map、unordered multimap 和 string。

container::**key_type**

- 用以定义关联式和无序（associative and unordered）容器的元素的 key 类型。
- 用于 (unordered) set 和 multiset 时，相当于`value_type`。
- 提供者：set、multiset、map、multimap、unordered set、unordered multiset、unordered map 和 unordered multimap。

container::**mapped_type**

- 用以定义关联式和无序（associative and unordered）容器的元素的 value 类型。
- 提供者： map、 multimap、 unordered map 和 unordered multimap。

container::**key_compare**

- 关联式（associative）容器内的“比较准则”的类型。
- 提供者： set、 multiset、 map 和 multimap。

container::**value_compare**

- 整个元素之“比较准则”（comparison criterion）的类型。
- 用于 set 和 multiset 时，相当于`key_compare`。
- 在 map 和 multimap 中，它是“比较准则”的辅助类，仅比较两元素的 key。
- 提供者： set、 multiset、 map 和 multimap。

container::**hasher**

- 无序（unordered）容器内的 hashing 函数的类型。
- 提供者： unordered set、 unordered multiset、 unordered map 和 unordered multimap。

container::**key_equal**

- 无序（unordered）容器内的“相等判断式”（equality predicate）的类型。
- 提供者： unordered set、 unordered multiset、 unordered map 和 unordered multimap。

container::**local_iterator**

- 无序（unordered）容器内的 bucket 迭代器的类型。
- 始自C++11。
- 提供者： unordered set、 unordered multiset、 unordered map 和 unordered multimap。

container::**const_local_iterator**

- 无序（unordered）容器内的 bucket 只读迭代器的类型。
- 始自C++11。
- 提供者： unordered set、 unordered multiset、 unordered map 和 unordered multimap。

此外，所有容器（array 除外）都提供`allocator_type`类型（见 8.10.1 节第 430 页）。

8.2 创建、复制和销毁（Create, Copy, and Destroy）

容器提供下列构造函数和析构函数，大多数构造函数允许你传入一个分配器（allocator）作为一个附加实参（见 8.10 节第 430 页）。7.1.2 节第 254 页有一份容器初始化的一般性讨论。

***container*::*container*（）**

- Default 构造函数。
- 建立一个新的空容器。
- 提供者：array、vector、deque、list、forward list、set、multiset、map、multimap、unordered set、unordered multiset、unordered map、unordered multimap 和 string。

`explicit` ***container*::*container*** `(const CompFunc&` *cmpPred*`)`

- 以*cmpPred*为排序准则建立一个空容器（例子请看 7.7.5 节第 328 页和 7.8.6 节第 351 页）。
- 排序准则必须定义一个*strict weak ordering*（见 7.7 节第 314 页）。
- 提供者：set、multiset、map 和 multimap。

`explicit` ***container*::*container*** `(size_type` *bnum*`)`

`explicit` ***container*::*container*** `(size_type` *bnum*`, const Hasher&` *hasher*`)`

`explicit` ***container*::*container*** `(size_type` *bnum*`, const Hasher&` *hasher*`,`
`const KeyEqual&` *eqPred*`)`

- 建立一个新的空容器，带有至少*bnum*个 bucket，*hasher*用作 hashing 函数，*eqPred*用作“鉴定数值相等”的准则（criterion to identify equal value）。
- 如果没有传入*eqPred*，就使用容器类型默认的“等值准则”（equivalence criterion）（详见 7.9.2 节第 366 页）。
- 如果没有传入*hasher*，就使用容器类型默认的 hashing 函数（详见 7.9.2 节第 363 页）。
- 提供者：unordered set、unordered multiset、unordered map 和 unordered multimap。

container*::*container （*initializer-list*）

- 建立一个新容器，以*initializer-list*内的元素为初值。
- 对于 array，这个操作是隐式定义的（见 7.2.1 节第 262 页）。
- 始自C++11。
- 提供者：array、vector、deque、list、forward list、set、multiset、map、multimap、unordered set、unordered multiset、unordered map、unordered multimap 和 string。

container*::*container (*initializer-list*, `const CompFunc&` *cmpPred*)

- 建立一个容器，排序准则为*cmpPred*，以*initializer-list*内的元素为初值。
- 排序准则必须定义一个*strict weak ordering*（见 7.7 节第 314 页）。
- 始自C++11。
- 提供者： set、multiset、map 和 multimap。

container*::*container (*initializer-list*, `size_type` *bnum*)

container*::*container (*initializer-list*, `size_type` *bnum*,
`const Hasher&` *hasher*)

container*::*container (*initializer-list*, `size_type` *bnum*,
`const Hasher&` *hasher*, `const KeyEqual&` *eqPred*)

- 建立一个容器，带有至少*bnum*个 bucket，*hasher*用作 hashing 函数，*eqPred*用作“鉴定数值相等”的准则，以*initializer-list*内的元素为初值。
- 如果没有传入*eqPred*，就使用容器类型默认的“等值准则”(equivalence criterion)（详见 7.9.2 节第 366 页）。
- 如果传入*hasher*，就使用容器类型默认的 hashing 函数（详见 7.9.2 节第 363 页）。
- 提供者： unordered set、unordered multiset、unordered map 和 unordered multimap。

container*::*container (`const` *container*`&` *c*)

- Copy 构造函数。
- 建立既有容器*c*的一个新拷贝。
- 针对*c*中的每一个元素调用 copy 构造函数。
- 对于 array，这个操作是隐式定义的。
- 提供者： array、vector、deque、list、forward list、 set、multiset、map、multimap、 unordered set、unordered multiset、unordered map、unordered multimap 和 string。

container*::*container (*container*`&&` *c*)

- Move 构造函数。
- 建立一个新容器，以既有容器*c*的元素为初值。
- 经此调用后，c仍然有效，但其内含却“不确定”(unspecified)。
- 对于 array，这个操作是隐式定义的。
- 始自C++11。
- 提供者： array、vector、deque、list、forward list、 set、multiset、map、multimap、 unordered set、unordered multiset、unordered map、unordered multimap 和 string。

`explicit` ***container*::*container*** (`size_type` *num*)

- 建立一个容器，可含*num*个元素。
- 元素由其 default 构造函数创建。
- 提供者： vector、deque、list 和 forward list。

container*::*container `(size_type` *num*`, const T&` *value*`)`

- 建立一个容器，可含*num*个元素。
- 所有元素都是*value*的拷贝。
- T是元素类型。
- 对于 string，*value*并非 pass by reference。
- 提供者：vector、deque、list、forward list 和 string。

container*::*container `(InputIterator` *beg*`, InputIterator` *end*`)`

- 建立一个容器，以区间[*beg*,*end*)内的所有元素为初值。
- 此函数是个 member template（见 3.2 节第 34 页）。因此，只要源区间的元素类型可转换为容器元素类型，此函数即可派上用场。
- 7.1.2 节第 256 页有一个例子，并且讨论了“由于它是个 member template”而带来的问题。
- 提供者：vector、deque、list、forward list、set、multiset、map、multimap、unordered set、unordered multiset、unordered map、unordered multimap 和 string。

container*::*container `(InputIterator` *beg*`, InputIterator` *end*`,`
`const CompFunc&` *cmpPred*`)`

- 产生一个排序准则为*cmpPred*的容器，并以区间[*beg*,*end*)内的所有元素为初值。
- 此函数是个 member template（见 3.2 节第 34 页）。因此，只要源区间的元素类型可转换为容器元素类型，此函数即可派上用场。
- 排序准则必须定义一个*strict weak ordering*（见 7.7 节第 314 页）。
- 提供者：set、multiset、map 和 multimap。

container*::*container `(InputIterator` *beg*`, InputIterator` *end*`, size_type` *bnum*`)`

container*::*container `(InputIterator` *beg*`, InputIterator` *end*`, size_type` *bnum*`,`
`const Hasher&` *hasher*`)`

container*::*container `(InputIterator` *beg*`, InputIterator` *end*`, size_type` *bnum*`,`
`const Hasher&` *hasher*`, const KeyEqual&` *eqPred*`)`

- 建立一个容器，带有至少*bnum*个 bucket，*hasher*用作 hashing 函数，*eqPred*用作“鉴定数值相等”的准则，以区间[*beg*,*end*)内的所有元素为初值。
- 如果没有传入*eqPred*，就使用容器类型默认的“等值准则”（equivalence criterion）（详见 7.9.2 节第 366 页）。
- 如果没有传入*hasher*，就使用容器类型默认的 hashing 函数（详见 7.9.2 节第 363 页）。
- 提供者：unordered set、unordered multiset、unordered map 和 unordered multimap。

container::~*container* ()

- 析构函数。
- 移除所有元素，并释放内存。
- 对每个元素调用其析构函数。
- 提供者：array、vector、deque、list、forward list、set、multiset、map、multimap、unordered set、unordered multiset、unordered map、unordered multimap 和 string。

8.3 非更易型操作（Nonmodifying Operation）

8.3.1 大小相关操作（Size Operation）

bool *container*::**empty** () const

- 检验容器是否为空（空表示没有元素）。
- 相当于`begin()==end()`，但可能更快。
- 复杂度：常量时间。
- 提供者：array、vector、deque、list、forward list、set、multiset、map、multimap、unordered set、unordered multiset、unordered map、unordered multimap 和 string。

size_type *container*::**size** () const

- 返回现有元素的数量。
- 欲检查容器是否为空（即不含元素）应使用`empty()`，因为`empty()`可能更快。
- 复杂度：常量时间。
- 提供者：array、vector、deque、list、set、multiset、map、multimap、unordered set、unordered multiset、unordered map、unordered multimap 和 string。

size_type *container*::**max_size** () const

- 返回容器可内含的最大元素个数。
- 这是一个与实现技术相关的值，可能取决于容器的内存模型。更明确地说，由于 vector 通常使用单一内存区段（memory segment），所以 vector 的这个值往往小于其他容器。
- 复杂度：常量时间。
- 提供者：array、vector、deque、list、forward list、set、multiset、map、multimap、unordered set、unordered multiset、unordered map、unordered multimap 和 string。

8.3.2 元素比较（Comparison Operation）

bool **operator ==** (const *container*& *c1*, const *container*& *c2*)

bool **operator !=** (const *container*& *c1*, const *container*& *c2*)

- 返回两个容器相等或不等。
- 两个容器如果拥有相同数量的元素，且元素内容相同（亦即对应之两两元素施以 operator ==都导致true）便是相等。但 unordered 容器还包括必须“相等的元素有着相同的次序”。
- 复杂度：一般而言是线性（linear）。但 unordered 容器有可能最坏情况下是二次（quadratic）。
- 提供者：array、vector、deque、list、forward list、set、multiset、map、multimap、unordered set、unordered multiset、unordered map、unordered multimap 和 string。

bool **operator <** (const *container*& *c1*, const *container*& *c2*)

bool **operator <=** (const *container*& *c1*, const *container*& *c2*)

bool **operator >** (const *container*& *c1*, const *container*& *c2*)

bool **operator >=** (const *container*& *c1*, const *container*& *c2*)

- 返回两个同型容器的比较结果。
- 检验某容器是否小于另一容器，用的是字典顺序式的比较（见 11.5.4 节第 548 页对算法lexicographical_compare()的描述）。
- 复杂度：线性（linear）。
- 提供者：array、vector、deque、list、forward list、set、multiset、map、multimap 和 string。

8.3.3 Associative 和 Unordered 容器特有的非更易型操作

这里所介绍的成员函数都是对应于 11.5 节第 524 页和 11.9 节第 596 页所讨论的 STL 算法的特殊实现。这些函数利用关联式容器的元素排序性质，带来更好的性能。事实上，它们提供的是对数复杂度，而不是线性。例如在 1 000 个元素中进行查找，所需的比较动作平均不超过 10 次（参见 2.2 节第 10 页）。

size_type ***container*::count** (const T& *value*) const

- 返回与*value*相等的元素个数。
- 这是 11.5.1 节第 524 页所讨论的count()算法的特殊版本。
- T是被排序值的类型：
  - 在 set 和 multiset 中，T是元素类型。
  - 在 map 和 multimap 中，T是 key 的类型。
- 复杂度：线性。
- 提供者：set、multiset、map、multimap、unordered set、unordered multiset、unordered map 和 unordered multimap。

iterator *container*::**find** (const T& *value*)

const_iterator *container*::**find** (const T& *value*) const

- 返回第一个"其值等于*value*"的元素的位置。
- 如果找不到这样的元素就返回end()。
- 这是 11.5.3 节第 528 页所讨论的find()算法的特殊版本。
- T是被排序值的类型：
  - 在 set 和 multiset 中，T是元素类型。
  - 在 map 和 multimap 中，T是 key 的类型。
- 复杂度：对 associative 容器而言是对数（logarithmic），对 unordered 容器而言是常量——前提是用上了一个良好的 hash 函数。
- 提供者： set、multiset、map、multimap、 unordered set、unordered multiset、unordered map 和 unordered multimap。

iterator *container*::**lower_bound** (const T& *value*)

const_iterator *container*::**lower_bound** (const T& *value*) const

- 返回一个 iterator 指向"根据排序准则，可安插*value*拷贝"的第一个位置。
- 如果找不到这样的元素就返回end()。
- 返回之 iterator 指向"其值大于等于*value*"之第一个元素（有可能是end()）。
- 这是 11.10.1 节第 611 页所讨论的lower_bound()算法的特殊版本。
- T是被排序值的类型：
  - 在 set 和 multiset 中，T是元素类型。
  - 在 map 和 multimap 中，T是 key 的类型。
- 复杂度：对数（logarithmic）。
- 提供者： set、multiset、map 和 multimap。

iterator *container*::**upper_bound** (const T& *value*)

const_iterator *container*::**upper_bound** (const T& *value*) const

- 返回一个 iterator，指向"根据排序准则，可安插*value*拷贝"的最后一个位置。
- 如果找不到这样的元素就返回end()。
- 返回之 iterator 指向"其值大于*value*"之第一个元素（有可能是end()）。
- 这是 11.10.1 节第 611 页所讨论的upper_bound()算法的特殊版本。
- T是被排序值的类型：
  - 在 set 和 multiset 中，T是元素类型。
  - 在 map 和 multimap 中，T是 key 的类型。
- 复杂度：对数（logarithmic）。
- 提供者： set、multiset、map 和 multimap。

pair<iterator,iterator> ***container*::equal_range** (const T& *value*)
pair<const_iterator,const_iterator>
***container*::equal_range** (const T& *value*) const

- 返回一对 iterator，指向“根据排序准则，可安插*value*拷贝”之第一个位置和最后一个位置。
- 返回的区间内的元素，其值皆等于*value*。
- 相当于：
  make_pair(lower_bound(*value*),upper_bound(*value*))
- 这是 11.10.1 节第 613 页所讨论的equal_range()算法的特殊版本。
- T是被排序值的类型：
  - 在 set 和 multiset 中，T是元素类型。
  - 在 map 和 multimap 中，T是 key 的类型。
- 复杂度：对数（logarithmic）。
- 提供者：set、multiset、map、multimap、unordered set、unordered multiset、unordered map 和 unordered multimap。

8.4 赋值（Assignment）

container& ***container*::operator =** (const *container*& *c*)

- 这是一个 copy assignment 操作符。
- 将*c*的所有元素赋值给现有容器，亦即以*c*的元素替换所有现有元素。
- 这个操作符会针对被覆写（overwritten）的元素调用其 assignment 操作符，针对被附加（appended）的元素调用其 copy 构造函数，针对被移除（removed）的元素调用其析构函数。
- 提供者：array、vector、deque、list、forward list、set、multiset、map、multimap、unordered set、unordered multiset、unordered map、unordered multimap 和 string。

container& ***container*::operator =** (*container*&& *c*)

- 这是一个 move assignment 操作符。
- 将*c*的所有元素搬移给*this，亦即以*c*的元素替换所有现有元素。
- 调用之后，c仍然有效，但内容不明确（不保证）。
- 始自C++11。
- 提供者：vector、deque、list、forward list、set、multiset、map、multimap、unordered set、unordered multiset、unordered map、unordered multimap 和 string。

container& ***container*::operator=**（*initializer-list*）

- 将*initializer-list*的所有元素赋值给现有容器，亦即以传入的元素的拷贝替换所有现有元素。
- 这个操作符会针对被覆写（overwritten）的元素调用其 assignment 操作符，针对被附加（appended）的元素调用其 copy 构造函数，针对被移除（removed）的元素调用其析构函数。
- 始自C++11。
- 提供者： vector、deque、list、forward list、 set、multiset、map、multimap、 unordered set、unordered multiset、unordered map、unordered multimap 和 string。

`void` ***container*::assign**（*initializer-list*）

- 将*initializer-list*的所有元素赋值给现有容器，亦即以传入的元素的拷贝替换所有现有元素。
- 始自C++11。
- 提供者： vector、deque、list、forward list 和 string。

`void` ***array*::fill**（`const T&` *value*）

- 将*value*赋值给所有元素，亦即以*value*的拷贝替换所有现有元素。
- 始自C++11。
- 提供者： array。

`void` ***container*::assign**（`size_type` *num*, `const T&` *value*）

- 赋值*num*个*value*，亦即以*num*个*value*拷贝替换掉所有现有元素。
- `T`必须是元素类型。
- 提供者： vector、deque、list、forward list 和 string。

`void` ***container*::assign**（`InputIterator` *beg*, `InputIterator` *end*）

- 赋值[*beg*,*end*)区间内的所有元素，亦即以[*beg*,*end*)内的元素拷贝替换掉所有现有元素。
- 此函数为一个 member template（见 3.2 节第 34 页）。因此，只要源区间的元素类型可转换为容器的元素类型，此函数即可派上用场。
- 提供者： vector、deque、list、forward list 和 string。

`void` ***container*::swap**（*container*& *c*）

`void` **swap**（*container*& *c1*, *container*& *c2*）

- 和*c*交换内容；或是交换*c1*和*c2*的内容。
- 上述两个操作都互换：
  - 容器的元素。
  - 排序准则、相等性准则、 hash 函数对象——如果有的话。

  所有指向元素的 reference、 pointer 和 iterator，都会交换其容器，因为它们此后仍然指向相同（被交换后的）元素。

- Array 内部不能够只是交换 pointer。因此，`swap()`带有线性复杂度，而完成之后 iterator 和 reference 指向原本的容器，但是不同的元素。
- 对于 associative 容器，只要“比较准则”进行复制或赋值时不抛出异常，本函数就不抛出异常。对于 unordered 容器，只有当“相等判断式”或 hash 函数对象抛出异常，本函数才会抛出异常。对于其他所有容器，本函数一律不抛出异常。
- 复杂度：一般而言是常量。对 array 则是线性。
- 基于其复杂度，当你不再需要被赋值的对象（assigned object），你应该宁可使用`swap()`不使用 copy assignment 操作（见 7.1.2 节第 258 页）。
- 提供者：array、vector、deque、list、forward list、set、multiset、map、multimap、unordered set、unordered multiset、unordered map、unordered multimap 和 string。

8.5 元素直接访问（Direct Element Access）

`reference` ***container*****::at** `(size_type` *idx*`)`

`const_reference` ***container*****::at** `(size_type` *idx*`) const`

- 返回索引*idx*所代表的元素（第一个元素的索引为`0`）。
- 如果传入一个无效索引（小于`0`或大于等于`size()`），会导致`out_of_range`异常。
- 后续的改动或内存重新分配，可能会导致这里所返回的 reference 失效。
- 如果调用者保证*idx*合法有效，那么最好使用速度更快的 operator `[]`。
- 提供者：array、vector、deque 和 string。

`T&` ***map*****::operator at** `(const key_type&` *key*`)`

`const T&` ***map*****::operator at** `(const key_type&` *key*`) const`

- 返回 map 之中*key*所对应的 value。
- 如果没有任何元素的 key 等于*key*，会抛出`out_of_range`异常。
- 始自C++11。
- 提供者：map 和 unordered map。

`reference` ***container*****::operator [ ]** `(size_type` *idx*`)`

`const_reference` ***container*****::operator [ ]** `(size_type` *idx*`) const`

- 两者都返回索引*idx*所代表的元素（第一个元素的索引为`0`）。
- 如果传入一个无效索引（小于`0`或大于等于`size()`），会导致不确定的行为。所以调用者必须确保索引有效，否则应该使用`at()`。
- 后续的改动或内存重新分配，可能会导致这里所返回的 reference 失效。
- 提供者：array、vector、deque 和 string。

T& ***map*::operator [ ]** (const key_type& *key*)

T& ***map*::operator [ ]** (key_type&& *key*)

- 关联式数组（associative array）的 operator [ ]。
- 在 map 中，会返回*key*所对应的 value。
- 如果不存在“key 为*key*”的元素，本操作会自动创建一个新元素，其 key 由*key*而来（复制或搬移），其 value 则由 value 类型之 default 构造函数给予。不存在所谓的无效索引（只是会带来意外的行为）。详见 6.2.4 节第 185 页和 7.8.3 节第 344 页。
- 对于第二形式，*key*的状态此后变得不确定（这个形式针对“key 尚未存在”提供了 move 语义）。
- 上述第一形式相当于：
  (*((insert(make_pair(*key*,T()))).first)).second
- 上述第二形式始自C++11。
- 提供者： map 和 unordered map。

reference ***container*::front** ()

const_reference ***container*::front** () const

- 两者都返回第一个元素（第一个元素的索引为0）。
- 调用者必须确保容器内拥有元素（size()>0），否则会导致不明确的行为。
- 对 string 的支持始自C++11。
- 提供者： array、vector、deque、list、forward list 和 string。

reference ***container*::back** ()

const_reference ***container*::back** () const

- 两者都返回最后一个元素（其索引为size()-1）。
- 调用者必须确保容器内拥有元素（size()>0），否则会导致不明确的行为。
- 对 string 的支持始自C++11。
- 提供者： array、vector、deque、list 和 string。

T* ***container*::data** ()

const T* ***container*::data** () const

- 两者都返回一个带着所有元素的 C-style array（或说一个 pointer 指向第一元素）。
- 本函数用来将一个标准库 array 的所有元素传递给一个 C-style array。
- String 只有第二形式。
- 对 array 和 vector 的支持始自C++11。
- 提供者： array、vector 和 string。

8.6 “产出迭代器”之各项操作

本节各个成员函数都会返回迭代器（iterator），凭借这些 iterator 你可以遍历容器的所有元素。表8.1列出了各种容器所提供的迭代器种类（参见 9.2 节第 433 页）。

容器	迭代器种类（Iterator Category）
Array	随机访问
Vector	随机访问
Deque	随机访问
List	双向
Forward list	前向
Set	双向，元素为常量
Multiset	双向，元素为常量
Map	双向， key 为常量
Multimap	双向， key 为常量
Unordered set	前向，元素为常量
Unordered multiset	前向，元素为常量
Unordered map	前向， key 为常量
Unordered multimap	前向， key 为常量
String	随机访问

表 8.1 各容器提供的迭代器种类

`iterator` ***container*::begin** `()`

`const_iterator` ***container*::begin** `() const`

`const_iterator` ***container*::cbegin** `() const`

- 返回一个 iterator，指向容器起始处（第一元素的位置）。
- 如果容器为空，此操作相当于*container*`::end()`或*container*`::cend()`。
- Unordered 容器也提供带有数值实参的`begin()`和`cbegin()`，用以提供 bucket 接口（详见 8.9.3 节第 429 页）。
- `cbegin()`始自C++11。
- 提供者：array、vector、deque、list、forward list、set、multiset、map、multimap、unordered set、unordered multiset、unordered map、unordered multimap 和 string。

`iterator` ***container*::end** `()`

`const_iterator` ***container*::end** `() const`

`const_iterator` ***container*::cend** `() const`

- 返回一个 iterator，指向容器尾端（最后元素的下一位置）。

- 如果容器为空，则此动作相当于*container*::begin()或*container*::cbegin()。
- Unordered 容器也提供带有数值实参的end()和cend()，用以提供 bucket 接口（详见 8.9.3 节第 430 页）。
- cend()始自C++11。
- 提供者： array、vector、deque、list、forward list、 set、multiset、map、multimap、 unordered set、unordered multiset、unordered map、unordered multimap 和 string。

reverse_iterator ***container*::rbegin** ()

const_reverse_iterator ***container*::rbegin** () const

const_reverse_iterator ***container*::crbegin** () const

- 返回一个反向 iterator，指向反向迭代的起点（此起点也就是正向之最末一个元素）。
- 如果容器为空，则此动作相当于*container*::rend()或*container*::crend()。
- 关于反向 iterator，详见 9.4.1 节第 448 页。
- crbegin()始自C++11。
- 提供者： array、vector、deque、list、 set、multiset、map、multimap 和 string。

reverse_iterator ***container*::rend** ()

const_reverse_iterator ***container*::rend** () const

const_reverse_iterator ***container*::crend** () const

- 返回一个反向 iterator，指向反向迭代的终点（此终点也就是正向之第一元素之更前方）。
- 如果容器为空，则此动作相当于*container*::rbegin()或*container*::crbegin()。
- 关于反向 iterator，详见 9.4.1 节第 448 页。
- crend()始自C++11。
- 提供者： array、vector、deque、list、 set、multiset、map、multimap 和 string。

8.7 安插和移除（Inserting and Removing）元素

8.7.1 安插单一元素（Inserting Single Element）

iterator ***container*::insert** (const T& *value*)

iterator ***container*::insert** (T&& *value*)

pair<iterator,bool> ***container*::insert** (const T& *value*)

pair<iterator,bool> ***container*::insert** (T&& *value*)

- 在 associative 或 unordered 容器中安插*value*。
- 第一和第三形式会复制*value*。
- 第二和第四形式会搬移*value*放进容器中，所以此后*value*的值将不再明确（unspecified）。
- 容器如果允许元素重复，亦即 (unordered) multiset 和 multimap，采用第一和第二形式。它们返回新元素的位置。自C++11起，新安插的元素保证被放置于既有的等值元素的尾端。
- 容器如果不允许元素重复，亦即 (unordered) set 和 map，采用第二和第四形式。如果安插不成功（因为已经存在一个元素有着相同的 value 或相同的 key），它们返回既有元素的位置和一个`false`。如果安插成功，它们返回新元素的位置和一个`true`。
- `T`是容器的元素类型，对 (unordered) map 和 multimap 而言那是一个 key/value pair。
- 对于map、multimap、unordered map 和 unordered multimap，带有 move 语义的上述形式是个 member template（见 3.2 节第 34 页）。因此，*value*的类型只要能转换为容器的 value 类型（key/value pair）就可以。之所以引入这个性质是为了允许你传入两个 string 使得第一个可被转换为一个 constant string（那是 key type）。
- 函数如果不成功，不会带来任何影响——前提是 unordered 容器的 hash 函数不抛出异常。
- 对于所有容器，“指向既有元素”的所有 reference 都仍然有效。对于 associative 容器，所有“指向既有元素”的 iterator 都仍然有效。对于 unordered 容器，所有“指向既有元素”的 iterator 也都有效的前提是：没有发生 rehashing（当最终元素量等于或大于 bucket 个数乘以最大负载系数，就会发生 rehashing）。
- 第二和第四形式始自C++11。
- 提供者：set、multiset、map、multimap、unordered set、unordered multiset、unordered map 和 unordered multimap。

`iterator` ***container*`::`emplace**（*args*）

`pair<iterator,bool>` ***container*`::`emplace**（*args*）

- 在 associative 或 unordered 容器中安插新元素，以 *args* 为初值。
- 容器如果允许元素重复，亦即 ordered/unordered 的 multiset 和 multimap，采用第一形式。它们返回新元素的位置。新安插的元素保证被放置于既有的等值元素的尾端。
- 容器如果不允许元素重复，亦即 ordered/unordered 的 set 和 map，采用第二形式。如果安插不成功（因为已经存在一个元素有着相同的 value 或相同的 key），它们返回既有元素的位置和一个`false`。如果安插成功，它们返回新元素的位置和一个`true`。
- 函数如果不成功，不会带来任何影响——前提是 unordered 容器的 hash 函数不抛出异常。

- 对于所有容器，“指向既有元素”的所有 reference 都仍然有效。对于 associative 容器，所有“指向既有元素”的 iterator 都仍然有效。对于 unordered 容器，所有“指向既有元素”的 iterator 也都有效的前提是：没有发生 rehashing（当最终元素量等于或大于 bucket 个数乘以最大负载系数，就会发生 rehashing）。
- 注意，对于 sequence 容器，相同形式也是可能的，其中第一实参被视为新元素的安插位置（见 8.7.1 节第 414 页）。
- 注意，为了 emplace（安放）新的 key/value pair 进入 (unordered) map 和 multimap 中，你必须使用逐块式构建（piecewise construction；详见 7.8.2 节第 342 页）。
- 始自C++11。
- 提供者： set、multiset、map、multimap、 unordered set、unordered multiset、unordered map 和 unordered multimap。

iterator ***container*****::insert** (const_iterator *pos*, const T& *value*)

iterator ***container*****::insert** (const_iterator *pos*, T&& *value*)

- 在 iterator *pos*位置上安插*value*。
- 第一形式会复制*value*。
- 第二形式会搬移*value*放进容器中，所以此后*value*的值将不再明确（unspecified）。
- 返回新元素的位置。
- 容器如果不允许元素重复，例如 set、 map、 unordered set 和 unordered map，而又已经存在一个元素有着和*value*相同的 key，那么调用将无作用，返回的是既有元素的位置。
- 对于 associative 和 unordered 容器， *pos*只作为一个提示，指向“安插时必要的查找动作”的起始建议位置。如果*value*刚好可安插于*pos*位置上，则此函数具有“摊提之常量时间”复杂度，否则具有对数复杂度。
- 对于 vector，这个操作可能导致指向其他元素的 iterator 和 reference 失效——如果“重分配”发生的话（当最终的元素数量超过原本容量的话就会发生重分配）。
- 对于 deque，这个操作会导致指向其他元素的 iterator 和 reference 失效。
- T是容器元素的类型，在 (unordered) map 和 multimap 中它是一个 key/value pair。
- 对于map、multimap、unordered map 和 unordered multimap，带有 move 语义的第二形式是个 member template（见 3.2 节第 34 页）。因此，*value*的类型只要能转换为容器的 value 类型（key/value pair）就可以。之所以引入这个性质是为了允许你传入两个 string 使得第一个可被转换为一个 constant string（那是 key type）。
- 对于 string，*value*采用 pass by value。
- 对于 vector 和 deque，如果元素的 copy/move 操作（构造函数和赋值操作符）不抛出异常，则此函数万一失败也不会带来任何影响。对于 unordered 容器，如果 hash 函数不抛出异常，则此函数万一失败也不会带来任何影响。对于所有其他标准容器，此函数万一失败也不会带来任何影响。
- 第二形式始自C++11。在此之前用的是`iterator`类型而不是`const_iterator`。
- 提供者： vector、deque、list、 set、multiset、map、multimap、 unordered set、unordered multiset、unordered map、unordered multimap 和 string。

`iterator` ***container*::emplace** (`const_iterator` *pos*, *args*)

- 在容器的 iterator 位置*pos*上安插新元素，以*args*为初值。
- 返回新元素的位置。
- 对于 vector，这个操作可能导致指向其他元素的 iterator 和 reference 失效——如果“重分配”发生的话（当最终的元素数量超过原本容量的话就会发生重分配）。
- 对于 deque，这个操作会导致指向其他元素的 iterator 和 reference 失效。
- `T`是容器元素的类型。
- 对于 vector 和 deque，只要元素的 copy 操作（copy 构造函数和 assignment 操作符）不抛出异常，这个函数要么就成功，要么就全无影响。对于其他所有标准容器，这个函数要么就成功，要么就全无影响。
- 相同形式也可能存在于 associative 容器中，新元素将被安插于*pos*之前一位置（见 8.7.1 节第 412 页）。
- 这个函数要么就成功，要么就全无影响，前提是 unordered 容器的 hash 函数不抛出异常。
- 始自C++11。
- 提供者：vector、deque 和 list。

`iterator` ***container*::emplace_hint** (`const_iterator` *pos*, *args*)

- 在容器的 iterator 位置*pos*上安插新元素，以*args*为初值。
- 返回新元素的位置。
- 容器如果不允许元素重复，例如 set、map、unordered set 和 unordered map，而又已经存在一个元素有着和*value*相同的 key，那么调用将无作用，返回的是既有元素的位置。
- 位置*pos*只作为提示使用，指向“安插时必要的查找动作”的起始点。如果新元素刚好可安插于*pos*位置上，则此函数具有“摊提之常量时间”复杂度，否则具有对数复杂度。
- `T`是容器元素的类型，在 (unordered) map 和 multimap 中它是一个 key/value pair。
- 此函数万一失败也不会带来任何影响，前提是（对 unordered 容器而言）hash 函数不抛出异常。
- 始自C++11。
- 提供者：set、multiset、map、multimap、unordered set、unordered multiset、unordered map 和 unordered multimap。

`void` ***container*::push_front** (`const T&` *value*)

`void` ***container*::push_front** (`T&&` *value*)

- 安插*value*使成为第一个元素。
- 第一形式会复制*value*。
- 第二形式始自C++11，会搬移*value*放进容器中，此后*value*的值不再明确（unspecified）。
- `T`是容器的元素类型。

- 两个形式都相当于`insert(begin(),`*value*`)`。
- 对于 deque，此操作会造成“指向其他元素”的 iterator 失效，而“指向其他元素”的 reference 仍保持有效。
- 此函数若失败不会带来任何影响。[1]
- 提供者：deque、list 和 forward list。

`void` ***container*****::emplace_front**（*args*）

- 安插一个新的第一元素，由实参列（argument list）*args*初始化。
- 因此，容器的元素类型必须带有一个可被调用的（callable）构造函数接受*args*。
- 对于 deque，此操作会造成“指向其他元素”的 iterator 失效，而“指向其他元素”的 reference 仍保持有效。
- 此函数若失败不会带来任何影响。
- 始自C++11。
- 提供者：deque、list 和 forward list。

`void` ***container*****::push_back**（`const T&` *value*）
`void` ***container*****::push_back**（`T&&` *value*）

- 追加*value*，使成为新的最末元素。
- 第一形式会复制*value*。
- 第二形式始自C++11，会搬移*value*放进容器中，此后*value*的值不再明确（unspecified）。
- `T`是容器的元素类型。
- 两个形式都相当于`insert(end(),`*value*`)`。
- 对于 vector，这个操作可能导致“指向其他元素”的 iterator 和 reference 失效——如果“重分配”发生的话（当最终的元素数量超过原本容量的话就会发生重分配）。
- 对于 deque，这个操作会导致“指向其他元素”的 iterator 失效，“指向其他元素”的 reference 则仍然有效。
- 对于 string，*value*采用 pass by value。
- 对于 vector 和 deque，如果元素的 copy/move 构造函数不抛出异常，则此函数万一失败也不会带来任何影响。对于 list，此函数万一失败也不会带来任何影响。
- 提供者：vector、deque、list 和 string。

`void` ***container*****::emplace_back**（*args*）

- 追加一个新的最末元素，它由实参列（argument list）*args*初始化。
- 因此，容器的元素类型必须带有一个可被调用的（callable）构造函数接受*args*。
- 对于 vector，这个操作可能导致“指向其他元素”的 iterator 和 reference 失效——如果“重分配”发生的话（当最终的元素数量超过原本容量的话就会发生重分配）。

[1] 对于 forward list，C++ standard 目前并没这么说，这可能是个缺点。

- 对于 deque，这个操作会导致“指向其他元素”的 iterator 失效，“指向其他元素”的 reference 则仍然有效。
- 此函数要么就成功，要么就无任何影响，前提是，对于 vector 和 deque，其 copy/move 构造函数不抛出异常。
- 始自C++11。
- 提供者： vector、deque 和 list。

8.7.2 安插多重元素（Inserting Multiple Elements）

`void` ***container*::insert** （*initializer-list*）

- 将*initializer-list*内的元素的拷贝插入一个 associative 容器内。
- 对于所有容器，“指向既有元素”的所有 reference 都仍然有效。对于 associative 容器，所有“指向既有元素”的 iterator 都仍然有效。对于 unordered 容器，所有“指向既有元素”的 iterator 也都有效的前提是：没有发生 rehashing（当最终元素量等于或大于 bucket 个数乘以最大负载系数，就会发生 rehashing）。
- 始自C++11。
- 提供者： set、multiset、map、multimap、 unordered set、unordered multiset、unordered map 和 unordered multimap。

`iterator` ***container*::insert** （`const_iterator` *pos*， *initializer-list*）

- 在 iterator *pos*位置上安插*initializer-list*中的元素的拷贝。
- 返回第一个被安插元素的位置，或返回*pos*——如果*initializer-list*为空。
- 对于 vector，这个操作可能导致“指向其他元素”的 iterator 和 reference 失效——如果“重分配”发生的话（当最终的元素数量超过原本容量的话就会发生重分配）。
- 对于 deque，这个操作会导致“指向其他元素”的 iterator 和 reference 失效。
- 对于 list，此函数万一失败也不会带来任何影响。
- 始自C++11。
- 提供者： vector、deque、list 和 string。

`iterator` ***container*::insert** （`const_iterator` *pos*，
　　　　`size_type` *num*， `const T&` *value*）

- 在 iterator *pos*的位置上安插*num*个*value*拷贝。
- 返回第一个被安插元素的位置，或返回*pos*——如果*num*`==0`（在C++11之前，不返回任何东西）。
- 对于 vector，这个操作可能导致“指向其他元素”的 iterator 和 reference 失效——如果“重分配”发生的话（当最终的元素数量超过原本容量的话就会发生重分配）。
- 对于 deque，这个操作会导致“指向其他元素”的 iterator 和 reference 失效。
- `T`是容器的元素类型。对 map 和 multimap 而言它是 key/value pair。
- 对于 string，*value*采用 pass by value。

- 对于 vector 和 deque，如果元素的 copy/move 操作（构造函数和 assignment 操作符）不抛出异常，则此函数万一失败也不会带来任何影响。对于 list，此函数万一失败也不会带来任何影响。
- 在C++11之前，用的是`iterator`类型而不是`const_iterator`，且返回类型为`void`。
- 提供者： vector、deque、list 和 string。

`void` ***container*****::insert** `(InputIterator` *beg*, `InputIterator` *end*)

- 将区间[*beg*,*end*)内所有元素的拷贝安插到 associative 容器内。
- 此函数是个 member template（见 3.2 节第 34 页），因此，只要源区间的元素可转换为容器元素的类型，本函数就可派上用场。
- 对于所有容器，“指向既有元素”的 reference 仍然有效。对于 associative 容器，所有“指向既有元素”的 iterator 都仍然有效。对于 unordered 容器，所有“指向既有元素”的 iterator 也都有效的前提是：没有发生 rehashing（当最终元素量等于或大于 bucket 个数乘以最大负载系数，就会发生 rehashing）。
- 此函数要么就成功，要么就无任何影响，前提是， unordered 容器的 hash 函数不抛出异常。
- 提供者： set、multiset、map、multimap、 unordered set、unordered multiset、unordered map 和 unordered multimap。

`iterator` ***container*****::insert** `(const_iterator` *pos*、
`InputIterator` *beg*, `InputIterator` *end*)

- 将区间[*beg*,*end*)内所有元素的拷贝安插于迭代器*pos*所指的位置上。
- 返回第一个被安插元素的位置，或返回*pos*——如果*beg*==*end*（在C++11之前，不返回任何东西）。
- 此函数是个 member template（见 3.2 节第 34 页），因此，只要源区间的元素可转换为容器元素的类型，本函数就可派上用场。
- 对于 vector，这个操作可能导致“指向其他元素”的 iterator 和 reference 失效——如果“重分配”发生的话（当最终的元素数量超过原本容量的话就会发生重分配）。
- 对于 vector 和 deque，这个操作可能导致“指向其他元素”的 iterator 和 reference 失效。
- 对于 list，此函数万一失败也不会带来任何影响。
- 在C++11之前，用的是`iterator`类型而不是`const_iterator`，且返回类型为`void`。
- 提供者： vector、deque、list 和 string。

8.7.3 移除元素（Removing Element）

`size_type` ***container*****::erase** `(const T&` *value*)

- 从 associative 容器中移除所有和*value*相等的元素。
- 返回被移除的元素个数。

- 调用被移除元素的析构函数。
- T是被排序值（sorted value）的类型：
  - 在 (unordered) set 和 multiset 中，T是元素类型。
  - 在 (unordered) map 和 multimap 中，T是 key 的类型。
- 此函数不会造成指向其他元素的 iterator 和 reference 失效。
- 此函数有可能抛出异常，如果比较测试或 hash 函数抛出异常的话。
- 提供者：set、multiset、map、multimap、unordered set、unordered multiset、unordered map 和 unordered multimap。
- (forward) list 的`remove()`提供相同功能（见 8.8.1 节第 420 页）。其他容器可使用`remove()`算法（见 11.7.1 节第 575 页）。

`iterator` ***container*::erase** `(const_iterator` *pos*`)`

- 将 iterator *pos*所指位置上的元素移除。
- 返回后继元素的位置（或返回`end()`）。
- 调用被移除元素的析构函数。
- 注意，调用者必须确保 iterator *pos*有效。例如：

```
coll.erase(coll.end());   // ERROR ⇒ undefined behavior
```

- 对于 vector 和 deque，此操作可能造成“指向其他元素”的 iterator 和 reference 无效。对于所有其他容器，“指向其他元素”的 iterator 和 reference 永远保持有效。
- 对于 vector、deque 和 list，此函数不抛出异常。对于 associative 和 unordered 容器，如果 hash 函数或“比较测试”抛出异常，此函数有可能抛出异常。
- 在 C++11 之前，返回类型是 `void`（对于 associative 容器）且使用 `iterator` 而非 `const_iterator`。
- 对于以 iterator 为元素的 set，自C++11起调用`erase()`有可能形成歧义（ambiguous）。因此C++11修正为：提供重载版本，分别是`erase(iterator)`和`erase(const_iterator)`。
- 提供者：vector、deque、list、set、multiset、map、multimap、unordered set、unordered multiset、unordered map、unordered multimap 和 string。

`iterator` ***container*::erase** `(const_iterator` *beg*, `const_iterator` *end*`)`

- 移除区间[*beg*,*end*)内的所有元素。
- 返回最后一个被移除元素的位置（或返回`end()`）。
- 一如区间惯例，始于*beg*（含）而终于*end*（不含）的所有元素都被移除。
- 调用被移除元素的析构函数。
- 调用者必须确保*beg*和*end*形成一个有效序列，并且该序列是容器的一部分。
- 对于 vector 和 deque，此操作可能造成“指向其他元素”的 iterator 和 reference 无效。对于所有其他容器，“指向其他元素”的 iterator 和 reference 永远保持有效。
- 对于 vector、deque 和 list，此函数不抛出异常。对于 associative 和 unordered 容器，如果 hash 函数或“比较测试”抛出异常，此函数有可能抛出异常。
- 在 C++11 之前，返回类型是 `void`（对于 associative 容器）且使用 `iterator` 而非 `const_iterator`。

- 提供者： vector、deque、list、 set、multiset、map、multimap、 unordered set、unordered multiset、unordered map、unordered multimap 和 string。

void ***container*::pop_front** ()

- 移除容器的第一元素。
- 相当于：
  container.erase(*container*.begin())
  或者对 forward list 而言相当于：
  container.erase_after(*container*.before_begin())
- 如果容器是空的，会导致不明确的行为。因此调用者必须确保容器至少有一个元素，也就是!empty()。
- 此函数不抛出异常。
- “指向其他元素”的 iterator 和 reference 都保持有效。
- 提供者： deque、list 和 forward list。

void ***container*::pop_back** ()

- 移除容器的最末元素。
- 相当于：
  container.erase(prev(*container*.end()))
- 如果容器是空的，会导致不明确的行为。因此调用者必须确保容器至少有一个元素，也就是!empty()。
- 此函数不抛出异常。
- “指向其他元素”的 iterator 和 reference 都保持有效。
- 对 string 而言，始自C++11。
- 提供者： vector、deque、list 和 string。

void ***container*::clear** ()

- 移除所有元素，将容器清空。
- 调用被移除元素的析构函数。
- “指向容器内元素”的所有 iterator 和 reference 都失效。
- 对于 vector、deque 和 string，它甚至会令任何 past-the-end-iterator 失效——那是由 end()或 cend()返回的东西。
- 此函数不抛出异常（在C++11之前，对于 vector 和 deque，如果 copy 构造函数或 assignment 操作符抛出异常，此函数也会抛出异常）。
- 提供者： vector、deque、list、forward list、 set、multiset、map、multimap、 unordered set、unordered multiset、unordered map、unordered multimap 和 string。

8.7.4 重设大小（Resizing）

void *container*::**resize** (size_type *num*)

void *container*::**resize** (size_type *num*, const T& *value*)

- 将容器大小改为*num*。
- 如果size()原本就是*num*，则两者皆无效。
- 如果*num*大于size()，则在容器尾端附加额外元素。第一形式通过 default 构造函数来构建新元素，第二形式以*value*的拷贝作为新元素。
- 如果*num*小于size()，则移除尾端元素，获得新的大小。每个被移除元素的析构函数都会被调用。
- 对于 vector 和 deque，这些函数可能造成“指向其他元素”的 iterator 和 reference 无效。对于所有其他容器，“指向其他元素”的 iterator 和 reference 永远保持有效。
- 对于 vector 和 deque，这些函数要么成功，要么无效，前提是元素的构造函数和 assignment 操作符不抛出异常。对于 list 和 forward list，如果失败不会带来任何影响。
- 在C++11之前，*value*是以 by value 方式传递。
- 对于 string，*value*是以 by value 方式传递。
- 提供者： vector、deque、list、forward list 和 string。

8.8 List 和 Forward List 的特殊成员函数

8.8.1 特殊成员函数（针对 List 和 Forward List）

void *list*::**remove** (const T& *value*)

void *list*::**remove_if** (UnaryPredicate *op*)

- remove()移除所有带value值的元素。
- remove_if()移除所有“令单参判断式

  op(*elem*)

  产出true”的元素。
- 注意，*op* 不应在函数调用过程中改变状态（state），详见 10.1.4 节第 483 页。
- 两个形式都会调用被移除元素的析构函数。
- 留下的元素保持原先次序（stable〔稳定的〕)。
- 这是remove()算法的特殊版本，该算法详见 11.7.1 节第 575 页。

- T是容器元素的类型。
- 进一步的细节和示例，见 7.5.2 节第 294 页。
- 只有当元素的比较动作抛出异常，这些函数才可能抛出异常。
- 提供者： list 和 forward list。

void ***list*::unique** ()

void ***list*::unique** (BinaryPredicate *op*)

- 移除 (forward) list 内相邻而重复的元素，使每一个元素都不同于下一个元素。
- 第一形式会将所有“和前一元素相等”的元素移除。
- 第二形式的意义是：任何一个元素*elem*，如果其前一元素是*e*，而*elem*和*e*造成双参判断式（binary predicate）

  op(*elem*,*e*)

  获得true，那么就移除*elem*。换言之，这个判断式并非拿元素和其目前的前一紧临元素比较，而是拿元素和其未被移除的前一元素比较。
- 注意，*op* 不应在函数调用过程中改变状态（state），详见 10.1.4 节第 483 页。
- 两个形式都会调用被移除元素的析构函数。
- 这是 11.7.2 节第 578 页的unique()算法的特别版本。
- 如果“元素比较动作”中不抛出异常，这些函数亦不抛出异常。
- 提供者： list 和 forward list。

void ***list*::splice** (const_iterator *pos*, *list*& *source*)

void ***list*::splice** (const_iterator *pos*, *list*&& *source*)

- 将*source*的所有元素搬移到*this，并将它们安插到 iterator *pos*所指位置。
- 调用之后，*source*被清空。
- 如果*source*和*this相同，会导致不明确的行为。所以调用端必须确定*source*和*this是不同的 list。欲移动同一个 list 内的元素，应该使用稍后提及的其他splice()形式。
- 调用者必须确定*pos*是*this的一个有效位置；否则会导致不明确的行为。
- “指向 *source* 的元素”的所有 pointer、iterator 和 reference 仍然有效。此后它们属于this。
- 此函数不抛出异常。
- 第二形式始自C++11。在C++11之前，用的是iterator而非const_iterator。
- 提供者： list。

void ***list*::splice** (const_iterator *pos*, *list*& *source*, const_iterator *sourcePos*)

void ***list*::splice** (const_iterator *pos*, *list*&& *source*, const_iterator *sourcePos*)

- 从*source* list 中，将位于*sourcePos*位置上的元素搬移至*this，并安插于 iterator *pos*所指位置。
- *source*和*this可以相同。这种情况下，元素将在 list 内部被搬移。

- 如果*source*和`*this`不是同一个 list，在此操作之后，其元素个数少 1。
- 调用者必须确保*pos*是`*this`的一个有效位置，且*sourcePos*是*source*的一个有效迭代器，而且*sourcePos*不是*source*`.end()`；否则会导致不明确的行为。
- “指向 *source* 的元素”的所有 pointer、iterator 和 reference 仍然有效。此后它们属于`this`。
- 此函数不抛出异常。
- 第二形式始自C++11。在C++11之前，用的是`iterator`而非`const_iterator`。
- 提供者：list。

void ***list*::splice** (const_iterator *pos*, *list*& *source*,
                const_iterator *sourceBeg*, const_iterator *sourceEnd*)
void ***list*::splice** (const_iterator *pos*, *list*&& *source*,
                const_iterator *sourceBeg*, const_iterator *sourceEnd*)

- 从*source* list 中，将[*sourceBeg*,*sourceEnd*)区间内的所有元素搬移到`*this`，并安插于 iterator *pos*所指位置。
- *source*和`*this`可以相同。这种情况下，*pos*不得为被移动区间的一部分，而元素将在 list 内部移动。
- 如果*source*和`*this`不是同一个 list，在此操作之后，其元素个数将减少。
- 调用者必须确保*pos*是`*this`的一个有效位置，且*sourceBeg*和*sourceEnd*形成一个有效区间，该区间是*source*的一部分；否则会导致不明确的行为。
- “指向 *source* 的元素”的所有 pointer、iterator 和 reference 仍然有效。此后它们属于`this`。
- 此函数不抛出异常。
- 第二形式始自C++11。在C++11之前，用的是`iterator`而非`const_iterator`。
- 提供者：list。

void ***list*::sort** ()
void ***list*::sort** (CompFunc *cmpPred*)

- 对 list 内的所有元素排序。
- 第一形式以 operator <对 list 的所有元素进行排序。
- 第二形式调用*cmpPred*比较两元素，以此对 list 中的所有元素排序：
  op(*elem1*,*elem2*)
- Value 相同的元素，其顺序保持不变（除非有异常抛出）。
- 这是 11.9.1 节第 596 页所讨论的`sort()`和`stable_sort()`算法的特殊版本。
- 提供者：list 和 forward list。

void ***list*::merge** (*list*& *source*)
void ***list*::merge** (*list*&& *source*)
void ***list*::merge** (*list*& *source*, CompFunc *cmpPred*)
void ***list*::merge** (*list*&& *source*, CompFunc *cmpPred*)

- 将 (forward) list *source*内的所有元素并入`*this`。
- 调用后*source*变成空。
- 前两个形式采用 operator <作为排序准则。
- 后两个形式采用*cmpPred*作为可选的排序准则，以此比较两元素的大小：
  cmpPred(*elem*,*sourceElem*)
- 诸元素如果含有相等内容，它们的次序保持不变（stable）。
- 如果`*this`和*source*在排序准则 operator <或*cmpPred*之下已排好序（sorted），则新产生的 (forward) list 也将会是已排好序，而且`*this`内的相等元素会优先于*source*内的相等元素。严格地说，C++ standard 要求两个 (forward) list 必须已排好序，但实际上对未排序的 list 进行 merge 动作也是可能的，不过使用前最好先确认一下。
- 这是 11.10.2 节第 614 页所讨论的`merge()`算法的特殊版本。
- 只要元素的比较动作不抛出异常，此函数万一失败也不会造成任何影响。
- 提供者：list 和 forward list。

void ***list*::reverse** ()

- 将 (forward) list 内的元素次序颠倒。
- 这是 11.8.1 节第 583 页所讨论的`reverse()`算法的特殊版本。
- 此函数不抛出异常。
- 提供者：list 和 forward list。

8.8.2 特殊成员函数（只针对 Forward List）

iterator ***forwardlist*::before_begin** ()
const_iterator ***forwardlist*::before_begin** () const
const_iterator ***forwardlist*::cbefore_begin** () const

- 返回一个 iterator，指向第一元素之前一个位置。
- 由于在 forward list 中你无法回向迭代（iterate backward），这个成员函数允许你获得一个"可用来插入一个新的第一元素，或用来删除第一元素"的位置。
- 提供者：forward list。

iterator ***forwardlist*::insert_after** (const_iterator *pos*, const T& *value*)
iterator ***forwardlist*::insert_after** (const_iterator *pos*, T&& *value*)

- 就在 iterator *pos*所指位置上安插*value*。
- 第一形式会复制*value*。

- 第二形式会搬移*value*放进容器内，此后*value*的状态不再明确。
- 返回新元素的位置。
- 函数要么成功，要么无任何影响。
- 传入容器的`end()`或`cend()`作为*pos*，会导致不明确的行为。
- 提供者：forward list。

`iterator` ***forwardlist*::emplace_after** `(const_iterator` *pos*, *args*)

- 在 iterator *pos*所指位置上安插一个新元素，以*args*为初值。
- 返回新元素的位置。
- 函数要么成功，要么无任何影响。[2]
- 传入容器的`end()`或`cend()`作为*pos*，会导致不明确的行为。
- 提供者：forward list。

`iterator` ***forwardlist*::insert_after** `(const_iterator` *pos*、
`size_type` *num*, `const T&` *value*)

- 在 iterator *pos*所指位置上安插*num*个*value*的拷贝。
- 返回最后被安插的那个元素的位置。如果*num*==0就返回*pos*。
- 函数要么成功，要么无任何影响。
- 传入容器的`end()`或`cend()`作为*pos*，会导致不明确的行为。
- 提供者：forward list。

`iterator` ***forwardlist*::insert_after** `(const_iterator` *pos*, *initializer-list*)

- 在 iterator *pos*所指位置上安插*initializer-list*的元素拷贝。
- 返回最后被安插的那个元素的位置。如果*initializer-list*是空的，就返回*pos*。
- 函数要么成功，要么无任何影响。
- 传入容器的`end()`或`cend()`作为*pos*，会导致不明确的行为。
- 提供者：forward list。

`iterator` ***forwardlist*::insert_after** `(const_iterator` *pos*,
`InputIterator` *beg*, `InputIterator` *end*)

- 在 iterator *pos*所指位置上安插[*beg*,*end*)的所有元素的拷贝。
- 返回最后被安插的那个元素的位置。如果*beg*==*end*，就返回*pos*。
- 这是一个 member template（见 3.2 节第 34 页）。因此，源区间的元素可以是任何类型，只要能够转换为容器的元素类型就行。
- 函数要么成功，要么无任何影响。
- 传入容器的`end()`或`cend()`作为*pos*，会导致不明确的行为。
- 提供者：forward list。

[2] C++ standard 目前并没这么说，这可能是个缺点。

`iterator` ***forwardlist*::erase_after** `(const_iterator` *pos*`)`

- 移除 iterator *pos*所指位置之后的所有元素。
- 返回后继元素的位置（或返回`end()`）。
- 调用被移除元素的析构函数。
- “指向其他元素”的 iterator 和 reference 仍然保持有效。
- 调用者必须确保 iterator *pos*有效。
- 此函数不抛出异常。
- 传入容器的`end()`或`cend()`作为*pos*，会导致不明确的行为。
- 提供者： forward list。

`void` ***forwardlist*::erase_after** `(const_iterator` *beg*`, const_iterator` *end*`)`

- 移除(*beg*,*end*)区间内的元素。注意，这不是个半开区间，因为它排除了*beg*和*end*。例如：

```
coll.erase(coll.before_begin(),coll.end());   // OK: erases all elements
```

- 返回*end*。
- 调用被移除元素的析构函数。
- 调用者必须确保*beg*和*end*定义出容器内的一个有效区间（valid range）。
- 此函数不抛出异常。
- 指向其他元素的 iterator 和 reference 仍然保持有效。
- 提供者： forward list。

`void` ***forwardlist*::splice_after** `(const_iterator` *pos*`,` *forwardlist*`&` *source*`)`
`void` ***forwardlist*::splice_after** `(const_iterator` *pos*`,` *forwardlist*`&&` *source*`)`

- 将*source*的所有元素搬移至`*this`，并在 iterator *pos*位置上安插它们。
- 在此调用后，*source*成空。
- 如果*source*和`*this`是同一个容器，则行为不明确。因此，调用者必须确保*source*是另一个 list。如果想要在同一个 list 中搬移元素，必须使用稍后显示的`splice_after()`形式。
- 调用者必须确保*pos*是`*this`的一个有效位置；若否，行为将不明确。
- “指向*source*的成员”的 pointer、 iterator 和 reference 仍然有效。此后它们属于`this`。
- 此函数不抛出异常。
- 传入容器的`end()`或`cend()`作为*pos*，会导致不明确的行为。
- 提供者： forward list。

```
void forwardlist::splice_after (const_iterator pos,
                               forwardlist& source, const_iterator sourcePos)
void forwardlist::splice_after (const_iterator pos,
                               forwardlist&& source, const_iterator sourcePos)
```

- 将 list *source*的*sourcePos*位置上的元素搬移到`*this`，将它安插到 iterator *pos*所指位置。
- *source*和`*this`可以是同一个容器。如果这样，元素就是在自家容器内搬移。
- 如果*source*是另一个 list，它的元素将在此操作完成后少一个。
- 调用者必须确保*pos*是`*this`的一个有效位置，*sourcePos*是*source*的一个有效 iterator，而且*sourcePos*不是*source*`.end()`；否则此操作的行为将不明确。
- “指向*source*的成员”的 pointer、 iterator 和 reference 仍然有效。此后它们属于`this`。
- 此函数不抛出异常。
- 传入容器的`end()`或`cend()`作为*pos*，会导致不明确的行为。
- 提供者： forward list。

```
void forwardlist::splice_after (const_iterator pos, forwardlist& source,
                               const_iterator sourceBeg,
                               const_iterator sourceEnd)
void forwardlist::splice_after (const_iterator pos, forwardlist&& source,
                               const_iterator sourceBeg,
                               const_iterator sourceEnd)
```

- 将 list *source*的(*sourceBeg*,*sourceEnd*)区间内的元素搬移到`*this`，将它们安插在 iterator *pos*位置上。注意，最后两个实参不是半开区间，因为它排除了*beg*也排除了*end*。以下调用会将`coll2`的所有元素搬移到`coll`的起点：
  ```
  coll.splice_after(coll.before_begin()、coll2、
                    coll2.before_begin()、coll2.end());
  ```
- *source*和`*this`可以是同一个容器。这样的话，*pos*不可以落在被搬移区间内，而元素就在同一个 list 内被搬移。
- 如果*source*是另一个 list，此操作之后它将内含较少元素。
- 调用者必须确保*pos*是`*this`的一个有效位置，*sourceBeg*和*sourceEnd*定义出*source*内的一个有效区间；否则此操作的行为将不明确。
- “指向*source*的成员”的 pointer、 iterator 和 reference 仍然有效。此后它们属于`this`。
- 此函数不抛出异常。
- 传入容器的`end()`或`cend()`作为*pos*，会导致不明确的行为。
- 提供者： forward list。

8.9 容器的策略接口（Policy Interface）

8.9.1 非更易型策略函数（Nonmodifying Policy Function）

`size_type` ***container*::capacity** `() const`

- 返回重分配内存之前所能容纳的最多元素个数。
- 提供者： vector 和 string。

`value_compare` ***container*::value_comp** `() const`

- 返回一个被用作“比较准则”（comparison criterion）的对象。
- 在 set 和 multiset 中相当于`key_comp()`。
- 在 map 和 multimap 中，它是一个辅助类，被用作“比较准则”（comparison criterion），用来比较 key/value pair 中的 key。
- 提供者： set、multiset、map 和 multimap。

`key_compare` ***container*::key_comp** `() const`

- 返回 associative 容器的“比较准则”。
- 提供者： set、multiset、map 和 multimap。

`key_equal` ***container*::key_eq** `() const`

- 返回 unordered 容器的“相等性比较准则”（equivalence criterion）。
- 提供者： unordered set、unordered multiset、unordered map 和 unordered multimap。

`hasher` ***container*::hash_function** `() const`

- 返回 unordered 容器的 hash 函数。
- 提供者： unordered set、unordered multiset、unordered map 和 unordered multimap。

`float` ***container*::load_factor** `() const`

- 返回 unordered 容器当前的每个 bucket 的平均元素个数。
- 提供者： unordered set、unordered multiset、unordered map 和 unordered multimap。

`float` ***container*::max_load_factor** `() const`

- 返回 unordered 容器的“最大负载系数”。容器会自动 rehash（增加必要的 bucket 数量）以保持其负载系数低于或等于此值。
- 注意，默认值为`1.0`，通常应该改变之（见 7.9.2 节第 362 页）。
- 提供者： unordered set、unordered multiset、unordered map 和 unordered multimap。

8.9.2 更易型策略函数（Modifying Policy Function）

`void` ***container*::reserve** `(size_type` *num*`)`

- 内部保留若干内存，至少够容纳*num*个元素。
- 对于 vector，这个调用只能增加容量（capacity）。因此，如果*num*小于或等于当前的真实容量，它没有效用。若要缩减 vector 的容量，请看第 428 页的`shrink_to_fit()`以及 7.3.1 节第 272 页的例子。
- 对于 unordered 容器：
  - 这个调用等价于`rehash(ceil(`*num*/*max_load_factor*`))`（`ceil()`会获得“不小于其实参”之最小整数值）。
  - 这个操作会令 iterator 失效，会改变元素之间的次序，会改变元素被置于哪个 bucket 内。这个操作不会令“指向元素”的 pointer 或 reference 失效。
- 对于 string，*num*可有可无（默认为`0`）。如果*num*小于实际容量，这个调用将会是个不被绑定（nonbinding）的缩减请求。
- 这个操作可能造成“指向元素”的 iterator 和（针对 vector 和 string 的）reference 和 pointer 失效。然而它保证，一旦被调用，安插过程中将不会发生重分配（reallocation），直到有个安插动作造成容器大小超越`num`。因此，`reserve()`可以增加速度并帮助保持 reference、pointer 和 iterator 的有效性（详见 7.3.1 节第 271 页）。
- 如果*num*`>max_size()`就抛出`length_error`（见 4.3.1 节第 43 页），如果内存分配失败就抛出一个相应的异常。
- 自C++11起，能够作用于 unordered 容器。
- 提供者：vector、unordered set、unordered multiset、unordered map、unordered multimap 和 string。

`void` ***container*::shrink_to_fit** `()`

- 缩减内部内存，使刚好吻合实际的元素数量。
- 此调用是一个“非必被绑定”请求（nonbinding request），意思是实现可忽略这个调用，以便有回旋空间允许“实现专属之优化”。因此，不保证此后`capacity() == size()`必为`true`。
- 这个操作有可能造成指向元素的 reference、pointer 和 iterator 失效。
- 始自C++11。C++11之前若欲缩减 vector 容量，7.3.1 节第 272 页有一个例子。
- 提供者：vector、deque 和 string。

`void` ***container*::rehash** `(size_type` *bnum*`)`

- 改变 unordered 容器的 bucket 数量，令其至少为*bnum*。
- 此操作会令 iterator 失效，会改变元素之间的次序，会改变元素落于哪个 bucket 内。这个操作不会令（指向元素）的 pointer 或 reference 失效。

- 如果有个异常被抛出，此操作将不带来任何影响（除非是容器的 hash 函数或比较函数抛出的）。
- 对于 unordered multiset 和 multimap， rehashing 会保存相等元素之间的相关次序。
- 提供者： unordered set、unordered multiset、unordered map 和 unordered multimap。

`void` ***container*::max_load_factor** `(float` *loadFactor*`)`

- 设定 unordered 容器的最大负载系数为*loadFactor*。
- *loadFactor*只是个提示，如此一来实现便能自由地根据其内部的布局哲学调整该值。
- 此操作可能造成 rehashing，那会造成 iterator 失效，改变元素之间的次序，改变元素落于哪个 bucket 内。这个操作不会令“指向元素”的 pointer 或 reference 失效。
- 提供者： unordered set、unordered multiset、unordered map 和 unordered multimap。

8.9.3 Unordered 容器的 Bucket 相关接口

`size_type` ***container*::bucket_count** `() const`

- 返回 unordered 容器的当前 bucket 数量。
- 提供者： unordered set、unordered multiset、unordered map 和 unordered multimap。

`size_type` ***container*::max_bucket_count** `() const`

- 返回 unordered 容器的最大可能的 bucket 数量。
- 提供者： unordered set、unordered multiset、unordered map 和 unordered multimap。

`size_type` ***container*::bucket** `(const key_type` *key*`) const`

- 返回一个 bucket 编号，该 bucket 是“带有与*key*等价的 key”的元素落脚处（如果那样的元素存在的话）。
- 返回值必在区间[`0,bucket_count()`)内。
- 如果`bucket_count()`是 0，返回值不明确。
- 提供者： unordered set、unordered multiset、unordered map 和 unordered multimap。

`size_type` ***container*::bucket_size** `(size_type` *bucketIdx*`) const`

- 返回编号为*bucketIdx*的 bucket 内的元素数量。
- 如果*bucketIdx*不是区间[`0,bucket_count()`)内的一个有效索引，此操作的结果不明确。
- 提供者： unordered set、unordered multiset、unordered map 和 unordered multimap。

`local_iterator` ***container*::begin** `(size_type` *bucketIdx*`)`

`const_local_iterator` ***container*::begin** `(size_type` *bucketIdx*`) const`

`const_local_iterator` ***container*::cbegin** `(size_type` *bucketIdx*`) const`

- 所有三个形式都返回一个 iterator，指向编号为*bucketIdx*的 bucket 内的所有元素的起点（第一元素的位置）。
- 如果编号为*bucketIdx*的 bucket 为空，此调用相当于*container*::end(*bucketIdx*) 或 *container*::cend(*bucketIdx*)。
- 如果*bucketIdx*不是区间[0,bucket_count())内的一个有效索引，操作结果不可预测。
- 提供者：unordered set、unordered multiset、unordered map 和 unordered multimap。

local_iterator ***container*::end** (size_type *bucketIdx*)

const_local_iterator ***container*::end** (size_type *bucketIdx*) const

const_local_iterator ***container*::cend** (size_type *bucketIdx*) const

- 所有三个形式都返回一个 iterator，指向编号为*bucketIdx*的 bucket 内的所有元素的终点（最末元素的下一位置）。
- 如果编号为*bucketIdx*的 bucket 为空，此调用相当于 *container*::begin(*bucketIdx*) 或 *container*::cbegin(*bucketIdx*)。
- 如果*bucketIdx*不是区间[0,bucket_count())内的一个有效索引，操作结果不可预测。
- 提供者：unordered set、unordered multiset、unordered map 和 unordered multimap。

8.10 对分配器（Allocator）的支持

所有 STL 容器都能够与某个分配器对象（allocator object；详见第 19 章）所定义的某种特定内存模型（memory model）搭配合作。本节描述分配器支持之各个成员。

8.10.1 基本的分配器成员（Fundamental Allocator Member）

container::**allocator_type**

- 分配器类型。
- 提供者：vector、deque、list、forward list、set、multiset、map、multimap、unordered set、unordered multiset、unordered map、unordered multimap 和 string。

allocator_type ***container*::get_allocator** () const

- 返回容器的内存模型（memory model）。
- 提供者：vector、deque、list、forward list、set、multiset、map、multimap、unordered set、unordered multiset、unordered map、unordered multimap 和 string。

8.10.2 带有“可选之分配器参数”的构造函数

explicit ***container*::*container*** (const Allocator& *alloc*)

- 建立一个新的空容器，使用*alloc*作为内存模型（memory model）。

- 提供者： vector、deque、list、forward list、 set、multiset、map、multimap、 unordered set、unordered multiset、unordered map、unordered multimap 和 string。

container*::*container (`const CompFunc&` *cmpPred*, `const Allocator&` *alloc*)

- 建立一个新的空容器，使用*alloc*作为内存模型，以*cmpPred*为排序准则。
- 排序准则必须定义出*strict weak ordering*（见 7.7 节第 314 页）。
- 提供者： set、multiset、map 和 multimap。

container*::*container (`size_type` *bnum*, `const Hasher&` *hasher*,
`const KeyEqual&` *eqPred*, `const Allocator&` *alloc*)

- 建立一个新的空容器，带有至少*bnum*个 bucket，以*hasher*为 hashing 函数，以*eqPred*为相等性准则，以*alloc*为内存模型。
- 提供者： unordered set、unordered multiset、unordered map 和 unordered multimap。

container*::*container (*initializer-list*, `const Allocator&` *alloc*)

- 建立一个新容器，以*alloc*为内存模型，以*initializer-list*的元素为初值。
- 始自C++11。
- 提供者： vector、deque、list、forward list 和 string。

container*::*container (*initializer-list*, `const CompFunc&` *cmpPred*、
`const Allocator&` *alloc*)

- 建立一个容器，拥有排序准则*cmpPred*，以*alloc*为内存模型，以*initializer-list*元素为初值。
- 排序准则必须定义出*strict weak ordering*（见 7.7 节第 314 页）。
- 始自C++11。
- 提供者： set、multiset、map 和 multimap。

container*::*container (*initializer-list*, `size_type` *bnum*, `const Hasher&` *hasher*,
`const KeyEqual&` *eqPred* `const Allocator&` *alloc*)

- 建立一个容器，带有至少*bnum*个 bucket，以*hasher*为 hashing 函数，以*eqPred*为相等性准则，以*alloc*为内存模型，以*initializer-list*的元素为初值。
- 提供者： unordered set、unordered multiset、unordered map 和 unordered multimap。

container*::*container (`const` *container*`&` *c*, `const Allocator&` *alloc*)

container*::*container (*container*`&&` *c*, `const Allocator&` *alloc*)

- 建立一个新容器，以*alloc*为内存模型，初始化方式为：复制/搬移（copied/moved）既有容器*c*的元素。
- 对*c*内的每个元素调用 copy/move 构造函数。

- 对于第二形式，调用完毕后c仍然有效，但其内容不再明确。
- 始自C++11。
- 提供者：vector、deque、list、forward list、set、multiset、map、multimap、unordered set、unordered multiset、unordered map、unordered multimap 和 string。

container*::*container (size_type *num*, const T& *value*, const Allocator& *alloc*)

- 建立一个容器，拥有*num*个元素，使用*alloc*作为内存模型。
- 生成的元素都是*value*的拷贝。
- T是容器元素的类型。注意，对于 string，*value*以 by value 的形式传递。
- 提供者：vector、deque、list、forward list 和 string。

container*::*container (InputIterator *beg*, InputIterator *end*,
const Allocator& *alloc*)

- 建立一个容器，以区间[*beg*,*end*)内的所有元素为初值，使用*alloc*作为内存模型。
- 此函数是个 member template（见 3.2 节第 34 页）。所以只要源区间内的元素能够转换为容器的元素类型，此函数就可执行。
- 提供者：vector、deque、list、forward list 和 string。

container*::*container (InputIterator *beg*, InputIterator *end*,
const CompFunc& *cmpPred*, const Allocator& *alloc*)

- 建立一个容器，拥有排序准则*cmpPred*，以区间[*beg*,*end*)内的所有元素为初值，以*alloc*为内存模型。
- 此函数是个 member template（见 3.2 节第 34 页）。所以只要源区间内的元素能够转换为容器的元素类型，此函数就可执行。
- 排序准则必须定义出*strict weak ordering*（见 7.7 节第 314 页）。
- 提供者：set、multiset、map 和 multimap。

container*::*container (InputIterator *beg*, InputIterator *end*,
size_type *bnum*, const Hasher& *hasher*,
const KeyEqual& *eqPred*, const Allocator& *alloc*)

- 建立一个容器，带有至少*bnum*个 bucket，以*hasher*为 hashing 函数，以*eqPred*为相等性准则，以*alloc*为内存模型，以区间[*beg*,*end*)内的所有元素为初值。
- 提供者：unordered set、unordered multiset、unordered map 和 unordered multimap。

第9章
STL 迭代器

本章详细描述 iterator（迭代器），涵盖其分类、相关操作、其 adapter（适配器），以及用户自定义的 iterator。

9.1　迭代器头文件（Header Files for Iterators）

所有容器都定义有各自的 iterator 类型，所以当你打算使用某种容器的 iterator 时，不必包含什么特殊的头文件。不过有些特别的 iterator，例如 reverse（反向） iterator，以及若干辅助的 iterator 函数，被定义于头文件`<iterator>`中。有些实现将所有容器都包含在这个头文件中，用来定义其 reverse iterator 类型。然而这不具可移植性。因此，当你需要比寻常的 container iterator 和其类型更多东西时，你应该包含这个头文件。

9.2　迭代器种类（Iterator Category）

Iterator（迭代器）是一种"能够迭代某序列（sequence）内所有元素"的对象，可通过改编自寻常 pointer（见 6.3 节第 188 页）的一致性接口来完成工作。 Iterator 奉行一个纯抽象概念：任何东西，只要行为类似 iteartor，就是一种 iterator。然而不同的 iterator 具有不同的能力（译注：指的是其行进能力）。这很重要，因为某些算法需要特殊的 iterator 能力。例如 sorting 算法需要的 iterator 必须能够执行随机访问（random access），否则效能很糟。由于这个原因，迭代器被分为不同的类型（图9.1），其能力列于表9.1中，将于稍后详细讨论。

9.2.1　Output 迭代器

Output 迭代器允许一步一步前行并搭配 write 动作。因此你可以一个一个元素地赋值，不能使用 output 迭代器对同一区间迭代两次。事实上，

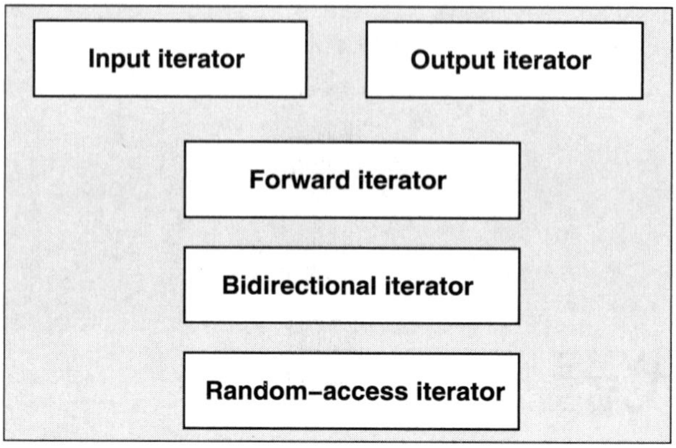

图 9.1 迭代器种类（Category）

迭代器种类（Category）	能力	提供者
Output 迭代器	向前写入	Ostream、inserter
Input 迭代器	向前读取一次	Istream
Forward 迭代器	向前读取	Forward list、unordered containers
Bidirectional 迭代器	向前和向后读取	List、set、multiset、map、multimap
Random-access 迭代器	以随机访问方式读取	Array、vector、deque、string、C-style array

表 9.1 迭代器种类及其能力

甚至不保证你可以将一个 value 赋值两次而其迭代器却不累进。我们的目标是将一个 value 以下列方式写入一个“黑洞”：

```
while (...) {
    *pos = ...;         // assign a value
    ++pos;              // advance (prepare for the next assignment)
}
```

表9.2列出了 output 迭代器的有效操作。Operator *只有在赋值语句的左边才有效。

Output 迭代器无须比较（comparison）操作。你无法检验 output 迭代器是否有效，或写入是否成功。你唯一可做的就是写入、写入、再写入。通常，一批写入动作是以一个“由额外条件定义出”的“特定 output 迭代器”作为结束。

表达式	效果
**iter = val*	将*val*写至迭代器所指位置
++iter	向前步进（step forward），返回新位置
iter++	向前步进（step forward），返回旧位置
TYPE(iter)	复制迭代器（copy 构造函数）

表 9.2 Output 迭代器的操作

通常，迭代器可用来读，也可用来写；几乎所有 reading 迭代器都有 write 的额外功能，这种情况下它们被称为*mutable*（可产生变化的）迭代器。

一个典型的 pure output 迭代器例子是："将元素写至标准输出设备（例如屏幕或打印机）"。如果采用两个 output 迭代器写至屏幕，第二个字将跟在第一个字后面，而不是覆盖（overwrite）第一个字。另一个典型例子是 inserter，那是一种用来将 value 插入（insert）容器内的迭代器：如果你赋值（assign）一个 value，你其实是将它插入（insert）容器。如果随后写入第二个 value，并不会覆盖第一个 value，而是安插进去。 Inserter 在 9.4.2 节第 454 页讨论。

9.2.2 Input 迭代器

Input 迭代器只能一次一个以前行方向（forward）读取元素，按此顺序一个个返回元素值。表9.3列出了 input 迭代器的各种操作。

表达式	效果
**iter*	读取实际元素
iter ->member	读取实际元素的成员（如果有的话）
++iter	向前步进（返回新位置）
iter++	向前步进（返回旧位置）
iter1 == iter2	判断两个迭代器是否相等
iter1 != iter2	判断两个迭代器是否不等
TYPE(iter)	复制迭代器（copy 构造函数）

表 9.3 Input 迭代器的各项操作

Input 迭代器只能读取元素一次。如果你复制 input 迭代器，并令原 input 迭代器和新产生的拷贝都向前读取，可能会遍历到不同的值。

所有迭代器都具备 input 迭代器的能力，而且往往更强。 Pure input 迭代器的典型例子就是"从标准输入设备（往往是键盘）读取数据"。同一个值不会被读取两次。一旦从 input stream 读入一个字（离开 input 缓冲区），下次读取时就会返回另一个字。

对于 input 迭代器，操作符==和!=只用来检查“某个迭代器是否等于一个*past-the-end* 迭代器（译注：此将指向最末元素之下一位置）”。这有其必要，因为处理 input 迭代器的操作函数通常会有以下行为：

```
InputIterator pos, end;

while (pos != end) {
    ...  // read-only access using *pos
    ++pos;
}
```

没有任何保证说，两个迭代器如果都不是*past-the-end* 迭代器，且指向不同位置，它们的比较结果会不相等（这个条件是和 forward 迭代器搭配引入的）。

也请注意，input 迭代器的后置式递增操作符*iter++*并不一定得返回什么东西。不过通常它会返回旧位置。

你应该尽可能优先选用前置式递增操作符（*++iter*）而非后置式递增操作符（*iter++*），因为前者效能更好。这是因为前置式递增操作符不需返回旧值，也就不必花费一个临时对象来保存旧值。因此，对于任何迭代器pos（以及任何抽象数据类型），应该优先使用

```
++pos        // OK and fast
```

而不是

```
pos++        // OK, but not so fast
```

这条原则对递减操作符同样适用（但请注意，input 迭代器并不提供递减操作符）。

9.2.3 Forward（前向）迭代器

Forward 迭代器是一种 input 迭代器且在前进读取（reading forward）时提供额外保证。表9.4总结了 forward 迭代器的所有操作。

表达式	效果
**iter*	访问实际元素
iter->member	访问实际元素的成员
++iter	向前步进（返回新位置）
iter++	向前步进（返回旧位置）
iter1 == *iter2*	判断两个迭代器是否相等
iter1 != *iter2*	判断两个迭代器是否不等
TYPE()	创建迭代器（default 构造函数）
TYPE(*iter*)	复制迭代器（copy 构造函数）
iter1 = *iter2*	对迭代器赋值（assign）

表 9.4 Forward 迭代器的各项操作

和 input 迭代器不同的是，两个 forward 迭代器如果指向同一元素，operator ==会获得true，如果两者都递增，会再次指向同一个元素。例如：

```
ForwardIterator pos1, pos2;

pos1 = pos2 = begin;   // both iterators refer to the same element
if (pos1 != end) {
    ++pos1;                  // pos1 is one element ahead
    while (pos1 != end) {
        if (*pos1 == *pos2) {
            ...  // process adjacent duplicates
            ++pos1;
            ++pos2;
    }
}
```

Forward 迭代器由以下对象和类型提供：

- Class `<forward_list<>`
- Unordered container。

然而标准库也允许 unordered 容器的实现提供 bidirectional 迭代器（见 7.9.1 节第 357 页）。

如果 forward 迭代器履行了 output 迭代器应有的条件，那么它就是一个*mutable* forward 迭代器，既可用于读取，也可用于涂写。

9.2.4 Bidirectional（双向）迭代器

Bidirectional 迭代器在 forward 迭代器的基础上增加了回头迭代（iterate backward）能力。换言之，它支持递减操作符，可一步一步后退（表9.5）。

表达式	效果
`--`*iter*	步退（返回新位置）
iter`--`	步退（返回旧位置）

表 9.5 Bidirectional 迭代器的新增操作

Bidirectional 迭代器由以下的对象和类型提供：

- Class `list<>`。
- Associative（关联式）容器。

如果 bidirectional 迭代器履行了 output 迭代器应有的条件，那么它就是个*mutable* bidirectional 迭代器，既可用于读取，也可用于涂写。

9.2.5 Random-Access（随机访问）迭代器

Random-access 迭代器在 bidirectional 迭代器的基础上增加了随机访问能力。因此它必须提供*iterator 算术运算*（和寻常 pointer 的算术运算相当）。也就是说，它能增减某个偏移量、计算距离（difference），并运用诸如<和>等关系操作符（relational operator）进行比较。表9.6列出了 random-access 迭代器的新增操作。

表达式	效果
iter[*n*]	访问索引位置为*n*的元素
iter+=*n*	前进*n*个元素（如果*n*是负数，则改为回退）
iter-=*n*	回退*n*个元素（如果*n*是负数，则改为前进）
iter+*n*	返回*iter*之后的第*n*个元素
n+*iter*	返回*iter*之后的第*n*个元素
iter-*n*	返回*iter*之前的第*n*个元素
iter1-*iter2*	返回*iter1*和*iter2*之间的距离
iter1<*iter2*	判断*iter1*是否在*iter2*之前
iter1>*iter2*	判断*iter1*是否在*iter2*之后
iter1<=*iter2*	判断*iter1*是否不在*iter2*之后
iter1>=*iter2*	判断*iter1*是否不在*iter2*之前

表 9.6 Random-Access 迭代器的新增操作

Random-access 迭代器由以下对象和类型提供：

- 可随机访问的容器（`array`、`vector`、`deque`）。
- String（`string`、`wstring`）。
- 寻常的 C-style array（pointer）。

以下程序说明了 random-access 迭代器的特殊能力：

```
// iter/itercategory1.cpp

#include <vector>
#include <iostream>
using namespace std;

int main()
{
   vector<int> coll;

   // insert elements from -3 to 9
   for (int i=-3; i<=9; ++i) {
       coll.push_back (i);
   }
```

```
    // print number of elements by processing the distance between beginning and end
    // - NOTE: uses operator - for iterators
    cout << "number/distance: " << coll.end()-coll.begin() << endl;

    // print all elements
    // - NOTE: uses operator < instead of operator !=
    vector<int>::iterator pos;
    for (pos=coll.begin(); pos<coll.end(); ++pos) {
        cout << *pos << ' ';
    }
    cout << endl;

    // print all elements
    // - NOTE: uses operator [] instead of operator *
    for (int i=0; i<coll.size(); ++i) {
        cout << coll.begin()[i] << ' ';
    }
    cout << endl;

    // print every second element
    // - NOTE: uses operator +=
    for (pos = coll.begin(); pos < coll.end()-1; pos += 2) {
        cout << *pos << ' ';
    }
    cout << endl;
}
```

程序输出如下：

```
number/distance: 13
-3 -2 -1 0 1 2 3 4 5 6 7 8 9
-3 -2 -1 0 1 2 3 4 5 6 7 8 9
-3 -1 1 3 5 7
```

本例对 (forward) list、 (unordered) set 和 (unordered) map 无效，因为程序中标识*NOTE:*的操作都只适用于 random-access 迭代器。特别请注意，只有在面对 random-access 迭代器时，你才能以 operator <作为循环结束与否的判断准则。

请注意最后一个循环内的表达式要求`coll`至少包含一个元素：

```
pos < coll.end()-1
```

如果容器为空，`coll.end()-1`便会位于`coll.begin()`之前。虽然如此一来上述比较动作可能仍然有效，但严格说来，将迭代器移至“起点更前面”会导致不明确行为。同样道理，如果表达式`pos += 2`将迭代器移至`end()`之后，也会导致不明确行为。因此，按下面方法改变上述最后那个循环，会十分危险，因为如果容器内含偶数个元素，会导致不明确行为（图9.2）：

```
for (pos = coll.begin(); pos < coll.end(); pos += 2) {
    cout << *pos << ' ';
}
```

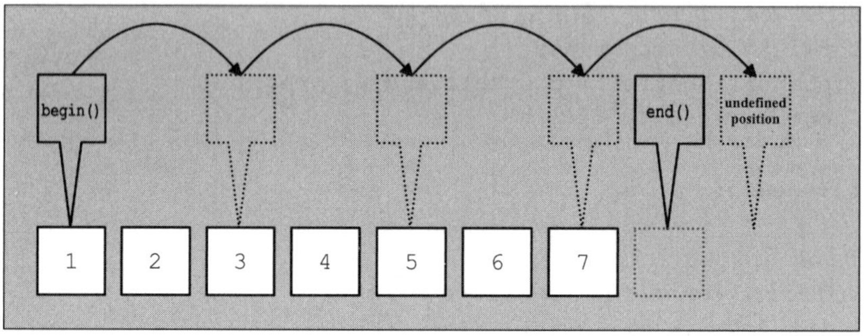

图 9.2 迭代器一次跳两个位置

如果 random-access 迭代器履行了 output 迭代器应有的条件，那么它就是个*mutable* random-access 迭代器，既可用于读取，也可用于涂写。

9.2.6 Vector 迭代器的递增（Increment）和递减（Decrement）

迭代器的递增（累进）和递减（累退）有个奇怪的问题。一般而言你可以递增或递减临时性迭代器，但对于`array`、vector 和 string 就不行（在某些编译平台上）。考虑下面的例子：

```
std::vector<int> coll;
...
// sort, starting with the second element
// - NONPORTABLE version
if (coll.size() > 1) {
    std::sort(++coll.begin(), coll.end());
}
```

编译`++coll.begin()`可能会失败，实际情况取决于平台。但如果你换用 deque 取代 vector，就可以通过编译。

这种奇怪问题的产生原因是，vector、`array`和 string 的迭代器通常被实现为寻常 pointer，而 C++ 并不允许你修改任何基础类型（包括 pointer）的临时值，但对于 struct 和 class 则允许。因此，如果迭代器被实现为寻常 pointer，则编译失败；如果被实现为 class，则编译成功。

因此，前述代码对于 vector、array 和 string 以外的容器都没问题，因为那些容器的迭代器不可能被实现为寻常 pointer。但对于 vector、array和 string，前述代码是否可行就取决于具体的实现了。通常其迭代器会被实现为寻常 pointer，但如果你用的是一个“安全版本”的STL，迭代器亦可能被实现为 class。

为保证可移植，C++11提供了next()（见 9.3.2 节第 443 页），所以你应该这么写：

```
std::vector<int> coll;
...
// sort, starting with the second element
// - PORTABLE version since C++11
if (coll.size() > 1) {
    std::sort(std::next(coll.begin()), coll.end());
}
```

在C++11之前，你必须使用一个辅助对象：

```
std::vector<int> coll;
...
// sort, starting with the second element
// - PORTABLE version before C++11
if (coll.size() > 1) {
    std::vector<int>::iterator beg = coll.begin();
    std::sort(++beg, coll.end());
}
```

这个问题其实并不像乍听之下那么糟糕，因为编译期就会检测出错误，所以不会发生不明确行为。不过这个问题也是够隐蔽了，得花点时间才能解决。

9.3 迭代器相关辅助函数

C++ 标准库为迭代器提供了一些辅助函数：advance()、 next()、 prev()、 distance() 和 iter_swap()。前四者提供给所有迭代器一些“原本只有 random access 迭代器才有”的能力：前进（或后退）多个元素，及处理迭代器之间的距离。最后一个辅助函数允许你交换两个迭代器的 value。

9.3.1 advance()

advance()可将迭代器的位置增加，增加幅度由实参决定，也就是说它令迭代器一次前进（或后退）多个元素：

```
#include <iterator>
void advance (InputIterator& pos, Dist n)
```

- 令名称为*pos*的 input 迭代器前进（或后退）*n*个元素。
- 对 bidirectional 迭代器和 random-access 迭代器而言，*n*可为负值，表示向后退。
- `Dist`是个 template 类型。通常它必须是个整数类型，因为会调用诸如<、++、--等操作，还要和0做比较。
- `advance()`并不检查迭代器是否超过序列的`end()`（因为迭代器通常不知道其所操作的容器，因此无从检查）。所以，调用`advance()`有可能导致不明确行为——因为“对序列尾端调用 operator ++”是一种未被定义的行为。

此函数总能根据迭代器种类（category）采用最佳方案，这归功于它使用了 iterator trait（迭代器特征，详见 9.5 节第 466 页）。对于 random-access 迭代器，此函数只是简单地调用 *pos*+=*n*，因此具有常量复杂度。对于其他任何类型的迭代器，则调用++*pos*（或--*pos*，如果*n*为负值）*n*次。因此，对于其他任何类型的迭代器，本函数具有线性复杂度（linear complexity）。

如果你希望你的程序可以轻松更换容器和迭代器种类，你应该使用`advance()`而不是 operator +=。不过你必须意识到，这么做可能是拿效能来冒险，因为将`advance()`应用于“不提供 random-access 迭代器”的容器中，你不太容易感受效能变差（但正是由于运行期效能不佳， random-access 迭代器才会想要提供 operator +=）。另外请注意，`advance()`不具返回值，而 operator +=会返回新位置，所以后者可作为一个更大表达式的一部分。下面是`advance()`的运用实例：

```
// iter/advance1.cpp

#include <iterator>
#include <iostream>
#include <list>
#include <algorithm>
using namespace std;

int main()
{
    list<int> coll;

    // insert elements from 1 to 9
    for (int i=1; i<=9; ++i) {
        coll.push_back(i);
    }

    list<int>::iterator pos = coll.begin();
```

```
        // print actual element
        cout << *pos << endl;

        // step three elements forward
        advance (pos, 3);

        // print actual element
        cout << *pos << endl;

        // step one element backward
        advance (pos, -1);

        // print actual element
        cout << *pos << endl;
    }
```

在这个程序中，advance()使迭代器pos前进三个元素，而后退回一个元素。输出如下：

```
  1
  4
  3
```

使用advance()的另一个例子就是用来忽略“迭代器从 input stream 中读出的某些数据”，见 9.4.3 节第 465 页。

9.3.2 next()和prev()

C++11提供了两个新增的辅助函数，允许你前进/向退后移动迭代器的位置。

```
#include <iterator>
ForwardIterator next (ForwardIterator pos)
ForwardIterator next (ForwardIterator pos, Dist n)
```

- 导致 forward 迭代器*pos*前进 1 或*n*个位置。
- 如果处理的是 bidirectional 和 random-access 迭代器，*n*可为负值，导致后退（回头）移动。
- Dist是类型std::iterator_traits<ForwardIterator>::difference_type。
- 其内部将对一个临时对象调用advance(*pos*,*n*)。
- 注意，next()并不检查是否会跨越序列的end()。因此调用者必须自行担保其结果有效。

```
#include <iterator>
BidirectionalIterator prev (BidirectionalIterator pos)
BidirectionalIterator prev (BidirectionalIterator pos, Dist n)
```

- 导致 bidirectional 迭代器*pos*后退 1 或*n*个位置。
- *n*可为负值，导致向前移动。
- Dist是类型std::iterator_traits<BidirectionalIterator>::difference_type。
- 其内部将对一个临时对象调用advance(*pos*,-*n*)。
- 注意，prev()并不检查是否会跨越序列的begin()。因此调用者必须自行担保其结果有效。

举个例子，这些辅助函数允许我们走过容器，只要我们检查了下一个元素：

```
auto pos = coll.begin();
while (pos != coll.end() && std::next(pos) != coll.end()) {
    ...
    ++pos;
}
```

这么做特别有帮助，因为 forward 和 bidirectional 迭代器不提供 operator +和-。如果没有它们，你就需要一个临时对象的协助：

```
auto pos = coll.begin();
auto nextPos = pos;
++nextPos;
while (pos != coll.end() && nextPos != coll.end()) {
    ...
    ++pos;
    ++nextPos;
}
```

或者必须限制只使用 random-access 迭代器：

```
auto pos = coll.begin();
while (pos != coll.end() && pos+1 != coll.end()) {
    ...
    ++pos;
}
```

不要忘记确保你手上是个有效位置（在你使用它之前）。基于这个原因，我们在检查下一个位置之前先检查pos是否等于coll.end()。

next()和prev()的第二个应用是避免诸如++coll.begin()这样的表达式需要去处理容器的第二元素。问题在于，以++coll.begin()取代std::next(coll.begin())有可能通不过编译（详见 9.2.6 节第 440 页）。

next()的第三个应用是它能搭配forward_list和before_begin()（7.6.2 节第 307 页有个实例）。

9.3.3 distance()

函数distance()用来处理两个迭代器之间的距离：

`#include <iterator>`

Dist **distance** (InputIterator *pos1*, InputIterator *pos2*)

- 返回两个 input 迭代器*pos1*和*pos2*之间的距离。
- 两个迭代器必须指向同一个容器。
- 如果不是 random-access 迭代器，则从*pos1*开始前进必须能够到达*pos2*，亦即*pos2*的位置必须与*pos1*相同或在其后。
- 返回类型*Dist*是迭代器相应的 difference 类型：
  `iterator_traits<InputIterator>::difference_type`

  详见9.5 节第 466 页。

这个函数能够根据迭代器种类（category）采取最佳实现手法，这必须利用迭代器标志(iterator tag）才得以达成。对于 random-access 迭代器，此函数仅仅是返回*pos2*-*pos1*，因此具备常量复杂度。对于其他迭代器种类，distance()会不断递增*pos1*，直到抵达*pos2*为止，然后返回递增次数。也就是说，对于其他迭代器种类，distance()具备线性复杂度。因此对于 non-random-access 迭代器而言distance()的效能并不好，应该避免使用。

9.5.1 节第 470 页描述了distance()的实现，下面是一个使用实例：

```
// iter/distance1.cpp

#include <iterator>
#include <iostream>
#include <list>
#include <algorithm>
using namespace std;

int main()
{
    list<int> coll;

    // insert elements from -3 to 9
    for (int i=-3; i<=9; ++i) {
        coll.push_back(i);
    }

    // search element with value 5
    list<int>::iterator pos;
    pos = find (coll.begin(), coll.end(),     // range
                5);                           // value
```

```
        if (pos != coll.end()) {
            // process and print difference from the beginning
            cout << "difference between beginning and 5: "
                 << distance(coll.begin(),pos) << endl;
        }
        else {
            cout << "5 not found" << endl;
        }
    }
```

find()之后，数值为5的元素的位置被赋值给pos，然后distance()计算出pos和起点之间的距离。程序输出如下：

```
difference between beginning and 5: 8
```

如果你希望将来可以轻松更换容器类型和迭代器类型，你应该使用distance()而不是operator -。不过这么一来你可能就不会意识到“将 random-access 迭代器更换为其他类型的迭代器，会造成效能下降”这个问题了。

处理两个 non-random-access 迭代器之间的距离时，必须十分小心。第一个迭代器所指的元素绝不能在第二个迭代器所指元素之后方（更下方），否则会导致不明确的行为。如果不知道哪个迭代器在前，你必须先算出两个迭代器分别至容器起点的距离，再根据这两个距离来判断。不过，你一定得清楚知道迭代器所指的目标容器为何。如果两个迭代器指向不同容器，那么任你如何挣扎，都无法摆脱“导致不明确行为”的悲惨命运。关于这个问题的其他细节，见 6.4.1 节第 205 页对于子区间（subrange）的说明。

9.3.4 iter_swap()

这个简单的辅助函数用来交换两个迭代器所指的元素值。

```
#include <algorithm>
void iter_swap (ForwardIterator1 pos1, ForwardIterator2 pos2)
```

- 交换迭代器*pos1*和*pos2*所指的值。
- 迭代器的类型不必相同，但其所指的两个值必须可以相互赋值（assignable）。

这里有个简单例子（其中的函数PRINT_ELEMENTS()见6.6 节第 216 页）：

```
// iter/iterswap1.cpp

#include <iostream>
#include <list>
#include <algorithm>
#include <iterator>
```

```
#include "print.hpp"
using namespace std;

int main()
{
    list<int> coll;

    // insert elements from 1 to 9
    for (int i=1; i<=9; ++i) {
        coll.push_back(i);
    }

    PRINT_ELEMENTS(coll);

    // swap first and second value
    iter_swap (coll.begin(), next(coll.begin()));

    PRINT_ELEMENTS(coll);

    // swap first and last value
    iter_swap (coll.begin(), prev(coll.end()));

    PRINT_ELEMENTS(coll);
}
```

程序输出如下：

```
1 2 3 4 5 6 7 8 9
2 1 3 4 5 6 7 8 9
9 1 3 4 5 6 7 8 2
```

注意，next()和prev()始自C++11，因此若以 operator ++和--取而代之，有可能无法针对每一种容器都通过编译：

```
vector<int> coll;
...
iter_swap (coll.begin(), ++coll.begin());   // ERROR: might not compile
...
iter_swap (coll.begin(), --coll.end());     // ERROR: might not compile
```

此问题详见 9.2.6 节第 440 页。

9.4 迭代器适配器（Iterator Adapter）

本节讨论C++ 标准库提供的迭代器适配器。此类特殊迭代器使得算法能够以反向模式（reverse mode）或安插模式（insert mode）进行工作，也可以和 stream（串流）搭配工作。

9.4.1 Reverse（反向）迭代器

Reverse 迭代器重新定义了递增运算和递减运算，使其行为正好颠倒。因此，如果你使用这类迭代器，算法将以反向次序处理元素。所有标准容器都允许使用 reverse 迭代器来遍历元素。下面是个例子：

```
// iter/reviter1.cpp

#include <iostream>
#include <list>
#include <algorithm>
using namespace std;

void print (int elem)
{
    cout << elem << ' ';
}

int main()
{
    // create list with elements from 1 to 9
    list<int> coll = { 1, 2, 3, 4, 5, 6, 7, 8, 9 };

    // print all elements in normal order
    for_each (coll.begin(), coll.end(),       // range
              print);                         // operation
    cout << endl;

    // print all elements in reverse order
    for_each (coll.rbegin(), coll.rend(),     // range
              print);                         // operations
    cout << endl;
}
```

容器的成员函数`rbegin()`和`rend()`各返回一个 reverse 迭代器，它们就像`begin()`和`end()`的返回值一样，共同定义出一个半开区间（half-open range）。不同的是它们以相反的方向操作：

- **rbegin()**返回反向迭代的第一元素位置，也就是真实之最末元素的位置。
- **rend()**返回反向迭代的最末元素的下一位置，也就是真实之第一元素的前一个位置。

于是，上述程序输出如下：

```
1 2 3 4 5 6 7 8 9
9 8 7 6 5 4 3 2 1
```

自 C++11 起也提供了相应的成员函数 crbegin() 和 crend()，返回只读反向（read-only reverse）迭代器。由于上述程序只是要读取元素，所以可以（也应该）这么使用它们：

```
// print all elements in reverse order
for_each (coll.crbegin(), coll.crend(),   // range
          print);                          // operations
```

迭代器和 Reverse 迭代器

你可以将正常迭代器转化成 reverse 迭代器。当然，原本那个迭代器必须具有双向移动能力。注意，转换前后的迭代器逻辑位置发生了变化。考虑以下程序：

```
// iter/reviter2.cpp

#include <iterator>
#include <iostream>
#include <vector>
#include <algorithm>
using namespace std;

int main()
{
    // create list with elements from 1 to 9
    vector<int> coll = { 1, 2, 3, 4, 5, 6, 7, 8, 9 };

    // find position of element with value 5
    vector<int>::const_iterator pos;
    pos = find (coll.cbegin(), coll.cend(),
                5);

    // print value to which iterator pos refers
    cout << "pos:  " << *pos << endl;

    // convert iterator to reverse iterator rpos
    vector<int>::const_reverse_iterator rpos(pos);
```

```
    // print value to which reverse iterator rpos refers
    cout << "rpos: " << *rpos << endl;
}
```

程序输出如下：

```
pos:  5
rpos: 4
```

我们首先打印迭代器的 value（也就是其所指的元素值），然后将该迭代器转化为一个 reverse 迭代器，再次打印其 value，结果竟然变了。这不是 bug，这是特性！导致这个性质是因为区间的半开性。为了指出容器内所有元素，我们需要采用“最末元素的下一位置”。然而对 reverse 迭代器而言，这个位置位于第一元素之前。糟糕的是，这个位置可能并不存在，因为容器并不要求其第一元素之前的位置合法。例如寻常的 string 和 array 也可被视为容器，而语言本身并不保证 array 不可以从地址 0 开始。

为此，reverse 迭代器的设计者运用了一个小技巧：他们实际倒置了“半开原则”。Reverse 迭代器所定义的区间，并不包括起点，反倒是包括了终点。然而逻辑上其行为一如往常。这么一来 reverse 迭代器物理意义所指的元素位置，和逻辑意义所指的元素位置就不一致（如图9.3所示）。现在问题是，将一个迭代器转化为 reverse 迭代器，过程中发生了什么？该迭代器所保持（履行）的究竟是逻辑位置（value）还是物理位置（element）？从上面的例子可知，后者才是答案。因此，其 value（也就是其所指元素值）也就移到了前一个元素身上（如图9.4所示）。

译注：以图9.4为例，当我们把 pos 转换为 rpos，它们指向同一点，但它们所代表的意义（或说它们所代表的逻辑位置）不同了，*pos 为 5， *rpos 则是 4。换另一个角度看，如果你把 [rbegin(), rend()) 形成的区间颠倒过来（把书本上下颠倒看），你会发现其性质就和以 [begin(), end()) 形成的区间完全一样。

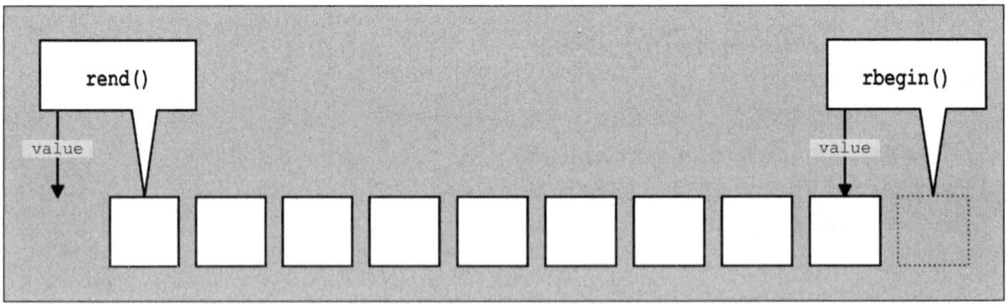

图 9.3 Reverse（反向）迭代器的位置和其 value（其所指元素值）

不以为然吗？好吧，它有它的优点。如果你有个区间，由一对（而非一个）迭代器定义出来，那么变换动作就非常简单了，所有元素仍然有效。考虑下面的例子：

```
// iter/reviter3.cpp

#include <iterator>
#include <iostream>
#include <deque>
```

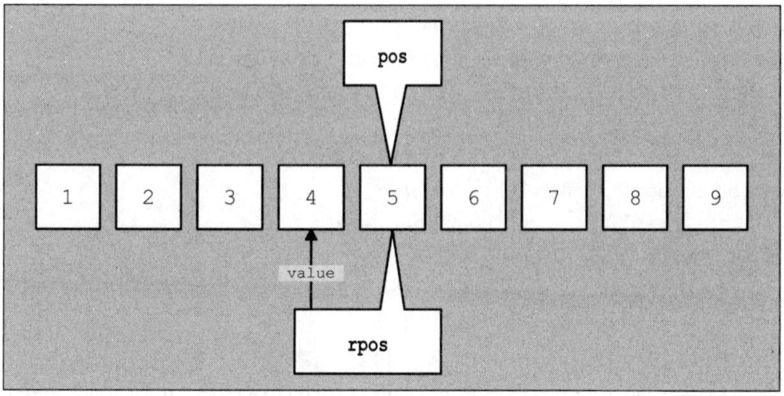

图 9.4　迭代器 pos 和 reverse（反向）迭代器 rpos 之间的转换

```
#include <algorithm>
using namespace std;

void print (int elem)
{
    cout << elem << ' ';
}

int main()
{
    // create deque with elements from 1 to 9
    deque<int> coll = { 1, 2, 3, 4, 5, 6, 7, 8, 9 };

    // find position of element with value 2
    deque<int>::const_iterator pos1;
    pos1 = find (coll.cbegin(), coll.cend(),  // range
                 2);                          // value

    // find position of element with value 7
    deque<int>::const_iterator pos2;
    pos2 = find (coll.cbegin(), coll.cend(),  // range
                 7);                          // value

    // print all elements in range [pos1,pos2)
    for_each (pos1, pos2,     // range
              print);         // operation
    cout << endl;
```

```
    // convert iterators to reverse iterators
    deque<int>::const_reverse_iterator rpos1(pos1);
    deque<int>::const_reverse_iterator rpos2(pos2);

    // print all elements in range [pos1,pos2) in reverse order
    for_each (rpos2, rpos1,     // range
              print);           // operation
    cout << endl;
}
```

迭代器 pos1 和 pos2 定义出一个半开区间，包括元素值 2 不包括元素值 7。当你把描述此区间的两个迭代器转化为 reverse 迭代器时，该区间仍然有效，可以被逆序处理。程序输出如下：

```
2 3 4 5 6
6 5 4 3 2
```

rbegin()其实很简单：

container::reverse_iterator(end())

rend()也很简单：

container::reverse_iterator(begin())

当然，常量迭代器 const_iterator 会被转化为类型const_reverse_iterator.

运用base()将 Reverse 迭代器转回正常

你也可以将 reverse 迭代器转回正常迭代器。为了这么做，reverse 迭代器提供了一个 base() 成员函数：

```
namespace std {
    template <typename Iterator>
    class reverse_iterator ... {
        ...
        Iterator base() const;
        ...
    };
}
```

下面是一个运用实例：

```
// iter/reviter4.cpp

#include <iterator>
#include <iostream>
```

```
#include <list>
#include <algorithm>
using namespace std;

int main()
{
    // create list with elements from 1 to 9
    list<int> coll = { 1, 2, 3, 4, 5, 6, 7, 8, 9 };

    // find position of element with value 5
    list<int>::const_iterator pos;
    pos = find (coll.cbegin(), coll.cend(),  // range
                5);                            // value

    // print value of the element
    cout << "pos:   " << *pos << endl;

    // convert iterator to reverse iterator
    list<int>::const_reverse_iterator rpos(pos);

    // print value of the element to which the reverse iterator refers
    cout << "rpos:  " << *rpos << endl;

    // convert reverse iterator back to normal iterator
    list<int>::const_iterator rrpos;
    rrpos = rpos.base();

    // print value of the element to which the normal iterator refers
    cout << "rrpos: " << *rrpos << endl;
}
```

程序输出如下：

```
pos:   5
rpos:  4
rrpos: 5
```

由此可见，通过 `base()` 进行转换：

```
*rpos.base()
```

就好像从寻常的迭代器转换为 reverse 迭代器情况一样，物理位置维持不动，变化的是逻辑位置（也就是它所指的元素）。你可以在 11.5.3 节第 539 页找到另一个 `base()` 运用范例。

9.4.2 Insert（安插型）迭代器

Insert 迭代器，也称为 *inserter*，用来将“赋予新值”动作转换为“安插新值”动作。借由这种迭代器，算法将执行安插（insert）行为而非覆写（overwrite）行为。所有 insert 迭代器都隶属于 Output 迭代器种类（见 9.2.1 节第 433 页），所以它只提供赋值能力（assign〔译注：assign 就是 overwrite，会盖掉原内容〕）。

Insert 迭代器的功能

通常，算法会将 value 赋值给标的迭代器（desination iterator）。例如 copy() 算法（详见 11.6.1 节第 557 页）：

```
namespace std {
    template <typename InputIterator, typename OutputIterator>
    OutputIterator copy (InputIterator from_pos,    // beginning of source
                         InputIterator from_end,    // end of source
                         OutputIterator to_pos)     // beginning of dest.
    {
        while (from_pos != from_end) {
            *to_pos = *from_pos;      // copy values
            ++from_pos;               // increment iterators
            ++to_pos;
        }
        return to_pos;
    }
}
```

循环不断执行，直到 from_pos 抵达终点。在循环内，来源端迭代器 from_pos 被赋值给标的端迭代器 to_pos，然后两个迭代器都递增。

这里需要注意的是：

`*to_pos = ` *value*

Insert 迭代器可以把上述的赋值动作转化为安插动作。实际上其内有两个操作：首先 operator * 传回迭代器当前位置，然后再由 operator = 赋予新值。Insert 迭代器通常使用下面两个实现技巧：

1. Operator * 被实现为一个无作用的 no-op，仅仅返回 *this。所以对 insert 迭代器来说，*pos 与 pos 等价。
2. 赋值动作（assignment）被转化为安插动作（insertion）。事实上，insert 迭代器会调用容器的 push_back()、push_front() 或 insert() 成员函数。

所以，对于 insert 迭代器 pos，你可以写 pos=*value* 也可以写 *pos=*value*，两者都可以插入新值。当然，这里谈的是 insert 迭代器的实现细节，从概念上讲，正确的赋值式应该是 *pos=*value*。

同样道理，递增操作符也被实现为一个 no-op，也是仅仅返回一个 *this。所以，你不可以改动 insert 迭代器的位置。表9.7列出了 insert 迭代器的所有操作函数。

表达式	效果
*iter	No-op（返回 iter）
iter = value	安插 value
++iter	No-op（返回 iter）
iter++	No-op（返回 iter）

表 9.7 Insert 迭代器允许的操作

Insert 迭代器的种类

C++ 标准库提供三种 insert 迭代器：back inserter， front inserter 和 general inserter。它们之间的区别在于安插的位置。事实上，它们各自调用所属容器中不同的成员函数。所以 insert 迭代器初始化时一定要清楚指明所属的容器是哪一种。

每一种 insert 迭代器都可以由一个对应的便捷函数加以生成和初始化。表9.8列出了不同的 insert 迭代器及其能力。

名称	Class 名称	其所调用的函数	生成函数
Back inserter	`back_insert_iterator`	`push_back(`*value*`)`	`back_inserter(`*cont*`)`
Front inserter	`front_insert_iterator`	`push_front(`*value*`)`	`front_inserter(`*cont*`)`
General inserter	`insert_iterator`	`insert(`*pos*`,`*value*`)`	`inserter(`*cont*`,`*pos*`)`

表 9.8 Insert 迭代器的种类

当然，容器本身必须支持 insert 迭代器所调用的函数，否则这种 insert 迭代器就不可用。因此，back inserter 只能用在 vector、 deque、 list 和 string 身上， front inserter 只能用在 deque 和 list 身上。

Back Inserter

Back inserter，或称 *back insert iterator*，借由成员函数`push_back()`（详见 8.7.1 节第 415 页）将一个 value 附加于容器尾部。由于`push_back()`只存在于 vector、 deque、 list 和 string，所以C++ 标准库中也只有这些容器支持 back inserter。

Back inserter 生成时，其初始化过程必须确知其所属容器。函数`back_inserter()`为此提供了一条捷径。以下例子展示了 back inserter 的用法：

```
// iter/backinserter1.cpp

#include <vector>
#include <algorithm>
#include <iterator>
#include "print.hpp"
using namespace std;
```

```
int main()
{
    vector<int> coll;

    // create back inserter for coll
    // - inconvenient way
    back_insert_iterator<vector<int> > iter(coll);

    // insert elements with the usual iterator interface
    *iter = 1;
    iter++;
    *iter = 2;
    iter++;
    *iter = 3;
    PRINT_ELEMENTS(coll);

    // create back inserter and insert elements
    // - convenient way
    back_inserter(coll) = 44;
    back_inserter(coll) = 55;
    PRINT_ELEMENTS(coll);

    // use back inserter to append all elements again
    // - reserve enough memory to avoid reallocation
    coll.reserve(2*coll.size());
    copy (coll.begin(), coll.end(),      // source
          back_inserter(coll));          // destination
    PRINT_ELEMENTS(coll);
}
```

程序输出如下：

```
1 2 3
1 2 3 44 55
1 2 3 44 55 1 2 3 44 55
```

注意，一定要在调用 copy() 之前确保有足够大的空间。因为 back inserter 在安插元素时，可能会造成指向该 vector 的其他迭代器失效。因此，如果不保留足够空间，这个算法可能会形成“源端迭代器失效”状态。

String 也提供一套 STL 容器接口，包括 push_back()。所以你也可以利用 back inserter 为 string 附加字符，例见 13.2.14 节第 688 页。

Front Inserter

Front inserter，或称 *front insert iterator*，乃是借由成员函数 push_front()（详见 8.7.1 节第 414 页）将一个 value 加于容器头部。由于 push_front() 只在 deque、list 和 forward list 有所实现，所以C++ 标准库中也就只有这些容器支持 front inserter。

Front inserter 生成时，其初始化过程必须确知其所属容器。函数 front_inserter() 为此提供了一条捷径。以下展示了 front inserter 的用法：

```
// iter/frontinserter1.cpp

#include <list>
#include <algorithm>
#include <iterator>
#include "print.hpp"
using namespace std;

int main()
{
    list<int> coll;

    // create front inserter for coll
    // - inconvenient way
    front_insert_iterator<list<int> > iter(coll);

    // insert elements with the usual iterator interface
    *iter = 1;
    iter++;
    *iter = 2;
    iter++;
    *iter = 3;

    PRINT_ELEMENTS(coll);

    // create front inserter and insert elements
    // - convenient way
    front_inserter(coll) = 44;
    front_inserter(coll) = 55;

    PRINT_ELEMENTS(coll);
```

```
    // use front inserter to insert all elements again
    copy (coll.begin(), coll.end(),     // source
          front_inserter(coll));        // destination

    PRINT_ELEMENTS(coll);
}
```

程序输出如下：

```
3 2 1
55 44 3 2 1
1 2 3 44 55 55 44 3 2 1
```

注意，安插多个元素时，front inserter 以逆序方式插入，这是因为它总是将下一个元素安插于前一个元素的前面。

General Inserter

General inserter，或称 *general insert iterator*，[1] 根据两个实参完成初始化：(1) 容器，(2) 待安插位置。迭代器内部以“待安插位置”为实参调用成员函数`insert()`。便捷函数`inserter()`则提供了更方便的手段来产生 general inserter 并加以初始化。

General inserter 对所有标准容器均适用（只有 array 和 forward list 除外），因为那些容器都提供有 `insert()` 成员函数（见 8.7.1 节第 413 页）。然而对 associative 和 unordered 容器而言，安插位置只是个提示，因为在这两种容器中元素的真正位置视其 value 而定。详见 8.7.1 节第 413 页。

安插动作完成后，general inserter 获得刚被安插的那个元素的位置。相当于调用以下语句：

```
pos = container.insert(pos,value);
++pos;
```

为什么要将 `insert()` 的返回值赋予 *pos* 呢？这是为了确保该迭代器的位置始终有效。如果没有这一赋值动作，在 deque、 vector 和 string 中，该 general inserter 本身可能会失效。因为每一次安插动作都会（或至少可能会）使指向容器的所有迭代器失效。

下面展示 general inserter 的用法：

```
// iter/inserter1.cpp

#include <set>
#include <list>
```

[1] 通常 general inserter 被简称为 *insert iterator* 或 *inserter*。这就是说，*insert iterator* 与 *inserter* 的含义不同，一方面泛指所有 insert 迭代器，却也用来指出某一类特别的 insert 迭代器（可安插于某特定位置，而不只是安插于头部或尾部）。为避免歧义，本书使用术语 *general inserter*。

```
#include <algorithm>
#include <iterator>
#include "print.hpp"
using namespace std;

int main()
{
    set<int> coll;

    // create insert iterator for coll
    // - inconvenient way
    insert_iterator<set<int> > iter(coll,coll.begin());

    // insert elements with the usual iterator interface
    *iter = 1;
    iter++;
    *iter = 2;
    iter++;
    *iter = 3;

    PRINT_ELEMENTS(coll,"set:  ");

    // create inserter and insert elements
    // - convenient way
    inserter(coll,coll.end()) = 44;
    inserter(coll,coll.end()) = 55;

    PRINT_ELEMENTS(coll,"set:  ");

    // use inserter to insert all elements into a list
    list<int> coll2;
    copy (coll.begin(), coll.end(),              // source
          inserter(coll2,coll2.begin()));        // destination

    PRINT_ELEMENTS(coll2,"list: ");

    // use inserter to reinsert all elements into the list before the second element
    copy (coll.begin(), coll.end(),              // source
          inserter(coll2,++coll2.begin()));      // destination

    PRINT_ELEMENTS(coll2,"list: ");
}
```

程序输出如下：

```
set:  1 2 3
set:  1 2 3 44 55
list: 1 2 3 44 55
list: 1 1 2 3 44 55 2 3 44 55
```

上述的 copy() 动作用来展示 general inserter 维护着元素次序。第二个 copy() 动作使用区间中的一个适当位置为实参。

Associative 容器的订制型 Inserter

如前所述，对于 associative 容器，general inserter 的“位置实参”只不过是个提示，用来强化速度。如果使用不当反而可能导致较糟的效能。举个例子，如果逆序安插，这个提示就可能使程序变慢，因为它使程序总是从错误的位置开始查找安插点。这是为C++ 标准库提供辅助措施的大好时机，9.6 节第 471 页有一个为此而作的扩展机制。

9.4.3 Stream（串流）迭代器

Stream 迭代器是一种迭代器适配器，借由它，你可以把 stream 当成算法的来源端和目的端。更明确地说，一个 istream 迭代器可用来从 input stream 读取元素，而一个 ostream 迭代器可以用来对 output stream 写入元素。

Stream 迭代器的一种特殊形式，是所谓 *stream buffer* 迭代器，用来对 stream buffer 进行直接读取和涂写操作。Stream buffer 迭代器在15.13.2 节第 828 页讨论。

Ostream 迭代器

Ostream 迭代器可以将“被赋值”（assigned value）写入 output stream。用了它，算法就可以直接写入 stream。其实现机制与 9.4.2 节第 454 页所说的 insert 迭代器概念一致，唯一的区别在于 ostream 迭代器将赋值动作转化为 output 动作（通过 operator <<）。如此一来算法就可以使用寻常的迭代器接口直接对 stream 执行涂写动作。表9.9列出了 ostream 迭代器提供的各项操作。

建立 ostream 迭代器时，你必须提供一个 output stream 作为实参，迭代器会把 value 写至该 output stream。另一个实参可有可无，是个字符串，被用来作为各个元素值之间的分隔符。

Ostream 迭代器是针对尚未确定的元素类型 T 而定义：

```
namespace std {
    template <typename T,
              typename charT = char,
              typename traits = char_traits<charT> >
    class ostream_iterator;
}
```

表达式	效果
ostream_iterator<*T*>(*ostream*)	为 *ostream* 建立一个 ostream 迭代器
ostream_iterator<*T*>(*ostream*,*delim*)	为 *ostream* 建立一个 ostream 迭代器，各元素间以 *delim* 为分隔符（请注意 *delim* 的类型是 const char*）
**iter*	No-op（返回 *iter*）
iter = *value*	将 *value* 写到 *ostream*：*ostream*<<*value*。其后再输出一个 *delim*（分隔符；如有定义的话）
++*iter*	No-op（返回 *iter*）
iter++	No-op（返回 *iter*）

表 9.9　ostream 迭代器的各项操作

带默认值的第二和第三个 template 实参用来指明所使用的 stream 类型（见 15.2.1 节第 749 页）[2]。

以下展示了 ostream 迭代器的用法：

```
// iter/ostreamiter1.cpp

#include <iostream>
#include <vector>
#include <algorithm>
#include <iterator>
using namespace std;

int main()
{
    // create ostream iterator for stream cout
    // - values are separated by a newline character
    ostream_iterator<int> intWriter(cout,"\n");

    // write elements with the usual iterator interface
    *intWriter = 42;
    intWriter++;
    *intWriter = 77;
    intWriter++;
    *intWriter = -5;

    // create collection with elements from 1 to 9
    vector<int> coll = { 1, 2, 3, 4, 5, 6, 7, 8, 9 };
```

[2] 在较老旧的系统中，这些 template 参数并不存在。

```
    // write all elements without any delimiter
    copy (coll.cbegin(), coll.cend(),
          ostream_iterator<int>(cout));
    cout << endl;

    // write all elements with " < " as delimiter
    copy (coll.cbegin(), coll.cend(),
          ostream_iterator<int>(cout," < "));
    cout << endl;
}
```

程序输出如下：

```
42
77
-5
123456789
1 < 2 < 3 < 4 < 5 < 6 < 7 < 8 < 9 <
```

注意，分隔符的类型是 const char*。如果你传一个 string 对象进去，别忘了调用 c_str() 成员函数（参见 13.3.6 节第 700 页）以吻合正确类型。例如：

```
string delim;
...
ostream_iterator<int>(cout,delim.c_str());
```

Istream 迭代器

Istream 迭代器是 ostream 迭代器的拍档，用来从 input stream 读取元素。通过 istream 迭代器，算法可以从 stream 直接读取数据。然而 istream 迭代器较 ostream 迭代器稍微复杂一些（这很正常，read 本来就比 write 复杂一些）。

建立 istream 迭代器时，你必须提供一个 input stream 作为实参，迭代器将从其中读取数据。然后它便经由 input 迭代器的寻常接口（见 9.2.2 节第 435 页），使用 operator >> 读取元素。然而，读取动作有可能失败（可能因为读到文件尾部，或读取错误），此外算法的数据来源端也需要一个"终点位置"。为解决这些问题，你可以使用一个所谓的 *end-of-stream* 迭代器，它以 istream 迭代器的 default 构造函数生成。只要有任何一次读取失败，所有 istream 迭代器都会变成 end-of-stream 迭代器。所以进行一次读取后，你就应该将 istream 迭代器拿来和 end-of-stream 迭代器比较一番，看看这个迭代器是否仍然有效。表9.10列出了 istream 迭代器的所有操作。

表达式	效果
istream_iterator<*T*>()	建立一个 end-of-stream 迭代器
istream_iterator<*T*>(*istream*)	为 *istream* 建立一个迭代器（可能会立刻读取第一个值）
**iter*	返回此前读取的值（如果构造函数并未立刻读取第一个值，则本式执行读取任务）
iter->*member*	返回“此前读取的元素”的成员（如果有的话）
++*iter*	读取下一个值，并返回其位置
iter++	读取下一个值，但返回的迭代器指向前一个读取值
iter1== *iter2*	检查 *iter1* 和 *iter2* 是否相等
iter1 != *iter2*	检查 *iter1* 和 *iter2* 是否不等

表 9.10　istream 迭代器的各项操作

注意，istream 迭代器的构造函数会将 stream 打开，并往往会读取第一个值，否则一旦 operator * 在此迭代器初始化后被调用，就无法返回第一个元素了。所以，在确实需要用到 istream 迭代器之前，别过早定义它。不过某些实现版本可能会延缓第一次读取动作直到 operator * 首次被调用。

Istream 迭代器是针对未定类型 T 而定义的：

```
namespace std {
    template <typename T,
              typename charT = char,
              typename traits = char_traits<charT>,
              typename Distance = ptrdiff_t>
    class istream_iterator;
}
```

拥有默认值的第二和第三 template 实参，用来指明 stream 类型（此中意义请见 15.2.1 节第 749 页）。第四个 template 实参（也有默认值）用来指明表达“迭代器距离（difference）”的类型。[3]

如果满足以下条件，我们便说两个 istream 迭代器相等：

- 两者都是 end-of-stream 迭代器（因而不能再进行读取），或
- 两者都可以再进行读取动作，并指向相同的 stream。

[3] 老旧系统并不支持 template 参数默认值，因此要求两个明确的 template 实参，其中第二实参就是这里所说的第四实参，而用来设定 stream 类型的实参则不存在。

以下展示 istream 迭代器的各项操作：

```
// iter/istreamiter1.cpp

#include <iostream>
#include <iterator>
using namespace std;

int main()
{
    // create istream iterator that reads integers from cin
    istream_iterator<int> intReader(cin);

    // create end-of-stream iterator
    istream_iterator<int> intReaderEOF;

    // while able to read tokens with istream iterator
    // - write them twice
    while (intReader != intReaderEOF) {
        cout << "once:       " << *intReader << endl;
        cout << "once again: " << *intReader << endl;
        ++intReader;
    }
}
```

如果执行这个程序并给予以下输入：

```
1 2 3 f 4
```

程序输出如下：

```
once:       1
once again: 1
once:       2
once again: 2
once:       3
once again: 3
```

如你所见，字符 f 的输入导致程序结束。是的，由于格式错误，stream 不再处于 good 状态，于是 istream 迭代器 intReader 就和 end-of-stream 迭代器 intReaderEOF 相同，使得循环条件为 false，进而结束循环。

Stream 迭代器的另一例，使用advance()

以下例子使用了两种 stream 迭代器，而且用到了迭代器函数advance()：

```
// iter/advance2.cpp

#include <iterator>
#include <iostream>
#include <string>
#include <algorithm>
using namespace std;

int main()
{
    istream_iterator<string> cinPos(cin);
    ostream_iterator<string> coutPos(cout," ");

    // while input is not at the end of the file
    // - write every third string
    while (cinPos != istream_iterator<string>()) {
        // ignore the following two strings
        advance (cinPos, 2);

        // read and write the third string
        if (cinPos != istream_iterator<string>()) {
            *coutPos++ = *cinPos++;
        }
    }
    cout << endl;
}
```

迭代器函数 advance() 用来帮助迭代器前进到另一位置（见 9.3.1 节第 441 页）。当它被用来搭配 istream 迭代器，结果便是“跳过输入单元（input token）”。假设你的输入如下：[4]

```
No one objects if you are doing
a good programming job for
someone whom you respect.
```

则输出如下：

```
objects are good for you
```

[4] 感谢 Andrew Koenig 提供了这个例子。

千万别忘了，调用 advance() 之后、访问 *cinPos 之前，一定要记得检查 istream 迭代器是否依然有效，如果对 end-of-stream 迭代器调用 operator *，会导致不明确的行为。

6.5.2 节第 212 页、11.6.1 节第 560 页及 11.7.2 节第 582 页另有一些例子，其中展示了算法如何运用 stream 迭代器对 stream 进行读/写。

9.4.4 Move（搬移）迭代器

从C++11开始，提供了一个迭代器适配器（iterator adapter），用来将任何对底层元素的处理转换为一个 move 操作。举个例子：

```
std::list<std::string> s;
...
std::vector<string> v1(s.begin(), s.end());              // copy strings into v1

std::vector<string> v2(make_move_iterator(s.begin()),    // move strings into v2
                       make_move_iterator(s.end()));
```

这些迭代器的应用之一是，让算法以 move 取代 copy，将元素从一个区间放到另一个区间。然而注意，一般而言，move() 算法做同样的事情（见 11.6.2 节第 561 页）。

一般而言，只有当“算法将元素从某个来源区间迁移（transfer）至某个目标区间”，这种情况下在算法中使用 move 迭代器才有意义。此外，你必须确保每个元素只被处理一次，否则，其内容将被搬移一次以上，那会导致不明确的行为。

注意，唯一保证“元素只被读取或被处理一次”的迭代器种类是 input iterator（见 9.2.2 节第 435 页）。因此，通常只有当“某算法有个来源端，其内要求 input iterator，并且有个目的端，其内使用 output iterator”，这时候使用 move 迭代器才有意义。唯一例外是 for_each()，它可处理被指明区间（passed range）内的被搬移元素（moved element），例如把它们搬移到一个新容器内。

9.5 Iterator Trait（迭代器特性）

迭代器可以区分为不同类型（category）（见 9.2 节第 433 页），每个类型都代表特定的迭代器能力。如果能根据不同的迭代器种类将操作行为重载（overload），将会很有用，甚至很必要。通过迭代器标志（tag）和特性（trait，由 <iterator> 提供）可以实现这样的重载。

C++ 标准库为每个迭代器种类提供了一个迭代器标志（iterator tag），用来作为迭代器的标签（label）：

```
namespace std {
    struct output_iterator_tag {
    };
    struct input_iterator_tag {
    };
    struct forward_iterator_tag
     : public input_iterator_tag {
    };
    struct bidirectional_iterator_tag
     : public forward_iterator_tag {
    };
    struct random_access_iterator_tag
     : public bidirectional_iterator_tag {
    };
}
```

请注意，这里用到了继承。所以我们可以说，任何 forward 迭代器都是一种（is a）input 迭代器。然而请注意，forward 迭代器 tag 只派生自 input 迭代器 tag，和 output 迭代器 tag 无关。事实上 forward 迭代器的某些特性的确不符合 output 迭代器的要求，详见 9.2 节第 433 页。

如果你撰写泛型码（generic code），可能不只对迭代器种类（category）感兴趣，可能还需要了解迭代器所指元素的类型。C++ 标准库提供了一种特殊的 template 结构来定义所谓的**迭代器特性**（iterator trait），该结构包含迭代器相关的所有信息，为“迭代器应具备的所有类型定义（包括迭代器种类、元素类型等）”提供一致的接口：

```
namespace std {
    template <typename T>
    struct iterator_traits {
        typedef typename T::iterator_category iterator_category;
        typedef typename T::value_type        value_type;
        typedef typename T::difference_type   difference_type;
        typedef typename T::pointer           pointer;
        typedef typename T::reference         reference;
    };
}
```

在这个 template 中，T 表示迭代器类型。有了它，我们就可以撰写任何“运用迭代器种类或其元素类型”的泛型码。例如以下表达式就可以取得迭代器类型为 T 的元素类型（value type）：

```
typename std::iterator_traits<T>::value_type
```

这个 trait 结构有两个优点：

1. 确保每一个迭代器都提供了所有必要的类型定义。
2. 能够针对特定的迭代器实施特化（specialization）。

上述第二条适用于“以寻常 pointer 作为迭代器”时：

```
namespace std {
    template <typename T>
    struct iterator_traits<T*> {
        typedef T                          value_type;
        typedef ptrdiff_t                  difference_type;
        typedef random_access_iterator_tag iterator_category;
        typedef T*                         pointer;
        typedef T&                         reference;
    };
}
```

于是，针对“指向 T 类型”之寻常 pointer，上述特化版本告诉我们，该类型具有 random-access 迭代器种类。除了上述特化版本，对 const T* 应该再准备一个相应的特化定义。

9.5.1 为迭代器编写泛型函数（Generic Function）

借由 iterator trait，你可以撰写这样的泛型函数：根据迭代器而派生某种类型定义，或根据迭代器种类（category）而采用不同的实现代码。

运用迭代器的 value_type

某些算法内部需要一个以元素类型为类型的临时变量，这正是使用 iterator trait 的一个简单例子。这样的临时变量可以声明如下：

```
typename std::iterator_traits<T>::value_type tmp;
```

其中 T 是迭代器类型。

另一个例子是将元素循环往复地移动（shift cyclically）：

```
template <typename ForwardIterator>
void shift_left (ForwardIterator beg, ForwardIterator end)
{
    // temporary variable for first element
    typedef typename
     std::iterator_traits<ForwardIterator>::value_type value_type;

    if (beg != end) {
        // save value of first element
        value_type tmp(*beg);

        // shift following values
        ...
    }
}
```

运用迭代器的 iterator_category

如果希望针对不同的迭代器种类采取不同的实现方案，你需要下面两个步骤：

1. 让你的 template 函数将迭代器种类作为附加实参，调用另一个函数。例如：

```
template <typename Iterator>
inline void foo (Iterator beg, Iterator end)
{
    foo (beg, end,
         std::iterator_traits<Iterator>::iterator_category());
}
```

2. 针对不同的迭代器种类实现出上述调用的函数。注意，如果迭代器种类 B 为 D 之父类，而此处所谈函数针对 B、D 并无不同实现，那么只需针对 B 实现即可。

```
// foo() for bidirectional iterators
template <typename BiIterator>
void foo (BiIterator beg, BiIterator end,
          std::bidirectional_iterator_tag)
{
    ...
}

// foo() for random-access iterators
template <typename RaIterator>
void foo (RaIterator beg, RaIterator end,
          std::random_access_iterator_tag)
{
    ...
}
```

其中，针对 random-access 迭代器而写的版本可以使用随机访问操作，针对 bidirectional 迭代器而写的版本则不可以。基于迭代器标志（tag）继承体系（见 9.5 节第 467 页），你可以写出一份实现代码但适用于多个迭代器种类（category）。

distance()的实现

以下系根据稍早所说的两个步骤，实现出迭代器辅助函数 distance()。此函数返回两个迭代器所指元素的位置间距（参见 9.3.3 节第 445 页）。对于 random-access 迭代器，此函数仅仅使用 operator - 便可获得结果，对于其他任何种类的迭代器，此函数必须一步一步前进至区间终点，才有能力计算出结果并返回。

```
// general distance()
template <typename Iterator>
typename std::iterator_traits<Iterator>::difference_type
distance (Iterator pos1, Iterator pos2)
{
    return distance (pos1, pos2,
                     std::iterator_traits<Iterator>
                        ::iterator_category());
}

// distance() for random-access iterators
template <typename RaIterator>
typename std::iterator_traits<RaIterator>::difference_type
distance (RaIterator pos1, RaIterator pos2,
          std::random_access_iterator_tag)
{
    return pos2 - pos1;
}

// distance() for input, forward, and bidirectional iterators
template <typename InIterator>
typename std::iterator_traits<InIterator>::difference_type
distance (InIterator pos1, InIterator pos2,
          std::input_iterator_tag)
{
    typename std::iterator_traits<InIterator>::difference_type d;
    for (d=0; pos1 != pos2; ++pos1, ++d) {
        ;
    }
    return d;
}
```

返回类型必须是迭代器的距离类型（difference type）。请注意第二版本使用 input 迭代器，所以该版本对 forward 迭代器、 bidirectional 迭代器都有效，因为这两种迭代器的标志（tag）是从 input_iterator_tag 派生出来的。

9.6 用户自定义（User-Defined）迭代器

让我们自己写个迭代器。如前所述，你必须让 iterator trait 能够处理这样的迭代器。两种办法可行：

1. 提供必要的五种类型定义，就像 `iterator_traits` 结构所描述（见 9.5 节第 467 页）。
2. 为 `iterator_traits` 结构提供一个（偏）特化版本。

关于第一种方法，C++ 标准库提供了一个特殊的基类（base class） `iterator<>`，专门用来进行这一定义，你只需这样指定类型：

```
class MyIterator
 : public std::iterator <std::bidirectional_iterator_tag,
                         type, std::ptrdiff_t, type*, type&> {
    ...
};
```

其中第一个 template 参数用来定义迭代器种类，第二个参数用来定义元素类型，第三参数用来定义 difference（距离）类型，第四个参数用来定义 pointer 类型，第五个参数用来定义 reference 类型。末尾的三个参数有默认值`ptrdiff_t`、*type**和*type*&，所以通常这样写就够了：

```
class MyIterator
 : public std::iterator <std::bidirectional_iterator_tag, type> {
    ...
};
```

以下实例说明如何编写自定义迭代器。这是一个 associative 和 unordered 容器的 insert 迭代器。它和C++ 标准库的 insert 迭代器（见 9.4.2 节第 454 页）不同，它不需要指明“安插位置”。

```
// iter/assoiter.hpp

#include <iterator>

// class template for insert iterator for associative and unordered containers
template <typename Container>
class asso_insert_iterator
 : public std::iterator <std::output_iterator_tag,
                         typename Container::value_type>
{
  protected:
    Container& container;     // container in which elements are inserted

  public:
    // constructor
    explicit asso_insert_iterator (Container& c) : container(c) {
    }
```

```
    // assignment operator
    // - inserts a value into the container
    asso_insert_iterator<Container>&
    operator= (const typename Container::value_type& value) {
        container.insert(value);
        return *this;
    }

    // dereferencing is a no-op that returns the iterator itself
    asso_insert_iterator<Container>& operator* () {
        return *this;
    }

    // increment operation is a no-op that returns the iterator itself
    asso_insert_iterator<Container>& operator++ () {
        return *this;
    }
    asso_insert_iterator<Container>& operator++ (int) {
        return *this;
    }
};

// convenience function to create the inserter
template <typename Container>
inline asso_insert_iterator<Container> asso_inserter (Container& c)
{
    return asso_insert_iterator<Container>(c);
}
```

其中的 class asso_insert_iterator 派生自 class iterator。传给 iterator 的第一个实参 output_iterator_tag 指定了迭代器种类。第二实参是此迭代器所指的元素值类型，此处设为容器的 value_type；由于 output 迭代器只能用于写入某东西，因而此类型并非必需，因此你可以传入 void。然而像本例这样指明为 value type，将可适用于任何迭代器种类。

诞生之时，这一迭代器将容器存储于其成员 container 中。所有被赋予（assigned）的值都借由 insert() 被安插到容器内。Operators * 和 operater ++ 只返回迭代器自身，无任何实际动作，但这么虚晃一招使得迭代器得以维护其控制权。如果下面这样的迭代器一般性接口被使用了：

```
*pos = value
```

*pos 会返回 *this，新值被赋予其中。至于赋值动作（operator =）则被转化为对容器成员函数 insert(value) 的调用。

这一 insert 迭代器完成后，我们还可以提供一个 asso_inserter 函数，用来简化迭代器的创建和初始化。以下程序便是使用这样一个 inserter 对一个 unordered set 安插若干元素：

```
// iter/assoiter1.cpp

#include <iostream>
#include <unordered_set>
#include <vector>
#include <algorithm>
#include "print.hpp"
#include "assoiter.hpp"

int main()
{
    std::unordered_set<int> coll;

    // create inserter for coll
    // - inconvenient way
    asso_insert_iterator<decltype(coll)> iter(coll);

    // insert elements with the usual iterator interface
    *iter = 1;
    iter++;
    *iter = 2;
    iter++;
    *iter = 3;

    PRINT_ELEMENTS(coll);

    // create inserter for coll and insert elements
    // - convenient way
    asso_inserter(coll) = 44;
    asso_inserter(coll) = 55;

    PRINT_ELEMENTS(coll);

    // use inserter with an algorithm
    std::vector<int> vals = { 33, 67, -4, 13, 5, 2 };
    std::copy (vals.begin(), vals.end(),     // source
               asso_inserter(coll));         // destination

    PRINT_ELEMENTS(coll);
}
```

asso_inserter 的正规应用在本例调用 copy() 时出现：

```
std::copy (vals.begin(), vals.end(),      // source
           asso_inserter(coll));          // destination
```

在这里，asso_inserter(coll) 创建出一个 inserter，后者借由调用 coll.insert(*val*) 将任何实参安插到 coll 内。

其他语句也展示了这个 inserter 的若干细节。程序输出如下：

```
1 2 3
55 44 1 2 3
-4 33 55 44 67 1 13 2 3 5
```

注意，这个 iterator 也可被用于 associative 容器。因此，如果你在 #include 指示符及 coll 声明式中以 set 取代 unordered_set，这个程序仍然可以有效运作——但容器内的元素将因此而被自动排序。

第10章

STL 函数对象及 Lambda

本章详细介绍如何传递特定机能给算法和成员函数。我们用的是所谓 *function object*（函数对象），或简称 *functors*（仿函数）。6.10 节第 233 页对此也有一些介绍。本章涵盖 STL 预定义的所有 function object、function adapter（函数适配器）和 binder（绑定器），以及机能合成（functional composition）概念，并提供笔者自己写的一些 function object 实例。本章也详细表现 lambda（见 3.1.10 节第 28 页和 6.9 节第 229 页）的应用。

译注：英文术语 function object 若译为“函数对象”，易与前后文夹杂而失去术语之独特性，因此我将在很多场合保留这一英文术语。

10.1 Function Object（函数对象）的概念

所谓 function object（或者说 *functor*），是一个定义了 operator () 的对象。

```
FunctionObjectType fo;
...
fo(...);
```

中表达式 `fo()` 系调用 function object `fo` 的 operator ()，而非调用函数 `fo()`。你可以将 function object 视为一般函数，只不过用的是一种更复杂的撰写手段，并非将所有语句放在函数体中：

```
void fo() {
    statements
}
```

而是在 function object class 的 operator () 内撰写代码：

```
class FunctionObjectType {
  public:
    void operator() () {
        statements
    }
};
```

这种定义形式更为复杂，却有三大优点：

1. Function object 比一般函数更灵巧（smarter），因为它可以拥有状态（state）。事实上，对于相同的 function object class 你可以拥有两个状态不同的实例（instance）。寻常的函数无法做到这一点。
2. 每个 function object 都有其类型。因此你可以将 function object 的类型当作 template 参数传递，从而指定某种行为。还有一个好处：容器类型也会因为 function object 的不同而不同。
3. 执行速度上，function object 通常比 function pointer 更快。

6.10.1 节第 235 页详细介绍了这些优点，并通过一个例子展示了 function object 何以能够比一般函数更灵巧。

接下来两个小节，我会展示两个例子，详细讨论 function object。第一例示范如何利用“function object 拥有属于自己的独特类型”这一优势。第二例示范如何从“function object 拥有自己的独特状态”这一性质获利，并引出 for_each() 算法的一个有趣特性（10.1.3 节第 482 页）。

10.1.1 以 Function Object 为排序准则（Sorting Criterion）

程序员经常需要将某些 class object 以排序（sorted）状态置入容器（例如一个 Person 集合）。然而，或许因为不想，或许因为不能，你无法使用一般的 operator <对这些对象排序，你必须以某种特别规则（通常基于某些成员函数）来排序。此时 function object 可以派上用场，试看下例：

```
// fo/sort1.cpp

#include <iostream>
#include <string>
#include <set>
#include <algorithm>
using namespace std;

class Person {
  public:
    string firstname() const;
    string lastname() const;
    ...
};
```

```
// class for function predicate
// - operator () returns whether a person is less than another person
class PersonSortCriterion {
  public:
    bool operator() (const Person& p1, const Person& p2) const {
        // a person is less than another person
        // - if the last name is less
        // - if the last name is equal and the first name is less
        return p1.lastname()<p2.lastname() ||
               (p1.lastname()==p2.lastname() &&
                p1.firstname()<p2.firstname());
    }
};

int main()
{
    // create a set with special sorting criterion
    set<Person,PersonSortCriterion> coll;
    ...

    // do something with the elements
    for (auto pos = coll.begin(); pos != coll.end(); ++pos) {
        ...
    }
    ...
}
```

这里的 set coll 使用特殊排序准则 PersonSortCriterion，而它正是一个 function object class。PersonSortCriterion 这么定义 operator ()：先比较两人的姓，如果相等再比较其名。coll 构造函数会自动产生 class PersonSortCriterion 的一个实例（instance），所有元素都将以此为排序准则进行排序。

注意，排序准则 PersonSortCriterion 是个 class，所以你可以把它当作 set 的 template 实参。如果以寻常函数担任排序准则，就无法做到这一点（参见 6.8.2 节第 228 页）。

“以上述类型作为排序准则”的所有 set，都拥有属于自己的独一无二的类型。你无法将这个 set 拿来和“拥有不同排序准则”的其他 set 合并或赋值。虽然你无论做什么都无法回避 set 的自动排序特性，但你可以设计出“表现不同的排序准则却有着相同类型”的 function object（见 7.8.6 节第 351 页）。

10.1.2 Function Object 拥有内部状态（Internal State）

下面展示 function object 如何能够“行为像个函数同时又拥有多个状态”：

```
// fo/sequence1.cpp

#include <iostream>
#include <list>
#include <algorithm>
#include <iterator>
#include "print.hpp"
using namespace std;

class IntSequence {
  private:
    int value;
  public:
    IntSequence (int initialValue)     // constructor
     : value(initialValue) {
    }

    int operator() () {                // ''function call''
        return ++value;
    }
};

int main()
{
    list<int> coll;

    // insert values from 1 to 9
    generate_n (back_inserter(coll),   // start
                9,                     // number of elements
                IntSequence(1));       // generates values, starting with 1

    PRINT_ELEMENTS(coll);

    // replace second to last element but one with values starting at 42
    generate (next(coll.begin()),      // start
              prev(coll.end()),        // end
              IntSequence(42));        // generates values, starting with 42

    PRINT_ELEMENTS(coll);
}
```

本例以 function object `IntSequence` 生成一个整数序列。每当其 operator () 被调用，就返回一个整数值（译注：返回之前会先累加 1）。至于初值，可通过构造函数的实参加以指定。

本例有两个这样的 function object，分别被 `generate()` 和 `generate_n()` 算法使用。这两个算法的作用是产生数值并写入容器：

```
generate_n (back_inserter(coll),
            9,
            IntSequence(1));
```

中的表达式

```
IntSequence(1)
```

便是以 1 为初值产生这么一个 function object。`generate_n()` 算法前后共 9 次运用它写入元素值，而它也实实在在地产生了数值 2～10。同样道理，以下表达式：

```
IntSequence(42)
```

会产出以 42 为初值的 function object。`generate()` 算法运用这些值改写了“自第二个开始，至倒数第二个”元素。[1] 程序输出如下：

```
2 3 4 5 6 7 8 9 10
2 43 44 45 46 47 48 49 10
```

只要改变 operator ()，就可以轻松产出更复杂的序列。

默认情况下 function object 是 passed by value，不是 passed by reference，因此算法并不会改变 function object 的状态。例如以下产生的两个 function object 都从 1 开始：

```
IntSequence seq(1);     // integral sequence starting with value 1

// insert sequence beginning with 1
generate_n (back_inserter(coll), 9, seq);

// insert sequence beginning with 1 again
generate_n (back_inserter(coll), 9, seq);
```

将函数对象以 by value（而非 by reference）传递的好处是，你可以传递常量表达式或暂态表达式。如果不这么设计，你就不可能传递 `IntSequence(1)`（译注：这是个暂态表达式）。

至于缺点就是，你无法改变 function object 的状态。算法当然可以改变 function object 的状态，但你无法取得并处理其最终状态，因为算法所改变的只是 function object 的拷贝（副本）而已。然而有时候我们的确需要其最终状态，问题在于如何从一个算法中获得运算后的“结果”。

有三个办法可以从“运用了 function object”的算法中获取“结果”或“反馈”：

[1] 表达式 `std::next()` 和 `std::prev()` 始自C++11（见 9.3.2 节第 443 页）。注意，如果你使用 `++coll.begin()` 和 `--coll.end()`，有可能通不过编译（见 9.2.6 节第 440 页）。

1. 在外部持有状态，并让 function object 指向它。
2. 以 by reference 方式传递 function object。
3. 利用 `for_each()` 算法的返回值。

最后一种做法将于下一小节讨论。

为了以 by reference 方式传递 function object，你需要在调用算法时明白标示 function object 是个 reference 类型。[2] 例如：

```
// fo/sequence2.cpp

#include <iostream>
#include <list>
#include <algorithm>
#include <iterator>
#include "print.hpp"
using namespace std;

class IntSequence {
  private:
    int value;
  public:
    // constructor
    IntSequence (int initialValue)
     : value(initialValue) {
    }

    // "function call"
    int operator() () {
        return ++value;
    }
};

int main()
{
    list<int> coll;
    IntSequence seq(1);     // integral sequence starting with 1

    // insert values from 1 to 4
    // - pass function object by reference
    //   so that it will continue with 5
    generate_n<back_insert_iterator<list<int>>,
               int, IntSequence&>(back_inserter(coll),     // start
                                  4,          // number of elements
```

[2] 感谢 Philip Köster 指出这一点。

```
                                               seq);    // generates values
    PRINT_ELEMENTS(coll);

    // insert values from 42 to 45
    generate_n (back_inserter(coll),           // start
                4,                             // number of elements
                IntSequence(42));              // generates values
    PRINT_ELEMENTS(coll);

    // continue with first sequence
    // - pass function object by value
    //   so that it will continue with 5 again
    generate_n (back_inserter(coll),           // start
                4,                             // number of elements
                seq);                          // generates values
    PRINT_ELEMENTS(coll);

    // continue with first sequence again
    generate_n (back_inserter(coll),           // start
                4,                             // number of elements
                seq);                          // generates values
    PRINT_ELEMENTS(coll);
}
```

程序输出如下：

```
2 3 4 5
2 3 4 5 43 44 45 46
2 3 4 5 43 44 45 46 6 7 8 9
2 3 4 5 43 44 45 46 6 7 8 9 6 7 8 9
```

第一次调用 `generate_n()` 时 function object `seq` 是以 by reference 方式传递。是的，只需将 template 实参明白标示，就可以达到这个效果：

```
generate_n<back_insert_iterator<list<int>>,
           int, IntSequence&>(back_inserter(coll),     // start
                              4,                       // number of elements
                              seq);                    // generates values
```

调用之后，`seq` 内部值被改变了。第三次调用 `generate_n()` 时再度使用 `seq`，这次产生的序列会接续第一次调用所产生的序列。然而这个调用系以 by value 方式来传递 `seq`：

```
generate_n (back_inserter(coll),        // start
            4,                          // number of elements
            seq);                       // generates values
```

所以这次调用并不会改变 `seq` 的状态。因此最后一次调用 `generate_n()` 时序列又从 5 开始。

10.1.3 for_each()的返回值

如果你使用的算法是 for_each()，那就不必特别费神以 by reference 方式传递 function object 来获得其最终状态。for_each()有一个独门绝技，其他算法概莫有之，就是可以传回其 function object。于是你可以通过 for_each() 的返回值来获取 function object 的状态。

下面是一个使用 for_each() 返回值的极佳例子，用来处理一个序列的平均值：

```
// fo/foreach3.cpp

#include <iostream>
#include <vector>
#include <algorithm>
using namespace std;

// function object to process the mean value
class MeanValue {
  private:
    long num;      // number of elements
    long sum;      // sum of all element values
  public:
    // constructor
    MeanValue () : num(0), sum(0) {
    }

    // ''function call''
    // - process one more element of the sequence
    void operator() (int elem) {
        ++num;          // increment count
        sum += elem;    // add value
    }

    // return mean value
    double value () {
        return static_cast<double>(sum) / static_cast<double>(num);
    }
};

int main()
{
    vector<int> coll = { 1, 2, 3, 4, 5, 6, 7, 8 };
```

```
    // process and print mean value
    MeanValue mv = for_each (coll.begin(), coll.end(),   // range
                             MeanValue());               // operation
    cout << "mean value: " << mv.value() << endl;
}
```

其中的表达式

```
MeanValue()
```

会产生一个 function object 用来记录元素数量，并计算元素总和。将此 function object 传给 `for_each()`，后者便针对容器 `coll` 内的每一个元素调用 function object：

```
MeanValue mv = for_each (coll.begin(), coll.end(),
                         MeanValue());
```

返回的 function object 被赋值给 `mv`，此后你可以调用`mv.value()`查询其状态。程序输出如下：

```
mean value: 4.5
```

你甚至可以将 `MeanValue` 改得更聪明些，为它定义一个类型转换函数 operator double()。然后就可以直接使用“`for_each()` 处理过的平均值”了。详见 11.4 节第 522 页实例。

Lambda 提供一个更方便指定此种行为的做法（ 10.3.2 节第 500 页有一个相应例子）。然而这并不意味着 lambda 总是好过 function object。当我们需要类型的时候，function object 还是比较方便，例如当我们需要为 associative 或 unordered 容器声明一个 hash 函数或一个排序准则或相等准则。 Function object 通常是全局性的（globally），这一事实有利于我们把它放入头文件或程序库，而 lambda 则是方便局部性地（locally）指明行为。

10.1.4 Predicate（判断式） vs. Function Object（函数对象）

所谓 predicate（判断式），就是返回 Boolean 值（意指任何可转为 `bool` 的值）的函数或 function object。对STL而言并非所有返回 Boolean 值的函数都是合法的 predicate。这可能会导致出人意料的行为。试看下例：

```
// fo/removeif1.cpp

#include <iostream>
#include <list>
#include <algorithm>
#include "print.hpp"
using namespace std;
```

```
class Nth {      //function object that returns true for the nth call
  private:
    int nth;         // call for which to return true
    int count;       // call counter
  public:
    Nth (int n) : nth(n), count(0) {
    }
    bool operator() (int) {
        return ++count == nth;
    }
};

int main()
{
    list<int> coll = { 1, 2, 3, 4, 5, 6, 7, 8, 9, 10 };
    PRINT_ELEMENTS(coll,"coll:        ");

    // remove third element
    list<int>::iterator pos;
    pos = remove_if(coll.begin(),coll.end(),  // range
                    Nth(3));                  // remove criterion
    coll.erase(pos,coll.end());

    PRINT_ELEMENTS(coll,"3rd removed: ");
}
```

这个程序定义了一个 function object Nth，当它第 *n* 次被调用时会返回 true。然而如果你把它传给 remove_if()——此算法会把每一个“令单参数判断式（unary predicate）结果为 true”的元素移除，参见 11.7.1 节第 575 页——得到的结果会让你大吃一惊：[3]

```
coll:        1 2 3 4 5 6 7 8 9 10
3rd removed: 1 2 4 5 7 8 9 10
```

两个（而非一个）元素——也就是第 3 和第 6 个元素——被移除了！为什么这样？因为该算法的常见做法会在其内部保留 predicate 的一份拷贝（副本）：

```
template <typename ForwIter, typename Predicate>
ForwIter std::remove_if(ForwIter beg, ForwIter end,
                        Predicate op)
{
    beg = find_if(beg, end, op);
```

[3] 这是 gcc 4.5 和 Visual C++ 2010 的输出，其他平台也许会有不同输出，见以下讨论。

```
        if (beg == end) {
            return beg;
        }
        else {
            ForwIter next = beg;
            return remove_copy_if(++next, end, beg, op);
        }
    }
```

这个算法使用 find_if() 查找应被移除的第一个元素。然而，接下来它使用传入的 predicate op的拷贝去处理剩余元素，这时原始状态下的 Nth 再次被使用，因而会移除剩余元素中的第 3 个元素，也就是整体的第 6 个元素。

这种行为不能说是一种错误，因为 C++ standard 并未明定 predicate 是否可被算法复制一份拷贝。因此，为了获得C++ 标准库的保证行为，你传递的 function object 其行为“不应该因被复制次数或被调用次数而异”。也就是说，如果你以两个相同的实参调用同一个 unary predicate，该式应该总是返回相同结果。

换句话说，predicate 不应该因为被调用而改变自身状态；predicate 的拷贝应该和其正本有着相同状态。要达到这一点，你一定得保证不能因为函数调用而改变 predicate 的状态，你应当将 operator () 声明为 const 成员函数。

其实我们完全可以避免这种尴尬结果，让算法和 Nth 这样的 function object 一起正常运作，而且效率不打折扣。你可以这么实现 remove_if()，直接以其 find_if()的内容替换其调用：

```
template <typename ForwIter, typename Predicate>
ForwIter std::remove_if(ForwIter beg, ForwIter end,
                        Predicate op)
{
    while (beg != end && !op(*beg)) {
        ++beg;
    }
    if (beg == end) {
        return beg;
    }
    else {
        ForwIter next = beg;
        return remove_copy_if(++next, end, beg, op);
    }
}
```

像上面这样改变 remove_if() 的实现代码，或是向标准库实现小组提交一份更改申请，也许是个好主意。就我所知，目前的 STL 实现中只有 remove_if() 算法有此问题。如果你换用 remove_copy_if()，一切正常。（是否“C++ 标准库应该保证绝不出现本例所呈现的情况”，目前仍在讨论之中，未有结论。）然而如果考量可移植性，你永远不该依赖任何实现细节，你应该总是将 predicate 的 operator () 声明为 const 成员函数。

注意，如果采用 lambda，你可以让 function object 的每一个拷贝共享状态，这个问题就不会发生。详见 10.3.2 节第 501 页。

10.2 预定义的 Function Object 和 Binder

一如 6.10.2 节第 239 页所言，C++ 标准库提供了许多预定义的 function object 和 binder，后者允许你合成更多精巧的 function object。我们称之为机能合成（functional composition）的能力，其所要求的基础 function object 和 adapter 都在本节呈现。欲使用它们，你必须首先包含头文件`<functional>`：

```
#include <functional>
```

10.2.1 预定义的 Function Object

表10.1列出了所有预定义的 function object，其中`bit_and`、`bit_or`及`bit_xor`始自C++11。

表达式	效果
`negate<`*type*`>()`	- *param*
`plus<`*type*`>()`	*param1* + *param2*
`minus<`*type*`>()`	*param1* - *param2*
`multiplies<`*type*`>()`	*param1* * *param2*
`divides<`*type*`>()`	*param1* / *param2*
`modulus<`*type*`>()`	*param1* % *param2*
`equal_to<`*type*`>()`	*param1* == *param2*
`not_equal_to<`*type*`>()`	*param1* != *param2*
`less<`*type*`>()`	*param1* < *param2*
`greater<`*type*`>()`	*param1* > *param2*
`less_equal<`*type*`>()`	*param1* <= *param2*
`greater_equal<`*type*`>()`	*param1* >= *param2*
`logical_not<`*type*`>()`	! *param*
`logical_and<`*type*`>()`	*param1* && *param2*
`logical_or<`*type*`>()`	*param1* || *param2*
`bit_and<`*type*`>()`	*param1* & *param2*
`bit_or<`*type*`>()`	*param1* | *param2*
`bit_xor<`*type*`>()`	*param1* ^ *param2*

表 10.1 预先定义好的 Function Object

对对象排序或比较（用于排序函数和 associative 容器）时，默认以 `less<>` 为比较准则，因此默认的排序操作总是产生升序（也就是*element* < *nextElement*）。Unordered 容器的默认相等性准则是 `equal_to<>`。

为了对“国际化字符串”（internationalized string）进行比较，C++ 标准库提供能力，允许你使用 locale 对象作为 function object，使它们能被当作一个 string 排序准则（详见 16.3 节第 868 页）。

10.2.2 Function Adapter 和 Binder

所谓 function adapter（函数适配器，函数改造器），是指能够将不同的 function object（或是和某值或某寻常函数）结合起来的东西，它自身也是个 function object（参见 composite pattern，[*GoF:DesignPatterns*]）。然而随着时间过去，function object 的合成方式有了变化。事实上 C++98 提供的所有这方面的特性已经因为C++11的到来而全部过时，C++11引入了更方便更弹性的 adapter。这里我首先展示合成 function object 的当前做法。10.2.4 节第 497 页将给出一份过时特性的扼要概览。

表10.2列出了自C++11开始，C++ 标准库提供的 function adapter。

表达式	效果
`bind(`*op*`,`*args*`...)`	将 *args* 绑定给 *op*
`mem_fn(`*op*`)`	调用 *op*`()`，把它当作某个 object（或 pointer to object）的成员函数
`not1(`*op*`)`	单参反相（unary negation）：`!`*op*`(`*param*`)`
`not2(`*op*`)`	双参反相（binary negation）：`!`*op*`(`*param1*`,`*param2*`)`

表 10.2 预定义的 Function Adapter

最重要的 adapter 就是 `bind()`。它允许你：

- 在既有的或预定义的 function object 之外另配接及合成（adapt and compose）新的 function object。
- 调用全局函数（global function）。
- 针对 object、pointer to object 和 smart pointer to object 调用成员函数。

`bind()` Adapter

一般而言 `bind()` 用来将参数绑定于可调用对象（callable object，见 4.4 节第 54 页）。因此，如果一个函数、成员函数、函数对象（function object）或 lambda 需要若干参数，你可以将参数绑定为“明白指出的”或“被传入的”实参。欲明白指出实参，你只需写出其名称，欲使用被传入的实参，则可利用预定义占位符 `_1`、`_2`、…，它们被定义于命名空间 `std::placeholders` 内。

Binder 的一个典型应用是，当使用“C++ 标准库提供之预定义 function object”时具体指定参数（见 10.2.1 节第 486 页）。例如：

```
// fo/bind1.cpp

#include <functional>
#include <iostream>

int main()
{
    auto plus10 = std::bind(std::plus<int>(),
                            std::placeholders::_1,
                            10);
    std::cout << "+10:    " << plus10(7) << std::endl;

    auto plus10times2 = std::bind(std::multiplies<int>(),
                                  std::bind(std::plus<int>(),
                                            std::placeholders::_1,
                                            10),
                                  2);
    std::cout << "+10 *2: " << plus10times2(7) << std::endl;

    auto pow3 = std::bind(std::multiplies<int>(),
                          std::bind(std::multiplies<int>(),
                                    std::placeholders::_1,
                                    std::placeholders::_1),
                          std::placeholders::_1);
    std::cout << "x*x*x:  " << pow3(7) << std::endl;

    auto inversDivide = std::bind(std::divides<double>(),
                                  std::placeholders::_2,
                                  std::placeholders::_1);
    std::cout << "invdiv: " << inversDivide(49,7) << std::endl;
}
```

这里出现四个不同的 binder，分别定义出不同的 function object。例如 plus10 定义为：

```
std::bind(std::plus<int>(),
          std::placeholders::_1,
          10)
```

它所表现的 function object 内部调用 plus<>（也就是 operator +），以占位符（placeholder）_1 作为第一参数/操作数，以 10 作为第二参数/操作数。占位符 _1 表示实际传入此表达式之第一实参。于是，对于传给此表达式之任何实参，这个 function object 会产出“实参 +10”的结果值。

为了避免沉闷而令人生厌地重复写出命名空间 placeholders，你可以使用对应的 using 指示符。有了以下两个 using 指示符，就可以缩短整个语句如下：

```
using namespace std;
using namespace std::placeholders;

bind (plus<int>(), _1, 10)       //param1+10
```

也可以直接调用 binder 而不必先为它建立一个对应的 function object。例如：

```
std::cout << std::bind(std::plus<int>(),_1,10)(32) << std::endl;
```

这会输出 42。如果你把 binder 或 function object 传给算法，后者会把它作用于所操作的每一个元素身上。例如：

```
// add 10 to each element
std::transform (coll.begin(), coll.end(),              // source
                coll.begin(),                          // destination
                std::bind(std::plus<int>(),_1,10)); // operation
```

以此方式你可以定义一个 binder 表现排序准则。例如“找出第一个大于 42 的元素”，你可以将“被传入之实参”绑定为 greater<> 的第一实参，42 为第二实参：

```
// find first element >42
auto pos = std::find_if (coll.begin(),coll.end(),
                         std::bind(std::greater<int>(),_1,42))
```

注意，你永远必须指明预定义之 function object 所使用的实参类型。如果这个类型没有能够被正确匹配，编译器会对它实施强制类型转换，若不成功将导致编译错误。

本例的其他语句示范如何嵌套合成更复杂的 function object。例如下列表达式定义了一个 function object，把 10 加在被传入的实参身上，再将结果乘以 2（以下省略命名空间）：

```
bind(multiplies<int>(),                     // (param1+10)*2
         bind(plus<int>(),_1,
                          10),
         2);
```

如你所预期，表达式的核定（evaluated）次序是由内而外。

同样道理，我们可以制造一个值的三次方：组合两个 multiplies<> 对象并绑定被传入的实参（使用占位符）。

```
bind(multiplies<int>(),                     // (param1*param1)*param1
         bind(multiplies<int>(),_1,
                                _1),
         _1);
```

最后一个表达式所定义的 function object 将除法的实参互换。它拿第二实参去除以第一实参：

```
bind(divides<double>(),_2,                  // param2/param1
                       _1);
```

程序整体输出如下：

```
+10:    17
+10 *2: 34
x*x*x:  343
invdiv: 0.142857
```

6.10.3 节第 241 页提供了 binder 的其他应用例子。10.3.1 节第 499 页以 lambda 完成了相同功能。

调用全局函数

下面的例子示范了 `bind()` 如何被用来调用全局函数（10.3.3 节第 502 页有一个 lambda 版本）：

```
// fo/compose3.cpp

#include <iostream>
#include <algorithm>
#include <functional>
#include <locale>
#include <string>
using namespace std;
using namespace std::placeholders;

char myToupper (char c)
{
    std::locale loc;
    return std::use_facet<std::ctype<char> >(loc).toupper(c);
}

int main()
{
    string s("Internationalization");
    string sub("Nation");

    // search substring case insensitive
    string::iterator pos;
    pos = search (s.begin(),s.end(),              // string to search in
                  sub.begin(),sub.end(),          // substring to search
                  bind(equal_to<char>(),          // compar. criterion
                       bind(myToupper,_1),
                       bind(myToupper,_2)));
    if (pos != s.end()) {
        cout << "\"" << sub << "\" is part of \"" << s << "\""
             << endl;
    }
}
```

这里我们使用search()算法检验sub是否为s的一个子字符串，大小写不计。有了以下：

```
bind(equal_to<char>(),
     bind(myToupper,_1),
     bind(myToupper,_2)));
```

便是建立一个 function object 并相当于调用：

```
myToupper(param1)==myToupper(param2)
```

其中 myToupper() 是我们自己写的一个便捷函数，用来将 string 内的字符转为大写（详见 16.4.4 节第 891 页）。

请注意，bind() 内部会复制被传入的实参。若要改变这种行为，让 function object 使用一个 reference 指向被传入之实参，可利用 ref() 或 cref()（见 5.4.3 节第 132 页）。例如：

```
void incr (int& i)
{
    ++i;
}

int i=0;
bind(incr,i)();        // increments a copy of i, no effect for i
bind(incr,ref(i))();   // increments i
```

调用成员函数

以下程序示范 bind() 如何被用来调用成员函数（10.3.3 节第 503 页有一个 lambda 版本）：

```
// fo/bind2.cpp

#include <functional>
#include <algorithm>
#include <vector>
#include <iostream>
#include <string>
using namespace std;
using namespace std::placeholders;

class Person {
  private:
    string name;
  public:
    Person (const string& n) : name(n) {
    }
    void print () const {
        cout << name << endl;
```

```
    }
    void print2 (const string& prefix) const {
        cout << prefix << name << endl;
    }
    ...
};

int main()
{
    vector<Person> coll
            = { Person("Tick"), Person("Trick"), Person("Track") };

    // call member function print() for each person
    for_each (coll.begin(), coll.end(),
              bind(&Person::print,_1));
    cout << endl;

    // call member function print2() with additional argument for each person
    for_each (coll.begin(), coll.end(),
              bind(&Person::print2,_1,"Person: "));
    cout << endl;

    // call print2() for temporary Person
    bind(&Person::print2,_1,"This is: ")(Person("nico"));
}
```

其中的

```
bind(&Person::print,_1)
```

定义一个 function object，其内针对传入的 Person 调用 *param1*.print()。也就是说，由于第一实参是个成员函数，下一个实参将定义“用以调用成员函数”的对象。

其他任何实参都会被传递给该成员函数。这意味着：

```
bind(&Person::print2,_1,"Person: ")
```

定义出一个 function object，其内针对传入的 Person 调用 *param1*.print2("Person: ")。

在这儿，传入的对象是 coll 的成员（元素）。原则上你可以直接传递对象，例如：

```
Person n("nico");
bind(&Person::print2,_1,"This is: ")(n);
```

这会导致调用 n.print2("This is: ")。

本程序输出如下：

```
Tick
Trick
Track

Person: Tick
Person: Trick
Person: Track

This is: nico
```

注意，你也可以传递 pointer to object 甚至 smart pointer 给 `bind()`：

```
std::vector<Person*> cp;
...
std::for_each (cp.begin(), cp.end(),
               std::bind(&Person::print,
                         std::placeholders::_1));

std::vector<std::shared_ptr<Person>> sp;
...
std::for_each (sp.begin(), sp.end(),
               std::bind(&Person::print,
                         std::placeholders::_1));
```

注意，你也可以调用“具改动能力的成员函数”(modifying member function)：

```
class Person {
  public:
    ...
    void setName (const std::string& n) {
        name = n;
    }
};

std::vector<Person> coll;
...
std::for_each (coll.begin(), coll.end(),          // give all Persons same name
               std::bind(&Person::setName,
                         std::placeholders::_1,
                         "Paul"));
```

调用 virtual 成员函数也没问题。如果 base class 的某个成员函数被绑定，而调用它的是个 derived class 对象，正确的 derived class virtual 函数会被调用。

mem_fn() Adapter

对于成员函数，你也可以改用 mem_fn() adapter，那就不再需要以占位符表示调用者（对象）：

```
std::for_each (coll.begin(), coll.end(),
               std::mem_fn(&Person::print));
```

若有额外实参被传给成员函数， mem_fn() 就拿其中第一实参作为调用者（对象），其他实参当作成员函数的实参：

```
std::mem_fn(&Person::print)(n);              // calls n.print()
std::mem_fn(&Person::print2)(n,"Person: ");  // calls n.print2("Person: ")
```

然而，如果要为 function object 绑定额外实参，还是必须使用 bind()：

```
std::for_each (coll.begin(), coll.end(),
               std::bind(std::mem_fn(&Person::print2),
               std::placeholders::_1,
               "Person: "));
```

绑定至数据成员（Data Member）

你也可以绑定至数据成员。考虑以下例子（命名空间在此省略不写）：[4]

```
map<string,int> coll;    // map of int values associated to strings
...
// accumulate all values (member second of the elements)
int sum
 = accumulate (coll.begin(), coll.end(),
               0,
               bind(plus<int>(),
                    _1,
                    bind(&map<string,int>::value_type::second,
                         _2)));
```

这里调用 accumulate()，它使用一个 binary predicate 对所有元素求和（详见 11.11.1 节第 623 页）。然而由于我们的容器是个 map，其元素是 key/value pair，为了得到对元素的 value 的访问权，必须这么做：

```
bind(&map<string,int>::value_type::second,_2)
```

把“每次调用这个 predicate 所传入的第二实参”绑定为元素的数据成员 second。

Adapter not1()和not2()

Adapter not1() 和 not2() 几乎可被视为过时。[5] 它们的唯一用途是令预定义的 function object 的意义相反，例如：

---

[4] 本例基于取自 [*Karlsson:Boost*] 第260页的代码，感谢作者的友善许可。

[5] 事实上它们在C++11中已近似不再被赞同，见 [*N3198:DeprAdapt*]。

```
std::sort (coll.begin(), coll.end(),
           std::not2(std::less<int>()));
```

这看起来比下面简便多了：

```
std::sort (coll.begin(), coll.end(),
           std::bind(std::logical_not<bool>(),
                     std::bind(std::less<int>(),_1,_2)));
```

然而真实世界中并没有 `not1()` 和 `not2()` 真正可发挥的剧本，因为你可以轻松选用另一个预定义的 function object：

```
std::sort (coll.begin(), coll.end(),
           std::greater_equal<int>());
```

更重要的是，请注意，`not2()` 搭配 `less<>` 其实是错误的。你或许想的是改变排序准则，从升序改为降序，但 `<` 的反相是 `>=`，不是 `>`。事实上，`greater_equal<>` 甚至会导致不明确行为，因为 `sort()` 要求一个 *strict weak ordering*，`<` 满足条件，`>=` 则不然，因为它违反“必须是反对称的（antisymmetric）”条件（见 7.7 节第 314 页）。因此，你要不就传递：

```
greater<int>()
```

要不就交换实参次序，这么传递：

```
bind(less<int>(),_2,_1)
```

10.2.4 节第 497 页有另一个例子，使用 `not1()` 和 `not2()` 并搭配其他过时的 function adapter。

10.2.3 以 Function Adapter 搭配用户自定义的 Function Object

你也可以把 binder 用在你自定义的 function object 身上。以下展示了一份 function object 的完整定义，它把第二实参当作第一实参的幂：

```
// fo/fopow.hpp

#include <cmath>

template <typename T1, typename T2>
struct fopow
{
    T1 operator() (T1 base, T2 exp) const {
        return std::pow(base,exp);
    }
};
```

注意，第一实参和返回值拥有相同的类型 `T1`，指数则可以拥有不同的类型 `T2`。

下列程序展示了如何使用用户自定义的 function object fopow<>()。更明确地说，它使用 fopow<>() 搭配bind() function adapter：

```
// fo/fopow1.cpp

#include <iostream>
#include <vector>
#include <algorithm>
#include <iterator>
#include <functional>
#include "fopow.hpp"
using namespace std;
using namespace std::placeholders;

int main()
{
    vector<int> coll = { 1, 2, 3, 4, 5, 6, 7, 8, 9 };

    // print 3 raised to the power of all elements
    transform (coll.begin(), coll.end(),                // source
               ostream_iterator<float>(cout," "),      // destination
               bind(fopow<float,int>(),3,_1));          // operation
    cout << endl;

    // print all elements raised to the power of 3
    transform (coll.begin(), coll.end(),                // source
               ostream_iterator<float>(cout," "),      // destination
               bind(fopow<float,int>(),_1,3));          // operation
    cout << endl;
}
```

程序输出如下：

```
3 9 27 81 243 729 2187 6561 19683
1 8 27 64 125 216 343 512 729
```

注意，fopow<>() 只对 float 和 int 有意义。如果你以 int 作为其 base（底数）和 exponent（指数）类型，其实就是调用 pow() 并给予两个类型为 int 的实参，但这样不具可移植性，因为根据 C++ standard 的说法，pow() 有许多重载版本，接受一个以上（但非全部）基础类型：

```
transform (coll.begin(), coll.end(),
           ostream_iterator<int>(cout," "),
           bind1st(fopow<int,int>(),3));        // ERROR: ambiguous
```

关于这个问题，详见 17.3 节第 942 页。

10.2.4 过时的（Deprecated）Function Adapter

表10.3列出了 C++11 之前C++ 标准库所提供的预定义 function adapter class，如今它们都已过时。[6] 只因唯恐你遭遇这些过时的东西，所以这里列出一些精简的例子，示范如何使用它们。

表达式	效果
bind1st(*op*,*arg*)	调用 *op*(*arg*,*param*)
bind2nd(*op*,*arg*)	调用 *op*(*param*,*arg*)
ptr_fun(*op*)	调用 **op*(*param*) 或 **op*(*param1*,*param2*)
mem_fun(*op*)	调用 *op*()，视之为一个 pointer to object 的成员函数
mem_fun_ref(*op*)	调用 *op*()，视之为一个 object 的成员函数
not1(*op*)	单参反相（unary negation）：!*op*(*param*)
not2(*op*)	单参反相（binary negation）：!*op*(*param1*,*param2*)

表 10.3 过时的若干预定义 Function Adapter

注意，这些 adapter 都需要使用定义于 function object 中的若干类型。为了定义那些类型，C++ 标准库为 function adapter 提供了特殊的 base class：std::unary_function<> 和 std::binary_function<>。这些 class 如今也都过时了。

bind1st() 和 bind2nd() 的用法很像 bind()，但它们有固定的参数绑定位置。举个例子：

```
// find first element >42
std::find_if (coll.begin(),coll.end(),                    // range
              std::bind2nd(std::greater<int>(),42))       // criterion
```

然而bind1st() 和 bind2nd() 不能被用来将 binder 合成为 binder，也不能直接传入寻常函数。

not1() 和 not2() “几乎过时”，因为它们的唯一用途就是和其他过时的 function adapter 合作。举个例子：

```
std::find_if (coll.begin(), coll.end(),
              std::not1(std::bind2nd(std::modulus<int>(),2)));
```

以上找出第一个 int 偶数的位置（偶数就是 %2 结果为 0，not1() 则是把结果反相为 true）。这比使用新式 binder（如下）看起来方便些：

```
std::find_if (coll.begin(), coll.end(),
              std::bind(std::logical_not<bool>(),
                        std::bind(std::modulus<int>(),
                                  std::placeholders::_1,
                                  2)));
```

[6] 虽然 not1() 和 not2() 未被官方视为过时，但现实中你需要搭配其他过时的 function adapter 才能使用它们。

真正的大改善则是使用 lambda：

```
std::find_if (coll.begin(), coll.end(),
              [](int elem){
                  return elem%2==0;
              });
```

ptr_fun() 用来调用寻常函数。假设你有一个全局函数，它为每一个参数进行某种检验：

```
bool check(int elem);
```

你可以调用下面的语句找出第一个不通过检验的元素：

```
std::find_if (coll.begin(), coll.end(),              // range
              std::not1(std::ptr_fun(check)));      // search criterion
```

当你有一个全局函数，带两个参数，并且（举例）打算将它当作单参（unary）函数使用，这时 ptr_fun() 的第二形式可以派上用场：

```
// find first string that is not empty
std::find_if (coll.begin(), coll.end(),
              std::bind2nd(std::ptr_fun(std::strcmp),""));
```

在这里，strcmp() C 函数被用来比较每个元素是否等于empty C-string。如果两个 string 吻合，strcmp() 就返回 0，相当于 false。因此，调用 find_if() 会返回第一个非空字符串的元素位置。

mem_fun() 和 mem_fun_ref() 被用来定义"其内调用成员函数"的 function object。[7] 例如：

```
class Person {
  public:
    void print () const;
    ...
};

const std::vector<Person> coll;
...
// call member function print() for each person
std::for_each (coll.begin(), coll.end(),
               std::mem_fun_ref(&Person::print));
```

注意，被 mem_fun_ref() 和 mem_fun() 调用的成员函数，以及被当作实参传给 bind1st() 或 bind2nd() 的成员函数，必须是 *const* 成员函数。

[7] 这些 member function adapter 使用辅助 class：mem_fun_t、mem_fun_ref_t、const_mem_fun_t、const_mem_fun_ref_t、mem_fun1_t、mem_fun1_ref_t、const_mem_fun1_t 和 const_mem_fun1_ref_t。

10.3 运用 Lambda

一如 3.1.10 节第 28 页所言，lambda 的引入始自 C++11。这带来一种很具威力又十分便利的方法，允许我们提供局部机能（local functionality），特别是用来具体指明算法和成员函数的细节。虽然 lambda 是一种语言特性，但它们的运用对C++ 标准库是如此重要，因此我要在这里好好谈谈它们。

正如 6.9 节第 229 页的介绍，lambda 为 C++ 带来十分重要而深具意义的改善（当我们使用 STL 时）。因为如今你有了一个直观、易读的方式，可将独特的行为传递给算法和容器的成员函数。如果你需要将特定行为传给算法，只要在需要的地方像指明函数那样把它写出来即可。

示范 lambda 用法的最佳方式就是给出实例，尤其当我们拿它和“未使用 lambda”的情况比较。下面数个小节中我给出了数个例子，呼应先前使用其他 function object 和 adapter 如 bind()。

10.3.1 Lambda vs. Binder

先拿 *fo/bind1.cpp* 说说，那是 10.2.2 节第 488 页的一个例子。当我们改用 lambda，相应代码看起来如下：

```
// fo/lambda1.cpp

#include <iostream>

int main()
{
    auto plus10 = [] (int i) {
                      return i+10;
                  };
    std::cout << "+10:     " << plus10(7) << std::endl;

    auto plus10times2 = [] (int i) {
                            return (i+10)*2;
                        };
    std::cout << "+10 *2: " << plus10times2(7) << std::endl;

    auto pow3 = [] (int i) {
                    return i*i*i;
                };
    std::cout << "x*x*x:  " << pow3(7) << std::endl;

    auto inversDivide = [] (double d1, double d2) {
                            return d2/d1;
                        };
    std::cout << "invdiv: " << inversDivide(49,7) << std::endl;
}
```

拿下面这个 function object 声明式来比较：使用 binder 制造出“加 10 而后乘以 2”。

```
auto plus10times2 = std::bind(std::multiplies<int>(),
                              std::bind(std::plus<int>(),
                                        std::placeholders::_1,
                                        10),
                              2);
```

以 lambda 定义相同的机能，如下：

```
auto plus10times2 = [] (int i) {
                        return (i+10)*2;
                    };
```

10.3.2 Lambda vs. 带有状态的（Stateful） Function Object

让我们以 lambda 替换定制的 function object。考虑 10.1.3 节第 482 页那个计算元素中值（mean value）的程序。改用 lambda 之后看起来如下：

```
// fo/lambda2.cpp

#include <iostream>
#include <vector>
#include <algorithm>
using namespace std;

int main()
{
   vector<int> coll = { 1, 2, 3, 4, 5, 6, 7, 8 };

   // process and print mean value
   long sum = 0;
   for_each (coll.begin(), coll.end(),  // range
             [&sum] (int elem) {
                 sum += elem;
             });
   double mv = static_cast<double>(sum)/static_cast<double>(coll.size());
   cout << "mean value: " << mv << endl;
}
```

这里，不再需要针对将被传入的 function object 定义一个 class，只要传入你所需要的机能就是了。然而计算所得的状态（state）被置于 lambda 之外的变量 sum，所以你最终必须使用 sum 来计算中值（mean value）。

在 function object 中，状态（sum）将被彻底封装，我们可以提供额外的成员函数来处理状态，例如以 sum 为基础计算中值。

```
MeanValue mv = for_each (coll.begin(), coll.end(),   // range
                         MeanValue());                // operation
cout << "mean value: " << mv.value() << endl;
```

所以，从调用端的视角观之，你可以把“用户自定义的 function object”视为比“这里所展示的 lambda 版本”更紧凑更不易造成错误。

处理状态（state）时，如果使用 `mutable` 就该特别小心。考虑 10.1.4 节第 483 页的例子，其中的查找准则（search criterion）是个带状态的 function object，用来寻找第三元素。其对应的 lambda 版本严格讲应该以 by value 方式传递内部计数器（用来表现状态）。之所以 by value 是因为这个计数器在此次算法调用之外是不需要的。写上 `mutable` 你便可以对该状态提供 write 访问权，且适用于对它的所有函数调用：

```
// fo/lambda3.cpp

#include <iostream>
#include <list>
#include <algorithm>
#include "print.hpp"
using namespace std;

int main()
{
    list<int> coll = { 1, 2, 3, 4, 5, 6, 7, 8, 9, 10 };
    PRINT_ELEMENTS(coll,"coll:        ");

    // remove third element
    list<int>::iterator pos;
    int count=0;      // call counter
    pos = remove_if(coll.begin(),coll.end(),    // range
                    [count] (int) mutable {     // remove criterion
                        return ++count == 3;
                    });
    coll.erase(pos,coll.end());

    PRINT_ELEMENTS(coll,"3rd removed: ");
}
```

然而一如 10.1.4 节第 483 页所述，你可能会陷入同一个问题，第三和第六元素都被移除了，导致以下输出：

```
coll:        1 2 3 4 5 6 7 8 9 10
3rd removed: 1 2 4 5 7 8 9 10
```

之所以如此，因为 lambda 对象被 `remove_if()` 算法在执行过程中复制了一份，于是存在两个 lambda 对象都移除第三元素，导致重复的行为。

如果你以 by reference 方式传递实参，又未使用 mutable，那么行为一如预期，因为 remove_if() 内部所用的两个 lambda 对象共享同一状态。因此，对于下面的动作：

```
int count=0;        // call counter
pos = remove_if(coll.begin(),coll.end(),  // range
                [&count] (int) {          // remove criterion
                    return ++count == 3;
                });
```

输出将是：

```
coll:        1 2 3 4 5 6 7 8 9 10
3rd removed: 1 2 4 5 6 7 8 9 10
```

10.3.3 Lambda 调用全局函数和成员函数

当然，任何 lambda 都可以调用其他函数，所以 10.2.2 节第 490 页的 *fo/compose3.cpp* 的 lambda 版本看起来如下：

```
// fo/lambda4.cpp

#include <iostream>
#include <algorithm>
#include <locale>
#include <string>
using namespace std;

char myToupper (char c)
{
    std::locale loc;
    return std::use_facet<std::ctype<char> >(loc).toupper(c);
}

int main()
{
    string s("Internationalization");
    string sub("Nation");

    // search substring case insensitive
    string::iterator pos;
    pos = search (s.begin(),s.end(),            // string to search in
                  sub.begin(),sub.end(),        // substring to search
                  [] (char c1, char c2) {       // compar. criterion
                      return myToupper(c1)==myToupper(c2);
                  });
```

```
    if (pos != s.end()) {
        cout << "\"" << sub << "\" is part of \"" << s << "\""
             << endl;
    }
}
```

当然，你可以用相同方式调用成员函数（请和 10.2.2 节第 491 页比较）：

```
// fo/lambda5.cpp

#include <functional>
#include <algorithm>
#include <vector>
#include <iostream>
#include <string>
using namespace std;
using namespace std::placeholders;

class Person {
  private:
    string name;
  public:
    Person (const string& n) : name(n) {
    }
    void print () const {
        cout << name << endl;
    }
    void print2 (const string& prefix) const {
        cout << prefix << name << endl;
    }
    ...
};

int main()
{
    vector<Person> coll
            = { Person("Tick"), Person("Trick"), Person("Track") };

    // call member function print() for each person
    for_each (coll.begin(), coll.end(),
              [] (const Person& p) {
                  p.print();
              });
    cout << endl;
```

```
    // call member function print2() with additional argument for each person
    for_each (coll.begin(), coll.end(),
              [] (const Person& p) {
                  p.print2("Person: ");
              });
}
```

10.3.4 Lambda 作为 Hash 函数、排序准则或相等准则

一如先前所言，你也可以使用 lambda 作为 hash 函数、排序准则或相等准则。例如：

```
class Person {
    ...
};

auto hash = [] (const Person& p) {
    ...
};
auto eq = [] (const Person& p1, Person& p2) {
    ...
};

// create unordered set with user-defined behavior
unordered_set<Person,decltype(hash),decltype(eq)> pset(10,hash,eq);
```

注意，你必须使用 decltype 将 lambda 的类型传给 unordered_set，因为后者会建立属于它自己的一份实例。此外你也必须传递一个 hash 函数和相等准则给构造函数，否则构造函数会调用 hash 函数和相等准则的 default 构造函数，而那对 lambda 而言是未定义的。

基于这些不方便性，在这里，针对 function object 给出一个 class，也许可读性较高，甚至较便捷。所以当涉及状态（state）时，lambda 并非总是较好的选择。

7.9.7 节第 379 页有一个完整例子，示范如何使用 lambda 为 unordered 容器指明一个 hash 函数和一个相等准则。

第11章
STL 算法

本章描述C++ 标准库提供的所有算法。首先对所有算法及其主要特征进行概述，然后展示每一个算法的确切形式，并运用一个或多个例子说明其用法。

11.1 算法头文件（Header File）

欲使用C++ 标准库的算法，首先必须包含头文件 <algorithm>：

```
#include <algorithm>
```

此文件也包含了若干辅助函数：min()、max() 和 minmax() 在 5.5.1 节第 134 页提过。迭代器函数 iter_swap() 在 9.3.4 节第 446 页提过。

某些 STL 算法用于数值处理，因此被定义于头文件 <numeric>：

```
#include <numeric>
```

C++ 标准库的数值相关组件在本书第 17 章讨论。但我决定在这里先讨论数值算法。因为就我的观点而言，它们被视为 STL 算法，远比被用来处理数值更重要。

使用 STL 算法时，你经常需要用到 function object 及 function adapter，它们都在本书第 10 章中介绍过，定义于 <functional> 中：

```
#include <functional>
```

11.2 算法概观

本节概述C++ 标准库提供的所有算法。你可以从中体会它们的能力，进而在遇到某些问题时选择最适用的算法。

11.2.1 扼要介绍

第 6 章中，借着整体讲解 STL 的大背景，我曾经介绍过算法。特别是 6.4 节第 199 页和 6.7 节第 217 页讨论了算法的角色和使用上的一些重要限制。所有 STL 算法都被设计用来处理一个或多个 iterator 区间。第一个区间通常以起点和终点表示，其他区间则多数情况下只需提供起点便足矣，其终点可自动以第一区间的元素数量推导出来。调用者必须确保这些区间的有效性，也就是说起点和终点必须指向同一容器，且起点位置必须指向一个（与终点相较）较早出现或相同的元素；其他区间必须有足够空间。

STL 算法采用覆盖（overwrite）模式而非安插（insert）模式。所以调用者必须保证标的区间拥有足够空间。当然，你也可以运用特殊的 insert iterator（见 9.4.2 节第 454 页）将覆盖模式改变为安插模式。

为了提高灵活度和功效，某些 STL 算法允许使用者传递自定义操作，由 STL 算法调用之。这些操作既可以是寻常函数，也可以是 function object；如果其返回值是个 Boolean，它们便被称为*predicate*（判断式）。你可以运用 predicate 完成以下工作：

- 对于查找（search）算法，你可以传递一个函数或 function object 或 lambda，表现出一个 unary predicate 作为查找准则。这个 unary predicate 用来判断某元素是否符合条件。例如你可以查找第一个“小于 50”的元素。
- 对于排序（sorting）算法，你可以传递一个函数或 function object 或 lambda，表现出一个 binary predicate 作为排序准则。这个 binary predicate 用来比较两元素。例如你可以传递一个准则让 Person 对象按姓氏排序（ 10.1.1 节第 476 页有一个实例）。
- 你可以传递一个 unary predicate 作为准则，判断是否应该对某元素施以某项操作。例如你可以令奇数值元素被移除。
- 你可以为某个数值算法指定一个数值运算。例如你可以让通常用来求和（sum）的 `accumulate()`算法改为求积（product）。

注意，predicate 不应该在被调用的过程中改变自身状态（见 10.1.4 节第 483 页）。

关于可被当作算法参数的寻常函数、function object 和 lambda，请参考 6.8 节第 224 页、6.9 节第 229 页、 6.10 节第 233 页和第 10 章。

11.2.2 算法分门别类

不同的算法满足不同的需求。所以，我们可以根据它们的主要目的加以分类。例如某些算法的操作是只读的（read only），某些算法会改动元素自身，某些则改动元素顺序。本节简单介绍每个算法的功能，并指出相似算法之间的区别。

为了顾名思义，STL 设计者为算法命名时，引入了两个特殊后缀：

1. **后缀 _if** 如果某算法有两个形式，参数个数相同，但第一形式要求传入一个值，第二形式要求传入一个函数或 function object，那么后缀 _if 就派上用场。无后缀的那个要求数值，有后缀的那个要求函数或 function object。例如 find() 用来查找具有某值的元素，而 find_if() 接受一个被当作查找准则的函数或 function object，查找第一个满足该准则的元素。

   并非所有"要求传递函数或 function object"的算法都有后缀 _if。如果算法以额外参数接受这样的函数或 function object，那么这样的算法就不易名。例如当你调用 min_element() 并传入两个实参，该算法以 operator < 为比较准则，返回区间中的最小元素，但如果你传入第三实参，这个实参会被当作比较准则。
2. **后缀 _copy** 这个后缀用来表示在此算法中元素不只被操作，还会被复制到标的区间。例如 reverse() 将区间中的元素颠倒次序，而 reverse_copy() 则是逆序将元素复制到另一区间。

接下来数节将按照以下分类方式描述各 STL 算法：

- 非更易型算法（nonmodifying algorithm）
- 更易型算法（modifying algorithm）
- 移除型算法（removing algorithm）
- 变序型算法（mutating algorithm）
- 排序算法（sorting algorithm）
- 已排序区间算法（sorted-range algorithm）
- 数值算法（numeric algorithm）

如果某个算法同时隶属多个分类，我会把它放在我认为最贴切的分类中讲述。

非更易型算法（Nonmodifying Algorithm）

非更易型算法既不改动元素次序，也不改动元素值。它们通过 input 迭代器和 forward 迭代器完成工作，因此可作用于所有标准容器身上。表11.1展示了C++ 标准库囊括的所有非更易型算法。还有一些非更易型算法专门用来操作已排序（sorted）输入区间，见第 515 页。

最重要的算法之一便是 for_each()，它将调用者提供的操作作用于每一个元素身上，该操作通常被用来处理区间内的每个单独元素。例如你可以利用 for_each()打印区间内每个元素，或对每个元素调用某个更易型操作。然而请注意，自 C++11 起，range-based for 循环已经更方便也更自然地提供了这种行为（见 3.1.4 节第 17 页和 6.2.1 节第 174 页），因此 for_each() 恐怕将日渐失去其重要性。

有若干个非更易型算法执行查找动作。不幸的是查找算法的命名方式一团乱。此外，查找算法的命名方式又和 string 查找函数的命名大相径庭（见表11.2）。为什么会这样？还不是老掉牙的"历史因素"。首先，STL class 和 string class 乃是各自独立设计的。其次，find_end()

名称	效果	页码
for_each()	对每个元素执行某操作	519
count()	返回元素个数	524
count_if()	返回满足某一准则（条件）的元素个数	524
min_element()	返回最小值元素	526
max_element()	返回最大值元素	526
minmax_element()	返回最小值和最大值元素（始自C++11）	526
find()	查找“与被传入值相等”的第一个元素	528
find_if()	查找“满足某个准则”的第一个元素	528
find_if_not()	查找“不满足某个准则”的第一个元素（始自C++11）	528
search_n()	查找“具备某特性”之前 *n* 个连续元素	531
search()	查找某个子区间的第一次出现位置	534
find_end()	查找某个子区间的最后一次出现位置	537
find_first_of()	查找“数个可能元素中的第一个出现者”	539
adjacent_find()	查找连续两个相等（或者说符合特定准则）的元素	540
equal()	判断两区间是否相等	542
is_permutation()	两个不定序区间（unordered range）是否内含相等元素（始自C++11）	544
mismatch()	返回两序列的各组对应元素中的第一对不相等元素	546
lexicographical...	判断在“字典顺序”（lexicographically）下某序列是否小于另一序列	548
_compare()	another range	
is_sorted()	返回“是否区间内的元素已排序”（始自C++11）	550
is_sorted_until()	返回“区间内第一个未遵循排序准则的元素”（始自C++11）	550
is_partitioned()	返回“区间内的元素是否基于某准则被分割为两组”（始自C++11）	552
partition_point()	返回区间内的一个分割元素（partitioning element），它把元素切割为两组，其中一组满足某个 predicate，另一组则不然（始自C++11）	552
is_heap()	返回“是否区间内的元素形成一个 heap”（始自C++11）	554
is_heap_until()	返回“区间内第一个未遵循 heap 排序准则的元素”（始自C++11）	554
all_of()	返回“是否所有元素都吻合某准则”（始自C++11）	555
any_of()	返回“是否至少一个元素吻合某准则”（始自C++11）	555
none_of()	返回“是否无任何元素吻合某准则”（始自C++11）	555

表 11.1 非更易型算法

查找	String 函数	STL 算法
某元素第一次出现位置	find()	find()
某元素最后一次出现位置	rfind()	find()，搭配 reverse iterator
某子区间第一次出现位置	find()	search()
某子区间最后一次出现位置	rfind()	find_end()
某数个元素第一次出现位置	find_first_of()	find_first_of()
某数个元素最后一次出现位置	find_last_of()	find_first_of()，搭配 reverse iterator
n 个连续元素第一次出现位置		search_n()

表 11.2 String 查找函数和 STL 查找算法的比较

find_first_of() 和 search_n() 算法并不囊括于早期 STL。所以最后选择的名称是 find_end() 而不是 search_end()，这完全不是刻意的（说实话，一旦你钻入细节，就很容易忽略“一致性”这种大局观问题）。同样是偶发事件，search_n() 的某一形式竟然违背了原始 STL 的一般性概念。此问题描述于 11.5.3 节第 532 页。

更易型算法（Modifying Algorithm）

更易型算法，要不是直接改变元素值，就是在复制元素到另一区间的过程中改变元素值。如果是第二种情况，原区间不会发生变化。表11.3列出了 C++ 标准库囊括的更易型算法。

最基本的更易型算法是 for_each()（又是它！）和 transform()。两者都可以变动序列中的所有元素值。它们的行为有以下不同：

- **for_each()** 接受一个操作，该操作可改动其所接受的实参。因此该实参必须以 by reference 方式传递。例如：

```
void square (int& elem)      // call-by-reference
{
    elem = elem * elem;      // assign processed value directly
}
...
for_each(coll.begin(),coll.end(),          // range
         square);                          // operation
```

- **transform()** 运用某个操作，该操作返回被改动后的实参。此间奥妙在于它可以被用来将结果赋值给原元素。例如：

```
int square (int elem)        // call-by-value
{
    return elem * elem;      // return processed value
}
```

名称	效果	页码
for_each()	针对每个元素执行某项操作	519
copy()	从第一个元素开始，复制某个区间	557
copy_if()	复制那些“符合某个给定准则”的元素（始自 C++11）	557
copy_n()	复制 *n* 个元素（始自 C++11）	557
copy_backward()	从最后一个元素开始，复制某个区间	561
move()	从第一个元素开始，搬移某个区间（始自 C++11）	557
move_backward()	从最后一个元素开始，搬移某个区间（始自C++11）	561
transform()	改动（并复制）元素，将两个区间的元素合并	563 564
merge()	合并两个区间	614
swap_ranges()	交换两区间的元素	566
fill()	以给定值替换每一个元素	568
fill_n()	以给定值替换 *n* 个元素	568
generate()	以某项操作的结果替换每一个元素	569
generate_n()	以某项操作的结果替换 *n* 个元素	569
iota()	将所有元素以一系列的递增值取代（始自 C++11）	571
replace()	将具有某特定值的元素替换为另一个值	571
replace_if()	将符合某准则的元素替换为另一个值	571
replace_copy()	复制整个区间，并将具有某特定值的元素替换为另一个值	573
replace_copy_if()	复制整个区间，并将符合某准则的元素替换为另一个值	573

表 11.3 更易型算法（Modifying Algorithm）

```
...
transform (coll.cbegin(), coll.cend(),   // source range
           coll.begin(),                 // destination range
           square);                      // operation
```

transform()的速度稍稍慢些，因为它是将操作的返回值赋予元素，而不是直接改动元素。不过其灵活性较高，因为它可以把某个序列复制到标的序列中，同时改动元素内容。transform() 的第二形式可以将两个源区间的元素的组合结果放到标的区间。

严格地说，merge() 不算是更易型算法的当然一员，因为它要求输入区间必须已排序(sorted)，所以应该归为“作用于已排序区间之算法”（见第 515 页）。然而现实中 merge() 也可用来合并无序区间——当然其结果也是无序的。不过，基于安全考量，你最好只对已排序区间调用 merge()。

注意，associative 和 unordered 容器的元素被视为常量，唯其如此，你才不会在改动元素的时候有任何可能违反整个容器的排序准则。因此，你不可使用这些容器当作更易型算法的目标区。

除了这些更易型算法，C++ 标准库还提供了不少专门处理已排序（sorted）区间的算法，详见第 515 页。

移除型算法（Removing Algorithm）

移除型算法是一种特殊的更易型算法。它们可以移除区间内的元素，也可以在复制过程中执行移除动作。和更易型算法类似，你也不可以使用 associative 和 unordered 容器作为目标区间，因为那些容器的元素都被视为常量。表11.4列出了C++ 标准库囊括的所有移除型算法。

名称	效果	页码
remove()	将“等于某特定值”的元素全部移除	575
remove_if()	将“满足某准则”的元素全部移除	575
remove_copy()	将“不等于某特定值”的元素全部复制到他处	577
remove_copy_if()	将“不满足某准则”的元素全部复制到他处	577
unique()	移除毗邻的重复元素（元素值相等者）	578
unique_copy()	移除毗邻的重复元素，并复制到他处	580

表 11.4　移除型算法（Removing Algorithm）

注意，移除型算法只是“逻辑上”移除元素，其手段是：将不应移除的元素往前覆盖（overwrite）应被移除的元素。因此它并不改变操作区间内的元素个数，而是返回逻辑上的新终点位置。至于是否使用这个位置进行诸如“真实移除”之类的操作，那是调用者的事情。这个行为的详细讨论见 6.7.1 节第 218 页。

变序型算法（Mutating Algorithm）

所谓变序型算法是，通过元素值的赋值和互换（assigning and swapping），改变元素顺序，但不改变元素值。表11.5列出了C++ 标准库囊括的所有变序型算法。和更易型算法（modifying algorithm）一样，变序型算法也不能以 associative 和 unordered 容器作为目标区，因为那些容器的元素都被视为常量。

排序算法（Sorting Algorithm）

排序算法是一种特殊的变序型（mutating）算法，因为它们也改变元素的顺序。但它们更复杂些，因此也花费更多时间。

名称	效果	页码
reverse()	将元素的次序逆转	583
reverse_copy()	复制的同时，逆转元素顺序	583
rotate()	旋转元素次序	584
rotate_copy()	复制的同时，旋转元素次序	585
next_permutation()	得到元素的下一个排列次序	587
prev_permutation()	得到元素的上一个排列次序	587
shuffle()	将元素的次序随机打乱（始自 C++11）	589
random_shuffle()	将元素的次序随机打乱	589
partition()	改变元素次序，使“符合某准则”者移到前面	592
stable_partition()	和 partition() 类似，但保持“与准则相符”和“与准则不符”之各个元素之间的相对位置 elements	592
partition_copy()	改变元素次序，使“符合某准则”者移到前面，过程中会复制元素	594

表 11.5 变序型算法（Mutating Algorithm）

事实上它们的复杂度通常比线性[1]还差一些，而且必须用到 random-access iterator。表11.6列出了所有排序算法，表11.7列出的算法允许你检验某个区间是否（局部）已排序。

对排序算法而言，时间经常是关键。所以C++ 标准库提供了多个排序算法，它们使用不同的排序手法。有些算法并非对所有元素排序，例如 nth_element() 在第 *n* 个元素就位后即停止排序，对其他元素它只保证凡小于“已就位之第 *n* 个元素”的所有元素都排在前面，大的元素则排在 *n* 位置之后。如果要对所有元素排序，可考虑以下算法：

- **sort()** 传统上采用 *quicksort* 算法。因此保证了很好的平均效能，复杂度为 $n \times log(n)$，但最差情况下也可能效能很差（复杂度为二次〔quadraic〕）。

  ```
  // sort all elements
  // - best n*log(n) complexity on average
  // - n*n complexity in worst case
  sort (coll.begin(), coll.end());
  ```

  如果“避免最差情况”对你是一件重要的事，你应该采用其他算法，例如接下来要讨论的 partial_sort() 或 stable_sort()。

- **partial_sort()** 传统上采用 *heapsort* 算法。因此它在任何情况下保证 $n \times log(n)$ 复杂度。然而很多实际情况中 heapsort 比 quicksort 慢 2～5 倍，所以如果 sort() 是以 quicksort 实现而 partial_sort() 是以 heapsort 实现，

[1] 关于复杂度的讨论，见 2.2 节第 10 页。

名称	效果	页码
`sort()`	对所有元素排序	596
`stable_sort()`	对所有元素排序，并保持相等元素之间的相对次序	596
`partial_sort()`	排序，直到前 *n* 个元素就位	599
`partial_sort_copy()`	排序，直到前 *n* 个元素就位；将结果复制于他处	600
`nth_element()`	根据第 *n* 个位置进行排序	602
`partition()`	改变元素次序，使“符合某准则”的元素放在前面	592
`stable_partition()`	和 `partition()` 类似，但保持“与准则相符”和“与准则不符”之各个元素之间的相对位置	592
`partition_copy()`	改变元素次序，使“符合某准则”者移到前面，过程中会复制元素	594
`make_heap()`	将某个区间转换成一个 heap	604
`push_heap()`	将元素加入一个 heap	605
`pop_heap()`	从 heap 移除一个元素	605
`sort_heap()`	对 heap 进行排序（完成后就不再是个 heap 了）	606

表 11.6　排序算法（Sorting Algorithm）

名称	效果	页码
`is_sorted()`	检验区间内的元素是否都已排序（始自 C++11）	550
`is_sorted_until()`	返回区间内第一个“破坏排序状态”的元素（始自 C++11）	550
`is_partitioned()`	检验区间内的元素是否根据某个准则被分为两组（始自 C++11）	552
`partition_point()`	返回区间内的分割点（partitioning element），它把区间分割为“满足”和“不满足”某 predicate 的两组（始自 C++11）	552
`is_heap()`	检验区间内的元素是否都排序成为一个 heap（始自 C++11）	554
`is_heap_until()`	返回区间内第一个“破坏 heap 排序状态”的元素（始自 C++11）	554

表 11.7　检验是否排序（Checking for Sortings）算法

虽然 `partial_sort()` 拥有较好复杂度，但 `sort()` 在多数情况下却拥有较好的运行期效能。`partial_sort()` 的优点是它在任何时候都保证 $n \times log(n)$ 复杂度，绝不会变成二次（quadratic）复杂度。

`partial_sort()` 还有一种特殊能力：如果你只需前 *n* 个元素排序，它可在完成任务后立刻停止。所以如果想对所有元素排序，你可将序列终点作为第二实参和最后一个实参传进去：

```
// sort all elements
// - always n*log(n) complexity
// - but usually twice as long as sort()
partial_sort (coll.begin(), coll.end(), coll.end());
```

- **stable_sort()** 传统上采用 *mergesort*。它对所有元素进行排序：

  ```
  // sort all elements
  // - n*log(n) or n*log(n)*log(n) complexity
  stable_sort (coll.begin(), coll.end());
  ```

  然而，只有在内存充足的前提下它才有 $n \times log(n)$ 复杂度，否则其复杂度为 $n \times log(n) \times log(n)$。`stable_sort()` 的优点是会保持相等元素之间的相对次序。

现在你对于哪一种算法最合乎你的需求，应该有了大致印象。但故事还没完。标准书中虽然规范了复杂度，却没有规范实现方法。这是有好处的，任何实现版本都可以在不违反标准的情况下采用新发明的更好的排序方法。例如 SGI 实现版本中的 `sort()` 内部就是采用*introsort*，这是一种新式算法，默认状态下类似 quicksort，一旦情况转坏即将走入二次复杂度时，就转而采用 heapsort。标准书中未明定复杂度，也有一个缺点，那就是某些实现版本可能会采用合乎标准但表现很糟的算法。例如以 heapsort 实现 `sort()`就符合标准。当然你也可以测试看看哪个算法最合乎需求，但这种量测可能不具移植性。

还有更多算法可以对元素排序。例如 heap 算法中有个函数，可直接为你实现出一个 heap（所谓 heap，可视为一个“以序列集合实现出来的二叉树”。Heap 算法是 priority queue（参见 12.3 节第 641 页）的实现基础。你可以像下面这样将集合内的所有元素排序：

```
// sort all elements
// - n+n*log(n) complexity
make_heap (coll.begin(), coll.end());
sort_heap (coll.begin(), coll.end());
```

关于 heap 和其相关算法，详见 11.9.4 节第 604 页。

如果你只需要前 *n* 个排序元素，或只需要令最先或最后的 *n* 个元素（未排序）就位，可以使用 `nth_element()`。你可以利用 `nth_element()`将元素依照某排序准则分割成两个子集，也以利用 `partition()` 或 `stable_partition()` 达到相同效果。三者区别如下：

- 对于 **nth_element()**，在第一子集中指出元素个数（当然也就确定了第二子集的元素个数）。例如：

  ```
  // move the four lowest elements to the front
  nth_element (coll.begin(),      // beginning of range
               coll.begin()+3,    // position between first and second part
               coll.end());       // end of range
  ```

然而调用之后你并不精确知道第一子集和第二子集之间有什么不同。两部分都可能包含“与第 *n* 个元素相等”的元素。

- 对于 **partition()**，你必须传入“将第一子集和第二子集区别开”的精确排序准则：

```
// move all elements less than seven to the front
vector<int>::iterator pos;
pos = partition (coll1.begin(), coll1.end(),     // range
                 [](int elem){                     // criterion
                     return elem<7;
                 });
```

  调用之后，你并不知道第一和第二子集内各有多少元素。返回的 pos 用来指出第二子集起点。第二子集的所有元素都不满足上述（被指出的）准则。

- **stable_partition()** 的行为类似 partition()，不过更具额外能力，保证两子集内的元素的相对次序维持不变。

你永远可以把排序准则当作选择性实参，传给所有排序算法。默认的排序准则是 function object less<>，造成元素升序排列。注意，排序准则必须定义出一个关于元素值的 *strict weak ordering*，像 operator <= 这样（判断等于或小于）的准则并不适用，详见 7.7 节第 314 页。

和更易型算法的情况一样，associative 和 unordered 容器不可作为排序算法的目标区，因为那些容器的元素被视为常量。

List 和 forward list 并不提供 random-access iterator，所以你不可以对它们使用排序算法。然而它们都提供一个成员函数 sort()，可用来对其元素排序。参见 8.8.1 节第 422 页。

已排序区间算法（Sorted-Range Algorithm）

所谓已排序区间算法，意指其所作用的区间在某种排序准则下已排序（sorted）。表11.8列出了C++ 标准库中囊括的所有已排序区间算法。与 associative 容器相比，这些算法的优势是具有较好复杂度。

表11.8中的前 5 个算法属于非更易型算法，它们只是依使命查找元素。其他算法用来将两个已排序（sorted）区间组合，然后把结果写到目标区。一般而言，这些算法的结果仍然是已排序的（sorted）。

数值算法（Numeric Algorithm）

数值算法以各种不同的方式结合数值元素。表11.9列出了C++ 标准库囊括的所有数值算法。它们很容易顾名思义，而实际上它们比给你的第一印象更灵活更强劲。例如在默认状态下，accumulate() 求取所有元素的总和，而如果你

名称	效果	页码
binary_search()	判断某区间内是否包含某个元素	608
includes()	判断某区间内的每一个元素是否都涵盖于另一区间中	609
lower_bound()	查找第一个“大于等于某给定值”的元素	611
upper_bound()	查找第一个“大于某给定值”的元素	611
equal_range()	返回“等于某给定值”的所有元素构成的区间	613
merge()	将两个区间的元素合并	614
set_union()	求两个区间的并集	616
set_intersection()	求两个区间的交集	617
set_difference()	求“位于第一区间”但“不位于第二区间”的所有元素，形成一个已排序（sorted）区间	618
set_symmetric_difference()	找出“只出现于两区间之一”的所有元素，形成一个已排序（sorted）区间	619
inplace_merge()	将两个连贯的已排序（sorted）区间合并	622
partition_point()	用一个判断式分割区间，返回分割元素（始自C++11）	552

表 11.8　已排序区间算法

名称	效果	页码
accumulate()	结合所有元素（求总和、求乘积……）	623
inner_product()	结合两区间内的所有元素	625
adjacent_difference()	将每个元素和其前一元素结合	628
partial_sum()	将每个元素和其之前的所有元素结合	627

表 11.9　数值算法（Numeric Algorithm）

把它作用在 string 身上，就可以产生字符串连接功效；而当你不采用 operator + 却改用 operator *，得到的将是所有元素的乘积。另一个例子是，adjacent_difference() 和 partial_sum() 可将某区间在相对值和绝对值之间互相转换。

accumulate() 和 inner_product() 都返回一个值，不改动区间。其他算法会把结果写到目标区内，目标区间与源区间的元素个数相同。

11.3 辅助函数

本章剩余部分将对所有 STL 算法逐一详细讨论。每个算法至少配备一个运用实例。为了简化这些例子，使你集中精力于真正重要的问题上，我用了一些辅助函数：

```
// algo/algostuff.hpp

#ifndef ALGOSTUFF_HPP
#define ALGOSTUFF_HPP

#include <array>
#include <vector>
#include <deque>
#include <list>
#include <forward_list>
#include <set>
#include <map>
#include <unordered_set>
#include <unordered_map>
#include <algorithm>
#include <iterator>
#include <functional>
#include <numeric>
#include <iostream>
#include <string>

// INSERT_ELEMENTS (collection, first, last)
// - fill values from first to last into the collection
// - NOTE: NO half-open range
template <typename T>
inline void INSERT_ELEMENTS (T& coll, int first, int last)
{
    for (int i=first; i<=last; ++i) {
        coll.insert(coll.end(),i);
    }
}

// PRINT_ELEMENTS()
// - prints optional string optcstr followed by
// - all elements of the collection coll
// - separated by spaces
template <typename T>
```

```
inline void PRINT_ELEMENTS (const T& coll,
                            const std::string& optcstr="")
{
    std::cout << optcstr;
    for (auto elem : coll) {
        std::cout << elem << ' ';
    }
    std::cout << std::endl;
}

// PRINT_MAPPED_ELEMENTS()
// - prints optional string optcstr followed by
// - all elements of the key/value collection coll
// - separated by spaces
template <typename T>
inline void PRINT_MAPPED_ELEMENTS (const T& coll,
                                   const std::string& optcstr="")
{
    std::cout << optcstr;
    for (auto elem : coll) {
        std::cout << '[' << elem.first
                  << ',' << elem.second << "] ";
    }
    std::cout << std::endl;
}

#endif /*ALGOSTUFF_HPP*/
```

首先，algostuff.hpp 包含了本章程序例子可能用到的所有头文件，这样程序本身就不必多劳了。然后，它定义了三个辅助函数：[2]

1. INSERT_ELEMENTS() 将元素安插于第一实参所引入的容器内。元素值来自第二实参和第三实参——其间的所有元素值都将供安插之用。请注意这并不是一个半开区间（half-open range）。
2. PRINT_ELEMENTS() 将第一实参所引入的容器内的所有元素打列出来，其间以空格区分。第二实参可有可无，若指定将会成为前缀打印于元素值之前（参见 6.6 节第 216 页）。
3. PRINT_MAPPED_ELEMENTS() 和上述函数的功能相同，只不过它适用于带有 key/value pair 元素的容器：map、multimap、unordered map 和 unordered multimap。

[2] 自 C++11 起，PRINT_MAPPED_ELEMENTS() 也可以被定义为 PRINT_ELEMENTS() 的偏特化版本。然而为了避免用到太多语言新特性，我把这两个函数彻底分开。

11.4 for_each() 算法

for_each() 算法非常灵活，它允许你以不同的方式访问、处理、修改每一个元素。然而请注意，自 C++11 起，range-based for 循环提供了更方便更自然的行为（见 3.1.4 节第 17 页和 6.2.1 节第 174 页）。因此，for_each() 恐将日渐丧失其重要性。

UnaryProc
for_each (InputIterator *beg*, InputIterator *end*, UnaryProc *op*)

- 对区间 [*beg*,*end*) 中的每一个元素调用：
  op(*elem*)
- 返回 *op*（它已在算法内部被改动过）的一个拷贝（副本）。Since C++11, the returned *op* is moved.
- *op* 可以改动元素。然而，请参考 11.2.2 节第 509 页与 transform() 之间的比较，后者具有相同能力，但行事稍有不同。
- *op* 的任何返回值都会被忽略。
- for_each() 算法的实现见 6.10.1 节第 235 页。
- 复杂度：线性。调用 *op*() 共 *numElems* 次。

下面的例子把每一个元素传给一个 lambda，后者将它所获得的元素打印出来。因此，这个调用会打印所有元素：

```
// algo/foreach1.cpp

#include "algostuff.hpp"
using namespace std;

int main()
{
    vector<int> coll;

    INSERT_ELEMENTS(coll,1,9);

    // call print() for each element
    for_each (coll.cbegin(), coll.cend(),  // range
              [](int elem){                // operation
                  cout << elem << ' ';
              });
    cout << endl;
}
```

程序输出如下：

```
1 2 3 4 5 6 7 8 9
```

你也可以传入一个寻常函数 print() 取代 lambda，该函数会因每一个元素而被调用：

```
void print (int elem)
{
    cout << elem << ' ';
}
...
for_each (coll.cbegin(), coll.cend(),   // range
          print);                       // operation
```

但是，再次提醒你，自 C++11 开始，使用 range-based `for` 循环往往更方便：

```
for (auto elem : coll) {
    cout << elem << ' ';
}
```

下面的例子示范如何改变每一个元素：

```
// algo/foreach2.cpp

#include "algostuff.hpp"
using namespace std;

int main()
{
    vector<int> coll;

    INSERT_ELEMENTS(coll,1,9);

    // add 10 to each element
    for_each (coll.begin(), coll.end(),       // range
              [](int& elem){                  // operation
                  elem += 10;
              });
    PRINT_ELEMENTS(coll);

    // add value of first element to each element
    for_each (coll.begin(), coll.end(),       // range
              [=](int& elem){                 // operation
                  elem += *coll.begin();
              });
    PRINT_ELEMENTS(coll);
}
```

程序输出如下：

```
11 12 13 14 15 16 17 18 19
22 23 24 25 26 27 28 29 30
```

如你所见，你必须声明 elem 的类型为 reference，为的是改动元素值。你也必须定义 lambda 的 capture 像这样 [=]，为的是加“第一元素的拷贝”：

```
for_each (coll.begin(), coll.end(),          // range
          [=](int& elem){                    // operation
              elem += *coll.begin();
          });
```

如果你在上述程序第二次调用 for_each() 时传入一个 reference 指向第一元素：

```
for_each (coll.begin(), coll.end(),          // range
          [&](int& elem){                    // operation
              elem += *coll.begin();
          });
```

在元素处理过程中，“加数”会改变，导致以下输出：

```
11 12 13 14 15 16 17 18 19
22 34 35 36 37 38 39 40 41
```

也可以定义一个寻常的 function object 取而代之：

```
// function object that adds the value with which it is initialized
template <typename T>
class AddValue {
  private:
    T theValue;      // value to add
  public:
    // constructor initializes the value to add
    AddValue (const T& v) : theValue(v) {
    }

    // the function call for the element adds the value
    void operator() (T& elem) const {
        elem += theValue;
    }
};
```

将它传给 for_each()：

```
for_each (coll.begin(), coll.end(),          // range
          AddValue<int>(10));                // operation
...
for_each (coll.begin(), coll.end(),          // range
          AddValue<int>(*coll.begin()));     // operation
```

Class AddValue<> 定义了一个 function object，把构造函数所获得的值加到每一个元素身上。6.10.1 节第 237 页对此例有更多说明。

注意，你也可以如下这般运用 transform() 算法（见 11.6.3 节第 563 页），完成相同任务：

```
// add 10 to each element
transform (coll.cbegin(), coll.cend(),          // source range
           coll.begin(),                        // destination range
           [](int elem){                       // operation
               return elem + 10;
           });
...

// add value of first element to each element
transform (coll.cbegin(), coll.cend(),          // source range
           coll.begin(),                        // destination range
           [=](int elem){                       // operation
               return elem + *coll.begin();
           });
```

11.2.2 节第 509 页对 for_each() 和 transform() 有一份大致比较。

第三个例子展示如何利用 for_each() 的返回值。for_each() 有一个特殊性质就是它能返回其操作，我们可利用这一特性，处理和返回“置于该操作中的结果”：

```
// algo/foreach3.cpp

#include "algostuff.hpp"
using namespace std;

// function object to process the mean value
class MeanValue {
  private:
    long num;    // number of elements
    long sum;    // sum of all element values
  public:
    // constructor
    MeanValue () : num(0), sum(0) {
    }

    // function call
    // - process one more element of the sequence
    void operator() (int elem) {
        num++;          // increment count
        sum += elem;    // add value
    }
```

```
    // return mean value (implicit type conversion)
    operator double() {
        return static_cast<double>(sum) / static_cast<double>(num);
    }
};

int main()
{
    vector<int> coll;

    INSERT_ELEMENTS(coll,1,8);

    // process and print mean value
    double mv = for_each (coll.begin(), coll.end(),  // range
                          MeanValue());               // operation
    cout << "mean value: " << mv << endl;
}
```

程序输出如下：

```
mean value: 4.5
```

你也可以使用 lambda 完成任务，并以 by reference 方式传递返回值。然而在这种情形下 lambda 不见得较好，因为 function object 不但封装 sum 作为其内部状态，也封装了“sum 除以元素个数”这一最终除法。详见 10.1.3 节第 482 页。

11.5 非更易型算法（Nonmodifying Algorithm）

本节讲述的算法不会改动元素值，也不会改变元素次序。

11.5.1 元素计数

difference_type
count (InputIterator *beg*, InputIterator *end*, const T& *value*)

difference_type
count_if (InputIterator *beg*, InputIterator *end*, UnaryPredicate *op*)

- 第一形式计算区间 [*beg*,*end*) 中"元素值等于 *value*"的元素个数。
- 第二形式计算区间 [*beg*,*end*) 中"令 unary predicate
  op(*elem*)
  结果为 true"的元素个数。
- 返回类型 *difference_type*，是用以表现 iterator 间距的类型：
  typename iterator_traits<InputIterator>::difference_type
  9.5 节第 466 页曾介绍过 iterator trait（迭代器特性）。
- 注意，*op* 不应在函数调用过程中改变状态（state），详见 10.1.4 节第 483 页。
- *op* 不应改动传入的实参。
- Associative 和 unordered 容器提供了一个类似的成员函数 count()，用来计算"以某给定值为 key"的元素个数（见 8.3.3 节第 404 页）。
- 复杂度：线性。执行比较动作（或调用 *op*()）共 *numElems* 次。

以下范例根据不同的准则对元素进行计数：

```
// algo/count1.cpp

#include "algostuff.hpp"
using namespace std;

int main()
{
    vector<int> coll;
    int num;
    INSERT_ELEMENTS(coll,1,9);
    PRINT_ELEMENTS(coll,"coll: ");

    // count elements with value 4
    num = count (coll.cbegin(), coll.cend(),      // range
                 4);                               // value
    cout << "number of elements equal to 4:      " << num << endl;
```

```
    // count elements with even value
    num = count_if (coll.cbegin(), coll.cend(),   // range
                    [](int elem){                 // criterion
                        return elem%2==0;
                    });
    cout << "number of elements with even value: " << num << endl;

    // count elements that are greater than value 4
    num = count_if (coll.cbegin(), coll.cend(),   // range
                    [](int elem){                 // criterion
                        return elem>4;
                    });
    cout << "number of elements greater than 4:  " << num << endl;
}
```

程序输出如下：

```
coll: 1 2 3 4 5 6 7 8 9
number of elements equal to 4:      1
number of elements with even value: 4
number of elements greater than 4:  5
```

也可以不使用上述的 lambda（检查元素是否为偶数），改用 binder 如下：

```
std::bind(std::logical_not<bool>(),
          std::bind(std::modulus<int>(),std::placeholders::_1,2)));
```

甚至使用过时的表达式：

```
std::not1(std::bind2nd(std::modulus<int>(),2))
```

10.2.4 节第 497 页对于这些表达式有更详细的说明。

11.5.2 最小值和最大值

ForwardIterator
min_element (ForwardIterator *beg*, ForwardIterator *end*)

ForwardIterator
min_element (ForwardIterator *beg*, ForwardIterator *end*, CompFunc *op*)

ForwardIterator
max_element (ForwardIterator *beg*, ForwardIterator *end*)

ForwardIterator
max_element (ForwardIterator *beg*, ForwardIterator *end*, CompFunc *op*)

`pair<ForwardIterator,ForwardIterator>`
minmax_element (`ForwardIterator` *beg*, `ForwardIterator` *end*)

`pair<ForwardIterator,ForwardIterator>`
minmax_element (`ForwardIterator` *beg*, `ForwardIterator` *end*, `CompFunc` *op*)

- 所有这些算法分别返回 [*beg*,*end*) 区间中的最小元素位置、最大元素位置，或“最小和最大元素的位置所组成的 pair”。
- 上述无 *op* 实参的各个版本，将以 operator < 进行元素比较。
- *op* 用来比较两个元素：
  op(*elem1*,*elem2*)
  如果第一元素小于第二元素，应当返回 `true`。
- 如果存在多个最小值或最大值，`min_element()` 和 `max_element()` 返回其所找到的第一个目标元素。`minmax_element()` 返回第一个最小元素和最后一个最大元素。所以，`max_element()` 和 `minmax_element()` 返回的最大元素不是同一个。
- *op* 不应改动传入的实参。
- 复杂度：线性。`min_element()` 和 `max_element()` 的元素比较（或调用 *op*()）执行 *numElems*-1 次。`minmax_element()` 的元素比较（或调用 *op*()）执行 $\frac{3}{2}$(*numElems*-1) 次。

下列程序打印 `coll` 中的最小元素和最大元素，分别运用 `min_element()` 和 `max_element()`，以及 `minmax_element()`。并借由 `absLess()` 打印最小元素和最大元素的绝对值：

```
// algo/minmax1.cpp

#include <cstdlib>
#include "algostuff.hpp"
using namespace std;

bool absLess (int elem1, int elem2)
{
    return abs(elem1) < abs(elem2);
}

int main()
{
    deque<int> coll;

    INSERT_ELEMENTS(coll,2,6);
    INSERT_ELEMENTS(coll,-3,6);

    PRINT_ELEMENTS(coll);
```

```
    // process and print minimum and maximum
    cout << "minimum: "
         << *min_element(coll.cbegin(),coll.cend())
         << endl;
    cout << "maximum: "
         << *max_element(coll.cbegin(),coll.cend())
         << endl;

    // print min and max and their distance using minmax_element()
    auto mm = minmax_element(coll.cbegin(),coll.cend());
    cout << "min: " << *(mm.first) << endl;      // print minimum
    cout << "max: " << *(mm.second) << endl;     // print maximum
    cout << "distance: " << distance(mm.first,mm.second) << endl;

    // process and print minimum and maximum of absolute values
    cout << "minimum of absolute values: "
         << *min_element(coll.cbegin(),coll.cend(),
                         absLess)
         << endl;
    cout << "maximum of absolute values: "
         << *max_element(coll.cbegin(),coll.cend(),
                         absLess)
         << endl;
}
```

程序输出如下：

```
2 3 4 5 6 -3 -2 -1 0 1 2 3 4 5 6
minimum: -3
maximum: 6
min: -3
max: 6
distance: 9
minimum of absolute values: 0
maximum of absolute values: 6
```

注意，这些算法返回的是最大元素和最小元素的 *位置*，你必须使用 unary operator * 才能取其值来打印：

```
auto mm = minmax_element(coll.begin(),coll.end());
cout << "min: " << *(mm.first) << endl;
cout << "max: " << *(mm.second) << endl;
```

也请注意， `minmax_element()` 获得的是最大值中的最后一个，所以上述所得的距离（distance，见 9.3.3 节第 445 页）是 9。如果量测的是与“ `max_element()` 所得最大值”的距离，答案是 `-1`。

11.5.3 查找元素（Searching Element）

查找第一个匹配元素（Search First Matching Element）

`InputIterator`
find (`InputIterator` *beg*, `InputIterator` *end*, `const T&` *value*)

`InputIterator`
find_if (`InputIterator` *beg*, `InputIterator` *end*, `UnaryPredicate` *op*)

`InputIterator`
find_if_not (`InputIterator` *beg*, `InputIterator` *end*, `UnaryPredicate` *op*)

- 第一形式返回 [*beg*,*end*) 区间中第一个“元素值等于 *value*”的元素位置。
- 第二形式返回 [*beg*,*end*) 区间中第一个“造成以下 unary predicate 结果为 `true`”的元素：
  op(*elem*)
- 第三形式（始自 C++11）返回 [*beg*,*end*) 区间中第一个“造成以下 unary predicate 结果为 `false`”的元素：
  op(*elem*)
- 如果没有找到匹配元素，它们都返回 *end*。
- 注意，*op* 不应在函数调用过程中改变状态（state），详见 10.1.4 节第 483 页。
- *op* 不应改动传入的实参。
- 如果是已排序区间（sorted range），应使用 `lower_bound()`、`upper_bound()`、`equal_range()` 或 `binary_search()` 算法以获得更高效能（见 11.10 节第 608 页）。
- Associative 和 unordered 容器提供一个等效的成员函数 `find()`（见 8.3.3 节第 405 页），拥有较好复杂度（对 associative 容器而言是对数，对 unordered 容器而言甚至是常量）。
- 复杂度：线性。至多比较（或调用 *op*()）*numElems* 次。

下面这个例子展示了如何运用 `find()` 查找某个子区间：以“元素值为 4”的第一个元素开始，以“元素值为 4”的第二个元素结束：

```
// algo/find1.cpp

#include "algostuff.hpp"
using namespace std;

int main()
{
    list<int> coll;
```

```
    INSERT_ELEMENTS(coll,1,9);
    INSERT_ELEMENTS(coll,1,9);

    PRINT_ELEMENTS(coll,"coll: ");

    // find first element with value 4
    list<int>::iterator pos1;
    pos1 = find (coll.begin(), coll.end(),     // range
                 4);                           // value

    // find second element with value 4
    // - note: continue the search behind the first 4 (if any)
    list<int>::iterator pos2;
    if (pos1 != coll.end()) {
        pos2 = find (++pos1, coll.end(),       // range
                     4);                       // value
    }

    // print all elements from first to second 4 (both included)
    // - note: now we need the position of the first 4 again (if any)
    if (pos1!=coll.end() && pos2!=coll.end()) {
        copy (--pos1, ++pos2,
              ostream_iterator<int>(cout," "));
        cout << endl;
    }
}
```

为了查找第二个 4，你必须从第一个 4 的位置前进。然而如果在集合的 `end()` 位置上再前进，会导致不确定行为。如果没有十足把握，最好在行进之前先检查 `find()` 的返回值。程序输出如下：

```
coll: 1 2 3 4 5 6 7 8 9 1 2 3 4 5 6 7 8 9
4 5 6 7 8 9 1 2 3 4
```

你可以在同一区间中以不同的值先后两次调用 `find()`。然而当你使用该查找结果作为子区间的起点和终点时，务必十分小心，因为该子区间可能形成一个无效区间。此问题的讨论和范例见 6.4.1 节第 203 页。

以下程序展示了 `find_if()` 和 `find_if_not()` 的用法，使用差别极大的查找准则来查找某个元素：

```
// algo/find2.cpp

#include "algostuff.hpp"
using namespace std;
using namespace std::placeholders;
```

```
int main()
{
    vector<int> coll;
    vector<int>::iterator pos;

    INSERT_ELEMENTS(coll,1,9);
    PRINT_ELEMENTS(coll,"coll: ");

    // find first element greater than 3
    pos = find_if (coll.begin(), coll.end(),    // range
                   bind(greater<int>(),_1,3)); // criterion

    // print its position
    cout << "the "
         << distance(coll.begin(),pos) + 1
         << ". element is the first greater than 3" << endl;

    // find first element divisible by 3
    pos = find_if (coll.begin(), coll.end(),
                   [](int elem){
                       return elem%3==0;
                   });

    // print its position
    cout << "the "
         << distance(coll.begin(),pos) + 1
         << ". element is the first divisible by 3" << endl;

    // find first element not <5
    pos = find_if_not (coll.begin(), coll.end(),
                       bind(less<int>(),_1,5));
    cout << "first value >=5: " << *pos << endl;
}
```

第一次调用 find_if() 时，搭配一个以 bind adapter（见 10.2.2 节第 487 页）组合而成的 function object，查找第一个大于 3 的元素。第二次调用搭配的是 lambda，查找第一个可被 3 整除的元素。

程序输出如下：

```
coll: 1 2 3 4 5 6 7 8 9
the 4. element is the first greater than 3
the 3. element is the first divisible by 3
first value >=5: 5
```

6.8.2 节第 226 页还有一个例子，以 find_if() 查找第一个出现的质数（prime number）。

查找前 *n* 个连续匹配值（Search First *n* Matching Consecutive Elements）

ForwardIterator
search_n (ForwardIterator *beg*, ForwardIterator *end*,
Size *count*, const T& *value*)

ForwardIterator
search_n (ForwardIterator *beg*, ForwardIterator *end*,
Size *count*, const T& *value*, BinaryPredicate *op*)

- 第一形式返回 [*beg*,*end*) 区间内“连续 *count* 个元素值都等于 *value*”中的第一元素位置。
- 第二形式返回 [*beg*,*end*) 区间内“连续 *count* 个元素造成以下 unary predicate 结果为 true”中的第一元素位置：
  op(*elem*,*value*)
  (*value* is the passed fourth argument).
- 如果没有找到匹配元素，两种形式都返回 *end*。
- 注意，*op* 不应在函数调用过程中改变状态（state），详见 10.1.4 节第 483 页。
- *op* 不应改动传入的实参。
- 这两个算法不在早期的 STL 规范中，也没有获得谨慎的对待，因此第二形式使用了一个 binary predicate 而非 unary predicate，这破坏了 STL 的一致性。请参考第 532 页的评论。
- 复杂度：线性。至多比较（或调用 *op*()）*numElems*×*count* 次。

下面这个例子查找连续的“数值等于 7 或为奇数”的元素：

```
// algo/searchn1.cpp

#include "algostuff.hpp"
using namespace std;

int main()
{
   deque<int> coll;

   coll = { 1, 2, 7, 7, 6, 3, 9, 5, 7, 7, 7, 3, 6 };
   PRINT_ELEMENTS(coll);

   //find three consecutive elements with value 7
   deque<int>::iterator pos;
   pos = search_n (coll.begin(), coll.end(),     // range
                   3,                            // count
                   7);                           // value
```

```
    // print result
    if (pos != coll.end()) {
        cout << "three consecutive elements with value 7 "
             << "start with " << distance(coll.begin(),pos) +1
             << ". element" << endl;
    }
    else {
        cout << "no four consecutive elements with value 7 found"
             << endl;
    }

    // find four consecutive odd elements
    pos = search_n (coll.begin(), coll.end(),    // range
                    4,                           // count
                    0,                           // value
                    [](int elem, int value){     // criterion
                        return elem%2==1;
                    });

    // print result
    if (pos != coll.end()) {
        cout << "first four consecutive odd elements are: ";
        for (int i=0; i<4; ++i, ++pos) {
            cout << *pos << ' ';
        }
    }
    else {
        cout << "no four consecutive elements with value > 3 found";
    }
    cout << endl;
}
```

程序输出如下：

```
1 2 7 7 6 3 9 5 7 7 7 3 6
three consecutive elements with value 7 start with 9. element
first four consecutive odd elements are: 3 9 5 7
```

关于 search_n() 的第二形式，有个令人讨厌的问题。请看以下调用动作：

```
pos = search_n (coll.begin(), coll.end(),    // range
                4,                           // count
                0,                           // value
```

```
                    [](int elem, int value){        // criterion
                        return elem%2==1;
                    });
```

以这种方式来查找“符合某给定准则”的元素，手法和 STL 其他组件大相径庭。按照 STL 的惯常概念，应该写成这样：

```
pos = search_n_if (coll.begin(), coll.end(),      // range
                   4,                             // count
                   [](int elem){                  // criterion
                       return elem%2==1;
                   });
```

以上要求一个 unary predicate 用以获得传入值，而这个角色在 search_n() 中却成了一个 binary predicate 且其第二参数未被用到。

不幸的是，当这些新算法被引入 C++98 标准时（它们不属于早期 STL），没人注意到这个不一致性。也许一开始你会觉得四个实参的形式更加便捷，因为你可以这么使用它：

```
// find four consecutive elements with value greater than 3
pos = search_n (coll.begin(), coll.end(),      // range
                4,                             // count
                3,                             // value
                greater<int>());               // criterion
```

不过，正如我们的例子所展示的，它要求一个 binary predicate，即便实际上只需要 unary predicate。

因此，如果你有一个寻常的 unary predicate 像这样：

```
bool isPrime (int elem);
```

那么你要么必须改变其签名式（signature），要么必须为它写出一个简单的包裹器（wrapper）：

```
bool binaryIsPrime (int elem1, int) {
    return isPrime(elem1);
}
...
pos = search_n (coll.begin(), coll.end(),      // range
                4,                             // count
                0,                             // required dummy value
                binaryIsPrime);                // binary criterion
```

查找第一个子区间（Search First Subrange）

ForwardIterator1
search (ForwardIterator1 *beg*, ForwardIterator1 *end*,
        ForwardIterator2 *searchBeg*, ForwardIterator2 *searchEnd*)

ForwardIterator1
search (ForwardIterator1 *beg*, ForwardIterator1 *end*,
        ForwardIterator2 *searchBeg*, ForwardIterator2 *searchEnd*,
        BinaryPredicate *op*)

- 两个形式都返回 [*beg*,*end*) 区间内“与 [*searchBeg*,*searchEnd*) 区间完全吻合”的第一个子区间内的第一元素位置。
- 第一形式中，子区间内的元素必须完全等于 [*searchBeg*,*searchEnd*) 的元素。
- 第二形式中，子区间内的元素和 [*searchBeg*,*searchEnd*) 的对应元素必须造成以下 binary predicate 的结果为 true：
  op(*elem*,*searchElem*)
- 如果没有找到匹配元素，两种形式都返回 *end*。
- 注意，*op* 不应在函数调用过程中改变状态（state），详见 10.1.4 节第 483 页。
- *op* 不应改动传入的实参。
- 如果你想查找一个子区间但是“只知其第一元素和最末元素”，请参考 6.4.1 节第 203 页。
- 复杂度：线性。至多比较（或调用 *op*()）共 *numElems*×*numSearchElems* 次。

下面展示如何在某个序列中查找其子序列。请将这个例子和第 537 页的 find_end() 例子进行比较。

```
// algo/search1.cpp

#include "algostuff.hpp"
using namespace std;

int main()
{
    deque<int> coll;
    list<int> subcoll;

    INSERT_ELEMENTS(coll,1,7);
    INSERT_ELEMENTS(coll,1,7);
    INSERT_ELEMENTS(subcoll,3,6);

    PRINT_ELEMENTS(coll,    "coll:    ");
    PRINT_ELEMENTS(subcoll,"subcoll: ");
```

```
    // search first occurrence of subcoll in coll
    deque<int>::iterator pos;
    pos = search (coll.begin(), coll.end(),          // range
                  subcoll.begin(), subcoll.end());  // subrange

    // loop while subcoll found as subrange of coll
    while (pos != coll.end()) {
        // print position of first element
        cout << "subcoll found starting with element "
             << distance(coll.begin(),pos) + 1
             << endl;

        // search next occurrence of subcoll
        ++pos;
        pos = search (pos, coll.end(),                   // range
                      subcoll.begin(), subcoll.end());  // subrange
    }
}
```

程序输出如下：

```
coll:    1 2 3 4 5 6 7 1 2 3 4 5 6 7
subcoll: 3 4 5 6
subcoll found starting with element 3
subcoll found starting with element 10
```

下面这个例子展示如何运用 search() 算法的第二形式，以更复杂的准则查找某个子序列。本例将要查找偶数、奇数、偶数排列而成的子序列：

```
// algo/search2.cpp

#include "algostuff.hpp"
using namespace std;

// checks whether an element is even or odd
bool checkEven (int elem, bool even)
{
    if (even) {
        return elem % 2 == 0;
    }
    else {
        return elem % 2 == 1;
    }
}
```

```
int main()
{
    vector<int> coll;

    INSERT_ELEMENTS(coll,1,9);
    PRINT_ELEMENTS(coll,"coll: ");

    // arguments for checkEven()
    // - check for: ``even odd even''
    bool checkEvenArgs[3] = { true, false, true };

    // search first subrange in coll
    vector<int>::iterator pos;
    pos = search (coll.begin(), coll.end(),         // range
                  checkEvenArgs, checkEvenArgs+3,   // subrange values
                  checkEven);                       // subrange criterion

    // loop while subrange found
    while (pos != coll.end()) {
        // print position of first element
        cout << "subrange found starting with element "
             << distance(coll.begin(),pos) + 1
             << endl;

        // search next subrange in coll
        pos = search (++pos, coll.end(),              // range
                      checkEvenArgs, checkEvenArgs+3, // subr. values
                      checkEven);                     // subr. criterion
    }
}
```

程序输出如下：

```
coll: 1 2 3 4 5 6 7 8 9
subrange found starting with element 2
subrange found starting with element 4
subrange found starting with element 6
```

（译注：以上表示共找出三个满足“偶、奇、偶”条件的子序列，分别始自元素 2、4、6。）

查找最后一个子区间（Search Last Subrange）

ForwardIterator1
find_end (ForwardIterator1 *beg*, ForwardIterator1 *end*,
          ForwardIterator2 *searchBeg*, ForwardIterator2 *searchEnd*)

ForwardIterator1
find_end (ForwardIterator1 *beg*, ForwardIterator1 *end*,
          ForwardIterator2 *searchBeg*, ForwardIterator2 *searchEnd*,
          BinaryPredicate *op*)

- 两种形式都返回 [*beg*,*end*) 区间之中“和区间 [*searchBeg*,*searchEnd*) 完全吻合”的最后一个子区间内的第一元素位置。
- 第一形式中，子区间的元素必须完全等于 [*searchBeg*,*searchEnd*) 的元素。
- 第二形式中，子区间的元素和 [*searchBeg*,*searchEnd*) 的对应元素必须造成以下 binary predicate 的结果为 true：
  op(*elem*,*searchElem*)
- 如果没有找到匹配元素，两种形式都返回 *end*。
- 注意，*op* 不应在函数调用过程中改变状态（state），详见 10.1.4 节第 483 页。
- *op* 不应改动传入的实参。
- 如果你想查找某个子区间但是“只知道其第一元素和最末元素”，请参考 6.4.1 节第 203 页。
- 这些算法并不是早期 STL 的一部分。很不幸它们被命名为 find_end() 而不是 search_end()，后者较具一致性，因为用来查找第一个子区间的算法名为 search()。
- 复杂度：线性。至多比较（或调用 *op*()）共 *numElems*×*numSearchElems* 次。

下面的例子展示了如何在一个序列中查找最后一个“与某序列相等”的子序列（请和第 534 页的 search() 例子进行比较）：

```
// algo/findend1.cpp

#include "algostuff.hpp"
using namespace std;

int main()
{
    deque<int> coll;
    list<int> subcoll;

    INSERT_ELEMENTS(coll,1,7);
    INSERT_ELEMENTS(coll,1,7);
```

```
    INSERT_ELEMENTS(subcoll,3,6);

    PRINT_ELEMENTS(coll,    "coll:    ");
    PRINT_ELEMENTS(subcoll,"subcoll: ");

    // search last occurrence of subcoll in coll
    deque<int>::iterator pos;
    pos = find_end (coll.begin(), coll.end(),          // range
                    subcoll.begin(), subcoll.end());  // subrange

    // loop while subcoll found as subrange of coll
    deque<int>::iterator end(coll.end());
    while (pos != end) {
        // print position of first element
        cout << "subcoll found starting with element "
             << distance(coll.begin(),pos) + 1
             << endl;

        // search next occurrence of subcoll
        end = pos;
        pos = find_end (coll.begin(), end,                   // range
                        subcoll.begin(), subcoll.end()); // subrange
    }
}
```

程序输出如下：

```
coll:    1 2 3 4 5 6 7 1 2 3 4 5 6 7
subcoll: 3 4 5 6
subcoll found starting with element 10
subcoll found starting with element 3
```

这个算法的第二形式，可参考第 535 页的 search() 第二例子。你可以采用类似手法来使用 find_end()。

查找某些元素的第一次出现地点（Search First of Several Possible Elements）

InputIterator
find_first_of (InputIterator *beg*, InputIterator *end*,
ForwardIterator *searchBeg*, ForwardIterator *searchEnd*)

InputIterator
find_first_of (InputIterator *beg*, InputIterator *end*,
　　ForwardIterator *searchBeg*, ForwardIterator *searchEnd*,
　　BinaryPredicate *op*)

- 第一形式返回第一个“既出现于 [*beg*,*end*) 区间也出现于 [*searchBeg*,*searchEnd*) 区间”的元素的位置。
- 第二形式返回 [*beg*,*end*) 区间内第一个满足以下条件的元素：它和区间 [*searchBeg*,*searchEnd*) 内每一个元素进行以下动作的结果都是 true。
  op(*elem*,*searchElem*)
- 如果没有找到匹配元素，两种形式都返回 *end*。
- 注意，*op* 不应在函数调用过程中改变状态（state），详见 10.1.4 节第 483 页。
- *op* 不应改动传入的实参。
- 你可以使用 reverse iterator 查找最后一个符合条件的元素。
- 这几个算法并不在早期 STL 规范中。
- 在 C++11 之前，这些算法面对 [*beg*,*end*) 区间所需要的是 forward iterator 而不是 input iterator。
- 复杂度：线性。至多比较（或调用 *op*()）共 $numElems \times numSearchElems$ 次。

下面的例子展示了 find_first_of() 的用法：

```
// algo/findof1.cpp

#include "algostuff.hpp"
using namespace std;

int main()
{
    vector<int> coll;
    list<int> searchcoll;

    INSERT_ELEMENTS(coll,1,11);
    INSERT_ELEMENTS(searchcoll,3,5);

    PRINT_ELEMENTS(coll,       "coll:       ");
    PRINT_ELEMENTS(searchcoll,"searchcoll: ");

    // search first occurrence of an element of searchcoll in coll
    vector<int>::iterator pos;
    pos = find_first_of (coll.begin(), coll.end(),       // range
                         searchcoll.begin(),   // beginning of search set
                         searchcoll.end());    // end of search set
```

```
    cout << "first element of searchcoll in coll is element "
         << distance(coll.begin(),pos) + 1
         << endl;

    // search last occurrence of an element of searchcoll in coll
    vector<int>::reverse_iterator rpos;
    rpos = find_first_of (coll.rbegin(), coll.rend(),  // range
                          searchcoll.begin(),  // beginning of search set
                          searchcoll.end());   // end of search set
    cout << "last element of searchcoll in coll is element "
         << distance(coll.begin(),rpos.base())
         << endl;
}
```

第二次调用采用了 reverse iterator，查找最后一个“与 `searchcoll` 内某一元素相等”的元素。为了打印这个元素的位置，此处调用 `base()` 将 reverse iterator 转化成一般（正向）iterator，这样你就可以得到从起点算起的距离。通常你应该将 `distance()` 的结果加 `1`，因为第一元素的距离是 `0`。然而因为 `base()` 私自移动了 iterator 所指元素的位置，所以你得到相同的效果。关于 `base()`，见 9.4.1 节第 452 页。

程序输出如下：

```
coll:       1 2 3 4 5 6 7 8 9 10 11
searchcoll: 3 4 5
first element of searchcoll in coll is element 3
last element of searchcoll in coll is element 5
```

查找两个连续且相等的元素

`ForwardIterator`
adjacent_find (`ForwardIterator` *beg*, `ForwardIterator` *end*)

`ForwardIterator`
adjacent_find (`ForwardIterator` *beg*, `ForwardIterator` *end*,
`BinaryPredicate` *op*)

- 第一形式返回 [*beg*,*end*) 区间内第一对“连续两个相等元素”中的第一元素位置。
- 第二形式返回 [*beg*,*end*) 区间内第一对“连续两个元素均造成以下 binary predicate 结果为 `true`”的其中第一元素位置：
  op(*elem*,*nextElem*)
- 如果没有找到匹配元素，两种形式都返回 *end*。
- 注意，*op* 不应在函数调用过程中改变状态（state），详见 10.1.4 节第 483 页。

- *op* 不应改动传入的实参。
- 复杂度：线性。至多比较（或调用 *op*()）共 *numElems* 次。

下面的程序展示了 adjacent_find() 两种形式的用法：

```
// algo/adjacentfind1.cpp

#include "algostuff.hpp"
using namespace std;

// return whether the second object has double the value of the first
bool doubled (int elem1, int elem2)
{
   return elem1 * 2 == elem2;
}

int main()
{
   vector<int> coll;

   coll.push_back(1);
   coll.push_back(3);
   coll.push_back(2);
   coll.push_back(4);
   coll.push_back(5);
   coll.push_back(5);
   coll.push_back(0);

   PRINT_ELEMENTS(coll,"coll: ");

   // search first two elements with equal value
   vector<int>::iterator pos;
   pos = adjacent_find (coll.begin(), coll.end());

   if (pos != coll.end()) {
       cout << "first two elements with equal value have position "
            << distance(coll.begin(),pos) + 1
            << endl;
   }

   // search first two elements for which the second has double the value of the first
   pos = adjacent_find (coll.begin(), coll.end(),    // range
                        doubled);                    // criterion

   if (pos != coll.end()) {
```

```
        cout << "first two elements with second value twice the "
             << "first have pos. "
             << distance(coll.begin(),pos) + 1
             << endl;
    }
}
```

第一次调用 adjacent_find() 是为了查找相等值。第二次调用则是以 doubled() 查找“连续两元素，后一元素是前一元素的两倍”，找到后返回其中第一元素的位置。程序输出如下：

```
coll: 1 3 2 4 5 5 0
first two elements with equal value have position 5
first two elements with second value twice the first have pos. 3
```

11.5.4 区间的比较

检验相等性（Equality）

bool
equal (InputIterator1 *beg*, InputIterator1 *end*,
InputIterator2 *cmpBeg*)

bool
equal (InputIterator1 *beg*, InputIterator1 *end*,
InputIterator2 *cmpBeg*,
BinaryPredicate *op*)

- 第一形式判断 [*beg*,*end*) 区间内的元素是否都和“以 *cmpBeg* 开头的区间”内的元素相等。
- 第二形式判断 [*beg*,*end*) 区间内的元素和“以 *cmpBeg* 开头的区间”内的对应元素是否都能够造成以下 binary predicate 产出 true：
  op(*elem*,*cmpElem*)
- 注意，*op* 不应在函数调用过程中改变状态（state），详见 10.1.4 节第 483 页。
- *op* 不应改动传入的实参。
- 调用者必须确保“以 *cmpBeg* 开头”的区间内含足够元素。
- 当序列不相等时，如果想要了解其间的不同，应使用 mismatch() 算法（见第 546 页）。
- 自 C++11 起提供了 is_permutation() 算法（见第 544 页），用来判断是否两个序列内含的元素数值相同但次序不同。
- 复杂度：线性。至多比较（或调用 *op*()）共 *numElems* 次。

下面的例子展示了 equal() 两种形式的用法。第一次调用检查元素是否相等。第二次调用使用一个辅助式 predicate，检查两集合内的元素是否具备一一对应的奇偶关系：

```
// algo/equal1.cpp

#include "algostuff.hpp"
using namespace std;

bool bothEvenOrOdd (int elem1, int elem2)
{
    return elem1 % 2 == elem2 % 2;
}

int main()
{
    vector<int> coll1;
    list<int> coll2;

    INSERT_ELEMENTS(coll1,1,7);
    INSERT_ELEMENTS(coll2,3,9);

    PRINT_ELEMENTS(coll1,"coll1: ");
    PRINT_ELEMENTS(coll2,"coll2: ");

    // check whether both collections are equal
    if (equal (coll1.begin(), coll1.end(),  // first range
               coll2.begin())) {            // second range
        cout << "coll1 == coll2" << endl;
    }
    else {
        cout << "coll1 != coll2" << endl;
    }

    // check for corresponding even and odd elements
    if (equal (coll1.begin(), coll1.end(),  // first range
               coll2.begin(),               // second range
               bothEvenOrOdd)) {            // comparison criterion
        cout << "even and odd elements correspond" << endl;
    }
    else {
        cout << "even and odd elements do not correspond" << endl;
    }
}
```

程序输出如下：

```
coll1: 1 2 3 4 5 6 7
coll2: 3 4 5 6 7 8 9
coll1 != coll2
even and odd elements correspond
```

测试不定序之相等性（Testing for Unordered Equality）

bool
is_permutation (ForwardIterator1 *beg1*, ForwardIterator1 *end1*,
ForwardIterator2 *beg2*)

bool
is_permutation (ForwardIterator1 *beg1*, ForwardIterator1 *end1*,
ForwardIterator2 *beg2*,
CompFunc *op*)

- 两个形式都检测 [*beg1*,*end1*) 区间内的元素是否为 *beg2* 起始之区间元素的一个排列组合（a permutation）；也就是说，“顺序无所谓”的情况下两区间的元素是否相等。
- 第一形式以 operator == 比较元素。
- 第二形式使用 binary predicate *op*(*elem1*,*elem2*) 比较元素，它应该在“*elem1* 等于 *elem2*”时返回 true。
- 注意，*op* 不应在函数调用过程中改变状态（state），详见 10.1.4 节第 483 页。
- *op* 不应改动传入的实参。
- 所有 iterator 必须有相同的 value type（即所指向的元素的类型）。
- 这些算法都始自 C++11。
- 复杂度：最糟情况下是二次（quadratic；共 *numElems1* 次比较或调用 *op*()，前提是所有对应元素相等且有相同次序）。

以下示范不定序比较（unordered comparison）的用法：

```
// algo/ispermutation1.cpp

#include "algostuff.hpp"
using namespace std;

bool bothEvenOrOdd (int elem1, int elem2)
{
    return elem1 % 2 == elem2 % 2;
}
```

```
int main()
{
    vector<int> coll1;
    list<int> coll2;
    deque<int> coll3;

    coll1 = { 1, 1, 2, 3, 4, 5, 6, 7, 8, 9 };
    coll2 = { 1, 9, 8, 7, 6, 5, 4, 3, 2, 1 };
    coll3 = { 11, 12, 13, 19, 18, 17, 16, 15, 14, 11 };

    PRINT_ELEMENTS(coll1,"coll1: ");
    PRINT_ELEMENTS(coll2,"coll2: ");
    PRINT_ELEMENTS(coll3,"coll3: ");

    // check whether both collections have equal elements in any order
    if (is_permutation (coll1.cbegin(), coll1.cend(), // first range
                        coll2.cbegin())) {            // second range
        cout << "coll1 and coll2 have equal elements" << endl;
    }
    else {
        cout << "coll1 and coll2 don't have equal elements" << endl;
    }

    // check for corresponding number of even and odd elements
    if (is_permutation (coll1.cbegin(), coll1.cend(), // first range
                        coll3.cbegin(),               // second range
                        bothEvenOrOdd)) {             // comparison criterion
        cout << "numbers of even and odd elements match" << endl;
    }
    else {
        cout << "numbers of even and odd elements don't match" << endl;
    }
}
```

程序输出如下：

```
coll1: 1 1 2 3 4 5 6 7 8 9
coll2: 1 9 8 7 6 5 4 3 2 1
coll3: 11 12 13 19 18 17 16 15 14 11
coll1 and coll2 have equal elements
numbers of even and odd elements match
```

查找第一处不同（Search the First Difference）

pair<InputIterator1,InputIterator2>
mismatch (InputIterator1 *beg*, InputIterator1 *end*,
InputIterator2 *cmpBeg*)

pair<InputIterator1,InputIterator2>
mismatch (InputIterator1 *beg*, InputIterator1 *end*,
InputIterator2 *cmpBeg*,
BinaryPredicate *op*)

- 第一形式返回 [*beg*,*end*) 区间和"以 *cmpBeg* 起始的区间"内第一组两两相异的对应元素。
- 第二形式返回 [*beg*,*end*) 区间和"以 *cmpBeg* 起始的区间"内第一组"造成以下 binary predicate 结果为 false"的对应元素：
  op(*elem*,*cmpElem*)
- 如果没有找到相异点，就返回"以 *end* 和第二序列的对应元素组成"的 pair<>。这并不意味着两序列相等，因为第二序列有可能内含较多元素。
- 注意，*op* 不应在函数调用过程中改变状态（state），详见 10.1.4 节第 483 页。
- *op* 不应改动传入的实参。
- 调用者必须确保"以 *cmpBeg* 开头"的区间内含足够元素。
- 如果想知道两个序列是否相等，应当使用 equal() 算法（见 11.5.4 节第 542 页）。
- 复杂度：线性。至多比较（或调用 *op*()）共 *numElems* 次。

下面的例子展示了 mismatch() 两种形式的用法：

```
// algo/mismatch1.cpp

#include "algostuff.hpp"
using namespace std;

int main()
{
    vector<int> coll1 = { 1, 2, 3, 4, 5, 6 };
    list<int>   coll2 = { 1, 2, 4, 8, 16, 3 };

    PRINT_ELEMENTS(coll1,"coll1: ");
    PRINT_ELEMENTS(coll2,"coll2: ");
```

```
    // find first mismatch
    auto values = mismatch (coll1.cbegin(), coll1.cend(),   // first range
                            coll2.cbegin());                 // second range
    if (values.first == coll1.end()) {
        cout << "no mismatch" << endl;
    }
    else {
        cout << "first mismatch: "
             << *values.first  << " and "
             << *values.second << endl;
    }

    // find first position where the element of coll1 is not
    // less than the corresponding element of coll2
    values = mismatch (coll1.cbegin(), coll1.cend(),        // first range
                       coll2.cbegin(),                      // second range
                       less_equal<int>());                  // criterion
    if (values.first == coll1.end()) {
        cout << "always less-or-equal" << endl;
    }
    else {
        cout << "not less-or-equal: "
             << *values.first << " and "
             << *values.second << endl;
    }
}
```

第一次调用 mismatch() 为的是查找第一对互异的对应元素。其返回类型是：

```
pair<vector<int>::const_iterator,list<int>::const_iterator>
```

只要检查返回的 pair 的第一元素是否等于被传入的区间的终点，就知道异点（mismatch）是否存在。如果找到了就把它们的值写到标准输出设备。

第二次调用是为了查找符合“第一序列的元素比第二序列的对应元素大”条件下的第一对元素，找到后就返回它们。程序输出如下：

```
coll1: 1 2 3 4 5 6
coll2: 1 2 4 8 16 3
first mismatch: 3 and 4
not less-or-equal: 6 and 3
```

检验“小于”（Testing for “Less Than”）

```
bool
lexicographical_compare (InputIterator1 beg1, InputIterator1 end1,
                         InputIterator2 beg2, InputIterator2 end2)
```

```
bool
lexicographical_compare (InputIterator1 beg1, InputIterator1 end1,
                         InputIterator2 beg2, InputIterator2 end2,
                         CompFunc op)
```

- 两个形式都用来判断 [*beg1*,*end1*) 区间内的元素是否小于 [*beg2*,*end2*) 的元素。所谓“小于”是指就“字典（lexicographical）次序”意义而言。
- 第一形式以 operator < 比较元素。
- 第二形式以 binary predicate
  op(*elem1*,*elem2*)
  比较元素。如果 *elem1* 小于 *elem2*，应当返回 `true`。
- 所谓字典次序的排序意味着 两序列中的元素一一比较，直到以下情况发生：
  - 如果两元素不相等，则这两个元素的比较结果就是整个两序列的比较结果。
  - 如果两序列的元素数量不同，则元素较少的序列小于另一序列。所以如果第一序列的元素数量较少，比较结果是 `true`。
  - 如果两序列都没有更多的元素可进行比较，则这两个序列相等，整个比较结果是 `false`。
- 注意，*op* 不应在函数调用过程中改变状态（state），详见 10.1.4 节第 483 页。
- *op* 不应改动传入的实参。
- 复杂度：线性。至多比较（或调用 *op*()） min(*numElems1*,*numElems2*) 次。

下面的例子展示了如何利用这个算法对集合完成“字典次序”的排序：

```
// algo/lexicocmp1.cpp

#include "algostuff.hpp"
using namespace std;

void printCollection (const list<int>& l)
{
    PRINT_ELEMENTS(l);
}
```

```
bool lessForCollection (const list<int>& l1, const list<int>& l2)
{
    return lexicographical_compare
               (l1.cbegin(), l1.cend(),    // first range
                l2.cbegin(), l2.cend());   // second range
}

int main()
{
    list<int> c1, c2, c3, c4;

    // fill all collections with the same starting values
    INSERT_ELEMENTS(c1,1,5);
    c4 = c3 = c2 = c1;

    // and now some differences
    c1.push_back(7);
    c3.push_back(2);
    c3.push_back(0);
    c4.push_back(2);

    // create collection of collections
    vector<list<int>> cc;
    cc.insert ( cc.begin(), { c1, c2, c3, c4, c3, c1, c4, c2 } );

    // print all collections
    for_each (cc.cbegin(), cc.cend(),
              printCollection);
    cout << endl;

    // sort collection lexicographically
    sort (cc.begin(), cc.end(),      // range
          lessForCollection);        // sorting criterion

    // print all collections again
    for_each (cc.cbegin(), cc.cend(),
              printCollection);
}
```

其中 vector cc 由若干集合（都是 list）组成。调用 sort() 时（详见 11.9.1 节第 596 页）使用 binary predicate lessForCollection()比较两集合，其中又借由 lexicographical_compare() 算法对集合进行字典序比较。

程序输出如下：

```
1 2 3 4 5 7
1 2 3 4 5
1 2 3 4 5 2 0
1 2 3 4 5 2
1 2 3 4 5 2 0
1 2 3 4 5 7
1 2 3 4 5 2
1 2 3 4 5

1 2 3 4 5
1 2 3 4 5
1 2 3 4 5 2
1 2 3 4 5 2
1 2 3 4 5 2 0
1 2 3 4 5 2 0
1 2 3 4 5 7
1 2 3 4 5 7
```

11.5.5 Predicate 用以检验区间

下面各算法都始自 C++11，用来检验某个给定区间是否符合某条件。

检验是否排序（或局部排序）

`bool`
is_sorted (`ForwardIterator` *beg*, `ForwardIterator` *end*)

`bool`
is_sorted (`ForwardIterator` *beg*, `ForwardIterator` *end*, `BinaryPredicate` *op*)

`ForwardIterator`
is_sorted_until (`ForwardIterator` *beg*, `ForwardIterator` *end*)

`ForwardIterator`
is_sorted_until (`ForwardIterator` *beg*, `ForwardIterator` *end*, `BinaryPredicate` *op*)

- `is_sorted()` 检验 [*beg*,*end*) 区间内的元素是否已经排序。
- `is_sorted()_until` 返回 [*beg*,*end*) 区间内第一个破坏排序的元素。如果没有这样的元素，返回 *end*。

- 第一和第三形式使用 operator < 比较元素。第二和第四形式使用 binary predicate
  op(*elem1*,*elem2*)
  比较元素——如果 *elem1* “小于” *elem2* 它就该返回 true。
- 如果区间为空，这些算法返回 true，如果只有一个元素则返回 *end*。
- 注意，*op* 不应在函数调用过程中改变状态（state），详见 10.1.4 节第 483 页。
- *op* 不应改动传入的实参。
- 这些算法全部始自 C++11。
- 复杂度：线性。至多调用 < 或 *op*() 共 *numElems*-1 次。

以下程序示范了如何使用这些算法：

```
// algo/issorted1.cpp

#include "algostuff.hpp"
using namespace std;

int main()
{
    vector<int> coll1 = { 1, 1, 2, 3, 4, 5, 6, 7, 8, 9 };
    PRINT_ELEMENTS(coll1,"coll1: ");

    // check whether coll1 is sorted
    if (is_sorted (coll1.begin(), coll1.end())) {
        cout << "coll1 is sorted" << endl;
    }
    else {
        cout << "coll1 is not sorted" << endl;
    }

    map<int,string> coll2;
    coll2 = { {1,"Bill"}, {2,"Jim"}, {3,"Nico"}, {4,"Liu"}, {5,"Ai"} };
    PRINT_MAPPED_ELEMENTS(coll2,"coll2: ");

    // define predicate to compare names
    auto compareName = [](const pair<int,string>& e1,
                          const pair<int,string>& e2){
                           return e1.second<e2.second;
                       };

    // check whether the names in coll2 are sorted
    if (is_sorted (coll2.cbegin(), coll2.cend(),
                   compareName)) {
        cout << "names in coll2 are sorted" << endl;
    }
```

```
    else {
        cout << "names in coll2 are not sorted" << endl;
    }

    // print first unsorted name
    auto pos = is_sorted_until (coll2.cbegin(), coll2.cend(),
                                compareName);
    if (pos != coll2.end()) {
        cout << "first unsorted name: " << pos->second << endl;
    }
}
```

程序输出如下：

```
coll1: 1 1 2 3 4 5 6 7 8 9
coll1 is sorted
coll2: [1,Bill] [2,Jim] [3,Nico] [4,Liu] [5,Ai]
names in coll2 are not sorted
first unsorted name: Liu
```

注意，`is_sorted_until()` 返回的是第一个“破坏排序规则”的元素位置（以 iterator 表示），所以我们必须调用 `pos->second` 才能取出 name（那是 key/value pair 中的 value）。

检验是否被分割（Check for Being Partitioned）

`bool`
is_partitioned (`InputIterator` *beg*, `InputIterator` *end*, `UnaryPredicate` *op*)

`ForwardIterator`
partition_point (`ForwardIterator` *beg*, `ForwardIterator` *end*, `BinaryPredicate` *op*)

- `is_partitioned()` 判断 [*beg*,*end*) 区间内的元素是否被分割（are partitions），也就是所有符合 predicate *op*()的元素都被置于所有不符合的元素之前（较早出现）。
- `partition_point()` 返回 [*beg*,*end*) 区间中的第一个元素的位置。因此，对于 [*beg*,*end*)，`is_partitioned()` 必定产出 `true` on entry。
- 这些算法使用 binary predicate
  op(*elem1*,*elem2*)
  它应该在 *elem1* “小于” *elem2* 时返回 `true`。
- 如果区间为空，`partition_point()` 返回 *end*。
- 注意，*op* 不应在函数调用过程中改变状态（state），详见 10.1.4 节第 483 页。
- *op* 不应改动传入的实参。

- 这些算法都始自 C++11。
- 复杂度：
  - `is_partitioned()`：线性（至多 *numElems* 次调用 *op*()）。
  - `partition_point()`：如果收到的是 random-access iterator 则为对数（logarithmic），否则是线性（无论如何至多 log(*numElems*) 次调用 *op*()）。

以下程序示范了如何使用这些算法：

```
// algo/ispartitioned1.cpp

#include "algostuff.hpp"
using namespace std;

int main()
{
    vector<int> coll = { 5, 3, 9, 1, 3, 4, 8, 2, 6 };
    PRINT_ELEMENTS(coll,"coll: ");

    // define predicate: check whether element is odd:
    auto isOdd = [](int elem) {
                     return elem%2==1;
                 };

    // check whether coll is partitioned in odd and even elements
    if (is_partitioned (coll.cbegin(), coll.cend(),  // range
                        isOdd)) {                    // predicate
        cout << "coll is partitioned" << endl;

        // find first even element:
        auto pos = partition_point (coll.cbegin(),coll.cend(),
                                    isOdd);
        cout << "first even element: " << *pos << endl;
    }
    else {
        cout << "coll is not partitioned" << endl;
    }
}
```

程序输出如下：

```
coll: 5 3 9 1 3 4 8 2 6
coll is partitioned
first even element: 4
```

检验是否形成 Heap（最大值元素在第一位）

bool
is_heap (RandomAccessIterator *beg*, RandomAccessIterator *end*)

bool
is_heap (RandomAccessIterator *beg*, RandomAccessIterator *end*, BinaryPredicate *op*)

RandomAccessIterator
is_heap_until (RandomAccessIterator *beg*, RandomAccessIterator *end*)

RandomAccessIterator
is_heap_until (RandomAccessIterator *beg*, RandomAccessIterator *end*,
BinaryPredicate *op*)

- is_heap() 判断 [*beg*,*end*) 区间内的元素是否形成一个 heap（见 11.9.4 节第 604 页），那意味着 *beg* 是最大值元素（之一）。
- is_heap()_until 返回 [*beg*,*end*) 区间内第一个“破坏排序使无法成为 heap”的元素位置（该元素将会比第一元素更大）。如果没有这样的元素就返回 *end*。
- 第一和第三形式使用 operator < 比较元素，第二和第四形式使用 binary predicate
  op(*elem1*,*elem2*)
  完成比较，后者应该在 *elem1* “小于” *elem2* 的情况下返回 true。
- 如果区间为空，这些算法返回 true，如果只有一个元素则返回 *end*。
- 注意，*op* 不应在函数调用过程中改变状态（state），详见 10.1.4 节第 483 页。
- *op* 不应改动传入的实参。
- 这些算法都始自 C++11。
- 复杂度：线性。至多调用 < 或 *op*() 共 *numElems*-1 次。

以下程序示范了如何使用这些算法：

```
// algo/isheap1.cpp

#include "algostuff.hpp"
using namespace std;

int main()
{
    vector<int> coll1 = { 9, 8, 7, 7, 7, 5, 4, 2, 1 };
    vector<int> coll2 = { 5, 3, 2, 1, 4, 7, 9, 8, 6 };
    PRINT_ELEMENTS(coll1,"coll1: ");
    PRINT_ELEMENTS(coll2,"coll2: ");
```

```
    // check whether the collections are heaps
    cout << boolalpha << "coll1 is heap: "
         << is_heap (coll1.cbegin(), coll1.cend()) << endl;
    cout << "coll2 is heap: "
         << is_heap (coll2.cbegin(), coll2.cend()) << endl;

    // print the first element that is not a heap in coll2
    auto pos = is_heap_until (coll2.cbegin(), coll2.cend());
    if (pos != coll2.end()) {
        cout << "first non-heap element: " << *pos << endl;
    }
}
```

程序输出如下：

```
coll1: 9 8 7 7 7 5 4 2 1
coll2: 5 3 2 1 4 7 9 8 6
coll1 is heap: true
coll2 is heap: false
first non-heap element: 4
```

检验All、 Any 或 None

`bool`
all_of (`InputIterator` *beg*, `InputIterator` *end*, `UnaryPredicate` *op*)

`bool`
any_of (`InputIterator` *beg*, `InputIterator` *end*, `UnaryPredicate` *op*)

`bool`
none_of (`InputIterator` *beg*, `InputIterator` *end*, `UnaryPredicate` *op*)

- 这些算法将判断，[*beg*,*end*) 区间内是否全部，或至少一个，或没有任何元素造成 unary predicate
  op(*elem*)
  产出 `true`。
- 如果区间为空，`all_of()` 和 `none_of()` 返回 `true`，而 `any_of()` 返回 `false`。
- 注意，*op* 不应在函数调用过程中改变状态（state），详见 10.1.4 节第 483 页。
- *op* 不应改动传入的实参。
- 这些算法都始自 C++11。
- 复杂度：线性。至多调用 *op*() *numElems* 次。

以下程序示范了如何使用这些算法：

```
// algo/allanynone1.cpp

#include "algostuff.hpp"
using namespace std;

int main()
{
    vector<int> coll;
    vector<int>::iterator pos;

    INSERT_ELEMENTS(coll,1,9);
    PRINT_ELEMENTS(coll,"coll: ");

    // define an object for the predicate (using a lambda)
    auto isEven = [](int elem) {
                      return elem%2==0;
                  };

    // print whether all, any, or none of the elements are/is even
    cout << boolalpha << "all even?:  "
         << all_of(coll.cbegin(),coll.cend(), isEven) << endl;
    cout << "any even?:  "
         << any_of(coll.cbegin(),coll.cend(), isEven) << endl;
    cout << "none even?: "
         << none_of(coll.cbegin(),coll.cend(), isEven) << endl;
}
```

程序输出如下：

```
coll: 1 2 3 4 5 6 7 8 9
all even?:  false
any even?:  true
none even?: false
```

11.6 更易型算法（Modifying Algorithm）

本节描述的算法会更易（变动，改动）区间内的元素内容。两种方法可以更易元素：

1. “运用 iterator 遍历序列”的过程中直接改动。
2. “将元素从源区间复制到目标区间”的过程中加以变动。

有些更易型算法同时提供上述两种方法，此时使用第二种方法的版本会有后缀 _copy。

注意，目标区间不可以是个 associative 或 unordered 容器，因为它们的元素被视为常量。如果没有这个限制，其自动排序性质就无法获得保证（因为允许任意改动的话会破坏排序）。

所有“具单一目标区间”的算法，都返回区间内“最后一个被复制元素”的下一位置。

11.6.1 复制元素（Copying Element）

OutputIterator
copy (InputIterator *sourceBeg*, InputIterator *sourceEnd*,
OutputIterator *destBeg*)

OutputIterator
copy_if (InputIterator *sourceBeg*, InputIterator *sourceEnd*,
OutputIterator *destBeg*,
UnaryPredicate *op*)

OutputIterator
copy_n (InputIterator *sourceBeg*,
Size *num*,
OutputIterator *destBeg*)

BidirectionalIterator2
copy_backward (BidirectionalIterator1 *sourceBeg*,
BidirectionalIterator1 *sourceEnd*,
BidirectionalIterator2 *destEnd*)

- 上述四个算法都将源区间 [*sourceBeg*,*sourceEnd*) 中的所有元素复制到以 *destBeg* 为起点或以 *destEnd* 为终点的目标区间。
- 它们都返回目标区间内最后一个被复制元素的下一位置，也就是第一个未被覆盖（overwritten）的元素的位置。
- 关于 copy()，*destBeg* 不可处于 [*sourceBeg*,*sourceEnd*) 区间内。关于 copy_if()，源区间和目标区间不可重叠。关于 copy_backward()，*destEnd* 不可处于 (*sourceBeg*,*sourceEnd*] 区间内。

- copy() 正向遍历（forward），而 copy_backward() 反向遍历（backward）。只有当源区间和目标区间重叠时，这个不同点才会导致一些问题：
  - 若要把一个子区间复制到前端，应使用 copy()。因此对 copy() 而言，*destBeg* 的位置应该在 *sourceBeg* 之前。
  - 若要把一个子区间复制到后端，应使用 copy_backward()。因此对 copy_backward() 而言，*destEnd* 的位置应该在 *sourceEnd* 之后。

  所以，只要第三实参位于“前两个实参所指出的源区间”中，你就应该使用另一算法。注意，如果转而使用另一形式，意味着原本应传入目标区间的起点，现在要改而传入终点了。关于两者的区别，请参考第 559 页的例子。
- 调用者必须确保目标区间有足够空间，要不就得使用 insert iterator。
- 关于 copy() 算法的实现，请参考 9.4.2 节第 454 页。
- 自 C++11 起，如果源端元素不再被使用，你应该以 move() 取代 copy()，以 move_backward() 取代 copy_backward()（见 11.6.2 节第 561 页）。
- C++11 之前并未提供 copy_if() 和 copy_n() 算法，因此若要复制“符合某给定准则”之元素，必须选择 remove_copy_if()（见 11.7.1 节第 577 页）并搭配一个 negated predicate。
- 如果希望在复制过程中反转元素次序，应使用 reverse_copy()（见 11.8.1 节第 583 页）。该算法比起“copy() 算法搭配 reverse iterator”略快些。
- 如果想把容器内的所有元素赋值（assign）给另一个容器，应当使用 assignment 操作符（当两个容器的类型相同时才能这么做，见 8.4 节第 406 页）或使用容器的 assign() 成员函数（当两个容器的类型不同时就采用此法，见 8.4 节第 407 页）。
- 如果希望在复制的同时移除元素，应使用算法 remove_copy() 和 remove_copy_if()（见 11.7.1 节第 577 页）。
- 如果希望在复制过程中改动元素，请使用 transform()（见 11.6.3 节第 563 页）或 replace_copy()（见 11.6.6 节第 573 页）。
- 可使用 partition_copy()（见 11.8.6 节第 594 页）将元素复制到两个目标区间：其中一组满足 predicate 而另一组不满足。
- 复杂度：线性，执行 *numElems* 次赋值。

下面的例子展示了 copy() 的若干简单用法。11.6.2 节第 562 页有一个对应的例子但使用的是 move()。

```
// algo/copy1.cpp

#include "algostuff.hpp"
using namespace std;

int main()
{
    vector<string> coll1 = { "Hello", "this", "is", "an", "example" };
    list<string> coll2;
```

```
    // copy elements of coll1 into coll2
    // - use back inserter to insert instead of overwrite
    copy (coll1.cbegin(), coll1.cend(),            // source range
          back_inserter(coll2));                   // destination range

    // print elements of coll2
    // - copy elements to cout using an ostream iterator
    copy (coll2.cbegin(), coll2.cend(),            // source range
          ostream_iterator<string>(cout," "));     // destination range
    cout << endl;

    // copy elements of coll1 into coll2 in reverse order
    // - now overwriting
    copy (coll1.crbegin(), coll1.crend(),          // source range
          coll2.begin());                          // destination range

    // print elements of coll2 again
    copy (coll2.cbegin(), coll2.cend(),            // source range
          ostream_iterator<string>(cout," "));     // destination range
    cout << endl;
}
```

在这个例子里，back inserter（参见 9.4.2 节第 455 页）被用来在目标区内安插元素。如果不使用 inserter，copy() 算法就会在空的 coll2 容器上实施覆盖（overwrite），导致不确定的行为。同样道理，我们可使用 ostream iterator 把标准输出设备当成目标区（参见 9.4.3 节第 460 页）。程序输出如下：

```
Hello this is an example
example an is this Hello
```

下面的例子展示了 copy() 和 copy_backward() 之间的区别：

```
// algo/copy2.cpp

#include "algostuff.hpp"
using namespace std;

int main()
{
    // initialize source collection with ''..........abcdef..........''
    vector<char> source(10,'.');
    for (int c='a'; c<='f'; c++) {
        source.push_back(c);
    }
    source.insert(source.end(),10,'.');
    PRINT_ELEMENTS(source,"source: ");
```

```
    // copy all letters three elements in front of the 'a'
    vector<char> c1(source.cbegin(),source.cend());
    copy (c1.cbegin()+10, c1.cbegin()+16,           // source range
          c1.begin()+7);                            // destination range
    PRINT_ELEMENTS(c1,"c1:     ");

    // copy all letters three elements behind the 'f'
    vector<char> c2(source.cbegin(),source.cend());
    copy_backward (c2.cbegin()+10, c2.cbegin()+16,  // source range
                   c2.begin()+19);                  // destination range
    PRINT_ELEMENTS(c2,"c2:     ");
}
```

注意，无论是调用 copy() 或是 copy_backward()，第三实参都不处于源区间中。程序输出如下：

```
source: . . . . . . . . . . a b c d e f . . . . . . . . . .
c1:     . . . . . . . a b c d e f d e f . . . . . . . . . .
c2:     . . . . . . . . . . a b c a b c d e f . . . . . . .
```

第三个例子示范如何使用 copy() 作为标准输入设备和标准输出设备之间的数据筛检程序。程序读取 string，并以一行一个的方式打印它们：

```
// algo/copy3.cpp

#include <iostream>
#include <algorithm>
#include <iterator>
#include <string>
using namespace std;

int main()
{
    copy (istream_iterator<string>(cin),          // beginning of source
          istream_iterator<string>(),             // end of source
          ostream_iterator<string>(cout,"\n"));   // destination
}
```

11.6.2 搬移元素（Moving Element）

`OutputIterator`
move (`InputIterator` *sourceBeg*, `InputIterator` *sourceEnd*,
`OutputIterator` *destBeg*)

`BidirectionalIterator2`
move_backward (`BidirectionalIterator1` *sourceBeg*,
`BidirectionalIterator1` *sourceEnd*,
`BidirectionalIterator2` *destEnd*)

- 上述两个算法将源区间 [*sourceBeg*,*sourceEnd*) 中的所有元素搬移至以 *destBeg* 为起点或以 *destEnd* 为终点的目标区间。
- 它们会针对每一个元素调用
  `*`*destElem*`=std::move(*`*sourceElem*`)`
  因此，如果元素类型提供有 move 语义，源端元素从此不再明确，它们也就不该再被使用，除非重新初始化或被赋予新值。如果元素类型未提供 move 语义，元素会被 copy，就像 `copy()` 或 `copy_backward()` 的行为一样（见 11.6.1 节第 557 页）。
- 它们会返回目标区间内最后一个被复制元素的下一位置，也就是第一个未被覆盖（overwritten）的元素的位置。
- `move()` 的 *destBeg* 不可处于 [*sourceBeg*,*sourceEnd*) 区间内。`move_backward()` 的 *destEnd* 不可处于 (*sourceBeg*,*sourceEnd*] 区间内。
- `move()` 正向遍历（forward），而 `move_backward()` 反向遍历（backward）。只有当源区间和目标区间重叠时，这个不同点才会导致一些问题：
  - 若要把一个子区间搬移到前端，应使用 `move()`。因此对 `move()`而言，*destBeg* 的位置应该在 *sourceBeg* 之前。
  - 若要把一个子区间复制到后端，应使用 `move_backward()`。因此对 `move_backward()` 而言，*destEnd* 的位置应该在 *sourceEnd* 之后。

  所以，只要第三实参位于“前两个实参所指出的源区间”中，你就应该使用另一算法。注意，如果转而使用另一形式，意味着原本应传入目标区间的起点，现在要改而传入终点了。 11.6.1 节第 559 页有一个例子展示了“与 move() 相应之 copy() 算法”正向、逆向版本的区别。
- 调用者必须确保目标区间有足够空间，要不就得使用 insert iterator。
- 这些算法都始自 C++11。
- 复杂度：线性，执行 *numElems* 次“搬移赋值”（move assignment）。

下面的例子展示了对 `move()` 的一些简单调用。这是 *`algo/copy1.cpp`*（见 11.6.1 节第 558 页）的一个改善版本，在允许的情况下以 `move()` 取代 `copy()`：

```
// algo/move1.cpp

#include "algostuff.hpp"
using namespace std;

int main()
{
    vector<string> coll1 = { "Hello", "this", "is", "an", "example" };
    list<string> coll2;

    // copy elements of coll1 into coll2
    // - use back inserter to insert instead of overwrite
    // - use copy() because the elements in coll1 are used again
    copy (coll1.cbegin(), coll1.cend(),           // source range
          back_inserter(coll2));                  // destination range

    // print elements of coll2
    // - copy elements to cout using an ostream iterator
    // - use move() because these elements in coll2 are not used again
    move (coll2.cbegin(), coll2.cend(),           // source range
          ostream_iterator<string>(cout," "));    // destination range
    cout << endl;

    // copy elements of coll1 into coll2 in reverse order
    // - now overwriting (coll2.size() still fits)
    // - use move() because the elements in coll1 are not used again
    move (coll1.crbegin(), coll1.crend(),         // source range
          coll2.begin());                         // destination range

    // print elements of coll2 again
    // - use move() because the elements in coll2 are not used again
    move (coll2.cbegin(), coll2.cend(),           // source range
          ostream_iterator<string>(cout," "));    // destination range
    cout << endl;
}
```

注意， coll2 的元素在它们初次被输出后，状态就变得不确定，因为这里用的是 move()。然而 coll2 的大小仍然是 5，所以我们可以再次调用 move() 覆盖（overwrite）这些元素。程序输出如下：

```
Hello this is an example
example an is this Hello
```

11.6.3 转换和结合元素（Transforming and Combining Element）

算法 `transform()` 提供以下两个能力：

1. 第一形式有 4 个实参。把来源区的元素转换到目标区。也就是说元素的复制和修改一气呵成。
2. 第二形式有 5 个实参，将两个源序列中的元素合并，将结果写入目标区。

转换元素（Transforming Element）

OutputIterator
transform (InputIterator *sourceBeg*, InputIterator *sourceEnd*,
OutputIterator *destBeg*,
UnaryFunc *op*)

- 针对源区间 [*sourceBeg*,*sourceEnd*) 中的每一个元素调用：
  op(*elem*) 并将结果写到以 *destBeg* 起始的目标区间内。

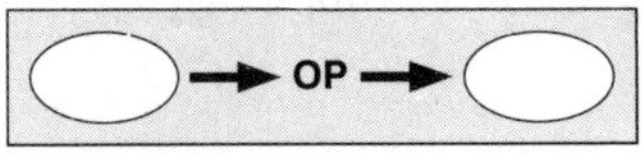

- 返回目标区间内“最后一个被转换元素”的下一位置，也就是第一个未被覆盖（overwritten）的元素的位置。
- 调用者必须确保目标区间有足够空间，要不就得使用 insert iterator。
- *sourceBeg* 与 *destBeg* 可以完全相同，所以，和 `for_each()` 算法一样，你可以使用这个算法来改动“序列内”的元素。请看 11.2.2 节第 509 页对于它和 `for_each()` 的比较。
- 如果想以某值替换掉“符合给定准则”的元素，应使用 `replace()`（见 11.6.6 节第 571 页）。
- 复杂度：线性，对 *op*() 执行 *numElems* 次调用。

下面的例子展示了以上所说的 `transform()` 用法：

```
// algo/transform1.cpp

#include "algostuff.hpp"
using namespace std;
using namespace std::placeholders;

int main()
{
    vector<int> coll1;
    list<int> coll2;

    INSERT_ELEMENTS(coll1,1,9);
```

```
    PRINT_ELEMENTS(coll1,"coll1:   ");

    // negate all elements in coll1
    transform (coll1.cbegin(), coll1.cend(),      // source range
               coll1.begin(),                     // destination range
               negate<int>());                    // operation
    PRINT_ELEMENTS(coll1,"negated: ");

    // transform elements of coll1 into coll2 with ten times their value
    transform (coll1.cbegin(), coll1.cend(),      // source range
               back_inserter(coll2),              // destination range
               bind(multiplies<int>(),_1,10));    // operation
    PRINT_ELEMENTS(coll2,"coll2:   ");

    // print coll2 negatively and in reverse order
    transform (coll2.crbegin(), coll2.crend(),    // source range
               ostream_iterator<int>(cout," "),   // destination range
               [](int elem){                      // operation
                   return -elem;
               });
    cout << endl;
}
```

程序输出如下：

```
coll1:   1 2 3 4 5 6 7 8 9
negated: -1 -2 -3 -4 -5 -6 -7 -8 -9
coll2:   -10 -20 -30 -40 -50 -60 -70 -80 -90
90 80 70 60 50 40 30 20 10
```

将两序列的元素结合（Combining Elements of Two Sequences）

`OutputIterator`
transform (`InputIterator1` *source1Beg*, `InputIterator1` *source1End*,
`InputIterator2` *source2Beg*,
`OutputIterator` *destBeg*,
`BinaryFunc` *op*)

- 针对第一源区间 [*source1Beg*,*source1End*) 以及“从 *source2Beg* 开始的第二源区间”的对应元素，调用
  op(*source1Elem*,*source2Elem*)
  并将结果写入以 *destBeg* 起始的目标区内。

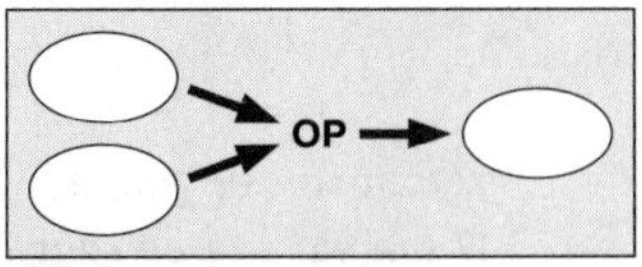

- 返回目标区间内“最后一个被转换元素”的下一位置，就是第一个未被覆盖（overwritten）的元素的位置。
- 调用者必须保证第二源区间有足够空间（至少拥有和第一源区间相同的大小）。
- 调用者必须确保目标区间有足够空间，要不就得使用 insert iterator。
- *source1Beg*、 *source2Beg* 和 *destBeg* 可相同。因此，你可以让元素自己和自己结合，然后将结果覆盖（overwrite）自己。
- 复杂度：线性，对 *op*() 执行 *numElems* 次调用。

下面的例子展示了上述 `transform()` 的用法：

```
// algo/transform2.cpp

#include "algostuff.hpp"
using namespace std;

int main()
{
    vector<int> coll1;
    list<int> coll2;

    INSERT_ELEMENTS(coll1,1,9);
    PRINT_ELEMENTS(coll1,"coll1:   ");

    // square each element
    transform (coll1.cbegin(), coll1.cend(),       // first source range
               coll1.cbegin(),                     // second source range
               coll1.begin(),                      // destination range
               multiplies<int>());                 // operation
    PRINT_ELEMENTS(coll1,"squared: ");

    // add each element traversed forward with each element traversed backward
    // and insert result into coll2
    transform (coll1.cbegin(), coll1.cend(),       // first source range
               coll1.crbegin(),                    // second source range
               back_inserter(coll2),               // destination range
               plus<int>());                       // operation
    PRINT_ELEMENTS(coll2,"coll2:   ");
```

```
    // print differences of two corresponding elements
    cout << "diff:    ";
    transform (coll1.cbegin(), coll1.cend(),         // first source range
               coll2.cbegin(),                       // second source range
               ostream_iterator<int>(cout, " "),     // destination range
               minus<int>());                        // operation
    cout << endl;
}
```

程序输出如下：

```
coll1:   1 2 3 4 5 6 7 8 9
squared: 1 4 9 16 25 36 49 64 81
coll2:   82 68 58 52 50 52 58 68 82
diff:    -81 -64 -49 -36 -25 -16 -9 -4 -1
```

11.6.4 互换元素（Swapping Elements）

`ForwardIterator2`
swap_ranges `(ForwardIterator1` *beg1*, `ForwardIterator1` *end1*,
`ForwardIterator2` *beg2*`)`

- 将区间 [*beg1*,*end1*) 内的元素和“从 *beg2* 开始的区间”内的对应元素互换。
- 返回第二区间中“最后一个被交换元素”的下一位置。
- 调用者必须确保目标区间有足够空间。
- 两区间不得重叠。
- 如果要将相同类型的两个容器内的所有元素都互换，应使用 `swap()` 成员函数，因为该成员函数通常具备常量复杂度（见 8.4 节第 407 页）。
- 复杂度：线性，执行 *numElems* 次交换动作。

下面的例子展示了 `swap_ranges()` 的用法：

```
// algo/swapranges1.cpp

#include "algostuff.hpp"
using namespace std;

int main()
{
    vector<int> coll1;
    deque<int> coll2;

    INSERT_ELEMENTS(coll1,1,9);
    INSERT_ELEMENTS(coll2,11,23);
```

```
    PRINT_ELEMENTS(coll1,"coll1: ");
    PRINT_ELEMENTS(coll2,"coll2: ");

    // swap elements of coll1 with corresponding elements of coll2
    deque<int>::iterator pos;
    pos = swap_ranges (coll1.begin(), coll1.end(),  // first range
                       coll2.begin());               // second range

    PRINT_ELEMENTS(coll1,"\ncoll1: ");
    PRINT_ELEMENTS(coll2,"coll2: ");
    if (pos != coll2.end()) {
        cout << "first element not modified: "
             << *pos << endl;
    }

    // mirror first three with last three elements in coll2
    swap_ranges (coll2.begin(), coll2.begin()+3,     // first range
                 coll2.rbegin());                    // second range

    PRINT_ELEMENTS(coll2,"\ncoll2: ");
}
```

第一次调用 swap_ranges() 是为了将 coll1 的元素和 coll2 的对应元素交换。coll2 之内的其余元素不变动。swap_ranges() 算法返回第一个未被改动的元素。第二次调用 swap_ranges() 是为了将 coll2 内的前 3 个元素和后 3 个元素交换。由于运用了一个 reverse iterator，所以元素以镜像方式交换（从外向内交换）。程序输出如下：

```
coll1: 1 2 3 4 5 6 7 8 9
coll2: 11 12 13 14 15 16 17 18 19 20 21 22 23

coll1: 11 12 13 14 15 16 17 18 19
coll2: 1 2 3 4 5 6 7 8 9 20 21 22 23
first element not modified: 20

coll2: 23 22 21 4 5 6 7 8 9 20 3 2 1
```

11.6.5 赋值（Assigning New Value）

赋予相同数值（Assigning the Same Value）

void
fill (ForwardIterator *beg*, ForwardIterator *end*,
    const T& *newValue*)

void
fill_n (OutputIterator *beg*, Size *num*,
    const T& *newValue*)

- `fill()` 将区间 [*beg*,*end*) 内的每一个元素都赋予新值 *newValue*。
- `fill_n()` 将“从 *beg* 开始的前 *num* 个元素”赋予新值 *newValue*。如果 `num` 为负值则不做任何事（始自 C++11）。
- 调用者必须确保目标区间有足够空间，要不就得使用 insert iterator。
- 自 C++11 起，`fill_n()` 返回最后被改动的元素的下一位置（*beg*+*num*），如果 *num* 是负值则返回 *beg*（在 C++11 之前，`fill_n()` 的返回类型是 `void`）。
- 复杂度：线性（执行 *numElems* 次或 *num* 次或 0 次赋值）。

以下程序展示了 `fill()` 和 `fill_n()` 的用法：

```
// algo/fill1.cpp

#include "algostuff.hpp"
using namespace std;

int main()
{
    // print ten times 7.7
    fill_n(ostream_iterator<float>(cout, " "), // beginning of destination
           10,                                  // count
           7.7);                                // new value
    cout << endl;

    list<string> coll;

    // insert "hello" nine times
    fill_n(back_inserter(coll),         // beginning of destination
           9,                           // count
           "hello");                    // new value
    PRINT_ELEMENTS(coll,"coll: ");

    // overwrite all elements with "again"
    fill(coll.begin(), coll.end(),      // destination
         "again");                      // new value
```

```
    PRINT_ELEMENTS(coll,"coll: ");

    // replace all but two elements with "hi"
    fill_n(coll.begin(),                // beginning of destination
           coll.size()-2,               // count
           "hi");                       // new value
    PRINT_ELEMENTS(coll,"coll: ");

    // replace the second and up to the last element but one with "hmmm"
    list<string>::iterator pos1, pos2;
    pos1 = coll.begin();
    pos2 = coll.end();
    fill (++pos1, --pos2,               // destination
          "hmmm");                      // new value
    PRINT_ELEMENTS(coll,"coll: ");
}
```

第一次调用示范了如何使用 `fill_n()` 打印特定数量的值。其他针对 `fill()` 和 `fill_n()` 的调用示范了如何在一个 string list 中安插和替换元素。程序输出如下：

```
7.7 7.7 7.7 7.7 7.7 7.7 7.7 7.7 7.7 7.7
coll: hello hello hello hello hello hello hello hello hello
coll: again again again again again again again again again
coll: hi hi hi hi hi hi hi again again
coll: hi hmmm hmmm hmmm hmmm hmmm hmmm hmmm again
```

赋予新生值（Assigning Generated Value）

void
generate (ForwardIterator *beg*, ForwardIterator *end*,
Func *op*)

void
generate_n (OutputIterator *beg*, Size *num*,
Func *op*)

- `generate()` 会调用
  op()
  产生新值，并将它赋值给区间 [*beg*,*end*) 内的每个元素。
- `generate_n()` 会调用
  op()
  产生新值，并将它赋值给“以 *beg* 起始的区间”内的前 *num* 个元素。如果 `num` 为负值则不做任何事（始自 C++11）。

- 调用者必须确保目标区间有足够空间，要不就得使用 insert iterator。
- 自 C++11 起，generate_n() 返回最后被改动的元素的下一位置（*beg+num*），如果 *num* 是负值则返回 *beg*（在 C++11 之前，generate_n() 的返回类型是 void）。
- 复杂度：线性（*op*() 动作和赋值，执行 *numElems* 次或 *num* 次或 0 次）。

以下展示了如何利用 generate() 和 generate_n() 安插和赋值若干随机数：

```
// algo/generate1.cpp

#include <cstdlib>
#include "algostuff.hpp"
using namespace std;

int main()
{
    list<int> coll;

    // insert five random numbers
    generate_n (back_inserter(coll),       // beginning of destination range
                5,                         // count
                rand);                     // new value generator
    PRINT_ELEMENTS(coll);

    // overwrite with five new random numbers
    generate (coll.begin(), coll.end(),    // destination range
              rand);                       // new value generator
    PRINT_ELEMENTS(coll);
}
```

其中所用的 rand() 函数将于 17.3 节第 942 页介绍。程序可能输出如下：

```
1481765933 1085377743 1270216262 1191391529 812669700
553475508 445349752 1344887256 730417256 1812158119
```

实际输出结果取决于平台——因为 rand() 产生的随机数序列并无一定标准。

10.1.2 节第 478 页有个例子，展示了如何将 generate() 搭配一个 function object 产生一串数值。

赋予一系列递增值（Assigning Sequence of Increments Values）

`void`
iota (`ForwardIterator` *beg*, `ForwardIterator` *end*,
`T` *startValue*)

- 依序赋值 *startValue*、 *startValue*+1、 *startValue*+2 ……
- 始自 C++11。
- 复杂度：线性（执行 *numElems* 次赋值和累加）。

下面的例子示范了如何使用 `iota()`：

```
// algo/iota1.cpp

#include "algostuff.hpp"
using namespace std;

int main()
{
    array<int,10> coll;

    iota (coll.begin(), coll.end(),   // destination range
          42);                        // start value

    PRINT_ELEMENTS(coll,"coll: ");
}
```

程序输出如下：

```
coll: 42 43 44 45 46 47 48 49 50 51
```

11.6.6 替换元素（Replacing Element）

替换序列内的元素（Replacing Values Inside a Sequence）

`void`
replace (`ForwardIterator` *beg*, `ForwardIterator` *end*,
`const T&` *oldValue*, `const T&` *newValue*)

`void`
replace_if (`ForwardIterator` *beg*, `ForwardIterator` *end*,
`UnaryPredicate` *op*, `const T&` *newValue*)

- `replace()` 将 [*beg*,*end*) 区间内每一个“与 *oldValue* 相等”的元素替换为 *newValue*。

- `replace_if()` 将 [*beg*,*end*) 区间内每一个令以下 unary predicate：
  op(*elem*)
  产生 `true` 的元素替换为 *newValue*。
- 注意，*op* 不应在函数调用过程中改变状态（state），详见 10.1.4 节第 483 页。
- 复杂度：线性（执行比较动作或调用 *op*()，*numElems* 次）。

以下程序示范了 `replace()` 和 `replace_if()` 的用法：

```
// algo/replace1.cpp

#include "algostuff.hpp"
using namespace std;

int main()
{
    list<int> coll;

    INSERT_ELEMENTS(coll,2,7);
    INSERT_ELEMENTS(coll,4,9);
    PRINT_ELEMENTS(coll,"coll: ");

    // replace all elements with value 6 with 42
    replace (coll.begin(), coll.end(),      // range
             6,                             // old value
             42);                           // new value
    PRINT_ELEMENTS(coll,"coll: ");

    // replace all elements with value less than 5 with 0
    replace_if (coll.begin(), coll.end(),   // range
                [](int elem){               // criterion for replacement
                    return elem<5;
                },
                0);                         // new value
    PRINT_ELEMENTS(coll,"coll: ");
}
```

程序输出如下：

```
coll: 2 3 4 5 6 7 4 5 6 7 8 9
coll: 2 3 4 5 42 7 4 5 42 7 8 9
coll: 0 0 0 5 42 7 0 5 42 7 8 9
```

复制并替换元素（Copying and Replacing Element）

OutputIterator
replace_copy (InputIterator *sourceBeg*, InputIterator *sourceEnd*,
OutputIterator *destBeg*,
const T& *oldValue*, const T& *newValue*)

OutputIterator
replace_copy_if (InputIterator *sourceBeg*, InputIterator *sourceEnd*,
OutputIterator *destBeg*,
UnaryPredicate *op*, const T& *newValue*)

- replace_copy() 是 copy() 和 replace() 的组合。它将源区间 [*sourceBeg*,*sourceEnd*) 中的元素复制到“以 *destBeg* 为起点”的目标区，同时将其中“与 *oldValue* 相等”的所有元素替换为 *newValue*。
- replace_copy_if() 是 copy() 和 replace_if() 的组合。[*sourceBeg*,*sourceEnd*) 中的元素被复制到“以 *destBeg* 为起点”的目标区，同时将其中“令 unary predicate
  op(*elem*)
  结果为 true”的所有元素替换为 *newValue*。
- 两个算法都返回目标区间中“最后一个被复制元素”的下一位置，也就是第一个未被覆盖（overwritten）的元素的位置。
- 注意，*op* 不应在函数调用过程中改变状态（state），详见 10.1.4 节第 483 页。
- 调用者必须确保目标区间有足够空间，要不就得使用 insert iterator。
- 复杂度：线性，执行比较动作（或调用 *op*()）*numElems* 次。

以下程序示范了如何使用 replace_copy() 和 replace_copy_if()：

```
// algo/replace2.cpp

#include "algostuff.hpp"
using namespace std;
using namespace std::placeholders;

int main()
{
    list<int> coll;

    INSERT_ELEMENTS(coll,2,6);
    INSERT_ELEMENTS(coll,4,9);
    PRINT_ELEMENTS(coll);

    // print all elements with value 5 replaced with 55
```

```
    replace_copy(coll.cbegin(), coll.cend(),          // source
                 ostream_iterator<int>(cout," "),     // destination
                 5,                                   // old value
                 55);                                 // new value
    cout << endl;

    // print all elements with a value less than 5 replaced with 42
    replace_copy_if(coll.cbegin(), coll.cend(),       // source
                    ostream_iterator<int>(cout," "),  // destination
                    bind(less<int>(),_1,5),           // replacement criterion
                    42);                              // new value
    cout << endl;

    // print each element while each odd element is replaced with 0
    replace_copy_if(coll.cbegin(), coll.cend(),       // source
                    ostream_iterator<int>(cout," "),  // destination
                    [](int elem){                     // replacement criterion
                        return elem%2==1;
                    },
                    0);                               // new value
    cout << endl;
}
```

程序输出如下：

```
2 3 4 5 6 4 5 6 7 8 9
2 3 4 55 6 4 55 6 7 8 9
42 42 42 5 6 42 5 6 7 8 9
2 0 4 0 6 4 0 6 0 8 0
```

11.7 移除型算法（Removing Algorithm）

本节所列算法系根据元素值或根据某一准则，在一个区间内移除某些元素。这些算法并不会改变元素的数量，它们只是以逻辑上的思考，将原本置于后面的“不移除元素”向前移动，覆盖那些应被移除的元素而已。它们都返回新区间的逻辑终点（也就是最后一个“不移除元素”的下一位置），详见 6.7.1 节第 218 页。

11.7.1 移除某些元素

移除序列内的元素（Removing Elements in a Sequence）

ForwardIterator
remove (ForwardIterator *beg*, ForwardIterator *end*,
        const T& *value*)

ForwardIterator
remove_if (ForwardIterator *beg*, ForwardIterator *end*,
        UnaryPredicate *op*)

- remove() 会移除 [*beg*,*end*) 区间中每一个“与 *value* 相等”的元素。
- remove_if() 会移除 [*beg*,*end*) 区间中每一个“令 unary predicate
  op(*elem*)
  结果为 true”的元素。
- 两个算法都返回被改动的序列的新逻辑终点（也就是最后一个未被移除元素的下一位置）。
- 这些算法会把原本置于后面的未移除元素向前移动，覆盖被移除元素。
- 未被移除的元素在相对次序上保持不变。
- 调用者在调用此算法之后，应保证从此采用其所返回的新逻辑终点，不再使用原始终点 *end*（详见 6.7.1 节第 218 页）。
- 注意，*op* 不应在函数调用过程中改变状态（state），详见 10.1.4 节第 483 页。
- 注意， remove_if() 通常会在内部复制它所获得的那个 unary predicate，然后两次运用它。如果该 unary predicate 在函数调用过程中改变状态，就可能导致问题。详见 10.1.4 节第 483 页。
- 由于元素会被改动，所以这些算法不可用于 associative 或 unordered 容器（参见 6.7.2 节第 221 页）。然而这些容器提供了功能类似的成员函数 erase()（见 8.7.3 节第 417 页）。
- List 提供了一个效果相同的成员函数 remove()，效能较高，原因是它不重新赋值，而是重新链接 pointer（见 8.8.1 节第 420 页）。
- 复杂度：线性，执行比较动作（或调用 *op*()）*numElems* 次。

以下程序示范了 remove() 和 remove_if() 的用法：

```
// algo/remove1.cpp

#include "algostuff.hpp"
using namespace std;

int main()
{
    vector<int> coll;

    INSERT_ELEMENTS(coll,2,6);
    INSERT_ELEMENTS(coll,4,9);
    INSERT_ELEMENTS(coll,1,7);
    PRINT_ELEMENTS(coll,"coll:                ");

    // remove all elements with value 5
    vector<int>::iterator pos;
    pos = remove(coll.begin(), coll.end(),          // range
                 5);                                // value to remove

    PRINT_ELEMENTS(coll,"size not changed:   ");

    // erase the ``removed'' elements in the container
    coll.erase(pos, coll.end());
    PRINT_ELEMENTS(coll,"size changed:       ");

    // remove all elements less than 4
    coll.erase(remove_if(coll.begin(), coll.end(), // range
                         [](int elem){              // remove criterion
                             return elem<4;
                         }),
               coll.end());
    PRINT_ELEMENTS(coll,"<4 removed:         ");
}
```

程序输出如下：

```
coll:              2 3 4 5 6 4 5 6 7 8 9 1 2 3 4 5 6 7
size not changed:  2 3 4 6 4 6 7 8 9 1 2 3 4 6 7 5 6 7
size changed:      2 3 4 6 4 6 7 8 9 1 2 3 4 6 7
<4 removed:        4 6 4 6 7 8 9 4 6 7
```

复制时一并移除元素（Removing Elements While Copying）

OutputIterator
remove_copy (InputIterator *sourceBeg*, InputIterator *sourceEnd*,
OutputIterator *destBeg*,
const T& *value*)

OutputIterator
remove_copy_if (InputIterator *sourceBeg*, InputIterator *sourceEnd*,
OutputIterator *destBeg*,
UnaryPredicate *op*)

- remove_copy() 是 copy() 和 remove() 的组合。它将源区间 [*sourceBeg*,*sourceEnd*) 内的所有元素复制到“以 *destBeg* 为起点”的目标区间去，并在复制过程中移除“与 *value* 相等”的所有元素。
- remove_copy_if() 是 copy() 和 remove_if() 的组合。它将源区间 [*sourceBeg*,*sourceEnd*) 内的元素复制到“以 *destBeg* 为起点”的目标区间去，并在复制过程中移除“造成 unary predicate
  op(*elem*)
  结果为 true”的所有元素。
- 两个算法都返回目标区间中最后一个被复制元素的下一位置（也就是第一个未被覆盖的元素）。
- 注意，*op* 不应在函数调用过程中改变状态（state），详见 10.1.4 节第 483 页。
- 调用者必须确保目标区间有足够空间，要不就得使用 insert iterator。
- partition_copy()（见 11.8.6 节第 594 页）会把元素复制到两个目标区间：其中一个满足某个 predicate 而另一个不满足（始自 C++11）。
- 复杂度：线性，执行比较动作（或调用 *op*()）以及赋值 *numElems* 次。

以下程序示范了 remove_copy() 和 remove_copy_if() 的用法：

```
// algo/remove2.cpp

#include "algostuff.hpp"
using namespace std;
using namespace std::placeholders;

int main()
{
    list<int> coll1;

    INSERT_ELEMENTS(coll1,1,6);
    INSERT_ELEMENTS(coll1,1,9);
    PRINT_ELEMENTS(coll1);
```

```
    // print elements without those having the value 3
    remove_copy(coll1.cbegin(), coll1.cend(),          // source
                ostream_iterator<int>(cout," "),       // destination
                3);                                    // removed value
    cout << endl;

    // print elements without those having a value greater than 4
    remove_copy_if(coll1.cbegin(), coll1.cend(),       // source
                   ostream_iterator<int>(cout," "), // destination
                   [](int elem){        // criterion for elements NOT copied
                       return elem>4;
                   });
    cout << endl;

    // copy all elements not less than 4 into a multiset
    multiset<int> coll2;
    remove_copy_if(coll1.cbegin(), coll1.cend(),       // source
                   inserter(coll2,coll2.end()),        // destination
                   bind(less<int>(),_1,4));            // elements NOT copied
    PRINT_ELEMENTS(coll2);
}
```

程序输出如下：

```
1 2 3 4 5 6 1 2 3 4 5 6 7 8 9
1 2 4 5 6 1 2 4 5 6 7 8 9
1 2 3 4 1 2 3 4
4 4 5 5 6 6 7 8 9
```

11.7.2 移除重复元素

移除连续重复元素（Removing Consecutive Duplicates）

`ForwardIterator`
unique (`ForwardIterator` *beg*, `ForwardIterator` *end*)

`ForwardIterator`
unique (`ForwardIterator` *beg*, `ForwardIterator` *end*,
`BinaryPredicate` *op*)

- 以上两种形式都会移除连续重复元素中的多余元素。
- 第一形式将 [*beg*,*end*) 区间内所有“与前一元素相等”的元素移除。因此源序列必须先经过排序，才能使用这个算法移除所有重复元素。

- 第二形式将每一个“位于元素 *e* 之后并造成 binary predicate
  op(*e*,*elem*)
  结果为 true”的所有 *elem* 元素移除。换言之，上述 predicate 并非拿元素和其原本的前一元素比较，而是拿它和“经过处理后仍健在”的前一元素比较，参见以下实例。（译注：换言之，如果序列 A, B, C, D, E，A 不符合移除条件，B 符合，轮到 C 时，C 将被拿来和 A 比较，而不是和原本的前一元素（但已被移除的）B 比较。）
- 两个形式都返回被改动的序列的新逻辑终点（也就是最后一个未被移除元素的下一位置）。
- 这两个算法将“原本位置在后”的未移除元素向前移动，覆盖掉（overwrite）被移除元素。
- 未被移除的元素在相对次序上保持不变。
- 调用者在调用这些算法之后，应保证从此使用返回的新逻辑终点，不再使用原始终点 *end*（详见 6.7.1 节第 218 页）。
- 注意，*op* 不应在函数调用过程中改变状态（state），详见 10.1.4 节第 483 页。
- 由于会造成元素被改动，所以这些算法不可用于 associative 或 unordered 容器（见 6.7.2 节第 221 页）。
- List 提供了一个效果相同的成员函数 unique()，原因是它不重新赋值，而是重新链接 pointer（见 8.8.1 节第 421 页）。
- 复杂度：线性，执行比较动作（或调用 *op*()）*numElems* 次。

以下程序示范了 unique() 的用法：

```
// algo/unique1.cpp

#include "algostuff.hpp"
using namespace std;

int main()
{
    // source data
    int source[] = { 1, 4, 4, 6, 1, 2, 2, 3, 1, 6, 6, 6, 5, 7,
                     5, 4, 4 };
    list<int> coll;

    // initialize coll with elements from source
    copy (begin(source), end(source),          // source
          back_inserter(coll));                // destination
    PRINT_ELEMENTS(coll);

    // remove consecutive duplicates
    auto pos = unique (coll.begin(), coll.end());
```

```
    // print elements not removed
    // - use new logical end
    copy (coll.begin(), pos,                        // source
          ostream_iterator<int>(cout," "));         // destination
    cout << "\n\n";

    // reinitialize coll with elements from source
    copy (begin(source), end(source),               // source
          coll.begin());                            // destination
    PRINT_ELEMENTS(coll);

    // remove elements if there was a previous greater element
    coll.erase (unique (coll.begin(), coll.end(),
                        greater<int>()),
                coll.end());
    PRINT_ELEMENTS(coll);
}
```

程序输出如下：

```
1 4 4 6 1 2 2 3 1 6 6 6 5 7 5 4 4
1 4 6 1 2 3 1 6 5 7 5 4

1 4 4 6 1 2 2 3 1 6 6 6 5 7 5 4 4
1 4 4 6 6 6 6 7
```

第一次调用 `unique()` 是为了移除连续重复元素。第二次调用则示范了 `unique()` 第二形式的行为：将“`greater` 结果为 `true`”的所有元素移除。举个例子，第一个 6 大于其后的 1, 2, 2, 3, 1，所以后面这些元素都被移除。换言之，该 predicate 不是拿元素和其原本的前一元素比较，而是拿它和“经过处理后仍然健在”的前一元素比较（稍后的 `unique_copy()` 另有一个类似例子）。

复制过程中移除重复元素（Removing Duplicates While Copying）

`OutputIterator`
unique_copy (`InputIterator` *sourceBeg*, `InputIterator` *sourceEnd*,
`OutputIterator` *destBeg*)

`OutputIterator`
unique_copy (`InputIterator` *sourceBeg*, `InputIterator` *sourceEnd*,
`OutputIterator` *destBeg*,
`BinaryPredicate` *op*)

- 两种形式都是 copy() 和 unique() 的组合。
- 两者都将源区间 [*sourceBeg*,*sourceEnd*) 内的元素复制到“以 *destBeg* 起始的目标区间”，并移除重复元素。
- 两个算法都返回目标区间内“最后一个被复制元素”的下一位置（也就是第一个未被覆盖的元素）。
- 调用者必须确保目标区间有足够空间，要不就得使用 insert iterator。
- 复杂度：线性，执行比较动作（或调用 *op*()）*numElems* 次。

以下程序示范了 unique_copy() 的用法：

```
// algo/unique2.cpp

#include "algostuff.hpp"
using namespace std;

bool differenceOne (int elem1, int elem2)
{
    return elem1 + 1 == elem2 || elem1 - 1 == elem2;
}

int main()
{
    // source data
    int source[] = { 1, 4, 4, 6, 1, 2, 2, 3, 1, 6, 6, 6, 5, 7,
                     5, 4, 4 };

    // initialize coll with elements from source
    list<int> coll;
    copy(begin(source), end(source),                  // source
         back_inserter(coll));                        // destination
    PRINT_ELEMENTS(coll);

    // print elements with consecutive duplicates removed
    unique_copy(coll.cbegin(), coll.cend(),           // source
                ostream_iterator<int>(cout," "));     // destination
    cout << endl;

    // print elements without consecutive entries that differ by one
    unique_copy(coll.cbegin(), coll.cend(),           // source
                ostream_iterator<int>(cout," "),      // destination
                differenceOne);                       // duplicates criterion
    cout << endl;
}
```

程序输出如下：

```
1 4 4 6 1 2 2 3 1 6 6 6 5 7 5 4 4
1 4 6 1 2 3 1 6 5 7 5 4
1 4 4 6 1 3 1 6 6 6 4 4
```

注意，第二次调用 unique_copy() 并非移除“与其原本之前置元素相差 1”的所有元素，而是移除与其“经过处理后仍存在之前置元素”相差 1 的所有元素。例如，三个 6 之后紧跟着的元素是 5,7,5，都与 6 相差 1，所以都被移除。然而更后面的两个 4 并非和 6 相差 1，所以被保留下来。

另一个例子用来压缩空白序列：

```
// algo/unique3.cpp

#include <iostream>
#include <algorithm>
#include <iterator>
using namespace std;

bool bothSpaces (char elem1, char elem2)
{
    return elem1 == ' ' && elem2 == ' ';
}

int main()
{
    // don't skip leading whitespaces by default
    cin.unsetf(ios::skipws);

    // copy standard input to standard output
    // - while compressing spaces
    unique_copy(istream_iterator<char>(cin),  // beginning of source: cin
                istream_iterator<char>(),     // end of source: end-of-file
                ostream_iterator<char>(cout), // destination: cout
                bothSpaces);                  // duplicate criterion
}
```

当输入如下：

```
Hello, here are   sometimes more  and sometimes fewer    spaces.
```

输出结果如下：

```
Hello, here are sometimes more and sometimes fewer spaces.
```

11.8 变序型算法（Mutating Algorithm）

译注：某些书籍如《Generic Programming and the STL》和《STL 源码剖析》中，mutating algorithm 是指更易型算法，也就是本书中所谓的 modifying algorithm。本书划分更为细腻。我将 mutating algorithm 译为变序性算法，是着眼于其实际效应。

变序型算法会改变元素的次序，但不改变元素值。这些算法不能用于 associative 和 unordered 容器，因为那些容器内的元素有一定次序，不能随意变动之。

11.8.1 反转元素次序（Reversing the Order of Elements）

`void`
reverse (`BidirectionalIterator` *beg*, `BidirectionalIterator` *end*)

`OutputIterator`
reverse_copy (`BidirectionalIterator` *sourceBeg*, `BidirectionalIterator` *sourceEnd*,
`OutputIterator` *destBeg*)

- `reverse()` 会将 [*beg*,*end*) 区间内的元素全部反转次序。
- `reverse_copy()` 会将源区间 [*sourceBeg*,*sourceEnd*) 内的元素复制到“以 *destBeg* 起始的目标区间”，并在复制过程中颠倒次序。
- `reverse_copy()` 返回目标区间内“最后一个被复制元素”的下一位置，也就是第一个未被覆盖（overwritten）的元素。
- 调用者必须确保目标区间有足够空间，要不就得使用 insert iterator。
- List 提供了一个效果相同的成员函数 `reverse()`，但它并非重新赋值，而是重新链接 pointer，因此具有更佳效能（参见 8.8.1 节第 423 页）。
- 复杂度：线性，分别进行 *numElems*/2 次交换，或 *numElems* 次赋值。

下面程序展示了 `reverse()` 和 `reverse_copy()` 的用法：

```
// algo/reverse1.cpp

#include "algostuff.hpp"
using namespace std;

int main()
{
    vector<int> coll;

    INSERT_ELEMENTS(coll,1,9);
    PRINT_ELEMENTS(coll,"coll: ");

    // reverse order of elements
    reverse (coll.begin(), coll.end());
    PRINT_ELEMENTS(coll,"coll: ");
```

```
    // reverse order from second to last element but one
    reverse (coll.begin()+1, coll.end()-1);
    PRINT_ELEMENTS(coll,"coll: ");

    // print all of them in reverse order
    reverse_copy (coll.cbegin(), coll.cend(),           // source
                  ostream_iterator<int>(cout," "));     // destination
    cout << endl;
}
```

程序输出如下：

```
coll: 1 2 3 4 5 6 7 8 9
coll: 9 8 7 6 5 4 3 2 1
coll: 9 2 3 4 5 6 7 8 1
1 8 7 6 5 4 3 2 9
```

11.8.2 旋转元素（Rotating Elements）

旋转序列内的元素

`ForwardIterator`
rotate (`ForwardIterator` *beg*, `ForwardIterator` *newBeg*, `ForwardIterator` *end*)

- 将 [*beg*,*end*) 区间内的元素旋转，执行后，`*newBeg` 成为新的第一元素。
- 自 C++11 起，它返回 *beg*+(*end*-*newbeg*)，那是原本的第一元素经旋转后的新位置。C++11 之前的返回类型是 `void`。
- 调用者必须确保 *newBeg* 是 [*beg*,*end*) 区间内的一个有效位置，否则会引发不确定的行为。
- 复杂度：线性，最多进行 *numElems* 次交换。

以下程序示范了如何使用 `rotate()`：

```
// algo/rotate1.cpp

#include "algostuff.hpp"
using namespace std;

int main()
{
    vector<int> coll;

    INSERT_ELEMENTS(coll,1,9);
    PRINT_ELEMENTS(coll,"coll:      ");
```

```
    // rotate one element to the left
    rotate (coll.begin(),          // beginning of range
            coll.begin() + 1,      // new first element
            coll.end());           // end of range
    PRINT_ELEMENTS(coll,"one left:  ");

    // rotate two elements to the right
    rotate (coll.begin(),          // beginning of range
            coll.end() - 2,        // new first element
            coll.end());           // end of range
    PRINT_ELEMENTS(coll,"two right: ");

    // rotate so that element with value 4 is the beginning
    rotate (coll.begin(),                          // beginning of range
            find(coll.begin(),coll.end(),4),       // new first element
            coll.end());                           // end of range
    PRINT_ELEMENTS(coll,"4 first:   ");
}
```

正如上例所示，你可以使用起点的正偏移量（positive offset）将元素旋转，也可以使用终点的负偏移量（negative offset）将元素旋转。不过请注意，只有对 random-access iterator 才能为它加上偏移量。如果不是这一类 iterator，你就得使用 `advance()`（参见第 586 页的 `rotate_copy()` 例子）。

程序输出如下：

```
coll:       1 2 3 4 5 6 7 8 9
one left:   2 3 4 5 6 7 8 9 1
two right:  9 1 2 3 4 5 6 7 8
4 first:    4 5 6 7 8 9 1 2 3
```

复制并同时旋转元素（Rotating Elements While Copying）

OutputIterator
rotate_copy (ForwardIterator *sourceBeg*, ForwardIterator *newBeg*,
ForwardIterator *sourceEnd*,
OutputIterator *destBeg*)

- 它是 `copy()` 和 `rotate()` 的组合。
- 将源区间 [*sourceBeg*,*sourceEnd*) 内的元素复制到“以 *destBeg* 起始”之目标区间内，同时旋转元素，使 **newBeg* 成为新的第一元素。
- 返回目标区间内“最后一个被复制元素”的下一位置 *destBeg*+(*sourceEnd*-*sourceBeg*)。
- 调用者必须确保 *newBeg* 是 [*beg*,*end*) 区间内的一个有效位置，否则会引发不确定行为。

- 调用者必须确保目标区间有足够空间，要不就得使用 insert iterator。
- 源区间和目标区间两者不可重叠。
- 复杂度：线性，执行 *numElems* 次赋值。

以下程序示范了 `rotate_copy()` 的用法：

```
// algo/rotate2.cpp

#include "algostuff.hpp"
using namespace std;

int main()
{
    set<int> coll;

    INSERT_ELEMENTS(coll,1,9);
    PRINT_ELEMENTS(coll);

    // print elements rotated one element to the left
    set<int>::const_iterator pos = next(coll.cbegin());
    rotate_copy(coll.cbegin(),                       // beginning of source
                pos,                                 // new first element
                coll.cend(),                         // end of source
                ostream_iterator<int>(cout," "));   // destination
    cout << endl;

    // print elements rotated two elements to the right
    pos = coll.cend();
    advance(pos,-2);
    rotate_copy(coll.cbegin(),                       // beginning of source
                pos,                                 // new first element
                coll.cend(),                         // end of source
                ostream_iterator<int>(cout," "));   // destination
    cout << endl;

    // print elements rotated so that element with value 4 is the beginning
    rotate_copy(coll.cbegin(),                       // beginning of source
                coll.find(4),                        // new first element
                coll.cend(),                         // end of source
                ostream_iterator<int>(cout," "));   // destination
    cout << endl;
}
```

与先前的 `rotate()`（参见 11.8.2 节第 584 页）的实例不同，这里用了一个 set 而不是一个 vector。这导致两个后果：

1. 你必须使用 `advance()`（见 9.3.1 节第 441 页）或 `next()`（见 9.3.2 节第 443 页）来改变 iterator 本身的值，因为 bidirectional iterator 不支持 operator +。
2. 你应当使用 `find()` 成员函数，而非 `find()` 算法，因为前者有更好的效能。

程序输出如下：

```
1 2 3 4 5 6 7 8 9
2 3 4 5 6 7 8 9 1
8 9 1 2 3 4 5 6 7
4 5 6 7 8 9 1 2 3
```

11.8.3 排列元素（Permuting Elements）

`bool`
next_permutation (`BidirectionalIterator` *beg*, `BidirectionalIterator` *end*)

`bool`
next_permutation (`BidirectionalIterator` *beg*, `BidirectionalIterator` *end*,
`BinaryPredicate` *op*)

`bool`
prev_permutation (`BidirectionalIterator` *beg*, `BidirectionalIterator` *end*)

`bool`
prev_permutation (`BidirectionalIterator` *beg*, `BidirectionalIterator` *end*,
`BinaryPredicate` *op*)

- `next_permutation()` 会改变 [*beg*,*end*) 区间内的元素次序，使它们符合“下一排列次序”。
- `prev_permutation()` 会改变 [*beg*,*end*) 区间内的元素次序，使它们符合“上一排列次序”。
- 第一形式使用 operator < 比较元素。
- 第二形式使用 binary predicate
  op(*elem1*,*elem2*)
  比较元素，如果“*elem1* 小于 *elem2*”它应该返回 `true`。
- 如果元素得以排列成正规次序（normal order，意指字典顺序），则两个算法都返回 `false`。所谓正规次序，对 `next_permutation()` 而言是升序，对 `prev_permutation()` 而言是降序。因此，如果要遍历所有排列，你必须首先将所有元素（按升序或降序）排序，然后逐次调用 `next_permutation()` 或 `prev_permutation()`，直到算法返回 `true`。[3] 11.5.4 节第 548 页对于字典顺序有一份解释。
- 复杂度：线性，最多执行 *numElems*/2 次交换。

[3] `next_permutation()` 和 `prev_permutation()` 也可用来对区间内的元素排序。你可以一再调用它们直至其返回 `false`。然而这么做的效率很糟。

下面的例子展示了利用 next_permutation() 和 prev_permutation() 获得所有元素的所有可能的排列组合：

```
// algo/permutation1.cpp

#include "algostuff.hpp"
using namespace std;

int main()
{
    vector<int> coll;
    INSERT_ELEMENTS(coll,1,3);
    PRINT_ELEMENTS(coll,"on entry:  ");

    // permute elements until they are sorted
    // - runs through all permutations because the elements are sorted now
    while (next_permutation(coll.begin(),coll.end())) {
        PRINT_ELEMENTS(coll," ");
    }
    PRINT_ELEMENTS(coll,"afterward: ");

    // permute until descending sorted
    // - this is the next permutation after ascending sorting
    // - so the loop ends immediately
    while (prev_permutation(coll.begin(),coll.end())) {
        PRINT_ELEMENTS(coll," ");
    }
    PRINT_ELEMENTS(coll,"now:       ");

    // permute elements until they are sorted in descending order
    // - runs through all permutations because the elements are sorted in descending order now
    while (prev_permutation(coll.begin(),coll.end())) {
        PRINT_ELEMENTS(coll," ");
    }
    PRINT_ELEMENTS(coll,"afterward: ");
}
```

程序输出如下：

```
on entry:  1 2 3
 1 3 2
 2 1 3
 2 3 1
 3 1 2
 3 2 1
```

```
afterward: 1 2 3
now:       3 2 1
 3 1 2
 2 3 1
 2 1 3
 1 3 2
 1 2 3
afterward: 3 2 1
```

11.8.4 对元素重新洗牌（Shuffling Elements）

以随机数重新洗牌（Shuffling Using the Random-Number Library）

void
shuffle (`RandomAccessIterator` *beg*, `RandomAccessIterator` *end*,
        `UniformRandomNumberGenerator&&` *eng*)

void
random_shuffle (`RandomAccessIterator` *beg*, `RandomAccessIterator` *end*)

void
random_shuffle (`RandomAccessIterator` *beg*, `RandomAccessIterator` *end*,
        `RandomFunc&&` *op*)

- 第一形式始自 C++11，将 [*beg*,*end*) 区间内的元素打乱次序重新洗牌，使用你所给定的随机数引擎 *eng*。随机数引擎请参考 17.1.2 节第 912 页。
- 第二形式使用一个均匀分布随机数产生器（uniform distribution random number generator）打乱 [*beg*,*end*) 区间内的元素次序。
- 第三形式使用 *op* 打乱 [*beg*,*end*) 区间内的元素次序。算法内部使用一个整数值（其类型为“迭代器所提供之 `difference_type`”）来调用 *op*：
  op(*max*)
  这个操作应该返回一个“大于 0，小于 *max*”的随机数，不包括 *max* 自身。
- 对于 `shuffle()`，你不该传入一个只是临时创建出来的引擎。详见 17.1.1 节第 911 页。
- 在 C++11 之前，*op* 被声明为 `RandomFunc&`，所以你不能够对此传入一个临时对象或一个寻常函数。
- 复杂度：线性，执行 *numElems*-1 次交换。

注意，旧式的 C 全局函数，例如 `rand()`，将其局部状态（local state）存储于 static 变量中。但这有些缺点，例如这样的随机数产生器本质上就属于线程不安全（thread unsafe），而且你也不能够拥有两个各自独立的随机数串流（stream of random numbers）。如果使用 function object，把局部状态封装为一或多个成员变量，则是较好的解决方案。这么一来，算法就可以改变被传入的产生器的状态——当后者产生一个新的随机数时。

以下例子示范了如何打乱元素次序。我将调用 random_shuffle() 但不指定随机数产生器，另一做法是使用 shuffle()：

```
// algo/shuffle1.cpp

#include <cstdlib>
#include "algostuff.hpp"
using namespace std;

int main()
{
    vector<int> coll;

    INSERT_ELEMENTS(coll,1,9);
    PRINT_ELEMENTS(coll,"coll:     ");

    // shuffle all elements randomly
    random_shuffle (coll.begin(), coll.end());

    PRINT_ELEMENTS(coll,"shuffled: ");

    // sort them again
    sort (coll.begin(), coll.end());
    PRINT_ELEMENTS(coll,"sorted:   ");

    // shuffle elements with default engine
    default_random_engine dre;
    shuffle (coll.begin(), coll.end(),   // range
             dre);                       // random-number generator

    PRINT_ELEMENTS(coll,"shuffled: ");
}
```

一个可能的（但非必然的）输出如下：

```
coll:     1 2 3 4 5 6 7 8 9
shuffled: 8 2 4 9 5 7 3 6 1
sorted:   1 2 3 4 5 6 7 8 9
shuffled: 8 7 5 6 2 4 9 3 1
```

17.1 节第 907 页会谈到你可以传递什么样的引擎给 shuffle()。

下面的例子示范了如何将自定义的随机数生成器传给 random_shuffle() 以对元素重新洗牌：

```
// algo/randomshuffle1.cpp

#include <cstdlib>
#include "algostuff.hpp"
using namespace std;

class MyRandom {
  public:
    ptrdiff_t operator() (ptrdiff_t max) {
        double tmp;
        tmp = static_cast<double>(rand())
                / static_cast<double>(RAND_MAX);
        return static_cast<ptrdiff_t>(tmp * max);
    }
};

int main()
{
    vector<int> coll;

    INSERT_ELEMENTS(coll,1,9);
    PRINT_ELEMENTS(coll,"coll:     ");

    // shuffle elements with self-written random-number generator
    MyRandom rd;
    random_shuffle (coll.begin(), coll.end(),     // range
                    rd);                          // random-number generator

    PRINT_ELEMENTS(coll,"shuffled: ");
}
```

调用 random() 时用上了一个自定义的随机数产生器 rd()，这是根据辅助的 function object class MyRandom 产生的一个对象，采用的随机数算法通常比直接调用 rand() 的效能好些。[4] 注意，在 C++11 之前，你不可以像本例这样传递一个临时对象作为随机数产生器。

```
random_shuffle (coll.begin(), coll.end(),
                MyRandom());                  // ERROR before C++11
```

一个可能（但非必然）的输出如下：

```
coll:     1 2 3 4 5 6 7 8 9
shuffled: 1 8 6 2 4 9 3 7 5
```

17.1.1 节第 912 页对于如何使用 rand() 有各种评论和意见。

[4] MyRandom 的随机数产生方法在 [*Stroustrup:C++*] 中有介绍和解释。

11.8.5 将元素向前搬（Moving Elements to the Front）

ForwardIterator
partition (ForwardIterator *beg*, ForwardIterator *end*,
UnaryPredicate *op*)

BidirectionalIterator
stable_partition (BidirectionalIterator *beg*, BidirectionalIterator *end*,
UnaryPredicate *op*)

- 这两个算法将 [*beg*,*end*) 区间内造成以下 unary predicate
  op(*elem*)
  结果为 true 的元素向前端移动（to the front）。
- 这两个算法都返回“令 *op*() 结果为 false”的第一个元素位置。
- 两者的差别是，无论元素是否满足给定准则，stable_partition() 会保持它们之间的相对次序。
- 你可以运用此算法，根据排序准则，将所有元素分割为两部分。nth_element() 具有类似能力。至于这些算法和 nth_element() 之间的区别，请看 11.2.2 节第 514 页。
- 注意，*op* 不应在函数调用过程中改变状态（state），详见 10.1.4 节第 483 页。
- 在 C++11 之前，partition() 要求的是 bidirectional iterator 而不是 forward iterator，并保证至多执行 *numElems*/2 次交换。
- 可使用 partition_copy()（见 11.8.6 节第 594 页）将满足某个 predicate 的元素复制到一个目标区间内，将不满足的元素复制到另一个目标区间（始自 C++11）。
- 复杂度：
  - 对于 partition()：线性，共执行 *op*() *numElems* 次，以及最多 *numElems*/2 次交换。
  - 对于 stable_partition()：如果系统拥有足够内存，那么就是线性复杂度，执行 *op*() 及交换共 *numElems* 次；如果没有足够内存，则是 n-log-n 复杂度，执行 *op*() 动作 *numElems*×log(*numElems*) 次。

以下程序示范了 partition() 和 stable_partition() 的用法以及两者的区别：

```
// algo/partition1.cpp

#include "algostuff.hpp"
using namespace std;
```

```
int main()
{
   vector<int> coll1;
   vector<int> coll2;

   INSERT_ELEMENTS(coll1,1,9);
   INSERT_ELEMENTS(coll2,1,9);
   PRINT_ELEMENTS(coll1,"coll1: ");
   PRINT_ELEMENTS(coll2,"coll2: ");
   cout << endl;

   // move all even elements to the front
   vector<int>::iterator pos1, pos2;
   pos1 = partition(coll1.begin(), coll1.end(),            // range
                    [](int elem){                           // criterion
                        return elem%2==0;
                    });
   pos2 = stable_partition(coll2.begin(), coll2.end(),     // range
                           [](int elem){                    // criterion
                               return elem%2==0;
                           });

   // print collections and first odd element
   PRINT_ELEMENTS(coll1,"coll1: ");
   cout << "first odd element: " << *pos1 << endl;
   PRINT_ELEMENTS(coll2,"coll2: ");
   cout << "first odd element: " << *pos2 << endl;
}
```

程序输出如下：

```
coll1: 1 2 3 4 5 6 7 8 9
coll2: 1 2 3 4 5 6 7 8 9

coll1: 8 2 6 4 5 3 7 1 9
first odd element: 5
coll2: 2 4 6 8 1 3 5 7 9
first odd element: 1
```

正如此例所示，stable_partition() 保持了奇数元素和偶数元素的相对次序，这一点和 partition() 不同。

11.8.6 划分为两个子区间（Partition into Two Subranges）

pair<OutputIterator1,OutputIterator2>
partition_copy (InputIterator *sourceBeg*, InputIterator *sourceEnd*,
OutputIterator1 *destTrueBeg*, OutputIterator2 *destFalseBeg*,
UnaryPredicate *op*)

- 以 predicate *op*() 为依据，拆分 [*beg*,*end*) 区间内的所有元素成为两个子区间。
- 所有“造成 unary predicate
  op(*elem*)
  产生 true”的元素都被复制到始于 *destTrueBeg* 的区间内。所有“造成该 predicate 产生 false”的元素都被复制到始于 *destFalseBeg* 的区间内。
- 返回一个 pair，其内是两个 iterator，分别指向 *destTrueBeg* 区间和 *destFalseBeg* 区间内之最末元素的下一位置。
- 注意，*op* 不应在函数调用过程中改变状态（state），详见 10.1.4 节第 483 页。
- 始自 C++11。
- 如果你只是需要“满足（或不满足）predicate”的元素，可使用 copy_if()（见 11.6.1 节第 557 页）或 remove_copy_if()（见 11.7.1 节第 577 页）。
- 复杂度：线性（至多 *numElems* 次调用 *op*()）。

以下程序示范了如何使用 partition_copy()：

```
// algo/partitioncopy1.cpp

#include "algostuff.hpp"
using namespace std;

int main()
{
   vector<int> coll = { 1, 6, 33, 7, 22, 4, 11, 33, 2, 7, 0, 42, 5 };
   PRINT_ELEMENTS(coll,"coll: ");

   // destination collections:
   vector<int> evenColl;
   vector<int> oddColl;

   // copy all elements partitioned accordingly into even and odd elements
   partition_copy (coll.cbegin(),coll.cend(), // source range
                   back_inserter(evenColl),   // destination for even elements
                   back_inserter(oddColl),    // destination for odd elements
                   [](int elem){              // predicate: check for even elements
                       return elem%2==0;
                   });
```

```
    PRINT_ELEMENTS(evenColl,"evenColl: ");
    PRINT_ELEMENTS(oddColl, "oddColl:  ");
}
```

程序输出如下：

```
coll: 1 6 33 7 22 4 11 33 2 7 0 42 5
evenColl: 6 22 4 2 0 42
oddColl:  1 33 7 11 33 7 5
```

11.9 排序算法（Sorting Algorithm）

STL 提供了好几种算法用来对区间内的元素排序。除了完全排序（full sorting），还支持数个变体用于局部排序（partial sorting）。如果后者的功能对你已经足够，应该优先使用它们，因为通常它们的效能更佳。

由于 (forward) list 和 associative 及 unordered 容器不提供 random-access iterator，所以你不能使用这些容器作为排序算法的目标区。但你可以使用 associative 容器，让元素自动排序。然而请注意，对全体元素进行一次性排序，通常比“始终维护它们保持排序状态”来得高效一些（详见 7.12 节第 394 页）。

11.9.1 对所有元素排序

`void`
sort (`RandomAccessIterator` *beg*, `RandomAccessIterator` *end*)

`void`
sort (`RandomAccessIterator` *beg*, `RandomAccessIterator` *end*, `BinaryPredicate` *op*)

`void`
stable_sort (`RandomAccessIterator` *beg*, `RandomAccessIterator` *end*)

`void`
stable_sort (`RandomAccessIterator` *beg*, `RandomAccessIterator` *end*,
`BinaryPredicate` *op*)

- `sort()` 和 `stable_sort()` 的第一形式使用 operator < 对区间 [*beg*,*end*) 内的所有元素排序。
- `sort()` 和 `stable_sort()` 的第二形式使用 binary predicate
  op(*elem1*,*elem2*)
  作为排序准则，对区间 [*beg*,*end*) 内的所有元素排序。
- 注意，*op* 必须针对元素值定义出 *strict weak ordering*（详见 7.7 节第 314 页）。
- 注意，*op* 不应在函数调用过程中改变状态（state），详见 10.1.4 节第 483 页。
- `sort()` 和 `stable_sort()` 的区别是，后者保证相等之各元素的相对次序在排序后保持不变。
- 不可以对 list 或 forward list 调用这些算法，因为两者都不提供 random-access iterator。不过它们提供了成员函数 `sort()` 可用来对其自身元素排序，见 8.8.1 节第 422 页。
- `sort()` 保证了很不错的平均效能 n-log-n。然而如果你需要极力避免可能出现的最差状况，就该使用 `partial_sort()` 或 `stable_sort()`。参见 11.2.2 节第 511 页对排序算法的讨论。

- 复杂度：
  - sort()：平均 n-log-n（平均大约执行 *numElems* × log(*numElems*) 次比较）。
  - stable_sort()：如果系统拥有足够内存，那么就是 n-log-n，也就是执行 *numElems* × log(*numElems*) 次比较；如果没有足够内存，则复杂度是 n-log-n × log-n，亦即执行 *numElems* × log(*numElems*)^2 次比较。

下面的例子示范了 sort() 的用法：

```
// algo/sort1.cpp

#include "algostuff.hpp"
using namespace std;

int main()
{
    deque<int> coll;

    INSERT_ELEMENTS(coll,1,9);
    INSERT_ELEMENTS(coll,1,9);

    PRINT_ELEMENTS(coll,"on entry: ");

    // sort elements
    sort (coll.begin(), coll.end());

    PRINT_ELEMENTS(coll,"sorted:   ");

    // sorted reverse
    sort (coll.begin(), coll.end(),    // range
          greater<int>());             // sorting criterion

    PRINT_ELEMENTS(coll,"sorted >: ");
}
```

程序输出如下：

```
on entry: 1 2 3 4 5 6 7 8 9 1 2 3 4 5 6 7 8 9
sorted:   1 1 2 2 3 3 4 4 5 5 6 6 7 7 8 8 9 9
sorted >: 9 9 8 8 7 7 6 6 5 5 4 4 3 3 2 2 1 1
```

6.8.2 节第 228 页有一个例子，示范如何根据某个 class member 进行排序。

以下程序示范了 sort() 和 stable_sort() 两者间的区别。该程序通过排序准则 lessLength() 将字符串按照字符个数排序：

```
// algo/sort2.cpp

#include "algostuff.hpp"
using namespace std;

bool lessLength (const string& s1, const string& s2)
{
    return s1.length() < s2.length();
}

int main()
{
    // fill two collections with the same elements
    vector<string> coll1 = { "1xxx", "2x", "3x", "4x", "5xx", "6xxxx",
                             "7xx", "8xxx", "9xx", "10xxx", "11", "12",
                             "13", "14xx", "15", "16", "17" };
    vector<string> coll2(coll1);

    PRINT_ELEMENTS(coll1,"on entry:\n ");

    // sort (according to the length of the strings)
    sort (coll1.begin(), coll1.end(),           // range
          lessLength);                          // criterion
    stable_sort (coll2.begin(), coll2.end(),    // range
                 lessLength);                   // criterion

    PRINT_ELEMENTS(coll1,"\nwith sort():\n ");
    PRINT_ELEMENTS(coll2,"\nwith stable_sort():\n ");
}
```

程序输出如下：

```
on entry:
 1xxx 2x 3x 4x 5xx 6xxxx 7xx 8xxx 9xx 10xxx 11 12 13 14xx 15 16 17

with sort():
 2x 3x 4x 17 16 15 13 12 11 9xx 7xx 5xx 1xxx 8xxx 14xx 10xxx 6xxxx

with stable_sort():
 2x 3x 4x 11 12 13 15 16 17 5xx 7xx 9xx 1xxx 8xxx 14xx 6xxxx 10xxx
```

只有 `stable_sort()` 保持了元素的相对位置（每个字符串前头的阿拉伯数字标识出了原本的元素顺序）。

11.9.2 局部排序（Partial Sorting）

void
partial_sort (RandomAccessIterator *beg*, RandomAccessIterator *sortEnd*,
RandomAccessIterator *end*)

void
partial_sort (RandomAccessIterator *beg*, RandomAccessIterator *sortEnd*,
RandomAccessIterator *end*, BinaryPredicate *op*)

- 第一形式以 operator < 对 [*beg*,*end*) 区间内的元素排序，使 [*beg*,*sortEnd*) 区间内的元素处于已序状态（sorted order）。
- 第二形式使用 binary predicate
  op(*elem1*,*elem2*)
  作为排序准则，使 [*beg*,*sortEnd*) 区间内的元素处于已序状态（sorted order）。
- 注意，*op* 必须针对元素值定义出 *strict weak ordering*（详见 7.7 节第 314 页）。
- 注意，*op* 不应在函数调用过程中改变状态（state），详见 10.1.4 节第 483 页。
- 和 sort() 不同的是，partial_sort() 并不对全部元素排序：一旦第一个元素至 *sortEnd* 之间的所有元素都排妥次序，就立刻停止。所以，如果你只需要前 3 个排好序的元素，可使用 partial_sort() 来节省时间，它不会对剩余的元素进行非必要的排序。
- 如果 *sortEnd* 等于 *end*，那么 partial_sort() 会对整个序列排序。平均而言其效能不及 sort()，不过以最差情况而论则优于 sort()。请参考 11.2.2 节第 511 页对排序算法的讨论。
- 复杂度：在线性和 n-log-n 之间，大约执行 *numElems*×log(*numSortedElems*) 次比较。

以下程序示范了 partial_sort() 的用法：

```
// algo/partialsort1.cpp

#include "algostuff.hpp"
using namespace std;

int main()
{
    deque<int> coll;

    INSERT_ELEMENTS(coll,3,7);
    INSERT_ELEMENTS(coll,2,6);
    INSERT_ELEMENTS(coll,1,5);
    PRINT_ELEMENTS(coll);
```

```
    // sort until the first five elements are sorted
    partial_sort (coll.begin(),          // beginning of the range
                  coll.begin()+5,        // end of sorted range
                  coll.end());           // end of full range
    PRINT_ELEMENTS(coll);

    // sort inversely until the first five elements are sorted
    partial_sort (coll.begin(),          // beginning of the range
                  coll.begin()+5,        // end of sorted range
                  coll.end(),            // end of full range
                  greater<int>());       // sorting criterion
    PRINT_ELEMENTS(coll);

    // sort all elements
    partial_sort (coll.begin(),          // beginning of the range
                  coll.end(),            // end of sorted range
                  coll.end());           // end of full range
    PRINT_ELEMENTS(coll);
}
```

程序输出如下：

```
3 4 5 6 7 2 3 4 5 6 1 2 3 4 5
1 2 2 3 3 7 6 5 5 6 4 4 3 4 5
7 6 6 5 5 1 2 2 3 3 4 4 3 4 5
1 2 2 3 3 3 4 4 4 5 5 5 6 6 7
```

`RandomAccessIterator`
partial_sort_copy (`InputIterator` *sourceBeg*, `InputIterator` *sourceEnd*,
`RandomAccessIterator` *destBeg*, `RandomAccessIterator` *destEnd*)

`RandomAccessIterator`
partial_sort_copy (`InputIterator` *sourceBeg*, `InputIterator` *sourceEnd*,
`RandomAccessIterator` *destBeg*, `RandomAccessIterator` *destEnd*,
`BinaryPredicate` *op*)

- 两者都是 `copy()` 和 `partial_sort()` 的组合。
- 它们将元素从源区间 [*sourceBeg*,*sourceEnd*) 复制到目标区间 [*destBeg*,*destEnd*) 并且进行排序。
- “被排序（被复制）的元素量”是源区间和目标区间两者所含元素量的较小值。
- 两者都返回目标区间内“最后一个被复制元素”的下一位置（也就是第一个未被覆盖的元素）。

- 如果源区间 [*sourceBeg*,*sourceEnd*) 内的元素量小于目标区间 [*destBeg*,*destEnd*) 内的元素量，所有元素都会被排序并复制，整个行为相当于 copy() 和 sort() 的组合。
- 注意，*op* 必须针对元素值定义出 *strict weak ordering*（详见 7.7 节第 314 页）。
- 复杂度：在线性和 n-log-n 之间，大约执行 *numElems*×log(*numSortedElems*) 次比较。

以下程序示范了 partial_sort_copy() 的用法：

```
// algo/partialsort2.cpp

#include "algostuff.hpp"
using namespace std;

int main()
{
    deque<int> coll1;
    vector<int> coll6(6);        // initialize with 6 elements
    vector<int> coll30(30);      // initialize with 30 elements

    INSERT_ELEMENTS(coll1,3,7);
    INSERT_ELEMENTS(coll1,2,6);
    INSERT_ELEMENTS(coll1,1,5);
    PRINT_ELEMENTS(coll1);

    // copy elements of coll1 sorted into coll6
    vector<int>::const_iterator pos6;
    pos6 = partial_sort_copy (coll1.cbegin(), coll1.cend(),
                              coll6.begin(), coll6.end());

    // print all copied elements
    copy (coll6.cbegin(), pos6,
          ostream_iterator<int>(cout," "));
    cout << endl;

    // copy elements of coll1 sorted into coll30
    vector<int>::const_iterator pos30;
    pos30 = partial_sort_copy (coll1.cbegin(), coll1.cend(),
                               coll30.begin(), coll30.end(),
                               greater<int>());

    // print all copied elements
    copy (coll30.cbegin(), pos30,
          ostream_iterator<int>(cout," "));
```

```
        cout << endl;
    }
```

程序输出如下：

```
3 4 5 6 7 2 3 4 5 6 1 2 3 4 5
1 2 2 3 3 3
7 6 6 5 5 5 4 4 4 3 3 3 2 2 1
```

第一次调用 `partial_sort_copy()` 时，目标区间内只有 6 个元素，所以该算法只复制了 6 个元素，返回 `coll6` 的终点。第二次调用 `partial_sort_copy()` 时，由于 `coll30` 有充足的空间，所以 `coll1` 的所有元素都被复制并排序。

11.9.3 根据第 *n* 个元素排序

`void`
nth_element (`RandomAccessIterator` *beg*, `RandomAccessIterator` *nth*,
`RandomAccessIterator` *end*)

`void`
nth_element (`RandomAccessIterator` *beg*, `RandomAccessIterator` *nth*,
`RandomAccessIterator` *end*, `BinaryPredicate` *op*)

- 两种形式都对 [*beg*,*end*) 区间内的元素排序，使第 *n* 个位置上的元素就位，也就是说所有在位置 *n* 之前的元素都小于等于它，所有在位置 *n* 之后的元素都大于等于它。这样，你就得到了“根据 *n* 位置上的元素”分割开来的两个子序列，第一子序列的元素统统小于第二子序列的元素。如果你只需要 *n* 个最大或最小元素，但不要求它们必须处于排序状态（sorted），这个算法就很有用。
- 第一形式使用 operator < 作为排序准则。
- 第二形式使用 binary predicate
  op(*elem1*,*elem2*)
  作为排序准则。
- 注意，*op* 必须针对元素值定义出 *strict weak ordering*（详见 7.7 节第 314 页）。
- 注意，*op* 不应在函数调用过程中改变状态（state），详见 10.1.4 节第 483 页。
- `partition()` 算法（参见 11.8.5 节第 592 页）也可以根据某个排序准则将序列中的元素分割成两部分。关于 `nth_element()` 和 `partition()` 间的区别，请参考 11.2.2 节第 514 页。
- 复杂度：平均为线性。

以下程序示范了 `nth_element()` 的用法：

```
// algo/nthelement1.cpp

#include "algostuff.hpp"
using namespace std;

int main()
{
    deque<int> coll;

    INSERT_ELEMENTS(coll,3,7);
    INSERT_ELEMENTS(coll,2,6);
    INSERT_ELEMENTS(coll,1,5);
    PRINT_ELEMENTS(coll);

    // extract the four lowest elements
    nth_element (coll.begin(),          // beginning of range
                 coll.begin()+3,        // element that should be sorted correctly
                 coll.end());           // end of range

    // print them
    cout << "the four lowest elements are:  ";
    copy (coll.cbegin(), coll.cbegin()+4,
          ostream_iterator<int>(cout," "));
    cout << endl;

    // extract the four highest elements
    nth_element (coll.begin(),          // beginning of range
                 coll.end()-4,          // element that should be sorted correctly
                 coll.end());           // end of range

    // print them
    cout << "the four highest elements are: ";
    copy (coll.cend()-4, coll.cend(),
          ostream_iterator<int>(cout," "));
    cout << endl;

    // extract the four highest elements (second version)
    nth_element (coll.begin(),          // beginning of range
                 coll.begin()+3,        // element that should be sorted correctly
                 coll.end(),            // end of range
                 greater<int>());       // sorting criterion

    // print them
    cout << "the four highest elements are: ";
```

```
    copy (coll.cbegin(), coll.cbegin()+4,
          ostream_iterator<int>(cout," "));
    cout << endl;
}
```

程序输出如下：

```
3 4 5 6 7 2 3 4 5 6 1 2 3 4 5
the four lowest elements are:  2 1 2 3
the four highest elements are: 5 6 7 6
the four highest elements are: 6 7 6 5
```

11.9.4 Heap 算法

就排序而言，*heap* 是一种特别的元素组织方式，应用于 heap 排序法（heapsort）。Heap 可被视为一个以序列式集合（sequential collection）实现而成的二叉树，具有两大性质：

1. 第一个元素总是最大。
2. 总是能够在对数时间（logarithmic time）内增加或移除一个元素。

Heap是实现priority queue（其内元素会自动排序）的一个理想结构，因此heap算法也被priority_queue容器使用（参见 12.3 节第 641 页）。为了处理heap，STL提供了 4 个算法：

1. `make_heap()` 将某区间内的元素转化为 heap。
2. `push_heap()` 对 heap 增加一个元素。
3. `pop_heap()` 对 heap 取出下一元素。
4. `sort_heap()` 将 heap 转化为一个已排序群集（此后它就不再是 heap 了）。

和以往常见情况一样，你可以传入一个 binary predicate 作为排序准则。默认的排序准则是 operator <。

Heap 算法细节

void
make_heap (RandomAccessIterator *beg*, RandomAccessIterator *end*)

void
make_heap (RandomAccessIterator *beg*, RandomAccessIterator *end*,
BinaryPredicate *op*)

- 两种形式都将 [*beg*,*end*) 区间内的元素转化为 heap。
- *op* 是个可有可无的（可选的）binary predicate，被视为排序准则：
  op(*elem1*,*elem2*)
- 只有在多于一个元素的情况下，才有必要使用这些函数处理 heap，如果只有单一元素，那么它自动形成一个 heap。
- 复杂度：线性，至多执行 3 × *numElems* 次比较。

void
push_heap (RandomAccessIterator *beg*, RandomAccessIterator *end*)

void
push_heap (RandomAccessIterator *beg*, RandomAccessIterator *end*,
BinaryPredicate *op*)

- 两种形式都将 *end* 之前的最后一个元素加入原本就是 heap 的 [*beg*,*end*-1) 区间内，使整个 [*beg*,*end*) 区间成为一个 heap。
- *op* 是个可有可无的（可选的）binary predicate，被视为排序准则：
  op(*elem1*,*elem2*)
- 调用者必须保证，进入函数时，[*beg*,*end*-1) 区间内的元素原本便已形成一个 heap（在相同的排序准则下），而新元素紧跟其后。
- 复杂度：对数，至多执行 log(*numElems*) 次比较。

void
pop_heap (RandomAccessIterator *beg*, RandomAccessIterator *end*)

void
pop_heap (RandomAccessIterator *beg*, RandomAccessIterator *end*,
BinaryPredicate *op*)

- 以上两种形式都将 heap [*beg*,*end*) 内的最高元素（也就是第一个元素）移到最后位置，并将剩余区间 [*beg*,*end*-1) 内的元素组织起来，成为一个新的 heap。
- *op* 是个可有可无的（可选的）binary predicate，被视为排序准则：
  op(*elem1*,*elem2*)
- 调用者必须保证，进入函数时，[*beg*,*end*) 区间内的元素原本便已形成一个 heap（在相同的排序准则下）。
- 复杂度：对数，至多执行 2×log(*numElems*) 次比较。

void
sort_heap (RandomAccessIterator *beg*, RandomAccessIterator *end*)

void
sort_heap (RandomAccessIterator *beg*, RandomAccessIterator *end*,
BinaryPredicate *op*)

- 以上两种形式都可以将 heap [*beg*,*end*) 转换为一个已排序（sorted）序列。
- *op* 是个可有可无的（可选的）binary predicate，被视为排序准则：
  op(*elem1*,*elem2*)
- 注意，此算法一旦结束，该区间就不再是个 heap 了。
- 调用者必须保证，进入函数时，区间 [*beg*,*end*) 内的元素原本便已形成一个 heap（在相同的排序准则下）。
- 复杂度：n-log-n，最多执行 *numElems*×log(*numElems*) 次比较动作。

Heap 算法使用实例

以下程序示范了如何使用各种 heap 算法：

```
// algo/heap1.cpp

#include "algostuff.hpp"
using namespace std;

int main()
{
    vector<int> coll;

    INSERT_ELEMENTS(coll,3,7);
    INSERT_ELEMENTS(coll,5,9);
    INSERT_ELEMENTS(coll,1,4);

    PRINT_ELEMENTS (coll, "on entry:           ");

    // convert collection into a heap
    make_heap (coll.begin(), coll.end());

    PRINT_ELEMENTS (coll, "after make_heap():  ");

    // pop next element out of the heap
    pop_heap (coll.begin(), coll.end());
    coll.pop_back();

    PRINT_ELEMENTS (coll, "after pop_heap():   ");

    // push new element into the heap
    coll.push_back (17);
    push_heap (coll.begin(), coll.end());

    PRINT_ELEMENTS (coll, "after push_heap():  ");
```

```
    // convert heap into a sorted collection
    // - NOTE: after the call it is no longer a heap
    sort_heap (coll.begin(), coll.end());

    PRINT_ELEMENTS (coll, "after sort_heap():  ");
}
```

程序输出如下：

```
on entry:           3 4 5 6 7 5 6 7 8 9 1 2 3 4
after make_heap():  9 8 6 7 7 5 5 3 6 4 1 2 3 4
after pop_heap():   8 7 6 7 4 5 5 3 6 4 1 2 3
after push_heap():  17 7 8 7 4 5 6 3 6 4 1 2 3 5
after sort_heap():  1 2 3 3 4 4 5 5 6 6 7 7 8 17
```

调用 make_heap() 之后，元素被排序为 heap：

```
9 8 6 7 7 5 5 3 6 4 1 2 3 4
```

如果把这些元素转换为二叉树（binary tree）结构，你会发现每个节点的值都小于或等于其父节点值（如图11.1所示）。push_heap() 和 pop_heap() 虽然会替换元素，但二叉树结构的恒常性质（亦即每个节点不大于其父节点）不变。

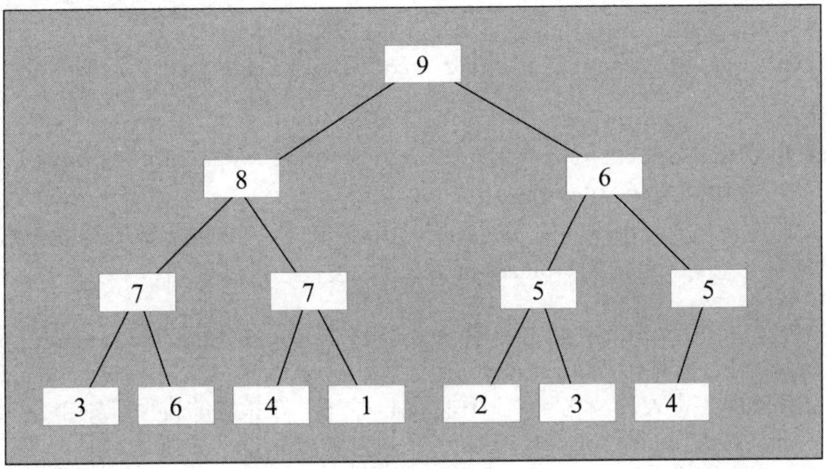

图 11.1　所谓 Heap，其元素形成一棵二叉树（Binary Tree）

11.10 已排序区间算法（Sorted-Range Algorithm）

“针对已排序区间（sorted-range）执行”的算法，其适用前提是源区间必须在某个排序准则的作用下已排好序。较之其对应兄弟（适用于未排序区间〔unsorted range〕），它们有明显的效能优势（通常是对数复杂度，而不再是线性复杂度）。即使你所拥有的并非 random-access iterator，也可以使用这些算法——不过这么一来这些算法的复杂度会降为线性，因为你的 iterator 只能一步一步移动。但其“比较次数”的复杂度仍是对数型。

根据 C++ standard 所言，对“未排序区间”调用这些算法会导致不确定的行为。然而在大部分实现中，这些算法对于“未排序区间”仍能运转（work），只不过如果你倚仗这个事实，你的程序将不具移植性。

关于此处所给的算法，associative 和 unordered 容器提供了对应的成员函数。如果要查找某个特定的 key 或 value，你应该使用那些成员函数。

11.10.1 查找元素（Searching Element）

下列算法在已排序（sorted）区间中查找某个元素。

检查某个元素是否存在

`bool`
binary_search (`ForwardIterator` *beg*, `ForwardIterator` *end*, `const T&` *value*)

`bool`
binary_search (`ForwardIterator` *beg*, `ForwardIterator` *end*, `const T&` *value*,
`BinaryPredicate` *op*)

- 两种形式都用来判断已排序区间 [*beg*,*end*) 中是否包含“和 *value* 等值”的元素。
- *op* 是个可有可无的（可选的）binary predicate，被视为排序准则：
  op(*elem1*,*elem2*)
- 如果想要获得你所查找的元素的位置，应该使用 `lower_bound()`、`upper_bound()` 或 `equal_range()`（参见611和613）。
- 调用者必须确保，进入算法之际，工作区间已排序（在指定的排序准则下）。
- 复杂度：如果搭配 random-access iterator 将是对数复杂度，否则为线性复杂度（这些算法至多执行 log(*numElems*) +2 次比较，但若搭配的不是 random-access iterator，遍历元素的操作复杂度是线性，于是整体复杂度就是线性了）。

以下程序示范了 `binary_search()` 的用法：

```
// algo/binarysearch1.cpp

#include "algostuff.hpp"
using namespace std;
```

```
int main()
{
    list<int> coll;

    INSERT_ELEMENTS(coll,1,9);
    PRINT_ELEMENTS(coll);

    // check existence of element with value 5
    if (binary_search(coll.cbegin(), coll.cend(), 5)) {
        cout << "5 is present" << endl;
    }
    else {
        cout << "5 is not present" << endl;
    }

    // check existence of element with value 42
    if (binary_search(coll.cbegin(), coll.cend(), 42)) {
        cout << "42 is present" << endl;
    }
    else {
        cout << "42 is not present" << endl;
    }
}
```

程序输出如下：

```
1 2 3 4 5 6 7 8 9
5 is present
42 is not present
```

检查数个元素是否存在

bool
includes (InputIterator1 *beg*, InputIterator1 *end*,
InputIterator2 *searchBeg*, InputIterator2 *searchEnd*)

bool
includes (InputIterator1 *beg*, InputIterator1 *end*,
InputIterator2 *searchBeg*, InputIterator2 *searchEnd*,
BinaryPredicate *op*)

- 两种形式都用来判断已排序区间 [*beg*,*end*) 是否包含另一个已排序区间 [*searchBeg*,*searchEnd*) 的全部元素。也就是说，对于 [*searchBeg*,*searchEnd*) 中的每一个元素，如果 [*beg*,*end*) 必有一个对应的相等元素，那么 [*searchBeg*,*searchEnd*) 肯定是 [*beg*,*end*) 的子集。

- *op* 是个可有可无的（可选的）binary predicate，被视为排序准则：
  op(*elem1*,*elem2*)
- 调用者必须确保在进入算法之际，两区间都已根据同一个排序准则排好序了。
- 复杂度：线性，至多执行 2×(*numElems*+*numSearchElems*) - 1 次比较动作。

以下程序示范了 includes() 的用法：

```
// algo/includes1.cpp

#include "algostuff.hpp"
using namespace std;

int main()
{
    list<int> coll;
    vector<int> search;

    INSERT_ELEMENTS(coll,1,9);
    PRINT_ELEMENTS(coll,"coll:   ");

    search.push_back(3);
    search.push_back(4);
    search.push_back(7);
    PRINT_ELEMENTS(search,"search: ");

    // check whether all elements in search are also in coll
    if (includes (coll.cbegin(), coll.cend(),
                  search.cbegin(), search.cend())) {
        cout << "all elements of search are also in coll"
             << endl;
    }
    else {
        cout << "not all elements of search are also in coll"
             << endl;
    }
}
```

程序输出如下：

```
coll:   1 2 3 4 5 6 7 8 9
search: 3 4 7
all elements of search are also in coll
```

查找第一个或最后一个可能位置

ForwardIterator
lower_bound (ForwardIterator *beg*, ForwardIterator *end*, const T& *value*)

ForwardIterator
lower_bound (ForwardIterator *beg*, ForwardIterator *end*, const T& *value*,
BinaryPredicate *op*)

ForwardIterator
upper_bound (ForwardIterator *beg*, ForwardIterator *end*, const T& *value*)

ForwardIterator
upper_bound (ForwardIterator *beg*, ForwardIterator *end*, const T& *value*,
BinaryPredicate *op*)

- lower_bound() 返回第一个“大于等于 *value*”的元素位置。这是可插入“元素值为 *value*”且“不破坏区间 [*beg*,*end*) 之已排序性”的第一个位置。
- upper_bound() 返回第一个“大于 *value*”的元素位置。这是可插入“元素值为 *value*”且“不破坏区间 [*beg*,*end*) 已排序性”的最后一个位置。
- 如果不存在“其值为 *value*”的元素，上述所有算法都返回 *end*。
- *op* 是个可有可无的（可选的）binary predicate，被视为排序准则：
  op(*elem1*,*elem2*)
- 调用者必须确保进入算法之际，所有区间都已根据排序准则排好序了。
- 若要同时获得 lower_bound() 和 upper_bound() 的结果，请使用 equal_range()（稍后介绍）。
- Associative 容器提供等效的成员函数，且效能更佳（见 8.3.3 节第 405 页）。
- 复杂度：如果搭配 random-access iterator 将是对数复杂度，否则为线性复杂度（这些算法至多执行 log(*numElems*) +1 次比较，但若搭配的不是 random-access iterator，遍历元素的操作复杂度是线性，于是整体复杂度就是线性了）。

以下程序示范了 lower_bound() 和 upper_bound() 的用法：

```
// algo/bounds1.cpp

#include "algostuff.hpp"
using namespace std;

int main()
{
    list<int> coll;
```

```
    INSERT_ELEMENTS(coll,1,9);
    INSERT_ELEMENTS(coll,1,9);
    coll.sort ();
    PRINT_ELEMENTS(coll);

    // print first and last position 5 could get inserted
    auto pos1 = lower_bound (coll.cbegin(), coll.cend(),
                             5);
    auto pos2 = upper_bound (coll.cbegin(), coll.cend(),
                             5);

    cout << "5 could get position "
         << distance(coll.cbegin(),pos1) + 1
         << " up to "
         << distance(coll.cbegin(),pos2) + 1
         << " without breaking the sorting" << endl;

    // insert 3 at the first possible position without breaking the sorting
    coll.insert (lower_bound(coll.begin(),coll.end(),
                             3),
                 3);

    // insert 7 at the last possible position without breaking the sorting
    coll.insert (upper_bound(coll.begin(),coll.end(),
                             7),
                 7);

    PRINT_ELEMENTS(coll);
}
```

程序输出如下：

```
1 1 2 2 3 3 4 4 5 5 6 6 7 7 8 8 9 9
5 could get position 9 up to 11 without breaking the sorting
1 1 2 2 3 3 3 4 4 5 5 6 6 7 7 7 8 8 9 9
```

其中的 pos1 和 pos2 有着以下类型：

```
list<int>::const_iterator
```

查找第一个和最后一个可能位置

pair<ForwardIterator,ForwardIterator>
equal_range (ForwardIterator *beg*, ForwardIterator *end*, const T& *value*)

pair<ForwardIterator,ForwardIterator>
equal_range (ForwardIterator *beg*, ForwardIterator *end*, const T& *value*,
BinaryPredicate *op*)

- 两种形式都返回“与 *value* 相等”的元素所形成的区间。在此区间内插入“其值为 *value*”的元素，并不会破坏 [*beg*,*end*) 区间的已排序性。
- 和下式等效：
  make_pair(lower_bound(...),upper_bound(...))
- *op* 是个可有可无的（可选的）binary predicate，被视为排序准则：
  op(*elem1*,*elem2*)
- 调用者必须确保在进入算法之际，区间已按照排序准则排好序了。
- Associative 和 unordered 容器都提供有等效的成员函数，且效能更佳（见 8.3.3 节第 406 页）。
- 复杂度：如果搭配 random-access iterator 将是对数复杂度，否则为线性复杂度（这些算法至多执行 2×log(*numElems*) + 1 次比较，但若搭配的不是 random-access iterator，遍历元素的操作复杂度是线性，于是整体复杂度就是线性了）。

以下程序展示了 equal_range() 的用法：

```
// algo/equalrange1.cpp

#include "algostuff.hpp"
using namespace std;

int main()
{
    list<int> coll;

    INSERT_ELEMENTS(coll,1,9);
    INSERT_ELEMENTS(coll,1,9);
    coll.sort ();
    PRINT_ELEMENTS(coll);

    // print first and last position 5 could get inserted
    pair<list<int>::const_iterator,list<int>::const_iterator> range;
    range = equal_range (coll.cbegin(), coll.cend(),
                         5);
```

```
    cout << "5 could get position "
         << distance(coll.cbegin(),range.first) + 1
         << " up to "
         << distance(coll.cbegin(),range.second) + 1
         << " without breaking the sorting" << endl;
}
```

程序输出如下：

```
1 1 2 2 3 3 4 4 5 5 6 6 7 7 8 8 9 9
5 could get position 9 up to 11 without breaking the sorting
```

11.10.2 合并元素（Merging Elements）

本节出现的算法用来将两个区间的元素合并，包括汇总（sum）、并集（union）、交集（intersection）等处理。

两个已排序集合的总和（Sum of Two Sorted Sets）

`OutputIterator`
merge (`InputIterator` *source1Beg*, `InputIterator` *source1End*,
`InputIterator` *source2Beg*, `InputIterator` *source2End*,
`OutputIterator` *destBeg*)

`OutputIterator`
merge (`InputIterator` *source1Beg*, `InputIterator` *source1End*,
`InputIterator` *source2Beg*, `InputIterator` *source2End*,
`OutputIterator` *destBeg*, `BinaryPredicate` *op*)

- 两者都是将源区间 [*source1Beg*,*source1End*) 和 [*source2Beg*,*source2End*)内的元素合并，使得“以 `destBeg` 起始之目标区间”内含两个源区间的所有元素。假设你对下面两个序列调用 `merge()`：
  `1 2 2 4 6 7 7 9`
  和
  `2 2 2 3 6 6 8 9`
  结果将会是：
  `1 2 2 2 2 2 3 4 6 6 6 7 7 8 9 9`
- 目标区间内的所有元素都将处于排序状态下。
- 两者都返回目标区间内“最后一个被复制元素”的下一位置（也就是第一个未被覆盖的元素位置）。
- *op* 是个可有可无的（可选的）binary predicate，被视为排序准则：
  op(*elem1*,*elem2*)
- 源区间不会有任何变化。

- 根据 C++ standard 的说法，调用者应当确保两个源区间一开始都已排序。然而在大部分实现中，上述算法可以将两个未排序的源区间内的元素合并到一个未排序的目标区间中。不过，如果考量移植性，这种情况下你应该改而调用 `copy()` 两次，而不是使用 `merge()`。
- 调用者必须确保目标区间有足够空间，要不就得使用 insert iterator。
- 源区间和目标区间两者不可重叠。
- List 和 forward list 都提供一个特殊成员函数 `merge()`，用来合并两个 list（参见 8.8.1 节第 423 页）。
- 如果你要确保"两个源区间中都出现的元素"在目标区间中只出现一次，请使用 `set_union()`（见第 616 页）。
- 如果你只想获得"同时存在于两个源区间内"的元素，请使用 `set_intersection()`（见第 617 页）。
- 复杂度：线性，至多执行 *numElems1*+*numElems2*-1 次比较。

下面的例子展示了 `merge()` 的用法：

```
// algo/merge1.cpp

#include "algostuff.hpp"
using namespace std;

int main()
{
    list<int> coll1;
    set<int> coll2;

    //fill both collections with some sorted elements
    INSERT_ELEMENTS(coll1,1,6);
    INSERT_ELEMENTS(coll2,3,8);

    PRINT_ELEMENTS(coll1,"coll1:  ");
    PRINT_ELEMENTS(coll2,"coll2:  ");

    //print merged sequence
    cout << "merged: ";
    merge (coll1.cbegin(), coll1.cend(),
           coll2.cbegin(), coll2.cend(),
           ostream_iterator<int>(cout," "));
    cout << endl;
}
```

程序输出如下：

```
coll1:  1 2 3 4 5 6
coll2:  3 4 5 6 7 8
merged: 1 2 3 3 4 4 5 5 6 6 7 8
```

第 620 页另有一个例子，展示各个“用以合并已排序区间”的算法之间的不同。

两个已排序集合的并集（Union of Two Sorted Sets）

OutputIterator
set_union (InputIterator *source1Beg*, InputIterator *source1End*,
InputIterator *source2Beg*, InputIterator *source2End*,
OutputIterator *destBeg*)

OutputIterator
set_union (InputIterator *source1Beg*, InputIterator *source1End*,
InputIterator *source2Beg*, InputIterator *source2End*,
OutputIterator *destBeg*, BinaryPredicate *op*)

- 两者都是将已排序的源区间 [*source1Beg*,*source1End*) 和 [*source2Beg*,*source2End*) 内的元素合并，得到“以 destBeg 起始”之目标区间，后者内含的元素要么来自第一源区间，要么来自第二源区间，抑或同时来自两者。例如，对下面两个已排序数列调用 set_union()：
  1 2 2 4 6 7 7 9
  和
  2 2 2 3 6 6 8 9
  结果是：
  1 2 2 2 3 4 6 6 7 7 8 9
- 目标区间内的所有元素都处于排序状态。
- 同时出现于两个源区间内的元素，在并集区间（union range）中将只出现一次。不过如果原来的某个源区间内原本就存在重复元素，则目标区间内也会有重复元素——重复的次数是两个源区间内的重复次数的较大值。
- 两者都返回目标区间内“最后一个被复制元素”的下一位置（也就是第一个未被覆盖的元素的位置）。
- *op* 是个可有可无的（可选的）binary predicate，被视为排序准则：
  op(*elem1*,*elem2*)
- 源区间不会有任何变化。
- 调用者应当确保两个源区间一开始都已根据排序准则排好序。
- 调用者必须确保目标区间有足够空间，要不就得使用 insert iterator。
- 源区间和目标区间两者不可重叠。
- 如果你想得到两个源区间内的全部元素，请用 merge()（参见第 614 页）。
- 复杂度：线性，至多执行 2×(*numElems1*+*numElems2*) - 1 次比较。

第 620 页有一个 set_union() 使用范例。该例也展示了“应用于已排序数列”的各种合并算法的区别。

两个已排序集合的交集（Intersection of Two Sorted Sets）

OutputIterator
set_intersection (InputIterator *source1Beg*, InputIterator *source1End*,
InputIterator *source2Beg*, InputIterator *source2End*,
OutputIterator *destBeg*)

OutputIterator
set_intersection (InputIterator *source1Beg*, InputIterator *source1End*,
InputIterator *source2Beg*, InputIterator *source2End*,
OutputIterator *destBeg*, BinaryPredicate *op*)

- 两者都是将已排序之源区间 [*source1Beg*,*source1End*) 和 [*source2Beg*,*source2End*) 的元素合并，得到“以 destBeg 起始”之目标区间，后者内含的元素不但存在于第一源区间，也存在于第二源区间。例如，对下面两个已排序数列调用 set_intersection()：
  1 2 2 4 6 7 7 9
  和
  2 2 2 3 6 6 8 9
  结果是：
  2 2 6 9
- 目标区间内的所有元素都处于排序状态。
- 如果某个源区间内原就存在有重复元素，则目标区间内也会有重复元素——重复的次数是两个源区间内的重复次数的较小值。
- 两者都返回目标区间内“最后一个被合并元素”的下一位置。
- *op* 是个可有可无的（可选的）binary predicate，被视为排序准则：
  op(*elem1*,*elem2*)
- 源区间不会有任何变化。
- 调用者应当确保两个源区间一开始都已根据排序准则排好序。
- 调用者必须确保目标区间有足够空间，要不就得使用 insert iterator。
- 源区间和目标区间两者不可重叠。
- 复杂度：线性，至多执行 2×(*numElems1*+*numElems2*) - 1 次比较。

第 620 页有一个 set_intersection() 使用范例。该例也展示了“应用于已排序数列”的各种合并算法的区别。

两个已排序集合的差集（Difference of Two Sorted Sets）

OutputIterator
set_difference (InputIterator *source1Beg*, InputIterator *source1End*,
InputIterator *source2Beg*, InputIterator *source2End*,
OutputIterator *destBeg*)

OutputIterator
set_difference (InputIterator *source1Beg*, InputIterator *source1End*,
InputIterator *source2Beg*, InputIterator *source2End*,
OutputIterator *destBeg*, BinaryPredicate *op*)

- 两者都是将已排序之源区间 [*source1Beg*,*source1End*) 和 [*source2Beg*,*source2End*) 的元素合并，得到"以 destBeg 起始"之目标区间，后者内含的元素只存在于第一源区间，不存在于第二源区间。例如，对下面两个已排序数列调用 set_difference()：
  1 2 2 4 6 7 7 9
  和
  2 2 2 3 6 6 8 9
  结果是：
  1 4 7 7
- 目标区间内的所有元素都处于排序状态。
- 如果某个源区间内原就存在有重复元素，则目标区间内也会有重复元素——重复的次数是第一源区间内的重复次数减去第二源区间内的相应重复次数，如果第二源区间内的重复次数大于第一源区间内的相应重复次数，目标区间内的对应重复次数将会是 0。
- 两者都返回目标区间内"最后一个被合并元素"的下一位置。
- *op* 是个可有可无的（可选的）binary predicate，被视为排序准则：
  op(*elem1*,*elem2*)
- 源区间不会有任何变化。
- 调用者应当确保两个源区间一开始都已根据排序准则排好序。
- 调用者必须确保目标区间有足够空间，要不就得使用 insert iterator。
- 源区间和目标区间两者不可重叠。
- 复杂度：线性，至多执行 2×(*numElems1*+*numElems2*) - 1 次比较。

第 620 页有一个 set_difference() 使用范例。该例也展示了"应用于已排序数列"的各种合并算法的区别。

OutputIterator
set_symmetric_difference (InputIterator *source1Beg*, InputIterator *source1End*,
InputIterator *source2Beg*, InputIterator *source2End*,
OutputIterator *destBeg*)

OutputIterator
set_symmetric_difference (InputIterator *source1Beg*, InputIterator *source1End*,
InputIterator *source2Beg*, InputIterator *source2End*,
OutputIterator *destBeg*, BinaryPredicate *op*)

- 两者都是将已排序之源区间 [*source1Beg*,*source1End*) 和 [*source2Beg*,*source2End*) 的元素合并，得到“以 destBeg起始”之目标区间，后者内含的元素或存在于第一源区间，或存在于第二源区间，但不同时存在于两个源区间内。例如，对下面两个已排序数列调用 set_symmetric_difference()：
  1 2 2 4 6 7 7 9
  和
  2 2 2 3 6 6 8 9
  结果是：
  1 2 3 4 6 7 7 8
- 目标区间内的所有元素都处于排序状态。
- 如果某个源区间内原就存在有重复元素，则目标区间内也会有重复元素——重复的次数是两个源区间内的对应重复元素的个数差值。
- 两者都返回目标区间内“最后一个被合并元素”的下一位置。
- *op* 是个可有可无的（可选的）binary predicate，被视为排序准则：
  op(*elem1*,*elem2*)
- 源区间不会有任何变化。
- 调用者应当确保两个源区间一开始都已根据排序准则排好序。
- 调用者必须确保目标区间有足够空间，要不就得使用 insert iterator。
- 源区间和目标区间两者不可重叠。
- 复杂度：线性，至多执行 2×(*numElems1*+*numElems2*) - 1 次比较。

下一小节有一个 set_symmetric_difference() 使用范例。该例也展示了“应用于已排序数列”的各种合并算法的区别。

“合并算法”的综合范例

下面这个例子对“应用于已排序数列”之各个合并算法做了比较，展示其用法和区别：

```
// algo/sorted1.cpp

#include "algostuff.hpp"
using namespace std;

int main()
{
    vector<int> c1 = { 1, 2, 2, 4, 6, 7, 7, 9 };

    deque<int>  c2 = { 2, 2, 2, 3, 6, 6, 8, 9 };

    // print source ranges
    cout << "c1:                        " ;
    copy (c1.cbegin(), c1.cend(),
          ostream_iterator<int>(cout," "));
    cout << endl;
    cout << "c2:                        " ;
    copy (c2.cbegin(), c2.cend(),
          ostream_iterator<int>(cout," "));
    cout << '\n' << endl;

    // sum the ranges by using merge()
    cout << "merge():                   ";
    merge (c1.cbegin(), c1.cend(),
           c2.cbegin(), c2.cend(),
           ostream_iterator<int>(cout," "));
    cout << endl;

    // unite the ranges by using set_union()
    cout << "set_union():               ";
    set_union (c1.cbegin(), c1.cend(),
               c2.cbegin(), c2.cend(),
               ostream_iterator<int>(cout," "));
    cout << endl;

    // intersect the ranges by using set_intersection()
    cout << "set_intersection():        ";
```

```
    set_intersection (c1.cbegin(), c1.cend(),
                      c2.cbegin(), c2.cend(),
                      ostream_iterator<int>(cout," "));
    cout << endl;

    // determine elements of first range without elements of second range
    // by using set_difference()
    cout << "set_difference():           ";
    set_difference (c1.cbegin(), c1.cend(),
                    c2.cbegin(), c2.cend(),
                    ostream_iterator<int>(cout," "));
    cout << endl;

    // determine difference the ranges with set_symmetric_difference()
    cout << "set_symmetric_difference(): ";
    set_symmetric_difference (c1.cbegin(), c1.cend(),
                              c2.cbegin(), c2.cend(),
                              ostream_iterator<int>(cout," "));
    cout << endl;
}
```

程序输出如下：

```
c1:                         1 2 2 4 6 7 7 9
c2:                         2 2 2 3 6 6 8 9

merge():                    1 2 2 2 2 2 3 4 6 6 6 7 7 8 9 9
set_union():                1 2 2 2 3 4 6 6 7 7 8 9
set_intersection():         2 2 6 9
set_difference():           1 4 7 7
set_symmetric_difference(): 1 2 3 4 6 7 7 8
```

合并连贯之已排序区间（Merging Consecutive Sorted Ranges）

void
inplace_merge (BidirectionalIterator *beg1*, BidirectionalIterator *end1beg2*,
BidirectionalIterator *end2*)

void
inplace_merge (BidirectionalIterator *beg1*, BidirectionalIterator *end1beg2*,
BidirectionalIterator *end2*, BinaryPredicate *op*)

- 两者都是将已排序源区间 [*beg1*,*end1beg2*) 和 [*end1beg2*,*end2*) 的元素合并，使区间 [*beg1*,*end2*) 成为两者之总和（且形成已排序状态）。
- 复杂度：若有足够内存则为线性，执行 *numElems*-1 次比较，否则为 n-log-n，执行 *numElems*×log(*numElems*) 次比较。

以下程序示范了 inplace_merge() 的用法：

```
// algo/inplacemerge1.cpp

#include "algostuff.hpp"
using namespace std;

int main()
{
    list<int> coll;

    // insert two sorted sequences
    INSERT_ELEMENTS(coll,1,7);
    INSERT_ELEMENTS(coll,1,8);
    PRINT_ELEMENTS(coll);

    // find beginning of second part (element after 7)
    list<int>::iterator pos;
    pos = find (coll.begin(), coll.end(),       // range
                7);                             // value
    ++pos;

    // merge into one sorted range
    inplace_merge (coll.begin(), pos, coll.end());

    PRINT_ELEMENTS(coll);
}
```

程序输出如下：

```
1 2 3 4 5 6 7 1 2 3 4 5 6 7 8
1 1 2 2 3 3 4 4 5 5 6 6 7 7 8
```

11.11 数值算法（Numeric Algorithm）

本节描述用于数值处理的 STL 算法。当然你也可以用它们来处理非数值元素。例如你可以用 `accumulate()` 求数个字符串的总和。运用数值算法之前，必须先包含头文件 `<numeric>`：

```
#include <numeric>
```

11.11.1 运算后产生结果

对数列进行某种运算

T
accumulate (InputIterator *beg*, InputIterator *end*,
T *initValue*)

T
accumulate (InputIterator *beg*, InputIterator *end*,
T *initValue*, BinaryFunc *op*)

- 第一形式计算 *initValue* 和区间 [*beg*,*end*) 内每个元素的总和，更具体地说，它针对每一个元素调用以下运算：
  initValue = *initValue* + *elem*
- 第二形式计算 *initValue* 和区间 [*beg*,*end*) 内每一个元素进行 *op* 运算的结果，更具体地说，它针对每一个元素调用以下表达式：
  initValue = *op*(*initValue*,*elem*)
- 因此，对于以下数列：
  a1 a2 a3 a4 ...
  上述两个算法分别计算
  initValue + a1 + a2 + a3 + ...
  和
  initValue *op* a1 *op* a2 *op* a3 *op* ...
- 如果数列为空（*beg*==*end*），两者都返回 *initValue*。
- *op* 不可以改动其所接获的实参。
- 复杂度：线性，上述两式分别调用 operator + 或 *op*() 各 *numElems* 次。

下面的例子展示了如何使用 `accumulate()` 得到区间内所有元素的总和，以及乘积：

```
// algo/accumulate1.cpp

#include "algostuff.hpp"
using namespace std;
```

```
int main()
{
    vector<int> coll;

    INSERT_ELEMENTS(coll,1,9);
    PRINT_ELEMENTS(coll);

    // process sum of elements
    cout << "sum: "
         << accumulate (coll.cbegin(), coll.cend(),  // range
                        0)                           // initial value
         << endl;

    // process sum of elements less 100
    cout << "sum: "
         << accumulate (coll.cbegin(), coll.cend(),  // range
                        -100)                        // initial value
         << endl;

    // process product of elements
    cout << "product: "
         << accumulate (coll.cbegin(), coll.cend(),  // range
                        1,                           // initial value
                        multiplies<int>())           // operation
         << endl;

    // process product of elements (use 0 as initial value)
    cout << "product: "
         << accumulate (coll.cbegin(), coll.cend(),  // range
                        0,                           // initial value
                        multiplies<int>())           // operation
         << endl;
}
```

程序输出如下：

```
1 2 3 4 5 6 7 8 9
sum: 45
sum: -55
product: 362880
product: 0
```

最后一项输出是 0，因为任何数乘以 0 都得 0。

计算两数列的内积（Inner Product）

T
inner_product (InputIterator1 *beg1*, InputIterator1 *end1*,
　　　　　　　InputIterator2 *beg2*, T *initValue*)

T
inner_product (InputIterator1 *beg1*, InputIterator1 *end1*,
　　　　　　　InputIterator2 *beg2*, T *initValue*,
　　　　　　　BinaryFunc *op1*, BinaryFunc *op2*)

- 第一形式计算并返回 [*beg*,*end*) 区间和“以 *beg2* 为起始的区间”的对应元素组的内积，并为每次的内积值加上 *initValue*。具体地说，也就是针对“两区间内的每一组对应元素”调用以下表达式：
  initValue = *initValue* + *elem1* * *elem2*
- 第二形式将 [*beg*,*end*) 区间和“以 *beg2* 为起始的区间”内的对应元素组进行 *op2* 运算，然后再和 *initValue* 进行 *op1* 运算，并将结果返回。具体地说，也就是针对“两区间内的每一组对应元素”调用以下表达式：
  initValue = *op1*(*initValue*,*op2*(*elem1*,*elem2*))
- 所以，对于数列：
  a1 a2 a3 ...
  b1 b2 b3 ...
  上述算法分别计算并返回：
  initValue + (a1 * b1) + (a2 * b2) + (a3 * b3) + ...
  和
  initValue *op1* (a1 *op2* b1) *op1* (a2 *op2* b2) *op1* (a3 *op2* b3) *op1* ...
- 如果第一区间为空（*beg1*==*end1*），则两者都返回 *initValue*。
- 调用者必须确保“以 *beg2* 为起始的区间”内含足够的元素空间。
- *op1* 和 *op2* 都不可以改动其所接获的实参。
- 复杂度：线性，调用 operators + 和 operators * 各 *numElems* 次，或是调用 *op1*() 和 *op2*() 各 *numElems* 次。

以下程序示范了 inner_product() 的用法。它计算两个数列的“对应元素组的乘积”总和（sum of product）以及“对应元素组的和”的乘积（product of sum）：

```
// algo/innerproduct1.cpp

#include "algostuff.hpp"
using namespace std;
```

```
int main()
{
    list<int> coll;

    INSERT_ELEMENTS(coll,1,6);
    PRINT_ELEMENTS(coll);

    // process sum of all products
    // (0 + 1*1 + 2*2 + 3*3 + 4*4 + 5*5 + 6*6)
    cout << "inner product: "
         << inner_product (coll.cbegin(), coll.cend(),   // first range
                           coll.cbegin(),                 // second range
                           0)                             // initial value
         << endl;

    // process sum of 1*6 ... 6*1
    // (0 + 1*6 + 2*5 + 3*4 + 4*3 + 5*2 + 6*1)
    cout << "inner reverse product: "
         << inner_product (coll.cbegin(), coll.cend(),   // first range
                           coll.crbegin(),                // second range
                           0)                             // initial value
         << endl;

    // process product of all sums
    // (1 * 1+1 * 2+2 * 3+3 * 4+4 * 5+5 * 6+6)
    cout << "product of sums: "
         << inner_product (coll.cbegin(), coll.cend(),   // first range
                           coll.cbegin(),                 // second range
                           1,                             // initial value
                           multiplies<int>(),             // outer operation
                           plus<int>())                   // inner operation
         << endl;
}
```

程序输出如下：

```
1 2 3 4 5 6
inner product: 91
inner reverse product: 56
product of sums: 46080
```

11.11.2 相对数列和绝对数列之间的转换

下面两个算法可以在相对数列（a sequence of relative values）和绝对数列（a sequence of absolute values）之间相互转换。

将相对值转换成绝对值（Converting Relative Values into Absolute Values）

OutputIterator
partial_sum (InputIterator *sourceBeg*, InputIterator *sourceEnd*,
OutputIterator *destBeg*)

OutputIterator
partial_sum (InputIterator *sourceBeg*, InputIterator *sourceEnd*,
OutputIterator *destBeg*, BinaryFunc *op*)

- 第一形式计算源区间 [*sourceBeg*,*sourceEnd*) 中每个元素的部分和（partial sum），然后将结果写入以 *destBeg* 为起点的目标区间。
- 第二形式将源区间 [*sourceBeg*,*sourceEnd*) 中的每个元素和其先前所有元素进行 *op* 运算，并将结果写入以 *destBeg* 为起点的目标区间。
- 因此，对于以下数列：
  a1 a2 a3 ...
  它们分别计算：
  a1, a1 + a2, a1 + a2 + a3, ...
  和
  a1, a1 *op* a2, a1 *op* a2 *op* a3, ...
- 两种形式都返回目标区间内“最后一个被写入的值”的下一位置（也就是第一个未被覆盖的元素的位置）。
- 第一形式相当于把一个相对数列转换为一个绝对数列。就此而言，partial_sum() 正好和 adjacent_difference()（见第 628 页）互补。
- 源区间和目标区间可以完全相同。
- 调用者必须确保目标区间有足够空间，要不就得使用 insert iterator。
- *op* 不应改动传入的实参。
- 复杂度：线性，分别调用 operator + 或 *op*() *numElems* 次。

以下程序示范了 partial_sum() 的用法：

```
// algo/partialsum1.cpp

#include "algostuff.hpp"
using namespace std;

int main()
{
    vector<int> coll;
```

```
    INSERT_ELEMENTS(coll,1,6);
    PRINT_ELEMENTS(coll);

    // print all partial sums
    partial_sum (coll.cbegin(), coll.cend(),           // source range
                 ostream_iterator<int>(cout," "));     // destination
    cout << endl;

    // print all partial products
    partial_sum (coll.cbegin(), coll.cend(),           // source range
                 ostream_iterator<int>(cout," "),      // destination
                 multiplies<int>());                   // operation
    cout << endl;
}
```

程序输出如下：

```
1 2 3 4 5 6
1 3 6 10 15 21
1 2 6 24 120 720
```

关于相对数列和绝对数列之间的相互转换，参见第 630 页的例子。

将绝对值转换成相对值（Converting Absolute Values into Relative Values）

`OutputIterator`
adjacent_difference (`InputIterator` *sourceBeg*, `InputIterator` *sourceEnd*,
`OutputIterator` *destBeg*)

`OutputIterator`
adjacent_difference (`InputIterator` *sourceBeg*, `InputIterator` *sourceEnd*,
`OutputIterator` *destBeg*, `BinaryFunc` *op*)

- 第一形式计算 [*sourceBeg*,*sourceEnd*) 区间内每个元素和其紧临的前一元素的差额，并将结果写入以 *destBeg* 为起点的目标区间。
- 第二形式针对 [*sourceBeg*,*sourceEnd*) 区间内的每个元素和其紧临的前一元素调用 *op* 操作，并将结果写入以 *destBeg* 为起点的目标区间。
- 第一个元素只是被很单纯地复制。
- 因此，对于以下数列：

  `a1 a2 a3 a4 ...`

  它们分别计算：

  `a1, a2 - a1, a3 - a2, a4 - a3, ...`

  和

  `a1,` `a2` *op* `a1,` `a3` *op* `a2,` `a4` *op* `a3,` ...

- 两个形式都返回目标区间内“最后一个被写入值”的下一位置（也就是第一个未被覆盖的元素的位置）。
- 第一形式相当于把一个绝对数列转换为一个相对数列。就此而言，adjacent_difference() 正好与 partial_sum()（见第 627 页）互补。
- 源区间和目标区间可以完全相同。
- 调用者必须确保目标区间有足够空间，要不就得使用 insert iterator。
- *op* 不应改动传入的实参。
- 复杂度：线性，分别调用 operator - 或 *op*() 共 *numElems*-1 次。

以下程序示范了 adjacent_difference() 的用法：

```
// algo/adjacentdiff1.cpp

#include "algostuff.hpp"
using namespace std;

int main()
{
    deque<int> coll;

    INSERT_ELEMENTS(coll,1,6);
    PRINT_ELEMENTS(coll);

    // print all differences between elements
    adjacent_difference (coll.cbegin(), coll.cend(),        // source
                         ostream_iterator<int>(cout," ")); // destination
    cout << endl;

    // print all sums with the predecessors
    adjacent_difference (coll.cbegin(), coll.cend(),        // source
                         ostream_iterator<int>(cout," "),  // destination
                         plus<int>());                      // operation
    cout << endl;

    // print all products between elements
    adjacent_difference (coll.cbegin(), coll.cend(),        // source
                         ostream_iterator<int>(cout," "),  // destination
                         multiplies<int>());                // operation
    cout << endl;
}
```

程序输出如下：

```
1 2 3 4 5 6
1 1 1 1 1 1
1 3 5 7 9 11
1 2 6 12 20 30
```

将绝对值和相对值互相转换的例子参见下一小节。

相对值（Relative Value）转为绝对值（Absolute Value），实例解说

下面的例子展示了如何运用 partial_sum() 和 adjacent_difference() 将一个相对数列转化为一个绝对数列，以及如何反向转化：

```
// algo/relabs1.cpp

#include "algostuff.hpp"
using namespace std;

int main()
{
    vector<int> coll = { 17, -3, 22, 13, 13, -9 };
    PRINT_ELEMENTS(coll,"coll:     ");

    // convert into relative values
    adjacent_difference (coll.cbegin(), coll.cend(),   // source
                         coll.begin());                 // destination
    PRINT_ELEMENTS(coll,"relative: ");

    // convert into absolute values
    partial_sum (coll.cbegin(), coll.cend(),            // source
                 coll.begin());                         // destination
    PRINT_ELEMENTS(coll,"absolute: ");
}
```

程序输出如下：

```
coll:     17 -3 22 13 13 -9
relative: 17 -20 25 -9 0 -22
absolute: 17 -3 22 13 13 -9
```

第12章
特殊容器

C++ 标准库不只是包含了 STL framework 所提供的容器，还包含一些为满足特殊需求而设计的容器，它们提供简单而清晰（几乎足以自我说明）的接口。这些容器可被归类为 *container adapter*（容器适配器），它们配接（改造）标准 STL 容器，使之满足特殊需求。另外还有所谓的 bitset，用来包含 bit 或 Boolean 值。

有三种标准的 container adapter： stacks、 queues 和 priority queues。 Priority queue 就是“根据排序准则，自动将元素排序”的 queue，其所谓“下一个”元素总是拥有最大值（最高优先级）。

所谓 bitset 是一个位域（bitfield），其内可含任意数量的 bit，但一旦确定大小就固定不再变动。你可以想象它是一个 bit 容器或 Boolean 容器。注意，C++ 标准库同时也为 Boolean 值提供了一个长度可变的特殊容器： `vector<bool>`，本书 7.3.6 节第 281 页曾讨论过。

C++11 带来的变化

C++98 几乎已经确立所有 container adapter 性质。下面是 C++11 加入的若干最重要性质：

- Container adapter 如今提供了 `reference` 和 `const_reference` 两个类型定义（见 12.4.1 节第 645 页）。
- Container adapter 如今支持 move 语义和 rvalue reference：
  - `push()` 如今提供了 move 语义（见 12.1.2 节第 634 页和 12.4.4 节第 647 页）。
  - 作为初始值的那个容器，其元素可被搬移过来（见 12.4.2 节第 646 页）。
- Container adapter 提供 `emplace()` 能力，其内部会创建一个“以其所获得的实参为初值”的新元素（见 12.1.2 节第 634 页和 12.4.4 节第 647 页）。
- Container adapter 如今提供了 `swap()`（见 12.4.4 节第 649 页）。
- Constructor adapter 如今允许你传递一个 allocator 给其构造函数（见 12.4.2 节第 646 页）。

12.1 Stack（堆栈）

Class `stack<>` 实现出一个 stack（也称为LIFO，后进先出）。你可以使用 `push()` 将任意数量的元素放入 stack（如图12.1所示），也可以使用 `pop()` 将元素依其插入的相反次序从容器中移除（此即所谓“后进先出〔LIFO〕”）。

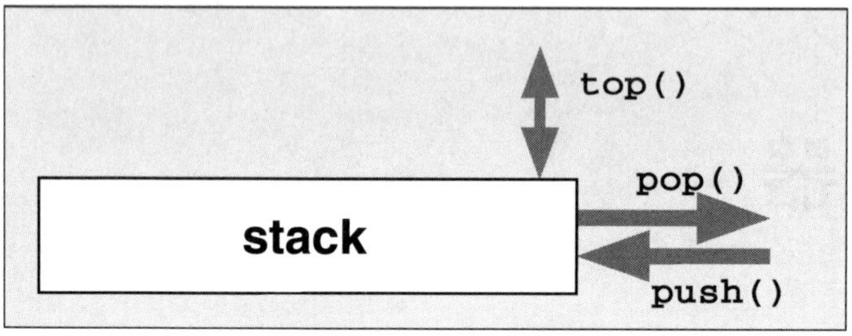

图 12.1 Stack 的接口

使用 stack 之前，必须先包含头文件 `<stack>`：

```
#include <stack>
```

在头文件 `<stack>` 中，class `stack` 定义如下：

```
namespace std {
    template <typename T,
              typename Container = deque<T>>
             class stack;
}
```

第一个 template 参数代表元素类型。带有默认值的第二个 template 参数用来定义 stack 内部存放元素的实际容器，默认为 deque。之所以选择 deque 而非 vector，是因为 deque 移除元素时会释放内存，并且不必在重分配（reallocation）时复制全部元素（关于如何恰当运用各种容器，请参考 7.12 节第 392 页）。

例如，以下定义了一个元素类型为整数的 stack：

```
std::stack<int> st;        // integer stack
```

Stack 的实现中只是很单纯地把各项操作转化为内部容器的对应调用（如图12.2所示）。你可以使用任何 sequence 容器支持 stack，只要它们提供以下成员函数：`back()`、`push_back()` 和 `pop_back()`。例如你可以使用 vector 或 list 来容纳元素：

```
std::stack<int,std::vector<int>> st;       // integer stack that uses a vector
```

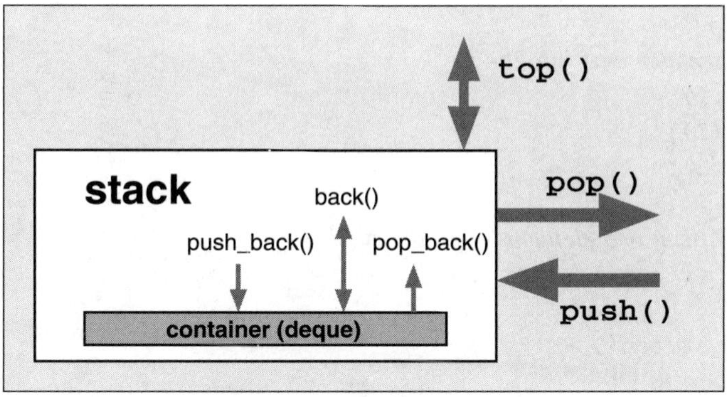

图 12.2　Stack 的内部接口

12.1.1　核心接口

Stack 的核心接口由三个成员函数提供：push()、 top() 和 pop()。

- **push()** 将一个元素放入 stack 内。
- **top()** 返回 stack 内的“下一个”元素。
- **pop()** 从 stack 中移除元素。

注意， pop() 移除下一个元素，但是并不返回它； top() 返回下一个元素，但是并不移除它。所以，如果你想移除 stack 的下一个元素同时返回它，那么这两个函数都得调用。这样的接口可能有点麻烦，但如果你只是想移除下一个元素而并不想处理它，这样的安排就比较好。注意，如果 stack 内没有元素，调用 top() 和 pop() 会导致不明确的行为。你可以采用成员函数 size() 和 empty() 来检验容器是否为空。

如果你不喜欢 stack<> 的标准接口，轻易便可写出若干更方便的接口。相关实例请见 12.1.3 节第 635 页。

12.1.2　Stack 运用实例

下面的程序展示了 stack<> 的用法：

```
// contadapt/stack1.cpp

#include <iostream>
#include <stack>
using namespace std;

int main()
{
    stack<int> st;
```

```
    // push three elements into the stack
    st.push(1);
    st.push(2);
    st.push(3);

    // pop and print two elements from the stack
    cout << st.top() << ' ';
    st.pop();
    cout << st.top() << ' ';
    st.pop();

    // modify top element
    st.top() = 77;

    // push two new elements
    st.push(4);
    st.push(5);

    // pop one element without processing it
    st.pop();

    // pop and print remaining elements
    while (!st.empty()) {
        cout << st.top() << ' ';
        st.pop();
    }
    cout << endl;
}
```

程序输出如下：

```
3 2 4 77
```

注意，当使用 nontrivial（译注：意指不凡的、复杂的）元素类型时，你可以考虑在安插“不再被使用的元素”时采用 `std::move()`，或是采用 `emplace()`，由 stack 内部创建元素（二者都始自 C++11）：

```
stack<pair<string,string>> st;

auto p = make_pair("hello","world");
st.push(move(p));    // OK, if p is not used any more

st.emplace("nico","josuttis");
```

12.1.3 一个用户自定义的 Stack Class

标准的 `stack<>` class 将运作速度置于方便性和安全性之上。但我通常并不很重视这些，所以我自己写了一个 stack class，拥有以下优势：

1. `pop()` 会返回下一元素。
2. 如果 stack 为空，`pop()` 和 `top()` 会抛出异常（throw exception）。

此外，我把一般人不常使用的成员函数如比较动作（comparison）略去。我的 stack class 定义如下：

```
// contadapt/Stack.hpp

/* ************************************************************
 * Stack.hpp
 *  - safer and more convenient stack class
 * ************************************************************/
#ifndef STACK_HPP
#define STACK_HPP

#include <deque>
#include <exception>

template <typename T>
class Stack {
  protected:
    std::deque<T> c;          // container for the elements

  public:
    // exception class for pop() and top() with empty stack
    class ReadEmptyStack : public std::exception {
      public:
        virtual const char* what() const throw() {
            return "read empty stack";
        }
    };

    // number of elements
    typename std::deque<T>::size_type size() const {
        return c.size();
    }

    // is stack empty?
    bool empty() const {
        return c.empty();
    }
```

```
        // push element into the stack
        void push (const T& elem) {
            c.push_back(elem);
        }

        // pop element out of the stack and return its value
        T pop () {
            if (c.empty()) {
                throw ReadEmptyStack();
            }
            T elem(c.back());
            c.pop_back();
            return elem;
        }

        // return value of next element
        T& top () {
            if (c.empty()) {
                throw ReadEmptyStack();
            }
            return c.back();
        }
};

#endif /* STACK_HPP */
```

如果改用这个 stack，先前的例子可改写如下：

```
// contadapt/stack2.cpp

#include <iostream>
#include <exception>
#include "Stack.hpp"        // use special stack class
using namespace std;

int main()
{
   try {
      Stack<int> st;

      // push three elements into the stack
      st.push(1);
      st.push(2);
      st.push(3);
```

```
        // pop and print two elements from the stack
        cout << st.pop() << ' ';
        cout << st.pop() << ' ';

        // modify top element
        st.top() = 77;

        // push two new elements
        st.push(4);
        st.push(5);

        // pop one element without processing it
        st.pop();

        // pop and print three elements
        // - ERROR: one element too many
        cout << st.pop() << ' ';
        cout << st.pop() << endl;
        cout << st.pop() << endl;
    }
    catch (const exception& e) {
        cerr << "EXCEPTION: " << e.what() << endl;
    }
}
```

最后一个（多出来的） pop() 调用是为了刻意引发错误。和标准 stack class 不同的是，我这个版本会抛出异常，而不是引发不明确行为。程序输出如下：

```
3 2 4 77
EXCEPTION: read empty stack
```

12.1.4 细究 Class stack<>

Class stack<> 的接口或多或少直接映射了容器内部所用的相应成员。例如：

```
namespace std {
   template <typename T, typename Container = deque<T>>
   class stack {
     public:
       typedef typename Container::value_type      value_type;
       typedef typename Container::reference       reference
       typedef typename Container::const_reference const_reference;
       typedef typename Container::size_type       size_type;
```

```
    typedef           Container                    container_type;
  protected:
    Container c;      // container
  public:
    bool         empty() const               { return c.empty(); }
    size_type    size()  const               { return c.size(); }
    void         push(const value_type& x) { c.push_back(x); }
    void         push(value_type&& x)      { c.push_back(move(x)); }
    void         pop()                     { c.pop_back(); }
    value_type& top()                      { return c.back(); }
    const value_type& top() const          { return c.back(); }
    template <typename... Args>
    void emplace(Args&&... args) {
           c.emplace_back(std::forward<Args>(args)...); }
    void swap (stack& s) ... { swap(c,s.c); }
    ...
  };
}
```

12.4 节第 645 页有对各个成员和操作的详细说明。

12.2 Queue（队列）

Class queue<> 实现出一个 queue（也称为FIFO〔先进先出〕）。你可以使用 push() 将任意数量的元素放入 queue 中（如图12.3所示），也可以使用 pop() 将元素依其插入次序从容器中移除（此即所谓“先进先出〔FIFO〕”）。换句话说，queue 是一个典型的数据缓冲构造。

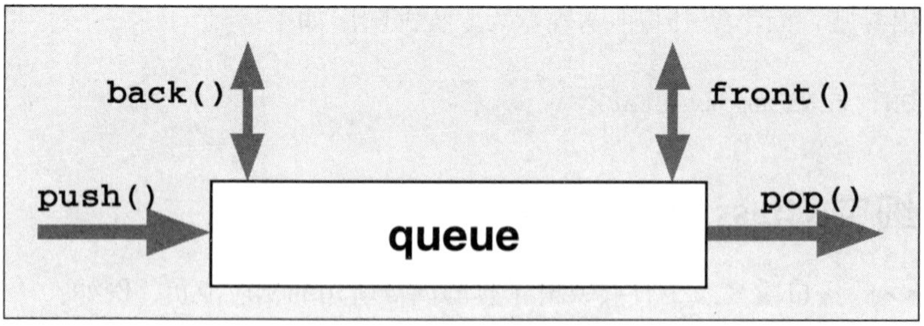

图 12.3 Queue 的接口

为了运用 queue，你必须先包含头文件 <queue>：

```
#include <queue>
```

在头文件 <queue> 中，class queue 定义如下：

```
namespace std {
    template <typename T,
              typename Container = deque<T>>
             class queue;
}
```

第一个 template 参数代表元素类型。带有默认值的第二个 template 参数定义 queue 内部用来存放元素的实际容器，默认采用 deque。例如下面的例子定义出了一个内含 string 的 queue：

```
std::queue<std::string> buffer;      // string queue
```

实际上 queue 只是很单纯地把各项操作转化为内部容器的对应调用（如图12.4所示）。你可以使用任何 sequence 容器支持 queue，只要它们支持 `front()`、`back()`、`push_back()` 和 `pop_front()` 等操作。例如你可以使用 list 来容纳元素：

```
std::queue<std::string,std::list<std::string>> buffer;
```

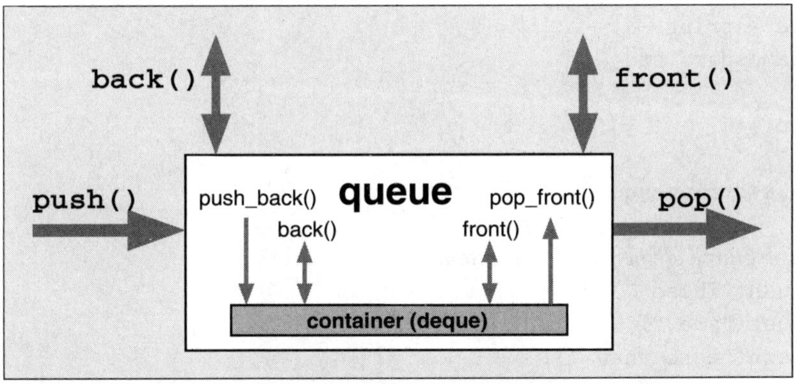

图 12.4 Queue 的内部接口

12.2.1 核心接口

Queue 的核心接口主要由成员函数 `push()`、`front()`、`back()` 和 `pop()` 构成：

- **push()** 将一个元素放入 queue 内。
- **front()** 返回 queue 内的下一个元素（也就是第一个被放入的元素）。
- **back()** 返回 queue 内的最后一个元素（也就是第一个被插入的元素）。
- **pop()** 从 queue 中移除一个元素。

注意，pop() 虽然移除下一个元素，但是并不返回它，front() 和 back() 返回下一个元素，但并不移除它。所以，如果你想移除 queue 的下一个元素，又想处理它，那就得同时调用 front() 和 pop()。这样的接口可能有点麻烦，但如果你只是想移除下一个元素而并不想处理它，这样的安排就比较好。注意，如果 queue 内没有元素，则 front()、back() 和 pop() 的执行会导致不确定的行为。你可以采用成员函数 size() 和 empty() 来检验容器是否为空。

如果你不喜欢 queue<> 的标准接口，轻易便可写出更方便的接口。实例见 12.2.3 节第 641 页。

12.2.2 Queue 运用实例

下面的程序展示了 queue<> 的用法：

```
// contadapt/queue1.cpp

#include <iostream>
#include <queue>
#include <string>
using namespace std;

int main()
{
    queue<string> q;

    // insert three elements into the queue
    q.push("These ");
    q.push("are ");
    q.push("more than ");

    // read and print two elements from the queue
    cout << q.front();
    q.pop();
    cout << q.front();
    q.pop();

    // insert two new elements
    q.push("four ");
    q.push("words!");

    // skip one element
    q.pop();

    // read and print two elements
    cout << q.front();
```

```
        q.pop();
        cout << q.front() << endl;
        q.pop();

        // print number of elements in the queue
        cout << "number of elements in the queue: " << q.size()
             << endl;
    }
```

程序输出如下：

```
These are four words!
number of elements in the queue: 0
```

12.2.3 一个用户自定义的 Queue Class

标准的 queue<> class 将运作速度置于方便性和安全性之上。但不是所有程序员都喜欢这样。你可以轻松提供你自己完成的一个 queue class，就像先前自己完成一个 stack class 一样（参见 12.1.3 节第 635 页）。本书官网就提供了这样一个例子，放在文件 *contadapt/Queue.hpp* 和 *contadapt/queue2.cpp* 内。

12.2.4 细究 Class queue<>

queue<> 的接口或多或少直接映射了容器内部所用的相应成员（请参考 12.1.4 节第 637 页中的 class stack<>）。12.4 节第 645 页列有 queue 的成员和操作细节。

12.3 Priority Queue（带优先级的队列）

Class priority_queue<> 实现出一个 queue，其中的元素依优先级被读取。它的接口和 queue 非常相近，亦即 push() 将会放入一个元素，top() / pop() 将会访问/移除下一元素（如图12.5所示）。然而这里所谓“下一元素”并非第一个放入的元素，而是“优先级最高”的元素。换句话说，priority queue 内的元素已经根据其值进行了排序。和往常一样，你可以通过 template 参数指定一个排序准则。默认的排序准则是以 operator < 形成降序排列，那么所谓“下一元素”就是“数值最大的元素”。如果同时存在若干个数值最大的元素，我们无法确知究竟哪一个会入选。

Priority queue 和一般的 queue 都定义于头文件 <queue>：

```
#include <queue>
```

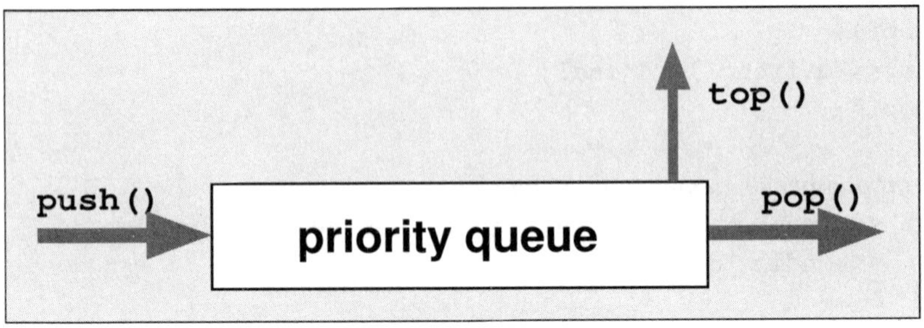

图 12.5 Priority Queue 的接口

在头文件 <queue> 中，class `priority_queue` 定义如下：

```
namespace std {
   template <typename T,
             typename Container = vector<T>,
             typename Compare = less<typename Container::value_type>>
           class priority_queue;
}
```

第一个 template 参数是元素类型，带有默认值的第二个 template 参数定义了 priority queue 内部用来存放元素的容器。默认容器是 vector。带有默认值的第三个 template 参数定义出"用以查找下一个最高优先级元素"的排序准则，默认以 operator < 作为比较标准。例如，以下定义了一个元素类型为 `float` 的 priority queue：

```
std::priority_queue<float> pbuffer;      // priority queue for floats
```

实际上 priority queue 只是很单纯地把各项操作转化为内部容器的对应调用。你可以使用任何 sequence 容器支持 priority queue，只要它们支持 random-access iterator 和 `front()`、`push_back()`、`pop_back()` 等操作就行。由于 priority queue 需要用到 STL heap 算法（参见 11.9.4 节第 604 页），所以其内部容器必须支持 random access。例如你可以使用 deque 来容纳元素：

```
std::priority_queue<float,std::deque<float>> pbuffer;
```

如果要定义自己的排序准则，就必须传递一个函数（或 function object）作为 binary predicate，用以比较两个元素并以此作为排序准则（关于排序准则，详见 7.7.2 节第 316 页和 10.1.1 节第 476 页）。例如，以下式子定义了一个反向排序（降序）的 priority queue：

```
std::priority_queue<float,std::vector<float>,
                    std::greater<float>> pbuffer;
```

在此 priority queue 中，"下一个元素"始终是元素值最小者。

12.3.1 核心接口

Priority queue 的核心接口主要由成员函数 push()、 top() 和 pop() 组成：

- **push()** 将一个元素放入 priority queue 中。
- **top()** 返回 priority queue 内的"下一个元素"。
- **pop()** 从 priority queue 内移除一个元素。

和其他 container adapter 一样，pop() 会移除下一元素，但是不返回它；top() 会返回下一元素，但并不移除它。所以，如果你想移除 priority queue 内的下一元素，又想处理它，就得同时调用上述两个函数。注意，如果 priority queue 内没有元素，执行 top() 和 pop() 会导致不确定的行为。你可以调用成员函数 size() 和 empty() 检验容器是否为空。

12.3.2 Priority Queue 运用实例

以下程序示范了 class priority_queue<> 的用法：

```
// contadapt/priorityqueue1.cpp

#include <iostream>
#include <queue>
using namespace std;

int main()
{
    priority_queue<float> q;

    // insert three elements into the priority queue
    q.push(66.6);
    q.push(22.2);
    q.push(44.4);

    // read and print two elements
    cout << q.top() << ' ';
    q.pop();
    cout << q.top() << endl;
    q.pop();

    // insert three more elements
    q.push(11.1);
    q.push(55.5);
    q.push(33.3);
```

```
        // skip one element
        q.pop();

        // pop and print remaining elements
        while (!q.empty()) {
            cout << q.top() << ' ';
            q.pop();
        }
        cout << endl;
    }
```

程序输出如下：

```
66.6 44.4
33.3 22.2 11.1
```

由上可见，元素 66.6、22.2、44.4 被放入后，程序打印出优先级最高的元素 66.6 和 44.4。另三个元素被放入后，priority queue 内含 22.2、11.1、55.5、33.3（按插入次序）。下一个元素被 pop() 忽略掉了，所以最后一个循环依次打印 33.3、22.2 和 11.1。

12.3.3 细究 Class priority_queue<>

Priority queue 使用 STL 的 heap 算法：

```
namespace std {
   template <typename T, typename Container = vector<T>,
             typename Compare = less<typename Container::value_type>>
   class priority_queue {
     protected:
       Compare comp;      // sorting criterion
       Container c;       // container
     public:
       // constructors
       explicit priority_queue(const Compare& cmp = Compare(),
                               const Container& cont = Container())
        : comp(cmp), c(cont) {
           make_heap(c.begin(),c.end(),comp);
       }
       void push(const value_type& x) {
           c.push_back(x);
           push_heap(c.begin(),c.end(),comp);
       }
       void pop() {
           pop_heap(c.begin(),c.end(),comp);
```

```
            c.pop_back();
        }
        bool              empty() const { return c.empty(); }
        size_type         size() const  { return c.size(); }
        const value_type& top() const   { return c.front(); }
        ...
    };
}
```

这些算法在 11.9.4 节第 604 页介绍过。

注意，和前述两个 container adapter 不同的是，这里没有比较（comparison）操作符。各个成员和操作的详细说明参见 12.4 节第 645 页。

12.4 细究 Container Adapter

以下各小节详细描述 container adapter `stack<>`、 `queue<>` 和 `priority_queue<>` 的成员和操作。

12.4.1 类型定义

contadapt::**value_type**

- 元素的类型。
- 和 *container*::`value_type` 相当。

contadapt::**reference**

- “用以指向元素”之 reference 的类型。
- 和 *container*::`reference` 相当。
- 始自 C++11。

contadapt::**const_reference**

- “用以指向只读元素（read-only element）”之 reference 的类型。
- 和 *container*::`const_reference` 相当。
- 始自 C++11。

contadapt::**size_type**

- 不带正负号的整数类型，用来表现大小。
- 和 *container*::`size_type` 相当。

contadapt::**container_type**

- 内部容器的类型。

12.4.2 构造函数（Constructor）

contadapt::***contadapt*** ()

- Default 构造函数。
- 创建一个空的 stack 或 (priority) queue。

`explicit` *contadapt*::***contadapt*** (`const` *Container&* *cont*)

`explicit` *contadapt*::***contadapt*** (*Container&&* *cont*)

- 创建一个 stack 或 queue，以容器 *cont* 的元素为初值，后者必须是 container adapter 的 container_type 之下的一个对象。
- 第一形式中，*cont* 内的所有元素均被复制。
- 第二形式中，*cont* 内的所有元素均被搬移（moved）——前提是被传入之容器提供有 move 语义，否则元素仍然是被复制。
- 两种形式都不存在于 `priority_queue<>` 中。

自 C++11 开始，所有构造函数都允许你传入一个 allocator 作为新增实参，用来初始化内部容器的 allocator。

12.4.3 Priority Queue 额外提供的构造函数

`explicit` *priority_queue*::**priority_queue** (`const CompFunc&` *op*)

- 创建一个空的 priority queue，以 *op* 为排序准则。
- 如何将排序准则当作实参传入，例见 7.7.5 节第 328 页和 7.8.6 节第 351 页。

priority_queue::**priority_queue** (`const CompFunc&` *op* `const Container&` *cont*)

- 创建一个 priority queue，以 *op* 为排序准则，以容器 *cont* 内的元素为初值。
- *cont* 的所有元素都被复制过来。

priority_queue::**priority_queue** (`InputIterator` *beg*, `InputIterator` *end*)

- 创建一个 priority queue，以 [*beg*,*end*) 区间内的元素为初值。
- 这是一个 template member（见 3.2 节第 34 页），所以只要源区间内的元素类型可以转化为本容器内的元素类型，此构造函数即可运作。

priority_queue::**priority_queue** (InputIterator *beg*, InputIterator *end*,
const CompFunc& *op*)

- 创建一个 priority queue，以 *op* 为排序准则，并以 [*beg*,*end*) 区间内的元素为初值。
- 这是一个 template member（见 3.2 节第 34 页），所以只要源区间内的元素类型可以转化为本容器内的元素类型，此构造函数即可运作。
- 如何将排序准则当作实参传入，例见 7.7.5 节第 328 页和 7.8.6 节第 351 页。

priority_queue::**priority_queue** (InputIterator *beg*, InputIterator *end*,
const CompFunc& *op*, const Container& *cont*)

- 创建一个 priority queue，以 *op* 为排序准则，以 [*beg*,*end*) 区间内的元素加上 *cont* 容器内的元素为初值。
- 这是一个 template member（见 3.2 节第 34 页），所以只要源区间内的元素类型可以转化为本容器内的元素类型，此构造函数即可运作。

自 C++11 开始，所有构造函数都允许你传入一个 allocator 作为新增实参，用来初始化内部容器的 allocator。

12.4.4 各项操作（Operation）

bool *contadapt*::**empty** () const

- 判断 container adpater 是否为空（不含任何元素）。
- 与 *contadapt*::size()==0 等效，但速度可能更快。

size_type *contadapt*::**size** () const

- 返回当前的元素个数。
- 若要检验容器是否为空（不含任何元素），应使用 empty()，因为后者有可能更快。

void *contadapt*::**push** (const *value_type*& *elem*)
void *contadapt*::**push** (*value_type*&& *elem*)

- 第一形式安插 *elem* 的一份拷贝（副本）。
- 第二形式始自 C++11，*elem* 将被搬移（如果元素类型提供 move 语义的话），否则 *elem* 将被复制。

void *contadapt*::**emplace** (*args*)

- 安插一个新元素，它将被 *args* 初始化。
- 始自 C++11。

reference contadapt::**top** ()

const_reference contadapt::**top** () const

reference contadapt::**front** ()

const_reference contadapt::**front** () const

- 上述任何形式，只要 container adapter 提供了它们，都会返回下一元素。
  - Stack 提供两个形式的 top()，返回最后一个安插元素。
  - Queue 提供两个形式的 front()，返回第一个安插元素。
  - Priority queue 只提供第二形式的 top()，获得的是带有最大值的元素。如果候选多于 1，究竟返回哪个元素并不明确。
- 调用者必须确保 container adapter 不为空（size()>0），否则可能导致不明确的行为。
- 上述形式中“返回 non-const reference”者允许你改动下一元素（当它还在 stack/queue 内）。这样做合宜与否，由你自己决定。
- 在 C++11 之前，返回类型是 const) value_type&，通常那是相同的。

void *contadapt*::**pop** ()

- 移除 container adapter 内的下一个元素。
  - 对 stack 而言，所谓“下一元素”是指“最后一个被安插元素”。
  - 对 queue 而言，所谓“下一元素”是指“第一个被安插元素”。
  - 对 priority queue 而言，所谓“下一元素”是指“带有最大值的元素”。如果候选多于 1，究竟移除哪个元素并不明确。
- 此函数无返回值。如果想处理被移除的那个元素，你必须先调用 top() 才能取得它。
- 调用者必须确保 stack 不为空（size()>0），否则可能导致不明确的行为。

reference queue::**back** ()

const_reference queue::**back** () const

- 两种形式都返回 queue 的最终元素。所谓“最终元素”是指最后一个被插入的元素。
- 调用者必须确保 queue 不为空（size()>0），否则可能导致不明确的行为。
- 第一形式是针对 non-const queue 而设计，返回一个 reference。所以你可以改动最终元素（当它还在 queue 内）。这样做合宜与否，由你自己决定。
- 在 C++11 之前，返回类型是 (const) value_type&，通常那是相同的。
- 只有 queue<> 提供。

`bool` ***comparison*** `(const` *contadapt*`&` *stack1*`, const` *contadapt*`&` *stack2*`)`

- 返回两个相同类型的 stack 或 queue 的比较结果。
- ***comparison*** 可以是下面任何运算：
  operators == 和 !=
  operators <、>、<= 和 >=
- 如果两个 stack（或两个 queue）的元素个数相等，且相同次序上的元素值也相等（也就是所有对应元素之间的比较都得到 `true`），则这两个容器相等。
- Stack 或 queue 之间的大小比较是以“字典顺序”来决定（lexicographically，参见 11.5.4 节第 548 页）。
- `priority_queue<>` 不提供这个操作。

`void` *contadapt*`::`**swap** `(`*contadapt*`&` *c*`)`

`void` **swap** `(`*contadapt*`&` *c1*`,` *contadapt*`&` *c2*`)`

- 交换 `*this` 和 *c* 的内容，或交换 *c1* 和 *c2* 的内容。对于 priority queue，还交换排序准则。
- 调用相应容器之 `swap()`（见 8.4 节第 407 页）。
- 始于 C++11。

12.5 Bitset

Bitset 造出了一个内含 bit 或 Boolean 值且大小固定的 array。当你需要管理各式 flag，并以 flag 的任意组合来表现变量时，就可运用 bitset。C 程序和传统 C++ 程序通常使用类型 `long` 来作为 bit array，再借由 `&`、`|`、`~` 等位操作符（bit operator）操作各个 bit。Class `bitset` 的优点在于可容纳任意个数（译注：但不能动态改变个数）之 bit，并提供各项操作。例如你可以对某个特定位置赋予一个 bit，也可以将 bitset 作为由 `0` 和 `1` 组成的数列，进行读/写。

注意，不可以改变 bitset 的 bit 个数。这个数量的具体值是由 template 实参决定的。如果你需要一个可变长度的 bit 容器，可考虑使用 `vector<bool>`（参见 7.3.6 节第 281 页）。

Class `bitset` 定义于头文件 `<bitset>` 之中：

```
#include <bitset>
```

其中的 class `bitset` 是个 template class，有一个 template 参数，用来指定可容纳的 bit 数量：

```
namespace std {
    template <size_t Bits>
    class bitset;
}
```

在这里，template 参数并不是一个类型，而是一个不带正负号的整数（这一语言特性参见 3.2 节第 33 页）。

注意，如果 template 实参不同，实例化所得的 template 类型就不同。换句话说，你只能针对 bit 个数相同的 bitset 进行比较和组合。

C++11 带来的改变

C++98 已经指出几乎所有的 bitset 特性。下面是 C++11 添加的一些最重要的特性：

- Bitset 如今可被 string 字面常量（见 12.5.1 节第 653 页）初始化。
- “转换至”和“转换自”数值如今支持 `unsigned long long` 类型。为了这一支持于是引入了 `to_ullong()`（见 12.5.1 节第 653 页）。
- “转换至”和“转换自” string 如今允许你指定某字符代表 set bit 而某字符代表 unset bit。
- 如今提供了成员 `all()`，用以检验是否所有 bit 都被设立。
- 为了能够被运用在 unordered 容器内，bitset 提供了一个默认的 hash 函数（见 7.9.2 节第 363 页）。

12.5.1 Bitset 运用实例

将 Bitset 当作一组标志

第一个例子展示了如何运用 bitset 来管理一组 flag。每个 flag 都有一个由枚举类型（enum）定义出来的值。该枚举值就表示 bit 在 bitset 中的位置。举个例子，用这些 bit 代表颜色，于是每个枚举值都代表一个颜色。借由运用 bitset，你可以管理一个变量，其中包含颜色的任意组合：

```
// contadapt/bitset1.cpp

#include <bitset>
#include <iostream>
using namespace std;

int main()
{
    // enumeration type for the bits
    // - each bit represents a color
    enum Color { red, yellow, green, blue, white, black, ...,
                 numColors };

    // create bitset for all bits/colors
    bitset<numColors> usedColors;

    // set bits for two colors
    usedColors.set(red);
    usedColors.set(blue);

    // print some bitset data
    cout << "bitfield of used colors:   " << usedColors << endl;
    cout << "number   of used colors:   " << usedColors.count() << endl;
    cout << "bitfield of unused colors: " << ~usedColors << endl;

    // if any color is used
    if (usedColors.any()) {
        // loop over all colors
        for (int c = 0; c < numColors; ++c) {
            // if the actual color is used
            if (usedColors[(Color)c]) {
                ...
            }
        }
    }
}
```

以 Bitset 表述二进制

Bitset 的一个强有力的特色就是可以在整数值和 bit 序列之间相互转化，只需创建一个临时的 bitset 就可以办到：

```
// contadapt/bitset2.cpp

#include <bitset>
#include <iostream>
#include <string>
#include <limits>
using namespace std;

int main()
{
    // print some numbers in binary representation
    cout << "267 as binary short:     "
         << bitset<numeric_limits<unsigned short>::digits>(267)
         << endl;

    cout << "267 as binary long:      "
         << bitset<numeric_limits<unsigned long>::digits>(267)
         << endl;

    cout << "10,000,000 with 24 bits: "
         << bitset<24>(1e7) << endl;

    // write binary representation into string
    string s = bitset<42>(12345678).to_string();
    cout << "12,345,678 with 42 bits: " << s << endl;

    // transform binary representation into integral number
    cout << "\"1000101011\" as number:  "
         << bitset<100>("1000101011").to_ullong() << endl;
}
```

程序可能输出如下（具体内容视平台上的 short 和 long 的 bit 数量而定）：

```
267 as binary short:     0000000100001011
267 as binary long:      00000000000000000000000100001011
10,000,000 with 24 bits: 100110001001011010000000
12,345,678 with 42 bits: 000000000000000000101111000110000101001110
"1000101011" as number:  555
```

本例中，以下表达式将数值 267 转换为一个 bitset，且其 bit 个数符合类型 unsigned short（关于数值极限的讨论，参见 5.3 节第 116 页）：

```
bitset<numeric_limits<unsigned short>::digits>(267)
```

特别为 bitset 而设计的 output 操作符（operator <<）能够将 bit 打印成一系列的 0 和 1 字符。

你可以直接输出 bitset，也可以把它们的值转为一个 string：

```
string s = bitset<42>(12345678).to_string();
```

注意，在 C++11 之前，你必须这么写：

```
string s = bitset<42>(12345678).to_string<char,char_traits<char>,
                                          allocator<char> >();
```

这是因为 to_string() 是个 member template，它并未为 template 实参定义默认值。

类似情况，以下式子将一系列二进制字符（a sequence of binary characters）转为一个 bitset，而后调用其成员函数 to_ullong() 转化为一个整数值：

```
bitset<100>("1000101011")
```

注意，bitset 内的 bit 个数应小于 sizeof(unsigned long long)。万一你的 bitset 无法以 unsigned long long 表现，会抛出异常。[1]

也请注意，在 C++11 之前，你必须明确地将初值转换为 string：

```
bitset<100>(string("1000101011"))
```

12.5.2 细究 Class bitset

基于本书篇幅考虑，本节（详细说明 class bitset<> 的成员）以补充章节的方式放在本书官网http://www.cppstdlib.com上。

[1] 在 C++11 之前，类型 unsigned long long 并未获得支持，因此这里你只能调用 to_ulong()。目前 to_ulong() 仍可被调用——只要 bit 数小于 sizeof(unsigned long)。

第13章 字符串

本章讲述 C++ 标准库中的 string（字符串）类型，描述的是基础的 template class `basic_string<>` 及其标准特化版 `string`、 `wstring`、 `u16string` 和 `u32string`。

String 可能是混乱的根源，因为这个字眼的确切含义比较模糊，它是指一个类型为 `char*`（亦可加上 `const`）的寻常字符数组（charater array）？或是 class `string<>` 的一个实例？或泛指代表某种 string 的某个 object？本章之中我对术语 *string* 的定义是：根据 C++ 标准库中“某个 string 类型（`string`、 `wstring`、 `u16string` 或 `u32string`）”创建出来的 object。至于寻常由 `char*` 或 `const char*` 类型所构成的 string，我采用的术语是 *C-string*。

注意，在 C++98 中，string 字面常量（例如 `"hello"`）的类型会被转为 `const char*`。为了向后兼容，有一个隐式（但不被鼓励的）转换可把它们转为 `char*`。严格地说，字面常量（例如 `"hello"`）的原本类型是s `const char[6]`，但此类型被自动转换（蜕变）为 `const char*`，所以你几乎总是可以在声明式中使用（和看到） `const char*`。尽管如此，当你使用 template 时二者的差异可能有其重要性，因为对于 reference template parameter，上述转换不会发生，除非你明确使用 type trait `std::decay()`（见 5.4.2 节第 132 页）。

C++11 带来的最新改变

C++98 已经规范出 string class 的几乎所有特性。下面是 C++11 增补的几个最重要的特性：

- String 如今提供了 `front()` 和 `back()`，用来访问第一元素和最末元素（见 13.2.6 节第 671 页），还提供 `shrink_to_fit()` 用来缩小容量（见 13.2.5 节第 670 页）。
- String 如今提供了方便的函数用来将 string 转换为数值，以及反向转换（见 13.2.13 节第 681 页）。
- `data()` 和 `c_str()` 不会再造成“指向 string”的 reference、 iterator 和 pointer 无效（见 13.2.6 节第 672 页）。
- String 如今支持 move 语义（见 13.2.9 节第 676 页）以及初值列（initializer list，见 13.2.8 节第 675 页）。

- 除了 `string` 和 `wstring` 之外，`basic_string<>` 的特化版本 `u16string` 和 `u32string` 如今也预定义好了（见 13.2.1 节第 664 页）。
- String 如今可以间接要求提供一个 *end-of-string* 字符（对 `string` 而言是 `'\0'`），因为对于一个 string `s`，`s[s.length()]` 应该总是合法且 `s.data()` 返回的字符包含一个末尾的 *end-of-string* 字符（见 13.1.2 节第 662 页）。
- 不再提供 string class 的 reference-counted 实现版本（见 13.2.16 节第 692 页）。

13.1 String Class 的目的

C++ 标准库中的 string class 使你得以将 string 当作一般类型而不会令用户感觉任何问题。你可以像对待基础类型那样针对 string 复制、赋值和比较，再也不必担心内存是否足够、占用的内存实际长度等问题，只需运用操作符，例如以 = 进行赋值，以 == 进行比较，以 + 进行串连。简而言之，C++ 标准库对 string 的设计思维就是，让它的行为尽可能像基础类型，不至于在操作上引起什么麻烦（至少原则如此）。现今世界的数据处理大部分就是 string 的处理，所以对于从 C、 Fortran 或类似语言一路走来的程序员而言，这是非常重要的进步，因为 string 在那些语言中往往是烦恼之源。

下面几节给了两个例子，展示了 string class 的能力和用法。不以实用为目的，仅供示范。

13.1.1 例一：提炼临时文件名

第一个例子通过命令行（command line）实参产生一个临时文件名。 如果你如下启动这个程序：

```
string1 prog.dat mydir hello. oops.tmp end.dat
```

输出如下：

```
prog.dat => prog.tmp
mydir => mydir.tmp
hello. => hello.tmp
oops.tmp => oops.xxx
end.dat => end.tmp
```

通常产生的扩展名是 `.tmp`，但如果原本的扩展名就是 `.tmp`，则换成 `.xxx`。
程序如下：

```
// string/string1.cpp

#include <iostream>
#include <string>
using namespace std;
```

```
int main (int argc, char* argv[])
{
    string filename, basename, extname, tmpname;
    const string suffix("tmp");

    //for each command-line argument (which is an ordinary C-string)
    for (int i=1; i<argc; ++i) {
        //process argument as filename
        filename = argv[i];

        //search period in filename
        string::size_type idx = filename.find('.');
        if (idx == string::npos) {
            //filename does not contain any period
            tmpname = filename + '.' + suffix;
        }
        else {
            //split filename into base name and extension
            //- base name contains all characters before the period
            //- extension contains all characters after the period
            basename = filename.substr(0, idx);
            extname = filename.substr(idx+1);
            if (extname.empty()) {
                //contains period but no extension: append tmp
                tmpname = filename;
                tmpname += suffix;
            }
            else if (extname == suffix) {
                //replace extension tmp with xxx
                tmpname = filename;
                tmpname.replace (idx+1, extname.size(), "xxx");
            }
            else {
                //replace any extension with tmp
                tmpname = filename;
                tmpname.replace (idx+1, string::npos, suffix);
            }
        }

        //print filename and temporary name
        cout << filename << " => " << tmpname << endl;
    }
}
```

首先，包含“定义有标准 C++ string class”的头文件：

```
#include <string>
```

一如惯例，这些 class 被声明于 std 命名空间内。

以下声明式会产生四个 string 变量：

```
string filename, basename, extname, tmpname;
```

既然没有传入实参，表示它们均使用 string 的 default 构造函数，于是都被初始化为空字符串。

以下声明式建立了一个 string 常量 suffix：

```
const string suffix("tmp");
```

在本程序中，它被用来作为临时文件名的正常后缀。此字符串以一个 C-string 初始化，其值为 tmp。注意，在几乎所有“两个 string 对象组合操作”场合中，你都可以改用“一个 C-string 和一个 string 对象”来进行组合操作。例如在本程序中你可直接以 "tmp" 取代所有的 suffix。

每当 for 循环被执行一次，其中的语句：

```
filename = argv[i];
```

对字符串变量 filename 赋予一个新值。本例中的新值是个 C-string，不过你也可以把另一个 string 对象或类型为 char 的单个字符指派给它。

以下语句将在字符串 filename 中查找第一个 '.' 字符：

```
string::size_type idx = filename.find('.');
```

有好几个函数可以在字符串内查找，函数 find() 是其中之一。你也可以从后往前查找，或是查找子字符串，或是在字符串的某个范围内查找，或是同时查找数个字符。所有这些查找函数都返回第一个匹配位置（一个索引）。没错，返回值是个整数，不是 iterator。String 的一般接口并非以 STL 概念为基础。然而 string 的确也提供了数种 iterator（参见 13.2.14 节第 684 页）。所有查找函数的返回类型都是string::size_type，这是 string class 定义的一个无正负号整数类型。[1]一如往常，第一个字符的索引值是 0，最后一个字符的索引值是 *numberOfCharacters*-1。

如果查找失败，必须返回一个特殊值，该值就是 npos，定义于 string class 中。下面这一行可用来检验查找动作是否失败：

```
if (idx == string::npos)
```

请特别注意，当你打算检验查找函数的返回值时，应该使用 string::size_type 类型而不是 int 或 unsigned。否则上述与 string::npos 的比较动作将无法有效运行。详见 13.2.12 节第 680 页。

[1] 更明确地说，string 的 size_type 类型取决于 string class 的内存模型（memory model）。详见 13.3.13 节第 715 页。

本例如果查找失败，表示该文件没有扩展名。此时我们应该将原文件名接上一个句点，再接上先前定义的后缀：

```
tmpname = filename + '.' + suffix;
```

你可以用 operator + 直接串连两个 string，也可以将 string 与 C-string 以及单字符接合起来。

如果找到 '.'，else 部分就要发挥作用了。这里，句点所在的位置（索引）用来将文件名分割为主文件名和扩展文件名，由成员函数 substr() 完成：

```
basename = filename.substr(0, idx);
extname = filename.substr(idx+1);
```

substr() 的第一实参是起始索引值，可有可无的第二实参是字符个数（不是终点索引值）。如果没有指定第二实参，那么所有剩余字符都将被视为子字符串返回。

只要是"以一个索引和一个长度作为实参"，string 的行为必须遵循下面两个规则：

1. **索引值**必须合法。该值必须小于 string 的字符个数（第一字符的索引是 0）。最末字符的下一位置（的索引值）可用来标明结束位置。

   大部分情况下，如果你指定的索引超过实际字符数，会抛出 out_of_range 异常。不过，用以"查找单一字符或某个位置"的所有查找函数，均可接受任意索引。如果索引超过实际字符数，这些函数会返回 string::npos（表示没找到）。
2. **字符数量**（长度）可为任意值。如果其值大于实际剩余的字符数，所有这些剩余字符都会被用到。如果指明 string::npos，意思是"剩余所有字符"。

所以，如果找不到 '.'，以下表达式会抛出一个异常：

```
filename.substr(filename.find('.'))
```

但以下表达式不会抛出异常：

```
filename.substr(0, filename.find('.'))
```

而是会返回整个文件名。

即使找到了 '.'，如果其后没有任何字符，substr() 返回的扩展名将为空。下面检查这种情况：

```
if (extname.empty())
```

如果结果为 true，产生的临时文件名将由其主文件名加上一般扩展名组成：

```
tmpname = filename;
tmpname += suffix;
```

这里，operator += 的用途是在末尾附加扩展名。

也有可能原扩展名就是临时文件的标准扩展名。我们可以用operator ==比较这两个字符串：

```
if (extname == suffix)
```

如果比较结果是 true，则以 xxx 作为临时扩展名：

```
tmpname = filename;
tmpname.replace (idx+1, extname.size(), "xxx");
```

其中 string extname 的字符个数由以下表达式返回：

```
extname.size()
```

你也可以使用 length() 获得相同结果，其行为和 size() 完全一样。是的，size() 和 length() 都返回 string 的字符个数。注意，size() 的结果和 string 实际占用的内存量是两回事。[2]

所有特殊情况都照顾到了，接下来可以进行常规处理。程序以标准扩展名替换原文件的扩展名：

```
tmpname = filename;
tmpname.replace (idx+1, string::npos, suffix);
```

此处的 string::npos 表示“剩余的所有字符”。所以句点之后的所有字符被替换为 suffix。这一替换对于“句点之后为空字符串”的文件名同样有效，相当于以 suffix 替换“无物”。

以下语句输出原文件名和新产生的临时文件名。看，你可以使用一般的 stream output 操作符来打印字符串（惊讶吧）：

```
cout << filename << " => " << tmpname << endl;
```

13.1.2 例二：提炼单词并反向打印

第二个例子从标准输入设备取得一个个英文单词，然后将其内各个字符逆序打印。单词和单词之间以一般空白字符（换行符 newline、空格字符 space 或制表符 tab）或逗号、句号、分号分隔开来。

```
// string/string2.cpp

#include <iostream>
#include <string>
using namespace std;

int main (int argc, char** argv)
{
   const string delims(" \t,.;");
   string line;
```

[2] 这里出现的两个成员函数依不同的设计原则执行了相同动作。length() 返回字符串长度，就好像 C-string 以 strlen() 所得的结果一样。size() 则是根据 STL 习惯而设的一个成员函数，用来表明元素数量。

```
    // for every line read successfully
    while (getline(cin,line)) {
        string::size_type begIdx, endIdx;

        // search beginning of the first word
        begIdx = line.find_first_not_of(delims);

        // while beginning of a word found
        while (begIdx != string::npos) {
            // search end of the actual word
            endIdx = line.find_first_of (delims, begIdx);
            if (endIdx == string::npos) {
                // end of word is end of line
                endIdx = line.length();
            }

            // print characters in reverse order
            for (int i=endIdx-1; i>=static_cast<int>(begIdx); --i) {
                cout << line[i];
            }
            cout << ' ';

            // search beginning of the next word
            begIdx = line.find_first_not_of (delims, endIdx);
        }
        cout << endl;
    }
}
```

本程序中，所有间隔字符被定义于一个特殊的 string 常量内：

```
const string delims(" \t,.;");
```

换行符也是一个间隔字符，但这里不必特别在意，因为程序本身就是一行一行地读取标准输入设备。

外层循环不断地将新行读入 string `line` 之中：

```
string line;
while (getline(cin,line)) {
    ...
}
```

`getline()` 是一个可以从 stream 读取 string 的特殊函数，它逐字读取，直到一行结束（通常以换行符作为标志）。换行符可以由你自定义，你可以将自己喜欢的换行符作为第三实参传入，令 getline() 逐一读取“以该符号分隔出来的各个语汇单元（token）”。

在外层循环中，各单词分别被查找和打印。第一个语句查找第一个单词的起始位置：

```
begIdx = line.find_first_not_of(delims);
```

函数 find_first_not_of() 返回“不隶属于实参所指之 string”的第一个字符的索引，所以本例返回第一个“分隔符（delims）以外”的字符。和一般查找函数一样，如果没有找到匹配字符，就返回 string::npos。

如果找到了一个单词，就进入内层循环：

```
while (begIdx != string::npos) {
    ...
}
```

内层循环的第一个语句用来查找当前单词的结尾：

```
endIdx = line.find_first_of (delims, begIdx);
```

函数 find_first_of() 用来查找“第一实参所指之 string 内的任何字符”的第一次出现位置。可有可无（可选）的第二实参用来标示查找起点。上述动作会找到单词后的第一个分隔符。如果没找到，就将 endIdx 设定为“行结束标记（end-of-line）”：

```
if (endIdx == string::npos) {
    endIdx = line.length();
}
```

这里使用 length()，效果和 size() 相同：返回字符个数。

以下语句将所有字符逆序打印出来：

```
for (int i=endIdx-1; i>=static_cast<int>(begIdx); --i) {
    cout << line[i];
}
```

是的，你可以使用 operator [] 访问 string 的个别字符。请注意，这个操作符并不检查索引是否合法。所以你必须确保索引的合法性（一如上例）。较安全的做法是利用成员函数 at() 来访问字符。不过这种方式会招致效率上的代价，所以一般还是采取不检查态度。

注意，字符数量值是 operator [] 的一个有效索引，会造成返回一个代表 end of string 的字符，该字符最初由 default 构造函数设定（对 class string 而言是 '\0'），用的是 string 的字符类型：[3]

```
string s;
s[s.length()]     // yields '\0'
```

[3] 在 C++11 之前，对于 non-const 版本的 operator []，字符的当前数量是个无效索引。如果你使用它，会导致不明确的行为。

另一个讨厌的问题关乎 string 的索引。如果你忘记将 begIdx 转型为 int，程序可能会陷入无穷循环中，甚至崩溃。和第一个例子一样，这里的 string::size_type 是个不带正负号的整数类型。如果不转型，当带正负号的 i 与不带正负号的类型比较时，i 会被自动转型为无正负号值，于是如果目前处理的这个单词位于某一行的开头，那么：

```
i>=begIdx
```

的结果永远为 true——因为 begIdx 为 0，而任何无正负号值都大于等于 0。这将引发无穷循环，直至访问某个非法地址而崩溃。因为这个缘故，我并不欣赏 string::size_type 和 string::npos 的设计思维。13.2.12 节第 681 页有个较安全的方案，但也并非完美。

内层循环中的最后一个语句重新对 begIdx 设值，令它标示下一单词的起点（如果有的话）：

```
begIdx = line.find_first_not_of (delims, endIdx);
```

和先前对 find_first_not_of() 的调用不同，这里把上一个单词的终点当作查找起点。如果上一个单词是该行的最后一个单词，则 endIdx 就是该行的终点。这意味着查找将从 string 终点开始，结果当然是返回 string::npos。

让我们来试试这个“有用而且重要”的程序。下面是输入：[4]

```
pots & pans
I saw a reed
deliver no pets
nametag on diaper
```

输出如下：

```
stop & snap
I was a deer
reviled on step
gateman no repaid
```

13.2 String Class 细节描述

13.2.1 String 的各种相关类型

头文件

头文件 <string> 定义了所有的 string 类型和其函数。

```
#include <string>
```

一如既往，所有标识符都定义于命名空间 std 之中。

---

[4] 感谢 Sean Okeefe 提供最后二行。

Class Template basic_string<>

在 <string> 之中，class basic_string<> 被定义为所有 string 类型的基础模板类（basic template class）：

```
namespace std {
    template <typename charT,
              typename traits = char_traits<charT>,
              typename Allocator = allocator<charT> >
             class basic_string;
}
```

这个 class 将字符类型、字符类型的 trait、内存模型（memory model）都参数化了：

- 第一参数是单个字符所属类型（译注：也许是 ASCII 字符或 Unicode 字符）。
- 带默认值的第二参数是个 trait class，提供 string class 的所有“字符内核操作”。这个 trait class 规定如何复制字符或比较字符（详见 16.1.4 节第 853 页），如果你没有指明它，string 就会根据现有之字符类型采用默认的 trait class。13.2.15 节第 689 页实现出一个用户自定义的 trait class，让字符串以“不分大小写”方式进行各种操作。
- 带默认值的第三参数定义了 string class 所采取的内存模型，一如寻常，默认使用 allocator（详见 4.6 节第 57 页和第 19 章）。

具体的 String 类型

C++ 标准库提供了若干 basic_string<> 特化版本：

- string 是针对 char 而预定义的特化版本：

```
namespace std {
    typedef basic_string<char> string;
}
```

- 对于使用宽字符（例如 Unicode 或某些亚洲字符集）的 string，存在三个预定义的特化版本（其中 u16string 和 u32string 始自 C++11）：

```
namespace std {
    typedef basic_string<wchar_t>  wstring;
    typedef basic_string<char16_t> u16string;
    typedef basic_string<char32_t> u32string;
}
```

  String 的国际化议题，详见第 16 章。

以下几节的讨论适合于上述所有 string class。由于所有 string class 采用相同接口，所以用法和问题都一样。我将以 string 代表任何 string type，包括 string、wstring、u16string 和 u32string。由于一般软件开发大多顺应欧美环境，所以本书的例子大多采用 string 类型。

操作（Operation）	**效果（Effect）**
构造函数（*constructor*）	创建或复制一个 string
析构函数（*destructor*）	销毁一个 string
=, `assign()`	赋予新值（assign a new value）
`swap()`	交换两个 string 的内容
+=, `append()`, `push_back()`	添加字符
`insert()`	插入字符
`erase()`, `pop_back()`	删除字符。`pop_back()`始自 C++11
`clear()`	移除全部字符（使之为空）
`resize()`	改变字符数量（在尾端删除或添加字符）
`replace()`	替换字符
+	串接 string
==, !=, <, <=, >, >=, `compare()`	比较 string
`empty()`	判断字符串是否为空
`size()`, `length()`	返回字符数量
`max_size()`	返回字符的最大可能个数
`capacity()`	返回重分配前的字符容量
`reserve()`	保留一定量内存以容纳一定数量的字符
`shrink_to_fit()`	缩减内存使符合当前的字符量（始自 C++11）
`[]`, `at()`	访问某个单一字符
`front()`, `back()`	访问第一或最末字符（始自 C++11）
>>, `getline()`	从一个 stream 读取某值
<<	将某值写入 stream
`stoi()`, `stol()`, `stoll()`	将 string 转为带正负号的整数（始自 C++11）
`stoul()`, `stoull()`	将 string 转为不带正负号的整数（始自 C++11）
`stof()`, `stod()`, `stold()`	将 string 转为浮点数（始自 C++11）
`to_string()`, `to_wstring()`	将整数/浮点数转为 string（始自 C++11）
`copy()`	将 string 复制为一个字符 array——亦即 C-string
`data()`, `c_str()`	将 string 内容以 C-string 形式返回
`substr()`	返回某个子字符串（substring）
find functions	查找某个子字符串（substring）或字符
`begin()`, `end()`	提供正常的（normal）iterator支持
`cbegin()`, `cend()`	提供 const iterator 支持（始自 C++11）
`rbegin()`, `rend()`	提供 reverse iterator 支持
`crbegin()`, `crend()`	提供 const reverse iterator 支持（始自 C++11）
`get_allocator()`	返回分配器（allocator）

表 13.1　String 的各项操作

13.2.2 操作函数概览

表13.1（上一页）列出了针对 string 而设计的所有操作函数。

String 操作的实参

STL 提供了很多字符串操作函数，其中许多往往具有数个重载版本，分别以一、二或三个实参来指定新值。表13.2整理出了所有字符串操作的实参规格。

实参（Argument）	含义
`const` *string*`&` *str*	整个 string *str*
`const` *string*`&` *str*`,` `size_type` *idx*`,` `size_type` *num*	通常是指 string *str* 中从 *idx* 开始的 *num* 个字符
`const` *char*`*` *cstr*	整个 C-string *cstr*
`const` *char*`*` *chars*`,` `size_type` *len*	字符数组 *chars* 中的 *len* 个字符
char *c*	字符 *c*
`size_type` *num*`,` *char* *c*	*num* 个字符 *c*
`const_iterator` *beg*`,` `const_iterator` *end*	区间 [*beg*,*end*) 内的所有字符
initlist	*initlist* 内的所有字符（始自 C++11）

表 13.2 String 操作的实参体制

注意，只有单实参的 `const char*` 版本才将字符 `'\0'` 视为 string 的结尾特殊符号，其他所有情况下 `'\0'` 都不被视为特殊字符：

```
std::string s1("nico");     // initializes s1 with: 'n' 'i' 'c' 'o'
std::string s2("nico",5);   // initializes s2 with: 'n' 'i' 'c' 'o' '\0'
std::string s3(5,'\0');     // initializes s3 with: '\0' '\0' '\0' '\0' '\0'

s1.length()                 // yields 4
s2.length()                 // yields 5
s3.length()                 // yields 5
```

因此，一般而言，string 可以内含任何字符，甚至可以包含二进制文件（binary file）的内容。

把一个 null pointer 传入作为 *cstr*，会导致不明确的行为。

哪一个操作函数使用哪一种实参，详情请见表13.3。所有操作符都只能把对象当作单一值来处理，因此，如果要赋值、比较或附加“string（或C-string）的一部分”，就必须采用相应的函数。

	Full String	**Part of String**	**C-string (*char∗*)**	***char* Array**	**Single *char***	***num chars***	**Iterator Range**	**Init list**
构造函数	Yes	Yes	Yes	Yes	—	Yes	Yes	Yes
`=`	Yes	—	Yes	—	Yes	—	—	Yes
`assign()`	Yes	Yes	Yes	Yes	—	Yes	Yes	Yes
`+=`	Yes	—	Yes	—	Yes	—	—	Yes
`append()`	Yes	Yes	Yes	Yes	—	Yes	Yes	Yes
`push_back()`	—	—	—	—	Yes	—	—	—
`insert()` for idx	Yes	Yes	Yes	Yes	—	Yes	—	—
`insert()` for iter.	—	—	—	—	Yes	Yes	Yes	Yes
`replace()` for idx	Yes	Yes	Yes	Yes	Yes	Yes	—	—
`replace()` for iter.	Yes	—	Yes	Yes	—	Yes	Yes	Yes
find（查找）函数	Yes	—	Yes	Yes	Yes	—	—	—
`+`	Yes	—	Yes	—	Yes	—	—	—
`==`, `!=`, `<`, `<=`, `>`, `>=`	Yes	—	Yes	—	—	—	—	—
`compare()`	Yes	Yes	Yes	Yes	—	—	—	—

表 13.3　拥有 String 参数之各项操作

未提供的操作函数

C++ 标准库的 string class 并未解决所有可能遇到的 string 问题。事实上它并没有提供下列问题的直接解决方案：正则表达式（regular expression）和文本处理（text processing）。关于前者，C++11 独立出另一个小型库来处理（见第 14 章），关于后者， 13.2.14 节第 684 页提供了一些例子。

13.2.3　构造函数和析构函数（Constructor and Destructor）

表13.4列出了 string 的所有构造函数和析构函数。

注意，你不能以单一字符初始化某字符串，但是可以这么做：

```
std::string s('x');       // ERROR
std::string s(1,'x');     // OK, creates a string that has one character 'x'
std::string s({'x'});     // OK, ditto (since C++11)
```

这表示存在一个从 `const char*` 到 `string` 的自动类型转换，但不存在一个从 `char` 到 `string` 的自动类型转换。

13.2.14 节第 684 页将介绍“以 iterator 所指区间作为初值”的构造函数。

表达式	效果
`string s`	生成一个空的 string *s*
`string s(`*str*`)`	Copy 构造函数，创建一个 string *str* 的拷贝
`string s(`*rvStr*`)`	Move 构造函数，创建一个 string 并将 *rvStr* 的内容搬移过去给它（此后 *rvStr* 将处于有效状态但其值不确定）
`string s(`*str*`,`*stridx*`)`	将 string *str* 内“始于位置 *stridx*”的部分当作字符串 *s* 的初值
`string s(`*str*`,`*stridx*`,`*strlen*`)`	将 string *str* 内“始于位置 *stridx* 且长度顶多 *strlen*”的部分当作字符串 *s* 的初值
`string s(`*cstr*`)`	以 C-string *cstr* 作为字符串 *s* 的初值
`string s(`*chars*`,`*charslen*`)`	以字符数组（character array）*chars* 的前 *charslen* 个字符作为字符串 *s* 的初值
`string s(`*num*`,`*c*`)`	生成一个字符串，包含 *num* 个 *c* 字符
`string s(`*beg*`,`*end*`)`	以 [*beg*,*end*) 区间内的字符作为字符串 *s* 的初值
`string s(`*initlist*`)`	以 *initlist* 内的字符作为字符串 *s* 的初值（始自 C++11）
`s.~string()`	销毁所有字符，释放内存

表 13.4 String 的构造函数和析构函数

13.2.4 String 和 C-String

C++ standard 将 string literal（字符串字面常量）的类型由 `char*` 改为 `const char*`。为了提供向后兼容性，C++ standard 规定了一个颇有争议的隐式转换，可从 `const char*` 隐式转为 `char*`。由于 string literal 的类型并非 `string`，因此在新的 `string` object 和传统的 C-string 之间必须存在一个强关系：在“string 与 string-like object”的共通操作中（例如比较、附加、插入等动作）都应该可以使用 C-string。或者具体地说，存在一个从 `const char*` 到 string 的隐式类型转换。然而现实却不存在一个从 string object 到 C-string 的自动类型转换，这是出于安全考虑，防止意外类型转换导致奇异行为（`char*` 经常有奇异行为）和模棱两可（例如在一个结合了 `string` 和 C-string 的表达式中，如果既可把 `string` 转化为 `char*`也可反其道而行，就会导致模棱两可，也就是所谓歧义）。有好几种办法可以创建或涂写/复制 C-string。更具体地说，`c_str()` 可以得到“string 对应的 C-string”，所得结果和“以 `'\0'` 为结尾”的字符数组一样。运用 `copy()`，你也可以将 string 内容复制或写入既有的 C-string 或字符数组内。

请注意，`'\0'` 在 string 之中并不具有特殊意义，但在一般 C-string 中却用来标识结束。在 string 中，字符 `'\0'` 和其他字符的地位完全相同。

还要注意，千万不要以旧式的 null pointer（`NULL`）取代 `nullptr`（见 3.1.1 节第 14 页）或取代 `char*` 参数，这会导致奇异的行为，因为 `NULL` 具有整数类型，如果某个操作被重载（overloaded），接受“单一整数类型”，那么 NULL 会被解释为数字 0 或“其值为 0”的字符。 So you should always use nullptr or char* pointers.

有三个函数可以将 string 内容转换为字符数组或 C-String：

1. **data()** 和 **c_str()** 以字符数组的形式返回 string 内容。该数组在位置 [size()] 上有一个 *end-of-string* 字符，所以其结果是一个内含 '\0' 字符的有效 C-string。
2. **copy()** 将 string 内容复制到“调用者提供的字符数组”中，其末尾不添加 '\0' 字符。

注意，data() 和 c_str() 返回的字符数组由该 string 拥有。也就是说，调用者绝不可以改动它或释放其内存。例如：

```
std::string s("12345");

atoi(s.c_str())              // convert string into integer
f(s.data(),s.length())       // call function for a character array
                             // and the number of characters

char buffer[100];
s.copy(buffer,100);          // copy at most 100 characters of s into buffer
s.copy(buffer,100,2);        // copy at most 100 characters of s into buffer
                             // starting with the third character of s
```

一般而言，整个程序中你应该坚持使用 string，直到你必须将其内容转化为 char* 时才把它们转换为 C-string。注意 c_str() 和 data() 的返回值的有效期限在下次调用 non-const 成员函数时即告终止。

```
std::string s;
...
foo(s.c_str());       // s.c_str() is valid during the whole statement

const char* p;
p = s.c_str();        // p refers to the contents of s as a C-string
foo(p);               // OK (p is still valid)
s += "ext";           // invalidates p
foo(p);               // ERROR: argument p is not valid
```

13.2.5 大小和容量（Size and Capacity）

为了高效无误地运用 string，你应该理解 string 的大小和容量之间的关系。一个 string 存在三种“大小”：

1. **size()** 和 **length()** 返回 string 的现有字符数。两个函数等效。[5]
   成员函数 **empty()** 用来检验字符数是否为 0，亦即字符串是否为空。你应该优先使用该函数，因为它比 length() 或 size() 更快。
2. **max_size()** 返回"string 最多能够包含的字符数"。String 通常包含"单独一个内存区块内的所有字符"，所以可能与 PC 本身的限制有关系。返回值一般而言是索引类型之最大值减 1。之所以"减 1"有两个原因：(a) 最大值本身是 npos；(b) 具体实现中可因此轻易在内部缓冲区之末尾添加一个 '\0'，以便将这个 string 当作 C-string 使用（例如通过 c_str()）。一旦某个操作函数使用一个长度大于 max_size() 的 string，length_error 异常就会被抛出。
3. **capacity()** 重新分配内存之前，string 所能包含的最大字符数。

让 string 拥有足够的容量是很重要的，原因有二：

1. 重新分配会造成所有指向 string 的 reference、pointer 和 iterator 失效。
2. 重新分配（reallocation）很耗时间。

因此，如果程序要用到指向 string（或其内部字符）的 reference、 pointer 和 iterator，抑或需要很快的执行速度，就必须考虑容量（capacity）问题。

成员函数 reserve() 就用来避免重分配行为，它使你得以预留一定容量，并确保该容量用尽之前 reference 一直保持有效：

```
std::string s;      // create empty string
s.reserve(80);      // reserve memory for 80 characters
```

容量概念应用于 string 和应用于 vector（参见 7.3.1 节第 271 页）是相同的；但有一个显著差异：对 string 你可以调用 reserve() 缩减实际容量，而 vector 的 reserve() 却没有这项功能。拿一个"小于现有容量"的实参来调用 reserve()，实际上就是一种非强制性缩减请求（nonbinding shrink request），如果实参"小于现有字符数"，则被视为"非强制性合身缩减"的请求（nonbinding shrink-to-fit request）。也就是说，你可能想要缩减容量至某个目标，但不保证可以如愿。String reserve() 的实参默认值为 0，所以调用 reserve() 且不给实参就是一种"非强制性合身缩减"：

```
s.reserve();          // ''would like to shrink capacity to fit the current size''
```

自 C++11 起提供了 shrink_to_fit()，实现了相同效果：

```
s.shrink_to_fit();  // ''would like to shrink capacity to fit the current size'' (C++11)
```

为什么缩减动作是非强制性的呢？因为"如何获得最佳效能"由实现决定。具体实现 string 时，不同的实现对于速度和内存耗用量之间的取舍可能有不同的思路。

[5] 这两个成员函数做的事情相同。根据 STL 概念，size() 是获取容器元素个数的通用成员函数，length() 则对应于一般 C-string strlen()函数，返回 string 长度。

因此，任何实现都可以拿出较大的魄力增加容量，并且永不缩减。

C++ standard 规定，唯有在回应 `reserve()` 或 `shrink_to_fit()` 调用时，容量才有可能缩减。因此，即使发生“字符被删除或被改变”的事情，任何其他字符只要位于“被操作字符”之前，那些“指向它们自身”的 reference、pointer 和 iterator 就仍然有效。

13.2.6 元素访问（Element Access）

String 允许我们对其所包含的字符进行读/写。有两种方法可以访问单一字符：subscript（下标）操作符 `[]` 和成员函数 `at()`。自 C++11 开始，`front()` 和 `back()` 也被提供，分别用来访问第一字符和最末字符。

所有这些函数都返回某指定索引之对应位置上的字符。一如以往，第一个字符的索引为 `0`，最末字符的索引为 `length()-1`。但是请注意以下区别：

- Operator `[]` 并不检查索引是否有效，`at()` 则会检查。如果调用 `at()` 时指定的索引无效，系统会抛出 `out_of_range` 异常。如果调用 operator `[]` 时指定的索引无效，其行为不明确——可能访问非法内存，因而引起某些讨厌的边缘效应甚至崩溃（崩溃还算运气好，因为你好歹知道出错了）。
- 一般而言，最末字符的更后面位置也是有效的。因此，“当前实际字符数”可被当成一个有效的索引。此情况下 operator `[]` 返回的是“由字符类型之 default 构造函数所产生”的字符，就类型为 `string` 的对象来说返回值是 `char '\0'`。[6]
- `front()` 相当于 `[0]`。这意味着对于空 string，获得的是 end-of-string（对 `string` 而言是 `'\0'`）。
- 对于 `at()`，“当前字符个数”不是个有效索引。
- 对一个空 string 调用 `back()`，会导致不明确的行为。

举个例子：

```
const std::string cs("nico");    // cs contains: 'n' 'i' 'c' 'o'
std::string s("abcde");          // s contains: 'a' 'b' 'c' 'd' 'e'
std::string t;                   // t contains no character (is empty)

s[2]                             // yields 'c' as char&
s.at(2)                          // yields 'c' as char&
s.front()                        // yields 'a' as char&
cs[2]                            // yields 'i' as const char&
cs.back()                        // yields 'o' as const char&
```

[6] 在 C++11 之前，对于 non-const 版本的 operator `[]`，当前的字符数是个无效的索引，如果使用它，会导致不明确的行为。

```
s[100]                      // ERROR: undefined behavior
s.at(100)                   // throws out_of_range
t.front()                   // yields '\0'
t.back()                    // ERROR: undefined behavior

s[s.length()]               // yields '\0' (undefined behavior before C++11)
cs[cs.length()]             // yields '\0'
s.at(s.length())            // throws out_of_range
cs.at(cs.length())          // throws out_of_range
```

为了允许改动 string 内容，operator [] 的 non-const 版本以及 at()、front() 和 back() 都返回字符的 reference。一旦发生重分配行为，那些 reference 立即失效：

```
std::string s("abcde");    // s contains: 'a' 'b' 'c' 'd' 'e'

char& r = s[2];            // reference to third character
char* p = &s[3];           // pointer to fourth character

r = 'X';                   // OK, s contains: 'a' 'b' 'X' 'd' 'e'
*p = 'Y';                  // OK, s contains: 'a' 'b' 'X' 'Y' 'e'

s = "new long value";      // reallocation invalidates r and p

r = 'X';                   // ERROR: undefined behavior
*p = 'Y';                  // ERROR: undefined behavior
```

这里，为了避免运行时期出错，我们应该在 r 和 p 被初始化之前，先运用 reserve() 保留足够的容量。

以下操作可能导致“指向字符”的 reference 和 pointer 失效：[7]

- 以 swap() 交换两值。
- 以 operator>>() 或 getline() 读入新值。
- 调用 operator []、at()、begin()、end()、rbegin() 和 rend() 之外的任何 non-const 成员函数。

至于 string iterator，其讨论详见 13.2.14 节第 684 页。

13.2.7 比较（Comparison）

String 支持常见的比较（comparison）操作符，操作数可以是 string 或 C-string：

```
std::string s1, s2;
...
```

[7] 在 C++11 之前，data() 和 c_str() 也有可能造成指向 string 的 references、iterator 和 pointer 失效。

```
s1 == s2        // returns true if s1 and s2 contain the same characters
s1 < "hello"    // return whether s1 is less than the C-string "hello"
```

如果以 <、 <=、 > 或 >= 比较 string，将会是根据“当前之 char trait”将字符依字典顺序逐一比较。例如以下所有比较结果均为 `true`：

```
std::string("aaaa") < std::string("bbbb")
std::string("aaaa") < std::string("abba")
std::string("aaaa") < std::string("aaaaaa")
```

也可以使用成员函数 `compare()` 比较子字符串，此函数针对一个 string 可接受多个实参进行处理，如此一来就可以采用索引和长度，双管齐下定位出子字符串。请注意 `compare()` 返回的是整数值而非 Boolean 值，意义如下：0 表示相等，小于 0 表示小于，大于 0 表示大于。例如：

```
std::string s("abcd");

s.compare("abcd")          // returns 0
s.compare("dcba")          // returns a value <0 (s is less)
s.compare("ab")            // returns a value >0 (s is greater)

s.compare(s)               // returns 0 (s is equal to s)
s.compare(0,2,s,2,2)       // returns a value <0 ("ab" is less than "cd")
s.compare(1,2,"bcx",2)     // returns 0 ("bc" is equal to "bc")
```

如果想采用不同的比较准则，你可以自行定义一个比较准则并采用 STL 的比较算法（例见 13.2.14 节第 684 页），或使用特殊的 char trait 完成“不计大小写”的比较动作。不过由于“拥有特殊 trait class”的 string 是另一个不同的数据类型，所以不能将这种 string object 拿来和 `string` object 结合或处理， 13.2.15 节第 689 页有相关实例。

针对国际市场而开发的程序，可能需要按特殊的当地（locale）规则来比较字符串。为简化这个问题，`locale` class 提供了小（圆）括号操作符（见 16.3 节第 868 页），采用 string collation facet，根据当地惯例来比较字符串，从而进行排序。详见 16.4.5 节第 904 页。

13.2.8 更改内容（Modifier）

你可以运用不同的成员函数或操作符更改 string 内容。

赋值（Assignment）

使用 operator = 可对 string 赋予新值。新值可以是 string、 C-string 或单一字符。如果需要多个实参来描述新值，可改用成员函数 `assign()`。举个例子：

```
const std::string aString("othello");
std::string s;
```

```
s = aString;                  // assign "othello"
s = "two\nlines";             // assign a C-string
s = ' ';                      // assign a single character

s.assign(aString);            // assign "othello" (equivalent to operator =)
s.assign(aString,1,3);        // assign "the"
s.assign(aString,2,std::string::npos);     // assign "hello"

s.assign("two\nlines");  // assign a C-string (equivalent to operator =)
s.assign("nico",5);           // assign the character array: 'n' 'i' 'c' 'o' '\0'
s.assign(5,'x');              // assign five characters: 'x' 'x' 'x' 'x' 'x'
```

也可以对“两个 iterator 定义出来的字符区间”进行赋值，详见 13.2.14 节第 684 页。

交换（Swapping Values）

和许多“不平淡的”（nontrivial）类型一样，string 类型提供了一个特殊的 swap() 函数用来交换两个 string 内容（全局函数 swap() 曾在 5.5.2 节第 136 页介绍过）。这个特殊化的 swap() 保证常量复杂度，所以如果赋值后不再需要旧值，你应该利用这个函数进行交换，从而达成赋予新值的目的。

令 String 成空

许多动作都可以令 string 成空，例如：

```
std::string s;

s = "";            // assign the empty string
s.clear();         // clear contents
s.erase();         // erase all characters
```

安插和移除（Inserting and Removing）字符

String 提供了许多成员函数用于安插（insert）、移除（remove）、替换（replace）、抹除（erase）字符。另有operator +=、append()和push_back()可附加字符。实例如下：

```
const std::string aString("othello");
std::string s;

s += aString;                 // append "othello"
s += "two\nlines";            // append C-string
s += '\n';                    // append single character
s += { 'o', 'k' };            // append an initializer list of characters (since C++11)
```

```
s.append(aString);          // append "othello" (equivalent to operator +=)
s.append(aString,1,3);      // append "the"
s.append(aString,2,std::string::npos);      // append "hello"

s.append("two\nlines");  // append C-string (equivalent to operator +=)
s.append("nico",5);         // append character array: 'n' 'i' 'c' 'o' '\0'
s.append(5,'x');            // append five characters: 'x' 'x' 'x' 'x' 'x'

s.push_back('\n');          // append single character (equivalent to operator +=)
```

Operator += 将单一实参附加于 string 末尾，append() 可接受多个实参指明附加值。另有一个 append() 版本可将两个 iterator 所指出的字符区间附加于 string 末尾（见 13.2.14 节第 684 页）。push_back() 是为支持 back inserter 而设，STL 算法可借此向 string 末尾添加字符（关于 back inserter，详见 9.4.2 节第 455 页。13.2.14 节第 688 页有其运用实例）。

和 append() 类似，成员函数 insert() 也允许你安插字符。使用 insert() 时需要知道安插位置的索引，新字符将被安插于此位置之后。

```
const std::string aString("age");
std::string s("p");

s.insert(1,aString);        // s: page
s.insert(1,"ersifl");       // s: persiflage
```

注意，成员函数 insert() 不接受"索引+单字符"的实参组合，你必须传入一个 string 或加上一个额外数字：

```
s.insert(0,' ');        // ERROR
s.insert(0," ");        // OK
```

你也可以尝试这样：

```
s.insert(0,1,' ');   // ERROR: ambiguous
```

然而由于 insert() 具有以下重载形式，上一行会导致令人厌烦的歧义（模棱两可）现象：

```
insert (size_type idx, size_type num, charT c);   // position is index
insert (iterator  pos, size_type num, charT c);   // position is iterator
```

string 的 size_type 通常被定义为 unsigned，string 的 iterator 通常被定义为 char*。于是第一实参 0 有两种转换可能，不分优劣（这就是歧义）。为获得正确操作，必须如下：

```
s.insert((std::string::size_type)0,1,' ');   // OK
```

刚才提到的歧义第二形式，恰恰给出了"运用 iterator 安插字符"的例子。如果你想运用 iteartor 指出安插位置，有三种情况：安插单一字符、安插多个相同字符、安插"两 iterator 所指区间"内的字符（参见 13.2.14 节第 684 页）。

与 append() 和 insert() 类似，移除字符用的 erase() 函数也有好几个（自 C++11 起，还可以用 pop_back()），替换字符用的 replace() 函数也有好几个。例如：

```
std::string s = "i18n";                  // s: i18n
s.replace(1,2,"nternationalizatio");     // s: internationalization
s.erase(13);                             // s: international
s.erase(7,5);                            // s: internal
s.pop_back();                            // s: interna (since C++11)
s.replace(0,2,"ex");                     // s: externa
```

你可以使用 resize() 改变 string 的字符数量。如果实参指出的大小比现有字符数少，末尾字符会被移除。如果实参指出的大小比现有字符数多，则以某个字符填充尾部。你可以传入一个字符实参作为填充字符，否则就以字符类型之 default 构造函数建立填充字符（对于类型 char，该填充字符为 '\0'）。

13.2.9 子字符串（Substring）及字符串接合（String Concatenation）

你可以使用成员函数 substr() 从 string 身上萃取出 substring。例如：

```
std::string s("interchangeability");

s.substr()                // returns a copy of s
s.substr(11)              // returns string("ability")
s.substr(5,6)             // returns string("change")
s.substr(s.find('c'))     // returns string("changeability")
```

你可以使用 operator + 把两个 string（或 C-string）接合起来。例如：

```
std::string s1("enter");
std::string s2("nation");
std::string i18n;

i18n = 'i' + s1.substr(1) + s2 + "aliz" + s2.substr(1);
std::cout << "i18n means: " + i18n << std::endl;
```

输出如下：

```
i18n means: internationalization
```

自 C++11 开始，operator + 也被重载以应付“身为 rvalue reference”的 string，用以支持 move 语义。因此，如果一个 string 实参被传给 operator + 且以后不再被使用，你就应对该 string 使用 move() 将它搬移给操作符。例如：

```
string foo()
{
    std::string s1("international");
    std::string s2("ization");
```

```
    std::string s = std::move(s1) + std::move(s2);  // OK
                    // s1 and s2 have valid state with unspecified value
    return s;
}
```

13.2.10 I/O 操作符

String 定义了常用的 I/O 操作符：

- **Operator >>** 从 input stream 读取一个 string。
- **Operator <<** 把一个 string 写到 output stream 中。

这些操作符的用法和面对一般 C-string 时相同。更明确地说，operator >> 的执行方式如下：

1. 如果设立了 `skipws` flag（参见 15.7.7 节第 789 页），则跳过开头空格。
2. 持续读取所有字符，直到发生以下情形之一：
   - 下个字符为空白字符（whitespace）。
   - Stream 不再处于 good 状态（例如遇到 end-of-file）。
   - Stream 的 `width()` 结果（见 15.7.3 节第 781 页）大于 `0`，而目前已读出 `width()` 个字符。
   - 已读取 `max_size()` 个字符。
3. Stream `width()` 被设为 `0`。

一般而言，input 操作符读入下一个字时，会跳过前导的空白字符。所谓空白字符是指任何令 `isspace(c,`*strm*`.getloc())` 结果值为 `true` 的字符（关于 `isspace()` 见 16.4.4 节第 895 页）。

Output 操作符通常也会考虑 stream `width()`。如果 `width()` 大于 `0`，则 operator << 至少要写入 `width()` 个字符。

注意，自 C++11 开始，operator << 和 >> 被声明为可处理 rvalue reference to stream，这（例如）允许你使用“临时（temporary）string stream”（详见 15.10.2 节第 806 页）。

getline()

String class 还提供一种用于逐行读取的特殊函数：`std::getline()`。该函数读取所有字符，包括开头的空白字符，直到遭遇分行符或 end-of-file。分行符会被读取出来但是不会被附加到结果上。默认情况下分行符是 newline 字符，但你也可以把自己喜欢的分行符作为实参传给`getline()`，[8] 这样就可以指定任意符号作为分界读取一个个的语汇单元（token）了：

```
std::string s;
```

[8] 由于实参从属寻找法（*argument dependent lookup*，又称*Koenig lookup*）会在函数被调用时考虑实参的 class 定义式所处的命名空间，所以我们不必在 `getline()` 之前加上 `std::`。

```
while (getline(std::cin,s)) {          // for each line read from cin
    ...
}

while (getline(std::cin,s,':')) {  // for each token separated by ':'
    ...
}
```

注意，如果你是逐一读取语汇单元（token），那么 newline 字符不被视为特殊字符。因此语汇单元也可能包含 newline 字符。

还要注意，自 C++11 开始，`getline()` 被重载为两个版本，分别针对 lvalue 和 rvalue stream reference，因此允许你使用临时（temporary）string stream：

```
void process (const std::string& filecontents)
{
    // process first line of passed string:
    std::string firstLine;
    std::getline(std::stringstream(filecontents),  // OK since C++11
                 firstLine);
    ...
}
```

15.10 节第 802 页会详细谈到 string stream。

13.2.11 搜索和查找（Searching and Finding）

C++ 标准库的 string 提供了许多用于搜索和查找字符及子字符串的函数：[9]

- 使用**成员函数**，你可以：
  - 查找单一字符、字符序列（substring）或某个字符组（set of characters）。
  - 前向（forward）查找和回头（backward）查找。
  - 从 string 的起点或内部任何位置开始查找。
- 使用 **regex 程序库**（见第 14 章），你可以查找更复杂的字符序列样式（pattern of character sequence）。13.2.14 节第 687 页有一个实例。
- 使用 **STL 算法**，你也可以搜索单一字符，或指定之字符序列（见 11.2.2 节第 507 页）。注意，这些算法允许你使用你自己提供的比较准则（例见 13.2.14 节第 684 页）。

[9] 这里我说“搜索”和“查找”（searching and finding），请不要被弄糊涂了，它们（几乎）同义。搜索（search）函数的名称同样有“find”字眼，但它们不保证能找到任何东西。所以事实上它们只是试图找到某些东西。我以术语 *search* 来说明这些函数的行为，而涉及函数名字时则采用 *find* 。（译注：中译本对此一律译为“搜索”或“查找”。）

“搜索和查找”成员函数

所有查找函数的名字中都有 *find* 这个字眼，它们试图找到“与传入之实参值相等”的字符的位置。实际查找方式则取决于究竟哪一个 find 函数。表13.5列出了 string 提供的所有查找函数。

String 函数	**效果**
`find()`	查找第一个与 *value* 相等的字符
`rfind()`	查找最后一个与 *value* 相等的字符（反向查找）
`find_first_of()`	查找第一个“与 *value* 中的某值相等”的字符
`find_last_of()`	查找最后一个“与 *value* 中的某值相等”的字符
`find_first_not_of()`	查找第一个“与 *value* 中任何值都不相等”的字符
`find_last_not_of()`	查找最后一个“与 *value* 中任何值都不相等”的字符

表 13.5　String 的查找函数

所有查找函数都返回字符序列中“符合查找条件”的第一个字符的索引。如果查找不成功（没找到目标）则返回 `npos`。这些查找函数都采用下面的实参体系：

- 第一实参永远是被查找的对象。
- 第二实参（可有可无）指出 string 内的查找起点（索引）。
- 第三实参（可有可无）指出欲查找的字符个数（也就是查找范围，或说查找长度）。

不幸的是上面这个实参体系与其他 string 函数不同。其他 string 函数的第一个实参是起点的索引值，随后是数值和长度。某种程度上说，每个查找函数都以下面的“实参集”实现真实意义上的重载（overloaded with the following set of arguments）：

- **`const`** ***string&*** *value*
  查找 *value*（一个 string）。
- **`const`** ***string&*** *value*, *size_type idx*
  从 `*this` 的 *idx* 索引位置开始，查找 *value*（一个 string）。
- **`const`** *char** *value*
  查找 *value*（一个 C-string）。
- **`const`** *char** *value*, *size_type idx*
  从 `*this` 的 *idx* 索引位置开始，查找 *value*（一个 C-string）。
- **`const`** *char** *value*, *size_type idx*, *size_type value_len*
  从 `*this` 的 *idx* 索引位置开始，搜索 *value*（一个 C-string）内的前 *value_len* 个字符所组成的字符序列。*value* 内的 null 字符（`'\0'`）无特殊意义。
- **`const`** *char value*
  查找 *value*（一个字符）。
- **`const`** *char value*, *size_type idx*
  从 `*this` 的 *idx* 索引位置开始，查找 *value*（一个字符）。

例如：

```
std::string s("Hi Bill, I'm ill, so please pay the bill");

s.find("il")                  // returns 4 (first substring "il")
s.find("il",10)               // returns 13 (first substring "il" starting from s[10])
s.rfind("il")                 // returns 37 (last substring "il")
s.find_first_of("il")         // returns 1 (first char 'i' or 'l')
s.find_last_of("il")          // returns 39 (last char 'i' or 'l')
s.find_first_not_of("il")     // returns 0 (first char neither 'i' nor 'l')
s.find_last_not_of("il")      // returns 36 (last char neither 'i' nor 'l')
s.find("hi")                  // returns npos
```

注意，STL 查找算法的命名方式不同于 string 查找函数的命名方式（详见 11.2.2 节第 507 页）。

13.2.12 npos 的意义

如果查找函数失败，会返回 *string*::npos。试看下面的例子：

```
std::string s;
std::string::size_type idx;       // be careful: don't use any other type!
...
idx = s.find("substring");
if (idx == std::string::npos) {
    ...
}
```

只有当 "substring" 不是 string s 的子字符串时，上面的 if 语句才会得到 true 值。

使用 string 的 npos 值及其类型时要格外小心：若要检查函数返回值，一定要使用类型 string::size_type，不能以 int 或 unsigned 作为返回值类型；否则返回值与 string::npos 之间的比较可能无法正确执行。这是因为 npos 被设计为 -1：

```
namespace std {
    template <typename charT,
              typename traits = char_traits<charT>,
              typename Allocator = allocator<charT> >
    class basic_string {
      public:
        typedef typename Allocator::size_type size_type;
        ...
        static const size_type npos = -1;
        ...
    };
}
```

不幸的是 size_type（由 string 的分配器定义出）必须是个无正负号整数类型，因为 default 分配器乃是以类型 size_t 作为 size_type）。于是 -1 被转换为无正负号整数类型，npos 也就成了该类型的最大无正负号值。然而实际值取决于类型 size_type 的真实定义。不幸的是这些最大值都不相同。事实上 (unsigned long)-1 和 (unsigned short)-1 不同（如果两个类型的大小不同）。因此，对于以下表达式：

```
idx == std::string::npos
```

如果 idx 的值为 -1，由于 idx 和字符串 string::npos 类型不同，比较结果可能会是 false：

```
std::string s;
...
int idx = s.find("not found");      // assume it returns npos
if (idx == std::string::npos) {     // ERROR: comparison might not work
    ...
}
```

避免这种错误的办法之一就是直接检验查找是否失败：

```
if (s.find("hi") == std::string::npos) {
    ...
}
```

但由于我们常常需要用到匹配的（查找到的）字符的位置索引，所以另一个简单的解决方法是自行定义对应于 npos 的带正负号数值：

```
const int NPOS = -1;
```

前述的比较式必须略加修改，但方便多了：

```
if (idx == NPOS) {        // works almost always
    ...
}
```

遗憾的是如果 idx 的类型为 unsigned short，抑或索引大于 int 最大值，上述比较式就会失败，所以这种解决方法并不完善（也因此，C++ standard 并没有按这种方式定义）。但是这两种情况很少发生，所以此解决方法在大多数情况下都有效。如果你希望你的代码有高度移植性，你应该对 string 的任何索引都采用 *string*::size_type。若要获得完善解决方法，更需要某些重载函数用来对付确切类型 string::size_type。我希望将来 C++ standard 能提出更好的解决方案（C++11 对此并无任何方案）。

13.2.13 数值转换（Numeric Conversion）

自 C++11 开始，C++ 标准库提供了一些便捷函数，用来将 string 转换为数值（numeric value）或是反向转换（见表13.6）。然而请注意，这些转换只可用于类型 string 和 wstring，不适用于 u16string 和 u32string。

String 函数	效果
stoi(*str*,*idxRet*=nullptr, *base*=10)	转换 *str* 成为一个 int
stol(*str*,*idxRet*=nullptr, *base*=10)	转换 *str* 成为一个 long
stoul(*str*,*idxRet*=nullptr, *base*=10)	转换 *str* 成为一个 unsigned long
stoll(*str*,*idxRet*=nullptr, *base*=10)	转换 *str* 成为一个 long long
stoull(*str*,*idxRet*=nullptr, *base*=10)	转换 *str* 成为一个 unsigned long long
stof(*str*,*idxRet*=nullptr)	转换 *str* 成为一个 float
stod(*str*,*idxRet*=nullptr)	转换 *str* 成为一个 double
stold(*str*,*idxRet*=nullptr)	转换 *str* 成为一个 long double
to_string(*val*)	转换 *val* 成为一个 string
to_wstring(*val*)	转换 *val* 成为一个 wstring

表 13.6 String 的数值转换

对于所有"将 string 转换为数值"的函数，以下都适用：

- 它们会跳过前导的任何空白字符（whitespace）。
- 它们允许返回"被处理之最末字符"后的第一个字符的索引。
- 如果转换无法发生，它们会抛出 std::invalid_argument，如果被转换值超出返回类型的可表达范围，它们会抛出 std::out_of_range。
- 对于整数，你可以（也可以不）传递基数（base）。

对于所有将数值转换为 string 或 wstring 的函数，*val* 可以是以下任何类型：int、unsigned int、long、unsigned long、long long、unsigned long long、float、double 或 long double。

举个例子，考虑以下程序：

```
// string/stringnumconv1.cpp

#include <string>
#include <iostream>
#include <limits>
#include <exception>

int main()
{
  try {
    // convert to numeric type
    std::cout << std::stoi ("  77") << std::endl;
    std::cout << std::stod ("  77.7") << std::endl;
    std::cout << std::stoi ("-0x77") << std::endl;

    // use index of characters not processed
    std::size_t idx;
```

```
        std::cout << std::stoi ("  42 is the truth", &idx) << std::endl;
        std::cout << " idx of first unprocessed char: " << idx << std::endl;

        // use bases 16 and 8
        std::cout << std::stoi ("  42", nullptr, 16) << std::endl;
        std::cout << std::stol ("789", &idx, 8) << std::endl;
        std::cout << " idx of first unprocessed char: " << idx << std::endl;

        // convert numeric value to string
        long long ll = std::numeric_limits<long long>::max();
        std::string s = std::to_string(ll);  // converts maximum long long to string
        std::cout << s << std::endl;

        // try to convert back
        std::cout << std::stoi(s) << std::endl;  // throws out_of_range
      }
      catch (const std::exception& e) {
        std::cout << e.what() << std::endl;
      }
    }
```

输出如下：

```
77
77.7
0
42
 idx of first unprocessed char: 4
66
7
 idx of first unprocessed char: 1
9223372036854775807
stoi argument out of range
```

注意 `std::stoi("-0x77")` 会导致 0，因为它只解析 -0，然后就把 x 解释为它所找到的数值终点；`std::stol("789",&idx,8)` 只解析 string 中的第一个字符，因为 8 在八进制（octal）中不是个有效字符。

13.2.14 String 对迭代器的支持

String 是字符的有序集合（ordered collection）。所以 C++ 标准库为 string 提供了相应接口让你把 string 当作 STL 容器使用。[10]

更具体地说，你可以调用惯用的那些成员函数，取得“能够遍历 string 内所有字符”的 iterator。如果对 iterator 不熟悉，可以把它们看作是指向 string 内部单个字符的东西，就像寻常的 pointer 之于 C-string。有了 iterator 你便可以调用 C++ 标准库（或用户自定义的）算法遍历 string 内的所有字符。是的，你于是可以对 string 内的字符排序、反向重排、找出最大字符等。

String 拥有的是 random-access iterator。也就是说，它支持随机访问，所以可被任何一个 STL 算法接受（关于 iterator 的分类见 6.3.2 节第 198 页和 9.2 节第 433 页）。一如往常，string 的 iterator type（`iterator`、`const_iterator` 等）由 string class 自己定义。虽然确切类型由实现定义，但往往被简单定义为寻常的 pointer。“以 pointer 实现”和“以 class 实现”的 iterator 之间有着难对付的差别，见 9.2.6 节第 440 页。

对 iterator 而言，如果发生重分配（reallocation），或其所指向的值发生某种变化，iterator 会失效，详见 13.2.6 节第 672 页。

String 的 Iterator 相关函数

表13.7列出了 string 提供的所有 iterator 相关函数。通常 `beg` 和 `end` 规范的区间包含 `beg` 但不包含 `end`，是个半开区间，常写作 [beg,end)（见 6.3 节第 188 页）。

为了支持 back inserter，string 定义了 `push_back()`。关于 back inserter，详见 9.4.2 节第 455 页，它们在 string 中的使用实例见第 688 页。

String Iterator 的使用实例

String iterator 可以做一件非常有用的事情：通过一个简单的语句把 string 内的所有字符都转为大写或小写。例如：

```
// string/stringiter1.cpp

#include <string>
#include <iostream>
#include <algorithm>
#include <cctype>
#include <regex>
using namespace std;
```

[10] 第 6 章介绍过 STL。

表达式	效果
`s.begin(), s.cbegin()`	返回一个 random-access iterator 指向第一字符
`s.end(), s.cend()`	返回一个 random-access iterator 指向最终字符的下一位置
`s.rbegin(), s.crbegin()`	返回一个 reverse iterator 指向倒数第一个字符（亦即最终字符）
`s.rend(), crend()`	返回一个 reverse iterator 指向倒数最终字符的下一位置（亦即第一字符的前一位置）
`string s(`*beg*`,`*end*`)`	以 [*beg*,*end*) 区间内的所有字符作为 string s 的初值
`s.append(`*beg*`,`*end*`)`	将 [*beg*,*end*) 区间内的所有字符附加于 s 末尾
`s.assign(`*beg*`,`*end*`)`	将 [*beg*,*end*) 区间内的所有字符赋值给 s
`s.insert(`*pos*`,c)`	在 iterator *pos* 所指处安插字符 c，并返回新字符的 iterator 位置
`s.insert(`*pos*`,`*num*`,c)`	在 iterator *pos* 所指处安插 *num* 个字符 c，并返回第一个新字符的 iterator 位置
`s.insert(`*pos*`,`*beg*`,`*end*`)`	在 iterator *pos* 所指处安插 [*beg*,*end*) 区间内的所有字符
`s.insert(`*pos*`,`*initlist*`)`	在 iterator *pos* 所指处安插初值列 *initlist* 的所有字符（始自 C++11）
`s.erase(`*pos*`)`	删除 iterator *pos* 所指字符，返回下一字符位置
`s.erase(`*beg*`,`*end*`)`	删除 [*beg*,*end*) 区间内的所有字符，返回下一字符的下一位置
`s.replace(`*beg*`,`*end*`,`*str*`)`	以 string *str* 内的字符替代 [*beg*,*end*) 区间内的所有字符
`s.replace(`*beg*`,`*end*`,`*cstr*`)`	以 C-string *cstr* 内的字符替代 [*beg*,*end*) 区间内的所有字符
`s.replace(`*beg*`,`*end*`,`*cstr*`,`*len*`)`	以字符数组（char array） *cstr* 的前 *len* 个字符替代 [*beg*,*end*) 区间内的所有字符
`s.replace(`*beg*`,`*end*`,`*num*`,c)`	以 *num* 个字符 c 替代 [*beg*,*end*) 区间内的所有字符
`s.replace(`*beg*`,`*end*`,`*newBeg*`,`*newEnd*`)`	以 [*newBeg*,*newEnd*) 区间内的所有字符替代 [*beg*,*end*) 区间内的所有字符
`s.replace(`*beg*`,`*end*`,`*initlist*`)`	以初值列 *initlist* 内的所有字符替代 [*beg*,*end*) 区间内的所有字符（始自 C++11）

表 13.7 String 的 Iterator 相关操作

```
int main()
{
    // create a string
    string s("The zip code of Braunschweig in Germany is 38100");
    cout << "original: " << s << endl;

    // lowercase all characters
    transform (s.cbegin(), s.cend(),   // source
               s.begin(),              // destination
               [] (char c) {           // operation
                   return tolower(c);
               });
    cout << "lowered:  " << s << endl;

    // uppercase all characters
    transform (s.cbegin(), s.cend(),   // source
               s.begin(),              // destination
               [] (char c) {           // operation
                   return toupper(c);
               });
    cout << "uppered:  " << s << endl;

    // search case-insensitive for Germany
    string g("Germany");
    string::const_iterator pos;
    pos = search (s.cbegin(),s.cend(),        // source string in which to search
                  g.cbegin(),g.cend(),        // substring to search
                  [] (char c1, char c2) {     // comparison criterion
                      return toupper(c1) == toupper(c2);
                 });
    if (pos != s.cend()) {
        cout << "substring \"" << g << "\" found at index "
             << pos - s.cbegin() << endl;
    }
}
```

在这里，我们两次把 `cbegin()`、`cend()` 和 `begin()` 返回的 iterator 传给算法 `transform()`，后者将输入区间内的所有元素“变换”至某个给定的目标区间，“变换准则”乃是作为第四实参传入（详见 6.8.1 节第 225 页和 11.6.3 节第 563 页）。

本例的“变换准则”被设定为一个 lambda（见 6.9 节第 229 页），用来把 string 的元素（也就是字符）转换为小写或大写。注意，`tolower()` 和 `toupper()` 都是旧式 C 函数，使用全局性 locale。如果你的程序拥有不同的 locale 或一个以上的 locale，你应该使用新式的 tolower() 和 toupper()，详见 16.4.4 节第 895 页。

最后，我们使用查找算法，以我们自己给定的“查找准则”寻找一个 substring。这个查找准则又是一个 lambda，以不分大小写的方式比较字符。

另外，也可以选择使用 regex 程序库（详情请看 14.6 节第 732 页）：

```
// search case-insensitive for Germany
std::regex pat("Germany",                        // expression to search for
               regex_constants::icase);          // search case-insensitive
smatch m;
if (regex_search (s,m,pat)) {                    // search regex pattern in s
    cout << "substring \"Germany\" found at index "
         << m.position() << endl;
}
```

程序输出如下：

```
original: The zip code of Braunschweig in Germany is 38100
lowered:  the zip code of braunschweig in germany is 38100
uppered:  THE ZIP CODE OF BRAUNSCHWEIG IN GERMANY IS 38100
substring "Germany" found at index 32
```

最后一条语句以这种方式处理两个 string iterator 之间的距离，用以获得字符位置的索引：

```
pos - s.cbegin()
```

之所以能够这么使用 operator -，是因为 string iterator 是一种 random-access iterator。将索引转换为 iterator 位置也是一样：只要把索引值加到 iterator 身上即可。

如果在 set 或 map 中使用 string，也许你会想要一个特别的排序准则，让这些容器以“大小写无关”的方式对 string 排序。相应例子见 7.8.6 节第 351 页。

以下程序示范了 string iterator 的另一种运用：

```
// string/stringiter2.cpp

#include <string>
#include <iostream>
#include <algorithm>
using namespace std;

int main()
{
    // create constant string
    const string hello("Hello, how are you?");

    // initialize string s with all characters of string hello
    string s(hello.cbegin(),hello.cend());
```

```
    // ranged-based for loop that iterates through all the characters
    for (char c : s) {
        cout << c;
    }
    cout << endl;

    // reverse the order of all characters inside the string
    reverse (s.begin(), s.end());
    cout << "reverse:        " << s << endl;

    // sort all characters inside the string
    sort (s.begin(), s.end());
    cout << "ordered:        " << s << endl;

    // remove adjacent duplicates
    // - unique() reorders and returns new end
    // - erase() shrinks accordingly
    s.erase (unique(s.begin(),
                    s.end()),
             s.end());
    cout << "no duplicates: " << s << endl;
}
```

程序输出如下：

```
Hello, how are you?
reverse:       ?uoy era woh ,olleH
ordered:          ,?Haeehllooooruwy
no duplicates:  ,?Haehloruwy
```

以下例子采用 back inserter，从标准输入设备读取数据放进一个 string：

```
// string/string3.cpp

#include <string>
#include <iostream>
#include <algorithm>
#include <iterator>
#include <locale>
using namespace std;

int main()
{
    string input;
```

```
        // don't skip leading whitespaces
        cin.unsetf (ios::skipws);

        // read all characters while compressing whitespaces
        const locale& loc(cin.getloc());      // locale
        unique_copy(istream_iterator<char>(cin),  // beginning of source
                    istream_iterator<char>(),      // end of source
                    back_inserter(input),          // destination
                    [=] (char c1, char c2) {       // criterion for adj. duplicates
                        return isspace(c1,loc) && isspace(c2,loc);
                    });

        // process input
        // - here: write it to the standard output
        cout << input;
    }
```

通过 unique_copy() 算法（见 11.7.2 节第 580 页），来自 input stream cin 的所有字符都被安插到 string input 中。

传进去的 lambda 用来检验给定的两个字符是否为 whitespace。它让 unique_copy() 得以检测出相邻重复性，进而得以移除重复。于是，从输入设备读数据时，这个算法就会压缩多重的（也是多余的）whitespace（16.4.4 节第 895 页对 isspace() 有一些讨论）。

这个准则自身考虑的是当前的（current）locale。为了这么做，loc 必须以 cin 的 locale 为初值，并以 by value 方式交给 lambda（15.8 节第 790 页谈到了 getloc()）。

你可以在 11.7.2 节第 582 页讨论 unique_copy() 的篇幅中找到类似例子。

13.2.15 国际化（Internationalization）

正如先前（13.2.1 节第 664 页）介绍 string class 时所说，template string class basic_string<> 乃是以下列三项为模板参数：字符类型、字符类型的 trait、内存模型。它针对 char 特化为 string，针对 wchar_t 特化为 wstring。

注意，自 C++11 开始，你可以指明 string literal（字符串字面常量）所使用的字符集（char set），详见 3.1.6 节第 23 页。

为了应付那些“答案取决于字符类型”的技术问题，string 使用所谓的 character trait 提供相关细节。我们需要一个新的 class，因为我们无法改变内建类型（例如 char 和 wchar_t）的接口。关于 trait class 的详细讨论，参见 16.1.4 节第 853 页。

下面展示了一个为 string 打造的 trait class，允许以“大小写无关”的方式操作字符：

```
// string/icstring.hpp

#ifndef ICSTRING_HPP
#define ICSTRING_HPP

#include <string>
#include <iostream>
#include <cctype>          //译注：for toupper()

// replace functions of the standard char_traits<char>
// so that strings behave in a case-insensitive way
struct ignorecase_traits : public std::char_traits<char> {
    // return whether c1 and c2 are equal
    static bool eq(const char& c1, const char& c2) {
        return std::toupper(c1)==std::toupper(c2);
    }
    // return whether c1 is less than c2
    static bool lt(const char& c1, const char& c2) {
        return std::toupper(c1)<std::toupper(c2);
    }
    // compare up to n characters of s1 and s2
    static int compare(const char* s1, const char* s2,
                       std::size_t n) {
        for (std::size_t i=0; i<n; ++i) {
            if (!eq(s1[i],s2[i])) {
                return lt(s1[i],s2[i])?-1:1;
            }
        }
        return 0;
    }
    // search c in s
    static const char* find(const char* s, std::size_t n,
                            const char& c) {
        for (std::size_t i=0; i<n; ++i) {
            if (eq(s[i],c)) {
                return &(s[i]);
            }
        }
        return 0;
    }
};

// define a special type for such strings
typedef std::basic_string<char,ignorecase_traits> icstring;
```

```
// define an output operator
// because the traits type is different from that for std::ostream
inline
std::ostream& operator << (std::ostream& strm, const icstring& s)
{
    // simply convert the icstring into a normal string
    return strm << std::string(s.data(),s.length());
}

#endif    // ICSTRING_HPP
```

由于 C++ standard 只为“采用相同 character 类型和 trait 类型”的 stream 定义 I/O 操作，而此处的 trait 类型并不相同，所以我们不得不定义自己的 output 操作符。同样情况也发生于 input 操作符。

以下程序说明了如何使用这些特殊种类的 string：

```
// string/icstring1.cpp

#include "icstring.hpp"

int main()
{
    using std::cout;
    using std::endl;

    icstring s1("hallo");
    icstring s2("otto");
    icstring s3("hALLo");

    cout << std::boolalpha;
    cout << s1 << " == " << s2 << " : " << (s1==s2) << endl;
    cout << s1 << " == " << s3 << " : " << (s1==s3) << endl;

    icstring::size_type idx = s1.find("All");
    if (idx != icstring::npos) {
        cout << "index of \"All\" in \"" << s1 << "\": "
             << idx << endl;
    }
    else {
        cout << "\"All\" not found in \"" << s1 << endl;
    }
}
```

程序输出如下：

```
hallo == otto : false
hallo == hALLo : true
index of "All" in "hallo": 1
```

关于国际化（internationalization）议题，详见第 16 章。

13.2.16 效率（Performance）

C++ standard 并未规定如何实现 string class，只是定义了其接口。由于理念和侧重点各有不同，不同的实现可能在速度和内存耗用方面存在显著的差异。

注意，自 C++11 开始，不再允许使用 reference counted 实现手法，原因是“让 string 的内部缓冲区被共享”在多线程环境（multithreaded context）中是行不通的。

13.2.17 String 和 Vector

String 和 vector 很相似，这不奇怪，因为它们都是容器，而且都被典型地实现为 dynamic array（动态数组）。因此，你可以把 string 视为一种“以字符为元素”的特定 vector。事实上你可以把 string 当作 STL 容器使用，这在 13.2.14 节第 684 页介绍过。但由于 string 和 vector 之间还是有许多本质上的不同，把 string 当作一种特殊的 vector 还是存在一定危险。最重要的差异在于两者的主要目标：

1. Vector 的首要目标是处理和操作容器内的元素，而非容器整体。因此实现时通常会考虑“容器元素的操作行为”的最优化。
2. String 主要是把整个容器视为整体来处理和操作，因此实现时通常会考虑“整个容器的赋值和传递”的最优化。

不同的目标往往导致完全不同的实现手法。例如 string 常会采用 reference counting（引用计数）手法，vector 则绝不会如此。然而你也可以把 vector 当作寻常的 C-string 使用，详见 7.3.3 节第 278 页。

13.3 细究 String Class

本节中显示的 *string* 字样，指的是真实的相应的 string class，可以是 `string`、`wstring` 或 `basic_string<>` 之任何一种特化形式；*char* 则是指相应之字符类型，亦即 `string` 所使用的 *char*，`wstring` 所使用的 `wchar_t`，或是 `u16string` 所使用的 `char16_t`，`u32string` 所使用的 `char32_t`。其他以斜体字标出的类型和值的定义都取决于 char type 或 trait class 的个别定义。16.1.4 节第 853 页详细介绍所谓的 trait class。

13.3.1 类型定义和静态值

***string*::traits_type**
- Character trait 的类型。
- `basic_string` 的第二个 template 参数。
- 对类型 `string` 而言，这等价于 `char_traits<char>`。

***string*::value_type**
- 字符类型。
- 等价于 `traits_type::char_type`。
- 对类型 `string` 而言，这等价于 `char`。

***string*::size_type**
- 未带正负号的整数类型，用来指定大小值和索引。
- 等价于 `allocator_type::size_type`。
- 对类型 `string` 而言，这等价于 `size_t`。

***string*::difference_type**
- 带正负号的整数类型，用来指定差值（距离）。
- 等价于 `allocator_type::difference_type`。
- 对类型 `string` 而言，这等价于 `ptrdiff_t`。

***string*::reference**
- 字符的 reference 类型。
- 等价于 `allocator_type::reference`。
- 对类型 `string` 而言，这等价于 `char&`。

***string*::const_reference**
- 常量型的字符的 reference 类型。
- 等价于 `allocator_type::const_reference`。
- 对类型 `string` 而言，这等价于 `const char&`。

***string*::pointer**
- 字符的 pointer 类型。
- 等价于 `allocator_type::pointer`。
- 对类型 `string` 而言，这等价于 `char*`。

***string*::const_pointer**
- 常量型的字符 pointer 类型。
- 等价于 `allocator_type::const_pointer`。
- 对类型 `string` 而言，这等价于 `const char*`。

***string*::iterator**
- Iterator（迭代器）类型。
- 确切类型由实现定义。
- 对类型 `string` 而言通常是 `char*`。

***string*::const_iterator**
- 常量型 iterator（迭代器）类型。
- 确切类型由实现定义。
- 对类型 `string` 而言通常是 `const char*`。

***string*::reverse_iterator**
- Reverse iterator（反向迭代器）类型。
- 等价于 `reverse_iterator<iterator>`。

***string*::const_reverse_iterator**
- Constant reverse iterator（常量型反向迭代器）类型。
- 等价于 `reverse_iterator<const_iterator>`。

`static const` *size_type* ***string*::npos**
- 这是一个特殊值，表示未找到或所有剩余字符。
- 它是个无正负号整数，初值为 `-1`。
- 使用 `npos` 时要十分小心，详见 13.2.12 节第 680 页。

13.3.2 创建、复制、销毁（Create, Copy, and Destroy）

***string*::string ()**
- Default 构造函数。
- 建立一个空的 string。

***string*::string (`const` *string*& *str*)**
- Copy（拷贝）构造函数。
- 建立一个新的 string，是 *str* 的拷贝（副本）。

***string*::string** (*string&&* *str*)

- Move（搬移）构造函数。
- 建立一个新的 string，以既有的 string *str* 的元素为初值。
- 执行之后，*str* 的内容不明确。
- 始自 C++11。

***string*::string** (const *string&* *str*, size_type *str_idx*)
***string*::string** (const *string&* *str*, size_type *str_idx*, size_type *str_num*)

- 建立一个新 string，其初值为"*str* 之内从索引 *str_idx* 开始的最多 *str_num* 个字符"。
- 如果没有指定 *str_num*，则取"从 *str_idx* 开始到 *str* 末尾"的所有字符。
- 如果 *str_idx* > *str*.size()，抛出 out_of_range 异常。

***string*::string** (const *char** *cstr*)

- 建立一个 string，以 C-string *cstr* 为初值。
- 初值为 *cstr* 内"以 '\0' 为结束符（但不包括 '\0'）"的所有字符。
- *cstr* 不可以是 null pointer（nullptr 或 NULL），否则会导致不确定的行为。
- 如果所得结果超出最大字符数，抛出 length_error 异常。

***string*::string** (const *char** *chars*, size_type *chars_len*)

- 建立一个 string，以字符数组 *chars* 内的 *chars_len* 个字符为初值。
- *chars* 必须至少包含 *chars_len* 个字符。这些字符可以为任意值，'\0' 无特殊意义。
- 如果 *chars_len* 等于 *string*::npos，抛出 length_error 异常。
- 如果所得结果超出最大字符数，抛出 length_error 异常。

***string*::string** (size_type *num*, *char* *c*)

- 建立一个 string，初值为 *num* 个字符 *c*。
- 如果 *num* 等于 *string*::npos，抛出 length_error 异常。
- 如果所得结果超出最大字符数，抛出 length_error 异常。

***string*::string** (InputIterator *beg*, InputIterator *end*)

- 建立一个字符串，以 [*beg*,*end*) 区间内的字符为初值。
- 如果所得结果超出最大字符数，抛出 length_error 异常。

***string*::string**（*initializer-list*）

- 建立一个新的 string，以 *initializer-list* 的字符为初值。
- 始自 C++11。
- 如果所得结果超出最大字符数，抛出 `length_error` 异常。

***string*::~string**（）

- 析构函数。
- 销毁所有字符并释放内存。

大多数构造函数都接受一个 allocator（分配器）作为附加实参（见 13.3.13 节第 715 页）。

13.3.3 大小和容量（Size and Capacity）

大小相关操作

`bool` ***string*::empty**（）`const`

- 判断 string 是否为空（不含任何字符）。
- 等价于 *string*`::size()==0`，但有可能更快。

`size_type` ***string*::size**（）`const`
`size_type` ***string*::length**（）`const`

- 两个函数都返回现有的字符数。
- 两者等价（equivalent）。
- 如果想检查 string 是否为空，应采用速度更快的 `empty()`。

`size_type` ***string*::max_size**（）`const`

- 返回“字符串可含之最多字符数”。
- 任何操作一旦生成的 string 长度大于 `max_size()`，就会抛出 `length_error` 异常。

容量相关操作

`size_type` ***string*::capacity**（）`const`

- 返回重分配之前 string 所能包含的最多字符数。

void ***string*****::reserve** ()

void ***string*****::reserve** (size_type *num*)

- 第一形式是个“非强制性合身缩减”请求（nonbinding shrink-to-fit request）。
- 第二形式保留“至少能容纳 *num* 个字符”的内存。
- 如果 *num* 小于当前容量，这一调用相当于一个“非强制性缩减容量”请求（nonbinding request to shrink the capacity）。
- 如果 *num* 小于当前字符数，这一调用相当于一个“非强制性缩减容量”请求，希望能够令容量吻合当前字符数。
- 容量永远不能小于实际字符数。
- 这个操作有可能造成“指向 string 所含字符”之 reference、 pointer 和 iterator 失效。然而可以保证的是，在调用 `reserve()` 之后的安插过程中不会发生重分配，直到某次安插造成大小超过 `num`。因此，我们可事先调用 `reserve()` 来加快速度并保持 reference、pointer 和 iterator 的有效性（详见 13.2.5 节第 670 页）。

void ***string*****::shrink_to_fit** ()

- 降低内部内存，以符合当前字符数。
- 其效果相当于 `reserve(0)`。
- 这一调用被视为一个非强制性请求（nonbinding request），允许实现方有优化余地。
- 这个操作有可能造成“指向 string 所含字符”的 reference、 pointer 和 iterator 失效。
- 始自 C++11。

13.3.4 比较（Comparison）

bool ***comparison*** (const *string*& *str1*, const *string*& *str2*)

bool ***comparison*** (const *string*& *str*, const *char** *cstr*)

bool ***comparison*** (const *char** *cstr*, const *string*& *str*)

- 第一形式返回两个 string 的比较结果。
- 第二和第三形式返回 string 和 C-string 的比较结果。
- ***comparison*** 可以是以下任何一种动作：
  ```
  operator ==
  operator !=
  operator <
  operator >
  operator <=
  operator >=
  ```
- 按字典次序（lexicographically）进行比较（参见 13.2.7 节第 673 页）。

`int` ***string*****::compare** (`const` *string*`&` *str*) `const`

- 把 string `*this` 拿来和 string *str* 比较。
- 返回值：
  - `0`，表示两端 strings 相等。
  - `< 0`，表示 `*this` 小于 *str*（按字典次序）。
  - `> 0`，表示 `*this` 大于 *str*（按字典次序）。
- 以 `traits::compare()` 为比较准则（参见 16.1.4 节第 854 页）。
- 详细请看 13.2.7 节第 673 页。

`int` ***string*****::compare** (`size_type` *idx*, `size_type` *len*, `const` *string*`&` *str*) `const`

- 将 string `*this` 之内"从 *idx* 开始的最多 *len* 个字符"拿来和 *str* 比较。
- 如果 *idx* > `size()`，抛出 `out_of_range` 异常。
- 比较动作和前述的 `compare(`*str*`)` 相同。

`int` ***string*****::compare** (`size_type` *idx*, `size_type` *len*,
`const` *string*`&` *str*, `size_type` *str_idx*,
`size_type` *str_len*) `const`

- 将 string `*this` 内"从 *idx* 开始的最多 *len* 个字符"拿来和 *str* 之内"从 *str_idx* 开始的最多 *str_len* 个字符"相较。
- 如果 *idx* > `size()`，抛出 `out_of_range` 异常。
- 如果 *str_idx* > *str*`.size()`，抛出 `out_of_range` 异常。
- 比较动作和前述的 `compare(`*str*`)` 相同。

`int` ***string*****::compare** (`const` *char** *cstr*) `const`

- 将 string `*this` 的字符和 C-string *cstr* 的字符进行比较。
- 比较动作和前述的 `compare(`*str*`)` 相同。

`int` ***string*****::compare** (`size_type` *idx*, `size_type` *len*, `const` *char** *cstr*) `const`

- 将 string `*this` 内"从 *idx* 开始最多 *len* 个字符"和 C-string *cstr* 的所有字符比较。
- 比较动作和前述的 `compare(`*str*`)` 相同。
- *cstr* 不可以是 null pointer（`nullptr` 或 `NULL`），否则会导致不确定的行为。

`int` ***string*****::compare** (`size_type` *idx*, `size_type` *len*,
`const` *char** *chars*, `size_type` *chars_len*) `const`

- 将 string `*this` 内"从 *idx* 开始最多 *len* 个字符"拿来和字符数组 *chars* 内的 *chars_len* 个字符相较。
- 比较动作和前述的 `compare(`*str*`)` 相同。
- *chars* 必须至少包含 *chars_len* 个字符。这些字符可以为任意值，`'\0'` 无特殊意义。
- 如果 *chars_len* 等于 *string*`::npos`，抛出 `length_error` 异常。

13.3.5 字符访问

char& ***string***::**operator [ ]** (size_type *idx*)

const *char*& ***string***::**operator [ ]** (size_type *idx*) const

- 两种形式都返回索引 *idx* 所指的字符（首字符索引为 0）。
- length() 和 size() 都是有效索引，本操作符会对此返回一个“由字符类型的 default 构造函数生成”的值（对 string 而言是 '\0'）。在 C++11 之前，non-const string 的 length() 或 size() 都是无效索引。
- 无效索引会导致不明确的行为。
- 操作 non-const string 时，返回的 reference 会因为 string 被改动或重分配而失效（详见 13.2.6 节第 672 页）。
- 如果调用者无法确定索引是否有效，就应该采用 at()。

char& ***string***::**at** (size_type *idx*)

const *char*& ***string***::**at** (size_type *idx*) const

- 两种形式都返回索引 *idx* 所指的字符（首字符索引为 0）。
- 对于所有 string，以 length() 的结果为索引，都是无效的。
- 传递无效索引（小于 0 或大于等于 length() 或 size()）会导致 out_of_range 异常。
- 操作 non-const string 时，返回的 reference 会因为 string 被改动或重分配而失效（详见 13.2.6 节第 672 页）。
- 如果调用者确定索引是有效的，可改用操作符 []，速度更快。

char& ***string***::**front** ()

const *char*& ***string***::**front** () const

- 两种形式都返回第一字符。
- 对 string 调用 front()，会返回一个“由字符类型的 default 构造函数生成”的值（对 string 而言是 '\0'）。
- 操作 non-const string 时，返回的 reference 会因为 string 被改动或重分配而失效（详见 13.2.6 节第 672 页）。

char& ***string***::**back** ()

const *char*& ***string***::**back** () const

- 两种形式都返回最末字符。
- 对空 string 调用 back()，会导致不明确的行为。
- 操作 non-const string 时，返回的 reference 会因为 string 被改动或重分配而失效（详见 13.2.6 节第 672 页）。

13.3.6 产生 C-String 和字符数组（Character Array）

const *char** ***string***::**c_str** () const

const *char** ***string***::**data** () const

- 将 string 的内容以 C-string（一个字符数组，尾部添加 '\0'）形式返回。因此这可说是 string 对应的一个有效的 C-string。
- 返回值隶属于该 string，所以调用者不能修改、释放或删除该返回值。
- 只有当 string 尚且存在，并且用来处理该返回值的函数是个“常量型函数”时，这个返回值才保持有效。
- 在 C++11 之前，data() 的返回值保证内含 string 的所有字符但没有结束符 '\0'，因此不能说是个有效的 C-string。

size_type ***string***::**copy** (*char** *buf*, size_type *buf_size*) const

size_type ***string***::**copy** (*char** *buf*, size_type *buf_size*, size_type *idx*) const

- 两种形式都将 string *this 内从索引 *idx* 开始最多 *buf_size* 个字符复制到字符数组 *buf* 中。
- 返回被复制的字符数。
- 不添加 null 字符。因此函数执行后的 *buf* 内容可能不是个有效的 C-string。
- 调用者必须确保 *buf* 有足够内存；否则会导致不明确的行为。
- 如果 *idx* > size()，抛出 out_of_range 异常。

13.3.7 “改动”之相关操作（Modifying Operation）

赋值（Assignment）

string& ***string***::**operator=** (const *string&* *str*)

string& ***string***::**assign** (const *string&* *str*)

- 所谓的 copy assignment（拷贝赋值）操作符。
- 以上两种形式都将 *str* 的内容赋值给 *this。
- 都返回 *this。

string& ***string***::**operator=** (*string&&* *str*)

string& ***string***::**assign** (*string&&* *str*)

- 所谓的 move assignment（搬移赋值）操作符。
- 将 *str* 的内容搬移至 *this。
- 完成后，*str* 的内容不可知（不明确）。
- 返回 *this。
- 始自 C++11。

string& **string**::**assign** (const *string*& *str*, size_type *str_idx*, size_type *str_num*)

- 将 *str* 内“从索引 *str_idx* 开始最多 *str_num* 个字符”赋值给 *this。
- 返回 *this。
- 如果 *str_idx* > *str*.size()，抛出 out_of_range 异常。

string& **string**::**operator=** (const *char** *cstr*)
string& **string**::**assign** (const *char** *cstr*)

- 两种形式都将 C-string *cstr* 的内容赋值给 *this。
- 它们操作的是以 '\0' 结尾的 *cstr* 所有字符，但不包含 '\0'。
- 都返回 *this。
- *cstr* 不可以是 null pointer（nullptr 或 NULL），否则会导致不确定的行为。
- 如果所得结果超出最大字符数，两函数都抛出 length_error 异常。

string& **string**::**assign** (const *char** *chars*, size_type *chars_len*)

- 将数组 *chars* 内的 *chars_len* 个字符赋值给 *this。
- 返回 *this。
- *chars* 必须至少包含 *chars_len* 个字符。这些字符可以为任意值， '\0' 无特殊意义。
- 如果所得结果超出最大字符数，抛出 length_error 异常。

string& **string**::**operator=** (*char* *c*)

- 将字符 *c* 赋值给 *this。
- 返回 *this。
- 调用后，*this 只含这个单一字符。

string& **string**::**assign** (size_type *num*, *char* *c*)

- 将 *num* 个字符 *c* 赋值给 *this。
- 返回 *this。
- 如果 *num* 等于 *string*::npos，抛出 length_error 异常。
- 如果所得结果超出最大字符数，抛出 length_error 异常。

string& **string**::**assign** (InputIterator *beg*, InputIterator *end*)

- 赋值的来源是 [*beg*,*end*) 区间内的所有字符。
- 返回 *this。
- 如果所得结果超出最大字符数，抛出 length_error 异常。

string& **string**::**operator=** (*initializer-list*)
string& **string**::**assign** (*initializer-list*)

- 赋值的来源是 *initializer-list* 内的所有字符。

- 都返回 `*this`。
- 如果所得结果超出最大字符数，两operations都抛出 `length_error` 异常。
- 始自 C++11。

void *string*::**swap** (*string*& *str*)
void **swap** (*string*& *str1*, *string*& *str2*)

- 两种形式都用来交换 string。第一版本（成员函数）交换 `*this` 和 *str* 的内容。第二版本（全局函数）交换 *str1* 和 *str2* 的内容。
- 应该尽可能使用这些函数取代赋值（assignment），因为它们更快。它们具有常量复杂度，详见 13.2.8 节第 674 页。

添加字符（Appending Character）

string& ***string***::**operator +=** (const *string*& *str*)
string& ***string***::**append** (const *string*& *str*)

- 两种形式都将 *str* 的字符添加到 `*this` 尾部。
- 都返回 `*this`。
- 如果所得结果超出最大字符数，两者都抛出 `length_error` 异常。

string& ***string***::**append** (const *string*& *str*, size_type *str_idx*, size_type *str_num*)

- 将 *str* 内“从 *str_idx* 开始最长 *str_num* 个字符”添加到 `*this` 末尾。
- 返回 `*this`。
- 如果 *str_idx* > *str*.size()，抛出 `out_of_range` 异常。
- 如果所得结果超出最大字符数，抛出 `length_error` 异常。

string& ***string***::**operator +=** (const *char** *cstr*)
string& ***string***::**append** (const *char** *cstr*)

- 都将 C-string 的字符添加到 `*this` 末尾。
- 都返回 `*this`。
- *cstr* 不可以是 null pointer（`nullptr` 或 `NULL`），否则会导致不确定的行为。
- 如果所得结果超出最大字符数，两者都抛出 `length_error` 异常。

string& ***string***::**append** (const *char** *chars*, size_type *chars_len*)

- 将字符数组 *chars* 内的 *chars_len* 个字符添加到 `*this` 末尾。
- 返回 `*this`。
- *chars* 必须至少包含 *chars_len* 个字符。这些字符可以为任意值，'\0' 无特殊意义。
- 如果所得结果超出最大字符数，抛出 `length_error` 异常。

string& ***string*****::append** (size_type *num*, *char c*)

- 将 *num* 个字符 *c* 添加到 *this 尾部。
- 返回 *this。
- 如果所得结果超出最大字符数，抛出 length_error 异常。

string& ***string*****::operator +=** (*char c*)
void ***string*****::push_back** (*char c*)

- 将字符 *c* 添加到 *this 尾部。
- Operator += 返回 *this。
- 如果所得结果超出最大字符数，两者都抛出 length_error 异常。

string& ***string*****::append** (InputIterator *beg*, InputIterator *end*)

- 将 [*beg*,*end*) 区间内的所有字符添加到 *this 尾部。
- 返回 *this。
- 如果所得结果超出最大字符数，抛出 length_error 异常。

string& ***string*****::operator +=** (*initializer-list*)
void ***string*****::append** (*initializer-list*)

- 都将 *initializer-list* 的字符添加到 *this 末尾。
- 都返回 *this。
- 如果所得结果超出最大字符数，两者都抛出 length_error 异常。
- 始自 C++11。

安插字符（Inserting Character）

string& ***string*****::insert** (size_type *idx*, const *string*& *str*)

- 将 *str* 插入 *this 内，从索引 *idx* 处开始安插新增字符。
- 返回 *this。
- 如果 *idx* > size()，抛出 out_of_range 异常。
- 如果所得结果超出最大字符数，抛出 length_error 异常。

string& ***string*****::insert** (size_type *idx*, const *string*& *str*,
                                  size_type *str_idx*, size_type *str_num*)

- 将 *str* 内 “从 *str_idx* 开始最多 *str_num* 个字符” 插入 *this，从索引 *idx* 处开始安插。
- 返回 *this。
- 如果 *idx* > size()，抛出 out_of_range 异常。
- 如果 *str_idx* > *str*.size()，抛出 out_of_range 异常。
- 如果所得结果超出最大字符数，抛出 length_error 异常。

string& ***string*::insert** (size_type *idx*, const *char** *cstr*)

- 将 C-string *cstr* 插入 *this，从索引 *idx* 处开始安插新增字符。
- 返回 *this。
- *cstr* 不可以是 null pointer（nullptr 或 NULL），否则会导致不确定的行为。
- 如果 *idx* > size()，抛出 out_of_range 异常。
- 如果所得结果超出最大字符数，抛出 length_error 异常。

string& ***string*::insert** (size_type *idx*, const *char** *chars*, size_type *chars_len*)

- 将字符数组 *chars* 内的 *chars_len* 个字符插入 *this，从索引 *idx* 处开始安插新增字符。
- 返回 *this。
- *chars* 必须至少包含 *chars_len* 个字符。这些字符可以为任意值，'\0' 无特殊意义。
- 如果 *idx* > size()，抛出 out_of_range 异常。
- 如果所得结果超出最大字符数，抛出 length_error 异常。

string& ***string*::insert** (size_type *idx*, size_type *num*, *char c*)
iterator ***string*::insert** (const_iterator *pos*, size_type *num*, *char c*)

- 分别在 *idx* 或 *pos* 指定的位置上安插 *num* 个字符 *c*。
- 第一形式将新字符插入 *str*，从索引 *idx* 处开始。
- 第二形式在 iterator *pos* 所指字符之前方插入新字符。
- 第一形式返回 *this。
- 第二形式返回被安插的第一个字符的位置，如果没有安插任何字符就返回 *pos*。
- 这两个函数构成重载（overloaded）形式，因此可能导致歧义（模棱两可）。如果你以 0 为第一实参，由于 0 可被视为索引（通常被转换为 unsigned），也可被视为 iterator（通常被转换为 char*），因而导致歧义。这种情况下你应该明确告知实参是个“索引”。例如：

```
std::string s;
...
s.insert(0,1,' ');                              // ERROR: ambiguous
s.insert((std::string::size_type)0,1,' ');      // OK
```

- 如果 *idx* > size()，两种形式都抛出 out_of_range 异常。
- 如果最终结果超出最大字符数，抛出 length_error 异常。
- 在 C++11 之前，*pos* 的类型是 iterator，第二形式的返回类型是 void。

iterator ***string*::insert** (const_iterator *pos*, *char c*)

- 在 iterator *pos* 所指字符之前方插入字符 *c* 的拷贝（副本）。
- 返回新被插入的字符的位置。
- 如果所得结果超出最大字符数，抛出 length_error 异常。
- 在 C++11 之前，*pos* 的类型是 iterator。

iterator ***string*::insert** (const_iterator *pos*,
InputIterator *beg*, InputIterator *end*)

- 在 iterator *pos* 所指字符之前方插入 [*beg*,*end*) 区间的所有字符。
- 返回被安插的第一个字符的位置，如果没有安插任何字符就返回 *pos*。
- 如果所得结果超出最大字符数，抛出 length_error 异常。
- 在 C++11 之前，*pos* 的类型是 iterator，返回类型是 void。

iterator ***string*::insert** (const_iterator *pos*, *initializer-list*)

- 在 iterator *pos* 所指字符之前方插入 *initializer-list* 的所有字符。
- 返回被安插的第一个字符的位置，如果没有安插任何字符就返回 *pos*。
- 如果所得结果超出最大字符数，抛出 length_error 异常。

抹除字符（Erasing Character）

void ***string*::clear** ()

string& ***string*::erase** ()

- 两个函数都会删除（delete）string 内的所有字符，因此调用后 string 成空。
- erase() 返回 *this。

string& ***string*::erase** (size_type *idx*)

string& ***string*::erase** (size_type *idx*, size_type *len*)

- 两种形式都删除 *this 之内从索引 *idx* 开始的最多 *len* 个字符。
- 都返回 *this。
- 如果未指定 *len*，则删除 *idx* 之后的所有字符。
- 如果 *idx* > size()，两种形式都抛出 out_of_range 异常。

iterator ***string*::erase** (const_iterator *pos*)

iterator ***string*::erase** (const_iterator *beg*, const_iterator *end*)

- 分别删除 *pos* 所指的单一字符或 [*beg*,*end*) 区间内的所有字符。
- 都返回最后一个被删除字符的下一字符（因此第二形式返回的是 *end*）。
- 在 C++11 之前，*pos*、 *beg* 和 *end* 的类型都是 iterator。

void ***string*::pop_back** ()

- 删除最末字符。
- 对空 string 调用此函数，会导致不明确的行为。
- 始自 C++11。

改变大小

void ***string***::**resize** (size_type *num*)

void ***string***::**resize** (size_type *num*, *char c*)

- 两种形式都将 *this 的字符数改为 *num*。也就是说，如果 *num* 不等于目前的 size()，则在尾部添加或删除足够字符，使字符数等于新的大小 *num*。
- 如果字符数增加，则以 *c* 为初值。如果未指定 *c*，则使用“字符类型”的 default 构造函数为新字符设初值（对 string 而言将是 '\0'）。
- 如果 *num* 等于 *string*::npos，两者都抛出 length_error 异常。
- 如果最终结果超出最大字符数，抛出 length_error 异常。

替换字符（Replacing Character）

string& ***string***::**replace** (size_type *idx*, size_type *len*, const *string*& *str*)

string& ***string***::**replace** (begin_iterator *beg*, begin_iterator *end*,
const *string*& *str*)

- 第一种形式将 *this 内“从 *idx* 开始，最长为 *len*”的字符替换为 *str* 内的所有字符。
- 第二种形式将 [*beg*,*end*) 区间内的字符替换为 *str* 的所有字符。
- 返回 *this。
- 如果 *idx* > size()，两种形式都抛出 out_of_range 异常。
- 如果最终结果超出最大字符数，抛出 length_error 异常。
- 在 C++11 之前，*beg* 和 *end* 的类型是 iterator。

string& ***string***::**replace** (size_type *idx*, size_type *len*,
const *string*& *str*, size_type *str_idx*, size_type *str_num*)

- 将 *this 内“从 *idx* 开始，最长为 *len*”的字符替换为 *str* 内“从 *str_idx* 开始，最长为 *str_num*”的所有字符。
- 返回 *this。
- 如果 *idx* > size()，抛出 out_of_range 异常。
- 如果 *str_idx* > *str*.size()，抛出 out_of_range 异常。
- 如果所得结果超出最大字符数，抛出 length_error 异常。

string& ***string***::**replace** (size_type *idx*, size_type *len*, const *char** *cstr*)

string& ***string***::**replace** (const_iterator *beg*, const_iterator *end*,
const *char** *cstr*)

- 分别将 *this 中“以 *idx* 开始，最长为 *len*”的字符，或 [*beg*,*end*) 区间内的字符替换为 C-string *cstr* 的所有字符。

- 都返回 `*this`。
- *cstr* 不可以是 null pointer（`nullptr` 或 `NULL`），否则会导致不确定的行为。
- 如果 *idx* > `size()`，两种形式都抛出 `out_of_range` 异常。
- 如果最终结果超出最大字符数，抛出 `length_error` 异常。
- 在 C++11 之前，*beg* 和 *end* 的类型是 `iterator`。

string& ***string*::replace** (size_type *idx*, size_type *len*,
const *char** *chars*, size_type *chars_len*)
string& ***string*::replace** (const_iterator *beg*, const_iterator *end*,
const *char** *chars*, size_type *chars_len*)

- 分别将 `*this` 中"以 *idx* 开始，最长为 *len*"的字符或 [*beg*,*end*) 区间内的字符，替换为字符数组 *chars* 中的 *chars_len* 个字符。
- 都返回 `*this`。
- *chars* 必须至少包含 *chars_len* 个字符。这些字符可以为任意值，`'\0'` 无特殊意义。
- 如果 *idx* > `size()`，两种形式都抛出 `out_of_range` 异常。
- 如果最终结果超出最大字符数，抛出 `length_error` 异常。
- 在 C++11 之前，*beg* 和 *end* 的类型是 `iterator`。

string& ***string*::replace** (size_type *idx*, size_type *len*, size_type *num*, *char c*)
string& ***string*::replace** (const_iterator *beg*, const_iterator *end*,
size_type *num*, *char c*)

- 分别将 `*this` 内"从 *idx* 开始，最长为 *len*"的字符，或 [*beg*,*end*) 区间内的字符，替换为 *num* 个字符 *c*。
- 都返回 `*this`。
- 如果 *idx* > `size()`，两种形式都抛出 `out_of_range` 异常。
- 如果最终结果超出最大字符数，抛出 `length_error` 异常。
- 在 C++11 之前，*beg* 和 *end* 的类型是 `iterator`。

string& ***string*::replace** (const_iterator *beg*, const_iterator *end*,
InputIterator *newBeg*, InputIterator *newEnd*)

- 以 [*newBeg*,*newEnd*) 区间内的所有字符替换 [*beg*,*end*) 区间内的所有字符。
- 返回 `*this`。
- 如果所得结果超出最大字符数，抛出 `length_error` 异常。
- 在 C++11 之前，*beg* 和 *end* 的类型是 `iterator`。

string& ***string*::replace** (const_iterator *beg*, const_iterator *end*,
initializer-list)

- 以 *initializer-list* 内的所有字符替换 [*beg*,*end*) 区间内的所有字符。
- 返回 `*this`。
- 如果所得结果超出最大字符数，抛出 `length_error` 异常。
- 始自 C++11。

13.3.8 查找（Searching and Finding）

查找单一字符（Find a Character）

size_type ***string*::find** (*char c*) const
size_type ***string*::find** (*char c*, size_type *idx*) const
size_type ***string*::rfind** (*char c*) const
size_type ***string*::rfind** (*char c*, size_type *idx*) const

- 这些函数（从索引 *idx* 开始）搜索第一个或最后一个字符 *c*。
- 函数 `find()` 正向（forward）查找，并返回找到的第一个 substring。
- 函数 `rfind()` 反向（backward）搜索，并返回找到的最后一个 substring。
- 如果成功，就返回字符索引；否则返回 *string*::npos。

查找子字符串（Find a Substring）

size_type ***string*::find** (const *string*& *str*) const
size_type ***string*::find** (const *string*& *str*, size_type *idx*) const
size_type ***string*::rfind** (const *string*& *str*) const
size_type ***string*::rfind** (const *string*& *str*, size_type *idx*) const

- 这些函数（从索引 *idx* 开始）查找第一个或最后一个 substring *str*。
- 函数 `find()` 正向（forward）查找，并返回找到的第一个 substring。
- 函数 `rfind()` 反向（backward）搜索，并返回找到的最后一个 substring。
- 如果成功，就返回 substring 内的第一字符的索引；否则返回 *string*::npos。

size_type ***string*::find** (const *char* cstr*) const
size_type ***string*::find** (const *char* cstr*, size_type *idx*) const
size_type ***string*::rfind** (const *char* cstr*) const
size_type ***string*::rfind** (const *char* cstr*, size_type *idx*) const

- 这些函数（从索引 *idx* 开始）查找“与 C-string *cstr* 内容相同”的第一个或最后一个 substring。

- 函数 find() 正向（forward）查找，并返回找到的第一个 substring。
- 函数 rfind() 反向（backward）搜索，并返回找到的最后一个 substring。
- 如果成功，就返回 substring 内的第一字符的索引；否则返回 *string*::npos。
- *cstr* 不可以是 null pointer（nullptr 或 NULL），否则会导致不确定的行为。

size_type ***string*::find** (const *char** *chars*, size_type *idx*,
                         size_type *chars_len*) const

size_type ***string*::rfind** (const *char** *chars*, size_type *idx*,
                          size_type *chars_len*) const

- 这些函数（从索引 *idx* 开始）查找"与字符数组 *chars* 内的 *chars_len* 个字符内容相同"的第一个或最后一个子字符串。
- 函数 find() 正向（forward）查找，并返回找到的第一个 substring。
- 函数 rfind() 反向（backward）搜索，并返回找到的最后一个 substring。
- 如果成功，就返回 substring 内的第一字符的索引；否则返回 *string*::npos。
- *chars* 必须至少包含 *chars_len* 个字符。这些字符可以为任意值，'\0' 无特殊意义。

查找第一个符合条件的字符

size_type ***string*::find_first_of** (const *string*& *str*) const

size_type ***string*::find_first_of** (const *string*& *str*, size_type *idx*) const

size_type ***string*::find_first_not_of** (const *string*& *str*) const

size_type ***string*::find_first_not_of** (const *string*& *str*, size_type *idx*) const

- 这些函数（从索引 *idx* 处开始）查找 *this 之中属于（或不属于）*str* 的第一个字符。
- 如果成功就返回"找到的 substring 或字符"的索引；否则返回 *string*::npos。

size_type ***string*::find_first_of** (const *char** *cstr*) const

size_type ***string*::find_first_of** (const *char** *cstr*, size_type *idx*) const

size_type ***string*::find_first_not_of** (const *char** *cstr*) const

size_type ***string*::find_first_not_of** (const *char** *cstr*, size_type *idx*) const

- 这些函数（从索引 *idx* 处开始）查找 *this 之中属于（或不属于）C-string *cstr* 的第一个字符。
- 如果成功就返回字符索引；否则返回 *string*::npos。
- *cstr* 不可以是 null pointer（nullptr 或 NULL），否则会导致不确定的行为。

size_type *string*::**find_first_of** (const *char* chars*, size_type *idx*,
size_type *chars_len*) const

size_type *string*::**find_first_not_of** (const *char* chars*, size_type *idx*,
size_type *chars_len*) const

- 这些函数从索引 *idx* 处开始查找 `*this` 之中“属于（或不属于）字符数组 *chars* 内的前 *chars_len* 个字符”的第一个字符。
- 如果成功，就返回找到的字符的索引；否则返回 *string*::`npos`。
- *chars* 必须至少包含 *chars_len* 个字符。这些字符可以为任意值，`'\0'` 无特殊意义。

size_type *string*::**find_first_of** (*char c*) const

size_type *string*::**find_first_of** (*char c*, size_type *idx*) const

size_type *string*::**find_first_not_of** (*char c*) const

size_type *string*::**find_first_not_of** (*char c*, size_type *idx*) const

- 这些函数（从索引 *idx* 处开始）查找 `*this` 之中等于（或不等于）字符 *c* 的第一个字符。
- 如果成功，就返回找到的字符的索引；否则返回 *string*::`npos`。

查找最后一个符合条件的字符

size_type *string*::**find_last_of** (const *string& str*) const

size_type *string*::**find_last_of** (const *string& str*, size_type *idx*) const

size_type *string*::**find_last_not_of** (const *string& str*) const

size_type *string*::**find_last_not_of** (const *string& str*, size_type *idx*) const

- 这些函数（从索引 *idx* 处开始）查找 `*this` 之中属于（或不属于） *str* 的最后一个字符。
- 如果成功就返回“找到的 substring 或字符”的索引；否则返回 *string*::`npos`。

size_type *string*::**find_last_of** (const *char* cstr*) const

size_type *string*::**find_last_of** (const *char* cstr*, size_type *idx*) const

size_type *string*::**find_last_not_of** (const *char* cstr*) const

size_type *string*::**find_last_not_of** (const *char* cstr*, size_type *idx*) const

- 这些函数（从索引 *idx* 处开始）查找 `*this` 之中属于（或不属于） C-string *cstr* 的最后一个字符。
- 如果成功就返回字符索引；否则返回 *string*::`npos`。
- *cstr* 不可以是 null pointer（`nullptr` 或 `NULL`），否则会导致不确定的行为。

```
size_type string::find_last_of (const char* chars, size_type idx,
                                size_type chars_len) const
size_type string::find_last_not_of (const char* chars, size_type idx,
                                    size_type chars_len) const
```

- 这些函数从索引 *idx* 处开始查找 `*this` 之中“属于（或不属于）字符数组 *chars* 内的前 *chars_len* 个字符”的最后一个字符。
- 如果成功，就返回找到的字符的索引；否则返回 *string*::`npos`。
- *chars* 必须至少包含 *chars_len* 个字符。这些字符可以为任意值，`'\0'` 无特殊意义。

```
size_type string::find_last_of (char c) const
size_type string::find_last_of (char c, size_type idx) const
size_type string::find_last_not_of (char c) const
size_type string::find_last_not_of (char c, size_type idx) const
```

- 这些函数（从索引 *idx* 处开始）查找 `*this` 之中等于（或不等于）字符 *c* 的最后一个字符。
- 如果成功，就返回找到的字符的索引；否则返回 *string*::`npos`。

13.3.9 子字符串（Substring）及字符串接合（String Concatenation）

```
string string::substr () const
string string::substr (size_type idx) const
string string::substr (size_type idx, size_type len) const
```

- 这几种形式都返回 `*this` 之中“从索引 *idx* 开始的最多 *len* 个字符”所组成的 substring。
- 如果没有 *len*，则将“余下的所有字符”当作 substring 返回。
- 如果没有 *idx* 和 *len*，则返回 string 拷贝（副本）。
- 如果 *idx* > `size()`，则抛出 `out_of_range` 异常。

```
string operator+ (const string& str1, const string& str2)
string operator+ (string&& str1, string&& str2)
string operator+ (string&& str1, const string& str2)
string operator+ (const string& str1, string&& str2)
string operator+ (const string& str, const char* cstr)
string operator+ (string&& str, const char* cstr)
string operator+ (const char* cstr, const string& str)
string operator+ (const char* cstr, string&& str)
string operator+ (const string& str, char c)
```

string **operator +** (*string*&& *str*, *char c*)

string **operator +** (*char c*, const *string*& *str*)

string **operator +** (*char c*, *string*&& *str*)

- 所有形式都接合两个操作数内的所有字符，并返回接合后的 string。
- 只要任何实参是个 rvalue reference，其 move 语义就会被用上，那意味着操作完成后该实参的内容不再明确。
- 操作数可以是下列任意一种：
  - 一个 string。
  - 一个 C-string。
  - 单一字符。
- 如果接合结果超出最大字符数，则所有形式都抛出 `length_error` 异常。

13.3.10 I/O函数

ostream& **operator <<** (*ostream*&& *strm*, const *string*& *str*)

- 将 *str* 内的字符写入 stream *strm*。
- 如果 *strm*`.width()` 大于 0，则至少写入 `width()` 个字符，然后 `width()` 被设为 0。
- *ostream* 的类型是 `basic_ostream<`*char*`>`，具体取决于字符类型（参见 15.2.1 节第 748 页）。
- 在 C++11 之前，stream 的类型是个 lvalue reference。

istream& **operator >>** (*istream*&& *strm*, *string*& *str*)

- 从 *strm* 读取下一个 string 的所有字符，放入 *str*。
- 如果 *strm* 的 `skipws` flag 被设置，则前导空格将忽略不计。
- 字符读取动作遇到下面的情形之一即结束：
  - *strm*`.width()` 大于 0，且已存入 `width()` 个字符。
  - *strm*`.good()` 为 `false`（这也可能导致相应异常）。
  - 对下一个字符 *c*，`isspace(`*c*`,`*strm*`.getloc())` 为 `true`。
  - 已存入 *str*`.max_size()` 个字符。
- 视情况重新分配内存。
- *istream* 的类型是 `basic_istream<`*char*`>`，具体取决于字符类型（参见 15.2.1 节第 748 页）。
- 在 C++11 之前，stream 的类型是个 lvalue reference。

istream& **getline** (*istream& strm*, *string& str*)
istream& **getline** (*istream&& strm*, *string& str*)
istream& **getline** (*istream& strm*, *string& str*, *char delim*)
istream& **getline** (*istream&& strm*, *string& str*, *char delim*)

- 从 *strm* 读取下一整行的所有字符，放入 string *str*。
- 读取所有字符（包括前导空格），直到下列情形之一发生：
  - *strm*.good() 为 false（这也可能导致相应异常）。
  - 读到 *delim* 或 *strm*.widen('\n')。
  - 已读取 *str*.max_size() 个字符。
- 行分隔符（line delimiter）从实参中获取。
- 视情况重新分配内存。
- *istream* 的类型是 basic_istream<*char*>，具体取决于字符类型（参见 15.2.1 节第 748 页）。
- 针对 rvalue reference 而提供的那些重载版本，始自 C++11。

13.3.11 数值转换（Numeric Conversion）

int **stoi** (const *string& str*, size_t* *idxRet* = nullptr, int *base* = 10)
int **stol** (const *string& str*, size_t* *idxRet* = nullptr, int *base* = 10)
int **stoul** (const *string& str*, size_t* *idxRet* = nullptr, int *base* = 10)
int **stoll** (const *string& str*, size_t* *idxRet* = nullptr, int *base* = 10)
int **stoull** (const *string& str*, size_t* *idxRet* = nullptr, int *base* = 10)
int **stof** (const *string& str*, size_t* *idxRet* = nullptr, int *base* = 10)
int **stod** (const *string& str*, size_t* *idxRet* = nullptr, int *base* = 10)
int **stold** (const *string& str*, size_t* *idxRet* = nullptr, int *base* = 10)

- 将 *str* 转至相应的返回类型。
- *str* 是个 string，其类型可以是 string 或 wstring。
- 跳过前导的所有空白字符（whitespace）。
- 如果 *idxRet*!=nullptr，返回“转换过程中第一个不被接受的字符”的索引。
- 实参 base 允许你指定一个基数（base number）。
- 如果转换不成功，抛出 std::invalid_argument，如果转换后的结果超出返回类型的合理范围，抛出 std::out_of_range。

string **to_string** (*Type val*)
wstring **to_wstring** (*Type val*)

- 转换 *val* 成为一个 string 或 wstring。
- *val* 的有效类型是 int、unsigned int、long、unsigned long、long long、unsigned long long、float、double 或 long double。

13.3.12 生成 Iterator

iterator *string*::**begin** ()
const_iterator *string*::**begin** () const
const_iterator *string*::**cbegin** ()

- 所有形式都返回一个 random-access iterator 指向 string 头部（首字符位置）。
- 如果 string 为空，以上调用等价于 end() 或 cend()。

iterator *string*::**end** ()
const_iterator *string*::**end** () const
const_iterator *string*::**cend** ()

- 所有形式都返回一个 random-access iterator 指向 string 末尾（最末字符的下一位置）。
- *end* 处并未定义字符，所以 **s*.end() 和 **s*.cend() 会导致不明确的行为。
- 如果 string 为空，以上调用等价于 begin() 或 cbegin()。

reverse_iterator *string*::**rbegin** ()
const_reverse_iterator *string*::**rbegin** () const
const_reverse_iterator *string*::**crbegin** ()

- 所有形式都返回一个 reverse random-access iterator，指向倒数第一字符（亦即最末字符）。
- 如果 string 为空，以上调用等价于 rend() 或 crend()。
- 关于 reverse iterator，详见 9.4.1 节第 448 页。

reverse_iterator *string*::**rend** ()
const_reverse_iterator *string*::**rend** () const
const_reverse_iterator *string*::**crend** ()

- 所有形式都返回一个 reverse random-access iterator，指向倒数最末元素的下一位置。
- *rend* 处并未定义字符，所以 **s*.rend() 和 **s*.crend() 会导致不明确的行为。
- 如果 string 为空，以上调用等价于 rbegin() 或 crbegin()。
- 关于 reverse iterator，详见 9.4.1 节第 448 页。

13.3.13 对 Allocator 的支持

就像其他用上 allocator 的 class 一样，string 也提供常见的 allocator 相关支持。

***string*::allocator_type**

- Allocator 的类型。
- 是 `basic_string<>` 的第三个 template 实参。
- 对 `string` 类型而言，等价于 `allocator<char>`。

`allocator_type` ***string*::get_allocator** `() const`

- 返回 string 的内存模型（memory model）。

String 的所有构造函数都可接受一个 allocator 实参。以 C++ standard 为根据，下面列出了所有 string 构造函数，包括其可选性的 allocator 实参：[11]

```
namespace std {
    template <typename charT,
              typename traits = char_traits<charT>,
              typename Allocator = allocator<charT> >
    class basic_string {
      public:
        // default constructor
        explicit basic_string(const Allocator& a = Allocator());

        // copy and move constructor (with allocator)
        basic_string(const basic_string& str);
        basic_string(basic_string&& str);
        basic_string(const basic_string& str, const Allocator&);
        basic_string(basic_string&& str, const Allocator&);

        // constructor for substrings
        basic_string(const basic_string& str,
                     size_type str_idx = 0,
                     size_type str_num = npos,
                     const Allocator& a = Allocator());

        // constructor for C-strings
        basic_string(const charT* cstr,
                     const Allocator& a = Allocator());
```

[11] 其中的 copy ctor with allocator、move ctor、ctor for initializer list，都是自 C++11 才开始提供。

```
        // constructor for character arrays
        basic_string(const charT* chars, size_type chars_len,
                     const Allocator& a = Allocator());

        // constructor for num occurrences of a character
        basic_string(size_type num, charT c,
                     const Allocator& a = Allocator());

        // constructor for a range of characters
        template <typename InputIterator>
        basic_string(InputIterator beg, InputIterator end,
                     const Allocator& a = Allocator());

        // constructor for an initializer list
        basic_string(initializer_list<charT>,
                     const Allocator& a = Allocator());
        ...
    };
}
```

这些构造函数的行为一如 13.3.2 节第 694 页所介绍，并带有额外机能：允许你传入你自己的内存模型对象（memory model object）。如果 string 系以另一个 string 为初值，来源端的 allocator 也会被复制。[12] 第 19 章对 allocator 有更详细的介绍。

[12] C++ standard 最初版本规定：当 string 被复制时应选择 default allocator。但此做法不很合理，于是有人提议修改，最后形成目前的情况。

第14章

正则表达式

本章介绍正则表达式（regular expression）程序库 regex，它允许你使用通配符（wildcard）和 pattern（模式）来查找和替换 string 中的字符。

你可以运用正则表达式完成以下工作：

- **Match**：将整个输入拿来比对（匹配）某个正则表达式。
- **Search**：查找“与正则表达式吻合”的 pattern。
- **Tokenize**：根据“被指定为正则表达式”的切分器（separator）取得语汇单元（token）。
- **Replace**：将与正则表达式吻合之第一个（或后续所有）子序列替换掉。

你可以采用不同的文法来完成这些操作。所谓文法就是“用来定义正则表达式”的语法。

我将从介绍各种操作开始，然后讨论不同的文法，最后详列 regex 的各项操作。

14.1 Regex 的匹配和查找接口（Match and Search Interface）

首先让我们看看，如何检查某个字符序列（sequence of characters）是否匹配或局部匹配（match or partially match）某个正则表达式：

```
// regex/regex1.cpp

#include <regex>
#include <iostream>
using namespace std;

void out (bool b)
{
    cout << ( b ? "found" : "not found") << endl;
}
```

```
int main()
{
    //find XML/HTML-tagged value (using default syntax):
    regex reg1("<.*>.*</.*>");
    bool found = regex_match ("<tag>value</tag>",     //data
                              reg1);                  //regular expression
    out(found);

    //find XML/HTML-tagged value (tags before and after the value must match):
    regex reg2("<(.*)>.*</\\1>");
    found = regex_match ("<tag>value</tag>",          //data
                         reg2);                       //regular expression
    out(found);

    //find XML/HTML-tagged value (using grep syntax):
    regex reg3("<\\(.*\\)>.*</\\1>",regex_constants::grep);
    found = regex_match ("<tag>value</tag>",          //data
                         reg3);                       //regular expression
    out(found);

    //use C-string as regular expression (needs explicit cast to regex):
    found = regex_match ("<tag>value</tag>",          //data
                         regex("<(.*)>.*</\\1>"));    //regular expression
    out(found);
    cout << endl;

    //regex_match() versus regex_search():
    found = regex_match ("XML tag: <tag>value</tag>",
                         regex("<(.*)>.*</\\1>"));         //fails to match
    out(found);
    found = regex_match ("XML tag: <tag>value</tag>",
                         regex(".*<(.*)>.*</\\1>.*"));     //matches
    out(found);
    found = regex_search ("XML tag: <tag>value</tag>",
                          regex("<(.*)>.*</\\1>"));        //matches
    out(found);
    found = regex_search ("XML tag: <tag>value</tag>",
                          regex(".*<(.*)>.*</\\1>.*"));    //matches
    out(found);
}
```

首先，包含必要的头文件，并告诉编译器我们要使用命名空间 std：

```
#include <regex>
using namespace std;
```

接下来，第一个例子展示了如何定义正则表达式并用它来检验字符序列是否匹配某个指定的 pattern（样式）。我们声明 reg1 是个正则表达式，并给予初值：

```
regex reg1("<.*>.*</.*>");
```

这个用来表现正则表达式的对象，其类型是 std::regex。和 string 的情况类似，它是 class std::basic_regex<> 针对字符类型 char 的一个特化。如果针对字符类型 wchar_t，特化类型将是 std::wregex。

reg1 被初始化为以下正则表达式：

```
<.*>.*</.*>
```

这个正则表达式将以语法 .* 检验 “*<someChars>someChars</someChars>*”，其中 . 意指 “newline 以外的任何字符”，* 意指 “0 次或多次”。以此形式，显然我们意图匹配一个 tagged XML or HTML value 格式。字符序列 <tag>value</tag> 吻合上述 pattern，所以

```
regex_match ("<tag>value</tag>",      // data
             reg1);                   // regular expression
```

会导致 true。

我们甚至可以指出前导和尾附的 tag 必须是相同的字符序列，例如：

```
regex reg2("<(.*)>.*</\\1>");
found = regex_match ("<tag>value</tag>",      // data
                     reg2);                   // regular expression
```

这个 regex_match() 再次导致 true。

这里用上了 grouping 概念。我们以 (...) 定义出所谓的 *capture group*，有了它，稍后就可以借由正则表达式 \1 再次指代它。然而请注意，正则表达式是个寻常的字符序列，所以必须将“字符 \ 之后再加字符 1”写为 \\1。另一种做法是使用 *raw string*，这是 C++11 引入的新写法（见 3.1.6 节第 23 页）：

```
R"(<(.*)>.*</\1>)"   // equivalent to: "<(.*)>.*</\\1>"
```

这样一种 raw string 允许你在定义字符序列时准确地写出其内容。它以 R"(起头而以)" 结束。为了让)" 本身也能够被放入 raw string，你还可以使用一个定义符（delimiter）。因此 raw string 的完整语法是 R"*delim*(...)*delim*"，其中 *delim* 是个字符序列，最多 16 个基本字符，不含反斜线、空白字符、小括号（backslash, whitespace, and parentheses）。

以上介绍的是正则表达式中的特殊字符，这只是文法的一部分。C++ 标准库支持各式各样的文法。默认文法是一种“经过改造的 ECMAScript 文法”（modified ECMAScript grammar），详见 14.8 节第 738 页。以下语句示范了你可以使用多么不同的文法：

```
regex reg3("<\\(.*\\)>.*</\\1>",regex_constants::grep);
found = regex_match ("<tag>value</tag>",      // data
                     reg3);                   // regular expression
```

在这里，regex 构造函数可选的第二实参 regex_constants::grep 指出一种类似“UNIX grep 命令”的文法：必须以额外反斜线（backslash）将欲成为 group 的字符包起来（而它们在寻常 string literal 中又必须被反斜线包起来）。14.9 节第 739 页讨论了各种文法的区别。

前面所有例子都使用独立（分离）的对象来表现正则表达式。这其实并非必要。然而只传入一个 string 或 string literal 作为正则表达式也是不够的。虽然 string 和正则表达式之间有个隐式转换，但最终的语句却通不过编译，因为会造成歧义（模棱两可）。例如：

```
regex_match ("<tag>value</tag>",             // ERROR: ambiguous
             "<(.*)>.*</\\1>")
regex_match (string("<tag>value</tag>"),     // ERROR: ambiguous
             "<(.*)>.*</\\1>")
regex_match ("<tag>value</tag>",             // OK
             regex("<(.*)>.*</\\1>"))
```

最后，我们来探讨 regex_match() 和 regex_search 的不同：

- regex_match() 检验是否整个字符序列匹配（吻合）某个正则表达式。
- regex_search() 检验是否部分字符序列匹配（吻合）某个正则表达式。

除此之外别无不同。因此

```
regex_search (data, regex(pattern))
```

总是等价于

```
regex_match (data, regex("(.|\n)*"+pattern+"(.|\n)*"))
```

其中的 (.|\n)* 意指任何数量和任何字符（. 意指 newline 之外的任何字符而 | 意指 or）。

现在，你可能会说，这些语句都遗漏了一项重要信息（至少对 regex_search() 而言是如此）：哪里是“正则表达式匹配字符序列”的位置？为了这一点，也为了其他更多特性，我们必须介绍新版 regex_match() 和 regex_search()，其中有个新参数就用来返回每次匹配的所有必要信息。

14.2 处理“次表达式”（Subexpression）

考虑下面这个例子：

```
// regex/regex2.cpp

#include <string>
#include <regex>
#include <iostream>
#include <iomanip>
using namespace std;
```

```
int main()
{
    string data = "XML tag: <tag-name>the value</tag-name>.";
    cout << "data:              " << data << "\n\n";

    smatch m;  // for returned details of the match
    bool found = regex_search (data,
                               m,
                               regex("<(.*)>(.*)</(\\1)>"));

    // print match details:
    cout << "m.empty():          " << boolalpha << m.empty() << endl;
    cout << "m.size():           " << m.size() << endl;
    if (found) {
        cout << "m.str():           " << m.str() << endl;
        cout << "m.length():        " << m.length() << endl;
        cout << "m.position():      " << m.position() << endl;
        cout << "m.prefix().str(): " << m.prefix().str() << endl;
        cout << "m.suffix().str(): " << m.suffix().str() << endl;
        cout << endl;

        // iterating over all matches (using the match index):
        for (int i=0; i<m.size(); ++i) {
            cout << "m[" << i << "].str():        " << m[i].str() << endl;
            cout << "m.str(" << i << "):          " << m.str(i) << endl;
            cout << "m.position(" << i << "):     " << m.position(i)
                 << endl;
        }
        cout << endl;

        // iterating over all matches (using iterators):
        cout << "matches:" << endl;
        for (auto pos = m.begin(); pos != m.end(); ++pos) {
            cout << " " << *pos << " ";
            cout << "(length: " << pos->length() << ")" << endl;
        }
    }
}
```

此例展示了 `match_results` 对象的用法，该对象被传给 `regex_match()` 和 `regex_search()` 用以获得匹配细节。Class `std::match_results<>` 是个 template，必须依据其所处理的字符的 iteartor 类型而实例化（instantiated）。C++ 标准库提供了若干预定义的实例化实现（instantiation）：

- smatch：针对“匹配 string”而设计。
- cmatch：针对“匹配 C-string（const char*）”而设计。
- wsmatch：针对“匹配 wstring”而设计。
- wcmatch：针对“匹配 wide C-string（const wchar_t*）”而设计。

因此，如果我们对于 C++ string 调用 regex_match() 或 regex_search()，必须选用 smatch 类型；如果面对的是寻常的 string literal，必须选用 cmatch 类型。

match_results 对象带来的东西，在本例中有详细展现。我们的正则表达式是

```
<(.*)>(.*)</(\1)>
```

而我们的查找（匹配）目标是这样的字符序列：

```
"XML tag: <tag-name>the value</tag-name>."
```

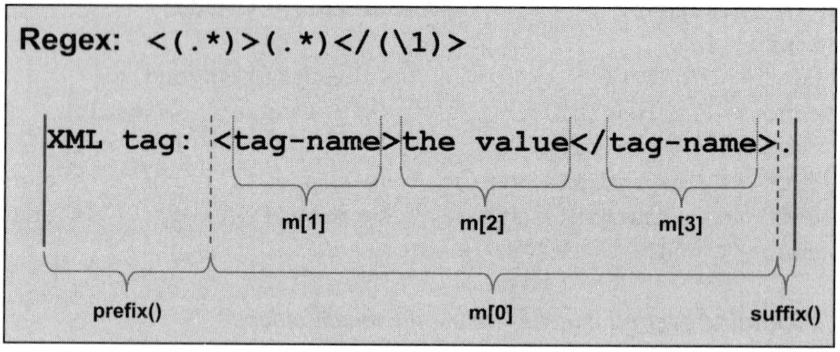

图 14.1 Regex 的匹配相关接口（Match Interface）

调用之后，match_results 对象 m 的状态如图14.1所示，并提供以下接口：

- 一般而言，match_results 对象内含：
  - 一个 sub_match 对象 m[0]，表现“匹配合格之所有字符”。
  - 一个 prefix()，这是个 sub_match 对象，表现第一个匹配合格的字符的前方所有字符。
  - 一个 suffix()，是个 sub_match 对象，表现最末一个匹配合格的字符的后方所有字符。
- 此外，对于任何 capture group，你可以访问一个对应的 sub_match 对象 m[*n*]。本例的 regex 定义了三个 capture group，其一针对前导的 tag，其二针对 value，其三针对结尾的 tag，所以一共存在三个可用的 m[1]、m[2] 和 m[3]。
- size() 可取得 sub_match 对象的个数（包括 m[0]）。
- 所有 sub_match 对象都派生自 pair<>，其 first 成员是第一字符的位置，second 成员是最末字符的下一位置。另有个 str() 以 string 形式取得字符，有个 length() 可取得字符数量，operator << 将字符写至某个 stream，并有一个隐式类型转换将字符转换为 string。

- match_results 对象作为一个整体来看，提供了：
  - 成员函数 str() 可取得“匹配合格之整体 string”（调用 str() 或 str(0)）或“第 *n* 个匹配合格之 substring”（调用 str(*n*)），如果不存在这样的 substring 则所得为空（因此传入一个大于 size() 的 *n* 值是合法的）。
  - 成员函数 length() 可取得“匹配合格之整体 string 的长度”（调用 length() 或 length(0)）或“第 *n* 个匹配合格之 substring 的长度”（调用 length(*n*)），如果不存在这样的 substring 则所得为 0（因此传入一个大于 size() 的 *n* 值是合法的）。
  - 成员函数 position() 可取得“匹配合格之整体 string 的位置”（调用 position() 或 position(0)）或“第 *n* 个匹配合格的 substring 的位置”（调用 position(*n*)）。
  - 成员函数 begin()、cbegin()、end() 和 cend() 可用来迭代 sub_match 对象，从 m[0] 到 m[*n*]。

根据以上所言，本例输出如下：

```
data:              XML tag: <tag-name>the value</tag-name>.

m.empty():         false
m.size():          4
m.str():           <tag-name>the value</tag-name>
m.length():        30
m.position():      9
m.prefix().str():  XML tag:
m.suffix().str():  .

m[0].str():        <tag-name>the value</tag-name>
m.str(0):          <tag-name>the value</tag-name>
m.position(0):     9
m[1].str():        tag-name
m.str(1):          tag-name
m.position(1):     10
m[2].str():        the value
m.str(2):          the value
m.position(2):     19
m[3].str():        tag-name
m.str(3):          tag-name
m.position(3):     30

matches:
 <tag-name>the value</tag-name> (length: 30)
 tag-name (length: 8)
 the value (length: 9)
 tag-name (length: 8)
```

换句话说，你有四种方法可从 `match_result<>` `m` 中取得匹配合格之整体 string：

```
m.str()          // yields whole matches string
m.str(0)         // ditto（同上）
m[0].str()       // ditto（同上）
*(m.begin())     // ditto（同上）
```

还有三种方法可以取得第 *n* 个匹配的 substring（如果有的话）：

```
m.str(1)         // yields first matched substring, if any, or "" otherwise
m[1].str()       // ditto
*(m.begin()+1)   // yields first matched substring, if any, invalid otherwise
```

如果调用的是 `regex_match()` 而不是 `regex_search()`，上述 `match_results` 的接口相同。然而由于 `regex_match()` 总是匹配整个字符序列，所以 prefix（前缀）和 suffix（后缀）总为空。

现在我们拥有“正则表达式之所有匹配结果”的一切信息了，如下所示：

```
// regex/regex3.cpp

#include <string>
#include <regex>
#include <iostream>
using namespace std;

int main()
{
    string data = "<person>\n"
                  " <first>Nico</first>\n"
                  " <last>Josuttis</last>\n"
                  "</person>\n";

    regex reg("<(.*)>(.*)</(\\1)>");

    // iterate over all matches
    auto pos=data.cbegin();
    auto end=data.cend();
    smatch m;
    for ( ; regex_search(pos,end,m,reg); pos=m.suffix().first) {
        cout << "match:  " << m.str() << endl;
        cout << " tag:   " << m.str(1) << endl;
        cout << " value: " << m.str(2) << endl;
    }
}
```

此处的正则表达式如下（反斜线在 C++ string literal 中是所谓的转义字符〔escape character〕）：

```
<(.*)>(.*)</(\1)>
```

我们打算找出：

<anyNumberOfAnyChars1>anyNumberOfAnyChars2</anyNumberOfAnyChars1>

以此形式查找 XML tag（`\1` 意指“和第一个匹配之 substring 相同”）。

本例以不同于前例的接口来使用正则表达式。本例的方式是迭代“匹配合格之字符序列”。因此我们不传入“字符序列整体”，而是传入“相应元素的区间”。首先令此区间表示所有字符，以 `cbegin()` 和 `cend()` 标示出查找目标（string）：

```
auto pos=data.cbegin();
auto end=data.cend();
```

每次匹配后继续查找，但改由剩余字符的起点开始：

```
smatch m;
for ( ; regex_search(pos,end,m,reg); pos=m.suffix().first) {
    ...
}
```

于是，由于我们所解析的 string `data` 如下：

```
<person>
 <first>Nico</first>
 <last>Josuttis</last>
</person>
```

程序有了以下输出：

```
match:  <first>Nico</first>
 tag:   first
 value: Nico
match:  <last>Josuttis</last>
 tag:   last
 value: Josuttis
```

重设 `pos` 时也可传入 `m[0].second()`（匹配合格之字符的末端）取代 `m.suffix().first`。注意，这两种情况下我们都必须使用 `const_iterator`。因此，如果使用 `begin()` 和 `end()` 来初始化 `pos` 和 `end`，将无法通过编译。

也请注意，如果 `data` 中的 tag 不是被一个个 newline 字符隔开，而是如下：

```
<person><first>Nico</first><last>Josuttis</last></person>
```

输出将会不同：

```
match:  <person><first>Nico</first><last>Josuttis</last></person>
 tag:   person
 value: <first>Nico</first><last>Josuttis</last>
```

这是因为 regex 函数试图在一种所谓 *greedy*（贪婪的）风格下操作，也就是说它会试图完成最长匹配。如果使用 newline 字符，以 `<person>` 开始的 tag 将不能满足匹配，因为我们寻找的是 `.*` 这样的 value，那意味着“newline 以外的字符；任何次数”。如果没有 newline 字符，整个以 `<person>` 开始的 tag 就能满足 pattern。为了确保我们仍能找到更内层的 tag，我们必须改变正则表达式，例如像下面这样：

```
"<(.*)>([^>]*)</(\\1)>"
```

对于这样的 value，我们寻找的是 `[^>]*`，那意味着“< 以外的字符；任何次数”，于是 subtag 不再能够成为 value 的一部分。

14.3 Regex Iterator

为了逐一迭代正则查找的所有匹配成果，我们也可以使用 regex iterator。这些 iterator 的类型是 `regex_iterator<>`，有着针对 string 和字符序列而预先定义好的实例化实现（instantiation），分别以 `s`、`c`、`ws` 或 `wc` 开头。看看下面的这个例子：

```
// regex/regexiter1.cpp

#include <string>
#include <regex>
#include <iostream>
#include <algorithm>
using namespace std;

int main()
{
    string data = "<person>\n"
                  " <first>Nico</first>\n"
                  " <last>Josuttis</last>\n"
                  "</person>\n";

    regex reg("<(.*)>(.*)</(\\1)>");

    // iterate over all matches (using a regex_iterator):
    sregex_iterator pos(data.cbegin(),data.cend(),reg);
    sregex_iterator end;
    for ( ; pos!=end ; ++pos ) {
        cout << "match:  " << pos->str() << endl;
        cout << " tag:   " << pos->str(1) << endl;
        cout << " value: " << pos->str(2) << endl;
    }

    // use a regex_iterator to process each matched substring as element in an algorithm:
    sregex_iterator beg(data.cbegin(),data.cend(),reg);
```

```
    for_each (beg,end,[](const smatch& m) {
                          cout << "match:  " << m.str() << endl;
                          cout << " tag:   " << m.str(1) << endl;
                          cout << " value: " << m.str(2) << endl;
                      });
}
```

其中有：

```
sregex_iterator pos(data.cbegin(),data.cend(),reg);
```

这是初始化一个 regex iterator，它将用来迭代 data，找出 reg 的合格匹配。其 default 构造函数定义出一个指向“末尾之下一位置”（past-the-end）的 iterator：

```
sregex_iterator end;
```

现在我们可以像使用其他 bidirectional iterator（见 9.2.4 节第 437 页）一样地使用这个 iterator：Operator * 可取得当前的合格匹配，operator ++ 和 -- 分别移动至下一个和前一个合格匹配。因此以下打印出所有合格匹配、它们的 tag 以及 value（和前例完全相同）：

```
for ( ; pos!=end ; ++pos ) {
    cout << "match:  " << pos->str() << endl;
    cout << " tag:   " << pos->str(1) << endl;
    cout << " value: " << pos->str(2) << endl;
}
```

当然，你也可以把这样的 iterator 放进 STL 算法中使用。下面的算法调用中，对于每一个合格匹配都以给定的 lambda 为第三实参（关于 lambda 和算法，详见 6.9 节第 229 页）：

```
// use a regex_iterator to process each matched substring as element in an algorithm:
sregex_iterator beg(data.cbegin(),data.cend(),reg);
sregex_iterator end;
for_each (beg,end,[](const smatch& m) {
                      cout << "match:  " << m.str() << endl;
                      cout << " tag:   " << m.str(1) << endl;
                      cout << " value: " << m.str(2) << endl;
                  });
```

14.4 Regex Token Iterator

Regex iterator 有助于迭代“匹配合格”之子序列。然而有时候你会想处理那些子序列之间的内容，特别是当你打算将 string 拆分为一个个语汇单元（token）或以某个东西分割 string，分隔符甚至可能被指定为一个正则表达式。Class `regex_token_iterator<>` 就提供了这样的功能，它有着“针对 string”和“针对字符序列”而实现的实例化实现（instantiation），分别带有前缀`s`、`c`、`ws` 或 `wc`。

为了将它初始化，你可以传给它字符序列的起点和终点，以及一个正则表达式。此外还可以指明一列整数值，用来表示语汇化过程（tokenization）中的元素：

- `-1` 表示你对每一个“匹配之正则表达式（matched regular expression）之间”或“语汇切分器（token separator）之间”的子序列感兴趣。
- `0` 表示你对每一个匹配之正则表达式（matched regular expression）或语汇切分器（token separator）感兴趣。
- 任何其他数字 *n* 表示你对正则表达式中的第 *n* 个匹配次表达式（matched *n*th subexpression）感兴趣。

现在，考虑以下例子：

```
// regex/regextokeniter1.cpp

#include <string>
#include <regex>
#include <iostream>
#include <algorithm>
using namespace std;

int main()
{
    string data = "<person>\n"
                  " <first>Nico</first>\n"
                  " <last>Josuttis</last>\n"
                  "</person>\n";

    regex reg("<(.*)>(.*)</(\\1)>");

    // iterate over all matches (using a regex_token_iterator):
    sregex_token_iterator pos(data.cbegin(),data.cend(), // sequence
                              reg,                       // token separator
                              {0,2});      // 0: full match, 2: second substring
    sregex_token_iterator end;
    for ( ; pos!=end ; ++pos ) {
        cout << "match:  " << pos->str() << endl;
    }
    cout << endl;

    string names = "nico, jim, helmut, paul, tim, john paul, rita";
    regex sep("[ \t\n]*[,;.][ \t\n]*");  // separated by , ; or . and spaces
    sregex_token_iterator p(names.cbegin(),names.cend(),  // sequence
                            sep,                          // separator
                            -1);         // -1: values between separators
    sregex_token_iterator e;
    for ( ; p!=e ; ++p ) {
```

```
        cout << "name:  " << *p << endl;
    }
}
```

程序输出如下：

```
match:  <first>Nico</first>
match:  Nico
match:  <last>Josuttis</last>
match:  Josuttis

name:  nico
name:  jim
name:  helmut
name:  paul
name:  tim
name:  john paul
name:  rita
```

本例首先声明一个“针对 string 而准备”（前缀 s）的 regex token iterator，并以三个东西将它初始化：字符序列 *data*，正则表达式 reg，一列（两个）整数 0 和 2：

```
sregex_token_iterator pos(data.cbegin(),data.cend(), // sequence
                          reg,                       // token separator
                          {0,2});          // 0: full match, 2: second substring
```

其中的一列整数 0 和 2 表示，我们在意的是整个匹配，以及每次匹配的第二个 substring。Regex token iterator 的另一种通常用法示范于下。这次我们有一整列人名：

```
string names = "nico, jim, helmut, paul, tim, john paul, rita";
```

现在以一个正则表达式定义出“用什么来分隔这些人名”。这儿我们指定的是逗号（comma）或分号（semicolon）或句号（period），以及前后环绕的任意空白字符（whitespace，也就是 space、tab 和 newline）：

```
regex sep("[ \t\n]*[,;.][ \t\n]*");  // separated by , ; or . and spaces
```

或者可以使用下面这样的正则表达式（见 14.8 节第 738 页）：

```
regex sep("[[:space:]]*[,;.][[:space:]]*");  // separated by , ; or . and spaces
```

由于我们只在意语汇切分器（token separator）之间的 value，于是程序获得了一长列中的每一个名字（并拿掉了前后空白字符）。

注意，regex_token_iterator 允许你以下列各种方式指明你所在意的 token：

- 你可以传入单一整数值。
- 你可以传入一个整数值初值列（initializer list of integral value，见 3.1.3 节第 15 页）。
- 你可以传入一个由整数值组成的 vector。
- 你可以传入一个由整数值组成的 array。

14.5 用于替换的正则表达式

最后，让我们看看如何将“匹配某个正则表达式的字符序列”替换为“另一字符序列”。考虑以下例子：

```
// regex/regexreplace1.cpp

#include <string>
#include <regex>
#include <iostream>
#include <iterator>
using namespace std;

int main()
{
   string data = "<person>\n"
                 " <first>Nico</first>\n"
                 " <last>Josuttis</last>\n"
                 "</person>\n";

   regex reg("<(.*)>(.*)</(\\1)>");

   // print data with replacement for matched patterns
   cout << regex_replace (data,                          // data
                          reg,                           // regular expression
                          "<$1 value=\"$2\"/>")          // replacement
        << endl;

   // same using sed syntax
   cout << regex_replace (data,                          // data
                          reg,                           // regular expression
                          "<\\1 value=\"\\2\"/>",        // replacement
                          regex_constants::format_sed)   // format flag
        << endl;

   // use iterator interface, and
   // - format_no_copy:    don't copy characters that don't match
   // - format_first_only: replace only the first match found
   string res2;
   regex_replace (back_inserter(res2),                   // destination
                  data.begin(), data.end(),              // source range
                  reg,                                   // regular expression
                  "<$1 value=\"$2\"/>",                  // replacement
                  regex_constants::format_no_copy        // format flags
                   | regex_constants::format_first_only);
```

```
    cout << res2 << endl;
}
```

这里再次使用一个正则表达式来匹配 XML/HTML-tagged value，但这次我们把输入内容转换为以下输出：

```
<person>
 <first value="Nico"/>
 <last value="Josuttis"/>
</person>

<person>
 <first value="Nico"/>
 <last value="Josuttis"/>
</person>


<first value="Nico"/>
```

为了这么做，我们必须指明一个替代动作（replacement），并在其中以字符 `$` 表示“匹配之次表达式”（matched subexpression）（见表14.1）。这里我们使用 `$1` 和 `$2` 代表替换过程中找到的 tag 和 value：

```
"<$1 value=\"$2\"/>"       // replacement using default syntax
```

再一次，我们可以使用 raw string，如此就不需为双引号（quote）写烦人的转义字符：

```
R"(<$1 value="$2"/>)"      // replacement using default syntax
```

如果传入一个 regex 常量 `regex_constants::format_sed`，就可以改用 UNIX command sed 的语法（见表14.1第二栏）：

```
"<\\1 value=\"\\2\"/>"       // replacement using sed syntax
```

再一次，借助使用 raw string，我们可以不必写出转义的反斜线（backslash）：

```
R"(<\1 value="\2"/>)"        // replacement using sed syntax specified as raw string
```

默认的 Pattern	**sed Pattern**	**意义**
`$&`	`&`	matched pattern
`$`*n*	`\`*n*	第 *n* 个 matched capture group
`` $` ``		matched pattern 的前缀（prefix）
`$'`		matched pattern 的后缀（suffix）
`$$`		字符 `$`

表 14.1 Regex 用于替换的符号

14.6 Regex Flag

我们已经介绍过若干 regex 常量，它可被用来影响 regex 接口的行为：

```
regex reg3("<\\(.*\\)>.*</\\1>",regex_constants::grep);   // use grep grammar

regex_replace (data, reg,
               string("<\\1 value=\"\\2\"/>"),
               regex_constants::format_sed)     // use sed replacement syntax
```

实际上还有更多这一类常量。表14.2列出了 regex library 提供的所有 regex 常量，以及它们可以被用于何处。原则上它们总是可以被传入 regex 构造函数或 regex 的各个函数中，作为可有可无的最后一个实参。

下面是个小例子，示范了如何使用 flag：

```
// regex/regex4.cpp

#include <string>
#include <regex>
#include <iostream>
using namespace std;

int main()
{
    // case-insensitive find LaTeX index entries
    string pat1 = R"(\\.*index\{([^}]*)\})";          // first capture group
    string pat2 = R"(\\.*index\{(.*)\}\{(.*)\})";  // 2nd and 3rd capture group
    regex pat (pat1+"\n"+pat2,
               regex_constants::egrep|regex_constants::icase);

    // initialize string with characters from standard input:
    string data((istreambuf_iterator<char>(cin)),
                istreambuf_iterator<char>());

    // search and print matching index entries:
    smatch m;
    auto pos = data.cbegin();
    auto end = data.cend();
    for ( ; regex_search (pos,end,m,pat); pos=m.suffix().first) {
        cout << "match: " << m.str() << endl;
        cout << "  val: " << m.str(1)+m.str(2) << endl;
        cout << "  see: " << m.str(3) << endl;
    }
}
```

regex_constants	意义
Regex Grammar	
ECMAScript	使用 ECMAScript 文法（默认）
basic	使用 POSIX 的 basic regular expression (BRE) 文法
extended	使用 POSIX 的 extended regular expression (ERE) 文法
awk	使用 UNIX 工具 awk 的文法
grep	使用 UNIX 工具 grep 的文法
egrep	使用 UNIX 工具 egrep 的文法
其他 Creation Flag	
icase	忽略大小写
nosubs	不将子序列存储于匹配结果（match result，regex_match）内
optimize	优化 matching 速度，然后才考虑 regex 的创建速度
collate	形式为 [a-b] 的字符区间会受 locale 影响（所谓 locale sensitive）
Algorithm Flag	
match_not_null	不匹配空序列（empty sequence）
match_not_bol	第一字符不匹配 *beginning-of-line*（pattern ^）
match_not_eol	最末字符不匹配 *end-of-line*（pattern $）
match_not_bow	第一字符不匹配 *beginning-of-word*（pattern \b）
match_not_eow	最末字符不匹配 *end-of-word*（pattern \b）
match_continuous	只试图匹配“从第一字符开始”的子序列
match_any	如果多于一个匹配，任何匹配皆可接受
match_prev_avail	第一字符的前一位置是个有效位置（造成忽略 match_not_bol 和 match_not_bow）
Replacement Flag	
format_default	使用默认的 ECMAScript “替换语法”（replacement syntax）
format_sed	使用 UNIX 工具 sed 的“替换语法”
format_first_only	只替换第一个匹配
format_no_copy	对于未获匹配的字符，不予复制

表 14.2　命名空间 std::regex_constants 内的 Regex 常量

我们的目标是找出 LaTeX 排版系统的 index entry，它可能有一或两个实参。这些 entry 可能使用小写或大写。所以我们必须查找以下之一：

- 一个反斜线（backlash）后面紧跟着若干字符和 index（大小写都可），然后是被大括号包围的 index entry，类似这样：
```
\index{STL}%
\MAININDEX{standard template library}%
```
- 一个反斜线（backlash）后面紧跟着若干字符和 index（大小写都可），然后是被大括号包围的一个 index entry 和一个“see also” entry，类似这样：
```
\SEEINDEX{standard template library}{STL}%
```

egrep 文法允许我们在两个正则表达式之间放一个 newline 字符（事实上 grep 和 egrep 可以一次查找多个散落于不同行上的正则表达式），然而我们必须考虑所谓的 *greediness*（贪婪性），这意味着我们必须确保第一正则表达式不会同时也匹配那“应该匹配第二正则表达式”的序列。所以，不该“允许任意字符存在于 index entry 内”，我们必须确保其中不出现大括号。于是我们有了以下正则表达式：

```
\\.*index\{([^}]*)\}
\\.*index\{(.*)\}\{(.*)\}
```

它们可被写为如下 raw string：

```
R"(\\.*index\{([^}]*)\})"
R"(\\.*index\{(.*)\}\{(.*)\})"
```

或写为如下 regular string literal（正则字符串字面常量）：

```
"\\\\.*index\\{([^}]*)\\}"
"\\\\.*index\\{(.*)\\}\\{(.*)\\}"
```

我们这样建立起最终的正则表达式：把两个表达式串接在一起，以 `\n` 分隔不同的 pattern，并传入 flag 用以指定文法（见 14.9 节第 739 页）和忽略大小写：

```
regex pat (pat1+"\n"+pat2,
           regex_constants::egrep|regex_constants::icase);
```

我们使用“读自标准输入设备”的所有字符作为输入。这里使用一个 string `data`，它以“读得的所有字符的起点和终点”完成初始化（详见 7.1.2 节第 256 页和 15.13.2 节第 830 页）：

```
string data((istreambuf_iterator<char>(cin)),
            istreambuf_iterator<char>());
```

现在，请注意，第一正则表达式有一个 capture group，第二正则表达式有两个 capture group。因此，如果第一个 regex 匹配成功，我们将有一个位于第一 subgroup 内的索引值。如果第二个 regex 匹配成功，我们将有一个索引值位于第二 submatch 内，以及一个“see also”值位于第三 submatch 内。因此，我们输出“第一 submatch 加上第二 submatch”的内容（其中之一有值而另一个为空）作为找到的 value：

```
smatch m;
auto pos = data.begin();
auto end = data.end();
for ( ; regex_search (pos,end,m,pat); pos=m.suffix().first) {
    cout << "match: " << m.str() << endl;
    cout << "  val: " << m.str(1)+m.str(2) << endl;
    cout << "  see: " << m.str(3) << endl;
}
```

注意，即使不存在任何 match，调用 `str(2)` 和 `str(3)` 也是合法的。这种情况下 `str()` 保证取得一个空的 string。

如果给予以下输入：

```
\chapter{The Standard Template Library}
\index{STL}%
\MAININDEX{standard template library}%
\SEEINDEX{standard template library}{STL}%
This is the basic chapter about the STL.
\section{STL Components}
\hauptindex{STL, introduction}%
The \stl{} is based on the cooperation of
...
```

则程序输出如下：

```
match: \index{STL}
  val: STL
  see:
match: \MAININDEX{standard template library}
  val: standard template library
  see:
match: \SEEINDEX{standard template library}{STL}
  val: standard template library
  see: STL
match: \hauptindex{STL, introduction}
  val: STL, introduction
  see:
```

14.7 Regex 的异常（Exception）

当正则表达式被解析（parsed），事情变得非常复杂。C++ 标准库特别提供了一个 exception class 用来处理正则表达式的异常。这个 class 派生自 `std::runtime_error`（见 4.3.1 节第 41 页），提供一个额外成员 `code()` 用来产出一个差错代码（error code）。这或将有助于找出正则表达式处理过程中的出错环节。

不幸的是，`code()` 所返回的 error code 取决于实现（implementation），所以直接打印出它们其实没有什么帮助。你应该使用某些东西（例如以下的头文件）以合理方式处理 regex exception：

```
// regex/regexexception.hpp

#include <regex>
#include <string>

template <typename T>
std::string regexCode (T code)
{
```

```
    switch (code) {
      case std::regex_constants::error_collate:
        return "error_collate: "
               "regex has invalid collating element name";
      case std::regex_constants::error_ctype:
        return "error_ctype: "
               "regex has invalid character class name";
      case std::regex_constants::error_escape:
        return "error_escape: "
               "regex has invalid escaped char. or trailing escape";
      case std::regex_constants::error_backref:
        return "error_backref: "
               "regex has invalid back reference";
      case std::regex_constants::error_brack:
        return "error_brack: "
               "regex has mismatched '[' and ']'";
      case std::regex_constants::error_paren:
        return "error_paren: "
               "regex has mismatched '(' and ')'";
      case std::regex_constants::error_brace:
        return "error_brace: "
               "regex has mismatched '{' and '}'";
      case std::regex_constants::error_badbrace:
        return "error_badbrace: "
               "regex has invalid range in {} expression";
      case std::regex_constants::error_range:
        return "error_range: "
               "regex has invalid character range, such as '[b-a]'";
      case std::regex_constants::error_space:
        return "error_space: "
               "insufficient memory to convert regex into finite state";
      case std::regex_constants::error_badrepeat:
        return "error_badrepeat: "
               "one of *?+{ not preceded by valid regex";
      case std::regex_constants::error_complexity:
        return "error_complexity: "
               "complexity of match against regex over pre-set level";
      case std::regex_constants::error_stack:
        return "error_stack: "
               "insufficient memory to determine regex match";
    }
    return "unknown/non-standard regex error code";
}
```

在差错代码（error code）名称之后的插入语内的“细节解释”直接取材自 C++ 标准库。下面的程序示范了如何使用它：

```
// regex/regex5.cpp

#include <regex>
#include <iostream>
#include "regexexception.hpp"
using namespace std;

int main()
{
  try {
    // initialize regular expression with invalid syntax:
    regex pat ("\\\\.*index\\{([^}]*)\\}",
               regex_constants::grep|regex_constants::icase);
    ...
  }
  catch (const regex_error& e) {
        cerr << "regex_error: \n"
             << " what(): " << e.what() << "\n"
             << " code(): " << regexCode(e.code()) << endl;
  }
}
```

这里使用 grep 文法，但是对 { 和 } 进行转义，因此程序可能会有如下的输出：

```
regex_error:
 what(): regular expression error
 code(): error_badbrace: regex has invalid range in {} expression
```

14.8 Regex ECMAScript 文法

Regex 程序库的默认文法是“经改造的 ECMAScript”文法（见[*ECMAScript*]），它比其他所有文法的威力都强大得多。表14.3列出了最重要的特殊表达式，以及它们的意义。

<table>
<tr><th>表达式</th><th>意义</th></tr>
<tr><td>.</td><td>newline 以外的任何字符</td></tr>
<tr><td>[...]</td><td>... 字符中的任何一个</td></tr>
<tr><td>[^...]</td><td>... 字符之外的任何一个</td></tr>
<tr><td>[[:charclass:]]</td><td>指定之字符类 charclass 中的一个（见表14.4）</td></tr>
<tr><td>\n, \t, \f, \r, \v</td><td>一个 newline、tabulator、form feed、carriage return 或 vertical tab</td></tr>
<tr><td>\xhh, \uhhh</td><td>一个十六进制字符或 Unicode 字符</td></tr>
<tr><td>\d, \D, \s, \S, \w, \W</td><td>某字符类（character class）内的一个字符的 shortcut（见表14.4）</td></tr>
<tr><td>*</td><td>前一字符或群组（character or group），任意次数</td></tr>
<tr><td>?</td><td>前一字符或群组（character or group），可有可无</td></tr>
<tr><td>+</td><td>前一字符或群组（character or group），至少一次</td></tr>
<tr><td>{n}</td><td>前一字符或群组（character or group），n 次</td></tr>
<tr><td>{n,}</td><td>前一字符或群组（character or group），至少 n 次</td></tr>
<tr><td>{n,m}</td><td>前一字符或群组（character or group），至少 n 次，至多 m 次</td></tr>
<tr><td>...|...</td><td>在 | 之前或之后的 pattern</td></tr>
<tr><td>(...)</td><td>设定分组（group）</td></tr>
<tr><td>\1, \2, \3, ...</td><td>第 n 个 group（第一 group 的索引为 1）</td></tr>
<tr><td>\b</td><td>一个正字词边界（positive word boundary）（字词的起点或终点）</td></tr>
<tr><td>\B</td><td>一个负字词边界（negative word boundary）（字词的非起点或非终点）</td></tr>
<tr><td>^</td><td>一行的起点（包括所有字符的起点）</td></tr>
<tr><td>$</td><td>一行的终点（包括所有字符的终点）</td></tr>
</table>

表 14.3 默认之 ECMAScript 文法中常见的 Regex 表达式

在中括号（bracket）表达式内，你可以指明任何字符组合（包括特殊字符）、字符区间（例如[0-9a-z]），以及字符类（例如[[:digit:]]）。若出现前导符 ^ 表示要对整个表达式“取反”，因此整个中括号表达式意味着“除 ... 之外的任何字符”。表14.4 列出了正则表达式中可能的字符类（character class）。注意，这些基本分类对应 16.4.4 节第 895 页的字符分类便捷函数。单字母缩写（one-letter shortcut）只受到正则表达式支持。字符类转义序列（character class escape sequence）只受到 ECMAScript 文法的支持。下面是一些例子：

下面是一些例子：

```
[_[:alpha:]][_[:alnum:]]*                // a C++ identifier
(.|\n)*                                  // any number of any character (including newlines)
[123]?[0-9]\.1?[0-9]\.20[0-9]{2}         // a date in the first century of 2000
                                         // (German format, 如 24.12.2010)
```

字符类	缩写	转义	效果
[[:alnum:]]			一个字母或数字（letter or digit），相当于 [[:alpha:][:digit:]]
[[:alpha:]]			一个字母
[[:blank:]]			一个 space 或 tab
[[:cntrl:]]			一个控制字符（control character）
[[:digit:]]	[[:d:]]	\d	一个数字（digit）
		\D	一个非数字，相当于 [^[:digit:]]
[[:graph:]]			一个可打印（printable）非空白（nonspace）字符，相当于 [[:alnum:][:punct:]]
[[:lower:]]			一个小写字母（lowercase letter）
[[:print:]]			一个可打印字符，包括空白字符（whitespace）
[[:punct:]]			一个标点符号字符（punctuation character），也就是说它是个可打印字符，但非 space、digit 或 letter
[[:space:]]	[[:s:]]	\s	一个空白字符（space character）
		\S	一个非空白字符，相当于 [^[:space:]]
[[:upper:]]			一个大写字母（uppercase letter）
[[:xdigit:]]			一个十六进制数字（hexadecimal digit）
	[[:w:]]	\w	一个字母、数字或下画线（letter, digit, or underscore），相当于 [[:alpha:][:digit:]_]
		\W	不是字母、数字或下画线，相当于 [^[:alpha:][:digit:]_]

表 14.4　字符类（Character Class）和对应的转义序列（只适用于 ECMAScript）

14.9　其他文法

除了默认的 ECMAScript 文法，C++ 标准库还支持其他五种文法，你可以借由指定对应的 regex 常量（见 14.6 节第 732 页）而选择它们。所以，你总共有以下六种选择：

- `ECMAScript`：这是默认选项，也就是默认的 ECMAScript 文法。
- `basic`：这是 POSIX 的 basic regular expression (BRE) 文法。
- `extended`：这是 POSIX 的 extended regular expression (ERE) 文法。
- `awk`：这是 UNIX 工具 `awk` 的文法。
- `grep`：这是 UNIX 工具 `grep` 的文法。
- `egrep`：这是 UNIX 工具 `egrep` 的文法。

表14.5 列出了这些文法之间的主要差异。如你所见，ECMAScript 是目前威力最强大的文法。它唯一不支持的性质是，像 `grep` 和 `egrep` 那样使用 newline 字符搭配“or”分隔多个 pattern，以及像 `awk` 那样指明八进制（octal）转义序列（escape sequence）。

性质（Feature）	ECMA-Script	basic	extended	awk	grep	egrep
用来构成 group 的字符	( )	\(\)	( )	( )	\(\)	( )
用来表示重复（反复）的字符	{ }	\{ \}	{ }	{ }	\{ \}	{ }
? 意味着“零或一个”	Yes	-	Yes	Yes	-	Yes
+ 意味着“至少一个”	Yes	-	Yes	Yes	-	Yes
| 意味着“或”	Yes	-	Yes	Yes	-	Yes
\n 分隔 pattern	-	-	-	-	Yes	Yes
n 表示 group *n*	Yes	Yes	-	-	Yes	-
字词边界（\b 和 \B）	Yes	-	-	-	-	-
十六进制和 Unicode 转义序列	Yes	-	-	-	-	-
字符类转义序列	Yes	-	-	-	-	-
\n、\t、\f、\r、\v	Yes	-	-	Yes	-	-
\a（alert）和 \b（backspace）	-	-	-	Yes	-	-
ooo 表示八进制数值	-	-	-	Yes	-	-

表 14.5 Regex 文法间的差异

14.10 细究 Basic Regex 签名式

表14.6 列出了 regex 基本操作 regex_match()（见 14.1 节第 717 页）、regex_search()（见 14.1 节第 717 页）和 regex_replace()（见 14.5 节第 730 页）的签名式。如你所见，它们总是提供重载版本，分别操作 string（既可以是 class basic_string<> 的对象，也可以是寻常 C-string（如 string literal）和 iterator（用来指出待处理的字符序列的起点和终点）。此外，你总是可以传入 format flag 作为可有可无的最后一个实参。

regex_match() 和 regex_search() 只要找到一个匹配就会返回 true。它们也允许你选择性地传入一个实参 *matchRet*，用来返回找到的匹配（或次匹配）的详细信息。这个类型为 std::match_results<> 的实参（介绍于 14.2 节第 721 页）必须针对以下某个 iterator 类型（对应字符类）而实例化（instantiated）：

- 对 C++ string，它应该是个 const iterator。因此针对类型 string 和 wstring 分别定义出对应的 smatch 和 wsmatch：
```
typedef match_results<string::const_iterator>  smatch;
typedef match_results<wstring::const_iterator> wsmatch;
```
- 对 C-string（包括 string literal），它应该是对应的 pointer 类型。因此针对以 char 和 wchar_t 构成的 C-string 分别定义出对应的 cmatch 和 wcmatch：
```
typedef match_results<const char*>    cmatch;
typedef match_results<const wchar_t*> wcmatch;
```

对 regex_replace()，你必须以 string 形式传入替换规格（replacement specification） *repl*。此函数拥有重载版本可接受 class basic_string<> 对象或寻常的 C-string 如 string literal。此函数的“string 版本”返回一个新 string 携带相应的替换，而“iterator

签名式	效果

`bool regex_match(`*str*`,`*regex*`)`
`bool regex_match(`*str*`,`*regex*`,`*flags*`)`
`bool regex_match(`*beg*`,`*end*`,`*regex*`)`
`bool regex_match(`*beg*`,`*end*`,`*regex*`,`*flags*`)`
	检验 *regex* 之完全匹配

`bool regex_match(`*str*`,`*matchRet*`,`*regex*`)`
`bool regex_match(`*str*`,`*matchRet*`,`*regex*`,`*flags*`)`
`bool regex_match(`*beg*`,`*end*`,`*matchRet*`,`*regex*`)`
`bool regex_match(`*beg*`,`*end*`,`*matchRet*`,`*regex*`,`*flags*`)`
	检验并返回 *regex* 的完全匹配

`bool regex_search(`*str*`,`*regex*`)`
`bool regex_search(`*str*`,`*regex*`,`*flags*`)`
`bool regex_search(`*beg*`,`*end*`,`*regex*`)`
`bool regex_search(`*beg*`,`*end*`,`*regex*`,`*flags*`)`
	查找 *regex* 的匹配

`bool regex_search(`*str*`,`*matchRet*`,`*regex*`)`
`bool regex_search(`*str*`,`*matchRet*`,`*regex*`,`*flags*`)`
`bool regex_search(`*beg*`,`*end*`,`*matchRet*`,`*regex*`)`
`bool regex_search(`*beg*`,`*end*`,`*matchRet*`,`*regex*`,`*flags*`)`
	检验并返回 *regex* 的匹配

strRes `regex_replace(`*str*`,`*regex*`,`*repl*`)` *strRes* `regex_replace(`*str*`,`*regex*`,`*repl*`,`*flags*`)` *outPos* `regex_replace(`*outPos*`,`*beg*`,`*end*`,`*regex*`,`*repl*`)` *outPos* `regex_replace(`*outPos*`,`*beg*`,`*end*`,`*regex*`,`*repl*`,`*flags*`)`	根据 *regex* 替换所有匹配

表 14.6 Regex 操作函数之签名式（Operation Signature）

版本”则是返回第一实参 *outPos*，那必须是个 output iterator，指出该替换将在哪里被写出。

最后，请注意，为避免歧义（ambiguity），标准库中不存在隐式类型转换（implicit type conversion）可将 string 或 string literal 转为类型 `regex`。你总是必须将内含正则表达式的 string 明确地（explicitly）转换为类型 `std::regex`（或 `std::basic_regex<>`）。

第15章

以 Stream 完成 I/O

用于 I/O（输入/输出）的各个 class，是 C++ 标准库的重要组成。一个程序如果没有 I/O，就没什么大用处。C++ 标准库中的 I/O class 不仅局限于文件、屏幕或键盘，事实上它们形成了一套富有弹性的框架（framework），可用来将任意数据格式化，可处理（访问）任意外部表述（external representation）。

一如其名称所示，*IOStream程序库*提供了一系列 I/O class。它们是唯一在标准化之前即已被广泛应用的一部分。早期 C++ 系统配送一套由 AT&T 开发的 I/O class，可视为当时的一个"准标准"。虽然为了标准库的一致性和某些新需要，I/O class 做了数度修改，但其基本原则始终如一。

本章先对其中最重要的组件和技术做一个总体介绍，然后实例说明 IOStream程序库的实际应用。其应用范围可从仅仅格式化延伸到新的外部表述（new external representation）整合（那是个常常被搞错的主题）。

本章并不打算讨论 IOStream程序库的所有细节，因为那需要一整本书。如果想查询本章没有提到的细枝末节，请参考专门介绍 I/O stream 程序库的图书或 C++ 标准库参考手册。

非常感谢 Dietmar Kühl，他是 I/O 及国际化（internationalization，i18n）方面的专家。他对本书提出了很多反馈意见，并亲自撰写了本章开头的部分。

C++11 带来的最新变化

C++98 已经指出 IOStream程序库的几乎所有特性。下面是 C++11 之后最重要的新增特性：

- 加入了少量新增的操控器（manipulator）：`hexfloat` 和 `defaultfloat`（见 15.7.6 节第 788 页），以及 `get_time()` 和 `put_time()`（见 16.4.3 节第 890 页），`get_money()` 和 `put_money()`（见 16.4.2 节第 882 页）。
- 为提供更多异常信息，相关 class 如今都派生自 `std::system_error`，不再直接派生自 `std::exception`（见 15.4.4 节第 762 页）。

- String stream 和 file stream class 支持 rvalue 和 move 语义，所以你可以进行 move construct、move assign 以及“交换（swap）一个 string stream 或 file stream”。这也提供了“针对 I/O 使用临时 string 或 file stream”的能力。见 15.9.2 节第 795 页和 15.10.2 节第 806 页。
- File stream 允许你传入一个 `std::string` 表示文件名，而非只能是个 `const char*`（见 15.9.1 节第 794 页）。
- Output 和 input 操作符 << 和 >> 被重载，可处理 `long long` 和 `unsigned long long`。
- I/O stream 部分支持“并发”（concurrency，见 15.2.2 节第 752 页）。
- Character trait 提供针对类型 `char16_t` 和 `char32_t` 的服务（见 16.1.4 节第 853 页）。
- 由于新的 class `wbuffer_convert` 的帮助，你可以令 stream 读/写不同的字符集（character set），例如 UTF-8（见 16.4.4 节第 903 页）。

15.1 I/O Stream 的共通基础

具体讨论 stream class 之前，我简要阐述一下 stream 的基本概念，为读者提供一个共通基础。熟悉 iostream 基本知识的读者可以跳过本节。

15.1.1 Stream 对象

C++ I/O 由 stream 完成。所谓 *stream* 就是一条数据流（stream of data），字符序列在其中“川流不息”。按照面向对象原则，stream 是由某个 class 定义出来具有特定性质的对象。输出动作被解读为“数据流进 stream”，输入动作则是“数据流出 stream”。另外，还有一些全局对象，是为标准 I/O 通道（channel）而定义的。

15.1.2 Stream Class

正如有不同种类的 I/O（例如输入、输出、文件访问），对应地也有不同的 stream class，其中最重要的是：

- **Class `istream`** 定义 input stream，用来读数据。
- **Class `ostream`** 定义 output stream，用来写数据。

两者分别具体实现自 template class `basic_istream<>` 或 `basic_ostream<>`，以 `char` 作为字符类型。事实上整个 IOStream程序库不依赖任何特定的字符类型，而是以一个 template 实参替代之。这样的参数化在 string class 也存在，并且也被运用于国际化议题（参见第 16 章）。

以下各节集中讨论所谓 narrow stream（亦即以 `char` 为字符类型）的 I/O。后继讨论会扩展至其他字符类型。

15.1.3 全局的 Stream 对象

IOStream程序库 定义了数个类型为 `istream` 和 `ostream` 的全局对象，它们对应于标准 I/O 通道（channel）：

- **`cin`**, 隶属于 `istream`，是供使用者输入用的标准输入通道，对应于 C 中的 `stdin`。操作系统通常将它和键盘连接。
- **`cout`**, 隶属于 `ostream`，是供使用者输出用的标准输出通道，对应于 C 中的 `stdout`。操作系统通常将它和监视器（屏幕）连接。
- **`cerr`**, 隶属于 `ostream`，是所有报错信息所使用的标准报错输出通道，对应于 C 中的 `stderr`。操作系统通常也将它和监视器（屏幕）连接。默认情况下 `cerr` 无缓冲（not buffered）。
- **`clog`**, 隶属于 `ostream`，是标准日志通道，C 中没有对应物。默认情况下操作系统将它连接于 `cerr` 所连接的设备，但 `clog` 有缓冲（is buffered）。

将“正常输出”和“报错信息输出”加以分离，可以让程序以不同的方式对待两种不同的输出。例如可以将正常输出重新定向至某个文件，而同时仍然令报错信息显示于控制台（console）。当然，前提是操作系统必须支持标准 I/O 通道的重定向功能（redirection，大部分操作系统的确可以）。这种分离方式起源于 UNIX 的 I/O 重定向概念。

15.1.4 Stream 操作符

Operator >> 和 operator << 被相应的 stream class 重载，分别用于输入和输出。于是 C++ 的移位操作符（shift operator）摇身一变成了 I/O 操作符。[1] 运用此二者，可把多个 I/O 操作串成一列。

下面这段程序从标准输入端读入两个整数（只能是整数），并写到标准输出端：

[1] 由于这两个操作符实际上是分别在 stream 中插入和提取字符，所以也有人称它们为 *inserter* 和 *extractor*。

```
int a, b;

// as long as input of a and b is successful
while (std::cin >> a >> b) {
    // output a and b
    std::cout << "a: " << a << " b: " << b << std::endl;
}
```

15.1.5 操控器（Manipulator）

在大部分输出语句的末尾，我们都会写一个如下的东西，称为操控器（manipulator）：

```
std::cout << std::endl
```

这种东西是“专门用来操控 stream”的一种特殊对象，通常它只会改变“输入的解释方式”或“输出的格式化方式”，例如数值的进制 `dec`（十进制）、`hex`（十六进制）、`oct`（八进制）。用于 `ostream` 的操控器并不会凭空造出输出数据，用于 `istream` 的操控器也不会吃掉任何输入数据。但有些操控器会引发立即动作，例如用于“刷新（flush）output 缓冲区”或“跳过 input 缓冲区空格”的那些操控器。

操控器 `endl` 的意思是终止一行（end line）。它做两件事情：

1. 输出换行符，也就是 `'\n'`。
2. 刷新 output 缓冲区（也就是对于给定的 stream，应用其 `flush()` 强制输出缓冲区内所有数据）。

IOStream程序库定义的一些最重要的操控器见表15.1。15.6 节第 774 页有操控器的更多讨论，包括 IOStream程序库已定义的一些操控器，以及如何定义你自己的操控器。

操控器	类（Class）	意义
`endl`	`ostream`	输出 `'\n'` 并刷新 output 缓冲区
`ends`	`ostream`	输出 `'\0'`
`flush`	`ostream`	刷新 output 缓冲区
`ws`	`istream`	读入并忽略空白字符（whitespace）

表 15.1 IOStream程序库中最重要的一些操控器（Manipulator）

15.1.6 一个简单例子

以下展示 stream class 的应用。此程序读入两个浮点数，输出其乘积：

```
// io/io1.cpp

#include <cstdlib>
#include <iostream>
using namespace std;

int main()
{
    double x, y;          // operands

    // print header string
    cout << "Multiplication of two floating point values" << endl;

    // read first operand
    cout << "first operand:  ";
    if (! (cin >> x)) {
        // input error
        // => error message and exit program with error status
        cerr << "error while reading the first floating value"
             << endl;
        return EXIT_FAILURE;
    }

    // read second operand
    cout << "second operand: ";
    if (! (cin >> y)) {
        // input error
        // => error message and exit program with error status
        cerr << "error while reading the second floating value"
             << endl;
        return EXIT_FAILURE;
    }

    // print operands and result
    cout << x << " times " << y << " equals " << x * y << endl;
}
```

15.2 基本 Stream Class 和其对象

15.2.1 Class 及其层次体系

IOStream程序库中的 stream class 形成了图15.1所示的层次体系。图中所示的 class template，上一行代表其名称，下一行是以字符类型 char 和 wchar_t 实例化（instantiated）后的名称。

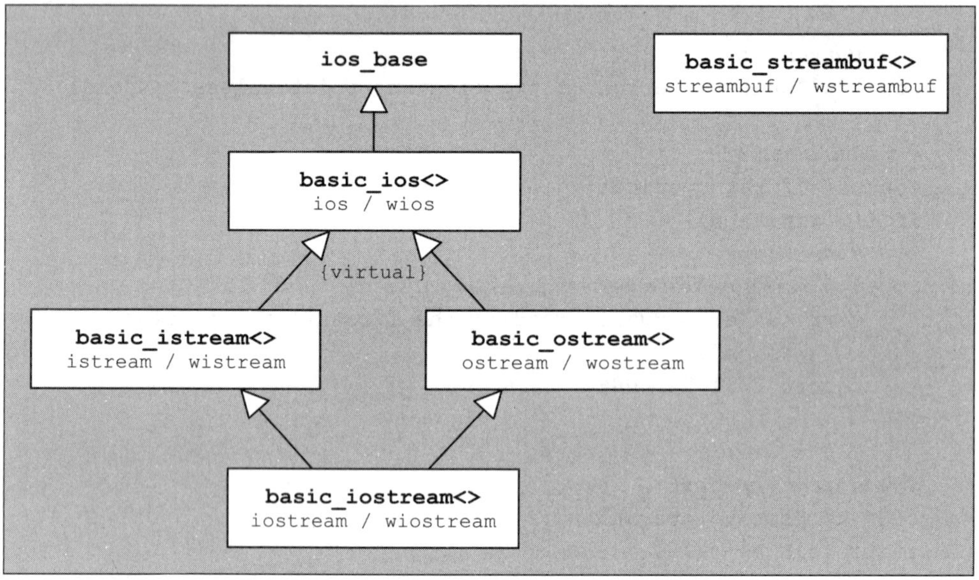

图 15.1 基本的 Stream Class 层次体系

这个层次体系中的 class 分别扮演以下角色：

- 基类 **ios_base** 定义了 stream class 的所有“与字符类型及其相应之 char trait 无关”的属性，主要包含状态和格式标志（state and format flag）等组件和函数。
- 由 ios_base 派生的 class template **basic_ios<>**，定义出“与字符类型及其相应之 char trait 相依赖”的 stream class 共同属性，其中包括 stream 所用的缓冲器。缓冲器所属 class 派生自 class template basic_streambuf<>，其实例化实参和 basic_ios<> 一致。basic_streambuf<> 负责实际的读/写操作。
- Class template **basic_istream<>** 和 **basic_ostream<>** 两者都以 virtual 方式继承自 basic_ios<>，分别定义出用于读/写的对象。和 basic_ios<> 一样，它们以字符类型及其 trait 作为参数。如果无关乎国际化议题，一般使用由字符类型 char 实例化出来的 istream 和 ostream 就够了。

- Class template **basic_iostream<>** 派生（多重继承）自 basic_istream<> 和 basic_ostream<>，用来定义既可读亦可写的对象。
- Class template **basic_streambuf<>** 是 IOStream程序库的核心，定义出所有“可写的 stream”或“可读的 stream”的接口。其他 stream class 均利用它进行实际的字符读/写动作。程序中为处理某些外部表达（external representation），必须从 basic_streambuf<> 派生一些可用 class，详见下一节。

Stream Buffer Class 的用途

IOStream程序库严格依照“职责分离”的原则来设计。basic_ios 派生类只处理数据的格式化，[2] 实际读/写动作由 basic_ios 派生类所维护的 stream buffer 完成。Stream buffer 提供读/写时所使用的字符缓冲区，并形成对外部表述（如文件和字符串）的一种抽象概念。

因此，对新的外部表述（例如 socket 或 GUI 组件）进行 I/O 操作，或是对 stream 重定向，或是组合 stream 以形成 pipeline（例如在涂写另一个 stream 之前先压缩数据）时，stream buffer 扮演着重要的角色。此外，对同一个外部表述进行 I/O 操作时，stream buffer 与 I/O 同步。细节详见 15.12 节第 819 页。

运用 stream buffer，我们可以轻松定义出对于新的外部表述（例如某种新的存储设备）的访问动作。我们需要做的仅仅是从 basic_streambuf<> 派生出一个新的 stream buffer 类（或其适当特化版本），并定义该外部表述的字符读/写函数即可。如果某个 stream 对象初始化时使用了该 stream buffer，则所有 I/O 格式化操作的选项均可自动生效。关于 stream buffer 详见 15.13 节第 826 页，15.13.3 节第 832 页说明了如何定义一个 stream buffer 用以访问特定的存储设备。

具体的 Class 定义

和 IOStream程序库的所有 class template 一样，basic_ios<> 有两个参数：

```
namespace std {
    template <typename charT,
              typename traits = char_traits<charT> >
             class basic_ios;
}
```

两个参数分别是 stream class 所使用的字符类型及其 trait class。

[2] 事实上它们连格式化也不亲自处理！它们把格式化操作委托给 locale 程序库中相应的 facet 进行。关于 facet 细节见 16.2.2 节第 864 页和 16.4 节第 869 页。

在 trait class 中，end-of-file[3] 值和复制或移动字符序列的各个命令都属于 trait 的一部分。字符类型的 trait 和字符类型本身通常密不可分，因此定义一个 class template 并针对特定类型实施特化也就合情合理。针对字符类型 `charT`，trait class 默认为 `char_traits<charT>`。关于 `char_traits`，C++ 标准库提供了 `char`、`char16_t`、`char32_t` 和 `wchar_t` 等特化版本。[4] Char trait 的更多细节参见 16.1.4 节第 853 页。

下面是两个最常使用的 `basic_ios<>` 实例化实现：

```
namespace std {
    typedef basic_ios<char>    ios;
    typedef basic_ios<wchar_t> wios;
}
```

其中 `ios` 对应于旧式（起源于AT&T的）IOStream程序库的 base class，用来保证对旧式 C++ 程序的兼容性。

`basic_ios` 所用的 stream buffer class，定义十分类似：

```
namespace std {
    template <typename charT,
              typename traits = char_traits<charT> >
    class basic_streambuf;
    typedef basic_streambuf<char>    streambuf;
    typedef basic_streambuf<wchar_t> wstreambuf;
}
```

Class template `basic_istream<>`、`basic_ostream<>` 和 `basic_iostream<>` 当然也以字符类型和 trait class 作为参数：

```
namespace std {
    template <typename charT,
              typename traits = char_traits<charT> >
             class basic_istream;

    template <typename charT,
              typename traits = char_traits<charT> >
             class basic_ostream;

    template <typename charT,
              typename traits = char_traits<charT> >
             class basic_iostream;
}
```

[3] 我用术语 *end-of-file* 表示数据输入结束符，相当于 C 常量 `EOF`。

[4] `char16_t` 和 `char32_t` 的 char trait 是 C++11 新增的。

下面是针对两个最重要的字符类型（char 和 wchar_t）所做的类型定义：

```
namespace std {
    typedef basic_istream<char>     istream;
    typedef basic_istream<wchar_t> wistream;

    typedef basic_ostream<char>     ostream;
    typedef basic_ostream<wchar_t> wostream;

    typedef basic_iostream<char>     iostream;
    typedef basic_iostream<wchar_t> wiostream;
}
```

类型 istream 和 ostream 常用于西方世界，在那儿 8-bit 字符集足够用了。[5] wchar_t 允许你使用 8 bit 以上的字符集（见 16.1 节第 850 页）。注意，C++ 标准库并未对类型 char16_t 和 char32_t 提供对应的实例化实现（instantiation）。

C++ 标准库另提供了一些 class 用来对 file 和 string 进行 I/O 格式化，相关讨论参见 15.9 节第 791 页和 15.10 节第 802 页。

15.2.2 全局性的 Stream 对象

IOStream 程序库定义了数个全局性的 stream 对象。先前已提过，它们分别以 char 或对应的 wchar_t 作为字符类型，用来访问标准 I/O 通道，见表15.2。

类型	名称	用途
istream	**cin**	从标准 input 通道读取数据
ostream	**cout**	将一般数据写至标准 output 通道
ostream	**cerr**	将报错信息写至标准 error 通道
ostream	**clog**	将日志信息写至标准 logging 通道
wistream	**wcin**	从标准 input 通道读取宽字符数据
wostream	**wcout**	将宽字符一般数据写至标准 output 通道
wostream	**wcerr**	将宽字符报错信息写至标准 error 通道
wostream	**wclog**	将宽字符日志信息写至标准 logging 通道

表 15.2　全局性的 Stream 对象

默认情况下，这些 stream 都和标准 C stream 同步（synchronized）。也就是说，C++ 标准库确保在“混合使用 C++ stream 和 C stream”的情况下，顺序

---

[5] 出现于某些旧式 stream 程序库中的 class istream_withassign、ostream_withassign 和 iostream_withassign（分别衍生自 istream、ostream 和 iostream）已经不再被 C++ standard 支持。对应的机能以其他方式完成（见 15.12.3 节第 822 页）。

有保障。任何标准 C++ stream 缓冲区在写数据前，都会先刷新其所对应的 C stream 缓冲区，反之亦然。当然，保持同步会占用一定时间，如果你不需要这样的功能，可以在输入或输出前调用 `sync_with_stdio(false)`，如此便可取消同步（见 15.14.1 节第 845 页）。

自 C++11 开始，这些 stream 对象有了若干关于并发（concurrency）的保证：当对标准 C stream 同步化时，在多个并行线程（multiple parallel threads）中使用它们并不会引发不确定的行为。因此，你可以写自或读至多个线程。然而请注意，这可能会导致字符交错（interleaved），或导致线程读到一个不确定的字符。至于其他任何 stream 对象或那些不与 C stream 同步化的对象，并发读/写（concurrent reads or writes）会导致不明确的行为。

15.2.3 头文件

各个 stream class 的定义分散于以下数个头文件：

- **`<iosfwd>`** 内含 stream class 的前置声明。这个文件是必要的，因为前置声明不能只是简单地写一句诸如 `class ostream` 这样的声明。
- **`<streambuf>`** 内含 stream buffer base class（`basic_streambuf<>`）的定义。
- **`<istream>`** 内含两种 class 定义，一种仅支持 input（`basic_istream<>`），另一种同时支持 input 和 output（`basic_iostream<>`）。[6]
- **`<ostream>`** 内含 output stream class（`basic_ostream<>`）的定义。
- **`<iostream>`** 内含全局性 stream 对象（例如 `cin` 和 `cout`）的定义。

大部分头文件主要用于 C++ 标准库的内部组织。IOStream 程序库使用者只需包含拥有各个 stream class 声明式的 `<iosfwd>`，并在使用 input 或 output 功能时分别含入 `<istream>` 或 `<ostream>` 即可。除非用到标准 stream 对象，否则不需要包含 `<iostream>`。是的，在某些实现版本中，每一个包含 `<iostream>` 的编译单元在启动（start-up）时都需要执行一段代码；虽说其执行负荷并不高，但却必须载入相应的执行分页，这项耗费可能不小。一般来说，必须包含的头文件，我们才包含。这里只需要包含 `<iosfwd>`，只有相应的实现文件（.cpp）才需要包含含有完整定义的头文件。

某些特殊的 stream 性质，例如参数化的操控器（manipulator）、file stream 或 string stream，需要包含其他头文件：`<iomanip>`、`<fstream>`、`<sstream>` 和 `<strstream>`。介绍这些性质时我会详细说明它们对应的头文件。

---

[6] 乍见之下，`<istream>` 内含同时支持输入和输出的 class 定义，似乎不太合逻辑。不过由于对每一个包含 `<iostream>` 的编译单元而言，start-up（运行启动）时会有初始化带来的额外负担（详见下一段），所以才把输入类和输出类的定义都放进了 `<istream>`。

15.3 标准的 Stream 操作符 << 和 >>

C/C++ 的操作符 << 和 >> 分别用于整数中位的左移和右移，然而 `basic_istream<>` 和 `basic_ostream<>` 重载了它们，使之成为标准的 I/O 操作符。[7]

15.3.1 Output 操作符 <<

`basic_ostream`（`ostream` 和 `wostream` 当然也算）将 << 定义为 output 操作符，对所有基础（语言内建）类型均重载，不包括 `void` 和 `nullptr_t`，但包括 `char*` 和 `void*`。

Stream 将其 output 操作符定义为：把第二实参按箭头方向发送到相应的 stream 去。例如：

```
int i = 7;
std::cout << i;                 // outputs: 7

float f = 4.5;
std::cout << f;                 // outputs: 4.5
```

我们可以重载 operator <<，使其第二实参为我们想要的任意数据类型，如此一来我们自己的数据类型就可以整合进入 I/O 系统。编译器负责调用正确的函数以输出第二实参。当然这个“正确的函数”的本分应该是把第二实参转换成字符序列发送给 stream。

C++ 标准库利用相同的机制提供针对 string（13.3.10 节第 712 页）、bitset（12.5.1 节第 652 页）及 complex（17.2.3 节第 933 页）的 output 操作符。下面是应用实例：

```
std::string s("hello");
s += ", world";
std::cout << s;                 // outputs: hello, world

std::bitset<10> flags(7);
std::cout << flags;             // outputs: 0000000111

std::complex<float> c(3.1,7.4);
std::cout << c;                 // outputs: (3.1,7.4)
```

15.11 节第 810 页提过如何为用户自定义类型撰写 output 操作符。

输出机制的可扩展性，让用户自定义类型得以天衣无缝地融入I/O系统。比起 C 的 `printf()` I/O 机制，这是一个巨大的进步：程序员不再需要指定待打印的类型，只要针对不同类型进行重载（overload），就可以保证

[7] 也有人把 I/O 操作符称为 *inserters* 和 *extractors*。

编译器会自动推断出正确的打印函数。这一机制并不局限于标准类型，因此程序员可以利用这一机制完成所有类型（包括自定义类型）的操作。

Operator << 还可在单一语句中打印多个对象。按规定它会返回第一实参，也就是 output stream，这使我们得以按下列方式将输出动作串成一串：

```
std::cout << x << " times " << y << " is " << x * y << std::endl;
```

Operator << 的核定（evaluate）次序是由左到右，因此以下动作最先执行：

```
std::cout << x
```

请注意，这个操作符的核定次序和其实参的核定次序并无关联，纯粹只是操作符本身的核定顺序。上述表达式返回第一个操作数 `std::cout`。接下来轮到执行

```
std::cout << " times "
```

然后依序打印对象 `y`、字符串 `" is "` 和乘积 `x * y`。请注意乘法优先级高于 operator <<，所以不需要为 `x * y` 加上小圆括号。不过有些操作符的优先级比较低，例如逻辑操作符，使用时请注意。本例中如果 `x` 和 `y` 分别是浮点数 `2.4` 和 `5.1`，打印结果如下：

```
2.4 times 5.1 is 12.24
```

注意，自 C++11 起，“并发输出（concurrent output）采用相同的 stream 对象”是可能的，但可能导致交错的（interleaved）字符（见 15.2.2 节第 752 页）。

15.3.2 Input 操作符 >>

`basic_istream`（`istream` 和 `wistream` 当然也算）将 >> 定义为 input 操作符。和 `basic_ostream` 类似，`basic_istream` 也对几乎所有基础类型重载了 operator >>，不包括 `void` 和 `nullptr_t`，但包括 `char*` 和 `void*`。Stream input 操作符被定义为：将读入值存储于第二实参，数据按箭头方向发送，如下：

```
int i;
std::cin >> i;      // reads an int from standard input and stores it in i

float f;
std::cin >> f;      // reads a float from standard input and stores it in f
```

请注意，第二实参值会改变，因此它必须是个 non-const reference。

和 << 一样，我们也可对任意类型重载 input 操作符，并串连运用它们：

```
float f;
std::complex<double> c;

std::cin >> f >> c;
```

为了让这成为可能，默认会跳过一开始的空白字符（如果有的话），但这项功能也可以关闭（见 15.7.7 节第 789 页）。

注意，自 C++11 起，“并发输入（concurrent input）采用相同的 stream 对象”是可能的，但可能导致读入的字符并未在“读取它”的线程中有定义（见 15.2.2 节第 752 页）。

15.3.3 特殊类型的 I/O

标准 I/O 操作符几乎为所有基础类型做了定义（不包括 `void` 和 `nullptr_t`），包括 `char*` 和 `void*`。此外我们还可以进一步扩展，将 << 和 >> 运用在我们自己定义的类型身上。

数值类型（Numeric Type）

当读取数值类型时，必须以至少一个数字（one digit）起头。否则数值会被设为 `0` 而 `failbit`（见 15.4.1 节第 758 页）会被设置：

```
int x;
std::cin >> x;    // assigns 0 to x, if the next character does not fit
```

然而，如果没有输入，或如果 `failbit` 已被设置，调用 input operator 将不会改动 `x`。这种情况也适用于 `bool`。

`bool`

默认情况下，Boolean 的读入和打印均以数字表示。`false` 对应 `0`，`true` 对应 `1`。如果读入值既非 `0` 亦非 `1`，就被认为错误，此时 `ios::failbit` 会设置，并可能抛出相应异常（见 15.4.4 节第 762 页）。

我们可以设置 stream 的格式化选项（formatting option），以 char string 形式对 Boolean 进行 I/O 操作（见 15.7.2 节第 781 页）。这是属于国际化的一个议题。一般采用 string `"true"` 和 `"false"`，但特殊的 locale 对象可能采用不同 string，例如德国用的 German locale 对象会使用 `"wahr"` 和 `"falsch"`。更多细节见第 16 章，特别是 16.2.2 节第 865 页。

`char` 和 `wchar_t`

经由 >> 读入一个 `char` 或 `wchar_t` 字符时，默认会跳过起头的空白字符。如果你想读入所有字符（包括空白字符），可清除 `skipws` flag（见 15.7.7 节第 789 页）或利用成员函数 `get()`（见 15.5.1 节第 768 页）。

`char*`

C-string（亦即 `char*`）只读入真正的文字，因此默认情况下读得的起头空白字符均会跳过，一直读到另一个空白字符或 end-of-file 为止。

"是否跳过起头的空白字符"可由 flag `skipws` 控制（见 15.7.7 节第 789 页）。

请注意，这意味着你可读入任意长的 string。C 程序的一个常见错误就是许多人误以为 string 最长不得超过 80 个字符，于是如果实际 string 太长，只得贸然终止输入。因此，通常采用以下做法设置 string 的最大读取长度：

```
char buffer[81];      // 80 characters and '\0'
std::cin >> std::setw(81) >> buffer;
```

关于操控器 `setw()` 和相应的 stream 参数，详见 15.7.3 节第 781 页。

C++ 标准库的 `string`（第 13 章）可根据需要扩张，能够容纳下相当长的 string。以 `string` 代替 `char*` 可以让程序更轻松也更安全。此外 `string` 还提供了一个很方便的函数 `getline()`，可以一行一行读入（见 13.2.10 节第 677 页）。所以请尽量避免使用 C-string，多使用 string。

void*

操作符 << 和 >> 为 pointer 的打印和读取提供了一种可能。如果一个类型为 `void*` 的实参被传递至 output 操作符，其地址将被打印出来——形式则视实现版本而定。例如下面这段代码打印出一个 C-string 的内容和地址：

```
char* cstring = "hello";

std::cout << "string \"" << cstring << "\" is located at address: "
          << static_cast<void*>(cstring) << std::endl;
```

执行结果可能如下：

```
string "hello" is located at address: 0x10000018
```

我们甚至可以借助 input 操作符读入一个地址。不过你得注意，地址往往是临时的；同一对象的地址在程序每次启动后可能不同。地址的打印和读取的一个可能应用是：为了"对象识别"（object identification）目的而交换地址，或是为了共享内存。

Stream Buffer（串流缓冲区）

操作符 >> 和 << 可以直接用于读或写 stream buffer，这恐怕是运用 C++ I/O stream 来复制文件的最快办法，例子见 15.14.3 节第 846 页。

用户自定义类型（User-Defined Type）

原则上，扩展 I/O 机制以对付自定义类型，可说相当容易，不过若要考虑所有可能的格式和错误状况，恐怕需要付出更多努力。

15.11 节第 810 页对于“如何针对自定义类型扩展标准 I/O 机制”有更多讨论。

货币和时间

自 C++11 开始，我们也可以使用操控器（manipulator）直接读或写货币或时间值。例如，下面的程序允许你写出当前的日期和时间，并读入一个新日期：

```
// io/timemanipulator1.cpp

#include <iostream>
#include <iomanip>
#include <chrono>
#include <cstdlib>
using namespace std;

int main ()
{
    // process and print current date and time:
    auto now = chrono::system_clock::now();
    time_t t = chrono::system_clock::to_time_t(now);
    tm* nowTM = localtime(&t);
    cout << put_time(nowTM,"date: %x\ntime: %X\n") << endl;

    // read date:
    tm* date;
    cout << "new date: ";
    cin >> get_time(date,"%x");   // read date
    if (!cin) {
        cerr << "invalid format read" << endl;
    }
}
```

在要求一个新日期之前，程序可能输出如下：

```
date: 09/14/11
time: 11:08:52
```

相应的操控器（manipulator）允许你把国际化纳入考量。详情请看 16.4.3 节第 890 页谈时间操控器（time manipulator），16.4.2 节第 882 页谈货币操控器（monetary manipulator），以及 5.7 节第 143 页谈 chrono 程序库所定义的 `std::chrono::system_time`。

15.4 Stream 的状态（State）

Stream 维护着一个状态（state），标识 I/O 是否成功，并能够指出不成功的原因。

15.4.1 表示“Stream 状态”的常量

Stream 定义了一些类型为 iostate 的常量，用以反映 stream 的状态（表15.3）。iostate 是 class ios_base 的一个成员，其具体类型由实现版本决定，也就是说 iostate 并未被限定是枚举类型、整数类型或 class bitset 的某种具体实现。

常量	意义
goodbit	一切都好；没有任何其他 bit 被设置
eofbit	遇到 end-of-file
failbit	错误；某个 I/O 动作未成功
badbit	毁灭性错误；造成不确定的状态

表 15.3 iostate 类型的常量

goodbit 被定义为 0，因此 goodbit 设置意味着其他 bit 均被清为 0。或许 goodbit 这名字有点儿让人迷惑，因为它并不意味着有哪个 bit 被设置，而是指所有位均被清为 0。

failbit 和 badbit 的区别主要在于后者代表更严重的错误：

- **failbit**：如果某项操作未能完成，但 stream 仍大体 OK，那么这个 bit 就会设置。这通常是由于读取的格式错误，例如程序想读入一个整数，却遇到一个字母。
- **badbit**：如果 stream 因不明原因而损坏或丢失数据，这个 bit 就会设置。例如将一个 stream 定位（positioning）指向“某个文件的起点”的更前方。

注意，eofbit 常常和 failbit 同时出现，因为在 end-of-file 之后再试图读取数据，会检测出 end-of-file 状态。读取最后一个字符时，eofbit 并未设置，但再一次试图读取字符时，就会导致 eofbit 和 failbit 同时被设置，因为读取动作也失败了。

有些早期实现版本还支持 flag hardfail，但 C++ standard 已不再支持它。

这些常量并非全局性的，而是定义于 class ios_base 内，因此我们得加上作用域（scope）操作符，或是和某个对象联袂使用。例如：

```
std::ios_base::eofbit
```

当然，使用 ios_base 派生类也行。早期实现版本中，这些常量均定义于 class ios 内。由于 ios 派生自 ios_base，还可以少打几个字，所以经常被这么使用：

```
std::ios::eofbit
```

这些 flag 由 class basic_ios 维护，所以可在 basic_istream 和 basic_ostream 的所有对象中使用。不过 stream buffer 并无 state flag（状态标志）。一个 stream buffer 可被多个 stream 对象共享，所以上述所有 flag 都只能反映最后一次操作的 stream 状态（甚至即使在任何操作之前总是先设置 goodbit），因为这些 flag 可能被某些更早发生的操作设置。

15.4.2 用来"处理 Stream 状态"的成员函数

表15.4列出的成员函数可以设定"用来表示 stream 当前状态"的 flag。

成员函数	意义
good()	若 stream 正常无误，返回 true（表示 goodbit 设置）
eof()	若遭遇 end-of-file，返回 true（表示 eofbit 设置）
fail()	若发生错误，返回 true（表示 failbit 或 badbit 设置）
bad()	若发生毁灭性错误，返回 true（表示 badbit 设置）
rdstate()	返回当前已设置的所有 flag
clear()	清除所有 flag
clear(*state*)	清除所有 flag 后，设置 *state* flag
setstate(*state*)	加设 *state* flag

表 15.4　用以处理 Stream 状态的各个成员函数

表15.4的前四个成员函数可设置 stream 状态并返回一个 Boolean。注意 fail() 返回的是"failbit 或 badbit 两者之中是否有任一个设置"，这么做主要是因为历史因素，同时也有一个好处：一次测试即可确认是否有错误发生。

除此之外，flag 的状态还可由更一般的成员函数设定或修改。如果调用不带参数的 clear()，所有 error flag（包括 eofbit）均会被清除（这正是其名称 *clear* 的用意）：

```
// clear all error flags (including eofbit):
strm.clear();
```

如果调用带有参数的 clear()，stream 会把状态调整为该参数所代表的状态，也就是说，stream 会设置该 flag 并清除其他 flag。唯一例外是，如果没有 stream buffer（也就是当 rdbuf() == 0 时，详见 15.12.2 节第 820 页），badbit 始终会被设立。

下面这个例子检查 failbit 是否设置，若设置则清除之：

```
// check whether failbit is set
if (strm.rdstate() & std::ios::failbit) {
    std::cout << "failbit was set" << std::endl;

    // clear only failbit
    strm.clear (strm.rdstate() & ~std::ios::failbit);
}
```

本例使用 bit 操作符 & 和 ~。~ 操作符对其实参的所有 bit 逐一求反相，因此：

```
~ios::failbit
```

会返回一个临时数值，其中每个 bit 均和 failbit 反相。& 操作符会对其操作数的所有 bit 逐一进行“and”运算——两对应 bit 均设置时，该 bit 才得以保留。因此，如果对于 (1) 当前设置之所有 flag（利用 rdstate() 取得）和 (2) 除 failbit 外的所有 bit 进行“and”运算，便能清除 failbit 并保留其他 bit。

Stream 有可能被配置为“当某些 flag 被 clear() 或 setstate() 设置时便抛出异常（见 15.4.4 节第 762 页）。是的，如果对应的 flag 被设置，那么当那些 flag 的操控函数结束之际，stream 会抛出异常。

注意，我们必须明白地清除 error bit。C 语言可以在“格式错误”发生之后仍然读取字符。例如虽然 scanf() 未能读入一个整数，我们仍能读入剩余字符，因此虽然读入动作失败，input stream 的状态依然是好的。但 C++ 不同：如果设置了 failbit，除非明白予以清除，否则无法进行下一个操作。

请注意，被设置的 bit 只是反映过去发生的事。如果某次操作后发现某个 bit 被设置了，我们无法确定究竟是这一次或先前操作导致这个结果。因此，如果想借由 flag 了解错误，操作前应先设置 goodbit（如果尚未设置的话）。此外，清除 flag 之后，各项操作可能会得到不同的结果，例如，纵使 eofbit 是被某个操作设置的，并不意味着清除 eofbit 之后该操作会再次设置 eofbit。例如当“两次调用之间，被处理的文件有所成长”时，就会发生这种情况。

15.4.3 Stream 状态与 Boolean 条件测试

Stream 定义了两个可用于 Boolean 表达式的函数，如表15.5所列。

成员函数	意义
operator bool ()	Stream 是否未出错（相当于!fail()）
operator ! ()	Stream 是否已出错（相当于 fail()）

表 15.5 可用于 Boolean 表达式的 Stream 操作符

我们可以运用 operator bool()[8] 在控制结构中简洁测出 stream 的当前状态：

[8] 在 C++11 之前，这个操作符被声明为 operator void*()，那会引发诸如 15.10.1 节第 805 页描述的问题。

```
// while the standard input stream is OK
while (std::cin) {
    ...
}
```

控制结构中的 Boolean 条件并不是非得直接转换为 bool 不可，只要能够转换为某个整数类型（例如 int 或 char）或 pointer 类型就够了。转换为 bool 常常是为了在同一表达式中读入对象并测试是否成功：

```
if (std::cin >> x) {
    // reading x was successful
    ...
}
```

正如先前所讨论，表达式

```
std::cin >> x
```

会返回 cin，所以读入 x 后上述语句变为：

```
if (std::cin) {
    ...
}
```

此时的 cin 被用于条件判断，于是 cin 调用 operator bool，返回“stream 是否发生错误”。

以上技术的一个典型应用就是以循环读入对象并处理：

```
// as long as obj can be read
while (std::cin >> obj) {
    // process obj (in this case, simply output it)
    std::cout << obj << std::endl;
}
```

这是把古典的 C filter framework 用在 C++ 对象身上。如果 failbit 或 badbit 被设置，该循环立即终止——出现错误或读到 end-of-file（会同时设置 eofbit 和 failbit，见 15.4.1 节第 758 页）就可能发生这种情况。操作符 >> 的默认行为会跳过起头的空白字符，这往往正是我们所希望的。但如果 obj 的类型是 char，空白字符就带有意义了，这时我们可以运用 stream 的成员函数 put() 和 get()（见 15.5.3 节第 772 页）或运用更方便的 istreambuf_iterator（见 15.13.2 节第 831 页）实现 I/O filter。

我们可以利用 operator ! 进行反相测试，它会返回“stream 是否已发生错误”，也就是说，如果 failbit 或 badbit 被设置就返回 true。用法如下：

```
if (! std::cin) {
    // the stream cin is not OK
    ...
}
```

就像隐式转换为 Boolean 一样，这个操作符常用于“在同一表达式中读取对象并测试是否成功”：

```
if (! (std::cin >> x)) {
    // the read failed
    ...
}
```

在这里，表达式

```
std::cin >> x
```

会返回 cin，然后我们再对它运用 operator !。! 之后的表达式必须以小括号括起来，这是为了运算优先级：如果没有小括号，operator ! 会先被估算。换句话说，表达式

```
!std::cin >> x
```

相当于：

```
(!std::cin) >> x
```

这可不是我们想要的。

尽管上述操作符用于 Boolean 运算时很方便，但是请注意："两次 ! 运算" 并不能获得原始对象，因为：

- cin 是个 istream 对象。
- !!cin 是一个描述 cin 状态的 Boolean 值。

就像使用 C++ 的其他特性一样，使用"转换为 Boolean"的写法可能会引起编程风格的争论。通常，使用诸如 fail() 这样的成员函数可以使程序拥有较好可读性：

```
std::cin >> x;
if (std::cin.fail()) {
    ...
}
```

15.4.4 Stream 的状态和异常

C++ 的异常处理机制用于处理差错（error）和异常（exception），见 4.3 节第 41 页。不过那已是 stream 大行其道之后的事了。为保持向后兼容，stream 于默认情况下并不抛出异常。标准化之后的 stream 允许我们对任何一个 state flag（状态标志）进行定义：此 flag 被设置时是否引发异常。这可由成员函数 exceptions() 完成，如表15.6所列。

成员函数	意义
exceptions(*flags*)	设定"会触发异常"的 flag
exceptions()	返回"触发异常"的 flag

表 15.6 Stream 的异常相关函数

调用无参数的 exceptions()，可获得引发目前异常的那个 flag。如果它返回 goodbit，表示没有任何异常被抛出——这是为了向后兼容而设计的一种默认情况。

如果调用带唯一参数的 exceptions()，那么一旦指定的那个 flag 被设置，立刻就会引发相应异常。

下面这个例子要求 stream 对所有 flag 均抛出异常：

```
// throw exceptions for all "errors"
strm.exceptions (std::ios::eofbit | std::ios::failbit |
                 std::ios::badbit);
```

但如果传入 0 或 goodbit ，就不会引发异常：

```
// do not generate exceptions
strm.exceptions (std::ios::goodbit);
```

异常的抛出时机是在“程序调用 clear() 或 setstate() 之后”又设置某些 flag 之际。如果某个标志已被设置但未被清除，也会抛出异常：

```
// this call throws an exception if failbit is set on entry
strm.exceptions (std::ios::failbit);
...
// throw an exception (even if failbit was already set)
strm.setstate (std::ios::failbit);
```

抛出的异常是个 std::ios_base::failure 对象，自 C++11 起该 class 派生自 std::system_error（见 4.3.1 节第 44 页）：[9]

```
namespace std {
    class ios_base::failure : public system_error {
      public:
        explicit failure (const string& msg,
                          const error_code& ec = io_errc::stream);
        explicit failure (const char* msg,
                          const error_code& ec = io_errc::stream);
    };
}
```

实现方必须提供一个 error_code 对象，用来提供失败原因。事实上，一个出于操作系统的 error，应该令其分类 category() 为 "system"，且其 value() 由操作系统描述。而一个出自 I/O stream library 的 error 应该令其 category() 为 "iostream" 且其 value() 所得结果为 std::io_errc::stream。4.3.2 节第 45 页说明了 class error_code 的细节以及如何处理它。

“默认为不抛异常”，意味着“异常处理”意图在非预期事态（unexpected situation）下才被更多地使用。既然称为异常处理而非差错处理，那么诸如“用户输入数据之格式化”等可预见的错误，都被认为是“正常”而非“异常”，可采用 state flag 做出更好的处理。

Stream 异常主要在读取“格式化数据”（例如来自一个自动被写文件）方面显身手。不过即使使用异常仍然存在一些问题。

[9] 在 C++11 之前，class std::ios_base::failure 直接衍生自 class std::exception。

如果你希望读取数据至 end-of-file 为止，那么你不可能只获得错误发生时所抛出的异常，end-of-file 带来的异常也会接踵而至，这是因为检测到 end-of-file 时会设置 failbit（意味着没能成功读入一个对象）。要区分究竟是发生 end-of-file 或是发生输入错误，就得检查 stream 状态。

下例做了一个示范，有个函数从 stream 读取浮点数，一直读到 end-of-file 为止，然后返回浮点数的总和：

```
// io/sum1a.cpp

#include <istream>

namespace MyLib {
    double readAndProcessSum (std::istream& strm)
    {
        using std::ios;
        double value, sum;

        // save current state of exception flags
        ios::iostate oldExceptions = strm.exceptions();

        // let failbit and badbit throw exceptions
        // - NOTE: failbit is also set at end-of-file
        strm.exceptions (ios::failbit | ios::badbit);

        try {
            // while stream is OK
            // - read value and add it to sum
            sum = 0;
            while (strm >> value) {
                sum += value;
            }
        }
        catch (...) {
            // if exception not caused by end-of-file
            // - restore old state of exception flags
            // - rethrow exception
            if (!strm.eof()) {
                strm.exceptions(oldExceptions);  // restore exception flags
                throw;                           // rethrow
            }
        }

        // restore old state of exception flags
        strm.exceptions (oldExceptions);
```

```
        // return sum
        return sum;
    }
}
```

以上函数首先将原本设置的 stream 异常记录于 `oldExceptions`，以便稍后恢复，然后要求 stream 在某些确定条件下抛出异常。只要 stream 处于 OK 状态，就进入循环读取数值并累加。如果读到 end-of-file，stream 不再处于 OK 状态，它会抛出相应异常——即使我们并未定义"当 `eofbit` 被设置时触发异常"。这是因为，此处是借由"继续读取数据"的失败才检测出 end-of-file，而这么一来，由于读取失败会设置 `failbit`，于是也引发异常。为了避免在这种情况下抛出异常，程序于局部（locally）捕捉异常后，先以 `eof()` 检查 stream 状态，如果返回 `false`（表示这个异常不是因为 end-of-file 而引发）才将该异常传播出去。

注意，恢复原先的 exception flag（异常标志）时（亦即调用 `exceptions()` 时），如果 stream 已设置相应 flag，那么此时也会抛出异常。因此，如果程序在进入上述函数之前原本就设定会因为 `eofbit`、`failbit` 或 `badbit` 而抛出异常，那么这些异常也会被传播给调用者。

上述函数可以在 main 之中以下列最简单的方式被调用：

```
// io/summain.cpp

#include <iostream>
#include <exception>
#include <cstdlib>

namespace MyLib {
    double readAndProcessSum (std::istream&);
}

int main()
{
    using namespace std;
    double sum;

    try {
        sum = MyLib::readAndProcessSum(cin);
    }
    catch (const ios::failure& error) {
        cerr << "I/O exception: " << error.what() << endl;
        return EXIT_FAILURE;
    }
    catch (const exception& error) {
        cerr << "standard exception: " << error.what() << endl;
        return EXIT_FAILURE;
    }
```

```
        catch (...) {
            cerr << "unknown exception" << endl;
            return EXIT_FAILURE;
        }

        // print sum
        cout << "sum: " << sum << endl;
    }
```

问题来了——这样做是否值得？我们也可以让 stream 不抛出异常，只有在检测到错误时才抛出异常。这么做带来的额外好处是可以使用“自定义的错误信息”和“自定义的错误相关 class”：

```
// io/sum2a.cpp

#include <istream>

namespace MyLib {
    double readAndProcessSum (std::istream& strm)
    {
        double value, sum;

        // while stream is OK
        // - read value and add it to sum
        sum = 0;
        while (strm >> value) {
            sum += value;
        }

        if (!strm.eof()) {
            throw std::ios::failure
                    ("input error in readAndProcessSum()");
        }

        // return sum
        return sum;
    }
}
```

这么做看起来是不是简单一些？

C++11 之前的 I/O 异常

在 C++11 之前，class std::ios_base::failure 直接派生自 class std::exception 而且只有一个构造函数，接受一个 std::string 实参：

```
namespace std {
    class ios_base::failure : public exception {
      public:
        explicit failure (const string& msg);
        ...
    };
}
```

这会造成以下局限：

- 生成的异常对象调用 what() 有可能只取到一个由实现（implementation）给出用以解释失败理由的 string；不存在对异常的分类（category）或实值（value）的支持。
- 由于构造函数只接受 std::string，当你传入 string literal（字面常量）时必须事先包含 <string>。（因为为了能够转换至 std::string，你需要相应的 string 构造函数的声明。）

15.5 标准 I/O 函数

这一节让我们看看可以取代标准 stream 操作符（<< 和 >>）的成员函数。它们均用于读/写无格式（unformatted）数据（和读/写格式化数据的 >> 或 << 操作符不同）。读取数据时它们并不跳过起始空白字符，这和 operator >> 不同，后者默认会跳过起始空白字符。这由一个所谓 sentry 对象（见 15.5.4 节第 772 页）来控制。另外，这些函数处理异常的方式也不同于“格式化 I/O 操作符”：如果发生异常，不论源自哪个被调用函数，或由于哪个 state flag 被设置（见 15.4.4 节第 762 页），badbit flag 都会被设置。如果异常屏蔽（exception mask）中包含 badbit，就重抛该异常。

这些函数运用定义于 <ios> 中的 streamsize 类型来指定数量：

```
namespace std {
    typedef ... streamsize;
    ...
}
```

类型 streamsize 通常是带正负号的 size_t，因为它需要表达负数。

15.5.1 Input 相关函数

接下来的文字解说中，*istream* 只是个占位符，表示一个“用于读取”的 stream class，可能是 istream、wistream 或 template class basic_istream<> 的其他实例化实现。*char* 也是个占位符，表示相应的字符类型，例如 char 之于 istream 或 wchar_t 之于 wistream。其余以斜体表示的类型或数值，取决于字符类型或“与 stream 关联之 trait class”的确切定义。

C++ 标准库提供了数个用以读/写字符序列的成员函数，表15.7列出了其间的比较（*s* 表示由被读取字符所组成的字符序列）。

成员函数	读取，直到……	字符数	添加结束符	返回值
get(*s*,*num*)	不包括 newline 或 end-of-file	最多 *num*-1	是	*istream*
get(*s*,*num*,*t*)	不包括 *t* 或 end-of-file	最多 *num*-1	是	*istream*
getline(*s*,*num*)	包括 newline 或 end-of-file	最多 *num*-1	是	*istream*
getline(*s*,*num*,*t*)	包括 t 或 end-of-file	最多 *num*-1	是	*istream*
read(*s*,*num*)	End-of-file	*num*	否	*istream*
readsome(*s*,*num*)	End-of-file	最多 *num*	否	Count

表 15.7 Stream 函数读取字符序列的能力

int ***istream*::get** ()

- 读取下一字符。
- 返回读取的字符，或 *EOF*。
- 通常返回类型是 traits::int_type。traits::eof() 会返回 *EOF*。对 istream 而言，返回类型是 int，*EOF* 则为常量 EOF。因此对 istream 来说，此函数对应于 C 语言的 getchar() 或 getc()。
- 注意，返回值不一定是字符类型，可以是范围更大的数值类型，否则就无法根据相应实值区分 *EOF* 和一般字符。

***istream*& *istream*::get** (*char*& *c*)

- 把下一字符赋值给实参 *c*。
- 返回 stream；其状态可说明是否读取成功。

***istream*& *istream*::get** (*char** *str*, streamsize *count*)

***istream*& *istream*::get** (*char** *str*, streamsize *count*, *char* *delim*)

- 两种形式均可读取多达 *count*-1 个字符，并存入 *str* 所指的字符序列中。
- 第一形式的读取终止条件是，下一字符是相应字符集中的换行符，例如 '\n' 之于 istream，

wchar_t('\n') 之于 wistream（见 16.1.5 节第 857 页）。一般而言，用的是 widen('\n')（见 15.8 节第 790 页）。

- 第二形式的读取终止条件是：下一字符是 *delim*。
- 两种形式均返回 stream；stream 的状态可说明读取是否成功。
- 不会读取终止符 *delim*。
- 读取的字符序列以一个代表结束的 null 字符为结尾。
- 调用者必须保证 *str* 足够存入 *count* 个字符。

istream& ***istream***::**getline** (*char** *str*, streamsize *count*)
istream& ***istream***::**getline** (*char** *str*, streamsize *count*, *char delim*)

- 两种形式和先前对应的 get() 完全一样，只除了一点：终止读取时，读取内容包括换行符或 *delim*，而非在两者之前就终止。
- 因此当换行符或 *delim* 位于 *count*-1 个字符内时，它们会被读取，但不被存储于 *str* 内。

istream& ***istream***::**read** (*char** *str*, streamsize *count*)

- 读取 *count* 个字符，并存入 *str* 中。
- 返回 stream。Stream 的状态可以说明读取是否成功。
- *str* 内的 string 不会自动以"终止符 null"结束。
- 调用者必须确保 *str* 有足够空间存储 *count* 个字符。
- 读入过程中如遇到 end-of-file 会出错，则 failbit 会被设置（当然 eofbit 也有份）。

streamsize ***istream***::**readsome** (*char** *str*, streamsize *count*)

- 可读取多达 *count* 个字符，存入 *str* 中。
- 返回读取的字符个数。
- *str* 内的 string 不会自动以"终止符 null"结束。
- 调用者必须确保 *str* 有足够空间存储 *count* 个字符。
- 与 read() 相反，readsome() 会读入 stream buffer 内的所有有效字符（利用 buffer 的成员函数 in_avail() 完成，见 15.13.1 节第 827 页）。当我们不希望等待输入时，这很有用，因为输入来自键盘或其他进程（process）。遭遇 end-of-file 并不算错，不会因此设置 eofbit 或 failbit。

streamsize ***istream***::**gcount** () const

- 返回上一次"非格式化读取操作"所读的字符个数。

***istream*& *istream*::ignore** ()

***istream*& *istream*::ignore** (streamsize *count*)

***istream*& *istream*::ignore** (streamsize *count*, *int delim*)

- 所有形式均提取（extract）字符并舍弃不用。
- 第一形式忽略（ignore）一个字符。
- 第二形式可忽略多达 *count* 个字符。
- 第三形式可忽略多达 *count* 个字符，直到提取并舍弃 *delim*。
- 如果 *count* 的值等于 `std::numeric_limits<std::streamsize>::max()`（这是类型 `std::streamsize` 的最大值，见 5.3 节第 115 页），那么 *delim* 或 end-of-file 之前的所有字符均被舍弃。
- 上述形式均返回 stream。
- 举例：
  - 以下动作会弃置当前这一行的剩余部分：
    ```
    cin.ignore(numeric_limits<std::streamsize>::max(),'\n');
    ```
  - 以下动作会弃置 `cin` 的所有剩余内容：
    ```
    cin.ignore(numeric_limits<std::streamsize>::max());
    ```

int ***istream*::peek** ()

- 返回 stream 之内“下一个将被读取的字符”，但不真的把它读出来。下一次读取结果便是该字符（除非改变了读取位置）。
- 如果不再能够读入任何字符，返回 *EOF*。
- *EOF* 即 `traits::eof()` 的返回值；对 `istream` 来说就是常量 `EOF`。

***istream*& *istream*::unget** ()

***istream*& *istream*::putback** (*char c*)

- 两者均把上一次读取字符放回 stream，使之可被下次读取（除非改变了读取位置）。
- 两者的区别在于 `putback()` 会检查传入的 *c* 是否确是上一次读取字符。
- 如果无法放回字符，或者 `putback()` 发现待放字符不正确，就设置 `badbit`，相应的异常可能因此被抛出（见 15.4.4 节第 762 页）。
- 两函数可放回的最大字符数，由实现版本决定。C++ standard 保证在两次读取之间允许你调用上述任一函数一次，并且具有可携性。

读入 C-string 时，本节的函数比操作符 >> 更安全，因为调用者必须向这些函数明确传入最大字符数作为实参。尽管操作符 >> 也可以限制字符个数（见 15.7.3 节第 781 页），但使用者很容易忘记那么做。

直接运用 stream buffer 往往比使用 istream 成员函数更好。由于不必构造 `sentry` 对象（详见 15.5.4 节第 772 页），因而避免了相应的额外开销，因而使得 stream buffer 提供的成员函数在读取单一字符或字符序列时更高效。15.13 节第 826 页详细说明了 stream buffer 的接口。另一种方法是使用 template class `istreambuf_iterator<>`，它提供一个 stream buffer iterator 接口（见 15.13.2 节第 828 页）。

另有两个用以操控读取位置的函数：`tellg()` 和 `seekg()`，主要和文件连用，所以我把相关描述延后到 15.9.4 节第 799 页。

15.5.2 Output 相关函数

接下来的文字解说中，*ostream* 只是个占位符，表示用于涂写动作的一个 stream class，可能是 `ostream`、`wostream` 或 template class `basic_ostream<>` 的其他实例化实现。*char* 也只是个占位符，表示相应的字符类型，例如 `char` 之于 `ostream`，`wchar_t` 之于 `wostream`。其余以斜体表示的类型或数值，取决于字符类型或“与 stream 关联的” trait class 的确切定义。

***ostream*& *ostream*::put** (*char c*)

- 将实参 *c* 写至 stream。
- 返回 stream。Stream 的状态可说明涂写是否成功。

***ostream*& *ostream*::write** (`const` *char** *str*, `streamsize` *count*)

- 把 *str* 中的 *count* 个字符写入 stream。
- 返回 stream。Stream 的状态可说明涂写动作是否成功。
- 终止符 null 并不会终止涂写动作，它本身也会被写进 stream。
- 调用者必须确保 *str* 的确包含至少 *count* 个字符，否则可能导致无法预期的行为。

***ostream*& *ostream*::flush** ()

- 刷新（flush）stream 的缓冲区，也就是把所有缓冲数据强制写入其所属的设备或 I/O 通道。

另有两个用以改变写入位置的函数：`tellp()` 和 `seekp()`，它们主要与文件连用，所以我把相关描述延后到 15.9.4 节第 799 页。

和 input 函数一样，在这里，我们直接运用 stream buffer（见 15.14.3 节第 846 页）或 template class `ostreambuf_iterator<>`（见 15.13.2 节第 828 页）进行“非格式化涂写动作”将更为合理。因此这些非格式化输出函数少有着力点，不过在多线程环境下它们可能利用 `sentry` 对象（见 15.5.4 节第 772 页）来处理 lock 问题，详见 15.12.1 节第 819 页。

15.5.3 实例

下面是以 C++ 完成的古典形式的 C/UNIX filter framework，很单纯地输出所有读取字符：

```
// io/charcat1.cpp

#include <iostream>
using namespace std;

int main()
{
    char c;

    // while it is possible to read a character
    while (cin.get(c)) {
        // print it
        cout.put(c);
    }
}
```

每次调用

```
cin.get(c)
```

下一字符就被赋值给 c（passed by reference）。get() 返回一个 stream，我们可直接用它来测试 cin 的状态是否正常。[10]

为了精益求精，我们还可以直接操作 stream buffer。参见两个实例：15.13.2 节第 831 页运用 stream buffer iterator 进行 I/O，15.14.3 节第 846 页在单一语句中复制所有输入数据。

15.5.4 sentry 对象

I/O stream 操作符和函数使用一种常见方案来提供机能：首先，若干“预处理”（preprocessing）先准备好 I/O stream，然后完成真正的 I/O，随后是若干后处理（postprocessing）。

为了实现这样的方案，class basic_istream 和 basic_ostream 都定义有一个辅助的 sentry（岗哨）class，其构造函数负责预处理，析构函数

[10] 注意，对 filter 来说，这比一般的 C 界面更好。C 里头必须使用 getchar() 或 getc()，其返回值既可能是下一字符，也可能表示到达 end-of-file 与否，这导致返回值必须是个 int，才能区分 char 值和 end-of-file。

负责对应之后处理。[11] 于是所有格式化或非格式化的 I/O 操作符和函数都在它们真正处理或运算之前先使用一个 `sentry` 对象，如下：

```
sentry se(strm);       // indirect pre- and postprocessing
if (se) {
    ...                // the actual processing
}
```

`sentry` 构造函数接受 stream `strm` 为实参。预处理和后处理都针对 `strm` 进行。剩余工作取决于该对象的状态，该状态指示 stream 是否 OK，可利用"`sentry` 对象转换为 `bool`"加以检查。对于 input stream，`sentry` 对象构造时可以加上一个选择性的 Boolean 值，表示是否"即使 flag `skipws` 设置仍然应该避免跳过空白字符"：

```
sentry se(strm,true);  // don't skip whitespaces during the additional processing
```

预处理和后处理将会执行"I/O 以 stream 完成时"的所有一般性工作。这些工作包括多个 stream 之间的同步化（synchronizing）、检查 stream 是否正常、跳过空白字符，以及其他可能的实现版特定任务。例如在多线程环境中可进行相应的锁定操作（locking）。

如果 I/O 操作符直接作用于 stream buffer 身上，第一件事就应该是构造其相应的 `sentry` 对象。

[11] 这些 class 取代了"先前 IOStream程序库实现使用"的成员函数（`ipfx()`、`isfx()`、`opfx()` 和 `osfx()`）。使用这些新 class 可确保即使 I/O 由于异常发生而被迫放弃，"后处理"仍然会被调用。

15.6 操控器（Manipulator）

我已经在 15.1.5 节第 746 页介绍过 stream 操控器（manipulator），那些对象如果和标准 I/O 操作符连用，便可用来修改 stream，但这并不意味着会额外读取或涂写什么。基本操控器定义于 `<istream>` 或 `<ostream>`，见表15.8。

操控器	类	意义
`endl`	`basic_ostream`	向缓冲区插入换行符并刷新——其内容写至设备
`ends`	`basic_ostream`	向缓冲区插入终止用的 null 字符
`flush`	`basic_ostream`	刷新 output 缓冲区——其内容写至输出设备
`ws`	`basic_istream`	读取时忽略空白字符（whitespace）

表 15.8　定义于 `<istream>` 或 `<ostream>` 中的操控器（Manipulator）

带有实参的操控器（Manipulator with Argument）

有些操控器可以处理实参。例如，你可以使用下面的方式设定下次输出的最小栏宽（field width）和填充字符：

```
std::cout << std::setw(6) << std::setfill('_');
```

带实参之标准操控器都被定义于 `<iomanip>` 内，必要时你必须包含它：

```
#include <iomanip>
```

带实参之标准操控器全部和格式化有关，它们将在以下章节介绍：一般性格式化选项（见 15.7 节第 779 页），时间格式化（见 16.4.3 节第 890 页），货币格式化（见 16.4.2 节第 882 页）。

15.6.1 操控器概览

表15.9对于 C++ 标准库提供的所有操控器列出了一份概览，包含你可以在哪一页获得它们的详细说明。以下数项始自 C++11：`hexfloat`、`defaultfloat`、`put_time()`、`get_time()`、`put_money()` 和 `get_money()`。

操控器	效果	页码
endl	写出一个换行符（newline）并清空输出（flush the output）	776
ends	写出一个（表示结束的）null 字符	774
flush	清空输出（flush the output）	774
ws	读入并且忽略空格（whitespace）	774
skipws	执行 operator >> 时跳过前导空格（leading whitespace）	789
noskipws	执行 operator >> 时不跳过前导空格（leading whitespace）	789
unitbuf	每次写操作（write operation）后清空输出缓冲区	789
nounitbuf	每次写操作（write operation）后不清空输出缓冲区	789
setiosflags(*flags*)	将 *flags* 设为格式标志（format flag）	780
resetiosflags(*m*)	清除屏蔽（mask）*m* 所示分组中的所有 flag	780
setw(*val*)	设定下一次输入和输出 *val* 时的栏宽（field width）	783
setfill(*c*)	填充字符（fill character）设为 *c*	783
left	数值靠左（left-adjust value）	783
right	数值靠右（right-adjust value）	783
internal	正负号靠左（left-adjust sign）数值靠右（right-adjust value）	783
boolalpha	对 Boolean 值强制使用文本表示（textual representation）	781
noboolalpha	对 Boolean 值强制使用数值表示（numeric representation）	781
showpos	对正值强制写出正号（positive sign）	784
noshowpos	对正值强制不写出正号（positive sign）	784
uppercase	对于数值（numeric value）强制使用大写字母	784
nouppercase	对于数值（numeric value）强制使用小写字母	784
oct	以八进制（octal）读和写整数值	785
dec	以十进制（decimal）读和写整数值	785
hex	以十六进制（hexadecimal）读和写整数值	785
showbase	显示数值（numeric value）的基数（numeric base）	786
noshowbase	不显示数值（numeric value）的基数（numeric base）	786
showpoint	总是为浮点数写出小数点（decimal point）	788
noshowpoint	不要求为浮点数写出小数点（decimal point）	788
setprecision(*val*)	使用浮点数精度（precision of floating-point value）将 *val* 改设新值	788
fixed	对浮点数使用十进制数表示法（decimal notation）	788
scientific	对浮点数使用科学记号表示法（scientific notation）	788
hexfloat	对浮点数使用十六进制科学表示法（hexadecimal scientific notation）	788
defaultfloat	使用常规浮点数表示法（normal floating-point notation）	788
put_time(*val*,*fmt*)	根据格式 *fmt* 写出 date/time 值	890
get_time(*val*,*fmt*)	根据格式 *fmt* 读入 time/date 值	890
put_money(*val*)	使用本地货币符号写出货币值	882
put_money(*val*,*intl*)	根据 *intl* 的货币符号写出货币值	882
get_money(*val*)	使用本地货币符号读入货币值	882
get_money(*val*,*intl*)	根据 *intl* 的货币符号读入货币值	882

表 15.9　C++ 标准库提供的操控器（Manipulator）

15.6.2 操控器如何运作

操控器的实现借助一种很简单的技巧，这种技巧不仅让 stream 的操控更为方便，也是函数重载（function overloading）的一次绝好的威力示范。作为 I/O 操作符的实参，操控器其实就是一个被 I/O 操作符调用的函数。例如“针对 ostream 运作”的 output 操作符，基本上被重载如下：

```
ostream& ostream::operator << ( ostream& (*op)(ostream&))
{
    // call the function passed as parameter with this stream as the argument
    return (*op)(*this);
}
```

实参 op 是个 pointer，指向某函数，该函数以 *ostream* 为实参并返回一个 *ostream*（假设返回的就是作为实参的那个 *ostream*）。如果操作符 << 的第二操作数（右操作数）是这样一个函数，就以 << 的第一操作数（左操作数）为实参调用之。

听起来很复杂，实际上相对简单，举个例子就清楚不过了。用于 ostream 身上的 endl() 操控器（其实是个函数）的主要实现如下：

```
std::ostream& std::endl (std::ostream& strm)
{
    // write newline
    strm.put('\n');

    // flush the output buffer
    strm.flush();

    // return strm to allow chaining
    return strm;
}
```

我们可以采用下列方式，在一个表达式中使用该操控器：

```
std::cout << std::endl
```

这里的 << 分别以 cout 和 endl() 为操作数，从前述做法可知，操作符 << 把它本身的调用动作转换为一个以 stream 为实参的函数调用：

```
std::endl(std::cout)
```

直接调用上述表达式，其效果和使用操控器相同，而且还有一个优点：不用写出命名空间（namespace），像下面这样就可以了：

```
endl(std::cout)
```

因为如果全局空间中找不到这个函数，编译器会自动在其实参定义所在的命名空间中查找，这称为 *ADL*（*argument-dependent lookup*；也被称为 *Koenig lookup*）。

由于 stream class 都是一些“以字符类型为 template 参数”的 template class，所以 `endl()` 实际实现如下：

```
template <typename charT, typename traits>
std::basic_ostream<charT,traits>&
std::endl (std::basic_ostream<charT,traits>& strm)
{
    strm.put(strm.widen('\n'));
    strm.flush();
    return strm;
}
```

成员函数 `widen()` 用来将换行符转换成当前 stream 所用的字符，更多细节参见 15.8 节第 790 页。

C++ 标准库也提供了一些带参数的操控器，其运作方式视实现版本而定。目前并无任何标准规范如何实现“带参数的用户自定义操控器”（user-defined manipulator with argument）。

15.6.3 用户自定义的操控器

我们可以定义自己的操控器，所需做的不过是写一个像 `endl()` 一样的函数。例如以下函数定义了一个操控器，将 end-of-line 之前的所有字符（即当前一行的剩余部分）忽略掉：

```
// io/ignore1.hpp

#include <istream>
#include <limits>

template <typename charT, typename traits>
inline
std::basic_istream<charT,traits>&
ignoreLine (std::basic_istream<charT,traits>& strm)
{
    // skip until end-of-line
    strm.ignore(std::numeric_limits<std::streamsize>::max(),
                strm.widen('\n'));

    // return stream for concatenation
    return strm;
}
```

这个操控器简单地把任务交给函数 `ignore()` 去完成，这便会忽略 end-of-line 之前的所有字符（关于 `ignore()`，详见 15.5.1 节第 770 页）。

这个操控器用起来很简单：

```
// ignore the rest of the line
std::cin >> ignoreLine;
```

如果想忽略若干行，就多用几次：

```
// ignore two lines
std::cin >> ignoreLine >> ignoreLine;
```

这样之所以能够有效运作，乃是因为函数 ignore(max,c) 会略去 input stream 内“字符 c 之前的所有字符”（如果 c 之前的字符多于 max 个，就略去 max 个字符；如果先遇到 stream 结尾，就全部忽略之）。字符 c 也会一并被忽略。

如前所述，有多种做法可以定义你自己的“带实参的操控器”。例如下面的代码就可以忽略 n 行：

```
// io/ignore2.hpp

#include <istream>
#include <limits>

class ignoreLine
{
  private:
    int num;
  public:
    explicit ignoreLine (int n=1) : num(n) {
    }

    template <typename charT, typename traits>
    friend std::basic_istream<charT,traits>&
    operator>> (std::basic_istream<charT,traits>& strm,
                const ignoreLine& ign)
    {
        // skip until end-of-line num times
        for (int i=0; i<ign.num; ++i) {
            strm.ignore(std::numeric_limits<std::streamsize>::max(),
                        strm.widen('\n'));
        }

        // return stream for concatenation
        return strm;
    }
};
```

此处的操控器 ignoreLine 是个 class，初始化时接受一个实参，并重载了 input 操作符——令它针对此 class 之对象运作。

15.7 格式化（Formatting）

两个概念影响着 I/O 格式的定义：最明显的是 format flag（格式标志），它们可定义诸如数值精度、填充字符、进制（基底）等格式。另一个概念是针对特定地域的习惯而调整格式（此即国际化议题）。本节介绍的是 format flag，15.8 节第 790 页及第 16 章讨论了国际化议题。

15.7.1 Format Flag（格式标志）

Class `ios_base` 提供数个成员，用来定义各种 I/O 格式，例如最小栏位宽度、浮点数精度、填充字符等。成员中的类型 `ios::fmtflags` 用来存储 configuration flag（配置标志），定义诸如“正数前是否加正号、Boolean 以数字或文字方式打印”等选项。

某些 flag 甚至形成分组，例如用于整数八进制、十进制和十六进制的各个相应 flag。使用特定的 mask（屏蔽）便可轻松处理此类分组。

成员函数	意义
`setf(`*flags*`)`	添设额外的 *flags* flag，返回所有 flag 的先前状态
`setf(`*flags, grp*`)`	添设分组 *grp* 中的 *flags* flag，返回所有 flag 的先前状态
`unsetf(`*flags*`)`	清除 *flags*
`flags()`	返回所有目前设置的 format flag
`flags(`*flags*`)`	将 *flags* 设为新的 flag，返回所有 flag 的先前状态
`copyfmt(`*stream*`)`	从 *stream* 中复制所有的格式定义

表 15.10 “用以访问 Format Flag”的成员函数

表15.10所列的成员函数用于处理 stream 的所有格式定义。 函数 `setf()` 和 `unsetf()` 分别设置和清除一或多个 flag。二元操作符“or”（也就是 operator |）可将多个 flag 合并，从而一次操控多个 flag。函数 `setf()` 以第二实参作为 mask（屏蔽），清除其所标示的所有 flag，然后设置第一实参所代表的 flag。单实参版本的 `setf()` 则稍有不同。下面是运用实例：

```
// set flags showpos and uppercase
std::cout.setf (std::ios::showpos | std::ios::uppercase);

// set only the flag hex in the group basefield
std::cout.setf (std::ios::hex, std::ios::basefield);

// clear the flag uppercase
std::cout.unsetf (std::ios::uppercase);
```

使用 flags()，我们得以一次操控所有 format flag。无参数的 flags() 会返回当前的 format flag；如果传给 flags() 一个实参，便以该实参作为所有 format flag 的新状态，并返回先前状态。因此，带有一个实参的 flags() 会清除所有 flag，并将状态设置如同传入值。flags() 相当有用，例如可用以存储当前 flag 状态，适当时机再恢复。下面是个例子：

```
using std::ios;
using std::cout;

// save current format flags
ios::fmtflags oldFlags = cout.flags();

// do some changes
cout.setf(ios::showpos | ios::showbase | ios::uppercase);
cout.setf(ios::internal, ios::adjustfield);
cout << std::hex << x << std::endl;

// restore saved format flags
cout.flags(oldFlags);
```

copyfmt() 可将 stream 的所有格式信息复制给另一个 stream，15.11.1 节第 811 页有另一个例子。

表15.11中的操控器也可用于设置和清除 format flag。

操控器	**作用**
setiosflags(*flags*)	将 *flags* 设为 format flag（将会调用相应之 stream 的 setf(*flags*)）
resetiosflags(*mask*)	清除 *mask* 所标示的一组 flag（将会调用相应之 stream 的 setf(0,*mask*)）

表 15.11　用于“访问 Format Flag”的两个操控器（Manipulator）

操控器 setiosflags() 或 resetiosflags() 让我们得以在一个写语句（搭配 operator <<）或读语句（搭配 operator >>）中设置或清除 flag。欲使用这些操控器，首先必须包含 <iomanip>，例如：

```
#include <iostream>
#include <iomanip>
...
std::cout << resetiosflags(std::ios::adjustfield) // clear adjustm. flags
          << setiosflags(std::ios::left);          // left-adjust values
```

某些“flag 操控”可由专门的操控器完成，更方便更易读。下一节对此有详细讨论。

15.7.2 Boolean 的 I/O 格式

Flag boolalpha 定义了 Boolean 的读/写格式：数字或文本（见表15.12）。

Flag	意义
boolalpha	若被设置，便以文本表示，否则以数字表示

表 15.12 用于“Boolean 表示法”的 Flag

如果此 flag 未被设置（默认如此），Boolean 便以数字表示：false 始终是 0，true 始终是 1。如果以数字方式读入 Boolean 时遭遇 0 和 1 以外的数，就会出错（会设置 stream 身上的 failbit）。

如果此 flag 被设置，Boolean 便以文本表示。读入的字符串须为 true 或 false，其实际表述法还和 stream locale 对象有关（见 15.8 节第 790 页和 16.2.2 节第 865 页）。标准的 "C" locale 对象使用字符串 "true" 和 "false" 来表示 Boolean。

为了更方便操控这个 flag，标准库还专门定义了两个操控器，见表15.13。

操控器	意义
boolalpha	强制使用文本表示法（将会设置 ios::boolalpha）
noboolalpha	强制使用数字表示法（将会清除 flag ios::boolalpha）

表 15.13 用于“Boolean 表示法”的操控器（Manipulator）

例如，下面的语句先后以数字和文本表示法来打印 b：

```
bool b;
...
std::cout << std::noboolalpha << b << " == "
          << std::boolalpha << b << std::endl;
```

15.7.3 栏位宽度、填充字符、位置调整

成员函数 width() 和 fill() 分别用来定义栏位宽度和填充字符（见表15.14）。

成员函数	意义
width()	返回当前的栏位宽度
width(*val*)	设置 *val* 为当前栏位宽度，并返回先前的栏位宽度
fill()	返回当前的填充字符
fill(*c*)	定义 *c* 为当前的填充字符，并返回先前的填充字符

表 15.14 用以设定和取得“栏位宽度”和“填充字符”的成员函数

在 Output 动作中使用栏位宽度、填充字符和位置调整

对 output，`width()` 定义了最小栏位，该定义只应用于下一次格式化输出。无参数的 `width()` 会返回当前栏位宽度；如果传入一个整数，则可改变栏位宽度并返回先前宽度。最小栏位宽度的默认值为 `0`，这意味着栏位可为任意长——任何一个数值被输出后栏位宽度值将恢复为 `0`（译注：因为稍早才说过，栏位宽度的设定只到下一次格式化输出）。

请注意，栏位宽度从来不是被用来“将输出截断”。因此你无法指定一个“最大栏位宽度”。如果你需要类似功能，应该自己写点程序，例如将运算结果写入一个 string，再按需求决定输出的字符数。

成员函数 `fill()` 定义了用来填充“格式化表述”和最小栏位之间的填充字符。默认的填充字符是空格（space）。

有三个 flag 用来在栏位中对齐数值，如表15.15所列。它们和相应的 mask（屏蔽）均定义于 class `ios_base` 中。

Mask（屏蔽）	**Flag（屏蔽）**	**意义**
adjustfield	left	靠左对齐
	right	靠右对齐
	internal	正负号靠左对齐，数值靠右对齐
	无	靠右对齐（这是默认情况）

表 15.15 用来“在栏位中对齐数值”的若干 Mask（屏蔽）

表15.16显示了将上述函数和 flag 用于各种数值后的效果。填充字符为下画线（underscore）_。

位置调整	**width()**	**-42**	**0.12**	**"Q"**	**'Q'**
left	6	-42___	0.12__	Q_____	Q_____
right	6	___-42	__0.12	_____Q	_____Q
internal	6	-___42	__0.12	_____Q	_____Q

表 15.16 位置调整实例

执行了任何格式化 I/O 操作后，栏位宽度都会恢复为默认值；填充字符和位置调整方式不变，除非你明白地对它们做了修改。

C++ 标准库定义了数个操控器，用以处理栏位宽度、填充字符和位置调整（见表15.17）。

操控器	意义
setw(*val*)	令 *val* 为 I/O 栏位宽度，相当于 width()
setfill(*c*)	将 *c* 定义为填充字符，相当于 fill()
left	靠左对齐
right	靠右对齐
internal	正负号靠左对齐，数值靠右对齐

表 15.17　用于“位置调整”的操控器（Manipulator）

操控器 setw() 和 setfill() 需要一个实参，所以使用前必须先包含头文件 <iomanip>。例如：

```
#include <iostream>
#include <iomanip>
...
std::cout << std::setw(8) << std::setfill('_') << -3.14
          << ' ' << 42 << std::endl;
std::cout << std::setw(8) << "sum: "
          << std::setw(8) << 42 << std::endl;
```

输出结果如下：

```
___-3.14 42
___sum: ______42
```

Input 时使用栏位宽度

读入类型为 char* 的字符序列时，我们也可以运用栏位宽度来定义读取的最大字符数。如果 width() 不是 0，最多读取 width()-1 个字符。

由于一般 C-string 在读取时无法增长空间，所以当以操作符 >> 进行读取时，应该总是使用 width() 或 setw()，例如：

```
char buffer[81];

// read, at most, 80 characters:
cin >> setw(sizeof(buffer)) >> buffer;
```

以上最多能读入 80 个字符，虽然 sizeof(buffer) 是 81，但终止符 null 占一个字符（这是被自动添加上去的）。注意，下面是常见的错误：

```
char* s;
cin >> setw(sizeof(s)) >> s;      // RUNTIME ERROR
```

这是因为 s 只是被声明为一个 pointer，并无实际的存储空间。sizeof(s) 仅仅是 pointer 大小，而非它所指的存储空间的大小。这是 C-string 的一个典型错误运用。如果使用 string 就不会遇到这类麻烦：

```
string buffer;
cin >> buffer;                    // OK
```

15.7.4 正号与大写

两个 format flag showpos 和 uppercase 用来改变数值的一般表述（表15.18）：

Flag	意义
showpos	在正数前加上正号（positive sign）
uppercase	使用大写字母

表 15.18 影响“数值的正负号和字母大小写”的两个 Flag

ios::showpos 规定必须打印出正数前的正号。如果没有设置这个 flag，那就只有负数之前会加上负号。ios::uppercase 规定数值中的字母采用大写；此 flag 可用于“十六进位格式表述”的整数，以及“科学记号表述”的浮点数。默认情况下字母为小写并省略正号。例如以下语句：

```
std::cout << 12345678.9 << std::endl;

std::cout.setf (std::ios::showpos | std::ios::uppercase);
std::cout << 12345678.9 << std::endl;
```

输出结果如下：

```
1.23457e+07
+1.23457E+07
```

表15.19的操控器可以设置或清除上述两个 flag。

操控器	意义
showpos	强制输出正数前的正号（也就是设置 ios::showpos）
noshowpos	强制省略正数前的正号（也就是清除 ios::showpos）
uppercase	强制字母大写（也就是设置 ios::uppercase）
nouppercase	强制字母小写（也就是清除 ios::uppercase）

表 15.19 用来“操控数值正负号和字母大小写”的操控器（Manipulator）

15.7.5 数值基数（Numeric Base）

有一组（共三个）flag 用来设定 I/O 的整数进制。它们和相应的 mask（屏蔽）都定义于 `ios_base`（见表15.20）。

屏蔽（Mask）	标志（Flag）	意义
basefield	oct	以八进制进行读/写
	dec	以十进制进行读/写（这是默认情况）
	hex	以十六进制进行读/写
	无	以十进制输出；读取时则视起始字符而决定进制

表 15.20 用来“定义整数进制”的若干 Flag

进制被改变后，除非重新设置相关 flag，会持续应用于后续的整数处理过程。默认情况下使用十进制。IOStream 并不支持二进制，不过可借助 class `bitset` 以二进制方式读/写整数值，详见 12.5.1 节第 652 页。

如果没有设置上述任何 flag，或同时设置了上述多个 flag，输出时便采用十进制。

进制 flag 也会影响 input。如果设置了上述任何一个进制 flag，读得的所有数字便按该进制处理。如果没有设置任何进制 flag，则由起始字符决定进制：以 `0x` 或 `0X` 起始的是十六进制，以 `0` 起始的是八进制，其余被视为十进制数字。

两种方法可以切换上述 flag：

1. 清除某个 flag，然后设置另一个：
```
std::cout.unsetf (std::ios::dec);
std::cout.setf (std::ios::hex);
```
2. 设置某个 flag，同时自动清理同组的其他 flag：
```
std::cout.setf (std::ios::hex, std::ios::basefield);
```

此外另有一些操控器，可以简化 flag 的处理（见表15.21）。

操控器	意义
oct	以八进制进行读/写
dec	以十进制进行读/写
hex	以十六进制进行读/写

表 15.21 用来“定义整数进制”的一些操控器（Manipulator）

例如以下语句以十六进制输出 x 和 y，以十进制输出 z：

```
int x, y, z;
...
std::cout << std::hex << x << std::endl;
std::cout << y << ' ' << std::dec << z << std::endl;
```

另一个 flag showbase 可以 C/C++ 惯例（如下所述）显示数值进制（见表15.22）。

Flag（标志）	**意义**
showbase	如果设置，就显示数值的进制

表 15.22 "用来显示数值进制"的 Flag

如果设置了 ios::showbase，八进制数字将以 0 开头，十六进制数字以 0x 开头（如果同时设置了 ios::uppercase，则以 0X 开头）。例如以下语句：

```
std::cout << 127 << ' ' << 255 << std::endl;

std::cout << std::hex << 127 << ' ' << 255 << std::endl;

std::cout.setf(std::ios::showbase);
std::cout << 127 << ' ' << 255 << std::endl;

std::cout.setf(std::ios::uppercase);
std::cout << 127 << ' ' << 255 << std::endl;
```

输出如下：

```
127 255
7f ff
0x7f 0xff
0X7F 0XFF
```

表15.23的操控器也可以用来操控 ios::showbase。

操控器	**意义**
showbase	显示数值进制（也就是设置 flag ios::showbase）
noshowbase	不显示数值进制（也就是清除 flag ios::showbase）

表 15.23 用来"显示数值进制"的操控器（Manipulator）

15.7.6 浮点数（Floating-Point）表示法

有若干 stream flag 和 stream 成员可用来控制浮点数的输出。表15.24 的 flag 可决定输出时采用小数或科学记号。它们和相应的 mask（屏蔽）一起定义于 class `ios_base` 内。如果设置 `ios::fixed`，浮点数将以小数表示；如果设置 `ios::scientific`，则以科学记号（指数方式）表示。

Mask（屏蔽）	Flag（标志）	意义
`floatfield`	`fixed`	使用小数记数法
	`scientific`	使用科学记数法
	None	使用上述两者中最适合者（这是默认情况）
	`fixed|scientific`	十六进制科学记数法（始自 C++11）

表 15.24 用于“浮点数表述法”的若干 Flag

在 C++11 之前并不存在 `fixed|scientific`。自 C++11 开始，这可用来定义一个十六进制的科学记数法（hexadecimal scientific notation），这种表示法也可以在调用 `printf()` 时使用格式指定器（format specifier）`%a` 获得：表示十六进制的 2 的幂（power of 2）。例如 `234.5` 将被表示为 `0x1.d5p+7`（`0x1.d5` 乘以 2^7，那将是 $1\times\frac{128}{1} + 13\times\frac{128}{16} + 5\times\frac{128}{256}$）。

Flag `showpoint` 强制 stream 写出小数点和尾部的 0，直到当前精度完全展现（见表15.25）。

Flag（标志）	意义
`showpoint`	总是出现小数点，并以 0 填充尾部

表 15.25 “强制显示小数点”的 Flag

成员函数 `precision()` 用来定义精度（见表15.26）。

成员函数	意义
`precision()`	返回当前的浮点数精度
`precision(`*val*`)`	令 *val* 为新的浮点数精度，并返回原设定值

表 15.26 用来“决定浮点数显示精度”的成员函数

如果使用科学记数法，`precision()` 定义出小数位数，余数四舍五入而非直接截断。无参数的 `precision()` 会返回当前精度；但如果调用它时传入一个实参，则以传入值为新精度，并返回原精度。默认精度是 6 个十进制位（six decimal places）。

默认情况下， ios::fixed 和 ios::scientific 均未被设置，这时使用的记数法取决于被输出值。所有数值都有意义，但至多只能输出“precision() 个”十进制位数，形式如下：小数点之前有一个前导 0，然后是所有必要的 0。如果“precision()个”十进制位已足够表现，那么就使用十进制表示法，否则使用科学记号表示法。

表15.27以两个具体数值为例，说明了标志和精度之间稍嫌复杂的相依关系。

对整数而言，ios::showpos 可用来写出正号，ios::uppercase 可用来指定科学记数法中使用大写 E 或小写 e。

	precision()	**421.0**	**0.0123456789**
一般情况（Normal）	2	4.2e+02	0.012
	6	421	0.0123457
带有 showpoint	2	4.2e+02	0.012
	6	421.000	0.0123457
fixed	2	421.00	0.01
	6	421.000000	0.012346
scientific	2	4.21e+02	1.23e-02
	6	4.210000e+02	1.234568e-02
fixed|scientific	2	0x1.a5p+8	0x1.95p-7
	6	0x1.a50000p+8	0x1.948b10p-7

表 15.27 浮点数格式化实例

表15.28的操控器可用来改变标志 ios::showpoint、记数法和精度。

操控器	**意义**
showpoint	总是输出小数点（也就是设置 flag ios::showpoint）
noshowpoint	不需要小数点（也就是清除 flag ios::showpoint）
setprecision(*val*)	以 *val* 为新精度
fixed	使用小数记数法
scientific	使用科学记数法
hexfloat	使用十六进制科学记号表示法（始自 C++11）
defaultfloat	使用 normal 表示法，也就是清除 flag floatfield（始自 C++11）

表 15.28 用于“浮点数输出形式”的操控器

例如：

```
std::cout << std::scientific << std::showpoint
          << std::setprecision(8)
          << 0.123456789 << std::endl;
```

会产生以下输出：

```
1.23456789e-01
```

注意，setprecision() 是带有实参的操控器，所以使用前必须先包含 <iomanip>。

15.7.7 一般格式（General Formatting）定义

剩下两个 format flag 还没介绍：skipws 和 unitbuf（见表15.29）。

Flag（标志）	**意义**
skipws	调用 >> 读取数值时，自动跳过起始的空白字符
unitbuf	每次输出后，刷清 output 缓冲区

表 15.29 剩余的 Formatting Flag

默认情况下 ios::skipws 会被设置，意味着读取数值时会跳过起始的（前导的）空白字符（whitespace）。这通常很有用，因为数字间的空格（space）不需读取。不过这也意味着我们不能以 >> 读取空格（space），因为它们都被跳过了。

ios::unitbuf 用来控制 output 缓冲区。如果它被设置，就不使用缓冲设备，每次写出后均刷清（flush）缓冲区。默认情况下并未设置此 flag，不过 cerr 和 wcerr 倒是预先设置了它。

上述两个 flag 也可由表15.30的操控器控制之。

操控器	**意义**
skipws	调用 >> 时，跳过起始空白字符（亦即设置 flag ios::skipws）
noskipws	调用 >> 时，不跳过起始空白字符（亦即清除 flag ios::skipws）
unitbuf	每次写后，刷清 output 缓冲区（亦即设置 flag ios::unitbuf）
nounitbuf	每次写后，不刷清 output 缓冲区（亦即清除 flag ios::unitbuf）

表 15.30 “对应于表15.29 Formatting Flag”的操控器（Manipulator）

15.8 国际化（Internationalization）

我们可以让 I/O 格式更符合各国家、地域、人民的习惯。为此，class `ios_base` 定义了数个成员函数，见表15.31。

成员函数	意义
`imbue(`*loc*`)`	设置 locale 对象
`getloc()`	返回当前的 locale 对象

表 15.31 “用于国际化”的成员函数

每个 stream 都使用某个相关 locale 对象。默认情况下 stream 构造时会复制全局 locale 对象作为自己的 locale 对象。Locale 对象中定义有数字格式化细节，例如以哪一个字符作为小数点、以什么文本表示 Boolean 等。

和 C 的本地化（localization）设施相比，现在我们可为每个 stream 单独分配一个 locale 对象。这样的功能很有用，例如我们可以采用美国格式读入一个浮点数，再以德国格式写出（德文的小数点是个逗号）。16.2.1 节第 860 页提供了一个例子，并讨论了相关细节。

某些字符（主要是一些特殊字符）常常为相应之 stream 字符集所需要。为此，stream 提供了数个转换函数，如表15.32所列。

成员函数	意义
`widen(`*c*`)`	把 `char` 类型的字符 *c* 转换为 stream 字符集内的字符
`narrow(`*c*`,`*def*`)`	把 stream 字符集内的字符 *c* 转换为一个 `char` 字符（如果无对应的 `char` 字符，则返回 *def*）

表 15.32 “用于字符国际化”的两个 Stream 函数

例如，为了得到 stream `strm` 字符集内的换行符，可以这么办：

```
strm.widen('\n')
```

第 16 章对于“locale 和国际化”有更多详细讨论。

15.9 文件访问（File Access）

Stream 可用来访问文件。本节讨论其所提供的相应性质。

15.9.1 File Stream Class

C++ 标准库提供了四个 class template，并预先定义了四个标准特化版本：

1. Template class `basic_ifstream<>` 及其特化版本 `ifstream` 和 `wifstream`，用来读取文件（是一种“input file stream”）。
2. Template class `basic_ofstream<>` 及其特化版本 `ofstream` 和 `wofstream`，用来将数据写至文件（是一种“output file stream”）。
3. Template class `basic_fstream<>` 及其特化版本 `fstream` 和 `wfstream`，用于读/写文件。
4. Template class `basic_filebuf<>` 及其特化版本 `filebuf` 和 `wfilebuf`，被其他 file stream class 用来进行实际的字符读/写工作。

这些 class 和 stream base class 的关系如图15.2所示。这些 class 都被声明于头文件 `<fstream>`，如下所示：

```
namespace std {
    template <typename charT,
              typename traits = char_traits<charT> >
             class basic_ifstream;
    typedef basic_ifstream<char>    ifstream;
    typedef basic_ifstream<wchar_t> wifstream;

    template <typename charT,
              typename traits = char_traits<charT> >
             class basic_ofstream;
    typedef basic_ofstream<char>    ofstream;
    typedef basic_ofstream<wchar_t> wofstream;

    template <typename charT,
              typename traits = char_traits<charT> >
             class basic_fstream;
    typedef basic_fstream<char>     fstream;
    typedef basic_fstream<wchar_t>  wfstream;

    template <typename charT,
              typename traits = char_traits<charT> >
             class basic_filebuf;
    typedef basic_filebuf<char>    filebuf;
    typedef basic_filebuf<wchar_t> wfilebuf;
}
```

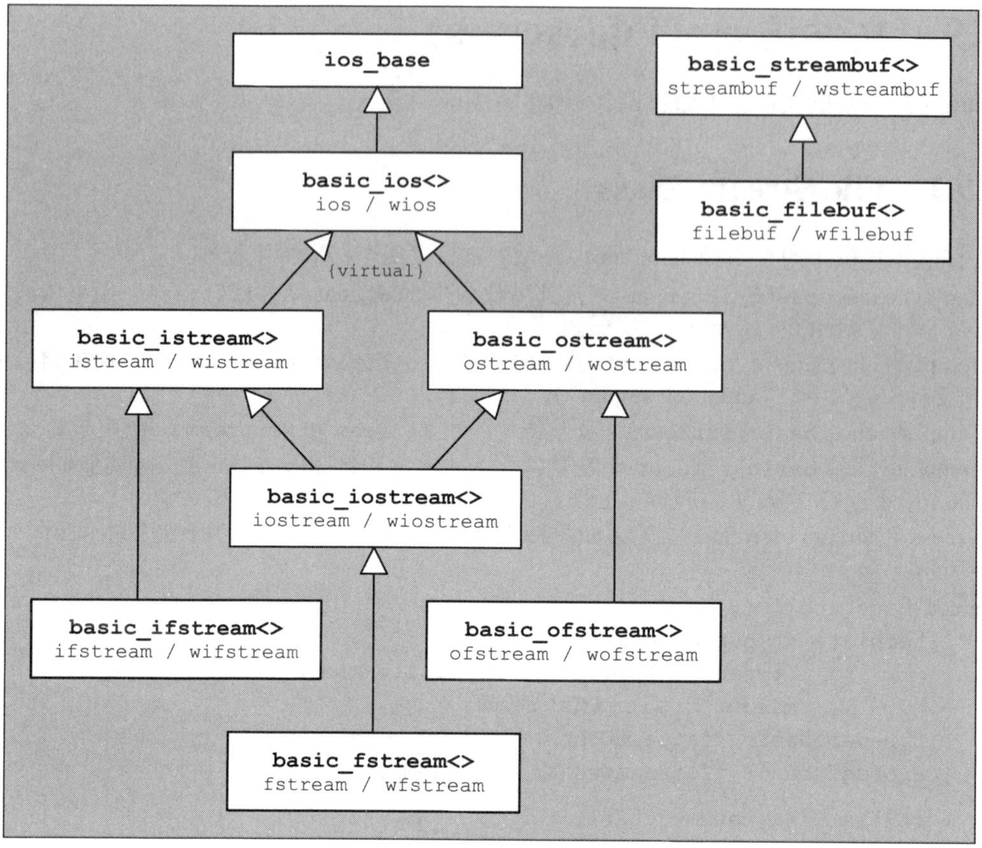

图 15.2 File Stream Class 层次体系

和 C 的文件访问机制相比，C++ file stream class 的最大好处就是文件的自动管理。文件可在构造时期自动打开，析构时期自动关闭。这当然是因为定义了适当的构造函数和析构函数。

注意，对于可读又可写的 stream，我们不能在读/写动作之间任意转换其读/写属性！[12] 一旦开始读或写，如果一定需要转换，怎么办呢？必须进行一个 seek 动作，到达当前位置，再转换读/写属性。唯一例外是，如果已经读到 end-of-file，可立即接着写入字符。如果违背上述规则，可能导致各式各样稀奇古怪的结果。

[12] 这一限制始自 C 语言。不过也很可能是 C++ 标准库的实现者决定运用这一限制。

如果 file stream 对象以某个 C-string（char* 类型）为构造函数实参，便会自动打开该 string 代表的文件，用于读和（或）写。成功与否会反映在 stream 状态中。因此我们应该在构造 stream 之后检查其状态。

以下程序会打开文件 charset.out，写入当前字符集（数值 32~255 的所有字符）：

```
// io/fstream1.cpp

#include <string>       // for strings
#include <iostream>     // for I/O
#include <fstream>      // for file I/O
#include <iomanip>      // for setw()
#include <cstdlib>      // for exit()
using namespace std;

// forward declarations
void writeCharsetToFile (const string& filename);
void outputFile (const string& filename);

int main ()
{
    writeCharsetToFile("charset.out");
    outputFile("charset.out");
}

void writeCharsetToFile (const string& filename)
{
    // open output file
    ofstream file(filename);

    // file opened?
    if (! file) {
        // NO, abort program
        cerr << "can't open output file \"" << filename << "\""
             << endl;
        exit(EXIT_FAILURE);
    }

    // write character set
    for (int i=32; i<256; ++i) {
        file << "value: " << setw(3) << i << "   "
             << "char:  " << static_cast<char>(i) << endl;
    }

}   // closes file automatically

void outputFile (const string& filename)
```

```
{
    // open input file
    ifstream file(filename);

    // file opened?
    if (! file) {
        // NO, abort program
        cerr << "can't open input file \"" << filename << "\""
             << endl;
        exit(EXIT_FAILURE);
    }

    // copy file contents to cout
    char c;
    while (file.get(c)) {
        cout.put(c);
    }

}   // closes file automatically
```

在 writeCharsetToFile() 函数中，class ofstream 的构造函数把收到的 string 当作文件名称，打开它：

```
std::ofstream file(filename);  // open file for writing
```

遗憾的是，在 C++11 之前，file stream class 并未提供“可接受一个 string 为实参”的构造函数。所以在 C++11 之前，你必须这么写：

```
std::ofstream file(filename.c_str());  // open file for writing before C++11
```

接下来，确定 stream 是否处于良好状态：

```
if (! file) {
    ...
}
```

如果先前未能成功打开 stream，上述测试就会失败。测试成功后便以一个循环打印出 32~255 的数值及相应字符。

在 outputFile() 函数中，class ifstream 的构造函数将 input 文件打开，然后将该文件内容一个字符一个字符地输出到 cout。

上述两个函数结束时，其内的 stream class 对象会离开作用域（scope），被自动调用的 ifstream 析构函数和 ofstream 析构函数会关闭它们所开启的文件。

除了将文件中的字符逐一复制，我们还可以使用单一语句输出所有内容：将一个“指向 file stream 缓冲区”的 pointer 当作实参传给 operator <<（详见 15.14.3 节第 846 页）。

```
// copy file contents to cout
```

```
std::cout << file.rdbuf();
```

15.9.2 File Stream 的 Rvalue 和 Move 语义

自 C++11 开始，file stream 提供了 rvalue 和 move 语义。事实上 ostream 提供了一个 output 操作符而 istream 提供了一个 input iterator，可接受一个指向 stream 的 rvalue reference。其影响是，如今你可以使用临时创建的 stream 对象，它们的行为一如预期。例如你可以写至一个临时创建出来的 file stream：[13]

```
// io/fstream2.cpp

#include <iostream>
#include <fstream>
#include <string>

int main()
{
    // write string to a temporarily created file stream (since C++11)
    std::string s("hello");
    std::ofstream("fstream2.tmp") << s << std::endl;

    // write C-string to a temporarily created file stream
    // - NOTE: wrote a pointer value before C++11
    std::ofstream("fstream2.tmp", std::ios::app) << "world" << std::endl;
}
```

自 C++11 起，以上代码会把 "hello" 和 "world" 写至文件 "fstream2.tmp"。在 C++11 之前你必须这么取代第一个 output 语句：

```
std::string s("hello");
std::ofstream os("fstream2.tmp");
os << s << std::endl;
```

注意，在 C++11 之前，第二个 output 语句可通过编译，但却做出完全意想不到的行为：它把一个 *pointer* 值写进 "fstream2.tmp"。这种行为的原因是，下面这个成员函数被调用（见 15.3.3 节第 756 页）：

```
ostream& ostream::operator<< (const void* ptr);
```

此外，file stream 如今有了 move 和 swap 语义，它提供一个 move 构造函数、一个 move assignment 操作符以及 swap()。因此，你可以传一个 file stream 作为函数实参，或让某个函数返回一个 file stream。例如，假设有个 file 被使用乃是超过其“被创建时的作用域（scope）”，

[13] 感谢 Daniel Krügler 提供这个例子。

那么 C++11 之后你可以这样返回它（3.1.5 节第 22 页详细谈到了以 move 语义返回对象）：

```
std::ofstream openFile (const std::string& filename)
{
    std::ofstream file(filename);
    ...
    return file;
}

std::ofstream file;
file = openFile("xyz.tmp");            // use returned file stream (since C++11)
file << "hello, world" << std::endl;
```

在 C++11 之前，你必须——现在你仍然可以——在 heap 里头分配（allocate） file 对象，并且当不再需要它时删除之：

```
std::ofstream* filePtr = new std::ofstream("xyz.tmp");
...
delete filePtr;
```

面对这种情况，也许更棒的做法是使用某种 smart pointer class（见 5.2 节第 76 页）。

15.9.3 File Flag（文件标志）

为了准确控制文件处理模式，class ios_base 定义了一组 flag（见表15.33），其类型都是 openmode，这是类似 fmtflags 的一种 bitmask（位屏蔽）类型：

Flag（标志）	意义
in	打开，用于读取（这是 ifstream 的默认模式）
out	打开，用于涂写（这是 ofstream 的默认模式）
app	涂写时始终添加于尾端
ate	开启文件后令读/写位置移至文件尾端（flag 名称就是“at end”之意）
trunc	将先前的文件内容移除（remove）
binary	不要替换特殊字符

表 15.33 用于“打开文件”的 Flag

binary flag 使得 stream 能够封锁特殊字符或特殊字符序列（例如 end-of-line 或 end-of-file）的转换。某些操作系统（例如 Windows 或 OS/2）的文本文件，每一行结束时以两个字符（CR 和 LF）为记号。正常模式下（未设置 binary）进行读或写，newline（换行）字符会被上述两个字符替换，反之亦然。如果处于二进制模式（设置了 binary），就不会进行这样的转换。

如果文件内容是二进制数据而非字符序列，你应该设置 binary。例如复制文件，将来源端的文件字符逐一读入，不做任何修改地写至目标文件。但如果将文件当作文本处理，则不应设置 binary，因为此时需要特别处理换行符，改为两个字符。

某些实现版本还提供额外的 flag，例如 nocreate（“开启时文件必须存在”）和 noreplace（“开启时文件必须不存在”）。不过这些 flag 都不是标准规格的一部分，也不具可移植性。

这些 flag 可用操作符 | 组合起来，最终的 openmode 可作为构造函数的第二实参（此实参可有可无）。例如以下语句以追加（appending）方式打开文件：

```
std::ofstream file("xyz.out", std::ios::out|std::ios::app);
```

表15.34展示了“C++ flag 组合”和“C 文件开启函数 fopen() 所使用之字符串”之间的关联。Flag binary 和 ate 的组合没有列出。是的，设置 binary 相当于在接口字符串末尾添加一个 b，设置 ate 则相当于打开文件后立即跳至文件尾端。其他未列于表15.34的组合，例如 trunc|app，是不允许存在的。C++11 之前并未详细叙述 app、in|app 和 in|out|app。

ios_base Flag	意义	C 模式
in	读取（来源文件必须存在）	"r"
out	清空而后涂写（有必要才创建）	"w"
out|trunc	清空而后涂写（有必要才创建）	"w"
out|app	追加（有必要才创建）	"a"
app	追加（有必要才创建）	"a"
in|out	读和写；最初位置在起点（文件必须存在）	"r+"
in|out|trunc	先清空，再读/写（有必要才创建）	"w+"
in|app	在尾端更新（有必要才创建）	"a+"
in|out|app	在尾端更新（有必要才创建）	"a+"

表 15.34 C++ 的“文件开启模式”的意义

究竟文件是为 read 而开或是为 write 而开，这和相应的 stream object class 无关——该 class 只是在第二实参缺席的情况下定义出默认的开启模式。这意味着只有被 ifstream 或 ofstream 使用的文件，才能用于 read 或 write。开启模式被传递给相应的 stream buffer class，后者才是真正打开文件的。然而，可能作用于对象身上的操作，则是由 stream class 决定。

File stream 所拥有的文件也可以被明白地（explicitly）开启或关闭。为此，C++ standard 定义了三个成员函数（见表15.35）。这些函数之所以有用，大部分是因为 file stream 创建时未被初始化。

为了示范它们的用法，下面的程序首先打开所有文件（文件名由实参指定），然后将其内容写出（相当于 UNIX 系统中的 cat 程序）。

成员函数	意义
open(*name*)	以默认模式打开 file stream
open(*name*,*flags*)	以 *flags* 模式打开 file stream
close()	关闭 stream file
is_open()	判断文件是否被打开

表 15.35 用于“打开或关闭文件”的成员函数

```
// io/cat1.cpp

// header files for file I/O
#include <fstream>
#include <iostream>
using namespace std;

// for all filenames passed as command-line arguments
// - open, print contents, and close file
int main (int argc, char* argv[])
{
    ifstream file;

    // for all command-line arguments
    for (int i=1; i<argc; ++i) {

        // open file
        file.open(argv[i]);

        // write file contents to cout
        char c;
        while (file.get(c)) {
            cout.put(c);
        }

        // clear eofbit and failbit set due to end-of-file
        file.clear();

        // close file
        file.close();
    }
}
```

注意，处理过文件之后，必须调用 clear() 清除当时被设于文件尾端的 state flag。这是必要的，因为这个 stream 对象由多个文件共享。open()

并不会清除任何 state flag，因此，如果某个 stream 未处于良好状态，关闭并重新打开之后你还是必须调用 clear() 以取得一个良好状态。即使你通过它开启另一个文件，情况也一样。

你也可以不采取“字符逐一处理”方式，改以单独一个语句打印整个内容，做法是将一个指向 file stream 缓冲区的 pointer 当作实参传给 operator <<，如下：

```
// write file contents to cout
std::cout << file.rdbuf();
```

详情见 15.14.3 节第 846 页。

15.9.4 随机访问（Random Access）

Class	成员函数	意义
basic_istream<>	tellg()	返回读取位置
	seekg(*pos*)	设置“绝对读取位置”
	seekg(*offset*,*rpos*)	设置“相对读取位置”
basic_ostream<>	tellp()	返回写入位置
	seekp(*pos*)	设置“绝对写入位置”
	seekp(*offset*,*rpos*)	设置“相对写入位置”

表 15.36 用于“Stream 读/写位置”的成员函数

表15.36列出的成员函数，用来为 C++ stream 确定读/写位置。这些函数以特殊的字尾区隔读或写（g 表示 *get*，p 表示 *put*）。“用于 read”的位置相关函数定义于 basic_istream<>，而“用于 write”的位置相关函数定义于 basic_ostream<>。并不是所有 stream class 都支持读/写定位，例如 stream cin、cout 和 cerr 就不支持。File stream 的定位函数之所以定义于 base class 内是因为它们总是会收到一个 reference 指向类型为 istream 或 ostream 的对象。

函数 seekg() 和 seekp() 可接受一个绝对位置或一个相对位置。为了运用绝对位置，你必须用到 tellg() 和 tellp()，它们都返回一个类型为 pos_type 的绝对位置。这个值并不是整数或一个形同索引的字符位置。这是因为逻辑位置和实际位置可能不同。例如在 Windows 文本文件中 newline 是以两个字符表现，而在逻辑视角它只是一个字符。如果文件以某种多字节（multibyte）来表现字符，情况会变得更糟。

pos_type 的精确定义有点复杂：C++ 标准库针对文件位置定义了一个全局性的 class template fpos<>。它被用来定义出 streampos 类型（针对 char stream）和 wstreampos 类型（针对 wchar_t stream），这些类型被用来定义相应之 char trait（见 16.1.4 节第 855 页）中的 pos_type。Trait class 中的 pos_type 成员被用来定义相应的 stream class 的 pos_type。因此，你也可以使用 streampos 作为 stream 的位置类型。使用 long 或 unsigned long 则是错误的，因为 streampos 无论如何不是个整数类型。[14] 下面是运用实例：

[14] 早先时候，用于标示 stream 位置的 streampos 的确只是个 unsigned long。

```
// save current file position
std::ios::pos_type pos = file.tellg();
...
// seek to file position saved in pos
file.seekg(pos);
```

你可以将

```
std::ios::pos_type pos;
```

改为

```
std::streampos pos;
```

至于相对位置，偏移值（offset）可以和三个位置相关，如表15.37所列。这些常量定义于 class ios_base 中，类型为 seekdir。

常量	意义
beg	位置是相对于开头（beginning）而言
cur	位置是相对于当前位置（current）而言
end	位置是相对于结尾（end）而言

表 15.37 用于“相对位置”的常量

偏移值属于 off_type 类型，那是 streamoff 的一个间接定义。和 pos_type 类似，streamoff 被用来定义 stream class 和 char trait 的 off_type（后者见 16.1.4 节第 855 页）。由于 streamoff 是一个带正负号的整数类型，所以你可以使用整数当作 stream 的偏移值。例如：

```
// seek to the beginning of the file
file.seekg (0, std::ios::beg);
...
// seek 20 characters forward
file.seekg (20, std::ios::cur);
...
// seek 10 characters before the end
file.seekg (-10, std::ios::end);
```

不论哪一种情况，务请注意，读/写位置只在文件长度范围内有效。如果某个位置在文件起头之前，或文件结尾之后，将导致不明确的行为。

下面的例子展示了 seekg() 的用法，以一个函数将文件内容写出两次：

```
// io/cat2.cpp

// header files for file I/O
#include <iostream>
#include <fstream>
```

```
void printFileTwice (const char* filename)
{
    // open file
    std::ifstream file(filename);

    // print contents the first time
    std::cout << file.rdbuf();

    // seek to the beginning
    file.seekg(0);

    // print contents the second time
    std::cout << file.rdbuf();
}

int main (int argc, char* argv[])
{
    // print all files passed as a command-line argument twice
    for (int i=1; i<argc; ++i) {
        printFileTwice(argv[i]);
    }
}
```

注意，file.rdbuf() 被用来打印 file 内容（见 15.14.3 节第 846 页）。此时你是直接操作 stream 缓冲区，并不会改变 stream 状态。如果你通过 stream 接口函数（例如通过 getline()，见 15.5.1 节第 768 页）打印 file 内容，你必须先调用 clear() 清除 file 的状态——在它能够被任何方式处理之前（包括改变读取位置），因为这些函数到达文件尾端时会设置 ios::eofbit 和 ios::failbit。

“处理读/写位置”的函数有许多个，但对标准 stream 而言，同一个 stream 缓冲区内系以同一个位置指出（维护） reading 位置和 writing 位置。如果有多个 stream 共享同一个 stream 缓冲区，这一点便很值得注意。 15.12.2 节第 820 页对此有较多的解释。

15.9.5 使用文件描述器（File Descriptor）

某些实现版本提供这种可能性：将一个 stream 附着到一个已开启的 I/O 通道。为了这么做，你必须以一个*文件描述器*（file descriptor）将 file stream 初始化。

文件描述器是个整数，用来辨识某个已开启的 I/O 通道。在类 UNIX 操作系统中，文件描述器被用于低层接口：操作系统提供的 I/O 函数。有三个文件描述器是预定义好的：

- 0 代表标准输入通道（standard input channel）。
- 1 代表标准输出通道（standard output channel）。
- 2 代表标准错误信息通道（standard error channel）。

这些通道可能被连接至文件、控制台（console）、其他进程（process）或其他 I/O 设施。

很不幸，C++ 标准库并未提供“运用文件描述器将一个 stream 附着到某个 I/O 通道”的可能性。这是因为这个语言被认为应该独立于任何操作系统。事实上可能性依然存在，唯一的缺点是它们不具可移植性。这里所缺乏的是一个存在于操作系统标准接口（例如 POSIX 或 X/OPEN）上的相应规格。这样的标准至今见不到曙光，但至少自 C++11 开始保留了 posix 这样一个命名空间。

不过，倒是有可能以一个文件描述器将某个 stream 初始化。15.13.3 节第 835 页描述并实现了一个可能的解决方案。

15.10 为 String 而设计的 Stream Class

Stream class 机制也可以用来读取 string 或将数据写至 string。String stream 提供有缓冲区，但没有 I/O 通道；我们可以借着特殊函数来处理 buffer/string。这项技术的一个主要用途就是以“独立于真实 I/O 设备以外”的方式来处理 I/O。例如 output 的文字格式可以在 string 中设定，然后再将 string 发送至某个输出通道。也可以逐行读取 input，并以 string stream 处理每一行。

在 C++98 之前，string stream class 使用类型 char* 来表现一个 string，现在则是使用 string（或更泛化的 basic_string<>）。旧式的 string stream class 仍然内含于 C++ 标准库中，但大家最好不要再使用。编写新程序时应该尽量少用它们，甚至老旧程序最好也能够将它们替换掉。不过本节末尾还是对这些老旧 class 做了扼要的描述。

15.10.1 String Stream Class

下面是“针对 string”（与“针对 file”对应）而定义的 stream class：

- basic_istringstream<>，以及特化版本 istringstream 和 wistringstream，用于从 string 读取数据，是所谓的 input string stream。
- basic_ostringstream<>，以及特化版本 ostringstream 和 wostringstream，用于将数据写进 string，是所谓的 output string stream。
- basic_stringstream<>，以及特化版本 stringstream 和 wstringstream，用于对 string 读/写数据。
- basic_stringbuf<>，以及特化版本 stringbuf 和 wstringbuf，用来为其他 string stream class 执行字符的实际读/写动作。

这些 class 与 stream base class 之间的关系，就像 file stream class 与 stream base class 之间的关系一样。图15.3描绘了其间的继承体系。

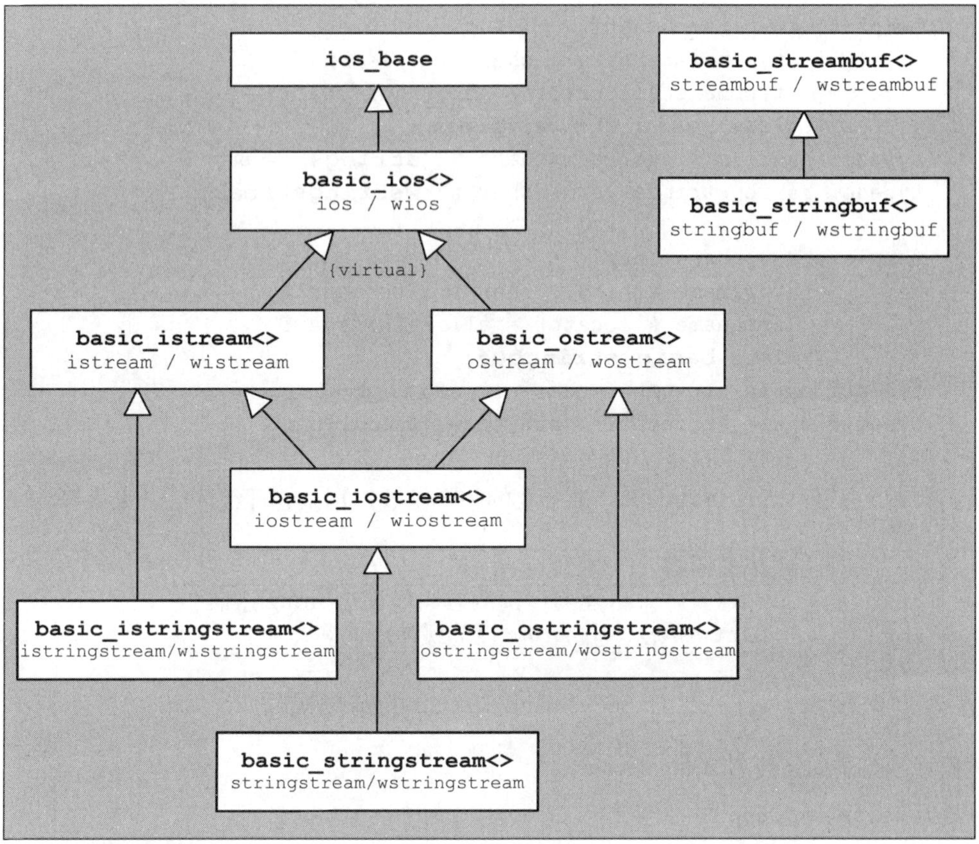

图 15.3 String Stream Class 的继承关系

这些 class 统统声明于头文件 <sstream> 内：

```
namespace std {
    template <typename charT,
              typename traits = char_traits<charT>,
              typename Allocator = allocator<charT> >
             class basic_istringstream;
    typedef basic_istringstream<char>    istringstream;
    typedef basic_istringstream<wchar_t> wistringstream;

    template <typename charT,
              typename traits = char_traits<charT>,
              typename Allocator = allocator<charT> >
             class basic_ostringstream;
    typedef basic_ostringstream<char>    ostringstream;
    typedef basic_ostringstream<wchar_t> wostringstream;
```

```
    template <typename charT,
              typename traits = char_traits<charT>,
              typename Allocator = allocator<charT> >
             class basic_stringstream;
    typedef basic_stringstream<char>    stringstream;
    typedef basic_stringstream<wchar_t> wstringstream;

    template <typename charT,
              typename traits = char_traits<charT>,
              typename Allocator = allocator<charT> >
             class basic_stringbuf;
    typedef basic_stringbuf<char>    stringbuf;
    typedef basic_stringbuf<wchar_t> wstringbuf;
}
```

成员函数 `str()` 是 string stream class 最主要的一个函数，用来管理缓冲区（见表15.38）。

成员函数	意义
`str()`	将缓冲区内容当作一个 string 返回
`str(`*string*`)`	将 *string* 设为缓冲区内容

表 15.38 String Stream 的基础操作

以下程序示范了如何使用 string stream：

```
// io/sstream1.cpp

#include <iostream>
#include <sstream>
#include <bitset>
using namespace std;

int main()
{
    ostringstream os;

    // decimal and hexadecimal value
    os << "dec: " << 15 << hex << " hex: " << 15 << endl;
    cout << os.str() << endl;

    // append floating value and bitset
    bitset<15> b(5789);
    os << "float: " << 4.67 << " bitset: " << b << endl;
```

```
        // overwrite with octal value
        os.seekp(0);
        os << "oct: " << oct << 15;
        cout << os.str() << endl;
    }
```

程序输出如下：

```
dec: 15 hex: f

oct: 17 hex: f
float: 4.67 bitset: 001011010011101
```

首先是一个十进制数和一个十六进制数写至 os，接下来增加一个浮点数和一个 bitset。然后运用 seekp() 将涂写位置设于 stream 起始处，这么一来后继的 operator << 就把输出写到 string 头部，于是覆盖了原本的 string stream 头部内容。未被覆盖的字符依然有效。如果你要删除 stream 的现有内容，可利用函数 str() 将崭新内容赋予缓冲区：

```
strm.str("");
```

最先写入 os 的文字行系以 endl 结尾，表示以换行符结束。由于打印 string 后紧跟着又输出 endl，所以有两个相邻的新行符被写入，这也是输出文字中带有一个空行的原因。

在 C++11 之前，处理 string stream 时的一个典型的错误是：忘了使用 str() 提取 string 而直接往 stream 输出。从编译器的角度看，这可接受并且合理，因为的确存在着一个转换动作可将实参转为 void*（见 15.4.3 节第 760 页），于是 stream 的状态以地址形式被写出去（见 15.3.3 节第 756 页）。来到了 C++11，上述转换被一个显式转换（转为 bool）取代，于是，未先调用 str() 就把一个 string stream 传给 operator << 不再可行。

“往 output string stream 写数据”的一个典型运用就是，定义“用户自定义类型”之 output 操作符（详见 15.11.1 节第 810 页）。

Input string stream 的主要用途是“格式化地从既有 string 中读取数据”。例如我们可以轻易地逐行读取数据，然后分析每行数据。以下代码从 string s 中读得数值为 3 的整数 x，和数值为 0.7 的浮点数 f：

```
int x;
float f;
std::string s = "3.7";

std::istringstream is(s);
is >> x >> f;
```

创建 string stream 时，我们可以运用文件开启模式作为 flag（参见 15.9.3 节第 796 页）以及某个既有的 string 作为初值。如果使用 `ios::ate`，写进 string stream 的字符便可附加于既有 string 之后：[15]

```
std::string s("value: ");
...
std::ostringstream os (s, std::ios::out|std::ios::ate);
os << 77 << " " << std::hex << 77 << std::endl;
std::cout << os.str();  // writes: value: 77 4d
std::cout << s;         // writes: value:
```

如你所见，`str()` 返回的 string 是 `s` 的拷贝（副本）并尾附一个 77 十进制表述和一个 77 十六进制表述。字符串 `s` 本身并无改变。

15.10.2 String Stream 的 Move 语义

自 C++11 开始，string stream 提供了 rvalue 和 move 语义。事实上，ostream 提供了一个 output 操作符，而 istream 提供了一个 input iterator，可接受一个指向 stream 的 rvalue reference。其影响是，如今你可以使用临时创建的 stream 对象。例如你可以对一个临时创建出来的 string stream 执行安插动作：[16]

```
// io/sstream2.cpp

#include <iostream>
#include <sstream>
#include <string>
#include <tuple>
#include <utility>
using namespace std;

tuple<string,string,string> parseName(string name)
{
    string s1, s2, s3;
    istringstream(name) >> s1 >> s2 >> s3;
    if (s3.empty()) {
        return tuple<string,string,string>(move(s1),"",move(s2));
    }
    else {
        return tuple<string,string,string>(move(s1),move(s2),move(s3));
    }
}
```

[15] `ios::app` 是否有相同的影响，目前不明朗，如果改用它会带来不可移植的忧虑。

[16] 感谢 Daniel Krügler 提供这个例子。

```
int main()
{
    auto t1 = parseName("Nicolai M. Josuttis");
    cout << "firstname: " << get<0>(t1) << endl;
    cout << "middle:    " << get<1>(t1) << endl;
    cout << "lastname:  " << get<2>(t1) << endl;
    auto t2 = parseName("Nico Josuttis");
    cout << "firstname: " << get<0>(t2) << endl;
    cout << "middle:    " << get<1>(t2) << endl;
    cout << "lastname:  " << get<2>(t2) << endl;
}
```

在 C++11 之前，你必须用

```
istringstream is(name);
is >> s1 >> s2 >> s3;
```

取代

```
istringstream(name) >> s1 >> s2 >> s3;
```

此外，string stream 如今有了 move 和 swap 语义，它提供一个 move 构造函数、一个 move assignment 操作符以及 swap()。因此你可以传一个 string stream 作为函数实参，或让某个函数返回一个 string stream。

15.10.3 char* Stream Class

char* stream class 只是为了向后兼容才被保留下来。它们的接口容易出错，不容易被正确使用。但是既然曾经被广泛运用，所以这里还是为你做一个扼要介绍。请注意这里所说的标准版本，已经对旧式接口做了一些修改。

本节采用术语*字符序列*（character sequence）而不说 *string*。因为 char* stream class 所维护的字符序列并不总是以终止符 null 为结束，因此不能说它是一个真正的 string。

char* stream class 是特别为字符类型 char 而定义的，包括：

- Class istrstream，从字符序列中读取数据。是一种 input string stream。
- Class ostrstream，将数据写入字符序列。是一种 output string stream。
- Class strstream，对字符序列做读/写动作。
- Class strstreambuf，当作 char* stream 的缓冲区。

所有 char* stream class 都定义于头文件 <strstream>。

istrstream 的初始化有两种做法，一是“以终止符 null 0 为结尾”的字符序列，一是将字符数量当作实参传给构造函数。istrstream 的典型用途就是读取并处理一整行文字：

```
char buffer[1000];        // buffer for at most 999 characters

// read line
std::cin.get(buffer,sizeof(buffer));

// read/process line as stream
std::istrstream input(buffer);
...
input >> x;
```

“用于 writing”的 char* stream 可包含一个应需求而扩展的字符序列，也可以在初始化时带一个定长缓冲区。如果运用 flag ios::app 或 ios:ate，可附加于缓冲区内既有的字符序列后面。

使用 char* stream 作为 string 时必须十分小心，因为它和 string stream 不同，它并不负责“字符序列所需的内存”。

利用成员函数 str()，字符序列可以和其调用者一起共同管理内存。除非 stream 被初始化为定长缓冲区（这么一来 stream 就不必负责），否则必须遵守下面三条原则：

1. 由于内存的拥有权转移给了调用者，所以如果 stream 未被初始化为定长缓冲区，那么字符序列将被释放。但我们无法确定内存如何被分配[17]，此情况下使用 delete[] 释放字符序列并不安全。最安全的做法是调用成员函数 freeze() 并给予实参 false，将内存还给 stream（稍后有个实例）。
2. 如果调用 str()，stream 便不能再修改字符序列。Stream 会暗中调用成员函数 freeze()，它会冻结字符序列。当缓冲区不够大以至于需要分配新缓冲区时，这么做可以避免事情变得复杂。
3. 成员函数 str() 不会附加终止符 null（'\0'）。我们只有直接在 stream 内加上该特殊字符才能结束字符序列。这可通过操控器（manipulator） ends 完成。某些实现版本会自动添加终止符 null，但这种行为不具可移植性。

以下例子说明了 char* stream 的用法：

```
float x;
...
// create and fill char* stream
// - don't forget ends or '\0' !!!
std::ostrstream buffer;        // dynamic stream buffer
buffer << "float x: " << x << std::ends;
```

[17] 实际上存在一个“接受两个函数指标作为实参”的构造函数，其中一个函数用于分配内存，另一个用于释放内存。

```
// pass resulting C-string to foo() and return memory to buffer
char* s = buffer.str();
foo(s);
buffer.freeze(false);
```

为了方便其他处理，被冻结的 char* stream 可以恢复其正常状态。要做到这一点，必须调用成员函数 freeze() 并传入实参 false。这么一来字符序列的所有权就转给了 stream 对象。这也是释放字符序列内存的唯一安全做法。下面示范这个做法：

```
float x;
...
std::ostrstream buffer;        // dynamic char* stream

// fill char* stream
buffer << "float x: " << x << std::ends;

// pass resulting C-string to foo()
// - freezes the char* stream
foo(buffer.str());

// unfreeze the char* stream
buffer.freeze(false);

// seek writing position to the beginning
buffer.seekp (0, ios::beg);

// refill char* stream
buffer << "once more float x: " << x << std::ends;

// pass resulting C-string to foo() again
// - freezes the char* stream
foo(buffer.str());

// return memory to buffer
buffer.freeze(false);
```

String stream class 之中已经不复再有与“冻结 stream”相关的任何问题，主要是因为 string 被复制了，而且 string class 负起了内存相关责任。

15.11 “用户自定义类型”之 I/O 操作符

正如本章先前所说，和旧式的 C 语言 I/O 机制比较，stream 的主要优势在于：stream 机制可以扩及用户自定义类型（user-defined type）。要做到这一点，你必须重载操作符 << 和 >>。以下各小节通过一个 class `Fraction`（分数）进行说明。

15.11.1 实现一个 Output 操作符

在一个带有 output 操作符的表达式中，左操作数是 stream，右操作数是待写对象：

stream << *object*

根据语法规则，上式有两种解释：

1. 可解释为 *stream*`.operator<<(`*object*`)`。
2. 可解释为 `operator<<(`*stream*`,`*object*`)`。

第一种方式适用于内建基础类型。用户自定义类型必须采用第二种方式，因为 stream class 的扩展之门已经关闭。你需要做的就是针对你的自定义类型实现出全局性的 operator <<。这很简单，除非你需要访问对象的 private 成员（这一点稍后再来解决）。

举个例子，如果想以分子/分母格式打印 `Fraction` 对象，你可以编写以下函数：

```
// io/frac1out.hpp

#include <iostream>

inline
std::ostream& operator << (std::ostream& strm, const Fraction& f)
{
    strm << f.numerator() << '/' << f.denominator();
    return strm;
}
```

这个函数将分子和分母作为实参写入 stream，其间以字符 `'/'` 隔开。这里的 stream 可以是 file stream、string stream 或其他任何 stream。为了支持输出动作的串链（chaining）形式，或是为了在同一个语句中处理 stream 状态，上述函数必须返回当前的 stream。

这种简单形式有两个缺点：

1. 由于签名式（signature）中使用了 `ostream`，所以这个函数只适用于“字符类型为 `char`”的 stream。如果这个函数在西欧或北美使用，当然毫无问题。回过头来说，要开发一个更通用的版本并不很费事，值得考虑。

2. 如果栏位宽度（field width）被设定，会产生新问题：得到的结果可能和预期不同。栏位宽度会作用于紧随其后的 write 动作中，此处将作用于分子身上。因此，

```
Fraction vat(19,100);    // I'm German and we have a uniform VAT of 19%
std::cout << "VAT: \"" << std::left << std::setw(8)
          << vat << '"' << std::endl;
```

会导致以下输出：

```
VAT: "19      /100"
```

下面这个版本可以同时解决上述两个问题：

```
// io/frac2out.hpp

#include <iostream>
#include <sstream>

template <typename charT, typename traits>
inline
std::basic_ostream<charT,traits>&
operator << (std::basic_ostream<charT,traits>& strm,
             const Fraction& f)
{
    // string stream
    // - with same format
    // - without special field width
    std::basic_ostringstream<charT,traits> s;
    s.copyfmt(strm);
    s.width(0);

    // fill string stream
    s << f.numerator() << '/' << f.denominator();

    // print string stream
    strm << s.str();

    return strm;
}
```

新版本的操作符已经成了一个“可适用于各种 stream”的 function template（函数模板）。栏位宽度的问题获得了解决：先将分数写入一个 string stream，不设任何栏位宽度；再将这个构造好的 string 作为实参传给 stream。这导致用以表现分数的那些字符仅以一次 write 动作就完成，而栏位宽度就作用于该唯一的 write 动作上。

于是，

```
Fraction vat(19,100);      // I'm German ...
std::cout << "VAT: \"" << std::left << std::setw(8)
          << vat << '"' << std::endl;
```

产生如下结果：

```
VAT: "19/100  "
```

注意，针对“命名空间 std 内的类型”而写出的用户自定义（重载的）operator <<，会有些局限。原因是它将无法在 *ADL*（*argument-dependent lookup*，或谓 *Koenig lookup*）情境下被找到。当我们使用 ostream iterator 时就是这种情况。例如：

```
template <typename T1, typename T2>
std::ostream& operator << (std::ostream& strm, const std::pair<T1,T2>& p)
{
    return strm << "[" << p.first << "," << p.second << "]";
}

std::pair<int,long> p(42,77777);
std::cout << p << std::endl;      // OK

std::vector<std::pair<int,long>> v;
...
std::copy(v.begin(),v.end(),      // ERROR: doesn't compile:
          std::ostream_iterator<std::pair<int,long>>(std::cout,"\n"));
```

15.11.2 实现一个 Input 操作符

Input 操作符的实现原则和 output 操作符相同，但 input 可能导致诸如“读取失败”等问题。一旦出现这种情况就需要做一些特殊处理。

实现 read 函数时，可以采用简单法或灵活法。以下函数采用简单法，不检测（不理会）差错状态，径自读取一个分数（fraction）：

```
// io/frac1in.hpp

#include <iostream>

inline
std::istream& operator >> (std::istream& strm, Fraction& f)
{
    int n, d;

    strm >> n;         // read value of the numerator
```

```
    strm.ignore();   // skip '/'
    strm >> d;       // read value of the denominator

    f = Fraction(n,d);   // assign the whole fraction

    return strm;
}
```

这种做法只适用于“字符类型 char 所对应的 stream”，而且也不检测两数字间的符号是否为 '/'。

如果读取的是个未定义值，会引发另一个问题。当读入的分母值为 0，读入的分数就没有意义。函数 Fraction(n,d) 所触发的 Fraction 构造函数可以检测出这个问题。但是在 class Fraction 内部处理此事，意味着一个“格式错误”会自动导致一个“差错处理”(error handling)。由于通常大家习惯在 stream 中记录格式错误，所以此时你最好设置 ios_base::failbit。

最后一点，即使读取不成功，以 by reference 方式传入的那个分数也可能被改动——当分子读取成功而分母读取失败时就可能发生这种情况。这种行为和“语言预定义的各种 input 操作符”惯例不符，所以最好避免，使读取动作“要么成功、要么完全无效（不带来任何影响）”。

下面是改进后的实现版本，避免了上述种种问题。由于函数已被参数化，适用于所有 stream，所以更加灵活：

```
// io/frac2in.hpp

#include <iostream>

template <typename charT, typename traits>
inline
std::basic_istream<charT,traits>&
operator >> (std::basic_istream<charT,traits>& strm, Fraction& f)
{
    int n, d;

    // read value of numerator
    strm >> n;

    // if available
    // - read '/' and value of demonimator
    if (strm.peek() == '/') {
        strm.ignore();
        strm >> d;
    }
```

```
    else {
        d = 1;
    }

    // if denominator is zero
    // - set failbit as I/O format error
    if (d == 0) {
        strm.setstate(std::ios::failbit);
        return strm;
    }

    // if everything is fine so far
    // - change the value of the fraction
    if (strm) {
        f = Fraction(n,d);
    }

    return strm;
}
```

这里，只有当第一个数紧跟着字符 '/'，才会继续读取分母，否则便假设分母为 1，而先前读入的整数将被当作完整分数内容。所以实际输入时分母可有可无。

这个版本也会检查分母值是否为 0。如果真是 0，ios_base::failbit 会被设置，那会触发相应异常（见 15.4.4 节第 762 页）。当然，如果分母为 0，也可以执行别的动作，例如直接抛出异常，或直接跳开检查并令分数为 0，后者将使 class Fraction 抛出相应的异常。

函数最终会检查 stream 状态，只有在无任何差错发生时才为分数赋予新值。这类最后检验工作总是应该实施，保证"只有读取成功，对象值才会被改变"。

当然，"读取整数并视之为分数"的做法是否合理，有待商榷，还有一些细节也需要改进。例如分子后面应该紧邻符号 '/'，中间不能有空白字符（whitespace），但分母后面应该允许任意多个空白字符，因为它们通常会被忽略。要做到这些，势必会增加 reading 的复杂度。

15.11.3 以辅助函数完成 I/O

如果执行 I/O 操作符时需要访问对象的 private 成员，标准操作符应该将实际任务委派给辅助的成员函数。这种技术允许"具多态性（polymorphic）的读/写函数"，其具体实现可参考下例：

```
class Fraction {
  ...
```

```
  public:
    virtual void printOn (std::ostream& strm) const;  // output
    virtual void scanFrom (std::istream& strm);       // input
    ...
};

std::ostream& operator << (std::ostream& strm, const Fraction& f)
{
    f.printOn (strm);
    return strm;
}

std::istream& operator >> (std::istream& strm, Fraction& f)
{
    f.scanFrom (strm);
    return strm;
}
```

一个典型的例子就是在输入时直接处理分子和分母：

```
void Fraction::scanFrom (std::istream& strm)
{
    ...
    // assign values directly to the components
    num = n;
    denom = d;
}
```

如果你的 class 并不打算被当作一个 base class，那么你的 I/O 操作符可以设计为其 `friend`。但要注意，一旦用上继承，这种方法就有很大的局限性。Friend 函数不能成为 virtual 函数，所以你的程序可能会调用错误的函数。例如，如果某个 base class reference 实际指向一个 derived class 对象，并被当作 input 操作符的实参，则被调用的将是 base class 的操作符。为了避免出现这种情况，derived class 不得实现自己的 I/O 操作符。因此，先前的实现手法比 friend 函数手法通用得多。所以，尽管在其他文档或书籍上看到的绝大多数例子都使用 friend 函数，你还是应该把前一种手法视为标准做法。

15.11.4 用户自定义之 Format Flag（格式标志）

一旦“用户自定义操作符”被实现出来，程序往往需要一些 formatting flag，用来对那些操作符提供指示。这或可借由相应的操控器（manipulator）完成。举个例子，先前所说的分数 (fraction)，其 output 操作符如果允许分子和分母之间的斜线两边有空格，那可漂亮了。

Stream 对象提供一种机制，可将数据关联至 stream 身上。这样的机制可用来将相应数据关联起来（例如使用一个操控器），之后再取回。这一机制即可支持上述技术。Class `ios_base` 定义有两个函数 `iword()` 和 `pword()`，两者都以其 `int` 实参为索引，分别访问特定的 long& 或 void*&。其想法是以 iword()/pword() 分别访问存储于 array（任意长度，伴随 stream 对象）中的 long/void* 对象；我们把 stream formatting flag 放到一个特定位置，该位置对所有 stream 而言都相同。Class ios_base 的静态成员函数 xalloc() 用来取得一个尚未被用于此目的的索引值。

一开始，被 iword() 或 pword() 访问的对象都被设为 0。这个值可以用来表现默认的 formatting 或表示“相应的数据尚未被访问”。下面是个例子：

```
// get index for new ostream data
static const int iword_index = std::ios_base::xalloc();

// define manipulator that sets this data
std::ostream& fraction_spaces (std::ostream& strm)
{
    strm.iword(iword_index) = true;
    return strm;
}

std::ostream& operator<< (std::ostream& strm, const Fraction& f)
{
    // query the ostream data
    // - if true, use spaces between numerator and denominator
    // - if false, use no spaces between numerator and denominator
    if (strm.iword(iword_index)) {
        strm << f.numerator() << " / " << f.denominator();
    }
    else {
        strm << f.numerator() << "/" << f.denominator();
    }
    return strm;
}
```

本例只简单实现 output 操作符，因为本例的主要目的是揭示函数 iword() 的用法。这里的 format flag 被视为一个 Boolean，用来定义“分子和分母之间能否存在空格”。第一行调用的函数 ios_base::xalloc() 用来获取“可存储 format flag”的索引值，所得结果绝不该被改动，所以我把它存在一个常量内。fraction_spaces() 是个操控器，用来设置 int 值为 true（该值存储于“与 stream strm 对应”之整数 array 内“索引为 iword_index”之处）。Output 操作符会重新获得该值，并根据它输出分数。如果其值为 false，采用默认的“不支持空格”格式。否则就在斜线两端加上空格。

iword() 和 pword() 会返回一个 reference 指向 int 对象或 void* 对象。这些 reference 将持续有效，除非你针对相应的 stream 对象再次调用 iword() 或 pword()，或是你销毁了

stream 对象。通常 `iword()` 和 `pword()` 返回的结果无须保存。[18] 一般的共识是：这是一个速度很快的访问动作，尽管并无明确要求非采用 array 不可。

函数 `copyfmt()` 会复制所有的 format 信息（见 15.7.1 节第 779 页），包括 `iword()` 和 `pword()` 访问的 array。这可能会给某些对象带来问题——那些对象系存储于某个曾经运用 `pword()` 的 stream 内。举个例子，如果某值是个对象地址，那么被复制的将是地址而非对象。如果只复制地址，一旦 stream 格式发生改变，其他 stream 的格式也会受影响。此外，如果一个 stream 用上 `pword()`，那么当它被销毁时，它所关联的对象最好一并销毁。所以对这样的对象而言，应该使用深拷贝（deep copy）而不是浅拷贝（shallow copy）。

`ios_base` 定义了一个回调（callback）机制，用以支持两种行为：(1) 必要时执行深拷贝，(2) 销毁 stream 时连带删除某个对象。函数 `register_callback()` 可用来注册某个函数，该函数会在某些特定动作发生于 `ios_base` 对象身上时被调用。其声明式如下：

```
namespace std {
  class ios_base {
    public:
      // kinds of callback events
      enum event { erase_event, imbue_event, copyfmt_event };
      // type of callbacks
      typedef void (*event_callback) (event e, ios_base& strm,
                                      int arg);
      // function to register callbacks
      void register_callback (event_callback cb, int arg);
      ...
  };
}
```

`register_callback()` 的第一实参和第二实参分别是一个 function pointer 和一个 `int` 值。这个 `int` 值将成为已注册函数（被调用时）的第三实参，可（例如）用来表现一个索引，标示 `pword()` 要处理的 array 元素。回调函数的第二实参 `strm` 是个 `ios_base` 对象，正是该对象引发了对回调函数的调用。第一实参 `e` 用来区分回调的原因。表15.39列出了所有（三种）回调原因。

[18] 一般而言，被返回的 pointer 和 reference 都不该被存储起来——如果我们不清楚它们所指向的对象的寿命足够长的话。

事件（Event）	发生原因
`ios_base::imbue_event`	程序运用 `imbue()` 设了一个 locale
`ios_base::erase_event`	Stream 被摧毁，或 `copyfmt()` 被使用
`ios_base::copy_event`	`copyfmt()` 被使用

表 15.39 回调事件（Callback Event）的发生原因

如果 `copyfmt()` 被执行，则执行者（某对象）会进行两次回调动作。首先在复制前进行第一次回调并携带实参 `erase_event`，用以完成必要的清除工作（例如删除 array 内的对象），此时调用的是针对该对象注册好的回调函数。其次是 format flag 复制完毕后（其中包括随实参而来的 stream 的 callback list），再次调用回调函数并携带实参 `copy_event`。这一次动作可以用来洽商对存储于 `pword()` array 中的对象的深拷贝（deep copy）。注意此时整个 callback list 也被复制了，原先的 list 被移除。所以第二次回调动作所激发的就是刚被复制过来的回调函数。

这个回调机制非常简朴（primitive）。所有回调函数都必须先注册，除非你使用 `copyfmt()` 并携带一个实参而其中无任何注册函数。此外，如果你将某个回调函数注册两次，那么即使是带有相同实参，也会导致它被调用两次。回调次序肯定和注册次序相反。这导致一个问题：如果回调函数 B 是在回调函数 A 内注册的，那么 B 在 A 下次被回调之前，绝不可能被回调起来。

15.11.5 用户自定义 I/O 操作符的规约（Convention）

运用自定义之 I/O 操作符时，有些规约应该遵循。这些规约和预定义之 I/O 操作符的典型操作是对应的，总结如下：

- 你的 output 格式应该让其他使用者能够以一个 input 操作符无损地读取数据。尤其是 string，由于空白字符的问题，几乎不可能实现这一点。是的，“string 内的空白字符”很难和“两个 string 之间的空白字符”区分开来。
- 进行 I/O 时，应考虑现有的 stream 格式规范，尤其在处理涂写宽度的时候。
- 如果产生错误，应设置相应的状态位（state flag）。
- 如果发生错误，原对象不该有任何改动。如果读取多笔数据，读取的数据应该在被设为“被当作实参传递”的对象前先存储于辅助对象中。
- Output 不应该以换行符（newline）结束，否则就不能在同一行输出其他对象了。
- 即使数值太大，也应完全读取。读完后再设置相应的错误标志。此时的返回值应具备特定意义，例如返回“可容许之最大值”。
- 如果检测到某个 format error，应尽可能不读取任何字符。

15.12 连接 Input 和 Output Stream

常常你会需要连接两个 stream。例如，你可能想在读取数据之前确保屏幕上已经打印出提示文字。或者你可能希望对同一个 stream 读和写——这种情况主要发生在 file stream 身上。有时候你也可能需要以不同的格式处理同一个 stream。本节讨论所有这些技术。

15.12.1 以 tie() 完成松耦合（Loose Coupling）

你可以把一个 stream 连接到一个 output stream 身上。这意味着两者的缓冲区是同步的，其具体做法是：output stream 将在另一个 stream 执行输入或输出动作前先清空自己的缓冲区。也就是说，对 output stream 而言，其 `flush()` 函数会被调用。表15.40列出了 `basic_ios` 定义的数个成员函数，它们用来将某个 stream 连接到另一个 stream 身上。

成员函数	意义
`tie()`	返回一个 pointer 指向一个 output stream，该 output stream 将被连接到当前 stream 身上
`tie(`*ostream* strm*`)`	将 *strm* 所指的 output stream 连接到当前 stream 身上，并返回一个 pointer 指向先前所连接的 output stream（如果有的话）

表 15.40 将一个 Stream 连接到另一个 Stream 身上

无参数的那个 `tie()` 会返回一个 pointer，指向当前连接的 output stream。如果要把某个 output stream A 连接到某个 stream B 身上，那就必须把指向 A 的 pointer 当作实参传给单一参数的 `tie()`。之所以拿 pointer 作为实参，是因为这样可把 `0` 或 `NULL` 也当作实参，表示“不连接”，用以解除任何被连接的 output stream。如果未曾连接 output stream，`tie()` 会返回 `0`。每个 stream 只能连接一个 output stream，但你可以把一个 output stream 连接到多个 stream 身上。

默认情况下，标准 input 设备以下列方式被连接到标准 output 设备：

```
// predefined connections:
std::cin.tie (&std::cout);
std::wcin.tie (&std::wcout);
```

这样就保证了在真正请求输入之前，一定会先清空 output 缓冲区。例如：

```
std::cout << "Please enter x: ";
std::cin >> x;
```

程序读取 `x` 之前会先暗自（implicitly）对 `cout` 调用函数 `flush()`。

如果想要解除两个 stream 间的连接，可传递 `0` 或 `NULL` 给 `tie()`。例如：

```
// decouple cin from any output stream
std::cin.tie (nullptr);
```

这么做或许可以提高程序效能，因为或许避免了非必要的 stream 缓冲区清空动作。关于 stream 效能的讨论，参见 15.14.2 节第 846 页。

你也可以将一个 output stream 连接到另一个 output stream。例如以下语句就保证了在对 error stream 写东西之前，先清空正常的 output 缓冲区：

```
// tieing cout to cerr
std::cerr.tie (&std::cout);
```

15.12.2 以 Stream 缓冲区完成紧耦合（Tight Coupling）

通过函数 `rdbuf()`，可以使不同的 stream 共享同一个缓冲区，从而实现 stream 的紧耦合。表15.41所列函数适用于不同目的，分别在本节和接下来的小节中讨论。

成员函数	意义
`rdbuf()`	返回一个 pointer 指向 stream 缓冲区
`rdbuf(`*streambuf**`)`	将实参所指的 stream 缓冲区安装（install）到当前 stream 身上，并返回一个 pointer 指向先前安装的 stream 缓冲区

表 15.41 Stream 缓冲区的访问

成员函数 `rdbuf()` 允许数个 stream 对象从同一个 input 通道读取信息，或者对同一个 output 通道写入信息，而不必困扰于 I/O 次序。由于 I/O 操作被施以缓冲措施，所以同时使用多个 stream 缓冲区是很麻烦的。因为，对同一个 I/O 通道使用不同的 stream，而这些 stream 的缓冲区又各不相同，意味着 I/O 得传递给其他 I/O。`basic_istream` 和 `basic_ostream` 各有构造函数接受一个 stream 缓冲区作为实参，以此将 stream 初始化。下面是运用实例：

```
// io/streambuffer1.cpp

#include <iostream>
#include <fstream>
using namespace std;

int main()
{
    // stream for hexadecimal standard output
    ostream hexout(cout.rdbuf());
    hexout.setf (ios::hex, ios::basefield);
    hexout.setf (ios::showbase);

    // switch between decimal and hexadecimal output
    hexout << "hexout: " << 177 << " ";
    cout   << "cout: "   << 177 << " ";
    hexout << "hexout: " << -49 << " ";
```

```
    cout   << "cout: "   << -49 << " ";
    hexout << endl;
}
```

注意，basic_istream 和 basic_ostream 的析构函数并不删除相应的 stream 缓冲区（毕竟该缓冲区并非由这些 class 打开）。因此你可以传递一个 pointer 指向 stream 缓冲区，而不必使用 stream reference：

```
// io/streambuffer2.cpp
#include <iostream>
#include <fstream>

void hexMultiplicationTable (std::streambuf* buffer, int num)
{
    std::ostream hexout(buffer);
    hexout << std::hex << std::showbase;

    for (int i=1; i<=num; ++i) {
        for (int j=1; j<=10; ++j) {
          hexout << i*j << ' ';
        }
        hexout << std::endl;
    }

}   // does NOT close buffer

int main()
{
    using namespace std;
    int num = 5;

    cout << "We print " << num
         << " lines hexadecimal" << endl;

    hexMultiplicationTable(cout.rdbuf(),num);

    cout << "That was the output of " << num
         << " hexadecimal lines " << endl;
}
```

这种方法的优点在于格式被修改后不必恢复其原先状态，因为格式乃是针对 stream 对象而不是针对 stream 缓冲区。上述程序输出如下：

```
We print 5 lines hexadecimal
0x1 0x2 0x3 0x4 0x5 0x6 0x7 0x8 0x9 0xa
0x2 0x4 0x6 0x8 0xa 0xc 0xe 0x10 0x12 0x14
0x3 0x6 0x9 0xc 0xf 0x12 0x15 0x18 0x1b 0x1e
0x4 0x8 0xc 0x10 0x14 0x18 0x1c 0x20 0x24 0x28
0x5 0xa 0xf 0x14 0x19 0x1e 0x23 0x28 0x2d 0x32
That was the output of 5 hexadecimal lines
```

但是此法也有缺点：stream 对象的构造和析构会有更多额外开销，不仅仅是设置和恢复一些 format flag 而已。同时也请注意，stream 对象析构时并不清空缓冲区。要确保 output 缓冲区被清空，就必须手工进行。

只有 basic_istream 和 basic_ostream 不销毁 stream 缓冲区。其他 stream 都会销毁它们最初分配的 stream 缓冲区，但它们不会销毁以 rdbuf() 设置的缓冲区。

15.12.3 将标准 Stream 重定向（Redirecting）

IOStream程序库的早期实现版本中，全局性的 stream 如 cin、cout、cerr 和 clog 都是隶属于 istream_withassign 和 ostream_withassign 的全局对象。因此我们才有可能把这些 stream 赋值给其他 stream，用以将 stream 重定向。C++ 标准库已经剔除这种可能性，但仍然保留重定向的可能性，并扩及所有 stream。现在，只要通过“设置 stream 缓冲区”就可以重定向某个 stream。

“设置 stream 缓冲区”意味着 I/O stream 的重定向可由程序控制，不必借助操作系统。例如以下语句做了些设置，使得写入 cout 的信息不被送到标准 output 通道，而是被送到 cout.txt 去：

```
std::ofstream file ("cout.txt");
std::cout.rdbuf (file.rdbuf());
```

函数 copyfmt() 用来将某个 stream 的所有格式信息赋值给另一个 stream 对象：

```
std::ofstream file ("cout.txt");
file.copyfmt (std::cout);
std::cout.rdbuf (file.rdbuf());
```

小心! 上述的 file 是局部对象，将在上述程序区段结束时被销毁，相应的 stream 缓冲区也一并被销毁。这和标准的 stream 不同，因为通常 file stream 在构造过程分配 stream 缓冲区，并于析构时销毁它们。所以本例中的 cout 不能再被用于 writing。事实上，它甚至无法在程序结束时被安全销毁。因此我们应该保留旧缓冲区并于事后恢复！下例的函数 redirect() 就负责这事：

```
// io/streamredirect1.cpp

#include <iostream>
#include <fstream>
#include <memory>
```

```
using namespace std;

void redirect(ostream&);

int main()
{
    cout << "the first row" << endl;

    redirect(cout);

    cout << "the last row" << endl;
}

void redirect (ostream& strm)
{
    // save output buffer of the stream
    // - use unique pointer with deleter that ensures to restore
    //   the original output buffer at the end of the function
    auto del = [&](streambuf* p) {
                   strm.rdbuf(p);
               };
    unique_ptr<streambuf,decltype(del)> origBuffer(strm.rdbuf(),del);

    // redirect ouput into the file redirect.txt
    ofstream file("redirect.txt");
    strm.rdbuf (file.rdbuf());

    file << "one row for the file" << endl;
    strm << "one row for the stream" << endl;
} // closes file AND its buffer automatically
```

借着使用一个 unique pointer（见 5.2.5 节第 98 页），我们可以确保，甚至当 `resize()` 由于异常而丢下，被存储于 `origBuffer` 的原先输出缓冲区还是会还原。[19]

程序输出如下：

```
the first row
the last row
```

文件 `redirect.txt` 的内容如下：

```
one row for the file
one row for the stream
```

[19] 感谢 Daniel Krügler 指出这一点。

如你所见，`redirect()` 中写至 `cout`（通过实参名 `strm`）的输出信息被送到文件去了。`main()` 执行 `redirect()` 后，接下来的输出再次被送到（已恢复了的）输出通道。

15.12.4 可读可写的 Stream

本节列出“连接两个 stream”的最后一例：运用同一个 stream 进行读/写操作。通常我们可以利用 class `fstream` 打开一个文件进行读/写：

```
std::fstream file ("example.txt", std::ios::in | std::ios::out);
```

也可以采用两个不同的 stream 对象，一个用于读，一个用于写。例如：

```
std::ofstream out ("example.txt", ios::in | ios::out);
std::istream  in (out.rdbuf());
```

`out` 声明式会开启文件。`in` 声明式使用 `out` 的 stream 缓冲区，从中读取数据。注意 `out` 必须同时允许读和写，如果仅能写，则从它身上读数据会导致不明确的行为。也请注意，`in` 并非隶属 `ifstream` 类型，而是隶属 `istream` 类型——是的，文件被打开后，就有相应的 stream 缓冲区，此时唯一需要的只是另一个 stream 对象。一如前例，file stream 对象 `out` 被销毁时，文件也被关闭。

你也可以产生一个 file stream 缓冲区，并将它安装在两个 stream 对象上，例如：

```
std::filebuf buffer;
std::ostream out (&buffer);
std::istream in (&buffer);
buffer.open("example.txt", std::ios::in | std::ios::out);
```

其中的 `filebuf` 是 class `basic_filebuf<>` 对字符类型 `char` 的特化实体，它定义出了 file stream 所用的缓冲区类（buffer class）。

以下程序是个完整实例。循环中对一个文件写入四行。每写完一行，文件的所有内容就被写到标准输出设备上：

```
// io/streamreadwrite1.cpp

#include <iostream>
#include <fstream>
using namespace std;

int main()
{
    // open file ‘‘example.dat’’ for reading and writing
    filebuf buffer;
    ostream output(&buffer);
    istream input(&buffer);
```

```
    buffer.open ("example.dat", ios::in | ios::out | ios::trunc);

    for (int i=1; i<=4; i++) {
        // write one line
        output << i << ". line" << endl;

        // print all file contents
        input.seekg(0);              // seek to the beginning
        char c;
        while (input.get(c)) {
            cout.put(c);
        }
        cout << endl;
        input.clear();               // clear eofbit and failbit
    }
}
```

程序输出如下：

```
1. line

1. line
2. line

1. line
2. line
3. line

1. line
2. line
3. line
4. line
```

尽管两个不同的 stream 对象分别用于读和写，读/写位置还是“紧耦合”（tightly coupled）。`seekg()` 和 `seekp()` 都调用 stream 缓冲区的同一个成员函数。[20] 这样一来，为保证能完整写出文件的全部内容，必须把读取位置置于文件起始处。文件的全部内容被写出后，读/写位置再次到达文件尾部，于是新行就可以追加到文件上。

[20] 实际上这个函数可以判断读的位置、写的位置或两者是否被改变。只有标准 stream 缓冲区才对读和写维护同一个位置。

有一点非常重要：除非读至文件尾部，否则必须在读和写之间进行一次 seek（查找）操作。若不如此极有可能导致一个被纂改的文件，甚至可能带来更致命的错误。

一如先前所说，你可以不必逐字处理，可以运用单一语句打印出全部内容，只要将一个“指向 file stream 缓冲区”的 pointer 当作实参，传给 operator << 即可（详见 15.14.3 节第 846 页）：

```
std::cout << input.rdbuf();
```

15.13 Stream Buffer Class

一如 15.2.1 节第 749 页的介绍，stream 并不执行实际读/写操作，而是委托给 stream buffer（缓冲区）完成。

处理 stream 缓冲区的一般性接口十分简单（见 15.12.2 节第 820 页）：

- `rdbuf()` 取得一个 pointer 指向某个 stream 的缓冲区。
- Stream 的构造函数和 `rdbuf()` 允许在构造时期设立一个 stream 缓冲区，或在 stream 存在期间改变 stream 缓冲区。不论哪种情况，你都必须传递一个 pointer 指向 stream 缓冲区，那个 pointer 正是 `rdbuf()` 所返回。

这个能力可被用来让多个 stream 写至相同的输出设备（见 15.12.2 节第 820 页），或是重定向（redirect） stream（见 15.12.3 节第 822 页），或是读自和写至同一个缓冲区（见 15.12.4 节第 824 页），或使用其他字符编码（character encoding）如 UTF-8 或 UTF-16/UCS-2 作为输入和输出格式（见 16.4.4 节第 903 页）。

本节说明缓冲区如何运作。如此一来不仅能加深理解 stream 的运用结果，也为“定义新的 I/O 通道”提供技术基础。在详细介绍 stream 缓冲区的操作之前，本节先为“只对 stream 缓冲区之运用”感兴趣的人介绍其 public 接口。

15.13.1 Stream 缓冲区接口

对于 stream 缓冲区的使用者来说，class `basic_streambuf<>` 只是发送（sent）或提取（extracted）字符的地方。表15.42列出了两个 public 函数，用来写入字符。

成员函数	意义
`sputc(`*c*`)`	将字符 *c* 送入 stream 缓冲区
`sputn(`*s*`, `*n*`)`	将字符序列 *s* 内的 *n* 个字符送入 stream 缓冲区

表 15.42 用来“写入字符”的 Public 成员函数

如果发生错误，函数 `sputc()` 会返回 `traits_type::eof()`，这里的 `traits_type` 是 class `basic_streambuf` 内的一个类型定义。函数 `sputn()` 会写进

第二实参指定的字符数，除非 stream 缓冲区无法耗尽（consume）它们。这个函数并不考虑终止符 null；它返回的是实际写出的字符数。

“从 stream 缓冲区读取字符”的接口比较复杂（见表15.43）。这是因为对 input 而言，必须时时观察字符但不耗用（consuming）它。解析（parsing）时字符最好能被送回 stream 缓冲区。为此，stream buffer class 特别提供了相应函数。

成员函数	**意义**
`in_avail()`	返回有效字符的下界（lower bound）
`sgetc()`	返回当前字符，不耗用之（without consuming it）
`sbumpc()`	返回当前字符并耗用之（consuming it）
`snextc()`	耗用当前字符并返回下一字符
`sgetn(`*b*`, `*n*`)`	读取 *n* 个字符并将它们存储到缓冲区 *b*
`sputbackc(`*c*`)`	将字符 *c* 返回 stream 缓冲区
`sungetc()`	退回至前一字符

表 15.43　用来“读取字符”的 Public 成员函数

函数 `in_avail()` 用来确定至少有多少个有效字符。这可用来（例如）确定从键盘读取数据时不会被阻塞（block）。不过实际上可能有更多有效字符。

除非 stream 缓冲区已经到达 stream 尾部，否则始终存在一个当前（current）字符。函数 `sgetc()` 可以不必移至下一字符就获得当前字符。函数 `sbumpc()` 读取当前字符并移至下一字符，使之成为当前字符。函数 `snextc()` 将下一字符视为当前字符然后读取之。这三个函数如果失败都会返回 `traits_type::eof()`。函数 `sgetn()` 读取字符序列并送至缓冲区，其实参可表示欲读取的字符数，返回的则是实际读取的字符数。

函数 `sputbackc()` 和 `sungetc()` 被用来退一步，使前一字符成为当前字符。函数 `sputbackc()` 可将前一字符替换为其他字符。使用这两个函数必须谨慎。通常它们只能退一个字符。

还有一些函数用来访问地域对象（locale object）、改变位置或影响缓冲区，见表15.44。

`pubimbue()` 和 `getloc()` 用于国际化议题（见 15.8 节第 790 页）。`pubimbue()` 在 stream 缓冲区中安装一个新的 locale 对象，并返回前一个安装的 locale 对象；`getloc()` 返回当前安装好的 locale 对象。

函数 `pubsetbuf()` 试图对 stream 缓冲区的缓冲策略进行某种控制，是否有效则取决于具体的 stream buffer class。例如对 string stream 缓冲区运用 `pubsetbuf()` 就毫无意义。即使将它用于 file stream 缓冲区，也只能在第一个 I/O 完成后

成员函数	意义
pubimbue(*loc*)	为 stream 缓冲区安装 locale *loc*
getloc()	返回当前（current） locale
pubseekpos(*pos*)	将当前（current）位置重新设定为某绝对位置
pubseekpos(*pos*, *which*)	与上同，并可指定 I/O 方向
pubseekoff(*offset*, *rpos*)	重设当前位置，使它与另一位置有关
pubseekoff(*offset*, *rpos*, *which*)	与上同，并可指定 I/O 方向
pubsetbuf(*buf*, *n*)	影响缓冲行为

表 15.44　难以分类的 Stream 缓冲区接口中的 Public 函数

以 pubsetbuf(nullptr,0)（意即不采用缓冲区）方式调用才能起作用。如果出错，函数返回 0，否则返回该 stream 缓冲区。

函数 pubseekoff() 和 pubseekpos() 控制读/写动作的当前位置（current position）。究竟控制的是读或写，取决于最后实参（其类型为 ios_base::openmode），如果没有特别指定，实参默认值为 ios_base::in|ios_base::out。一旦设置 ios_base::in，读的位置就会跟着改变；一旦设置 ios_base::out，写的位置也会跟着变化。函数 pubseekpos() 会把 stream 当前位置移至其第一实参指示的绝对位置上，函数 pubseekoff() 则把 stream 当前位置移至某个相对位置，偏移量由第一实参决定，起始位置由第二实参决定，可以是 ios_base::cur、ios_base::beg 或 ios_base::end（详见 15.9.4 节第 800 页）。两个函数都返回 stream 所在位置或一个无效位置。将函数结果拿来和对象 pos_type(off_type(-1)) 比较（pos_type 和 off_type 是处理 stream 位置时所用的类型，参见 15.9.4 节第 799 页），可以检测出无效的 stream 位置。如果希望获得 stream 当前位置，可使用 pubseekoff()：

```
sbuf.pubseekoff(0, std::ios::cur)
```

15.13.2 Stream 缓冲区的 Iterator

针对“无格式 I/O”而采用 stream 成员函数，另一种做法就是：采用 stream 缓冲区的 iterator class。这些 class 所提供的 iterator (1) 符合 input iterator 和 output iterator 的规格，(2) 用来从 stream 缓冲区读或写单一字符。这么一来就能够将字符层级的 I/O 纳入 C++ 标准库算法的管辖范围内了。

Class template istreambuf_iterator<>和ostreambuf_iterator<>用来从类型为basic_streambuf<> 的对象中读或写单一字符。这些 class 定义于头文件 <iterator>：

```
namespace std {
    template <typename charT,
              typename traits = char_traits<charT> >
             class istreambuf_iterator;
```

```
    template <typename charT,
              typename traits = char_traits<charT> >
             class ostreambuf_iterator;
}
```

这些 iterator 是 9.4.3 节第 460 页描述的 stream iterator 的特殊形式，唯一区别在于它们的元素是字符（character)。

Output Stream 缓冲区（Buffer）的 Iterators

以下使用 `ostreambuf_iterator` 将一个 string 写入一个 stream 缓冲区内：

```
// create iterator for buffer of output stream cout
std::ostreambuf_iterator<char> bufWriter(std::cout);

std::string hello("hello, world\n");
std::copy(hello.begin(), hello.end(),   // source: string
          bufWriter);                    // destination: output buffer of cout
```

第一行根据 `cout` 构造出一个 output iterator，类型为 `ostreambuf_iterator`。除了传递 output stream 外，你也可以直接传递一个 pointer 指向 stream 缓冲区。其余代码构造出一个 `string` 对象，并将其内字符复制到上述 output iterator。

表15.45列出了 output stream 缓冲区的 iterator 的所有操作函数。其实现方法与 ostream iterator 近似（见 9.4.3 节第 460 页）。此外，你也可以拿一个缓冲区将 iterator 初始化，并调用 `failed()` 检查这个 iterator 能否用于输出。只要有任何一个字符的预写动作失败，`failed()` 就会返回 `true`，于是以 operator = 进行的任何写入动作都无效。

表达式	效果
`ostreambuf_iterator<`*char*`>(`*ostream*`)`	为 *ostream* 产生一个 output stream buffer iterator
`ostreambuf_iterator<`*char*`>(`*buffer_ptr*`)`	为 *buffer_ptr* 所指的缓冲区产生一个 output stream buffer iterator
`*`*iter*	无动作（no-op)，返回 *iter*
iter `=` *c*	调用 `sputc(`*c*`)`，对缓冲区写入字符 *c*
`++`*iter*	无动作（no-op)，返回 *iter*
iter`++`	无动作（no-op)，返回 *iter*
`failed()`	判断 output stream iterator 能否执行写入动作

表 15.45　Output Stream Buffer Iterator 的各项操作

Input Stream 缓冲区（Buffer）的 Iterator

表15.46列出了 input stream buffer iterator 的所有操作函数。其实现方法和 istream iterator 近似（见 9.4.3 节第 462 页）。此外你可以拿一个缓冲区来初始化 iterator。成员函数 `equal()` 用来判断两个 input stream buffer iterator 是否相等。当两个 stream buffer iterator 都是（或不是） end-of-stream iterator 时，两者被视为相等。

表达式	效果
`istreambuf_iterator<`*char*`>()`	建立一个 end-of-stream iterator
`istreambuf_iterator<`*char*`>(`*istream*`)`	为 *istream* 建立一个 input stream buffer iterator，并可能调用 `sgetc()` 读取第一个字符
`istreambuf_iterator<`*char*`>(`*buffer_ptr*`)`	为"*buffer_ptr* 所指的 input stream"建立一个 input stream buffer iterator，并可能调用 `sgetc()` 读取第一个字符
**iter*	返回当前字符，也就是先前以 `sgetc()` 读取的字符（若构造函数没把第一字符读掉，这儿会读掉它）
++*iter*	以 `sbumpc()` 读取下一字符，并返回其位置
iter++	以 `sbumpc()` 读取下一字符，返回一个 iterator 指向前一字符位置
iter1`.equal(`*iter2*`)`	判断两个 iterator 是否相等
iter1== *iter2*	判断两个 iterator 是否相等
iter1`!=` *iter2*	判断两个 iterator 是否不相等

表 15.46 Input Stream Buffer Iterator 的各项操作

让人不明白的是"类型为 `istreambuf_iterator` 的两个对象"相等到底是什么意思。如果两个 `istreambuf_iterator` iterator 都是（或都不是） end-of-stream iterator，则两者被视为相等（至于其 output 缓冲区是否相同并不影响）。获得一个 end-of-stream iterator 的可行方法是以 default 构造函数创建一个 iterator。此外，如果试图将 iterator 移至 stream 尾部之外（也就是如果 `sbumpc()` 返回 `traits_type::eof()`），`istreambuf_iterator` 就会成为一个 end-of-stream iterator。这种行为有两个主要含义：

1. 从"stream 当前位置"到"stream 尾部"之间的范围，由以下两个 iterator 定义出来：`istreambuf_iterator<charT,traits>(`*stream*`)`（此乃针对当前位置）和 `istreambuf_iterator<charT,traits>()`（此乃针对 stream 尾部），其中 *stream* 的类型是 `basic_istream<charT,traits>` 或 `basic_streambuf<charT,traits>`。
2. 不可能使用 `istreambuf_iterator` 建立子区间（subrange）。

Stream 缓冲区迭代器（Buffer Iterator）运用实例

下面的例子是一个典型的筛检框架（filter framework），它用 stream 缓冲区迭代器简单地写出所有被读入的字符，是 15.5.3 节第 772 页所列例子的一个改进版本：

```
// io/charcat2.cpp

#include <iostream>
#include <iterator>
using namespace std;

int main()
{
    // input stream buffer iterator for cin
    istreambuf_iterator<char> inpos(cin);

    // end-of-stream iterator
    istreambuf_iterator<char> endpos;

    // output stream buffer iterator for cout
    ostreambuf_iterator<char> outpos(cout);

    // while input iterator is valid
    while (inpos != endpos) {
        *outpos = *inpos;      // assign its value to the output iterator
        ++inpos;
        ++outpos;
    }
}
```

你也可以传递 stream buffer iterator 给算法，用以处理读自 input stream 的所有字符（完整例子见 *io/countlines1.cpp*）：

```
int countLines (std::istream& in)
{
    return std::count(std::istreambuf_iterator<char>(in),
                      std::istreambuf_iterator<char>(),
                      '\n');
}
```

14.6 节第 732 页有一个例子，就是使用读自标准输入设备的所有字符，将一个 string 初始化。

15.13.3 用户自定义之 Stream 缓冲区

Stream 缓冲区是一种 I/O 缓冲区，其接口由 class basic_streambuf<> 定义。针对字符类型 char 和 wchar_t，标准库分别提供了预先定义好的 streambuf 和 wstreambuf。实现特殊 I/O 通道上的通信时，以上 class 可被拿来当作 base class。要做到这一点，首先得对 stream 缓冲区的操作有所了解。

缓冲区的主要接口由三个 pointer（指向两个缓冲区）构成。函数 eback()、gptr() 和 egptr() 返回的 pointer 构成了 read（input）缓冲区的接口。函数 pbase()、pptr() 和 epptr() 返回的 pointer 构成了 write（output）缓冲区的接口。这些 pointer 分别由 I/O 动作操控，后者可能导致相关 I/O 通道上的相关回应。精确操作将分 read 和 write 两方面讨论。

用户自定义之 Output 缓冲区

Output 缓冲区由三个 pointer 维护，这三个 pointer 分别由函数 pbase()、pptr() 和 epptr() 取得（如图15.4所示）。它们表示的意义如下：

1. pbase()（意指“put base”）是 output stream 缓冲区的开始。
2. pptr()（意指“put pointer”）是当前写入位置。
3. epptr()（意指“end put pointer”）是 output 缓冲区的结尾，指向“得被缓冲（can be buffered）之最末字符”的下一位置。

pbase() 至 pptr() 之间的字符（不包括 pptr() 所指字符）已被写至相应的输出通道，但尚未清空（flush）。

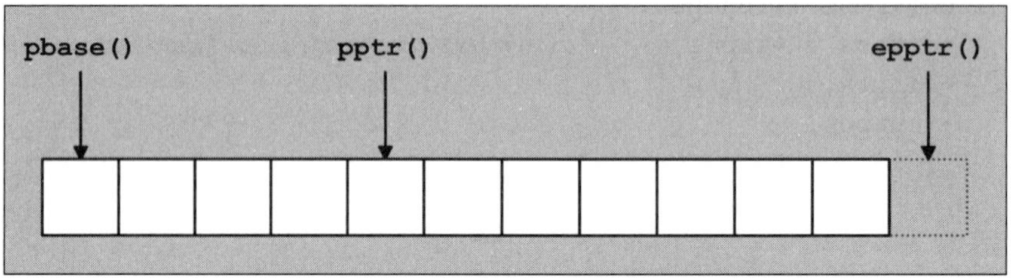

图 15.4 Output 缓冲区的接口

成员函数 sputc() 可以写入一个字符；如果当时有个空的涂写位置，字符就被复制到该位置上。然后，指向当前涂写位置的那个 pointer 值会加 1。如果缓冲区是空的（pptr() == epptr()），就调用 virtual 函数 overflow() 将 output 缓冲区的内容发送到对应的输出通道去。这个函数能有效地把字符送至某种“外部表述”（但实际上也可能是内部的，例如 string stream）。Base class basic_streambuf 所实现的 overflow() 只返回 end-of-file，表示没有更多字符可以被写。

成员函数 sputn() 可用来一次写入多个字符。这个函数把实际任务委派给 virtual 函数 xsputn()，后者可针对“多个字符”做出更高效动作。

Class basic_streambuf 中的 xsputn() 根本上对每个字符调用 sputc()，因此覆盖 xsputn() 并非必要。但通常“同时写入多个字符”会比“一次写入一个字符”效率高得多，所以 sputn() 可用来优化对字符序列的处理。

对一个 stream 缓冲区写数据时不必一定采取缓冲行为，可以令字符一到达就写入。此时 default 构造函数会自动将“维护 write 缓冲区”的 pointer 设为 0 或 NULL。

利用上述信息，我们可以实现出以下的 stream 缓冲区简单示例。这个 stream 缓冲区并未采取缓冲行为，所以对每个字符都调用 overflow()——我们唯一要做的就是实现出这个函数：

```
// io/outbuf1.hpp

#include <streambuf>
#include <locale>
#include <cstdio>

class outbuf : public std::streambuf
{
  protected:
    // central output function
    // - print characters in uppercase mode
    virtual int_type overflow (int_type c) {
        if (c != EOF) {
            // convert lowercase to uppercase
            c = std::toupper(c,getloc());

            // and write the character to the standard output
            if (std::putchar(c) == EOF) {
                return EOF;
            }
        }
        return c;
    }
};
```

本例中，每一个被发送到 stream 缓冲区的字符，都以 C 函数 putchar() 写入。但是写入之前这些字符都被 toupper() 转换成大写（见 16.4.4 节第 895 页）。函数 getloc() 用来取得和 stream 缓冲区有关的 locale 对象（见 15.8 节第 790 页）。

本例的 output 缓冲区是特别针对字符类型 char 实现的（是的，streambuf 就是特别针对字符类型 char 的一个 basic_streambuf<> 特化版本）。如果你还用到其他字符类型，就必须运用 char trait（详见 16.1.4 节第 853 页）来实现这个函数。

这种情况下 end-of-file 和 c 的比较动作应该有所不同，返回的应该是 traits::eof() 而不是 EOF。如果实参 c 是 EOF，则应该返回 traits::not_eof(c)（其中 traits 是 basic_streambuf 的第二个 template 实参）。情况大致如下：

```
// io/outbuf1i18n.hpp

#include <streambuf>
#include <locale>
#include <cstdio>

template <typename charT,
          typename traits = std::char_traits<charT> >
class basic_outbuf : public std::basic_streambuf<charT,traits>
{
  protected:
    // central output function
    // - print characters in uppercase mode
    virtual typename traits::int_type
            overflow (typename traits::int_type c) {
        if (!traits::eq_int_type(c,traits::eof())) {
            // convert lowercase to uppercase
            c = std::toupper(c,this->getloc());

            // convert the character into a char (default: '?')
            char cc = std::use_facet<std::ctype<charT>>
                          (this->getloc()).narrow(c,'?');

            // and write the character to the standard output
            if (std::putchar(cc) == EOF) {
                return traits::eof();
            }
        }
        return traits::not_eof(c);
    }
};

typedef basic_outbuf<char>    outbuf;
typedef basic_outbuf<wchar_t> woutbuf;
```

注意，现今你必须以 this-> 修饰对 getloc() 的调用，因为 base class 取决于 template 参数。同时，在我们把字符传给 putchar() 之前必须先窄化它，因为 putchar() 只接受 char（见 16.4.4 节第 891 页）。

以下是上面这个 stream 缓冲区的运用情况：

```
// io/outbuf1.cpp

#include <iostream>
#include "outbuf1.hpp"

int main()
{
    outbuf ob;                    // create special output buffer
    std::ostream out(&ob);        // initialize output stream with that output buffer

    out << "31 hexadecimal: " << std::hex << 31 << std::endl;
}
```

输出如下：

```
31 HEXADECIMAL: 1F
```

相同方法可用于对其他任意目标的涂写动作。例如 stream 缓冲区的构造函数可能接受一个文件描述器（file descriptor），或一个 socket 连接名，或另两个 stream 缓冲区（用来在对象初始化时同步写入）。若要向目标端写数据，我们只需实现相应的 overflow() 即可。此外最好也能实现 xsputn()，这样有助于提升效率。

为求方便构造 stream 缓冲区，我们也可以实现一个特殊 class，用来将构造函数实参传递给相应的 stream 缓冲区。下例说明了这一点，它定义了一个以文件描述器（file descriptor）初始化的 stream 缓冲区 class，文件描述器的字符由函数 write() 写入（write() 是类 UNIX 操作系统使用的一个低层 I/O 函数）。另外它还定义了一个继承自 ostream 的 class，用以维护这样一个 stream 缓冲区；文件描述器就是在那儿被传递的。

```
// io/outbuf2.hpp

#include <iostream>
#include <streambuf>
#include <cstdio>

// for write():
#ifdef _MSC_VER
#include <io.h>
#else
#include <unistd.h>
#endif

class fdoutbuf : public std::streambuf {
  protected:
    int fd;    // file descriptor
```

```
  public:
    // constructor
    fdoutbuf (int _fd) : fd(_fd) {
    }
  protected:
    // write one character
    virtual int_type overflow (int_type c) {
        if (c != EOF) {
            char z = c;
            if (write (fd, &z, 1) != 1) {
                return EOF;
            }
        }
        return c;
    }
    // write multiple characters
    virtual std::streamsize xsputn (const char* s,
                                    std::streamsize num) {
        return write(fd,s,num);
    }
};

class fdostream : public std::ostream {
  protected:
    fdoutbuf buf;
  public:
    fdostream (int fd) : std::ostream(0), buf(fd) {
        rdbuf(&buf);
    }
};
```

这个 stream 缓冲区也实现了函数 xsputn()，避免发送字符序列到该 stream 缓冲区时对每个字符都调用 overflow()。此函数在一次调用过程中将整个字符序列写至由文件描述器 fd 指定的文件，并返回成功写进的字符数。下面是一个运用实例：

```
// io/outbuf2.cpp

#include <iostream>
#include "outbuf2.hpp"
```

```
int main()
{
    fdostream out(1);      // stream with buffer writing to file descriptor 1

    out << "31 hexadecimal: " << std::hex << 31 << std::endl;
}
```

这个程序产生一个以文件描述器（file descriptor） 1 初始化的 output stream。通常这样的文件描述器代表标准输出通道，所以本例只是很单纯地打印字符。如果你有其他文件描述器可用（例如表示文件或 socket），也可以将它作为构造函数的实参。

如果要实现出具备缓冲能力的 stream 缓冲区，write 缓冲区必须以函数 setp() 初始化。以下例子说明了这一点：

```
// io/outbuf3.hpp

#include <cstdio>
#include <streambuf>

// for write():
#ifdef _MSC_VER
# include <io.h>
#else
# include <unistd.h>
#endif

class outbuf : public std::streambuf {
  protected:
    static const int bufferSize = 10;    // size of data buffer
    char buffer[bufferSize];             // data buffer

  public:
    // constructor
    // - initialize data buffer
    // - one character less to let the bufferSizeth character cause a call of overflow()
    outbuf() {
        setp (buffer, buffer+(bufferSize-1));
    }

    // destructor
    // - flush data buffer
    virtual ~outbuf() {
        sync();
    }
```

```
protected:
  // flush the characters in the buffer
  int flushBuffer () {
      int num = pptr()-pbase();
      if (write (1, buffer, num) != num) {
          return EOF;
      }
      pbump (-num);      // reset put pointer accordingly
      return num;
  }

  // buffer full
  // - write c and all previous characters
  virtual int_type overflow (int_type c) {
      if (c != EOF) {
          // insert character into the buffer
          *pptr() = c;
          pbump(1);
      }
      // flush the buffer
      if (flushBuffer() == EOF) {
          // ERROR
          return EOF;
      }
      return c;
  }

  // synchronize data with file/destination
  // - flush the data in the buffer
  virtual int sync () {
      if (flushBuffer() == EOF) {
          // ERROR
          return -1;
      }
      return 0;
  }
};
```

其中，构造函数运用 `setp()` 将 write 缓冲区初始化：

```
setp (buffer, buffer+(size-1));
```

我们所建立的这个 write 缓冲区，只要还剩一个字符空间，就调用 `overflow()`。如果不是以 EOF 为实参调用 `overflow()`，那么，由于指向涂写位置的 pointer 增加后并未超过尾端，所以字符会被写入当前位置。一旦将 overflow() 的实参放在正确位置上，整个缓冲区就可以被清空（emptied）了。

成员函数 flushBuffer() 正负责此事。它使用函数 write() 将字符写向标准输出通道（文件描述器 1）。Stream 缓冲区的成员函数 pbump() 用来将涂写位置移回缓冲区起始处。

函数 overflow() 将“引发调用”且“非 EOF 字符”安插到缓冲区。然后运用 pbump() 移动涂写位置，形成“被缓冲字符”的新尾端。这样会把涂写位置暂时移到结束位置（epptr()）之后。

这个 class 也实现了 virtual 函数 sync()——它可以造成 stream 缓冲区的当前状态和相应的存储介质同步。通常，唯一需要做的动作就是清空（flush）缓冲区。对于无缓冲行为的 stream 缓冲区来说，由于没有必要清空缓冲区，所以不必覆盖这个 virtual 函数。

Virtual 析构函数可确保当 stream 缓冲区被销毁时，缓冲区内的数据仍会被写入目标区。

对大多数 stream 缓冲区而言，这些函数都会被覆盖（overridden）。如果外部表述结构比较复杂，覆盖其他函数也可能带来帮助。例如你可能会覆盖函数 seekoff() 和 seekpos()，以便实现对涂写位置的控制。

用户自定义的 Input 缓冲区

Input 机制和 output 机制的工作原理基本相同。但是对 input 而言，有可能不进行最后的读取动作。函数 sungetc()（由 input stream 的 unget() 调用）或 sputbackc()（由 input stream 的 putback() 调用）可用来存储 stream 缓冲区最后一次读取前的状态。此外也可能需要读取下一字符而不移动读取位置。所以如果你要实现出“从 stream 缓冲区中读取”动作，那么和实现出“向 stream 缓冲区写进数据”的动作相比，你必须覆盖（override）更多函数。

Stream 缓冲区以三个 pointer 维护一个 read 缓冲区，这些 pointer 可经由三个成员函数 eback()、gptr() 和 egptr() 取得（如图15.5所示）：

1. eback()（意指“end back”）是 input 缓冲区的起始位置，或者回退区（putback area）的尾端（这是其名称的由来）。若不采取特殊措施，字符最多只能被回退（putback）到这个位置。
2. gptr()（意指“get pointer”）是当前的“读取位置”。
3. egptr()（意指“end get pointer”）是 input 缓冲区的尾端。

读取位置和结束位置之间的字符已经从外部表述（external representation）被传至程序内存中，但仍然等待着程序的处理。

函数 sgetc() 或 sbumpc() 可以读取单一字符。两者的差别在于后者会令 read pointer 前进，而前者不会。如果缓冲区读取完毕（gptr() == egptr()），就不再有可用字符了，此时缓冲区必须重新获得补给。这项工作可由 virtual 函数 underflow() 完成，它会负责读取数据。如果没有可用字符，函数 sbumpc() 会调用 virtual 函数 uflow()，

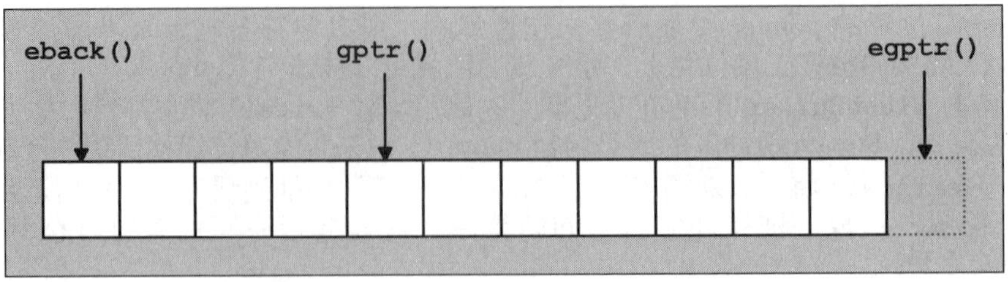

图 15.5 “从 Stream 缓冲区读取”的接口

而 uflow() 的默认行为就是调用 underflow() 并移动（前进） read pointer。Base class basic_streambuf 之中对 underflow() 的默认做法就是令它返回 EOF，意味着不可能以此默认版本读取字符。

函数 sgetn() 用于一次读取多个字符。这个函数把任务委派给 virtual 函数 xsgetn()，后者的默认做法是简单地对每个字符调用 sbumpc()。但就像“用于涂写”的函数 xsputn() 一样，我们也可以改进 xsgetn() 以优化对多个字符的读取。

和 output 截然不同的是，对 input 而言，仅仅覆盖一个函数是不够的。你要么就建立一个缓冲区，要么就至少实现出 underflow() 和 uflow()。这是因为 underflow() 不会将 read pointer 移到当前字符之后，但它可以被 sgetc() 调用。移至下一字符，需要以缓冲区操作函数或 uflow() 完成。无论如何，任何一个具备字符读取功能的 stream 缓冲区，都必须实现出 underflow()。如果 underflow() 和 uflow() 都实现了，就没有必要建立缓冲区。

成员函数 setg() 可设定一个 read 缓冲区。该函数有三个实参，依次如下：

1. 一个 pointer 指向缓冲区头部（eback()）。
2. 一个 pointer 指向当前读取位置（gptr()）。
3. 一个 pointer 指向缓冲区尾部（egptr()）。

和 setp() 不同，setg() 有三个实参。这是必要的，以便能定义出用来存储“将被回退（putback）给 stream”的字符空间。因此，一旦“指向 read 缓冲区”的 pointer 已被设定好，就会有一些（至少一个）字符已被读取但仍存放于缓冲区内。

前面已经说过，运用 sputbackc() 和 sungetc() 便可将字符回退（putback）到 read 缓冲区。sputbackc() 以待退字符为实参，并确保该字符确实是被读取的字符。如果可能，这两个函数都会将 read pointer 退回一步。当然这只有在 read pointer 不指向 read 缓冲区头部的时候才能办到。如果到达缓冲区头部后你还试图回退一个字符，virtual 函数 pbackfail() 就会被调用。只要覆盖该函数就可以实现出“即使在这种情况下也能恢复原读取位置”的机制。Base class basic_streambuf 并未定义相应操作，因此实际上不可能回退任意个字符。对于不使用缓冲区的 stream 而言，函数 pbackfail() 应该被实现出来，因为这些 stream 通常假设至少有一个字符可被回退（putback）。

如果新缓冲区只用于 read，会产生另一个问题：要是缓冲区没有将旧数据保存下来，那就连一个字符也无法回退。因此，实现 `underflow()` 时经常把当前缓冲区的最后数个字符（譬如 4 个字符）移到头部，然后才尾附（append）新读取的字符。这么一来就允许在调用 `pbackfail()` 之前回退一些字符了。

下例说明上述做法的一种可能模样。Class `inbuf` 实现出了一个拥有 10 个字符空间的 input 缓冲区，前 4 个字符空间作为回退区，后 6 个字符空间作为常规的 input 缓冲区。

```
// io/inbuf1.hpp

#include <cstdio>
#include <cstring>
#include <streambuf>

// for read():
#ifdef _MSC_VER
# include <io.h>
#else
# include <unistd.h>
#endif

class inbuf : public std::streambuf {

  protected:
    // data buffer:
    // - at most, four characters in putback area plus
    // - at most, six characters in ordinary read buffer
    static const int bufferSize = 10;       // size of the data buffer
    char buffer[bufferSize];                // data buffer

  public:
    // constructor
    // - initialize empty data buffer
    // - no putback area
    // => force underflow()
    inbuf() {
        setg (buffer+4,       // beginning of putback area
              buffer+4,       // read position
              buffer+4);      // end position
    }
```

```
  protected:
    // insert new characters into the buffer
    virtual int_type underflow () {
        // is read position before end of buffer?
        if (gptr() < egptr()) {
            return traits_type::to_int_type(*gptr());
        }

        // process size of putback area
        // - use number of characters read
        // - but at most four
        int numPutback;
        numPutback = gptr() - eback();
        if (numPutback > 4) {
            numPutback = 4;
        }

        // copy up to four characters previously read into
        // the putback buffer (area of first four characters)
        std::memmove (buffer+(4-numPutback), gptr()-numPutback,
                      numPutback);

        // read new characters
        int num;
        num = read (0, buffer+4, bufferSize-4);
        if (num <= 0) {
            // ERROR or EOF
            return EOF;
        }

        // reset buffer pointers
        setg (buffer+(4-numPutback),   // beginning of putback area
              buffer+4,                // read position
              buffer+4+num);           // end of buffer

        // return next character
        return traits_type::to_int_type(*gptr());
    }
};
```

构造函数会初始化所有 pointer，这样就可以令缓冲区完全清空（如图15.6所示）。如果这个 stream 缓冲区被读取一个字符，函数 `underflow()` 会被调用，它总是被 stream 缓冲区用来读取下一字符。一开始它会先检查 input 缓冲区内的字符，如果确实存在字符，就通过函数 memcpy() 把这些字符移到回退区（putback area）。因此 input 缓冲区至多留有最后 4 个字符。接下来运用 POSIX 的低层 I/O 函数 read() 从标准输入通道读取下一字符。一旦缓冲区调整至新状态，返回读取的第一个字符。

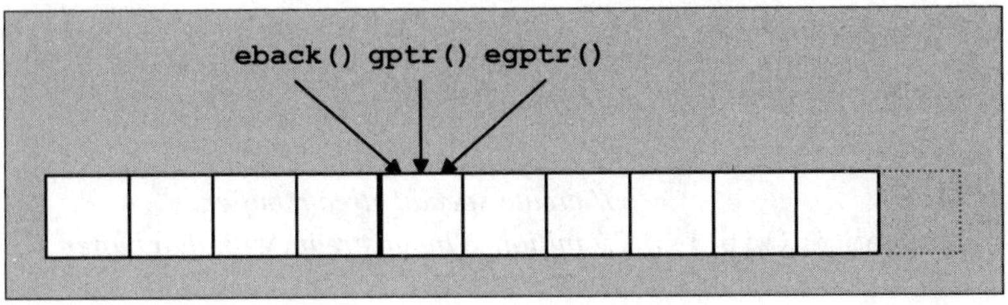

图 15.6　初始化后的缓冲区

举个例子。假设第一次调用 read() 读得 'H'、'a'、'l'、'l'、'o' 和 'w'，input 缓冲区的状态发生变化，如图15.7所示。由于第一次总是填入缓冲区，所以回退区的内容是空的，没有任何字符可被回退（putback）。

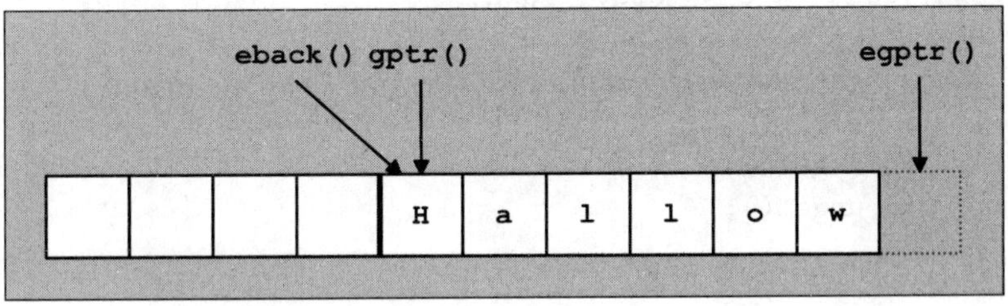

图 15.7　读入 H a l l o w 后的缓冲区

这些字符被提取后，最后 4 个字符被移到回退区，然后新字符又被读取。假设再次调用 read() 读入 'e'、'e'、'n' 和 '\n'，结果如图15.8所示。

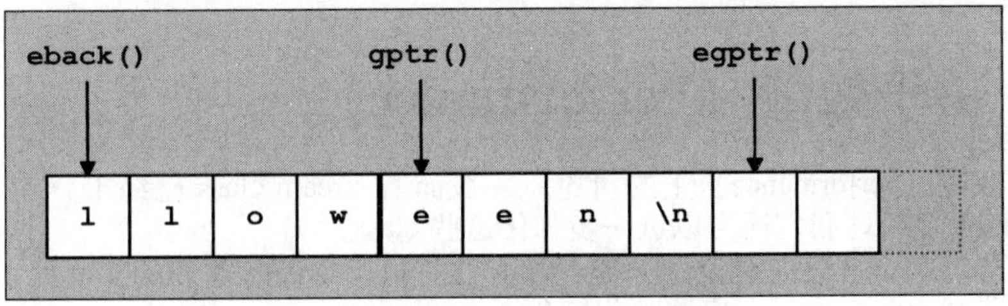

图 15.8　续读 4 个字符后的缓冲区

下面是这个 stream 缓冲区的运用实例：

```
// io/inbuf1.cpp

#include <iostream>
#include "inbuf1.hpp"

int main()
{
    inbuf ib;                    // create special stream buffer
    std::istream in(&ib);        // initialize input stream with that buffer

    char c;
    for (int i=1; i<=20; i++) {
        // read next character (out of the buffer)
        in.get(c);

        // print that character (and flush)
        std::cout << c << std::flush;

        // after eight characters, put two characters back into the stream
        if (i == 8) {
            in.unget();
            in.unget();
        }
    }
    std::cout << std::endl;
}
```

程序在循环中读取并写出字符。读得第 8 个字符后，放回 2 个字符。所以，第 7 个字符和第 8 个字符被打印两次。

15.14 关于效能（Performance）

本节着重于效能（performance）上的讨论。一般而言 stream class 已经十分高效，但当 I/O 是程序效能的关键时，我们还可以进一步强化这些 class。

15.2.3 节第 752 页已经讨论过效能：你应该只包含编译时需要的头文件。尤其当你并没有使用标准 stream 对象时，应该避免包含 <iostream>。

15.14.1 与 C 标准串流同步（Synchronization with C's Standard Streams）

默认情况下，八个 C++ 标准 stream（四个窄字符 stream：`cin`、`cout`、`cerr` 和 `clog`，以及相应的四个宽字符版本）和 C 标准库的相应文件（`stdin`、`stdout` 和 `stderr`）是同步的。`clog` 和 `wclog` 默认采用与 `cerr` 和 `wcerr` 相同的 stream 缓冲区，因此它们也默认与 `stderr` 同步，虽然在 C 标准库中并无其直接对应物。

视实际做法之不同，同步（synchronization）可能带来某些不必要的开销（额外负担）。举个例子，如果标准 C++ stream 是以标准 C 文件实现出来，基本上就会限制相应的 stream 缓冲区的缓冲行为。然而，对于某些优化，尤其是对“格式化读取”的优化（参见 15.14.2 节第 845 页），stream 缓冲区的缓冲行为非常必要。C++ 标准库为 `ios_base` 定义了一个 static 成员函数 `sync_with_stdio()`（见表15.47），允许我们改用更好的实现。

Static 函数	意义
`sync_with_stdio()`	判断标准的 stream 对象是否与标准的 C stream 同步
`sync_with_stdio(false)`	取消 C++ stream 和 C stream 的同步；前提是必须在任何 I/O 动作之前先被调用

表 15.47　令“标准 C++ Stream”和“标准 C Stream”同步

`sync_with_stdio()` 以一个可有可无的 Boolean 为实参，用以决定是否和标准 C stream 同步。如果要取消同步，可以 `false` 为实参：

```
std::ios::sync_with_stdio(false);       // disable synchronization
```

注意，你必须在任何 I/O 操作之前取消同步。如果你在任何 I/O 发生之后才调用这个函数，其所导致的行为将视实现版本而定。

这个函数返回前一次被调用时的实参。如果先前不曾被调用过，返回的是 `true`，反映出默认的标准 stream。

注意，自 C++11 起，将“同步于标准 C stream（synchronization with the standard C streams）”取消，意味着将“并发支持（concurrency support）”取消（并发能力允许你在多线程中使用标准 stream 对象）——虽然可能出现插叙字符（interleaved character，见 4.5 节第 56 页）。

15.14.2 Stream 缓冲区内的缓冲机制

I/O 是否具备缓冲能力，很大程度上影响到了效率。原因之一是，通常系统调用比较耗资源，应该尽可能避免。但在 C++ 中还有许多更微妙的原因使我们至少应该在 stream 缓冲区中对 input 进行缓冲，这些原因包括：格式化 I/O 动作所使用的函数乃是“以 stream buffer iterator 访问 stream”；而对 stream buffer iterator 做动作比对 pointer 做动作要慢。虽然差别不大，但也足够证明有必要对频繁的操作（例如格式化读取）进行改善。

因此，所有 I/O 动作都以 stream 缓冲区完成，后者实现了某种缓冲机制。但是仅仅依赖缓冲机制还不够，因为高效缓冲有三个冲突因素：

1. 不采用缓冲机制来实现 stream 缓冲区，往往更简单。如果 stream 并不常被使用，或只用于 output，那么缓冲机制倒也不那么重要（对 output 而言，stream buffer iterator 和 pointer 之间的差异不如 input 那么严重）。但是一旦面对被大量使用的 stream 缓冲区，就应该毫不犹豫地实现缓冲机制。
2. 每次 output 动作完成后，flag `unitbuf` 会提示 output stream 清空自己的 stream。操控器 `flush` and `endl` 也会清空各自的 stream。若为求得最佳效能，三者都应避免。但是（举例）当写向控制台（console）时，写完一整行后还是可能需要清空 stream。如果你的程序被迫频繁使用 `unitbuf`、`flush` 或 `endl`，就要考虑采用某种特殊的 stream 缓冲设备，后者并不调用 `sync()` 清空 stream 缓冲区，而是在适当时候调用其他函数。
3. 运用函数 `tie()` 绑定某个 stream（详见 15.12.1 节第 819 页），也会造成非必要地清空 stream。因此非必要时请勿绑定 stream。

实现一个新的 stream 缓冲区时，我们可以先不考虑缓冲机制。然后万一该 stream 缓冲区成了效率瓶颈，仍然可以在不影响程序其他部分的情况下实现缓冲。

15.14.3 直接使用 Stream 缓冲区

Class `basic_istream` 和 `basic_ostream` 之中，所有用于读/写字符的成员函数都以同样方式运作：首先构造相应的 `sentry` 对象，然后执行实际操作。`sentry` 对象的构造可能导致：暴露潜在的绑定对象、忽略空白字符（对 input 而言）、某些“依赖于实现”的行为（例如多线程环境中的锁定，见 15.5.4 节第 772 页）。

对于无格式（unformatted）I/O，大多数操作通常都是无益的。如果在多线程环境中运用 stream，只有 locking 操作可用。因此，进行无格式 I/O 时，最好直接使用 stream 缓冲区。

欲支持这种行为，你可以对 stream 缓冲区使用 operator << 和 >>：

- 将指向 stream 缓冲区的 pointer 传给 operator <<，你便可以输出该 stream 内的所有输入。这可能是“通过 C++ I/O stream 复制文件”的最快方法。例如：

```
// io/copy1.cpp
#include <iostream>
```

```
int main ()
{
    // copy all standard input to standard output
    std::cout << std::cin.rdbuf();
}
// 译注：以上程序执行时，cin 获得的任何一笔输入（以 Enter 键隔开），
//       都会立刻在 cout 出现。
```

这里的 `rdbuf()` 取得 `cin` 的缓冲区（见 15.12.2 节第 820 页）。这么一来程序就将所有标准输入复制到了标准输出。

- 将指向 stream 缓冲区的 pointer 传给 operator >>，你便可以将数据直接读进该 stream 缓冲区内。例如你可以通过以下方法把所有标准输入复制到标准输出：

```
// io/copy2.cpp
#include <iostream>

int main ()
{
    // copy all standard input to standard output
    std::cin >> std::noskipws >> std::cout.rdbuf();
}
```

注意，必须清除 flag `skipws`，否则会漏掉输入时的起始空格（见 15.7.7 节第 789 页）。

即使是格式化 I/O，也可以直接使用 stream 缓冲区。举个例子，某循环读取了许多数值，整个循环生命期间只需构造一个 `sentry` 对象就够，于是在循环内，便可手工略去空格（使用 `ws` 操控器也可以构造出一个 `sentry` 对象），然后可使用 facet `num_get`（参见 16.4.1 节第 873 页）直接读取数值。

注意，stream 缓冲区本身并无所谓差错状态，也不知道自己和哪些 input stream 或 output stream 相连接。所以在以下语句中：

```
// copy contents of in to out
out << in.rdbuf();
```

如果出错或到达文件末尾，没有什么办法可以改变差错状态。

第16章
国际化

随着全球市场的不断增长，国际化（internationalization，简写为 *i18n*）[1] 愈来愈成为软件开发的重要议题。为了顺应这个潮流，C++ 标准库提供了编写国际化代码的支持机制。这一机制主要影响 I/O 的使用和 string 的处理。本章将介绍这一机制。非常感谢 Dietmar Kühl，他是 C++ 标准库中有关 I/O 和国际化议题方面的专家，本章大部分内容出自他的手笔。

面对国家或地域习惯的转换问题，C++ 标准库并非只着眼于某些特定转换，而是提供了广泛的方案。例如 string 并未被绑定至某个特定字符类型，以便能够支持 16-bit 亚洲字符。关于国际化，以下两个方面很重要：

1. 不同的字符集有不同的属性，所以，面对“什么才算是字母”甚至“用什么类型来存储字符”这种问题，我们得给出灵活的方案。面对“字符数多于 256”的字符集，`char` 类型显然不够用。
2. 用户期望程序有能力针对不同国家和文化的差异性（例如日期格式、货币书写格式、Boolean 值表示法等）进行必要转换。

对于这两个方面，C++ 标准库都提供了解决方案。

国际化议题的主要思路是以 *locale*（地域）对象来代表一个可扩展的面向集合（collection of aspects），以此进行地域转换工作。Locale 在 C 之中已被使用，在 C++ 标准中更被泛化（generalized），设计得更有弹性。事实上 C++ locale 机制可根据用户环境或用户偏好进行各种专用定制，例如可对它扩展，使它处理度量衡系统、时区、纸张规格等问题。

大部分国际化相关机制只需程序员付出最低程度的努力，甚至不需要任何额外付出。例如运用 C++ stream 机制进行 I/O 时，所有数值会根据 locale 的规定自动格式化。程序员需要做的只是要求 I/O stream class 采取用户指定的偏好（user's preference）。除了这一类自动运用，程序员也可以使用 locale 对象直接进行格式化、校勘（collation）、字符分类等工作。

---

[1] *i18n* 是 *internationalization* 的常见缩写，意义是：字母 *i* 后面跟着 *18* 个字母，最后再跟一个字母 *n*。

String 和 stream 使用国际化机制的另一个概念：*character traits*。两者都定义出了“能够区分不同字符集”的某些基本特性和操作，例如 end-of-file 实际值，以及比较、赋值、复制等函数。

C++11 以来的改变

C++98 已经完成了本地化程序库（localization library）的大部分设计和功能。下面是 C++11 带来的最重要的新性质：

- 对于 locale 和 facet，如今你可以传递 `std::string` 而不再只能传递 `const char*`（见 16.2.1 节第 863 页）。
- 引入若干新式操控器（manipulator）：`get_money()`、`put_money()`、`get_time()` 和 `put_time()`（见 16.4.3 节第 890 页和 16.4.2 节第 882 页）。
- `time_get<>` facet 如今提供了一个成员函数 `get()`，用以取得完整的格式字符串（formatting string，见 16.4.3 节第 887 页）。
- 为数值（numeric）I/O 而设计的 facet 如今支持 `long long` 和 `unsigned long long`。
- 引入新的 character class 屏蔽值（mask value）`blank`，及其对应的便捷函数 `isblank()`（见 16.4.4 节第 894 页和 16.4.4 节第 895 页）。
- 针对类型 `char16_t` 和 `char32_t` 提供 character trait（见 16.1.4 节第 853 页）。
- 设计出了新的 class `wstring_convert` 和 `wbuffer_convert`，用以支持不同的字符集（character set）之间的额外转换（见 16.4.4 节第 901 页和 16.4.4 节第 903 页）。

16.1 字符编码和字符集

在计算机科学刚萌芽的年代，计算机的字符集局限于英文字母系统（English alphabet）。今天，在全球化领域中，有些字符集使用高达 32 bit，可表达一百万以上的字符量。[2] 这也导致在不同的国家和文化中以不同的标准和方法来处理字符。

16.1.1 多字节（Multibyte）和宽字符（Wide-Character）文本

对于多于 256 个字符的字符集，有两种不同的解决方案：多字节和宽字符表示法。

1. 在多字节（multibyte）表示法中，字符所用的 byte 个数是变动的。一个 1-byte 字符（例如 ISO Latin-1 字符）后面可跟一个 3-byte 字符，例如日本表意文字（ideogram）。
2. 宽字符（wide-character）表示法，字符所用的 byte 数目恒定，与所表示的字符无关。典型的 byte 个数是 2 或 4。

[2] 目前的 32-bit 字符集使用的数值高达 `0x10FFFF`，也就是拥有 1 114 111 个值。

概念上讲，这和那些只使用 1 byte 的表示法（例如 ISO Latin-1 甚至 ASCII）没什么区别。

多字节表示法比宽字符表示法更紧凑，因此前者通常用来在程序外部存储数据，而后者由于较易处理固定大小的字符，所以通常在程序内部使用。

在 multibyte string 中，某个 byte 可能代表一个字符，也可能只是字符的一部分。遍历 multibyte string 时，每一个 byte 的意义都由当时的转换状态（shift state）决定。根据转换状态，一个 byte 可能代表一个字符，也可能表示要更改转换状态。Multibyte string 一开始通常具有某些预先定义好的初始转换状态。在初始转换状态下可能每个 byte 都代表 ISO Latin-1 字符，直到遭遇转义字符（escape character）。紧跟在转义字符之后的那个字符就用来指示新的转换状态：它可能意味着随后的 byte 都应当被理解为阿拉伯字符，直至遇到下一个转义字符为止。

16.1.2 不同的字符集

最重要的字符集如下：

- **US-ASCII**，这是个 7-bit 字符集，于 1963 年完成标准化，用于电传打字机（teleprinter）和其他设备，所以最开始的 16 个值是不可打印字符（nonprintable character）如 carriage-return、horizontal tab（水平制表符）、backspace（回退键）或 bell（铃声键）等。这个字符集是其他所有字符集的基础，往往各字符集内介于 `0x20` 和 `0x7F` 之间有着与此相同的字符。
- **ISO-Latin-1** 或 **ISO-8859-1**（见 [*ISOLatin1*]），这是个 8-bit 字符集，于 1987 年完成标准化，提供西欧语言之所有字符。这个字符集也作为其他所有字符集的基础，往往各字符集内介于 `0x20` 至 `0x7F` 和 `0xA0` 至 `0xFF` 之间有着与此相同的字符。
- **ISO-Latin-9** 或 **ISO-8859-15**（见 [*ISOLatin9*]），这是个 8-bit 字符集，于 1999 年完成标准化，是西欧语言之所有字符的增强版，以欧元（euro）符号和其他特殊字符替换了若干不普遍的符号。
- **UCS-2**，这是个 16-bit 定长字符集，提供 *Universal Character Set*（全球字符集）和 *Unicode*（统一码）中最重要的 65 536 个字符。
- **UTF-8**（见 [*UTF8*]），这是个 multibyte 字符集，使用 1~4 个 8 bit 值，用来表现 *Universal Character Set*（全球字符集）和 *Unicode*（统一码）的所有字符。它被广泛使用于万维网（World Wide Web）。
- **UTF-16**，这是个 multibyte 字符集，使用 1~2 个 *code unit*（每个 16 bit），用来表现 *Universal Character Set*（全球字符集）和 *Unicode*（统一码）之所有字符。
- **UCS-4** 或 **UTF-32**，这是个 32-bit 定长字符集，提供 *Universal Character Set*（全球字符集）和 *Unicode*（统一码）之所有标准化字符。

注意，UTF-16 和 UTF-32 可能会在其完整字符序列一开始放个 *byte order mark*（*BOM*），用以标示它所使用的是 *big-endian*（此为默认）或 *little-endian*，这两者代表某种 byte 排列次序。另外你也可以明确指出欲使用 UTF-16BE、UTF-16LE、UTF-32BE 或 UTF-32LE。

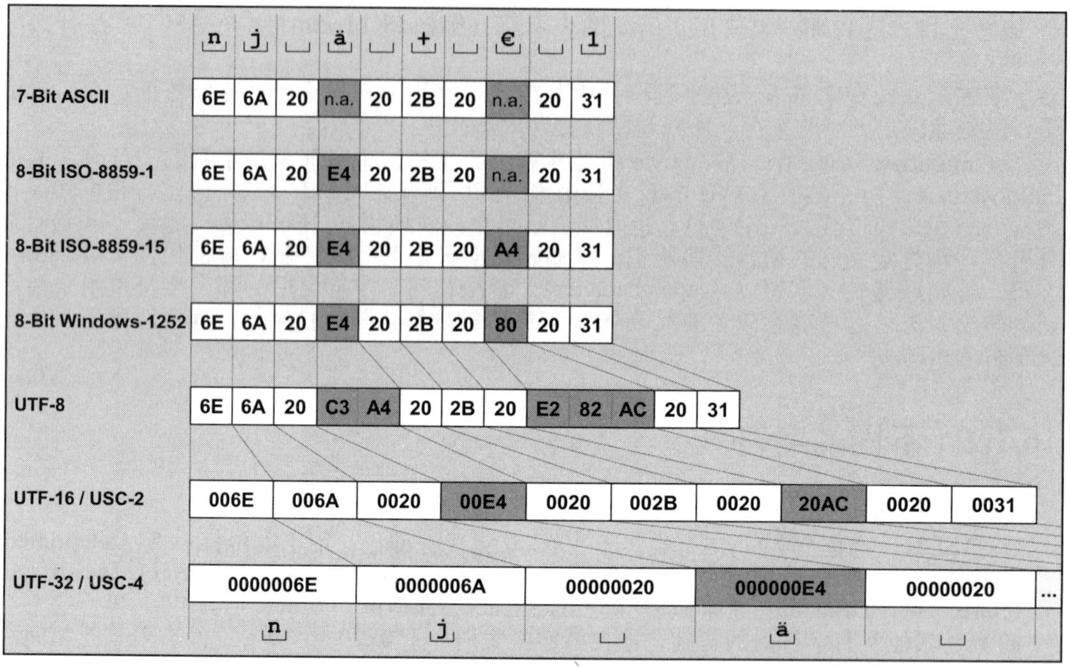

图 16.1 不同字符集中的十六进制字符编码（Hexadecimal Character Code）

图16.1显示了以某个一连串字符为例的各种十六进制编码（hexadecimal encoding），此图给出了寻常的 ASCII 字符、德文中的元音变化 ä、欧元符号 €。此处的 UTF-16 和 UTF-32 并未使用 byte order mark——那样的 mark 应该会有数值 `0xFEFF`。

注意，UTF-16 和 UCS-2 在 `0xFFFF` 之前几乎完全相同。只有面对若干不存在于 UCS-2 的罕见字符时，UTF-16 使用两个 16 bit code unit，但必须在 UCS-2 是 multibyte 字符集的前提下。

16.1.3 在 C++ 中处理字符集

C++ 提供不同的字符类型用以应付前述字符集：

- **`char`** 可被用于所有 8 bit 以下的字符集，例如 US-ASCII、ISO-Latin-1 和 ISO-Latin-9。此外它可被用于 UTF-8 的 8 bit 值。
- **`char16_t`**（始自 C++11）可被用于 UCS-2，也可用于 UTF-16 的 code unit。
- **`char32_t`**（始自 C++11）可被用于 UCS-4/UTF-32。
- **`wchar_t`** 是所有被支持之 locale 中的最大扩充字符集内的类型。它通常等价于 `char16_t` 或 `char32_t`。

所有这些类型都是语言关键字，你可以根据这些类型对任何函数进行重载（overload）。然而请注意，对 `char16_t` 和 `char32_t` 的支持是有限度的。虽然 character trait 提供了处理 Unicode string 的能力，但目前的 I/O 并不存在针对那些类型的重载版本。

注意，自 C++11 起，你可以在指明 string literal（字符串字面常量）时使用不同的字符编码（详见 3.1.6 节第 24 页）。

为了支持字符和编码的转换，C++ 标准库提供了以下性质：

- 欲将 `string` 转换为 `wstring`，或反向转换，可使用 `ctype<>` facet 的成员函数 `widen()` 和 `narrow()`（见 16.4.4 节第 891 页）。它们也能够被用来转换固有（native）字符集中的字符成为某地域（locale）字符集中的字符，只要两者都使用字符类型 `char`。
- 欲将一连串 multibyte 转换为 `wstring`，或反向转换，可使用 class template `wstring_convert<>` 以及相应的 `codecvt<>` facet（见 16.4.4 节第 901 页）。
- Class `codecvt<>`（见 16.4.4 节第 897 页）可被 class `basic_filebuf<>`（见 15.9.1 节第 791 页）用来在内部和外部表述之间进行转换——当读文件或写文件时。
- 欲读或写一连串 multibyte 字符，可使用 class `wbuffer_convert<>` 以及相应的 `codecvt<>` facet（见 16.4.4 节第 903 页）。

16.1.4 Character Trait

不同的字符集，不同的表述（representation），这给 string 和 I/O 的处理带来变数。例如，对于不同表述，end-of-file 值或字符的比较细节，都可能不同。

String 和 stream class 可针对内建类型而实例化（instantiated），特别是针对 `char` 和 `wchar_t`，自 C++11 起还加上 `char16_t` 和 `char32_t`。但内建类型的接口不可改变，因而才会引进一个独立的 class，并将“如何处理和表述相关各方面（aspect）”之细节统统放入该 class 中，这就是大名鼎鼎的 *trait class*（特征类）。String 和 stream class 都将 trait class 当作 template 实参：此实参的默认值是 `char_traits` 并以 string 或 stream 获得的 template 实参（用来定义字符类型）为参数：

```
namespace std {
    template <typename charT,
              typename traits = char_traits<charT>,
              typename Allocator = allocator<charT>>
             class basic_string;
}

namespace std {
    template <typename charT,
              typename traits = char_traits<charT>>
             class basic_istream;
    template <typename charT,
              typename traits = char_traits<charT>>
             class basic_ostream;
    ...
}
```

Character trait 的类型为 char_traits<>。这个类型定义于 <string>，以字符类型（character type）为参数：

```
namespace std {
    template <typename charT>
    struct char_traits {
        ...
    };
}
```

Trait class 定义了字符类型的所有基本属性（fundamental property），并以静态组件形式定义出实现 string 和 stream 时不可或缺的相关操作。表16.1列出了 char_traits 的所有成员。

表达式	意义
char_type	字符类型（即 char_traits 的 template 实参）
int_type	此类型足以表现“附加之 end-of-file 数值”
pos_type	此类型足以表现“stream 内的某位置”
off_type	此类型足以表现“stream 内两个位置的间距”
state_type	此类型足以表现“multibyte stream 中的当前状态”
assign(*c1*,*c2*)	将字符 *c2* 赋值给 *c1*
eq(*c1*,*c2*)	判断字符 *c1* 和 *c2* 是否相等
lt(*c1*,*c2*)	判断字符 *c1* 是否小于字符 *c2*
length(*s*)	返回 string *s* 的长度
compare(*s1*,*s2*,*n*)	比较 string *s1* 和 *s2* 的前 *n* 个字符
copy(*s1*,*s2*,*n*)	将 string *s2* 的前 *n* 个字符复制到 *s1*
move(*s1*,*s2*,*n*)	将 string *s2* 的前 *n* 个字符复制到 *s1*，*s1* 和 *s2* 可重叠
assign(*s*,*n*,*c*)	将字符 *c* 赋值给 string *s* 的前 *n* 个字符
find(*s*,*n*,*c*)	在 string *s* 中查找第一个“与 *c* 相等”的字符，返回一个 pointer 指向它。如果没能在 *s* 的前 *n* 个字符中找到，就返回 0
eof()	返回 end-of-file 值
to_int_type(*c*)	将字符 *c* 转换成“类型为 int_type”的相应值
to_char_type(*i*)	将类型为 int_type 的 *i* 转换为字符（如果转为 EOF，会导致不明确的行为）
not_eof(*i*)	如果 *i* 不是 EOF，返回 *i*；如果 *i* 是 EOF，返回一个由实现决定的、不同于 EOF 的值
eq_int_type(*i1*,*i2*)	检查字符 *i1* 和 *i2* 的 int_type 对应值是否相等（字符可以是 EOF）

表 16.1　Character Trait 的成员

用于“处理 string 或一连串字符”的处理函数，其存在价值完全是为了优化。它们其实完全可以借用“只处理单字符”的函数实现出来。例如 copy() 可借用 assign()实现，然而在处理 string 时 copy() 有可能采取更高效的实现技法。

注意，函数中使用的计数值（count）是精确计数值，不是最大计数值。也就是说序列的终止字符（termination character）会被忽略。

最后一组函数专门对 end-of-file（EOF）字符进行特殊处理。这个字符借由一个人为字符扩充了字符集，用以指示某种特殊处理。对某些表述来说，字符类型不足以容纳这个特殊字符，因为 EOF 字符必须使用字符集中一般字符以外的值。C 建立了一种转换模式：令字符读取函数返回一个 int，而不是一个 char。这一技巧被 C++ 发扬光大。字符的 trait class 定义了 char_type 类型，代表所有字符类型，定义了 int_type，代表“所有字符再加上 EOF”。函数 to_char_type()、to_int_type()、not_eof() 和 eq_int_type() 定义了相应的转换及比较操作。当然，对某些 character trait 而言 char_type 和 int_type 可能相同。举个例子，如果 char_type 中并非所有的值都必须拿来表示字符，那么便一定会有多余的值可拿来代表 EOF。

pos_type 和 off_type 用来定义文件位置和偏移距离（详见 15.9.4 节第 799 页）。

C++ 标准库将 char_traits<> 针对 char 和 wchar_t（以及始于 C++11 的 char16_t 和 char32_t）进行了特化设计：

```
namespace std {
  template<> struct char_traits<char>;
  template<> struct char_traits<wchar_t>;
  template<> struct char_traits<char16_t>;
  template<> struct char_traits<char32>;
}
```

针对 char 而设计的特化版本，通常在实现时会运用定义于 <cstring> 或 <string.h> 内的 C 全局函数。下面是个可行例子：

```
namespace std {
  template<> struct char_traits<char> {
    // type definitions:
    typedef char      char_type;
    typedef int       int_type;
    typedef streampos pos_type;
    typedef streamoff off_type;
    typedef mbstate_t state_type;

    // functions:
    static void assign(char& c1, const char& c2) {
        c1 = c2;
    }
```

```
    static bool eq(const char& c1, const char& c2) {
        return c1 == c2;
    }
    static bool lt(const char& c1, const char& c2) {
        return c1 < c2;
    }
    static size_t length(const char* s) {
        return strlen(s);
    }
    static int compare(const char* s1, const char* s2, size_t n) {
        return memcmp(s1,s2,n);
    }
    static char* copy(char* s1, const char* s2, size_t n) {
        return (char*)memcpy(s1,s2,n);
    }
    static char* move(char* s1, const char* s2, size_t n) {
        return (char*)memmove(s1,s2,n);
    }
    static char* assign(char* s, size_t n, char c) {
        return (char*)memset(s,c,n);
    }
    static const char* find(const char* s, size_t n,
                            const char& c) {
        return (const char*)memchr(s,c,n);
    }
    static int eof() {
        return EOF;
    }
    static int to_int_type(const char& c) {
        return (int)(unsigned char)c;
    }
    static char to_char_type(const int& i) {
        return (char)i;
    }
    static int not_eof(const int& i) {
        return i!=EOF ? i : !EOF;
    }
    static bool eq_int_type(const int& i1, const int& i2) {
        return i1 == i2;
    }
  };
}
```

至于如何让 string 表现出“大小写无关”的行为，参见 13.2.15 节第 689 页展示的一个用户自定义的 trait class。

16.1.5 特殊字符的国际化

还有一个问题没解决：如何处理特殊字符——例如换行符（newline）或 string 终止字符——的国际化？Class `basic_ios<>` 的成员函数 `widen()` 和 `narrow()` 可用来对付这个问题。例如对于 stream `strm`，可以将换行符这么写：

```
strm.widen('\n')      // internationalized newline character
```

同样地，可以将 string 终止字符这么写：

```
strm.widen('\0')      // internationalized string-termination character
```

15.6.2 节第 777 页的 `endl` 操控器（manipulator）实现中有相关的例子。

函数 `widen()` 和 `narrow()` 内部使用一个 locale 对象，更确切地说是使用该对象的 `ctype<>` facet。这个 facet 用来对所有字符“在 `char` 和其他表现形式之间”进行转换，具体描述于 16.4.4 节第 891 页。例如下列表达式使用 locale 对象 `loc` 将一个 `char` 类型的字符 `c` 转为一个 `charType` 对象：

```
std::use_facet<std::ctype<charType>>(loc).widen(c)
```

Locale 及其 facet 的使用细节随后便会提到。

16.2 Locale（地域）概念

解决国际化问题，通常是通过所谓的 *locale*（地域），它被用来封装国家（或地域）以及文化之间的转换行为。C 社区正是采用了这种做法。在国际化情境中，*locale* 就是一个“参数和函数的集合”，用以进行国家和文化间的转换。根据 X/Open 规约，[3] 环境变量 `LANG` 用来确定当前使用的 locale。根据这个 locale 于是定出不同的浮点数、日期、货币格式。

欲定义一个 locale，需要采用以下 string 形式：

language[_*area*[.*code*]][@*modifier*]

其中：

- *language* 表示语言，例如英语或德语。它通常是“包含两个小写字符如 `en` 或 `de`”的 string。
- *area* 表示使用该语言的地域、国家或文化；它通常是“包含两个大写字符如 `US` 或 `DE`”的 string。

[3] POSIX 和 X/Open 都是操作系统接口标准。

- *code* 代表字符编码方案，其重要性在亚洲特别明显，因为在这里相同的字符集常常有不同的字符编码方案，如 `utf8`、`ISO-8859-1`、`eucJP`。
- *modifier* 允许某些平台指出额外修饰，例如 `@euro` 用于欧元符号，`@phone` 用于对电话号码排序。

表16.2摘选了若干典型的语言名称，特别是在 POSIX 系统上。请注意它们不可移植，事实上这涉及多个标准，用的是专属值。例如为了使用 German locale 搭配 ISO-Latin1-like 字符集且涵盖欧元符号，你或许必须指定 `de_DE.ISO-8859-15` 或 `de_DE@euro` 或 `deu_deu.1252` 或 `deu_germany` 或 `german`。（注意，欧元符号也许会因为你使用不同的字符集而有不同的整数值。）下面的参考数据或许有帮助：

- 关于语言，ISO639（见 [*ISO639:LangCodes*]）定义出了“双字母字首连缀字”（two-letter acronym）如 `en` 或 `de`，它们通常被 POSIX 环境使用，而“三字母字首连缀字”（three-letter acronym）如 `eng` 和 `deu` 通常由 Windows 平台使用。
- 关于地域，ISO3166（见 [*ISO3166:CodeTab*]）定义出了“双字母字首连缀字”（two-letter acronym）如 `US` 或 `DE`，通常由 POSIX 环境使用。注意，Windows 使用不同的代码。
- Windows 平台上的语言、地域和代码见 [*VisualC++Locales*]，使用的字符集略有不同。

对程序而言，这些名称是否标准化其实无关紧要，因为 locale 的信息是由用户以某种形式提供的。普遍的一种做法是，程序只需读取环境变量或与之类似的数据库，判断可用的 locale，然后便可把“选择正确 locale 名称”的任务交给用户。只有那些永远只使用某个特定 locale 的程序，才需要把其名称编死在程序中——这种情况下通常 C locale 已足够，而且保证获得所有冠以 `C` 名号的编译器的支持。

下一节将展示 C++ 程序如何使用不同的 locale。更具体地说，下一节将介绍 locale *facet*，它是用来“对付特殊格式化细节”的机制。

C 同时也提供一种方案用来解决字符数多过 256 的大字符集问题。该方案使用一个字符类型 `wchar_t`，并将它定义为某种整数类型，可支持使用“宽字符常量”和“宽字符字符串字面常量（wide-character string literal）”的语言。不过除此之外 C 就只有提供宽字符和窄字符之间的转换函数了。这个方案在 C++ 中也可运作，类型 `wchar_t` 是 C++ 的正牌内建类型。C++ 提供的程序库比 C 强大得多，因为基本上任何一个对 `char` 有效的东西对 `wchar_t` 及任何其他“可作为字符类型”的类型也都有效。

16.2.1 使用 Locale

对真正的国际化而言，仅仅翻译“文字所带的信息”往往不够。各种不同的数值、货币、日期等规格也都必须遵守。

Locale	意义
C	默认；ANSI-C 规约（英文，7 bit）
de_DE	德文，德国
de_DE.ISO-8859-1	德文，德国，搭配 ISO-Latin-1 编码
de_DE.utf8	德文，德国，搭配 UTF-8 编码
de_AT	德文，奥地利
de_CH	德文，瑞士
en_US	英文，美国
en_GB	英文，大不列颠
en_AU	英文，澳大利亚
en_CA	英文，加拿大
fr_FR	法文，法国
fr_CH	法文，瑞士
fr_CA	法文，加拿大
ja_JP.jis	日文，日本，搭配 JIS（日本工业标准）编码
ja_JP.sjis	日文，日本，搭配 *Shift JIS* 编码
ja_JP.ujis	日文，日本，搭配 *UNIXized JIS* 编码
ja_JP.EUC	日文，日本，搭配 *Extended UNIX Code* 编码
ko_KR	韩文，韩国
zh_CN	中文，中国
zh_TW	中文，台湾
lt_LN.bit7	ISO-Latin，7 bit
lt_LN.bit8	ISO-Latin，8 bit
POSIX	POSIX 规约（英文，7 bit）

表 16.2 Locale 名称摘选

另外，用来操作字母（letter）的函数应该根据字符（character）进行编码（encoding），以确保正确处理特定语言中所有身为字母的字符。

根据 POSIX 和 X/Open 标准，C 程序可使用 setlocale() 设定一个 locale。改变 locale 会对 isupper() 和 toupper() 之类的“字符分类/操作”函数及 printf() 之类的 I/O 函数产生影响。

然而 C 解法毕竟有诸多限制。由于 locale 是全局属性，所以同时使用一个以上的 locale（例如按英文规则读取浮点数，按德文规则写出），虽非不可能，也得费九牛二虎之力才能达成。此外 C locale 无法扩展，只能提供“由实现选取”的设施；如果某个必须遵守的国家协定未被 C locale 支持，就只好改弦更张了。最后一点，为支持特殊文化而定义新的 locale 是不可能的。

C++ 标准库利用面向对象（object-oriented）做法解决了上述所有问题。首先，“与 locale 相关的细节”被封装在类型为 locale 的对象中。仅仅如此“同一时间使用多个 locale”的美梦便立刻成真。依赖于 locale 的各种操作都将用上相应的 locale 对象。例如我们可以把某个 locale 对象安装到任何 I/O stream 中，后者的各成员函数便使用该对象以迎合相应规格。请见下例：

```
// i18n/loc1.cpp

#include <iostream>
#include <locale>
#include <exception>
#include <cstdlib>
using namespace std;

int main()
{
   try {
      // use classic C locale to read data from standard input
      cin.imbue(locale::classic());

      // use a German locale to write data to standard output
      // - use different locale names for Windows and POSIX
#ifdef _MSC_VER
      cout.imbue(locale("deu_deu.1252"));
#else
      cout.imbue(locale("de_DE"));
#endif

      // read and output floating-point values in a loop
      cout << "input floating-point values (classic notation): " << endl;
      double value;
      while (cin >> value) {
          cout << value << endl;
      }
   }
   catch (const std::exception& e) {
      cerr << "Exception: " << e.what() << endl;
      return EXIT_FAILURE;
   }
}
```

其中第一个 imbue() 语句将“古典的” C locale 指派给标准输入通道：

```
cin.imbue(locale::classic());   // use classic C locale
```

所谓“古典的” C locale，其实就是采用原原本本的 C 而无任何 locale 来完成数字、日期的格式化以及字符分类等工作。以下表达式获得了“古典的 locale”的对应 locale 对象：

```
std::locale::classic()
```

以下表达式有相同效果：

```
std::locale("C")
```

这个表达式根据一个给定名称产生一个 `locale` 对象。`"C"` 是个特殊名称，事实上它是所有 C++ 实现唯一必须支持的名称。C++ standard 并未强制要求支持其他 locale，不过通常各个 C++ 实现都还会支持其他 locale。

换个方式，你可以使用 class `locale` 的 default 构造函数，它根据程序当前的 global locale（默认为古典的 C locale）初始化一个 locale：

```
cin.imbue(locale());      // use global locale (classic C locale by default)
```

或者你也可以使用一个空白 string 作为 locale 名称，意味着使用一个取决于程序环境的 native locale：

```
cin.imbue(locale(""));  // use native locale according to the environment
```

下一个 `imbue()` 语句将 German locale 赋予标准输出通道；POSIX 环境中应该使用 `de_DE`，Windows 环境中应该使用 `deu_deu.1252`：[4]

```
#ifdef _MSC_VER
    cout.imbue(locale("deu_deu.1252"));
#else
    cout.imbue(locale("de_DE"));
#endif
```

当然必须在系统支持此 locale 的前提下上述调用才会成功。如果你所写的 locale 名称无法被 C++ 实现识别，会抛出 `runtime_error` 异常，因此我们将这个调用包装在 `try-catch` 子句内。

如果一切顺利，上例输入时将依古典 C 规格，输出时将依德文规格。如此一来就可以按英文格式读取浮点数：

```
47.11
```

然后按德文规格输出：

```
47,11
```

没错，德国人确实以逗号作为“小数点”。

一般说来，除非必须按照某固定格式读/写数据，程序并不会预先定义某特殊 locale，而是会利用环境变量 `LANG` 确定相应的 locale。另一种可能是读取所要使用的 locale 的名称，例如：

```
// i18n/loc2.cpp

#include <iostream>
#include <locale>
#include <string>
```

[4] “de”和“deu”代表“Deutschland”，是德国的德文名。

```
#include <cstdlib>
#include <exception>
using namespace std;

int main()
{
    try {
        // create the default locale from the user's environment
        locale langLocale("");

        // and assign it to the standard output channel
        cout.imbue(langLocale);

        // process the name of the locale to find out whether German is used
        cout << langLocale.name() << endl;
        bool isGerman = (langLocale.name().substr(0,2) == "de" ||
                         langLocale.name().substr(0,3) == "ger" ||
                         langLocale.name().substr(0,3) == "Ger");

        // read locale for the input
        cout << (isGerman ? "Sprachumgebung fuer Eingaben: "
                          : "Locale for input: ") << endl;
        string s;
        cin >> s;
        if (!cin) {
            if (isGerman) {
                cerr << "FEHLER beim Einlesen der Sprachumgebung"
                     << endl;
            }
            else {
                cerr << "ERROR while reading the locale" << endl;
            }
            return EXIT_FAILURE;
        }
        locale cinLocale(s);   // create locale by string (since C++11)

        // and assign it to the standard input channel
        cin.imbue(cinLocale);

        // read and output floating-point values in a loop
        cout << (isGerman ? "Gleitkommawerte: "
                          : "Floating-point values: ") << endl;
        double value;
```

```
        while (cin >> value) {
            cout << value << endl;
        }
    }
    catch (const std::exception& e) {
        cerr << "Exception: " << e.what() << endl;
        return EXIT_FAILURE;
    }
}
```

本例中，下列语句产出一个 `locale` 对象：

```
locale langLocale("");
```

其中的空字符串具有特殊含义：要求采用用户环境中的 native locale（通常由环境变量 `LANG` 定义）。该 locale 被以下语句赋予标准输出通道：

```
cout.imbue(langLocale);
```

以下表达式可从 default locale 取出名称，放进一个类型为 `string`（见第 13 章）的对象返回：

```
langLocale.name()
```

下面的语句从标准输入设备读取一个名字，然后产生相应的 locale：

```
string s;
cin >> s;
...
locale cinLocale(s);   // create locale by string (since C++11)
```

这么一来，从标准输入设备读取的字词就成为 `locale` 构造函数的实参。注意，在 C++11 之前，`locale` 构造函数只接受 `const char*` 类型，所以在 C++11 之前你必须这么写：

```
locale cinLocale(s.c_str());   // create locale by string before C++11
```

如果读取失败，input stream 的 `ios_base::failbit` 会被设置。本程序对此进行以下检验和处理：

```
if (!cin) {
    if (isGerman) {
        cerr << "FEHLER beim Einlesen der Sprachumgebung"
             << endl;
    }
    else {
        cerr << "ERROR while reading the locale" << endl;
    }
    return EXIT_FAILURE;
}
```

再强调一次，如果无法运用读入的 string 产生一个 locale，就会抛出 `runtime_error` 异常。

如果想让程序遵循各地习惯，就该使用相应的 locale 对象。Class `std::locale` 的静态成员函数 `global()` 可用来安装一个 global locale 对象。对于那种"接受一个可有可无的 locale 对象为实参"的函数，这一 global locale 对象将被当作其实参默认值。如果 `global()` 函数所设定的 locale 对象是有名称的，C locale 相关函数也会做出相关回应；如果该对象没有名称，则 C 函数的执行结果由实现决定。

以下展示如何根据程序的运行环境，设定 global locale 对象：

```
// create a locale object depending on the program's environment and
// set it as the global object
std::locale::global(std::locale(""));
```

别的不说，以上对于后续被执行的 C 函数会做出相应的注册动作。也就是说，那些 C 函数所受的影响和以下调用带来的影响相同：

```
std::setlocale(LC_ALL,"")
```

不过，设定 global locale，并不能替换掉已存储于对象内的 locale。它只能改变由 default 构造函数所产生的 locale 对象。例如 stream 对象所存储的 locale 对象就不会被 `locale::global()` 替换掉。如果你希望一个既有的 stream 使用某个特定 locale，必须调用 `imbue()` 告知该 stream。

当 default 构造函数构造一个 locale 对象时，global locale 就发挥作用了。此时产生的新 locale 就是 global locale 的一份拷贝。下面三行代码为三个标准 stream 安装 default locale：

```
// register global locale object for streams
std::cin.imbue(std::locale());
std::cout.imbue(std::locale());
std::cerr.imbue(std::locale());
```

在 C++ 中使用 locale，切记 C++ locale 机制和 C locale 机制之间只有很松弛的耦合（coupled loosely）。其实只有一处相连：如果一个具名的 C++ locale 对象被设为 global locale，则 global C locale 将被改动。一般说来，你不该假设 C 和 C++ 函数操作相同的 locale。

16.2.2 Locale Facet

国家约定俗成的具体项目被划分为数个不同的方面（aspect），分别由相应的对象处理。负责处理"国际化议题中的某一特定方面"的对象，我们称之为 *facet*。Locale 对象就是扮演 facet 的容器。要访问 locale 的某个方面，可拿相应的 facet 类型作为索引。将 facet 当作 template 实参，明确传给 template 函数 `use_facet()`，便可取用特定的 facet。例如以下式子可取得 locale `loc` 辖下"类型为 `numpunct<char>`"的 facet：

```
std::use_facet<std::numpunct<char>>(loc)
```

每个 facet 类型都代表“定义出某些服务”的某个 class。例如 facet numpunct<> 提供的服务用来格式化数值（numeric）和 Boolean 值。以下表达式返回“locale loc 中用以表示 true 的字符串”：

```
std::use_facet<std::numpunct<char>>(loc).truename()
```

注意 use_facet() 返回一个 reference，其所指对象“只要 locale 对象存在”就有效。以下语句会导致不明确行为，因为在第一个表达式之后 fac 便不再有效：

```
const numpunct<char>& fac = use_facet<numpunct<char>>(locale("de"));
cout << "true in German: " << fac.truename() << endl;  // ERROR
```

表16.3大致描述了 C++ 标准库预先定义好的若干 facet。每个 facet 都隶属某个分类，这些分类在 locale 的某些构造函数中被用来组合其他 locale，建立起新的 locale。

分类	Facet 类型	用于	页码
numeric	num_get<>()	数值输入	873
	num_put<>()	数值输出	871
	numpunct<>()	数值 I/O 用到的符号	870
monetary	money_get<>()	货币输入	881
	money_put<>()	货币输出	879
	moneypunct<>()	货币 I/O 用到的符号	874
time	time_get<>()	时间和日期输入	887
	time_put<>()	时间和日期输出	884
ctype	ctype<>()	字符信息（toupper()，isupper()）	891
	codecvt<>()	在不同的字符编码（encoding）间转换	897
collate	collate<>()	String 校勘（collation）	904
messages	messages<>()	获取 message string	905

表 16.3　C++ 标准库预定义好的若干 Facet 类型

你也可以定义自己的 facet，用以建立特殊的 locale。下例采用德国人对 Boolean 值的表示法，定义出一个 facet：

```
class germanBoolNames : public std::numpunct_byname<char> {
  public:
    germanBoolNames (const std::string& name)
      : std::numpunct_byname<char>(name) {
    }
  protected:
    virtual std::string do_truename () const {
        return "wahr";
    }
```

```
        virtual std::string do_falsename () const {
            return "falsch";
        }
    };
```

注意，在 C++11 之前，构造函数接受的名称必须以 `const char*` 表现。

Class `germanBoolNames` 系继承自 class `numpunct_byname<>`，后者由 C++ 标准库提供，用来定义“数值格式化”所采用的 locale 的标点属性。从 `numpunct_byname<>` 而不是 `numpunct<>` 继承下来，才使我们得以定制那些未被明确覆盖（overridden explicitly）的成员。这些成员的返回值仍取决于“被作为构造函数实参”的名称。如果改继承自 `numpunct<>`，那些函数的行为便都是固定的。不过 class `germanBoolNames` 仍必须覆盖两个函数，用以决定 `true` 和 `false` 的文本表现形式。

想要在某个 locale 中使用上述 facet，你需要以 class `std::locale` 的一个特殊构造函数建立起新的 locale。该构造函数的第一实参是个 locale 对象，第二实参是个 pointer，指向 facet 对象。产生出来的新 locale 和第一实参所给的旧 locale 基本相同，唯一差异在于新 locale 采用第二实参所指的那个 facet。第一实参被复制后，第二实参所指的那个 facet 会被安装到新建立的 locale 对象中：

```
std::locale loc (std::locale(""), new germanBoolNames(""));
```

其中 `new` 建立一个 facet，然后被安装到新 locale 内。也就是说此处的 `loc` 是 `locale("")` 的一个变体。由于 locale 是不可变的（immutable），所以如果想为 locale 安装一个新 facet，你必须首先产生一个新 locale，然后就可以像使用其他 locale 对象一样地使用它。例如：

```
std::cout.imbue(loc);
std::cout << std::boolalpha << true << std::endl;
```

输出如下（完整例子在 *i18n/germanbool.cpp*）：

```
wahr
```

你也可以建立一个全新的 facet，并以 `has_facet()` 检查它是否已被注册于某个 locale 对象中。

16.3 细究 Locale

C++ locale 是一个不可变的（immutable）“facet 容器”。定义于 `<locale>` 头文件内。

关于 locale 有一桩怪事，就是容器内的对象的访问方式。Locale 内含的 facet，是以 facet 类型为索引来访问。由于每个 facet 都有不同的接口，用于不同的目的，所以我们期望 locale 的访问函数（access function）返回的是索引对应的类型。以 facet 类型作为索引还有一个额外好处，就是得以拥有一个类型安全（type-safe）的接口。

Locale 是不可变的（immutable）。也就是说，存储于 locale 内的 facet 不可被改变（除非 locale 被赋值）。既有的 locale 和 facet 组合起来可建立新的 locale 变体。表16.4列出了 locale 的所有构造函数。

表达式	效果
`locale()`	为当前的 global locale 建立一份拷贝（copy）
`locale("")`	根据环境的记载，建立一个固有（native）locale
locale(*name*)	根据 string *name* 建立一个 locale
locale(*loc*)	为 locale *loc* 建立一个拷贝
locale(*loc1,loc2,cat*)	为 locale *loc1* 建立一个拷贝，其中 *cat* 分类所辖的全部 facet 将被 locale *loc2* 的 facet 替换掉
locale(*loc,name,cat*)	等同于 locale(*loc*,locale(*name*),*cat*)
locale(*loc,fp*)	为 locale *loc* 建立一个拷贝，并为它安装 *fp* 所指的 facet
loc1.combine<*F*>(*loc2*)	为 locale *loc1* 建立一个拷贝，并将 *loc2* 中类型为 *F* 的 facet 装入该拷贝内
loc1 = *loc2*	将 *loc2* 赋值给 *loc1*

表 16.4 Locale 的构造和赋值（Constructing and Assigning）

几乎所有构造函数都用来建立某个 locale 拷贝。复制对 locale 而言是廉价操作，基本上只是设定一个 pointer 并将引用计数（reference count）累加 1 而已。建立一个有所改变的 locale 成本就比较高，必须调整 locale 内每个 facet 的引用计数值。虽然 C++ standard 并未保证提供这一高效行为，但所有实现大抵都会优先照顾 locale 的复制效率。

表16.4有两个构造函数需要 locale 名称。除了名称 `C`（见 16.2 节第 857 页），其他名称都不存在标准规范。在 C++11 之前，名称必须是个 C-string。

这里还需要对成员函数 `combine()` 多做一些解释，因为它运用了一个很少使用的特性：它是个“带有明白指定之 template 实参”的 member function template。这意味着该 template 实参并非由某个实参隐式推导而来，因为根本就没有实参可用于推导。于是该 template 实参就被直白地指出了（也就是这里的类型 *F*）。

两个用来“处理 locale 对象内的 facet”的函数（见表16.5）也采用相同技术。不同之处在于，这两个函数都是 global function template。

表达式	效果
has_facet<*F*>(*loc*)	如果 locale *loc* 中有一个类型为 *F* 的 facet 就返回 `true`
use_facet<*F*>(*loc*)	返回一个 reference 指向 locale *loc* 中“类型为 *F* 的facet”

表 16.5 处理 Facet

函数 `use_facet()` 会返回一个 reference（指向 facet），该 reference 的类型是“被明确当作 template 实参”的那个类型。如果传入的 locale 并不包含相应的 facet，此函数会抛出 `bad_cast` 异常。函数 `has_facet()` 用来检查某个 locale 中是否包含某个特定 facet。

Locale 的其他操作列于表16.6。

表达式	效果
loc.name()	返回 locale *loc* 的名称（一个 string）
loc1 == *loc2*	如果 *loc1* 和 *loc2* 相同，返回 true
loc1 != *loc2*	如果 *loc1* 和 *loc2* 不同，返回 true
loc(*str1*,*str2*)	返回一个 Boolean，表示 string *str1* 和 *str2* 的比较结果（*str1* 是否小于 *str2*）
locale::classic()	返回 locale("C")
locale::global(*loc*)	将 *loc* 安装为 global locale，并返回原先的 global locale

表 16.6 Locale 的操作函数

如果 locale 是从某个名称或若干具名的 locale 构造而来，其命名将被保管起来。如果 locale 未曾被命名，name() 返回的是 string "*"。如果两个以上的 locale 参与构造，C++ standard 并未对构造出来的名称给予任何保证。如果其中某个 locale 是另一个 locale 的拷贝，或两个 locale 名称相同，则它们被视为相同。前一种情况很好理解，但为什么（后一种情况）名称相同就代表实例相同呢？因为 locale 的名称反映出被用来构造 facet 的名称。例如 locale 名称可能就是由各个 facet 名称以某种特定顺序连接而成，其间以分隔字符隔开。运用这种体制，两个 locale 如果由相同名称的 facet 参与构造，产出的新名称也会相同。换言之，由于 C++ standard 本质上要求“由相同名称之 facet 组合而成”的 locale 都相同，所以才有可能以“精巧打造的名称”支持上述这种“相等性”思维。

操作符 () 使我们得以运用 locale 对象作为一个 string 比较器。此操作符使用 collate<> facet（见 16.4.5 节第 904 页）提供的方法，比较实参所传递的 string。它判断“在此 locale 对象规则的掌控下”第一 string 是否小于第二 string（若是就返回 true）。这正是 STL function object（见 10.1 节第 475 页）的作为，所以你可以采用 locale 对象作为 STL 算法所需的 string 排序准则。例如你可以运用 German locale 所定义的“string 校勘规则”对一个 vector of strings 排序：

```
std::vector<std::string> v;
...
// sort strings according to the German locale
std::sort (v.begin(),v.end(),       // range
           locale("de_DE"));        // sorting criterion
```

16.4 细究 Facet

Locale 的重要方面就是它所包容的那些 facet。所有 locale 都必须包容某些标准 facet。下面数节我将讨论数种 facet，分别对应于 C++ standard 要求必须被实例化（instantiated）的各个 facet。除了它们，任何 C++ 标准库实现也都可以在 locale 内附加其他 facet。最重要的是，用户也可以安装专属的 facet，或换掉标准 facet。

16.2.2 节第 864 页曾讨论过如何为 locale 安装一个 facet。举个例子，class germanBoolNames 继承自 numpunct_byname<char>（这是个标准 facet），我们使用“接受 locale 和 facet 为实参”的 locale 构造函数，将 facet 安装到 locale 中。但我们该如何建立自己的 facet 呢？任何一个 class F 只要符合以下两个条件，就可以成为 facet：

1. F 以 public 形式继承 std::locale::facet class。后者主要定义了一些机制供 locale 对象内部的引用计数器使用，此外还去除了 copy 构造函数和 assignment 操作符，禁止外界复制 facet 或对 facet 赋值。
2. F 必须拥有一个名为 id 的 public static 成员，其类型为 locale::id。此成员用来“以某个 facet 类型为索引”查找 locale 内的 facet。以类型为索引，全是为了保证拥有类型安全（type-safe）接口的缘故，其实内部仍只是个普通容器，以整数为索引来管理 facet。

标准 facet 不仅遵循上述要求，还遵循若干特殊实现方针。尽管并未强制要求必须遵循这些方针，但如果能够做到，还是好处多多。这些原则包括：

1. 所有成员函数均声明为 const。这一点很有必要，因为 use_facet() 会返回一个 reference 指向 const facet。如果某个成员函数未被声明为 const，就不能够被调用。
2. 所有 public 函数都不是 virtual 函数，而是将任务委托给某个 protected virtual 函数执行，后者的名称类似对应之 public 函数，但前面加了 do_。例如 numpunct::truename() 会调用 numpunct::do_truename()。此种风格用以在试图覆盖（overriding）某个 virtual 函数时避免遮掩（hiding）了同名成员函数（例如 class num_put 就有好几个成员函数都叫作 put()）。这种做法也使得 base class 设计者有机会在 non-virtual 函数中撰写一些“即使对应之 virtual 函数被覆盖，也一定可以被执行到”的代码。

下面对于标准 facet 的描述仅限于 public 函数。如欲改变 facet，你应该覆盖其对应之 protected 函数。如果你定义出“与 public facet 函数接口相同”的函数，它们就只是完成了重载（overloaded），毕竟这些函数不是 virtual 函数。

大部分标准 facet 都定义有一个 _byname 版本。此版本派生自标准 facet，被用来“根据相应之 locale 名称”建立一个 facet 实例化实现（instantiation）。例如 class numpunct_byname 被用来针对一个具名的 locale 建立起一个 numpunct facet。因此 German numpunct facet 可以如下产生：

```
std::numpunct_byname("de_DE")
```

这些 _byname class 在 locale “以名称为实参”的构造函数中被使用。每个标准 facet 都有一个对应名称，而其相应的 _byname class 可用来构造该 facet 的一个实例。

16.4.1 数值格式化（Numeric Formatting）

“数值格式化”用来在“数值之内部表述”和“相应之文本表述”之间进行转化。IOStream 操作符将实际转换工作委托给 locale::numeric 分类（category）中的 facet 完成。这一分类由三个 facet 组成：

1. numpunct，处理“与数值格式化及数值解析有关”的标点符号。
2. num_put，处理数值格式化（numeric formatting）。
3. num_get，处理数值解析（numeric parsing）。

15.7 节第 779 页已简短介绍过“以 num_put 进行数值格式化”和“以 num_get 进行相应 string 之解析”的相关知识。numpunct facet 提供的是 stream 接口未能直接支持的一些额外弹性。

数值的标点符号（Numeric Punctuation）

numpunct<> facet 用来控制小数点、可有可无的千位分隔符、Boolean 值的文本表示。表16.7列出了 numpunct<> 的成员。

表达式	意义
np.decimal_point()	返回一个字符，用以表示小数点
np.thousands_sep()	返回一个字符，用以表示千位分隔符
np.grouping()	返回一个 string，描述千位分隔符的设置位置
np.truename()	返回 true 的文本（textual）表示
np.falsename()	返回 false 的文本（textual）表示

表 16.7 numpunct<> Facet 的成员

numpunct<> facet 以字符类型 charT 作为 template 实参。decimal_point() 和 thousand _sep() 返回的就是 charT。truename() 和 falsename() 返回的是个 basic_string<charT>。C++ standard 要求实现中必须存在 numpunct<char> 和 numpunct<wchar_t> 的实例化实现（instantiation）。

如果没有间隔符，冗长的数字很难阅读。用于数值格式化和数值解析的那个标准 facet 也支持千位分隔符。通常整数的阿拉伯数字每三个为一组，例如一百万应该这么表示：

```
1,000,000
```

不幸的是并非所有地区都这么写。例如德国就不使用逗号，而是使用点号。德国人的一百万是这么表示的：

```
1.000.000
```

这个差异可由 thousands_sep() 应付。但这还不够，因为在某些国家，数字并非三三分组。尼泊尔人会这么写：

```
10.00.000
```

其中每一组阿拉伯数字的个数甚至都不尽相同，这就是函数 grouping() 返回的 string 发挥效力的地方了。索引 *i*（从 0 起算）处的数值代表第 *i* 组的数字个数；从最右边数起。如果 string 的字符数少于数字的组数，最后确定之数字组的数字个数会被反复使用。若要表示组数不限，可以使用 numeric_limits<char>::max()。如果根本就不分组，就给个空白 string。表16.8列出了一百万的几种格式。注意，string 被解译为一连串整数，因此正常数字是不能拿来用的，例如 string "2" 表示“50 个阿拉伯数字形成的一组”，因为在 ASCII 编码中字符 '2' 就是整数 50。

数值	**String 形式**	**结果**
{ 0 }	""	1000000（默认）
{ 3, 0 }	"\3"	1,000,000
{ 3, 2, 3, 0 }	"\3\2\3"	10,00,000
{ 2, CHAR_MAX, 0 }	n.a.	10000,00

表 16.8　一百万之各种表示法

注意，decimal_point() 和 thousands_sep() 有可能返回 '0'，表示并没有为“小数点”和“千位分隔符”定义特殊的字符。

数值之格式化（Numeric Formatting）

num_put<> facet 用来对数值的“表述文本”进行格式化。这是个 template class，有两个 template 实参：“字符类型” charT 和“output 迭代器类型” OutIt。产出的字符将被写至迭代器所指位置。Output 迭代器的默认类型是 ostreambuf_iterator<charT>。num_put facet 提供一系列 put() 重载函数，其间的唯一不同在于最后一个实参，指出将被格式化的值（the value to format）（见表16.9）。

表达式	**意义**
np.put(*to*,*fs*,*fill*,*val*)	将 *val* 写至 *to*，使用 *fs* 指定的格式，以及 *fill* 所示填充字符

表 16.9　num_put<> Facet 的成员

put() 的实参有四个：

- *to* 是写入时的 output 迭代器。put() 返回此迭代器的一个拷贝，所指位置紧接在最后一个被写字符之后。你也可以传入一个 stream，它会被转换为一个 stream 迭代器。
- *fs* 是个 stream 对象，类型为 std::ios_base，用来定义如何格式化（formatting）。它通常是个 stream 并被灌输（imbued）以必要的 locale 和 facet。

- *fill* 是个字符，被当作填充字符（filling character）——如果有必要的话。
- *val* 是将被格式化的值，它针对类型 `bool`、`long`、`long long`、`unsigned long`、`unsigned long long`、`double`、`long double` 和 `const void*` 完成了重载。

以下程序示范了如何使用这个 facet：

```
// i18n/numput.cpp

#include <locale>
#include <chrono>
#include <ctime>
#include <iostream>
#include <exception>
#include <cstdlib>
using namespace std;

int main ()
{
    try {
        // print floating-point value with the global classic locale:
        locale locC;
        cout.imbue(locC);
        use_facet<num_put<char>>(locC).put (cout, cout, ' ',
                                            1234.5678);
        cout << endl;

        // print floating-point value with German locale:
#ifdef _MSC_VER
        locale locG("deu_deu.1252");
#else
        locale locG("de_DE");
#endif
        cout.imbue(locG);
        use_facet<num_put<char>>(locG).put (cout, cout, ' ',
                                            1234.5678);
        cout << endl;
    }
    catch (const std::exception& e) {
        cerr << "Exception: " << e.what() << endl;
        return EXIT_FAILURE;
    }
}
```

如你所见，只需将 output stream（其所带之 locale 和 facet 相应于你所期望的格式）传入作为前两个实参：

```
locale locC;
cout.imbue(locC);
use_facet<num_put<char>>(locC).put (cout, cout, ' ',
                                    1234.5678);
```

在笔者的机器上，这个程序输出如下：

```
1234.57
1.234,57
```

如你所见，put() 语句为它所收到的数值产出不一样的文本表述（textual representation）。事实上，如果采用 German locale，小数点变成了 ','，而每三个数一组的千位分隔符将变成 '.'。

C++ standard 要求，每个 locale 内都必须有 num_put<char> 和 num_put<wchar_t> 的实例化实现。此外，C++ 标准库支持具备如下性质之所有实例化实现：以字符类型作为第一 template 实参，以 output 迭代器类型作为第二 template 实参。

数值解析（Numeric Parsing）

num_get<> facet 用来解析数值的文本表述（textual representation）。和 facet num_put 相比较，它的两个 template 实参分别是“字符类型” charT 和“input 迭代器类型” InIt（默认值为 istreambuf_iterator<charT>）。它提供一系列 get() 重载函数，其间的唯一不同在于最后一个实参，指出“被解析数值”的类型（详见表16.10）。

表达式	意义
ng.get(*beg*,*end*,*fs*,*err*,*valRet*)	根据 *fs* 指定的格式和 *valRet* 类型，解析 [*beg*,*end*) 内的一连串字符

表 16.10　num_get<> Facet 的成员

这个 facet 的用法如下（完整例子参见 *i18n/numget.cpp*）：

```
std::locale     loc;              // locale
InIt            beg = ...;        // beginning of input sequence
InIt            end = ...;        // end of input sequence
std::ios_base& fs  = ...;         // stream that defines input format
std::ios_base::iostate err;       // state after call
T               val;              // value after successful call

// get numeric input facet of the loc locale
const std::num_get<charT>& ng
      = std::use_facet<std::num_get<charT,InIt>>(loc);

// read value with numeric input facet
ng.get (beg, end, fs, err, val);
```

这些语句的目的是解析 beg 和 end 之间的字符序列，得出对应于类型 T 的一个数值。数值格式由实参 fs 决定。如果解析失败，就将 err 设为 ios_base::failbit，反之则将 err 设为 ios_base::goodbit，并将所生数值放入 val 中。val 只在解析成功后才被修改。如果全部字符都被解析完毕，get() 返回第二实参（end），否则返回一个迭代器指向“无法被解析为数值”的第一个字符处。

Facet num_get<> 提供的函数可读取类型为 bool、long、unsigned short、unsigned int、unsigned long、float、double、long double 和 void* 的对象。某些类型在 num_put facet 中并无对应函数，例如 unsigned short，这是因为“写一个 unsigned short”和“写一个 unsigned short 再提升为 unsigned long”是一样的。然而“读取一个 unsigned long 再转为 unsigned short”和“直接读取一个 unsigned short”结果可能不同。

C++ standard 要求每一个 locale 都必须持有 num_get<char> 和 num_get<wchar_t> 两个实例化实现（instantiation）。此外，C++ 标准库还要求实现必须支持以下实例化实现：以“字符类型”作为第一 template 实参并且“以 input 迭代器类型”作为第二 template 实参。

16.4.2 货币符号格式化（Monetary Formatting）

monetary 分类管辖三个 facet：moneypunct、money_get 和 money_put。其中 moneypunct<> facet 用来定义货币格式，另两个 facet 使用该格式来解析货币值。

货币之标示符号（Monetary Punctuation）

货币该如何标示，取决于它的使用场合。不同的文化社区所习惯的格式有很大差异。例如货币符号（如果有的话）的出现位置、负值或正值的记法、国家或国际货币符号的使用、千位分隔符等。为了提供必要弹性，格式细节被放在 facet moneypunct 之中。

Facet moneypunct<> 是个 template，接受一个字符类型 charT 和一个默认值为 false 的 Boolean 值为实参。该 Boolean 值表示将采用地域（false）或国际（true）货币符号。表16.11列出了 moneypunct<> facet 的成员。

以下程序示范数值如何因各式各样的 locale 而有不同呈现：

```
// i18n/moneypunct.cpp

#include <string>
#include <iostream>
#include <locale>
#include <exception>
#include <cstdlib>
```

表达式	意义
mp.decimal_point()	返回一个字符用以表示小数点
mp.thousands_sep()	返回一个字符用以表示千位分隔符
mp.grouping()	返回一个 string 用以指出千位分隔符的放置方式
mp.curr_symbol()	返回一个 string 用以表示货币符号
mp.positive_sign()	返回一个 string 用以表示正号
mp.negative_sign()	返回一个 string 用以表示负号
mp.frac_digits()	返回一个数用以表示小数位数
mp.pos_format()	返回一个格式用于非负数
mp.neg_format()	返回一个格式用于负数

表 16.11　moneypunct<> Facet 的成员

```
using namespace std;

// output operator for pos_format() and neg_format():
ostream& operator<< (ostream& strm, moneypunct<char>::pattern p)
{
    for (int i=0; i<4; ++i) {
        auto f = p.field[i];
        strm << (f==money_base::none ?   "none" :
                 f==money_base::space ?  "space" :
                 f==money_base::symbol ? "symbol" :
                 f==money_base::sign ?   "sign" :
                 f==money_base::value ?  "value" :
                 "???") << " ";
    }
    return strm;
}

template <bool intl>
void printMoneyPunct (const string& localeName)
{
    locale loc(localeName);
    const moneypunct<char,intl>& mp
          = use_facet<moneypunct<char,intl>>(loc);
    cout << "moneypunct in locale \"" << loc.name() << "\":" << endl;
    cout << " decimal_point: " << (mp.decimal_point()!='\0' ?
                                   mp.decimal_point() : ' ') << endl;
    cout << " thousands_sep: " << (mp.thousands_sep()!='\0' ?
                                   mp.thousands_sep() : ' ') << endl;
    cout << " grouping:      ";
```

```
    for (int i=0; i<mp.grouping().size(); ++i) {
        cout << static_cast<int>(mp.grouping()[i]) << ' ';
    }
    cout << endl;
    cout << " curr_symbol:   " << mp.curr_symbol() << endl;
    cout << " positive_sign: " << mp.positive_sign() << endl;
    cout << " negative_sign: " << mp.negative_sign() << endl;
    cout << " frac_digits:   " << mp.frac_digits() << endl;
    cout << " pos_format:    " << mp.pos_format() << endl;
    cout << " neg_format:    " << mp.neg_format() << endl;
}

int main ()
{
    try {
        printMoneyPunct<false>("C");
        cout << endl;
        printMoneyPunct<false>("german");
        cout << endl;
        printMoneyPunct<true>("german");
    }
    catch (const std::exception& e) {
        cerr << "Exception: " << e.what() << endl;
        return EXIT_FAILURE;
    }
}
```

在我的 Windows 平台上，程序输出如下：

```
moneypunct in locale "C":
 decimal_point:
 thousands_sep:
 grouping:
 curr_symbol:
 positive_sign:
 negative_sign: -
 frac_digits:   0
 pos_format:    symbol sign none value
 neg_format:    symbol sign none value

moneypunct in locale "German_Germany.1252":
 decimal_point: ,
 thousands_sep: .
 grouping:      3
```

```
  curr_symbol:    €
  positive_sign:
  negative_sign: -
  frac_digits:    2
  pos_format:     sign value space symbol
  neg_format:     sign value space symbol

moneypunct in locale "German_Germany.1252":
  decimal_point: ,
  thousands_sep: .
  grouping:       3
  curr_symbol:    EUR
  positive_sign:
  negative_sign: -
  frac_digits:    2
  pos_format:     symbol sign none value
  neg_format:     symbol sign none value
```

如你所见，German 格式改变了小数点和千位分隔符（后者将每三个数字分为一组），并且，根据第二个 template 参数 `intl`，货币符号不是 €就是 `EUR`。也请注意，German 格式把欧元符号 €放在数值之后，却把 `EUR` 放在数值之前且不带空格。第 880 页有一个对这些格式的应用例子。

细说货币标示符号

`moneypunct<>` facet 派生自 class `money_base`：

```
namespace std {
    class money_base {
      public:
        enum part { none, space, symbol, sign, value };
        struct pattern {
            char field[4];
        };
    }
};
```

类型 `pattern` 用来存储四个类型为 `part` 的值，形成一个用以描述货币表述布局的样式（pattern）。表16.12列出了可放进 pattern 内的五种可能的 `part`。

`moneypunct<>` 有两个函数会返回 pattern：`neg_format()` 专门对付负值，`pos_format()` 专门对付非负值。在一个 pattern 中 `sign`、`symbol` 和 `value` 三部分是必要的，`none` 和 `space` 二者必须出现其一。然而这并不意味着真的会打印出一个正负号或货币符号。Part 所指之处到底打印出什么，还得根据 facet 其他成员的返回值，以及传给格式化函数之格式化标志（formatting flag）而定。

值	意义
none	此位置可以出现空白，但不强制要求
space	此位置至少需要一个空白
sign	此位置可以出现一个正负号
symbol	此位置可以出现一个货币符号
value	此位置需要一个值

表 16.12　货币布局样式（Monetary Layout Pattern）的各个部分

倒是货币值肯定会被打印出，它出现的位置取决于 value 在 pattern 中的位置。货币值的小数位数由 frac_digits() 指定，decimal_point() 则被当作小数点（如果没有小数，就不会出现小数点）。

读取货币值时，允许千位分隔符存在，但不强制要求。如果确实存在，就根据 grouping() 检查“分组”的正确性。如果 grouping() 为空则不允许出现千位分隔符。千位分隔符可由 thousands_sep() 返回。千位分隔符的布局规则与“数值格式化”的情形一样（见 16.4.1 节第 870 页）。打印货币值时会根据 grouping() 返回的 string 插入千位分隔符。读取货币值时，千位分隔符可有可无，除非分组（grouping）字符串为空。所有其他解析工作成功后，便会检查千位分隔符布局是否正确。

注意，decimal_point() 和 thousand_sep() 有可能返回 '\0'，表示并未定义特殊字符。

space 和 none 主要用来控制空格。space 用于“至少需要一个空格”的位置处。格式化时，如果格式标志（format flag）中指定了 ios_base::internal，填充字符会被插入到 space 或 none 所指的位置。当然，只有在指定之最小宽度未曾使用其他字符时，填充才会发生。“被用来当作空格”的填充字符应该被当成实参传给格式化函数。如果格式化的货币值不含空格，none 可以被放在最后位置。space 和 none 不能成为 pattern 的第一部分，space 不能是 pattern 的最后一部分。

货币值的正负号可由一个以上的字符表示。例如某些场合中，小括号包住一个值，便表示其为负值。sign 出现的位置，就是正负号第一个字符出现的位置，其余所有正负号相关字符均出现在其他所有组件之后。如果正负号字符串为空，则不以任何符号标示正负。有两个函数用来决定正负号字符：positive_sign() 和 negative_sign() 分别对应于正号和负号。

symbol 位置上将出现货币符号。只有当格式化过程和解析过程中 ios_base::showbase flag 被设置此符号才有效。货币符号由函数 curr_symbol() 返回的字符串确定，此为当地符号——如果第二个 template 实参是 false（默认值）便以它来表示货币，否则使用国际货币符号。在先前的 German locale 例子中，用的是国际符号 EUR。如果 moneypunct<> 的第二个 template 实参是 false，就会改用欧元符号。

表16.13以货币值 $-1234.56 为例说明上述的所有情况。当然，这意味着 showbase flag 设置，frac_digits() 返回 2，而且宽度始终为 0。

样式（Pattern）	符号	结果
symbol none sign value		$1234.56
symbol none sign value	-	$-1234.56
symbol space sign value	-	$ -1234.56
symbol space sign value	()	$ (1234.56)
sign symbol space value	()	($ 1234.56)
sign value space symbol	()	(1234.56 $)
symbol space value sign	-	$ 1234.56-
sign value space symbol	-	-1234.56 $
sign value none symbol	-	-1234.56$

表 16.13　使用货币样式（Monetary Pattern）的例子

C++ standard 要求每个 locale 都必须拥有四个实例化实现（instantiation）：moneypunct<char>、moneypunct<wchar_t>、moneypunct<char,true> 和 moneypunct<wchar_t,true>。

货币之格式化（Monetary Formatting）

Facet money_put<> 被用来格式化货币值。它是一个 template，接受“字符类型 charT”为第一 template 实参，以及“output 迭代器类型 OutIt”为第二 template 实参。Output 迭代器默认为 ostreambuf_iterator<charT>。重载的成员函数 put() 会产生“对应于具体指定之格式”的一连串字符（见表16.14）。

表达式	意义
tp.put(*to*,*intl*,*fs*,*fill*,*valAsDouble*)	将传入的货币值转换为 long double
tp.put(*to*,*intl*,*fs*,*fill*,*valAsString*)	将传入的货币值转换为 string

表 16.14　money_put<> Facet 的成员

如你所见，money_put<> facet 的两个 put() 成员函数使用以下实参：

- *to* 是个 output 迭代器，货币值经由它被写出去。put() 返回此迭代器的一个拷贝，指向“写出之最后字符”的下一位置。你也可以传入一个 stream，它会被转为一个 stream 迭代器。
- *intl* 是个 Boolean 值，指出是否使用国际货币符号。它其实就被用来成为 moneypunct facet 的第二 template 实参。
- *fs* 是个类型为 std::ios_base 的 stream 对象，用来定义格式。它通常是个 stream，受以下影响：locale、facet 和 formatting state（如栏位宽度及 showbase，后者用以强迫输出货币符号）。

- *fill* 是填充字符。
- 最后一个实参的内容即是待被格式化的值。你可以传入一个 long double 或是一个 std::string。如果是个 string，可以全由小数组成，前面可以带上负号。如果 string 的第一字符是个负号，该值将按负值形式格式化。一旦确定其值为负，负号即被丢弃。String 中的小数个数可由 moneypunct facet 的成员函数 frac_digits() 确定。

以下程序示范了如何使用 money_put<> facet：

```
// i18n/moneyput.cpp

#include <locale>
#include <iostream>
#include <exception>
#include <cstdlib>
using namespace std;

int main ()
{
    try {
        // use German locale:
#ifdef _MSC_VER
        locale locG("deu_deu.1252");
#else
        locale locG("de_DE");
#endif
        const money_put<char>& mpG = use_facet<money_put<char> >(locG);

        // ensure that the money_put<> facet impacts the output and currency is written:
        cout.imbue(locG);
        cout << showbase;

        // use double as monetary value (use local symbol)
        mpG.put (cout, false, cout, ' ', 12345.678);
        cout << endl;

        // use string as monetary value (use international symbol)
        mpG.put (cout, true, cout, ' ', "12345.678");
        cout << endl;
    }
    catch (const std::exception& e) {
        cerr << "EXCEPTION: " << e.what() << endl;
        return EXIT_FAILURE;
    }
}
```

此程序有以下输出：

```
123,46 €
EUR123,45
```

根据笔者机器上的 German locale 的 moneypunct facet 的格式（见第 876 页），第一个输出格式是“sign value space symbol”，使用欧元货币符号。如果改用国际货币符号，那就该是“symbol sign none value”，意指在货币符号和数值之间不放空格。

注意，传给 put() 的货币值，其单位在美国是美分（Cent），在欧洲是欧分（Eurocent）。如果传入一个 long double 值，小数部分会被四舍五入。如果传入 string，它会被截短。

C++ standard 要求每个 locale 都必须拥有两个实例化实现（instantiation）：money_put<char> 和 money_put<wchar_t>。此外 C++ 标准库还支持所有“第一 template 实参为 char 或 wchar_t，第二 template 实参为相应之 output 迭代器”的实例化实现。

货币解析（Monetary Parsing）

Facet money_get<> 用来解析货币值。它是一个 class template，接受“字符类型 charT”作为第一 template 实参，接受“input 迭代器类型 InIt”作为第二 template 实参（默认为 istreambuf_iterator<charT>）。这个 class 定义了两个 get() 成员函数，用来解析一连串字符。如果解析成功，其结果会被存储为 long double 类型或 basic_string<charT> 类型（见表16.15）。

表达式	意义
mg.get(*beg*,*end*,*intl*,*fs*,*err*, *valAsDoubleRet*)	根据 *intl* 和 *fs* 的格式解析字符序列 [*beg*,*end*)，将成果放入 long double *valAsDoubleRet*
mg.get(*beg*,*end*,*intl*,*fs*,*err*, *valAsStringRet*)	根据 *intl* 和 *fs* 的格式解析字符序列 [*beg*,*end*)，将成果放入 string *valAsStringRet*

表 16.15　money_get<> Facet 的成员

beg 和 *end* 之间就是即将被解析的字符序列。当“根据 pattern 读完所有元素”或是一旦“遭遇错误”，解析就立刻停止。如果发生错误，*err* 会设置 ios_base::failbit，而 *valAsDoubleRet* 或 *valAsStringRet* 中不会存有任何东西。如果成功，解析结果会以 long double 或 basic_string<> 形式放入最后一个实参中（它是 passed by reference）。注意，货币值 $1234.56 会被解析为 long double 123456 或字符串 "123456"，其单位在美国是美分（Cent），在欧洲则是欧分（Eurocent）。

实参 *intl* 是个 Boolean 值，用来选择当地货币字符串或国际货币字符串。可通过“被实参 *fs* 影响”的 locale 对象取得一个 moneypunct<> facet，后者定义出待解析值的格式。解析货币值时，始终都使用 moneypunct<> facet 的成员函数 neg_format() 所返回的 pattern。在 none 或 space 位置上，货币解析函数会吞噬所有空格，除非 none 是 pattern 的最后一部分。但尾部空格不会被跳过。

get() 函数返回一个迭代器，指向最后一个被吞噬字符的下一位置。

你可以这样使用这个 facet：

```
// get monetary input facet of the loc locale
const std::money_get<charT>& mg
        = std::use_facet<std::money_get<charT>>(loc);

// read value with monetary input facet
long double val;
mg.get (beg, end, intl, fs, err, val);
```

C++ standard 要求每个 locale 都必须拥有两个实例化实现（instantiation）：money_get<char> 和 money_get<wchar_t>。此外 C++ 标准库还支持“第一 template 实参为 char 或 wchar_t”且“第二 template 实参为相应之 input 迭代器”的所有实例化实现。

使用货币操控器（Monetary Manipulator）

自 C++11 起你可以使用定义于 <iomanip> 的操控器（manipulator），用以直接读自或写至某个 stream。这些操控器列于表16.16。

操控器（Manipulator）	效果
put_money(*val*)	写出一个货币值 *val*，使用当地货币符号（调用 put(*strmBeg*,*strmEnd*,false,*strm*,*strm*.fill(),*val*))
put_money(*val*,*intl*)	写出一个货币值 *val*，使用的货币符号取决于 *intl*（调用 put(*strmBeg*,*strmEnd*,*intl*,*strm*,*strm*.fill(),*val*))
get_money(*valRef*)	读取一个货币值放入 *valRef*，使用当地货币符号（调用 get(*strmBeg*,*strmEnd*,false,*strm*,*err*,*val*))
get_money(*valRef*,*intl*)	读取一个货币值放入 *valRef*，使用的货币符号取决于 *intl*（调用 get(*strmBeg*,*strmEnd*,*intl*,*strm*,*err*,*val*))

表 16.16 货币格式化之各种操控器（Manipulator）

又一次，货币值可以是（或说指向）long double 或 string；*intl* 用以指出应该采用地域性或国际性货币符号，它其实就被用来成为 moneypunct facet 的第二 template 实参。

以下程序示范了如何使用这些操控器（manipulator）：

```
// i18n/moneymanipulator.cpp

#include <locale>
#include <iostream>
#include <iomanip>
#include <exception>
#include <cstdlib>
using namespace std;

int main ()
{
    try {
        // use German locale:
#ifdef _MSC_VER
        locale locG("deu_deu.1252");
#else
        locale locG("de_DE");
#endif

        // use German locale and ensure that the currency is written:
        cin.imbue(locG);
        cout.imbue(locG);
        cout << showbase;

        // read monetary value into long double (use international symbol)
        long double val;
        cout << "monetary value: ";
        cin >> get_money(val,true);

        if (cin) {
            // write monetary value (use local symbol)
            cout << put_money(val,false) << endl;
        }
        else {
            cerr << "invalid format" << endl;
        }
    }
    catch (const std::exception& e) {
        cerr << "Exception: " << e.what() << endl;
        return EXIT_FAILURE;
    }
}
```

如果我输入

```
EUR 1234,567
```

或只是输入

```
1234,567
```

输出如下：

```
1.234,56 €
```

16.4.3 时间和日期格式化（Time and Date Formatting）

时间/日期的解析和格式化工作，由 time 分类（category）中的两个 facet 提供服务：time_get<> 和 time_put<>。它们的成员函数借着操作“类型为 tm”的对象完成工作。类型 tm 定义于头文件 <ctime>。对象并非被直接传递，被传递的是个 pointer。

time 分类中两个 facet 的行为都和 strftime() 很有关系（此函数亦定义于头文件 <ctime>）。此函数根据一个含有转换指示器（conversion specifier）的 string，从一个 tm 对象产出一个 string。表16.17对于这些转换指示器做了简单总结。这些指示器在 time_put facet 中同样适用。

当然，strftime() 所产生的具体 string 还得根据 C locale 而定。表16.17中的例子系根据 "C" locale 获得。

时间和日期之格式化（Time and Date Formatting）

Facet time_put<> 用来格式化时间和日期。它是一个 class template，接受一个字符类型 charT 作为 template 实参，另一个可有可无的（可选的）template 实参是“output 迭代器类型 OutIt”。后者默认为 ostreambuf_iterator（见 15.13.2 节第 828 页）。

Facet time_put<> 定义出两个 put() 函数，均被用来将“存储于 tm 对象中的日期信息”转化成一连串字符并写至 output 迭代器。表16.18列出了 time_put<> 的成员。

如你所见，time_put facet 的每一个 put() 成员函数都使用以下所列作为前四个实参：

- *to* 是个 output 迭代器，时间值经由它被写出去。put() 返回此迭代器的一个拷贝，指向“写出之最后字符”的下一位置。你也可以传入一个 stream，它会被转为一个 stream 迭代器。
- *fs* 是个类型为 std::ios_base 的 stream 对象，用来定义格式。它通常是个 stream，受到 locale 和 facet 的影响。
- *fill* 是填充字符。
- *val* 是类型为 tm* 的时间值，其内容便是“即将被格式化”的日期。

put() 的第一形式以 *cvt* 传递表16.17中的某个转换指示器给 strftime()，定义出需要的格式。

put() 的第二形式允许你提供一个可选的修饰器（modifier）。这意味着实参 *mod* 并未被 C++ standard 定义。它意图被当作一个“在 strftime() 之若干实现中曾经发现”的转换修饰器。

指示器	意义	实例
%a	一周中某天（weekday）的缩写	Mon
%A	一周中某天（weekday）的全名	Monday
%b	月份缩写	Jul
%B	月份全名	July
%c	Locale 优先选择的日期和时间格式	Jul 12 21:53:22 1998
%d	一月中第几天	12
%H	24 小时制下的小时数	21
%I	12 小时制下的小时数	9
%j	一年中第几天	193
%m	月份以数字表示	7
%M	分钟	53
%p	上午或下午（AM 或 PM）	PM
%S	秒钟	22
%U	从第一个星期日算起的周数	28
%W	从第一个星期一算起的周数	28
%w	一周中某天（weekday）以数字表示（星期天是 0）	0
%x	Locale 优先选择的日期格式	Jul 12 1998
%X	Locale 优先选择的时间格式	21:53:22
%y	两位数表示的年份	98
%Y	完整表示的年份	1998
%Z	时区	MEST
%%	字符 %	%

表 16.17　strftime() 的转换指示器（Conversion Specifier）

表达式	意义
tp.put(*to*,*fs*,*fill*,*val*,*cvt*)	使用转换指示器 *cvt* 进行转换
tp.put(*to*,*fs*,*fill*,*val*,*cvt*,*mod*)	使用转换指示器 *cvt* 和修饰器 *mod* 进行转换
tp.put(*to*,*fs*,*fill*,*val*,*cbeg*,*cend*)	根据格式字符串 [*cbeg*,*cend*) 进行转换

表 16.18　time_put<> Facet 的成员

put() 的第三形式接受一个由区间 [*cbeg*,*cend*) 定义出来的格式字符串，以此格式运行 strftime()。它扫描该字符串，将任何“不属于转换指示器”的字符写至 output 迭代器 *to*。如果遇到由 % 引导的转换指示器，就从中提炼出一个可有可无的修饰器（modifier）和一个转换指示器，然后像 put() 第二形式般运作。此后 put() 又继续扫描该字符串。注意，这一形式的 put() 多少有点罕见，因为它并不调用与之相应的 virtual do_put() 成员函数（如 16.4 节第 869 页所介绍），而是直接调用第二形式相应的 do_put()。因此当你继承 time_put 时第三形式的这一行为无法被覆盖。

下列程序提供了对上述内容的示范，使用了一个 default locale 和一个 German locale：

```
// i18n/timeput.cpp

#include <locale>
#include <chrono>
#include <ctime>
#include <iostream>
#include <exception>
#include <cstdlib>
using namespace std;

int main ()
{
    try {
        // query local time:
        auto now = chrono::system_clock::now();
        std::time_t t = chrono::system_clock::to_time_t(now);
        tm* nowTM = std::localtime(&t);

        // print local time with the global classic locale:
        locale locC;
        const time_put<char>& tpC = use_facet<time_put<char>>(locC);

        // use single conversion specifier
        tpC.put (cout, cout, ' ', nowTM, 'x');
        cout << endl;

        // use format string:
        string format = "%A %x %I%p\n";  // format: weekday date hour
        tpC.put (cout, cout, ' ', nowTM,
                 format.c_str(), format.c_str()+format.size() );

        // print local time with German locale:
#ifdef _MSC_VER
        locale locG("deu_deu.1252");
#else
        locale locG("de_DE");
#endif
        const time_put<char>& tpG = use_facet<time_put<char>>(locG);
        tpG.put (cout, cout, ' ', nowTM, 'x');
        cout << endl;
```

```
        tpG.put (cout, cout, ' ', nowTM,
                 format.c_str(), format.c_str()+format.size() );
    }
    catch (const std::exception& e) {
        cerr << "Exception: " << e.what() << endl;
        return EXIT_FAILURE;
    }
}
```

首先，我们查询本地时间，使用 `std::system_clock`（见 5.7.3 节第 149 页）[5]把它转换为一个 `struct tm*`。接下来，建立两个 locale（一个是 default classic locale，另一个是 German locale），为它们建立 `time_put` facet，并使用它们来输出目前的日期和时间。

第一次调用 `put()` 使用 `'x'` 作为转换指示器给 `strftime()`，那意思是采用 locale 优先选择的日期表现形式：

```
tpC.put (cout, cout, ' ', nowTM, 'x');
```

第二次调用 `put()` 用的是其第三形式，接受字符序列的起点和终点，指出输出格式“*weekday date hour*”：

```
string format = "%A %x %I%p\n";
tpC.put (cout, cout, ' ', nowTM,
         format.c_str(), format.c_str()+format.size() );
```

在笔者的机器上，这个程序输出如下：

```
09/13/11
Tuesday 09/13/11 03PM
13.09.2011
Dienstag 13.09.2011 03
```

最后一行如你所见，在德国，没有相应的 AM 或 PM 指示器。

C++ standard 要求每个 locale 都必须拥有两个实例化实现（instantiation）：`time_put<char>` 和 `time_put<wchar_t>`。此外 C++ 标准库支持所有“第一个 template 实参为 `char` 或 `wchar_t`，第二个 template 实参为相应之 input 迭代器”的实例化实现。

时间和日期之解析（Time and Date Parsing）

Facet `time_get<>` 是个 class template，以字符类型 `charT` 和 input 迭代器类型 `InIt` 作为 template 实参。该 input 迭代器的默认类型是 `istreambuf_iterator<charT>`。表16.19列出了 `time_get<>` facet 的成员。所有成员除了 `date_order()` 都对字符串进行解析，并将结果存储于实参 `t` 所指的一个 `tm` 对象。如果字符串不能被正确解析，或许会报错（也许通过对实参 `err` 的修改），也许在 `tm` 对象中存储一个未定值。这意味着一个由程序产生的时间可

---

[5] `std::system_clock` 是 C++11 新引入的。在 C++11 之前，你必须声明一个 `std::time_t t`，然后调用 `std::time(&t);`。

被确实解析，而用户输入的时间就未必了。实参 fs 可决定解析过程中使用其他哪些 facet。至于 fs 的其他 flag 对解析过程的影响则没有规范。

表达式	意义
tg.get(*beg*,*end*,*fs*,*err*,*t*,*fmtChar*)	根据转换指示器 *fmtChar* 解析 *beg* 和 *end* 之间的字符串（始自 C++11）
tg.get(*beg*,*end*,*fs*,*err*,*t*,*fmtChar*,*mod*)	根据转换指示器 *fmtChar* 和修饰器 *mod* 解析 *beg* 和 *end* 之间的字符串（始自 C++11）
tg.get(*beg*,*end*,*fs*,*err*,*t*,*fmtBeg*,*fmtEnd*)	根据字符序列 [*fmtBeg*,*fmtEnd*) 解析 *beg* 和 *end* 之间的字符串（始自 C++11）
tg.get_time(*beg*,*end*,*fs*,*err*,*t*)	解析 *beg* 和 *end* 之间（用以表示时间）的字符串，其格式应与 strftime() 以 %X 产生者一致
tg.get_date(*beg*,*end*,*fs*,*err*,*t*)	解析 *beg* 和 *end* 之间（用以表示日期）的字符串，其格式应与 strftime() 以 %x 产生者一致
tg.get_weekday(*beg*,*end*,*fs*,*err*,*t*)	解析 *beg* 和 *end* 之间用以表示一周中某天（weekday）名称的字符串
tg.get_monthname(*beg*,*end*,*fs*,*err*,*t*)	解析 *beg* 和 *end* 之间用以表示月份名称的字符串
tg.get_year(*beg*,*end*,*fs*,*err*,*t*)	解析 *beg* 和 *end* 之间用以表示年份的字符串
tg.date_order()	返回这个 facet 所用的日期（年月日）次序

表 16.19 time_get<> Facet 的成员

所有函数都返回一个迭代器，指向最后一个读取字符的下一位置。一旦解析结束或发生错误（例如字符串无法被解析为日期），解析动作立刻停止。

自 C++11 起提供了 get() 用来根据传入的格式读取数值，该格式若非一个“不带 % 的转换字符”加上一个可有可无的修饰器（optional modifier），就是个格式字符串（以其头尾来传递）。

请注意以下三点：

- 函数用来读取星期和月份者，既可接受缩写也可接受全名。如果缩写之后跟着一个字母，而它恰好是全名中的某个有效字母，则函数将试图读取全名。而如果这样的尝试失败，将无视“缩写名称曾解析成功”这一事实，认定解析失败。
- 函数是否允许接受两位数年份这一点并无强制规定。如果它被允许，是否可被解析成功这一点也无强制规定。

- date_order() 返回日期字符串的年月日顺序。对日期而言这很有必要，因为单单从字符串表示式来看，你很难弄清楚顺序。例如 2003 年 2 月的第一天可写成 3/2/1，也可写成 1/2/3。Facet time_get 的 base class time_base 针对所有可能的年月日次序定义了一个枚举类型（enum），名为 dateorder。表16.20列出了其所有值。

值	意义
no_order	无特别次序，例如可以是儒略历格式（Julian format）
dmy	次序为日、月、年
mdy	次序为月、日、年
ymd	次序为年、月、日
ydm	次序为年、日、月

表 16.20 dateorder 的枚举（Enumeration）成员

下面的例子示范了如何使用 time_get<> facet：

```
// i18n/timeget.cpp

#include <locale>
#include <ctime>
#include <iterator>
#include <iostream>
#include <string>
#include <exception>
#include <cstdlib>
using namespace std;

int main ()
{
    try {
        // use German locale:
#ifdef _MSC_VER
        locale locG("deu_deu.1252");
#else
        locale locG("de_DE.ISO-8859-1");
#endif
        const time_get<char>& tgG = use_facet<time_get<char>>(locG);

        // print date order of German locale:
        typedef time_base TB;
        time_get<char>::dateorder d = tgG.date_order();
        cout << "dateorder: "
             << (d==TB::no_order||d==TB::mdy ? "mdy" :
```

```
                d==TB::dmy ? "dmy" :
                d==TB::ymd ? "ymd" :
                d==TB::ydm ? "ydm" : "unknown") << endl;

        // read weekday (in German) and time (hh::mm))
        cout << "<wochentag> <hh>:<mm>: ";
        string format = "%A %H:%M";
        struct tm val;
        ios_base::iostate err = ios_base::goodbit;
        tgG.get (istreambuf_iterator<char>(cin),
                 istreambuf_iterator<char>(),
                 cin, err, &val,
                 format.c_str(), format.c_str()+format.size());
        if (err != ios_base::goodbit) {
            cerr << "invalid format" << endl;
        }
    }
    catch (const std::exception& e) {
        cerr << "Exception: " << e.what() << endl;
        return EXIT_FAILURE;
    }
}
```

这个程序有可能输出：

```
dateorder: dmy
<wochentag> <hh>:<mm>:
```

如果我接下去输入 `Dienstag 17:30`，一切都没问题。但如果我输入 `Tuesday 17:30` 或 `Dienstag 17:66`，这个程序会输出`invalid format`。

C++ standard 要求每个 locale 都必须握有 `time_get<char>` 和 `time_get<wchar_t>` 的实例化实现（instantiation）。此外 C++ 标准库要求支持以下类型之实例化实现："以 `char` 或 `wchar_t` 作为第一 template 实参，以相应的 input 迭代器作为第二 template 实参"。

使用时间操控器（Time Manipulator）

自 C++11 起，你可以使用定义于 `<iomanip>` 的操控器直接读自或写至某个 stream。这些操控器使用相应的 facet 的 `get()` 或 `put()` 成员函数。这些操控器呈现于表16.21。15.3.3 节第757 页有一个例子示范了如何使用这些操控器。

操控器	效果
put_time(*valPtr*,*fmt*)	根据格式 *fmt* 写出以类型 struct tm* 表示的日期/时间值 *valPtr*；调用 put(*strmBeg*,*strmEnd*,*strm*,*strm*.fill(),*val*,*fmtBeg*,*fmtEnd*)
get_time(*valPtr*,*fmt*)	根据格式 *fmt* 读入一个日期/时间值放进 struct tm* *valPtr* 内；调用 get(*strmBeg*,*strmEnd*,*strm*,*err*,*val*,*fmtBeg*,*fmtEnd*)

表 16.21 对“时间/日期”进行格式化时可使用的操控器（Manipulator）

16.4.4 字符的分类和转换

C++ 标准库有两个 facet 专门处理字符：ctype<> 和 codecvt<>，它们都隶属于 locale::ctype 分类（category）。ctype<> facet 主要用于字符分类，例如判断某个字符是否为字母。此外还提供字母的大小写转换，以及在“类型 char”和“该 facet 用以实例化之字符类型”之间的转换方法。codecvt<> facet 用来在不同编码（encoding）之间进行字符转换，主要用于 basic_filebuf 的外部表述和内部表述之间转换。

字符分类（Character Classification）

Facet ctype<> 是个 class template，因某个字符类型而参数化。ctype<*charT*> 提供了三种函数：

1. char 和 *charT* 之间的转换函数。
2. 字符分类函数。
3. 字母大小写转换函数。

表16.22列出了 facet ctype 定义的成员函数。

函数 is(*beg*,*end*,*vec*) 用来在一个 array 中存储一系列 mask（屏蔽）。*beg* 和 *end* 之间的每一个字符在 *vec* 所指的 array 中都有一个对应的 mask 和其相应属性。当很多字符需要被分类时，这有助于避免“字符分类”的 virtual 函数调用动作。

toupper() 和 tolower() 可用来令一个 string 为大写或小写。例如：

```
std::locale loc;
std::string s;

for (char& c : s) {
    c = std::use_facet<std::ctype<char>>(loc).toupper(c);
}
```

函数 widen() 用来将一个固有（native）字符集内“类型为 char”的字符转换为“locale 所用字符集”内的对应字符。也就是说此函数用来“拓宽”一个字符，即使结果亦为 char 类型也无妨。相反地，函数 narrow() 用来将“locale 所用的字符集”内的字符，转化为

表达式	效果
ct.is(*m*,*c*)	测试是否字符 *c* 匹配 mask（屏蔽） *m*
ct.is(*beg*,*end*,*vec*)	为 *beg*, *end* 区间内的每个字符放置一个 mask，后者必须匹配 *vec* 中对应位置上的字符
ct.scan_is(*m*,*beg*,*end*)	返回一个 pointer 指向 *beg*, *end* 区间内第一个匹配 mask *m* 的字符；如果没找到，返回 *end*
ct.scan_not(*m*,*beg*,*end*)	返回一个 pointer 指向 *beg*, *end* 区间内第一个不匹配 mask *m* 的字符；如果全部匹配，返回 *end*
ct.toupper(*c*)	返回 *c* 的大写字符。如果没有就返回 *c*
ct.toupper(*beg*,*end*)	将 *beg*, *end* 区间内的每一个字符都以 toupper() 的转换结果取代之
ct.tolower(*c*)	返回 *c* 的小写字符。如果没有就返回 *c*
ct.tolower(*beg*,*end*)	将 *beg*, *end* 区间内的每一个字符都以 tolower() 的转换结果取代之
ct.widen(*c*)	将 char 转换为 charT，并将结果返回
ct.widen(*beg*,*end*,*dest*)	将 *beg*, *end* 区间内的每一个字符都以 widen() 转换之，并将结果存放于 *dest* 的相应位置
ct.narrow(*c*,*default*)	将 char 转换为 charT，并将结果返回。如果没有合适的对应字符，就返回 *default*
ct.narrow(*beg*,*end*,*default*,*dest*)	将 *beg*, *end* 区间内的每一个字符都以 narrow() 转换之，并将结果存放于 *dest* 的相应位置

表 16.22 ctype<> Facet 定义的成员

固有字符集内对应的（类型为 char）字符——前提是有这样一个字符。以下例子将十进制数字字符由 char 转为 wchar_t：

```
std::locale loc;
char narrow[] = "0123456789";
wchar_t wide[10];

std::use_facet<std::ctype<wchar_t>>(loc).widen(narrow, narrow+10,
                                                wide);
```

下面这个便捷函数可把 string 转换为 wstring，或反向转换：

```
// i18n/wstring2string.hpp

#include <locale>
```

```
#include <string>
#include <vector>

// convert string to wstring
std::wstring to_wstring (const std::string& str,
                         const std::locale& loc = std::locale())
{
   std::vector<wchar_t> buf(str.size());
   std::use_facet<std::ctype<wchar_t>>(loc).widen(str.data(),
                                                  str.data()+str.size(),
                                                  buf.data());
   return std::wstring(buf.data(),buf.size());
}

// convert wstring to string with '?' as default character
std::string to_string (const std::wstring& str,
                       const std::locale& loc = std::locale())
{
   std::vector<char> buf(str.size());
   std::use_facet<std::ctype<wchar_t>>(loc).narrow(str.data(),
                                                   str.data()+str.size(),
                                                   '?', buf.data());
   return std::string(buf.data(),buf.size());
}
```

你可以这样调用这些函数：

```
// i18n/wstring2string.cpp

#include <string>
#include <iostream>
#include "wstring2string.hpp"

int main()
{
    std::string s = "hello, world\n";
    std::wstring ws = to_wstring(s);
    std::wcout << ws;
    std::cout << to_string(ws);
}
```

Class ctype 派生自 class ctype_base。这个 class 仅用来定义一个枚举（enum），名为 mask，其内定义了一系列值，可用来合成一个 bitmask，用以检测字符属性。ctype_base 定义的值均列于表16.23。

所有用于字符分类的函数，都需要一个 bitmask 实参，后者就是由 ctype_base 内的值组合而成。为了生成所需的 bitmask，你得使用各种位操作符（|、&、^ 和 ~）。如果某字符涵盖于某个 mask 所规范的字符内，那么该字符一定匹配那个 mask。

值	意义
ctype_base::alnum	测试是否为字母或数字（等同于 alpha|digit）
ctype_base::alpha	测试是否为字母（letter）
ctype_base::blank	测试是否为空白或制表符（space or tabulator）（始自 C++11）
ctype_base::cntrl	测试是否为控制字符（control character）
ctype_base::digit	测试是否为十进制数字
ctype_base::graph	测试是否为标点符号、字母或数字（等同于 alnum|punct）
ctype_base::lower	测试是否为小写字母
ctype_base::print	测试是否为可打印字符
ctype_base::punct	测试是否为标点符号
ctype_base::space	测试是否为空白字符
ctype_base::upper	测试是否为大写字母
ctype_base::xdigit	测试是否为十六进制数字

表 16.23 ctype<> 使用的各种字符屏蔽（Mask）

针对 char 完成的 ctype<> 特化版本

为了使字符分类函数获得更佳性能，ctype 针对字符类型 char 做出一个特化版本。此版本并未将字符分类函数（is()、scan_is() 和 scan_not()）委托给相应的 virtual 函数去执行，而是通过一个查表动作，以 inline 方式直接实现。为此，它提供了一些额外函数（见表16.24）。[6]

表达式	效果
ctype<char>::table_size	返回表格大小（>=256）
ctype<char>::classic_table()	返回 classic C locale 的表格
ctype<char>(*table*,*del*=false)	建立一个 facet 带有表格 *table*
ct.table()	返回 facet *ct* 的当前格式

表 16.24 ctype<char> 的额外成员

[6] 在 C++11 之前，ctype<char>::table() 和 ctype<char>::classic_table() 被意外地设为 protected 而非 public。

你可以针对某特定 locale 操控上述函数行为，做法是将某个 mask 表格传给构造函数作为实参：

```
// create and initialize the table
std::ctype_base::mask mytable[std::ctype<char>::table_size] = {
    ...
};

// use the table for the ctype<char> facet ct
std::ctype<char> ct(mytable,false);
```

上述代码构造了一个 ctype<char> facet，并以 mytable 确定某字符的字符类（character class）。说得更明确些，字符 c 的字符类由以下式子决定：

```
mytable[static_cast<unsigned char>(c)]
```

静态成员 table_size 是个常量，用来指示表格大小，由标准库实现自行定义。其值至少为 256。ctype<char> 构造函数的第二实参（可有可无）用来指示“当 facet 被销毁时，表格是否应被删除”。如果它是 true 则 facet 被销毁时，传入构造函数的那个表格会被 delete[] 释放。

成员函数 table() 是个 protected 函数，返回的是构造函数的第一实参（表格）。Static protected 成员函数 classic_table() 返回的是 classic C locale 中用来进行字符分类的表格。

用于字符分类（Character Classification）的 Global 辅助函数

标准库定义了若干 global 函数，用以协助我们方便运用 ctype<> facet。表16.25列出了所有这些 global 函数。请注意，对正则表达式而言，相同的字符分类是可能的（见 14.8 节第 738 页）。

例如，以下表达式评估 locale loc 中的某个字符 c 是不是小写字母：

```
std::islower(c,loc)
```

它返回一个 bool 值。

如果 c 是 locale loc 中的小写字母，以下表达式返回 c 对应之大写字母：

```
std::toupper(c,loc)
```

如果 c 不是小写字母，则第一个实参会被原封不动地返回。

表达式

```
std::islower(c,loc)
```

等同于表达式

```
std::use_facet<std::ctype<char>>(loc).is(std::ctype_base::lower,c)
```

这个表达式调用 facet ctype<char> 的成员函数 is()，用以判定字符 c 是否符合第一实参传来的 bitmask 所指定的字符属性。

函数	效果
isalnum(*c*, *loc*)	判断 *c* 是否为字母或数字（等同于 isalpha()||isdigit()）
isalpha(*c*, *loc*)	测试 *c* 是否为字母（letter）
isblank(*c*, *loc*)	测试 *c* 是否为空格或制表符（space or tabular）（始自 C++11）
iscntrl(*c*, *loc*)	测试 *c* 是否为控制字符（control character）
isdigit(*c*, *loc*)	测试 *c* 是否为数字（digit）
isgraph(*c*, *loc*)	测试 *c* 是否为标点符号、字母或数字（等同于 isalnum()||ispunct()）
islower(*c*, *loc*)	测试 *c* 是否为小写字母
isprint(*c*, *loc*)	测试 *c* 是否为可打印字符
ispunct(*c*, *loc*)	测试 *c* 是否为标点符号（可打印但非空白、数字或字母）
isspace(*c*, *loc*)	测试 *c* 是否为空白字符
isupper(*c*, *loc*)	测试 *c* 是否为大写字母
isxdigit(*c*, *loc*)	测试 *c* 是否为十六进制数字
tolower(*c*, *loc*)	将 *c* 从大写字母转为小写字母
toupper(*c*, *loc*)	将 *c* 从小写字母转为大写字母

表 16.25 用于字符分类的 Global 辅助函数

Bitmask 值定义于 ctype_base 内。这些 global 辅助函数的运用实例参见 13.2.14 节第 688 页和 15.13.3 节第 833 页。

这些用于字符分类的 global 函数和“同名但只有一个参数”的 C 函数相对应。定义于 <cctype> 和 <ctype.h> 的 C 函数总是采用当前的 global C locale[7]，用法更是直接：

```
if (std::isdigit(c)) {
    ...
}
```

不过，如果使用它们，你没办法在同一个程序中使用不同的 locale。此外它们也无法采用用户自定义的 ctype facet。13.2.14 节第 684 页有个例子，展示了如何运用这些 C 函数将一个字符串中的全部字符转换为大写字母。

有一点很重要：如果效率问题至关紧要，你应该尽力避免使用这些 C++ 函数。你应该从 locale 中获取对应的 facet 对象，然后直接使用该对象的成员函数，这样快得多。如果很多字符需要借同一个 locale 进行分类，上述做法获得的性能提升更加显著，至少对于 non-char 字符来说是如此。函数 is(*beg*,*end*,*vec*) 可用来判定典型字符的 mask（屏蔽）：此函数对 [*beg*,*end*) 区间内的每一个字符确定一个 mask 用以描述该字符属性。

[7] 只有当“前一次调用 locale::global() 时系根据一个具名 locale 设施”，而且从那时候起没有再调用过 setlocale()，这个 locale 才等同于 C++ 的 global locale。否则 C 函数使用的 locale 和 C++ global locale 并不一致。

这些 mask 被存储于 *vec* 中，其位置对应于字符位置。快速查找时可考虑采用 vector。

字符编码（Character Encoding）转换

Facet codecvt<> 用来在字符的内部编码和外部编码之间进行转换。举个例子，只要某个“C++ 标准库实现”支持相应的 facet，我们就可以运用 codecvt<> 在 Unicode 和 EUC（Extended UNIX Code）之间进行转换。

这个 facet 在 class basic_filebuf 中被用来在“内部表述”和“文件表述”之间进行转换。Class basic_filebuf<charT,traits>（见 15.9.1 节第 791 页）使用 codecvt<charT,char,typename traits::state_type> 的一个实例化实现完成此项任务；所使用的 facet 是从存储于 basic_filebuf 中的 locale 取出来的。这是 codecvt facet 的主要用途——它很少被直接使用。

16.1 节第 850 页介绍过一些基本的字符编码方案。为了理解 codecvt，你应该知道，字符编码有两种方案：一种是对每个字符以固定个数的 byte 表示（即宽字符表示法），另一种是对每个字符以不同数量的 byte 表示（此为 multibyte 表示法）。

你还应该了解，multibyte 表示法为了使字符的空间存储率更高，使用所谓的 *shift state*（转换状态）。只有当前位置的 shift state 正确，才可能正确翻译 byte 的含义。进一步说，也只有遍历了整个 multibyte 字符序列后才能做出正确理解（细节参见 16.1 节第 850 页）。

Facet codecvt<> 有三个 template 实参：

1. 字符类型 internT，用来指定内部表述方式。
2. 类型 externT，用来指定外部表述方式。
3. 类型 stateT，表示转换过程的中间状态（intermediate state）。

中间状态可能由不完全的宽字符或当前的转换状态（shift state）组成。C++ 标准库对于该 state 对象中到底存放什么东西，没有强制要求。

内部表述始终采用“每个字符的 byte 个数固定”的表述方案。大部分情况下程序使用的都是 char 和 wchar_t 类型。至于外部表述法，可能使用定量 byte 表示法，也可能使用 multibyte 表示法。如果采用后者，那么第二个 template 实参就用来表示 multibyte 编码中的基本单位的类型——每个 multibyte 字符都存放在一或多个该类型对象中。通常这个类型是 char。

第三个实参用来表示当前转换状态（shift state）。某些时候——例如采用 multibyte 编码时——它就显现出必要性了。这种情况下，在处理一个字符的过程中，可能由于“源端缓冲区”已空，或“目的端缓冲区”已满，导致 multibyte 字符处理中断。如果这种情况出现，就将当前转换状态存储于此类型对象内。

就像对其他 facet 一样，C++ standard 只强制要求支持少数几个转换。C++ 标准库只支持以下两个实例化实现（instantiation）：

1. codecvt<char,char,mbstate_t>，用来将固有（native）字符集转换为自身（其实就是 codecvt<> facet 的退化版本）。

2. codecvt<wchar_t,char,mbstate_t>，在固有的窄字符集（亦即 char）与固有的宽字符集（亦即 wchar_t）之间进行转换。

C++ 标准库并没有指定上述第二转换的确切语义。较自然的做法是在 wchar_t 转换为 char 时，将每个 wchar_t 切割为“sizeof(wchar_t) 个 char 对象”。反向转换时则将“sizeof(wchar_t) 个 char”组装成一个 wchar_t。注意，这个转换动作与 ctype facet 的成员函数 widen() 和 narrow() 很不相同：codecvt 函数使用多个 char 构成一个 wchar_t（或反之），ctype 函数则是将某种编码下的某个字符转换为另一种编码下的对应字符（如果可以的话）。

和 ctype facet 一样，codecvt 也派生自一个 base class codecvt_base，后者定义了一个枚举类型（enum），名为 result，其枚举值用以指定 codecvt 成员函数的结果（类型），确切意义则视具体的成员函数而定。表16.26列出了 codecvt 的成员函数。

表达式	**意义**
cvt.in(*s*,*fb*,*fe*,*fn*,*tb*,*te*,*tn*)	将外部表述转换为内部表述
cvt.out(*s*,*fb*,*fe*,*fn*,*tb*,*te*,*tn*)	将内部表述转换为外部表述
cvt.unshift(*s*,*tb*,*te*,*tn*)	撰写转义序列（escape sequence）以切换最初的转移状态（shift state）
cvt.encoding()	返回外部编码相关信息
cvt.always_noconv()	如果不曾有过成功的转换，返回 true
cvt.length(*s*,*fb*,*fe*,*max*)	从序列（*fb* 和 *fe* 之间）返回 externT 的数量，以便产出 *max* 个内部字符
cvt.max_length()	返回“产出一个 internT”所需之最大量 externT

表 16.26 codecvt<> Facet 的成员

函数 in() 将一个外部表述转换为内部表述。实参 *s* 是个 reference，指向 stateT。这个“代表转移状态（shift state）”的实参在转换开始时派上用场；结束时最后一个转移状态亦被记录于其中。如果待转换的输入缓冲区不是第一个被转换的缓冲区，则传入的转移状态可能和初始状态有所不同。实参 *fb*（意思是 from beginning）和 *fe*（意思是 from end）的类型都是 const internT*，分别代表输入缓冲区的起点和终点。实参 *tb*（意思是 to begin）和 *te*（意思是 to end）的类型为 externT*，分别代表输出缓冲区的起点和终点。实参 *fn*（意思是 from next，类型为 const externT*&）和 *tn*（意思是 to next，类型为 internT*&）分别用来返回输入和输出缓冲区中经过转换的序列的终点。函数返回类型为 codecvt_base::result，其值见表16.27。

返回值 ok 表示函数已取得一些进展。如果保持 fn == fe，则表示整个输入缓冲区都被处理了，而且 *tb* 和 *tn* 间的序列内含转换结果，其中的字符

返回值	意义
ok	所有字符都被成功转换
partial	并非所有字符都被成功转换，或需要更多字符以求产出目标字符
error	遇到一个不能转换的源字符（source character）
noconv	无须转换

表 16.27 转换函数的返回值

表示输入序列中的字符，并有一个上次转换留下的结束字符。如果 `in()` 的实参 *s* 不是初始状态，则其中存储上次转换未完成的那个“局部字符（partial character）”。

返回值 `partial` 有两个意义，其一表示输入缓冲区的内容尚未耗尽输出缓冲区已满溢，其二表示字符处理完毕前输入缓冲区的内容已耗尽（例如由于输入缓冲区内的最末 byte 是某个转义序列的一部分，在 shift state 之间切换）。如果 *fe==fn*，则输入缓冲区被清空，此时 *tb* 和 *tn* 之间的序列包含了所有转换完毕的字符，但输入缓冲区的尾端有一个只被局部转换的字符。那么下次转换时为能够正确转换这个局部字符，需要一些信息，它们就存储在转移状态 *s* 中。如果 *fe!=fn*，则输入缓冲区尚未清空，此时必定 *te==tn*，也就是输出缓冲区满溢。下次转换便会从 *fn* 开始。

返回值 `noconv` 用来指示一个特殊情况：外部表述转为内部表述时无须进行任何转换。此时 *fn* 和 *fb* 同，*tn* 和 *tb* 同。目标序列中没有任何东西，因为输入缓冲区的内容便已够用。

返回值 `error` 意味着遇到不可转字符。这有好几种可能，也许是“目标字符集”中没有合适的表述可以对应于该字符，也许是输入序列结束时的转移状态是非法的。C++ standard 并未进一步规划任何函数用来调查错误原因。

函数 `out()` 和 `in()` 相似，唯其转换方向相反。也就是说它将内部表述转化为外部表述。实参和返回值的意义和 `in()` 一样，只不过实参类型刚好调换过来：*tb* 和 *te* 是 `const internT*`，*fb* 和 *fe* 是 `const externT*`。同样情况也发生在 *fn* 和 *tn* 身上。

当目前转换状态被当作函数 `unshift()` 的实参 *s*，该函数会安插必要字符以形成一个序列。这通常意味着 shift state 被切换为最初的 switch state。只有外部表述结束（到达尾端）。因此实参 *tb* 和 *tf* 的类型都是 `externT*`，*tn* 的类型是 `externT&*`。*tb* 和 *te* 之间的序列就是输出缓冲区，其中存储着转换后的字符。成果序列的终点存储于 *tn* 中。`unshift()` 的返回值列于表16.28。

函数 `encoding()` 返回外部表述的编码信息。如果返回 `-1`，则转换动作将由状态决定。如果返回 `0`，则产生内部字符所需的 `externT` 数量不是常量。如果返回 `-1` 和 `0` 之外的其他数值，

返回值	意义
ok	序列成功完成
partial	需要存进更多字符，才能完成这个序列
error	错误（无效）状态
noconv	无须任何字符就可完成这个序列

表 16.28 unshift() 的返回值

该值表示产出内部字符所需的 externT 数量。这个信息可用来判断缓冲区的概略大小。

如果函数 in() 和 out() 永不进行转换，则函数 always_noconv() 返回 true。例如 codecvt<char, char, mbstate_t> 不做任何转换，所以其 always_noconv() 返回 true。然而这一点只对 "C" locale 中的 codecvt facet 是肯定的，其他实例可能确实会执行转换动作。

函数 length() 返回"产出 *max* 个内部字符"所需之必要 externT 个数（来自 *fb* 和 *fe* 之间）。如果 *fb*~*fe* 序列中完整的 internT 字符数少于 *max*，此函数就返回"能够产生序列内最多 internT"的 externT 数量。

标准的编码转换（Code Conversion） Facet

自 C++11 开始，C++ 标准库保证在 <codecvt> 中提供三个编码转换（code conversion）facet，它们都派生自 codecvt<>：

- **codecvt_utf8<>** 用来转换 UTF-8 multibyte 字符序列和 UCS-2 序列（如果字符类型是 char16_t）或 UCS-4/UTF-32 序列（如果字符类型是 char32_t）。
- **codecvt_utf16<>** 用来转换 UTF-16 multibyte 字符序列和 UCS-2 序列（如果字符类型是 char16_t）或 UCS-4/UTF-32 序列（如果字符类型是 char32_t）。
- **codecvt_utf8_utf16<>** 用来转换 UTF-8 multibyte 字符序列和 UTF-16 multibyte 字符序列。

它们的第一 template 参数是所用的宽字符类型（char16_t、 char32_t 或 wchar_t）。第二 template 参数是允许被转换而不会被记录错误（默认为 0x10FFFF）之最大宽字符码。第三 template 参数是个类型为 std::codecvt_mode 的 flag，它激活（enabling）读或写的 byte order mark，或强迫使用 little-endian mode。

例如，以下 facet 允许转换 UTF-8 和类型为 wchar_t 的宽字符，并且耗用 byte order mark、生成 byte order mark，而且针对宽字符使用 little-endian mode：

```
std::codecvt_utf8<wchar_t,
                  0x10FFFF,
                  std::consume_header
                   | std::generate_header
                   | std::little_endian>
                wchar2utf8facet;
```

Class std::wstring_convert<> 提供了使用这些 facet 的最方便途径。

Class wstring_convert<>

自 C++11 起，class wstring_convert<> 允许在宽字符 string 和 multibyte string 之间进行方便的转换。其 template 参数是：

- 一个用于编号转换（code conversion）的 facet。
- 宽字符类型（默认是 wchar_t）。
- 宽字符 string 的分配器（默认是 allocator<wchar_t>）。
- Multibyte string 的分配器（默认是 allocator<char>）。

通过成员函数 to_bytes() 和 from_bytes() 你可以根据单一字符或以 null 终结的字符序列或是一个 string 或是某区间内的字符，建立起一个 multibyte 序列，反之亦然（见表16.29）。from_bytes() 返回一个“对应其宽字符类型”的 string（例如 wstring 对应 wchar_t）。to_bytes() 返回一个 string，内含由 char 组成的 multibyte 序列。

成员函数	意义
wc.from_bytes(*c*)	返回 char *c* 对应的宽字符串（wide string）
wc.from_bytes(*cstr*)	返回 const char* *cstr* 对应的宽字符串
wc.from_bytes(*str*)	返回 string *str* 对应的宽字符串
wc.from_bytes(*cbeg*,*cend*)	返回 char 区间 [*cbeg*,*cend*) 对应的宽字符串
wc.to_bytes(*c*)	返回宽字符 *c* 对应的 multibyte 序列
wc.to_bytes(*cstr*)	返回 const *truncated** *cstr* 对应的 multibyte 序列
wc.to_bytes(*str*)	返回 string *str* 对应的 multibyte 序列
wc.to_bytes(*cbeg*,*cend*)	返回宽字符区间 [*cbeg*,*cend*) 对应的 multibyte 序列

表 16.29 Class wstring_convert<> 的成员

例如，以下两个函数分别允许 UTF-8 string 转换为 wstring 及反向转换：

```
// i18n/wstring2utf8.hpp

#include <codecvt>
#include <string>

// convert UTF-8 string to wstring
std::wstring utf8_to_wstring (const std::string& str)
{
    std::wstring_convert<std::codecvt_utf8<wchar_t>> myconv;
    return myconv.from_bytes(str);
}
```

```
// convert wstring to UTF-8 string
std::string wstring_to_utf8 (const std::wstring& str)
{
    std::wstring_convert<std::codecvt_utf8<wchar_t>> myconv;
    return myconv.to_bytes(str);
}
```

以下程序示范了这些函数的应用，将一个 string 转换为一个 wstring（使用 16.4.4 节第 892 页介绍过的 to_wstring()），以及将这个 wstring 转换为一个 multibyte string，然后写到标准输出：

```
// i18n/wstring2utf8.cpp

#include <locale>
#include <string>
#include <iostream>
#include <exception>
#include <cstdlib>
#include "wstring2string.hpp"
#include "wstring2utf8.hpp"

int main()
{
    try {
#ifdef _MSC_VER
        // string with German umlaut and euro symbol (in Windows encoding):
        std::string s = "nj: ä + \x80 1";

        // convert to wide-character string (using Windows encoding):
        std::wstring ws = to_wstring(s,std::locale("deu_DEU.1252"));
#else
        // string with German umlaut and euro symbol (in ISO Latin-15 encoding):
        std::string s = "nj: ä + \xA4 1";

        // convert to wide-character string (using ISO Latin-15 encoding):
        std::wstring ws = to_wstring(s,std::locale("de_DE.ISO-8859-15"));
#endif

        // print string as UTF-8 sequence:
        std::cout << wstring_to_utf8(ws) << std::endl;
    }
    catch (const std::exception& e) {
        std::cerr << "Exception: " << e.what() << std::endl;
        return EXIT_FAILURE;
    }
}
```

String s 拥有 8-bit Windows-1252 或 ISO-8859-15 byte sequence 格式，见第 852 页的图16.1。在该图中它被表示为一种带有 UTF-8 格式的 multibyte 字符序列。

Class wstring_buffer

自 C++11 起，class wbuffer_convert<> 允许我们借用其低层转换（从宽字符转至 multibyte 字符）建立起一个 stream 缓冲区（见 15.13 节第 826 页）。例如以下程序将 UTF-8 字符序列转换为 UTF-16/UCS-2 字符序列：

```
// i18n/wbuffer.cpp

#include <string>
#include <iostream>
#include <codecvt>
using namespace std;

int main()
{
    // create input stream reading UTF-8 sequences:
    wbuffer_convert<codecvt_utf8<wchar_t>> utf8inBuf(cin.rdbuf());
    wistream utf8in(&utf8inBuf);

    // create output stream writing UTF-16 sequences:
    wbuffer_convert<codecvt_utf16<wchar_t,
                                  0xFFFF,
                                  generate_header>>
                   utf16outBuf(cout.rdbuf());
    wostream utf16out(&utf16outBuf);

    // write each character read:
    wchar_t c;
    while (utf8in.get(c)) {
        utf16out.put(c);
    }
}
```

这个程序使用一个 input stream utf8in 读取 UTF-8 multibyte 字符序列，放进宽字符中，又使用一个 output stream utf16out，把这些宽字符写为 UTF-16 multibyte 字符（根据前导的 byte order mark）。输出几乎吻合 UCS-2，因为字符值被限制最高为 0xFFFF。

16.4.5 字符串校勘（String Collation）

Facet collate<> 用来处理 string 排序时各种不同约定之间的差异。例如在德国，对 string 排序时，字母 *ü* 与字母 *u* 及 *ue* 等同。但是对于其他语言，*ü* 甚至不是字母，就算遇上了也只被当成一个特殊字符。针对同一个字符序列，以不同的语言排序时，规则可能稍有不同。Facet collate 可提供用户所熟悉的排序。表16.30列出了这个 facet 的所有成员函数。在此表中，col 是 collate 的一个实例化实现，函数实参是若干迭代器，用来定义 string。

表达式	意义
col.compare(*beg1*,*end1*,*beg2*,*end2*)	返回 1 如果第一个 string 大于第二个 string 0 如果两个 string 相等 -1 如果第一个 string 小于第二个 string
col.transform(*beg*,*end*)	返回一个 string，可用来和其他也被 transformed 的 string 比较
col.hash(*beg*,*end*)	返回 string 的一个 hash value（类型为 long）

表 16.30 collate<> Facet 的成员

Facet collate<> 是个 class template，其 template 实参是“字符类型 charT”。传给 collate 成员函数的那些 string，乃是以“类型为 const charT*”的迭代器指出。这多少有点不幸，因为没有谁能够保证 basic_string<charT> 中的迭代器也是 pointer，所以进行 string 比较时不得不这么做：

```
std::locale loc;
std::string s1, s2;
...
// get collate facet of the loc locale
const std::collate<char>& col = std::use_facet<std::collate<char>>(loc);

// compare strings by using the collate facet
int result = col.compare(s1.data(), s1.data()+s1.size(),
                         s2.data(), s2.data()+s2.size());
if (result == 0) {
    // s1 and s2 are equal
    ...
}
```

Locale 的 function call 操作符也可以用来比较 string，其内部会调用 compare() 并判断它是否返回 -1：

```
bool result = loc(s1,s2);   // check s1<s2 according to locale loc
```

因此我们可以把一个 locale 当作排序准则（sorting criterion）来用（见 16.3 节第 868 页）。

transform() 返回一个类型为 basic_string<charT> 的对象。这些被 transform() 返回的 string，其字典顺序（lexicographical order）与使用 collate() 的那个原始字符串相同。如果某个 string 有必要和其他众多 string 比较，那么这可以协助提高性能。“决定 string 之字典顺序”远比“使用 collate()”快得多，因为国家级排序规则（national sorting rule）可能相对复杂。

C++ 标准库只强制要求必须支持 collate<> 的两个实例化实现（instantiation）：collate<char> 和 collate<wchar_t>。用户必须自行撰写针对其他字符类型的特化版本，其中有可能借用上述标准实例化实现。

16.4.6 消息国际化（Internationalized Message）

messages<> facet 用来从一个消息名册（message catalog）中获得已被国际化的消息。这个 facet 主要用来提供类似 perror() 的功能。perror() 在 POSIX 系统中系根据存储于全局变量 errno 中的报错编号打印出一个系统报错信息。当然，messages 提供的功能更加灵活，可惜其定义不尽精确。

messages<> facet 是个 class template，其 template 实参是“字符类型 charT”。这个 facet 返回一个类型为 basic_string<charT> 的 string。这个 facet 的基本用途是：打开一个消息名册、从中获取信息，然后关闭该名册。Class messages 派生自 class messages_base，后者定义了一个 catalog 类型（其实就是 int），其对象用来标示一个名册，messages 的成员函数即针对这一名册进行操作。表16.31列出了 messages 的成员函数。

表达式	意义
msg.open(*name*,*loc*)	打开一个名册（catalog），返回对应的 ID
msg.get(*cat*,*set*,*msgid*,*def*)	返回 *msgid* 在名册 *cat* 内的对应消息；如果没有对应消息，返回 *def*
msg.close(*cat*)	关闭 *cat* 名册

表 16.31 messages<> Facet 的成员

open() 函数接受的 name 实参用来标示一个名册（catalog），相应消息字符串就存储于其中。这个实参也可以（例如）是个文件名称。实参 *loc* 标示一个 locale 对象，通过它可以访问 ctype facet——我们可以运用这个 facet 将消息转成我们所期望的字符类型。

成员函数 get() 的确切语义未有定义。举个例子，POSIX 系统中的一个实现会返回一个与 *msgid* 对应的报错信息字符串。但 C++ standard 并未这么强制规定。实参 *set* 用来在消息中建立一个子结构，例如可用来区别“系统报错”和“C++ 标准库报错”。

当不再需要某个消息名册，可调用 close() 关闭之。虽然 open() 和 close() 这样的名称似乎暗示消息来自某个文件，但 C++ standard 其实并无此强硬要求。现实中更有可能的情况是 `open()` 从文件中读取数据，然后将消息存储于内存，而后调用 `close()` 释放该内存。

C++ standard 要求每一个 locale 内都必须存储这一 facet 的两个实例化实现（instantiation）：`messages<char>` 和 `messages<wchar_t>`。除此之外 C++ 标准库并未支持其他任何实例化实现。

第17章

数值

本章讲述 C++ 标准库的数值组件（numeric component），更明确地说是随机数及其分布（random number and distribution）、复数（complex number）、数值数组（value array），以及继承自 C 标准库的全局数值函数（global numeric function）。

C++ 标准库其实提供了更多数值组件：

1. 对于所有基本数值类型，依赖于编译器（implementation-specific）的部分由 5.3 节第 115 页的 `numeric_limits` 表述。
2. Class `ratio<>` 提供分数运算，特别被用作 duration（时间段）和 timepoint（时间点）的基础（见 5.6 节第 140 页）。
3. STL 内含若干数值算法， 11.11 节第 623 页介绍过。
4. C++ 标准库提供 class `valarray` 用来处理数值数组（numeric array）。然而现实中这个 class 几乎未曾扮演任何重要角色，所以除了 17.4 节第 943 页有一份简短介绍，我以补充章节的形式将 `valarray` 的详细说明放在 `http://www.cppstdlib.com`。

17.1 随机数及分布（Random Number and Distribution）

自 C++11 起，C++ 标准库包含一个随机数程序库（random-number library），提供众多 class 和 type 用来满足新手和专家对于随机数及其分布（distribution）的需求。这个程序库的复杂也许远超乎你的想象。首先，它提供许多众所周知的分布。除此之外，C++ 标准库还提供多个引擎，那是随机性的源头。这些引擎会产生随机的无正负号值（random unsigned value），它们被均匀分布（uniformly distributed）于一个预定义的最小和最大值之间；而所谓 distribution（分布）会把那些值转换为随机数（random *number*）[1]，后者将根据使用者提供的参数被线性或非线性地分布。因此你不该直接使用引擎产生的值（详见 17.1.1 节第 912 页）。之所以存在多个引擎，是因为在计算机中没有

[1] Distribution 所使用的正确术语应该是 *random variant* 而不是 *random number*。

所谓真正的随机，你也许需要很多努力才能提供好的随机性，所以这些引擎在质量、大小、速度上皆有不同。

注意，关于术语 *random-number generator*（随机数生成器），存在着若干混淆，因为它适用于两种不同的东西：

1. 它可能是指随机性的源头（a source of randomness）。事实上根据标准所言，每个引擎都可胜任一个“均匀随机数生成器”。
2. 它可能是指随机数的生成机制，这是一个引擎和一个分布的组合。

当程序需要随机数时，通常指的是上述后者。因此，你通常需要一个引擎和一个分布，这不困难，第一个例子将为你示范。

为了使用随机数程序库，你必须包含头文件 `<random>`。

17.1.1 第一个例子

深入细节之前，我先提出第一个例子，给那些急着需要随机数或需要将元素重新洗牌（弄乱），而不很在意成果质量的人。例子如下：

```
// num/random1.cpp

#include <random>
#include <iostream>
#include <algorithm>
#include <vector>

int main()
{
    // create default engine as source of randomness
    std::default_random_engine dre;

    // use engine to generate integral numbers between 10 and 20 (both included)
    std::uniform_int_distribution<int> di(10,20);
    for (int i=0; i<20; ++i) {
        std::cout << di(dre) << " ";
    }
    std::cout << std::endl;

    // use engine to generate floating-point numbers between 10.0 and 20.0
    // (10.0 included, 20.0 not included)
    std::uniform_real_distribution<double> dr(10,20);
    for (int i=0; i<8; ++i) {
        std::cout << dr(dre) << " ";
    }
```

```
    std::cout << std::endl;

    // use engine to shuffle elements
    std::vector<int> v = { 1, 2, 3, 4, 5, 6, 7, 8, 9 };
    ...
    std::shuffle (v.begin(), v.end(),  // range
                  dre);                // source of randomness
    for (int i=0; i<v.size(); ++i) {
        std::cout << v[i] << " ";
    }
    std::cout << std::endl;
}
```

这个程序展示了随机数程序库的一般用法。首先必须包含随机数程序库本身：

```
#include <random>
```

产生随机数的办法是，将引擎 dre 分别与两个分布 di 和 dr 组合起来：

- **引擎**作为随机性的源头。它们是 function object，能够产生随机的无正负值，并均匀分布于一个预定义的最小和最大值之间。
- **分布**表示以何种手法，将这些随机值（random value）转换为随机数（random number），后者分布于一个由使用者给定的参数所决定的区间内。

C++ 标准库提供众多引擎，因为数学上存在多种创造随机值的办法（其算法和实现都会影响成果的质量和效能）。本例使用一个默认引擎，因为我只是“随性、非专业、轻度地”使用：

```
std::default_random_engine dre;
```

根据 standard 所言，这“在效能、大小、质量等综合考量下……至少是个可被接受的引擎”。但是这究竟选择的是哪一种引擎，由实现（implementation）决定。基于此，本程序的输出在不同的平台上有可能不同。

针对不同的随机值类型，C++ 标准库也提供了多种分布（distribution）：线性、正态/高斯、指数、伽马（gamma）、伯努利（Bernoulli）等。最常见的线性分布——所有数被等机率分布于一个由给定之最小和最大值形成的区间内——存在两个 class，也就是本例所用的：一个用于整数，一个用于浮点数。

首先使用 uniform_int_distribution，它会产生整数。这些数的类型必须是以下之一：short、int、long、long long 及其相应的 unsigned 类型。如果没有指定类型，默认是 int。构造函数的第一实参指出最小值（默认为 0），第二实参指出最大值（默认为 numeric_limits<*type*>::max()，见 5.3 节第 115 页）。请注意最小值和最大值都可被生成出来，所以这不是个半开区间（not a half-open range）。下面的语句定义了 di 所生成的随机数分布于 10 至 20 之间（二者都包括）：

```
std::uniform_int_distribution<int> di(10,20);
```

产生一个随机数的做法是，对此分布调用 operator ()，并将引擎作为实参传入。因此，欲以此分布生成“下一个”随机数，只需如下这么做：

```
di(dre)
```

注意，任何引擎的初始状态都有明确定义，并非随机的。因此，以下语句会输出相同的数值两次：

```
std::uniform_int_distribution<int> d;
std::default_random_engine dre1;
std::cout << d(dre1) << " ";
std::default_random_engine dre2;
std::cout << d(dre2) << " ";
```

如果你需要一个不可预期的随机值，就必须以随机形式设定生成器状态，也就是处理某些“无法以代码加以影响”的行为，例如“两次鼠标点击动作之间的毫秒数”。也就是说，你必须传入一个所谓的种子（seed）给引擎构造函数。例如：

```
unsigned int seed = ...                  // process some value really random
std::default_random_engine dre(seed);   // and use it for the initial engine state
```

或者，你也可以调用成员函数，使用种子更改某个生成器的状态。

相同做法可作用于随机浮点数身上。然而请注意，此时传入的最小和最大值是个半开区间（half-open range），默认为 [0.0,1.0)。可能的类型包括 float、double（默认）或 long double。下面的语句定义了一个分布 dr，生成的随机数介于 10.0 和 20.0 之间（不含后者）：

```
std::uniform_real_distribution<double> dr(10,20);
```

以下语句则是让 d 生成 double 数，介于 0.0 到 0.9999...（或者说 1.0 以下的最大 double 数）：

```
std::uniform_real_distribution<> d;
```

最后，程序示范了如何使用随机数生成器来弄乱（shuffle）容器或区间内的元素。自 C++11 起开始出现算法 shuffle()（见 11.8.4 节第 589 页），它利用一个均匀随机数生成器（uniform random-number generator）如 std::default_random_engine 来重排元素：

```
std::default_random_engine dre;
...
std::shuffle (v.begin(), v.end(),  // range
              dre);                // source of randomness
```

程序输出可能是这样：[2]

[2] 这里之所以说“可能”是因为 default_random_engine 的精确定义取决于实现。此处的结果吻合 default_random_engine 作为 minstd_rand0 的定义。

```
10 11 18 15 15 12 10 17 17 20 14 15 19 10 10 15 17 10 14 10
16.8677 19.3044 15.2693 16.5392 17.0119 17.622 10.4746 13.2823
1 6 3 4 2 8 9 5 7
```

小心临时引擎（Temporary Engine）

你可以，但不应该，传入一个临时引擎。[3]原因是每次初始化一个引擎，其初始状态是相同的。因此，如果你写出类似下面的代码，重新洗牌（shuffling）会以相同方式发生两次：

```
std::shuffle(v.begin(),v.end(),                // range
             std::default_random_engine());    // random-number generator
...
std::shuffle(v.begin(),v.end(),                // range
             std::default_random_engine());    // random-number generator
```

也就是说，如果第一次重新洗牌时，首元素被放至最末端，第二次重新洗牌时仍会如此。于是每次重新洗牌都采用相同方式。例如：

```
1 2 3 4 5 6 7 8 9     // initial state
8 7 5 6 2 4 9 3 1     // after first shuffling
3 9 2 4 7 6 1 5 8     // after second shuffling with engine with equal state
```

由此例可以看出，如此重新洗牌，其问题不只是其结果在第一次调用后可被预测。是的，不论你多么频繁地调用 `shuffle()`，元素 4 绝不会被洗到“第四或第六以外”的位置，因为根据当前状态（current state），`shuffle()` 仅仅是互换这两个位置。

你可以改写如下，使 shuffling 依据不同的状态进行：

```
std::default_random_engine dre;
...
std::shuffle(v.begin(),v.end(),   // range
             dre);                // random-number generator
...
std::shuffle(v.begin(),v.end(),   // range
             dre);                // random-number generator
```

现在，每次重新洗牌都以不同方式搬移元素，结果可能如下：

```
1 2 3 4 5 6 7 8 9     // initial state
8 7 5 6 2 4 9 3 1     // after first shuffling
3 6 2 7 1 5 8 9 4     // after second shuffling with engine with different state
```

[3] 感谢 Walter E. Brown 指出这一点。

不要只使用引擎（Engine）却不指定分布（Distribution）

现在，天真的程序员也许会问：为什么不只索求一个引擎然后使用它所产生的值作为随机数呢（如果区间不吻合，我可以加上 modulo operator %）？

一个重要的答案出现在 Andrew Koenig 和 Barbara E. Moo 所著的 *Accelerated C++* 7.4.4 节（请参考 [*KoenigMoo:Accelerated*]），其中解释了为什么使用 `rand()`——C 标准随机值生成器（standard random-value generator of C）——会造成问题（引擎往往也有相同问题）。其本质描述于下（楷体是摘录文字）：

> 使用 `rand()%n` 计算随机数，这一技术现实中会因以下两个原因而失败：
>
> 1. 当商（quotient）被当作 n 且为小整数时，许多伪（pseudo）随机数生成器制造出来的余数（remainder）并不很随机。例如 `rand()` 的连续执行结果非偶即奇（这并不十分罕见），这种情况下如果 n 是 2，连续执行 `rand()%n` 获得的不是 0 就是 1。
> 2. 另一方面，如果 n 是大数，且被生成之最大值并非均匀地（evenly）可被 n 除尽，那么某些余数（remainder）的出现率会远高于其他。假设最大数是 32767 而 n 是 2000，17 个生成值（500, 2500, ..., 30500, 32500）将映射至 500，而 16 个生成值（1500, 3500, ..., 31500）映射至 1500。这个情况在 n 愈大时愈糟糕。

良好的线性生成器（linear generator）把“引擎生成值”映射至“生成数区间”时，会考虑上述因素。因此，为了获得质量良好的随机数，你应该总是为你的引擎搭配一个分布。

17.1.2 引擎（Engine）

C++ 标准库提供 16 个随机数引擎（random-number engine），你可以用它们搭配某个分布来实现随机数，或是用来重新洗牌（见图17.1）。

一如稍早所说，随机数引擎是一个带有状态的随机性源头（stateful source of randomness）。其状态决定了它将生成哪一个随机值序列（sequence of random *value*），注意这并非随机数（random *number*）（见 17.1.1 节第 912 页）。每次以 operator () 调用它，就可以产出一个随机的无正负号值，并且内部状态会改变，使得可以此后再产出一个新随机值。

注意，通常“状态的转变”和“被生成值”被精确地具体指定。因此，在任何平台上，带有相同状态的同类型引擎将产生相同的随机值。唯一例外是 `default_random_engine`，它依赖于实现；它还是会产生可预期值，但所使用的算法可能在不同的平台上有所不同。

你或许主张，引擎产生的每一个值都应该总是随机的，但是计算机里头没有真正的随机。如果你真的需要一个不可预期值，你必须随机设定生成器的状态，例如运用某些“你无法以代码加以影响”的行为，像是“两次鼠标点击之间的毫秒数”。

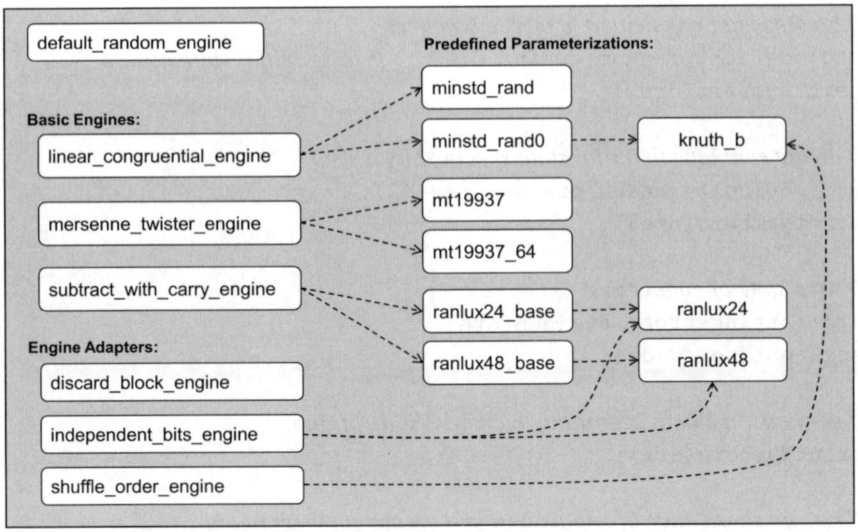

图 17.1　预定义的随机数引擎（Predefined Random-Number Engine）

换个角度看，随机值的可预测性带来的好处是，你可以根据随机数执行相同的“随机”剧本，这可以对“测试”带来帮助。

下面的程序示范了这件事情：

```
// num/random2.cpp

#include <random>
#include <iostream>
#include <sstream>

void printNumbers (std::default_random_engine& dre)
{
    for (int i=0; i<6; ++i) {
        std::cout << dre() << " ";
    }
    std::cout << std::endl;
}

int main()
{
    // create engine and generate numbers
    std::default_random_engine dre;
    printNumbers(dre);
```

```
    // create equal engine and generate numbers
    std::default_random_engine dre2;   // same initial state as dre
    printNumbers(dre2);

    // create engine with initial state specified by a seed
    std::default_random_engine dre3(42);
    printNumbers(dre3);

    // save state of engine dre
    std::stringstream engineState;
    engineState << dre;

    // generate numbers according to current state of dre
    printNumbers(dre);

    // restore saved state of engine dre and create numbers again
    engineState >> dre;
    printNumbers(dre);

    // restore saved state of engine dre, skip 2 numbers and create numbers again
    engineState.clear();      // clear EOF bit
    engineState.seekg(0);     // and move read position to the beginning
    engineState >> dre;
    dre.discard(2);
    printNumbers(dre);
}
```

这个程序可能的输出如下：[4]

```
16807 282475249 1622650073 984943658 1144108930 470211272
16807 282475249 1622650073 984943658 1144108930 470211272
705894 1126542223 1579310009 565444343 807934826 421520601
101027544 1457850878 1458777923 2007237709 823564440 1115438165
101027544 1457850878 1458777923 2007237709 823564440 1115438165
1458777923 2007237709 823564440 1115438165 1784484492 74243042
```

在声明了一个随机数引擎（本例使用默认的那个）之后，我们可以使用 operator () 生成数值：

```
std::default_random_engine dre;
...
dre()
```

[4] 确切的输出可能不同，因为 `default_random_engine` 乃是由实现全权定义。这里的结果吻合 `default_random_engine` 作为 `minstd_rand0` 的定义。

引擎其实是个 function object（也就是一个“行为像 function”的 object；见 6.10 节第 233 页）。

引擎生成的值全都是无正负号整型值（unsigned integral value），其确切类型可被具体指定，但唯有 `default_random_engine` 不行，其类型已由实现定义；引擎的 `result_type` 可导出其类型，而 static 成员函数 `min()` 和 `max()` 获得可被生成之最小和最大值（两者都包含）。

如果你又一次声明一个平等引擎（equal engine），它会有相同的初始状态，并因此产出相同的随机值。将引擎以 by value（按值传递）方式传给 `printNumbers()` 两次，也会获得相同状态。由于该函数操作的是 `dre` 的临时拷贝，因此也会产生相同结果。

下一条语句展示如何将一个初始种子（initial seed）传入，改变引擎的初始状态：

```
std::default_random_engine dre3(42);
```

这里，通常你会传入一个来自程序外部的值，用以启动一个真正意义上的随机值（例如两次鼠标点击之间的时间长度，或是来自真正时钟的某个值）。

下面的语句示范了所有引擎都具备的另两个可能性。你可以使用 operator << 和 >> 存储和恢复引擎的状态。[5] 以下语句借由使用 string stream（见 15.10 节第 802 页）将状态写入一个 string：

```
std::ostringstream engineState;
engineState << dre;
```

这个状态将形成一个以空格区分的值序列（a sequence of values），但它不是一个随机数序列！如果我们改变 `dre` 的状态——例如以它生成一个数——并于稍后恢复状态，引擎将恢复前一状态并因此再次生成相同的值。

以下语句跳过两个状态：

```
dre.discard(2);
```

于是，此后，`dre` 所处的状态就好像它已经生成了两个值。然而 `discard()` 可能（且经常）比“调用 operator () 真正生成数值因而进行至某个状态”更快。

17.1.3 细说引擎（Engine）

如图17.1所示（17.1 节第 913 页），我们可以将 C++ 标准库提供的引擎分为三类：

- **基础引擎（basic engine）**，提供各种基本算法用以生成随机值：
  - Class `std::`**`linear_congruential_engine`**
  - Class `std::`**`mersenne_twister_engine`**
  - Class `std::`**`subtract_with_carry_engine`**

[5] 这或许是 C++ 标准库提供的第一个也是唯一一个 serialization 接口。

- **引擎适配器（engine adapter）**，可根据一个基础引擎而初始化：
  - Class std::**discard_block_engine**，它这样改编引擎：每次抛弃某给定数量之生成值。
  - Class std::**independent_bits_engine**，它以一个具体指定数量的 bit 生成随机值。
  - Class std::**shuffle_order_engine**，它将生成值（generated value）的次序加以排列组合。
- **适配器并带预定义参数（adapter with predefined parameter）**：
  - std::**minstd_rand0**
  - std::**minstd_rand**
  - std::**mt19937**
  - std::**mt19937_64**
  - std::**ranlux24_base**
  - std::**ranlux48_base**
  - std::**ranlux24**
  - std::**ranlux48**
  - std::**knuth_b**

举个例子，上述 knuth_b 类型代表的是：

```
shuffle_order_engine<linear_congruential_engine<uint_fast32_t,
                                                16807,
                                                0,
                                                2147483647>,
                     256>
```

此外，std::default_random_engine 是一个由实现决定的类型定义。它是唯一不保证“在不同平台上生成完全相同的数列”的引擎。

操作	影响
engine e	Default 构造函数；以默认初始状态建立引擎
engine e(*seed*)	根据 *seed* 形成的状态来建立引擎
engine e(*e2*)	Copy 构造函数；复制一个引擎（e 和 *e2* 将拥有相同状态）
e.seed()	将引擎 e 设为初始状态
e.seed(*seed*)	将引擎 e 设为根据 *seed* 而形成的状态
e()	返回下一个随机值，并前进其状态
e.discard(*n*)	前进接下来的 *n* 个状态（很像是 *n* 次调用 e()，但可能更快）
e1 == e2	返回“e1 和 e2 是否拥有相同状态”
e1 != e2	返回“e1 和 e2 是否不拥有相同状态”
ostrm << e	将 e 的状态写入 output stream *ostrm*
istrm >> e	从 input stream *istrm* 中读取一个新状态放入 e

表 17.1 随机数引擎的各项操作

表17.1列出了随机数引擎提供的各项操作。所有相同类型的默认构造引擎（default-constructed engine）最初都有相同的状态，这意味着 operator == 会获得 `true`，而二者会产出相同的随机值串列（an equal list of “random” values）。因此，你需要一个种子（seed）来制造不同的随机值。

由 operator << 写出的状态，是一系列十进制值（a list of decimal values），以空格分隔。虽然它看起来也许像是一系列随机值（a list of random values），但不是。

它只是保证，当它（一个被写出的状态）被类型相同的引擎读取，该引擎也就拥有了同样的状态（也就是 operator == 会得到 `true` 且相同的值会被产生出来）。

17.1.4 分布（Distribution）

正如先前所说，所谓分布（distribution）是把引擎产生的随机值转换为真实而有用的随机数。产出数的概率取决于使用何种分布，后者可根据程序员的需要被参数化。表17.2针对C++ 标准库提供的所有分布给出了一份概览。

分类	名称	数据类型
均匀分布	`uniform_int_distribution`	*IntType*
	`uniform_real_distribution`	*RealType*
伯努利分布	`bernoulli_distribution`	`bool`
	`binomial_distribution`	*IntType*
	`geometric_distribution`	*IntType*
	`negative_binomial_distribution`	*IntType*
泊松分布	`poisson_distribution`	*IntType*
	`exponential_distribution`	*RealType*
	`gamma_distribution`	*RealType*
	`weibull_distribution`	*RealType*
	`extreme_value_distribution`	*RealType*
正态分布	`normal_distribution`	*RealType*
	`lognormal_distribution`	*RealType*
	`chi_squared_distribution`	*RealType*
	`cauchy_distribution`	*RealType*
	`fisher_f_distribution`	*RealType*
	`student_t_distribution`	*RealType*
抽样分布	`discrete_distribution`	*IntType*
	`piecewise_constant_distribution`	*RealType*
	`piecewise_linear_distribution`	*RealType*

表 17.2　C++ 标准库提供的分布（Distribution）

几乎所有分布都是 template，以其“生成值的类型”为参数。唯一例外是 bernoulli_distribution，它是个 class 而非 template，因为它只生成 bool。表17.2所列的类型默认为：

- int（对于 *IntType*）
- double（对于 *RealType*）

C++ 标准库保证提供以下多个 template 实例化实现（instantiation）：

- 对于 *IntType*：short、int、long、long long，及其相应的 unsigned 类型。
- 对于 *RealType*：float、double、long double。

表17.3列出了针对各种分布提供的操作。

操作	效果
distr::result_type	被生成值的算术形式（arithmetic type）
distr d	Default 构造函数；建立一个分布，带有默认参数
distr d(*args*)	创建一个分布，以 *args* 为参数
d(*e*)	返回引擎/生成器 *e* 所生成的下一个值，*e* 将推进其状态（advance the state）
d.min()	返回最小值
d.max()	返回最大值
d1 == d2	返回“是否 d1 和 d2 有相同的状态”
d1 != d2	返回“是否 d1 和 d2 没有相同状态”
ostrm << d	将 d 的状态写至 output stream *ostrm*
istrm >> d	从 input stream *istrm* 中读取一个新状态放至 d
distr::param_type	*distr* 的参数化类型（type for the parametrization）
distr d(*pt*)	创建一个分布（distribution），以 param_type *pt* 完成参数化
d.param(*pt*)	将当前之参数化（parametrization）类型设置为 param_type *pt*
d.param()	返回当前之参数化类型，类型为 param_type
d(*e*,*pt*)	根据引擎/生成器 *e* 和 param_type *pt* 返回下一个值，并推进 *e* 的状态
d.*param*()	返回参数 *param* 的值

表 17.3 分布（Distribution）的类型和操作

分布可被参数化，表17.3中的 *args* 和 *pt* 实际取决于具体某个分布。你可以这样对付它们：

- 将所有参数当作 *args* 传给构造函数。
- 使用一个“根据参数命名”的成员函数查询其值。
- 运用分布提供的 param_type：
  - 将参数作为 param_type 构造函数的实参。
  - 下一次数值生成时，将这些参数传入。
  - 对被生成值查询这些参数。

  param_type 本身应提供构造函数（用以接受参数）和若干成员函数（用以查询参数值）。

举个例子，均匀分布（uniform distribution）有两个参数 a 和 b，表示最小值和最大值(见 17.1.5 节第 921 页)。你可以逐个传递实参：

```
uniform_int_distribution<> d(0, 20);  // initialize parameters "a" and "b"
d.a()              // yields value of parameter "a"
d.b()              // yields value of parameter "b"
d.param().a()      // yields value of parameter "a"
d.param().b()      // yields value of parameter "b"
```

也可以使用 param_type 把参数当作一个整体来传递：

```
uniform_int_distribution<>::param_type pt(100, 200);  // other parametrization
d(e,pt)            // generates one value according to parametrization pt
d.param(pt);       // let all generated values use parametrization pt
```

只有抽样分布（sampling distribution）才会使用特殊的构造函数传递 vector of values 或是传递一个数值生成器（value generator)。

注意，使用者为分布指定的最大值，有时候包括于生成范围内，有时则被排除。

就像随机引擎一样，由 operator << 写出的状态是一系列十进制值（a list of decimal values)，以空格为分界。虽然它们也许看起来像是一系列随机数，但其实不是。

以下程序示范了如何使用分布（distribution)：

```
// num/dist1.cpp

#include <random>
#include <map>
#include <string>
#include <iostream>
#include <iomanip>

template <typename Distr, typename Eng>
void distr (Distr d, Eng e, const std::string& name)
{
    // print min, max and four example values
    std::cout << name << ":" << std::endl;
    std::cout << "- min():  " << d.min() << std::endl;
    std::cout << "- max():  " << d.max() << std::endl;
    std::cout << "- values: " << d(e) << ' ' << d(e) << ' '
              << d(e) << ' ' << d(e) << std::endl;

    // count the generated values (converted to integral values)
    std::map<long long,int> valuecounter;
    for (int i=0; i<200000; ++i) {
        valuecounter[d(e)]++;
    }
```

```
    // and print the resulting distribution
    std::cout << "====" << std::endl;
    for (auto elem : valuecounter) {
        std::cout << std::setw(3) << elem.first << ": "
                                  << elem.second << std::endl;
    }
    std::cout << "====" << std::endl;
    std::cout << std::endl;
}

int main()
{
    std::knuth_b e;

    std::uniform_real_distribution<> ud(0, 10);
    distr(ud,e,"uniform_real_distribution");

    std::normal_distribution<> nd;
    distr(nd,e,"normal_distribution");

    std::exponential_distribution<> ed;
    distr(ed,e,"exponential_distribution");

    std::gamma_distribution<> gd;
    distr(gd,e,"gamma_distribution");
}
```

在笔者的机器上，此程序有以下输出（我把输出安排为两栏）：

```
uniform_real_distribution:
- min():  0
- max():  10
- values: 8.30965 1.30427 9.47764 3.83416
====
  0: 20087
  1: 20057
  2: 19878
  3: 19877
  4: 20005
  5: 20118
  6: 20063
  7: 19886
  8: 20003
  9: 20026
====
```

```
normal_distribution:
- min():  2.22507e-308
- max():  1.79769e+308
- values: -0.131724 0.117963 -0.140331 0.538967
====
 -4: 9
 -3: 245
 -2: 4325
 -1: 26843
  0: 136947
  1: 26987
  2: 4377
  3: 258
  4: 9
====
```

```
exponential_distribution:
- min():  0
- max():  1.79769e+308
- values: 0.185167 2.03694 0.0536495 0.958636
====
  0: 126487
  1: 46436
  2: 17120
  3: 6294
  4: 2326
  5: 865
  6: 283
  7: 107
  8: 52
  9: 17
 10: 6
 11: 6
 12: 1
====
```

```
gamma_distribution:
- min():  0
- max():  1.79769e+308
- values: 0.117964 1.60557 0.558526 1.21066
====
  0: 126315
  1: 46477
  2: 17160
  3: 6271
  4: 2413
  5: 866
  6: 327
  7: 109
  8: 41
  9: 12
 10: 7
 11: 1
 12: 1
====
```

17.1.5 细说分布（Distribution）

所有分布（distribution）的概率（密度）函数及参数如下：

`uniform_int_distribution`:

$$P(i\,|\,a,b) = 1/(b-a+1)$$

参数：

IntType `a` （默认为 `0`）
IntType `b` （默认为 *`limits`*`::max()`）

`uniform_real_distribution`:

$$p(x\,|\,a,b) = 1/(b-a)$$

参数：

RealType **`a`** （默认为 `0.0`）
RealType **`b`** （默认为 `1.0`）

`bernoulli_distribution`:

$$P(b\,|\,p) = \begin{cases} p & \text{若} \quad b = \texttt{true} \\ 1-p & \text{若} \quad b = \texttt{false} \end{cases}$$

参数：

double **`p`** （默认为 `0.5`）

binomial_distribution:

$$P(i\,|\,t,p) = \binom{t}{i} \cdot p^i \cdot (1-p)^{t-i}$$

参数：

IntType **t** （默认为 1）

double **p** （默认为 0.5）

geometric_distribution:

$$P(i\,|\,p) = p \cdot (1-p)^i$$

参数：

double **p** （默认为 0.5）

negative_binomial_distribution:

$$P(i\,|\,k,p) = \binom{k+i-1}{i} \cdot p^k \cdot (1-p)^i$$

参数：

IntType **k** （默认为 1）

double **p** （默认为 0.5）

poisson_distribution:

$$P(i\,|\,\mu) = \frac{e^{-\mu}\mu^i}{i\,!}$$

参数：

double **mean** （默认为 1.0）

exponential_distribution:

$$p(x\,|\,\lambda) = \lambda e^{-\lambda x}$$

参数：

RealType **lambda** （默认为 1.0）

gamma_distribution:

$$p(x\,|\,\alpha,\beta) = \frac{e^{-x/\beta}}{\beta^\alpha \cdot \Gamma(\alpha)} \cdot x^{\alpha-1}$$

参数：

RealType **alpha** （默认为 1.0）

RealType **beta** （默认为 1.0）

weibull_distribution:

$$p(x\,|\,a,b) = \frac{a}{b} \cdot \left(\frac{x}{b}\right)^{a-1} \cdot \exp\left(-\left(\frac{x}{b}\right)^a\right)$$

参数：

RealType **a** （默认为 1.0）
RealType **b** （默认为 1.0）

extreme_value_distribution:

$$p(x \mid a, b) = \frac{1}{b} \cdot \exp\left(\frac{a-x}{b} - \exp\left(\frac{a-x}{b}\right)\right)$$

参数：

RealType **a** （默认为 1.0）
RealType **b** （默认为 1.0）

normal_distribution:

$$p(x \mid \mu, \sigma) = \frac{1}{\sigma\sqrt{2\pi}} \cdot \exp\left(-\frac{(x-\mu)^2}{2\sigma^2}\right)$$

参数：

RealType **mean** （默认为 0.0）
RealType **stddev** （默认为 1.0）

lognormal_distribution:

$$p(x \mid m, s) = \frac{1}{sx\sqrt{2\pi}} \cdot \exp\left(-\frac{(\ln x - m)^2}{2s^2}\right)$$

参数：

RealType **m** （默认为 0.0）
RealType **s** （默认为 1.0）

chi_squared_distribution:

$$p(x \mid n) = \frac{x^{(n/2)-1} \cdot e^{-x/2}}{\Gamma(n/2) \cdot 2^{n/2}}$$

参数：

RealType **n** （默认为 1）

cauchy_distribution:

$$p(x \mid a, b) = \left(\pi b \left(1 + \left(\frac{x-a}{b}\right)^2\right)\right)^{-1}$$

参数：

RealType **a** （默认为 1.0）
RealType **b** （默认为 1.0）

fisher_f_distribution:

$$p(x\,|\,m,n) = \frac{\Gamma\big((m+n)/2\big)}{\Gamma(m/2)\,\Gamma(n/2)} \cdot \left(\frac{m}{n}\right)^{m/2} \cdot x^{(m/2)-1} \cdot \left(1+\frac{mx}{n}\right)^{-(m+n)/2}$$

参数：

RealType **m** （默认为 1）

RealType **n** （默认为 1）

student_t_distribution:

$$p(x\,|\,n) = \frac{1}{\sqrt{n\pi}} \cdot \frac{\Gamma\big((n+1)/2\big)}{\Gamma(n/2)} \cdot \left(1+\frac{x^2}{n}\right)^{-(n+1)/2} .$$

参数：

RealType **n** （默认为 1）

discrete_distribution:

$$P(i\,|\,p_0,\ldots,p_{n-1}) = p_i$$

参数：

vector<double> **probabilities**

针对这些参数，构造函数分别接受：一个由 double 构成的初值列（initializer list），一个 double 区间，以及一个可生成 double 的 function object。

piecewise_constant_distribution:

$$p(x\,|\,b_0,\ldots,b_n,\ \rho_0,\ldots,\rho_{n-1}) = \rho_i \text{, 对于 } b_i \le x < b_{i+1}$$

参数：

vector<*RealType*> **intervals** （默认值 inconsistent）

vector<*RealType*> **densities** （默认值 inconsistent）

针对这些参数，构造函数分别接受：一个“由 interval boundary 和 weight 构成”的区间，一个“由 boundary 和一个 weight generator 构成”的初值列（initializer list），以及一个“由 number, min, and max for boundary 和一个 weight generator 构成”的初值列。

piecewise_linear_distribution:

$$p(x\,|\,b_0,\ldots,b_n,\ \rho_0,\ldots,\rho_n) = \rho_i \cdot \frac{b_{i+1}-x}{b_{i+1}-b_i} + \rho_{i+1} \cdot \frac{x-b_i}{b_{i+1}-b_i} \text{, 对于 } b_i \le x < b_{i+1}$$

参数：

vector<*RealType*> **intervals**

vector<*RealType*> **densities**

针对这些参数，构造函数分别接受：一个“由 interval boundary 和 weight 构成”的区间，一个“由 boundary 和一个 weight generator 构成”的初值列（initializer list），以及一个“由 number, min, and max for boundary 和一个 weight generator 构成”的初值列。

更多细节请看 C++ 标准库中的精确描述。

17.2 复数（Complex Number）

C++ 标准库提供了一个 template class complex<>，用于操作复数。复数有两个部分：实部（real）和虚部（imaginary）。虚部的特点是“其平方值为负数”。换言之复数虚部带着 *i*，其中 *i* 是 -1 的平方根。

C++11 的最新改变

C++98 已经明确了 class complex<> 的几乎所有特性。在此第一版 C++ 标准中 class complex 的几乎所有特性都已详加叙述。事实上除了适度改用 constexpr，再没有受到其他任何 C++11 语言特性的冲击，但增加了若干修正和改善：

- 增加以下操作，接受一个复数为实参：proj()、asin()、acos()、atan()、asin()、acosh()、atanh()。
- real(*val*) 和 imag(*val*) 允许你直接设定实部和虚部。

17.2.1 Class complex<> 一般性质

Class complex<> 定义于头文件 <complex>：

```
#include <complex>
```

在 <complex> 中，class complex 定义如下：

```
namespace std {
    template <typename T>
    class complex;
}
```

其中 template 参数 T 被用来作为复数的实部和虚部的标量类型（scalar type）。

此外，C++ 标准库还为复数提供了针对标量类型 float、double 和 long double 的特化版本：

```
namespace std {
    template<> class complex<float>;
    template<> class complex<double>;
    template<> class complex<long double>;
}
```

借由这些特化版本，提供某些优化措施，以及某些更安全的转换（从某个复数类型转换为另一个复数类型）。

17.2.2 Class complex<> 运用实例

以下程序展示了 class complex<> 的部分功能，诸如产生复数、以不同表示法打印复数、在复数身上执行某些共通操作等。

```
// num/complex1.cpp

#include <iostream>
#include <complex>
using namespace std;

int main()
{
    // complex number with real and imaginary parts
    // - real part: 4.0
    // - imaginary part: 3.0
    complex<double> c1(4.0,3.0);

    // create complex number from polar coordinates
    // - magnitude: 5.0
    // - phase angle: 0.75
    complex<float> c2(polar(5.0,0.75));

    // print complex numbers with real and imaginary parts
    cout << "c1: " << c1 << endl;
    cout << "c2: " << c2 << endl;

    // print complex numbers as polar coordinates
    cout << "c1: magnitude: " << abs(c1)
         << " (squared magnitude: " << norm(c1) << ") "
         <<    " phase angle: " << arg(c1) << endl;
    cout << "c2: magnitude: " << abs(c2)
         << " (squared magnitude: " << norm(c2) << ") "
         <<    " phase angle: " << arg(c2) << endl;

    // print complex conjugates
    cout << "c1 conjugated:  " << conj(c1) << endl;
    cout << "c2 conjugated:  " << conj(c2) << endl;

    // print result of a computation
    cout << "4.4 + c1 * 1.8: " << 4.4 + c1 * 1.8 << endl;

    // print sum of c1 and c2:
```

```
        // - note: different types
        cout << "c1 + c2:          "
             << c1 + complex<double>(c2.real(),c2.imag()) << endl;

        // add square root of c1 to c1 and print the result
        cout << "c1 += sqrt(c1): " << (c1 += sqrt(c1)) << endl;
    }
```

程序可能输出如下（确切的输出和“double 类型依赖于编译器的某些性质”有关）：

```
c1: (4,3)
c2: (3.65844,3.40819)
c1: magnitude: 5 (squared magnitude: 25)  phase angle: 0.643501
c2: magnitude: 5 (squared magnitude: 25)  phase angle: 0.75
c1 conjugated:  (4,-3)
c2 conjugated:  (3.65844,-3.40819)
4.4 + c1 * 1.8: (11.6,5.4)
c1 + c2:        (7.65844,6.40819)
c1 += sqrt(c1): (6.12132,3.70711)
```

下面是第二个例子。其中有个循环，其内读取两个复数，并计算出以第一个复数为底、以第二个复数为指数的幂（power）：

```
// num/complex2.cpp

#include <iostream>
#include <complex>
#include <cstdlib>
#include <limits>
using namespace std;

int main()
{
    complex<long double> c1, c2;

    while (cin.peek() != EOF) {

        // read first complex number
        cout << "complex number c1: ";
        cin >> c1;
        if (!cin) {
            cerr << "input error" << endl;
            return EXIT_FAILURE;
        }
```

```
        // read second complex number
        cout << "complex number c2: ";
        cin >> c2;
        if (!cin) {
            cerr << "input error" << endl;
            return EXIT_FAILURE;
        }

        if (c1 == c2) {
            cout << "c1 and c2 are equal !" << endl;
        }

        cout << "c1 raised to the c2: " << pow(c1,c2)
             << endl << endl;

        // skip rest of line
        cin.ignore(numeric_limits<int>::max(),'\n');
    }
}
```

表17.4列出了此程序可能的输入和输出。注意，输入复数时，你可以在括号内（或是不需要括号）只写实部，也可以在括号内以逗点隔开实部和虚部。

c1	c2	输出
2	2	c1 raised to c2: (4,0)
(16)	0.5	c1 raised to c2: (4,0)
(8,0)	0.333333333	c1 raised to c2: (2,0)
0.99	(5)	c1 raised to c2: (0.95099,0)
(0,2)	2	c1 raised to c2: (-4,4.89843e-16)
(1.7,0.3)	0	c1 raised to c2: (1,0)
(3,4)	(-4,3)	c1 raised to c2: (4.32424e-05,8.91396e-05)
(1.7,0.3)	(4.3,2.8)	c1 raised to c2: (-4.17622,4.86871)

表 17.4 complex2.cpp 程序的输入和输出（可能情况）

17.2.3 复数的各项操作

Class template complex<> 提供一系列操作，详见以下小节。

创建、复制和赋值（Create, Copy, and Assign）

表17.5列出了 complex 的构造函数和赋值操作。我们可以通过构造函数传递初值的实部和虚部。如果不提供初值，则分别以实部和虚部标量类型的 default 构造函数进行初始化。

表达式	效果
`complex c`	产生一个复数，实部和虚部都为 0；$(0+0i)$
`complex c(1.3)`	产生一个复数，实部为 1.3，虚部为 0；$(1.3+0i)$
`complex c(1.3,4.2)`	产生一个复数，实部为 1.3，虚部为 4.2；$(1.3+4.2i)$
`complex c1(c2)`	产生一个复数，是 c2 的一个拷贝
`polar(4.2)`	产生一个极坐标表示法的临时复数，大小（magnitude）为 4.2，相角（phase angle）为 0
`polar(4.2,0.75)`	产生一个极坐标表示法的临时复数，大小（magnitude）为 4.2，相角（phase angle）为 0.75
`conj(c)`	产生一个临时复数，是 c 的共轭复数（实部相同而虚部反相）
`proj(c)`	产生一个临时复数，是 c 在黎曼球面（Riemann sphere）上的投影（始自 C++11）
`c1 = c2`	将 c2 赋值给 c1
`c1 += c2`	将 c2 值加到 c1 身上
`c1 -= c2`	将 c1 值减去 c2
`c1 *= c2`	将 c1 值乘以 c2
`c1 /= c2`	将 c1 值除以 c2

表 17.5　Class complex<> 的构造函数和赋值操作

Assignment（赋值）操作符是改变既有复数的唯一途径。复合赋值操作符如 +=、-=、*= 和 /= 会对第一操作数和第二操作数进行加、减、乘、除等运算，并将结果存储于第一操作数内。

运用 polar()，便可采用极坐标（原点距离及以弧度表示的相角）来设置一个复数：

```
// create a complex number initialized from polar coordinates
std::complex<double> c2(std::polar(4.2,0.75));
```

如果存在隐式类型转换，那么创建复数时会出现一个问题。例如下面的写法没问题：

```
std::complex<float> c2(std::polar(4.2,0.75));       // OK
```

但换用赋值符就行不通：

```
std::complex<float> c2 = std::polar(4.2,0.75);      // ERROR
```

此问题将在下一小节讨论。

函数 conj() 协助我们以某个复数的共轭复数（conjugated complex）建立一个新复数。所谓共轭复数就是将原复数的虚部反相（negated）而后得到的复数：

```
std::complex<double> c1(1.1,5.5);
std::complex<double> c2(conj(c1));    // initialize c2 with
                                      // complex<double>(1.1,-5.5)
```

C++11 提供了一个新函数 proj()，它会根据既有复数在黎曼球面（Riemann sphere）上的投影（projection）建立一个新复数。

隐式类型转换（Implicit Type Conversion）

复数的 float、double 和 long double 特化版本遵循以下设计思想：安全转换（例如 complex<float> 转为 complex<double>）可隐式进行，而不安全转换（例如 complex<long double> 转为 complex<double>）必须显式进行：

```
std::complex<float> cf;
std::complex<double> cd;
std::complex<long double> cld;
...
std::complex<double> cd1 = cf;     // OK: safe conversion
std::complex<double> cd2 = cld;    // ERROR: no implicit conversion
std::complex<double> cd3(cld);     // OK: explicit conversion
```

此外再没有其他构造函数可以执行“由其他类型之复数转换而来”的构造行为了。特别提示一点，你不能把一个“实部和虚部为整数”的复数转换为“实部和虚部为 float、double 或 long double”的复数。不过倒是可以将实部和虚部分别当作实参进行相同意义的（转换）操作：

```
std::complex<double> cd;
std::complex<int> ci;
...
std::complex<double> cd4 = ci;     // ERROR: no implicit conversion
std::complex<double> cd5(ci);      // ERROR: no explicit conversion
std::complex<double> cd6(ci.real(),ci.imag());  // OK
```

不幸的是，assignment（赋值）操作符允许接受不安全转换——因为它们系以 template 函数的形式呈现，可接受任意类型。所以只要数值类型之间可转换，你就可以对任何复数类型赋值：[6]

```
std::complex<double> cd;
std::complex<long double> cld;
```

[6] 复数特化版本的构造函数只允许安全隐式转换，而赋值操作却允许任意隐式转换，这可能是 C++ standard 的一个失误。

```
std::complex<int> ci;
...
cd = ci;       // OK
cd = cld;      // OK
```

这个问题也发生在 polar()、conj() 及 proj()。例如以下写法没问题：

```
std::complex<float> c2(std::polar(4.2,0.75));     // OK
```

以下写法就不行：

```
std::complex<float> c2 = std::polar(4.2,0.75);     // ERROR
```

原因是表达式

```
std::polar(4.2,0.75)
```

产出一个临时的 complex<double>，但 C++ 标准库内并未定义从 complex<double> 到 complex<float> 的隐式转换。[7]

数值访问（Value Access）

表17.6列出了各种复数属性（attribute）的访问函数。

表达式	效果
real(c)	返回实部值（这是一个全局函数）
c.real()	返回实部值（这是一个成员函数）
c.real(1.7)	指定 1.7 为新的实部（始自 C++11）
imag(c)	返回虚部值（这是一个全局函数）
c.imag()	返回虚部值（这是一个成员函数）
c.imag(1.7)	指定 1.7 为新的虚部（始自 C++11）
abs(c)	返回 c 的绝对值（$\sqrt{\text{c.real()}^2 + \text{c.imag()}^2}$）
norm(c)	返回 c 绝对值的平方（$\text{c.real()}^2 + \text{c.imag()}^2$）
arg(c)	返回 c 的极坐标相角（φ，相当于atan2(c.imag(),c.real())）

表 17.6　Class complex<> 的数值访问操作

注意，在 C++11 之前，real() 和 imag() 只提供读取实部和虚部的能力。如果你只是想改变实部或虚部，仍得赋予一个完整复数。例如下面的语句将 c 的虚部设为 3.7：

```
std::complex<double> c;
...
c = std::complex<double>(c.real(),3.7);  // since C++11: c.imag(3.7)
```

[7] 在通常，以 = 实现的初始化语法，都要求必须存在一个隐式类型转换。

比较（Comparison）

复数的比较很方便，直接检查其相等性就行（见表17.7）。Operator == 和 != 被定义为全局函数，如此一来两个操作数中就可以有一个为标量（scalar value）。如果你使用一个标量作为操作数，它会被解释为复数的实部，相应的虚部则以虚部标量类型的 default 构造函数产生出来（通常是 0）。

表达式	效果
`c1 == c2`	判断是否 c1 等于 c2 `(c1.real()==c2.real() && c1.imag()==c2.imag())`
`c == 1.7`	判断是否 c 等于 1.7 `(c.real()==1.7 && c.imag()==0.0)`
`1.7 == c`	判断是否 c 等于 1.7 `(c.real()==1.7 && c.imag()==0.0)`
`c1 != c2`	判断是否 c1 和 c2 不等 `(c1.real()!=c2.real() || c1.imag()!=c2.imag())`
`c != 1.7`	判断是否 c 不等于 1.7 `(c.real()!=1.7 || c.imag()!=0.0)`
`1.7 != c`	判断是否 c 不等于 1.7 `(c.real()!=1.7 || c.imag()!=0.0)`

表 17.7 Class complex<> 定义的各种比较操作

其他比较操作，例如 operator <，并未被定义出来。为复数定义顺序，虽不是不可能，但不直观，也没什么用。例如复数的大小（magnitude）就不是很好的排序依据，因为两个复数可能大小相同，却相差很远（1 和 -1 就是例子）。你可以加上一个特别规则以产生合理顺序，例如对于复数 c1 和 c2，你可以认为当 |c1| < |c2| 时 c1 < c2，如果两者大小（magnitude）相同则 arg(c1) < arg(c2) 时视为 c1 < c2。不过，这些规则基本上没有数学意义。[8]

因此，你不能在关联式容器中以 complex<> 作为元素类型（如果你没有自定义排序准则的话），因为关联式容器需要对元素排序，需要用到 function object less<>，而后者会调用 operator <（详见 6.11.1 节第 244 页）。

不过如果你自定义了一个 operator <，就可以对复数排序，并可以在关联式容器中放置复数。注意，千万小心别污染了标准命名空间（standard namespace）。下面是个例子：

[8] 感谢 David Vandevoorde 指出这一点。

```
template <typename T>
bool operator< (const std::complex<T>& c1,
                const std::complex<T>& c2)
{
    return std::abs(c1)<std::abs(c2) ||
           (std::abs(c1)==std::abs(c2) &&
            std::arg(c1)<std::arg(c2));
}
```

算术运算

复数支持四种基本运算，以及正负号，见表17.8。

表达式	效果
`c1 + c2`	返回 c1 与 c2 的和
`c + 1.7`	返回 c 与 1.7 的和
`1.7 + c`	返回 1.7 与 c 的和
`c1 - c2`	返回 c1 与 c2 的差
`c - 1.7`	返回 c 与 1.7 的差
`1.7 - c`	返回 1.7 与 c 的差
`c1 * c2`	返回 c1 与 c2 的积
`c * 1.7`	返回 c 与 1.7 的积
`1.7 * c`	返回 1.7 与 c 的积
`c1 / c2`	返回 c1 与 c2 的商
`c / 1.7`	返回 c 与 1.7 的商
`1.7 / c`	返回 1.7 与 c 的商
`- c`	返回 c 的反相（negated value）
`+ c`	返回 c 本身
`c1 += c2`	等同于 `c1 = c1 + c2`
`c1 -= c2`	等同于 `c1 = c1 - c2`
`c1 *= c2`	等同于 `c1 = c1 * c2`
`c1 /= c2`	等同于 `c1 = c1 / c2`

表 17.8 Class complex<> 的算术操作

输入/输出

Class complex 提供了一般的 I/O 操作符 << 和 >>，见表17.9。

Output 操作符根据 stream 的当前状态和格式，将复数写出：

(*realpart*,*imagpart*)

表达式	效果
strm << c	将复数 c 写至 output stream strm
strm >> c	从 input stream strm 读取复数 c

表 17.9 Class complex<> 的 I/O 操作

Output 操作符的定义相当于以下实现：

```
template <typename T, typename charT, typename traits>
std::basic_ostream<charT,traits>&
operator << (std::basic_ostream<charT,traits>& strm,
             const std::complex<T>& c)
{
    // temporary value string to do the output with one argument
    std::basic_ostringstream<charT,traits> s;

    s.flags(strm.flags());               // copy stream flags
    s.imbue(strm.getloc());              // copy stream locale
    s.precision(strm.precision());       // copy stream precision

    // prepare the value string
    s << '(' << c.real() << ',' << c.imag() << ')';

    // write the value string
    strm << s.str();

    return strm;
}
```

Input 操作符可以接纳下面任一种格式，从中读取一个复数：

(*realpart*,*imagpart*)

(*realpart*)

realpart

如果 input stream 内的下一字符不符合上述任一格式，则设置 ios::failbit，并可能抛出相应异常（参见 15.4.4 节第 762 页）。

可惜的是，你不能设定复数表示式中的实部和虚部之间的分隔符。如果你的国家以逗号作为小数点（例如德国），I/O 看上去就十分诡异了。一个实部为 4.6，虚部为 2.7 的复数，输出结果将会如下：

```
(4,6,2,7)
```

I/O 操作的运用，详见 17.2.2 节第 927 页。

超越函数（Transcendental Function）

表17.10列出了 `complex` 的所有超越函数（三角函数、指数函数等）。

表达式	效果
`pow(c,3)`	计算幂 c^3
`pow(c,1.7)`	计算幂 $c^{1.7}$
`pow(c1,c2)`	计算幂 $c1^{c2}$
`pow(1.7,c)`	计算幂 1.7^c
`exp(c)`	计算以 e 为底，`c` 为指数的幂（e^c）
`sqrt(c)`	计算 `c` 的平方根（$\sqrt{c}$）
`log(c)`	计算 `c` 的自然对数（$\ln c$）
`log10(c)`	计算 `c` 的常用对数（$\lg c$）
`sin(c)`	计算 `c` 的正弦函数值（$\sin c$）
`cos(c)`	计算 `c` 的余弦函数值（$\cos c$）
`tan(c)`	计算 `c` 的正切函数值（$\tan c$）
`sinh(c)`	计算 `c` 的双曲正弦函数值（$\sinh c$）
`cosh(c)`	计算 `c` 的双曲余弦函数值（$\cosh c$）
`tanh(c)`	计算 `c` 的双曲正切函数值（$\tanh c$）
`asin(c)`	计算 `c` 的反正弦函数值（始自 C++11）
`acos(c)`	计算 `c` 的反余弦函数值（始自 C++11）
`atan(c)`	计算 `c` 的反正切函数值（始自 C++11）
`asinh(c)`	计算 `c` 的反双曲正弦函数值（始自 C++11）
`acosh(c)`	计算 `c` 的反双曲余弦函数值（始自 C++11）
`atanh(c)`	计算 `c` 的反双曲正切函数值（始自 C++11）

表 17.10　Class `complex<>` 的超越函数（Transcendental Function）

17.2.4 细说 Class `complex<>`

本节详细探讨 class `complex<>` 的所有操作函数。以下所有定义中，`T` 是 class `complex<>` 的 template 参数，也就是复数的实部和虚部的标量类型。

类型定义

***complex*::value_type**

- 实部和虚部的标量类型。

创建、复制和赋值（Create, Copy, and Assign）

***complex*::complex**（）

- Default 构造函数。
- 构造一个复数，其实部和虚部的初值系通过调用实部和虚部的 default 构造函数而设定。因此，如果是基础类型，实部和虚部的初值为 0（参见 3.2.1 节第 37 页对于基础类型默认值的说明）。

***complex*::complex**（const T& *re*）

- 构造一个复数，实部为 *re*，虚部则通过调用其 default 构造函数设定（基础类型的初值为 0）。
- 此构造函数同时定义了一个从 T 到 complex 的自动类型转换。

***complex*::complex**（const T& *re*, const T& *im*）

- 构造一个复数，实部初值为 *re*，虚部初值为 *im*。

complex **polar**（const T& *rho*）

complex **polar**（const T& *rho*, const T& *theta*）

- 以上两种形式都建立并返回一个复数，其初值以极坐标形式设定。
- *rho* 是大小（magnitude）。
- *theta* 是相角，以弧度（radian）为单位，默认为 0。

complex **conj**（const *complex*& *cmplx*）

- 建立并返回一个复数；以复数 *cmplx* 的共轭复数为初值。所谓共轭复数是指虚部与原复数的虚部互为反相（negated）。

complex **proj**（const *complex*& *cmplx*）

- 根据 *cmplx* 在黎曼球面（Riemann sphere）上的投影，建立一个临时复数并返回。
- 行为等同 C 函数 cproj()。
- 始自 C++11。

***complex*::complex**（const *complex*& *cmplx*）

- Copy 构造函数。
- 建立一个新复数，以 *cmplx* 为蓝本。
- 复制实部和虚部。
- 此函数通常同时提供 non-template 和 template 两种形式（参见 3.2 节第 34 页对 member template 的介绍），因此具备对元素类型的自动转型能力。
- 然而，float、double 和 long double 等特化版本对 copy 构造函数有限制，所以不甚安全的转换（例如 double 或 long double 转为 float，或是

long double 转为 double）就必须显式进行。17.2.3 节第 930 页对此有更多介绍。

complex& ***complex*::operator=** (const *complex*& *cmplx*)

- 将复数 *cmplx* 赋值给 *this。
- 返回 *this。
- 此函数通常同时提供 non-template 和 template 两种形式（参见 3.2 节第 34 页对 member template 的介绍），因此具备对元素类型的自动转型能力。C++ 标准库提供的特化版本也具备此能力。

complex& ***complex*::operator+=** (const *complex*& *cmplx*)

complex& ***complex*::operator-=** (const *complex*& *cmplx*)

complex& ***complex*::operator*=** (const *complex*& *cmplx*)

complex& ***complex*::operator/=** (const *complex*& *cmplx*)

- 上述操作分别对 *this 和 *cmplx* 进行加、减、乘、除运算，并将结果存入 *this。
- 返回 *this。
- 此函数通常同时提供 non-template 和 template 两种形式（参见 3.2 节第 34 页对 member template 的介绍）。因此具备对元素类型的自动转型能力。C++ 标准库提供的特化版本也具备此能力。

注意，赋值操作符是改变既有 complex 的唯一途径。

元素访问（Element Access）

T ***complex*::real** () const

T **real** (const *complex*& *cmplx*)

T ***complex*::imag** () const

T **imag** (const *complex*& *cmplx*)

- 上述函数分别返回实部和虚部。
- 注意，返回值并不是个 reference，所以你不能使用这些函数改变复数的实部和虚部。若要单独改变实部或虚部，必须赋予一个新的复数值（参见 17.2.3 节第 931 页）。

T ***complex*::real** (const T& *re*)

T ***complex*::imag** (const T& *im*)

- 这些函数分别对实部和虚部赋予新值。
- 始自 C++11。在 C++11 之前如果“只想改变实部”或“只想改变虚部”，必须赋予一个新的复数值（参见 17.2.3 节第 931 页）。

T **abs** (const *complex*& *cmplx*)

- 返回 *cmplx* 的绝对值（亦即大小）。
- 计算公式：$\sqrt{cmplx.\texttt{real()}^2 + cmplx.\texttt{imag()}^2}$。

T **norm** (const *complex*& *cmplx*)

- 返回 *cmplx* 绝对值的平方。
- 计算公式：$cmplx.\texttt{real()}^2 + cmplx.\texttt{imag()}^2$。

T **arg** (const *complex*& *cmplx*)

- 返回以弧度（radian）为单位的极坐标相角（φ）。
- 计算公式：atan2(*cmplx*.imag(),*cmplx*.real())。

I/O 操作

ostream& **operator <<** (*ostream*& *strm*, const *complex*& *cmplx*)

- 将 *cmplx* 的值以
  (*realpart*,*imagpart*) 的格式写入 stream *strm*。
- 返回 *strm*。
- 此操作的确切行为见 17.2.3 节第 933 页。

istream& **operator >>** (*istream*& *strm*, *complex*& *cmplx*)

- 从 *strm* 中读一个新值至 *cmplx*。
- 合法的输入格式如下：
  (*realpart*,*imagpart*)
  (*realpart*)
  realpart
- 返回 *strm*。
- 此操作的确切行为见 17.2.3 节第 934 页。

操作符（Operator）

complex **operator +** (const *complex*& *cmplx*)

- 正号。
- 返回 *cmplx*。

complex **operator –** (const *complex*& *cmplx*)

- 负号。
- 将复数 *cmplx* 的实部和虚部都反相（negated）后返回。

complex ***binary-op*** (const *complex*& *cmplx1*, const *complex*& *cmplx2*)

complex ***binary-op*** (const *complex*& *cmplx*, const T& *value*)

complex ***binary-op*** (const T& *value*, const *complex*& *cmplx*)

- 上述各项操作返回 ***binary-op*** 计算所得的复数。
- ***binary-op*** 可以是下列四种运算之一：
  operator +
  operator -
  operator *
  operator /
- 如果传入一个元素类型标量值（scalar value），它会被视为复数的实部，虚部则由其标量类型的默认初值决定（如果是基础类型则初值为 0）。

bool ***comparison*** (const *complex*& *cmplx1*, const *complex*& *cmplx2*)

bool ***comparison*** (const *complex*& *cmplx*, const T& *value*)

bool ***comparison*** (const T& *value*, const *complex*& *cmplx*)

- 返回两复数的比较结果，或是一个复数与一个标量（scalar value）的比较结果。
- ***comparison*** 可以是下面两种运算之一：
  operator ==
  operator !=
- 如果传入一个元素类型标量值（scalar value），它会被视为复数的实部，虚部则由其类型的默认初值决定（如果是基础类型则初值为 0）。
- 注意，并没有定义 <、<=、> 和 >= 操作符。

超越函数（Transcendental Function）

complex **pow** (const *complex*& *base*, const T& *exp*)

complex **pow** (const *complex*& *base*, const *complex*& *exp*)

complex **pow** (const T& *base*, const *complex*& *exp*)

- 上述所有形式都是计算“以 *base* 为底，*exp* 为指数”的幂，定义如下：
  exp(*exp**log(*base*))
- 分支切割（branch cut）沿着负实数轴进行。
- pow(0,0) 的结果由实现（implementation）自行定义。

complex **exp** (const *complex*& *cmplx*)

- 返回“以 *e* 为底，*cmplx* 为指数”的幂。

complex **sqrt** (const *complex*& *cmplx*)

- 返回位于右半象限之 *cmplx* 平方根。
- 如果实参是负实数，则运算结果位于正虚数轴上。
- 分支切割（branch cut）沿着负实数轴进行。

complex **log** (`const` *complex*& *cmplx*)

- 返回 *cmplx* 的自然对数（亦即以 e 为底的对数）。
- 当 *cmplx* 是负实数时，`imag(log(`*cmplx*`))` 的值为 π。
- 分支切割（branch cut）沿着负实数轴进行。

complex **log10** (`const` *complex*& *cmplx*)

- 返回 *cmplx* 的（以 10 为底的）对数。
- 相当于 `log(`*cmplx*`)/log(10)`。
- 分支切割（branch cut）沿着负实数轴进行。

complex **sin** (`const` *complex*& *cmplx*)
complex **cos** (`const` *complex*& *cmplx*)
complex **tan** (`const` *complex*& *cmplx*)
complex **sinh** (`const` *complex*& *cmplx*)
complex **cosh** (`const` *complex*& *cmplx*)
complex **tanh** (`const` *complex*& *cmplx*)
complex **asin** (`const` *complex*& *cmplx*)
complex **acos** (`const` *complex*& *cmplx*)
complex **atan** (`const` *complex*& *cmplx*)
complex **asinh** (`const` *complex*& *cmplx*)
complex **acosh** (`const` *complex*& *cmplx*)
complex **atanh** (`const` *complex*& *cmplx*)

- 以上各操作函数分别对 *cmplx* 进行复数三角运算（complex trigonometric operation）。
- 所有逆操作（名称以 **a** 开头者）都始自 C++11。

17.3 全局数值函数（Global Numeric Function）

头文件 <cmath> 和 <cstdlib> 提供自 C 继承而来的全局数值函数。表17.11和表17.12列出了所有这些函数。[9]

函数	效果
pow()	幂函数
exp()	指数函数
sqrt()	平方根
log()	自然对数
log10()	以 10 为底的对数
sin()	正弦
cos()	余弦
tan()	正切
sinh()	双曲正弦
cosh()	双曲余弦
tanh()	双曲正切
asin()	反正弦
acos()	反余弦
atan()	反正切
atan2()	商的反正切
asinh()	反双曲正弦（始自 C++11）
acosh()	反双曲余弦（始自 C++11）
atanh()	反双曲正切（始自 C++11）
ceil()	大于某个浮点数的最小整数
floor()	小于某个浮点数的最大整数
fabs()	浮点数的绝对值
fmod()	浮点数相除的余数（modulo）
frexp()	将浮点数转换成小数部分和整数部分
ldexp()	将浮点数乘以 2 的某个整数次幂
modf()	将浮点数分离为带正负号的整数和分数

表 17.11　头文件 <cmath> 定义的函数

和 C 不同的是，C++ 将某些操作函数针对不同类型进行了重载（overload），使得某些 C 函数失去价值。例如 C 提供了 abs()、labs()、llabs()、fabs()、fabsf() 和 fabsl() 分别计算 int、long、long long、double、float() 和 long double 的绝对值，而在 C++ 中 abs() 的各个重载版本便可处理上述各种类型。

[9] 由于历史因素，某些数值函数定义于 <cstdlib> 而非 <cmath>。

函数	效果
abs()	求某个 int 的绝对值
labs()	求某个 long 的绝对值
llabs()	求某个 long long 的绝对值（始于 C++11）
div()	求 int 相除的商和余
ldiv()	求 long 相除的商和余
lldiv()	求 long long 相除的商和余（始于 C++11）
srand()	随机数产生器（种下新的随机数种子）
rand()	随机数产生器（取得一个随机数）

表 17.12　头文件 <cstdlib> 定义的数值函数

具体地说，所有针对整数类型的数值函数，都对 int、long 和 long long 三个类型实现了重载。所有针对浮点数类型的数值函数，都对 float、double 和 long double 三个类型实现了重载。

然而，这也带来一个严重的副作用：当你传入整数，环境中却只存在众多浮点数重载版本，此时便会引发模棱两可（歧义）。[10]

```
std::sqrt(7)              // AMBIGUOUS: sqrt(float), sqrt(double), or
                          //            sqrt(long double)?
```

你必须这么写：

```
std::sqrt(7.0)            // OK
```

或者如果你面对的是个变量，则必须这么写：

```
int x;
...
std::sqrt(float(x))       // OK
```

程序库设计者处理这一问题的办法南辕北辙：有的不提供重载，有的遵循标准规格（于是针对所有浮点类型都提供重载），有的针对所有数值类型加以重载，有的允许你借助预处理器（pre-processor）在不同策略之间切换。因此，应用程序开发过程中，上述的模棱两可情况可能发生，也可能不发生。若要写出可移植性高的代码，你应该总是要求实参类型精确匹配。

[10] 感谢 David Vandevoorde 指出这一点。

17.4 Valarray

自 C++98 起，C++ 标准库提供了 class `valarray`，用来处理数值数组（array of numeric values）。

Valarray 的目的

Valarray 代表一个数学概念：数值线性序列（a linear sequence of values）。它是一维的，但你可以运用特殊技巧得到多维效果，这里所谓特殊技巧，就是“经过运算的索引（computed indices)”和威力强大的子集（subsetting）能力。所以，valarray 可作为矢量和矩阵运算的基础，也可作为多项式数学系统，并且有很好的性能。

就技术而言，valarray 是个一维数组，元素从零开始计数。它可以针对一个或多个数值数组的全体或部分进行数值处理。例如，假设 `a`、`b`、`c`、`x` 和 `z` 都是数组，其内包含数百个值，我们可以处理这样的语句：

```
z = a*x*x + b*x + c
```

这种写法多么简洁。

再者，这样的处理有很好的性能，因为 class 提供了若干优化，避免在处理过程中产生临时对象。这是基于以下事实：标准库保证 valarray 绝不会有别名（也就是说它们 alias free)。换句话说，一个 non-constant valarray 内的任何数值只能经由唯一途径访问。这么一来数值操作就可以实现更好的优化，因为编译器可以确保数据只有一种访问方式，无须顾虑太多。

此外，标准库还为它提供特殊的接口和辅助性 class，以使我们能够处理数值数组的子集，以及多维处理。因此，valarray 概念也有助于我们实现“矢量及矩阵运算”的 class。

Valarray 的问题

Valarray class 的设计并不是很好，事实上根本没有人确认过其最终规格是否能够运作。为什么会发生这样的事呢？因为没有人觉得自己应该对这些 class 负责。把 valarray 引入 C++ 标准库 的人在标准化工作结束很久以前就离开了标准委员会。于是，valarray 也就罕被使用了。

基于这个原因，也由于篇幅所限，class valarray 的探讨被我当作一份补充材料，放在 `http://www.cppstdlib.com`。

第18章
并发

现代化体系结构（modern system architecture）通常支持同时执行多个任务（task）和多个线程（thread）。特别是如果采用多处理器内核（multiple processor core），那么程序执行时间可在多线程情况下获得大幅改善。

然而，并行（in parallel）处理也带来了新挑战：不再是完成一个语句后进行另一语句，而是多语句同时执行，于是可能导致并发访问（concurrently accessing）同一资源，造成创建、读取、涂写、删除等动作不在预期次序下发生，形成不可预测的结果。事实上多线程并发访问数据很容易变成噩梦，带来诸如死锁之类的问题，而“线程之间彼此等待”只能算是最单纯的一种情况。

在 C++11 之前，不论语言或标准库，对并发处理没有任何支持，纵使实现（implementation）可自由给予若干承诺。随着 C++11 到来，这种情况有了改变，不论语言自身或标准库都得到强化，可支持并发编程（concurrent programming）（见 4.5 节第 55 页）：

- 语言核心定义了一个内存模型，保证当你更改“被两个不同线程使用”的两个 object 时，它们彼此独立，并引入了一个新关键字 `thread_local` 用以定义“变量带有 thread 专属值”。
- 标准库提供的支持允许你启动多线程，包括得以传递实参、返回数值、跨线程边界传递异常、同步化（synchronize）等，使我们能够对“控制流程”和“数据访问”实现同步化。

标准库在不同的层面分别提供支持。它提供一个高级接口，允许你启动线程，包括传递实参、处理结果和异常，而那是架构在若干与之对应的低层接口上。换句话说，标准库也提供一组低层接口，像是 mutex 或 atomic，用来对付放宽的内存次序（relaxed memory order，RMO）。

本章将介绍上述标准库特性。请注意，“并发”这一主题及标准库对此提供的描述，足以填满好几本书。所以这里我只针对一般应用程序开发者介绍总体观念和典型范例，并且主要焦点放在高级接口。

至于细节，特别是微妙的低层问题和特性，请参考我所提及的书籍和文章。关于“并发”这个大主题，我的最高推荐是 *C++ Concurrency in Action*，作者 Anthony Williams（见 [*Williams:C++Conc*]）。

Anthony 是这个主题的世界级专家，没有他的参与，本章无法完成。他不但允许我预先拜读他的书籍，还提供标准并发库（standard concurrency library）的第一份实现（见 [*Just-Thread*]），撰写数篇文章，并给予我极有价值的反馈，这一切都帮助我以一种（但愿是）有用的方式呈现本主题。此外，我也要感谢帮助我写下本章的其他专家：Hans Boehm、Scott Meyers、Bartosz Milewski、Lawrence Crowl 和 Peter Sommerlad。

本章组织如下：

- 首先介绍各式各样的多线程启动办法。介绍了高级和低层接口后，开始介绍启动线程的细节。
- 18.4 节第 982 页对于同步化线程（synchronizing thread）所引发的问题提供了一份详细讨论。最主要的问题就是数据的并发访问（concurrent data access）。
- 最后，探讨用以“同步化线程”和“并发数据访问”的各种特性：
  - Mutex 和 lock（互斥体和锁，见 18.5 节第 989 页），包括 `call_once()`（见 18.5.3 节第 1000 页）。
  - Condition variable（条件变量；见 18.6 节第 1003 页）。
  - Atomic（见 18.7 节第 1012 页）。

18.1 高级接口：async() 和 Future

对初学者而言，“以多线程运行程序”的最佳起点就是 C++ 标准库中由 `std::async()` 和 class `std::future<>` 提供的高级接口：

- `async()` 提供一个接口，让一段机能（a piece of functionality）或说一个 *callable object*（见 4.4 节第 54 页）若是可能的话在后台运行，成为一个独立线程。
- Class `future<>` 允许你等待线程结束并获取其结果（一个返回值，或者也许是一个异常）。

本节详细介绍这一高级接口，并延伸至 class `std::shared_future<>`，它允许你在多个地点等待和处理线程结果。

18.1.1 async() 和 Future 的第一个用例

假设我们需要计算两个操作数的总和，而这两个操作数是两个函数的返回值。寻常做法如下：

```
func1() + func2()
```

这意味着对操作数的处理是循序发生的。程序首先调用 `func1()` 然后调用 `func2()`，或是颠倒过来（根据语言规则，这一次序无法预期）。不论哪种情况，整体处理时间是 `func1()` 所花时间加上 `func2()` 所花时间，再加上计算总和所花的时间。

近年来，使用多处理器（multiprocessor）的硬件几乎处处可见，我们因此可以将上述计算做得更好，可以尝试并行运行 func1() 和 func2()，使其整体运行时间只需是“func1() 和 func2() 运行时间中的较大者”加上计算总和的时间。

下面是第一个示范程序：

```
// concurrency/async1.cpp

#include <future>
#include <thread>
#include <chrono>
#include <random>
#include <iostream>
#include <exception>
using namespace std;

int doSomething (char c)
{
    // random-number generator (use c as seed to get different sequences)
    std::default_random_engine dre(c);
    std::uniform_int_distribution<int> id(10,1000);

    // loop to print character after a random period of time
    for (int i=0; i<10; ++i) {
        this_thread::sleep_for(chrono::milliseconds(id(dre)));
        cout.put(c).flush();
    }

    return c;
}

int func1 ()
{
    return doSomething('.');
}

int func2 ()
{
    return doSomething('+');
}

int main()
{
    std::cout << "starting func1() in background"
              << " and func2() in foreground:" << std::endl;
```

```
    // start func1() asynchronously (now or later or never):
    std::future<int> result1(std::async(func1));

    int result2 = func2();     // call func2() synchronously (here and now)

    // print result (wait for func1() to finish and add its result to result2
    int result = result1.get() + result2;

    std::cout << "\nresult of func1()+func2(): " << result
              << std::endl;
}
```

为了让事情视觉化，我将 func1() 和 func2() 内的繁复处理简化为对 doSomething() 的调用，它不时打印一个被当作实参传递进去的字符[1] 并最终返回该字符的 int 值。所谓“不时”是借由一个“随机数生成器”（用以指定时间间隔）实现，其中 std::this_thread::sleep_for() 作为当前线程的暂停时间（见 17.1 节第 907 页对随机数的详细说明以及 18.3.7 节第 981 页对 sleep_for() 的详细说明）。注意，我们需要一个独一无二的 *seed*（种子）交给“随机数生成器”构造函数，此处采用被传入的字符 c，确保产生出不同的随机数序列。

现在，不再这么调用：

```
int result = func1() + func2();
```

改而这么调用：

```
std::future<int> result1(std::async(func1));
int result2 = func2();
int result = result1.get() + result2;
```

首先使用 std::async() 尝试启动 func1() 于后台，并将结果赋值给某个 std::future object：

```
std::future<int> result1(std::async(func1));
```

在这里，async() 尝试将其所获得的函数立刻异步启动于一个分离线程内。因此概念上 func1() 在这里被启动了，不会造成 main() 停滞。基于两个原因，返回 *future* object 是必要的：

1. 它允许你取得“传给 async() 的那个函数”的未来结果——也许是个返回值，也许是个异常。这个 future object 已受到“被启动函数”返回类型的特化，如果被启动的是个返回“无物”的后台任务（background task），这就会是 std::future<void>。
2. 它必须存在，确保“目标函数”或快或慢终会被调用。注意先前我说 async() 尝试启动目标函数。如果这样的事情没发生，稍后我们需要这个 future object 才能强迫启动之（当我们需要函数的运行结果或当我们想要确保该函数被执行时）。

[1] 通过并发线程（concurrent thread）输出是可能的，但可能导致字符交错（见 4.5 节第 56 页）。

因此，即使你对启动于后台的那个函数的结果不感兴趣，还是需要握有这个 future object。

为了能够在“启动及控制函数”处与“返回之 future object”之间交换数据，二者都指向一个所谓的 *shared state*（见 18.3 节第 973 页）。

当然，你可以（并且通常会）使用 auto 来声明 future object（上例我之所以写出其类型，是为了明确展示其类型）：

```
auto result1(std::async(func1));
```

接下来我们启动 func2() 于前台（foreground），这是个正常的同步化调用，于是程序在此停滞：

```
int result2 = func2();
```

如果先前 func1() 成功地被 async() 启动且尚未结束，现在 func1() 和 func2() 就是并行运作。

接下来处理总和。这就是需要 func1() 成果的时刻。为了获得它，我们对先前返回的 future object 调用 get()：

```
int result = result1.get() + result2;
```

随着 get() 被调用，以下三件事情之一会发生：

1. 如果 func1() 被 async() 启动于一个分离线程中并且已结束，你会立刻获得其结果。
2. 如果 func1() 被启动但尚未结束，get() 会引发停滞（block）待 func1() 结束后获得结果。
3. 如果 func1() 尚未启动，会被强迫启动如同一个同步调用；get() 会引发停滞直至产生结果。

这样的行为很重要，因为这确保了在单线程环境中，或是当 async() 无法启动新线程时（不论基于任何理由），程序仍能有效运作。

调用 async() 并不保证传入的函数一定会被启动和结束。如果有个线程处于可用状态，那么它的确会被启动，但如果不是这样（也许你的环境不支持多线程，或者也许当时无线程可用），这一调用会被推迟至你明确说你需要其结果（也就是当调用 get()）或只是希望目标函数完成其任务（也就是调用 wait()；见 18.1.1 节第 953 页）。

因此，

```
std::future<int> result1(std::async(func1));
```

和

```
result1.get()
```

的组合允许你以某种方式优化程序：(1) 如果可能，当 main 线程的下一个语句被处理时 func1() 被并行运行，(2) 如果无法并行运行，那么 func1() 会在 get() 被调用时被循序调用（called sequentially）。这就意味着无论如何都能保证至少在 get() 执行后一定会调用 func1()——不是异步就是同步。

于是，这个程序的输出有两种可能。如果 async() 成功启动 func1()，输出结果可能如下：

```
starting func1() in background and func2() in foreground:
++..++++.++.+.+.....
result of func1()+func2(): 89
```

如果 async() 无法启动 func1()，后者会在“func2() 结束后且 get() 被调用时”执行起来，于是有类似下面的输出：

```
starting func1() in background and func2() in foreground:
++++++++++..........
result of func1()+func2(): 89
```

所以，根据第一个例子，我们可以定义让程序更快速的一般性做法：你可以修改程序使它受益于并行处理（如果低层平台对此有所支持），但仍能够在单线程环境中正确运作。为了达到这个目标，你必须这么做：

- #include <future>
- 传递某些可并行执行的函数，交给 std::async() 作为一个可调用对象（callable object）。
- 将执行结果赋值给一个 future<*ReturnType*> object。
- 当你需要那个被启动函数的执行结果，或当你想确保该函数结束，就对 future<> object 调用 get()。

然而请注意，这只适用于不发生 *data race*（数据竞争）的情况下。Data race 意指两个线程并发使用同一笔数据而导致不可预期的行为（见 18.4.1 节第 982 页）。

注意，如果没调用 get() 就不保证 func1() 一定会被调用。一如我所说，如果 async() 无法立刻启动它所收到的函数，就会推迟调用，使得当程序“调用 get() 意欲明确索求目标函数的结果”（或是调用 wait()；见第 953 页）才被调用。如果没有那样一个明确请求，即使 main() 终止造成程序结束，也不会唤醒后台线程。

也请注意，你必须确保只在最必要时才索取“被 async() 启动”的那个函数的执行结果。例如以下优化或许不是你要的：

```
std::future<int> result1(std::async(func1));
int result = func2() + result1.get();   // might call func2() after func1() ends
```

由于上述第二个语句右侧的核算顺序不明确，result1.get() 有可能在 func2() 之前被调用，于是你又一次获得了循序式处理（sequential processing）。

为了获得最佳效果，一般而言你的目标应该将调用 async() 和调用 get() 之间的距离最大化。或者，以 [*N3194:Futures*] 的术语来说：早调用而晚返回（*Call early* and *return late*）。

如果传给 async() 的函数不返回任何东西，async() 会产出一个 future<void>，那是 future<> 的一个偏特化版，这种情况下 get() 返回“无物”：

```
std::future<void> f(std::async(func));   // try to call func asynchronously
...
f.get();        // wait for func to be done (yields void)
```

最后请注意，传给 async() 的东西可以是任何类型的 *callable object*：可以是函数、成员函数、函数对象（function object）或 lambda（见 4.4 节第 54 页）。你可采用 inline 形式将“应该在专属线程中运行”的函数写成一个 lambda（见 3.1.10 节第 28 页）并传递之：

```
std::async([]{ ... })   // try to perform ... asynchronously
```

Launch（发射）策略

你也可以强迫 async() 绝不推延目标函数的执行，只要明确传入一个 *launch* 策略[2] 用以指挥 async()，告诉它当它被调用时应明确地以异步方式启动目标函数：

```
// force func1() to start asynchronously now or throw std::system_error
std::future<long> result1= std::async(std::launch::async, func1);
```

如果异步调用在此处无法实现，程序会抛出一个 std::system_error 异常（见 4.3.1 节第 43 页）并带差错码 resource_unavailable_try_again，它相当于 POSIX 的 errno EAGAIN（见 4.3.2 节第 45 页）。

有了这个 async 发射策略，就不必非得调用 get() 了，因为如果返回的 future 生命即将结束，这个程序必会等待 func1() 结束。因此，如果你不调用 get()，当离开 future object 作用域时（此处是指 main() 结束），程序会等待后台任务（background task）结束。尽管如此，程序结束前调用 get() 会让行为更加清晰。

如果你不将 std::async(std::launch::async,...) 的结果赋值出去，调用者会在此停滞（block）到目标函数结束，那就相当于一个完完全全的同步调用（synchronous call）。[3]

与此类似，你可以强制延缓执行（deferred execution）：以 std::launch:deferred 为发射策略传给 async()。下面的做法允许你延缓 func1() 直到你对 f 调用 get()：

```
std::future<...> f(std::async(std::launch::deferred,
                              func1));   // defer func1 until get()
```

这保证 func1() 绝不会在没有 get()（或 wait()；见第 953 页）的情况下启动。这个策略的特别在于允许你写出 *lazy evaluation*（缓式求值）。例如：[4]

```
auto f1 = std::async( std::launch::deferred, task1 );
auto f2 = std::async( std::launch::deferred, task2 );
...
auto val = thisOrThatIsTheCase() ? f1.get() : f2.get();
```

此外，明确申请 deferred 发射策略也许有助于在一个单线程环境中模拟 async() 的行为，或是简化调试——除非需要考虑 race condition（竞争形势）。

处理异常

目前已讨论的是线程和后台任务（background task）成功执行的情况。然而万一出现异常将如何？

---

[2] 所有发射策略（launch policy）在语言层面其实是 *scoped enumeration*（见 3.1.13 节第 32 页），所以你必须限定其值（亦即 enumerator）为 std::launch 或 launch。

[3] 注意，标准委员会内部对于“如果 async() 的执行结果不被运用，应如何解释当前用词（current wording）”有一些争议性的讨论。此处表达的就是讨论结果，应该也就是所有实现的行为。

[4] 感谢 Lawrence Crowl 指出这一点，并提供一个例子。

好消息是：没有什么特别事情会发生；"对 future 调用 get()"也能处理异常。事实上当 get() 被调用，且后台操作已经（或随后由于异常）而终止，该异常不会在此线程内被处理，而是会再次被传播出去。因此，欲处理后台操作所生的异常，你只需要偕同 get() 做出"以同步方式调用该操作"所做的相同动作即可。

举个例子，我们启动一个后台任务（background task），带有一个无限循环（endless loop），其内分配内存，为 list 安插一个新元素：[5]

```
// concurrency/async2.cpp

#include <future>
#include <list>
#include <iostream>
#include <exception>
using namespace std;

void task1()
{
    // endless insertion and memory allocation
    // - will sooner or later raise an exception
    // - BEWARE: this is bad practice
    list<int> v;
    while (true) {
        for (int i=0; i<1000000; ++i) {
            v.push_back(i);
        }
        cout.put('.').flush();
    }
}

int main()
{
    cout << "starting 2 tasks" << endl;
    cout << "- task1: process endless loop of memory consumption" << endl;
    cout << "- task2: wait for <return> and then for task1" << endl;

    auto f1 = async(task1);  // start task1() asynchronously (now or later or never)

    cin.get();  // read a character (like getchar())

    cout << "\nwait for the end of task1: " << endl;
    try {
```

[5] 当然，"消耗内存直至发生异常"是一个不良示范，在某些操作系统上可能引发麻烦。尝试此例之前我要特别提醒你。

```
        f1.get();   // wait for task1() to finish (raises exception if any)
    }
    catch (const exception& e) {
        cerr << "EXCEPTION: " << e.what() << endl;
    }
}
```

这个无限循环迟早会出现异常（也许是个 bad_alloc 异常；见 4.3.1 节第 43 页），该异常会终止线程，因为它未被捕获。Future object 会保持这一状态直到 get() 被调用。搭配 get() 后这个异常在 main() 内被进一步传播。

现在我总结 async() 接口和 future 如下：async() 提供一种编程环境，让我们有机会并行启动某些“稍后（当 get() 被调用时）才会用到其结果”的动作。换句话说，如果你有某个独立机能（函数）f，你有可能受益于并行机制（parallelization），做法是在你需要调用 f 时改而把 f 传给 async()，然后在你需要 f 的结果时改为“对 async() 返回的 future 调用 get()”。于是，你拥有相同的行为，但是有机会获得较佳效率，因为 f 有可能并行运行——在 f 的执行结果被索取之前。

等待和轮询（Waiting and Polling）

一个 future<> 只能被调用 get() 一次。在那之后 future 就处于无效状态，而这种状态只能借由“对 future 调用 valid()”来检测。此情况下对它的任何调用（析构除外）会导致不可预期的行为（详见 18.3.2 节第 975 页）。

但是 future 也提供一个接口，允许我们等待后台操作完成而不需要处理其结果。这个接口可被调用一次以上；也可以结合一个 duration（时间段）或 timepoint（时间点）以限制等待时间。

只要对某个 future 调用 wait()，就可以强制启动该 future 象征的线程并等待这一后台操作终止：

```
std::future<...> f(std::async(func));   // try to call func asynchronously
...
f.wait();       // wait for func to be done (might start background task)
```

另外还有两个类似函数，但它们并不强制启动线程（如果线程尚未启动的话）：

1. 使用 wait_for() 并给予一个时间段，就可让“异步、运行中”的操作等待一段有限时间：

   ```
   std::future<...> f(std::async(func));   // try to call func asynchronously
   ...
   f.wait_for(std::chrono::seconds(10));   // wait at most 10 seconds for func
   ```

2. 使用 wait_until()，就可以等待直至达到某特定时间点：

   ```
   std::future<...> f(std::async(func));   // try to call func asynchronously
   ...
   f.wait_until(std::system_clock::now()+std::chrono::minutes(1));
   ```

不论 wait_for() 或 wait_until() 都返回以下三种东西之一：

- std::future_status::deferred——如果 async() 延缓了操作而程序中又完全没有调用 wait() 或 get()（那会强制启动）。这种情况下上述两个函数都会立刻返回。
- std::future_status::timeout——如果某个操作被异步启动但尚未结束，而 waiting 又已逾期（对于给定的时间段而言）。
- std::future_status::ready——如果操作已完成。

wait_for() 或 wait_until() 特别让我们得以写出所谓的 *speculative execution*（投机性运行）。举个例子，考虑这样的情景：我们必须在某个时间段内获得某一运算之尚堪可用的结果（usable result），而如果有精确结果（accurate answer）更好。[6]

```
int quickComputation();       // process result ''quick and dirty''
int accurateComputation();    // process result ''accurate but slow''

std::future<int> f;   // outside declared because lifetime of accurateComputation()
                      // might exceed lifetime of bestResultInTime()

int bestResultInTime()
{
    // define time slot to get the answer:
    auto tp = std::chrono::system_clock::now() + std::chrono::minutes(1);

    // start both a quick and an accurate computation:
    f = std::async (std::launch::async, accurateComputation);
    int guess = quickComputation();

    // give accurate computation the rest of the time slot:
    std::future_status s = f.wait_until(tp);

    // return the best computation result we have:
    if (s == std::future_status::ready) {
        return f.get();
    }
    else {
        return guess;   // accurateComputation() continues
    }
}
```

注意 future f 不能是声明于 bestResultInTime() 内的 local 对象，那样的话若时间太短以至于无法完成 accurateComputation()，future 析构函数会停滞（block）直到异步操作结束。

如果传入一个 zero 时间段，或一个过去时间点，就可以仅轮询（poll）是否有个后台任务已被启动，和/或是否它正在运行中：

```
future<...> f(async(task));   // try to call task asynchronously
...
```

[6] 感谢 Lawrence Crowl 指出这一点，并提供了一个例子。

```
// do something while task has not finished (might never happen!)
while (f.wait_for(chrono::seconds(0) != future_status::ready)) {
    ...
}
```

然而请注意，如此循环有可能不会结束，因为（例如）在单线程环境中，这一调用将被推迟直至 get() 被调用。因此，你若非调用 async() 并以其第一实参指定发射策略为 std::launch::async，就该明确检查是否 wait_for() 返回 std::future_status::deferred：

```
future<...> f(async(task));   // try to call task asynchronously
...
// check whether task was deferred:
if (f.wait_for(chrono::seconds(0)) != future_status::deferred) {
    // do something while task has not finished
    while (f.wait_for(chrono::seconds(0) != future_status::ready)) {
        ...
    }
}
...
auto r = f.get();   // force execution of task and wait for result (or exception)
```

引发无限循环的另一个可能原因是，运行此循环的线程完全占用处理器（processor），其他线程无法获得丝毫时间来备妥 future。这会巨幅降低程序速度。最简单的修正就是在循环内调用 yield()（见 18.3.7 节第 981 页）：

```
std::this_thread::yield();   // hint to reschedule to the next thread
```

以及/或是睡眠一小段时间。

关于时间段和时间点（duration and timepoint），详见 5.7 节第 143 页，它们可成为 wait_for() 和 wait_until() 的实参。注意，当面对 system-time 调整时，wait_for() 和 wait_until() 往往不同（详见 5.7.5 节第 160 页）。

18.1.2 实例：等待两个 Task

第三个程序示范了刚才提及的一些能力：

```
// concurrency/async3.cpp

#include <future>
#include <thread>
#include <chrono>
#include <random>
#include <iostream>
#include <exception>
using namespace std;
```

```
void doSomething (char c)
{
    // random-number generator (use c as seed to get different sequences)
    default_random_engine dre(c);
    uniform_int_distribution<int> id(10,1000);

    // loop to print character after a random period of time
    for (int i=0; i<10; ++i) {
        this_thread::sleep_for(chrono::milliseconds(id(dre)));
        cout.put(c).flush();
    }
}

int main()
{
    cout << "starting 2 operations asynchronously" << endl;

    // start two loops in the background printing characters . or +
    auto f1 = async([]{ doSomething('.'); });
    auto f2 = async([]{ doSomething('+'); });

    // if at least one of the background tasks is running
    if (f1.wait_for(chrono::seconds(0)) != future_status::deferred ||
        f2.wait_for(chrono::seconds(0)) != future_status::deferred) {
        // poll until at least one of the loops finished
        while (f1.wait_for(chrono::seconds(0)) != future_status::ready &&
               f2.wait_for(chrono::seconds(0)) != future_status::ready) {
            ...;
            this_thread::yield();   // hint to reschedule to the next thread
        }
    }
    cout.put('\n').flush();

    // wait for all loops to be finished and process any exception
    try {
        f1.get();
        f2.get();
    }
    catch (const exception& e) {
        cout << "\nEXCEPTION: " << e.what() << endl;
    }
    cout << "\ndone" << endl;
}
```

再一次，我们有个操作函数 doSomething() 不时打印一个被传为实参的字符（见 18.1.1 节第 948 页）。

现在，借由 async()，我们在后台启动 doSomething() 两次，打印两种不同字符，使用不同的延迟时间，后者由相应的随机数序列（random-number sequence）产生：

```
auto f1 = std::async([]{ doSomething('.'); });
auto f2 = std::async([]{ doSomething('+'); });
```

在多线程环境中，此时将同时运行起两个操作，不定时打印出不同的字符。

接下来，轮询（poll）是否其中一个操作已完成：[7]

```
while (f1.wait_for(chrono::seconds(0)) != future_status::ready &&
       f2.wait_for(chrono::seconds(0)) != future_status::ready) {
    ...
    this_thread::yield();   // hint to reschedule to the next thread
}
```

然而万一 async() 被调用时上述两个 task 都未被在后台启动，这个循环将永远不会结束，所以我们首先必须检查是否至少有一个操作未被推迟（not deferred）：

```
if (f1.wait_for(chrono::seconds(0)) != future_status::deferred ||
    f2.wait_for(chrono::seconds(0)) != future_status::deferred) {
        ...
}
```

另一种做法是，调用 async() 并给予发射策略 std::launch:async。

一旦至少有一个后台操作已完成，或两个操作都没被启动，我们就写出一个 newline 字符，然后等待两个循环（在 doSomething() 内）结束：

```
f1.get();
f2.get();
```

这里使用 get() 处理可能发生的任何异常。

在一个多线程环境中，此程序可能有以下输出：

```
starting 2 operations asynchronously
++.++..+.+..++.+.+
..
done
```

注意，程序输出的三种字符 .、+ 和 *newline*，其次序没有任何保证。典型情况是，首先出现字符 .，它来自第一个被启动的操作（因此也就稍早一些启动），但是正如此处所见，第一个出现的也可能是 +。字符 . 和 + 可能混杂，但也不一定。事实上，如果你移除 sleep_for() 语句（它会在每次打印字符时强制推迟），第一循环会在首次 context switch（切换至其他线程）前全部做完，那么程序的输出比较可能像下面这样：

[7] 由于循环内没做任何有用的事，所以这只是所谓的“忙于等待”（busy waiting），这意味着这个问题能够以条件变量（condition variable）更好地解决（见 18.6.1 节第 1003 页）。

```
starting 2 operations asynchronously
..........
++++++++++
done
```

如果环境不支持多线程，这份输出还是会出现，因为这种情况下对 doSomething() 的两次调用将会借由对 get() 的调用而被同步调用。

Newline 字符何时被打印？这同样不明确，有可能发生于任何其他字符被写出之前——如果两个后台任务被推迟“直至 get() 被调用”才执行，那么被推迟的任务（deferred task）将会“结束一个后才进行另一个”（译注：因为这种情况下它们其实是同步运行）：

```
starting 2 operations asynchronously

..........++++++++++
done
```

我们唯一确知的是，newline 绝不会在两个循环中的某一个完成前被打印出。我们甚至无法保证 newline 紧邻于“序列之最末字符”之后（译注：意思是可能会接上另一序列的若干字符然后才出现 newline），因为“循环之一结束后记录相应的 future object”以及“该 future 被核值（evaluated）”可能需要花费一些时间（注意，这并非实时处理）。基于这个原因，说不定你会获得一份如下的输出，其中若干 + 字符被写在最后一个 . 之后且 newline 字符之前：

```
starting 2 operations asynchronously
.+..+..+..+.+..++
+++
done
```

传递实参（Passing Argument）

前一个例子示范了“传递实参给后台任务”的一种做法：使用一个 lambda（见 3.1.10 节第 28 页）并让它调用后台函数：

```
auto f1 = std::async([]{ doSomething('.'); });
```

当然，也可以传递“在 async() 语句之前就已存在”的实参。一如以往，可采用 by value 方式或 by reference 方式传递它们：

```
char c = '@';
auto f = std::async([=]{      // =: can access objects in scope by value
                        doSomething(c);  // pass copy of c to doSomething()
                    });
```

由于定义 *capture* 为 [=]，因此传递给 lambda 的是 c 的拷贝（copy）及所有其他 visible object，所以在 lambda 内你可以传递那个 c 拷贝给 doSomething()。

然而另有其他办法可以传递实参给 async()，因为 async() 提供了 *callable object*（见 4.4 节第 54 页）的惯常接口。举个例子，如果你传递 function pointer 作为第一实参给 async()，你可以传递更多实参，它们将成为被调用的那个函数的参数：

```
char c = '@';
auto f = std::async(doSomething,c);  // call doSomething(c) asynchronously
```

也可以采用 by reference 方式传递实参，但这么做的风险是，被传递值甚至可能在后台任务启动前就变得无效。这对于 lambda 及“直接被调用的函数”都适用：

```
char c = '@';
auto f = std::async([&]{ doSomething(c); });    // risky!

char c = '@';
auto f = std::async(doSomething,std::ref(c));  // risky!
```

但如果你控制实参寿命，使它超越后台任务的生命，就可以那么做。例如：

```
void doSomething (const char& c);  // pass character by reference
...
char c = '@';
auto f = std::async([&]{ doSomething(c); });  // pass c by reference
...
f.get();  // needs lifetime of c until here
```

但是，当心，如果你“以 by reference 方式传递实参”只是为了可在另一个线程中改动它们，你可能轻易落入不明确行为（undefined behavior）之中。考虑下面的例子，在试图启动一个输出循环（于后台打印一个字符）后，你改变该字符：

```
void doSomething (const char& c);  // pass character by reference
...
char c = '@';
auto f = std::async([&]{ doSomething(c); });  // pass c by reference
...
c = '_';  // switch output of doSomething() to underscores, if it still runs
f.get();  // needs lifetime of c until here
```

首先，“这里”以及“在 doSomething() 内”对 c 的处理，其次序无法预期。因此，该字符的变换可能发生于输出循环之前、之中或之后。更糟的是，我们在某一线程中改动 c，在另一个线程中读取 c，这是对同一对象的异步并发处理（所谓 *data race*，见 18.4.1 节第 982 页），将导致不可预期的行为，除非你使用 mutex（互斥体，见 18.5 节第 989 页）或 atomic（见 18.7 节第 1012 页）保护并发处理动作。

所以，让我们说清楚：**如果你使用 async()，就应该以 *by value* 方式传递所有“用来处理目标函数”的必要 object，使 async() 只需使用局部拷贝（local copy）。** 如果复制成本太高，请让那些 object 以 const reference 的形式传递，且不使用 mutable。其他所有情况请阅读 18.4 节第 982 页，并且确定你了解你的做法蕴涵的意义和牵连。

你也可以传给 *async()* 一个“指向成员函数”的 pointer。这种情况下，位于该成员函数名称之后的第一个实参必须是个 reference 或 pointer，指向某个 object，后者将调用该成员函数：

```
class X
{
  public:
    void mem (int num);
    ...
};
...

X x;
auto a = std::async(&X::mem, x, 42);  // try to call x.mem(42) asynchronously
...
```

18.1.3 Shared Future

正如我们已看到的，class `std::future` 提供了“处理并发运算之未来结果”的能力。然而你只能处理该结果一次。第二次调用 `get()` 会导致不可预期的行为（根据 C++ 标准库的说法，通常是鼓励（但不强制）抛出一个 `std::future_error`）。

然而有时候，多次处理“并发运算之未来结果”是合理的，特别当多个其他线程都想处理这份结果时。基于这个目的，C++ 标准库提供了 class `std::shared_future`，于是你可以多次调用 `get()`，导致相同结果，或导致抛出同一个异常：

考虑下面这个例子：

```
// concurrency/sharedfuture1.cpp

#include <future>
#include <thread>
#include <iostream>
#include <exception>
#include <stdexcept>
using namespace std;

int queryNumber ()
{
    // read number
    cout << "read number: ";
    int num;
    cin >> num;

    // throw exception if none
    if (!cin) {
        throw runtime_error("no number read");
```

```
    }

    return num;
}

void doSomething (char c, shared_future<int> f)
{
    try {
        // wait for number of characters to print
        int num = f.get();  // get result of queryNumber()

        for (int i=0; i<num; ++i) {
            this_thread::sleep_for(chrono::milliseconds(100));
            cout.put(c).flush();
        }
    }
    catch (const exception& e) {
        cerr << "EXCEPTION in thread " << this_thread::get_id()
                  << ": " << e.what() << endl;
    }
}

int main()
{
    try {
        // start one thread to query a number
        shared_future<int> f = async(queryNumber);

        // start three threads each processing this number in a loop
        auto f1 = async(launch::async,doSomething,'.',f);
        auto f2 = async(launch::async,doSomething,'+',f);
        auto f3 = async(launch::async,doSomething,'*',f);

        // wait for all loops to be finished
        f1.get();
        f2.get();
        f3.get();
    }
    catch (const exception& e) {
        cout << "\nEXCEPTION: " << e.what() << endl;
    }
    cout << "\ndone" << endl;
}
```

此例之中有个线程调用 queryNumber() 查询一个整数值，该值随后被其他已执行的多个线程使用。为执行这份任务，用以启动"查询线程"的那个 std::async() 的执行结果被赋值给一个 shared_future object，后者以返回值为 template 参数：

```
shared_future<int> f = async(queryNumber);
```

也就是说，shared future 可以寻常的 future 为初值，于是 future 的状态（state）会被搬移到 shared future 身上。为了能在上述声明式中使用 auto，你可以改而调用成员函数 share()：

```
auto f = async(queryNumber).share();
```

就内部而言，所有 shared future object 共享所谓 *shared state*，后者由 async() 建立，用来存放目标函数的运行结果（也存放函数本身——如果它被推迟执行的话）。

这个 shared future 随后被传给其他线程，它们启动 doSomething() 并以该 shared future 作为第二实参：

```
auto f1 = async(launch::async,doSomething,'.',f);
auto f2 = async(launch::async,doSomething,'+',f);
auto f3 = async(launch::async,doSomething,'*',f);
```

每一次 doSomething() 被调用，便通过传入之第二参数 shared future 的成员函数 get()，等待及处理 queryNumber() 的执行结果：

```
void doSomething (char c, shared_future<int> f)
{
    try {
        int num = f.get();   // get result of queryNumber()
        ...
    }
    catch (const exception& e) {
        cerr << "EXCEPTION in thread " << this_thread::get_id()
                  << ": " << e.what() << endl;
    }
}
```

如果 queryNumber() 抛出异常（当程序未能读到整数时），那么对 doSomething() 的每一次调用都会获得因 f.get() 而来的异常，于是对应的异常处理（exception handling）便会发生。

因此，在读取了数值 5 之后，有可能输出：

```
read number: 5
*+.*+.*.+*+.*.+
done
```

如果输入 'x'，有可能输出：

```
read number: x
EXCEPTION in thread 3: no number read
EXCEPTION in thread 4: no number read
EXCEPTION in thread 2: no number read

done
```

注意，上述的线程输出次序以及线程 ID 不可预期（关于线程 ID，详见 18.2.1 节第 967 页）。

也请注意，future 和 shared_future 的 get() 声明式存在一个小小差异：

- Class future<> 提供的 get() 如下（T 是返回值类型）：

```
T future<T>::get();              // general get()
T& future<T&>::get();            // specialization for references
void future<void>::get();        // specialization for void
```

  其中第一形式返回“搬移后之执行结果”或“该结果的一份拷贝”。

- Class shared_future<> 提供的 get() 如下：

```
const T& shared_future<T>::get();    // general get()
T& shared_future<T&>::get();         // specialization for references
void shared_future<void>::get();     // specialization for void
```

  其中第一形式返回一个 reference，指向存放于“被共享之 *shared state*”的结果值。

或者，如 [*N3194:Futures*] 所述：

“单一使用值（single-use value） get() 被最有效地搬动（例如 std::vector<int> v = f.get()）。……而 const reference get() 则被最有效地处理（例如 int i = f.get()[3]）。”

如果返回值被改动的话，这一设计会导致生命期（lifetime）或数据竞争（data race）主题上的某些风险（详见 18.3.3 节第 977 页）。

你也可以采用 by reference 方式传递 shared future（也就是说，将它声明为一个 reference 并使用 std::ref() 传递它）：

```
void doSomething (char c, const shared_future<int>& f)
auto f1 = async(launch::async,doSomething,'.',std::ref(f));
```

这就不再是“使用多个 shared future object 而由它们共享同一个 *shared state*”，而是“使用 shared future object 执行多次 get()（每个线程一次）”。然而这种做法风险较高。作为一个程序员，你必须确保 f 的寿命（是的，是 f，而不是它所指向的 *shared state*）不短于被启动的线程。此外请注意，shared future 的成员函数并不与它们自身同步（synchronize）——虽然被共享的 *shared state* 是同步的。所以，如果你的作为比“只是读取数据”更多，你或许需要外部的同步化技术（见 18.4 节第 982 页）以避免 *data race*，因为那会导致不可预期的行为。抑或如 Lawrence Crowl——一位并发库（concurrency library）作者——在某次私下联络中所言：“如果代码紧紧保持着高度协调，以 by reference 方式传递是好的。但如果代码进入一个对于目标和限制都不甚了解的地带，那么还是以 by value 方式传递较佳。复制 shared future 虽然带来高昂的成本，毕竟比不上在一个大系统中挑出一个潜伏 bug 来得昂贵。”

关于 class shared_future 的更进一步细节，请见 18.3.3 节第 976 页。

18.2 低层接口：Thread 和 Promise

除了高级接口 async() 和 (shared) future，C++ 标准库还提供了一个启动及处理线程的低层接口。

18.2.1 Class std::thread

欲启动某个线程，只需先声明一个 class std::thread 对象，并将目标任务（task）当作初始实参，然后要么就等待它结束，要么就将它卸离（detach）：

```
void doSomething();

std::thread t(doSomething);   // start doSomething() in the background
...
t.join();   // wait for t to finish (block until doSomething() ends)
```

就像对待 async() 一样，你可以传入任何 *callable object*（可以是 function、member function、function object、lambda；见 4.4 节第 54 页），并可夹带任何可能的实参。然而请注意，除非你真的知道你在做什么，否则面对"处理目标函数所必须"的所有 object 都应该以 *by value* 方式传递，使得 thread 只使用 *local copy*（18.4 节第 982 页提出了"若不这么做便可能发生"的若干问题）。

此外，这是个低层接口，所以我们会感兴趣这一接口和高级的 async()（见 18.1 节第 946 页）相比之下不提供哪些性质：

- Class thread 没有所谓发射策略（launch policy）。C++ 标准库永远试着将目标函数启动于一个新线程中。如果无法做到会抛出 std::system_error（见 4.3.1 节第 43 页）并带着差错码 resource_unavailable_try_again（见 4.3.2 节第 45 页）。
- 没有接口可处理线程结果。唯一可获得的是一个独一无二的线程 ID（见 18.2.1 节第 967 页）。
- 如果发生异常，但未被捕捉于线程之内，程序会立刻中止并调用 std::terminate()（见 5.8.2 节第 162 页）。若想将异常传播至线程外的某个 context，必须使用 exception_ptr（见 4.3.3 节第 52 页）。
- 你必须（像个调用者般地）声明是否"想要等待线程结束"（那就调用 join()）或打算"将它自母体卸离（detach）使它运行于后台而不受任何控制"（那就调用 detach()）。如果你在 thread object 寿命结束前不这么做，或如果它发生了一次 move assignment，程序会中止并调用 std::terminate()（见 5.8.2 节第 162 页）。
- 如果你让线程运行于后台而 main() 结束了，所有线程会被鲁莽而硬性地终止。

下面是第一个完整例子：

```
// concurrency/thread1.cpp

#include <thread>
#include <chrono>
```

```
#include <random>
#include <iostream>
#include <exception>
using namespace std;

void doSomething (int num, char c)
{
    try {
        // random-number generator (use c as seed to get different sequences)
        default_random_engine dre(42*c);
        uniform_int_distribution<int> id(10,1000);
        for (int i=0; i<num; ++i) {
            this_thread::sleep_for(chrono::milliseconds(id(dre)));
            cout.put(c).flush();
            ...
        }
    }
    // make sure no exception leaves the thread and terminates the program
    catch (const exception& e) {
        cerr << "THREAD-EXCEPTION (thread "
             << this_thread::get_id() << "): " << e.what() << endl;
    }
    catch (...) {
        cerr << "THREAD-EXCEPTION (thread "
             << this_thread::get_id() << ")" << endl;
    }
}

int main()
{
    try {
      thread t1(doSomething,5,'.');  // print five dots in separate thread
      cout << "- started fg thread " << t1.get_id() << endl;

      // print other characters in other background threads
      for (int i=0; i<5; ++i) {
          thread t(doSomething,10,'a'+i); // print 10 chars in separate thread
          cout << "- detach started bg thread " << t.get_id() << endl;
          t.detach();  // detach thread into the background
      }

      cin.get();  // wait for any input (return)
```

```
        cout << "- join fg thread " << t1.get_id() << endl;
        t1.join();   // wait for t1 to finish
    }
    catch (const exception& e) {
        cerr << "EXCEPTION: " << e.what() << endl;
    }
}
```

本例的 main() 启动若干线程，让它们都执行 doSomething()。基于以下原因不论 main() 或是 doSomething() 都有 try-catch 子句：

- 在 main() 中，“创建线程”这个动作有可能抛出一个夹带差错码 resource_unavailable_try_again 的异常 std::system_error（见 4.3.1 节第 43 页）。
- 在 doSomething() 中，由于此函数被启动为 std::thread，任何异常若未被捕捉都会造成程序终止。

main() 所启动的第一个线程，稍后我们便“等待它结束”：

```
thread t1(doSomething,5,'.');   // print five dots in separate thread
...
t1.join();                      // wait for t1 to finish
```

其他线程则是启动之后便被卸离（detached），所以有可能 main() 结束时它们还在执行：

```
for (int i=0; i<5; ++i) {
    thread t(doSomething,10,'a'+i);   // print 10 chars in separate thread
    t.detach();                       // detach thread into the background
}
```

一旦 main() 结束，程序会立刻终止所有后台线程。本例就出现了类似情况：cin.get() 负责读取某个输入，而后 t1.join() 导致等待打印第五个 dot（此即 doSomething(5,'.') 的最后一个输出）。“等待输入”和“打印 dot”并行运行（run in parallel），谁先发生并不重要。

举个例子，如果我在第二个 dot 被打印后按下 *Return* 键，这个程序有可能输出如下：

```
- started fg thread 1
- detach started bg thread 2
- detach started bg thread 3
- detach started bg thread 4
- detach started bg thread 5
- detach started bg thread 6
ecad.dbcebabd.a
- join fg thread 1
b.ceade.bbcadbe.
```

当心 Detached Thread（卸离后的线程）

Detached thread（卸离后的线程）很容易形成问题——如果它们使用 nonlocal 资源的话。问题出在你丧失了对 detached thread 的控制，没有轻松的办法可以得知它是否运行，以及运行多久。因此，请确定绝不要让一个 detached thread 访问任何寿命已结束的 object。基于这个理由，"以 by reference 方式传递变量和 object"给线程，总是带有风险。强烈建议以 by value 方式传递。

请注意，寿命问题一样困扰 global 和 static object，因为当程序退离（exit），detached thread 可能还在运行，意味着它仍有可能访问"已被销毁"或"正在析构"的 global 或 static object，这会导致不可预期的行为。[8]

所以，请考虑以下数点作为 detached thread 的一般性规则：

- Detached thread 应该宁可只访问 local copy。
- 如果 detached thread 用上了一个 global or static object，你应该做以下事情之一：
  - 确保这些 global/static object 在"对它们进行访问"之所有 detached thread 都结束（或都不再访问它们）之前不被销毁。一种做法就是使用 condition variable（见 18.6 节第 1003 页），它让 detached thread 用来发信号说它们已结束。离开 `main()` 或调用 `exit()` 之前你必须先设置妥这些 condition variable，然后发信号（to signal）说可进行析构了。[9]
  - 以调用 `quick_exit()` 的方式结束程序。这个函数之所以存在完全是为了以"不调用 global 和 static object 析构函数"的方式结束程序（见 5.8.2 节第 162 页）。

由于 `std::cin`、`std::cout` 和 `std::cerr` 及其他 global stream object（见 15.2.2 节第 751 页）按标准所说乃是"在程序运行期间不会被销毁"，所以 detached thread 访问这些 object 应该不会导致不可预期的行为。然而，其他问题像是"interleaved character"却有可能发生。

尽管如此，请牢记一个经验法则：终止 detached thread 的唯一安全方法就是搭配"`...at_thread_exit()`"函数群中的某一个。这会"强制 main thread 等待 detached thread 真正结束"。或者你也可以选择忽略这一性质而相信某位评论家所言："Detached thread 应该被移到'危险性质'的篇章中，几乎没有人需要它。"

Thread ID

如你所见，程序打印 thread ID 时，若非借由 thread object，就是在一个 thread 内使用 namespace `this_thread`（此亦由 `<thread>` 提供）：

```
void doSomething (int num, char c)
{
    ...
```

[8] 感谢 Hans Boehm 和 Anthony Williams 指出这个问题。

[9] 理想中你应该使用 `notify_all_at_thread_exit()`（见 18.6.4 节第 1011 页）来设定 condition variable 以确保所有 thread local variable 都被销毁。

```
    cerr << "THREAD-EXCEPTION (thread "
         << this_thread::get_id() << ")" << endl;
    ...
}

thread t(doSomething,5,'.');  // print five dots in separate thread
cout << "- started fg thread " << t1.get_id() << endl;
```

这所谓 thread ID 隶属于特殊类型 std::thread::id，其值独一无二。此外，class id 有个 default 构造函数，会产生一个独一无二的 ID 用来表现“no thread”：

```
std::cout << "ID of \"no thread\": " << std::thread::id()
          << std::endl;
```

唯一允许对 thread ID 进行的操作是“比较”，以及调用 output 操作符输出至某个 stream。你不该有任何进一步假设，像是“‘no thread’拥有 ID 0”或“main thread 拥有 ID 1”之类的想象。事实上实现（implementation）有可能在被申请时才动态生成这些 ID，而不是在 thread 被启动时就生成之，那么 main thread 的编号就取决于先前对 thread ID 的申请次数。以下代码：

```
std::thread t1(doSomething,5,'.');
std::thread t2(doSomething,5,'+');
std::thread t3(doSomething,5,'*');
std::cout << "t3 ID:       " << t3.get_id() << std::endl;
std::cout << "main ID:     " << std::this_thread::get_id() << std::endl;
std::cout << "nothread ID: " << std::thread::id() << std::endl;
```

可能打印出：

```
t3 ID:       1
main ID:     4
nothread ID: 0
```

或：

```
t3 ID:       3
main ID:     4
nothread ID: 0
```

或：

```
t3 ID:       1
main ID:     2
nothread ID: 3
```

或甚至以字符为 thread ID。

因此，识别线程（例如主线程 master thread）的唯一办法是，将线程启动时的 ID 存储下来，以此为唯一识别值：

```
std::thread::id masterThreadID;
```

```
void doSomething()
{
    if (std::this_thread::get_id() == masterThreadID) {
        ...
    }
    ...
}

std::thread master(doSomething);
masterThreadID = master.get_id();
...
std::thread slave(doSomething);
...
```

注意，已结束的线程的 ID 可能会被系统拿去重复使用。

关于 class thread 的进一步讨论，请看 18.3.6 节第 979 页。

18.2.2 Promise

现在，新问题来了：如何在线程之间传递参数和处理异常（也就是高级接口如 async() 如何实现这一技术）。欲传递数值给线程，你可以仅仅把它们当作实参来传递。如果你需要线程的运行结果，可用 by reference 方式传递，就像 async() 描述的那样（见 18.1.2 节第 958 页）。

然而，另一个用来传递运行结果和异常（亦被视为一种结果）的一般性机制是：class std::promise。所谓 promise object 是 *future* object 的配对兄弟，二者都能暂时持有一个 *shared state*（用来表现一个结果值或一个异常）。但 future object 允许你取回数据（借由 get()），promise object 却是让你提供数据（借由 set_...() 函数群中的一个）。下面是个例子：

```
// concurrency/promise1.cpp

#include <thread>
#include <future>
#include <iostream>
#include <string>
#include <exception>
#include <stdexcept>
#include <functional>
#include <utility>

void doSomething (std::promise<std::string>& p)
{
    try {
        // read character and throw exception if 'x'
```

```
        std::cout << "read char ('x' for exception): ";
        char c = std::cin.get();
        if (c == 'x') {
            throw std::runtime_error(std::string("char ")+c+" read");
        }
        ...
        std::string s = std::string("char ") + c + " processed";
        p.set_value(std::move(s));     // store result
    }
    catch (...) {
        p.set_exception(std::current_exception());  // store exception
    }
}

int main()
{
    try {
        // start thread using a promise to store the outcome
        std::promise<std::string> p;
        std::thread t(doSomething,std::ref(p));
        t.detach();
        ...

        // create a future to process the outcome
        std::future<std::string> f(p.get_future());

        // process the outcome
        std::cout << "result: " << f.get() << std::endl;
    }
    catch (const std::exception& e) {
        std::cerr << "EXCEPTION: " << e.what() << std::endl;
    }
    catch (...) {
        std::cerr << "EXCEPTION " << std::endl;
    }
}
```

在包含 `<future>`（其中有 promise 的声明）之后，你可以声明一个 promise object，令它针对“持有值”或“返回值”特化（如果两者都是 none，就特化为 `void`）：

```
std::promise<std::string> p;   // hold string result or exception
```

Promise 内部会建立一个 *shared state*（见 18.3 节第 973 页），在这里被用来存放一个相应类型的值或一个异常，并可被 future object 取其数据当作线程结果。

这个 promise 随后被传给一个在分离线程（separate thread）中运行的任务（task）：

```
std::thread t(doSomething,std::ref(p));
```

借由 `std::ref()`（见 5.4.3 节第 132 页）我们确保这个 promise 以 by reference 方式传递，使其状态得以被改变（copying 不适用于 promise）。

然后在线程内调用 `set_value()` 或 `set_exception()`，便得以在 promise 中存放一个值或一个异常：

```
void doSomething (std::promise<std::string>& p)
{
    try {
        ...
        p.set_value(std::move(s));      // store result
    }
    catch (...) {
        p.set_exception(std::current_exception());  // store exception
    }
}
```

此处用上了定义于 `<exception>` 内的辅助函数 `std::current_exception()`（见 4.3.3 节第 52 页），它会将当前异常以类型 `std::exception_ptr` 生成出来，如果当前并无异常就生成 `nullptr`。这个异常会被存放于 promise object 内部。

一旦 *shared state* 存有某值或某个异常，其状态就转变为 *ready*。于是你可以在他处取出其内容。但是“取出”动作需要借助一个“共享相同 *shared state*”的 future object。为此，我们在 `main()` 内对 promise object 调用 `get_future()`，建立起这一相应的 future object，它拥有 18.1 节第 946 页介绍过的语义。也可以在启动线程之前先建立该 future object：

```
std::future<std::string> f(p.get_future());
```

现在，通过 `get()`，我们可以取得“被存储的结果”，或是令“被存储的异常”再次被抛出（内部乃是针对被存储的 `exception_ptr` 调用 `std::rethrow_exception()`）：

```
f.get();   // process the outcome of the thread
```

注意，`get()` 会停滞（block）直到 *shared state* 成为 *ready*——当 promise 的 `set_value()` 或 `set_exception()` 执行后便是如此。这并非意味着设定此 promise 的线程已经结束；该线程可能仍执行着其他语句，甚至存储其他结果放进其他 promise 内。

如果想令 *shared state* 在线程确实结束时变成 *ready*——以确保线程的 local object 及其他材料在“结果被处理之前”有所清除——你就不该调用 `set_value()` 或 `set_exception()`，必须改调用 `set_value_at_thread_exit()` 或 `set_exception_at_thread_exit()`：

```
void doSomething (std::promise<std::string>& p)
{
```

```
    try {
        ...
        p.set_value_at_thread_exit(std::move(s));
    }
    catch (...) {
        p.set_exception_at_thread_exit(std::current_exception());
    }
}
```

Promise 和 future 并不仅限于解决多线程问题。在单线程程序中我们也可以使用 promise 持有一个结果值或一个异常（并且稍后通过一个 future 来处理）。

也请注意，我们不能够既存储值又存储异常。企图这么做会导致 `std::future_error` 并夹带差错码 `std::future_errc::promise_already_satisfied`（见 4.3.1 节第 43 页）。

关于 class `promise` 的更多细节，请见 18.3.4 节第 977 页。

18.2.3 Class `packaged_task<>`

`async()` 予你一个权柄，使你得以处理 task 的成果，该 task 是你尝试立刻启动于后台的。然而有时候虽然你需要处理一个后台 task 的成果，你其实不需要立刻启动该 task。举个例子，thread pool（线程池）可控制何时运行以及多少个后台 task 同时运行，此情况下我们不再这么写：

```
double compute (int x, int y);

std::future<double> f = std::async(compute,7,5); // try to start a background task
...
double res = f.get();  // wait for its end and process result/exception
```

而是写成这样：

```
double compute (int x, int y);

std::packaged_task<double(int,int)> task(compute);  // create a task
std::future<double> f = task.get_future();          // get its future
...
task(7,5);                  // start the task (typically in a separate thread)
...
double res = f.get();  // wait for its end and process result/exception
```

其中的 task 通常（但非一定）启动于某一分离线程中。

上述的 class `std::packaged_task<>` 定义于 `<future>` 内，持有目标函数及其可能结果（也就是该函数的 *shared state*，见 18.3 节第 973 页）。

关于 class `packaged_task` 的更多细节，请见 18.3.5 节第 977 页。

18.3 细说启动线程（Starting a Thread）

介绍完“启动线程”和“处理返回值或异常”之高级及低层接口后，让我们总结所有概念，并提供若干尚未提及的细节。

<table>
<tr><th>Starting the Thread</th><th colspan="2">Returning Values</th><th>Returning Exceptions</th></tr>
<tr><td>call std::async()</td><td colspan="2">return values or exceptions automatically are provided by a std::future<></td><td rowspan="3">use a shared state</td></tr>
<tr><td>call task of class std::packaged_task</td><td colspan="2">return values or exceptions automatically are provided by a std::future<></td></tr>
<tr><td>create object of class std::thread</td><td colspan="2">set return values or exceptions in a std::promise<> and process it by a std::future<></td></tr>
<tr><td>create object of class std::thread</td><td>use shared variables (synchronization required)</td><td colspan="2">through type std::exception_ptr</td></tr>
</table>

图 18.1　Thread 接口层级

概念上，我们有数个层面可以启动线程并处理其返回值或异常（见图18.1）：

- 低层接口 class `thread` 让我们得以启动线程。为了“返回数据”，我们需要可共享的变量（global 或 static 变量，或是以实参传递的变量）。为了“返回异常”，可利用类型 `std::exception_ptr`（它被 `std::current_exception()` 返回并可被 `std::rethrow_exception()` 处理（见 4.3.3 节第 52 页）。
- *Shared state* 的概念使我们能够以一种较便捷的方法处理返回值或异常。搭配低层接口所提供的 `promise` 我们可以建立一个 *shared state* 然后通过一个 `future` 来处理它。
- 在高级层面中，class `packaged_task` 或 `async()` 会自动建立一个 *shared state*，它会因为一个 return 语句或一个未被捕获的异常（uncaught exception）而设置妥。
- `packaged_task` 允许我们建立一个“带着 *shared state*”的 object，但我们必须明确写出何时启动该线程。
- 若是使用 `std::async()`，我们无须关心线程何时真正启动。我们唯一确知的是当需要结果时就调用 `get()`。

Shared State

如你所见，上述几乎所有性质都用到一个中心概念：*shared state*。它允许“启动及控制后台机能”的 object（一个 promise、packaged task 或是 `async()`）

能够和"处理其结果"的 object（一个 future 或 shared future）相互沟通。因此，shared state 必须能够持有被启动之目标函数以及某些状态（state）和结果（一个返回值或一个异常）。

Shared state 如果持有其函数运行结果，我们说它是 *ready*（也就是返回值或异常已备妥待取）。Shared state 通常被实现为一个 reference-counted object——当它被最后一个使用者释放时即被销毁。

18.3.1 细说 `async()`

一般而言，就像 18.1 节第 946 页所介绍，`std::async()` 是个辅助函数，用来在分离线程中启动某个函数（*如果可能的话*）。因此，如果低层平台支持多线程，你可以让函数并发运转；如果低层平台不支持，也没有任何损失。

然而 `async()` 的真实行为复杂得多，且高度取决于 launch（发射）策略，后者可作为第一实参。基于这个因素，以下便以应用程序开发者的角度描述 `async()` 的三个标准调用形式。

future **async**（`std::launch::async`，*F func*，*args...*）

- 尝试启动 *func* 并给予实参 *args*，形成一个异步任务（asynchronous task；一个并行线程）。
- 如果以上办不到，就抛出 `std::system_error` 异常，带着差错码 `std::errc::resource_unavailable_try_again`（见 4.3.1 节第 43 页）。
- 被启动的线程保证在程序结束前完成，除非程序中途失败（abort）。
- 以下情况会结束线程（完成工作）：
  - 对返回的 future 调用 `get()` 或 `wait()`。
  - 如果最后一个指向"返回之 future 所代表的 *shared state*"的 object 被销毁。
- 这意味着对 `async()` 的调用会造成停滞（block）直到 *func* 完成——如果 `async()` 的返回值未被使用的话。

future **async**（`std::launch::deferred`，*F func*，*args...*）

- 传递 *func* 并夹带实参 *args*，形成一个推迟任务（deferred task）。当我们对返回的 future 调用 `wait()` 或 `get()`，那个推迟任务即被同步调用（synchronously called）。
- 如果未曾如上调用 `wait()` 和 `get()`，那个推迟任务（deferred task）绝不会启动。

future **async**（*F func*，*args...*）

- 相当于调用 `async()` 并携带"`std::launch:async` 和 `std::launch::deferred` 组合而成"的 launch（发射）策略。系统会根据当前形势选择其中一个发射策略。也就是说，如果"立即发射"策略行不通的话，会造成 *func* 被推迟调用。
- 也就是说，如果 `async()` 可以为 *func* 启动一个新线程，就那么做，否则 *func* 就会被推迟，直到我们对返回的 future 调用 `get()` 或 `wait()`。

- 这个调用的唯一保证是，一旦我们对返回的 future 调用 `get()` 或 `wait()`，*func* 就一定会被调用并且完成。
- 如果没有对返回的 future 调用 `get()` 或 `wait()`，*func* 有可能永不被调用。
- 注意，如果无法异步调用 *func*，本形式的 `async()` 不会抛出 `system_error` 异常（但有可能因为其他原因而抛出 system error）。

所有 `async()` 形式都只要求 *func* 是个 *callable object*（不论 function、member function、function object、lambda 都可以；见 4.4 节第 54 页）。18.1.2 节第 958 页有一些例子。

将发射策略 `std::launch::async|std::launch::deferred` 传递给 `async()`，其后果和不传递任何发射策略是一样的。发射策略设为 `0` 会导致不可预期的行为（C++ 标准库未涵盖此情况，不同的实现可能行为互异）。

18.3.2 细说 Future

Class `future<>`[10] 曾经出现于 18.1 节第 946 页，用来表现某一操作的成果（outcome）：可能是个返回值或是一个异常，但不会二者都是。这份成果被管理于一个 *shared state* 内，后者可被 `std::async()` 或一个 `std::packaged_task` 或一个 promise 创建出来。这份成果也许尚未存在，因此 future 持有的也可能是"生成该成果"的每一件必要东西。

如果 future 是被 `async()`（见 18.3.1 节第 974 页）返回且其相关的 task 受到推迟，对它调用 `get()` 或 `wait()` 会同步启动该 task。注意，`wait_for()` 和 `wait_until()` 都不会令一个被推迟任务（deferred task）启动。

成果只能被取出一次。因此 future 可能处于有效（valid）或无效（invalid）状态：有效意味着"某一操作的成果或爆发的异常"尚未被取出。

表18.1列出了 class `future<>` 可用的操作。

注意，`get()` 的返回值取决于 `future<>` 的特化类型：

- 如果它是 `void`，`get()` 获得的就是 `void`，也就是"无物"。
- 如果 future 的 template 参数是个 reference 类型，`get()` 便返回一个 reference 指向返回值。
- 否则 `get()` 返回返回值的一份 copy，或是对返回值进行 move assign 动作——取决于返回类型是否支持 move assignment 语义。

注意，只可调用 `get()` 一次，因为 `get()` 会令 future 处于无效状态。

面对无效状态的 future，调用其析构函数、move assignment 操作符或 `valid()` 以外的任何操作，都会导致不可预期的行为。这种情况下 C++ standard 推荐（但并未强制）抛出一个 `future_error` 异常（见 4.3.1 节第 43 页）并夹带差错码 `std::future_errc::no_state`。

注意，future 既不提供 copy 构造函数也不提供 copy assignment 操作符，确保绝不会有两个 object 共享某一后台操作之状态（state）。"将某个 future object 状态搬移至另一个"的唯一办法是，调用 move 构造函数或 move assignment 操作符。

[10] 最初，在标准化过程中，这个 class 被命名为 `unique_future`。

操作	效果
***future** f*	Default 构造函数，建立一个 future，带着无效状态（invalid state）
***future** f(rv)*	Move 构造函数，建立一个新的 future，状态取自 *rv*，并令 *rv* 状态失效
f.~***future***()	销毁状态也销毁 *this
f = *rv*	Move assignment；销毁 *f* 的旧状态，取 *rv* 状态填之，并令 *rv* 状态失效
f.valid()	如果 *f* 具备有效状态就获得 true，然后你才可以调用以下各成员函数
f.get()	阻塞（block）直到后台操作完成。它会迫使被推迟的线程（deferred thread）同步启动（start synchronously），产出结果（如果有的话）或发出异常，并令其状态失效
f.wait()	阻塞（block）直到后台操作完成。它会迫使被推迟的线程（deferred thread）同步启动（start synchronously）
f.wait_for(*dur*)	阻塞（block） *dur* 时间段，或直到后台操作完成。但被推迟的线程（deferred thread）并不会被强制启动
f.wait_until(*tp*)	阻塞（block）直至到达时间点 *tp*，或直到后台操作完成。但被推迟的线程（deferred thread）并不会被强制启动
f.share()	产生一个 shared_future 带有当前状态，并令 *f* 的状态失效

表 18.1 Class future<> 的操作函数

然而通过使用 shared_future object 也可以令后台任务的状态被共享，其 share() 会释出控制权。

如果调用析构函数的那个 future 是某一 shared state 的最后拥有者，而相关的 task 已启动但尚未结束，析构函数会造成堵塞（block），直到任务结束。

18.3.3 细说 Shared Future

Class shared_future<>（18.1.3 节第 960 页曾有介绍）提供的语义和接口与 class future 相同（见 18.3.2 节第 975 页），但有以下差异：

- 允许多次调用 get()。因此 get() 必不令其状态失效。
- 支持 copy 语义（copy 构造函数和 copy assignment 操作符）。
- get() 是个 const 成员函数，返回一个 const reference 指向“存储于 *shared state*”的值（这意味着你必须确定“被返回的 reference”的寿命短于 *shared state*）。但 class std::future 的 get() 却是个 non-const 成员函数，返回一个 move-assigned 拷贝（如果此性质未获支持则返回一个 copy），除非这个 class “被一个 reference 类型实现特化”。
- 不提供 share()。

“get() 的返回值不是拷贝”这一事实造成了若干风险。除了生命期需要考虑，还可能形成 data race（数据竞争）——当“作用于相同数据”而又“互相冲突”的动作有着“不明确的次序”时就会发生，例如多线程发出的异步读/写（nonsynchronized read and write），导致不明确的行为。（见 18.4.1 节第 982 页）。

相同问题也发生在异常身上。标准化期间曾经讨论过这样一个例子，有个异常被“by reference 捕获”而后被改动：

```
try {
    shared_future<void> sp = async(f);
    sp.get();
}
catch (E& e) {
    e.modify();   // risk of undefined behavior due to a data race
}
```

如果另一个线程正在处理这个异常，上述代码会导致 data race。为解决这个问题，建议最好使用 `current_exception()` 和 `rethrow_exception()`，它们被内部用来在线程之间传递异常、建立异常拷贝。然而这样的改变成本太高。所以，程序员在不同的线程内处理 non-const reference 时，一定要很清楚他们在做些什么。

18.3.4 细说 Class `std::promise`

18.2.2 节第 969 页介绍过 class `std::promise`，其对象用来临时持有一个值或一个异常。一般而言 promise 可持有一个 *shared state*（见 18.3 节第 973 页）。如果那个 *shared state* 持有一个值或一个异常，我们就说它是 *ready*。表18.2列出了 class `promise` 的操作函数。

注意，你只能调用 `get_future()` 一次。第二次调用会抛出 `std::future_error` 异常并带着差错码 `std::future_errc::future_already_retrieved`。如果没有相应的 *shared state*，则该调用会抛出 `std::future_error` 异常并带着差错码 `std::future_errc::no_state`。

所有用来设定数值或异常的成员函数都是线程安全的（thread safe），也就是说，犹如有个 mutex 确保每次只有某一个成员函数可以修改 *shared state*。

18.3.5 细说 Class `std::packaged_task`

Class `std::packaged_task<>` 被用来同时持有目标函数及其“成果”（也就是所谓的 *shared state*，见 18.3 节第 973 页）。“成果”也许是个返回值或是目标函数所触发的异常。你可以拿相应的目标函数来初始化 packaged task，而后通过对 packaged task 实施 operator () 调用该目标函数。最后，你可以对此 packaged task 取一个 future 以便处理其成果。表18.3列出了 class `packaged_task` 的操作函数。

由于此 task 之构造函数而发生的任何异常，例如“缺乏可用内存”，也会被存放于 *shared state*。

操作	效果
promise *p*	Default 构造函数；建立一个带 shared state 的 promise
promise *p*(allocator_arg,*alloc*)	建立一个带 *shared state* 的 promise，以 *alloc* 为分配器
promise *p*(*rv*)	Move 构造函数；建立一个新的 promise，它取 *rv* 的状态并从 *rv* 手中移走 *shared state*
p.~***promise***()	释放 *shared state*，并且如果它不是 ready（也就是无值亦无异常），就存储一个 std::future_error 异常并夹带 broken_promise
p = *rv*	Move assignment；move assign *rv* 的状态至 *p*。如果 *p* 不是 ready，就存储一个 std::future_error 异常并夹带 broken_promise
swap(*p1*,*p2*)	互换 *p1* 和 *p2* 的状态
p1.swap(*p2*)	互换 *p1* 和 *p2* 的状态
p.get_future()	产生一个 future object 用以取回 *shared state*（那是线程的执行成果）
p.set_value(*val*)	设 *val* 为值并令状态为 *ready*（或是抛出 std::future_error）
p.set_value_at_thread_exit(*val*)	设 *val* 为值并令状态为 *ready*——在当前线程结束时（或是抛出 std::future_error）
p.set_exception(*e*)	设 *e* 为异常并令状态为 *ready*（或是抛出 std::future_error）
p.set_exception_at_thread_exit(*e*)	设 *e* 为异常并令状态为 *ready*——在当前线程结束时（或是抛出 std::future_error）

表 18.2 Class promise 的操作函数

如果调用 task 或调用 get_future() 却没有可用状态，会抛出 std::future_error 异常（见 4.3.1 节第 43 页）并带着差错码 std::future_errc::no_state。第二次调用 get_future() 会抛出 std::future_error 异常并带着差错码 std::future_errc::future_already_retrieved。第二次调用 task 会抛出 std::future_error 异常并带着差错码 std::future_errc::promise_already_satisfied。

析构函数和 reset() 会抛弃 *shared state*，意思是 packaged task 会释放 *shared state*，并且如果 *shared state* 尚未 ready 就令它变成 ready，然后将一个 std::future_error 异常并夹带差错码 std::future_errc::broken_promise 存储起来当作成果。

一如往常，make_ready_at_thread_exit() 函数用来确保在 task 的成果被处理之前，终结该 task 的线程的局部对象（local object）和其他材料会先被妥善清理。

操作	效果
packaged_task *pt*	Default 构造函数；建立一个 packaged task，不带 *shared state* 也不带 stored task
packaged_task *pt*(*f*)	为 task *f* 建立一个对象
packaged_task *pt*(*alloc*,*f*)	为 task *f* 建立一个对象，使用分配器 *alloc*
packaged_task *pt*(*rv*)	Move 构造函数；将 packaged task *rv*（task 和 state）移至*pt*（其后*rv*将不拥有*shared state*）
pt.~***packaged_task***()	销毁 `*this`（也许会导致 *shared state* 变成 ready）
pt = *rv*	Move assignment；将 packaged task rv（task 和 state） move assign 移至 *pt*（其后 *rv* 将不拥有 *shared state*）
swap(*pt1*,*pt2*)	两个 packaged task 互换
pt1.swap(*pt2*)	两个 packaged task 互换
pt.valid()	如果 *pt* 有一个 *shared state* 就产生 `true`
pt.get_future()	产出一个 future object，用来取回 *shared state*（内放 task 的成果）
pt(*args*)	调用 task（带着可能的实参）并令 *shared state* 成为 ready
pt.make_ready_at_thread_exit(*args*)	调用 task（带着可能的实参）并且在线程退离（exit）时令 *shared state* 成为 ready
pt.reset()	为 *pt* 建立一个新的 *shared state*（也许会导致旧的 *shared state* 变成 ready）

表 18.3　Class `packaged_task<>` 的操作函数

18.3.6　细说 Class `std::thread`

18.2.1 节第 964 页曾介绍过 class `std::thread`，其对象用来启动和表现线程。这些对象和操作系统提供的线程呈现一对一映射关系。表18.4列出了 class `thread` 的操作函数。

Thread object 和线程之间的关联始于您将一个 *callable object*（见 4.4 节第 54 页）指派为初值（或是 move copy/assign）给它，并夹带可能有的实参。这个关联的结束有两个情况：一是由于 `join()`（它将等待线程成果）或是由于 `detach()`（它将明确失去对线程的关联）。不论哪一个函数都必须在 thread object 生命结束前或在一个新的 thread object 被 move assigned 之前被调用。否则程序就会因 `std::terminate()`（见 5.8.2 节第 162 页）而中止。

如果 thread object 关联至某个线程，它就是所谓 *joinable*（可连接的）。此情况下调用 `joinable()` 会获得 `true`，调用 `get_id()` 会获得 thread ID，其值不同于 `std::thread::id()` 所得。

Thread ID 有自己的类型 `std::thread::id`。其 default 构造函数会产出一个独一无二的 ID 用以表示“非线程”。如果没有任何线程被关联，调用 `thread::get_id()` 获得的便是那个特殊值，如果 thread object 关联至某个线程（也就是 *joinable*），调用 `thread::get_id()` 便会获得另一个独一无二的 ID。

操作	效果
thread *t*	Default 构造函数；创建一个 *nonjoinable* thread object
thread *t*(*f*,...)	创建一个 thread object，表示 *f* 将被启动于一个线程中（也许带有实参），或是抛出 `std::system_error`
thread *t*(*rv*)	Move 构造函数；创建一个新的 thread object，取 *rv* 的状态并令 *rv* 变成 *nonjoinable*
t.~***thread***()	销毁 `*this`；如果 object 是 *joinable* 则调用 `std::terminate()`
t = *rv*	Move assignment；将 *rv* 的状态 move assign 至 *t*，如果 *t* 是 *joinable* 则调用 `std::terminate()`
t.joinable()	如果 *t* 有一个关联线程（也就是说它是 *joinable*）便产出 `true`
t.join()	等待关联线程完成工作（如果该线程不是 *joinable* 就抛出 `std::system_error`），然后令此 object 变成 *nonjoinable*
t.detach()	解除 *t* 和线程之间的关联并且让线程继续运行（如果该线程不是 *joinable* 便抛出 `std::system_error`），并令 object 变成 *nonjoinable*
t.get_id()	如果 *joinable* 就返回独一无二的 `std::thread::id`，如果不是 *joinable* 就返回 `std::thread::id()`
t.native_handle()	返回一个依赖于平台的类型 `native_handle_type`，用于不具可移植性的扩展（nonportable extension）

表 18.4 Class `thread` 的操作函数

唯一可对 thread ID 执行的操作是对它们进行比较，或是将它们写至一个 output stream。此外有个 hash 函数用来在非定序（unordered）容器（见 7.9 节第 356 页）中管理 thread ID。一个已结束的线程的 thread ID 可被系统取回重复运用。除了以上这些，不要对 thread ID 存有任何假设，特别是不要对其数值有所猜想。详见 18.2.1 节第 968 页。

注意，detached thread 不应该访问生命已结束的 object。这意味着当我们结束程序时，必须确定 detached thread 不会访问 global/static object（见 18.2.1 节第 967 页）。

此外，class `std::thread` 还提供一个 static 成员函数，用来查询并行线程的可能数量（只是一个参考值）：

`unsigned int` **std::thread::hardware_concurrency** ()

- 返回可能的线程数量。
- 该数量只是个参考值，不保证准确。
- 如果数量不可计算或不明确，返回值是 `0`。

18.3.7 Namespace this_thread

针对任何线程（包括主线程 main thread），<thread> 声明一个命名空间 std::this_thread，用以提供线程专属的 global 函数，列于表18.5。

操作	效果
this_thread::get_id()	获得当前线程的 ID
this_thread::sleep_for(*dur*)	将某个线程阻塞（block） *dur* 时间段
this_thread::sleep_until(*tp*)	将某个线程阻塞（block）直到时间点 *tp*
this_thread::yield()	建议释放控制以便重新调度（reschedule）让下一个线程能够执行

表 18.5 命名空间 std::this_thread 提供的线程专属操作

注意，当处理系统时间调整（system-time adjustment，详见 5.7.5 节第 160 页）时，sleep_for() 和 sleep_until() 往往不同，

函数 this_thread::yield() 用来告诉系统，放弃当前线程的时间切片（time slice）余额是有好处的，这将使运行环境得以重新调度（reschedule）以便允许其他线程执行。“放弃控制”的一个典型例子是，当等待或轮询（wait or poll）另一线程（见 18.1.1 节第 955 页），或等待或轮询“某个 atomic flag 被另一线程设定”（见 18.4.3 节第 986 页）：[11]

```
while (!readyFlag) {   // loop until data is ready
    std::this_thread::yield();
}
```

另一个例子是，当你尝试锁定多个 lock/mutex 却无法取得其中一个 lock 或 mutex，那么在尝试不同次序的 lock/mutex 之前你可以使用 yield()，这会让你的程序更快些。[12]

[11] 感谢 Bartosz Milewski 提供这个例子。

[12] 感谢 Howard Hinnant 提供这个例子。

18.4 线程同步化与 Concurrency（并发）问题

使用多线程（multiple thread）几乎总是会伴随"数据的并发访问"（concurrent data access）。多个线程彼此毫无关系地运行是很罕见的。线程有可能提供数据给其他线程处理，或是备妥必要的先决条件（precondition）用以启动其他进程（process）。

这就是多线程棘手的原因。许多事情有可能往错误的方向走。或者换个角度说，许多事情也许和新手甚至经验丰富的程序员的预期不同。

因此，讨论同步化线程（synchronize thread）和并发数据处理的技术之前，我们必须先了解问题所在。然后我们就可以开始讨论以下的线程同步化技术：

- Mutex 和 lock（互斥体和缩，见 18.5 节第 989 页），包括 `call_once()`（见 18.5.3 节第 1000 页）。
- Condition variable（条件变量，见 18.6 节第 1003 页）。
- Atomic（见 18.7 节第 1012 页）。

18.4.1 当心 Concurrency（并发）

在详细讨论 concurrency 引发的问题之前，让我先制定第一条规则，为的是可能你已经打算直接动手干了而不深入此节。如果你只学一条"如何面对多线程"的规则，应该就是这一条了：

> **多个线程并发处理相同的数据而又不曾同步化（synchronization），那么唯一安全的情况就是：所有线程只读取数据。**

所谓"相同的数据"，我的意思是使用相同内存区（same memory location）。如果不同的线程并发处理它们手上不同的变量或对象或成员，不会有问题，因为自 C++11 起每个变量都保证拥有自己的内存区。[13] 唯一例外是 bitfield；由于不同的 bitfield 有可能共享同一块内存区，因此访问不同的 bitfield 其实意味着彼此分享对同一块数据的访问。

然而，当两个或更多线程并发处理相同的变量或对象或成员，而且至少其中一个线程改动了它，而你又不曾同步化（synchronize）该处理动作，你就可能有了深深的麻烦。这就是 C++ 所谓的 *data race*。C++11 标准中定义的 *data race* 是"不同线程中的两个互相冲突的动作，其中至少一个动作不是 atomic（不可切割的），而且无一个动作发生在另一动作之前"。Data race 总是导致不可预期的行为。

就像处于 data race 情况一样，我们的问题在于，代码也许经常能够如你所愿，但却不是永远如此，这正是编程时面对的最难缠问题之一。也许，使用其他数据，或进入生产模式，或换到另一个平台，你的程序突然就完蛋了。所以，如果使用多线程，要特别小心 concurrent data access。

[13] "不同的对象拥有各自的内存区"这一保证在 C++11 之前并不存在。C++98/C++03 是一个只针对单线程应用程序而发展的标准。所以，严格地说，在 C++11 之前，并行处理不同的对象会导致不可预期的行为，虽然现实中通常不会有问题。

18.4.2 Concurrent Data Access 为什么造成问题

为了解 concurrent data access 造成的问题，我们必须了解当我们使用 concurrecy 时 C++ 给了什么保证。注意，一个编程语言如 C++，总是个抽象层，用以支持不同的平台和硬件，后者根据其体系结构和目的提供不同的能力和接口。因此，一个像 C++ 这样的标准具体描述了语句和操作的影响，但并非等同于其所产生的汇编码（assembler code）。标准描述的是 *what* 而不是 *how*。

一般而言，行为不会被定义得太谨慎以至于只能有一种实现。事实上行为甚至有可能不被明确定义，例如函数调用时其实参核值（argument evaluation）次序就没有具体说明。如果程序对此有特定的期待，会导致不可预期的行为。

因此，重要的问题是：语言给了什么保证？在该范围内程序员不该期望更多，即使某些额外的保证似乎很明显。事实上关于所谓 *as-if* 规则，每个编译器都可以将代码无限优化，只要程序行为外观上相同。因此，被生成的代码是个黑盒子，是可以变化的，只要可观测行为保持稳定。以下摘自 C++ standard：

> 任何实现（implementation）可以自由忽视国际标准（International Standard）的任何规定，只要最终成果貌似遵守了那些规定——这可由程序的可观测行为加以判断。例如，一个现实实现（actual implementation）不需要核算表达式的某一部分——如果它可以推演而知其值未被使用且又不至于影响程序所产生的可观测行为。

未定义行为之所以存在，是为了给予编译器和硬件厂商以自由度和能力去生成最佳代码，不论他们的“最佳”标准在哪里。是的，它适用于两端：编译器有可能展开循环（loop），重新安排语句，去除无用代码（dead code），预先获取数据，而在现代化体系结构中，一个以硬件实现的 buffer 有可能重新安排（reorder） load 或 store。

重新安排次序（reordering）对于改善程序速度也许有帮助，但它们亦有可能产生破坏行为。为了受益于“最快的速度”，“安全性”也许不在默认考虑范围内。因此，特别针对 concurrent data access，我们必须了解我们手上有些什么保证。

18.4.3 什么情况下可能出错

为了给予编译器和硬件以足够的自由度完成优化，C++ 一般并不给予许多“你或许期待”的保证。原因是，在所有情况中（而非仅仅那些有用的地方）实施这些保证，会带来太高的效率成本。事实上，在 C++ 中我们可能会遭遇以下问题：

- **Unsynchronized data access**（未同步化的数据访问）：并行运行的两个线程读和写同一笔数据，不知道哪一个语句先来。

- **Half-written data**（写至半途的数据）：某个线程正在读数据，另一个线程改动它，于是读取中的线程甚至可能读到改了一半的数据，读到一个半新半旧值。
- **Reordered statement**（重新安排的语句）：语句和操作有可能被重新安排次序（reordered），也许对于每一个单线程正确，但对于多个线程的组合却破坏了预期的行为。

Unsynchronized Data Access（未同步化的数据访问）

以下代码确保以 `val` 的绝对值为实参调用 `f()`，如果 `val` 是负数就将它反相：

```
if (val >= 0) {
    f(val);      // pass positive val
}
else {
    f(-val);     // pass negated negative val
}
```

在单线程环境中上述代码没问题。然而在一个多线程环境中，这段代码不一定能成功运作。如果多个线程处理 `val`，`val` 的值有可能在“`if` 子句”和“调用 `f()`”之间被改变，造成负值被传给 `f()`。

基于相同理由，以下代码：

```
std::vector<int> v;
...
if (!v.empty()) {
    std::cout << v.front() << std::endl;
}
```

也可能形成问题。如果 `v` 被多个线程共享，由于 `v` 有可能在“调用 `empty()`”和“调用 `front()`”之间变成空（empty），导致不可预期的行为（见 7.3.2 节第 275 页）。

注意这个问题也可能出现在“以 C++ 标准库提供的函数完成”的代码。例如：

```
v.at(5)  // yield value of element with index 5
```

“如果 `v` 没有足够元素就会抛出异常”这个保证不再成立，因为当 `at()` 被调用时另一个线程有可能改动 `v`。因此，请牢记以下文字：

> **除非另有说明，C++ 标准库提供的函数通常不支持“写或读”动作与另一个“写”动作（写至同一笔数据）并发执行。**[14]

---

[14] 正如 Hans Boehm 指出，设计某种方法来支持 concurrent access to library object，往往没有用，因为如果我需要在“数据访问的动作之间”实现同步化（synchronization），往往我需要保护的不只是个别的访问动作，而是更大的代码段（section of code）。这意味着程序员无论如何需要完成他们自己的 locking，标准库提供的 locking 至多只是赘余物。

也就是说，除非另有说明，来自多线程“对同一 object 的多次调用”会导致不可预期的行为。

然而 C++ 标准库对于线程安全（见 4.5 节第 56 页）还是提供了若干保证。例如：

- 并发处理同一容器内的不同元素是可以的（但 `vector<bool>` 例外）。因此，不同的线程可以并发读和/或写同一容器内的不同元素。例如，每个线程可以处理某些事然后将结果存储于一个共享的 vector 内专属该线程的某元素。
- 并发处理 string stream、file stream 或 stream buffer 会导致不可预期的行为。但是一如进入本章之前我们所见的，格式化输入自和输出至某个标准 stream（它和 C I/O 同步化了，见 15.14.1 节第 845 页）是可以的，虽然这可能导致插叙的字符。

Half-Written Data（写至半途的数据）

考虑我们有一个变量：[15]

```
long long x = 0;
```

某个线程对它写入数值：

```
x = -1;
```

另一个线程读取它：

```
std::cout << x;
```

程序的输出是什么？也就是说当第二线程输出 x 时它读到哪个值？以下皆有可能：

- `0`（x 的旧值）——如果第一线程尚未赋予它 `-1`。
- `-1`（x 的新值）——如果第一线程已经赋予它 `-1`。
- 任何其他值——如果第二线程在“第一线程对 x 赋值 `-1` 的过程中”读取 x。

上述最后一项在一台 32-bit 计算机上很可能发生——如果赋值操作导致两个 store，而来自第二线程的读取操作发生在“第一个 store 已完成且第二个 store 尚未完成”之际。

注意，以上仅仅不适用于 `long long`。即使基本数据类型如 `int` 或 `bool`，标准也不保证读或写是 *atomic*（不可切割的），意指独占而不可被打断（exclusive noninterruptable）。Data race 不是那么有可能发生，但如果你想完全消除其可能性，就必须采取手段。

相同情况也适用于繁复的数据结构，即使它们由 C++ 标准库提供。例如面对 `std::list<>`（见 7.5 节第 290 页），程序员有权决定是否确保“当某个线程正在安插或删除元素时，容器不会被另一个线程改动”。否则其他线程便有可能用到这个 list 的不一致状态（inconsistent state），例如“前向指针”已修改但“后向指针”尚未被改。

---

[15] 这个例子取自 [*N2480:MemMod*] 并获得许可。

Reordered Statement（重新安排的语句）

让我们讨论另一个简单例子。[16] 假设有两个共享对象，一个是 long，用来将 data 从某个线程传递到另一个线程，另一个是 bool readyFlag，用来表示第一线程是否已提供数据：

```
long data;
bool readyFlag = false;
```

一种天真做法是，将“某线程中对 data 的设定”和“另一线程中对 data 的消费”同步化(synchronize)。于是，供应端这么调用：

```
data = 42;
readyFlag = true;
```

而消费端这么调用：

```
while (!readyFlag) {   // loop until data is ready
    ;
}
foo(data);
```

在不知任何细节的情况下，几乎每个程序员一开始都会认为第二线程必是在 data 有值 42 之后才调用 foo()，他们认为“对 foo() 的调用”只有在 readyFlag 是 true 的前提下才能触及，而那又唯有发生在第一线程将 42 赋值给 data 之后，因为赋值之后才令 readyFlag 变成 true。

但其实这并非必要。事实上第二线程的输出有可能是 data “在第一线程赋值 42 之前”的旧值（甚至任何值，因为 42 赋值动作有可能只做一半）。

也就是说，编译器和/或硬件有可能重新安排语句，使得实际执行以下动作：

```
readyFlag = true;
data = 42;
```

一般而言，基于 C++ 规则，这样的重新安排（reordering）是允许的，因为 C++ 只要求编译所得的代码*在单一线程内的可观测行为*（observable behavior inside a thread）正确。对于第一线程，并不在意先改变 readyFlag 还是 data；从这个线程的角度看，两个语句毫不相干。因此，重新安排语句是被允许的，只要单一线程的可视效果相同。

基于相同理由，甚至第二线程也可能被重新安排语句，前提是不影响该线程的行为：

```
foo(data);
while (!readyFlag) {   // loop until data is ready
    ;
}
```

---

[16] 这个例子取自 *Bartosz Milewski* 的 *Programming Cafe* 中的多篇文章（详见 [*Milewski:Multicore*] 和 [*Milewski:Atomics*]）。

但是请注意，这样的重新排列有可能在 `foo()` 抛出异常时影响其可观测行为。因此是否允许这样的重新排列，取决于细节，原则上说它是有问题的。

再强调一次，允许如此更改，原因是默认情况下 C++ 编译器应该有能力生成高度优化代码，而某些优化行为可能需要重新排列语句。默认情况下这些优化并未被要求在意“是否存在其他线程”，这样能让优化更容易些，因为这种情况下只需要局部分析（local analysis）便足够。

18.4.4 解决问题所需要的性质（Feature）

为解决 concurrent data access 的三个主要问题，我们需要先建立以下概念：

- **Atomicity**（不可切割性）：这意味着读或写一个变量，或是一连串语句，其行为是独占的、排他的，无任何打断，因此一个线程不可能读到“因另一线程而造成的”中间状态。
- **Order**（次序）：我们需要一些方法保证“具体指定之语句”的次序。

C++ 标准库提供了多种办法来处理这些概念，让程序在 concurrent access 方面获得额外的保证：

- 你可以使用 *future*（见 18.1 节第 946 页）和 *promise*（见 18.2.2 节第 969 页），它们都保证 atomicity 和 order：一定是在形成成果（返回值或异常）之后才设定 *shared state*，这意味着读和写不会并发发生。
- 你可以使用 *mutex* 和 *lock*（见 18.5 节第 989 页）来处理 *critical section* 或 *protected zone*，借此得以授予独占权力，使得（例如）一个“检验动作”和一个“依赖该检验结果的操作”之间不会发生任何事。Lock 提供 atomicity，它会阻塞（blocking）所有“使用 second lock”的处理行为，直到作用于相同资源身上的 first lock 被释放。更精准地说，被某个线程获得的 lock object，它“被另一线程获得”之前必须先被成功释放。然而如果两个线程使用 lock 来处理数据，每次运行的次序都有可能发生变化。
- 你可以使用 *condition variable*（见 18.6 节第 1003 页）有效地令某线程等待若干“被另一线程控制的”判断式（predicate）成为 true。这有助于应付多线程间的次序，允许一或多个线程处理其他一或多个线程所提供的数据或状态。[17]
- 你可以使用 *atomic data type*（见 18.7 节第 1012 页）确保每次对变量或对象的访问动作都是不可切割的（atomic）——只要 atomic type 上的操作次序保持稳定（stable）。
- 你可以使用 *atomic data type* 的低层接口（见 18.7.4 节第 1019 页），它允许专家放宽（relax） atomic 语句的次序或针对内存访问使用手制藩篱（manual barrier，所谓 *fence*）。

原则上，这份清单由高级排列至低层。高级特性如 future 和 promise 或 mutex 和 lock 很容易使用，风险较低。

[17] Concurrency 专家并不把 condition variable 视为应付 concurrent data access 问题的一个工具，因为它比工具更强大，足以改善效能，而不只是提供正确性。

低层特性如 atomic 和（特别是）其低层接口，也许能提供较佳效能，因为它们有较低的潜在因素并因此有较高的可伸缩性（scalability），但也大幅增加了误用的风险。尽管如此，低层特性有时候可以为某些特定的高级问题提供简单解法。

有了 atomic，我们得以进入 *lock-free*（免锁）编程，而那是专家偶尔也会出错的领域。以下文字摘自 Herb Sutter 的 [*Sutter:LockFree*]："[Lock-free code] 即使对专家都很困难。我们很容易写出似乎可运作的 lock-free code，但很难写出不但正确且运行良好的 lock-free code。甚至优秀的杂志和期刊都曾刊出大量 lock-free code 而实际上却在微妙处失败。"

`volatile` 和 Concurrency

注意，我并没有说 `volatile` 是个"用来解决 concurrent data access 问题"的性质（feature），虽然你可能因为以下原因而有那样的期盼：

- `volatile` 是个 C++ 关键字，用来阻止"过度优化"。
- 在 Java 中，`volatile` 对于 atomicity 和 order 提供了某些保证。

在 C++ 中，`volatile` "只"具体表示对外部资源（像是共享内存）的访问不该被优化掉。如果没有 `volatile`，编译器也许会消除对同一块共享内存区看似多余的 load，只因它在整个程序中看不到这个区域的任何改变。但是在 C++，`volatile` 既不提供 atomicity 也不提供特别的 order。[18] 因此 `volatile` 的语义在 C++ 和 Java 之间如今有些差异。

请看 18.5.1 节第 998 页，那儿探讨了"当 mutex 被用来在一个循环（loop）内读取数据"时为什么通常不要求使用 `volatile`。

[18] 感谢 Scott Meyers 为我指出这一点。

18.5 Mutex 和 Lock

Mutex 全名 *mutual exclusion*（互斥体），是个 object，用来协助采取独占排他（exclusive）方式控制“对资源的并发访问”。这里所谓“资源”可能是个 object，或多个 object 的组合。为了获得独占式的资源访问能力，相应的线程必须锁定（lock）mutex，这样可以防止其他线程也锁定 mutex，直到第一个线程解锁（unlock）mutex。

18.5.1 使用 Mutex 和 Lock

我们打算保护“许多地方都会用到的” object `val` 的并发访问动作（concurrent access）：

```
int val;
```

将 concurrent access 同步化的一个粗浅做法是，引入 mutex，用来赋予独占性并加控制：

```
int val;
std::mutex valMutex;    // control exclusive access to val
```

此后每次访问都必须锁定这个 mutex 以求独占。例如某个线程可能会这么做（注意这是低劣做法，我们正是要改善它）：

```
valMutex.lock();   // request exclusive access to val
if (val >= 0) {
    f(val);        // val is positive
}
else {
    f(-val);       // pass negated negative val
}
valMutex.unlock();   // release exclusive access to val
```

另一个线程可能这样访问同一资源：

```
valMutex.lock();   // request exclusive access to val
++val;
valMutex.unlock();   // release exclusive access to val
```

有一点很重要：凡是可能发生 concurrent access 的地方都该使用同一个 mutex，不论读或写皆如此。

这个简单的办法有可能演变得十分复杂。举个例子，你应该确保异常——它会终止独占——也解除（unlock）相应的 mutex，否则资源就有可能被永远锁住。此外也可能出现 deadlock 情景：两个线程在释放它们自己的 lock 之前彼此等待对方的 lock。

C++ 标准库试图处理这些问题（但目前仍无法从概念上根本解决）。举个例子，面对异常你不该自己 lock/unlock mutex，应该使用 RAII 守则（*Resource Acquisition Is Initialization*），循此，构造函数将获得资源，而析构函数——甚至当“异常造成生命期结束”它也总是会被调用——则负责为我们释放资源。为了这个目的，C++ 标准库提供了 class `std::lock_guard`：

```
int val;
std::mutex valMutex;   // control exclusive access to val
...
std::lock_guard<std::mutex> lg(valMutex);   // lock and automatically unlock
if (val >= 0) {
    f(val);      // val is positive
}
else {
    f(-val);     // pass negated negative val
}
```

然而请注意，这样的 lock 应该被限制在可能之最短周期内，因为它们会阻塞（block）其他代码的并行运行机会。由于析构函数会释放这个 lock，你或许会想明确安插大括号，令 lock 在更进一步语句被处理前先被释放：

```
int val;
std::mutex valMutex;   // control exclusive access to val
...
{
    std::lock_guard<std::mutex> lg(valMutex);   // lock and automatically unlock
    if (val >= 0) {
        f(val);      // val is positive
    }
    else {
        f(-val);     // pass negated negative val
    }
} // ensure that lock gets released here
...
```

或者这么写：

```
...
{
    std::lock_guard<std::mutex> lg(valMutex);   // lock and automatically unlock
    ++val;
} // ensure that lock gets released here
...
```

这只是第一个例子，但你可以看出，整个主题很容易变得很繁复。一如既往，程序员应该知道在并发模式（concurrent mode）下他们的所有作为。此外，C++ 存在着不同的 mutex 和 lock，这将在稍后的小节中讨论。

Mutex 和 Lock 的第一个完整用例

我们来看第一个完整例子：

```
// concurrency/mutex1.cpp

#include <future>
#include <mutex>
#include <iostream>
#include <string>

std::mutex printMutex;  // enable synchronized output with print()

void print (const std::string& s)
{
    std::lock_guard<std::mutex> l(printMutex);
    for (char c : s) {
        std::cout.put(c);
    }
    std::cout << std::endl;
}

int main()
{
    auto f1 = std::async (std::launch::async,
                          print, "Hello from a first thread");
    auto f2 = std::async (std::launch::async,
                          print, "Hello from a second thread");
    print("Hello from the main thread");
}
```

这里的 `print()` 把它接收的 string 的所有字符写至标准输出设备。如果没有 lock，输出可能是：[19]

```
HHelHello from a second thread
ello from a first thread
lo from the main thread
```

或是：

```
HelloHello fHello from a second ro from am th fthe main irrethreadstad
 thr
ead
```

[19] "每个字符通过 `put()` 被写出"使得一旦有多个写出动作被并行执行，就形成了本例的字符插叙结果。如果我们把 string 当作一个整体写出，实现（implementation）往往不会混杂其中字符，但不保证如此。

所谓将输出同步化（synchronize）就是令每次对 print() 的调用都独占地写出所有字符，为此我们引入一个 mutex 给 print() 使用，以及一个 lock guard 用来锁定被保护区：

```
std::mutex printMutex;  // enable synchronized output with print()
...
void print (const std::string& s)
{
    std::lock_guard<std::mutex> l(printMutex);
    ...
}
```

现在，输出会是这样（很好）：

```
Hello from a first thread
Hello from the main thread
Hello from a second thread
```

这样的输出在不使用 lock 时也可能出现，但不保证。

在这里，lock guard 的构造函数会调用 mutex 的 lock()，如果资源（亦即 mutex）已被取走，它会 block（阻塞），直到"对保护区的访问"再次获得允许。然而 lock 的次序仍旧不明确，因此上述三行输出有可能以任何次序出现。

递归的（Recursive）Lock

有时候，递归锁定（to lock recursively）是必要的，典型例子是 active object 或 monitor，它们在每个 public 函数内放一个 mutex 并取得其 lock，用以防止 data race 腐蚀对象的内部状态。例如一个数据库接口可能像这样：

```
class DatabaseAccess
{
  private:
    std::mutex dbMutex;
    ...  // state of database access
  public:
    void createTable (...)
    {
        std::lock_guard<std::mutex> lg(dbMutex);
        ...
    }
    void insertData (...)
    {
        std::lock_guard<std::mutex> lg(dbMutex);
        ...
    }
    ...
};
```

当我们引入一个 public 成员函数而它可能调用其他 public 成员函数，情况变得复杂：

```
void createTableAndInsertData (...)
{
    std::lock_guard<std::mutex> lg(dbMutex);
    ...
    createTable(...);  // ERROR: deadlock because dbMutex is locked again
}
```

调用 `createTableAndInsertData()` 会造成 deadlock（死锁），因为它锁住 `dbMutex` 之后调用 `createTable()`，造成后者尝试再次 lock `dbMutex`，那将会 block（阻塞）直到 `dbMutex` 变为可用，而这绝不会发生，因为 `createTableAndInsertData()` 会 block（阻塞）直到 `createTable()` 完成。

如果平台侦测到类似上述的 deadlock，C++ 标准库允许第二次 lock 抛出异常 `std::system_error`（见 4.3.1 节第 43 页）并带差错码 `resource_deadlock_would_occur`（见 4.3.2 节第 45 页）。但这并非必然而且情况往往不是如此。

借着使用 `recursive_mutex`，上述行为不再有问题。这个 mutex 允许同一线程多次锁定，并在最近一次（last）相应的 `unlock()` 时释放 lock：

```
class DatabaseAccess
{
  private:
    std::recursive_mutex dbMutex;
    ...  // state of database access
  public:
    void insertData (...)
    {
        std::lock_guard<std::recursive_mutex> lg(dbMutex);
        ...
    }
    void insertData (...)
    {
        std::lock_guard<std::recursive_mutex> lg(dbMutex);
        ...
    }
    void createTableAndinsertData (...)
    {
        std::lock_guard<std::recursive_mutex> lg(dbMutex);
        ...
        createTable(...);  // OK: no deadlock
    }
    ...
};
```

尝试性的 Lock 以及带时间性的 Lock

有时候程序想要获得一个 lock 但如果不可能成功的话它不想永远 block（阻塞）。针对这种情况，mutex 提供成员函数 `try_lock()`，它试图取得一个 lock，成功就返回 `true`，失败则返回 `false`。

为了仍能够使用 `lock_guard`（使当下作用域的任何出口都会自动 unlock mutex），你可以传一个额外实参 `adopt_lock` 给其构造函数：

```
std::mutex m;

// try to acquire a lock and do other stuff while this isn't possible
while (m.try_lock() == false) {
    doSomeOtherStuff();
}
std::lock_guard<std::mutex> lg(m,std::adopt_lock);
...
```

注意，`try_lock()` 有可能假性失败，也就是说即使 lock 并未被他人拿走它也有可能失败（返回 `false`）。[20]

为了等待特定长度的时间，你可以选用（带时间性的）所谓 timed mutex。有两个特殊 mutex class `std::timed_mutex` 和 `std::recursive_timed_mutex` 额外允许你调用 `try_lock_for()` 或 `try_lock_until()`，用以等待某个时间段，或直至抵达某个时间点。这对于实时需求（real-time requirement）或避免可能的 deadlock 或许有帮助。例如：

```
std::timed_mutex m;

// try for one second to acquire a lock
if (m.try_lock_for(std::chrono::seconds(1))) {
    std::lock_guard<std::timed_mutex> lg(m,std::adopt_lock);
    ...
}
else {
    couldNotGetTheLock();
}
```

注意，处理系统时间调整（system-time adjustment，详见 5.7.5 节第 160 页）时，`try_lock_for()` 和 `try_lock_until()` 往往有异。

处理多个 Lock

通常一个线程一次只该锁定一个 mutex。然而有时候必须锁定多个 mutex（例如为了传送数据，从一个受保护资源到另一个）。

[20] 之所以提供这样的行为是为了 memory-ordering（内存处理次序），但它并不广为人知。感谢 Hans Boehm 和 Bartosz Milewski 把它指出来。

这种情况下若以目前介绍过的 lock 机制来应付，可能变得复杂且具风险：你或许取得第一个 lock 却拿不到第二个 lock，或许发生 deadlock——如果以不同的次序去锁住相同的 lock。

C++ 标准库为此提供了若干便捷函数，让你锁定多个 mutex。例如：

```
std::mutex m1;
std::mutex m2;
...
{
    std::lock (m1, m2);  // lock both mutexes (or none if not possible)
    std::lock_guard<std::mutex> lockM1(m1,std::adopt_lock);
    std::lock_guard<std::mutex> lockM2(m2,std::adopt_lock);
    ...
}  // automatically unlock all mutexes
```

全局函数 std::lock() 会锁住它收到的所有 mutex，而且阻塞（blocking）直到所有 mutex 都被锁定或直到抛出异常。如果是后者，已被成功锁定的 mutex 都会被解锁。一如以往，成功锁定之后你可以并且应该使用 lock guard，并以 adopt_lock 作为初始化的第二实参，确保任何情况下这些 mutex 在离开作用域时会被解锁。注意这个 lock() 提供了一个 deadlock 回避机制，但那也意味着多个 lock 的锁定次序并不明确。

以此相同方式你可以尝试“取得多个 lock”且“若并非所有 lock 都可用也不至于造成阻塞（blocking）”。全局函数 std::try_lock() 会在取得所有 lock 情况下返回 -1，否则返回第一个失败的 lock 的索引（从 0 开始计），且如果这样的话所有成功的 lock 会又被 unlocked。例如：

```
std::mutex m1;
std::mutex m2;

int idx = std::try_lock (m1, m2);  // try to lock both mutexes
if (idx < 0) {  // both locks succeeded
      std::lock_guard<std::mutex> lockM1(m1,std::adopt_lock);
      std::lock_guard<std::mutex> lockM2(m2,std::adopt_lock);
      ...
}  // automatically unlock all mutexes
else {
    // idx has zero-based index of first failed lock
    std::cerr << "could not lock mutex m" << idx+1 << std::endl;
}
```

注意，这个 try_lock() 不提供 deadlock 回避机制，但它保证以出现于实参列的次序来试着完成锁定。

请注意，通常我们不会“只调用 lock() 或 try_lock()”却“不把那些 lock 过继（adopt）给一个 lock guard”。虽然代码看起来好像建立了“离开作用域时会自动解锁”的 lock，其实并非如此，那些 mutex 仍然保持锁定：

```
std::mutex m1;
std::mutex m2;
...
{
    std::lock (m1, m2);   // lock both mutexes (or none if not possible)
    // no lock adopted
    ...
}
...  // OOPS: mutexes are still locked !!!
```

Class unique_lock

除了 class lock_guard<>，C++ 标准库还提供了 class unique_lock<>，它对付 mutex 更有弹性。Class unique_lock<> 提供的接口和 class lock_guard<> 相同，而又允许明确写出“何时”以及“如何”锁定或解锁其 mutex。因此其 object 可能（但也可能不）拥有一个被锁住的 mutex（或者就说拥有一个 mutex）。这和 lock_guard<> 不同，后者的 object 生命中总是锁定一个 mutex。[21] 此外，对 unique lock 你可以调用 owns_lock() 或 bool() 来查询其 mutex 目前是否被锁住。

这个 class 的主要优点仍然是，如果析构时 mutex 仍被锁住，其析构函数会自动调用 unlock()。如果当时没有锁住 mutex，则析构函数不做任何事。

与 class lock_guard 相较，class unique_lock 添加了以下三个构造函数：

- 你可以传递 try_to_lock，表示企图锁定 mutex 但不希望阻塞（blocking）：
```
std::unique_lock<std::mutex> lock(mutex,std::try_to_lock);
...
if (lock) {   // if lock was successful
    ...
}
```
- 你可以传递一个时间段或时间点给构造函数，表示尝试在一个明确的时间周期内锁定：
```
std::unique_lock<std::timed_mutex> lock(mutex,
                                        std::chrono::seconds(1));
...
```
- 你可以传递 defer_lock，表示初始化这一 lock object 但尚未打算锁住 mutex：
```
std::unique_lock<std::mutex> lock(mutex,std::defer_lock);
...
lock.lock();   // or (timed) try_lock()
...
```

---

[21] *unique* lock 的命名解释了其行为的由来。就像 unique pointer（见 5.2.5 节第 98 页），你可以把它们在作用域之间搬移（move locks between scopes），但保证一次只有一个 lock 拥有 mutex。

上述的 defer_lock flag 可以（例如）用来建立一或多个 lock 并于稍后才锁住它们：

```
std::mutex m1;
std::mutex m2;

std::unique_lock<std::mutex> lockM1(m1,std::defer_lock);
std::unique_lock<std::mutex> lockM2(m2,std::defer_lock);
...
std::lock (m1, m2);  // lock both mutexes (or none if not possible)
```

此外，class unique_lock 提供 release() 用来释放 mutex，或是将其 mutex 拥有权转移给另一个 lock。详见 18.5.2 节第 1000 页。

有了 lock_guard 和 unique_lock 作为工具，现在我们可以实现一个粗浅例子，以轮询（polling）某个 *ready flag* 的方式，令一个线程等待另一个线程：

```
#include <mutex>
...
bool readyFlag;
std::mutex readyFlagMutex;

void thread1()
{
    // do something thread2 needs as preparation
    ...
    std::lock_guard<std::mutex> lg(readyFlagMutex);
    readyFlag = true;
}

void thread2()
{
    // wait until readyFlag is true (thread1 is done)
    {
        std::unique_lock<std::mutex> ul(readyFlagMutex);
        while (!readyFlag) {
            ul.unlock();
            std::this_thread::yield();  // hint to reschedule to the next thread
            std::this_thread::sleep_for(std::chrono::milliseconds(100));
            ul.lock();
        }
    } // release lock

    // do whatever shall happen after thread1 has prepared things
    ...
}
```

面对这段代码可能会有的典型疑虑，我有以下两点解释：

- 如果你惊讶为什么我使用 mutex 来控制 `readyFlag` 的读和写，请回忆本章一开始介绍的准则：任何“带有至少一个 write”的并发处理（concurrent access）都应该被同步化。详见 18.4 节第 982 页和 18.7 节第 1012 页。
- 如果你惊讶为什么声明 `readyFlag` 时竟不需要 `volatile`（如此便是允许 `thread2()` 中对其多次读取可被优化掉），那么请注意：这些“对 `readyFlag` 的读取”发生在 *critical section* 内（也就是在某个 lock 的设立和解除之间）。这样的代码不得以“读/写动作被移出 critical section 之外”的形式被优化。所以对 `readyFlag` 的读取动作一定实效地发生在：
  - 循环（loop）起始处，在“声明 `ul`”和“第一次调用 `unlock()`”之间。
  - 循环之内，在 `lock()` 和 `unlock()` 的任何调用之间。
  - 循环末尾，在 `lock()` 的最后一次调用和 `ul` 的析构之间，后者会解锁 mutex——如果它被锁住的话。

尽管如此，这样对于“某一满足条件”的轮询（polling）通常不是好办法。更好的做法是使用 *condition variable*（条件变量），详见 18.6.1 节第 1003 页。

18.5.2 细说 Mutex 和 Lock

细说 Mutex

C++ 标准库提供了以下 mutex class（见表18.6）：

- Class `std::`**`mutex`**，同一时间只可被一个线程锁定。如果它被锁住，任何其他 `lock()` 都会阻塞（block），直到这个 mutex 再次可用，且 `try_lock()` 会失败。
- Class `std::`**`recursive_mutex`**，允许在同一时间多次被同一线程获得其 lock。其典型应用是：函数捕获一个 lock 并调用另一函数而后者再次捕获相同的 lock。

操作	**`mutex`**	**`recursive_mutex`**	**`timed_mutex`**	**`recursive_timed_mutex`**
`lock()`	捕获 mutex（若无所捕获则阻塞）			
`try_lock()`	捕获 mutex（若无所捕获则返回 `false`）			
`unlock()`	解除被锁定的 mutex			
`try_lock_for()`	–	–	试着在时间段内捕获一个 lock	
`try_lock_until()`	–	–	试着捕获一个 lock 直到某个时间点	
多个 lock	否	是（同一线程）	否	是（同一线程）

表 18.6 各种 Mutex 及其能力概览

- Class std::**timed_mutex** 额外允许你传递一个时间段或时间点，用来定义多长时间内它可以尝试捕捉一个 lock。为此它提供了 try_lock_for() 和 try_lock_until()。
- Class std::**recursive_timed_mutex** 允许同一线程多次取得其 lock，可指定期限。

表18.7列出了 mutex 的操作函数。

操作	效果
mutex *m*	Default 构造函数，建立一个未锁定的（unlocked）mutex
m.~***mutex***()	销毁 mutex（它必须未被锁定）
m.lock()	尝试锁住 mutex（会造成阻塞）
m.try_lock()	尝试锁定 mutex。如果锁定成功就返回 true
m.try_lock_for(*dur*)	尝试在时间段 *dur* 内锁定。如果锁定成功就返回 true
m.try_lock_until(*tp*)	尝试在时间点 *tp* 之前锁定。如果锁定成功就返回 true
m.unlock()	解除 mutex。如果它未曾被锁定则行为不明确
m.native_handle()	返回一个因平台而异的类型 native_handle_type，这是为了不具可移植性的扩展

表 18.7 Mutex Class 的操作函数

lock() 有可能抛出 std::system_error（见 4.3.1 节第 43 页）并夹带以下差错码（见 4.3.2 节第 45 页）：

- operation_not_permitted——如果线程的特权级（privilege）不足以执行此操作。
- resource_deadlock_would_occur——如果平台侦测到有个 deadlock 即将发生。
- device_or_resource_busy——如果 mutex 已被锁定而又无法形成阻塞（blocking）。

如果程序解除（unlock）一个并非它所拥有的 mutex object，或是销毁一个被任何线程拥有的 mutex object，或是线程拥有 mutex object 但却结束了生命，将导致不明确的行为。

注意，处理系统时间调整（system-time adjustment，详见 5.7.5 节第 160 页）时，try_lock_for() 和 try_lock_until() 通常有异。

细说 Class lock_guard

18.5.1 节第 989 页引入的 class std::lock_guard 提供了一个很小的接口，用以确保一个 locked mutex 在离开作用域时总是会被释放（见表18.8）。它的整个生命期间总是与一个 lock 相关联（associated）——也许是被明白申请，也许是在构造期间接受（adopted）。

操作	效果
lock_guard *lg*(*m*)	为 mutex *m* 建立一个 lock guard 并锁定之
lock_guard *lg*(*m*,adopt_lock)	为已经被锁定的 mutex *m* 建立一个 lock guard
lg.~***lock_guard***()	解锁（unlock）mutex 并销毁 lock guard

表 18.8 Class lock_guard 的操作函数

细说 Class unique_lock

18.5.1 节第 996 页引入的 class std::unique_lock，为一个不一定得锁定（或曰拥有）的 mutex 提供一个 lock guard。它提供的接口列于表18.9。如果它在析构期间仍旧锁定（或曰拥有）mutex，它会调用 unlock()。但你可以明确控制是否它有一个关联的 mutex 以及是否这个 mutex 被锁住。你也可以限期或无限期地尝试锁定 mutex。

lock() 可能抛出 std::system_error（见 4.3.1 节第 43 页），其所夹带的差错码和 mutex 的 lock() 所引发的相同（见第 999 页）。unlock() 可能抛出 std::system_error 并夹带差错码 operation_not_permitted——如果这个 unique lock 并未被锁的话。

18.5.3 只调用一次

有时候某些机能初次被某个线程使用过后，其他线程再也不需要它。典型例子是 lazy initialization（缓式初始化）：第一次某个线程需要某数据而该数据必须备妥，于是此时处理它（但不在先前处理，因为你想节省时间；如果非必要的话就不处理它）。

单线程环境中的习惯做法很简单：以一个 bool flag 表示此机能是否已被调用。

```
bool initialized = false;   // global flag
...
if (!initialized) {          // initialize if not initialized yet
    initialize();
    initialized = true;
}
```

或

```
static std::vector<std::string> staticData;

void foo()
{
    if (staticData.empty()) {
        staticData = initializeStaticData();
    }
    ...
}
```

操作	效果
unique_lock *l*	Default 构造函数，建立一个 lock 但不关联任何 mutex
unique_lock *l*(*m*)	为 mutex *m* 建立一个 lock guard 并锁定它
unique_lock *l*(*m*,adopt_lock)	为已锁定的 mutex *m* 建立一个 lock guard
unique_lock *l*(*m*,defer_lock)	为 mutex *m* 建立一个 lock guard 但是不锁定它
unique_lock *l*(*m*,try_lock)	为 mutex *m* 建立一个 lock guard 并试图锁定它
unique_lock *l*(*m*,*dur*)	为 mutex *m* 建立一个 lock guard 并试图在时间段 *dur* 内锁定它
unique_lock *l*(*m*,*tp*)	为 mutex *m* 建立一个 lock guard 并试图在时间点 *tp* 之前锁定它
unique_lock *l*(*rv*)	Move 构造函数；将 lock state 从 *rv* 搬到 *l*（*rv* 从此不再关联任何 mutex）
l.~***unique_lock***()	解锁（unlock） mutex（如果它被锁定的话）并销毁 lock guard
unique_lock *l* = *rv*	Move assignment；将 lock state 从 *rv* 搬到 *l*（*rv* 从此不再关联任何 mutex）
swap(*l1*,*l2*)	交换 lock
l1.swap(*l2*)	交换 lock
l.release()	返回一个 pointer 指向关联的 mutex 并释放之
l.owns_lock()	如果关联的 mutex 被锁定则返回 true
if (*l*)	检查关联的 mutex 是否被锁定
l.mutex()	返回一个 pointer 指向关联的 mutex
l.lock()	锁住关联的 mutex
l.try_lock()	尝试锁住关联的 mutex（如果成功就返回 true）
l.try_lock_for(*dur*)	尝试在时间段 *dur* 内锁住关联的 mutex（如果成功就返回 true）
l.try_lock_until(*tp*)	尝试在时间点 *tp* 之前锁住关联的 mutex（如果成功就返回 true）
l.unlock()	解除关联的 mutex

表 18.9 Class unique_lock 的操作函数

但是这样的代码在多线程环境下行不通，因为如果两个或多个线程检查初始化是否尚未发生然后启动初始化，就可能发生 data race。你必须针对 concurrent access 保护“检查及初始化”程序区。

一如既往，你可以使用 mutex，但 C++ 标准库为此提供了一个特殊解法。只需使用一个 std::once_flag 以及调用 std::call_once（它也由 <mutex> 提供）：

```
std::once_flag oc;                 // global flag
...
std::call_once(oc,initialize);     // initialize if not initialized yet
```

或

```
static std::vector<std::string> staticData;

void foo()
{
    static std::once_flag oc;
    std::call_once(oc,[]{
                          staticData = initializeStaticData();
                      });
    ...
}
```

如你所见，传给 `call_once()` 的第一实参必须是相应的 `once_flag`。下一个实参代表可调用对象（callable object）如 function、member function、function object 或 lambda，还可再加上其他实参给被调用的函数使用（见 4.4 节第 54 页）。因此，多线程环境中的缓式初始化（lazy initialization）应该像这样：

```
class X {
  private:
    mutable std::once_flag initDataFlag;
    void initData() const;
  public:
    data getData () const {
        std::call_once(initDataFlag,&X::initData,this);
        ...
    }
};
```

原则上你可以使用同一个 once flag 调用不同的函数。之所以把 once flag 当作第一实参传给 `call_once()` 就是为了确保传入的机能只被执行一次。因此，如果第一次调用成功，下一次调用又带着相同的 once flag，传入的机能就不会被调用——即使该机能与第一次有异。

被调用函数所造成的任何异常会被 `call_once()` 抛出。此情况下第一次调用被视为不成功，因此下一次 `call_once()` 还可以再调用它所接受的机能。[22]

[22] C++ standard 具体指出如果 `once_flag` 实参不再合法（也就是说它被摧毁），`call_once()` 可能抛出 `std::system_error`。然而这样的描述被认为错误，因为毕竟传入一个被销毁的 once flag 若非不可能，就是引发不明确行为。

18.6 Condition Variable（条件变量）

有时候，被不同线程执行的 task 必须彼此等待。所以对“并发操作”实现同步化除了 data race 之外还有其他原因。

你可能会争辩说我们已经引入这样一个机制：Future（见 18.1 节第 946 页）允许你停下来（to block）直到另一线程提供某笔数据或直到另一线程结束。然而 future 从某线程传递数据到另一线程只能一次。事实上 future 的主要目的是处理线程的返回值或异常。

本节将介绍 condition variable（条件变量），它可用来同步化线程之间的数据流逻辑依赖关系（logical dependencies in data flow between threads）。

18.6.1 Condition Variable（条件变量）的意图

18.5.1 节第 997 页介绍了“让某线程等待另一线程”的一个粗浅办法，就是使用 *ready flag* 之类的东西。当某线程已有准备，或它已经为另一线程提供了某个东西，上述 flag 就发出信号。这通常意味着等待中的线程（waiting thread）需要轮询（poll）其所需要的数据或条件是否已达到：

```
bool readyFlag;
std::mutex readyFlagMutex;

// wait until readyFlag is true:
{
    std::unique_lock<std::mutex> ul(readyFlagMutex);
    while (!readyFlag) {
        ul.unlock();
        std::this_thread::yield();  // hint to reschedule to the next thread
        std::this_thread::sleep_for(std::chrono::milliseconds(100));
        ul.lock();
    }
} // release lock
```

然而这样“针对目标条件而轮询”的动作通常不是好的解决办法。正如 [*Williams:C++Conc*] 指出：

> 等待中的线程（waiting thread）消耗宝贵的 CPU 时间重复检验 flag，且当它锁住 mutex 时“负责设置 ready flag”的那个线程会被阻塞（blocked）。……此外我们也很难找出适当的 sleep 周期：两次检查若间隔太短则线程仍旧太浪费 CPU 时间于检查动作上，若太长则也许等待的 task 已完成而线程却还继续 sleeping，导致发生延误。

一个较好的做法是使用 *condition variable*（条件变量），C++ 标准库在 <condition_variable> 中提供了它。它是个变量，借由它，一个线程可以唤醒（wake up）一或多个其他等待中的线程（waiting thread）。

原则上，condition variable 运作如下：

- 你必须同时包含 <mutex> 和 <condition_variable>，并声明一个 mutex 和一个 condition variable：

```
#include <mutex>
#include <condition_variable>

std::mutex readyMutex;
std::condition_variable readyCondVar;
```

- 那个激发“条件终于满足”的线程（或多线程之一）必须调用

```
readyCondVar.notify_one();   // notify one of the waiting threads
```

  或

```
readyCondVar.notify_all();   // notify all the waiting threads
```

- 那个“等待条件被满足”的线程必须调用

```
std::unique_lock<std::mutex> l(readyMutex);
readyCondVar.wait(l);
```

因此，“提供或准备某东西”的那个线程只需对 condition variable 调用 notify_one() 或 notify_all()，便会唤醒一个或所有等待中的线程（waiting thread）。

目前为止一切都好，听起来很简单。但是还有更多需要注意。首先，为了等待这个 condition variable，你需要一个 mutex 和一个 unique_lock（介绍于 18.5.1 节第 996 页）。lock_guard 是不够的，因为等待中的函数（waiting function）有可能锁定或解除 mutex。

此外，condition variable 也许有所谓*假醒*（spurious wakeup）。也就是某个 condition variable 的 wait 动作有可能在该 condition variable 尚未被 notified 时便返回。以下引自 Anthony Williams 的 [*Williams:CondVar*]：“假醒无法被测定，以使用者的观点来看它们实质上是随机的。然而它们通常发生于 thread library 无法可靠确定某个 waiting thread 不遗漏任何 notification 时。由于遗漏 notification 便代表 condition variable 无用，thread library 宁愿在线程的 wait 之中唤醒它而不愿承受风险。”

因此，发生 wakeup 不一定意味着线程所需要的条件已经掌握了。更确切地说，在 wakeup 之后你仍然需要代码去验证“条件实际已达成”。因此（例如）我们必须检查数据是否真正备妥，或是我们仍需要诸如 ready flag 之类的东西。为了设立和查询他端供应的数据或 ready flag，可使用同一个 mutex。

18.6.2 Condition Variable（条件变量）的第一个完整例子

以下代码完整示范了如何使用 condition variable：

```
// concurrency/condvar1.cpp

#include <condition_variable>
#include <mutex>
#include <future>
#include <iostream>
```

```
bool readyFlag;
std::mutex readyMutex;
std::condition_variable readyCondVar;

void thread1()
{
    // do something thread2 needs as preparation
    std::cout << "<return>" << std::endl;
    std::cin.get();

    // signal that thread1 has prepared a condition
    {
        std::lock_guard<std::mutex> lg(readyMutex);
        readyFlag = true;
    } // release lock
    readyCondVar.notify_one();
}

void thread2()
{
    // wait until thread1 is ready (readyFlag is true)
    {
        std::unique_lock<std::mutex> ul(readyMutex);
        readyCondVar.wait(ul, []{ return readyFlag; });
    } // release lock

    // do whatever shall happen after thread1 has prepared things
    std::cout << "done" << std::endl;
}

int main()
{
    auto f1 = std::async(std::launch::async,thread1);
    auto f2 = std::async(std::launch::async,thread2);
}
```

在包含必要的头文件之后，我们需要三个东西以便在线程之间通信：

1. 一个“用以存放待处理数据”的对象，或一个“用以表示条件真的满足了”的 flag（也就是此处的 `readyFlag`）。
2. 一个 mutex（这里是 `readyMutex`）。
3. 一个 condition variable（这里是 `readyCondVar`）。

数据供应者（线程）thread1() 锁住 mutex readyMutex，更新条件（也就是更新数据或更新 ready flag），解锁 mutex，然后通知 condition variable：

```
{
    std::lock_guard<std::mutex> lg(readyMutex);
    readyFlag = true;
} // release lock
readyCondVar.notify_one();
```

注意，通知动作不需要被安排在 lock 保护区内。

等待者（线程）则是以一个 unique_lock（见 18.5.1 节第 996 页）锁住 mutex，一面检查条件一面等待被通知，然后释放锁：

```
{
    std::unique_lock<std::mutex> ul(readyMutex);
    readyCondVar.wait(ul, []{ return readyFlag; });
} // release lock
```

在这里，condition variable 的 wait() 成员函数是这么被使用的：你把 mutex readyMutex 的 lock ul 当作第一实参，把一个 lambda 当作第二实参，用来二次检测条件是否真的满足。其效果是 wait() 内部会不断调用该第二实参，直到它返回 true。因此这段代码的效果相当于以下代码，其中的循环很明显是用来处理假醒（spurious wakeups）的：

```
{
    std::unique_lock<std::mutex> ul(readyMutex);
    while (!readyFlag) {
        readyCondVar.wait(ul);
    }
} // release lock
```

再次提醒，这里必须使用 unique_lock，不可使用 lock_guard，因为 wait() 的内部会明确地对 mutex 进行解锁和锁定。

你也许会说这个例子不好，因为使用 future 会造成 blocking（阻塞）直到某些数据到达。那么我来展示第二个例子。

18.6.3 使用 Condition Variable（条件变量）实现多线程 Queue

本例中，三个线程都把数值推入（push）某个 queue，另两个线程则是从中读取数据：

```
// concurrency/condvar2.cpp

#includc <condition_variable>
#include <mutex>
#include <future>
#include <thread>
#include <iostream>
#include <queue>
```

```
std::queue<int> queue;
std::mutex queueMutex;
std::condition_variable queueCondVar;

void provider (int val)
{
    // push different values (val til val+5 with timeouts of val milliseconds into the queue
    for (int i=0; i<6; ++i) {
        {
            std::lock_guard<std::mutex> lg(queueMutex);
            queue.push(val+i);
        } // release lock
        queueCondVar.notify_one();

        std::this_thread::sleep_for(std::chrono::milliseconds(val));
    }
}

void consumer (int num)
{
    // pop values if available (num identifies the consumer)
    while (true) {
        int val;
        {
            std::unique_lock<std::mutex> ul(queueMutex);
            queueCondVar.wait(ul,[]{ return !queue.empty(); });
            val = queue.front();
            queue.pop();
        } // release lock
        std::cout << "consumer " << num << ": " << val << std::endl;
    }
}

int main()
{
    // start three providers for values 100+, 300+, and 500+
    auto p1 = std::async(std::launch::async,provider,100);
    auto p2 = std::async(std::launch::async,provider,300);
    auto p3 = std::async(std::launch::async,provider,500);

    // start two consumers printing the values
    auto c1 = std::async(std::launch::async,consumer,1);
    auto c2 = std::async(std::launch::async,consumer,2);
}
```

这里我们有一个 global queue（见 12.2 节第 638 页）被并发使用，它被一个 mutex 和一个 condition variable 保护着：

```
std::queue<int> queue;
std::mutex queueMutex;
std::condition_variable queueCondVar;
```

其中 mutex 确保读和写是 atomic，而 condition variable 用来在“有新元素可用”时激发和唤醒另一个线程：

现在，三个线程各自提供数值推入 queue 之中：

```
{
    std::lock_guard<std::mutex> lg(queueMutex);
    queue.push(val+i);
} // release lock
queueCondVar.notify_one();
```

借由 `notify_one()`，它们唤醒了某一个等待者（线程），让对方处理。再请注意这个调用不需要位于保护区内，所以我们先封闭了先前“声明 lock guard”的那个区域。

下面这个线程等待新值然后处理：

```
int val;
{
    std::unique_lock<std::mutex> ul(queueMutex);
    queueCondVar.wait(ul,[]{ return !queue.empty(); });
    val = queue.front();
    queue.pop();
} // release lock
...
```

根据 queue 的接口（见 12.2 节第 638 页），我们需要三个调用才能从 queue 手中取得下一个值：`empty()` 负责检查是否还有可用数值。调用 `empty()` 是个两次检查的动作，用以对付 `wait()` 可能出现的假醒。`front()` 询问下一个值，`pop()` 移除该值。这三个函数都在 unique lock `ul` 所形成的保护区内，而对 `front()` 返回值的处理则放在更后面，为的是将 lock 的持续时段最小化。

此程序的一个可能输出如下：

```
consumer 1: 300
consumer 1: 100
consumer 2: 500
consumer 1: 101
consumer 2: 102
consumer 1: 301
consumer 2: 103
consumer 1: 104
consumer consumer 1: 105
2: 501
```

```
consumer 1: 302
consumer 2: 303
consumer 1: 502
consumer 2: 304
consumer 1: 503
consumer 2: 305
consumer 1: 504
consumer 2: 505
```

注意，两个 consumer 的输出并非同步，所以字符有可能交错。也请注意，并发等待者（线程）的被通知次序是不确定的。

如果有多个 consumer 必须处理相同数据，你也可以调用 notify_all()。典型的例子是事件驱动系统（event-driven system），其事件（event）必须被发布给所有曾经登录的 consumer。

也请注意，condition variable 也提供给你一个接口允许你等待某个最大时间量：wait_for() 用来等待一个时间段，wait_until() 用来等待直到某个时间点。

18.6.4 细说 Condition Variable（条件变量）

头文件 <condition_variable> 针对 condition variable 提供了两个对应的 class，分别是 class condition_variable 和 class condition_variable_any。

Class condition_variable

正如 18.6 节第 1003 页所说，class std::condition_variable 由 C++ 标准库提供，用来唤醒一或多个等待某特定条件（意指某些必须由他人提供或执行的东西）获得满足的线程。多个线程可等待同一条件发生。一旦条件满足，线程就可以通知（notify）所有（或某个）等待者（线程）。

由于可能发生*假醒*（spurious wakeup），当条件满足，仅仅通知是不够的，等待者（线程）还必须在苏醒（wakeup）之后两次检查该条件。

表18.10列出了 C++ 标准库为 class condition_variable 提供的接口细节。另一个 class condition_variable_any提供相同的接口但不含 native_handle() 和 notify_all_at_thread_exit()。

如果无法建立 condition variable，构造函数会抛出 std::system_error 异常（见 4.3.1 节第 43 页）并夹带差错码 resource_unavailable_try_again，这相当于 POSIX errno EAGAIN（见 4.3.2 节第 45 页）。复制和赋值（copy and assignment）都是不允许的。

操作	效果
condvar *cv*	Default 构造函数；建立一个 condition variable
cv.~***condvar***()	销毁 condition variable
cv.notify_one()	唤醒一个等待者（线程）——如果有的话
cv.notify_all()	唤醒所有等待者（线程）
cv.wait(*ul*)	使用 unique lock *ul* 来等待通知
cv.wait(*ul*,*pred*)	使用 unique lock *ul* 来等待通知，并且直到 *pred* 在一次苏醒之后结果为 true
cv.wait_for(*ul*,*duration*)	使用 unique lock *ul* 来等待通知，等待期限是 *duration*
cv.wait_for(*ul*,*duration*,*pred*)	使用 unique lock *ul* 来等待通知，等待期限是 *duration*，或直到 *pred* 在一次苏醒之后结果为 true
cv.wait_until(*ul*,*timepoint*)	使用 unique lock *ul* 来等待通知，直到时间点 *timepoint*
cv.wait_until(*ul*,*timepoint*,*pred*)	使用 unique lock *ul* 来等待通知，直到时间点 *timepoint*，或直到 *pred* 在一次苏醒之后结果为 true
cv.native_handle()	返回一个因平台而异的类型 native_handle_type，为的是不具可移植性的扩展
notify_all_at_thread_exit(*cv*,*ul*)	在调用所在之本线程（calling thread）唤醒所有使用 unique lock *ul* 来等待 *cv* 的线程

表 18.10 Class condition_variable 的操作函数

所有通知（notification）都会被自动同步化，所以并发调用 notify_one() 和 notify_all() 不会带来麻烦。

所有等待某个 condition variable 的线程都必须使用相同的 mutex；当 wait() 家族的某个成员被调用时该 mutex 必须被 unique_lock 锁定，否则会发生不明确的行为。

注意，condition variable 的消费者总是在“被锁住的 mutex”基础上操作。只有等待函数（waiting function）会执行以下三个 atomic 步骤暂时解除 mutex：[23]

1. 解除（unlocking） mutex 然后进入等待状态（waiting state）。
2. 解除因等待而造成的阻塞（Unblocking the wait）。
3. 再次锁住 mutex。

这意味着传给 wait 函数的那个判断式（predicate）总是在 lock 情况下被调用，所以它们可以安全地处理受 mutex 保护的对象。[24] 用来将 mutex 锁定和解锁（lock and unlock）的动作有可能抛出对应的异常（见 18.5.2 节第 1000 页）。

---

[23] 粗浅解法“*lock*、*check state*、*unlock*、*wait*”（锁定、检查状态、解锁、等待）的问题是，在 *unlock* 和 *wait* 之间形成的通知（notification）会遗失。

[24] 感谢 Bartosz Milewski 指出这一点。

wait_for() 和 wait_until() 各有一个不接受判断式（predicate）的版本，它们的返回值都属于以下枚举类（enumeration class，见 3.1.13 节第 32 页）：

- std::cv_status::timeout——如果发生不容置疑的超时（timeout）。
- std::cv_status::no_timeout——如果发生通知（notification）。

wait_for() 和 wait_until() 亦各有一个“接受判断式（predicate）作为第三实参”的版本，它们会返回判断式的执行结果。

全局函数 notify_all_at_thread_exit(*cv*, *l*) 用来在其调用者（线程）退场（exit）时调用 notify_all()。为此它暂时锁住对应的 lock *l*，后者必须使用所有等待线程（waiting thread）共享的同一个 mutex。为避免死锁（deadlock），线程调用 notify_all_at_thread_exit() 之后应该直接退场。因此这个调用只是为了在通知 waiting thread 之前先完成清理工作，而且这个清理工作绝不该造成阻塞（block）。[25]

Class condition_variable_any

除了 class std::condition_variable，C++ 标准库还提供一个 class std::condition_variable_any，它不要求使用 std::unique_lock 对象当作 lock。正如 C++ 标准库所言：“如果你使用的 lock 不是标准 mutex 类型，或如果你使用标准 mutex 类型的一个 unique_lock wrapper（外覆器）并搭配 condition_variable_any，那么使用者必须确保实现 condition_variable_any 实例对象所关联之 predicate（判断式）的任何必要同步化（synchronization）”。事实上该实例对象必须履行所谓的 *BasicLockable* 规定，该规定要求提供同步化的 lock() 和 unlock() 成员函数。

[25] 有一个典型例子可用来激发（signal）“detached thread 结束”信号（见 18.2.1 节第 967 页）。借由使用 notify_all_at_thread_exit()，你可以确保主程序（或者说主线程）处理“detached thread 终止”事实之前，thread local object 已被销毁。

18.7 Atomic

在 condition variable 的第一个例子中（见 18.6.1 节第 1003 页）我们使用 `bool readyFlag` 让任意线程激发（signal），表示某件事情已为另一线程备妥或提供。你也许会惊讶为什么仍然需要 mutex。如果我们有个 `bool` 值，为什么不能并发地（concurrently）让某线程改变它而让另一线程检验（读取）它？在供应端（线程）将 `bool` 设为 `true` 的那个时刻，观测端（线程）应能够看到它并执行随之发生的处理才是。

正如 18.4 节第 982 页所介绍，这里我们需要面对两个问题：

1. 一般而言，即使面对基本数据类型，读和写也不是 atomic（不可切割的）。因此本例你可能读到一个被写一半的 `bool` 值，C++ standard 说这会带来不明确的行为。
2. 编译器生成的代码有可能改变操作次序，所以供应端（线程）有可能在供应数据之前就先设置 ready flag，而消费端（线程）亦有可能在侦测 ready flag 之前就处理该数据。

借由 mutex，两个问题迎刃而解，但是从必要的资源和潜藏的独占访问来看，mutex 也许是个相对昂贵的操作，所以也许值得以 atomic 取代 mutex 和 lock。

本节中我首先介绍 atomic 的*高层接口*，它所提供的操作将使用默认保证，不论内存访问次序如何。这个默认保证提供了*顺序一致性*（sequential consistency），意思是在线程之中 atomic 操作保证一定“像代码出现的次序”那样地发生。因此 18.4.3 节第 986 页所说的重排语句也就不会出现。本节末尾将展示 atomic 的*低层接口*：带有“放宽之次序保证”的操作。

注意，C++ 标准库并不区分 atomic 的高层或低层接口。*低层*是 Hans Boehm 说的，他是这个程序库的作者之一。某些时候 atomic 低层接口也被称为 *weak* 或 *relaxed* 接口，而高层接口被称为 *normal* 或 *strong* 接口。

18.7.1 Atomic 用例

让我们改写 18.6.1 节第 1003 页的例子，改用 atomic：

```
#include <atomic>      // for atomic types
...
std::atomic<bool> readyFlag(false);

void thread1()
{
    // do something thread2 needs as preparation
    ...
    readyFlag.store(true);
}
```

```
void thread2()
{
    // wait until readyFlag is true (thread1 is done)
    while (!readyFlag.load()) {
        std::this_thread::sleep_for(std::chrono::milliseconds(100));
    }

    // do whatever shall happen after thread1 has prepared things
    ...
}
```

首先必须包含头文件 <atomic>，其内声明了 atomic：

```
#include <atomic>
```

然后使用 std::atomic<> class template 声明一个 atomic object：

```
std::atomic<bool> readyFlag(false);
```

原则上你可以使用任何一般类型、整数类型，或 pointer 类型作为 template 参数。

注意你总是应该将 atomic object 初始化，因为其 default 构造函数并不完全初始化它（倒不是其初值不明确，而是其 lock 未被初始化）。[26] 面对一个 static-duration atomic 对象，你应该使用一个常量作为初值。如果只使用 default 构造函数，接下来唯一允许的操作是如下调用 global atomic_init()：

```
std::atomic<bool> readyFlag;
...
std::atomic_init(&readyFlag,false);
```

这种初始化方式之所以出现，是为了让你写出 C 编译器可接受的代码（见 18.7.3 节第 1019 页）。

处理 atomic 的两个最重要语句是 store() 和 load()：

- store() 赋予一个新值。
- load() 取当前值。

重点是，这些操作都保证是 atomic（不可切割的），所以我们不需要像以前（无 atomic 的时代）那样"需要 mutex 的保护才能设置 ready flag"。于是，第一线程中不再这么写：

```
{
    std::lock_guard<std::mutex> lg(readyMutex);
    readyFlag = true;
} // release lock
```

而是简单写成这样：

```
readyFlag.store(true);
```

[26] 感谢 Lawrence Crowl 指出这一点。

第二线程中不再这么写：

```
{
    std::unique_lock<std::mutex> l(readyFlagMutex);
    while (!readyFlag) {
        l.unlock();
        std::this_thread::sleep_for(std::chrono::milliseconds(100));
        l.lock();
    }
} // release lock
```

而是简单写成这样：

```
while (!readyFlag.load()) {
    std::this_thread::sleep_for(std::chrono::milliseconds(100));
}
```

然而，使用 condition variable 时我们仍然需要 mutex 才能保护对 condition variable 的消费(即使它现在是个 atomic object)：

```
// wait until thread1 is ready (readyFlag is true)
{
    std::unique_lock<std::mutex> l(readyMutex);
    readyCondVar.wait(l, []{ return readyFlag.load(); });
} // release lock
```

对于 atomic 类型，你可以继续使用有用而寻常的操作，像是赋值、自动转换为整型、递增、递减等：

```
std::atomic<bool> ab(false);
ab = true;
if (ab) {
    ...
}

std::atomic<int> ai(0);
int x = ai;
ai = 10;
ai++;
ai-=17;
```

然而请注意，为了提供 atomicity（不可切割性），某些惯常行为可能会出现轻微差异。例如赋值操作返回的是被赋予值（assigned value），而不是返回一个 reference 指向“接受该值”的 atomic。详见 18.7.2 节第 1016 页)。

让我们看一个使用 atomic 的完整例子：

```
// concurrency/atomics1.cpp

#include <atomic>      // for atomics
#include <future>      // for async() and futures
```

```
#include <thread>     // for this_thread
#include <chrono>     // for durations
#include <iostream>

long data;
std::atomic<bool> readyFlag(false);

void provider ()
{
    // after reading a character
    std::cout << "<return>" << std::endl;
    std::cin.get();

    // provide some data
    data = 42;

    // and signal readiness
    readyFlag.store(true);
}

void consumer ()
{
    // wait for readiness and do something else
    while (!readyFlag.load()) {
        std::cout.put('.').flush();
        std::this_thread::sleep_for(std::chrono::milliseconds(500));
    }

    // and process provided data
    std::cout << "\nvalue : " << data << std::endl;
}

int main()
{
    // start provider and consumer
    auto p = std::async(std::launch::async,provider);
    auto c = std::async(std::launch::async,consumer);
}
```

这里，线程 provider() 首先提供若干数据，然后使用 store() 表示数据已提供：

```
data = 42;                // provide some data
readyFlag.store(true);    // and signal readiness
```

store() 会对影响所及的内存区执行一个所谓 *release* 操作，确保此前所有内存操作（all prior memory operations）不论是否为 atomic，在 store 发挥效用之前都变成“可被其他线程看见”。

与此相关，线程 consumer() 不断执行 load() 然后处理 data：

```
while (!readyFlag.load()) {          // loop until ready
    ...
}
std::cout << data << std::endl;  // and process provided data
```

load() 会对影响所及的内存区执行一个所谓 *acquire* 操作，确保随后所有内存操作（all following memory operations）不论是否为 atomic，在 load 之后都变成“可被其他线程看见”。

于是，由于 data 的设值*发生在* provider() 将 readyFlag 存储（store）为 true *之前*，而对 data 的处理发生在 consumer() 将 true 载入（loaded）放进 readyFlag 之后，因此对 data 的处理保证发生在 data 已提供之后。

这项保证之所以存在，是因为所有 atomic 操作默认使用一个特别的*内存次序*（memory order），名为 memory_order_seq_cst，它代表 *sequential consistent memory order*（顺序一致的内存次序）。低层的 atomic 操作能够放宽这一次序保证（详见 18.7.4 节第 1019 页）。

18.7.2 细说 Atomic 及其高级接口

在 <atomic> 中，class template std::atomic<> 提供“atomic 类型之普遍能力”，这种类型可套用于任何一般类型身上。另有特化版本针对 bool、所有整数类型及 pointer：

```
template<typename T> struct atomic;      // primary class template
template<> struct atomic<bool>;          // explicit specializations
template<> struct atomic<int>;
...
template<typename T> struct atomic<T*>;  // partial specialization for pointers
```

表18.11列出了 atomic 的高层操作。如果可能它们将直接映射至相关的 CPU 命令。纵列 ***triv*** 表示针对 std::atomic<bool> 及“其他普通类型之 atomic”提供的操作；纵列 ***int type*** 表示“针对 std::atomic<> 且使用整数类型”而提供的操作；纵列 ***ptr type*** 表示“针对 std::atomic<> 且使用 pointer 类型”而提供的操作。

注意，我对这个表有几点补充：

- 一般而言，这些操作获得的是 copy 而不是 reference。
- Default 构造函数并未能够完全将 object 初始化。Default 构造函数之后唯一合法的操作就是调用 atomic_init() 完成初始化（见 18.7.1 节第 1013 页）。
- 接受相关类型值（a value of the corresponding type）的那个构造函数并不是 atomic。
- 所有函数，除了构造函数，都被重载为 volatile 和 *non*-volatile 两个版本。

操作	*triv*	*int type*	*ptr type*	效果
atomic a=*val*	Yes	Yes	Yes	以 *val* 为 a 的初值（这不是个 atomic 操作）
atomic a; atomic_init(&a,*val*)	Yes	Yes	Yes	同上（若无后继的 atomic_init()，a 便初始化不完整）
a.is_lock_free()	Yes	Yes	Yes	如果类型内部不使用 lock 便返回 true
a.store(*val*)	Yes	Yes	Yes	赋值 *val*（返回 void）
a.load()	Yes	Yes	Yes	返回数值 a 的拷贝（copy）
a.exchange(*val*)	Yes	Yes	Yes	赋值 *val* 并返回旧值 a 的拷贝
a.compare_exchange_strong(*exp*, *des*)	Yes	Yes	Yes	CAS 操作（见下）
a.compare_exchange_weak(*exp*, *des*)	Yes	Yes	Yes	Weak CAS 操作
a = *val*	Yes	Yes	Yes	赋值并返回 *val* 的拷贝（copy）
a.operator ***atomic***()	Yes	Yes	Yes	返回数值 a 的拷贝（copy）
a.fetch_add(*val*)		Yes	Yes	不可切割之 t+=*val*（返回新值的拷贝）
a.fetch_sub(*val*)		Yes	Yes	不可切割之 t-=*val*（返回新值的拷贝）
a += *val*		Yes	Yes	等同于 t.fetch_add(*val*)
a -= *val*		Yes	Yes	等同于 t.fetch_sub(*val*)
++a, a++		Yes	Yes	调用 t.fetch_add(1) 并返回 a 或 a+1 的拷贝
--a, a--		Yes	Yes	调用 t.fetch_sub(1) 并返回 a 或 a-1 的拷贝
a.fetch_and(*val*)		Yes		不可切割之 a&=*val*（返回新值的拷贝）
a.fetch_or(*val*)		Yes		不可切割之 a|=*val*（返回新值的拷贝）
a.fetch_xor(*val*)		Yes		不可切割之 a^=*val*（返回新值的拷贝）
a &= *val*		Yes		等同于 a.fetch_and(*val*)
a |= *val*		Yes		等同于 a.fetch_or(*val*)
a ^= *val*		Yes		等同于 a.fetch_xor(*val*)

表 18.11 Atomic 的高层操作

举个例子，atomic<int>之内声明了以下赋值操作：

```
namespace std {
    // specialization of std::atomic<> for int:
    template<> struct atomic<int> {
      public:
        // ordinary assignment operators are not provided:
        atomic& operator=(const atomic&) = delete;
        atomic& operator=(const atomic&) volatile = delete;
        // but assignment of an int is provided, which yields the passed argument:
        int operator= (int) volatile noexcept;
        int operator= (int) noexcept;
        ...
    };
}
```

借由is_lock_free()，你可以检查atomic类型内部是否由于使用lock才成为atomic。如果不是，你的硬件就是拥有对atomic操作的固有支持（那是"在signal handler内使用atomic"的一个必要条件）。

compare_exchange_strong()和compare_exchange_weak()都是所谓*compare-and-swap*（*CAS*）操作。CPU常常提供这个atomic操作用以比较"某内存区内容"和"某给定值"，并且唯有在它们相同时才将该内存区内容更新为另一给定的新值。这可保证新值乃根据最新信息计算出来。这样的效果有点像以下伪码（pseudocode）：

```
bool compare_exchange_strong (T& expected, T desired)
{
    if (this->load() == expected) {
        this->store(desired);
        return true;
    }
    else {
        expected = this->load();
        return false;
    }
}
```

因此，如果数值就在这一段时间里被另一线程更新，它会返回false并以expected承载新值。

上述两种形式中，weak形式有可能出现假失败（spuriously fail），亦即期望值出现它仍然返回false。但是weak形式有时候比strong形式更高效。

18.7.3 Atomic 的 C-Style 接口

针对 C++ 的 atomic 提案，C 有一份对应提案，它应该提供相同语义但是（当然）不使用诸如 template、reference 和 member function 等 C++ 特性。整个 atomic 接口有一个 C-style 对等品，成为 C standard 的一份扩充。

例如，你可以声明 `atomic_bool` 取代 `atomic<bool>`，并替换 `store()` 和 `load()`，改用 global 函数，后者接受一个 pointer 指向对象：

```
std::atomic_bool ab;            // equivalent to: std::atomic<bool> ab
std::atomic_init(&ab,false);    // see 18.7.1 节第 1013 页
...
std::atomic_store(&ab,true);    // equivalent to: ab.store(true)
...
if (std::atomic_load(&ab)) {    // equivalent to: if (ab.load())
    ...
}
```

然而 C 另有一个接口，采用 `_Atomic` 和 `_Atomic()`，因此 C-style 接口一般只用于“需要在 C 和 C++ 之间保持兼容”的代码身上。

然而在 C++ 中使用 C-style atomic 类型并不罕见。表18.12列出了最重要的 atomic 类型名称，除此之外还有更多，适用于较不常见的类型，例如 `atomic_int_fast32_t` 乃是针对 `atomic<int_fast32_t>`。

针对 shared pointer（见 5.2.1 节第 76 页）还提供了特殊的 atomic 操作。原因是诸如 `atomic<shared_ptr<T>>` 这样的声明不被允许，因为 shared pointer 并非可被复制（copyable）。Atomic 操作遵循 C-style 接口的命名规范（naming convention）。详见 5.2.4 节第 96 页。

18.7.4 Atomic 的低层接口

Atomic 低层接口意味着使用 atomic 操作时不保证顺序一致性（sequential consistency）。因此编译器和硬件有可能（局部）重排对 atomic 的处理次序（见 18.4.3 节第 986 页）。

再请小心：虽然我给了一个实例，本区域仍然地雷重重。你需要很多专家经验才能知道何时值得在内存重排（memory reordering）上花心力——即便是专家对此也常常犯错。[27]

任何使用此低层特性的专家都应该熟悉 [*N2480:MemMod*] 和 [*BoehmAdve:MemMod*] 所提及的材料，或 [*Boehm:C++MM*] 列出的所有材料。

[27] 特别感谢 Hans Boehm 和 Bartosz Milewski 的支持，让我知道这些，并帮助我使用正确的用语。若出现任何瑕疵都是我的责任。

已确切命名的类型	对应的类型
atomic_bool	atomic<bool>
atomic_char	atomic<char>
atomic_schar	atomic<signed char>
atomic_uchar	atomic<unsigned char>
atomic_short	atomic<short>
atomic_ushort	atomic<unsigned short>
atomic_int	atomic<int>
atomic_uint	atomic<unsigned int>
atomic_long	atomic<long>
atomic_ulong	atomic<unsigned long>
atomic_llong	atomic<long long>
atomic_ullong	atomic<unsigned long long>
atomic_char16_t	atomic<char16_t>
atomic_char32_t	atomic<char32_t>
atomic_wchar_t	atomic<wchar_t>
atomic_intptr_t	atomic<intptr_t>
atomic_uintptr_t	atomic<uintptr_t>
atomic_size_t	atomic<size_t>
atomic_ptrdiff_t	atomic<ptrdiff_t>
atomic_intmax_t	atomic<intmax_t>
atomic_uintmax_t	atomic<uintmax_t>

表 18.12 若干已有确切名称的 std::atomic<> 类型

Atomic 低层接口实例

考虑 18.7.1 节第 1014 页介绍过的第二个 atomic 运用范例，那里我们声明了一个 atomic flag，用来控制对某些数据的处理：

```
long data;
std::atomic<bool> readyFlag(false);
```

另有一个线程负责供应数据：

```
data = 42;               // provide some data
readyFlag.store(true);   // and signal readiness
```

还有一个线程负责消费此数据：

```
while (!readyFlag.load()) {         // loop until ready
    ...
}
std::cout << data << std::endl;   // and process provided data
```

我们使用默认的内存处理次序（default memory order），于是保证顺序一致性（sequential consistency），以上将如同 18.7.1 节第 1015 页所描述地运行。事实上，我们真正调用的是：

```
data = 42;
readyFlag.store(true,std::memory_order_seq_cst);
```

和

```
while (!readyFlag.load(std::memory_order_seq_cst)) {
    ...
}
std::cout << data << std::endl;
```

也就是说，上述操作都有一个可有可无的实参用来指定内存次序（memory order），默认实参值是 `std::memory_order_seq_cst`（代表 *sequential consistent memory order*）。

如果指定另一种内存处理次序（memory order），我们就可以削弱（weaken）对次序的保证，在我们的例子中这就足以（例如）要求 provider（数据供应者）不推迟 atomic store 之后的操作（not delay operations past the atomic store），而 consumer（数据消费者）不会在 atomic load 之后带来向前操作（not bring forward operations following the atomic load）：

```
data = 42;
readyFlag.store(true,std::memory_order_release);
```

和

```
while (!readyFlag.load(std::memory_order_acquire)) {
    ...
}
std::cout << data << std::endl;
```

然而如果放宽（relaxing）atomic 操作次序上的所有约束，会导致不明确的行为：

```
// ERROR: undefined behavior:
data = 42;
readyFlag.store(true,std::memory_order_relaxed);
```

原因是 `std::memory_order_relaxed` 不保证此前所有内存操作（all prior memory operations）在 store 发挥效用前都变得“可被其他线程看见”。因此 provider 线程有可能在设置 ready flag 之后才写 `data`，于是 consumer 线程有可能在 `data` 正被写时读它，这就会造成 *data race*。

你也可以让 `data` 成为 atomic 并以 `std::memory_order_relaxed` 作为内存次序：

```
std::atomic<long> data(0);
std::atomic<bool> readyFlag(false);

// providing thread:
data.store(42,std::memory_order_relaxed);
readyFlag.store(true,std::memory_order_relaxed);

// consuming thread:
while (!readyFlag.load(std::memory_order_relaxed)) {
    ...
}
std::cout << data.load(std::memory_order_relaxed) << std::endl;
```

严格地说，这并非不明确行为（undefined behavior），因为我们并未遭遇 *data race*。然而这却也难以如预期般地运作，因为 `data` 的结果值有可能（尚还）不是 `42`（memory order 对此仍无保证）。其行为会导致 `data` 拥有一个无法具体说明的值（unspecified value）。

只有当我们在 atomic 变量上的读/写动作彼此独立，`memory_order_relaxed` 才能显出用途。例如一个 global 计数器，不同的线程可能会对它累加或递减，而我们只需在所有线程终结之后获得该计数器的最终值即可。

低层操作概览

表18.13列出了 atomic 低层操作的补充材料。如你所见，load、store、exchange、CAS 及 fetch 等操作提供了一个增补能力：它们允许你额外传递一个内存次序（memory order）实参。

操作	*triv*	*int type*	*ptr type*
`a.store(`*val*`,`*mo*`)`	Yes	Yes	Yes
`a.load(`*mo*`)`	Yes	Yes	Yes
`a.exchange(`*val*`,`*mo*`)`	Yes	Yes	Yes
`a.compare_exchange_strong(`*exp*`,`*des*`,`*mo*`)`	Yes	Yes	Yes
`a.compare_exchange_strong(`*exp*`,`*des*`,`*mo1*`,`*mo2*`)`	Yes	Yes	Yes
`a.compare_exchange_weak(`*exp*`,`*des*`,`*mo*`)`	Yes	Yes	Yes
`a.compare_exchange_weak(`*exp*`,`*des*`,`*mo1*`,`*mo2*`)`	Yes	Yes	Yes
`a.fetch_add(`*val*`,`*mo*`)`		Yes	Yes
`a.fetch_sub(`*val*`,`*mo*`)`		Yes	Yes
`a.fetch_and(`*val*`,`*mo*`)`		Yes	
`a.fetch_or(`*val*`,`*mo*`)`		Yes	
`a.fetch_xor(`*val*`,`*mo*`)`		Yes	

表 18.13 Atomic 低阶操作补充

另有若干函数被额外提供出来，用以手动控制内存访问。例如 `atomic_thread_fence()` 和 `atomic_signal_fence()` 被用来手动编写 fence，那是“内存访问重安排”（memory-access reordering）的界线。

没有更多细节

我不打算更详细解释这些低层接口，因为它们是为真正的并发（concurrency）专家或想成为专家的人准备的。

一个良好出发点是 Anthony Williams 的著作 *C++ Concurrency in Action*（见 [*Williams:C++Conc*]），尤其是第 5 和第 7 章。另一个起点是 Hans Boehm 的一系列 URL，都是关于内存模型（memory model）的文章（见 [*Boehm:C++MM*]）。

第19章
分配器

我曾经在 4.6 节第 57 页介绍过 allocator（分配器），它代表一种特定内存模型（memory model），并提供一种抽象概念，将对内存的索求最终转变为对内存的直接调用。本章描述 allocator 及其相应的用以处理内存的低层特性。更多细节将以补充篇章的形式放在本书官网 http://www.cppstdlib.com 上。

19.1 以应用程序开发者的角度使用 Allocator

就应用程序开发者而言，使用不同的 allocator 应该不成问题。你只需将 allocator 当作一个 template 实参即可。下面使用一个特殊 allocator MyAlloc<>，创建容器和 string：

```
// a vector with special allocator
std::vector<int,MyAlloc<int>> v;

// an int/float map with special allocator
std::map<int,float,std::less<int>,
         MyAlloc<std::pair<const int,float>>> m;

// a string with special allocator
std::basic_string<char,std::char_traits<char>,MyAlloc<char>> s;
```

如果打算使用自己开发的 allocator，先制定一些类型定义以避免冗长代码，通常会比较好。例如：

```
// special string type that uses special allocator
typedef std::basic_string<char,std::char_traits<char>,
                          MyAlloc<char>> MyString;

// special string/string map type that uses special allocator
typedef std::map<MyString,MyString,std::less<MyString>,
                 MyAlloc<std::pair<const MyString,MyString>>> MyMap;
```

```
// create object of this type
MyMap mymap;
```

自 C++11 起，你可以使用 *alias template*（也就是 template typedef；见 3.1.9 节第 27 页）定义 allocator 的类型，但仍留下元素类型未决：

```
template <typename T>
using Vec = std::vector<T,MyAlloc<T>>;   // vector using own allocator

Vec<int> coll;   // equivalent to: std::vector<int,MyAlloc<int>>
```

使用 non-default allocator 分配出来的对象，并不会引起你什么异样感觉。

你可以运用 operator == 和 != 比较两个 allocator 是否使用相同的内存模型。如果它返回 true，表示其中一个 allocator 分配的存储空间可由另一个 allocator 收回。所有“以 allocator 为 template 参数”的类型都会提供一个 get_allocator() 函数，我们可借此得到对应的 allocator。例如：

```
if (mymap.get_allocator() == s.get_allocator()) {
    // OK, mymap and s use the same or interchangeable allocators
    ...
}
```

此外，自 C++11 起提供一个 type trait（见 5.4 节第 122 页），用来检测被传入的 allocator 是否可转换为某类型 T 的 allocator_type：

```
std::uses_allocator<T,Alloc>::value   // true if Alloc is convertible
                                      //  into T::allocator_type
```

19.2 用户自定义的 Allocator

Allocator 提供一份接口，可满足分配、生成、销毁和回收对象（见表19.1）。借由 allocator 容器和算法的元素存储方式因而得以被参数化。例如你可以实现出运用共享内存（shared memory）的 allocator，或是让 map 的元素存储于持久性数据库（persistent database）。

表达式	效果
a.allocate(num)	为 num 个元素分配内存
a.construct(p,val)	将 p 所指的元素初始化为 val
a.destroy(p)	销毁 p 所指的元素
a.deallocate(p,num)	回收 p 所指的“可容纳 num 个元素”的内存空间

表 19.1　Allocator 基本操作

写一个属于自己的 allocator 并不很难。最重要的问题是你如何分配和回收空间，剩下的大多有默认行为并且往往已由 C++11 提供。（在 C++11 之前你必须实现“剩下的”那些内容。）下面是个例子，让我们看一个“行为就像 default allocator”的 allocator：

```
// alloc/myalloc11.hpp

#include <cstddef>    //for size_t

template <typename T>
class MyAlloc {
  public:
    // type definitions
    typedef T value_type;

    // constructors
    // - nothing to do because the allocator has no state
    MyAlloc () noexcept {
    }
    template <typename U>
    MyAlloc (const MyAlloc<U>&) noexcept {
        // no state to copy
    }

    // allocate but don't initialize num elements of type T
    T* allocate (std::size_t num) {
        // allocate memory with global new
        return static_cast<T*>(::operator new(num*sizeof(T)));
    }

    // deallocate storage p of deleted elements
    void deallocate (T* p, std::size_t num) {
        // deallocate memory with global delete
        ::operator delete(p);
    }
};

// return that all specializations of this allocator are interchangeable
template <typename T1, typename T2>
bool operator== (const MyAlloc<T1>&,
                 const MyAlloc<T2>&) noexcept {
    return true;
}
template <typename T1, typename T2>
bool operator!= (const MyAlloc<T1>&,
                 const MyAlloc<T2>&) noexcept {
    return false;
}
```

正如此例所示，你必须提供以下性质：

- 一个 `value_type` 类型定义，它只是用来代表被传入的 template 参数类型。
- 一个构造函数。
- 一个 template 构造函数，用来在类型有所改变时复制内部状态。注意，template 构造函数并不会抑制 copy 构造函数（见 3.2 节第 36 页）。
- 一个成员函数 `allocate()`，用来提供新的内存。
- 一个成员函数 `deallocate()`，用来释放不再用到的内存。
- 构造函数和析构函数（如果必要的话），用来初始化、复制、清理内部状态。
- 操作符 `==` 和 `!=`。

无须提供 `construct()` 或 `destroy()`，因为它们的默认实现（使用 *placement new* 初始化内存，以及明白调用析构函数以完成清理工作）通常已经足够。

使用这一基本实现，你应该看得出来，实现自己的 allocator 其实很容易。你可以使用最核心函数 `allocate()` 和 `deallocate()` 完成你自己的内存分配策略，像是重复使用内存而非立即释放内存，或是将内存映射至一个面向对象数据库段（a segment of an object-oriented database），或只是对内存分配行为调试（just debugging memory allocation）。此外你可以提供相应的构造函数和析构函数，用来提供和释放“`allocate()` 和 `deallocate()` 所需履行之任务”。

注意，在 C++11 之前，你必须为 allocator 提供更多成员——虽然那并不困难。相应的完整例子见 *alloc/myalloc03.hpp*，这份资料涵盖于 `http://www.cppstdlib.com` 所提供的 allocator 补充篇章中。

19.3 以程序库开发者的角度使用 Allocator

本节以另一种人的视角看 allocator 的用法，那些人使用 allocator 来实现容器或其他组件，而那些容器或组件可掌握不同的 allocator。本节由 Bjarne Stroustrup 的 *The C++ Programming Language*, 3rd edition 一书 19.4 节（见 [*Stroustrup:C++*]）发展而来——当然是经过授权的。

让我以一个简单的 vector 实现方案为例。Allocator 被当作 template 实参或构造函数实参传递给 vector，然后被保存在其内部某处：

```
namespace std {
    template <typename T,
              typename Allocator = allocator<T> >
    class vector {
        ...
      private:
        Allocator alloc;      // allocator
        T*        elems;      // array of elements
        size_type numElems;   // number of elements
        size_type sizeElems;  // size of memory for the elements
        ...
```

```
    public:
      // constructors
      explicit vector(const Allocator& = Allocator());
      explicit vector(size_type num, const T& val = T(),
                      const Allocator& = Allocator());
      template <typename InputIterator>
      vector(InputIterator beg, InputIterator end,
             const Allocator& = Allocator());
      vector(const vector<T,Allocator>& v);
      ...
    };
}
```

上述第二个构造函数，根据元素个数 num 及数值 val 将 vector 初始化，可实现如下：

```
namespace std {
    template <typename T, typename Allocator>
    vector<T,Allocator>::vector(size_type num, const T& val,
                                const Allocator& a)
     : alloc(a)     // initialize allocator
    {
        // allocate memory
        sizeElems = numElems = num;
        elems = alloc.allocate(num);

        // initialize elements
        for (size_type i=0; i<num; ++i) {
            // initialize ith element
            alloc.construct(&elems[i],val);
        }
    }
}
```

表达式	效果
uninitialized_fill(*beg*,*end*,*val*)	以 *val* 初始化 [*beg*,*end*)
uninitialized_fill_n(*beg*,*num*,*val*)	以 *val* 初始化 *beg* 开始的 *num* 个元素
uninitialized_copy(*beg*,*end*,*mem*)	以 [*beg*,*end*) 之各元素初始化自 *mem* 开始的各个元素
uninitialized_copy_n(*beg*,*num*,*mem*)	以始自 *beg* 的 *num* 个元素初始化自 *mem* 开始的元素（始自 C++11）

表 19.2　针对“未初始化之内存”的若干便捷函数

为了初始化那些尚未初始化的内存，C++ 标准库提供了若干便捷函数，如表19.2所列。有了这些函数，构造函数的实现就更简单了：

```
namespace std {
    template <typename T, typename Allocator>
    vector<T,Allocator>::vector(size_type num, const T& val,
                                const Allocator& a)
     : alloc(a)      // initialize allocator
    {
        // allocate memory
        sizeElems = numElems = num;
        elems = alloc.allocate(num);

        // initialize elements
        uninitialized_fill_n(elems, num, val);
    }
}
```

成员函数 reserve() 的目的是在“不改变元素个数”的前提下保留更多内存（见 7.3.1 节第 271 页），可实现如下：

```
namespace std {
    template <typename T, typename Allocator>
    void vector<T,Allocator>::reserve(size_type size)
    {
        // reserve() never shrinks the memory
        if (size <= sizeElems) {
            return;
        }

        // allocate new memory for size elements
        T* newmem = alloc.allocate(size);

        // copy old elements into new memory
        uninitialized_copy(elems,elems+numElems,newmem);

        // destroy old elements
        for (size_type i=0; i<numElems; ++i) {
            alloc.destroy(&elems[i]);
        }

        // deallocate old memory
        alloc.deallocate(elems,sizeElems);
```

```
            // so, now we have our elements in the new memory
            sizeElems = size;
            elems = newmem;
        }
    }
```

原始存储区的迭代器（Raw Storage Iterator）

C++ 标准库还提供了一个 class raw_storage_iterator，用来在未初始化的内存中遍历并进行初始化工作。你可以借助它，使用任何算法并以该算法的结果作为内存的初值。

例如以下语句以 [x.begin(),x.end()) 区间内的元素值初始化 elems 所指的存储区：

```
copy (x.begin(), x.end(),                          // source
      raw_storage_iterator<T*,T>(elems));          // destination
```

第一个 template 实参（上述的 T*）必须是一个对应于元素类型的 output 迭代器。第二个 template 实参（上述的 T）必须是元素类型。

临时缓冲区（Temporary Buffer）

也许你曾经在某些程序里头发现它们使用了两个函数 get_temporary_buffer() 和 return_temporary_buffer()。这两个函数用来处理一些未初始化的内存，以供函数短暂需求。注意，get_temporary_buffer() 返回的内存可能少于预期，所以其返回值是个 pair，内含所获得的内存地址和实际大小（以元素为单位）。下面是个用例：

```
void f()
{
    // allocate memory for num elements of type MyType
    pair<MyType*,std::ptrdiff_t> p
     = get_temporary_buffer<MyType>(num);
    if (p.second == 0) {
        // could not allocate any memory for elements
        ...
    }
    else if (p.second < num) {
        // could not allocate enough memory for num elements
        // however, don't forget to deallocate it
        ...
    }

    // do your processing
    ...
```

```
        // free temporarily allocated memory, if any
        if (p.first != 0) {
            return_temporary_buffer(p.first);
        }
    }
```

不过，使用 `get_temporary_buffer()` 和 `return_temporary_buffer()` 很难写出“异常发生时仍安全”（exception-safe）的代码，所以基本上它们已不再被用于程序库中。

参考书目

下面这份清单，列出了本书曾经提及、采纳、引用的书籍。近年来，编程领域的许多亮点出现于电子论坛，我也把它们列在这儿。

网站（web site）往往被认为比书籍和文章更容易有变化。这里列出的因特网链接（Internet link）有可能在未来不再有效。所以我在自己的网站上也提供了一份链接清单（list of links），但愿我自己的这个网站永远稳定可靠：`http://www.cppstdlib.com`。

新闻组及论坛（Newsgroup and Forum）

因特网（Internet）还提供关于编程、C++、C++ 标准库、STL 的众多论坛和新闻组。其中有些是经过管理的，很能提升论坛的质量，因为每一份提交都经过某种检验以确保其适当性。

我认为最重要的新闻组和论坛如下：

- 新闻组 **`comp.lang.c++.moderated`**，一个有专人管理的 C++ 技术论坛。（见 `http://groups.google.com/group/comp.lang.c++.moderated/about`）
- 新闻组 **`comp.std.c++`**，一个有专人管理的论坛，主题是 C++ 标准讨论。（见 `http://groups.google.com/group/comp.std.c++/about`）
- 论坛 **`stackoverflow.com`**，一个有专人管理的论坛，主题是编程讨论，其内有各种分类，如 c++ 或 c++11，或其他 C++ 特别主题。（见 `http://stackoverflow.com/tags/c++/info`）
- 新闻组 **`comp.lang.c++`**，一个无人管理的论坛，主题是 C++ 讨论。（见 `http://groups.google.com/group/comp.lang.c++/about`）
- 新闻组 **`alt.comp.lang.learn.c-c++`**，一个无人管理的论坛，针对 C/C++ 初学者。（见 `http://groups.google.com/group/alt.comp.lang.learn.c-c++/about`）

书籍和网站

[*Abrahams:RValues*]
Dave Abrahams. ***Move It With Rvalue References***
`http://cpp-next.com/archive/2009/09/move-it-with-rvalue-references/`

[*Austern:STL*]
Matthew H. Austern. ***Generic Programming and the STL: Using and Extending the C++ Standard Template Library***. Reading, MA: Addison-Wesley, 1998

[*Becker:LibExt*]
Pete Becker. ***The C++ Standard Library Extensions: A Tutorial and Reference***. Reading, MA: Addison-Wesley, 2007

[*Becker:RValues*]
Thomas Becker. ***C++ Rvalue References Explained***
`http://thbecker.net/articles/rvalue_references/section_01.html`

[*Boehm:C++MM*]
Hans J. Boehm. ***Threads and memory model for C++***
`http://www.hpl.hp.com/personal/Hans_Boehm/c++mm/`

[*BoehmAdve:MemMod*]
Hans J. Boehm and Sarita V. Adve. ***Foundations of the C++ Concurrency Memory Model***
`http://www.hpl.hp.com/techreports/2008/HPL-2008-56.html`

[*Boost*]
Boost C++ Libraries
`http://www.boost.org/`

[*Breymann:STL*]
Ulrich Breymann. ***Komponenten entwerfen mit der STL***. Bonn, Germany: Addison-Wesley, 1999

[*C++Std1998*]
ISO. ***Information Technology—Programming Languages—C++***. Document Number ISO/IEC 14882-1998. ISO/IEC, 1998

[*C++Std2003*]
ISO. ***Information Technology—Programming Languages—C++, Second Edition***. Document Number ISO/IEC 14882-2003. ISO/IEC, 2003

[*C++Std2011*]
ISO. ***Information Technology—Programming Languages—C++, Third Edition***. Document Number ISO/IEC 14882-2011. ISO/IEC, 2011

[*C++Std2011Draft*]
Pete Becker, ed. ***Working Draft, Standard for Programming Language C++ (C++11)***
`http://www.open-std.org/jtc1/sc22/wg21/docs/papers/2011/n3242.pdf`

[*ECMAScript*]
Ecma International. ***ECMAScript Language Specification (ECMA-262)***
`http://www.ecma-international.org/publications/standards/Ecma-262.htm`

[*Eggink:C++IO*]
Bernd Eggink. ***Die C++ iostreams–Library***. München, Germany: Hanser Verlag, 1995

[*EllisStroustrup:ARM*]
Margaret A. Ellis and Bjarne Stroustrup. ***The Annotated C++ Reference Manual (ARM)***. Reading, MA: Addison-Wesley, 1990

[*HoadZobel:HashCombine*]
Timothy C. Hoad and Justin Zobel. ***Methods for Identifying Versioned and Plagiarised Documents***
`http://www.cs.rmit.edu.au/j̃z/fulltext/jasist-tch.pdf`

[*GlassSchuchert:STL*]
Graham Glass and Brett Schuchert. ***The STL <Primer>***. Englewood Cliffs, NJ: Prentice-Hall, 1996

[*GoF:DesignPatterns*]
Erich Gamma, Richard Helm, Ralph Johnson, and John Vlissides. ***Design Patterns: Elements of Reusable Object-Oriented Software***. Reading, MA: Addison-Wesley, 1994

[*ISO639:LangCodes*]
Codes for the Representation of Names of Languages
`http://www.loc.gov/standards/iso639-2/php/English_list.php`

[*ISO3166:CodeTab*]
ISO 3166-1 decoding table
`http://www.iso.org/iso/support/country_codes/iso_3166_code_lists/iso-3166-1_decoding_table.htm`

[*ISOLatin1*]
ISO/IEC 8859-1
`http://en.wikipedia.org/wiki/ISO_8859-1`

[*ISOLatin9*]
ISO/IEC 8859-15
`http://en.wikipedia.org/wiki/ISO_8859-15`

[*JustThread*]
Anthony Williams. ***C++ Standard Thread Library***
`http://www.stdthread.co.uk/`

[*Karlsson:Boost*]
Björn Karlsson. ***Beyond the C++ Standard Library: An Introduction to Boost***. Reading, MA: Addison-Wesley, 2006

[*KoenigMoo:Accelerated*]
Andrew Koenig and Barbara E. Moo. ***Accelerated C++: Practical Programming by Example***. Boston, MA: Addison-Wesley, 2000

[*Meyers:MoreEffective*]
Scott Meyers. ***More Effective C++: 35 New Ways to Improve Your Programs and Designs***. Reading, MA: Addison-Wesley, 1996

[*Milewski:Atomics*]
Bartosz Milewski. ***C++ atomics and memory ordering***
`http://bartoszmilewski.wordpress.com/2008/12/01`

[*Milewski:Multicore*]
Bartosz Milewski. ***Multicores and Publication Safety***
`http://bartoszmilewski.wordpress.com/2008/08/04`

[*MusserSaini:STL*]
David R. Musser and Atul Saini. ***STL Tutorial and Reference Guide: C++ Programming with the Standard Template Library***. Reading, MA: Addison-Wesley, 1996

[*N1456:HashTable*]
Matthew Austern. ***A Proposal to Add Hash Tables to the Standard Library (revision 4)***
`http://www.open-std.org/jtc1/sc22/wg21/docs/papers/2003/n1456.html`

[*N2351:SharedPtr*]
Peter Dimov and Beman Dawes. ***Improving shared_ptr for C++0x, Revision 2***
`http://www.open-std.org/jtc1/sc22/wg21/docs/papers/2007/n2351.htm`

[*N2480:MemMod*]
Hans-J. Boehm. ***A Less Formal Explanation of the Proposed C++ Concurrency Memory Model***
`http://www.open-std.org/jtc1/sc22/wg21/docs/papers/2007/n2480.html`

[*N2543:FwdList*]
Matt Austern. ***STL singly linked lists (revision 3)***
`http://www.open-std.org/jtc1/sc22/wg21/docs/papers/2008/n2543.htm`

[*N2661:Chrono*]
Howard E. Hinnant, Walter E. Brown, Jeff Garland, and Marc Paterno. ***A Foundation to Sleep On: Clocks, Points in Time, and Time Durations***
`http://www.open-std.org/jtc1/sc22/wg21/docs/papers/2008/n2661.html`

[*N3051:DeprExcSpec*]
Doug Gregor. ***Deprecating Exception Specifications***
http://www.open-std.org/jtc1/sc22/wg21/docs/papers/2010/n3051.html

[*N3194:Futures*]
Lawrence Crowl, Anthony Williams, and Howard Hinnant. ***Clarifying C++ Futures***
http://www.open-std.org/jtc1/sc22/wg21/docs/papers/2010/n3194.htm

[*N3198:DeprAdapt*]
Daniel Krügler. ***Deprecating unary_function and binary_function (Revision 1)***
http://www.open-std.org/jtc1/sc22/wg21/docs/papers/2010/n3198.htm

[*N3279:LibNoexcept*]
Alisdair Meredith and John Lakos. ***Conservative use of noexcept in the Library***
http://www.open-std.org/jtc1/sc22/wg21/docs/papers/2011/n3279.pdf

[*Nelson:C++*]
Mark Nelson. ***C++ Programmer's Guide to the Standard Template Library***. Foster City, CA: IDG Books Worldwide, 1995

[*Plauger:C++Lib*]
P. J. Plauger. ***The Draft Standard C++ Library***. Englewood Cliffs, NJ: Prentice Hall, 1995

[*SafeSTL*]
Cay S. Horstmann. ***Safe STL***
http://www.horstmann.com/safestl.html

[*STLport*]
STLport
http://www.stlport.org/

[*Stroustrup:C++*]
Bjarne Stroustrup. ***The C++ Programming Language, Third Edition***. Reading, MA: Addison-Wesley, 1997

[*Stroustrup:C++0x*]
Bjarne Stroustrup. ***What is C++0x?***
http://www2.research.att.com/b̃s/what-is-2009.pdf

[*Stroustrup:Design*]
Bjarne Stroustrup. ***The Design and Evolution of C++***. Reading, MA: Addison-Wesley, 1994

[*Stroustrup:FAQ*]
Bjarne Stroustrup. ***C++11 — the recently approved new ISO C++ standard***
http://www.research.att.com/b̃s/C++11FAQ.html

[*Sutter:LockFree*]
Herb Sutter. ***Lock-Free Code: A False Sense of Security***
http://drdobbs.com/cpp/210600279

[*Teale:C++IO*]
Steve Teale. ***C++ IOStreams Handbook***. Reading, MA: Addison-Wesley, 1993

[*UTF8*]
UTF-8
http://en.wikipedia.org/wiki/UTF-8

[*VisualC++Locales*]
Visual C++ Language and Country/Region Strings
http://msdn.microsoft.com/en-us/library/hzz3tw78.aspx

[*Williams:C++Conc*]
Anthony Williams. ***C++ Concurrency in Action: Practical Multithreading***. Greenwich, CT: Manning, 2012

[*Williams:CondVar*]
Anthony Williams. ***Multithreading and Concurrency: Condition Variable Spurious Wakes***
http://www.justsoftwaresolutions.co.uk/threading/?page=2

索引

请注意：页数若是粗体字（**bold**）意指条目定义处。页数若是正常字型（normal type face）表示你可能感兴趣的其他页。如果条目出现于源码（source code）中则其页数以斜体字（*italic*）表现。

&

  as capture 29

&=, |=, ^=

  for atomics 1016

()

  as operator **233**

  for locales **868**

*

  for iterators 188, 191, **435**

  for unique_ptrs **111**

  for shared_ptrs 79, **94**

+

  for strings 676, **711**

+, -

  for iterators **438**

  for timepoints **155**

+, -, *, /

  for complex 933, **938**

  for ratios 141

+, -, *, /, %

  for durations **146**

++, -- **191**

  for atomics 1016

  for durations **146**

  for iterators 188, **435**, **437**

  for iterators of arrays, vectors, strings **440**

+=

  for strings **674**, **702**

+=, -=

  for atomics 1016

  for iterators **438**

  for timepoints **155**

+=, -=, *=, /=

  for complex 929, 933, **937**

+=, -=, *=, /=, %=

  for durations **146**

->

  for iterators 188, 191, **435**

  for return types **32**

  for unique_ptrs **111**

  for shared_ptrs **94**

<< **753**, **754**

  conventions **818**

  for bitsets *652*

  for complex *927*, 933, **938**

  for distributions 918

  for pairs **62**

  for random-value engines 916

  for stream buffers 846

  for strings 677, **712**

  for shared_ptrs **94**

  user-defined **810**

=

  as capture 29

  for arrays **265**

  for containers **255**, 258, **406**

  for deques **287**

= *(continued)*
- for durations **147**
- for forward lists **303**
- for iterators 188
- for lists **293**
- for maps and multimaps **336**
- for pairs **61**
- for sets and multisets **321**
- for strings **673**
- for tuples **71**
- for `unique_ptrs` **111**
- for unordered containers **368**
- for vectors **274**
- for `shared_ptrs` **93**, **97**

`==`, `!=`
- `!=` derived from `==` **138**
- for allocators 1024
- for `arrays` 264
- for `complex` 932, **939**
- for container adapters **649**
- for containers 255, **259**, **404**
- for deques 286
- for distributions 918
- for durations **146**
- for error categories **49**
- for forward lists 303
- for iterators 188, **435**, **436**
- for lists 292
- for locales **868**
- for maps and multimaps 335
- for pairs **61**
- for random-value engines 916
- for `ratios` 141
- for sets and multisets 318
- for strings **697**
- for timepoints **155**
- for tuples **71**
- for `unique_ptrs` **111**
- for unordered containers 367
- for vectors 273
- for `shared_ptrs` **94**

<, <=, >, >=
- > <= >= derived from < **138**
- for `arrays` 264
- for `complex` 933
- for container adapters **649**
- for containers 255, **259**, **404**
- for deques 286
- for durations **146**
- for forward lists 303
- for iterators 199, **438**
- for lists 292
- for maps and multimaps 335
- for pairs **61**
- for `ratios` 141
- for sets and multisets 318
- for strings **697**
- for timepoints **155**
- for tuples **71**
- for `unique_ptrs` **111**
- for vectors 273
- for `shared_ptrs` **94**

`>>`
- and templates 13
- conventions **818**
- for `complex` *927*, 933, **938**
- for distributions 918
- for random-value engines 916
- for stream buffers 846
- for strings 677, **712**
- user-defined **810**

`?:` 125

`[]`
- for `unordered_maps` 186
- for `arrays` **265**, **408**
- for deques **286**, **408**
- for iterators **438**
- for maps 186, **343**, **408**
- for match results *720*, 722
- for strings 408, 671
- for `unique_ptrs` **111**
- for unordered maps **374**, **408**
- for vectors **274**, **408**

A

`abort()` **162**

`abs()`
- for `complex` 931, **938**
- global function *226*, 942

absolute to relative values 516, 628

accumulate()
  algorithm *375*, **623**
acos()
  for complex 935, **940**
  global function 941
acosh()
  for complex 935, **940**
  global function 941
adapter
  for containers 188, **631**
add_const trait **130**
add_cv trait **130**
add_lvalue_reference trait **130**
add_pointer trait **130**
address
  I/O 756
address_family_not_supported 46
address_in_use 46
address_not_available 46
add_rvalue_reference trait **130**
add_volatile trait **130**
adjacent_difference()
  algorithm **628**, *630*
adjacent_find()
  algorithm **540**
adjustfield **782**
ADL 677, 812
adopt_lock 994, 999
  for unique_locks 1000
advance() **441**, **442**, *465*, *586*
algorithm 166, **199**, **505**
  absolute to relative values 516, 628
  accumulate() *375*, **623**
  adjacent_difference() **628**, *630*
  adjacent_find() **540**
  all_of() **555**
  and lambdas *206*, **229**
  and maps *345*
  and regular expressions 727
  any_of() **555**
  auxiliary functions **517**
  binary_search() **608**
  C++98/C++03 example *201*
  change order of elements **583**
  comparing **542**
  complexity **10**
  copy() **454**, **557**
  copy and modify elements **563**
  copy_backward() **557**
  copy elements **557**
  copy_if() **557**
  copy_n() **557**
  count() **524**, *831*
  count_if() **524**
  destination **217**
  equal() **542**
  equal_range() **613**
  fill() **568**
  fill_n() **568**
  find() *200*, **528**
  find_end() **537**
  find_first_of() **538**
  find_if() *226*, *350*, **528**
  find_if_not() **528**
  for_each() *482*, **519**
  for sorted ranges 515
  function as argument **224**
  generate() *478*, **569**
  generate_n() *478*, **569**
  header file **505**
  heap **604**
  includes() **609**
  inner_product() **625**
  inplace_merge() **622**
  intersection **617**
  iota() **571**
  is_heap() **554**
  is_heap_until() **554**
  is_partitioned() **552**
  is_permutation() **544**
  is_sorted() **550**
  is_sorted_until() **550**
  lexicographical_compare() **548**
  lower_bound() **611**
  make_heap() *514*, **604**, *606*, *644*
  manipulating **217**
  max_element() *200*, **525**
  merge() **614**
  min_element() *200*, **525**
  minmax_element() **526**

algorithm *(continued)*
mismatch() **546**
modifying **217**, 509, **557**, 568
move() **561**
move_backward() **561**
multiple ranges **207**
mutating 511, **583**
next_permutation() **587**
none_of() **555**
nonmodifying 507, **524**
nth_element() **602**
numeric 515, **623**
overview **505**
partial_sort() *514*, **599**
partial_sort_copy() **600**
partial_sum() **627**, *630*
partition() **592**
partition_copy() **594**
partition_point() **552**
pop_heap() **605**, *606*, *644*
prev_permutation() **587**
push_heap() **605**, *606*, *644*
random_shuffle() **589**
range predicates **550**
ranges **203**
relative to absolute values 516, 627
remove() **575**
remove_copy() **577**
remove_copy_if() **577**
remove_if() **483**, **575**
removing duplicates **578**
removing elements **218**, 511, **575**
replace() **571**
replace_copy() **573**
replace_copy_if() **573**
replace_if() **571**
result 479
reverse() *200*, **583**
reverse_copy() **583**
rotate() **584**
rotate_copy() **585**
search() **534**, *684*
searching elements 507, **528**
search_n() **531**
search_n_if() 533
set_difference() **618**
set_intersection() **617**
set_symmetric_difference() **619**
set_union() **616**
shuffle() **589**, *908*
sort() *200*, *228*, *512*, **596**
sorted-ranges **608**
sort_heap() *514*, **605**, *606*
sorting **511**, **596**
stable_partition() **592**
stable_sort() *514*, **596**
suffix _copy 507
suffix _if 507
swap_ranges() **566**
transform() *225*, *240*, **563**, **564**, *684*
union elements **616**
unique() **578**
unique_copy() **580**
unordered comparison **544**
upper_bound() **611**
user-defined *308*, 468
versus member functions 223
<algorithm> 59, 134, 136, 200, **505**
algostuff.hpp **517**
aliasing constructor
for shared_ptrs 95
alias template **27**, *1024*
aligned_storage trait **131**
aligned_union trait **131**
alignment_of trait **131**
allocate()
for allocators 1024
allocate_shared()
for shared_ptrs **93**
allocator **57**, **1023**
==, != 1024
allocate() 1024
construct() 1024
deallocate() 1024
default 57
destroy() 1024
get_allocator() **1024**
user-defined 1024
uses_allocator trait 128
value_type 1026

allocator_arg 977
allocator_type
  for containers **430**
  for strings **715**
all_of()
  algorithm **555**
alnum
  for ctype_base 894
alpha
  for ctype_base 894
already_connected 46
always_noconv()
  for codecvt facets **898**
amortized complexity 10
antisymmetric 315
any_of()
  algorithm **555**
app stream flag **796**
  for string streams 806
append()
  for strings **674**, **702**, **703**
arg()
  for complex 931, **938**
argc 37, *797*
argument-dependent lookup 677, 812
argument_list_too_long 46
argument_out_of_domain 46
argv 37, *797*
array
  ++, -- for iterators **440**
  and range-based for loops 18
  associative **185**, **343**, **374**
  as STL container 261, **267**, 270, **278**, **386**
    see array
    see vector
  begin() and end() 257, **386**
  fill() **407**
  traits 130
array 171, **261**, *268*
  see container
  = **265**
  ==, != 264
  <, <=, >, >= 264
  [] **265**
  as C-style array **267**
  at() **265**
  back() **265**
  begin() 266
  cbegin() 266
  cend() 266
  constructor **263**, **264**
  continuity of elements **267**
  crbegin() 266
  crend() 266
  data() **267**
  destructor **263**
  element access **265**
  empty() **264**
  end() 266
  exception handling **268**
  fill() **265**
  front() **265**
  get() **268**
  header file **261**
  initialization 262
  iterators **266**
  max_size() **264**
  move semantics 263
  rbegin() 266
  rend() 266
  size() **264**
  swap() 263, **265**
  tuple interface **268**
  zero sized **263**
<array> **261**
ASCII **851**
asctime() *154*, **158**
as-if rule 983
asin()
  for complex 935, **940**
  global function 941
asinh()
  for complex 935, **940**
  global function 941
assign()
  for char_traits **854**
  for containers **407**
  for deques **287**
  for forward lists **303**
  for lists **293**
  for strings **673**, **700**, **701**
  for vectors **274**

assignable 244
assignment
  see =
  move semantics **21**
associative array **185**
  with map **343**, *346*
  with unordered map *185*, **374**
associative container **167**, 177
  modifying access **221**
  order of duplicates 180
  sorting criterion **232**, 933
  terminology 168
  unordered
    see unordered container
  user-defined inserter **471**
async() **946**, *947*, **974**
  and exceptions 951
  arguments 958
  launch policy 951, **974**
  polling 954
async launch policy 951, **974**
at()
  for arrays **265**, **408**
  for containers **408**
  for deques **286**, **408**
  for maps 186, **343**, **408**
  for strings 671, **699**
  for unordered maps 186, **374**, **408**
  for vectors **274**, **408**
atan()
  for complex 935, **940**
  global function 941
atan2()
  global function 941
atanh()
  for complex 935, **940**
  global function 941
ate stream flag **796**
  for string streams 806
atexit() **162**
  concurrency 56
atomic
  &=, |=, ^= 1016
  ++, -- 1016
  +=, -= 1016
  CAS operations 1018
  compare_exchange_strong() 1016
  compare_exchange_weak() 1016
  exchange() 1016
  fetch_add() 1016
  fetch_and() 1016
  fetch_or() 1016
  fetch_sub() 1016
  fetch_xor() 1016
  for shared_ptrs **96**
  is_lock_free() 1016
  load() 1012, 1016
  low-level interface 1019
  memory order 1016, **1020**
  store() 1012, 1016
  versus mutexes 1012
<atomic> **1013**, **1016**
atomic_bool 1019
atomic_exchange()
  for shared_ptrs **97**
atomic_init() 1013
atomic_int 1019
atomic_is_lock_free()
  for shared_ptrs **97**
atomic_load()
  for shared_ptrs **97**
atomics **1012**
atomic_store()
  for shared_ptrs **97**
at_quick_exit() **162**
  concurrency 56
atto ratio unit **142**
auto **14**, 192
auto_ptr **113**
awk regex grammar 733, **739**

B

back()
  for arrays **265**
  for containers **409**
  for deques **286**
  for lists **293**
  for queues **648**
  for strings 671, **699**
  for vectors **274**
back_inserter 211, **212**, **455**

- backward compatibility 9
- bad()
  - for streams 759
- bad_address 46
- bad_alloc **41**, **43**
- bad_array_new_length **41**
- badbit **758**
- bad_cast **41**, **42**, **43**
- bad_exception **41**, **42**
- bad_file_descriptor 46
- bad_function_call **41**, **44**, 133
- bad_message 46
- bad_typeid **41**, **42**
- bad_weak_ptr **41**, **44**, 89
- base() **452**
- basefield **785**
- basic regex grammar 733, **739**
- basic_filebuf **791**, 824
- basic_fstream **791**
- basic_ifstream **791**
- basic_ios **748**
- basic_istream **748**
  - see input stream
- basic_istringstream **802**
- basic_ofstream **791**
- basic_ostream **748**
  - see output stream
- basic_ostringstream **802**
- basic_regex<> **719**
- basic_streambuf 748, **832**
  - see input buffer, output buffer
- basic_string **655**
  - see string
- basic_stringbuf **802**
- basic_stringstream **802**
- before_begin()
  - for forward lists **304**, *307*, *312*, **423**
- beg stream position **800**
- begin()
  - as global function **386**
  - for arrays 266
  - for buckets **374**, *380*, **429**
  - for containers **189**, **256**, **410**
  - for C-style arrays 257, **386**
  - for deques 286
  - for forward lists 304
  - for initializer lists 18
  - for lists 294
  - for maps and multimaps 337
  - for match results 723
  - for sets and multisets 321
  - for strings *684*, **714**
  - for unordered containers 369, **429**
  - for vectors 276
- bernoulli_distribution 917, **921**
- bibliography **1031**
- bidirectional iterator 198, **437**
  - advance() 441
  - distance() 445
  - next() 443
  - prev() 443
- bidirectional_iterator_tag 466
- Big-O notation **10**
- binary stream flag **796**
- binary_function 497
- binary numeric representation **652**
- binary predicate **228**
- binary_search()
  - algorithm **608**
- bind() **242**, **487**, *488*, *496*
  - and pointers 493
  - and references 491
  - for data members 494
  - versus lambdas 499
- bind1st() 243, **497**
- bind2nd() *241*, 243, **497**, *525*
- binder 241, **487**
  - deprecated **497**
- binomial_distribution 917, **922**
- bit_and<>() **486**
- bitfield
  - and concurrency 982
- bitfield with dynamic size **281**
  - see vector<bool>
- bitfield with static size **650**
  - see bitset
- bit_or<>() **486**
- bitset **650**, *651*
  - << *652*

- bitset *(continued)*
  - binary numeric representation *652*
  - header file **650**
  - to_string() *652*
  - to_ullong() *652*
- <bitset> **650**
- bit_xor<>() **486**
- blank
  - for ctype_base 894
- bool
  - input **781**
  - I/O **755**
  - numeric limits 116
  - output **781**
- bool()
  - for exceptions **49**
  - for streams 760
  - for unique_ptrs 100, **111**
  - for shared_ptrs **94**
- boolalpha manipulator **781**
- boolalpha stream flag **781**
- Boolean conditions
  - in loops **760**
  - of streams **760**
- Boolean vector **281**
- broken_pipe 46
- broken_promise 47
- bucket() **374**
  - for unordered containers **429**
- bucket_count() **374**
  - for unordered containers **362**, *380*, **429**
- bucket interface **429**
  - for unordered containers **374**
- bucket_size() **374**
  - for unordered containers **429**
- byte order mark 851

C

- "C" locale 861
- C++
  - C++03 **7**, *193*, *202*
  - C++0x **7**
  - C++11 **7**
  - C++98 **7**, *193*, *202*
  - __cplusplus 9
  - history **7**
  - TR1 **7**
- callable object **54**, *958*
- callback
  - for streams **817**
- call_once() **1000**
- capacity()
  - for strings **427**, 670, **696**
  - for vectors 270, **273**, **427**
- capture group
  - for regular expressions 719
- capture of lambdas 28, **29**
- carray 261
- case-insensitive search 732
- CAS operations
  - for atomics 1018
- catalog
  - for message_base **905**
- category
  - of container iterators 410
  - of iterators 198, **433**, *469*
- category()
  - for exceptions **49**
- cauchy_distribution 917, **923**
- cbefore_begin()
  - for forward lists **304**, **423**
- cbegin() **192**
  - for arrays 266
  - for buckets **374**, **429**
  - for containers **256**, **410**
  - for deques 286
  - for forward lists 304
  - for lists 294
  - for maps and multimaps 337
  - for match results 723
  - for sets and multisets 321
  - for strings *684*, **714**
  - for unordered containers 369, **429**
  - for vectors 276
- <cctype> 896
- ceil()
  - global function 941
- cend() **192**
  - for arrays 266

- for buckets **374**, **430**
- for containers **256**, **410**
- for deques 286
- for forward lists 304
- for lists 294
- for maps and multimaps 337
- for match results 723
- for sets and multisets 321
- for strings *684*, **714**
- for unordered containers 369, **430**
- for vectors 276

centi ratio unit **142**
cerr **745**, 751
- redirecting **822**

<cerrno> 45
<cfloat> 115, 116
char
- classification **891**
- input 755
- numeric limits 116

char*
- input 755

char* stream **807**
- freeze() 808
- str() 808

char16_t **33**, **852**
- numeric limits 116

char32_t **33**, **852**
- numeric limits 116

character
- classification **891**
- encoding conversion **897**
- sets **851**
- traits *689*, **853**

char_traits *664*, *749*, **853**
- assign() **854**
- char_type **854**
- compare() *689*, **854**
- copy() **854**
- eof() **854**
- eq() *689*, **854**
- eq_int_type() **854**
- find() *689*, **854**
- int_type **854**
- length() **854**
- lt() *689*, **854**
- move() **854**
- not_eof() **854**
- off_type **854**
- pos_type **854**
- state_type **854**
- to_char_type() **854**
- to_int_type() **854**

char_type
- for char_traits **854**

chi_squared_distribution 917, **923**
<chrono> **143**, 153
cin **745**, 751
- concurrency 752
- redirecting **822**

class
- <<, >> **810**
- enum class **32**

classic()
- for locales *860*, **868**

classic_table()
- for ctype facets **895**

clear()
- for containers **256**, 260, **419**
- for deques **287**
- for forward lists **306**
- for lists **295**
- for maps and multimaps **340**
- for sets and multisets **322**
- for streams *759*, *797*, *800*
- for strings 674, **705**
- for unordered containers 370, **371**
- for vectors **277**

<climits> 115, 116
clock 143, **149**
- adjustments 151
- current time 152
- duration **149**
- is_steady **149**
- now() **149**
- period **149**
- rep **149**
- time_point **149**
- to_time_t() 153

clock() **158**

- clock_t **158**
- clog **745**
- close()
  - for messages facets **905**
  - for streams 798
- <cmath> **941**
- cntrl
  - for ctype_base 894
- code() for exceptions **48**
- <codecvt> **900**
- codecvt facet **897**
- codecvt_base **898**
  - result **898**
- codecvt_mode 900
- codecvt_utf16 **900**
- codecvt_utf8 **900**
- codecvt_utf8_utf16 **900**
- collate facet **904**
- collate locale category **904**
- collate regex constant 733
- collection 165
  - see container
  - of collections *548*
- combine()
  - for locales **866**
- command-line arguments 37, 797
- commit-or-rollback **248**
- common_type trait 124, **131**
- compare
  - lexicographical **548**
  - ranges **542**
- compare()
  - for char_traits *689*, **854**
  - for collate facets **904**
  - for strings **698**
- compare_exchange_strong()
  - for atomics 1016
- compare_exchange_weak()
  - for atomics 1016
- compare function
  - for unordered containers 366
- comparison operators **138**
- comparisons
  - for shared_ptrs 92
  - for containers 259
  - for pairs 67
  - for unique_ptrs 112
- compatibility 9
- complex **925**
  - +, -, *, / 933, **938**
  - +=, -=, *=, /= 929, 933, **937**
  - << *927*, 933, **938**
  - ==, != 932, **939**
  - <, <=, >, >= 933
  - >> *927*, 933, **938**
  - abs() 931, **938**
  - acos() 935, **940**
  - acosh() 935, **940**
  - and associative containers **932**, 933
  - arg() 931, **938**
  - asin() 935, **940**
  - asinh() 935, **940**
  - atan() 935, **940**
  - atanh() 935, **940**
  - conj() 929, **936**
  - constructor 929, **936**
  - cos() 935, **940**
  - cosh() 935, **940**
  - examples **926**
  - exp() 935, **939**
  - header file **925**
  - imag() 931, **937**
  - input *927*, **933**, 938
  - I/O *927*, **933**, 938
  - log() 935, **940**
  - log10() 935, **940**
  - norm() 931, **938**
  - output *927*, **933**, 938
  - polar() 929, **936**
  - pow() 935, **939**
  - proj() 929, **936**
  - real() 931, **937**
  - sin() 935, **940**
  - sinh() 935, **940**
  - sqrt() 935, **939**
  - tan() 935, **940**
  - tanh() 935, **940**
  - type conversions 930
  - value_type **935**
- <complex> **925**

complexity **10**
  amortized 10
compressing whitespaces *582*
concurrency **55**, **945**
  async() **946**, *947*, **974**
  atomics **1012**
  condition variable **1003**, **1009**
  data race **982**
  deadlock 992, 995
  for shared_ptrs **96**
  for queues *1006*
  for streams **56**, 752
  future *947*, **975**
  guarantees **56**
  half-written data **985**
  high-level interface **946**
  lazy evaluation 951
  lock-free programming 988
  lock_guard 989, **999**
  locks **989**
  low-level interface **964**
  memory order 1016, **1020**
  mutex **989**
  number of possible threads **980**
  of containers 985
  packaged task **977**
  polling 954
  promises 969, **977**
  recursive_mutex 993
  reordering of statements **986**
  shared future **976**
  shared state 969, **973**
  speculative execution 954
  spurious wakeups 1004
  STL **56**
  synchronization **982**
  this_thread **981**
  thread **964**, **979**
  timer *947*, **981**
  unique_lock **1000**
  unsynchronized data access **984**
  volatile 988, 998
conditional trait **131**
conditions
  in loops **760**
condition variable **1003**, *1004*, **1009**
  condition_variable **1009**
  condition_variable_any **1011**
  constructor 1009
  destructor 1009
  native_handle() 1009
  notify_all() 1009
  notify_all_at_thread_exit() 1009
  notify_one() 1009
  spurious wakeups 1004
  wait() 1009
  wait_for() 1009
  wait_until() 1009
condition_variable **1004**
  see condition variable
<condition_variable> 1003, 1004, **1009**
condition_variable_any **1011**
  see condition variable
conj()
  for complex 929, **936**
connection_aborted 46
connection_already_in_progress 46
connection_refused 46
connection_reset 46
constant complexity **10**
constant type 127
constexpr **26**, *119*
const_iterator
  for containers 190, 260, **398**
  for strings **694**
const_local_iterator
  for unordered containers **399**
const_mem_fun1_ref_t 498
const_mem_fun1_t 498
const_mem_fun_ref_t 498
const_mem_fun_t 498
const_pointer
  for containers 260, **398**
  for strings **694**
const_pointer_cast()
  for shared_ptrs **94**
const_reference
  for container adapters **645**
  for containers 260, **397**
  for strings **693**
  for vector<bool> 282

`const_reverse_iterator` *449*
  for containers **398**
  for strings **694**
`construct()`
  for allocators 1024
constructor
  aliasing 95
  as template **36**
  for `priority_queues` **646**, **647**
  for `shared_ptrs` **78**, **93**, **97**
  for `arrays` **263**, **264**
  for `complex` 929, **936**
  for condition variables 1009
  for container adapters **646**
  for containers **255**, **400**, **430**
  for deques **285**
  for durations **147**
  for forward lists **302**
  for futures 975
  for lists **291**, **292**
  for locales **866**
  for maps **333**
  for multimaps **333**
  for multisets **316**, *327*
  for packaged tasks 977
  for pairs **61**
  for promises 977
  for sets **316**
  for strings *687*, **694**, **695**
  for threads 979
  for timepoints **155**
  for tuples 69, **71**
  for `unique_ptrs` **111**
  for unordered containers **360**
  for vectors **272**, **273**
  move constructor **21**
`consume_header` 900
container 165, **167**, **253**, **631**
  `=` **255**, 258, **406**
  `==`, `!=` 255, **404**
  `<`, `<=`, `>`, `>=` 255, **404**
  adapters 188, **631**
  `allocator_type` **430**
  and concurrency 985
  `array` **261**
    see `array`
  `assign()` **407**
  `at()` **408**
  `back()` **409**
  `begin()` **189**, **256**, **410**
  bucket interface **429**
  C++98/C++03 example *193*
  call member function for elements **243**, **491**
  `cbegin()` **192**, **256**, **410**
  `cend()` **192**, **256**, **410**
  `clear()` **256**, 260, **419**
  comparisons 259
  concurrency 56
  `const_iterator` 190, 260, **398**
  `const_pointer` 260, **398**
  `const_reference` 260, **397**
  `const_reverse_iterator` **398**
  constructor **255**, **400**, **430**
  `count()` **404**
  `crbegin()` 214, **411**
  `crend()` 214, **411**
  C-style arrays **386**
  `data()` **409**
  deque **283**
    see deque
  destructor **255**, **400**, **403**
  `difference_type` 260, **398**
  element access 259
  element requirements **244**
  `emplace()` **412**, **414**
  `emplace_back()` **415**
  `emplace_front()` **415**
  `emplace_hint()` **414**
  `empty()` **255**, 258, **403**
  `end()` **189**, **256**, **410**
  `equal_range()` **406**
  `erase()` **417**, **418**
  `find()` **405**
  `forward_list` **300**
    see `forward_list`
  `front()` **409**
  `get_allocator()` **430**
  initialization **254**
  initializer list **256**
  `insert()` **411**, **413**, **416**, **417**
  internal types **260**

container *(continued)*
- iterator 190
- iterator 260, **398**
- iterator category 410
- key_type **398**
- list **290**
  - see list
- lower_bound() **405**
- map **331**
  - see map
- mapped_type **399**
- max_size() **255**, 258, **403**
- members 254, **397**
- move semantics 257, 258
- multimap **331**
  - see multimap
- multiset **314**
  - see multiset
- of containers *548*
- overview **392**
- performance 394
- pointer 260, **398**
- pop_back() **419**
- pop_front() **419**
- print elements **216**
- push_back() **415**
- push_front() **414**
- rbegin() 214, **411**
- reference 260, **397**
- references as elements 132, **391**
- reference semantics **245**, **388**
- rend() 214, **411**
- requirements **254**
- reserve() **428**
- resize() **420**
- reverse_iterator **398**
- set **314**
  - see set
- shrink_to_fit() **428**
- size() **255**, 258, **403**
- size operations **258**
- size_type 260, **398**
- swap() *250*, **255**, 258, **407**
- terminology 168
- types **397**
- unordered container **355**
  - see unordered_map
  - see unordered_multimap
  - see unordered_multiset
  - see unordered_set
- upper_bound() **405**
- user-defined **385**
- value semantics **245**
- value_type 260, **397**
- vector **270**
  - see vector
- when which **392**

container adapter
- ==, != **649**
- <, <=, >, >= **649**
- const_reference **645**
- constructor **646**
- container_type **645**
- emplace() **647**
- empty() **647**
- front() **648**
- pop() **648**
- push() **647**
- reference **645**
- size() **647**
- size_type **645**
- swap() **649**
- top() **648**
- value_type **645**

container_type
- for container adapters **645**

conversion
- absolute to relative values 516, 628
- between character encodings **897**
- relative to absolute values 516, 627

copy()
- algorithm **557**
- algorithm implementation **454**
- for char_traits **854**
- for strings 669, **700**

copyable 244

copy and modify elements **563**

copy and replace elements **573**

copy_backward()
- algorithm **557**

copy constructor
  as template **36**, *62*
  for containers **401**
copyfmt()
  for streams 779, **780**, *811*, **817**, *822*
copyfmt_event 817
copy_if()
  algorithm **557**
copy_n()
  algorithm **557**
cos()
  for complex 935, **940**
  global function 941
cosh()
  for complex 935, **940**
  global function 941
count()
  algorithm **524**, *831*
  for containers **404**
  for durations **147**
  for maps and multimaps 335
  for sets and multisets 319
  for unordered containers 368
count_if()
  algorithm **524**
cout **745**, 751
  concurrency 752
  redirecting **822**
__cplusplus 9
crbegin() 214, **449**
  for arrays 266
  for containers **411**
  for deques 286
  for lists 294
  for maps and multimaps 337
  for sets and multisets 321
  for strings **714**
  for unordered containers 369
  for vectors 276
cref() **132**
  and bind() 491
  and make_pair() 66
  and make_tuple() 70
cregex_iterator 726
cregex_token_iterator 727
crend() 214, **449**
  for arrays 266
  for containers **411**
  for deques 286
  for lists 294
  for maps and multimaps 337
  for sets and multisets 321
  for strings **714**
  for unordered containers 369
  for vectors 276
cross_device_link 46
<cstddef> 14, **161**
<cstdio> 82
<cstdlib> **162**, **941**
c_str()
  for strings 669, **700**
C-string **655**
<cstring> **163**, 855
C-Style arrays **386**
  see array
ctime() *153*, **158**
<ctime> **157**, 884
ctype facet **891**
  classic_table() **895**
  is() **891**
  narrow() **891**
  scan_is() **891**
  scan_not() **891**
  table() **895**
  table_size **895**
  tolower() **891**
  toupper() **891**
  widen() **891**
ctype locale category **891**
ctype_base **893**
  mask **893**
<ctype.h> 896
cur stream position **800**
current_exception() **52**, 971
current time 152
curr_symbol()
  for moneypunct facets **874**
cyclic references 84

D

data()
- for arrays **267**, **409**
- for containers **409**
- for strings 669, **700**
- for vectors **278**, **409**

data member adapter 494
data race 977, **982**
date
- conversion to/from time_point 158

dateorder
- for time_base **889**

date_order()
- for time_get facets **888**

deadlock 992
- avoidance 995

deallocate()
- for allocators 1024

dec manipulator **785**
dec stream flag **785**
deca ratio unit **142**
decay trait **131**
deci ratio unit **142**
decimal numeric representation 785
decimal_point()
- for moneypunct facets **874**
- for numpunct facets **870**

decltype *31*, **32**, *125*, *232*, *338*, *379*, *504*, *822*
declval *125*
default_delete **106**
default_error_condition()
- for error category **49**
- for exceptions **49**

defaultfloat manipulator **788**
default initialization **37**
default_random_engine *908*, **916**, *947*
defer_lock 996, 1000
- for unique_locks 1000

deferred
- future status 954
- launch policy 951, **974**

deleter 114
- default_delete **106**
- for shared_ptrs 80, *82*
- for unique_ptrs 107

den
- for ratios **140**

denorm_absent 120
denorm_indeterminate 120
denorm_min()
- for numeric limits 118

denorm_present 120
deprecated
- binder **497**
- function adapter **497**

deque 170, **283**, *288*
- see container
- = **287**
- ==, != 286
- <, <=, >, >= 286
- [] **286**
- assign() **287**
- at() **286**
- back() **286**
- begin() 286
- cbegin() 286
- cend() 286
- clear() **287**
- constructor **285**
- crbegin() 286
- crend() 286
- destructor **285**
- emplace() **287**
- emplace_back() **287**
- emplace_front() **287**
- empty() **286**
- end() 286
- erase() **287**
- exception handling **288**
- front() **286**
- header file **283**
- insert() **287**
- max_size() **286**
- pop_back() **287**
- pop_front() **287**
- push_back() **287**
- push_front() **287**
- rbegin() 286

deque *(continued)*
- rend() 286
- resize() **287**
- shrink_to_fit() **286**
- size() **286**
- swap() **287**

<deque> **283**
deriving
- exceptions **54**
- from STL **251**

destination_address_required 46
destination of algorithms **217**
destroy()
- for allocators 1024

destroyable 244
destructor
- for shared_ptrs **93**, **97**
- for arrays **263**
- for condition variables 1009
- for containers **255**, **400**, **403**
- for deques **285**
- for forward lists **302**
- for futures 975
- for lists **291**, **292**
- for locales 866
- for maps **333**
- for multimaps **333**
- for multisets **316**
- for packaged tasks 977
- for pairs **61**
- for promises 977
- for sets **316**
- for strings **696**
- for threads 979
- for tuples **71**
- for unique_ptrs **111**
- for unordered containers **360**
- for vectors **272**, **273**

detach()
- for threads 964, 979

detached thread **967**
device_or_resource_busy 46, 999
dictionary
- with multimap *348*
- with unordered_multimap *383*

difference of two sets **618**
difference_type
- for containers 260, **398**
- for iterator_traits 467
- for strings **693**

difftime() **158**
digit
- for ctype_base 894

digits
- for numeric limits 117, *652*

digits10
- for numeric limits 117

directory_not_empty 46
discard()
- for random-value engines 915, 916

discard_block_engine 916
discrete_distribution 917, **924**
distance() **445**, **469**
distribution 907, **917**
- arguments and parameters 918
- overview 917, **921**
- serialization interface 918
- uniform_int_distribution *908*
- uniform_real_distribution *908*

div()
- global function 942

divides<>() **486**
dmy date order 889
domain_error **41**, **43**
double
- I/O formats 787
- numeric limits 116

doubly linked list 173, **290**
- see list

duplicates removing **578**
duration 143, **144**
- ++, -- **146**
- +, -, *, /, % **146**
- +=, -=, *=, /=, %= **146**
- = **147**
- ==, != **146**
- <, <=, >, >= **146**
- constructor **147**
- count() **147**
- duration_cast **147**

for clocks **149**
hours **145**
max() **147**
microseconds **145**
milliseconds **145**
min() **147**
minutes **145**
nanoseconds **145**
period **147**
rep **147**
seconds **145**
zero() **147**
duration_cast 148, *151*
for durations **147**
dynamic_cast 42
dynamic_pointer_cast()
for shared_ptrs **94**

E

eback()
for input buffers **839**
ECMAScript regex grammar 733, **738**, **739**
egptr()
for input buffers **839**
egrep regex grammar *732*, 733, **739**
element access
for arrays **265**
for containers 259
for forward lists **304**
for lists **292**
for vectors **274**
emplace()
for container adapters **647**
for containers **412**, **414**
for deques **287**
for lists **295**
for maps and multimaps **340**
for sets and multisets **322**
for stacks *634*
for unordered containers 370, **371**
for vectors **277**
emplace_after()
for forward lists **306**, **424**
emplace_back()
for containers **415**
for deques **287**
for lists **295**
for vectors **277**
emplace_front()
for containers **415**
for deques **287**
for forward lists **306**
for lists **295**
emplace_hint()
for containers **414**
for maps and multimaps **340**
for sets and multisets **322**
for unordered containers **371**
empty()
for arrays **264**
for container adapters **647**
for containers *175*, **255**, **258**, **403**
for deques **286**
for forward lists **303**
for lists **292**
for maps and multimaps **335**
for match results *720*
for sets and multisets **318**
for strings 670, **696**
for unordered containers **367**
for vectors **273**
empty range 189
enable_if trait **131**
enable_shared_from_this
for shared_ptrs 90
encoding()
for codecvt facets **898**
encoding prefix for string literals **24**
end()
as global function **386**
for arrays 266
for buckets **374**, *380*, **430**
for containers **189**, **256**, **410**
for C-style arrays 257, **386**
for deques 286
for forward lists 304
for initializer lists 18
for lists 294
for maps and multimaps 337

end() *(continued)*
  for match results 723
  for sets and multisets 321
  for strings *684*, **714**
  for unordered containers 369, **430**
  for vectors 276
end stream position **800**
endl manipulator **746**, 774, **776**, 846
end-of-file **750**
end-of-stream iterator 213, **462**
ends manipulator 746, 774, *808*
engine for random values **909**, **912**
  <<, >> 916
  ==, != 916
  constructor 916
  default_random_engine *908*, **916**
  discard() 916
  seed() 916
  serialization interface 915, 916
  state **912**
  without distribution 912
enumeration class **32**
EOF 750, 758
  internationalized 854
eof()
  for char_traits **854**
  for streams 759
eofbit **758**
epoch 143, 152
epptr()
  for output buffers **832**
epsilon()
  for numeric limits 117
eq()
  for char_traits *689*, **854**
eq_int_type()
  for char_traits **854**
equal()
  algorithm **542**
  for istreambuf_iterator **830**
equal_range()
  algorithm **613**
  for containers **406**
  for maps and multimaps 335
  for sets and multisets *319*
  for unordered containers 368
equal_to<>() *241*, **486**
equivalence criterion
  as lambda *379*
  for unordered containers 357, 366, *377*
erase()
  for containers 325, **417**, **418**
  for deques **287**
  for lists **295**
  for maps and multimaps **340**
  for multisets *327*
  for sets *325*
  for sets and multisets **322**
  for strings 675, *687*, **705**
  for unordered containers 370, **371**
  for unordered sets *375*
  for unordered sets and multisets *377*
  for vectors **277**
erase_after()
  for forward lists **306**, *312*, **425**
erase_event 817
errc **45**
errno 45
<errno.h> 45
error
  for codecvt_base 899
error_backref *735*
error_badbrace *735*
error_badrepeat *735*
error_brace *735*
error_brack *735*
error category **50**
error_code **45**, **48**, **49**
error_collate *735*
error_complexity *735*
error_ctype *735*
error_escape *735*
error handling **41**
  for regular expressions 735
  in the STL **246**
error_paren *735*
error_range *735*
error_space *735*
error_stack *735*
evaluation order 983

event 817
event_callback 817
exa ratio unit **142**
example code
  auxiliary functions **517**
exception **41**
  bad_alloc **41**
  bad_array_new_length **41**
  bad_cast **41**
  bad_exception **41**
  bad_function_call **41**, 133
  bad_typeid **41**
  bad_weak_ptr **41**
  classes **41**
  code() **48**
  current_exception() **52**, 971
  deriving **54**
  domain_error **41**
  error_category **49**
  error_code **48, 49**
  exception **41**
  exception_ptr 971
  failure 41, 45, **763**
  for regular expressions 735
  future_error **41**, 45
  header files **44**
  invalid_argument **41**
  ios_base::failure 41, 45, **763**
  length_error **41**
  logic_error **41**
  members **44**
  noexcept **24**
  out_of_range **41**
  overflow_error **41**
  range_error **41**
  rethrow_exception() **52**, 971
  runtime_error **41**
  safety **248**
  specification **24**, **25**, 42
  system_error **41**, 45
  underflow_error **41**
  user-defined **53**, *635*
  what() **45**, *52*
exception **41**
  see exception
<exception> **41**, 42, 971
exception handling **41**
  for arrays **268**
  for deques **288**
  for forward lists **311**
  for lists **296**
  for maps and multimaps **345**
  for sets and multisets **325**
  for unordered containers **375**
  for vectors **278**
  in the STL **248**
  unique_ptr **98**
exception_ptr **52**, 971
exceptions()
  for streams 762
exchange()
  for atomics 1016
executable_format_error 46
_Exit() **162**
exit() **162**
EXIT_FAILURE **162**
EXIT_SUCCESS **162**
exp()
  for complex 935, **939**
  global function 941
expired()
  for shared_ptrs **97**
explicit
  and initializer lists **16**, *72*
exponential_distribution 917, **922**
extended regex grammar 733, **739**
extending STL **250**
extent trait **131**
extractor
  for streams 745, 753
extreme_value_distribution 917, **923**

F

fabs()
  global function 941
facet **864**, **869**
  categories 865
  codecvt **897**
  codecvt_base **898**

facet *(continued)*
- collate **904**
- ctype **891**
- for character classification **891**
- for character encoding conversion **897**
- for date formatting **884**
- for internationalized messages **905**
- for monetary formatting **874**
- for numeric formatting **870**
- for string collation **904**
- for time formatting **884**
- id 869
- messages **905**
- money_base **877**
- money_get **881**
- moneypunct **874**
- money_put **879**
- num_get **873**
- numpunct **870**
- num_put **871**
- overview **865**
- time_get **887**
- time_put **884**

fail()
- for streams 759

failbit **758**

failed()
- for ostreambuf_iterator **829**

failure 41, 45, **763**

falsename()
- for numpunct facets **870**

false_type **125**, *142*

femto ratio unit **142**

fetch_add()
- for atomics 1016

fetch_and()
- for atomics 1016

fetch_or()
- for atomics 1016

fetch_sub()
- for atomics 1016

fetch_xor()
- for atomics 1016

field width 781

file
- access **791**, *793*
- opening **791**
- positioning **799**
- read and write 824

filebuf **791**, 824

file descriptor 801, 835

file_exists 46

filename_too_long 46

file stream **791**
- as return value 795
- class hierarchy **791**
- constructor 794
- move semantics 795

file_too_large 46

fill()
- algorithm **568**
- for arrays **265**, **407**
- for streams 782

fill character 781

fill_n()
- algorithm **568**

filter 761, 772

find()
- algorithm *200*, **528**
- finding subrange 205
- for char_traits *689*, **854**
- for containers **405**
- for maps and multimaps **335**
- for multisets *327*
- for sets *325*
- for sets and multisets 319
- for strings **708**, **709**
- for unordered containers 368, *373*
- for unordered sets *375*
- for unordered sets and multisets *377*
- return value 205

find_before() **308**

find_before_if() **308**

find_end()
- algorithm **537**

find_first_not_of()
- for strings **709**, **710**

find_first_of()
- algorithm **538**
- for strings **709**, **710**

find_if()
- algorithm *226*, *350*, **528**

find_if_not()
- algorithm **528**

finding algorithms 507, **528**

find_last_not_of()
- for strings **710**, **711**

find_last_of()
- for strings **710**, **711**

find limit 529

first
- for pairs **61**

first_type
- for pairs 60

fisher_f_distribution 917, **924**

fixed manipulator **788**

fixed stream flag **787**

flags
- for streams() *934*

flags()
- for streams 779, **780**

flip()
- for vector<bool>::reference **281**, 282

float
- I/O formats 787
- numeric limits 116

float_denorm_style **119**

floatfield **787**

<float.h> 115, 116

float_round_style **119**

floor()
- global function 941

flush() *947*
- for output streams **771**

flush manipulator 746, 774, 846

fmod()
- global function 941

for **193**
- range-based **17**

for_each() **519**
- algorithm *482*
- and maps *345*
- return value **482**
- versus transform() **509**

format_default regex constant 733

format_first_only regex constant *730*, 733

format flags **779**

format_no_copy regex constant *730*, 733

format_sed regex constant *730*, 733

formatted I/O **779**

formatting
- of bool 755, **781**
- of floating-point values 787

forward iterator 198, **436**
- advance() 441
- distance() 445
- next() 443
- step forward 441

forward_iterator_tag 466

forward_list 175, **300**, *312*
- see container
- = **303**
- ==, != 303
- <, <=, >, >= 303
- assign() **303**
- before_begin() **304**, *307*, *312*, **423**
- begin() 304
- cbefore_begin() **304**, **423**
- cbegin() 304
- cend() 304
- clear() **306**
- constructor **302**
- destructor **302**
- element access **304**
- emplace_after() **306**, **424**
- emplace_front() **306**
- empty() **303**
- end() 304
- erase_after() **306**, *312*, **425**
- exception handling **311**
- front() **304**
- header file **300**
- insert_after() **306**, *312*, **423**, **424**
- iterators **304**
- max_size() **303**
- merge() **310**, *312*
- pop_front() **306**
- push_front() **306**, *312*
- remove() **305**, **306**

- forward_list *(continued)*
  - remove_if() **305**, **306**
  - resize() **306**
  - reverse() **310**
  - size() **301**
  - sort() **310**, *312*
  - special member functions 420
  - splice_after() *309*, **310**, **425**, **426**
  - swap() **303**
  - unique() **310**, *312*
  - versus list 300
- <forward_list> **300**
- fpos **799**
- frac_digits()
  - for moneypunct facets **874**
- fractional arithmetics **140**
- freeze() 808, *809*
- frexp()
  - global function 941
- from_bytes() for wstring_convert<> 901
- from_time_t()
  - for system_clock *158*
- front()
  - for arrays **265**
  - for container adapters **648**
  - for containers **409**
  - for deques **286**
  - for forward lists **304**
  - for lists **293**
  - for strings 671, **699**
  - for vectors **274**
- front_inserter 211, **212**, **455**, **457**
- fstream **791**
  - see file stream
- <fstream> **791**
- function
  - as argument **224**
  - as sorting criterion **228**
- function *31*, **133**
- function adapter 241, **487**
  - see function object
  - deprecated **497**
- <functional> 44, 66, 70, 132, 133, 240, 356, 364, **486**, 505
- functional composition 243, **487**
- function_not_supported 46
- function object **233**, *351*, **475**
  - as sorting criterion **476**
  - bind() **487**, *496*
  - bind1st() 497
  - bind2nd() 497
  - bit_and<>() **486**
  - bit_or<>() **486**
  - bit_xor<>() **486**
  - by reference 480
  - divides<>() **486**
  - equal_to<>() **486**
  - greater<>() **486**
  - greater_equal<>() **486**
  - header file **486**
  - less<>() **486**
  - less_equal<>() **486**
  - logical_and<>() **486**
  - logical_not<>() **486**
  - logical_or<>() **486**
  - mem_fn() **487**
  - mem_fun() 497
  - mem_fun_ref() 497
  - minus<>() **486**
  - modulus<>() **486**
  - multiplies<>() **486**
  - negate<>() **486**
  - not1() **487**, 497
  - not2() **487**, 497
  - not_equal_to<>() **486**
  - plus<>() **486**
  - predefined **239**, 486
  - ptr_fun() 497
  - state **478**, **485**
  - user-defined **495**
  - versus lambdas 483, 500, 504
- function template 27
- functor **233**, **475**
  - see function object
- future *947*, **975**
  - constructor 975
  - destructor 975
  - error category **50**
  - get() *947*, 975
  - share() 975

shared **960**, **976**
valid() 975
wait() 953, 975
wait_for() 953, 975
wait_until() 953, 975
<future> 43, 950, 970, 972
future_already_retrieved 47
future_category() **50**
future_errc **45**
future_error **41**, **43**, 45
code() **48**
error codes 47
future_status 954

G

gamma_distribution 917, **922**
gcount()
for input streams **769**
general inserter **458**
generate()
algorithm *478*, **569**
generate_header 900
generate_n()
algorithm *478*, **569**
generic
error category **50**
generic_category() **50**
geometric_distribution 917, **922**
get()
for reference_wrappers *391*
for shared_ptrs **94**
for arrays **268**
for futures *947*, 975
for input streams **768**, *772*, *793*
for messages facets **905**
for money_get facets **881**
for num_get facets **873**
for pairs **61**
for shared futures **976**
for time_get facets **888**
for tuples *74*
for unique_ptrs **111**
future versus shared_future 963
get_allocator() **1024**
for containers **430**
for strings **715**
get buffer **839**
iterator **830**
get_date()
for time_get facets **888**
get_deleter()
for shared_ptrs **94**
for unique_ptrs **111**
getenv()
concurrency 56
get_future()
for packaged task 972
for packaged tasks 977
for promises 971, 977
get_id()
for this_thread 981
for threads 967, 979
getline()
for input streams **769**
for strings 677, **713**
getloc() *688*
for stream buffers **827**, *833*
for streams 790
get_money() **882**
get_monthname()
for time_get facets **888**
get_temporary_buffer() 1029
get_time() *757*, **890**
get_weekday()
for time_get facets **888**
get_year()
for time_get facets **888**
giga ratio unit **142**
global()
for locales 864, **868**
gmtime() **158**
good() 762
for streams 759
goodbit **758**
gptr()
for input buffers **839**
grammar
for regular expressions 738, **739**
graph
for ctype_base 894
greater<>() *325*, **486**, *525*

greater_equal<>() **486**
greedy 725, 733
grep regex grammar 733, **739**
grouping()
  for moneypunct facets **874**
  for numpunct facets **870**

H

half-open range 189, **203**
half-written data **985**
happens-before relationship 1016
hardfail **758**
hardware_concurrency() **980**
has_denorm
  for numeric limits 118, **119**
has_denorm_loss
  for numeric limits 118
has_facet() **867**
hash()
  for collate facets **904**
hasher
  for unordered containers **399**
hash function
  as lambda *379*
  for unordered containers **363**, *377*
hash_function()
  for unordered containers **362**, **427**
hashing policy *382*
hash_map 355
hash_multimap 355
hash_multiset 355
hash_set 355
hash table **355**
has_infinity
  for numeric limits 117
has_quiet_NaN
  for numeric limits 117
has_signaling_NaN
  for numeric limits 118
has_virtual_destructor trait **127**
header file **40**
  "algostuff.hpp" **517**
  <algorithm> 59, 134, 136, 200, **505**
  <array> **261**
  <atomic> **1013**, **1016**
  <bitset> **650**
  <cctype> 896
  <cerrno> 45
  <cfloat> 115, 116
  <chrono> **143**, 153
  <climits> 115, 116
  <cmath> **941**
  <codecvt> **900**
  <complex> **925**
  <condition_variable> 1003, 1004, **1009**
  <cstddef> 14, **161**
  <cstdio> 82
  <cstdlib> **162**, **941**
  <cstring> **163**, 855
  <ctime> **157**, 884
  <ctype.h> 896
  <deque> **283**
  <errno.h> 45
  <exception> **41**, 42, 971
  extension **40**
  <float.h> 115, 116
  for priority_queues **641**
  for shared_ptrs 78
  for algorithms **505**
  for arrays **261**
  for bitsets **650**
  for complex **925**
  for deques **283**
  for exceptions **44**
  for forward lists **300**
  for function objects **486**
  for I/O **752**
  for lists **290**
  for maps and multimaps **331**
  for queues **638**
  for sets and multisets **314**
  for stacks **632**
  for streams **752**
  for strings **663**
  for unordered containers **356**
  for vectors **270**
  <forward_list> **300**
  <fstream> **791**

<functional> 44, 66, 70, 132, 133, 240, 356, 364, **486**, 505
<future> 43, 950, 970, 972
<iomanip> **774**, 882, 890
<ios> 44, 767
<iosfwd> **752**
<iostream> **752**, 844
<iostream.h> 41
<istream> **752**
<iterator> 257, 386, **433**, **828**
<limits> **116**
<limits.h> 115, 116
<list> **290**
<locale> **866**
<map> **331**
<memory> 44, **76**, 78
<mutex> 1001, 1004
<new> 43
<numeric> **505**, **623**
<ostream> **752**
<queue> **638**, **641**
<random> **908**, **909**
<ratio> **140**
<regex> 718
<set> **314**
<sstream> **803**
<stack> **632**
"Stack.hpp" 635
<stddef.h> 161
<stdexcept> **43**, **44**
<stdlib.h> 162
<streambuf> **752**
<string> **663**, **854**
<string.h> 163, 855
<strstream> **807**
<system_error> **44**
<thread> 967, 981
<time.h> 157
<tuple> 66, **68**
<typeinfo> 42
<type_traits> 122, **125**
<unordered_map> **356**
<unordered_set> **356**
<utility> 20, 60, 136, 138
<vector> **270**

heap algorithms **604**
heapsort **512**, 604
hecto ratio unit **142**
hex manipulator **785**
hex stream flag **785**
hexadecimal numeric representation 785
hexfloat manipulator **788**
high_resolution_clock **149**
    duration **149**
    is_steady **149**
    now() **149**
    period **149**
    rep **149**
    time_point **149**
history of C++ **7**
host_unreachable 46
hours
    for durations **145**

I

i18n
    see internationalization
icase regex constant 733
    for regular expressions *732*
id
    for threads 967, **979**
identifier_removed 46
ifstream **791**, **793**
    see file stream and input stream
ignore
    for pairs *67*
    for tuples **72**
ignore()
    for input streams **770**, *777*, *927*
illegal_byte_sequence 46
imag()
    for complex 931, **937**
imbue() 860, *934*
    for streams 790, *860*
imbue_event 817
in()
    for codecvt facets **898**
in stream flag **796**
inappropriate_io_control_operation 46

in_avail()
    for input buffers **827**
include file
    see header file
includes()
    algorithm **609**
independent_bits_engine 916
index operator
    see [ ]
infinity()
    for numeric limits 117
initialization
    by input streams 257
    default initialization **37**
    for arrays 262
    list **15**
    narrowing 15
    of containers **254**
    uniform **15**
    value initialization **15**
    zero initialization **37**
initializer_list **15**, 18
    and arrays 262
    and C-style arrays 172
    and explicit *72*
    and range-based for loops 18
    begin() and end() 18
    explicit **16**
    for a container **256**
    for tuples 72
inner_product()
    algorithm **625**
inplace_merge()
    algorithm **622**
input **743**
    see stream, input stream
    and concurrency **56**
    binary numeric representation **652**
    field width 783
    hexadecimal numeric representation 785
    line-by-line **677**
    numeric base 785
    octal numeric representation 785
    of addresses 756
    of bool **755**, 781
    of char 755
    of char* 755
    of complex *927*, **933**, 938
    of numeric types **755**
    of objects in a loop 761
    of strings **677**, **712**, 783
    of void* 756
    of wchar_t 755
    operator >> **754**
    redirecting **822**
    skip input 465
    standard functions **768**
input buffer **839**
    eback() **839**
    egptr() **839**
    gptr() **839**
    in_avail() **827**
    iterator **830**
    pbackfail() **840**
    sbumpc() **827**, **839**
    setg() **840**, *841*
    sgetc() **827**, **839**
    sgetn() **827**, **840**
    snextc() **827**
    sputbackc() **827**, **839**
    sungetc() **827**, **839**
    uflow() **839**
    underflow() **839**
    xsgetn() **840**
input iterator 198, **435**
    advance() 441
    distance() 445
    next() 443
    step forward 441
input_iterator_tag 466
input stream *772*
    buffer iterators **828**
    buffers **826**
    gcount() **769**
    get() **768**
    getline() **769**
    ignore() **770**, *777*, *927*
    iterator 212, **462**
    member functions **768**
    peek() **770**

putback() **770**
read() **769**
readsome() **769**
sentry **772**
unget() **770**
insert()
called by inserters 455
for containers **411**, **413**, **416**, **417**
for deques **287**
for lists **295**
for maps and multimaps **340**, **341**
for multisets *327*
for sets *325*
for sets and multisets **322**, **323**, *324*
for strings 675, **703**, **704**, **705**
for unordered containers 370, **371**, **372**, *382*
for unordered sets *375*
for unordered sets and multisets *377*
for vectors **277**
insert_after()
for forward lists **306**, *312*, **423**, **424**
INSERT_ELEMENTS() **517**
inserter 210, **212**, **454**, **455**, **458**
for streams 745, 753
user-defined **471**
inserter 212
insert iterator 210, **454**
int
input **755**
numeric limits 116
integral_constant **125**
integral type 127
internal manipulator **783**
internal stream flag **782**
internationalization **849**
character sets **851**
of EOF 854
of I/O **790**
of special characters 857
interrupted 46
intersection **617**
intmax_t 140
introsort **514**
intrusive approach 385
int_type
for char_traits **854**
invalid_argument **41**, **43**, 46
invalid_seek 46
invasive approach 385
I/O **743**, *746*, *772*
see input, output, and stream
and concurrency **56**, 752
class hierarchy **748**
file access **791**
filter framework 761, 772
for complex *927*, **933**, 938
formatted **779**
for tuples *74*
header files **752**
internationalization **790**
manipulators **746**, **774**
operators 753
overloading operators **810**
redirecting standard streams **822**
user-defined **810**
user-defined stream buffers 832
io_errc **45**
io_error 46
<iomanip> **774**, 882, 890
ios **750**
see stream
<ios> 44, 767
ios_base **748**
see stream
ios_base::failure 41, 44, 45, **763**
code() **48**
error codes 47
<iosfwd> **752**
iostream **751**
see stream, input stream, output stream
and concurrency **56**
error category **50**
<iostream> **752**, 844
iostream_category() **50**
<iostream.h> 41
iostream_withassign 751
iota()
algorithm **571**
ipfx() 772

irreflexive 315
is()
  for ctype facets **891**
is_abstract trait **127**
is_a_directory 46
isalnum() **896**
isalpha() **896**
is_arithmetic trait **126**
is_array trait **126**
is_assignable trait **128**
is_base_of trait **128**
isblank() **896**
is_bounded
  for numeric limits 117
is_class trait **126**
iscntrl() **896**
is_compound trait **126**
is_const trait **126**
is_constructible trait **128**
is_convertible trait **128**
is_copy_assignable trait **127**
is_copy_constructible trait **127**
is_default_constructible trait **127**
is_destructible trait **127**
isdigit() **896**
is_empty trait **127**
is_enum trait **126**
is_exact
  for numeric limits 117
is_floating_point trait **126**
is_function trait **126**
is_fundamental trait **126**
isfx() 772
isgraph() **896**
is_heap()
  algorithm **554**
is_heap_until()
  algorithm **554**
is_iec559
  for numeric limits 117
is_integer
  for numeric limits 117
is_integral trait **126**
is_literal_type trait **126**
is_lock_free()
  for atomics 1016
islower() **896**
is_lvalue_reference trait **126**
is_member_function_pointer trait **126**
is_member_object_pointer trait **126**
is_member_pointer trait **126**
is_modulo
  for numeric limits 117
is_move_assignable trait **127**
is_move_constructible trait **127**
is_nothrow_assignable **128**
is_nothrow_constructible **128**
is_nothrow_copy_assignable **127**
is_nothrow_copy_constructible **127**
is_nothrow_default_constructible **127**
is_nothrow_destructible **127**
is_nothrow_move_assignable **127**
is_nothrow_move_constructible **127**
is_object trait **126**
ISO-Latin-1 **851**
is_open()
  for streams 798
is_partitioned()
  algorithm **552**
is_permutation()
  algorithm **544**
is_pod trait **126**
is_pointer trait **126**
is_polymorphic trait **127**
isprint() **896**
ispunct() **896**
is_reference trait **126**
is_rvalue_reference trait **126**
is_same trait **128**
is_scalar trait **126**
is_signed
  for numeric limits 117
is_signed trait **126**
is_sorted()
  algorithm **550**
is_sorted_until()
  algorithm **550**
isspace() *688*, **896**
is_specialized
  for numeric limits 117
is_standard_layout trait **126**

is_steady
  for clocks **149**
istream **744**, **751**
  see stream, input stream
<istream> **752**
istreambuf_iterator *732*, **828**, **830**
  equal() **830**
istream iterator 212, **462**
  end-of-stream 213, **462**
  skip input 465
istream_withassign 751
istringstream **802**
  see string stream
  move semantics 806
is_trivial trait **126**
is_trivially_assignable **128**
is_trivially_constructible **128**
is_trivially_copyable trait **126**
is_trivially_copy_assignable **127**
is_trivially_copy_constructible **127**
is_trivially_default_constructible **127**
is_trivially_destructible **127**
is_trivially_move_assignable **127**
is_trivially_move_constructible **127**
istrstream **807**
is_union trait **126**
is_unsigned trait **126**
isupper() **896**
is_void trait **126**
is_volatile trait **126**
isxdigit() **896**
iterator 166, **188**, *189*, **433**
  * 188, 191, **435**
  ++, -- 188, **191**, **435**, **437**
  +, - **438**
  +=, -= **438**
  += versus advance() 442
  -> 191, **435**
  = 188
  ==, != 188, **435**, **436**
  <, <=, >, >= 199, **438**
  [] **438**
  adapters 210, **448**
  advance() **442**, *586*
  arithmetic 438
  auxiliary functions **441**
  back_inserter **212**, **455**
  back_inserters **455**
  bidirectional 198, **437**
  categories 198, **433**, *469*
  check order 205
  class iterator 471
  convert into reverse iterator **449**
  distance() 445
  end-of-stream 213, **462**
  for arrays **266**
  for containers 190
  for forward lists **304**
  for lists **293**
  for maps **337**
  for match results *720*
  for multimaps **337**
  for multisets **321**, *327*
  for regular expressions 726
  for sets **321**
  for stream buffers **828**
  for streams 212, **460**, *465*
  for strings **684**
  for unordered containers **368**
  for vectors **275**
  forward 198, **436**
  front_inserter **212**, **455**
  front_inserters **457**
  general inserters **458**
  input 198, **435**
  inserter 210, **212**, **455**
  inserters **458**
  iter_swap() 446
  move 216, **466**
  mutable 435
  next() *307*, **443**
  output 198, **433**
  past-the-end 189
  prev() **444**
  random access **438**
  random-access 198
  ranges 189
  raw_storage_iterator **1029**
  reverse 214, **448**

iterator *(continued)*
step forward 441
swapping values 446
tag **466**
traits **466**
user-defined **471**
iterator 471
for containers 260, **398**
for strings **694**
<iterator> 257, 386, **433**, **828**
iterator adapter 210, **448**
for streams 212, **460**
inserter 210, **454**
move 216, **466**
reverse 214
user-defined **471**
iterator_category 467
iterator_traits 467
iter_swap() **446**
iword()
for streams 815

J

join()
for threads 964, 979
joinable()
for threads 979

K

key_comp()
for associative containers **427**
for maps and multimaps **335**
for sets and multisets **318**
key_compare
for associative containers **399**
key_eq()
for unordered containers **362**, **427**
key_equal
for unordered containers **399**
key_type
for containers **398**
kilo ratio unit **142**
knuth_b 916
Koenig lookup 677, 812

L

labs()
global function 942
lambda **28**, *229*, *499*
and algorithms *206*, **229**
and maps *345*
and mutable 30, 501
as equivalence criterion *379*
as hash function *379*, 504
as return value 31
as sorting criterion **231**, **232**, 504
capture 28, **29**
state 500
type **31**
versus binders 499
versus function object *498*
versus function objects 483, 500, 504
lambda as equivalence criterion
for unordered containers *379*
lambda as hash function
for unordered containers *379*
LANG **857**
language features 13, 33
Latin-1 **851**
launch policy 951, **974**
async 951
deferred 951
lazy evaluation 951
lazy initialization 1000
ldexp()
global function 941
ldiv()
global function 942
left manipulator *346*, **783**
left stream flag **782**
length()
for char_traits **854**
for codecvt facets **898**
for match results *720*, 723
for strings 670, **696**
length_error **41**, **43**
less *572*, *576*
less<>() *241*, **486**
less_equal<>() **486**

lexicographical_compare() **548**
lexicographical comparison *548*
<limits> **116**
<limits.h> 115, 116
linear complexity **10**
linear_congruential_engine 915
line-by-line input **677**
list 173, **290**, *298*
  see container
  = **293**
  ==, != 292
  <, <=, >, >= 292
  assign() **293**
  back() **293**
  begin() 294
  cbegin() 294
  cend() 294
  clear() **295**
  constructor **291**, **292**
  crbegin() 294
  crend() 294
  destructor **291**, **292**
  element access **292**
  emplace() **295**
  emplace_back() **295**
  emplace_front() **295**
  empty() **292**
  end() 294
  erase() **295**
  exception handling **296**
  front() **293**
  header file **290**
  insert() **295**
  iterators **293**
  max_size() **292**
  merge() **297**, *298*, **423**
  pop_back() **295**
  pop_front() **295**
  push_back() **295**, *298*
  push_front() **295**, *298*
  rbegin() 294
  remove() **294**, **420**
  remove_if() **294**, **420**
  rend() 294
  resize() **295**
  reverse() **297**, **423**
  size() **292**
  sort() **297**, *298*, **422**
  special member functions 420
  splice() **297**, *298*, **421**, **422**
  swap() **293**
  unique() **297**, *298*, **421**
  versus forward_list 300
<list> **290**
literals of type string **23**, 655
little_endian 900
llabs()
  global function 942
lldiv()
  global function 942
load()
  for atomics 1012, 1016
load_factor()
  for unordered containers **362**, *380*, **427**
locale *688*, **857**
  () **868**
  ==, != **868**
  as sorting criterion 868
  "C" 861
  classic() *860*, **868**
  collate category **904**
  combine() **866**
  constructor 863, **866**
  ctype category **891**
  default constructor 864
  destructor 866
  facets **864**, **869**
  global() 864, **868**
  has_facet() **867**
  id 869
  imbue() a stream 860
  messages category **905**
  monetary category **874**
  name() 863, **868**
  numeric category **870**
  string collation **904**
  string comparisons **868**
  time category **884**
  use_facet() **867**
<locale> **866**

local_iterator
  for unordered containers **399**
localtime() **158**
lock()
  for shared_ptrs **97**
  for unique_locks 1000
  for mutexes *989*, **998**
  for weak_ptrs 88
lock-free programming 988
lock_guard 989, *991*, **999**
locks **989**, *991*
  for condition variables *1004*
  lock_guard 989
  multiple 994, 997
  recursive 992
  unique_lock 996
  with timer 994
log()
  for complex 935, **940**
  global function 941
log10()
  for complex 935, **940**
  global function 941
logarithmic complexity **10**
logical_and<>() **486**
logical_not<>() **486**
logical_or<>() **486**
logic_error **41**, **43**
lognormal_distribution 917, **923**
long
  input **755**
  numeric limits 116
loop
  condition **760**
  for reading objects 761
  range-based for **17**
lower
  for ctype_base 894
lower_bound()
  algorithm **611**
  for containers **405**
  for maps and multimaps 335
  for sets and multisets *319*
lowercase string characters 684
lowest()
  for numeric limits 117
lt()
  for char_traits *689*, **854**

M

main() **37**
make_error_code() 53
make_heap()
  algorithm *514*, **604**, *606*, *644*
make_pair()
  for pairs **61**, **65**, *341*, *372*
make_ready_at_thread_exit()
  for packaged tasks 977
make_shared()
  for shared_ptrs **78**, **93**
make_signed trait **130**
make_tuple()
  for tuples 69, **70**, **71**
make_unsigned trait **130**
manipulator **746**, **774**
  boolalpha **781**
  dec **785**
  defaultfloat **788**
  endl **746**, 774, **776**, 846
  ends 746, 774, *808*
  fixed **788**
  flush 746, 774, 846
  get_money() **882**
  get_time() **890**
  hex **785**
  hexfloat **788**
  implementation **776**
  internal **783**
  left *346*, **783**
  noboolalpha **781**
  noshowbase **786**
  noshowpoint **788**
  noshowpos **784**
  noskipws **789**
  nounitbuf **789**
  nouppercase **784**
  oct **785**
  overview 774
  put_money() **882**

- put_time() **890**
- resetiosflags() **780**
- right **783**
- scientific **788**
- setfill() **783**
- setiosflags() **780**
- setprecision() **788**
- setw() *346*, 755, **783**, *793*
- showbase **786**
- showpoint **788**
- showpos **784**
- skipws **789**, *847*
- unitbuf **789**
- uppercase **784**
- user-defined **777**
- with arguments 778
- ws 746, 774

map **331**, *346*, *350*, *351*
- see container
- = **336**
- ==, != 335
- <, <=, >, >= 335
- [] 186, **343**, **408**
- and for_each() *345*
- and lambdas *345*
- as associative array **185**, **343**
- at() 186, **343**, **408**
- begin() 337
- cbegin() 337
- cend() 337
- clear() **340**
- constructor **333**
- count() 335
- crbegin() 337
- crend() 337
- destructor **333**
- element access with bind() 494
- emplace() **340**
- emplace_hint() **340**
- empty() **335**
- end() 337
- equal_range() 335
- erase() **340**
- exception handling **345**
- find() **335**
- header file **331**
- insert() **340**, **341**
- iterators **337**
- key_comp() **335**, **427**
- key_compare **399**
- lower_bound() 335
- max_size() **335**
- modifying access **221**
- piecewise construction 342
- rbegin() 337
- removing elements **342**
- rend() 337
- replace key **339**
- size() **335**
- sorting criterion **232**, 331, 334, *351*
- swap() **336**
- upper_bound() 335
- value_comp() **335**, **427**
- value_compare **399**
- value_type 331, *345*

<map> **331**

mapped_type
- for containers **399**

mask
- for ctype_base **893**

match_any regex constant 733

match_continuous regex constant 733

match_not_bol regex constant 733

match_not_bow regex constant 733

match_not_eol regex constant 733

match_not_eow regex constant 733

match_not_null regex constant 733

match_prev_avail regex constant 733

match regular expressions 717

match_results
- for regular expressions *720*

max() **134**
- for distributions 918
- for durations **147**
- for numeric limits 117, *777*
- for timepoints **155**

max_align_t **161**
max_bucket_count()
  for unordered containers **362**, **429**
max_digits10
  for numeric limits 117
max_element()
  algorithm *200*, **525**
max_exponent
  for numeric limits 117
max_exponent10
  for numeric limits 117
maximum
  of elements **525**
  of numeric types **115**, **120**
  of two values **134**
  timepoint 152
max_length()
  for codecvt facets **898**
max_load_factor()
  for unordered containers **362**, *380*, *383*, **427**, **429**
max_size()
  for arrays **264**
  for containers **255**, **258**, **403**
  for deques **286**
  for forward lists **303**
  for lists **292**
  for maps and multimaps **335**
  for sets and multisets **318**
  for strings 670, **696**
  for unordered containers **367**
  for vectors **273**
mdy date order 889
mega ratio unit **142**
member
  as sorting criterion **228**
member function
  adapter **491**
  as template **34**
member template **34**
memchr() **163**, 855
memcmp() **163**, 855
memcpy() **163**, *841*, 855
mem_fn() **487**, 494
mem_fun() **497**
mem_fun1_ref_t 498
mem_fun1_t 498
mem_fun_ref() 243, **497**
mem_fun_ref_t 498
mem_fun_t 498
memmove() **163**, 855
<memory> 44, **76**, 78
memory leak 98
memory order 1016, **1020**
memory_order_acquire **1021**
memory_order_relaxed **1021**
memory_order_release **1021**
memory_order_seq_cst 1016, **1020**
memset() **163**, 855
merge()
  algorithm **614**
  for forward lists **310**, *312*
  for lists **297**, *298*, **423**
mersenne_twister_engine 915
message()
  for error category **49**
  for exceptions **49**
message_base **905**
  catalog **905**
messages facet **905**
  close() **905**
  get() **905**
  open() **905**
messages locale category **905**
message_size 46
micro ratio unit **142**
microseconds
  for durations **145**
milli ratio unit **142**
milliseconds
  for durations **145**
min() **134**
  for distributions 918
  for durations **147**
  for numeric limits 117
  for timepoints **155**
min_element()
  algorithm *200*, **525**
min_exponent
  for numeric limits 117

min_exponent10
    for numeric limits 117
minimum
    of elements **525**
    of numeric types **115**, **120**
    of two values **134**
    timepoint 152
minmax() **134**
minmax_element()
    algorithm **526**
minstd_rand 916
minstd_rand0 916
minus<>() **486**
minutes
    for durations **145**
mirror elements 566
mismatch()
    algorithm **546**
mktime() **158**
modf()
    global function 941
modifying algorithms 509, **557**
modifying elements **509**, **557**
modulus<>() **486**, *573*
monetary locale category **874**
money_base **877**
    none 878
    part **877**
    pattern **877**
    sign 878
    space 878
    symbol 878
    value 878
money_get facet **881**
    get() **881**
moneypunct facet **874**
    curr_symbol() **874**
    decimal_point() **874**
    frac_digits() **874**
    grouping() **874**
    negative_sign() **874**
    neg_format() **874**
    pos_format() **874**
    positive_sign() **874**
    thousands_sep() **874**
money_put facet **879**
    put() **879**, **880**
monotonic_clock 149
move() **19**
    algorithm **561**
    for char_traits **854**
move assignment **21**
move_backward()
    algorithm **561**
move constructor **21**
    for containers **401**
move iterator 216, **466**
move semantics **19**
    and return values 22
    for arrays 263
    for containers 257, 258
    for file streams 795
    for strings 676
    for string streams 806
moving elements **561**
mt19937 916
mt19937_64 916
multibyte format **850**
multimap *179*, **331**, *348*
    see container
    = **336**
    ==, != 335
    <, <=, >, >= 335
    begin() 337
    cbegin() 337
    cend() 337
    clear() **340**
    constructor **333**
    count() 335
    crbegin() 337
    crend() 337
    destructor **333**
    element access with bind() 494
    emplace() **340**
    emplace_hint() **340**
    empty() **335**
    end() 337
    equal_range() 335
    erase() **340**
    exception handling **345**

multimap *(continued)*
- find() **335**
- header file **331**
- insert() **340**, **341**
- iterators **337**
- key_comp() **335**, **427**
- key_compare **399**
- lower_bound() 335
- max_size() **335**
- modifying access **221**
- order of duplicates 180
- order of equivalent elements 343
- piecewise construction 342
- rbegin() 337
- removing elements **342**
- rend() 337
- replace key **339**
- size() **335**
- sorting criterion **232**, 331, 334, *351*
- stable order 180
- swap() **336**
- upper_bound() 335
- value_comp() **335**, **427**
- value_compare **399**
- value_type 331

multiplies<>() *241*, **486**, *563*

multiset *177*, **314**, *327*
- see container
- = **321**
- ==, != 318
- <, <=, >, >= 318
- begin() 321
- cbegin() 321
- cend() 321
- clear() **322**
- constructor **316**, *327*
- count() 319
- crbegin() 321
- crend() 321
- destructor **316**
- emplace() **322**
- emplace_hint() **322**
- empty() **318**
- end() 321
- equal_range() *319*
- erase() **322**, *327*
- exception handling **325**
- find() 319, *327*
- header file **314**
- insert() **322**, **323**, *324*, *327*
- iterator *327*
- iterators **321**
- key_comp() **318**, **427**
- key_compare **399**
- lower_bound() *319*
- max_size() **318**
- modifying access **221**
- order of duplicates 180
- order of equivalent elements 325
- rbegin() 321
- rend() 321
- size() **318**
- sorting criterion **232**, 314, 316, *328*
- stable order 180
- swap() **321**
- upper_bound() *319*
- value_comp() **318**, **427**
- value_compare **399**

multithreading **55**, **945**
- see concurrency

mutable
- for lambdas 30

mutable iterator 435

mutating algorithms 511, **583**

mutex **989**, *991*, **998**
- for condition variables *1004*
- lock_guard **999**
- multiple locks 994, 997
- try_lock() 994
- unique lock **1000**
- versus atomics 1012

mutex()
- for unique_locks 1000

<mutex> 1001, 1004

N

name()
- for error category **49**
- for locales 863, **868**

namespace
- ADL 677, 812
- Koenig lookup 677, 812
- placeholders 487
- posix 39, 802
- std **39**
- std::chrono 144
- std::placeholders **243**
- std::regex_constants 732
- std::rel_ops **138**
- std::this_thread 981
- tr1 39
- using declaration 40
- using directive 40

nano ratio unit **142**
nanoseconds
- for durations **145**

narrow()
- for ctype facets **891**
- for streams 790

narrowing initialization 15
narrow stream 744
native_handle()
- for condition variables 1009
- for mutexes **999**
- for threads 979

negate<>() **486**
negative_binomial_distribution 917, **922**
negative_sign()
- for moneypunct facets **874**

neg_format()
- for moneypunct facets **874**

nested class
- as template **37**

network_down 46
network_reset 46
network_unreachable 46
new 43
- and shared_ptrs 77
- and unique_ptrs **99**

<new> 43
newline
- internationalized 857

newsgroups 1031
next() *307*, **443**
next_permutation()
- algorithm **587**

n-log-n complexity **10**
noboolalpha manipulator **781**
no_buffer_space 46
no_child_process 46
noconv
- for codecvt_base 899

nocreate stream flag **797**
noexcept **24**, *137*
no_link 46
no_lock_available 46
no_message 46
no_message_available 46
none
- monetary pattern 878

none_of()
- algorithm **555**

nonmodifying algorithms 507, **524**
no-op 204
no_order date order 889
no_protocol_option 46
noreplace stream flag **797**
norm()
- for complex 931, **938**

normal_distribution 917, **923**
noshowbase manipulator **786**
noshowpoint manipulator **788**
noshowpos manipulator **784**
noskipws manipulator **789**
no_space_on_device 46
no_state 47
no_stream_resources 46
nosubs regex constant 733
no_such_device 46
no_such_device_or_address 46
no_such_file_or_directory 46
no_such_process 46
not1 *529*

not1() **487**, **494**, **497**, *498*
not2() **487**, **494**, **497**
not_a_directory 46
not_a_socket 46
not_a_stream 47
not_connected 47
not_enough_memory 47
not_eof()
    for char_traits **854**
not_equal_to<>() **486**
notify_all()
    for condition variables **1004**, 1009
notify_all_at_thread_exit()
    for condition variables 1009
notify_one()
    for condition variables **1004**, 1009
not_supported 47
nounitbuf manipulator **789**
nouppercase manipulator **784**
now()
    for clocks **149**
    for system_clock *152*
npos
    for strings **658**, **680**, **694**
NRVO 23
nth_element()
    algorithm **602**
    versus partition() 514
NULL **161**
    and strings 668
    versus nullptr **14**
nullptr **14**
nullptr_t **14**, 33, **161**
num
    for ratios **140**
number of elements **524**
numeric
    algorithms 515, **623**
    base 785
    conversions for strings **713**
    formatting 784, **870**
    global functions **941**
    input **755**
    libraries **907**
    limits **115**
<numeric> **505**, **623**
numeric locale category **870**
numeric conversions
    for strings **681**
numeric_limits **115**, *652*, *777*
num_get facet **873**
    get() **873**
numpunct facet **870**
    decimal_point() **870**
    falsename() **870**
    grouping() **870**
    thousands_sep() **870**
    truename() **870**
num_put facet **871**
    put() **871**, **872**

O

oct manipulator **785**
oct stream flag **785**
octal numeric representation 785
offsetof() **161**
off_type
    for char_traits **854**
    for streams **800**
ofstream **791**, **793**
    see file stream and output stream
ok
    for codecvt_base 899
O(n) **10**
once_flag **1000**
open()
    for messages facets **905**
    for streams **798**
Open Closed Principle **385**
openmode
    for streams 796
operation_canceled 47
operation_in_progress 47
operation_not_permitted 47, 999
operation_not_supported 47
operation_would_block 47
operator
    <<, >> **753**
    dynamic_cast 42

for I/O 753
typeid 42
opfx() 772
optimize regex constant 733
order
of duplicates in associative containers 180
of duplicates in unordered containers 183
stable 180, 183
unordered 180
ordered collection 167
osfx() 772
ostream **744**, **751**
see stream, output stream
<ostream> **752**
ostreambuf_iterator **828**, **829**
failed() **829**
ostream iterator 212, **460**
ostream_withassign 751
ostringstream **802**
see string stream
ostrstream **807**
out()
for codecvt facets **898**
out stream flag **796**
out_of_range **41**, **43**
output **743**
see stream, output stream
adjustment 781
and concurrency **56**
binary numeric representation **652**
defining floating-point notation 787
field width 781
fill character 781
for shared_ptrs **94**
for pairs **62**
for tuples **74**
hexadecimal numeric representation 785
numeric base 785
octal numeric representation 785
of addresses 756
of bool **755**, 781
of complex *927*, **933**, 938
of numeric values 784
of strings **677**, **712**
of void* 756
operator << **753**
positive sign 784
redirecting **822**
signs 784
standard functions **771**
output buffer **832**
epptr() **832**
iterator **829**
overflow() **832**
pbase() **832**
pbump() **839**
pptr() **832**
seekoff() 839
seekpos() 839
setp() **837**
sputc() **826**, **832**
sputn() **826**, **832**
sync() **839**
xsputn() **832**
output iterator 198, **433**
iterator traits 468
output_iterator_tag 466
output stream *772*
buffer iterators **828**
buffers **826**
flush() **771**
iterator 212, **460**
member functions **771**
put() **771**
sentry **772**
write() **771**
overflow() *833*
for output buffers **832**
overflow_error **41**, **43**
overloading
of I/O operators **810**
rvalue and lvalue references 22
with functions as parameter 776
owner_before()
for shared_ptrs **94**, **97**
owner_dead 47
owns_lock()
for unique_locks 1000

P

- packaged_task 972, **977**
  - constructor 977
  - destructor 977
  - get_future() 972, 977
  - make_ready_at_thread_exit() 977
  - reset() 977
  - swap() 977
  - valid() 977
- pair **60**, *324*
  - << **62**
  - = **61**
  - ==, != **61**
  - <, <=, >, >= **61**
  - and tuple **75**
  - as element of (multi)maps 337
  - as element of unordered (multi)maps 369
  - assign to tuple **71**
  - comparisons 67
  - constructor **61**
  - destructor **61**
  - first **61**
  - first_type 60
  - get() **61**
  - ignore *67*
  - initialize tuple **71**
  - make_pair() **61**, **65**, *341*, *372*
  - output **62**
  - piecewise construction 63
  - second **61**
  - second_type 60
  - swap() **61**
  - tie() *67*
  - tuple_cat() 73
  - tuple_element 62
  - tuple_size 62
- param()
  - for distributions 918
- part
  - for money_base **877**
- partial
  - for codecvt_base 899
- partial_sort()
  - algorithm *514*, **599**
- partial_sort_copy()
  - algorithm **600**
- partial_sum()
  - algorithm **627**, *630*
- partition()
  - algorithm **592**
  - versus nth_element() 514
- partition_copy()
  - algorithm **594**
- partition_point()
  - algorithm **552**
- past-the-end iterator 189
- pattern
  - for money_base **877**
- pbackfail()
  - for input buffers **840**
- pbase()
  - for output buffers **832**
- pbump()
  - for output buffers **839**
- peek()
  - for input streams **770**
- performance **10**
  - of shared_ptrs **95**
  - of containers and algorithms 394
  - of smart pointers 114
  - of streams **844**
- period
  - for clocks **149**
  - for durations **147**
- permission_denied 47
- perror() 905
- peta ratio unit **142**
- pico ratio unit **142**
- piecewise_constant_distribution 917, **924**
- piecewise construction
  - and (multi)maps 342
  - and unordered (multi)maps 373
  - for pairs 63
- piecewise_construct_t 63
- piecewise_linear_distribution 917, **924**
- placeholders **243**, 487
- plus<>() **486**, *629*

POD 279
pointer
  and bind() 493
  auto_ptr **113**
  I/O 756
  iterator traits 468
  NULL **161**
  nullptr **14**
  shared_ptr **76**
  smart **76**
    see smart pointer
  unique_ptr **98**
  weak_ptr **84**
pointer
  for containers 260, **398**
  for iterator_traits 467
  for strings **693**
poisson_distribution 917, **922**
polar()
  for complex 929, **936**
policy
  for unordered containers **359**
polling a thread or background task 954
pop()
  for container adapters **648**
pop_back()
  for containers **419**
  for deques **287**
  for lists **295**
  for strings 675, **705**
  for vectors **277**
pop_front()
  for containers **419**
  for deques **287**
  for forward lists **306**
  for lists **295**
pop_heap()
  algorithm **605**, *606*, *644*
pos_format()
  for moneypunct facets **874**
position()
  for match results *720*, 723
positioning
  in files **799**
positive_sign()
  for moneypunct facets **874**
posix namespace 39, 802
pos_type
  for char_traits **854**
  for streams **799**
pow()
  for complex 935, **939**
  global function *495*, 941
pptr()
  for output buffers **832**
precision() *934*
  for streams 787
predicate **226**, **483**, 506
  binary **228**
  for ranges **550**
  state **485**
  type traits 125
  unary **226**
prefix()
  for match results *720*, 722
prev() **443**, **444**
prev_permutation()
  algorithm **587**
print
  for ctype_base 894
PRINT_ELEMENTS() **216**, **517**
printing
  see output
priority_queue **641**
  constructor **646**, **647**
  header file **641**
proj()
  for complex 929, **936**
promise 969, **977**
  constructor 977
  destructor 977
  get_future() 971, 977
  set_exception() 971, 977
  set_exception_at_thread_exit()
    971, 977
  set_value() 971, 977
  set_value_at_thread_exit() 971,
    977
  swap() 977
promise_already_satisfied 47

protocol_error 47
protocol_not_supported 47
proxy
  for vector<bool> 282
ptrdiff_t **161**
ptr_fun() **497**
pubimbue()
  for stream buffers **827**
pubseekoff()
  for stream buffers **827**
pubseekpos()
  for stream buffers **827**
pubsetbuf()
  for stream buffers **827**
punct
  for ctype_base 894
pure abstraction 199
push()
  for container adapters **647**
push_back()
  called by inserters 455
  for containers **415**
  for deques **287**
  for lists **295**, *298*
  for strings **674**, **703**
  for vectors **277**
push_front()
  called by inserters 455
  for containers **414**
  for deques **287**
  for forward lists **306**, *312*
  for lists **295**, *298*
push_heap()
  algorithm **605**, *606*, *644*
put()
  for money_put facets **879**, **880**
  for num_put facets **871**, **872**
  for output streams **771**, *772*, *793*
  for time_put facets **884**
putback()
  for input streams **770**
put buffer **832**
  iterator **829**
putchar() *833*
put_money() **882**
put_time() *757*, **890**
pword()
  for streams 815

Q

quadratic complexity **10**
queue **638**
  back() **648**
  header file **638**
  user-defined version **641**
  with concurrent access *1006*
<queue> **638**, **641**
quick_exit() **162**
quicksort **512**
quiet_NaN()
  for numeric limits 117

R

race condition 982
radix
  for numeric limits 117
rand() *570*
  global function 942
<random> **908**, **909**
random access
  to container elements 169
  to files **799**
random-access iterator 198, **438**
  advance() 441
  distance() 445
  next() 443
  prev() 443
random_access_iterator_tag 466
random-number generator 908
  seed **910**
  serialization interface 915, 916
  state **912**
  values versus numbers 912
random numbers 907
  engines **912**
  generator 908
  seed **910**

versus random values 912
random_shuffle()
algorithm **589**
range **203**
change order of elements **583**
comparing **542**
copy **557**
copy and modify elements **563**
counting elements **524**
empty 189
for iterators 189
half-open **203**
in algorithms **203**
maximum **525**
minimum **525**
modifying **557**, 568
move **561**
multiple **207**
mutating **583**
notation **203**
numeric processing **623**
of values **115**
removing duplicates **578**
removing elements **218**, **575**
replacing elements **571**
searching elements 507, **528**
sorting **596**
swapping elements **566**
transform elements **563**
valid **203**, 205
range-based for loop **17**, **193**
range_error **41**, **43**
rank trait **131**
ranlux24 916
ranlux24_base 916
ranlux48 916
ranlux48_base 916
ratio **140**, *144*
den **140**
num **140**
ratio_add **141**
ratio_divide **141**
ratio_equal **141**
ratio_greater **141**
ratio_greater_equal **141**
ratio_less **141**
ratio_less_equal **141**
ratio_multiply **141**
ratio_not_equal **141**
ratio_subtract **141**
type **140**
units **142**
<ratio> **140**
ratio_add **141**
ratio_divide **141**
ratio_equal **141**
ratio_greater **141**
ratio_greater_equal **141**
ratio_less **141**
ratio_less_equal **141**
ratio_multiply **141**
ratio_not_equal **141**
ratio_subtract **141**
raw_storage_iterator **1029**
raw string *719*, *732*
literals **23**
rbegin() 214, **448**, 452
for arrays 266
for containers **411**
for deques 286
for lists 294
for maps and multimaps 337
for sets and multisets 321
for strings **714**
for unordered containers 369
for vectors 276
rdbuf()
for streams *800*, **820**, *822*, **846**
rdstate()
for streams *759*
reachable **203**
read()
for input streams **769**
global function *841*
reading
see input
read_only_file_system 47
readsome()
for input streams **769**
ready future status 954

real()
  for complex 931, **937**
reallocation
  for strings 670
  for vectors 270
recursive locks 992
recursive_mutex 993, **998**
recursive_timed_mutex 994, **998**
red-black tree **315**
redirecting
  streams **822**
ref() **132**
  and bind() 491
  and make_pair() 66
  and make_tuple() 70
reference
  for rvalues **19**
reference
  for container adapters **645**
  for containers 260, **397**
  for iterator_traits 467
  for strings **693**
  for vector<bool> 282
reference counting
  for strings 692
references
  cyclic 84
reference semantics
  for containers **245**, **388**
reference_wrapper **132**, *391*
  and make_pair() 66
  and make_tuple() 70
regex **717**
  and algorithms 727
  awk grammar **739**
  basic grammar **739**
  basic_regex **719**
  capture group 719
  case-insensitive 732
  constants 732
  ECMAScript grammar **738**, **739**
  egrep grammar *732*, **739**
  error handling and exceptions 735
  extended grammar **739**
  flags 732
  grammars 738, **739**
  grep grammar **739**
  icase regex constant *732*
  initialization **719**, 741
  iterator 726
  match interface 717
  match_results *720*
  regex_match() **717**, **740**
  regex_replace() **730**, **740**
  regex_search() **717**, **740**
  replace interface 730
  search interface 717
  subexpressions 720
  sub_match *720*
  token iterator 727
  wregex **719**
regex_constants 732
regex_error 735
regex_iterator 726
regex_match()
  for regular expressions **717**, **740**
regex_replace()
  for regular expressions **730**, **740**
regex_search()
  for regular expressions **717**, **740**
regex_token_iterator 727
register_callback()
  for streams 817
regular expression **717**
  see regex
rehash()
  for unordered containers **362**, **428**
relative to absolute values 516, 627
release()
  for unique_locks 1000
  for unique_ptrs 100, **111**
rel_ops **138**
remove()
  algorithm **575**
  for forward lists **305**, **306**
  for lists **294**, **420**
remove_all_extents trait **131**
remove_const trait **130**
remove_copy()
  algorithm **577**

remove_copy_if()
  algorithm **577**
remove_cv trait **130**
remove_extent trait **131**
remove_if()
  algorithm **483**, **575**
  for forward lists **305**, **306**
  for lists **294**, **420**
remove_pointer trait **130**
remove_reference trait **130**
remove_volatile trait **130**
removing algorithms 511, **575**
removing duplicates **578**
removing elements **218**, 511
rend() 214, **448**, 452
  for arrays 266
  for containers **411**
  for deques 286
  for lists 294
  for maps and multimaps 337
  for sets and multisets 321
  for strings **714**
  for unordered containers 369
  for vectors 276
reordering of statements **986**
rep
  for clocks **149**
  for durations **147**
replace()
  algorithm **571**
  for strings 675, *687*, **706**, **707**, **708**
replace and copy elements **573**
replace_copy()
  algorithm **573**
replace_copy_if()
  algorithm **573**
replace_if()
  algorithm **571**
replace regular expression 730
representation
  binary 652
  decimal 785
  hexadecimal 785
  octal 785
requirements
  for container elements **244**
  for sorting criterion **314**
  of containers **254**
reserve()
  for containers **428**
  for strings **670**, 672, **697**
  for unordered containers **362**
  for vectors **271**, **273**
reset()
  for shared_ptrs 78, **93**, **97**
  for packaged tasks 977
  for unique_ptrs **111**
resetiosflags() manipulator **780**
resize()
  for containers *176*, **420**
  for deques **287**
  for forward lists **306**
  for lists **295**
  for strings 676, **706**
  for vectors **277**
resource_deadlock_would_occur 47, 999
resource leak 98
resource_unavailable_try_again 47
result
  for codecvt_base **898**
result_of trait **131**
result_out_of_range 47
result_type
  for distributions 918
rethrow_exception() **52**, 971
return_temporary_buffer() 1029
return type
  new syntax 29, **32**
  of main() 37
return value
  move semantics 22
  optimization (RVO) 23
reverse()
  algorithm *200*, **583**
  for forward lists **310**
  for lists **297**, **423**
  for strings *687*
reverse_copy()
  algorithm **583**

reverse iterator 214, **448**
  base() **452**
  convert into iterator **452**
reverse_iterator
  for containers **398**
  for strings **694**
rfind()
  for strings **708**, **709**
right manipulator **783**
right stream flag **782**
rotate()
  algorithm **584**
rotate_copy()
  algorithm **585**
round_error()
  for numeric limits 117
round_indeterminate 120
round_style
  for numeric limits 117, **119**
round_to_nearest 120
round_toward_infinity 120
round_toward_neg_infinity 120
round_toward_zero 120
runtime_error **41**, **43**
rvalue reference **19**
  overloading 22
RVO 23

S

safe STL **247**
sampling distribution 917
sbumpc()
  for input buffers **827**, **839**
scan_is()
  for ctype facets **891**
scan_not()
  for ctype facets **891**
scientific manipulator **788**
scientific stream flag **787**
scoped enumeration **32**
search
  case-insensitive 732
search()
  algorithm **534**, *684*
searching algorithms 507, **528**
search_n()
  algorithm **531**
search_n_if()
  algorithm 533
search regular expressions 717
second
  for pairs **61**
seconds
  for durations **145**
second_type
  for pairs 60
seed **910**
seed()
  for random-value engines 916
seekdir 800
seekg()
  for streams 799, *800*, 825
seekoff()
  for output buffers 839
seekp() *809*
  for streams 799, 825
seekpos()
  for output buffers 839
self-defined
  see user-defined
sentry **772**
sequence
  see collection, container, range
sequence container **167**, 169
sequential consistent memory order 1016, **1020**
serialization interface
  for distributions 918
  for random-value engines 915, 916
set **314**, *325*
  see container
  = **321**
  ==, != 318
  <, <=, >, >= 318
  begin() 321
  C++98/C++03 example *193*
  cbegin() 321
  cend() 321
  clear() **322**

constructor **316**, *325*
count() 319
crbegin() 321
crend() 321
destructor **316**
emplace() **322**
emplace_hint() **322**
empty() **318**
end() 321
equal_range() *319*
erase() **322**, *325*
exception handling **325**
find() 319, *325*
header file **314**
insert() **322**, **323**, *324*, *325*
insert elements **323**
iterators **321**, *325*
key_comp() **318**, **427**
key_compare **399**
lower_bound() *319*
max_size() **318**
modifying access **221**
rbegin() 321
rend() 321
size() **318**
sorting criterion **232**, 314, 316, *328*
swap() **321**
upper_bound() *319*
user-defined sorting criterion *476*
value_comp() **318**, **427**
value_compare **399**
<set> **314**
set_difference()
algorithm **618**
set_exception()
for promises 971, 977
set_exception_at_thread_exit()
for promises 971, 977
setf()
for streams **779**
setfill() manipulator **783**
setg()
for input buffers **840**, *841*
set_intersection()
algorithm **617**
setiosflags() manipulator **780**
setlocale() 859
setp()
for output buffers **837**
setprecision() manipulator **788**
setstate()
for streams 759
set_symmetric_difference()
algorithm **619**
set_union()
algorithm **616**
set_value()
for promises 971, 977
set_value_at_thread_exit()
for promises 971, 977
setw() manipulator *346*, 755, **783**, *793*
sgetc()
for input buffers **827**, **839**
sgetn()
for input buffers **827**, **840**
share()
for futures 975
shared_future **960**, **976**
see future
get() **976**
shared pointer
see shared_ptr
shared_ptr **76**, **92**, *388*
* 79, **94**
-> **94**
<< **94**
= **93**, **97**
==, != **94**
<, <=, >, >= **94**
aliasing constructor 95
allocate_shared() **93**
and arrays 80
and bind() 493
atomic_exchange() **97**
atomic_is_lock_free() **97**
atomic_load() **97**
atomic_store() **97**
bad_weak_ptr 89
bool() **94**
comparisons 92

shared_ptr *(continued)*
  const_pointer_cast() **94**
  constructor **78**, **93**, **97**
  cyclic references 84
  deleter 80, *82*
  destructor **93**, **97**
  dynamic_pointer_cast() **94**
  enable_shared_from_this 90
  expired() **97**
  get() **94**
  get_deleter() **94**
  header file 78
  lock() **97**
  make_shared() **78**, **93**
  output **94**
  owner_before() **94**, **97**
  performance **95**, 114
  release() 94
  reset() 78, **93**, **97**
  static_pointer_cast() **94**
  swap() **93**, **97**
  thread-safe interface **96**
  unique() **94**
  use_count() **94**, **97**
shared state 969, **973**
short
  numeric limits 116
showbase manipulator **786**
showbase stream flag **786**
showpoint manipulator **788**
showpoint stream flag **787**
showpos manipulator **784**
showpos stream flag **784**
shrink_to_fit()
  for containers **428**
  for deques **286**
  for strings **670**, **697**
  for vectors 271, **273**
shuffle()
  algorithm **589**, *908*
  and temporaries 911
shuffle_order_engine 916
sign
  monetary pattern 878
signaling_NaN()
  for numeric limits 118
sin()
  for complex 935, **940**
  global function 941
singleton once_flag **1000**
singly linked list 175, **300**
  see forward_list
sinh()
  for complex 935, **940**
  global function 941
size()
  for arrays **264**
  for container adapters **647**
  for containers **255**, **258**, **403**
  for deques **286**
  for forward lists **301**
  for lists **292**
  for maps and multimaps **335**
  for match results *720*, 722
  for sets and multisets **318**
  for strings 670, **696**
  for unordered containers **367**, *380*
  for vectors 270, **273**
size_t **161**
size_type
  for container adapters **645**
  for containers 260, **398**
  for strings 658, 680, **693**
skipws *688*
skipws manipulator **789**, *847*
skipws stream flag **789**
sleep_for()
  for this_thread 160, *947*, 981
sleep_until()
  for this_thread 160, 981
smart pointer **76**
  auto_ptr **113**
    see auto_ptr
  cyclic references 84
  for reference semantics **388**
  performance 114
  shared_ptr **76**
    see shared_ptr
  unique_ptr **98**
    see unique_ptr

weak_ptr **84**
snextc()
for input buffers **827**
sort()
algorithm *200*, *228*, *512*, **596**
for forward lists **310**, *312*
for lists **297**, *298*, **422**
versus stable_sort() 597
sorted collection 167
sorted-range algorithms **608**
sort_heap()
algorithm *514*, **605**, *606*
sorting algorithms **511**, **596**
sorting criterion
as constructor parameter 316, 334
as template parameter 316, 334
at runtime *328*, *351*
for associative containers **232**
for maps *351*
for maps and multimaps 331, 334
for multimaps *351*
for multisets *328*
for sets *328*
for sets and multisets 314, 316
for strings **351**
function **228**
function object **476**
lambda **231**
requirements **314**
user-defined **228**, *476*
with locale 868
space
for ctype_base 894
monetary pattern 878
special characters
internationalized 857
speculative execution 954
splice()
for lists **297**, *298*, **421**, **422**
splice_after()
for forward lists *309*, **310**, **425**, **426**
spurious failure of try_lock() 994
spurious wakeups of condition variables 1004
sputbackc()
for input buffers **827**, **839**
sputc()
for output buffers **826**, **832**
sputn()
for output buffers **826**, **832**
sqrt()
for complex 935, **939**
global function 941
srand()
global function 942
sregex_iterator 726
sregex_token_iterator 727
<sstream> **803**
stable 180, 183
stable_partition()
algorithm **592**
stable_sort()
algorithm *514*, **596**
versus sort() 597
stack **632**
emplace() *634*
header file **632**
user-defined version **635**
<stack> **632**
Stack.hpp 635
standard error channel 745
redirecting **822**
standard input channel 745
redirecting **822**
standard operators
for I/O 753
standard output channel 745
redirecting **822**
standard template library **165**
see STL
state
of function objects **478**
of streams **758**
state_not_recoverable 47
state_type
for char_traits **854**
static_pointer_cast()
for shared_ptrs **94**
std namespace **39**
<stddef.h> 161
stderr 745

<stdexcept> **43**, **44**
stdin 745
<stdlib.h> 162
stdout 745
steady_clock **149**
 duration **149**
 is_steady **149**
 now() **149**
 period **149**
 rep **149**
 time_point **149**
STL **165**
 algorithms 166, **199**, 217, **505**
 commit-or-rollback **248**
 concurrency 56
 container adapters **631**
 containers 165, **167**, **253**, **397**
 element requirements **244**
 error handling **246**
 exceptions handling **248**
 extending **250**
 function objects **233**, **475**
 functors **233**, **475**
 inheritance **251**
 iterator adapters 210, **448**
 iterators 166, **188**, **433**
 manipulating algorithms **217**
 predicates **226**, 506
 ranges **203**
 safe STL **247**
 transaction safety **248**
stod()
 for strings 682, **713**
stof()
 for strings 682, **713**
stoi()
 for strings 682, **713**
stol()
 for strings 682, **713**
stold()
 for strings 682, **713**
stoll()
 for strings 682, **713**
store()
 for atomics 1012, 1016
stoul()
 for strings 682, **713**
stoull()
 for strings 682, **713**
str() 808
 for match results *720*, 723
 for regex_iterator 726
 for regex_token_iterator 728
 for string streams **804**, *934*
stream **743**, *746*, *772*
 << conventions **818**
 >> conventions **818**
 adjustfield **782**
 adjustment 781
 and concurrency **56**, 752
 app flag **796**
 ate flag **796**
 bad() 759
 badbit **758**
 basefield **785**
 basic_filebuf 824
 beg position **800**
 binary flag **796**
 boolalpha flag **781**
 boolalpha manipulator **781**
 buffer iterators **828**
 buffers **826**, **832**
 callback **817**
 character traits **853**
 class hierarchy **748**
 clear() *759*, *797*, *800*
 close() 798
 connecting 819
 copyfmt() 779, **780**, *811*, **817**, *822*
 copyfmt_event 817
 cur position **800**
 dec flag **785**
 dec manipulator **785**
 defaultfloat manipulator **788**
 defining floating-point notation 787
 end position **800**
 endl manipulator **746**, 774, **776**, 846
 end-of-file **750**
 ends manipulator 746, 774, *808*
 EOF 750

eof() 759
eofbit **758**
erase_event 817
event 817
event_callback 817
exceptions() 762
fail() 759
failbit **758**
failure **763**
field width 781
file access **791**
filebuf 824
fill() 782
fill character 781
fixed flag **787**
fixed manipulator **788**
flags() 779, **780**
floatfield **787**
flush manipulator 746, 774, 846
for char* **807**
for file descriptors 801, 835
format flags **779**
formatting **779**
formatting of bool 755, **781**
fpos **799**
freeze() 808
getloc() 790
good() 759
goodbit **758**
hardfail **758**
header files **752**
hex flag **785**
hex manipulator **785**
hexadecimal 785
hexfloat manipulator **788**
imbue() 790, 860
imbue_event 817
in flag **796**
input buffers **839**
input functions **768**
internal flag **782**
internal manipulator **783**
internationalization **790**
is_open() 798
iterators **460**
iword() 815
left flag **782**
left manipulator *346*, **783**
manipulators **746**, **774**
member functions **767**
narrow() 790
noboolalpha manipulator **781**
nocreate flag **797**
noreplace flag **797**
noshowbase manipulator **786**
noshowpoint manipulator **788**
noshowpos manipulator **784**
noskipws manipulator **789**
nounitbuf manipulator **789**
nouppercase manipulator **784**
numeric bases 785
oct flag **785**
oct manipulator **785**
octal representation 785
off_type **800**
open() **798**
openmode 796
operator ! 760, 761
operator bool 760
operator void* 760
out flag **796**
output buffers **832**
output functions **771**
performance **844**
positioning **799**
pos_type **799**
precision() 787
pword() 815
rdbuf() *800*, **820**, *822*, **846**
rdstate() *759*
read and write 824
read and write position **825**
redirecting standard streams **822**
register_callback() 817
resetiosflags() manipulator **780**
right flag **782**
right manipulator **783**
scientific flag **787**
scientific manipulator **788**
seekg() 799, *800*, 825

stream *(continued)*
- seekp() 799, 825
- sentry **772**
- setf() **779**
- setfill() manipulator **783**
- setiosflags() manipulator **780**
- setprecision() manipulator **788**
- setstate() 759
- setw() manipulator *346*, 755, **783**, *793*
- showbase flag **786**
- showbase manipulator **786**
- showpoint flag **787**
- showpoint manipulator **788**
- showpos flag **784**
- showpos manipulator **784**
- skipws flag **789**
- skipws manipulator **789**, *847*
- state **758**
- state and open() **798**
- str() 808
- string access **802**
- synchronize streams **819**
- sync_with_stdio() **845**
- tellg() 799
- tellp() 799
- testing the state **760**
- tie() **819**
- trunc flag **796**
- unitbuf flag **789**, **846**
- unitbuf manipulator **789**
- unsetf() **779**
- uppercase flag **784**
- uppercase manipulator **784**
- user-defined buffers 832
- widen() 790
- width() 782, *811*
- ws manipulator 746, 774
- xalloc() 815

streambuf 750, **832**
- see stream buffer

<streambuf> **752**

stream buffer **826**
- see input buffer, output buffer
- <<, >> 846
- for file descriptors 801, 835
- getloc() **827**
- pubimbue() **827**
- pubseekoff() **827**
- pubseekpos() **827**
- pubsetbuf() **827**
- user-defined 832

stream iterator 212, **460**, *465*
- end-of-stream 213, **462**
- skip input 465

streamoff **800**

streampos **799**

streamsize **767**

stream_timeout 47

strftime() **158**, 884

strict weak ordering **314**

string **655**
- \+ 676, **711**
- ++, -- for iterators **440**
- += **674**, **702**
- << 677, **712**
- = **673**
- ==, != **697**
- <, <=, >, >= **697**
- \>> 677, **712**
- [] 671
- allocator_type **715**
- append() **674**, **702**, **703**
- assign() **673**, **700**, **701**
- at() 671, **699**
- automatic type conversions 667
- back() 671, **699**
- begin() *684*, **714**
- capacity() **427**, 670, **696**
- cbegin() *684*, **714**
- cend() *684*, **714**
- char* stream **807**
- character traits 689, **853**
- classes 664
- clear() 674, **705**
- compare() **698**
- compare case-insensitive *351*
- comparisons 672
- concatenation 676
- const_iterator **694**
- const_pointer **694**

const_reference **693**
const_reverse_iterator **694**
constructor *687*, **694**, **695**
converting index into iterator 687
converting into char* 669, 700
converting iterator into index 687
copy() 669, **700**
crbegin() **714**
crend() **714**
c_str() 669, **700**
data() 669, **700**
destructor **696**
difference_type **693**
empty() 670, **696**
encoding prefix **24**
end() *684*, **714**
erase() 675, *687*, **705**
find() **708**, **709**
find_first_not_of() **709**, **710**
find_first_of() **709**, **710**
find_last_not_of() **710**, **711**
find_last_of() **710**, **711**
front() 671, **699**
get_allocator() **715**
getline() 677, **713**
header file **663**
input **677**, **712**, 755, 783
insert() 675, **703**, **704**, **705**
internationalization 689
iterator **694**
iterators **684**
length() 670, **696**
literals **23**, 655
locale dependent collations **904**
locale dependent comparisons 673
lowercase characters 684
max_size() 670, **696**
move semantics 676
npos **658**, **680**, **694**
NULL 668
numeric conversions **681**, **713**
output **677**, **712**
pointer **693**
pop_back() 675, **705**
push_back() **674**, **703**
raw string literals **23**, *719*
rbegin() **714**
reallocation 670
reference **693**
reference counting 692
regular expressions 717
rend() **714**
replace() 675, *687*, **706**, **707**, **708**
reserve() **670**, 672, **697**
resize() 676, **706**
reverse() *687*
reverse_iterator **694**
rfind() **708**, **709**
search functions 678
shrink_to_fit() **670**, **697**
size() 670, **696**
size_type 680, **693**
sorting criterion **351**
stod() 682, **713**
stof() 682, **713**
stoi() 682, **713**
stol() 682, **713**
stold() 682, **713**
stoll() 682, **713**
stoul() 682, **713**
stoull() 682, **713**
str() *811*
string stream **802**
substr() 676, **711**
substrings 676
swap() **674**, **702**
tokenization 727
to_string() 682, **713**
to_wstring() 682, **713**
traits_type **693**
uppercase characters 684
value_type **693**
<string> **663**, **854**
stringbuf **802**
<string.h> 163, 855
string stream **802**
app and ate 806
class hierarchy **802**
move semantics 806
str() **804**

- stringstream **802**
  - see string stream
- string termination character
  - internationalized 857
- strlen() 855
- strstream **807**
- <strstream> **807**
- strstreambuf **807**
- struct tm **158**
- student_t_distribution 917, **924**
- sub_match
  - for regular expressions *720*
- subscript operator
  - see [ ]
- substr()
  - for strings 676, **711**
- subtract_with_carry_engine 915
- suffix()
  - for match results *720*, 722
- sungetc()
  - for input buffers **827**, **839**
- swap() **136**
  - for shared_ptrs **93**, **97**
  - for arrays 263, **265**
  - for container adapters **649**
  - for containers *250*, **255**, 258, **407**
  - for deques **287**
  - for forward lists **303**
  - for lists **293**
  - for maps and multimaps **336**
  - for packaged tasks 977
  - for pairs **61**
  - for promises 977
  - for sets and multisets **321**
  - for strings **674**, **702**
  - for tuples **71**
  - for unique_ptrs **111**
  - for unordered containers **368**
  - for vectors 271, **274**
- swapping
  - iterator values 446
  - values **136**
- swapping elements **566**
- swap_ranges()
  - algorithm **566**
- symbol
  - monetary pattern 878
- sync()
  - for output buffers **839**
- synchronization of threads **982**
- sync_with_stdio()
  - for streams **845**
- system
  - error category **50**
- system_category() **50**
- system_clock **149**
  - duration **149**
  - from_time_t() *158*
  - is_steady **149**
  - now() **149**, *152*
  - period **149**
  - rep **149**
  - time_point **149**
  - to_time_t() *152*, *158*
- system_error **41**, **43**, 45
  - code() **48**
  - error conditions 45
- <system_error> **44**

T

- table()
  - for ctype facets **895**
- table_size
  - for ctype facets **895**
- tags
  - for iterators **466**
- tan()
  - for complex 935, **940**
  - global function 941
- tanh()
  - for complex 935, **940**
  - global function 941
- tellg()
  - for streams 799
- tellp()
  - for streams 799
- template
  - >> 13
  - alias **27**, *1024*

constructor **36**
copy constructor *62*
default parameter **33**
function 27
member templates **34**
nested class **37**
nontype parameters **33**
typedef **27**, *1024*
typename **34**
variadic **26**, *68*
zero initialization 37
tera ratio unit **142**
terminate() **162**
text_file_busy 47
this_thread **981**
get_id() 981
sleep_for() *947*, 981
sleep_until() 981
yield() *955*, 981
thousands_sep()
for moneypunct facets **874**
for numpunct facets **870**
thread **964**, **979**
constructor 979
destructor 979
detach() 979
detached **967**
get_id() 967, 979
hardware_concurrency() **980**
ID 967, **979**
join() 979
joinable() 979
native_handle() 979
<thread> 967, 981
threads **945**, **979**
see concurrency, thread
synchronization **982**
tie()
for pairs *67*
for streams **819**
for tuples **70**, **71**, **72**
time
conversion to/from time_point 158
time() **158**
time locale category **884**
time_base **889**
dateorder **889**
dmy 889
mdy 889
no_order 889
ydm 889
ymd 889
timed_mutex 994, **998**
timed_out 47
time_get facet **887**
date_order() **888**
get() **888**
get_date() **888**
get_monthname() **888**
get_weekday() **888**
get_year() **888**
<time.h> 157
timeout future status 954
time_point 143, **152**
+, - **155**
+=, -= **155**
==, != **155**
<, <=, >, >= **155**
constructor **155**
conversion to/from calendar time 158
current time 152
epoch 152
for clocks **149**
max() **155**
min() **155**
time_point_cast **155**
time_since_epoch() **155**
time_point_cast
for timepoints **155**
time_put facet **884**
put() **884**
timer **160**, *947*, **981**
for locks 994
time_since_epoch()
for timepoints **155**
time_t **158**, *886*
tinyness_before
for numeric limits 118
tm structure **158**, *886*
to_bytes() for wstring_convert<> 901

to_char_type()
  for char_traits **854**
to_int_type()
  for char_traits **854**
token iterator
  for regular expressions 727
tolower() *684*, **896**
  for ctype facets **891**
too_many_files_open 47
too_many_files_open_in_system 47
too_many_links 47
too_many_symbolic_link_levels 47
top()
  for container adapters **648**
to_string() *652*
  for strings 682, **713**
to_time_t() *757*
  for clocks 153
  for system_clock *152*, *158*
to_ullong() *652*
toupper() *684*, *833*, **896**
  for ctype facets **891**
to_wstring()
  for strings 682, **713**
TR1 **7**
  namespace 39
traits
  for characters *689*, **853**
  for iterators **466**
  for types **122**
    see type traits
traits_type
  for strings **693**
transaction safety **248**
transform()
  algorithm *225*, *240*, **563**, **564**, *684*
  for collate facets **904**
  versus for_each() **509**
transitive 315
traps
  for numeric limits 118
truename()
  for numpunct facets **870**
true_type **125**, *142*
trunc stream flag **796**
try_lock
  for unique_locks 1000
try_lock()
  for unique_locks 1000
  for mutexes 994, **998**
  multiple locks 995
  spurious failures 994
try_lock_for() 994
  for unique_locks 1000
  for mutexes 160, **998**
try_lock_until() 994
  for unique_locks 1000
  for mutexes 160, **998**
try_to_lock 996
tuple *806*
  and arrays **268**
  and initializer lists 72
tuple **68**
  = **71**
  ==, != **71**
  <, <=, >, >= **71**
  and pair **75**
  constructor 69, **71**
  destructor **71**
  get() *74*
  ignore **72**
  I/O *74*
  make_tuple() 69, **70**, **71**
  output **74**
  swap() **71**
  tie() **70**, **71**, **72**
  tuple_cat() 73
  tuple_element 73
  tuple_size 73
<tuple> 66, **68**
tuple_cat()
  for tuples 73
tuple_element
  for pairs 62
  for tuples 73
tuple interface
  for arrays **268**
tuple_size
  for pairs 62
  for tuples 73

type
  auto **14**
  deduction **14**
  of lambdas **31**
  relation traits 128
type
  for integral_constant **125**
  for ratios **140**
typedef
  for templates **27**, *1024*
typeid 42
<typeinfo> 42
typename **34**, *380*
type traits **122**
  common_type 124
  predicates 125
  type modifiers 129
  type relations 128
<type_traits> 122, **125**

U

u16string **655**, 664
  see string
u32string **655**, 664
  see string
UCS-2 UCS-4 **851**
uflow()
  for input buffers **839**
unary_function 497
unary predicate **226**
underflow()
  for input buffers **839**
underflow_error **41**, **43**
underlying_type trait **131**
unexpected() 42
unget()
  for input streams **770**
uniform initialization **15**
uniform_int_distribution *908*, 917, **921**, *947*
uniform_real_distribution *908*, 917, **921**
uninitialized_copy() 1027, *1028*
uninitialized_copy_n() 1027
uninitialized_fill() 1027
uninitialized_fill_n() 1027, *1028*
union set **616**
unique()
  algorithm **578**
  for shared_ptrs **94**
  for forward lists **310**, *312*
  for lists **297**, *298*, **421**
unique_copy()
  algorithm **580**
unique_future 975
unique_lock 996, **1000**
  for condition variables *1004*
unique pointer
  see unique_ptr
unique_ptr **98**, *822*
  * **111**
  -> **111**
  = **102**, **111**
  ==, != **111**
  <, <=, >, >= **111**
  [] **111**
  and arrays 105
  as member **103**
  bool() 100, **111**
  comparisons 112
  constructor **111**
  deleter 107
  destructor **111**
  get() **111**
  get_deleter() **111**
  initialization **100**
  ownership transfer 101
  performance 114
  release() 100, **111**
  reset() **111**
  swap() **111**
unitbuf **846**
unitbuf manipulator **789**
unitbuf stream flag **789**
unlock()
  for unique_locks 1000
  for mutexes *989*, **998**

unordered collection 167
unordered container **167**, 180
 see container
 begin() for buckets **374**
 bucket() **374**
 bucket_count() **374**
 bucket interface **374**, *380*, **429**
 bucket_size() **374**
 end() for buckets **374**
 equivalence criterion *377*
 hash function *377*
 modifying access **221**
 order of duplicates 183
 terminology 168
 user-defined inserter **471**
unordered_map *183*, *185*, **355**
 see unordered container
 = **368**
 ==, != 367
 [] 186, **374**, **408**
 as associative array **185**, **374**
 at() 186, **374**, **408**
 begin() 369, **429**
 begin() for buckets **374**
 bucket() **429**
 bucket_count() **362**, *380*, **429**
 bucket interface **374**
 bucket_size() **429**
 cbegin() 369, **429**
 cend() 369, **430**
 clear() 370, **371**
 compare function 366
 const_local_iterator **399**
 constructor **360**
 count() 368
 crbegin() 369
 crend() 369
 destructor **360**
 element access with bind() 494
 emplace() 370, **371**
 emplace_hint() **371**
 empty() **367**
 end() 369, **430**
 end() for buckets **374**
 equal_range() 368
 equivalence criterion 357, 366, *377*
 erase() 370, **371**
 exception handling **375**
 find() 368, *373*
 hasher **399**
 hash function **363**, *377*
 hash_function() **362**, **427**
 header file **356**
 insert() 370, **371**, **372**, *382*
 iterators **368**
 key_eq() **362**, **427**
 key_equal **399**
 lambda as equivalence criterion *379*
 lambda as hash function *379*
 load_factor() **362**, *380*, **427**
 local_iterator **399**
 max_bucket_count() **362**, **429**
 max_load_factor() **362**, *380*, *383*, **427**, **429**
 max_size() **367**
 modifying access **221**
 piecewise construction 373
 policy **359**
 rbegin() 369
 rehash() **362**, **428**
 removing elements **342**
 rend() 369
 reserve() **362**
 size() **367**, *380*
 swap() **368**
 value_type 356
<unordered_map> **356**
unordered_multimap **355**, *383*
 see unordered container
 = **368**
 ==, != 367
 begin() 369, **429**
 begin() for buckets **374**
 bucket() **429**
 bucket_count() **362**, *380*, **429**
 bucket interface **374**
 bucket_size() **429**
 cbegin() 369, **429**
 cend() 369, **430**
 clear() 370, **371**

compare function 366
const_local_iterator **399**
constructor **360**, *383*
count() 368
crbegin() 369
crend() 369
destructor **360**
element access with bind() 494
emplace() 370, **371**
emplace_hint() **371**
empty() **367**
end() 369, **430**
end() for buckets **374**
equal_range() 368
equivalence criterion 357, 366, *377*
erase() 370, **371**
exception handling **375**
find() 368, *373*
hasher **399**
hash function **363**, *377*
hash_function() **362**, **427**
header file **356**
insert() 370, **371**, **372**, *382*
iterators **368**, *383*
key_eq() **362**, **427**
key_equal **399**
lambda as equivalence criterion *379*
lambda as hash function *379*
load_factor() **362**, *380*, **427**
local_iterator **399**
max_bucket_count() **362**, **429**
max_load_factor() **362**, *380*, *383*, **427**, **429**
max_size() **367**
modifying access **221**
order of duplicates 183
piecewise construction 373
policy **359**
rbegin() 369
rehash() **362**, **428**
removing elements **342**
rend() 369
reserve() **362**
size() **367**, *380*
stable order 183
swap() **368**
value_type 356
unordered_multiset *182*, *196*, **355**, *377*
see unordered container
= **368**
==, != 367
begin() 369, **429**
begin() for buckets **374**
bucket() **429**
bucket_count() **362**, *380*, **429**
bucket interface **374**
bucket_size() **429**
cbegin() 369, **429**
cend() 369, **430**
clear() 370, **371**
compare function 366
const_local_iterator **399**
constructor **360**, *377*
count() 368
crbegin() 369
crend() 369
destructor **360**
emplace() 370, **371**
emplace_hint() **371**
empty() **367**
end() 369, **430**
end() for buckets **374**
equal_range() 368
equivalence criterion 357, 366, *377*
erase() 370, **371**, *377*
exception handling **375**
find() 368, *373*, *377*
hasher **399**
hash function **363**, *377*
hash_function() **362**, **427**
header file **356**
insert() 370, **371**, **372**, *377*, *382*
iterators **368**, *377*
key_eq() **362**, **427**
key_equal **399**
lambda as equivalence criterion *379*
lambda as hash function *379*
load_factor() **362**, *380*, **427**
local_iterator **399**
max_bucket_count() **362**, **429**

unordered_multiset *(continued)*
- max_load_factor() **362**, *380*, *383*, **427**, **429**
- max_size() **367**
- modifying access **221**
- order of duplicates 183
- policy **359**
- rbegin() 369
- rehash() **362**, **428**
- rend() 369
- reserve() **362**
- size() **367**, *380*
- stable order 183
- swap() **368**
- value_type 356

unordered_set *198*, **355**, *375*
- see unordered container
- = **368**
- ==, != 367
- begin() 369, **429**
- begin() for buckets **374**
- bucket() **429**
- bucket_count() **362**, *380*, **429**
- bucket interface **374**
- bucket_size() **429**
- cbegin() 369, **429**
- cend() 369, **430**
- clear() 370, **371**
- compare function 366
- const_local_iterator **399**
- constructor **360**, *375*
- count() 368
- crbegin() 369
- crend() 369
- destructor **360**
- emplace() 370, **371**
- emplace_hint() **371**
- empty() **367**
- end() 369, **430**
- end() for buckets **374**
- equal_range() 368
- equivalence criterion 357, 366, *377*
- erase() 370, **371**, *375*
- exception handling **375**
- find() 368, *373*, *375*
- hasher **399**
- hash function **363**, *377*
- hash_function() **362**, **427**
- header file **356**
- insert() 370, **371**, **372**, *375*, *382*
- iterators **368**, *375*
- key_eq() **362**, **427**
- key_equal **399**
- lambda as equivalence criterion *379*
- lambda as hash function *379*
- load_factor() **362**, *380*, **427**
- local_iterator **399**
- max_bucket_count() **362**, **429**
- max_load_factor() **362**, *380*, *383*, **427**, **429**
- max_size() **367**
- modifying access **221**
- policy **359**
- rbegin() 369
- rehash() **362**, **428**
- rend() 369
- reserve() **362**
- size() **367**, *380*
- swap() **368**
- value_type 356

<unordered_set> **356**

unsetf() *688*
- for streams **779**

unshift()
- for codecvt facets **898**

unsynchronized data access **984**

upper
- for ctype_base 894

upper_bound()
- algorithm **611**
- for containers **405**
- for maps and multimaps 335
- for sets and multisets *319*

uppercase manipulator **784**

uppercase stream flag **784**

uppercase string characters 684

US-ASCII **851**

use_count()
- for shared_ptrs **94**, **97**
- for weak_ptrs 89

use_facet() 864, **867**
user-defined
  <<, >> **810**
  algorithm *308*, 468
  allocator 1024
  container **385**
  exception *635*
  function object **495**
  inserter **471**
  iterator **471**
  manipulators **777**
  sorting criterion **228**, *476*
  stream buffers 832
uses_allocator trait **128**
using declaration 40
using directive 40
UTF-8 UTF-16 UTF-32 **851**
  reading and writing **901**, **903**
utilities **59**
<utility> 20, 60, 136, 138

V

valarray **943**
valarray **943**
valid()
  for futures 975
  for packaged tasks 977
valid range **203**, 205
value
  for integral_constant **125**
  monetary pattern 878
value()
  for exceptions **49**
value_comp()
  for associative containers **427**
  for maps and multimaps **335**
  for sets and multisets **318**
value_compare
  for associative containers **399**
value initialization **15**
value pair **60**
value semantics
  for containers **245**
value_too_large 47
value_type
  for allocators 1026
  for complex **935**
  for container adapters **645**
  for containers 260, **397**
  for insert() **341**, **372**
  for integral_constant **125**
  for iterator_traits 467
  for maps *345*
  for maps and multimaps 331
  for strings **693**
  for unordered containers 356
variadic template **26**, *68*
vector 169, **270**, *279*
  see container
  ++, -- for iterators **440**
  = **274**
  ==, != 273
  <, <=, >, >= 273
  [] **274**
  as C-style array **278**
  assign() **274**
  at() **274**
  back() **274**
  begin() 276
  capacity() 270, **273**, **427**
  cbegin() 276
  cend() 276
  clear() **277**
  constructor **272**, **273**, 1027
  contiguity of elements **278**
  crbegin() 276
  crend() 276
  data() **278**
  destructor **272**, **273**
  element access **274**
  emplace() **277**
  emplace_back() **277**
  empty() **273**
  end() 276
  erase() **277**
  exception handling **278**
  for bool **281**
  front() **274**
  header file **270**

vector *(continued)*
- insert() **277**
- iterators **275**
- max_size() **273**
- pop_back() **277**
- push_back() **277**
- rbegin() 276
- reallocation 270
- removing elements 276
- rend() 276
- reserve() **271**, **273**, 1028
- resize() **277**
- shrink capacity 271
- shrink_to_fit() 271, **273**
- size() 270, **273**
- swap() 271, **274**

<vector> **270**

vector<bool> **281**
- and concurrency 985
- const_reference 282
- flip() **281**, 282
- reference 282

versions of C++ **7**

void*
- I/O 756

volatile
- and concurrency 988, 998

W

wait()
- for condition variables **1004**, 1009
- for futures 953, 975

wait_for() 160
- for condition variables 1009
- for futures 953, 975

wait_until() 160
- for condition variables 1009
- for futures 953, 975

wcerr **751**

wchar_t **852**, **858**
- input 755
- numeric limits 116

wcin **751**

wclog **751**

wcout **751**

wcregex_iterator 726

wcregex_token_iterator 727

weak pointer
- see weak_ptr

weak_ptr **84**, **96**
- bad_weak_ptr 89
- lock() 88
- use_count() 89

weibull_distribution 917, **922**

wfilebuf **791**

wfstream **791**

what()
- for exceptions **45**, *52*

whitespace
- compressing *582*

wide-character format **850**

widen()
- for ctype facets **891**
- for streams 790

width()
- for streams 782, *811*

wifstream **791**

wios **750**

wiostream **751**

wistream **751**

wistringstream **802**

wofstream **791**

wostream **751**

wostringstream **802**

wregex **719**

write()
- for output streams **771**
- global function *835*, *837*

writing
- see output

wrong_protocol_type 47

ws manipulator 746, 774

wsregex_iterator 726

wsregex_token_iterator 727

wstreambuf 750, **832**
- see input buffer, output buffer

wstreampos **799**